토목 핸드북

CIVIL ENGINEERING HANDBOOK

Seizou Awazu(粟津淸蔵) 지음 | 김필호 옮김

日本 옴사 · 성안당 공동 출간

토목 핸드북

Original Japanese edition
Handy book Doboku (Kaitei 2 Han)
Supervised by Seizou Awazu
Copyright ©2002 by Seizou Awazu
Published by Ohmsha, Ltd.
This Korean Language edition co-published by Ohmsha, Ltd. and
SEONG AN DANG Publishing Co.
Copyright ©2015
All rights reserved.

감수의 말

토목 사업은 나라의 기간산업을 도맡아 사회·경제의 기반을 짓는 것이며, 시대의 문화와 전통을 후세에 전하는 총합 기술에 의해서 지탱되고 있다. 또한 토목 기술은 자연과 인간의 조화를 도모하면서 새로운 사회 환경을 조성해 가는 데에도 중요한 역할을 다하고 있다.

기술의 세분화, 전문화, 고도화가 진행될수록 토목 기술자를 목표로 하는 학생이나 초보 기술자에게는 토목의 전체상을 총합적으로 바르게 아우르고 이해하는 것이 절실히 요구되고 있다.

이 책은 앞으로 토목을 배우려는 뜻을 가지고 있는 토목 관련 학과의 학생이나 한번 더 토목을 공부하려는 기술자를 대상으로 토목 공학 전반에 걸쳐서 기초와 응용 양면의 근본적이고 트대가 되는 지식들을 쉽게 기술하여 도움을 주고자 하는 목적으로 정리한 것이다.

이 책이 토목을 이해하는 데 일조하고 좋은 지침이 되어주기를 바란다.

감수
아와즈 세이조

[監修]
　　粟津　清蔵（日本大学名誉教授・工学博士）
[編集幹事]
代表　宮田　隆弘（高知県建設短期大学校校長・技術士）
　　　浅賀　榮三（元栃木県立宇都宮工業高等学校校長）
　　　伊藤　　実（元松本技術コンサルタント株式会社）
　　　國澤　正和（前大阪市立泉尾工業高等学校校長）
　　　田島　富男（トミー建設資格教育研究所）
　　　渡辺　　淳（株式会社サンワコン・技術士）
[編集委員]
　　　浅賀　榮三（元栃木県立宇都宮工業高等学校）　　　包国　　勝（国際デザイン・ビューティガレッジ）
　　　浅野　繁喜（大阪市立生野工業高等学校）　　　　　茶畑　洋介（高知県立安芸桜ヶ丘高等学校）
　　　伊藤　　実（元松本技術コンサルタント株式会社）　長井　敬二（神戸市立工業高等専門学校）
　　　今西　清志（長崎テクノ株式会社・技術士）　　　　西田　秀行（京都市立伏見工業高等学校）
　　　大杉　和由（兵庫県立兵庫工業高等学校）　　　　　長谷川武司（如水館高等学校）
　　　岡　　武久（京都市立伏見工業高等学校）　　　　　林　　博康（岐阜県立岐阜農林高等学校）
　　　國澤　正和（前大阪市立泉尾工業高等学校）　　　　稗田　岩夫（東京都立小石川工業高等学校）
　　　香坂　文夫（山形県立米沢工業高等学校）　　　　　福島　博行（大阪市立都島工業高等学校）
　　　笹川　隆邦（前兵庫県立兵庫工業高等学校）　　　　福山　和夫（大阪市立都島工業高等学校）
　　　佐藤　啓治（大分県立佐伯鶴岡高等学校・工博）　　前田　全英（兵庫県立兵庫工業高等学校）
　　　新宮　恵吉（東京都立農芸高等学校）　　　　　　　松嶋　忠史（兵庫県立篠山産業高等学校）
　　　鈴木　省三（山形県立米沢工業高等学校）　　　　　水野　　隆（神奈川県立吉田島農林高等学校）
　　　髙際　浩治（栃木県立真岡工業高等学校）　　　　　宮田　隆弘（高知県建設短期大学校・技術士）
　　　竹内　弘明（兵庫県立星陵高等学校）　　　　　　　安川　郁夫（株式会社キンキ地質センター・技術士）
　　　田島　富男（トミー建設資格教育研究所）　　　　　渡辺　和之（前栃木県立那須清峰高等学校）
　　　立石　義孝（大分県立日田林工高等学校・工博）　　渡辺　　淳（株式会社サンワコン・技術士）
　　[50音順]

독자 여러분께

토목 기술은 오랜 인류의 역사와 함께 발전해 왔다. 그 중에서도 토목 공학(Civil Engineering)은 옛부터 모든 공학 기술의 근간을 이루어 왔으므로 인류가 문명사회를 구축해 온 공학의 원천이라 할 수 있다.

이 책은 토목 기술자들이 습득해야 하는 논리와 필수 지식, 요즈음 화제가 되고 있는 신기술의 내용을 더하여 개정판으로 낸 것이다. 내용은 초보자라도 무리없이 쉽게 이해할 수 있도록 기초부터 실무까지 체계적으로 구성되어 있다.

일본은 국토의 3분의 2가 산지이며 험한 지형이 많다. 그 때문에 많은 사람들이 하천의 범람지역인 충적 평야에 살고 있으며, 조상이 남긴 문화(토목 기술)를 활용하여 자연재해에 대처해 왔다.

전쟁 후 국토 개발의 추진력이 된 토목 기술은 수자원의 개발이나 교통 및 수송 수단을 발전시켜 국민 생활과 산업 기반을 지탱하고 일본의 경제를 고도성장으로 이끌었다.

그 가운데 대규모 프로젝트로는 사쿠마 댐을 시작으로 전국의 댐 건설과 세이칸 터널, 국토의 동맥이 되는 고속도로나 신칸센, 혼슈·시코쿠 연락교, 도쿄만 횡단도로, 칸사이 공항, 초고층 빌딩 등 매우 다양하다. 이러한 것들은 우수한 건설 기술의 노하우 덕분이다.

앞으로 사회 자본 정비와 기술 개발에 대한 대응책을 살펴보자.

(1) 재해에 강한 국토 조성에 대한 대응

한신 아와지 대지진의 교훈을 통해 방재면으로는 도시 기능을 고도화하고 방재 공원의 정비나 건조물의 불연화 등이 요구되었다. 설계에 관해서는 지금까지 표준적인 사양 규정에 의한 것이었다면 점차 설계자가 이용자에게 성능을 제안, 표시, 보증하는 성능 규정으로 이행해 가고 있다.

(2) 구조 개혁에 따른 저비용 사회에 대한 대응

저비용 사회의 실현을 도모하려면 공공공사에 의한 비용 절감대책을 시작으로 기계화, 생력화의 개발을 진행한다. 또한 기간적 인프라와 주택·사회 자본의 유지, 관리, 갱신 등의 라이프 사이클 비용을 고려한 인프라의 정비를 모색하게 되었고, 그렇게 하기 위해 건설 CALS/EC 도입, GIS(지리 정보 시스템)의 도입, ITS(지능형 교통 시스템)의 개발 등 정보 인프라의 정비가 절실하다.

(3) 지구 환경 보전과 자연 생태계에 대한 대응

지구 환경 문제의 대응을 위해서는 국제연합환경개발회의(지구정상회담, 1992년)의 리오 선언이나, 지구온난화방지교토회의(1997년) 의정서의 채택 등 지구 규모의 환경 문제에 대응하여 인류의 생존 기반을 확보하는 것이 급선무다.

그러므로 자원 재활용 이용 기술, 소자원·소에너지의 개발에 노력하고, 자연의 생태계 보전을 위한 비오톱의 창출이나 미티게이션 등을 배려하여 환경 영향 평가에 관한 연구가 필요하다.

(4) 저출산 고령화에 대한 대응

고령화 사회에 접어들면서 현재 고령자나 장애자가 오랫동안 살아온 지역에서 살 수 있도록 도시 및 주거를 검토하는 것은 「노멀라이제이션 이념」에 따른 것이다. 그리하여 안전하고 쾌적한 삶이 가능한 배리어 프리의 생활 공간이 되는 복지 인프라 구축의 방법을 찾는다.

(5) 국제화에 대한 대응

최근 경제의 글로벌화에 따라 국제 규격의 합의가 진행되어, 이미 국제표준화기구(ISO)인 ISO 규격으로서 「품질」, 「환경」의 2종류 시스템이 발효되고 있다.

앞으로는 건설 서비스 분야에서도 기술자 자격 상호 승인 등의 과제에 대해 적극적으로 대처하도록 하였다. 그 때문에 이 책에서도 단위계를 종래의 중력단위계에서 국제단위계(SI)로 전면적으로 전환하였다.

이상으로 건설 기술 분야가 현재 직면하고 있는 과제에 대한 기술적 대응을 개관해 보았는데, 이러한 점들에 대처하기 위해 집필에는 고교 토목 교육에 정통한 경험이 풍부한 사람들이 참여하였다.

끝으로 이 책의 발간이나 개정에 시종일관 지도해 주시고 감수에 힘써주셨던 일본대학 아와즈 세이조 명예 교수 및 옴사의 관계자 분들에게 깊은 감사의 뜻을 표합니다.

편집간사 대표
미야타 타카히로

이 책의 활용 방법

❖ 이 책의 구성
(1) 전체를 13편으로 구성하였고, 각 절은 페이지로 구분한 단편 스타일로 하였다. 그러므로 각 절의 테마를 사전으로 활용 가능하며, 어디서부터 읽기 시작해도 바로 이해할 수 있다.
(2) 각 절은 [포인트], [해설]의 순서로 요점을 알기 쉽게 기술하였고, 필요에 따라서 [관련사항]을 추가하였다.

[포인트] 절의 머리에 테마의 결론을 서술하고 있다.
[해설] 몇 개의 소제목(▶표시)을 열어 [포인트]를 자세히 설명하였다.
[관련사항] 테마와 관련된 사항이나 키워드 등을 간결하게 설명하였다.

(3) 필요한 항목을 단시간에 알고싶다면 [포인트]만을 순서대로 읽어 재빨리 지식을 정리할 수 있다.

❖ 일러스트, 그림, 표의 이용법
(1) 내용을 이해하는데 도움이 되도록 충분한 일러스트, 그림, 표를 제시하였다. 일러스트, 그림에는 이해가 쉽도록 해설을 더하였다.
(2) 제시되어 있는 그림을 노트에 그려 보면서 충분히 익혀둔다면 기술자로서 많은 자료와 접할 때에 큰 도움이 될 것이다.

❖ 키워드에 대한 액세스
(1) 본문 중의 중요 숙어나 요점은 큰 글씨로 표기했고, 중요 용어는 각 페이지의 좌측에 정리하였다.
(2) 그 외의 용어는 책 뒤에 색인으로 제시하고 있으므로 용어 사전으로도 편리하게 활용할 수 있다.

❖ **팁**

절의 테마에 따라 다음의 팁을 적절히 배치하였다.

> [예제] 이해를 돕는 알기 쉬운 예제
> [실무에 도움] 실무에 종사하는 사람에게 도움이 되는 정보
> [응용지식] 실제의 장치에 응용되고 있는 예 등의 소개
> [알아두면 편리] 암기하거나 활용하면 편리한 내용
> [토픽스] 앞으로 기대되는 신기술 등에 대한 예
> [시험해보자] 실제로 행동하거나 활동해 봄으로써 이해가 깊어지는 내용

CONTENTS

제1편 토목에 필요한 수학

제1장 / 수학의 기초
1. 항등식과 분수 ·· 2
2. 지수와 대수 ··· 3
3. 삼각 함수 ·· 4
4. 라디안(호도법) ··· 7

제2장 / 도형과 방정식
1. 면적과 체적 ··· 9
2. 좌표와 점의 관계 ·· 10
3. 직선과 1차 방정식 ·· 12
4. 2차 곡선과 2차 방정식 ··· 17
5. 직선과 원의 방정식 ··· 19

제3장 / 벡터·행렬
1. 벡터 ·· 21
2. 벡터의 연산 ··· 22
3. 벡터의 성분 ··· 23
4. 벡터의 내적 ··· 25
5. 위치 벡터 ·· 26
6. 행렬의 연산 ··· 27
7. 역행렬 ··· 28
8. 연립 2원 1차 방정식 ·· 29
9. 행렬식과 계산방법 ·· 30
10. 행렬식의 성질과 응용 ·· 31

제4장 / 미분법·적분법
1. 미분법의 공식 ·· 33
2. 미분법의 응용 ·· 34
3. 적분법의 공식 ·· 35
4. 적분법의 응용 ·· 38

제2편 응용 역학

제1장 / 재료의 강도
1. 응력과 변형 ·· 40
2. 전단응력과 부재의 강도 ·· 42

제2장 / 힘의 균형
1. 힘의 합성과 분해 ·· 44
2. 힘의 모멘트와 균형 ··· 46

제3장 / 보
1. 보에 작용하는 하중과 반력 ······································· 48
2. 집중하중이 작용하는 단순보 ····································· 50
3. 분포하중이 작용하는 단순보 ····································· 52
4. 캔틸레버보 ··· 54
5. 내민보 ·· 56
6. 게르버보 ·· 58
7. 보의 영향선 ··· 60

제4장 / 부재단면의 성질
1. 단면 1차 모멘트와 도심 ·· 62
2. 단면 2차 모멘트 ·· 64
3. 단면 3차 모멘트와 여러 값 ······································· 68

제5장 / 보의 설계
1. 휨 응력도 ··· 70
2. 전단응력도 ··· 72
3. 보의 설계 ··· 74

제6장 / 주(기둥)
1. 편심하중을 받은 단주 ·· 76
2. 장주 ·· 78

제7장 / 트러스
1. 트러스의 개요와 안정 ·· 80

  2. 트러스의 해법 · 82

제8장 / 보의 처짐과 부정정보
  1. 처짐과 처짐각 · 85
  2. 단순보의 처짐과 처짐각 · 87
  3. 캔틸레버코(외팔보)의 처짐과 처짐각 · 90

제3편   지반 역학

제1장 / 흙의 생성과 지반의 조사
  1. 암석의 풍화 작용 · 94
  2. 토층의 생성과 특징 · 95
  3. 지반의 조사 · 96
  4. N값의 설계에 대한 이용 · 97

제2장 / 흙의 기본적인 성질
  1. 흙의 상태 표기법 · 98
  2. 흙의 분류 방법 · 101
  3. 흙의 다짐 · 104

제3장 / 흙의 투수성
  1. 흙 속 물의 흐름과 투수계수 · 107
  2. 투수계수의 측정 · 109

제4장 / 지중의 응력
  1. 흙덮이압과 유효응력 · 112
  2. 재하중에 의한 증가응력 · 115
  3. 침투압과 퀵 샌드 현상 · 118

제5장 / 흙의 압밀
  1. 압밀현상과 압밀시험 · 120
  2. 압밀침하량과 그에 필요한 시간의 계산 · · · · · · · · · · · · · · · · · 123

제6장 / 흙의 강도
  1. 흙의 전단강도와 쿨롱의 법칙 · 126

2. 흙의 전단 시험과 점착력 c, 전단저항각 ϕ ·················127
3. 모래의 전단강도와 점토의 전단강도의 성질·················129
4. 점착력 c와 전단저항각 ϕ의 결정·················130

제7장/토압
1. 토압의 사고방식 ·················133
2. 토압의 종류(주동토압, 수동토압, 정지토압) ·················134
3. 쿨롱의 토압론(흙쐐기 이론) ·················135
4. 시행 쐐기법과 쿨롱의 주동토압·················136
5. 쿨롱의 수동토압 ·················137
6. 옹벽에 작용하는 토압 ·················138

제8장/흙의 지지력
1. 기초의 종류와 접지압 ·················139
2. 지반의 파괴와 지지력 ·················141
3. 허용 침하량과 허용 지내력 ·················142
4. 얕은 기초의 지지력·················143
5. 말뚝기초의 지지력·················146

제9장/사면의 안정
1. 사면의 파괴 형식과 미끄럼면의 형상·················147
2. 미끄럼면이 직선인 경우 사면 안정 공법의 방식 ·················148
3. 원호슬립일 경우의 사면 안정 공법의 방식·················149
4. 분할법에 의한 원호슬립의 해석법 ·················150

제4편 수리학

제1장/정수압
1. 정수압의 성질 ·················156
2. 평면에 작용하는 전수압(일반식) ·················158
3. 평면에 작용하는 전수압(여러 가지 사례) ·················160
4. 곡면에 작용하는 전수압(일반식) ·················162
5. 아르키메데스의 원리 ·················164

제2장 / 물의 운동
1. 흐름의 분류 · 166
2. 베르누이의 정리 · 168
3. 마찰손실수두 · 170
4. 평균 유속 공식 · 172

제3장 / 관수로
1. 관수로의 손실수두 · · · · · · · · · · · · · · · · · · · 174
2. 단선 관수로 · 176
3. 수차, 펌프 · 178
4. 지중 관수로 · 180

제4장 / 개수로
1. 상류, 사류 · 182
2. 등류 수로 · 184
3. 수리 특성 곡선 · 186
4. 수위의 변화 · 188
5. 부등류 · 190

제5장 / 오리피스, 위어, 게이트
1. 오리피스 · 192
2. 위어와 게이트 · 194

제5편 측량

제1장 / 측량의 기초
1. 측량이란 · 200
2. 지구의 형태 · 201
3. 지구상의 위치 · 202
4. 거리측량 · 203

제2장 / 평판측량
1. 기구와 용어 · 204
2. 평판측량의 방법 · 205
3. 평판의 오차와 정밀도 · · · · · · · · · · · · · · · · 206

4. 평판측량의 응용 ·· 207

제3장/ 트래버스 측량
　　　1. 기구와 용어 ·· 208
　　　2. 각의 측정 ··· 209
　　　3. 관측각의 조정 ··· 210
　　　4. 방위각, 방위의 계산 ·· 211
　　　5. 위거, 경거의 계산 ··· 212
　　　6. 폐합오차와 폐합비 ··· 213
　　　7. 트래버스의 조정 ·· 214
　　　8. 합위거와 합경거 ·· 215
　　　9. 트래버스 측량의 제도 ·· 216

제4장/ 수준측량
　　　1. 기구와 용어 ·· 217
　　　2. 직접수준측량 ··· 219
　　　3. 종단측량과 횡단측량 ··· 222

제5장/ 면적·체적의 계산
　　　1. 삼각구분법에 의한 면적 계산 ····························· 224
　　　2. 좌표값에 의한 면적 계산 ··································· 225
　　　3. 배횡거에 의한 면적 계산 ··································· 226
　　　4. 곡선부의 면적 계산 ··· 227
　　　5. 양단단면평균법에 의한 체적 계산 ······················ 228
　　　6. 점고법에 의한 체적 계산 ··································· 229

제6장/ 삼각측량
　　　1. 삼각측량이란 ··· 230
　　　2. 각의 편심 보정 계산 ··· 231
　　　3. 측량각의 조정 ··· 232
　　　4. 변길이의 계산 ··· 234

제7장/ 지형측량
　　　1. 지형측량이란 ··· 235
　　　2. 등고선 ··· 236
　　　3. 지형도 ··· 237

제8장 / 노선측량
1. 단심곡선의 용어와 공식 ······················· 238
2. 클로소이드 곡선의 용어 ······················· 239

제9장 / 사진측량
1. 사진측량이란 ······························· 240
2. 공중사진의 성질 ··························· 241
3. 공중사진의 판독과 이용 ····················· 242

제10장 / 미래의 측량 기술
1. 측량 기술의 현재와 미래 ····················· 243
2. 우주측지 ································· 245

제6편 토목 재료

제1장 / 목재
1. 토목 재료의 분류와 규격 ····················· 250
2. 목재의 성질과 용도 ························· 251

제2장 / 석재
1. 석재의 분류 ······························· 252
2. 석재의 규격 ······························· 253

제3장 / 금속 재료
1. 금속 재료의 분류와 제철 ····················· 254
2. 철강 재료의 규격 ··························· 256
3. 철강 재료의 성질과 용도 ····················· 257

제4장 / 역청 재료
1. 역청 재료의 분류 ··························· 260
2. 역청 재료의 규격과 용도 ····················· 261

제5장 / 시멘트
1. 시멘트의 성질과 분류 ······················· 262
2. 시멘트의 저장과 운반 ······················· 264

제6장 / 콘크리트

1. 콘크리트 ···································· 265
2. 골재와 물, 혼화 재료 ···················· 267
3. 콘크리트의 배합 설계 ···················· 271
4. 플래시 콘크리트 ·························· 277
5. 경화한 콘크리트 ·························· 280
6. 레디믹스드 콘크리트 ···················· 282
7. 콘크리트 제품 ···························· 284

제7장 / 기타 토목 재료

1. 벽돌, 도관 ································· 286
2. 고분자 재료, 신소재 ····················· 287

제7편 철근 콘크리트

제1장 / 허용응력도설계법

1. 철근 콘크리트의 개요 ···················· 292
2. 휨 응력의 계산 ···························· 297
3. 저항 모멘트의 계산 ······················ 299
4. 휨을 받는 단면의 계산 ·················· 301
5. 전단력을 받는 부재의 응력 ············ 303
6. 대각선 인장철근 ·························· 305
7. 대각선 인장철근의 계산(1)– 대각선 인장 철근의 배치 구간 ······· 307
8. 대각선 인장철근의 계산(2)– 스터럽트의 배치법 ················ 310
9. 대각선 인장철근의 계산(3)– 구부린 철근의 배치 ··············· 312
10. 휨 모멘트에 관한 검토 ················· 314

제2장 / 한계상태설계법

1. 한계상태설계법이란 ····················· 316
2. 종국한계상태에 관한 검토 ············· 320
3. 종국한계상태에 관한 검토 – 설계 휨 내력의 계산 ············· 322
4. 종국한계상태에 관한 검토 – 설계전단내력의 계산(1) ········ 324
5. 종국한계상태에 관한 검토 – 설계전단내력의 계산(2) ········ 326
6. 사용한계상태에 관한 검토 – 휨 응력도의 계산 ················ 328
7. 사용한계상태에 관한 검토 – 휨 균열의 계산 ··················· 330

8. 사용한계상태에 관한 검토 – 변위, 변형의 계산 ·················332
9. 피로한계상태에 관한 검토 – 안전성 검토의 두 가지 방법 ·······334
10. 피로한계상태에 관한 검토 – 등가반복횟수에 관한 안전성의 검토 ··337
11. 피로한계상태에 관한 검토 – 보의 휨 피로에 관한 안전성으 검토··339
12. 피로한계상태에 관한 검토 – 보의 전단피로에 관한 안전성의 검토·342

제3장 / 콘크리트 구조물의 열화와 보수
1. 콘크리트 구조물의 열화기구 ······································344
2. 점검방법 ··346
3. 보수방법 ··349

제8편 강구조

제1장 / 강구조의 개요
1. 강구조의 특색 ··352
2. 설계하중 ··354
3. 설계와 시방서 ··349

제2장 / 부재
1. 인장부재 ··360
2. 압축부재와 세장비 ··362
3. 휨 부재 ··365

제3장 / 부재의 접합
1. 접합의 종류 ··368
2. 고력 볼트 마찰 접합 ··369
3. 용접 접합 ··374

제4장 / 플레이트 거더 교량의 설계
1. 구조와 각 부의 역할 ··379
2. 메인 거더 단면의 결정 ··380
3. 메인 거더 단면의 변화 ··383
4. 메인 거더의 첩접 ··384
5. 기타 부재의 설계 ··386

제5장 / 트러스 교량의 설계
1. 메인 거더의 응력해석 ···389
2. 부재 단면의 설계··392
3. 연결 및 접합부의 설계 ·······································397

제6장 / 그 외의 교량
1. 기타 교량의 특징··398

제9편 토목 시공

제1장 / 토공
1. 토공의 계획 ···406
2. 토공의 실시···408
3. 토공기계 ··410
4. 토공기계의 계획···412

제2장 / 콘크리트공
1. 콘크리트의 운반, 부어넣기, 다짐 ························414
2. 콘크리트의 마무리, 양생, 거푸집의 떼어내기 ········416
3. 특수한 콘크리트···418

제3장 / 기초공
1. 기초공의 종류 ···420
2. 지반의 개량공, 직접기초공 ································422
3. 말뚝박기 기초공, 케이슨 기초공·························424

제4장 / 포장공
1. 도로의 노상, 노반 ··426
2. 도로의 기층, 표층 및 포장판 ·····························428

제5장 / 터널공
1. 터널의 조사, 부대설비·······································430
2. 터널공법 ··432

제6장 / 상·하수도공
    1. 상수도공 ······································· 434
    2. 하수도공 ······································· 436

제7장 / 그 외의 시공 기술
    1. 도로, 철도, 교량 ······························· 438
    2. 하천, 해안, 항만 ······························· 440

제10편 토목 시공 관리

제1장 / 시공관리와 공정도표
    1. 건설공사와 시공관리 ··························· 444
    2. 시공계획 ······································· 446
    3. 공정관리와 공정도표 ··························· 448
    4. 네트워크 공정도 ······························· 451
    5. 플로 업 ·· 453

제2장 / 품질, 원가, 안전의 관리
    1. 품질관리 ······································· 456
    2. 관리도 ·· 458
    3. 발취검사 ······································· 460
    4. 원가관리 ······································· 462
    5. 원가계산과 적산 ······························· 464
    6. 안전관리 ······································· 466
    7. 안전대책 ······································· 468

제3장 / 토목시공 관련법규
    1. 노동기준법 ····································· 472
    2. 노동안전 위생법 ······························· 474
    3. 건설업법 ······································· 476
    4. 시공분야의 환경관련 법률 ····················· 478
    5. 도로, 하천, 그 외 ······························· 480

제11편 토목 계획

제1장 / 미래의 국토계획
1. 미래의 국토계획 ·· 484

제2장 / 교통
1. 교통 현황과 계획 ·· 487
2. 도로 ·· 489
3. 철도 ·· 495
4. 항만 ·· 500
5. 공항 ·· 502

제3장 / 치수
1. 하천 ·· 503
2. 해안 ·· 508

제4장 / 이수
1. 댐, 발전 ·· 509
2. 수자원의 개발(담수화) ··· 511
3. 상수도 ·· 513
4. 하수도 ·· 515

제5장 / 도시계획
1. 도시계획의 개요 ·· 517
2. 토지이용계획 ·· 518
3. 시가지 개발사업 ·· 522
4. 공원녹지 ·· 525

제6장 / 환경보전과 방재
1. 순환형 사회와 에너지 ··· 527
2. 폐기물의 재활용과 재자원화 ··· 530
3. 자연재해에 휩쓸리기 쉬운 국토 ······································· 532
4. 지진에 강한 도시 만들기 ·· 534

제12편 농업 토목

제1장/농업수리
1. 농업과 물······················538

제2장/관개
1. 밭 관개의 용수량················539
2. 밭 관가의 방법·················542
3. 논 관가의 용수량················544
4. 논 관가의 방법·················548
5. 관개수원과 시설················550

제3장/농지의 배수
1. 농지의 배수··················552
2. 배수방식···················554
3. 암거배수···················555
4. 배수시설···················556
5. 기계배수···················557

제4장/농지의 조성
1. 개간·····················558
2. 간척과 매립··················559

제5장/농지의 정비와 보전
1. 포장정비···················561
2. 토층개량···················563
3. 농지의 보전과 방재··············565

제6장/지역개발과 농촌정비
1. 지역개발···················567
2. 농촌계획···················568

제13편 환경세기와 사회자본

제1장 / 일본의 사회자본 정비
1. 건설산업을 둘러싼 사회·경제 정세 ·· 572
2. 21세기 국토 그랜드 디자인 ·· 573
3. 저출산·고령화의 대비 ··· 574
4. 환경에 부하가 적은 경제사회의 실현 ···································· 575
5. 안전한 국토 만들기 ··· 578
6. 건설산업의 국제화 대응 ·· 579
7. 사회자본 정비와 유지 관리의 효율성, 투명성 추구 ············· 580

제2장 / 토목기술자의 윤리
1. 토목기술자의 윤리 ·· 582

제3장 / 순환형 사회의 구축
1. 폐기물과 건설부산물 ·· 584
2. 자원순환형 사회의 구축 ·· 586
3. 재생자원의 활용 ··· 588
4. 건설부산물에 대한 구체적인 조치, 유의사항 ······················· 590

제4장 / 지구와 기업, 개인을 위한 ISO
1. 지구와 기업, 개인을 위한 ISO ··· 592

제5장 / 새로운 건설기술
1. 건설사업에서의 IT 혁명 ·· 596
2. 건설 CALS/EC ··· 597
3. GIS ·· 601
4. ITS ·· 603

제1편

토목에 필요한 수학

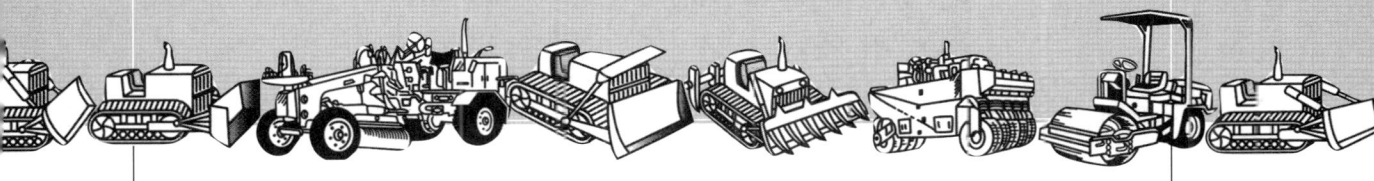

제1장 : 수학의 기초
제2장 : 도형과 방정식
제3장 : 벡터·행렬
제4장 : 미분법·적분법

　　토목 공학과 수학은 밀접한 관계가 있다. 수학의 진보가 토목의 새로운 이론의 해명과 설계 계산의 간소화 등에 공헌하는 점이 크다. 자연을 상대로 하는 토목 공학에 오랜 시간의 경험도 중요하지만, 확실한 수학적 지식은 이론의 발전을 보다 쉽게 하고 수학적인 배경을 가진 경험은 그야말로 도깨비 방망이와 같다.
　　토목에 필요한 수학이라 해도 그 범위와 깊이는 이 책에 모두 담을 수는 없지만, 여기서는 수학의 초보적인 것, 자칫하면 잊기 쉬운 것, 간단하면서 중요한 공스 등을 실제 사례를 들어 해설하였다.

1. 항등식과 분수

■ 해설

▶ 항등식

1. $(a \pm b)^2 = a^2 \pm 2ab + b^2$
2. $(a \pm b)^3 = a^3 \pm 3a^2b + 3ab^2 \pm b^3$
3. $(a+b)(a-b) = a^2 - b^2$
4. $(a+b)(c+d) = ac + ad + bc + bd$
5. $(x \pm a)(x \pm b) = x^2 \pm (a+b)x + ab$
6. $(ax+b)(cx+d) = acx^2 + (ad+bc)x + bd$

▶ 분수의 4칙($b, c, d \neq 0$)

1. $a/b \pm c/d = (ad \pm bc)/bd$
2. $a/b \times c/d = ac/bd$
3. $a/b \div c/d = a/b \times d/c = ad/bc$

❖ 예제

$(a+b-c)^2$을 전개하라.

답

$c+b$를 A라고 하면
$$(a+b-c)^2 = (A-c)^2 = A^2 - 2Ac + c^2$$
$$= (a+b)^2 - 2(a+b)c + c^2$$
$$= a^2 + 2ab + b^2 - 2ac - 2bc + c^2$$
$$= a^2 + b^2 + c^2 + 2ab - 2bc - 2ca$$

❖ 예제

다음 분수식을 계산하라.

$$\frac{x^2+5x}{x+1} - \frac{x-3}{x+1}$$

답

$$\frac{x^2+5x}{x+1} - \frac{x-3}{x+1} = \frac{x^2+5x-(x-3)}{x+1} = \frac{x^2+5x-x+3}{x+1}$$
$$= \frac{x^2+4x+3}{x+1} = \frac{(x+3)(x+1)}{(x+1)} = x+3$$

2. 지수와 대수

■ 해설

▶ 지수

실수 $a > 0$, $b > 0$, m, n일 때

1. $a^m a^n = a^{m+n}$
2. $(ab)^m = a^m b^m$
3. $(a^m)^n = a^{mn}$
4. $a^m \div a^n = \begin{cases} a^{m-n} & (m > n) \\ 1 & (m = n) \\ a^{m-n} = a^{-(n-m)} = 1/a^{n-m} & (m < n) \end{cases}$
5. $a^{-1} = 1/a$
6. $a^0 = 1$
7. $a^{-m} = a^{-1 \times m} = (a^m)^{-1} = 1/a^m$
8. $a^{1/m} = \sqrt[m]{a}$ $(m > 0)$
9. $a^{m/n} = \sqrt[n]{a^m}$ $(n > 0)$
10. $a^{-1/m} = a^{-1 \times (1/m)} = 1/\sqrt[m]{a}$ $(m > 0)$

❖ 예제

$a = 3.05$, $b = 6.53$, $m = 3.2$, $n = 2.7$ 일 때, 다음 값을 계산하라.

(1) $a^m b^n$ (2) $(a^m)^n$ (3) $b^{m/n}$ (4) $a^{-m/n}$

답

(1) $3.05^{3.2} \times 6.53^{2.7} = 35.46169 \times 158.58627 = 5\,623.74$

(2) $(3.05^{3.2})^{2.7} = 15,288.00$

(3) $6.53^{3.2/2.7} = 9.24$

(4) $3.05^{-3.2/2.7} = 1/3.05^{3.2/2.7} = 0.27$

▶ 대수

실수 $a \neq 1$, $a > 0$, $M > 0$, $N > 0$, m, n일 때

① $a^m = M \iff \log_a M = m$
② $\log_a a = 1$, $\quad \log_a 1 = 0$
③ $\log_a MN = \log_a M + \log_a N$
④ $\log_a M/N = \log_a M - \log_a N$
⑤ $\log_a M^n = n \log_a M$
⑥ $\log_a 1/N = \log_a 1 - \log_a N = 0 - \log_a N = -\log_a N$
⑦ $\log_a \sqrt[m]{N} = \log_a N^{1/m} = (1/m) \log_a N$

3. 삼각 함수

■ 해설

▶ 삼각 함수의 정의

∠C=90°, ∠A=θ, $\overline{AB}=r$인 직각 삼각형 △ABC(그림 1)에서 θ의 함수인 삼각 함수를 다음과 같이 정의한다.

1. $\sin\theta = y/r$
2. $\cos\theta = x/r$
3. $\tan\theta = y/x$
4. $\csc\theta = r/y$
5. $\sec\theta = r/x$
6. $\cot\theta = x/y$

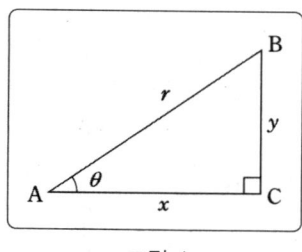

그림 1

▶ 역삼각 함수

그림 1에서 y/r, x/r, y/x의 함수인 역삼각 함수를 다음과 같이 정의한다. θ가 미지일 경우에는 다음 식에 따라 함수 계산기를 이용하라.

1. $\theta = \sin^{-1}(y/r)$
2. $\theta = \cos^{-1}(x/r)$
3. $\theta = \tan^{-1}(y/x)$

▶ 동각의 삼각 함수

1. $\sin\theta \cdot \csc\theta = y/r \cdot r/y = 1 \;\Rightarrow\; \sin\theta = 1/\csc\theta$
2. $\cos\theta \cdot \sec\theta = x/y \cdot y/x = 1 \;\Rightarrow\; \cos\theta = 1/\sec\theta$
3. $\tan\theta \cdot \cot\theta = y/x \cdot x/y = 1 \;\Rightarrow\; \tan\theta = 1/\cot\theta$
4. $\tan\theta = \sin\theta/\cos\theta,\quad \cot\theta = \cos\theta/\sin\theta$
5. $\sin^2\theta + \cos^2\theta = 1$
6. $1+\tan^2\theta = \sec^2\theta$
7. $1+\cot^2\theta = \csc^2\theta$

❖ 예제

그림과 같이 하천의 양쪽 두 점 사이의 거리를 구하기 위해 직각 삼각형 △ABC를 설치하여 그림과 같은 측정값을 얻었다. 다음 물음에 답하라.

(1) B~C 간의 거리를 구하라.
(2) A~B 간의 거리를 구하라.

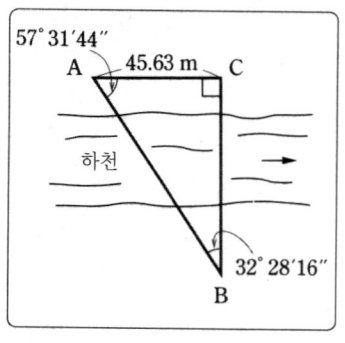

그림 2

답
(1) $\tan B = \overline{AC}/\overline{BC}$
  ∴ $\tan 32°28'16'' = 45.63/\overline{BC}$
  ∴ $\overline{BC} = 45.63/\tan 32°28'16'' = 71.70$ m
(2) $\sin 32°28'16'' = 45.63/\overline{AB}$
  ∴ $\overline{AB} = 45.63/\sin 32°28'16'' = 84.99$ m

▶ 가법 정리
  [1] $\sin(A \pm B) = \sin A \cos B \pm \cos A \sin B$
  [2] $\cos(A \pm B) = \cos A \cos B \mp \sin A \sin B$
  [3] $\tan(A \pm B) = (\tan A \pm \tan B)/(1 \mp \tan A \tan B)$

▶ 배각의 삼각 함수
  [1] $\sin 2\theta = 2 \sin \theta \cos \theta$ [2] $\cos 2\theta = \cos^2 \theta - \sin^2 \theta$
  [3] $\tan 2\theta = 2 \tan \theta/(1 - \tan^2 \theta) = 2/(\cot \theta - \tan \theta)$

▶ 삼각형
  그림 3에서 $2s = a + b + c$, R : 외접원의 반지름으로서
  [1] $a/\sin A = b/\sin B = c/\sin C = 2R$ (정현 법칙)
  [2] $a = b \cos C + c \cos B$
  [3] $a^2 = b^2 + c^2 - 2bc \cos A$ (여현 법칙)
  [4] $\sin(A/2) = \sqrt{(s-b)(s-c)/(bc)}$
  [5] $\cos(A/2) = \sqrt{s(s-a)/(bc)}$
  [6] $\tan(A/2) = \sqrt{(s-b)(s-c)/\{s(s-a)\}}$
  [7] △ : 삼각형의 면적
   $\triangle = \sqrt{s(s-a)(s-b)(s-c)}$
         (헤론의 공식)
   $\triangle = (ab \sin C)/2$

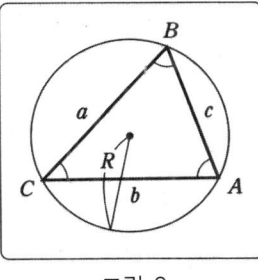

그림 3

❖ 예제
먼 산 정상의 고도를 구하기 위해 측량을 하여 그림 4와 같은 값을 얻었다. 이 산의 고도 H_c를 구하라(단, 점 A와 점 B는 같은 높이이며, 그 고도는 324.248m이다).

수평각 $\angle C'AB = 36°27'15''$
      $\angle C'BA = 43°18'53''$
연직각 $\angle CAC' = 23°11'42''$
A~B 간의 거리 : 328.263m

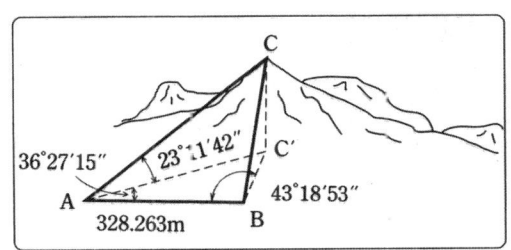

그림 4

답

$$\angle AC'B = 180° - (\angle C'AB + \angle C'BA) = 100°13'52''$$

정현(사인)법칙으로부터

$$328.263/\sin 100°13'52'' = \overline{AC'}/\sin 43°18'53''$$

$$\therefore \overline{AC'} = 228.829$$

고저차 $\overline{CC'} = \overline{AC'} \times \tan 23°11'42'' = 98.053$

점 C의 고도 $H_C = 324.248 + 98.053 = 422.301$ m

❖ **예제**

그림 5의 삼각형에 대하여 다음 값을 구하라.
(1) 면적
(2) 각 정점의 각의 크기

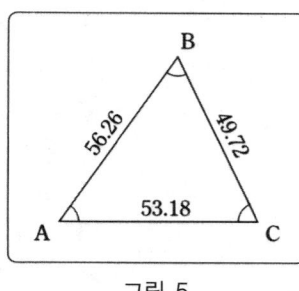

그림 5

답

(1) 헤론 공식에 의해, $s = (49.72 + 53.18 + 56.26)/2 = 79.58$

면적 $= \sqrt{79.58 \times (79.58 - 49.72) \times (79.58 - 53.18) \times (79.58 - 56.26)} = 1,209.52$

(2) $\cos(\angle A/2) = \sqrt{s(s-a)/(bc)}$ 에서

$\cos(\angle A/2) = \sqrt{79.58 \times (79.58 - 49.72)/(53.18 \times 56.26)} = 0.891195$

$\therefore \angle A/2 = \cos^{-1} 0.891195 = 26°58'34.24''$

따라서,

$$\angle A = 53°57'8.48''$$

같은 방식으로

$$\angle B = 59°51'32.75'', \quad \angle C = 66°11'18.77''$$

❖ **예제**

$\sin 45° = 0.707$, $\sin 30° = 0.5$이다. 이 값들을 이용하여 $\sin 15°$, $\cos 15°$, $\tan 15°$의 값을 구하라.

답

$\cos 45° = \sin 45° = 0.707$, $\cos 30° = \sqrt{1 - \sin^2 30°} = \sqrt{1 - (0.5)^2} = 0.866$ 에서

$\sin 15° = \sin(45° - 30°) = 0.707 \times 0.866 - 0.707 \times 0.5 = 0.259$

$\cos 15° = \sqrt{1 - (0.259)^2} = 0.966$

$\tan 15° = \sin 15°/\cos 15° = 0.268$

4. 라디안(호도법)

□ **포인트**
라디안(호도법)

부채꼴 A의 호의 길이를 원의 반지름 r로 할 때, 중심각 θ을 1라디안(rad)으로 각도의 측정 단위로 한 것이 **라디안**이다.

■ **해설**

도, 분, 초로 측정한 각도(deg)와 라디안(rad)과의 관계는 다음과 같다.
그림 1에서 $\theta=1$ rad는 다음 식을 만족시킨다

$$2\pi r \times \theta/360° = r$$
$$\therefore \quad \theta = 180°/\pi$$
$$= 206,265''$$
$$(57.29577951° \times 60 \times 60)$$
$$1° = \pi/180$$
$$= 0.017453293 \text{ rad}$$

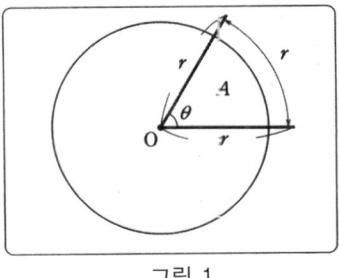
그림 1

그림 2로부터 부채꼴 호의 길이 l과 면적 A는, 반지름 r, 중심각 θ[rad]라고 할 때
① $l = r\theta$
② $A = (1/2)\, r^2 \theta$

❖ **예제**

그림 2에서 $r=28.76$, $\theta=39°27'18''$일 때, 호의 길이 l과 면적 A를 구하라.

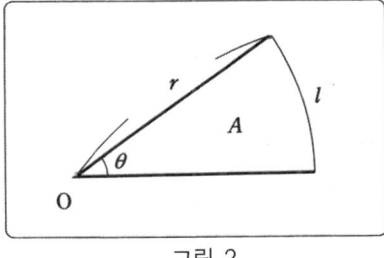
그림 2

답
θ를 라디안으로 변환한다. $1°=\pi/180$이므로

$$39°27'18'' = 39.4550°$$
$$l = 28.76 \times 39.4550° \times \pi/180 = 19.80$$
$$A = 1/2 \times 28.76^2 \times 39.4550° \times \pi/180 = 284.79$$

■ **알아두면 편리**

각도기를 이용하지 않고 표에 그려진 교각의 크기를 측정할 때, 드는 그림 상에 일정한 각도를 작도할 때에는 스케일, 삼각자, 함수 계산기를 이용하면 정확하게 작성할 수 있다.

1 토목에 필요한 수학

❖ **예제**

각도기를 사용하지 않고 다음 물음에 답하라.
(1) 그림 3의 각도 θ를 측정한다.
(2) 그림 4의 각도 θ을 작도한다.

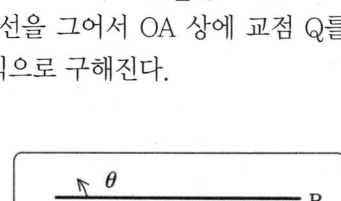

그림 3

답

(1) 각도의 측정

∠AOB에 있어 OB상에 점 P를 찍고, 점 P에서 OB에 대한 수선을 그어서 OA 상에 교점 Q를 찍는다. OP, PQ를 동일 축척으로 길이를 측정한다. θ는 다음 식으로 구해진다.

$$\theta = \tan^{-1} \overline{PQ}/\overline{OP}$$

지금, 점 P, Q가 그림 5와 같다면
그림의 값으로부터

$$\theta = \tan^{-1} 3.56/5.62$$

$$\therefore \theta = 32°21'8.26''$$

(2) 각도의 작도

OB상에 점 P를 찍고 OP의 길이를 측정한다.

점 P에서 OB에 대한 수선을 그어 점 P에서 다음 식의 길이가 되도록 OP와 동일한 축척으로 점 Q를 찍어 점 O와 연결하면, 구하는 각도가 된다.

$$\overline{PQ} = \overline{OP} \times \tan\theta$$

그림 4에서 $\theta = 29°56'18''$를 작도한다.

$$\overline{PQ} = 6.72 \times \tan 29°56'18'' = 3.87$$

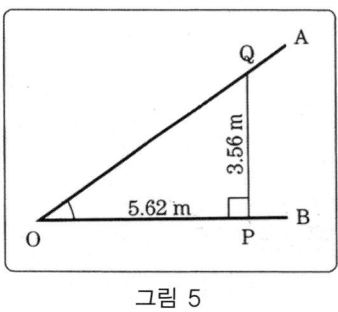

그림 5

점 P에서 수선 PQ=3.87이 되도록 점 Q를 찍어 OQ를 연결한다(그림 6).

큰 그림일수록 이론적으로는 정확해지지만, 제도의 오차가 있기 때문에 주의가 필요하다.

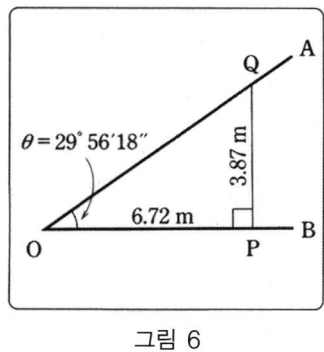

그림 6

2

도형과 방정식

1. 면적과 체적

■ 해설

1. 삼각형의 면적 $A = ah/2$ (그림 1)
2. 사다리꼴형 면적 $A = (a+b)h/2$ (그림 2)
3. 원의 면적 $A = \pi r^2 = \pi D^2/4$ (그림 3)
   원주 $l = 2\pi r = \pi D$, r : 반지름, D : 지름
4. 활꼴 면적 $A = r^2/2 \times (\pi\theta/180 - \sin\theta)$
   (그림 4)
   $$s = 2r\sin(\theta/2)$$
   $$h = r\{1 - \cos(\theta/2)\}$$
5. 정 n다각형의 면적 (그림 5)
   1변을 l이라 할 때
   $$\theta_1 = 360°/n, \quad \theta_2 = (180° - \theta_1)/2$$
   $$A = (nl^2 \tan\theta_2)/4$$
6. 구의 체적
   $$V = (4/3)\pi r^3, \quad r : \text{반지름}$$
   $$V = \pi D^3/6, \quad D : \text{지름}$$
7. 각주, 원주의 체적 (그림 6)
   $V = Ah$, A : 밑넓이, h : 높이
8. 각뿔, 원뿔의 체적 (그림 7)
   $$V = Ah/3$$

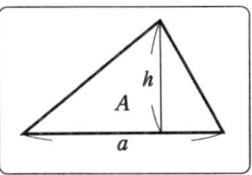

그림 1

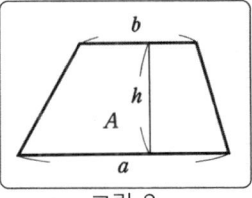

그림 2

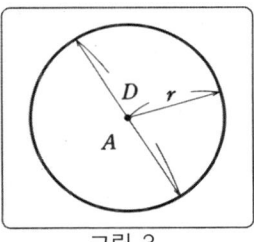

그림 3

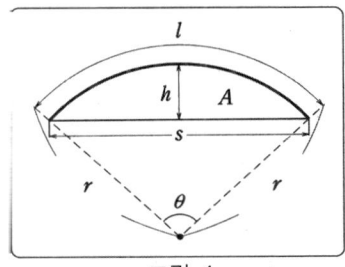

그림 4

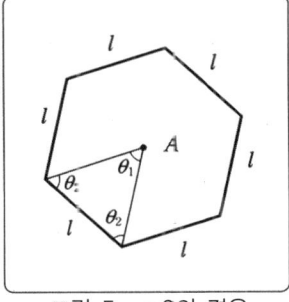

그림 5 $n=6$의 경우

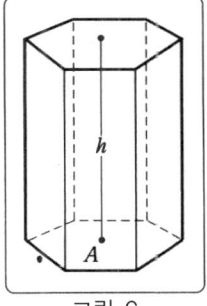

그림 6

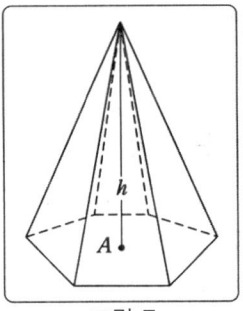

그림 7

2. 좌표와 점의 관계

■ 해설　　▶ 점의 위치

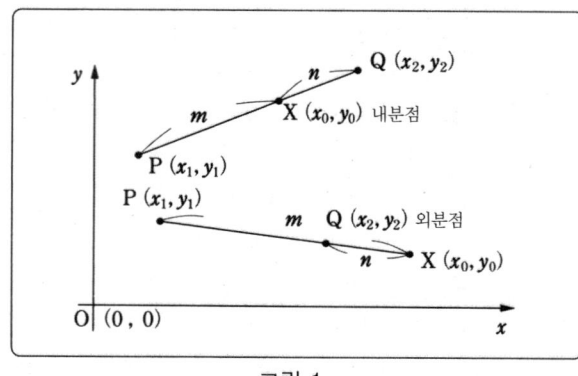

그림 1

직교 좌표에서는 그림 1과 같이 점의 위치를 나타낸다.
$$P(x_1, y_1),\ Q(x_2, y_2)$$

두 점 간의 거리
　▶ 두 점 간의 거리
　　PQ 간의 거리 $= \sqrt{(x_2-x_1)^2+(y_2-y_1)^2}$

내분점과 외분점
　▶ 내분점과 외분점
　　그림 1에서
　　내분점의 좌표
　　　$x_0 = (nx_1 + mx_2)/(m+n)$
　　　$y_0 = (ny_1 + my_2)/(m+n)$
　　중점 (x_c, y_c)는　$m : n = 1 : 1$
　　　$x_c = (x_1 + x_2)/2$
　　　$y_c = (y_1 + y_2)/2$
　　외분점의 좌표
　　　$x_0 = (mx_2 - nx_1)/(m-n)$
　　　$y_0 = (my_2 - ny_1)/(m-n)$

❖ 예제

P(3.25, 5.41), Q(8.88, 8.66)의 두 점이 있다. 이 두 점을 3 : 2로 내분하는 점(x_1, y_1) 및 외분하는 점(x_2, y_2)을 구하라.

[답]

내분점
$$x_1 = (2 \times 3.25 + 3 \times 8.88)/(3+2) = 6.63$$
$$y_1 = (2 \times 5.41 + 3 \times 8.66)/(3+2) = 7.36$$

외분점
$$x_2 = (3 \times 8.88 - 2 \times 3.25)/(3-2) = 20.14$$
$$y_2 = (3 \times 8.66 - 2 \times 5.41)/(3-2) = 15.16$$

❖ 예제

그림 2에 대한 다음 물음에 답하라.
(1) AB, BC, CA의 거리를 구하라.
(2) 그 면적 A을 구하라.
(3) 도심의 위치를 구하라.

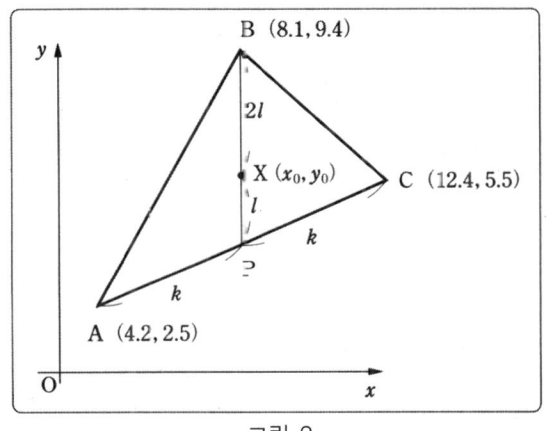

그림 2

[답]

(1) AB의 거리 $= \sqrt{(8.1-4.2)^2 + (9.4-2.5)^2} = 7.9$
 BC의 거리 $= \sqrt{(12.4-8.1)^2 + (5.5-9.4)^2} = 5.8$
 CA의 거리 $= \sqrt{(4.2-12.4)^2 + (2.5-5.5)^2} = 8.7$

(2) 헤론 공식에 의하여
$$s = (7.9+5.8+8.7)/2 = 11.2$$
$$A = \sqrt{11.2 \times (11.2-7.9) \times (11.2-5.8) \times (11.2-8.7)}$$
$$= 22.3$$

(3) AC의 중점을 P로서 $\overline{BO} : \overline{OP} = 2 : 1$의 내분점 X가 도심이다.
$$x_P = (4.2+12.4)/2 = 8.3$$
$$y_P = (2.5+5.5)/2 = 4.0$$
$$x_0 = (8.1 \times 1 + 8.3 \times 2)/(2+1) = 8.2$$
$$y_0 = (9.4 \times 1 + 4.0 \times 2)/(2+1) = 5.8$$

3. 직선과 1차 방정식

■ 해설   직선의 그래프는 1차 방정식으로 나타내며, 여러 가지 식으로 표현된다.

▶ x축과 y축의 절편이 a, b일 때 ($a, b \neq 0$, 그림 1 ①)
 $x/a + y/b = 1$

▶ 기울기가 c, y 절편이 d일 경우 (그림 1 ②)
 $y = cx + d$

▶ 두 점 $P(x_1, y_1)$, $Q(x_2, y_2)$를 통과할 때 ($x_1 \neq x_2$, 그림 1 ③)
 $(y - y_1)/(x - x_1) = (y_1 - y_2)/(x_1 - x_2)$

▶ 한 점 $R(x_0, y_0)$을 지나고 기울기가 m일 때 (그림 1 ④)
 $y - y_0 = m(x - x_0)$

▶ 직선 $ax + by + c = 0$ ($a, b \neq 0$, 그림 1 ⑤)
 $y = (-a/b)x - c/b$

기울기 $-a/b$
 x절편은 $y = 0$에서 $x = -c/a$
 y절편은 $x = 0$에서 $y = -c/b$

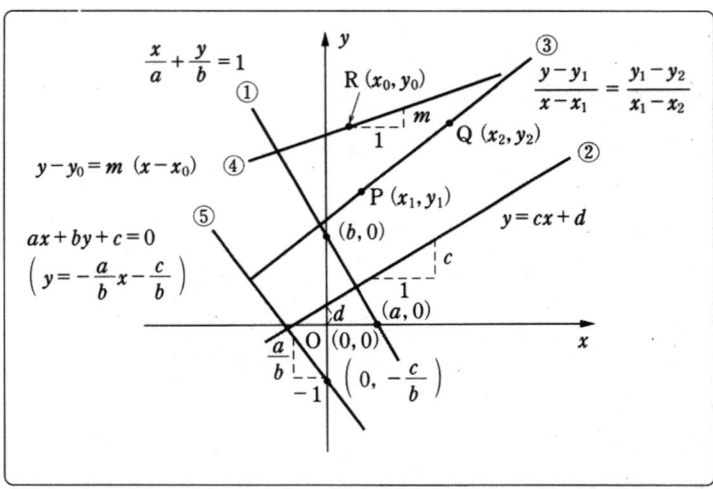

그림 1

▶ 두 개의 직선이 평행하고 직교할 조건 (그림 2 ①~③)
 $y = ax + b$와 $y = a'x + b'$에 있어서 ($a, a' \neq 0$)
 평행 조건 $a = a'$
 직교 조건 $aa' = -1$, $a = -1/a'$

▶ 정점에서 직선까지의 거리 (그림 2 ④)

정점 $T(x_1, y_1)$에서 직선 $ax+by+c=0$까지의 거리 l은

$$l = |ax_1 + by_1 + c|/\sqrt{a^2+b^2}$$

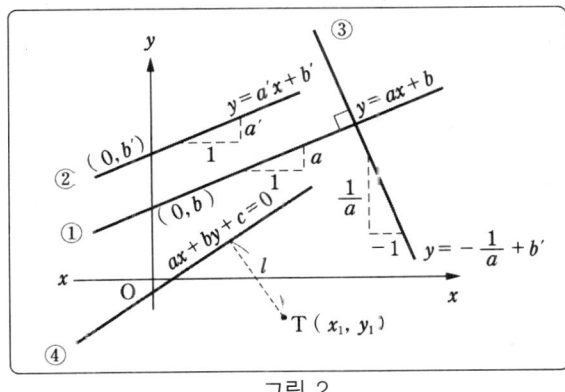

그림 2

▶ 연립 2원 1차 방정식

$$ax + by = c \quad \cdots\cdots ①, \quad dx + ey = f \quad \cdots\cdots ②$$

연립 2원 1차 방정식을 푸는 것은 직선 ①, 직선 ②의 교점의 좌표값을 구하는 것이다. '원'이란 미지수의 종류 수(여기서는 x, y의 2종류), '차'란 미지수 중의 최고의 차수(여기서는 x, y와 같이 1차)이다. 따라서, 이 연립 방정식은 2원 1차 방정식이다.

▶ 좌표 변환

1 좌표축을 평행으로 이동 (그림 3)

O를 원점으로 하고 x축, y축에 의해 구성되는 좌표계에서 이 평면상의 임의점을 P(x, y)라고 한다. 이 좌표계를 평행 이동하여, 원점 O가 O'(a, b)로 x축, y축이 각각 x'축, y'축에 오도록 한다. 새로운 좌표계에서 점 P를 좌표 (x', y')로 표현하면 (x, y)와 (x', y') 사이에는

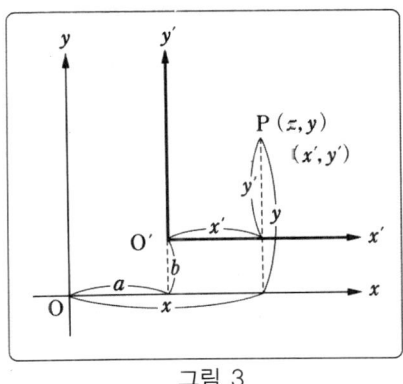

그림 3

$$x = x' + a \quad (x' = x - a), \quad y = y' + b \quad (y' = y - b)$$

의 관계가 있다. 이것을 좌표축의 평행 이동이라 한다.

2 좌표축을 원점 주변에 θ만큼 회전 이동(그림 4)

평면상에서 O를 원점으로 하고 x축, y축으로 구성되는 좌표계에 있어서 이 평면상 임의의 점을 P(x, y)라고 한다. 이 좌표계를 원점 O 주위의 θ만큼 회전한 새로운 좌표계에서 점 P를 좌표(x', y')로 나타냈다면 (x, y)와 (x', y') 사이에는

$$x = x'\cos\theta - y'\sin\theta \quad (x' = x\cos\theta + y\sin\theta)$$
$$y = x'\sin\theta + y'\cos\theta \quad (y' = -x\sin\theta + y\cos\theta)$$

의 관계가 있다. 이것을 좌표축(원점 주위)의 회전 이동이라고 한다.

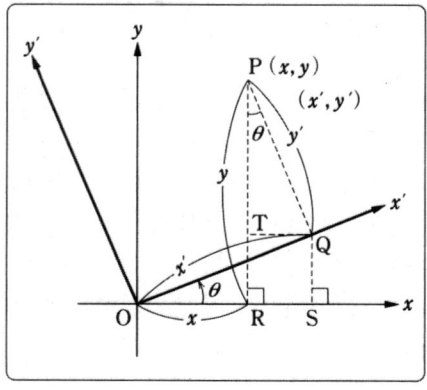

그림 4

❖ 예제

그림 5에 대해 다음 물음에 답하라.
(1) 점 P, 점 Q를 지나는 직선의 방정식을 구하라.
(2) 점 A, 점 B를 지나는 직선의 방정식을 구하라.
(3) 점 T를 지나는 (1)의 직선과 평행한 직선의 방정식을 구하라.
(4) 점 T를 지나는 (1)의 직선과 직교하는 직선의 방정식을 구하라.
(5) 점 T부터 (1)의 직선까지의 거리를 구하라.

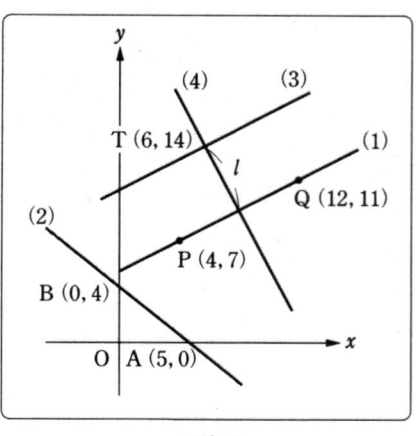

그림 5

답

(1)　$(y-7)/(x-4) = (7-11)/(4-12)$
　　　　$y = x/2 + 5$　$(-x+2y-10 = 0)$

(2)　$x/5 + y/4 = 1$
　　　　$y = -4x/5 + 4$　$(4x+5y-20 = 0)$

(3) 구하는 직선의 방정식을 $y=ax+b$로 두면, (1)의 직선과 평행이므로 $a=1/2$이 된다. 또한 T(6, 14)를 지나는 것으로부터
　　　　$14 = 6 \times 1/2 + b$,　　∴　$b = 11$
　　　　∴　$y = x/2 + 11$

(4) 구하는 직선의 방정식을 $y=ax+b$로 두면, (1)의 직선과 직교하는 것으로부터
　　　　$a \times 1/2 = -1$,　　∴　$a = -2$
　　또한, 점 T를 지나는 것으로부터
　　　　$14 = 6 \times (-2) + b$,　　∴　$b = 26$
　　　　∴　$y = -2x + 26$

(5) (1)의 직선은 $-x+2y-10=0$이기 때문에 구하려고 하는 거리 l은
　　　　$l = |(-1) \times 6 + 2 \times 14 + (-10)|/(\sqrt{(-1)^2 + 2^2}) = 5.367$

❖ **예제**

다음 연립 2원 1차 방정식을 풀어라.

(1)　$\begin{cases} 2x+3y = 13 & \cdots\cdots ① \\ 4x-y = 5 & \cdots\cdots ② \end{cases}$

(2)　$\begin{cases} (2/3)x + (1/4)y = 1/2 & \cdots\cdots ① \\ (1/4)x + (1/3)y = 25/72 & \cdots\cdots ② \end{cases}$

(3)　$\begin{cases} 0.356x - 4.231y = 8.826 & \cdots\cdots ① \\ 1.380x + 3.256y = 3.411 & \cdots\cdots ② \end{cases}$

답

(1)　①+②×3
　　　　$2x + 3y = 13$
　　　+)　$12x - 3y = 15$
　　　　―――――――――
　　　　$14x\; = 28$
　　　　∴　$x = 2$ ……③
　　　③을 ①에 대입하면

$$2\times 2+3y = 13, \quad 3y = 13-4$$
$$3y = 9, \quad y = 3$$

(답) $x = 2, \ y = 3$

(2) ①×1/4 − ②×2/3

$$(1/6)x + (1/16)y = 1/8$$
$$-)\ (1/6)x + (2/9)y = 50/216$$
$$(-23/144)y = -23/216$$
$$\therefore \ y = 2/3 \cdots\cdots ③$$

③을 ①에 대입하면

$$(2/3)x + (1/4)\times(2/3) = 1/2$$
$$\therefore \ (2/3)x = 1/2 - 1/6$$
$$\therefore \ (2/3)x = 1/3$$
$$\therefore \ x = 1/3 \div 2/3$$
$$\therefore \ x = 1/2$$

(답) $x = 1/2, \ y = 2/3$

(3) ①×1.380 − ②×0.356

$$0.491x - 5.839y = 12.180$$
$$-)\ 0.491x + 1.159y = 1.214$$
$$-6.998y = 10.966$$
$$\therefore \ y = -1.567 \cdots\cdots ③$$

③을 ①에 대입하면

$$0.356x - 4.231\times(-1.567) = 8.826$$
$$\therefore \ 0.356x = 8.826 - 6.630 = 2.196$$
$$\therefore \ x = 6.169$$

(답) $x = 6.169, \ y = -1.567$

❖ **예제**

(1) $x=8.06, y=-5.62$일 때, 원점을 $a=2.5, b=6.9$만큼 평행 이동시키면, 새롭게 나온 x', y'의 좌표계에서 좌표값은 얼마인가?

(2) $y=2x-6$일 때, 원점을 $a=8, b=5$만큼 평행 이동시키면, 새롭게 나온 x', y'의 좌표계에서 이 직선의 방정식은 어떻게 되는가?

(3) $x=8, y=6$일 때, 원점을 $\theta=30°$만큼 회전시키면, 새롭게 나온 x', y'의 좌표계에서 그 좌표값은 얼마인가?

답

(1) $8.06 = x' + 2.5 \quad \therefore \ x' = 8.06 - 2.5 = 5.56$

$-5.62 = y' + 6.9 \quad \therefore \ y' = -5.62 - 6.9 = -12.52$

(2) $x = x' + 8, \quad y = y' + 5$

원의 식에 대입하여 정리한다.

$$y' + 5 = 2(x' + 8) - 6$$
$$\therefore \ y' + 5 = 2x' + 16 - 6$$
$$\therefore \ y' = 2x' + 5$$

(3) $x' = 8\cos 30° + 6\sin 30° = 8\times\sqrt{3}/2 + 6\times 1/2 = 9.93$

$y' = -8\sin 30° + 6\cos 30° = -8\times 1/2 + 6\times\sqrt{3}/2 = 1.19$

4. 2차 곡선과 2차 방정식

■ 해설

▶ 포물선과 2차 방정식

포물선 $y = ax^2 + bx + c \ (a \neq 0)$를 변형하여
$$= a\{x + (b/2a)\}^2 + (4ac - b^2)/(4a)$$

이것은 그림 1($a>0$)과 같이 원점 O을 통과하는 포물선 $y=ax^2$를 기준으로 x축 방향으로 $-b/2a$, y축 방향으로 $(4ac-b^2)/4a$만큼 평행 이동한 것으로, 점$((-b/2a), (4ac-b^2)/4a)$를 정점으로 하고, 직선 $x=-b/2a$를 대칭축으로 한 포물선이다. 일반적으로,

$a > 0$일 때, 아래로 볼록한 포물선이다.
$a < 0$일 때, 위로 볼록한 포물선이다.

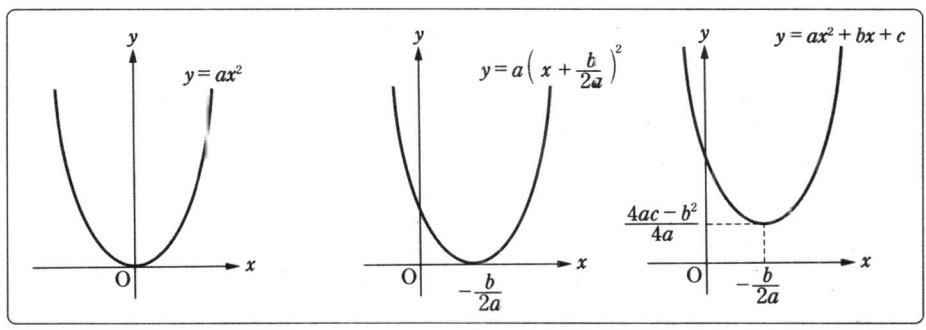

그림 1

▶ 2차 방정식의 최대값과 최소값

포물선 $y = ax^2 + bx + c = a\{x+(b/2a)\}^2 + (4ac - b^2)/(4a)$
로부터

$a > 0$일 경우, $x = -(b/2a)$일 때
최소값 $y = (4ac - b^2)/(4a)$

$a < 0$일 경우, $x = -(b/2a)$일 때
최대값 $y = (4ac - b^2)/(4a)$

▶ 1원 2차 방정식의 근의 공식

[1] $ax^2 + bx + c = 0$ 의 근의 공식
$x = (-b \pm \sqrt{b^2 - 4ac})/(2a)$
$D = b^2 - 4ac$ 근의 판별식
$D > 0$ 다른 2 실근
$D = 0$ 중근
$D < 0$ 다른 2 허근

1 토목에 필요한 수학

② $ax^2+bx+c=$가 다음 식과 같이 인수 분해가 가능한 경우
$$a(x-\alpha)(x-\beta)=0$$
$x-\alpha=0,\ x-\beta=0$ 에서 $x=\alpha,\ x=\beta$

❖ **예제**

다음의 1원 2차 방정식을 구하라.
(1) $3x^2-5x-12=0$ (2) $x^2-5.26x+6.9169=0$
(3) $x^2-x+1=0$

답

(1) $x=\{-(-5)\pm\sqrt{(-5)^2-4\times3\times(-12)}\}/(2\times3)$
    $=(5\pm\sqrt{169})/6=(5\pm13)/6$ $(D>0)$
  구하는 해는 2 실근 $x=3,\ -4/3$

(2) $x=\{-(-5.26)\pm\sqrt{(-5.26)^2-4\times1\times6.9169}\}/(2\times1)$
    $=(5.26\pm\sqrt{0})/2=5.26/2$ $(D=0)$
  구하는 해는 중근 $x=2.63$

(3) $x=\{-(-1)\pm\sqrt{(-1)^2-4\times1\times1}\}/(2\times1)$
    $=(1\pm\sqrt{-3})/2=(1\pm\sqrt{3}i)/2$ $(D<0)$
  구하는 해는 2 허근 $x=(1+\sqrt{3}i)/2,\ (1-\sqrt{3}i)/2$

❖ **예제**

스팬의 길이 l[m]의 단순보에 등분포 하중 w[N/m]이 작용하고 있을 때, 최대 휨 모멘트가 생기는 위치와 그 크기를 구하라.

답 (그림 2)

지점 A부터 x까지의 거리에 있는 점 P에 있어서 휨 모멘트 M_x는
$$M_x=wlx/2-wx^2/2$$
x^2의 계수가 마이너스가 되므로 최대값을 갖는다. 위 식을 변형하여 정점의 좌표를 구한다.

$M_x=-w(x^2-lx)/2$
    $=-w\{x^2-lx+(l/2)^2-(l/2)^2\}/2$
    $=-w\{(x-l/2)^2-l^2/4\}/2$
    $=-w(x-l/2)^2/2+wl^2/8$

∴ $x=l/2$의 위치에서 정점이므로 M_x는 최대가 되며,
구하는 휨 모멘트는
$$M_x=wl^2/8$$

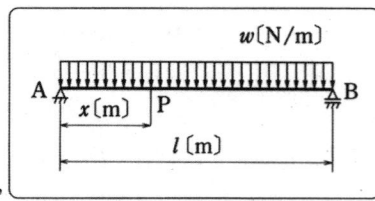

그림 2

5. 직선과 원의 방정식

■ 해설

▶ 원의 방정식 (그림 1)

좌표의 원점을 O(0, 0), 원의 중심 좌표를 C(a, b), 원의 반지름을 r로 하면, 이 원의 방정식은

$$(x-a)^2 + (y-b)^2 = r^2$$

또는 $x^2 + y^2 - 2ax - 2by + a^2 + b^2 - r^2 = 0$

특히, 원의 중심이 좌표의 원점에 있을 때는 $a=0$, $b=0$이기 때문에

$$(x-0)^2 + (y-0)^2 = r^2$$

∴ $x^2 + y^2 = r^2$

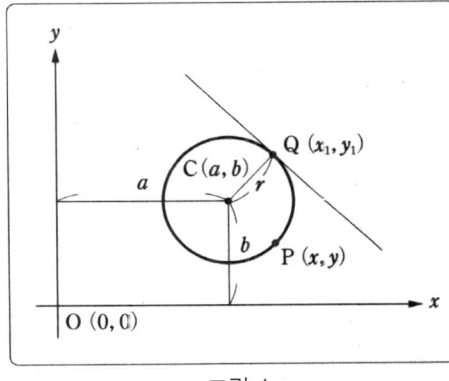

그림 1

▶ 원과 직선

1 원과 접선

$$x^2 + y^2 - 2ax - 2by + a^2 + b^2 - r^2 = 0$$

그림 1에서 Q(x_1, y_1)를 지나는 원의 접선은

$$(x_1 - a)(x - a) + (y_1 - b)(y - b) = r^2$$

특히, 원의 중심이 좌표의 원점에 있을 때는 $a=0$, $b=0$이기 때문에

$$(x_1 - 0)(x - 0) + (y_1 - 0)(y - 0) = r^2$$

∴ $xx_1 + yy_1 = r^2$

2 원과 직선의 관계

$$x^2 + y^2 - 2ax - 2by + a^2 + b^2 - r^2 = 0 \quad \cdots\cdots (1)$$
$$cx - dy = e \quad \cdots\cdots (2)$$

위의 식 (1), (2)를 연립 방정식으로서 풀어서

① 1조의 실수 해 (x, y)가 있을 때 : 직선과 원의 접점의 좌표값
② 2조의 실수 해 (x, y)가 있을 때 : 직선과 원이 2점에서 만난 점의 좌표값
③ x, y의 해가 허수일 때 : 직선과 원은 만나지 않는다.

❖ 예제

원의 방정식 $x^2+y^2+6x-10y-30=0$의 중심의 좌표와 반지름의 크기를 구하라.

답

위의 식을 변형한다.

$$x^2+6x+9-9+y^2-10y+25-25-30 = 0$$
$$\therefore (x+3)^2+(y-5)^2-9-25-30 = 0$$
$$\therefore (x+3)^2+(y-5)^2 = 64$$
$$\therefore \{x-(-3)\}^2+(y-5)^2 = 8^2$$

따라서, 구하는 중심의 좌표는 (-3, 5), 반지름은 8

❖ 예제

직선 $x-y = 4$ ……①

원 $(x-9)^2+(y-6)^2 = 5^2$ ……②

에 대해서, 다음 물음에 답하라(그림 2).

(1) 직선과 원의 교점을 구하라.
(2) 점 P(6, 10)을 지나는 접선의 방정식을 구하라.

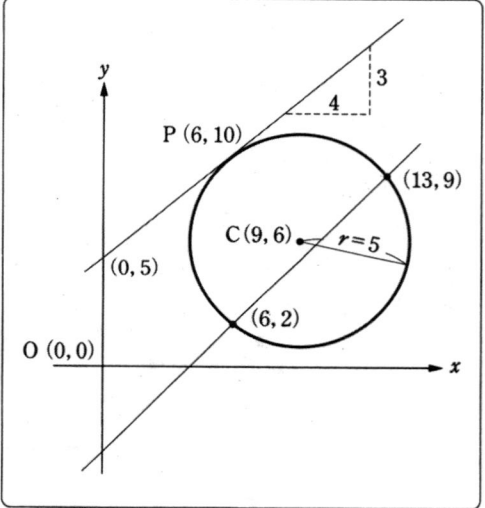

그림 2

답

(1) 직선 ①로부터 $x=y+4$, 이것을 ②에 대입해서
$$(y+4-9)^2+(y-6)^2 = 5^2$$
$$\therefore y^2-10y+25+y^2-12y+36 = 25$$
$$\therefore 2y^2-22y+36 = 0$$
$$\therefore y^2-11y+18 = 0$$

인수 분해하면

$(y-2)(y-9) = 0,\quad \therefore y = 2$ 또는 9

위의 값을 ①에 대입하여

$x = 6$ 또는 13

$$\therefore \begin{cases} x = 6,\ y = 2 \\ x = 13,\ y = 9 \end{cases}$$

(2) $(x-9)^2+(y-6)^2 = 5^2$

$(x_1-a)(x-a)+(y_1-b)(y-b) = r^2$

$\therefore (6-9)(x-9)+(10-6)(y-6) = 5^2,\quad \therefore -3(x-9)+4(y-6) = 25$

$\therefore -3x+27+4y-24 = 25,\quad \therefore -3x+4y = 22$

1. 벡터

□ 포인트

'크기와 방향을 갖는 양'을 벡터라 한다. 방향선분(유향선분)이나 기호 $\vec{a}$, $\overrightarrow{AB}$ 등으로 나타내며, 크기는 $|\vec{a}|$, $|\overrightarrow{AB}|$ 등으로 나타낸다.

■ 해설

벡터
스칼라

남쪽으로 2km 진행하거나 남쪽 방향으로의 풍력 3과 같이 방향과 크기를 가진 양을 **벡터**라 한다. 이에 비해 신장, 면적 등 크기만으로 결정하는 양을 **스칼라**라고 한다.

시점, 종점

방향선분은 화살표에 의해 방향을 정해 크기를 길이로 표현한 것이다. A를 **시점**, B를 **종점**이라 한다(그림 1). 또한 방향선분 AB가 표현하는 벡터를 $\overrightarrow{AB}$라고 쓴다. 또한 벡터를 하나의 기호로 표현하려면 $\vec{a}$ 등으로 쓴다.

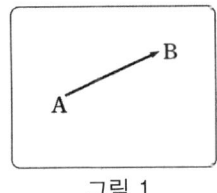

그림 1

단위 벡터

크기는 $|\vec{a}|$, $|\overrightarrow{AB}|$ 등으로 표현하고, 방향선분의 길이와 같다. 특히 크기 1의 벡터를 **단위 벡터**라 한다.

두 가지의 벡터, $\overrightarrow{AB}$, $\overrightarrow{CD}$가 같다는 것은 크기가 같고 방향이 같은 경우로, 이때 $\overrightarrow{AB}=\overrightarrow{CD}$라고 쓴다. $\overrightarrow{AB}=\overrightarrow{CD}$일 때, 방향선분 AB를 평행 이동하면, 방향선분 CD에 겹쳐져 만날 수 있다.

역벡터

또한 벡터 $\vec{a}$와 크기가 같고 방향이 반대인 벡터를 $\vec{a}$의 **역벡터**라 하며, $-\vec{a}$로 표현한다.

영벡터

크기가 0인 벡터를 **영벡터**라 하며 $\vec{0}$으로 표현한다. 단, 방향은 생각하지 않는 것으로 한다.

■ 토픽   **이노 타다타카의 측량**

이노 타다타카는 근대적인 측량 기술을 이용하지 않고(당시의 일본은 그 기술이 없었다) 외국인도 놀랄 정도로 정밀한 일본 지도를 작성했다. 또한 이노는 일본 지도의 작성과 동시에 지구의 자오선 1°의 거리를 측량하는 큰 목적을 가지고 있었다. 그 거리의 측량은 거의 다리를 이용한 보측에 의한 것이었지만, 이노의 측량값은 뒤이어 발표된 프랑스의 측량대의 측정값과 거의 오차가 없는 훌륭한 업적을 남겼다.

2. 벡터의 연산

□ 포인트

▶ 벡터의 합과 차
$$\overrightarrow{OA}+\overrightarrow{AB}=\overrightarrow{OB}$$
$$\overrightarrow{BA}=-\overrightarrow{AB}$$
$$\overrightarrow{AA}=\vec{0}$$
$$\overrightarrow{OA}-\overrightarrow{OB}=\overrightarrow{BA}$$

▶ 벡터의 실수배(h, k는 실수)
$$(hk)\vec{a}=h(k\vec{a})$$
$$(h+k)\vec{a}=h\vec{a}+k\vec{a}$$
$$h(\vec{a}+\vec{b})=h\vec{a}+h\vec{b}$$

▶ 벡터의 평행
$\vec{a}/\!/\vec{b} \iff \vec{b}=k\vec{a}$ 이 되는 0이 아닌 실수 k가 있다.

■ 해설

▶ 벡터의 합, 차, 실수배

그림 1과 같이 방향선분의 종점과 더해지는 벡터의 시점을 연결하는 것에 의해 합이 구해진다. 또한, 벡터의 차는 역벡터의 합이라 생각해도 된다.

또한, 벡터를 실수배하면 크기가 축소, 확대되어 방향이 같고, 또는 반대의 벡터가 얻어진다.

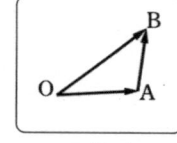

그림 1

▶ 벡터의 평행

2개의 벡터 $\vec{a}$, $\vec{b}$의 방향이 같거나 또는 반대일 때 $\vec{a}$, $\vec{b}$는 평행이라고 한다.

벡터를 실수배하면 크기가 축소 또는 확대되어 방향이 같거나 반대인 벡터가 얻어진다. 따라서, 평행이기 위한 조건은
$$\vec{a}/\!/\vec{b} \iff \vec{b}=k\vec{a}$$
이 되는 0이 아닌 실수 k가 있다는 것이다(그림 2).

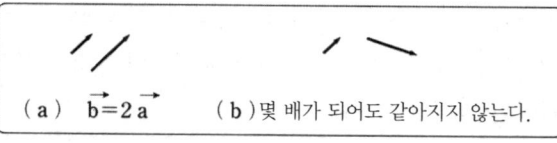

그림 2

3. 벡터의 성분

□ 포인트

▶ 벡터의 성분과 크기
$\vec{a} = (a_1, a_2)$일 때 $|\vec{a}| = \sqrt{a_1^2 + a_2^2}$

▶ 벡터의 상등
$\vec{a} = (a_1, a_2)$, $\vec{b} = (b_1, b_2)$일 때
$\vec{a} = \vec{b} \Leftrightarrow a_1 = b_1, a_2 = b_2$

▶ 벡터의 성분에 의한 계산
$\vec{a} = (a_1, a_2)$, $\vec{b} = (b_1, b_2)$, k가 실수일 때
$\vec{a} \pm \vec{b} = (a_1 \pm b_1, a_2 \pm b_2)$
$k\vec{a} = (ka_1, ka_2)$

▶ 벡터 $\vec{AB}$의 성분
$\vec{OA} = (a_1, a_2)$, $\vec{OB} = (b_1, b_2)$일 때
$\vec{AB} = (b_1 - a_1, b_2 - a_2)$

■ 해설

좌표 평면의 원점을 O로 하고, 벡터 $\vec{a}$에 대하여 $\vec{a} = \vec{OA}$가 될 한 점 A를 찍으면, A의 좌표 (a_1, a_2)가 결정된다.

이때, 벡터 $\vec{a}$를 $\vec{a} = (a_1, a_2)$로 나타낸다. a_1를 x성분, a_2를 y성분이라고 한다.

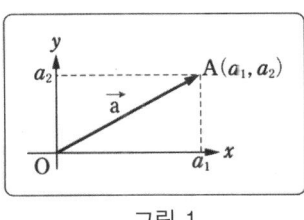

그림 1

이때, 벡터의 크기는 길이 OA로 나타나기 때문에 피타고라스의 정리에 의해 $|\vec{OA}| = \sqrt{a_1^2 + a_2^2}$가 된다(그림 1). 또한, $\vec{AB} = \vec{OB} - \vec{OA}$이기 때문에, $\vec{OA} = (a_1, a_2)$, $\vec{OB} = (b_1, b_2)$일 때, $\vec{AB} = (b_1 - a_1, b_2 - a_2)$가 된다(그림 2).

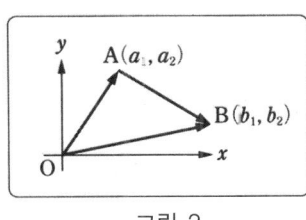

그림 2

1 토목에 필요한 수학

❖ 예제

한 점 O에 작용하는 3개의 벡터 $\vec{P}, \vec{Q}, \vec{R}$가 균형을 이루고 있고, 두 벡터가 만드는 각을 그림 3과 같이 $\theta_1, \theta_2, \theta_3$로 할 때, 다음 식이 성립하는 것을 확인하라.

$|\vec{P}|/\sin \theta_1 = |\vec{Q}|/\sin \theta_2 = |\vec{R}|/\sin \theta_3$ (라미의 정리)

답

△OBD에 대해 사인(정현) 정리인
$\sin(\pi - \theta_1) = \sin \theta_1, \quad \sin(\pi - \theta_2) = \sin \theta_2,$
$\sin(\pi - \theta_3) = \sin \theta_3$
에 의하여 성립한다.

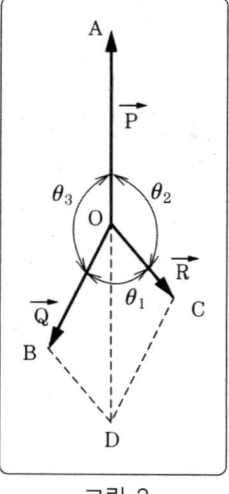

그림 3

❖ 예제

그림 4와 같이 역 V형으로 정지해 있는 기둥 2개가 있다. 정점 P에 힘 W가 아랫방향으로 향해 있다. 이때 양각에 미치는 분력 $\vec{S}, \vec{T}$의 크기를 구하라. 그리고 $\vec{S}, \vec{T}$의 각각의 다리 A, B에서의 수평 성분의 크기를 S_H, T_H 및 수직 성분의 크기 S_V, T_V를 구하시오. 단, ∠WPA=α, ∠WPB=β로 한다.

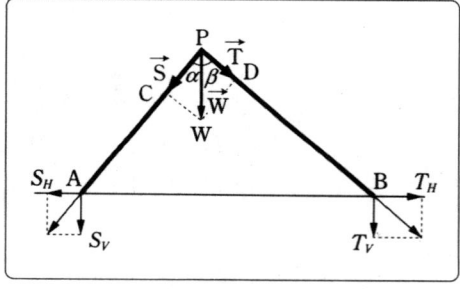

그림 4

답

점 W로부터 PB, PA에 평행선을 당겨서 평행사변형 PCWD를 만들면, $\vec{PC}=\vec{S}, \vec{PD}=\vec{T}$가 된다.

△PWC에서, ∠PWC = ∠WPD = β

사인(정현)정리에 의해,
$|\vec{S}| = |\vec{PC}| = (|\vec{W}|\sin \beta)/\sin(180° - \alpha - \beta)$
$= |\vec{W}|\sin \beta / \sin(\alpha + \beta)$

이와 같이
$|\vec{T}| = |\vec{PD}| = |\vec{W}|\sin \alpha / \sin(\alpha + \beta)$

또한, 그림에서 $S_H = |\vec{S}|\sin \alpha, \quad T_H = |\vec{T}|\sin \beta$
$S_V = |\vec{S}|\cos \alpha, \quad T_V = |\vec{T}|\cos \beta$

4. 벡터의 내적

□ 포인트

▶ 내적(θ는 $\vec{a}$와 $\vec{b}$가 이루는 각)
$$\vec{a}\cdot\vec{b} = |\vec{a}||\vec{b}|\cos\theta$$

▶ 내적의 성질
$$\vec{a}\cdot\vec{b} = \vec{b}\cdot\vec{a}$$
$$\vec{a}\cdot\vec{a} = |\vec{a}|^2$$

▶ 내적의 성분 표시
$\vec{a} = (a_1, a_2)$, $\vec{b} = (b_1, b_2)$일 때
$$\vec{a}\cdot\vec{b} = a_1 b_1 + a_2 b_2$$

▶ 수직 조건
$$\vec{a}\cdot\vec{b} = a_1 b_1 + a_2 b_2 = 0$$

■ 해설

▶ 벡터가 이루는 각
$\vec{a}=\overrightarrow{OA}$, $\vec{b}=\overrightarrow{OB}(\vec{a}\neq\vec{0}, \vec{b}\neq\vec{0})$일 때 OA, OB가 이루는 각 θ 중, $0\leq\theta\leq 180°$인 것을 벡터 $\vec{a}$, $\vec{b}$가 이루는 각이라 한다.
특히, $\vec{a}=\vec{b}$일 때, $\vec{a}$, $\vec{b}$가 이루는 각은 $0°$가 된다. 이때
$$\vec{a}\cdot\vec{a} = |\vec{a}||\vec{a}|\cos 0° = |\vec{a}|^2$$

▶ 내적의 성분 표시
$\vec{a} = \overrightarrow{OA}$, $\vec{b} = \overrightarrow{OB}$, $\angle AOB = \theta$일 때
코사인(여현) 정리에 의해
$$\overline{AB}^2 = \overline{OA}^2 + \overline{OB}^2 - 2\overline{OA}\cdot\overline{OB}\cos\theta \quad \cdots\cdots(1)$$
이때,
$$\overline{AB} = |\vec{b}-\vec{a}|, \quad \overline{OA} = |\vec{a}|, \quad \overline{OB} = |\vec{b}|$$
$\overline{OA}\cdot\overline{OB}\cos\theta = \vec{a}\cdot\vec{b}$이기 때문에
식 (1)은 다음과 같이 된다.
$$|\vec{b}-\vec{a}|^2 = |\vec{a}|^2 + |\vec{b}|^2 - 2\vec{a}\cdot\vec{b} \quad \cdots\cdots(2)$$
또한, $\vec{a} = (a_1, a_2)$, $\vec{b} = (b_1, b_2)$일 때,
$$|\vec{a}|^2 = a_1^2 + a_2^2$$
$$|\vec{b}|^2 = b_1^2 + b_2^2$$
$$|\vec{b}-\vec{a}|^2 = (b_1-a_1)^2 + (b_2-a_2)^2$$
이것들을 식 (2)에 대입하여 정리하면,
$$\vec{a}\cdot\vec{b} = a_1 b_1 + a_2 b_2$$

1 토목에 필요한 수학

5. 위치 벡터

□ 포인트

소문자의 알파벳으로 각 점의 위치 벡터를 나타내는 것으로 하면, 선분 AB를 $m:n$으로 분리하는 점의 위치 벡터

$$(n\vec{a}+m\vec{b})/(m+n)$$

△ ABC의 중심

$$(\vec{a}+\vec{b}+\vec{c})/3$$

점 A를 통하여 $\vec{d}(\neq \vec{0})$에 평행한 직선의 방정식(t는 실수)

$$\vec{p} = \vec{a}+t\vec{d}$$

두 점 A, B를 통과하는 직선($0 \leq t \leq 1$)

$$\vec{p} = (1-t)\vec{a}+t\vec{b}$$

■ 해설

위치 벡터

▶ 위치 벡터

평면상에서 한 점 O를 고정하여 생각하면, 평면상의 임의의 점 P의 위치는 벡터 $\vec{p}=\overrightarrow{OP}$에 의해 결정된다. 이때 $\vec{p}$를 O에 관한 점 P의 위치 벡터라 한다. 위치 벡터가 $\vec{p}$인 점 P를, P($\vec{p}$)로 표기한다.

두 점 A($\vec{a}$), B($\vec{b}$)에 대해서

$$\overrightarrow{AB} = \vec{b}-\vec{a}$$

두 점 A($\vec{a}$), B($\vec{b}$)를 $m:n$으로 나누는 점 P($\vec{p}$)는

$\overrightarrow{AP}:\overrightarrow{PB} = m:n$ 에 의해

$$\vec{p}-\vec{a}:\vec{b}-\vec{p} = m:n$$

$$\therefore \quad n(\vec{p}-\vec{a}) = m(\vec{b}-\vec{p})$$

$$\therefore \quad (m+n)\vec{p} = n\vec{a}+m\vec{b}$$

$$\therefore \quad \vec{p} = (n\vec{a}+m\vec{b})/(m+n)$$

❖ 예제

두 개의 벡터 $\vec{a}, \vec{b}$가 이루는 각이 $60°$, 크기가 각각 $|\vec{a}|=3$, $|\vec{b}|=5$일 때, $\vec{a}$와 $\vec{b}$의 합 $\vec{c}$에 대해서 $\vec{c}$의 크기와 $\vec{c}$와 $\vec{b}$가 이루는 각 α의 탄젠트(tan)의 값을 구하라.

답

코사인(여현) 정리에 의해, $\vec{c}$의 크기는

$$\sqrt{|\vec{a}|^2+|\vec{b}|^2-2|\vec{a}||\vec{b}|\cos 120°}$$
$$= \sqrt{3^2+5^2+2\times 3\times 5\times 1/2} = 7$$

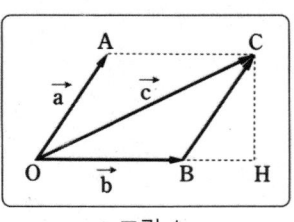

그림 1

또한, 그림 1에 의해

$$\tan \alpha = CH/OH = CH/(OB+BH) = 3\sin 60°/(5+3\cos 60°) = 3\sqrt{3}/13$$

6. 행렬의 연산

□ **포인트**

$a, b, c, d, k, p, q, r, s$는 실수로 한다.

▶ 행렬의 가법, 감법, 실수배

$$\begin{pmatrix} a & b \\ c & d \end{pmatrix} \pm \begin{pmatrix} p & q \\ r & s \end{pmatrix} = \begin{pmatrix} a\pm p & b\pm q \\ c\pm r & d\pm s \end{pmatrix}$$

$$k\begin{pmatrix} a & b \\ c & d \end{pmatrix} = \begin{pmatrix} ka & kb \\ kc & kd \end{pmatrix}$$

▶ 행렬의 곱

$$\begin{pmatrix} a & b \\ c & d \end{pmatrix}\begin{pmatrix} p & q \\ r & s \end{pmatrix} = \begin{pmatrix} ap+br & aq+bs \\ cp+dr & cq+ds \end{pmatrix}$$

■ **해설**

행렬 : 몇 개의 수나 문자를 직사각형으로 나열한 것을 행렬이라 한다. 행렬을 1개의 문자로 나타낼 때에는 A, B 등의 대문자를 쓴다.

성분 : 배열된 수나 문자를 그 행렬의 성분이라 한다.

행과 열 : 성분의 가로 나열을 행, 세로의 나열을 열이라 한다. 제 i행, 제 j열의 위치에 있는 성분을 (i, j)성분이라 한다. m개의 행과 n개의 열로 구성된 행렬을 m행 n열의 행렬, 또는 $m \times n$ 행렬이라 한다. 특히, 행의 개수와 열의 개수가 같은 행렬을 **정사각 행렬**이라 한다. 1행만의 행렬을 **행벡터**, 1열만의 행렬을 **열벡터**라 한다. 또한, 그 성분의 개수를 **차원**이라 한다.

정사각 행렬
행벡터
열벡터
차원

행렬의 상등 : 두 개의 행렬 A, B가 같은 형태이고, 어느 i, j에 대해서도 A의 (i, j) 성분과 B의 (i, j) 성분이 같을 때, A와 B는 동등하다고 하며, A=B라고 적는다.

영행렬 : 성분이 모두 0인 행렬을 영행렬이라 한다.

단위 행렬 : 정사각 행렬 $\begin{pmatrix} 1 & 0 \\ 0 & 1 \end{pmatrix}$을 단위 행렬이라 한다.

행렬의 곱 : 2차원의 행벡터와 열벡터의 곱을 다음과 같이 정한다.

$$(a \quad b)\begin{pmatrix} c \\ d \end{pmatrix} = ac + bd$$

행렬 A의 열의 수와 행렬 B의 행의 수가 일치할 때는 곱 AB가 계산된다. A가 $l \times m$ 행렬, B가 $m \times n$ 행렬일 때, 곱 AB는 $l \times n$ 행렬이 된다.

7. 역행렬

□ **포인트** 정사각 행렬 A에 대해 AX=XA=E(단위행렬)을 만족시키는 정사각 행렬 X가 존재할 때, X를 A의 역행렬이라 하며, 기호는 A^{-1}로 나타낸다.

■ **해설**

$A = \begin{pmatrix} a & b \\ c & d \end{pmatrix}$ 에 있어서 $\Delta = ad - bc$로 할 때

$\Delta \neq 0$이라면 A의 역행렬 A^{-1}가 존재하고 $A^{-1} = \dfrac{1}{\Delta}\begin{pmatrix} d & -b \\ -c & a \end{pmatrix}$

$\Delta = 0$이라면 A의 역행렬 A^{-1}은 존재하지 않는다.

A, B의 역행렬이 존재할 때, $(AB)^{-1} = B^{-1}A^{-1}$

❖ **예제**

다음의 행렬에 역행렬이 존재하는지를 조사하고, 존재한다면 그것을 구하라.

(1) $\begin{pmatrix} 1 & 2 \\ 3 & 4 \end{pmatrix}$ (2) $\begin{pmatrix} 1 & -1 \\ -1 & 1 \end{pmatrix}$ (3) $\begin{pmatrix} 2 & 1 \\ 6 & 3 \end{pmatrix}$ (4) $\begin{pmatrix} 5 & -4 \\ -3 & 3 \end{pmatrix}$

답

(1) $\Delta = 4 - 6 = -2 \neq 0$으로 존재한다. (2) $\Delta = 1 - 1 = 0$ 으로 존재하지 않는다.

$\begin{pmatrix} 1 & 2 \\ 3 & 4 \end{pmatrix}^{-1} = -\dfrac{1}{2}\begin{pmatrix} 4 & -2 \\ -3 & 1 \end{pmatrix}$

(3) $\Delta = 6 - 6 = 0$ 으로 존재하지 않는다. (4) $\Delta = 15 - 12 = 3$ 으로 존재한다.

$\begin{pmatrix} 5 & -4 \\ -3 & 3 \end{pmatrix}^{-1} = \dfrac{1}{3}\begin{pmatrix} 3 & 4 \\ 3 & 5 \end{pmatrix}$

❖ **예제**

행렬 $A = \begin{pmatrix} a-1 & 5 \\ 2 & a+2 \end{pmatrix}$ 이 역행렬을 가지지 않을 때, a의 값을 구하라.

답

$\Delta = (a-1)(a+2) - 5 \times 2 = (a-3)(a+4)$

A가 역행렬을 가지지 않기 때문에 $\Delta = 0$, 따라서 $a = 3, -4$

8. 연립 2원 1차 방정식

□ 포인트

▶ x, y에 관한 연립 2원 1차 방정식
$$\begin{cases} ax+by = p \\ cx+dy = q \end{cases}$$

여기서, $A = \begin{pmatrix} a & b \\ c & d \end{pmatrix}$, $\vec{x} = \begin{pmatrix} x \\ y \end{pmatrix}$, $\vec{p} = \begin{pmatrix} p \\ q \end{pmatrix}$ 라고 표현하면, 위의 연립 방정식은 $A\vec{x}=\vec{p}$로 표기된다. 이 연립방정식의 해를 구하는 것은 $A\vec{x}=\vec{p}$를 만족시키는 열벡터 $\vec{x}$를 구하는 것이다.

■ 해설

▶ A가 역행렬 A^{-1}을 갖는다. 즉, $ad-bc \neq 0$일 때
$A\vec{x}=\vec{p}$의 양변의 왼쪽에서부터 A^{-1}을 곱하면
∴ $A^{-1}(A\vec{x}) = A^{-1}\vec{p}$
∴ $\vec{x} = A^{-1}\vec{p}$

▶ A가 역행렬 A^{-1}을 가지지 않는다. 즉, $ad-bc=0$일 때
연립 방정식 $A\vec{x}=\vec{p}$는 해를 가지지 않지만, 무수의 해를 가진다.

❖ 예제

행렬을 이용하여 다음 연립 2원 1차 방정식을 풀어라.
$$\begin{cases} 3x+7y = 1 \\ x+2y = 0 \end{cases}$$

답

이 연립 2원 1차 방정식을 행렬을 이용하여 나타내면
$$\begin{pmatrix} 3 & 7 \\ 1 & 2 \end{pmatrix} \begin{pmatrix} x \\ y \end{pmatrix} = \begin{pmatrix} 1 \\ 0 \end{pmatrix}$$

$A = \begin{pmatrix} 3 & 7 \\ 1 & 2 \end{pmatrix}$로 두면, $\Delta = 3 \times 2 - 7 \times 1 = -1 \neq 0$에 의해 역행렬 A^{-1}이 존재하고

$A^{-1} = \begin{pmatrix} -2 & 7 \\ 1 & -3 \end{pmatrix}$

그러므로 $\begin{pmatrix} x \\ y \end{pmatrix} = A^{-1} \begin{pmatrix} 1 \\ 0 \end{pmatrix} = \begin{pmatrix} -2 & 7 \\ 1 & -3 \end{pmatrix} \begin{pmatrix} 1 \\ 0 \end{pmatrix} = \begin{pmatrix} -2 \\ 1 \end{pmatrix}$

따라서, $x = -2$, $y = 1$

9. 행렬식과 계산방법

□ **포인트**
행렬식

a, b, c, d를 다음과 같이 나열하여 좌우에 세로선을 그은 것을 행렬식이라고 한다.

$$\begin{vmatrix} a & b \\ c & d \end{vmatrix}$$

이때, $ad-bc$를 행렬식의 값이라 한다.

⟨행렬식의 값을 구하는 순서⟩
(1) (1, 1) 요소에 +, (1, 2) 요소를 −, ······ (2, 1) 요소를 −, (2, 2) 요소를 +······과 상호에 +, −를 붙인다.
(2) (i, j) 요소에 속한 행과 열을 제거한 소형 행렬식과 그 (i, j) 요소와의 곱을 만든다.
(3) 그 대수합을 만든다.

■ **해설**

예1) 2차 행렬 $\begin{vmatrix} a^{(+)} & b^{(-)} \\ c^{(-)} & d^{(+)} \end{vmatrix} = ad - bc$

예2) 3차 행렬
$$\begin{vmatrix} a^{(+)} & b^{(-)} & c^{(+)} \\ d^{(-)} & e^{(+)} & f^{(-)} \\ g^{(+)} & h^{(-)} & i^{(+)} \end{vmatrix}$$
$$= +a \times \begin{vmatrix} e & f \\ h & i \end{vmatrix} - b \times \begin{vmatrix} d & f \\ g & i \end{vmatrix} + c \times \begin{vmatrix} d & e \\ g & h \end{vmatrix}$$
$$= a(ei-fh) - b(di-fg) + c(dh-eg)$$
$$= aei + bfg + cdh - afh - bdi - ceg$$

예3) $\begin{vmatrix} 3 & -5 \\ 2 & 4 \end{vmatrix} = 3 \times 4 - (-5) \times 2 = 22$

예4) $\begin{vmatrix} 4 & -1 & 5 \\ -3 & 4 & 0 \\ 1 & 3 & 6 \end{vmatrix}$
$$= 4 \times \begin{vmatrix} 4 & 0 \\ 3 & 6 \end{vmatrix} - (-1) \times \begin{vmatrix} -3 & 0 \\ 1 & 6 \end{vmatrix} + 5 \times \begin{vmatrix} -3 & 4 \\ 1 & 3 \end{vmatrix}$$
$$= 4 \times (24-0) + 1 \times (-18-0) + 5 \times (-9-4) = 13$$

10. 행렬식의 성질과 응용

□ 포인트

1. 행과 열을 바꿔도 행렬식의 값은 바뀌지 않는다.
2. 어느 2개의 행(또는 열)을 바꾸면 역부호의 값이 된다.
3. 어느 2개의 행(또는 열)이 같은 요소로 되어 있다면 그 행렬식의 값은 0이다.
4. 어느 1개의 행(또는 열)의 요소가 모두 k배로 되어 있다면 k는 행렬식의 밖으로 나갈 수 있다($k \neq 0$, k는 실수).
5. 어느 1개의 행(또는 열)이 2개 요소의 합(또는 차)으로 되어 있다면 2개의 행렬식의 합(또는 차)으로 분해된다.
6. 어느 1개의 행(또는 열)을 k배하여 다른 행(또는 열)에 더해도 행렬식의 값은 변하지 않는다($k \neq 0$, k는 실수).

■ 해설

▶ 연립 방정식의 해법

연립 n원 1차 방정식은 행렬식을 이용하여 풀 수 있다.

(1) 분모는 미지수의 계수를 각각 세로로 나열하고, n차의 행렬식을 만든다.
(2) 분자는 분모의 행렬식에서 미지수의 열을 정수로 교체한 행렬식을 만든다.
(3) 분모, 분자의 행렬식을 계산하여 해를 구한다.

예를 들면, x, y에 관한 연립 2원 1차 방정식

$$\begin{cases} ax + by = p \\ cx + dy = q \end{cases} \quad (ad - bc \neq 0)$$의 해는

$$x = \frac{\begin{vmatrix} p & b \\ q & d \end{vmatrix}}{\begin{vmatrix} a & b \\ c & d \end{vmatrix}} = \frac{pd - bq}{ad - bc}$$

$$y = \frac{\begin{vmatrix} a & p \\ b & q \end{vmatrix}}{\begin{vmatrix} a & b \\ c & d \end{vmatrix}} = \frac{aq - pc}{ad - bc}$$

1
토목에 필요한 수학

❖ **예제**

다음 연립 방정식을 풀어라.

(1) $(2/3)x+(1/4)y = 1/2$, $(1/4)x+(1/3)y = 25/72$
(2) $0.356x-4.231y = 8.826$, $1.380x+3.256y = 3.411$
(3) $x-y+2z = 1$, $2x+y-z = 4$, $4x-y-2z = -1$

답

(1) 구하는 해는

$$x = \frac{\begin{vmatrix} 1/2 & 1/4 \\ 25/72 & 1/3 \end{vmatrix}}{\begin{vmatrix} 2/3 & 1/4 \\ 1/4 & 1/3 \end{vmatrix}} = \frac{1}{2}, \quad y = \frac{\begin{vmatrix} 2/3 & 1/2 \\ 1/4 & 25/72 \end{vmatrix}}{\begin{vmatrix} 2/3 & 1/4 \\ 1/4 & 1/3 \end{vmatrix}} = \frac{2}{3}$$

(2) 구하는 해는

$$x = \frac{\begin{vmatrix} 8.826 & -4.231 \\ 3.411 & 3.256 \end{vmatrix}}{\begin{vmatrix} 0.356 & -4.231 \\ 1.380 & 3.256 \end{vmatrix}} = 6.169, \quad y = \frac{\begin{vmatrix} 0.356 & 8.826 \\ 1.380 & 3.411 \end{vmatrix}}{\begin{vmatrix} 0.356 & -4.231 \\ 1.380 & 3.256 \end{vmatrix}} = -1.567$$

* 이상의 문제는 도형과 방정식의 문제(p.15)와 같다.

(3) 구하는 해는

$$x = \frac{\begin{vmatrix} 1 & -1 & 2 \\ 4 & 1 & -1 \\ -1 & -1 & -2 \end{vmatrix}}{\begin{vmatrix} 1 & -1 & 2 \\ 2 & 1 & -1 \\ 4 & -1 & -2 \end{vmatrix}} = 1.2, \quad y = \frac{\begin{vmatrix} 1 & 1 & 2 \\ 2 & 4 & -1 \\ 4 & -1 & -2 \end{vmatrix}}{\begin{vmatrix} 1 & -1 & 2 \\ 2 & 1 & -1 \\ 4 & -1 & -2 \end{vmatrix}} = 3.0$$

$$z = \frac{\begin{vmatrix} 1 & -1 & 1 \\ 2 & 1 & 4 \\ 4 & -1 & -1 \end{vmatrix}}{\begin{vmatrix} 1 & -1 & 2 \\ 2 & 1 & -1 \\ 4 & -1 & -2 \end{vmatrix}} = 1.4$$

1. 미분법의 공식

□ 포인트

함수 $y=f(x)$의 도함수 y'를 표시한다.
함수 $f(x)$의 도함수 y'를 구하는 것을 함수 $f(x)$를 '미분한다' 라고 한다.

1 $(x^n)' = nx^{n-1}$ (n은 실수)
2 $(C)' = 0$ (C는 정수)
3 $\{f(x) \pm g(x)\}' = f'(x) \pm g'(x)$
4 $\{kf(x)\}' = kf'(x)$ (k는 정수)
5 $\{f(x)g(x)\}' = f'(x)g(x) + f(x)g'(x)$
6 $\{f(x)/g(x)\}' = \{f'(x)g(x) - f(x)g'(x)\}/\{g(x)\}^2$
7 $dy/dx = dy/dt \cdot dt/dx$
8 $(\sin x)' = \cos x$
9 $(\cos x)' = -\sin x$
10 $(\tan x)' = 1/\cos^2 x$

❖ 예제

다음 함수를 미분하라.

(1) $y = x^4$
(2) $y = x^{-2}$
(3) $y = 6$
(4) $y = 8x^2 + 2x$
(5) $y = 6x^3(x-4)$
(6) $y = (3x-6)^3$
(7) $y = \sin(4x-5)$
(8) $y = \cos^2 x$

답

(1) $y' = (x^4)' = 4x^{4-1} = 4x^3$
(2) $y' = (x^{-2})' = -2x^{-2-1} = -2x^{-3} = -2/x^3$
(3) $y' = (6)' = 0$
(4) $y' = (8x^2+2x)' = 8(x^2)' + 2(x)' = 8 \times 2x + 2 \times 1 = 16x+2$
(5) $y' = \{6x^3(x-4)\}' = (6x^3)'(x-4) + 6x^3(x-4)' = 24x^3 - 72x^2$
(6) $t = 3x-6$으로 두면 $y = t^3$, $dy/dt = 3t^2$, $dt/dx = 3$.
    $dy/dx = (dy/dt) \cdot (dt/dx) = 3t^2 \times 3 = 9t^2 = 9(3x-6)^2$
(7) $y' = \{\sin(4x-5)\}' = \{\cos(4x-5)\} \times 4 = 4\cos(4x-5)$
(8) $y' = \{(\cos x)^2\}' = 2\cos x \cdot (\cos x)' = -\sin 2x$

2. 미분법의 응용

□ **포인트**   함수의 최대, 최소를 구할 때에 미분법을 이용하여 계산한다. 무엇에 대해서 미분하는가를 잘 생각하여 식을 세우는 것이 중요하다.

❖ **예제**   단면계수에 관한 문제

그림 1과 같은 지름 D의 통나무가 있다. 이 통나무에서 휨 모멘트에 대해 가장 강한 직사각형 단면을 가진 보의 폭 b와 높이 h를 구하라.

답

$\sigma = M/Z$, σ : 휨 응력

M : 휨 모멘트, Z : 단면계수

보에 드는 σ가 작을수록 강도에 여유가 생기기 때문에, 그런 이유에서 Z를 가장 크게 하는 것이 필요하다. 그림에서 D : 직경, b : 가로폭, h : 높이로 하면 $D^2 = b^2 + h^2$이기 때문에, h를 b와 D로 표현하면 $h = \sqrt{D^2 - b^2}$이 된다.

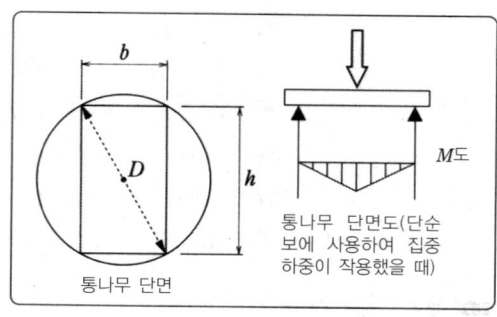

그림 1

$$Z = [b\{(D^2-b^2)^{1/2}\}^2]/6 = \{b(D^2-b^2)\}/6 = (bD^2 - b^3)/6$$

∘ Z를, b를 변수로서 미분하면, $dZ/db = (D^2 - 3b^2)/6$이 되고, $D^2 - 3b^2 = 0$으로 두면

$b^2 = D^2/3$,   ∴ $b = D/\sqrt{3} = (\sqrt{3}D)/3$

∴ $h = \sqrt{D^2 - D^2/3} = \sqrt{2/3}D$

그러므로, 구하는 값은 $b = (\sqrt{3}D)/3$, $h = \sqrt{2/3}D$로, 이때 최대 단면계수의 값은 $Z = bh^2/6 = (\sqrt{3}/27) \cdot D^3$이다.

■ **예제**   단면적이 최대가 되는 수치를 구하는 문제

폭 b[cm]의 철판을 꺾어 구부려서 그림 2와 같은 형태를 만들어, 단면적을 최대로 하고 싶다면 양끝에서 몇 cm 떨어진 곳을 구부리는 것이 좋을까?

답

꺾어 구부리는 길이를 x[cm], 단면적을 y[cm²]로 하면 $y = x(b - 2x)$, y를 x로 미분하면 $dy/dx = b - 4x$, $b - 4x = 0$으로 두면 $x = b/4$가 된다.

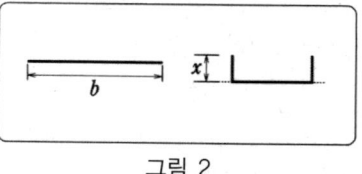

그림 2

예를 들면, b를 30cm로 할 경우 $x = 30/4 = 7.5$

따라서, 양단에서 7.5cm 떨어진 곳을 구부리면 된다.

3. 적분법의 공식

□ 포인트   적분은 미분의 역이다(h, k, n, C는 정수).

1. $\int x^n dx = \{1/(n+1)\}x^{n+1} + C$

2. $\int kf(x)\,dx = k\int f(x)\,dx$

3. $\int \{f(x) \pm g(x)\}\,dx = \int f(x)\,dx \pm \int g(x)\,dx$

4. $\int \{hf(x) \pm kg(x)\}\,dx = h\int f(x)\,dx \pm k\int g(x)\,dx$

5. $\int f(x)\,dx = \int f(g(t))g'(t)\,dt$, 단, $x = g(t)$ (치환)

6. $\int f(g(x))g'(x)\,dx = \int f(t)\,dt$, 단, $g(x) = t$ (치환)

7. $\int f(x)g'(x)\,dx = f(x)g(x) - \int f'(x)g(x)\,dx$ (부분)

8. $\int \sin x\,dx = -\cos x + C$

9. $\int \cos x\,dx = \sin x + C$

10. $\int (dx/\cos^2 x) = \tan x + C$

11. $\int (dx/\sin^2 x) = (-1/\tan x) + C$

■ 해설

부정적분
원시 함수

▶ 부정적분의 공식

일반적으로 함수 $f(x)$에 대해서 미분하면 $f(x)$로 되는 함수를 $f(x)$의 부정적분 또는 원시 함수라 하며, 기호 $\int f(x)$로 나타낸다.

$f(x)$의 1개의 부정적분을 $F(x)$라 하면, $f(x)$의 임의의 부정적분은
$f(x)dx = F(x) + C$로 나타낸다.

적분 정수   이때, 정수 C를 적분 정수라 한다.

❖ 예제

다음 부정적분을 구하라.

(1) $\int x^4 dx = \dfrac{1}{5}x^5 + C$

(2) $\int 3x^3 dx = 3\left(\dfrac{1}{4}x^4\right) + C = \dfrac{3}{4}x^4 + C$

(3) $\int 3x(x-2)^{3/2}dx \qquad x-2=t \qquad x=t+2,\ \dfrac{dx}{dt}=1$

$= \int 3(t+2)t^{3/2}dt = 3\left(\dfrac{2}{7}t^{7/2}+\dfrac{4}{5}t^{5/2}\right)+C = \dfrac{6}{35}(5x+4)(x-2)^{5/2}+C$

(4) $\int (3x+5x^2)\,dx = \int 3x\,dx + \int 5x^2 dx = \dfrac{3}{2}x^2+\dfrac{5}{3}x^3+C$

(5) $\int (3x+4)^2 dx \qquad 3x+4=t \qquad x=\dfrac{t-4}{3},\ \dfrac{dx}{dt}=\dfrac{1}{3}$

$= \int t^2 \cdot \dfrac{1}{3}dt = \dfrac{1}{3}\cdot\dfrac{t^3}{3}+C = \dfrac{1}{9}(3x+4)^3+C$

(6) $\int x\sin x\,dx \qquad \sin x = (-\cos x)'$ 에서

$= x(-\cos x) - \int(-\cos x)\,dx = -x\cos x + \sin x + C$

■ 해설　▶ 정적분의 공식

어느 구간에서 연속된 함수 $f(x)$의 부정적분 중 하나를 $F(x)$로 할 때, 이 구간에 속한 2개의 실수 a, b에 대하여

$$\int_a^b f(x)\,dx = [F(x)]_a^b = F(b)-F(a)$$

를 $f(x)$의 a부터 b까지의 정적분을 말하며, a를 하단, b를 상단이라 한다.

구간 $[a, b]$에서 항상 $f(x) \geq 0$일 때, 정적분 $\int_a^b f(x)dx$는 이 구간에서 곡선 $y=f(x)$와 x축을 둘러싼 부분의 면적 S와 같다(그림 1).

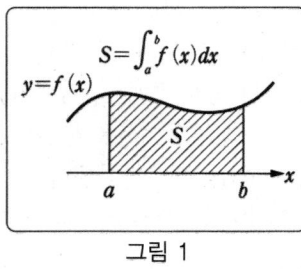

그림 1

① $\int_a^b f(x)\,dx = -\int_b^a f(x)\,dx$

② $\int_a^a f(x)\,dx = 0$

③ $\int_a^b f(x)\,dx = \int_a^b f(t)\,dt$

④ $\int_a^b kf(x)\,dx = k\int_a^b f(x)\,dx$

5 $\int_a^b \{f(x) \pm g(x)\} dx = \int_a^b f(x) dx \pm \int_a^b g(x) dx$

6 $\int_a^b \{hf(x) \pm kg(x)\} dx = h\int_a^b f(x) dx \pm k\int_a^b g(x) dx$

   (단, h, k는 정수)

7 $\int_a^b f(x) dx = \int_a^c f(x) dx + \int_c^b f(x) dx$

8 $\int_a^b f(x) dx = \int_u^s f(g(t)) g'(t) dt$

   단, $x = g(t)$, $a = g(u)$, $b = g(s)$

9 $\int_a^b f(g(x)) g'(x) dx = \int_u^s f(t) dt$

   단, $g(x) = t$, $g(a) = u$, $g(b) = s$

10 $\int_a^b f(x) g'(x) dx = [f(x) g(x)]_a^b - \int_a^b f'(x) g(x) dx$

11 $\dfrac{d}{dx} \int_a^x f(t) dt = f(x)$

❖ **예제**

다음의 정적분을 구하라.

(1) $\int_1^2 (1-x^2) dx = \left[x - \dfrac{x^3}{3}\right]_1^2 = -\dfrac{4}{3}$

(2) $\int_0^1 (x+1)^2 dx - \int_0^1 (x-1)^2 dx$

$= \int_0^1 \{(x+1)^2 - (x-1)^2\} dx = \int_0^1 4x\, dx = [2x^2]_0^1 = 2 - 0 = 2$

(3) $\int_{\pi/6}^{\pi/3} \cos^2 x\, dx = \dfrac{1}{2} \int_{\pi/6}^{\pi/3} (\cos 2x + 1) dx$

$= \dfrac{1}{2} \left[\dfrac{1}{2} \sin 2x + x\right]_{\pi/6}^{\pi/3}$

$= \dfrac{1}{2} \left[\dfrac{\sqrt{3}}{4} + \dfrac{\pi}{3} - \left(\dfrac{\sqrt{3}}{4} + \dfrac{\pi}{6}\right)\right] = \dfrac{\pi}{12}$

(4) $\int_0^2 2x(x-2)^5 dx$ $x-2 = t$ 로 두면, $x = t+2$, $\dfrac{dx}{dt} = 1$

$x = 2$일 때 $t = 0$, $x = 0$일 때 $t = -2$

$\int_{-2}^0 2(t+2) t^5 dt = 2\int_{-2}^0 (t^6 + 2t^5) dt = 2\left[\dfrac{1}{7} t^7 + \dfrac{1}{3} t^6\right]_{-2}^0 = -\dfrac{64}{21}$

1 토목에 필요한 수학

4. 적분법의 응용

□ **포인트**   적분은 기본적으로 면적, 체적을 구하기 위해 이용되는 경우가 많다.

■ **예제**

그림 1에서 단면의 x축에 관한 단면 1차 모멘트 Q_x, 단면 2차 모멘트 I_x와 x축으로부터 도심축 nx까지의 거리 y_G, nx에 관한 단면 2차 모멘트 I_{nx}를 구하라. 이때 축을 b, 높이는 h로 한다.

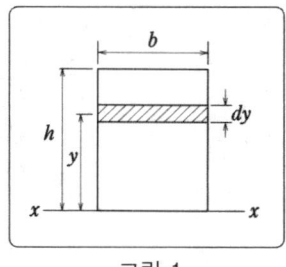

그림 1

답

단면의 가운데 그림과 같은 미소 단면적($b \cdot dy$)을 가정한다.

이 미소 단면적에 도심으로부터 x축까지의 거리 y를 곱해서 단면 1차 모멘트를 구한다. 미소 단견의 집합이 전단면이기 때문에 y의 값을 0부터 h까지의 범위로 하면 다음과 같은 정적분이 된다.

▶ x축에 관한 단면 1차 모멘트 Q_x

$$Q_x = \int_0^h y \cdot b \, dy = b \int_0^h y \, dy = b \left[\frac{y^2}{2} \right]_0^h = b \left(\frac{h^2}{2} - \frac{0^2}{2} \right) = \frac{bh^2}{2}$$

같은 양상으로 단면 2차 모멘트는 미소 단면적에 도심으로부터 x축까지의 거리 y의 2승을 곱한 것의 정적분이기 때문에 다음과 같이 된다.

▶ x축에 관한 단면 2차 모멘트 I_x

$$I_x = \int_0^h y^2 \cdot b \, dy = b \int_0^h y^2 \, dy = b \left[\frac{y^3}{3} \right]_0^h = b \left(\frac{h^3}{3} - \frac{0^3}{3} \right) = \frac{bh^3}{3}$$

도심 : 어느 도형에서 직교축 x, y를 적당하게 선택하면 각 축에 관한 단면 1차 모멘트를 같은 0으로 하는 것이 가능하다. 이와 같은 직교축의 원점을 도심이라 한다. 도심을 지나는 직교축은 도심축이라 하며 nx, ny로 나타낸다.

▶ x축으로부터 도심축 nx까지의 거리

$y_G = \Sigma Ay / \Sigma A$

x축과 도심축에 관한 단면 2차 모멘트의 관계(그림 2)

$I_x = I_{nx} + Ay_G^2$, 또는, $I_{nx} = I_x - Ay_G^2$

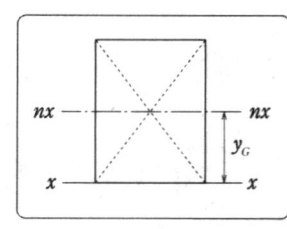

그림 2

제2편

응용 역학

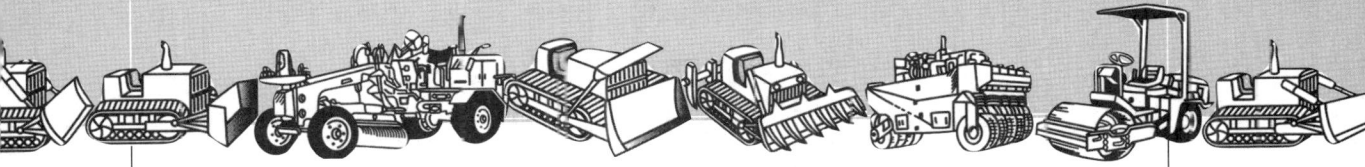

제1장 : 재료의 강도 제5장 : 보의 설계
제2장 : 힘의 균형 제6장 : 주(기둥)
제3장 : 보 제7장 : 트러스
제4장 : 부재 단면의 성질 제8장 : 보의 처짐과 부정정보

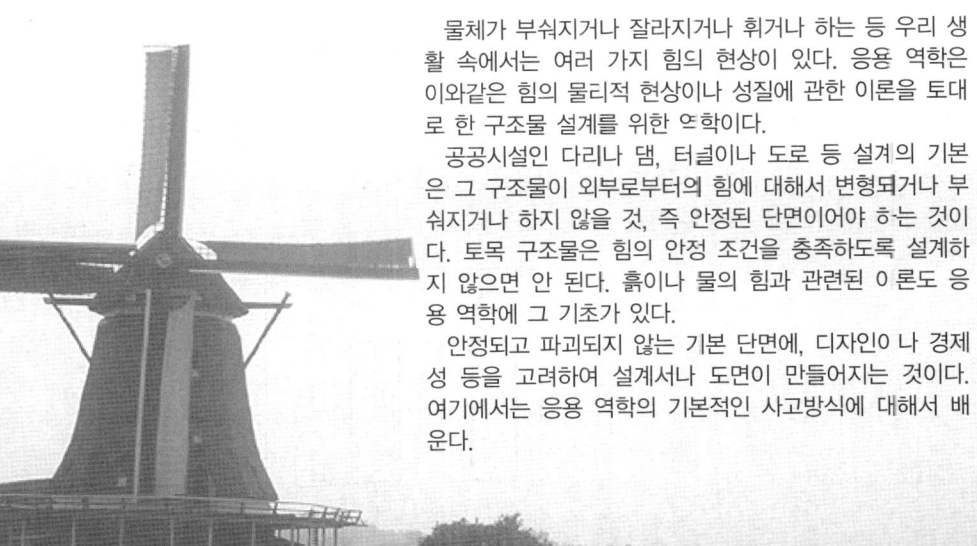

물체가 부숴지거나 잘라지거나 휘거나 하는 등 우리 생활 속에서는 여러 가지 힘의 현상이 있다. 응용 역학은 이와같은 힘의 물리적 현상이나 성질에 관한 이론을 토대로 한 구조물 설계를 위한 역학이다.

공공시설인 다리나 댐, 터널이나 도로 등 설계의 기본은 그 구조물이 외부로부터의 힘에 대해서 변형되거나 부숴지거나 하지 않을 것, 즉 안정된 단면이어야 하는 것이다. 토목 구조물은 힘의 안정 조건을 충족하도록 설계하지 않으면 안 된다. 흙이나 물의 힘과 관련된 이론도 응용 역학에 그 기초가 있다.

안정되고 파괴되지 않는 기본 단면에, 디자인이나 경제성 등을 고려하여 설계서나 도면이 만들어지는 것이다. 여기에서는 응용 역학의 기본적인 사고방식에 대해서 배운다.

2 응용 역학

1. 응력과 변형

□ **포인트**
응력도

물체에 외력이 작용하면 거기에 대응한 응력이 내부에서 생긴다. 단위 면적당 응력을 **응력도**라 한다. 또, 물체가 파괴되지 않고 안전하려면 응력도는 그 재료의 허용응력도 이내이어야 한다.

■ **해설**
압축응력도
인장응력도
축방향력

물체의 축방향에 그림 1과 같이 힘 P_c나 P_t가 작용하면, 압축력에 대해서는 **압축응력도** σ_c가, 인장력에 대해서는 **인장응력도** σ_t가 생긴다. 이때, P_c나 P_t를 **축방향력**이라 한다. 이에 대한 다음 식이 성립한다.

$$\sigma_c = P_c/A, \quad \sigma_t = P_t/A \qquad \cdots\cdots(1)$$

여기서, σ_c : 압축응력도, σ_t : 인장응력도, P_c, P_t : 축방향력

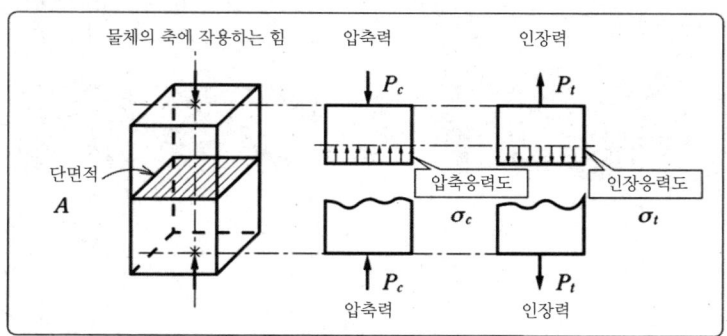

그림 1 압축응력도와 인장응력도

축방향과
변형의 관계

단면적 A의 강재에 축방향 인장력 P가 작용한 경우의 응력과 변형의 관계를 생각해 보자.

그림 2와 같이 물체에 외력이 작용하면 물체에 변형이 생긴다. 원래 길이 l에 대한 변화량 Δl의 비율을 **변형도**라 한다.

변형도

$$\text{변형도 } \varepsilon = \Delta l / l \qquad \cdots\cdots(2)$$

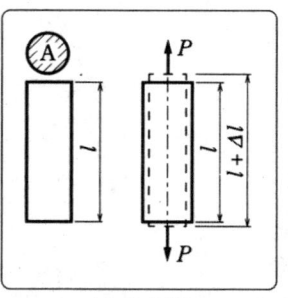

그림 2 변형도

▶ 후크의 법칙

응력과 변형의 관계는 비례한도 내에서는 비례관계이며, 동일 재료로는 일정값을 갖는다. 이것을 후크의 법칙이라 한다.

$$E = \frac{응력도}{변형도} = \frac{\sigma}{\varepsilon} \quad \cdots\cdots(3)$$

탄성계수

여기서, E : 탄성계수(영계수)

탄성계수 E는 재료에 의해 일정값을 갖는다.

강재 　　$E_s = 2.1 \times 10^6 \, g_c \text{N/cm}^2$

콘크리트　$E_c = 1.4 \times 10^5 \, g_c \text{N/cm}^2$

식 (3)에서 탄성계수가 정해져 있는 재료를 이용한 부재의 변형량이나 단면의 크기를 구할 수 있다.

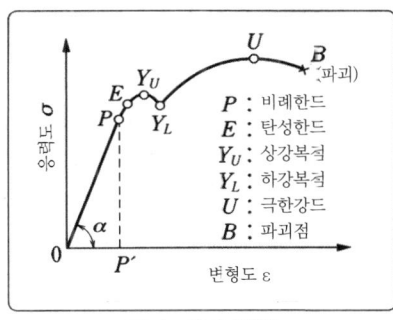

그림 3 응력 변형도

❖ 예제

직경 22mm, 길이 1m의 강재를 50kN의 힘으로 인장시켰을 때, 이 강재의 길이는 어느 정도인가? 단, 비례한도의 응력도는 200N/mm²로 하며, 탄성계수는 $E_s = 2.1 \times 10^6 g_c \text{N/cm}^2 (= 2.06 \times 10^7 \text{ N/cm}^2)$으로 한다.

답

$$A = \pi d^2/4 = \pi \times 22^2/4 = 380 \text{ mm}^2$$

$$\sigma = P/A = 50{,}000/380 = 131.53 \text{ N/mm}^2 (= 13{,}158 \text{ N/cm}^2) < 200 \text{ N/mm}^2$$

비례한도 내의 응력도이기 때문에 후크의 법칙이 적용된다.

식 (3)에 의해

$$\varepsilon = \sigma/E = \Delta l/l \text{로부터}$$

$$\Delta l = \sigma l/E = \frac{13{,}158 \times 100}{2.06 \times 10^7} = 0.064 \text{ cm}$$

$$= 0.64 \text{ mm}$$

2. 전단응력과 부재의 강도

□ 포인트
전단응력

전단응력이란 그림 1과 같이 부재 Δx 사이를 전단하려는 힘 S에 의해 그 부재 내부에 생기는 응력 τ를 말한다.

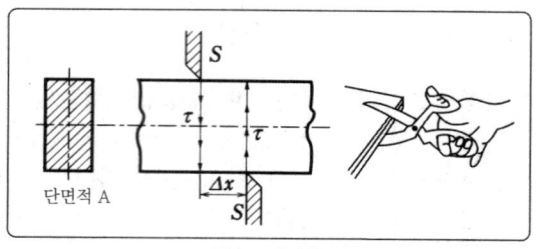

그림 1 전단응력

전단응력도

단위 면적당 전단응력을 **전단응력도**라 하며, τ로 표기한다.

$$\tau = S/A \ [\text{N/m}^2] \quad \cdots\cdots(1)$$

■ 해설
전단응력을 받는 부재
단전단
복전단

그림 2와 같이 2매 이상의 강판을 리벳이나 볼트로 접합할 때 접합한 강판에 작용하는 힘에 의해 리벳에는 전단응력이 생긴다. 리벳은 그림 2의 (a)와 같이 한 곳에서 전단력을 받는 **단전단**과, 두 곳에서 전단을 받는 그림 2의 (b)와 같은 **복전단**이 있다.

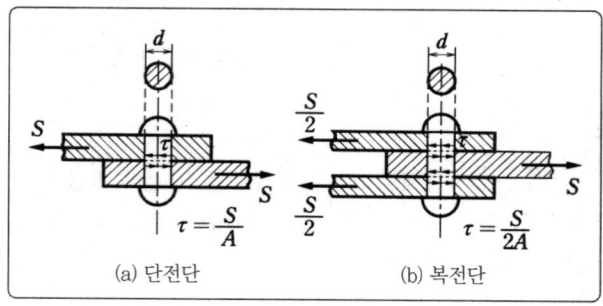

그림 2 리벳 접합

❖ **예제**

그림 2의 (a)에서 50kN의 힘을 받는 2매의 강판을 직경 25mm의 리벳으로 접합하였다. 리벳에 생기는 전단응력도는 어느 정도인가?

답

단면적 $A = \pi d^2/4 = \pi \times 2.5^2/4 = 4.909 \ \text{cm}^2$

전단응력도 $\tau = S/A = 50,000/4.909 = 10,185 \ \text{N/cm}^2$
$\qquad\qquad\quad = 101.85 \ \text{N/mm}^2$

❖ 예제

그림 3과 같이 볼트로 접합된 두 장의 강판에 $P=300$kN의 인장력이 작용하고 있다. 이 강판을 직경 22mm의 볼트로 접합할 때, 몇 개의 볼트가 필요한가?

단, 볼트의 허용전단응력도를 $\tau_a = 1,100 g_c$N/cm²로 한다.

답

볼트 1개의 강도 $\rho_1 = \tau_a A$

$= 1,100 \, g_c \times \pi \times 2.2^2/4$

$= 4,181.5 \, g_c N = 41,007 \, N$

필요한 볼트의 개수 n은

$n = 300,000/41,007 = 7.316$

소수점 이하를 반올림하여 8개로 된다.

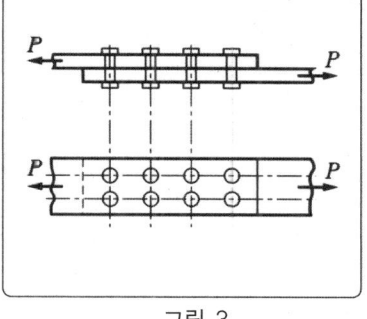

그림 3

□ **해설**

전단변형도

그림 4는 어느 부재의 미소 부분 Δx에 전단력 P가 작용하여 Δy의 변위가 생긴 것을 나타낸 것이다. 그것은 다음과 같은 관계가 있다.

전단응력도 $\tau = P/A$

$\varepsilon = \Delta y / \Delta x = \tan \varphi \fallingdotseq \varphi$

($\because \varphi$은 미소각)

축방향 응력과 같은 방식으로

$\tau / \varphi = G$ (일정) ……(2)

여기서, φ : 전단변형도, G : 전단탄성계수

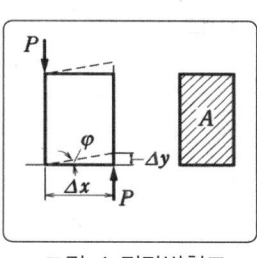

그림 4 전단변형도

■ **관련사항**

가로 변형

그림 5와 같이 축방향으로 잡아늘리면, Δl의 변형이 생기고, 가로 방향으로도 Δb의 변형이 생긴다. 그것은 다음과 같은 관계가 있다.

m = 세로 변형/가로 변형

$= \dfrac{\Delta l/l}{\Delta b/b} = \left(\dfrac{\Delta l}{\Delta b}\right) \cdot \left(\dfrac{b}{l}\right)$ ……(3)

푸아송 수
푸아송 비

여기서, m : 푸아송 수, $1/m$: 푸아송 비

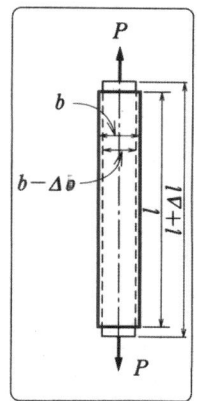

그림 5 세로 변형 가로 변형

1. 힘의 합성과 분해

□ 포인트

힘의 3요소

힘은 그림 1에서 알 수 있듯이 힘의 크기, 힘이 작용하는 점(작용점), 힘이 작용하는 방향으로 나타낸다. 이것을 힘의 3요소라 한다.

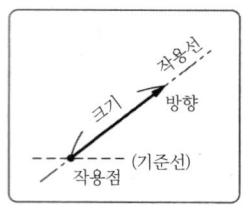

그림 1 힘의 3요소

힘의 합성

합력

어느 물체에 두 개 이상의 힘이 작용할 때, 이것과 같은 일을 하는 한 개의 힘을 구하는 것을 힘의 합성이라 하며, 구해진 1개의 힘을 합력이라 한다.

■ 해설

그림 2와 같이 한 점에 작용하는 두 힘의 합력의 크기 R과 그 방향 β는 P_1, P_2로 뻗는 평행사변형의 대각선으로 나타난다.

즉, $R = \sqrt{(P_1 + P_2 \cos \alpha)^2 + (P_2 \sin \alpha)^2}$
 $= \sqrt{P_1^2 + P_2^2 + 2 P_1 P_2 \cos \alpha}$ ……(1)

$\tan \beta = P_2 \sin \alpha / (P_1 + P_2 \cos \alpha)$ ……(2)

방향: $\beta = \tan^{-1}(P_2 \sin \alpha / (P_1 + P_2 \cos \alpha))$

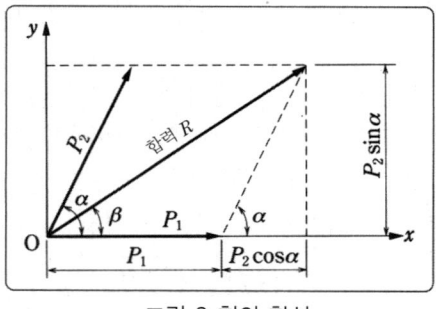

그림 2 힘의 합성

▶ 한 점에 작용하는 수(數)력의 합성

그림 3처럼 한 점에 작용하는 네 가지 힘의 합성은, 각 힘의 수평성분과 연직 성분을 대수적으로 가하여 이것들의 합력을 구하면 된다. 또한, 작용하는 힘이 일정하여도 다음 식은 성립한다.

$$\left.\begin{array}{l}\Sigma H = H_1+H_2+H_3+H_4\\ \Sigma V = V_1+V_2+V_3+V_4\end{array}\right\} \quad \cdots\cdots(3)$$

$$\left.\begin{array}{l}\text{합력}: R = \sqrt{(\Sigma H)^2+(\Sigma V)^2}\\ \text{방향}: \hat{\beta} = \tan^{-1}(\Sigma V/\Sigma H)\end{array}\right\} \quad \cdots\cdots(4)$$

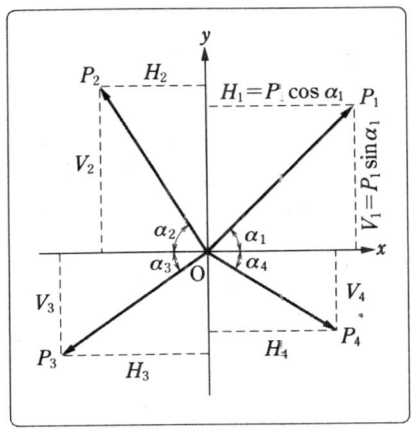

그림 3 점 O에 작용하는 수력의 합성

□ 포인트

분력

힘의 분해

물체에 작용하는 한 개의 힘은 그것과 같은 일을 하는 두 개 이상의 힘으로 분해할 수 있다. 이 나뉘어진 힘을 **분력**이라 하며, 분력을 구하는 것을 **힘의 분해**라 한다.

■ 해설

그림 4의 힘 P를 x, y 방향의 두 힘 P_x, P_y로 분해해 보자.

점 A에서 x방향으로 떨어진 수선의 폭을 A'로 하면

$AA' = P\sin\beta = P_y\sin\alpha$ 에서, $P_y = P\sin\beta/\sin\alpha$

$CA' = OB+BA' = P_x+P_y\cos\alpha = P\cos\beta$

$P_x = P\cos\beta - P_y\cos\alpha$ 로 구해진다. 따라서,

$$\left.\begin{array}{l}P_x = P\cos\beta - P_y\cos\alpha\\ P_y = P\sin\beta/\sin\alpha\end{array}\right\} \quad \cdots\cdots(5)$$

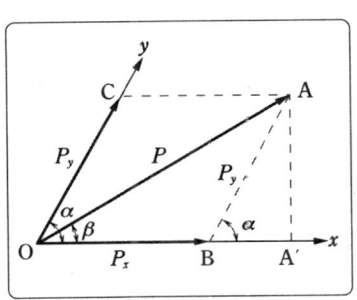

그림 4 힘의 분해

2. 힘의 모멘트와 균형

□ 포인트

힘의 모멘트

물체를 회전시키려 하는 힘의 작용을 **힘의 모멘트**라 한다. 힘의 모멘트란 그림 1에서 힘 P와 점 O로부터 작용선에 떨어진 수선의 길이 l과의 곱으로 나타낸다.

$$M_O = Pl \qquad \cdots\cdots (1)$$

모멘트 부호

모멘트의 부호는 시계 방향으로 회전시키는 것을 양(+), 반시계 방향으로 회전시키는 것을 음(-)이라 약속한다. 또한, 모멘트는 힘×거리이기 때문에 단위는 N·m 또는 kN·m 등으로 나타낸다.

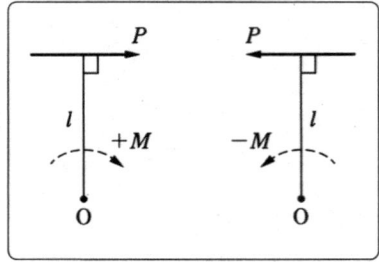

그림 1 힘의 모멘트

■ 해설

우력의 모멘트

그림 2와 같이 힘의 크기가 같고 방향이 반대인 1조와 평행해 있는 힘을 **우력**이라 한다. 우력의 모멘트 M_O는 그림 2에서

$$M_O = P(l+x) - Px = Pl$$
$$M_O' = -Px' + P(x'+l) = Pl$$

가 되며, 점 O의 위치에 관계없이 힘의 크기와 두 힘 간의 거리와의 곱으로 나타낸다.

$$M_O = Pl$$

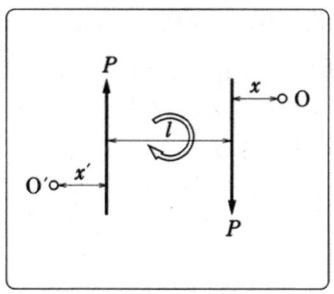

그림 2 우력의 모멘트

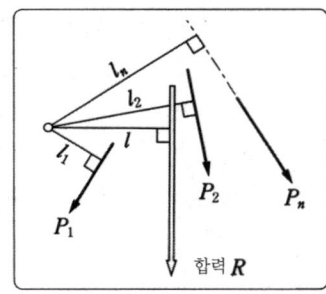

그림 3 바리니온의 정리

바리니온의 정리

많은 힘이 있는 한 점에 대한 모멘트의 총합은 그 힘들의 합력의 모멘트와 같다(바리니온의 정리, 그림 3).

$$M_O = P_1 l_1 + P_2 l_2 + \cdots + P_n l_n = Rl \qquad \cdots\cdots (2)$$

$$l = \frac{P_1 l_1 + P_2 l_2 + \cdots + P_n l_n}{R}$$

2 힘의 균형

❖ **예제**

그림 4에 나타난 합력 R의 크기, 방향, 위치를 구하라.

답

합력의 크기는 위쪽 방향을 (+), 아래쪽 방향을 (−)로 하면
$$R = -10-8+13-20 = -25 \text{ kN}$$
이 되며, 음의 값이므로 합력 R은 아랫쪽 방향이다.

바리니온의 정리에 의해
$$M_O = -10 \times 9 - 8 \times 7 + 13 \times 4 = -94 = -25 \times l$$
$$\therefore \quad l = 3.76 \text{ m}$$

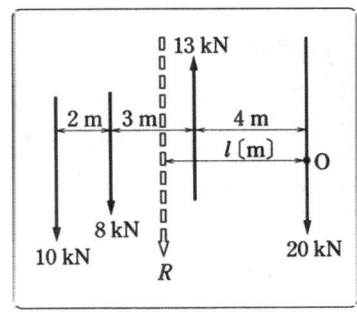

그림 4

□ **포인트**

힘 균형의 세 가지 조건

힘이 작용하고 있는 물체가 정지 상태에 있을 때, 그 물체는 균형 상태에 있다고 한다. 균형 상태를 유지하려면 다음 세 가지 조건을 충족시켜야 한다.

1. 힘의 수평분력의 총합이 0, 즉 $\Sigma H = 0$
2. 힘의 수직분력의 총합이 0, 즉 $\Sigma V = 0$
3. 힘의 모멘트의 총합이 0, 즉 $\Sigma M = 0$

⋯⋯ (3)

이것을 **힘 균형의 세 가지 조건**이라 한다.

❖ **예제**

그림 5와 같이 점 B에 $P = 2\text{kN}$의 힘이 작용하여 균형을 이루고 있다. 이 부재에 생기고 있는 힘 $\overline{AB}$, $\overline{BC}$을 구하라. 단, 점 A, C는 힌지로 연결되어 있는 것으로 한다.

답

$\Sigma V = 0$ 에서
$$\Sigma V = -2 - \overline{BC} \sin 30° = 0$$
$$\therefore \quad \overline{BC} = \frac{-2}{\sin 30°} = -4 \text{ kN}(압축력)$$

$\Sigma H = 0$ 으로부터
$$\Sigma H = -\overline{AB} - \overline{BC} \cos 30° = 0$$
$$\therefore \quad \overline{AB} = -\overline{BC} \cos 30° = -(-4) \times \cos 30°$$
$$= +3.46 \text{ kN}(인장력)$$

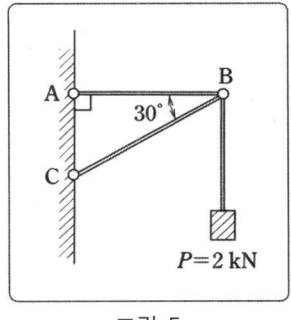

그림 5

2 응용 역학

1. 보에 작용하는 하중과 반력

□ 포인트

하중
등분포하중
등변분포하중
활하중(동하중)
사하중(정하중)

구조물에 작용하는 하중에는 자동차나 열차처럼 한 점에 집중해서 작용하는 **집중하중**[그림 1의 (a)]과, 보 자신의 무게와 같이 일정 크기로 분포하는 **등분포하중**[그림 1의 (b)], 수압, 토압 등과 같이 일정 비율로 변화하여 분포하는 **등변분포하중**[그림 1의 (c)]으로 분류된다. 또한 이동하는 하중을 **활하중(동하중)**, 정지해 있는 하중을 **사하중(정하중)**이라 한다.

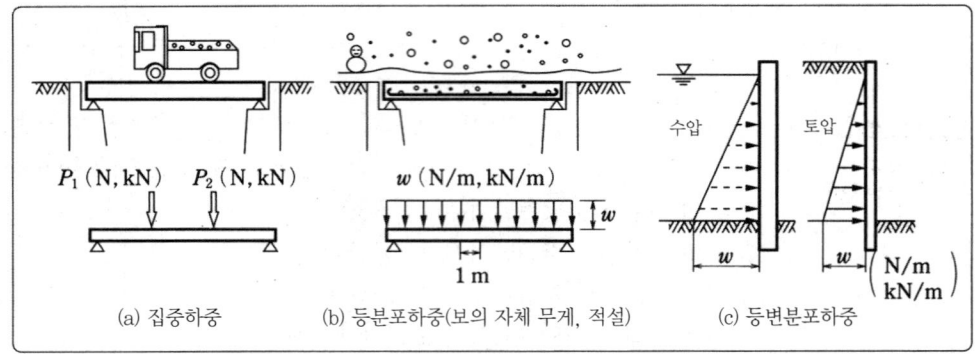

그림 1 하중의 종류

지점
반력
가동지점
회전지점
고정지점

그림 2의 (a)와 같이 정지해 있는 구조물을 지탱하는 점을 **지점**이라 한다. 그림 2의 (b)와 같이 보가 하중을 받으면 지점에 하중과 균형을 이루는 **반력**이 작용한다. 지점에는 표 1과 같은 **가동지점, 회전지점, 고정지점**이 있다. 가동지점, 회전지점에는 보가 지점상에서 자유롭게 회전할 수 있는 힌지 구조가 이용되고 있다.

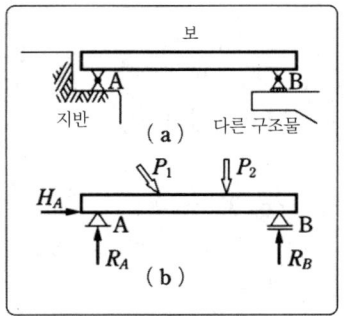

그림 2 지점과 반력

보가 안정하기 위해서는 적어도 세 개 이상의 반력이 필요하며, 힘의 균형의 세 가지 조건식 $\Sigma H=0$, $\Sigma V=0$, $\Sigma M=0$에서 반력을 구할 수 있다. 이와 같은 보를 **정정보**라 한다.

정정보

또한, 반력 수가 세 개를 넘으면 균형의 세 조건식만으로는 반력을 구할 수 없다. 이와 같은 보를 **부정정보**라 한다.

부정정보

표 1 지점의 종류

지점의 종류	구조	도시법	반력 수
가동지점	힌지, 롤러	R	1
회전지점	힌지	H, R	2
고정지점		M, H, R	3

■ 해설

그림 3의 (a)와 같이 보 AB가 2개의 가동지점에서 지탱되고 있는 경우, 하중 P가 대각선 방향으로 작용한다면 보 AB는 똑같이 가동지점이므로 보 AB에는 수평 방향의 반력이 생기지 않으며, 보는 수평 방향으로 이동하여 구조물로서 사용될 수 없다. 이와 같은 구조의 보를 **불안정한 보**라 한다. 또한 그림 3의 (b)와 같이 보 AB에 1개의 가동지점과 한 개의 회전지점으로 지탱되고 있는 경우, 하중 P가 대각선 방향으로 작용해도 수평반력 H_A가 회전지점 A에 생겨서 보 AB는 이동하는 일 없이 안정되어 있다. 이와 같은 보를 **안정된 보**라 한다. 이것으로부터 보가 안정하기 위해서는 세 개 이상의 반력이 필요함을 알 수 있다.

불안정한 보

안정된 보

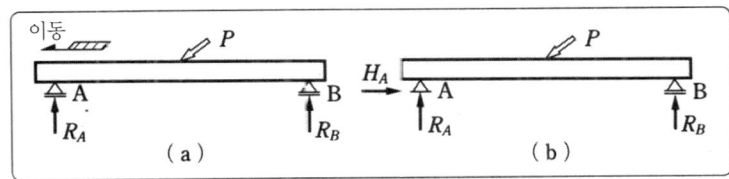

그림 3

보의 판별식

보가 정정한가 부정정한가를 판별하려면, 다음 식을 이용한다.

$$N = r - 3 - h$$

$N = 0$: 정정, $N > 0$: 부정정

여기서, N : 부정정 차수, r : 반력의 총수, h : 보를 접속하는 힌지 수

2. 집중하중이 작용하는 단순보

□ 포인트

단순보에 집중하중 P가 작용하면 보는 전단하려고 하는 전단력과 휘려고 하는 휨 모멘트의 작용을 받는다. 단순보는 한 개의 가동지점과 한 개의 회전지점으로 지탱되고 있는 정정보로 보 중 가장 기본적인 것이다.

■ 해설

그림 1의 (a)와 같은 집중하중 P가 작용하고 있는 단순보에 대해서 전단력과 휨 모멘트를 구해 보자.

▶ 반력의 계산

힘의 균형으로부터 지점 반력 R_A, R_B을 구한다(그림 1 (a)).

$\Sigma M_B = 0$ 에서
$R_A l - P b = 0$
$\therefore R_A = Pb/l$ ……(1)
$\Sigma V = R_A + R_B - P = 0$ 에서
$R_B = P - R_A = P - Pb/l$
$= Pa/l$ ……(2)

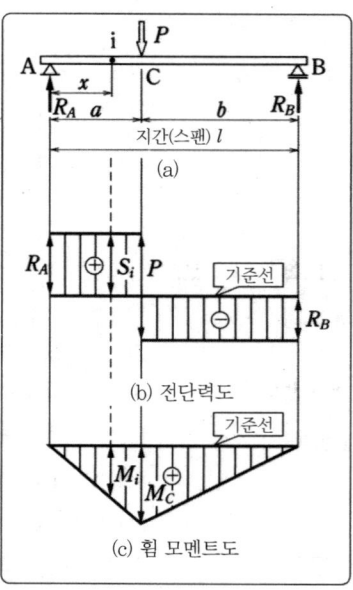

그림 1 SFD, BMD

▶ 전단력의 계산

보의 왼쪽 지점에서 오른쪽 방향의 점 i까지 생각해 볼 때는 윗방향으로 작용하는 힘을 양(+), 아랫방향으로 작용하는 힘을 음(-)으로서 더하여 구할 수 있다(그림 1 (b)). 점 i가 AC 사이에 있을 때

$S_i = S_{A \sim C} = R_A$

점 i가 CB 사이에 있을 때

$S_i = S_{C \sim B} = R_A - P = -R_B$

이 되며, 적당한 척도로 양의 경우는 기준선의 위쪽에, 음의 경우는 아래쪽에 전단력도를 그린다.

▶ 휨 모멘트

보의 왼쪽 지점부터 오른쪽 방향으로 생각할 때에는 휨 모멘트를 구하는 점보다 좌측의 힘이 그 점에 대해서 시계 방향으로 회전하는 것을 양(+), 시계 반대 방향으로 회전하는 것을 음(-)으로 하고 더하여 구할 수 있다(그림 1의 (c)).

점 i가 AC 사이에 있을 때
$$M_i = R_A x \quad \cdots\cdots(3)$$
$x = 0$ 일 때, $M_A = 0$
$x = a$ 일 때, $M_C = R_A a = (Pb/l) \times a$

점 i가 CB 사이에 있을 때,
$$M_i = R_A x - P(x-a) \quad \cdots\cdots(4)$$
$x = l$ 일 때, $M_B = R_A l - P(l-a) = 0$

휨 모멘트도는 기준선의 아래쪽을 양, 위쪽을 음으로 하여 그린다.

❖ 예제

그림 2의 (a)와 같은 집중하중이 작용하고 있는 단순보를 풀어서 전단력도, 휨 모멘트도를 그려라.

답

(1) 반력 R_A, R_B를 구한다.

$\Sigma M_B = R_A \times 6 - 50 \times 4 - 80 \times 2 = 0$ 에서

$\therefore R_A = (50 \times 4 + 80 \times 2)/6 = 60 \text{ kN}$

$\Sigma V = R_A + R_B - 50 - 80 = 0$ 에서

$\therefore R_B = 70 \text{ kN}$

(2) 전단력

$S_{A \sim C} = 60 \text{ kN}$

$S_{C \sim D} = R_A - 50 = 10 \text{ kN}$

$S_{D \sim B} = R_A - 50 - 80 = 60 - 50 - 80$
$\qquad = -70 \text{ kN}$
$\qquad (= -R_B)$

(3) 휨 모멘트

$M_A = 0$

$M_C = 60 \times 2 = 120 \text{ kN·m}$

$M_D = 60 \times 4 - 50 \times 2 = 140 \text{ kN·m}$

$M_B = 60 \times 6 - 50 \times 4 - 80 \times 2 = 0$

이상의 계산에 의해 전단력도, 휨 모멘트도를 그리면 그림 2의 (b)와 (c) 같이 된다.

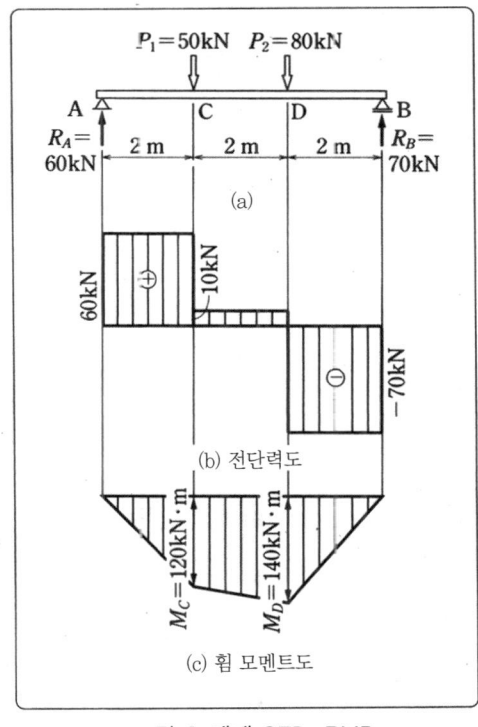

그림 3 예제 SFD, BMD

3. 분포하중이 작용하는 단순보

□ **포인트**
환산하중

등분포하중이 작용하는 경우에는 분포하중을 집중하중으로 환산하고, 그 하중 도형의 도심에 집중하중이 작용하는 것과 같이 생각하여 계산한다. 이렇게 환산한 하중을 **환산하중**이라 한다.

■ **해설**

그림 1의 (a)와 같이 보의 전체 길이에 등분포하중이 작용하고 있는 단순보에 대하여 생각해 보자.

▶ 반력
$$\Sigma M_B = R_A l - wl \cdot l/2$$
$$= 0 \quad \cdots\cdots(1)$$
$$R_A = wl/2$$
$$\Sigma V = R_A + R_B - wl = 0$$
$$\therefore R_B = wl/2$$

▶ 전단력

점 i의 전단력 S_i는 다음과 같다 (그림 1의 (b)).
$$S_i = R_A - wx$$
$$= wl/2 - wx$$
$$\cdots\cdots(2)$$
$x = 0$ 일 때,
$$S_A = wl/2 = R_A$$
$x = l$ 일 때,
$$S_B = wl/2 - wl$$
$$= -wl/2 = -R_B$$

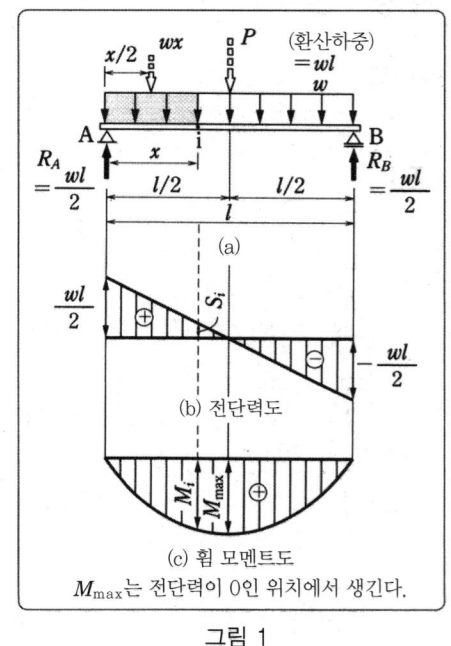

그림 1

▶ 휨 모멘트

점 A에서 x의 점 i의 휨 모멘트 M_i은 다음과 같이 된다(그림 1의 (c)).
$$M_i = R_A x - wx \cdot x/2 = wlx/2 - wx^2/2$$
$$= wx(l-x)/2 \quad \cdots\cdots(3)$$

$x = 0$일 때 $M_A = 0$, $x = l$일 때 $M_B = 0$
최대 휨 모멘트 M_{max}는 $x = l/2$의 점에 생기며
$$M_{max} = \frac{w}{2} \cdot \frac{l}{2}\left(l - \frac{l}{2}\right) = \frac{wl^2}{8} \quad \cdots\cdots(4)$$

등분포하중이 작용하는 구간에서는 그림 1의 (c)와 같이 2차 곡선이 된다.

❖ 예제

그림 2의 (a)에서 단순보의 반력, 전단력, 휨 모멘트를 구해서 전단력도와 휨 모멘트도를 그려라.

답

(1) 반력의 계산

등분포하중의 환산하중이 CD 사이의 중앙에 작용하는 것으로서 반력을 구하면

$\Sigma M_B = 0$ 으로부터

$$R_A = \frac{50 \times 4 \times 4}{10} = 80 \text{ kN}$$

$\Sigma M_A = 0$ 으로부터

$$R_B = \frac{50 \times 4 \times 6}{10} = 120 \text{ kN}$$

(2) 전단력

$$S_{AC} = R_A = 80 \text{ kN}$$

CD 간 $S_i = 80 - 50(x-4)$
$\qquad = 280 - 50x$

전단력이 0이 되는 단면까지의 거리 x_0는 $280 - 50x_0 = 0$에서 $x_0 = 5.6$ m가 된다.

$$S_{DB} = -R_B = -120 \text{ kN}$$

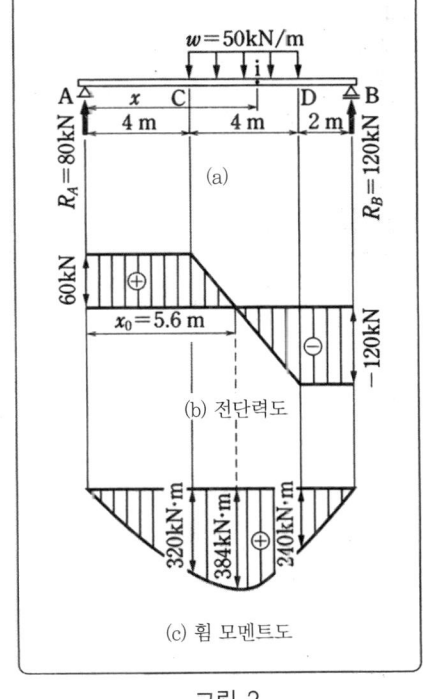

그림 2

(3) 휨 모멘트

$M_A = 0$

$M_C = 80 \times 4 = 320 \text{ kN·m}$

CD 간 $M_i = 80x - 50(x-4)^2/2$

최대 휨 모멘트 $M_{\max}$는 $x_0 = 5.6$ m를 위의 식에 대입하여

$M_{\max} = 80 \times 5.6 - 50 \times 1.6^2/2$
$\qquad = 384 \text{ kN·m}$

$M_D = 120 \times 2$
$\qquad = 240 \text{ kN·m}$

전단력도, 휨 모멘트도는 각각 그림 2의 (b), (c)와 같이 된다.

4. 캔틸레버보

□ 포인트

고정지점

자유단

캔틸레버보는 한 끝이 자유롭게 다른 끝과 고정된 보로, 고정된 지점을 고정지점, 그 반대쪽 끝을 자유단이라 한다. 반력, 전단력, 휨 모멘트의 계산은 보를 지탱하고 있는 고정지점을 기준으로 한다. 또한, 최대전단력, 최대 휨 모멘트는 고정지점에서 생긴다.

■ 해설

집중하중이 작용하는 캔틸레버보

그림 1의 (a)와 같이 집중하중이 작용하는 캔틸레버보의 지점 B에는 반력 R_B와 모멘트의 반력 M_B가 생긴다.

▶ 반력
$$\Sigma V = 0$$
$$\Sigma V = -P_1 - P_2 + R_B = 0$$
$$\therefore R_B = P_1 + P_2$$

▶ 전단력
각 점의 전단력은 각 점의 자유단측에 작용하는 하중을 더하여 구할 수 있다.
$$S_{AC} = -P_1$$
$$S_{CB} = -P_1 - P_2 = -R_B$$

▶ 휨 모멘트
단면 i의 휨 모멘트는 점 i에서 자유단측에 작용하는 하중의 점 i에 대한 모멘트를 더하여 구할 수 있다.
$$M_A = 0$$
$$M_C = -P_1 a$$
$$M_B = -P_1 l - P_2 b$$

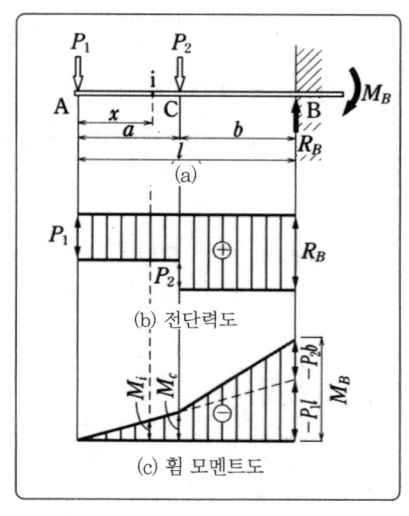

그림 1

이상에서 전단력도와 휨 모멘트도는 그림 1의 (b), (c)와 같이 된다.

❖ 예제

그림 2의 (a)와 같이 집중하중과 등분포하중이 작용하는 캔틸레버보를 풀고, 전단력도와 휨 모멘트도를 그려라.

답
(1) 반력의 계산
$\Sigma V = 0$ 으로부터
$\Sigma V = -40 \times 4 - 30 + R_A = 0$
$\therefore R_A = 190 \text{ kN}$

(2) 전단력
우측의 자유단 측으로부터 계산하면
$S_i = 40\, x$
$S_D = 40 \times 4 = 160 \text{ kN}$
$S_{DC} = 40 \times 4 = 160 \text{ kN}$
$S_{CA} = 160 + 30 = 190 \text{ kN} = R_A$

(3) 휨 모멘트
$M_B = 0$
$M_i = -40\, x^2/2$
$M_D = -40 \times 4 \times 2 = -320 \text{ kN·m}$
$M_C = -40 \times 4 \times 4 = -640 \text{ kN·m}$
$M_A = -40 \times 4 \times 6 - 30 \times 2 = -1{,}020 \text{ kN·m}$

이 되며, 전단력도와 휨 모멘트도는 그림 2의 (b), (c)와 같이 된다.

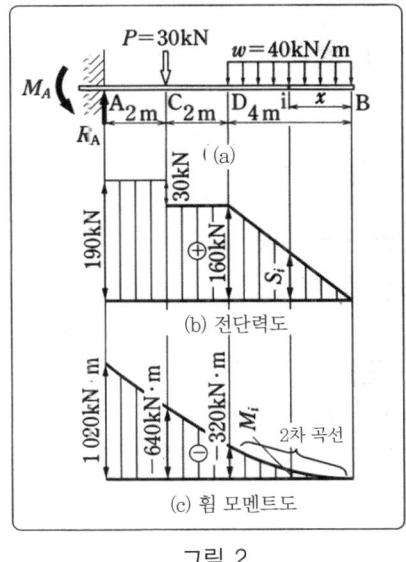

그림 2

❖ 예제

그림 3의 (a)에서 등변분포하중이 작용하는 캔틸레버보의 전단력도와 휨 모멘트도를 그려라.

답
$\Sigma V = R_B - (30 \times 6)/2 = 0$
$\therefore R_B = 90 \text{ kN}$

점 i의 전단력은
$S_i = -2.5\, x^2$
$x = 6 \text{ m}$일 때
$S_B = -90 \text{ kN}$

각 점의 휨 모멘트는
$M_A = 0$
$M_i = (-5/6)\, x^3$
$x = 6 \text{ m}$일 때
$M_B = -90 \times 2 = -180 \text{ kN·m}$

전단력도와 휨 모멘트도는 그림 3의 (b), (c)와 같이 된다.

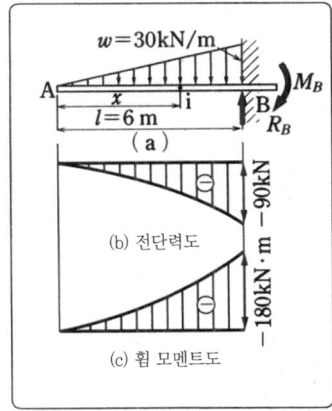

그림 3

5. 내민보

□ 포인트   내민보는 단순보의 지점을 넘어서 좌우 또는 어느 한 방향으로 돌출되어 나온 보를 말하며, 단순보와 캔틸레버보의 계산방법을 조합하여 푼다.

❖ 예제

그림 1의 (a)에서 내민 보를 풀어서 전단력도와 휨 모멘트도를 그려라.

답

(1) 반력의 계산

$$\Sigma M_B = -60 \times 8 + R_A \times 6 - 180 \times 4 + 90 \times 2 = 0$$

∴ $R_A = 170$ kN

$$\Sigma V = -60 + 170 - 180 + R_B - 90 = 0$$

∴ $R_B = 160$ kN

(2) 전단력은 그림 1의 (b)와 같이 보의 좌측부터 각 구간마다 순차적으로 구한다.

$$S_{CA} = -60 \text{ kN}$$
$$S_{AE} = -60 + 170 = 110 \text{ kN}$$
$$S_{EB} = -60 + 170 - 180 = -70 \text{ kN}$$
$$S_{BD} = -60 + 170 - 180 + 160 = 90 \text{ kN}$$

이 되며, 그림 1의 (b)와 같이 된다.

(3) 각 점의 휨 모멘트는

$$M_C = 0, \quad M_A = -60 \times 2 = -120 \text{ kN·m}$$
$$M_E = -60 \times 4 + 170 \times 2 = 100 \text{ kN·m}$$
$$M_B = -90 \times 2 = -180 \text{ kN·m}$$
$$M_D = 0$$

이 되며, 그림 1 (c)와 같이 된다.

(4) 휨 모멘트의 부호가 바뀌는 점 H_1, H_2에서 보의 변형 방향이 반대가 된다. 이 점을 반곡점이라 한다. 또한 반곡점의 위치에서 휨 모멘트가 0이 되므로 다음 식으로 구할 수 있다.

지점 A부터 반곡점 H_1까지의 거리 x_1은 AE 간의 휨 모멘트 M_{iA}로서

$$M_{iA} = R_A x - 60(x+2)$$
$$= 110x - 120$$

반곡점 H_1부터 왼쪽의 전단력도의 면적이 0이 되는 것에 의해 $M_{iA}=0$으로 두고
$$x = x_1 = 1.09 \text{ m}$$
지점 B로부터 반곡점 H_2까지의 거리 x_2는 BE 간의 휨 모멘트를 M_{iB}로 하고, 같은 형식으로
$$M_{iB} = R_A x - 60(x+2) - 180(x-2)$$
$$= -70x + 240$$
$$\therefore \quad x = 3.43 \text{ m}$$
$$\therefore \quad x_2 = 6 - x = 2.57 \text{ m}$$
또한, 보의 변형은 그림 1의 (d)와 같이 된다.

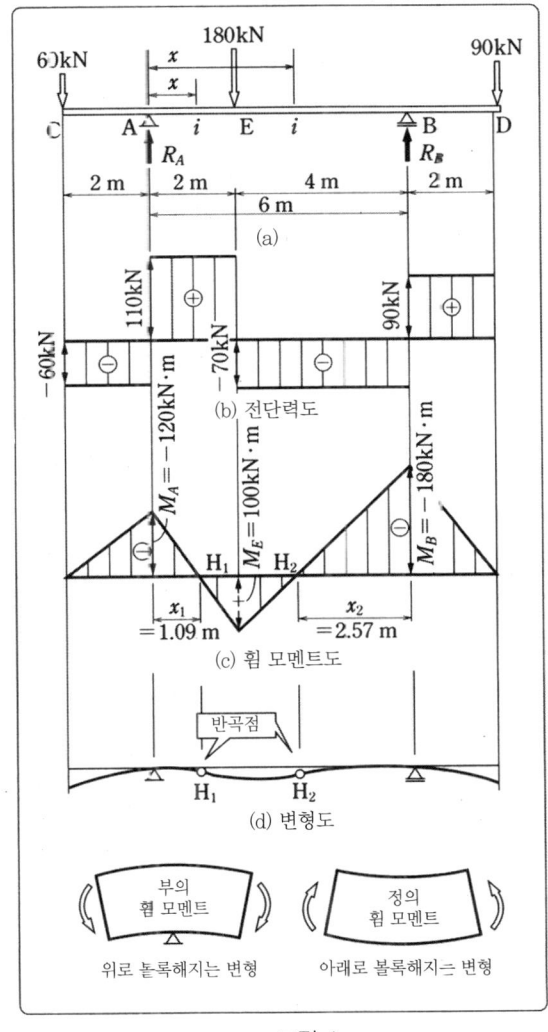

그림 1

6. 게르버보

□ 포인트

게르버보

그림 1과 같이 내민보와 단순보가 회전이 자유로운 힌지에 연결된 두 지간 이상의 정정보를 게르버보라고 한다. 연결점이 힌지에서 회전이 자유롭기 때문에 힌지가 있는 점에는 휨 모멘트가 생기지 않는다. 그 반력과 단면력은 내민보와 단순보의 계산 방법을 조합하여 구할 수 있다.

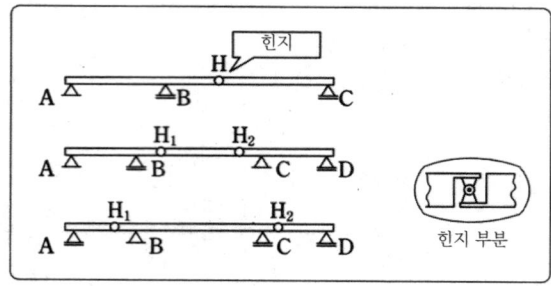

그림 1 게르버보

❖ 예제

그림 2에서 나타내는 게르버보를 풀어라.

답

EF 간은 단순보라 생각하고, 그 반력 R_E, R_F가 내민보의 선단 E, F에 방향이 반대이며, 크기가 같은 하중으로서 작용하는 것이라 할 수 있다.

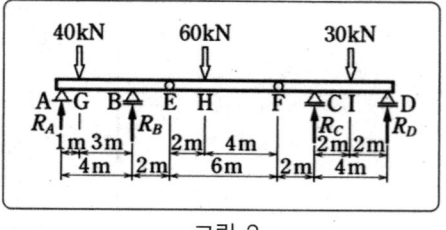

그림 2

(1) 반력

단순보 EF의 지점반력 R_E, R_F는

$R_E = 60 \times 4/6 = 40$ kN

$R_F = 60 \times 2/6 = 20$ kN

내민보의 반력 R_A, R_B, R_C, R_D는

$R_A = (40 \times 3 - 40 \times 2)/4 = 10$ kN

$R_B = (40 \times 1 + 40 \times 6)/4 = 70$ kN

$R_C = (20 \times 6 + 30 \times 2)/4 = 45$ kN

$R_D = (30 \times 2 - 20 \times 2)/4 = 5$ kN

(2) 전단력

내민보 ABE

$S_{AG} = 10 \text{ kN}$

$S_{GB} = 10 - 40 = -30 \text{ kN}$

$S_{BE} = -30 + 70 = 40 \text{ kN}$

단순보 EF

$S_{EH} = 40 \text{ kN}$

$S_{HF} = 40 - 60 = -20 \text{ kN}$

내민보 FCD

$S_{FC} = -20 \text{ kN}$

$S_{CI} = -20 + 45 = 25 \text{ kN}$

$S_{ID} = 25 - 30 = -5 \text{ kN}$

각 보에 대해 외력의 변화를 왼쪽 끝에서 순차적으로 그리면 전단력은 그림 3의 (b)와 같이 되며, 이것을 정리하면 그림 3의 (c)와 같이 게르버보의 전단력도를 구할 수 있다.

(3) 휨 모멘트

내민보 ABE

$M_A = 0$

$M_G = 10 \times 1 = 10 \text{ kN} \cdot \text{m}$

$M_B = 10 \times 4 - 40 \times 3 = -80 \text{ kN} \cdot \text{m}$

단순보 EF

$M_E = 0$

$M_H = 40 \times 2 = 80 \text{ kN} \cdot \text{m}$

$M_F = 0$

내민보 FCD

$M_C = -20 \times 2 = -40 \text{ kN} \cdot \text{m}$

$M_I = 5 \times 2 = 10 \text{ kN} \cdot \text{m}$

$M_D = 0$

이것을 정리하면 그림 3의 (e)와 같이 게르버보의 휨 모멘트도를 구할 수 있다.

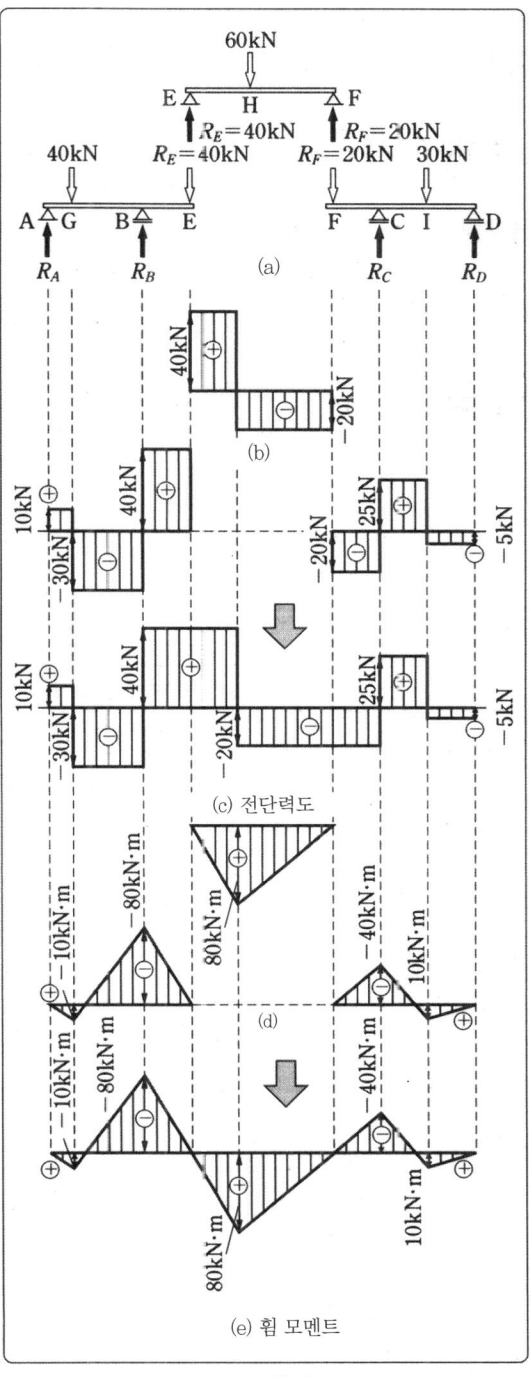

그림 3

7. 보의 영향선

□ 포인트

영향선

보에 자동차나 열차와 같은 이동하중이 작용하면 하중의 이동에 따라서 지점반력, 전단력, 휨 모멘트의 값은 변화한다. 이 변화를 나타낸 선도를 영향선이라 하며, 단위 하중 $P=1$이 보 위를 이동할 때의 영향의 정도를 나타내고 있다. 지점반력, 전단력, 휨 모멘트의 값은 그 점의 세로 거리와 작용하는 하중을 곱하여 구할 수 있다.

■ 해설

그림 1의 (a)와 같은 하중이 작용할 때, 지점반력 R_A, R_B는 그림 1의 (b) 영향선을 이용하여 다음과 같이 구할 수 있다.

$$R_A = P_1 y_1 + wA_1$$
$$R_B = P_1 y_2 + wA_2$$

여기서, y_1, y_2 : 영향선의 세로 거리
A_1, A_2 : 영향선의 면적

점 i의 전단력 S_i는 그림 1의 (c) 전단력의 영향선에서 다음과 같이 구한다.

$$S_i = -P_1 y_3 - wA_3 + wA_4$$

여기서, y_3 : 영향선의 세로 거리
A_3, A_4 : 영향선의 면적

점 i의 휨 모멘트 M_i는, 그림 1의 (d) 휨 모멘트의 영향선에서 다음과 같이 구한다.

$$M_i = P_1 y_4 + wA_5 + wA_6$$

여기서, y_4 : 영향선의 세로 거리
A_5, A_6 : 영향선의 면적

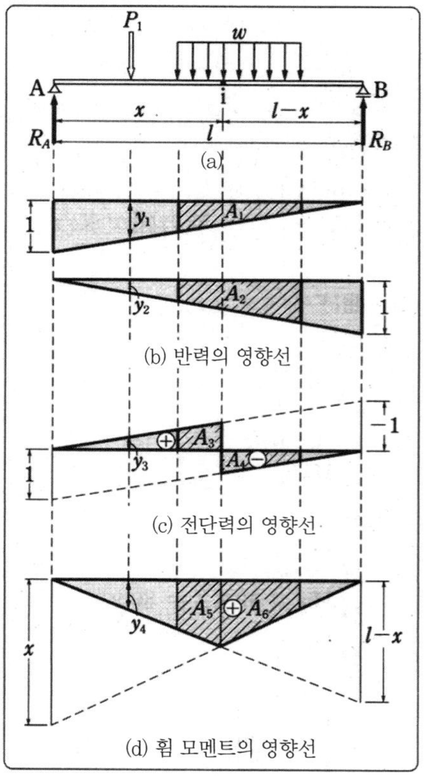

그림 1

또한, 영향선의 세로 거리는 삼각형의 비례 관계로부터 구할 수 있다.

❖ 예제

그림 2의 (b)에 나타난 단순보의 반력을 영향선을 이용하여 구하라.

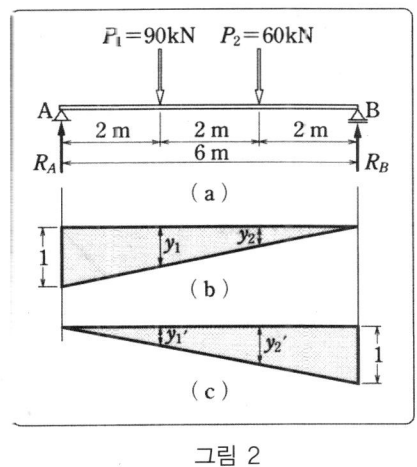

그림 2

답

$$R_A = P_1 y_1 + P_2 y_2 = 90 \times (2/3) + 60 \times (1/3) = 80 \text{ kN}$$
$$R_B = P_1 y_1' + P_2 y_2' = 90 \times (1/3) + 60 \times (2/3) = 70 \text{ kN}$$

❖ 예제

그림 3의 (a)에 나타낸 단순보의 단면 i의 전단력과 휨 모멘트를 영향선을 이용하여 구하라.

답

단면 i의 전단력 S_i와 휨 모멘트 M_i의 영향선은 그림 3의 (b), (c)와 같이 된다. 전단력 S_i는 집중하중의 세로 거리 $y_1 = 0.2$, 등분포하중 영향선의 세로 거리 $y_2 = 0.6$, $y_3 = 0.2$이므로

$$S_i = -0.2 \times 100 + 4 \times 50 \times (0.6 + 0.2)/2$$
$$= 60 \text{ kN}$$

휨 모멘트 M_i는 그림 3의 (c) 세로 거리

$$y_4/2 = 7/10, \quad \therefore y_4 = 1.4$$
$$y_5/6 = 3/10, \quad \therefore y_5 = 1.8$$
$$y_6/2 = 3/10, \quad \therefore y_6 = 0.6$$

이므로

$$M_i = 1.4 \times 100 + 4 \times 50 \times (1.8 + 0.6)/2$$
$$= 380 \text{ kN} \cdot \text{m}$$

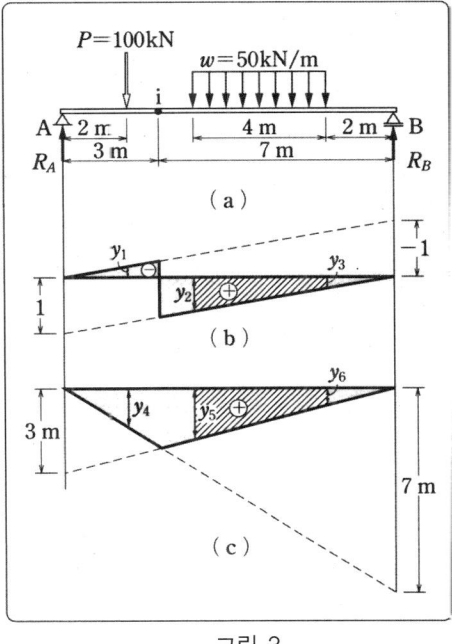

그림 3

1. 단면 1차 모멘트와 도심

□ 포인트

간단한 도형의 도심

도심이란 도형의 중심을 말한다. 균질이고 두께가 일정한 평판이라면 도심과 중심은 일치한다.

간단한 도형의 도심 위치를 그림 1에 나타냈다.

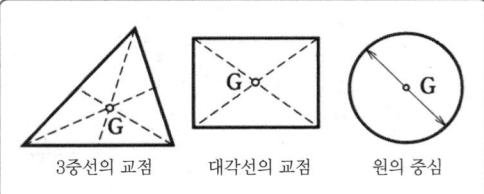

그림 1 간단한 도형의 도심

■ 해설

위치

그림 1처럼 작도하면 각 도형의 중심, 즉 도심의 위치를 알 수 있다. 만약 이 세 개의 도형이 균질한 지면으로 만들어졌다면, 도심을 중심으로 각각의 도심은 평형을 유지하게 된다. 이것이 힘의 중심이라는 것, 즉 중심을 의미한다.

중심

그림 2는 도심이 힘의 중심인 것, 즉 중심이라는 것을 보여주는 실험이다. 도형의 가장자리의 임의의 점에 작은 구멍을 뚫어 추를 단 연직 방향의 실은 침의 위치가 가장자리의 어디에 있더라도 항상 도심 G를 통과하는 것을 알 수 있다.

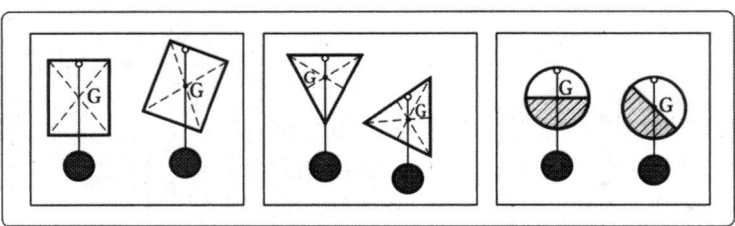

그림 2 도형의 중심(도심)을 조사하는 간단한 실험

단면 1차 모멘트

그림 3과 같은 면적이 A인 임의 도형의 단면 1차 모멘트와 도심에 대하여 생각해 보자.

면적 A를 그림 3과 같이 미소면적 $a_1, a_2, \cdots, a_n$으로 하고, 그것의 좌표를 $(x_1, y_1), (x_2, y_2), \cdots, (x_n, y_n)$로 하면,

$$\left.\begin{array}{l} Q_x = \Sigma(ay) = a_1y_1 + a_2y_2 + \cdots + a_iy_i + \cdots + a_ny_n \\ Q_y = \Sigma(ax) = a_1x_1 + a_2x_2 + \cdots + a_ix_i + \cdots + a_nx_n \\ Q_x = \Sigma(ay) : x \text{축에 관한 단면 1차 모멘트} \\ Q_y = \Sigma(ax) : y \text{축에 관한 단면 1차 모멘트} \end{array}\right\} \cdots\cdots(1)$$

도형의 도심을 $G(x_0, y_0)$로 하면,

부재단면의 성질

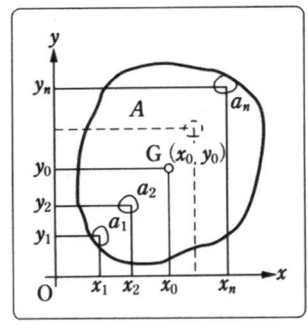

그림 3 임의 도형의 도심

$$Q_x = \Sigma(ay) = Ay_0 \quad \left(y_0 = \frac{Q_x}{A} = \frac{\Sigma(ay)}{A}\right)$$
$$Q_y = \Sigma(ax) = Ax_0 \quad \left(x_0 = \frac{Q_y}{A} = \frac{\Sigma(ax)}{A}\right) \quad \cdots\cdots(2)$$
$$A = \Sigma a = a_1 + a_2 + \cdots\cdots + a_n$$

❖ 예제

그림 4와 같은 사다리꼴의 도심을 구하라.

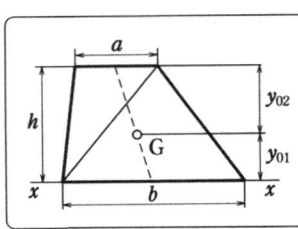

그림 4 사다리꼴의 도심

답

$Q_x = \Sigma(ay) = Ay_0$ 에서

$$Q_x = \frac{ah}{2} \cdot \frac{2h}{3} + \frac{bh}{2} \cdot \frac{h}{3} = \frac{h}{2}(a+b)y_{01}$$
$$y_{01} = \frac{h}{3} \cdot \frac{2a+b}{a+b} \qquad \cdots\cdots(3)$$
$$y_{02} = h - y_{01} = \frac{h}{3} \cdot \frac{a+2b}{a+b}$$

❖ 예제

그림 5와 같은 조합 도형에서 도심의 위치 y_0를 구하라.

답

그림 5와 같이 x축을 a_1의 도심을 지나게 두면
$$Q_x = a_1y_1 + a_2y_2 = Ay_0, \quad 0 + a_2y_2 = Ay_0,$$
$$y_0 = \frac{a_2y_2}{A} = \frac{a_2y_2}{a_1+a_2} \qquad \cdots\cdots(4)$$

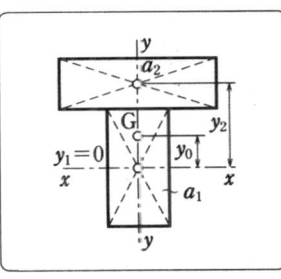

그림 5 조합 도형의 도심

❖ 예제

삼각형의 도심을 적분법으로 생각해 보자. 그림 6에서
$$\frac{b'}{b} = \frac{h-y}{h}, \quad b' = \left(1 - \frac{y}{h}\right)b, \quad dA = b'dy,$$
$$\int_0^h dA = \frac{bh}{2} = A,$$
$$Q_x = \int_0^h y\, dA = y_c \int_0^h dA,$$
$$\int_0^h y\, dA = \int_0^h yb'\, dy = \int_0^h y\left(1 - \frac{y}{h}\right)b\, dy = b\left[\frac{y^2}{2} - \frac{y^3}{3h}\right]_0^h = \frac{bh^2}{6}, \quad \frac{bh^2}{6} = y_0\frac{bh}{2}$$

따라서, $y_0 = \dfrac{h}{3}$

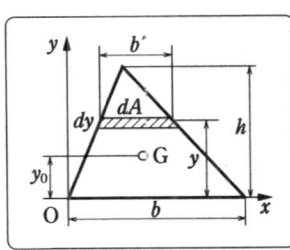

그림 6 삼각형의 도심

2. 단면 2차 모멘트

□ 포인트

단면 2차 모멘트

그림 1과 같이 면적 A의 도형은 $a_1, a_2, \cdots, a_n$의 미소 면적이 모인 것으로 생각하여 각각의 도심 좌표를 $(x_1, y_1), (x_2, y_2), \cdots, (x_n, y_n)$으로 한다.

$$\left. \begin{array}{l} I_x = a_1 y_1^2 + a_2 y_2^2 + \cdots + a_n y_n^2 = \Sigma(ay^2) \\ I_y = a_1 x_1^2 + a_2 x_2^2 + \cdots + a_n x_n^2 = \Sigma(ax^2) \end{array} \right\} \quad \cdots\cdots(1)$$

여기서,

$I_x = \Sigma(ay^2)$: x축에 관한 단면 2차 모멘트
$I_y = \Sigma(ax^2)$: y축에 관한 단면 2차 모멘트

단면 2차 모멘트는

$I = $ 면적 × 거리^2 = 거리^2 × 거리^2

∴ $I = $ 거리^4

단면 2차 모멘트의 단위

으로 구할 수 있기 때문에 단위는 cm^4, m^4 등으로 나타낸다.

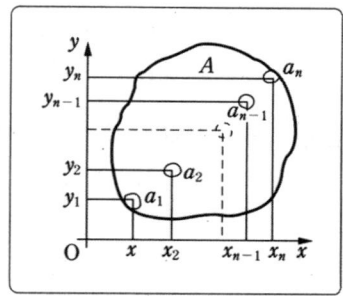

그림 1 면적 A의 임의 도형

■ 해설

대표조인 도형의 단면 2차 모멘트

수평 방향의 도심축에 관한 단면 2차 모멘트를 I_{nx}로 하면, 대표적 도형인 I_{nx}는 그림 2와 같이 된다.

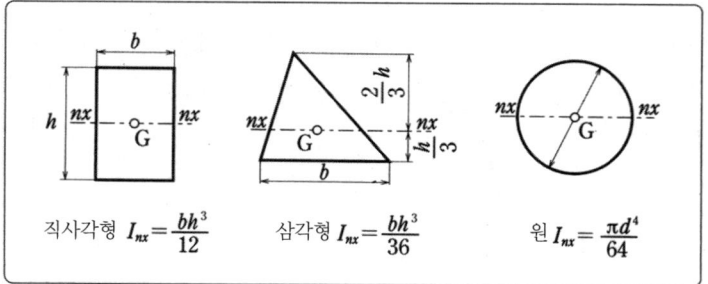

직사각형 $I_{nx} = \dfrac{bh^3}{12}$ 삼각형 $I_{nx} = \dfrac{bh^3}{36}$ 원 $I_{nx} = \dfrac{\pi d^4}{64}$

그림 2 대표적 도형의 도심축에 관한 단면 2차 모멘트

직사ㄱ형 단면의 단면 2차 모멘트

원점을 도심에 둔 그림 3과 같은 직사각형 단면에서, 미소 면적을 $dA = bdy$(사선 부분의 면적)로서 식 (1)의 방식으로부터

$$I_{nx} = \int_{-h/2}^{+h/2} y^2 dA = \int_{-h/2}^{+h/2} y^2 b\, dy$$

$$= \frac{b}{3}\left[y^3\right]_{-h/2}^{h/2}$$

$$= \frac{b}{3}\left\{\left(\frac{h}{2}\right)^3 - \left(-\frac{h}{2}\right)^3\right\}$$

$$\therefore\ I_{nx} = \frac{bh^3}{12} \qquad \cdots\cdots(2)$$

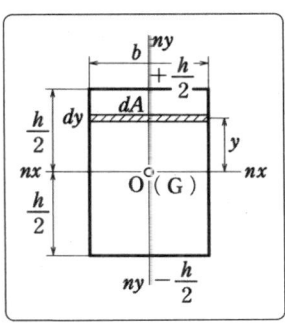

그림 3 직사·각형 단면

삼각형 단면의 단면 2차 모멘트

원점을 도심에 둔 그림 4와 같은 삼각형 단면에서

$$\frac{b'}{b} = \frac{2h/3 - y}{h}$$

$$b' = \frac{b}{h}\left(\frac{2h}{3} - y\right)$$

미소 면적을 $dA = b'dy$로 하여

$$I_{nx} = \int_{-h/3}^{2h/3} y^2 dA = \int_{-h/3}^{2h/3} y^2 b'dy$$

$$= \int_{-h/3}^{2h/3} y^2 \frac{b}{h}\left(\frac{2h}{3} - y\right) dy$$

$$\therefore\ I_{nx} = \frac{bh^3}{36} \qquad \cdots\cdots(3)$$

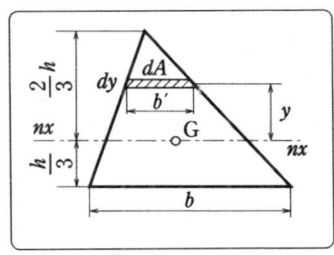

그림 4 삼각형 단면

원형 단면의 단면 2차 모멘트

원점을 도심에 둔 그림 5와 같은 원형 단면에서

$$x^2 + y^2 = r^2$$

$$x = \sqrt{r^2 - y^2}$$

$$dA = 2x\, dy = 2\sqrt{r^2 - y^2}\, dy$$

$$I_{nx} = \int_{-r}^{+r} y^2 dA = 2\int_{-r}^{+r} y^2 \sqrt{r^2 - y^2}\, dy$$

여기서, $x = r\cos\theta$

$$y = r\sin\theta$$

$-\pi/2 \leq \theta \leq \pi/2$로 두면

$$\frac{dy}{d\theta} = r\cos\theta$$

$$\therefore\ dy = r\cos\theta\, d\theta$$

$$\frac{d}{d\theta}\sin 4\theta = 4\cos 4\theta$$

$$\int y^2\sqrt{r^2 - y^2}\, dy = \int r^2 \sin^2\theta\ r^2\cos^2\theta\, d\theta$$

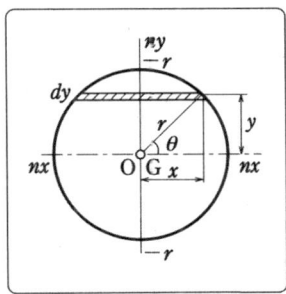

그림 5 원형 단면

$$= r^4 \int \sin^2\theta \cos^2\theta \, d\theta$$
$$= \frac{r^4}{4} \int \sin^2 2\theta \, d\theta = \frac{r^4}{4} \int \frac{1-\cos 4\theta}{2} d\theta$$

따라서,
$$I_{nx} = \int_{-r}^{r} y^2 dA = 2 \times \frac{r^4}{4} \int_{-\pi/2}^{\pi/2} \frac{1-4\cos\theta}{2} d\theta$$
$$= \frac{r^4}{4} \left[\theta - \frac{\sin 4\theta}{4} \right]_{-\pi/2}^{\pi/2}$$
$$I_{nx} = \frac{\pi r^4}{4} = \frac{\pi d^4}{64} \quad \cdots\cdots (4)$$

[정리]

축의 이동과 단면 2차 모멘트

면적 A인 도형의 도심을 지나는 nx축에 관한 단면 2차 모멘트를 I_{nx}로 하고, nx축에 평행으로 nx축보다 y_0의 거리에 있는 x축에 관한 단면 2차 모멘트 I_x는 다음 식으로 주어진다.

$$I_x = I_{nx} + y_0^2 A \quad \cdots\cdots (5)$$

■ 해설

그림 6과 같은 임의 도형에 미소 면적 dA(사선부분의 면적)를 취한다.

$$I_x = \int (y_0 + y)^2 dA$$
$$= y_0^2 \int dA + 2y_0 \int y \, dA + \int y^2 dA$$

여기서, $\int dA = A, \quad \int y^2 dA = I_{nx}$

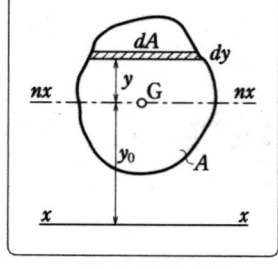

그림 6 축의 이동

$\int y \, dA$: 그림 중심축$(nx - nx)$에 관한 단면 1차 모멘트$(=0)$

따라서, $y_0^2 \int dA = y_0^2 A, \quad 2y_0 \int y \, dA = 0$

$\therefore I_x = I_{nx} + y_0^2 A$

[정리]

분산 도형의 단면 2차 모멘트

면적이 $a_1, a_2, \cdots, a_n$인 n개에 분산한 도형에 대한 각각의 도심의 좌표가 $G_1(x_1, y_1), G_2(x_2, y_2), \cdots, G_n(x_n, y_n)$이라고 하면, 단면 2차 모멘트 I_x, I_y는 다음 식으로 주어진다.

$$\left. \begin{array}{l} I_x = I_{x1} + I_{x2} + \cdots\cdots + I_{xn} \\ I_y = I_{y1} + I_{y2} + \cdots\cdots + I_{yn} \end{array} \right\} \quad \cdots\cdots (6)$$

그림 7에서,
x축에 관한 단면 2차 모멘트
$$I_{x1} = I_{nx1} + y_1^2 a_1$$
$$I_{x2} = I_{nx2} + y_2^2 a_2$$
$$\cdots\cdots\cdots\cdots\cdots$$
$$I_{xn} = I_{nxn} + y_n^2 a_n$$
y축에 관한 단면 2차 모멘트
$$I_{y1} = I_{ny1} + x_1^2 a_1$$
$$I_{y2} = I_{ny2} + x_2^2 a_2$$
$$\cdots\cdots\cdots\cdots\cdots$$
$$I_{yn} = I_{nyn} + x_n^2 a_n$$

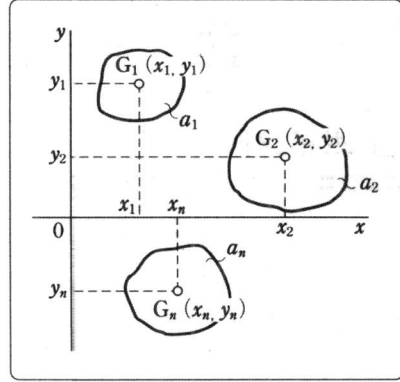

그림 7 흩어져 있는 도형

[정리]

중공 도형의 단면 2차 모멘트

중공 도형의 단면 2차 모멘트는 다음 식으로 주어진다.
$$\left. \begin{array}{l} I_{nx} = I_{nx1} - I_{nx2} \\ I_x = I_{x1} - I_{x2} \end{array} \right\} \quad \cdots\cdots (7)$$

여기서,

I_{nx} : 중립축에 관한 중공 도형의 단면 2차 모멘트

I_x : 임의축에 관한 중공 도형의 단면 2차 모멘트

I_{nx1} : 중공 부분을 포함한 도형의 중립축에 관한 단면 2차 모멘트

I_{nx2} : 중공 부분만의 중립축에 관한 단면 2차 모멘트

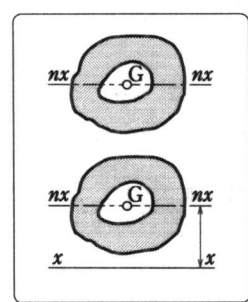

그림 8에서 중공 부분이 없는 것으로 한 전도형의 단면 2차 모멘트에서 중공 부분의 단면 2차 모멘트를 빼면 된다.

그림 8 중공 도형의 단면 2차 모멘트

❖ 예제

그림 9와 같은 직사각형과 원의 도심축에 관한 단면 2차 모멘트 I_{nx}를 구하라.

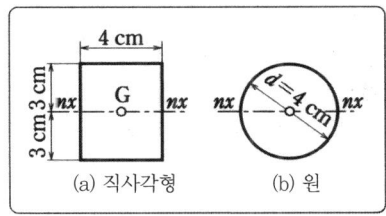

답

직사각형 $I_{nx} = \dfrac{bh^3}{12} = \dfrac{4 \times 6^3}{12} = 72 \text{ cm}^4$

원 $I_{nx} = \dfrac{\pi d^4}{64} = \dfrac{\pi \times 4^4}{64} = 12.57 \text{ cm}^4$

그림 9

3. 단면 2차 모멘트와 여러 값

□ 포인트

단면계수

그림 1에서 도심축인 nx축에 관한 단면 2차 모멘트를 I_{nx}로 하고, 도심축부터 상·하연까지의 수직 거리를 각각 y_c, y_t로 하면 단면계수 Z는 다음 식으로 나타낸다.

$$Z_c = \frac{I_{nx}}{y_c}$$
$$Z_t = \frac{I_{nx}}{y_t}$$
······(1)

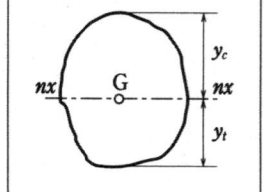

그림 1 단면계수

여기서, Z_c : 상연의 단면계수
Z_t : 하연의 단면계수

■ 해설

그림 2와 같은 면적이 A인 임의 단면의 도심축 nx, ny에 관한 단면 2차 반경 i(회전 반경)는 다음 식으로 주어진다.

$$i_x = \sqrt{\frac{I_{nx}}{A}}, \quad i_y = \sqrt{\frac{I_{ny}}{A}} \quad ······(2)$$

여기서,

i_x : 도심축 nx에 관한 단면 2차 반경
i_y : 도심축 ny에 관한 단면 2차 반경
A : 단면적

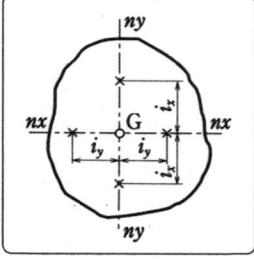

그림 2 단면 2차 반경

그림 3처럼 임의 단면의 도심축 nx에 관한 상·하연의 단면계수를 Z_c, Z_t로 하면 **핵점** K_c, K_t는 다음 식으로 구할 수 있다.

$$K_c = \frac{Z_t}{A}, \quad K_t = \frac{Z_c}{A} \quad ······(3)$$

여기서,

K_c : 도심축 nx에 관한 핵점(상)
K_t : 도심축 ny에 관한 핵점(하)

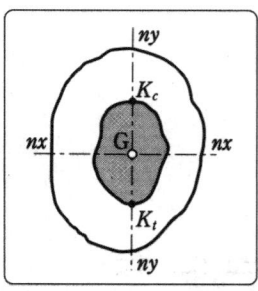

그림 3 핵점과 핵

nx축이 도심 G를 중심으로 회전 이동한 때 각각의 핵점을 맺어서 얻은 부분(그물 부분)을 **핵**이라 한다(그림 3).

그림 4와 같은 원형단면의 도심축 nx에 관한 핵점을 구해 보자.

상하좌우 대칭이기 때문에 다음과 같이 된다.

nx축에 관한 핵점은

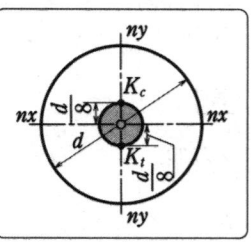

그림 4

부재단면의 성질

$$K_c = K_t = \frac{Z}{A} = \frac{\pi d^3/32}{\pi d^2/4} = \frac{d}{8}$$

그림 5와 같은 직사각형 단면의 도심축 nx, ny에 관한 핵점을 구해보자.

상하좌우 대칭이기 때문에 다음과 같이 된다.

nx축에 관한 핵점은,

$$K_c = K_t = \frac{Z}{A} = \frac{bh^2/6}{bh} = \frac{h}{6}$$

ny축에 관한 핵점은,

$$K_c = K_t = \frac{Z}{A} = \frac{hb^2/6}{bh} = \frac{b}{6}$$

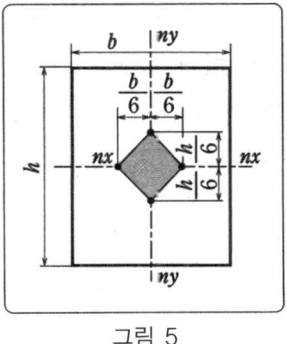

그림 5

이들 핵점을 연결하면 그림 5와 같다.

이와 같이 핵점을 결합하여 얻어진 도심축 내의 범위가 핵이다.

핵을 구하는 방식은 기둥의 설계에 빠질 수 없는 중요한 이론이다.

❖ **예제**

그림 6과 같은 세 개의 도형에 대하여 도심축 nx에 관한 단면계수 Z를 각각 구하라. 단, 단위는 cm로 한다.

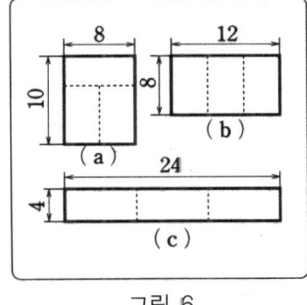

그림 6

답

(a) $Z = bh^2/6 = 8 \times 10^2/6 = 133$ cm³

(b) $Z = bh^2/6 = 12 \times 8^2/6 = 128$ cm³

(c) $Z = bh^2/6 = 24 \times 4^2/6 = 64$ cm³

❖ **예제**

그림 7과 같은 I형 단면의 도심축 nx에 관한 단면 2차 반지름 i_x는 얼마인가?

답

$$I_{nx} = \frac{12 \times 20^3}{12} - \frac{4 \times 12^3}{12} \times 2 = 6,848 \text{ cm}^4$$

여기에서,

$$i_x = \sqrt{\frac{I_{nx}}{A}} = \sqrt{\frac{6,848}{48 \times 3}} = 6.9 \text{ cm}$$

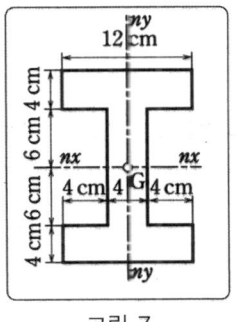

그림 7

1. 휨 응력도

□ **포인트**

휨 응력도

그림 1의 (a)와 같이 점 A부터 x까지의 거리에 있는 임의 단면 i에서 중립축 nx부터 y 위치의 미소 면적 dA에 작용하고 있는 휨 응력도 σ는

$$\sigma = My/I_{nx} \quad \cdots\cdots(1)$$

이다. 휨 응력도의 최대값은 상·하연에서 생기며 다음과 같다.

$$\left.\begin{array}{l} \sigma_c = -\dfrac{My_c}{I_{nx}} = -\dfrac{M}{Z_c} \\ \sigma_t = +\dfrac{My_t}{I_{nx}} = +\dfrac{M}{Z_t} \end{array}\right\} \quad \cdots\cdots(2)$$

연응력도

여기서 σ_c, σ_t : 연응력도

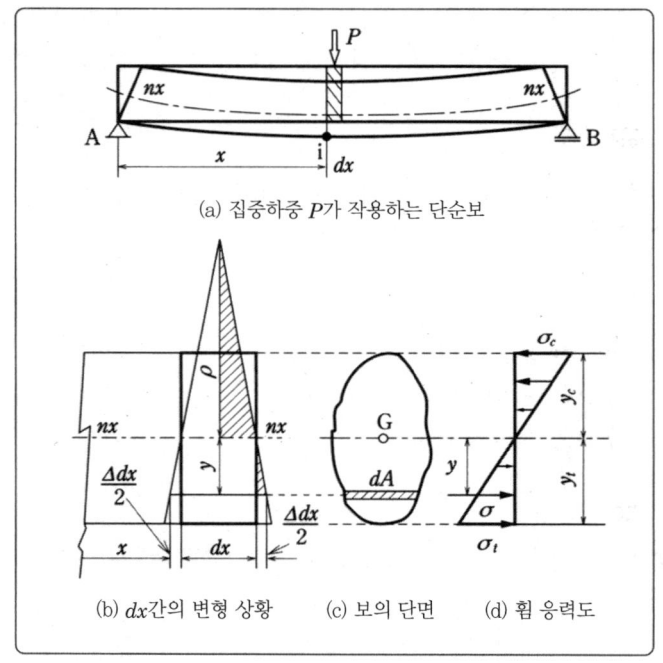

(a) 집중하중 P가 작용하는 단순보

(b) dx간의 변형 상황   (c) 보의 단면   (d) 휨 응력도

그림 1 보의 휨 모멘트와 휨 응력도

■ **해설**

그림 1에서 변형도 ε는,

$$\varepsilon = \frac{\Delta dx}{dx} = \frac{y}{\rho}$$

후크의 법칙에 따라

$$\sigma = E\varepsilon = E\frac{\Delta dx}{dx} = E\frac{y}{\rho}$$

따라서,

$$\frac{1}{\rho} = \frac{\sigma}{Ey} \qquad \cdots\cdots(3)$$

또한, 그림 2처럼 코 내부에는 휨 응력도 C, T에 의한 우력 모멘트가 생기고, 힘의 안정 조건 $\Sigma H = 0$에 의해 다음 관계가 성립한다.

$$\Sigma H = \int \sigma \, dA = \int E \frac{y}{\rho} dA$$
$$= \frac{E}{\rho} \int y \, dA = 0$$

여기서, $\int y dA$는 중립축에 관한 단면 1차 모멘트이기 때문에

$$Q_{nx} = \int y \, dA = 0$$

이 된다. 이것은 중립축 nx가 직사각형의 도심축을 통과하는 것을 의미한다. dA에 작용하는 응력의 중립축에 관한 우력 모멘트의 총합 M은

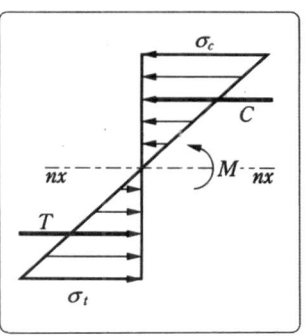

그림 2 휨 응력도 그림

$$M = \int y \sigma \, dA = \frac{E}{\rho} \int y^2 dA$$

여기서, $\int y^2 dA$: 중립축에 관한 단면 2차 모멘트 I_{nx}

$$M = \frac{E}{\rho} \int y^2 dA = \frac{E}{\rho} I_{nx} \qquad \cdots\cdots(4)$$

식 (4)는 식 (3)에 의해

$$M = \frac{\sigma E I_{nx}}{Ey} = \frac{\sigma I_{nx}}{y}$$

따라서, 중립축에서 y의 거리에 있는 임의 단면의 휨 응력도 σ는

$$\sigma = \frac{My}{I_{nx}} \qquad \cdots\cdots(5)$$

❖ 예제

그림 3은 면적이 같은 단면이다. 각각의 단면에 $M = 18\text{kN}\cdot\text{m}$의 휨 모멘트가 작용할 때 연응력도 σ_a, σ_b는 얼마인가?

$$\sigma_a = \pm \frac{M}{Z} = \pm \frac{1,800}{20 \times 20^2/6} = \pm 1.35 \text{ kN/cm}^2$$

$$\sigma_b = \pm \frac{M}{Z} = \pm \frac{1,800}{9,167/10} = \pm 1.96 \text{ kN/cm}^2$$

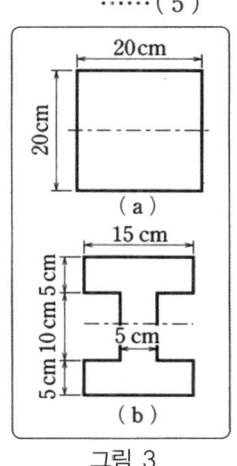

그림 3

2. 전단응력도

□ 포인트

전단응력도

그림 1과 같은 임의 단면 보의 중립축에서 y_0의 수직 거리 위치에서의 전단응력도 τ는

$$\tau = \frac{SQ}{Ib}, \quad Q = Ay' \qquad \cdots\cdots(1)$$

$$\tau_{mean} = \frac{S}{A} \qquad \cdots\cdots(2)$$

로 나타난다.
여기서,

τ : 중립축 nx에서 y_0의 수직 거리 위치에서의 전단응력도

τ_{mean} : 평균 전단응력도

S : 보 단면의 전단력

Q : 중립축에 평행하고 수직 거리 y_0의 위치에서 상연 또는 하연까지의 단면(사선의 부분)의 중립축에 관한 단면 1차 모멘트

b : τ를 구하는 단면의 폭

I : 중립축 nx에 관한 단면 2차 모멘트($=I_{nx}$)

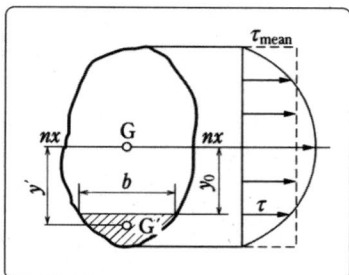

그림 1 전단 응력도

■ 해설

그림 2와 같이 지점 A에서 x의 단면 i의 전단력을 S, 휨 모멘트를 M, $(x+dx)$에서의 각각을 S', M'이라 하면 전단력도와 휨 모멘트도의 관계로부터 다음과 같이 나타낼 수 있다.

$$M' = M + dM = M + Sdx$$

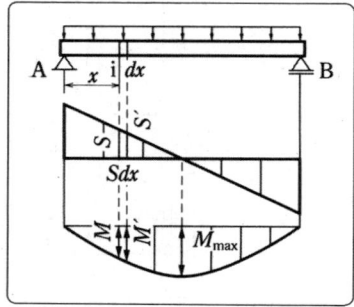

그림 2 단순보의 SFD와 BMD

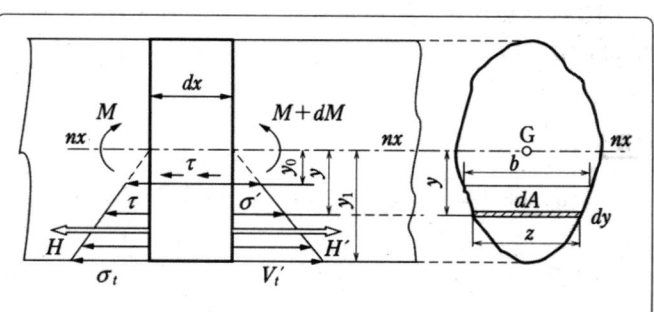

그림 3 dx 내의 전단응력의 관계

그림 3에서 H와 H'의 차가 dx 내의 전단응력의 합 T와 같아야 한다.
즉,

$$T = \tau b\, dx = H' - H = \int_{y_0}^{y_1} \sigma' dA - \int_{y_0}^{y_1} \sigma\, dA$$

$$= \int_{y_0}^{y_1} \frac{M'y}{I}\, dA - \int_{y_0}^{y_1} \frac{My}{I}\, dA$$

$$= \int_{y_0}^{y_1} \frac{M+dM}{I} y\, dA - \int_{y_0}^{y_1} \frac{M}{I} y\, dA = \frac{dM}{I}\int_{y_0}^{y_1} y\, dA$$

따라서,

$$\tau b\, dx = \frac{dM}{I}\int_{y_0}^{y_1} y\, dA$$

$$\therefore\quad \tau = \frac{dM}{dx} \cdot \frac{1}{bI} \int_{y_0}^{y_1} y\, dA = \frac{SQ}{Ib}$$

❖ **예제**

그림 4에서 직사각형 단면의 전단응력도 $\tau_{\max}$를 구하여 전단응력도의 분포도를 표시하라.

답

그림 4의 직사각형 단면의 전단응력도는

$$Q = Ay'$$
$$= b\left(\frac{h}{2}-y\right)\left\{\left(\frac{h}{2}-y\right)\cdot\frac{1}{2}+y\right\} = \frac{b}{8}(h^2-4y^2)$$

$$\tau = \frac{SQ}{Ib} = \frac{S}{(bh^3/12)\,b}\cdot\frac{b}{8}(h^2-4y^2) = \frac{3S}{2}\cdot\frac{h^2-4y^2}{bh^3} \quad\cdots\cdots(3)$$

여기서, τ의 최소값 $\tau_{\min}$은 식 (3)에서 $h^2-4y^2=0$으로 두고, $y=\pm h/2$일 때 $\tau_{\min}=0$이 된다.

τ의 최대값 $\tau_{\max}$은 식 (3)에서 $y=0$ 일 때 다음 식과 같다.

$$\tau_{\max} = \frac{3}{2}\cdot\frac{S}{A}$$

즉, $\tau_{\max}$는 중립축 상에서 생긴다.
또한, 평균 전단응력도는

$$\tau_{\mathrm{mean}} = \frac{S}{A}$$

위 식에 의해 직사각형 단면의 전단응력도는 그림 4의 (b)와 같이 된다.

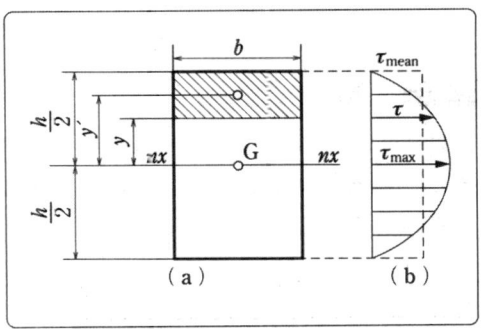

그림 4 직사각형 단면의 전단응력도

3. 보의 설계

□ **포인트**   보의 설계 조건은 작용한 하중에 의해 생긴 응력도의 최대값이 허용값을 넘지 않는 것이다. 즉,

$$\sigma_{max} \leq \sigma_a, \quad \tau_{max} \leq \tau_a \quad \cdots\cdots(1)$$

여기서,

σ_{max} : 최대 휨 응력도(연응력도)
τ_{max} : 최대 전단응력도
σ_a : 허용 휨 응력도
τ_a : 허용 전단응력도

경제적인 단면은 σ가 σ_a로, τ가 τ_a로 가능한 한 가까운 값이 가지는 단면이다.

■ **해설**   보를 설계하는 경우의 일반적인 설계순서는 다음과 같다.

(1) 최대 휨 모멘트 M_{max}, 최대 전단응력 S_{max}를 구한다.
(2) M_{max}에 대해 필요한 단면계수 Z를 구한다.

$$\sigma_{max} \leq \sigma_a \text{에서} \quad \frac{M_{max}}{Z} \leq \sigma_a$$

따라서,

$$\frac{M_{max}}{\sigma_a} \leq Z \quad \cdots\cdots(2)$$

(3) 식 (2)를 만족하고, 이러한 Z에 가깝고 조금 큰 단면을 가정한다.
(4) 가정한 단면의 안전성에 대하여 검산한다.
  ① $\sigma_{max} \leq \sigma_a$ 의 확인
  ② $\tau_{max} \leq \tau_a$ 의 확인
  ③ $M < M_r (= \sigma_a Z$: 저항 모멘트)의 확인
  ④ 처짐이 제한값을 넘지 않는지를 확인

❖ **예제**

그림 1과 같이 스팬인 8m인 정사각형 단면의 단순보에 $P=24kN$의 이동하중이 작용할 때의 안전한 단면을 설계하라. 단, 보는 목재로 자체 무게를 포함하여 $w=2kN/m$의 등분포하중을 받는 것으로 한다. 즉,

$$\sigma_a = 1 \text{ kN/cm}^2, \quad \tau_a = 80 \text{ N/cm}^2$$

이다.

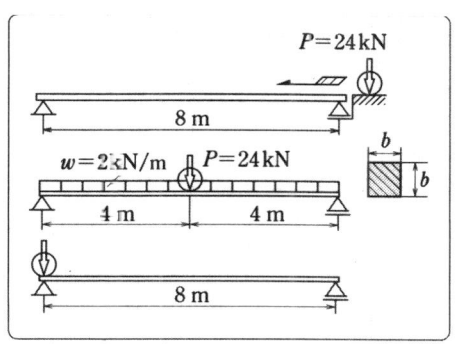

그림 1 나무의 단순보

$$M_{max} = \frac{wl^2}{8} + \frac{Pl}{4} = \frac{2 \times 8^2}{8} - \frac{24 \times 8}{4}$$
$$= 64 \text{ kN} \cdot \text{m} = 6,400,000 \text{ N} \cdot \text{cm}$$
$$S_{max} = \frac{wl}{2} + P = \frac{2 \times 8}{2} + 24 = 32 \text{ kN} = 32,000 \text{ N}$$

M_{max}에 필요한 단면계수 Z는

$$\frac{M_{max}}{\sigma_a} = \frac{6,400,000}{1,000} = 6,400 \leq Z$$

정사각형의 한 변을 b라고 하면

$$Z = \frac{b^3}{6} \geq 6,400 \quad \therefore \quad b \geq \sqrt[3]{6,400 \times 6} = 33.74 \text{ cm}$$

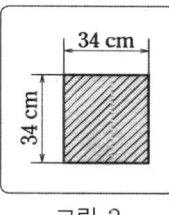

그림 2

따라서, $b=34$cm라 가정한다(그림 2). 이러한 b에 대해 안전성에 대한 검산을 한다.

〈가정 단면의 안전성에 대한 검산〉

(1) $\sigma_{max} \leq \sigma_a$의 확인

$$\sigma_{max} = \frac{M_{max}}{Z} = \frac{6,400,000}{34^3/6} = 977 \text{ N/cm}^2 < \sigma_a = 1,000 \text{ N/cm}^2$$

(2) $\tau_{max} \leq \tau_a$의 확인

$$\tau_{max} = \frac{3}{2} \cdot \frac{S_{max}}{A} = \frac{3 \times 32,000}{2 \times 34^2} = 41.5 \text{ N/cm}^2 < \tau_a = 80 \text{ N/cm}^2$$

(3) 저항 모멘트 M_r의 확인

$$M_r = \sigma_a Z = 1,000 \times \frac{34^3}{6} = 6\,550,667 \text{ N} \cdot \text{cm} > M_{max}(=6,400,000 \text{ N} \cdot \text{cm})$$

위 식에 의해 $b=34$cm인 정사각형 단면이다.

1. 편심하중을 받은 단주

□ 포인트

압좌

좌굴

세장비

축방향에 압축력을 받는 부재를 주(기둥)라 한다. 짧은 기둥(단주)은 그림 1의 (a)와 같이 압축력에 의하여 짓누르듯 파괴된다. 이것을 **압좌**라 한다. 장주는 그림 1의 (b)처럼 허물어지듯이 손상된다. 이것을 **좌굴**이라 한다. 일반적으로 단주와 장주에 대해서는 **세장비**에 따라서 그 범위를 결정한다.

l/i : 세장비, $i = \sqrt{I/A}$

여기서, l : 주의 길이, i : 최소 단면 2차 반경(최소 회전 반경)

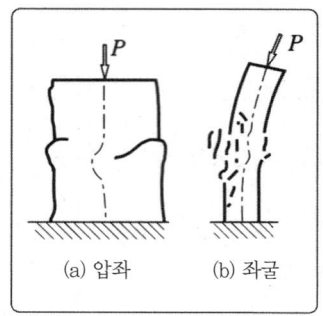
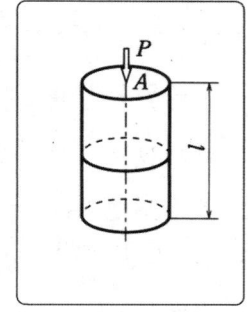

그림 1 기둥의 파괴   그림 2 단주의 응력도

■ 해설

전방향 압축이 짧은 기둥의 도심에 작용하는 상승응력도, 허용 압축응력도

그림 2와 같이 단주 단면이 도심축 방향에 압축력을 받는 경우 기본적인 관계는 다음 식과 같다.

$$\sigma_y = \frac{P_y}{A}, \quad \sigma_{ca} = \frac{\sigma_y}{S}$$

여기서, σ_y : 상항복점응력도 (N/cm²), S : 안전율

σ_{ca} : 허용 압축응력도 (N/cm²)

편심하중이 작용하는 단주 편심하중 편심거리

그림 3의 (a)에서 위의 그림과 같이 하중 P가 축의 중심으로부터 벗어나서 작용할 때, 이것을 **편심하중**이라 하며, 도심축으로부터 P까지의 거리 e를 **편심거리**라 한다. 편심하중이 작용하는 단주는 P에 의한 압축응력도와 휨응력도를 합친 합성응력도로서 식 (1)에 의해 구하며, 응력도의 그림은 그림 3의 (b)와 (c) 아래쪽 그림을 합성한 그림 3의 (a) 아래쪽 그림과 같다.

$$\left. \begin{array}{l} \sigma_A = \sigma_c + \sigma_t' = -\dfrac{P}{A} + \dfrac{M x_t}{I} = -\dfrac{P}{A} + \dfrac{M}{Z_t} \\[6pt] \sigma_B = \sigma_c + \sigma_c' = -\dfrac{P}{A} - \dfrac{M x_c}{I} = -\dfrac{P}{A} - \dfrac{M}{Z_c} \end{array} \right\} \quad \cdots\cdots (1)$$

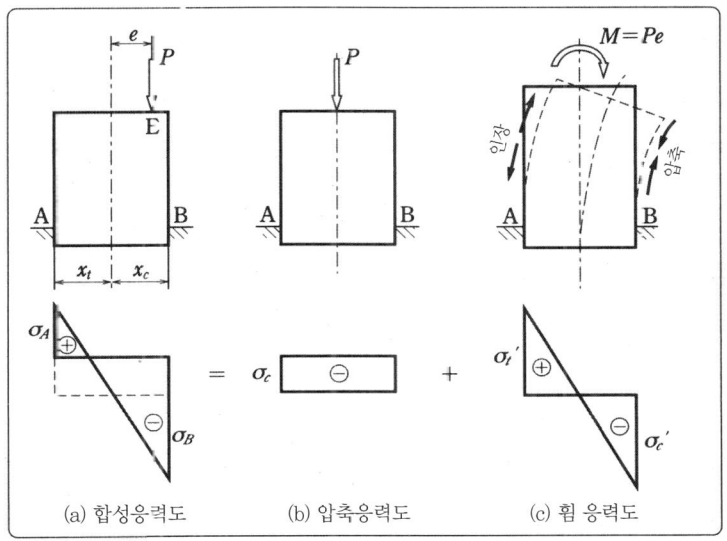

(a) 합성응력도　　　(b) 압축응력도　　　(c) 휨 응력도

그림 3 편심하중을 받는 단주와 그 응력도

그림 4와 같은 직사각형 단면의 단주에 편심하중이 작용하는 경우 점 A, B의 응력도는 식 (1)에 의해 다음과 같다.

$$\sigma_A = -\frac{P}{A} + \frac{M}{Z_t}$$
$$= -\frac{P}{bh} + \frac{6Pe}{bh^2}$$
$$\sigma_B = -\frac{P}{A} - \frac{M}{Z_c}$$
$$= -\frac{P}{bh} - \frac{6Pe}{bh^2}$$

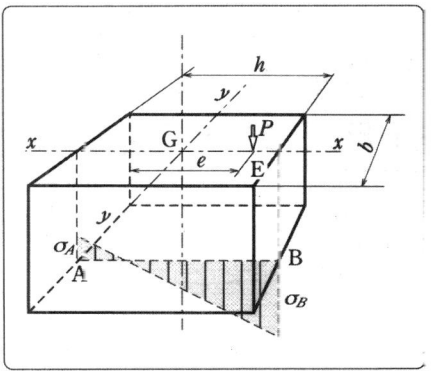

그림 4 편심하중이 작용하는 단주

따라서,

$$\sigma_A = -\frac{P}{bh}\left(1 - \frac{6e}{h}\right), \quad \sigma_B = -\frac{P}{bh}\left(1 + \frac{6e}{h}\right) \quad \cdots\cdots(2)$$

이 경우 σ_B는 항상 압축응력도가 되지만, σ_A는 그림 5처럼 세 개일 경우가 있다.

① $e = h/6$ 일 때, $\sigma_A = 0$
② $e < h/6$ 일 때, $\sigma_A < 0$ (압축응력도)
③ $e > h/6$ 일 때, $\sigma_A > 0$ (인장응력도)

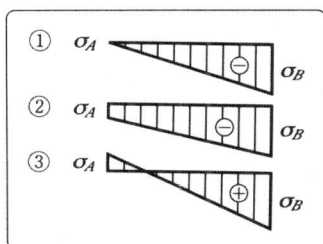

그림 5 단주의 응력도

2. 장주

□ **포인트**

환산길이
유효길이

좌굴되어 파괴되는 것이 장주이다. 좌굴될 때의 하중을 좌굴압하중이라 한다. 장주의 실제 길이 l에 대한 지지 방법에 따라서 설계상의 길이 l_r을 그림 1과 같이 정한다. l_r는 환산길이 또는 **유효길이**라고 한다. 또한, 장주의 각종 설계 계산식은 세장비 l_r/i를 기준값으로 한다.

지지 방법과
유효길이

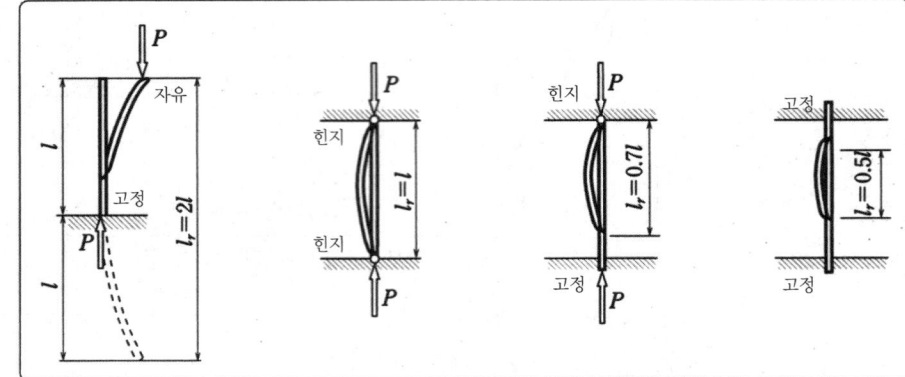

그림 1 주의 지지 방법과 유효길이

■ **해설**

▶ 오일러의 공식

$l_r/i > 100$일 때에 적용한다.

$$P_{cr} = \frac{n\pi^2 EI}{l^2} \quad \text{(실제의 길이 } l\text{에 의한 공식)} \quad \cdots\cdots(1)$$

$$P_{cr} = \frac{\pi^2 EI}{l_r^2} \quad \text{(환산길이 } l_r\text{에 의한 공식)} \quad \cdots\cdots(2)$$

P_{cr} : 좌굴하중
l : 기둥의 실제 길이
l_r : 환산길이
I : 단면 2차 모멘트
E : 탄성계수
n : 기둥의 지지 방법에 따라 결정되는 정수

표 1 기둥의 지지 방법에 따라 결정되는 정수 n

기둥의 지지 방법	n
일단고정, 다단자유	1/4
양단회전단	1
일단고정, 다단회전단	2
양단고정	4

▶ 테트마이어 공식에 의해서 결정되는 정수

일반적으로 $l_r/i < 100$일 때 적용한다.

$$\sigma_{cr} = a - b\frac{l_r}{i} \quad \cdots\cdots(3)$$

σ_{cr} : 좌굴절응력도, a, b : 기둥(주)의 재료에 따라서 결정되는 정수(표 2)
l_r : 주 길이의 환산길이, i : 최소 단면 2차 반경

주(기둥)

표 2 테트마이어의 정수

정수\재료	목재	주철	견철	연강	경강
l_r/i	$l_r/i<100$	$l_r/i<80$	$l_r/i<112$	$l_r/i<105$	$l_r/i<89$
a	293	7,760	3,030	3,100	3,350
b	1.94	12.0	12.9	11.4	6.2

(유아사 카메이치 저 「재료역학」에서)

▶ **일본의 시방서에서 이용되고 있는 공식**

일본에서 이용되고 있는 실용 공식은 표 3, 표 4에 따른다. 이러한 설계 계산식은 양단 힌지를 기준으로 한 실제 길이에 의한 것이다. 따라서, 양단 힌지 이외의 경우에는 지지 상태에 대응한 환산길이를 고려한다.

표 3 강재의 허용 압축응력도와 인장응력도   (단위 : kgf/cm²)

응력의 종류 \ 강의 종류	SS400 SM400 SMA400W	SM490	SM490 Y SM520 SMA490W	SM570 SMA570W
축방향 인장응력도 (순단면적에 대하여)	1,400	1,900	2,100	2,600
축방향 압축응력도 (순단면적에 대하여) (국부좌굴을 고려하지 않은 경우) l : 유효 좌굴 길이(cm) i : 단면 2차 반경(cm)	$l/i \leq 20$ 1,400 $20 < l/i \leq 93$ $1,400 - 8.4 \times \left(\dfrac{l}{i} - 20\right)$ $l/i > 93$ $\dfrac{12,000,000}{6,700 + \left(\dfrac{l}{i}\right)^2}$	$l/i \leq 15$ 1,900 $15 < l/i \leq 80$ $1,900 - 13 \times \left(\dfrac{l}{i} - 15\right)$ $l/i > 80$ $\dfrac{12,000,000}{5,000 + \left(\dfrac{l}{i}\right)^2}$	$l/i \leq 14$ 2,100 $14 < l/i \leq 76$ $2,100 - 15 \times \left(\dfrac{l}{i} - 14\right)$ $l/i > 76$ $\dfrac{12,000,000}{4,500 + \left(\dfrac{l}{i}\right)^2}$	$l/i \leq 18$ 2,600 $18 < l/i \leq 67$ $2,600 - 22 \times \left(\dfrac{l}{i} - 18\right)$ $l/i > 67$ $\dfrac{12,000,000}{3,500 + \left(\dfrac{l}{i}\right)^2}$

SS : Structual Steel(구조용 압연강재), SM : Structual Marine(용접용 압연강재)   (도로시(示)II에서)

표 4 목재의 허용 압축응력도

항목 \ 목재의 종류	침엽수	활엽수	목재와 무관
$\dfrac{l}{i}$	$\dfrac{l}{i} < 100$	$\dfrac{l}{i} < 100$	$\dfrac{l}{i} \geq 100$
$\sigma_{cr.a}$ (kgf/cm²)	$70 - 0.48 \left(\dfrac{l}{i}\right)$	$80 - 0.58 \left(\dfrac{l}{i}\right)$	$\dfrac{220,000}{\left(\dfrac{l}{i}\right)^2}$

(주) $\sigma_{cr.a}$: 허용 압축응력도에서 좌굴응력도 σ_{cr}에 안전율을 고려한 값. 또한, 단위는 중력 단위계이다.
(「목재 도로교량 시방서안」에서)

1. 트러스의 개요와 안정

□ **포인트**
트러스

■ **해설**
부재의 명칭

가늘고 긴 부재를 삼각형 모양으로 조합, 그 기본형을 연결하여 하중에 저항하도록 만들어진 구조물을 **트러스**라고 한다.

트러스의 부재는 강재와 복재로 구성되어 있다. 그림 1에서 각 부재 명칭은 다음과 같다.

현재(弦材) : 트러스의 외연에 있는 부재를 말한다. 위쪽에 배치한 상현재 (U), 아래쪽에 배치한 하현재(L)가 있다.

복재(腹材) : 현재를 연결하는 부재로, 사재(D), 연직재(V), 단주(D_1, D_6) 등이 있다.

격점(절점) : 각 부재의 교점(A, B, P, Q)에서 힌지 기호(○)는 넣지 않는 경우가 많다.

격간 길이 : 현재의 격점 간의 길이(λ)

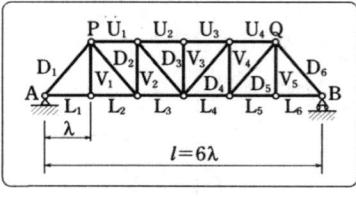

그림 1 트러스 각부의 명칭

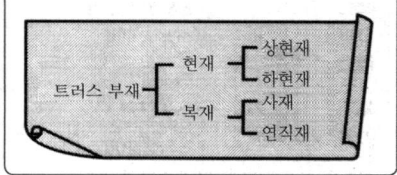

그림 2 부재의 분류

트러스를 크게 분류하면 상·하현재가 평행한 직현 트러스와, 현재가 다각형으로 되어 있는 곡현 트러스가 있다. 또, 활하중의 위치에 따라 하로 트러스와 상로 트러스로 분류할 수 있다. 현재와 복재의 형상에 따라 그림 3과 같은 트러스의 종류가 있다.

트러스의 종류

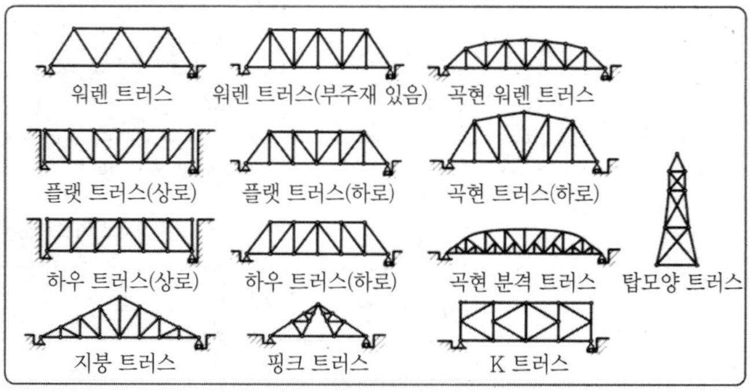

그림 3 트러스의 종류

안정과 정정

그림 4를 보면 트러스의 기본 삼각형 △ABC에서는 부재 수 $m=3$, 힌지 수 $j=3$이다. 삼각형 △ACD를 위해서는 새로운 두 개의 부재와 힌지를 한 개 추가하는 경우가 된다. 트러스의 부재와 힌지에는 다음과 같은 관계가 있다.

$$m = 2j - 3 \quad \cdots\cdots(1)$$

여기서, m : 부재 총 수, j : 힌지 총 수,

$m = 2j - 3$ 일 때, 내부적 정정

$m > 2j - 3$ 일 때, 내부적 부정정

$m < 2j - 3$ 일 때, 내부적 불안정

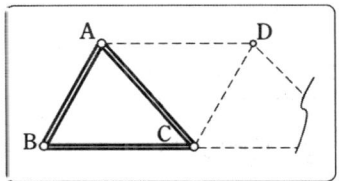

그림 4 부재 수와 힌지 수의 관계

내부적 불안정

내부적 정정

내부적 부정정

트러스가 힘에 으해 변형하는 상태를 **내부적 불안정**이라 한다. 또한, 트러스의 변형은 없고, 균형의 3조건식으로 부재응력이 구해지는 경우가 **내부적 정정**이다. 트러스의 변형은 없지만 필요 이상의 부재가 있으면 그 응력은 균형의 3조건식으로 구할 수 없게 된다. 이것이 **내부적 부정정**이다.

안전된 정정보는 힘의 안정 3조건식으로 지점반력을 구할 수 있지만, 그 때의 반력 수 r은 3이다. 즉,

$$r = 3 \quad \cdots\cdots(2)$$

이상으로부터, 트러스가 외부적으로도 내부적으로도 정정인가의 판별은 식 (1), (2)에 의해 다음 식과 같이 된다.

$$N = (m - 2j + 3) + (r - 3) = m - 2j + r$$

그러므로 트러스의 판별식은 다음 식으로 나타낼 수 있다.

$$N = m - 2j + r \quad \cdots\cdots(3)$$

여기서, N : 트러스의 부정정 차수, r : 반력 수

$N < 0$ 일 때, 불안정

$N = 0$ 일 때, 안정·정정

$N > 0$ 일 때, 안정·부정정(N차 부정정)

❖ 예제

그림 5와 6의 트러스를 판별하라.

답

그림 5는
$m = 13$
$j = 8$
$r = 3$
$N = m - 2j + r$
$\quad = 13 - 2 \times 8 + 3$
$\quad = 0$
따라서, 안정·정정

그림 6은
$m = 6$
$j = 4$
$r = 3$
$N = m - 2j + r$
$\quad = 6 - 2 \times 4 + 3$
$\quad = 1 > 0$
따라서, 1차 부정정

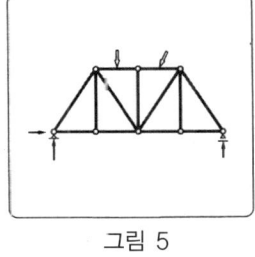
그림 5

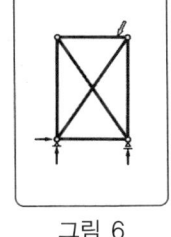
그림 6

2. 트러스의 해법

□ 포인트
격점법과 해법

균형을 유지하는 트러스는 각 격점에서 외력과 부재의 응력이 균형을 이루고 있다. 그래서, 균형의 3조건인 $\Sigma H=0$, $\Sigma V=0$, $\Sigma M=0$ 중에서 $\Sigma H=0$, $\Sigma V=0$에 의하여 트러스 각 부재응력을 구하는 것이 **격점법**이다.

■ 해설

그림 1의 (a)와 같은 $l=4\mathrm{m}$의 기본 정삼각형의 트러스를 생각해 보자. 먼저 AC, AD의 부재 응력인 $\overline{D_1}$, $\overline{L_1}$를 구하기 위해 격점 A를 중심으로 하는 가상 절단면 ①~①을 그린다. 그림 1의 (b)처럼 ①~① 단면에 대하여 밖을 향한 인장력이라고 가정한다. 또한, 인장력의 부호는 플러스로 한다.

답

$$R_A = R_B = 10 \text{ kN}$$
$$\Sigma V = R_A + \overline{D_1} \sin \theta = 0$$
$$\therefore \overline{D_1} = -\frac{R_A}{\sin \theta} = -\frac{10}{\sin 60°}$$
$$= -11.55 \text{ kN (압축력)}$$

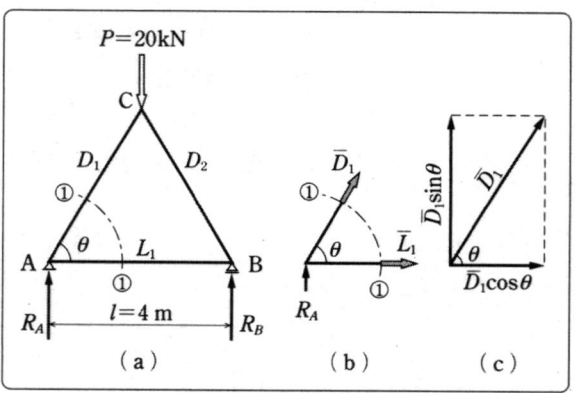

그림 1 기본 삼각형의 트러스

좌우대칭이기 때문에
$$\overline{D_1} = \overline{D_2} = -11.55 \text{ kN (압축력)}$$
$$\Sigma H = \overline{D_1} \cos \theta + \overline{L_1} = 0$$
$$\therefore \overline{L_1} = -\overline{D_1} \cos \theta = -(-11.55) \cos 60° = +5.78 \text{ kN (인장력)}$$

7 트러스

❖ **예제**
그림 2에서 트러스의 부재응력 $\overline{V_1}, \overline{U_1}, \overline{D_1}, \overline{L_1}$는 얼마인가?

답
$R_A = R_B = 6 \text{ kN}$

①~① 단면 $\Sigma V = -4 - \overline{V_1} = 0$
∴ $\overline{V_1} = -4 \text{ kN}$ (압축력)
$\Sigma H = \overline{U_1} = 0$

②~② 단면
$\Sigma V = R_A + \overline{V_1} + \overline{D_1} \sin \theta = 0$
∴ $\overline{D_1} = -2.5 \text{ kN}$ (압축력)
$\Sigma H = \overline{L_1} + \overline{D_1} \cos \theta = 0$
∴ $\overline{L_1} = +1.5 \text{ kN}$ (인장력)

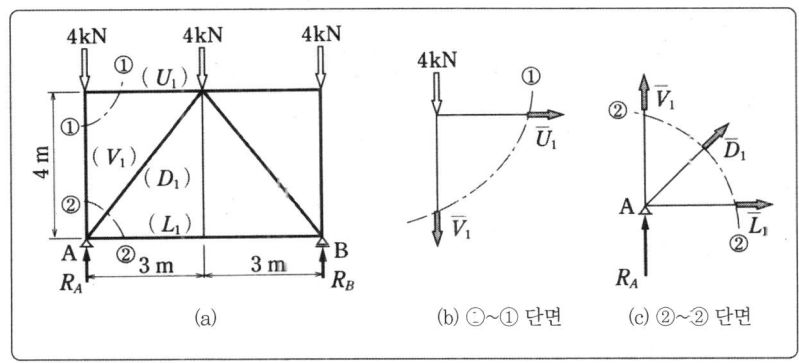

그림 2 격점법에 의한 해법

■ **해설**

단면법에 의한 해법

단면법이라는 것은 구하려고 하는 부재응력이 세 개 이하가 되도록 트러스의 가정 절단면을 상정하고 그 절단면의 부재응력과 절단된 부분의 외력이 균형을 이루고 있는 것으로서 응력을 구하는 방법이다.

다음 페이지 그림 3의 (a)와 같은 플랫 트러스를 통해 구체적으로 생각해 보자. $\overline{U_2}, \overline{D_2}, \overline{L_2}$의 부재응력을 구하기 위하여 ①~① 단면으로 절단한 것으로 한다. 절단면 좌측의 부분을 변형하지 않는 보라고 한다면, 그림 3의 (b)에 나타낸 것처럼 외력 R_A, P_1, P_2와 부재응력 $\overline{U_2}, \overline{D_2}, \overline{L_2}$가 균형을 이루고 있다. 균형의 3조건식에 의해 부재응력 $\overline{U_2}, \overline{D_2}, \overline{L_2}$를 다음과 같이 계산한다.

단면 계산

$R_A = R_B = \dfrac{24}{2} = 12 \text{ kN}$ 〈좌우대칭 하중〉

$\Sigma V = R_A - P_1 - P_2 - \overline{D_2} \sin \theta = 0$

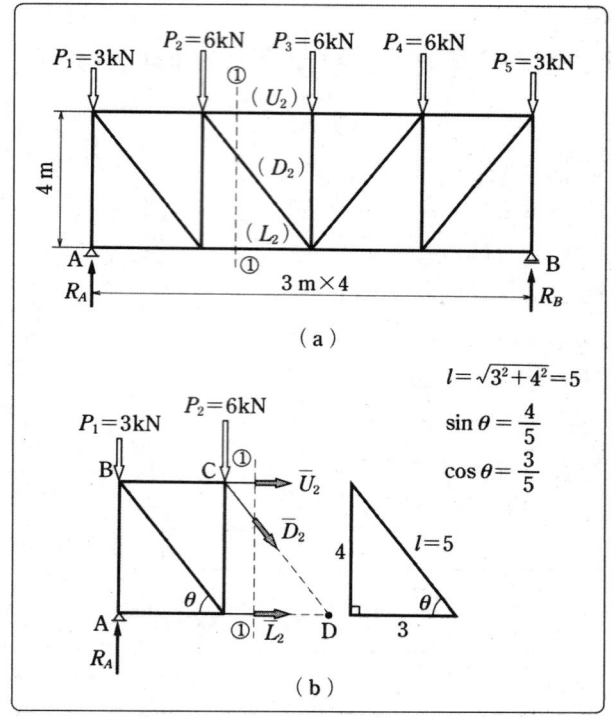

그림 3 단면법에 의한 해법(플랫 트러스)

$$\overline{D_2} = \frac{1}{\sin\theta}\underbrace{(R_A - P_1 - P_2)}_{S_①} = \frac{5}{4} \times (12-3-6)$$
$$= +3.75 \text{ kN (인장력)}$$

$$\Sigma M_C = R_A \times 3 - P_1 \times 3 - \overline{L_2} \times 4 = 0$$
$$\overline{L_2} = \frac{1}{4}\underbrace{(R_A \times 3 - P_1 \times 3)}_{M_C} = \frac{1}{4} \times (12 \times 3 - 3 \times 3)$$
$$= +6.75 \text{ kN (인장력)}$$

$$\Sigma M_D = R_A \times 6 - P_1 \times 6 - P_2 \times 3 + \overline{U_2} \times 4 = 0$$
$$\overline{U_2} = \frac{1}{4}\underbrace{(R_A \times 6 - P_1 \times 6 - P_2 \times 3)}_{M_D} = -\frac{1}{4} \times (12 \times 6 - 3 \times 6 - 6 \times 3)$$
$$= -9.00 \text{kN (압축력)}$$

쿨만법
리터법

여기서, $S_①$은 ①~①단면의 전단력, M_C, M_D는 각각 점 C, D의 휨 모멘트이다. $\Sigma V = 0$으로부터 부재응력을 구하는 방법을 **쿨만법**(전단력법)이라 하며, $\Sigma M = 0$으로부터 구하는 방법을 **리터법**(모멘트법)이라 한다. 이와 같이 단면법은 격점법과는 달리, 다른 부재에 관계없이 필요한 트러스 부재응력을 직접 구할 수 있다.

1. 처짐과 처짐각

□ 포인트

처짐곡선

탄성곡선

그림 1의 (a)는 하중 P가 작용하여 휨 변형한 보를 나타낸 것이다. 이 현상을 보가 처졌다고 말한다. 변형된 중립면 $n'-n'$를 추출한 것이 그림 1의 (b)이다. 이것을 **처짐곡선** 또는 **탄성곡선**이라 한다.

■ 해설

처짐

처짐각

그림 1의 (b)에서 점 A로부터 수평거리 x에서 점 m이 변형 후 m′로 이동한 것으로 할 때, m-m′의 연직 거리 y를 점 m의 **처짐**이라 한다. 또한 처진 곡선상의 점 m에 접선을 그어 수평축 A′B′와의 연장선과의 각을 θ로 할 때 이것을 점 m의 **처짐각**이라 한다.

그림 1과 같이 단순보는 지점에서의 처짐각이 가장 크게 되며 최대의 처짐이 생기는 점의 처짐각은 0이 된다.

전단력의 영향에 의해 생기는 처짐은 미소하기 때문에 휨 모멘트에 의한 처짐으로서 그 이론을 생각하는 것이 일반적이다.

'휨응력도'의 식 (4) (p.71 참조)에서 나온 것처럼 휨 모멘트가 작용하는 보에서는 다음과 같은 관계가 있다.

처짐곡선의 곡률

$$M/EI = 1/\rho \cdots\cdots (1)$$

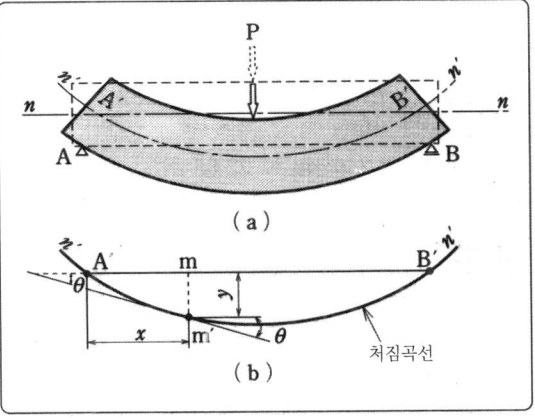

그림 1 보의 처짐과 처짐각

여기서,

　M : 휨 모멘트

　EI : 굽힘강도

　　E : 탄성계수

　　I : 중립축에 관한 단면 2차 모멘트 ($=I_{nx}$)

　$1/\rho$: 처짐곡선의 곡률

　　ρ : 처짐곡선의 곡률 반경

식 (1)에 대하여 구체적으로 생각해 보자. 그림 2에서 분명해진 것처럼 곡률 반경 ρ가 클수록 처짐은 작아지게 된다.

또한, 휨 모멘트 M을 일정값으로 하여 처짐의 대소를 생각해 보면, 분모인 탄성계수 E나 단면 2차 모멘트 I가 클수록 처짐은 작아지게 된다.

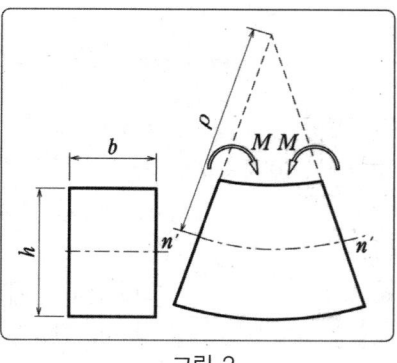

그림 2

❖ **예제**

그림 3과 같이 $b=12$cm, $h=18$cm인 목재의 직사각형 단면 단순보의 점 C에서 처짐곡선의 곡률 반경 ρ를 구하라. 단, $E=7.84\times10^5$N/cm^{2}으로 한다.

답

$$I = \frac{bh^3}{12} = \frac{12\times 18^3}{12} = 5,832 \text{ cm}^4$$

$$M_C = \frac{Pl}{4} = \frac{10\times 8}{4}$$
$$= 20 \text{ kN}\cdot\text{m} = 2\times 10^6 \text{ N}\cdot\text{cm}$$

$$\rho = \frac{EI}{M_C} = \frac{7.84\times 10^5 \times 5,832}{2\times 10^6}$$
$$= 2,286 \text{ cm} = 22.86 \text{ m}$$

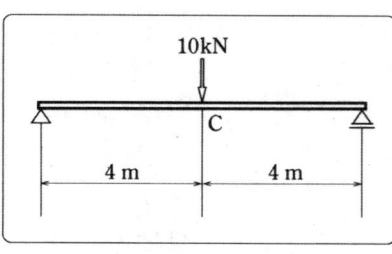

그림 3 곡률 반경의 계산

■ 해설

탄성하중

그림 4는 처짐이나 처짐각을 구하는 **모어의 정리**에 대하여 서술한 것이다. 모어의 정리란, '처짐은 **탄성하중**이 작용하는 보에서 그때의 휨 모멘트에 의해 주어진다. 같은 방법으로 그때의 전단력에 따라 각 단면의 처짐각 θ가 주어진다.'라는 것이다. 여기서 말하는 **탄성하중**은 식 (1)에서의 M/EI를 말한다.

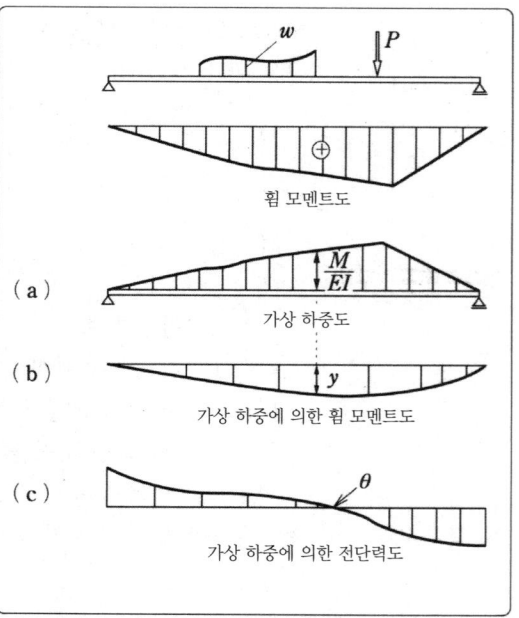

그림 4 가상 하중에 의한 휨 모멘트와 전단력

2. 단순보의 처짐과 처짐각

□ 포인트

그림 1의 (a)와 같이 같은 단면을 가지며, 굽힘강도 EI가 일정한 집중하중이 작용하는 단순보가 있다. 모어의 정리에 의해 지점에서의 처짐각과 처짐을 구해 보자. 그림 1의 (b)는 각 점의 휨 모멘트를 분포하중으로 간주한 모멘트 하중도이다.

■ 해설

지점의 처짐각

지점의 처짐각을 구하려면 먼저 그림 1의 (b)에서 지점반력 $R_A{}'$, $R_B{}'$을 구한다.

$$\Sigma M_B = R_A{}' l - \frac{1}{2} M_C a \left(b + \frac{a}{3}\right)$$
$$- \frac{1}{2} M_C b \cdot \frac{2}{3} b = 0$$

$$R_A{}' = \frac{M_C}{6}(a+2b) = \frac{Pab}{6l}(a+2b)$$

$$\Sigma V = R_A{}' + R_B{}' - \frac{1}{2} l M_C = 0$$

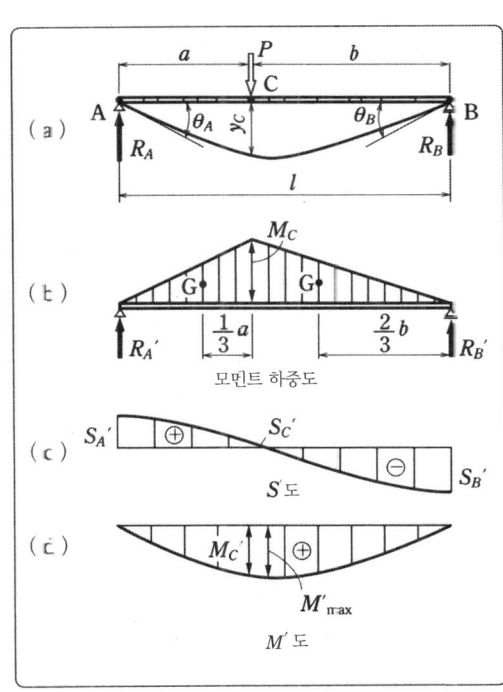

그림 1 단순보의 처짐과 처짐각

$$R_B' = \frac{M_C l}{2} - R_A'$$
$$= \frac{M_C}{6}(2a+b) = \frac{Pab}{6l}(2a+b)$$

모멘트 하중에 의한 지점 A, B의 전단력은
$$S_A' = R_A', \quad S_B' = -R_B'$$

모어의 정리에 의해
$$\theta_A = \frac{S_A'}{EI} = \frac{Pab}{6EIl}(a+2b), \quad \theta_B = \frac{S_B'}{EI} = -\frac{Pab}{6EIl}(2a+b)$$
......(1)

점 C의 처짐 y_C를 구하기 위해서는 그림 1의 (b)에서의 M_C를 구한다.
$$M_C = R_A' \times a - \left(\frac{1}{2} \times a \times M_C\right) \times \frac{a}{3} = \frac{Pa^2 b^2}{3l}$$

그러므로 모어의 정리에 의해
$$y_C = \frac{Pa^2 b^2}{3EIl}$$
......(2)

P가 중앙에 있을 때 $a=b=l/2$로 두면
$$\theta_A = -\theta_B = \frac{Pl^2}{16EI}$$
......(3)
$$y_C = \frac{Pl^3}{48EI}$$
......(4)

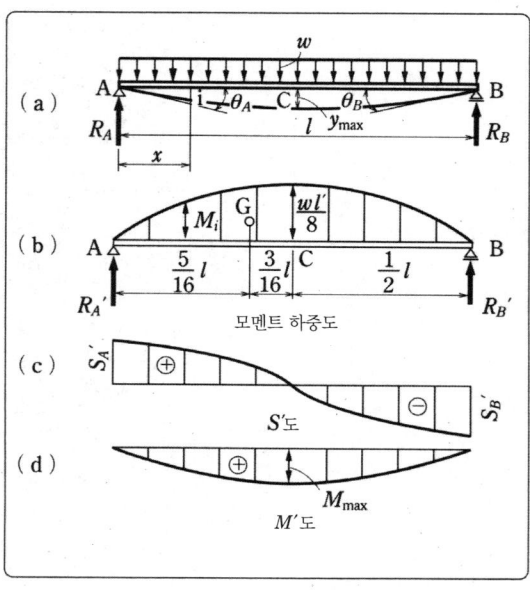

그림 2

■ 알아두면 편리
⟨미분 방정식에 의한 해법(등분포하중이 작용하는 단순보)⟩
▶ 등분포하중이 작용하는 단순보의 처짐과 처짐각

그림 2의 (a)에서 점 A로부터 x 만큼 떨어진 점 i의 휨 모멘트를 M_i라 하면, 처짐곡선의 미분 방정식은 다음과 같이 된다.

$$\frac{d^2y}{dx^2} = -\frac{M_i}{EI}, \quad M_i = \frac{w}{2}(lx-x^2)$$

$$\theta = \frac{dy}{dx} = -\frac{w}{2EI}\int(lx-x^2)dx = -\frac{w}{2EI}\left(\frac{l}{2}x^2 - \frac{1}{3}x^3 + c_1\right) \quad \cdots\cdots(5)$$

$$y = -\frac{w}{2EI}\int\left(\frac{l}{2}x^2 - \frac{1}{3}x^3 + c_1\right)dx = -\frac{w}{2EI}\left(\frac{l}{6}x^3 - \frac{1}{12}x^4 + c_1x + c_2\right) \quad \cdots\cdots(6)$$

경계 조건은, $x=0$일 때 $y_A=0$, 식 (6)으로부터 $c_2=0$
$x=l$일 때 $y_B=0$, 식 (6)으로부터 $c_1=-l^3/12$

따라서,

$$\theta = \frac{w}{24EI}(4x^3 - 6lx^2 + l^3) \quad \cdots\cdots(7)$$

$$y = \frac{w}{24EI}(x^4 - 2lx^3 + l^3x) \quad \cdots\cdots(8)$$

식 (7)에 대해 $x=0$ 및 l로 두면

$$\theta_A = -\theta_B = \frac{wl^3}{24EI} \quad \cdots\cdots(9)$$

식 (8)에 대해 $x=l/2$로 두면

$$y_{\max} = \frac{5wl^4}{384EI} \quad \cdots\cdots(10)$$

또한, 보 중앙점인 C의 처짐각은 θ_C로, 식 (7)에서 $x=l/2$로 두고, $\theta_C=0$이 된다.

❖ 예제

그림 2에서 $l=10\text{m}$, $w=0.5\text{kN/m}(=5\text{N/cm})$의 등분포하중이 작용하는 직사각형 단면($b=20\text{cm}$, $h=24\text{cm}$)의 단순보 처짐각 θ_A, 최대 처짐 $y_{\max}$를 구하라. 단, 보는 강재이며, 탄성계수 $E=2.06\times10^7\text{N/cm}^2(=2.1\times10^6\text{g}_c\text{N/cm}^2)$이다.

답

$$\theta_A = \theta_{\max} = \frac{wl^3}{24EI} = \frac{5\times1,000^3}{24\times2.06\times10^7\times\frac{20\times24^3}{12}} = 0.00044 \text{ rad}$$

$$\theta_A = 0.00044\times206,265'' = 91'' = 1'31''$$

$$y_{\max} = \frac{5wl^4}{384EI} = \frac{5\times5\times1,000^4}{384\times2.06\times10^7\times\frac{20\times24^3}{12}} = 0.14 \text{ cm}$$

3. 캔틸레버보(외팔보)의 처짐과 처짐각

□ 포인트
모어의 정리

처짐과 처짐각은 그림 1의 (a), (b)에 의해, 모어의 정리에 따라서 구하는 것이 좋다.

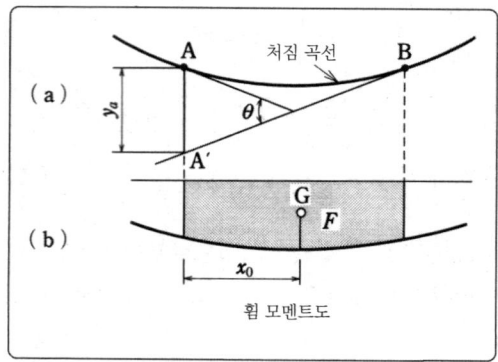

그림 1 캔틸레버보의 모어의 정리

■ 해설
처짐각의 정리

'처짐곡선 상의 두 점에서 당긴 접선이 이루는 각은, 두 점 간의 휨 모멘트도의 면적을 굽힘강도 EI로 나눈 값과 같다.'라는 처짐각에 관한 모어의 정리에 따른다.

처짐의 정리

처짐에 관해서는 '처짐곡선 상 임의의 두 점에서의 접선이, 그 중 한 점을 지나는 연직선으로 잘라내는 길이는 두 점 간의 휨 모멘트도의 그 한 점에 대한 1차 모멘트를 굽힘강도 EI로 나눈 값과 같다.'라는 정리에 의한다.

$$\theta = \frac{F}{EI}, \quad y_A = \frac{F x_0}{EI}$$

여기서, F : 곡선 모멘트 그림의 면적

집중하중이 작용할 때

이상의 정리에 의해 그림 2의 (a)와 같은 집중하중이 작용하는 캔틸레버보의 자유단의 처짐과 처짐각은 다음과 같이 된다.

휨 모멘트도는 그림 2의 (b)와 같으며, 그 면적을 F로 하면

$$F = \frac{l \cdot Pl}{2} = \frac{Pl^2}{2}$$

점 A의 처짐각 θ_A는, 그림 2의 (b)에서 처짐곡선 상의 점 A′에서 당긴 접선과 점 B부터 접선과 이루는 각이다.

$$\theta_A = \frac{F}{EI} = \frac{1}{EI} \cdot \frac{Pl^2}{2} = \frac{Pl^2}{2EI} \qquad \cdots\cdots (1)$$

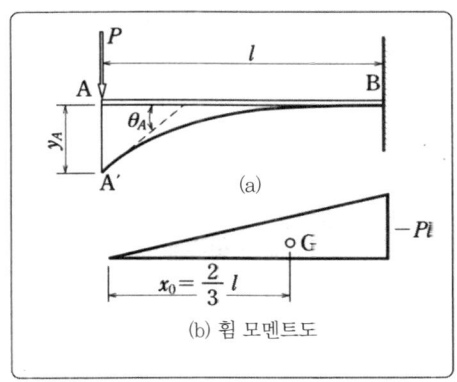

그림 2 집중하중이 작용하는 캔틸레버보의 처짐고- 처짐각

처짐은 처짐곡선 상의 두 점 A', B에서의 접선 중, 점 A를 통하는 연직선으로 잘라낸 길이가 y_A이다.

$$y_A = \frac{F x_0}{EI} = \frac{1}{EI} \cdot \frac{Pl^2}{2} \cdot \frac{2l}{3} = \frac{Pl^3}{3EI} \qquad \cdots\cdots(2)$$

또한, 굴곡 곡선에서 분명하게 되었던 것처럼 $Q_B=0$, $y_B=0$이다.

등분포하중이 작용할 때

캔틸레버보에 등분포하중이 작용할 경우 처짐과 처짐각에 대하여 미분방정식으로 구하라.

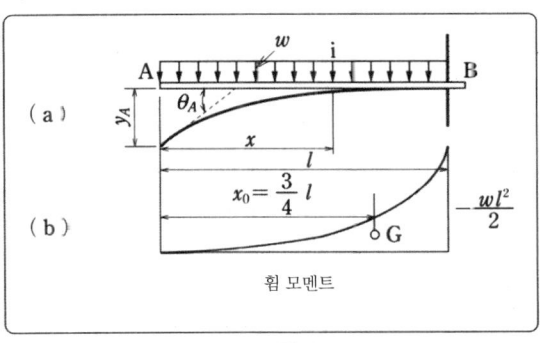

그림 3

그림 3의 (a)에서 점 i의 휨 모멘트를 M_i로 한다. 이때,

$$\frac{d^2v}{dx^2} = -\frac{M_i}{EI} = \frac{1}{EI} \cdot \frac{wx^2}{2}$$

$$\theta = \frac{dy}{dx} = \frac{w}{2EI} \int x^2 dx$$

$$= \frac{w}{2EI}\left(\frac{x^3}{3} + c_1\right) \qquad \cdots\cdots(3)$$

$$y = \int \frac{w}{2EI}\left(\frac{x^3}{3} + c_1\right) dx = \frac{w}{2EI}\left(\frac{x^4}{12} + c_1 x + c_2\right) \qquad \cdots\cdots(4)$$

경계조건 $x=l$일 때, $\theta=0$으로 두고, 식 (3)에서 $c_1 = -\dfrac{l^3}{3}$

$x=l$일 때, $y=0$으로 두고, 식 (4)에서 $c_2 = -\dfrac{l^4}{4}$

따라서, $\theta = \dfrac{w}{6EI}(x^3 - l^3) \cdots (5)$, $y = \dfrac{w}{24EI}(x^4 - 4l^3 x + 3l^4) \cdots (6)$

$x = 0$ 일 때, 식 (5)로부터 $\theta_A = -\dfrac{wl^3}{6EI}$

$x = 0$ 일 때, 식 (6)로부터 $y_A = \dfrac{wl^4}{8EI}$

하중이 도중까지 작용할 때

그림 4에 나온 등분포하중이 도중까지 작용하는 캔틸레버보의 점 A의 처짐과 처짐각은 다음과 같이 생각하면 된다.

$$\theta_C = -\dfrac{wb^3}{6EI}, \quad y_C = \dfrac{wb^4}{8EI}$$

$$y_A = y_C + a\tan\theta_C \fallingdotseq y_C + a\theta_C$$

$$y_A = \dfrac{wb^4}{8EI} + \dfrac{wab^3}{6EI} = \dfrac{wb^3}{24EI}(4a + 3b) \qquad \cdots\cdots(7)$$

$$\theta_A = \theta_C = -\dfrac{wb^3}{6EI} \qquad \cdots\cdots(8)$$

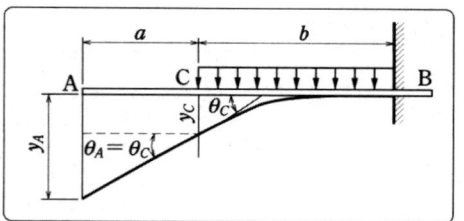

그림 4 등분포하중이 보의 도중까지 작용할 경우

❖ 예제

그림 2의 직사각형 단면($b=12$cm, $h=16$cm)의 캔틸레버보에 대해 $P=5$kN, $l=4$m로 할 때, 점 A의 처짐각 θ_A, 처짐 y_A을 구하라. 단, 삼재의 탄성계수는 $E=6.9\times10^5$N/cm^2($=0.7\times 10^5$g$_c$N/cm^2)이다.

답

$$\theta_A = \dfrac{Pl^2}{2EI} = \dfrac{5{,}000 \times 400^2}{2 \times 6.9 \times 10^5 \times \dfrac{12 \times 16^3}{12}} = 0.1415 \text{ rad}$$

$\therefore \ \theta_A = 0.1415 \times 206{,}265'' = 29{,}186'' = 8°\ 6'\ 26''$

$\therefore \ y_A = \dfrac{Pl^2}{3EI} = \dfrac{5{,}000 \times 400^3}{3 \times 6.9 \times 10^5 \times \dfrac{12 \times 16^3}{12}} = 37.7 \text{ cm}$

제3편

지반 역학

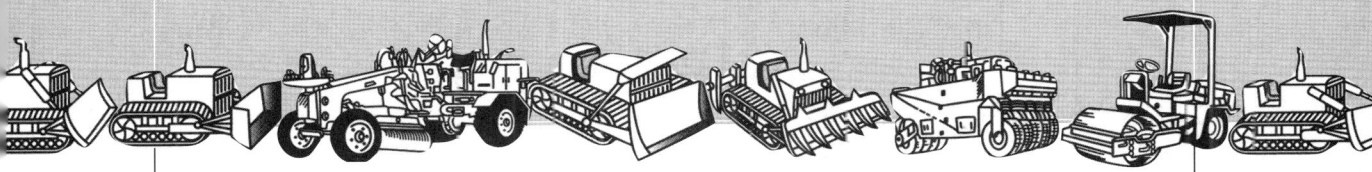

제1장 : 흙의 생성과 지반의 조사 제6장 : 흙의 강도
제2장 : 흙의 기본적인 성질 제7장 : 토압
제3장 : 흙의 투수성 제8장 : 흙의 지지력
제4장 : 지중의 응력 제9장 : 사면의 안정
제5장 : 흙의 압밀

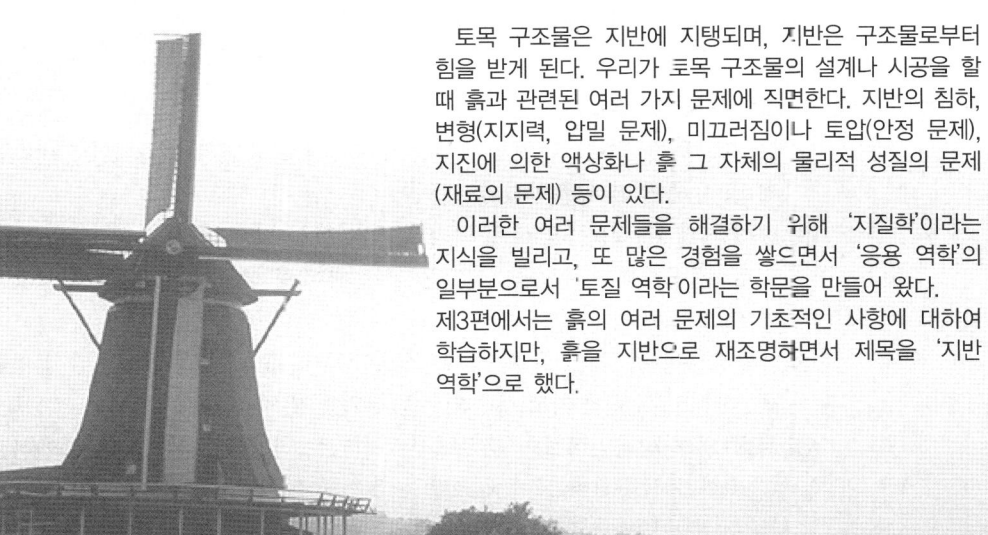

토목 구조물은 지반에 지탱되며, 지반은 구조물로부터 힘을 받게 된다. 우리가 토목 구조물의 설계나 시공을 할 때 흙과 관련된 여러 가지 문제에 직면한다. 지반의 침하, 변형(지지력, 압밀 문제), 미끄러짐이나 토압(안정 문제), 지진에 의한 액상화나 흙 그 자체의 물리적 성질의 문제 (재료의 문제) 등이 있다.

이러한 여러 문제들을 해결하기 위해 '지질학'이라는 지식을 빌리고, 또 많은 경험을 쌓으면서 '응용 역학'의 일부분으로서 '토질 역학'이라는 학문을 만들어 왔다.

제3편에서는 흙의 여러 문제의 기초적인 사항에 대하여 학습하지만, 흙을 지반으로 재조명하면서 제목을 '지반 역학'으로 했다.

3 지반 역학

1. 암석의 풍화 작용

□ 포인트

▶ 암석의 종류

흙은 지구의 표면을 덮고 있는 암석이 오랫동안 자연의 풍화 작용을 거쳐 세립화된 것이다. 따라서 흙을 알기 위해서는 그 암석(모암)을 아는 것이 중요하다.

심성암
반심성암
화산암
사암
이암
석탄암
혈암
대리석

1 **화성암** : 지구 깊은 부분의 맨틀에서 나온 용암이 냉각되어 만들어진 암석으로 **심성암**(화강암, 섬록암), **반심성암**(분암), **화산암**(안산암, 현무암)으로 분류된다.

2 **퇴적암** : 암석의 풍화에 의해 생성된 흙이 긴 세월동안 고화해서 만들어진 암석으로 **사암, 이암, 석탄암, 혈암** 등이 있다.

3 **변성암** : 화성암이나 퇴적암의 일부가 높은 압력이나 온도에 의해 변질하여 만들어진 암석으로 **대리석, 편마암, 천매암** 등이 있다.

■ 해설

지구의 대지라 부르는 표층부를 지반이라고 하지만, 이 지반은 흙이나 암석으로 구성되어 있다. 거의 모든 토목 구조는 지반의 위 또는 가운데에 축조된다. 토목 구조물의 설계나 시공을 할 때 지반의 역학적, 공학적 성질을 알아 둘 필요가 있다. 이들 성질은 현장에서 직접 조사하거나, 채취한 흙 시료를 실내에서 시험을 하여 알아내고 있다.

이 장에서는 흙이 어떻게 하여 생성되는가, 생성된 지반의 성질이나 그 성질의 조사법 등에 대하여 학습한다.

■ 관련지식

▶ 풍화 작용의 종류

1 **물리적 풍화 작용** : 주기적인 온도 변화, 암석 표면의 틈에 있는 물의 동결 및 융해의 반복에 의한 풍화 작용

2 **화학적 풍화 작용** : 암석 중의 철분에 대한 산화 작용, 광물과 물의 접촉으로 생기는 화학 반응에 의한 가수 분해 작용, 탄산가스를 포함한 빗물에 의한 용해 작용 등의 풍화 작용

3 **생물적 요인에 의한 풍화 작용** : 식물의 뿌리에 의한 기계적인 암석의 파쇄, 식물의 부패에 의해 생성되는 탄산가스에 의한 용해 작용 등

4 **식물 부패 작용** : 식물이 부식해서 퇴적하는 작용(미분해된 섬유질에서부터 풍화가 진행되어 흙이 되고 있는 것까지 여러 가지 단계가 있다)

2. 토층의 생성과 특징

□ 포인트

잔적토
운적토
식적토

▶ 잔적토, 운적토, 식적토

암석이 풍화하여 만들어진 흙에는 풍화 당시 위치에 퇴적되어 있는 **잔적토**, 유수나 풍화, 그 외 물리적 작용에 의해 운반되어 퇴적한 **운적토**와 식물이 고사하여 퇴적되어 만들어진 **식적토** 등이 있다. 표 1은 지질적 성인에 의한 흙의 분류를 나타낸 것이다.

표 1 지질적 성인에 의한 흙의 분류

구분		생성 원인과 생성된 흙	
암석→흙입자	잔적토	풍화 작용	(진흙)
	운적토	운반 작용 ↓ 퇴적 작용	중력: 붕적토
			유수: 하성 퇴적토, 호성 퇴적토, 해성 퇴적토
			풍력: 풍적토 (관동 롬, 황토)
			화산: 화산성 퇴적토 (탄사, 적토)
			빙하: 빙적토
식물→흙	식적토	식물 부패 작용 ↓ 퇴적 작용	(이탄·흑니토)

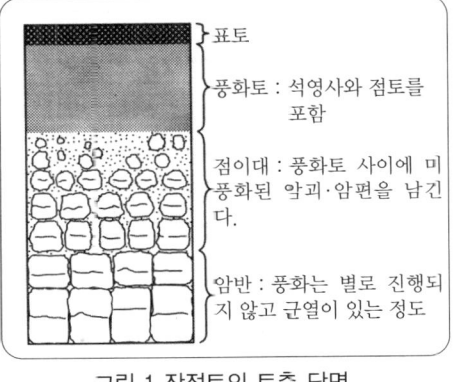

그림 1 잔적토의 토층 단면

■ 해설

토층
토층 단면

▶ 잔적토의 토층 단면

같은 종류의 흙으로 구성된 층을 **토층**이라 하며, 토층의 두께와 성질을 보여주는 연직 단면을 **토층 단면**이라 한다. 그림 1은 잔적토의 토층 단면을 나타낸 것이다.

■ 관련지식

홍적토층
충적토층

▶ 홍적토층과 충적토층

토층은 생성된 지질 연대에 따라 충적토층과 홍적토층으로 나뉜다. 약 1만 년 전을 경계로 하여 그 이전 170만 년까지를 홍적세, 이후 현재까지를 충적세라 하며, 그때에 퇴적된 토층을 각각 **홍적토층**, **충적토층**이라 한다. 일본의 평야 대부분은 충적토층이다. 이 충적토층은 퇴적 시대가 짧기 때문에 조임이 느슨하고, 일반적으로 연약한 것이 많다.

3. 지반의 조사

□ 포인트

▶ 토질 조사

　기초 구조물의 설계나 공사에서는 지반의 성질이나 상태를 충분히 조사해 두어야 한다. 토목 공사에서 지반의 조사, 재료토의 조사 등 흙에 관한 공학적 성질을 조사하는 것을 **토질 조사**라 한다.

토질 조사

　토질 조사는 다음 두 종류의 방법이 있다.

원위치 시험
토질 시험

① **원위치 시험** : 현지에서 직접 지반의 성질에 대하여 조사하는 시험
② **토질 시험** : 조사 지점에서 채취한 흙의 시료를 실내에서 조사하는 시험

■ 해설

▶ 원위치 시험의 종류

사운딩

① **사운딩** : 로드 선단에 채취한 저항체를 지중에 삽입하여 관입, 회전, 빼낸 저항값을 추정하는 것. 대표적인 것으로 표준 관입 시험이 있다.
② **재하 시험** : 직접 지반에 재하하여 하중과 변형의 관계를 조사하여 지반의 지지력을 구하는 것. 대표적인 것으로 **평판 재하 시험**이 있다.

평판 재하 시험

③ **시굴 구멍 이용 시험** : 시굴 구멍 내에서 수평 방향으로 재하 시험을 하여, 지반의 강도나 변형의 성질을 조사하는 시험법이다.
④ **기타** : 현장 투수 시험, 물리 심사(탄성파 심사, 전기 심사) 등이 있다.

■ 중요

▶ 표준 관입 시험과 N값

　표준 관입 시험은 지반의 깊은 곳에 있는 토층의 밀집된 정도나 상대적인 흙의 강도를 알아내는 것이 가능하다. 또한 흐트러진 상태의 흙 시료가 동시에 얻어지는 것으로부터 사운딩 중에서도 가장 널리 이용되고 있다.

N값

　이 시험은 소정의 깊이까지 시굴하여 뚫린 구멍의 바닥에 표준 관입 시험용 샘플러를 설치하고, 질량 63.5kg의 해머를 75cm 위에서 자유 낙하시키는 것으로 타격을 얻어, 샘플러를 30cm 박아넣는 데 필요한 해머의 낙하 횟수 N을 측정한다. 이때 N을 그 깊이에서 지반의 N**값**이라 하며, 이 값으로부터 지반의 상대적인 강도를 판단한다. 샘플러로부터 얻은 흙 시료로 물리 실험을 하거나 관찰하여 흙의 여러 가지 성질을 알 수 있다.

4. N값의 설계에 대한 이용

□ 포인트 N값으로 연약 지반의 판정, 액상화의 간이 판정, 기초의 지지력, 흙의 전단저항각 ϕ, 흙의 점착력 c, 지반의 변형계수 E 등 토층 상태를 파악하고, 기초의 설계에 필요한 지반의 여러 가지 정보를 얻을 수 있다.

■ 해설   ▶ N값을 이용한 흙의 역학적인 성질의 추정
① 사질토의 추정

내부마찰각   **내부마찰각 ϕ**   건축 기초 $\phi = \sqrt{20N} + 15$ ······(1)
      도로교량기초 $\phi = \sqrt{15N} + 15\ [\leq 45°]$ ······(2)
단, $N > 5$로 한다.

변형계수   **변형계수 E** $E = 1,400N\,[\mathrm{kN/m^2}]$ ······(3)
      $E = 2,800N\,[\mathrm{kN/m^2}]$ ······(4)
단, N은 기초면부터 아래의 기초폭 B의 깊이까지의 N값의 평균
② 점성토의 추정

점착력   **점착력 c** 도로교량기초 $c = 6 \sim 10N\,[\mathrm{kN/m^2}]$ ······(5)

■ 관련지식   ▶ 액상화와 N값

액상화의 판정법은 도로, 철도, 건축기초 등에 의해 달라진다. 건축기초 구조물 설계지침에는 액상화의 검토 대상이 되는 사층의 조건을

① 지표로부터 20m 이상 얕을 것
② 세립토 함유율 35% 이하
③ 세립토 함유율 35% 이상이더라도 점토 함유율 10% 이하, 소성지수 15 이하인 경우
④ 지하수위보다 아래인 경우
⑤ 느슨한 모래로 그림 1의 위험 범위 안에 있는 것으로 하고 있다. 단, 그림 1은 진도 0.2 정도의 지진으로 액상화 판정을 한 것이다.

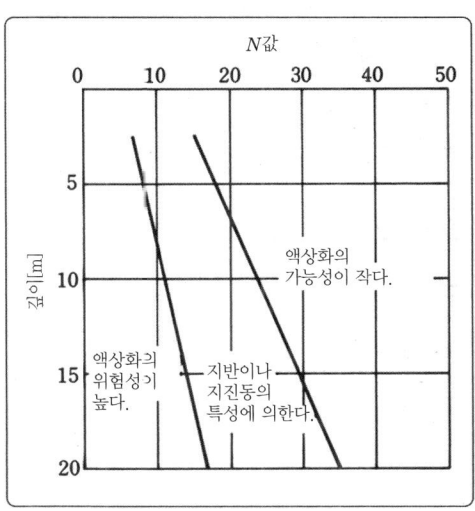

그림 1 액상화의 위험성과 N값

1. 흙의 상태 표기법

□ 포인트   그림 1과 같이 흙은 흙 입자, 물, 공기로 구성되어 있다. 이것들의 구성 비율을 고체 부분인 흙 입자와 간극 부분의 물, 그리고 공기가 차지하는 각 질량 및 체적의 비율에 의해 흙의 상태를 수량화 하였다.

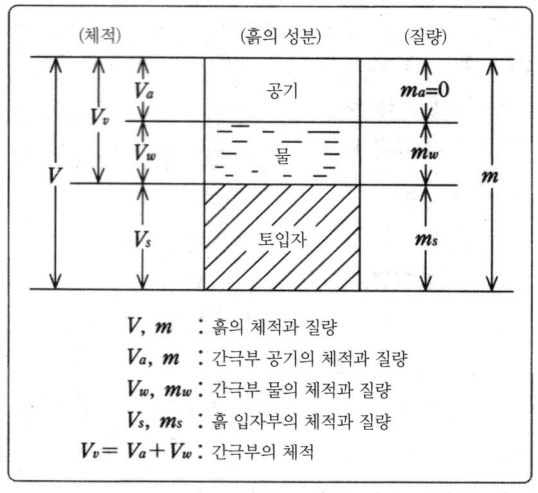

그림 1 모식화한 흙의 구성도

■ 해설   ▶ 흙의 상태를 나타내는 여러 가지 양

일반적으로 흙의 상태를 나타내는 여러 양 중, 토질 시험에 의해 직접 측정되는 양은 **흙 입자의 밀도** ρ_s, **함수비** w, **습윤밀도** ρ_t 세 가지가 있다.

흙 입자의 밀도 $\rho_s = m_s/V_s$ ······(1)
함수비 $w = (m_w/m_s) \times 100$ ······(2)
습윤밀도 $\rho_t = m/V$ ······(3)

이들 세 가지를 기초로 그 외의 상태량과의 관계를 나타내면

건조밀도 $\rho_d = m_s/V = \rho_t/(1+w/100)$ ······(4)
공극비 $e = V_v/V_s = (\rho_s/\rho_d)-1$ ······(5)
공극률 $n = (V_v/V) \times 100 = \{e/(1+e)\} \times 100$ ······(6)
포화도 $S_r = (V_w/V_v) \times 100 = (w/e) \cdot (\rho_s/\rho_w)$ ······(7)

ρ_w는 물의 밀도를 나타내며 $\rho_w = m_w/V_w$이다.
실용상으로는 $\rho_w = 1\text{g/cm}^3 = 1\text{t/m}^3$이다.

2

흙의 기본적인 성질

□ 관련사항

중량=질량×중력가속도

$W = mg$
($g = 9.8 \text{m/s}^2$)
단위체적중량=
밀도×중력가속도
$\gamma = \rho g$

▶ 흙의 밀도와 단위체적중량

흙의 중량이나 흙두께 압력 등을 계산할 때는 단위 체적당 중량, 즉 습윤단위체적중량 γ_t가 필요하다. $\gamma_t \text{[kN/m}^3\text{]}$은 습윤밀도 $\rho_t \text{[g/cm}^3\text{]}$의 단위를 $\text{[t/m}^3\text{]}$으로 환산한 후 중력가속도 $g = 9.8\text{m/s}^2$를 곱하여 다음 식과 같이 구할 수 있다.

$$\gamma_t = W/V = mg/V = (m/V)g = \rho_t g \, [\text{kN/m}^3] \quad \cdots\cdots (8)$$

또한, 이와 같이 건조단위체적중량 γ_d도 다음 식으로 나타낸다.

$$\gamma_d = W_s/V = m_s g/V = (m_s/V)g = \rho_d g \, [\text{kN/m}^3] \quad \cdots\cdots (9)$$

그리고, 습윤밀도는 식 (1), (5), (7)로부터 다음과 같이 나타낸다.

$$\rho_t = (\rho_s + \rho_w e S_r/100)/(1+e) \, [\text{g/cm}^3] \quad \cdots\cdots (10)$$

위 식에서 $S_r = 0\%$는 건조밀도가 되며 다음과 같이 나타낸다.

$$\rho_d = \rho_s/(1+e) \, [\text{g/cm}^3] \quad \cdots\cdots (11)$$

포화밀도

$S_r = 100\%$일 때 즉 포화 흙을 포화시킨 상태일 때의 습윤밀도로, **포화밀도** ρ_{sat}라 하며, 다음 식으로 나타낸다.

$$\rho_{sat} = (\rho_s - \rho_w e)/(1+e) \, [\text{g/cm}^3] \quad \cdots\cdots (12)$$

포화·단위체적중량

포화 상태에 있을 때 흙의 단위체적중량을 **포화단위체적중량** γ_{sat}이라 하며, 다음 식으로 나타낸다.

$$\gamma_{sat} = \rho_{sat} \, g = \frac{\rho_s + \rho_w e}{1+e} \cdot g \, [\text{kN/m}^3] \quad \cdots\cdots (13)$$

수중단위체적중량

또한, 흙덩이가 기둥 중(지하수면 이하 등)에 있을 때의 γ_{sat}는 흙 입자 부분이 부력을 받는 만큼 가벼워진다. 즉, γ_{sat}에서 부력분 γ_w을 뺀 **수중단위체적중량** γ'으로, 다음 식으로 나타낸다.

$$\gamma' = \gamma_{sat} - \gamma_w = \rho_{sat} g - \rho_w g = (\rho_{sat} - \rho_w)g$$
$$= \frac{\rho_s - \rho_w}{1+e} \cdot g \, [\text{kN/m}^3] \quad \cdots\cdots (14)$$

단, γ_w은 물의 단위체적중량으로 $\rho_w g$가 되며,
$\gamma_w = \rho_w g = 1\text{t/m}^3 \times 9.8\text{m/s}^2 = 9.8\text{kN/m}^3$이다.

■ 응용지식

토입자의 밀도

일반적인 흙 입자의 밀도는 다음 페이지 표 1과 같이 측정된다. 흙 입자를 구성하는 성분의 주된 광물의 밀도는 $2.6 \sim 3.0\text{g/cm}^3$이기 때문에 흙 입자의 밀도가 2.6g/cm^3보다 작은 경우에는 유기물을 포함하고 있는 것으로 추측된다.

표 1 흙 입자 밀도의 측정 예

토질명		밀도[g/cm³]	토질명	밀도[g/cm³]
충적세	점토	2.65	관동롬	2.78
	모래	2.70	진흙	2.60
홍적세	점토	2.67	백사	2.38
	모래	2.65	산모래	2.79
농포 표준 모래		2.64	이탄	1.50

▶ 자연함수비

 자연 상태에 있는 흙의 함수비를 특히 **자연함수비** w_n라 하며, 그 값은 표 2와 같이 흙의 종류에 의해 크게 달라진다. 일반적으로 자연함수비의 값은 거친 토입자를 많이 포함할수록 작고, 세밀한 흙 입자를 많이 포함할수록 큰 경향을 보인다.

표 2 자연함수비의 측정 예

토질명	지명	자연함수비 w_n[%]
충적 점토	도쿄	50~80
홍적 점토	도쿄	30~60
관동롬	관동	80~150
흙토	큐슈	30~270
이탄	이시카리	115~1,290

▶ 흙의 습윤밀도와 건조밀도

 흙의 습윤밀도, 건조밀도 및 함수비의 값은 대략 표 3과 같은 범위이다. 흙의 종류에 의해 많이 달라지지만, 유기질의 함유 비율이 큰 흙일수록 밀도는 낮고 함수비는 높다. 반대로 유기질의 함수 비율이 작은 흙일수록 밀도는 높고 함수비는 낮은 경향이 있다.

 또한, 건조밀도는 간극 중에 아무리 물이 포함되어 있어도 흙 입자만의 단위 체적당 질량을 말한다. 즉, 건조밀도는 흙의 체적 변화가 일어나지 않고 완전히 간극수가 배제된 포화도 $S_r=0$%의 상태를 의미하며, 계산상으로만 구할 수 있는 값이다. 흙 입자가 얼마나 가득 차 있는지를 판단하여 흙의 조임 정도를 알 수 있다.

표 3 일본의 흙 밀도와 함수비

흙의 종류 상태 표시 값	충적세		홍적세 점성토	관동롬	고유기질토
	점성토	사질토			
습윤밀도 p_t[g/cm³]	1.2~1.8	1.6~2.0	1.6~2.0	1.2~1.5	0.8~1.3
건조밀도 p_d[g/cm³]	0.5~1.4	1.2~1.8	1.1~1.6	0.6~0.7	0.1~0.6
함수비 w[%]	30~150	10~30	20~40	10~180	80~1,200

2. 흙의 분류 방법

□ 포인트

▶ 흙의 물리적 성질

흙의 관찰, 입도 조성, 액성한계와 소성한계 등에 기초하여 지반 재료의 공학적 분류나 그 성질을 추측할 수 있다. 흙 입자의 크기에 의한 입자별 함유 비율을 나타내는 **입도**와 함수량에 의해 흙의 경연 상태를 나타내는 **흙의 농도**, 이 두 가지 특성에 따라 지반 재료를 분류한다.

입도
흙의 농도

■ 해설

▶ 지반 재료의 입경 구분에 의한 명칭

흙 입자의 크기를 **입경**이라 하며, 입경에 의해 표 1과 같이 불리고, 토질 재료는 **세입토**(점성토계)와 **조립토**(사질토계)로 나누어진다.

입경
세입토
조립토
입경 구분에 의한 명칭

표 1 지반 재료의 입경 구분에 의한 명칭과 분석법

지반 재료									
점토	실트	모래			암설			돌	
		가는모래	중간모래	거친모래	가는암설	중간암설	굵은암설	굵은돌	큰돌
0.005	0.075	0.25	0.85	2.0	4.75	19	75	300	[mm]

세입분 ← | → 조입분
비중계 분석 | 체 분석

▶ 흙의 입도

흙의 성질은 토입자의 형상(구상, 각상, 박편상 등)과 입도의 영향을 받으며, 특히 조립토의 공학적 특성은 입도의 영향을 현저하게 받는다. 입도의 특성은 흙의 입도 시험(비중계를 쓰거나 체로 거르는 각 시험)에서 다음 페이지 그림 1과 같은 **입경 가적 곡선**을 나타내고, 다음 식의 입도 분포 판정을 위한 계수를 구하여 입도의 양부를 판단한다.

입경 가적 곡선
유효지름
균등계수
곡률계수
입도분포의 적부

유효지름 D_{10} [mm] ...... (1)

균등계수 $U_c = D_{60}/D_{10}$ ...... (2)

곡률계수 $U_c' = (D_{30})^2 / (D_{10} D_{60})$ ...... (3)

또한, D_{10}, D_{30}, D_{60}은 통과 질량 백분율이 10%, 30%, 60%에 대응하는 입경으로, 일반적으로 U_c가 10 이상이고 U_c'가 1~3의 범위에 있는 흙을 '입도 분포가 좋다'라고 한다.

3 지반 역학

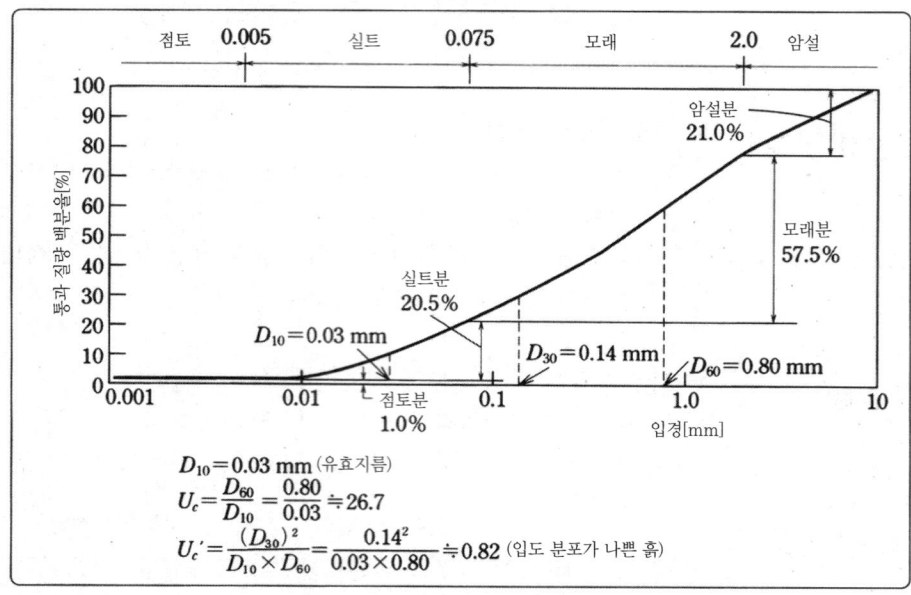

그림 1 입경 가적 곡선의 예

▶ 흙의 컨시스턴시

점토와 같은 세립토는 입경이 작기 때문에 흙 입자 표면의 계면화학적 작용이나 패드 내 간극수의 영향 등이 입도보다 탁월하다. 동종의 세립토라도 함수량의 변화에 의해 그림 2와 같이 흙의 상태가 변화한다. 이들 4단계 경계값의 함수비(수축한계 w_s, 소성한계 w_p, 액성한계 w_L)를 총칭해서 흙의 **컨시스턴시 한계**라 한다.

수축한계
소성한계
액성한계
컨시스턴시 한계

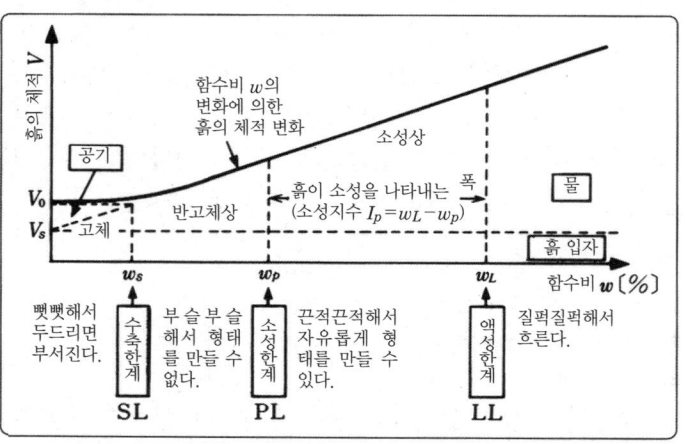

그림 2 흙의 체적 변화와 함수비와의 관계 및 컨시스턴시 한계

▶ 지반 재료의 공학적 분류

일본통일분류법

일본에서 지반 재료의 공학적 분류는 **일본통일분류법**에 기초를 두고 있다.

이 분류법은 대분류, 중분류 및 소분류가 있으며, 이 중 중분류를 기본으로 하여 토질 재료의 분류명과 분류 기호가 정해지고 있다. 이것들의 기본적인 분류법은 입도와 컨시스턴시 한계를 이용하여 토질 재료를 조립분과 세립분으로 구분하여 분류한다. 조립토는 입도 조성으로 분류되고, 세립토의 경우는 컨시스턴시의 영향이 크기 때문에 그림 3의 소성도에 의해 분류된다.

소성도

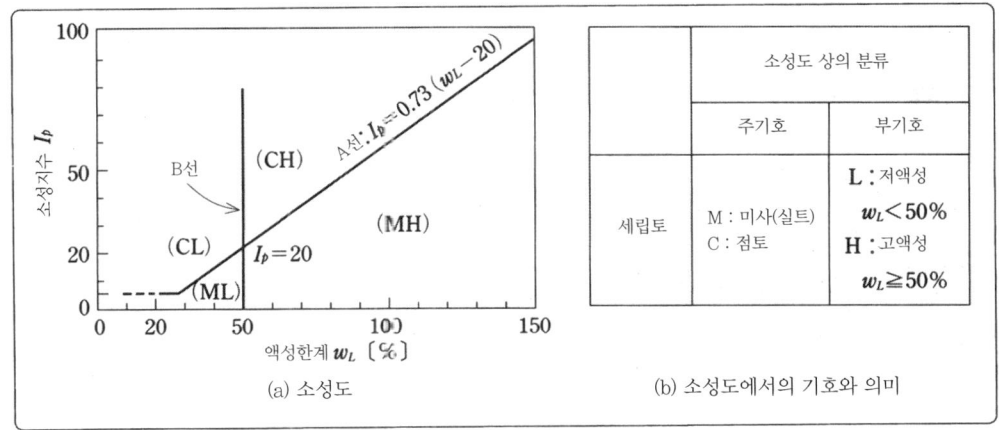

그림 3 소성도와 기호의 의미

■ 관련사항   컨시스턴시 한계를 기초로 한 각종 지수에 의해 세립토의 분류나 공학적 성질을 추정하는 것이 가능하다.

유동지수
(1) 유동지수 I_f
$$I_f = (w_1 - w_2)/(\log_{10} N_2 - \log_{10} N_1) \quad \cdots\cdots(4)$$

소성지수
터프니스 지수
(2) 소성지수 I_p와 터프니스 지수 I_t
$$I_p = w_L - w_p \quad \cdots\cdots(5)$$
$$I_t = I_p/I_f \quad \cdots\cdots(6)$$

w_1, w_2 : 유동 곡선에서의 낙하 횟수 N_1, N_2에 대한 함수비

컨시스턴시 지수
액성지수
(3) 컨시스턴시 지수 I_c와 액성지수 I_L
$$I_c = (w_L - w_n)/I_p \quad \cdots\cdots(7)$$
$$I_L = (w_n - w_p)/I_p \quad \cdots\cdots(8)$$

w_n : 자연함수비

■ 응용지식

I_f의 값이 작을수록 함수비의 작은 변화에도 흙의 상태가 바뀌기 쉽다. I_p는 소성의 범위를 나타내며, 점토분이 많은 흙일수록 이 값은 크다. $I_c \geq 1$일 때 단단하고 안정되며, $I_c \leq 0$일 때 연약하고 불안정한 흙이다. I_L은 0에 가까울수록 압축성이 작은 안정된 상태이다.

3. 흙의 다짐

□ 포인트

흙의 다짐
=공기를 제거함

지반을 견고하게 하려면 간극부의 물, 공기를 조절한다. 흙의 간극 중의 공기를 가능한 제거해서 간극을 작게 하고, 지반의 밀도를 높여 압축성을 작게 하여 안정성을 높이는 것을 **흙의 다짐**이라 한다. 이렇게 다짐한 흙은 전단강도가 높고 투수성이 낮아진다.

■ 해설

프록터의 원리

▶ **흙의 다짐 곡선과 제로 공기 간극 곡선**

1933년 프록터(Proctor, R.R.)는 같은 흙을 이용하여 함수비를 변화시켜 일정 에너지로 다짐하면 흙의 건조밀도가 최대가 되는 함수비가 존재한다는 것을 발견하였다. 그림 1과 같이 가로축에 함수비, 세로축에 건조밀도의 관계를 나타낸 것을 **흙의 다짐 곡선**이라 한다. 이것은 함수량에 의해 크게 영향 받는다. 이 곡선에서 건조밀도가 최대값을 보일 때의 함수비가 존재하는 것을 알 수 있다. 이 최대의 건조밀도를 **최대건조밀도** $\rho_{d\max}$라 하며, 이것에 대응하는 함수비를 **최적함수비** w_{opt}라 한다.

흙의 다짐 곡선

최대건조밀도
최적함수비

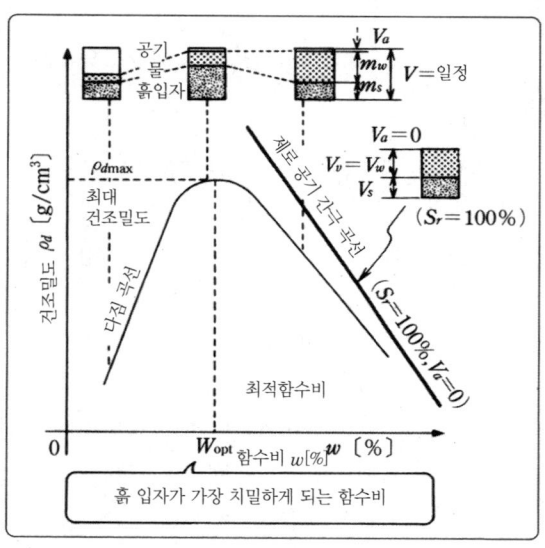

그림 1 다짐 곡선의 예와 흙의 구성도

제로 공기 간극 곡선

각각의 함수비에 대해 $S_r=100\%$인 경우에 건조밀도와의 관계를 나타낸 곡선을 **제로 공기 간극 곡선**이라 하며, 흙이 완전 포화되어 공기가 들어 있지 않은 상태의 이론상 취할 수 있는 최대의 건조밀도를 나타내고 있다.

ρ_d와 S_r의 관계는 다음 식으로 나타낼 수 있다.

$$\rho_d = \rho_w / (\rho_w/\rho_s + w/S_r) \qquad \cdots (1)$$

2 흙의 기본적인 성질

▶ 다진 흙의 공학적 성질

다진 흙의 성질 변화
전단강도의 증대
특수성의 저하

흙의 최대 함수비 상태에서 다짐하면 가장 합리적으로 성토 등 시공 관리가 가능하다는 것이 프록터의 최적함수비의 의미이다.

흙을 다지면 공기가 빠지고 흙의 간극부가 감소하기 때문에 흙 입자 간의 간격이 조밀해지면서 입자의 맞물림에 의한 전단강도가 증대해서 하중에 의한 침하나 변형도 작아진다. 또한 흙의 투수성도 저하해서 침수에 의한 지반의 연약, 팽창이 적어져서 안정된 지반 상태가 된다. 흙이 다져지면서 흙의 성질이 변화해가는 과정을 그림 2에 담았다.

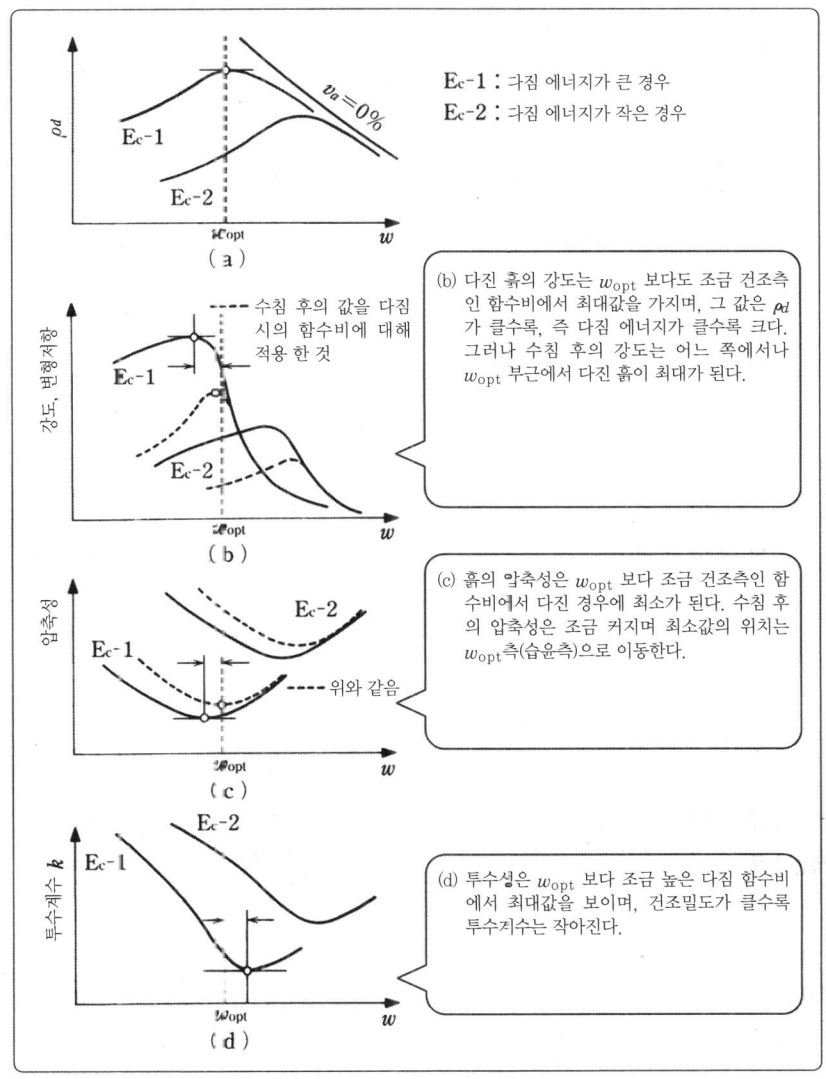

그림 2 다짐에 의한 흙의 성질 변화와 그 경향

3 지반 역학

□ 관련 사항   ▶ 흙의 종류에 의한 다짐 특성

그림 3과 같이 일반적인 경향에서 입도가 좋은 조립토는 예리한 산 형태의 다짐곡선을 보이며, $\rho_{d\max}$은 크고 w_{opt}은 낮은 값을 나타낸다. 반대로 입도가 좋지 않은 세립토일수록 평평한 형태의 미끄러운 다짐 곡선을 보이며, $\rho_{d\max}$은 작고 w_{opt}은 높은 값을 나타낸다.

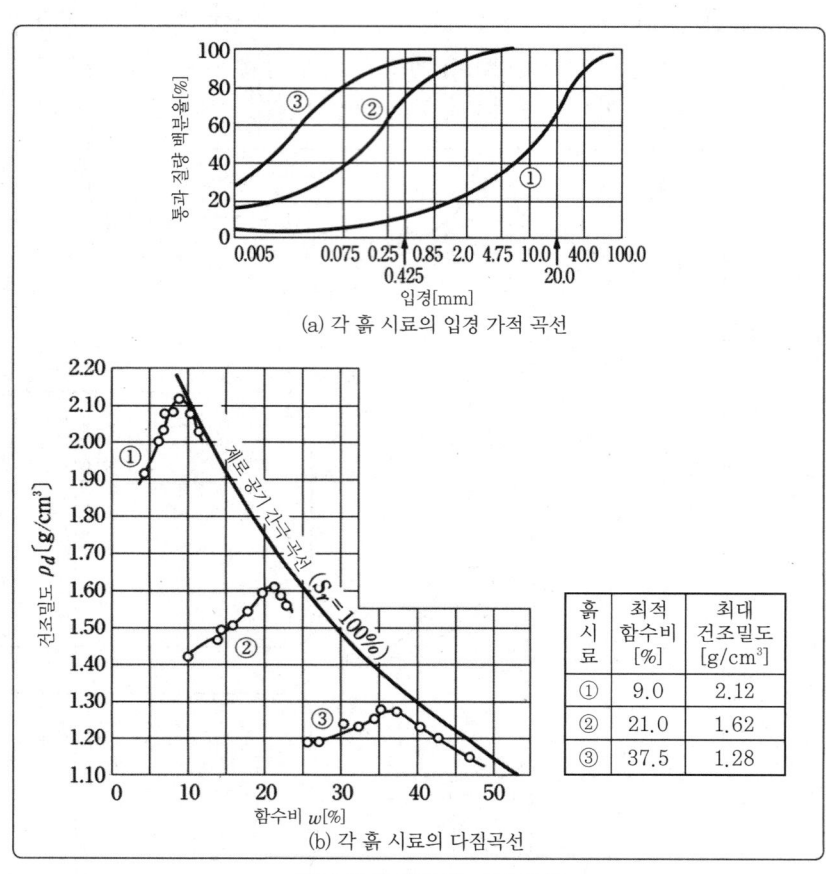

그림 3 흙의 종류와 다짐 특성

■ 응용지식

다짐도 : 노상, 노반, 제방이나 흙댐 등에서 다짐 상태가 지표로서 이용된다. 일반적으로 도로의 성토는 다짐도가 90% 이상이 될 정도로 시공 관리되고 있다.

다짐도 = (현장건조밀도 ρ_d/ 다짐 시험에 의한 최대건조밀도 $\rho_{d\max}$)×100[%]

CBR : 다진 흙의 강도 지표로서, CBR(California Bearing Ratio) 값을 이용하여 포장의 두께에는 설계 CBR, 재료토의 양부 판정에는 수정 CBR이 이용된다.

$$CBR = \frac{\text{다진 흙의 관입량 2.5mm에의 하중강도 [MN/m}^2\text{]}}{\text{표준하중강도 6.9 [MN/m}^2\text{]}} \times 100[\%]$$

1. 흙 속 물의 흐름과 투수계수

□ 포인트
자유수
모관수
투수성-투수계수

흙의 간극 내를 이동하는 물에는 지하수면을 경계로 **자유수**(지하수)와 **모관수**로 나뉘지만, 지하수면 아래의 자유수의 이동에 대하여 설명한다.

자유수가 흙 안의 연속된 간극을 이동하는 것을 투수 또는 침수라 하며, 물의 이동이 쉬움을 **투수성**이라 한다. 이 투수성은 **투수계수**의 크기에 의해 판단되며, 입도, 흙 입자의 형상, 간극비 등에 의해 달라진다.

■ 해설
다르시의 법칙
$v = ki$

동수균배

▶ 다르시(Darcy)의 법칙

1856년에 프랑스의 상수도 기술자 다르시가 물의 투수성에 대한 실험적 연구로 '층류 상태(와류가 발생하지 않는 흐름)에 있을 때 흙 안을 흐르는 물의 유속 v는 동수균배 i에 비례한다'는 것을 발견했다. 즉,

$$v = ki = kh/L \ [\text{cm/s}] \qquad \cdots\cdots(1)$$

또한, $i = h/L$은 그림 1에 나온 수두차(수위차) h와 흙 시료의 길이(투수 경로 길이 또는 유선의 길이) L과의 비로 나타내며, 이 비를 **동수균배** i라 한다. i가 클수록 물이 흐르는 기세가 강해진다.

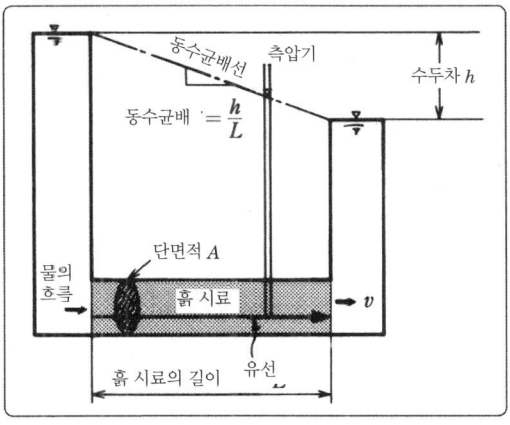

그림 1 흙 속 물의 흐름

투수계수

식 (1)의 비례정수 $k[\text{cm/s}]$를 **투수계수**라 하며, k의 값은 $i=1$에서의 투수성 난이도를 나타낸다.

투수량

▶ 투수량

그림 1에 나온 유선과 직각을 이루는 흙 시료의 단면적을 $A[\text{cm}^2]$이라 하면, 단위 시간당 투수량 q는 다음 식으로 나타낼 수 있다.

$$q = vA = kiA \ [\text{cm}^3/\text{s}] \qquad \cdots\cdots(2)$$

이때 A는 투수층의 전단면적이지만, 실제로 물이 흐르는 부분은 간극부

뿐이다.

　순수한 간극 부분의 단면적은 간극률을 n으로 하면 $nA/100$이지만, 흙 속 간극은 불규칙적이고 복잡하기 때문에 투수에 유효한 간극률은 더욱 작아지며, 유효한 간극 단면적을 구하는 것은 불가능하다. 이 때문에 투수량을 구하려면 투수층의 전단면적을 이용한다.

　투수계수 k의 값은 실제로는 각종 투수 시험에 의해 투수량 q를 측정하는 식 (2)를 이용하여 구하므로 간극의 영향 등은 k에 포함되어 있다. 그러므로 식 (1)의 유속 v은 흙 안을 침투하는 진짜 유속이 아닌 외견상의 유속이다.

외견상 유속

■ 관련사항　　▶ 흙의 상태와 투수계수의 관계

　투수계수 k는 물이 통하기 쉬움을 나타내는 것이므로 유속과 같은 단위 [cm/s]로 나타내며, 흙의 입도, 흙 입자의 크기와 형상, 흙의 다짐 정도, 물의 점성, 간극비 등 투수에 영향을 주는 요인을 모두 포함한 값으로 구해진다.

　즉, k는 다음과 같은 함수 f의 값이라 할 수 있다.

　　$k = f$(입도, 흙 입자 형상, 간극비, 포화도, 점성계수, 그 외)　　…(3)

　이러한 흙의 투수성에 영향을 미치는 요소를 모두 포함한 식으로 테일러는 다음 식으로 나타내었다.

테일러의 식

$$k = D_s{}^2 \cdot (\gamma_w/\mu) \cdot \{e^3/(1+e)\} \cdot C \ \text{[cm/s]} \quad \cdots(4)$$

　여기서, D_s : 흙 입자를 구로 바꿀 때의 평균 직경 [cm]

　　　　　γ_w : 물의 단위체적중량 [kN/m³]

　　　　　μ : 물의 점성계수 [Pa·s]

　　　　　e : 간극비

　　　　　C : 형상계수(흙 입자 표면의 조도나 간극의 형상의 영향을 나타내는 계수)

헤젠식

　또한, 헤젠은 모래의 입도 시험 결과에서 투수계수를 추정하고 있다. 유효지름 D_{10}이 0.1~3mm, 균등계수 $U_c < 5$의 균등한 모래일 때 다음 식이 적용된다.

$$k = CD_{10}{}^2 \ \text{[cm/s]} \quad \cdots(5)$$

　여기서,

　　C : 헤젠의 정수(일반적으로 $C ≒ 100$이지만, 균등한 모래에서 150, 느슨한 세사에서 120, 긴밀한 모래에서 70 정도이다), D_{10} : 유효지름 [cm]

2. 투수계수의 측정

□ 포인트

다르시의 법칙
$k = q/iA$

투수계수 k는 각종 투수 시험에서 투수량 q를 측정한 것처럼, 앞에 나온 절의 식 (2)의 다르시의 법칙을 이용하여 구한다. 즉, $q=kiA$로부터 $k=q/iA$가 되며, 기본적으로는 q와 i를 측정하여 k를 구한다. 이 측정 방법으로는 흙의 종류나 목적에 대한 각종 시험법이 표 1과 같이 확립되어 있다. 표 1을 통해 알 수 있는 것처럼 흙 시료를 채취하여 하는 실내 시험과 현위치에서 하는 현장 시험으로 크게 두 가지로 분류할 수 있지만, 채취에 의한 공시체의 흐트러짐의 영향이나 지반의 불균일 및 이방성 등으로 현장 시험과 비교하면 실내 시험의 신뢰성은 낮다.

표 1 투수 시험의 종류와 방법

투수시험의 종류	시험의 방법	흙의 종류	시험의 적용
실내 투수 시험	정수위 투수 시험	비교적 투수성이 높은 자갈이나 모래 등	도로, 매립지, 토지 조성 흙댐, 제방 등의 인공 조성 지반의 투수성을 예측할 때
	변수위 투수 시험	비교적 투수성이 낮은 세사나 실트 등	
	압밀 시험	투수성이 나쁜 점토 등	기성 지반은 불균일이나 이방성 때문에 평균화된 지반에서 신뢰성이 높은 투수성을 알고 싶을 때
현장 투수 시험	양수 시험	자연 지반의 대수층 등	

■ 해설

정수위 투수 시험

▶ 정수위 투수 시험

그림 1에 보인 시험 장치는 투수성이 높은 조립토에 적용된다. 단면적 $A[\text{cm}^2]$, 시료의 길이 $L[\text{cm}]$, 수두차 $h[\text{cm}]$를 일정하게 유지하여 일정 시간 $t[\text{s}]$ 동안의 투수량 $Q[\text{cm}^3]$를 측정하면, 투수계수는 다음 페이지의 식 (1)에서 구할 수 있다.

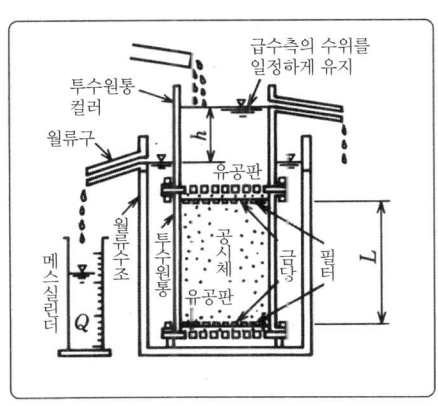

그림 1 정수위 투수 시험의 측정 예

$$k = q/(Ai) = (Q/t)/(Ah/L)$$
$$= QL/(Ath) \; [\text{cm/s}] \quad \cdots\cdots (1)$$

변수위 투수 시험

▶ 변수위 투수 시험

그림 2의 장치는 투수성이 낮은 세립토에 적용된다. 스탠드파이프의 단면적 $a[\text{cm}^2]$의 물이 흙 시료 단면적 $A[\text{cm}^2]$, 길이 $L[\text{cm}]$를 투수하는 시간 t_1부터 $t_2[\text{s}]$ 사이에 파이프의 수위가 h_1에서 $h_2[\text{cm}]$로 수위가 저하한 각 값을 측정하며, 투수계수는 다음 식으로 구할 수 있다.

$$k = 2.3aL/\{A(t_2-t_1)\}\log_{10}(h_1/h_2) \; [\text{cm/s}] \quad \cdots\cdots (1')$$

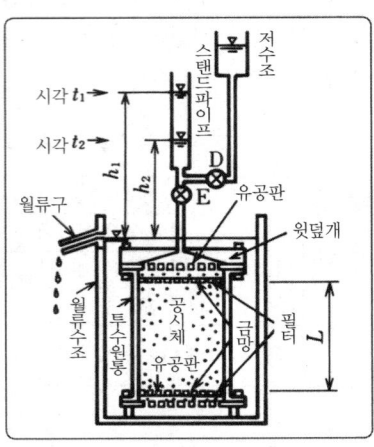

그림 2 변수위 투수 시험의 측정 예

양수 시험

▶ 양수 시험

실내 투수 시험으로는 자연 지반에서 흐트러지지 않은 흙 시료를 채취하여 투수계수를 구한다. 그러나 이렇게 얻어진 투수계수는 채취 시 흐트러짐의 영향이나 지반이 균질하지 않은 점 등으로 인해 현장에서 지반의 평균적인 투수계수인가 의심스럽기 때문에 신뢰성이 낮다.

그러므로 자연 지반에서의 투수계수는 직접 현장에서 측정하면 신뢰도가 높아진다. 그림 3과 같은 양수정을 설치하고, 이 양수정의 중심부터 r_1과 $r_2[\text{cm}]$의 거리에 2개의 관측정을 설치한다. 양수정에서 단위 시간당 일정량 $q[\text{cm}^3/\text{s}]$의 물을 퍼올려서 수위가 정상 상태에 도달할 때, 두 개의 관측정의 지하수정을 h_1, $h_2[\text{cm}]$로 하면 투수계수는 다음 식으로 구할 수 있다.

자유지하수

(1) 자유지하수의 경우

$$k = 2.3q/\{\pi(h_2^2 - h_1^2)\}\log_{10}(r_2/r_1) \; [\text{cm/s}] \quad \cdots\cdots (2)$$

피압지하수

(2) 피압지하수의 경우

대수층의 상부에 불투수층이 있어서 그 압력을 받고 있는 지하수를 피압지하수라 한다. 단, $b[\text{cm}]$는 대수층의 두께이다.

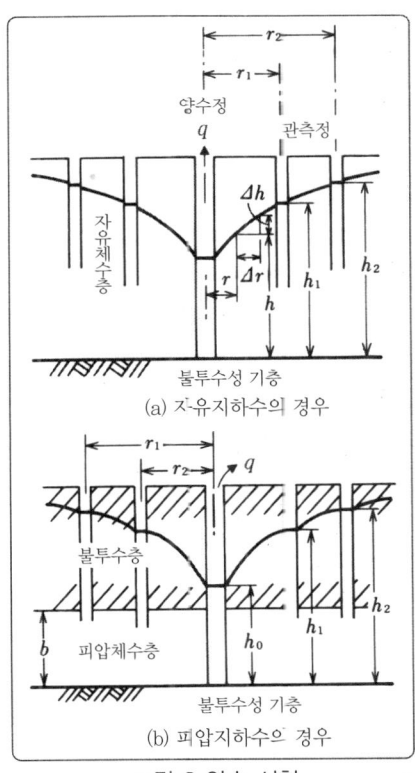

그림 3 양수 시험

$$k = 2.3q/\{2\pi b(h_2^2 - h_1^2)\}\log_{10}(r_2/r_1) \text{ [cm/s]} \quad \cdots\cdots (3)$$

■ 응용지식 　▶ **흙의 종류와 투수 시험의 적용 범위**

　　표 2를 통해 알 수 있는 것처럼 흙의 종류에 따라 대략적인 투수계수의 범위를 추측할 수 있다. 또 흙의 투수성에 따라 투수 시험 방법을 결정하는 것도 가능하다.

표 2 흙의 종류와 투수시험 k[cm/s]의 적용범위

	10^{-9}　10^{-8}　10^{-7}	10^{-6}　10^{-5}　10^{-4}　10^{-3}	10^{-2}　10^{-1}　10^{0}	10^{1}　10^{2}
투수성	실질적으로 불투수	매우 낮음　　　　낮음	중간	높음
대응하는 흙의 종류	점성토 {C}	미세사, 실트, 모래-실트-점토 혼합토 {SF} {S-F} {M}	모래 및 암설 (GW) (GP) (SW) (SP) (G-M)	청정한 암설 (GW) (GP)
투수계수를 직접 측정하는 방법	특수한 변수위 투수 시험	변수위 투수 시험	정수위 투수 시험	특수한 변수위 투수 시험
투수계수를 간접적으로 측정하는 방법	압밀 시험 결과로부터 계산	없음	청정한 모래와 암설은 입도와 간극비로부터 계산	

1. 흙덮이압과 유효응력

□ 포인트

자중에 의한 연직 방향 응력
＝연직 방향 응력
↓
흙덮이압

전응력－간극수압
＝유효응력

흙 자체의 무게로 땅 속에 작용하던 응력 중 연직 방향의 응력을 **흙덮이압**이라 한다.

이 응력의 크기는 $\sigma_z = \gamma_t z$로 나타내며, 그림 1에서 볼 수 있듯이 지표면으로부터의 깊이에 비례한다.

수면 아래의 땅 속에서 무게에 의한 연직방향의 응력은 깊이 방향에 더하는 전체의 압력이며 **전응력**이라 한다. 간극수에는 정수압과 동등한 **간극수압**이 작용하기 때문에 전응력으로 이 간극수압을 당기는 응력을 **유효응력**이라 한다. 이 유효응력은 토질역학에서 중요한 사고방식이다.

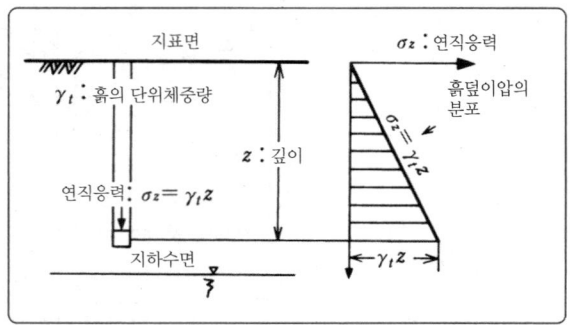

그림 1 지하수면 상에서 흙 자체의 무게에 의한 연직응력

■ 해설

흙덮이압
$\sigma_z = \gamma_t z$

▶ 흙덮이압

지표면으로부터 깊이 z까지의 연직응력 σ_z는 흙 자체의 무게에 의한 흙덮이압이라 하며, 다음과 같은 식으로 나타낸다.

$$\sigma_z = (흙의 \ 단위체적중량 \ \gamma_t) \times (깊이 \ z) \ [kN/m^2] \quad \cdots\cdots(1)$$

여기서, γ_t를 지표면 이하 흙의 단위체적중량, 깊이 z일 때 흙덮이 압력의 두께 σ_z를 **전응력(흙덮이압)**이라고도 한다.

▶ 유효응력과 간극수압

그림 2와 같이 지표면이 수면 아래인 경우는 물속이므로 정수압 $\gamma_w(h+z)$이 작용하지만, 흙 입자는 부력이 작용하는 시간 동안만은 가벼워진다($\gamma_{sat} + \gamma_w - \gamma'$)는 것을 고려해야 한다. 지반은 포화 상태이기 때문에 흙의 포화단위체적중량을 γ_{sat}, 수중단위체적중량을 γ', 물의 단위체적중량을 γ_w로 하면 깊이 z에 있는 연직응력 σ_z는 다음 식과 같이 된다.

$$\sigma_z = \gamma_w h + \gamma_w z + \gamma' z = \gamma_w(h+z) + (\gamma_{sat} - \gamma_w)z$$
$$= \gamma_w h + \gamma_{sat} z \ [kN/m^2] \quad \cdots\cdots(2)$$

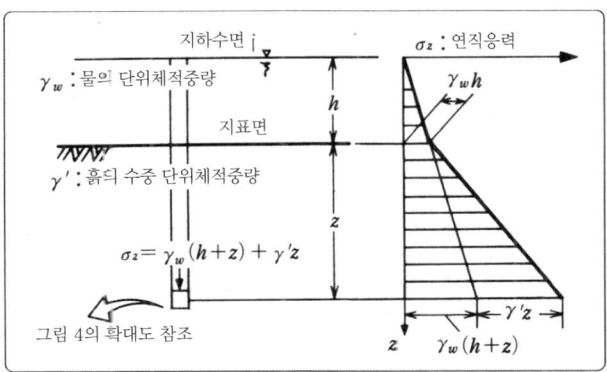

그림 2 지하수면 아래에 있는 흙의 자체 무게에 의한 연직응력

위 식의 σ_z를 **전응력** σ, $\gamma_w(h+z)$를 **간극수압** u, $(\gamma_{sat}+\gamma_w)z=\gamma z$를 **유효응력** σ'이라 하면 식 (2)는

$$\sigma_z = \gamma_w(h+z) + (\gamma_{sat}-\gamma_w)z$$
$$\downarrow \qquad \downarrow \qquad \downarrow$$
$$전응력\ \sigma = 간극수압\ u + 유효응력\ \sigma' \quad \cdots\cdots(3)$$

로 나타낼 수 있다. 이때의 유효응력 σ'을 흙덮이압이라 한다.

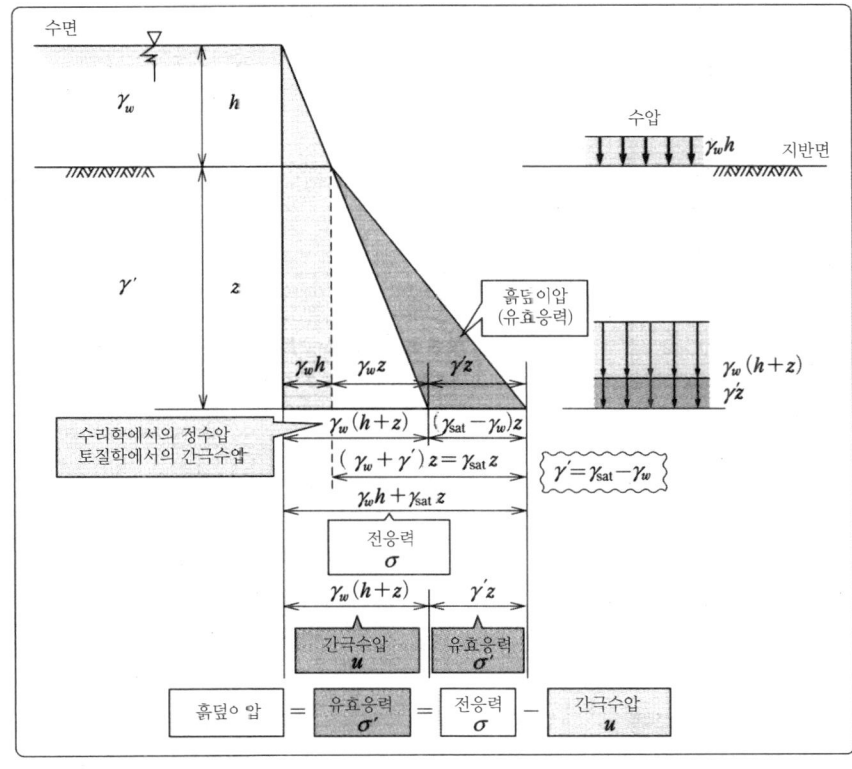

그림 3 수면 아래에 있는 지반 나의 응력 상태

지반 역학

전응력, 간극수압,
유효응력의 관계

▶ **전응력, 간극수압, 유효응력(흙덮이압)의 관계**

전응력, 간극수압, 유효응력(흙덮이압)의 관계는 지반의 수면 위치에 의해 결정된다. 즉, 지반이 지하수면보다 위일 경우와 수면 아래일 경우 지반응력과의 관계는 다음과 같이 된다.

1 지반이 지하수면보다 위일 경우(그림 1 참조)

전응력＝유효응력＝흙덮이압

$$\sigma = \sigma' = \gamma_t$$

2 지반이 수면 아래일 경우(그림 2 또는 그림 3 참조)

전응력＝정수압＋흙덮이압＝간극수압＋유효응력

$$\sigma = u + \sigma' = \gamma_w(h+z) + \gamma' z$$

■ 관련사항

▶ **유효응력과 간극수압의 작용**

그림 4와 같이 유효응력은 흙 입자 간의 마찰이나 골격에 유효하게 작용하는 응력이다. 이 유효응력에 의해 흙의 압축 변형이나 강도 발현이 나타난다. 이것에 대한 간극수압은 흙의 압축 변형에 직접 영향을 미치지 않는 응력이다.

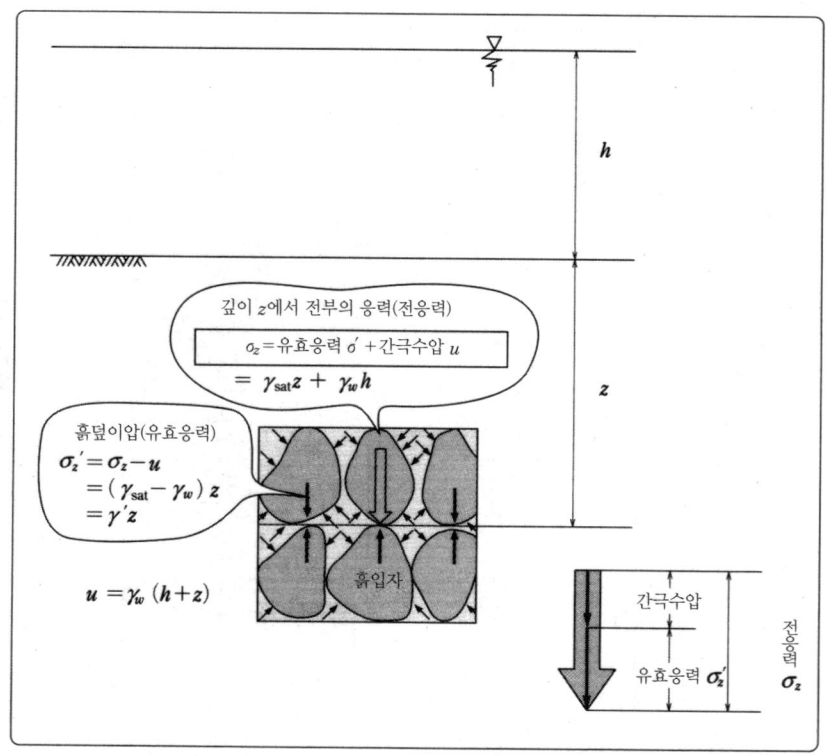

그림 4 그림 2에서의 z지점의 응력 상태의 확대도

2. 재하중에 의한 증가응력

□ 포인트
연직 방향의 증가응력

지표면에 재하된 지반 내의 응력은 그림 1과 같이 연직응력, 수평응력(토압), 전단응력으로 분류된다. 이것들은 지반 내에 이미 작용하고 있는 자중에 의한 흙덮이압에 의해 새롭게 증가하는 응력이다.

이 증가응력은 연직축상에서는 응력이 크고 연직축으로부터 멀어지면 작아진다. 이것을 이론적으로 구한 사람은 프랑스의 수학자 부시네스크이며, 지반을 반무한 탄성체라 가정하여 나타낸 것이다.

연직응력
＝재하중에 의한
증가응력＋흙덮이압

이 절에서는 연직방향의 증가응력만을 생각하기 때문에 재하 지점에서 깊이 z까지의 흙덮이압은 고려하지 않았다.

지반 내의 응력을 구할 때에는 재하중에 의한 증가응력에 흙덮이압을 가산할 필요가 있다.

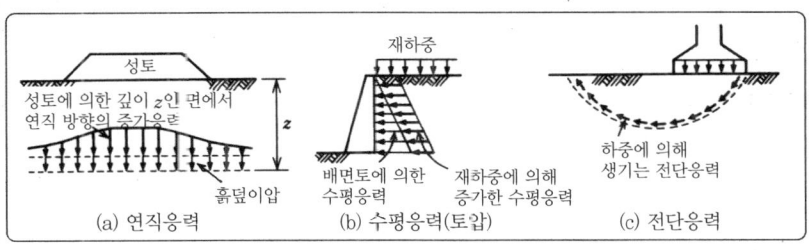

그림 1 땅속에 전해지는 각종 응력의 상태

■ 해설

▶ 각종 재하 상태에서 지반 내의 연직 방향의 증가 응력

반무한 탄성체의
부시네스크 해

'반무한의 넓이를 가진 탄성체의 같은 방향·같은 재질의 표면에 연직의 집중하중이 작용할 때 생기는 탄성체 내의 응력분포'에 관한 응력 해는 반무한 탄성체인 **부시네스크 해**로서 알려졌다. 이 부시네스크 해는 많은 실험이나 실측으로 그 타당성이 확인되었으며, 지금도 이 응력 해를 이용하여 지반 내의 응력을 구하고 있다. 지반상의 연직 재하 상태가 직사각형, 사다리꼴 띠 모양 등의 분포 하중에 대한 해석해·도표·도식 계산은 부시네스크 해를 더하여 구할 수 있다.

집중하중

▶ 집중하중에 의한 연직 방향의 증가응력

다음 페이지 그림 2에 나타낸 수평 지반 우에 집중하중 P가 재하된 경우 재하점에서 수평 거리 r의 위치에서 깊이 z의 연직 방향의 증가응력 $\Delta\sigma_z$는 다음 식으로 구할 수 있다.

부시네스크 식

$$\Delta\sigma_z = \{3P/(2\pi z^2)\} \cdot (z/R)^5$$
$$= 3Pz^3/\{2\pi(r^2+z^2)^{5/2}\} \ [\mathrm{kN/m^2}] \quad \cdots\cdots(1)$$

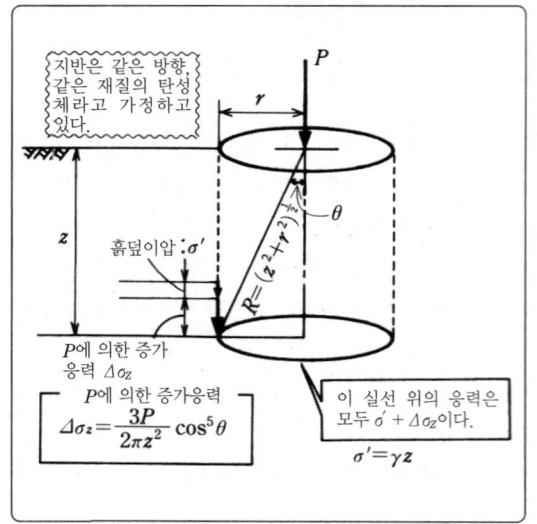
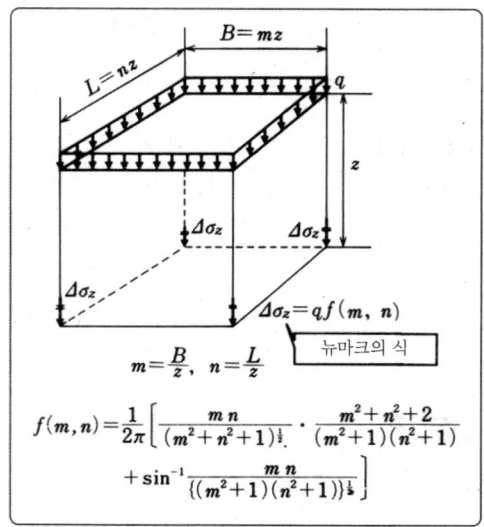

그림 2 수평 지반 위에 집중하중이 작용한
경우의 지반 내 응력

그림 3 직사각형 등분포 하중이 작용한
경우의 증가응력

직사각형 등분포 하중

▶ **직사각형 등분포 하중에 의한 증가응력**

그림 3과 같이 직사각형의 등분포 하중 q가 재하한 경우, 직사각형의 긴 변 B와 짧은 변 L을 깊이 z로 나누어 각각의 값을 $B/z=m$과 $L/z=n$으로 하면, 연직 방향의 우각부의 증가응력 $\Delta\sigma_z$은 다음에 나오는 뉴마크의 식으로 구할 수 있다.

뉴마크의 식

$$\Delta\sigma_z = \frac{q}{2\pi}\left[\frac{mn}{(m^2+n^2+1)^{1/2}} \cdot \frac{m^2+n^2+2}{(m^2+1)(n^2+1)}\right.$$

$$\left. + \sin^{-1} \cdot \frac{mn}{\{(m^2+1)(n^2+1)\}^{1/2}}\right] [\text{kN/m}^2] \quad \cdots\cdots(2)$$

여기서,

$$\Delta\sigma_z = qf(m, n) [\text{kN/m}^2]$$

으로 둘 때, $f(m, n)$을 영향값이라 하고, m, n에 대응한 도표도 있으며, 라디안으로 계산한다.

▶ **사다리꼴 하중에 의한 증가응력**

사다리 하중

그림 4와 같이 사다리꼴 내부의 점 A부터 좌측의 사다리꼴 하중의 영향에 의한 점 A 바로 아래의 깊이 z에서의 연직 방향의 증가응력 $\Delta\sigma_z$은 오스터버그의 방법으로 다음 식에서 구할 수 있다.

오스터버그의 방법

$$\Delta\sigma_z = 1/\pi \cdot \{(a+b)/a \cdot (\theta_1+\theta_2) - b/a \cdot \theta_2\}q \quad \cdots\cdots(3)$$
$$= Iq [\text{kN/m}^2] \quad \cdots\cdots(3')$$

여기서, I를 영향계수라 하며, θ은 라디안으로 한다.

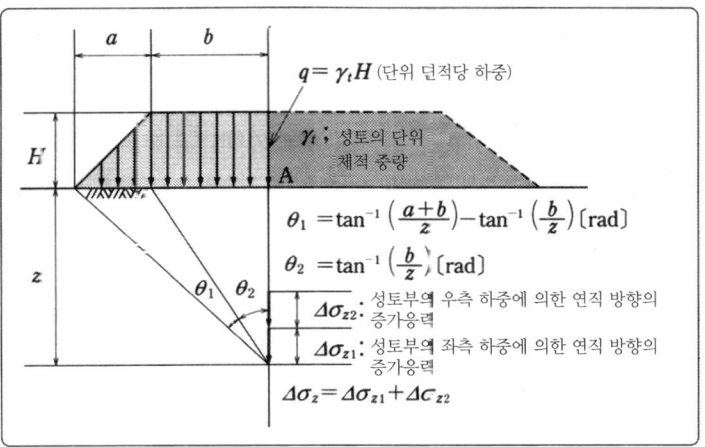

그림 4 사다리꼴 하중이 작용한 경우의 증가응력

▶ 등분포 하중에 의한 증가응력 개산(槪算)법

등분포 하중

수평 지반 위에 등분포 하중이 그림 5와 같이 작용했을 때, 등분포 하중이 연직 방향으로 일정 각도 α로 직선적으로 넓혀져 임의의 깊이에서 재하면과 평행하게 응력이 등분포로 배분된다고 가정하여 구한다. 이 방법을 **관용 계산법**이라 하며, 재하면에서 깊이 z인 연직 방향의 증가응력 $\Delta\sigma_z$은 다음 식으로 구할 수 있다.

관용 계산법

$$\Delta\sigma_z = qBL/\{(B+2z\tan\alpha)(L+2z\tan\alpha)\} \ [\text{kN/m}^2]$$

······(4)

일반적으로 $\alpha=30°$ 또는 $\tan\alpha=1/2$이다.

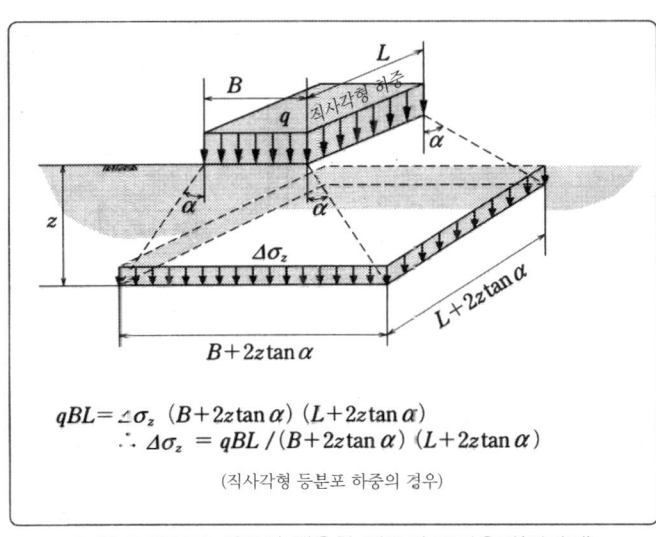

그림 5 등분포 하중이 작용한 경우의 증가응력(개산법)

3. 침투압과 퀵 샌드 현상

□ 포인트

침투류

침투압

■ 해설

침투압
$U_w = \gamma_w i z$

지반 내를 흐르는 물이 흙의 틈새를 흐를 때 흙 입자는 물의 흐름에 의해 압력을 받는다. 이때의 흐름을 **침투류**라 하고, 흙 입자 자체가 받는 압력을 **침투압**이라 한다.

▶ 침투압

그림 1과 같이 침투류는 흙 입자 간 유효응력에 변화를 준다. 동수균배 i의 아래에 침투류가 있을 때 흙 시료 면에서 z의 깊이에서의 상향침투압 U_w의 크기는 다음 식으로 구할 수 있다.

$$U_w = \gamma_w i z \ [\text{kN/m}^2] \quad \cdots\cdots(1)$$

이 침투압 때문에 중력 방향으로 작용하는 유효응력 $\sigma' = \gamma' z$이 감소한다.
즉,

$$\sigma' = \gamma' z - U_w = \gamma' z - \gamma_w i z \quad \cdots\cdots(2)$$

이 되며, 침투압이 커짐에 따라 유효응력은 작아진다. 따라서 지반은 불안정해지며, 지지력을 소실해서 흙 구조물 등의 변동이나 침하로 이어진다.

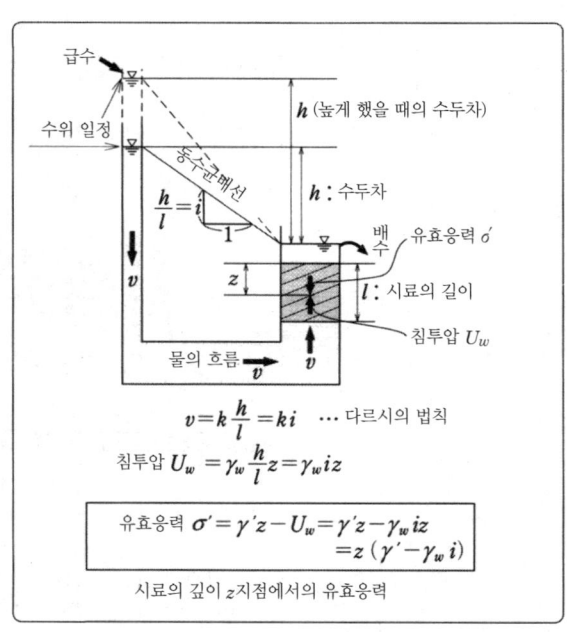

그림 1 침투류에서의 지반 내 응력상태

▶ 퀵 샌드 현상

그림 1의 수두차 h를 높게 할수록 침투압은 커지며, 유효응력보다

퀵 샌드 현상

커지면 흙 시료가 침투압 U_w에 의해 밀어올려져 윗방향으로 흙 입자가 뿜어 오르는 현상이 발생한다. 이것을 **퀵 샌드 현상**이라 한다. 이 현상이 발생하는 조건은 이론적으로는 식 (2)의 유효응력 $\sigma'=0$이 될 때이기 때문에

$\sigma'=\gamma' z - \gamma_w i z = 0$일 때의 i를 i_c로 두면

$$i_c = \gamma'/\gamma_w = (\rho_s/\rho_w - 1)/(1+e) \quad \cdots\cdots (3)$$

한계동수경사

이 된다. 이때의 i_c를 **한계동수경사**라 한다. 이 i_c와 현장의 동수경사 i를 비교하면 퀵샌드 현상을 예측할 수 있다.

■ 관련사항

▶ 침투류에 의한 파괴 현상

한계동수경사 $i_c = h_c/L \leqq i$의 상태가 되면, 유효응력 $\sigma'=0$이 되어 침투압에 의해 퀵 샌드 현상이 나타난다. 이 상태가 되면 그림 2의 (a)와 같이 지반의 약한 부분으로 파이프 모양의 물길(수도)이 형성되어 그곳을 통해 흙 입자가 굴삭면으로 유출되기 시작한다.

파이핑

이 현상을 **파이핑**이라 하며, 이것이 더욱 진행되면 그림 2 (b)와 같이 혼합 상태가 된 모래와 물이 비등한 것처럼 굴삭면에서 솟아 오르는 현상이 일어난다. 이것을 **보일링**이라 한다.

보일링

히빙

또한, 침투압으로 인해 점토지반 전체의 굴삭면이 팽창하는 현상을 **히빙**이라 한다.

반부둘음

이것과 유사한 파괴현상으로 점성토지반이 피압지하수에 의한 양압력(간극수압)의 영향으로 굴삭면이 올라가는 현상을 **반부풀음**이라 한다.

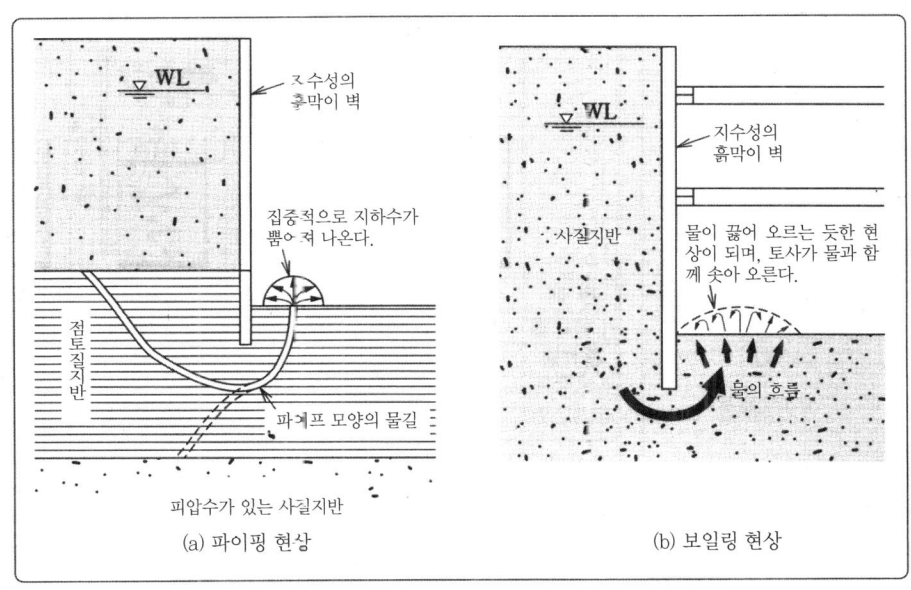

그림 2 굴삭에 따르는 퀵 샌드 현상의 발생

1. 압밀현상과 압밀시험

□ 포인트
압밀=장시간이 필요한 간극수의 배출에 의한 체적 감소

포화된 흙에 투수성이 높은 사질토 등의 압축 변형은 단시간에 끝나지만, 투수성이 낮은 점성토 등은 간극의 체적이 비교적 크고 배수에 긴 시간이 필요하며 압축으로 시간의 지연이 생긴다. 장시간 지연되는 동안 간극수의 배수에 의한 체적 감소 또는 흙의 밀도증가를 **압밀**이라 한다.

1923년 테르자기 펙은 이 압밀 현상의 메커니즘을 유효응력 σ'과 과잉간극수압 u를 이용하여 설명하였다.

■ 해설
테르자기의 압밀 이론
유효응력
　→스프링
간극수압
　→실린더 내의 물

▶ 압밀현상

테르자기 펙은 포화된 점토의 압밀 현상을 그림 1과 같이 스프링과 실린더를 이용하여 압밀 이론을 설명하였다.

제1단계 : 재하한 순간($t=0$)은 용기 내에 과잉간극수압 u(재하에 의한 정수압 이상으로 증가한 수압)가 발생하지만, 골격 구조의 유효응력 σ'에 상당하는 스프링에는 영향이 없다. 즉, 재하중 p의 응력은 u로 역할을 한다.

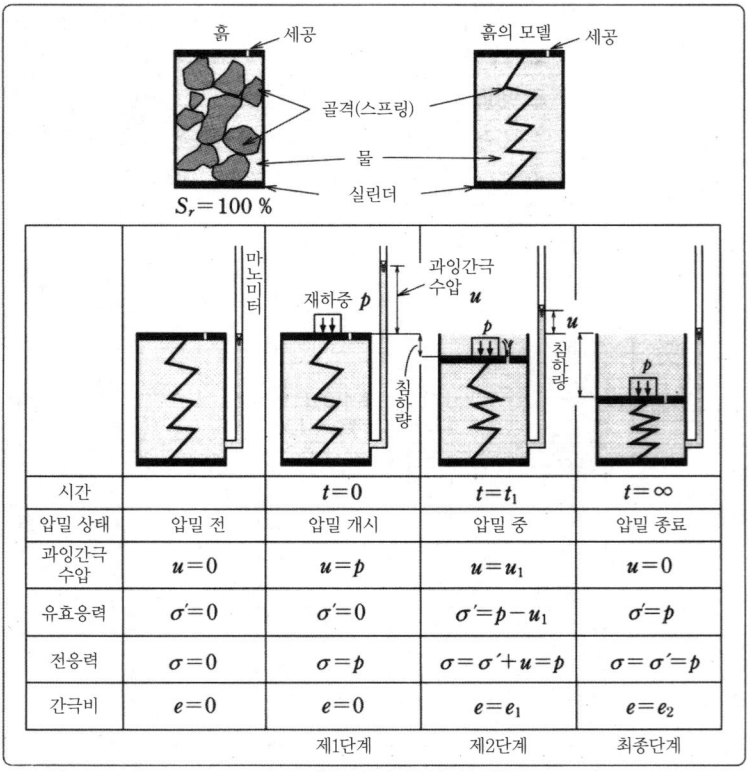

그림 1 테르자기의 압밀 이론

유효응력의 사고

$\sigma = \sigma' + u$
전응력 = 유효 + 과잉
　　　　응력　간극
　　　　　　　수압

제2단계 : 시간의 경과($t=t_1$)에 따라 실린더 안의 물은 서서히 배수되고, 그 배수량에 따라 u가 감소한다. u의 감소한 수압분은 σ'의 응력 상태가 된다. 재하중 p(전응력 σ)는 σ'와 u에 각각 분담된다. 시간이 더욱 경과하면 σ'와 u가 분담하는 응력 상태가 역전하여 σ'가 맡는 응력이 커지며, 그만큼 u는 작아진다.

최종 단계 : 시간의 경과가 무한($t=\infty$)이 되면 배수는 끝나고 압밀이 종료된다. 이때 u는 0이 되고 p와 σ'로 모두 이동되었다.

▶ 압밀시험

표준적인 압밀 시험

표준적인 압밀 시험 용기를 그림 2에 나타냈다. 포화 상태를 직경 6cm, 높이 2cm의 원통형 용기에 넣어 작은 수직 하중부터 단계적으로 더하여, 경과 시간과 압밀 침하량의 관계를 조사한다. 재하 방법은 최초에 9.81kN/m²의 하중을 더한 후, 6, 9, 15, 30s, 1, 1.5, …, 40min, 1, 1.5, …, 24h의 시간 간격으로 압밀침하량을 측정한다. 그 다음 하중이 앞의 2배인 19.6kN/m²이 되도록 압력을 증가시켜 같은 방법으로 압밀 침하량을 측정한다. 최종 하중은 1,260kN/m²까지 압력을 단계적으로 배가시켜 얻은 하중 단계별 경과 시간과 압밀 침하량의 관계를 다음 페이지 그림 3과 같은 순서로 데

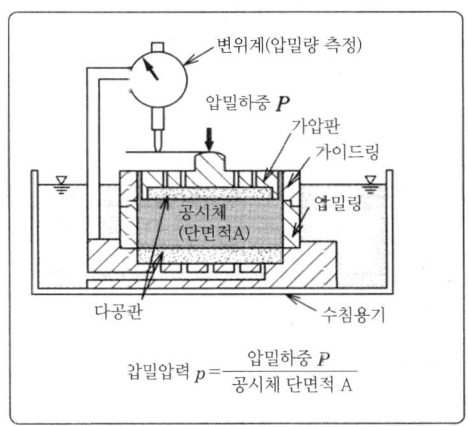

그림 2 압밀시험용기의 단면도

이터 정리를 한다. 이와 같이 구한 각종 계수를 근거로 압밀 침하량과 압밀 침하에 필요한 시간 계산에 이용한다.

■ 관련 사항

▶ $e - \log p$ 곡선

$e - \log p$ 곡선

각 하중단계마다 간극비 e와 그 압밀압력 p와의 관계를 종축에 보통 눈금으로 e, 횡축에 대수 눈금으로 p를 나타낸 그림 4의 곡선을 $e - \log p$ 곡선이라 하며, 각종 압축 계산에 필요한 계수 등을 얻을 수 있다.

체적압축계수

체적압축계수 $m_v = \varepsilon / \Delta p$: 증가압력에 대한 흙의 체적 감소 정도를 나타낸다.

압축지수

압축지수 $C_c = \Delta e / \log_{10}\{(p + \Delta p)/p\}$: 압밀압력의 증가에 의한 간극비의 감소 비율을 나타낸다.

3 지반 역학

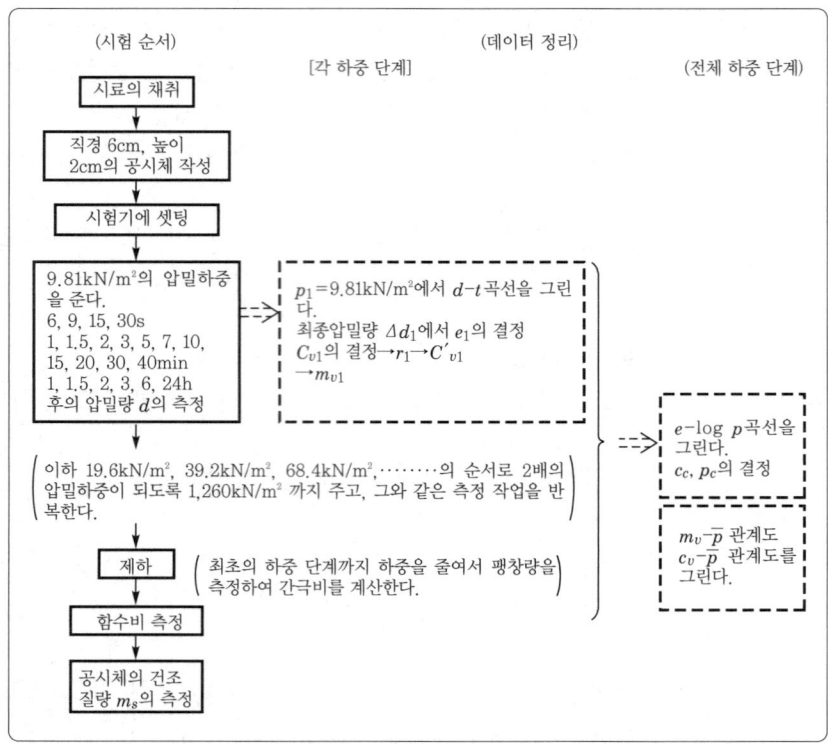

그림 3 압밀 시험의 흐름과 데이터의 정리 순서

압밀항복응력
과압밀
정규압밀

압밀항복응력 p_c : 흙이 탄성으로부터 소성적인 권동으로 이행하는 경계의 항복 응력. 현 지반의 흙덮이압이 $p' < p_c$ 일 때 **과압밀**, $p' = p_c$ 일 때를 **정규압밀**이라 한다.

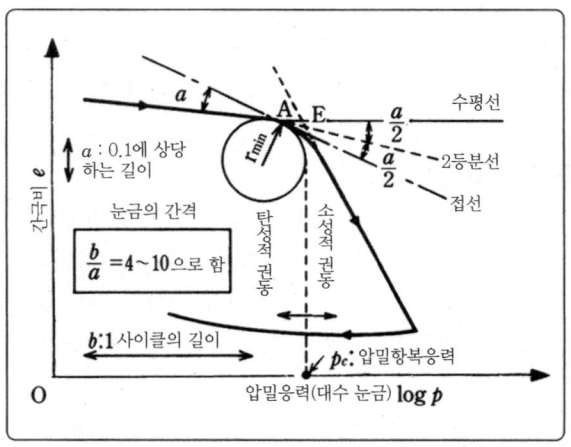

그림 4 $e-\log p$ 곡선과 압밀항복응력 p_c

2. 압밀침하량과 그에 필요한 시간의 계산

□ 포인트

압밀침하량을 산정하려면 점토지반 및 구조물의 하중 상태에 따라 3가지 경우가 있다. 실험에서의 모든 양과 실제 지반의 관계는 그림 1과 같다.

e–log p법

1 간극비 e의 계산
$$S = H\Delta e/(1+e_1) \quad \cdots\cdots(1)$$

C_c법

2 압축지수 C_c의 계산
$$S = \{HC_c/(1+e_1)\}\log_{10}\{(p'+\Delta p)/p_c\} \quad \cdots\cdots(2)$$

m_v법

3 체적압축계수 m_v의 계산
$$S = Hm_v\Delta p \quad \cdots\cdots(3)$$

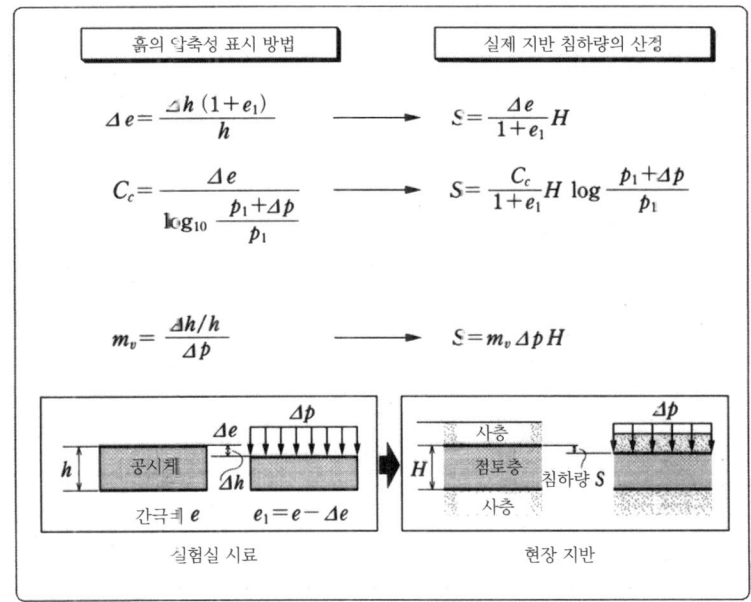

그림 1 침하량의 산정에서의 공시처와 현지반의 관계

■ 해설

압밀침하량의 계산은 점토지반이 과압밀 상태이거나, 정규압밀 상태인지에 따라 적용 범위를 고려하여 이용한다.

C_c법
→정규압밀 상태

침하량의 경향
 e–log p법
 ≦m_v법
 <C_c법

식 (1)의 침하량 계산에서 e–log p 곡선에서 현재 지반의 p에 대한 간극비 e와 $(p+\Delta p)$에 대응한 간극비 e_1를 설정하여 계산한다. 압밀압력에 관계하는 항이 없기 때문에 압밀 상태와 무관하다.

식 (2)의 침하량 계산에서 점토 지반이 과압밀 상태일 때는 침하가 생기지 않는 것으로 하고, 압밀항복응력을 넘은 **정규압밀 상태**일 때에 식 (2)에서

$pc = p'$로 침하량을 계산한다.

식 (3)에서 침하 계산은 균일한 점토지반이나 Δp의 값이 작은 조건에 적용되는 경우가 많다.

■ 관련사항

층 두께 지반

▶ 층 두께 및 다층 지반에서의 압밀침하량 계산

두꺼운 점토층에서는 깊이에 따라 흙덮이압이 변화하기 때문에 m_v도 변화한다. 이 때문에 층을 여러 층으로 분할하여 시료를 채취해서 압밀 시험을 하며, 분할한 층마다 침하량을 구하여 합계를 내면 된다. 압축성이 다른 점토층이 여러 층으로 겹쳐져 있는 **다층 지반**의 침하량은 각 층마다 침하량을 구해 각 침하량의 합으로 전체 침하량을 구한다.

다층 지반

▶ 압밀침하에 필요한 시간의 계산

양면배수

양면배수에서 구하려는 압밀도 U에 대한 시간계수 T_v를 그림 2에서 구하고, 점토층의 배수 거리 H를 정하여 다음 식에서 압밀에 필요한 침하 시간 t를 구한다.

압밀침하 시간

$$t = (1/c_v) H^2 T_v \qquad \cdots\cdots (4)$$

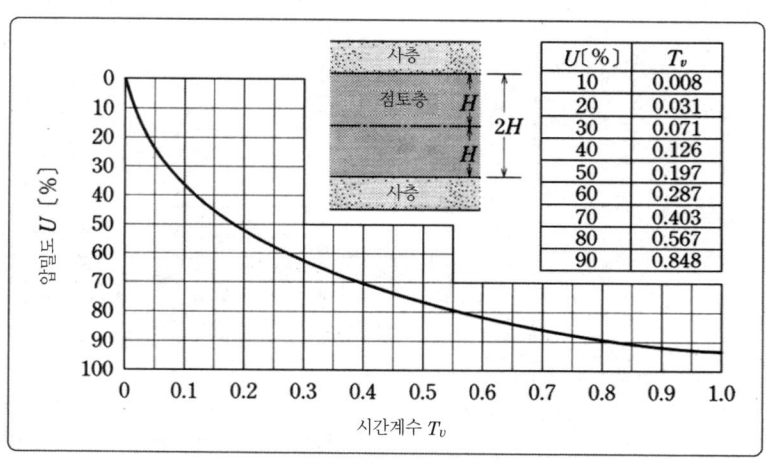

그림 2 양면배수의 압밀도 U와 시간계수 T_v의 관계

▶ 경과 시간에 대한 침하량

최종침하량 S를 구하여 경과 시간 t에 대한 T_v를 다음 식으로 계산한다.

경과 시간에 대한 침하량

$$T_v = c_v t / H^2 \qquad \cdots\cdots (5)$$

계산으로 얻어진 T_v에 대한 압밀도 U_t를 그림 2에서 구하고 경과 시간 t에서의 침하량 S_t는 다음 식으로 구한다.

$$S_t = (U/100) S \qquad \cdots\cdots (6)$$

흙의 압밀

■ 해설

▶ 압밀도

압밀도

　압밀의 진행 속도의 정도는 초기과잉간극수압에 대한 t시간 후 저하한 과잉간극수압의 비율로 나타낸다. 이 비율을 **압밀도** U라 한다. U는 초기과잉간극수압의 소산 비율을 나타내며, 유효응력의 발생 비율이기도 하다.

　시간 t에 대한 임의의 거리 z에서 U는, T_v의 함수로서

$$U_z = f(T_v) = f(c_v t/H^2) \quad \cdots\cdots (7)$$

시간계수
압밀계수

로 나타내는 것이 가능하며, **시간계수** T_v는 식 (5)에서 구해진다. c_v는 **압밀계수**라 하며, 압밀의 진행 속도를 지배하는 계수이다. U는 과잉간극수압의 감소 비율을 나타내지만, 침하량에서 나타나는 경우가 많고, 최종침하량 S에 대해 t시간 경과한 침하량 S_t의 비율로 나타낸다.

$$U = (S_t/S) \times 100 [\%] \quad \cdots\cdots (8)$$

　식 (7)로부터 식 (4), 식 (8)로부터 식 (6)이 각각 얻어져, 압밀침하에 필요한 시간이나 경과 시간에 대한 침하량을 추정할 수 있다.

■ 관련사항

▶ 압밀계수 c_v를 구하는 법

　압밀의 진행 속도는 간극수압 증가분의 감소 속도에 비례한다. 이 시간적 관계를 식으로 나타낸 것이 테르자기의 압밀식이다. 이 압밀의 진행 속도를 지배하는 계수가 c_v로, $c_v = k/(\gamma_w m_v)$이다.

$\sqrt{t}$법
$c_v = 0.848(H/2)^2/t_{90}$
곡선 정기법
$c_v = 0.197(H/2)^2/t_{50}$

　k나 m_v의 각 계수는 압밀 시험의 결과에 기초하여 각 하중 단계마다 시간-침하(압밀)량에서 $\sqrt{t}$**법**이나 **곡선 정기법**으로 구할 수 있다.

1. 흙의 전단강도와 쿨롱의 법칙

□ 포인트

전단강도

▶ 전단강도

지반에 흙 자체의 무게나 외력이 작용하면 흙의 내부에는 전단력이 생기고 변형하려고 한다. 그러나 흙에는 전단에 대한 저항력이 있기 때문에 이 전단력이 흙의 전단저항력보다 작을 경우, 흙을 파괴하지 않고 토압, 지지력, 사면의 안정 등의 계산을 하려면 이 흙의 전단저항력을 알 필요가 있다.

흙 속의 어떤 면에서 전단력이 흙의 전단저항력을 넘으면, 그 면을 따라 미끄럼이 생겨 전단파괴가 일어난다. 이 전단력에 저항할 수 있는 최대의 전단저항값을 **전단강도**라 한다. 또한, 전단파괴되는 면을 **미끄럼면**이라 한다.

미끄럼면

흙의 강도정수

이 흙의 전단강도는 흙의 점착력 c와 흙의 전단저항각 ϕ를 이용하여 나타내고, c와 ϕ는 **흙의 강도정수**라고도 한다.

■ 해설

쿨롱의 법칙
$s = c + \sigma \tan \phi$

점착력

전단저항각

▶ 쿨롱의 법칙과 점착력 c, 전단저항각 ϕ

흙이 외력에 대해 저항하는 요소에는 점착성분과 마찰성분이 있다. 점착성분은 점토 입자의 표면에 흡착되어 있는 흡착수나 입자 간의 전기적인 인력에 의해 생기고 있는 것으로, **점착력** c라 한다. 마찰 성분은 흙 입자 간 상호 마찰에 의한 것으로, **전단저항각** ϕ을 이용하여 $\sigma \tan \phi$로 나타낸다. 그러므로 흙의 전단강도는 다음 식으로 구할 수 있다.

$$s = c + \sigma \tan \phi \quad \cdots\cdots (1)$$

여기서, s : 흙의 전단강도 [kN/m²], c : 흙의 점착력 [kN/m²],
σ : 면에 작용하는 수직응력 [kN/m²], ϕ : 흙의 전단저항각

이 식은 **쿨롱의 법칙**이라고 하고, 그림 1은 쿨롱의 법칙을 도식화한 것이다. 이 식에서 나타내는 직선을 **쿨롱의 파괴선**이라고 한다.

쿨롱의 파괴선

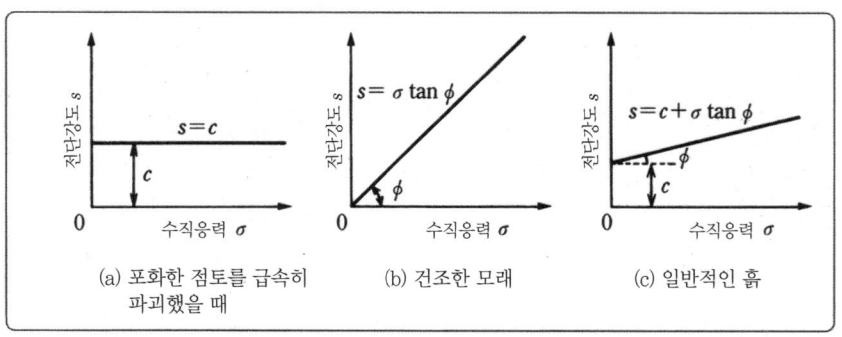

그림 1 흙의 종류에 따른 쿨롱의 법칙 도표

2. 흙의 전단 시험과 점착력 c, 전단저항각 ϕ

□ 포인트

토압, 지지력, 사면의 안정계수 등 지반의 안정 계산에 이용되는 점착력 c, 전단저항각 ϕ은 보통 흐트러지지 않은 흙 시료를 이용하여 실내 전단 시험에 사용된다.

■ 해설

1면 전단 시험
3축 압축 시험
1축 압축 시험

▶ 1면 전단 시험, 3축 압축 시험, 1축 압축 시험

각 시험 방법은 JIS에 규정되어 있다. 표 1은 그 개략을 나타낸 것이다.

표 1 전단 시험의 종류와 내용

	1면 전단 시험	3축 압축 시험	1축 압축 시험
전단기구	σ, s	σ_1, σ_3	$\sigma_1 = q_u$
전단방법	상하로 나눈 전단 상자에 시료를 넣고 가압판을 통하여 σ의 압력을 가한 상태에서 전단한다. 다른 4개 이상의 σ 값에 대한 각각의 전단응력 τ을 측정한다.	원통형 공시체에 두꺼운 고무막을 덮어씌워서 측압을 일정하게 하여 공시체가 파괴될 때의 수직응력을 측정한다. 3가지 이상의 다른 측압에 대한 각각의 수직응력을 측정한다.	원통형 공시체를 측압을 가하지 않고 압축해 가면서, 최대의 압축강도 q_u를 측정한다.
특징	모든 흙에 적용 가능하다. 전단면이 제한되어 있다. 배수의 조절이 곤란하다.	모든 흙에 적용 가능하다. 이론적으로는 가장 좋지만 조작이 어렵다.	점성토에 이용된다. 조작은 가장 간단하다.

■ 관련지식

▶ 세 종류의 배수 조건과 현장의 상황

전단 시험에 의해 얻어지는 c나 ϕ는 그 흙 고유의 것이 아닌, 하중을 주는 방법이나 배수 조건을 취하는 방식에 따라서 달라진다. 특히 점토의 경우, 전단하기 전에 압밀을 시킬 것인가, 전단 중에 간극수의 출입을 허용할 것인가에 따라 c나 ϕ의 값이 달라지므로 현장 상황과 같은 배수 조건에서 시험을 해야 한다. 다음 페이지 표 2에는 각각 다른 배수 조건에서의 3축 압축 시험법을 나타냈다.

표 2 세 축 압축 시험의 배수 조건과 현장의 조건

시험의 방법	배수조건과 현장의 상황	강도정수
비압밀 비배수 전단 시험 (UU시험)	가압 시, 전단 시 모두 간극수의 배출을 허용하지 않는다. 구조물의 급속한 재하 직후의 안정성을 검토하는 경우에 적용한다.	c_u ϕ_u
압밀 비배수 전단 시험 (CU시험)	간극수의 배출을 허용하고, 압밀을 종료시킨다. 압밀 종류 후 간극수의 배출을 허용하지 않으므로 전단한다(과잉간극수압 u를 측정한다). 압밀에 의한 강도 증가에 따라 재하할 때의 안정성을 검토하는 경우에 적용한다.	c_{cu} ϕ_{cu} (c', ϕ')
압밀 배수 전단 시험 (CD시험)	간극수의 배출을 허용하고, 압밀을 종료시킨다. 압밀 종료 후 간극수의 배출을 허용하고, 과잉한 간극수압이 발생하지 않도록 느린 속도로 전단한다. 구조물을 건조한 후, 장시간 경과한 후의 안정성을 검토할 경우에 적용한다.	c_d ϕ_d $c_d \fallingdotseq c'$ $\phi_d \fallingdotseq \phi'$

UU시험

CU시험

CD시험

■ 해설

유효응력
$\sigma' = \sigma - u$
쿨롱의 식
$s = c' + \sigma' \tan \phi$

▶ 유효응력 ($\sigma' = \sigma - u$)으로 표시한 쿨롱의 식

CU시험에서 간극수압 u을 측정하는 경우, 측정에 장시간 필요한 CD시험에 대용이 가능하다. 이 경우 쿨롱의 식은 식 (2)가 된다.

$$s = c' + (\sigma - u) \tan \phi' = c' + \sigma' \tan \phi' \,[kN/m^2] \quad \cdots\cdots (2)$$

❖ 예제

어느 사면의 흙에 대한 1면 전단 시험을 하여 대표와 같은 결과를 얻었다. 이때의 점착력 c, 전단저항각 ϕ을 구하라.

수직응력 $\sigma[kN/m^2]$	100	200	300
전단강도 $s[kN/m^2]$	80	123	180

답

1면 전단 시험 결과의 σ와 s의 관계를 도식화 하면, 그림 1과 같이 된다. 이 그림에서 점착력 $c = 10kN/m^2$, 전단저항각 $\phi = 28°$를 구할 수 있다.

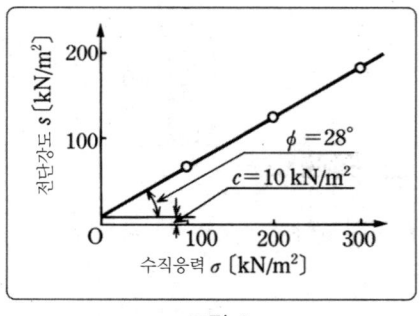

그림 1

3. 모래의 전단강도와 점토의 전단강도의 성질

□ 포인트

▶ 모래의 전단강도와 다일레이턴시(레이놀즈 현상)

사질토와 점성토는 전단에 저항하는 방법이 다르게 나타나므로 전단에 대한 성질은 모래와 점토로 나누어서 생각한다. 모래와 점토의 중간 흙에 대한 취급법은 아직 명확하지 않다.

모래의 전단강도는 흙 입자 간의 마찰이나 흙 입자의 맞물림에 의한 저항, 전단 시에 생기는 체적 변화 등에 영향을 준다. 그러므로 전단저항 ϕ는 모래 입자의 형태나 입도, 간극비 등에 영향을 주게 된다.

모래 전단 시에는 전단면을 따라 모래가 이동하여 체적 변화가 생긴다. 모래 상태가 조밀한 경우에는 모래가 이동 중에 다른 모래 입자를 뛰어넘으며 체적은 팽창하고, [그림 1의 (a)], 느슨한 상태에서는 모래 입자가 간극을 채우면서 상호 위치가 변하게 되면 체적은 수축한다[그림 1의 (b)]. 이와 같이 전단에 따라 생기는 체적 변화를 **다일레이턴스**라고 한다.

다일레이턴시

조밀한 상태의 모래와 느슨한 상태의 모래 전단에 따라 생기는 전단응력의 변화와 체적변화를 그림 2에 나타냈다.

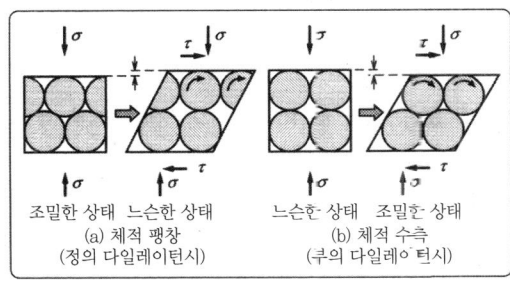

그림 1 전단에 따르는 체적 변화(다일레이턴시)

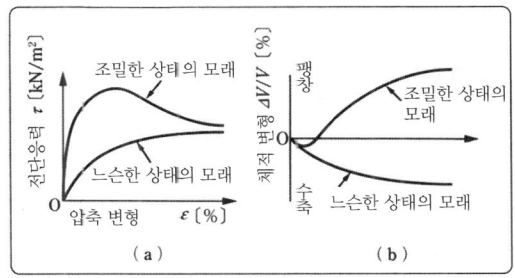

그림 2 전단에 동반되는 전단응력의 변화와 체적 변화의 대비

■ 관련지식

▶ 모래의 액상화

포화된 느슨한 모래를 간극수가 배출되는 것보다 빨리 전단할 때, 모래는 체적 감소가 불가능하므로 걸려있는 응력이 간극수에 전가되어 전단저항이 소실된다. 이와 같은 경우 모래 입자는 물에 뜬 것과 같은 상태가 되어 유동한다. 이 현상을 모래의 **액상화**라 부르며, 지하수면 아래의 느슨한 상태에 있는 모래가 지진에 의해 급격한 진동을 받은 때 생긴다. 1995년의 **효고현 남부 지진**에서는 이 액상화에 의한 큰 피해가 발생했다.

모래의 액상화
효고현 남부 지진

4. 점착력 c와 전단저항각 ϕ의 결정

□ 프인트

모어의 응력원
클롱의 파괴선

이 장 제2절의 표 1에 의한 3축 압축 시험에서는 측압 σ_3에 대한 수직응력 σ_1의 관계가 3개 이상 얻어진다. 그림 1과 같이 종축에 전단응력 τ 혹은 전단강도 s를, 횡축에 수직응력 σ를 취해, 횡축 상에 ($\sigma_1-\sigma_3$)를 직경으로 하는 원이 실험의 수만큼 그려진다. 이 원들을 **모어의 응력원**이라 한다. 이들 원에는 공통의 접선을 끌어올 수 있으며, 이 공통의 접선은 **쿨롱의 파괴선**을 나타내기 때문에, 이 접선의 기울기가 ϕ는 접선과 종축과의 교점인 c를 나타낸다.

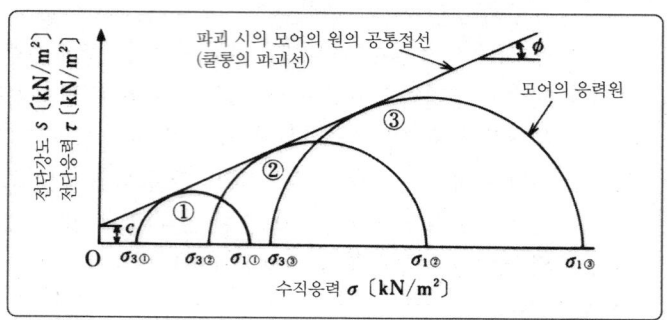

그림 1 모어의 응력원을 이용한 c, ϕ의 결정

■ 해설

▶ 흙의 내부의 응력과 모어의 응력원

그림 2의 원주 공시체에 측압 σ_3, 수직응력 σ_1이 작용하면, 공시체 내 임의의 단면 ①~①에는 수직응력 σ, 전단응력 τ가 생긴다. 그 면을 고려한 미소 삼각형의 응력의 균형에서 수직응력 σ, 전단응력 τ는 식 (1) 및 (2)로 나타낼 수 있다.

$$\sigma = \sigma_1 \cos^2\alpha + \sigma_3 \sin^2\alpha$$
$$= \frac{\sigma_1+\sigma_3}{2} + \frac{\sigma_1-\sigma_3}{2}\cos 2\alpha \qquad \cdots\cdots(1)$$

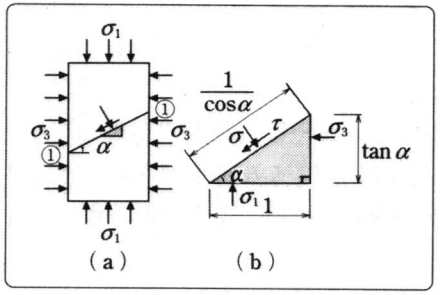

그림 2 공시체 내의 응력 상태

$$\tau = (\sigma_1 - \sigma_3)\sin\alpha\cos\alpha$$
$$= \frac{\sigma_1 - \sigma_3}{2}\sin 2\alpha \quad\quad \cdots\cdots(2)$$

그림 3과 같이 α를 변화시켜 σ, τ의 값을 계산하여 좌표상에 표시해 가면서 하나의 원을 그린다. 원의 중심은 $(\sigma_1+\sigma_3)/2$, 직경은 $(\sigma_1-\sigma_3)$이 된다.

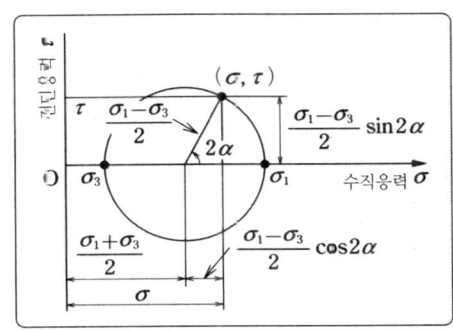

그림 3 모어의 응력원

원주 상의 좌표는 공시체의 내부 응력을 나타내고, 모어의 응력원이라 한다. 예를 들면, 그림 2의 α 면에 생기는 응력은 모어의 원의 중심에서 2α의 각도를 취한 원주 상의 좌표로 주어진다. 또한, σ_1, σ_3가 생기는 면에서는 전단응력 $\tau=0$이며, 그 면의 수직응력을 주응력이라 하고, σ_1는 **최대주응력**, σ_3는 **최소주응력**을 나타낸다.

최대주응력
최소주응력

■ 관련지식   ▶ 쿨롱의 파괴선과 파괴 시 모어의 응력원

측압 σ_3을 일정하게 하여 수직응력 σ_1을 서서히 증가시켜 나가면 그림 4와 같이 모어의 응력원은 조금씩 커지며, 일정 크기의 수직응력 σ_1에서 파괴된다. 이때, 원주공시체에 있는 면(α_f의 면)에서는 파괴가 일어나며, 모어의 응력원에서 원주 상의 한 점은 그 파괴면의 응력을 나타낸다. 그리고 이 점에서 쿨롱

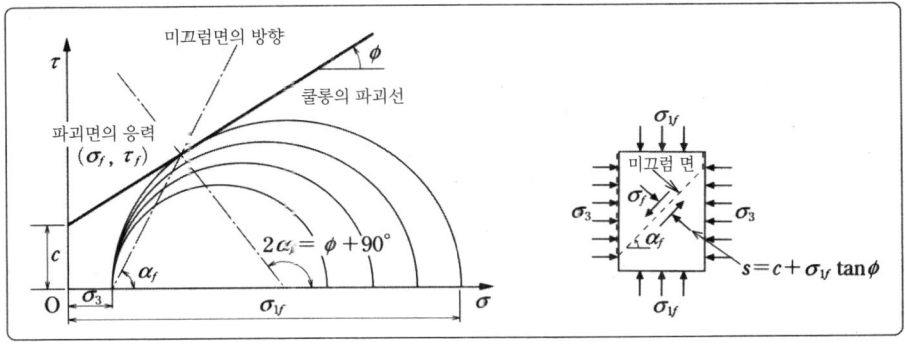

그림 4 파괴 시 모어의 응력원과 쿨롱의 파괴선

의 파괴선은 모어의 응력원에 접해 있다.

■ 해설

1축 압축강도

예민비

비배수 전단강도

▶ **점토의 1축 압축강도 q_u와 점착력 c, 예민비 S_t**

1축 압축 시험을 하여 그림 5의 응력-변형 곡선으로 구한 최대의 압축응력을 **1축 압축 강도** q_u라 한다.

자연 상태에 있는 점토가 흐트러지면 전단강도가 감소한다. 이 전단강도의 감소 정도를 점토의 예민성이라 하며, 흐트러지지 않은 점토의 1축 압축강도 q_u와 함수비를 바꾸지 않고 반죽한 점토의 1축 압축강도 q_{ur}의 비로 나타내고, 이것을 **예민비** S_t라 한다. 예민비는 공사 중 지반의 흐트러짐에 의한 흙의 강도 저하 상황을 파악하기 위한 지표가 되며, 설계 및 시공상 중요한 값이다.

포화점토의 1축 압축 시험은 **비압밀 비배수**(UU) 조건 하의 전단 시험이다. 또한, $\phi=0$이며, 쿨롱의 파괴선과 모어의 응력원은 그림 6과 같이 되며 **비배수 전단강도** s_u는

$$s_u = c_u = q_u/2 \ [\text{kN/m}^2] \quad \cdots\cdots(3)$$

이 된다.

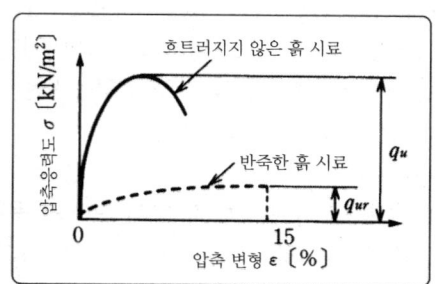

그림 5 1축 압축 시험에 의한 응력-변형 곡선과 압축강도를 취하는 법

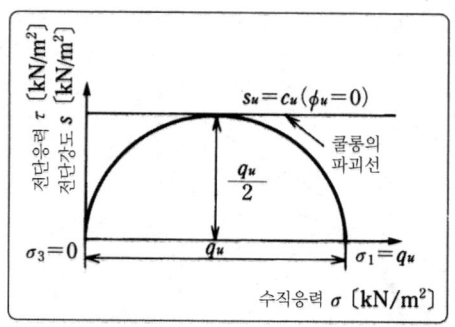

그림 6 포화점토의 1축 압축 강도와 모어의 응력원

1. 토압의 사고방식

□ **포인트**

토압

흙을 지탱하는 옹벽이나 널말뚝 등의 구조물은 항상 흙으로부터 힘을 받고 있다. 흙이 구조물에 미치는 힘을 **토압**이라 하고, 그 산정법은 예로부터 연구되어 왔다. 쿨롱이나 랭킨의 토압론은 개량이나 수정을 거치면서 오늘날 토압산정의 주류가 되었다.

최근에는 컴퓨터의 발달로 시행쐐기법이나 개량시행쐐기법 등 옹벽에 작용하는 토압을 시행적으로 계산하는 방법이 사용되고 있다.

■ **해설**

▶ **정수압과 토압**

깊이 z에서의 정수압은 물의 단위체적중량을 γ_w로 하면, 연직 방향, 수평 방향과 함께 $P = \gamma_w z$로 구할 수 있다. 이것은 물이 흐르고 있지 않은 경우에는 점성에 의한 내부마찰이 생기지 않기 때문에 물의 중량만이 유일한 힘으로 작용하기 때문이다. 깊이 z에서의 토압은, 흙의 단위체적중량을 γ로 하면, 연직 방향으로는 γz, 수평 방향으로는 $K\gamma z$로 나타난다. 이 K는 흙의 전단저항각 등으로 결정되는 **토압계수**를 나타낸다.

토압계수

❖ **예제**

그림 1에서 높이 H[m]의 옹벽에 작용하는 토압을 구하라. 단, 흙의 단위체적중량은 γ[kN/m³], 토압계수는 K로 한다.

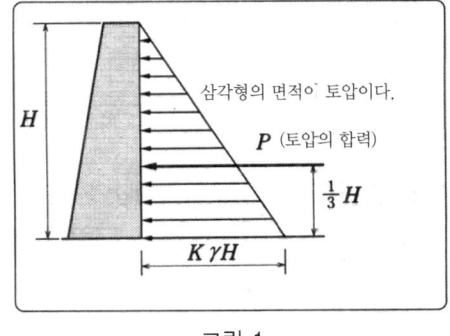

그림 1

답

수평토압은 깊이 z에 비례하여 커지기 때문에 그림 1과 같이 삼각형으로 분포한다. 그러므로 토압은 삼각형의 면적을 구하여 산정할 수 있다.

$$P_H = \frac{1}{2} K\gamma H^2 \text{ [kN/m]}$$

■ **관련지식**

▶ **토압계수란 무엇인가**

땅속 깊이 z의 수직응력은 흙덮이압으로서 $\sigma_v = \gamma z$로 구할 수 있다. 또한, 수평응력 σ_h은 토압응력이라고도 하며, σ_v를 구한 다음 계산할 수가 있다. 즉, 토압계수 K는 σ_v와 σ_h의 비로 나타낼 수 있다.

$$K = \frac{\sigma_v}{\sigma_h} \quad \cdots\cdots(1)$$

2. 토압의 종류(주동토압, 수동토압, 정지토압)

□ 포인트

▶ 벽체의 움직임과 토압의 종류

주동토압

주동토압 P_A[그림 1 (a)] : 벽체가 흙에서 떨어지듯이 움직일 때, 흙이 벽체를 누르는 힘을 **주동토압**이라 하며, 흙이 파괴하기 직전의 극한의 평형상태를 **주동상태**라 한다.

주동상태

수동토압

수동토압 P_p[그림 1의 (b)] : 외부에서 힘이 벽체에 가해져, 벽체가 흙의 방향으로 움직일 때 흙이 벽체를 누르는 힘을 **수동토압**이라 하며, 흙이 파괴되어 뽑아 올려지기 직전의 소성평형상태를 **수동상태**라 한다.

수동상태

정지토압

정지토압 [그림 1의 (c)] : 벽체가 전혀 움직임이 없이 정지해 있을 때, 흙이 벽체를 누르는 힘을 **정지토압**이라 한다.

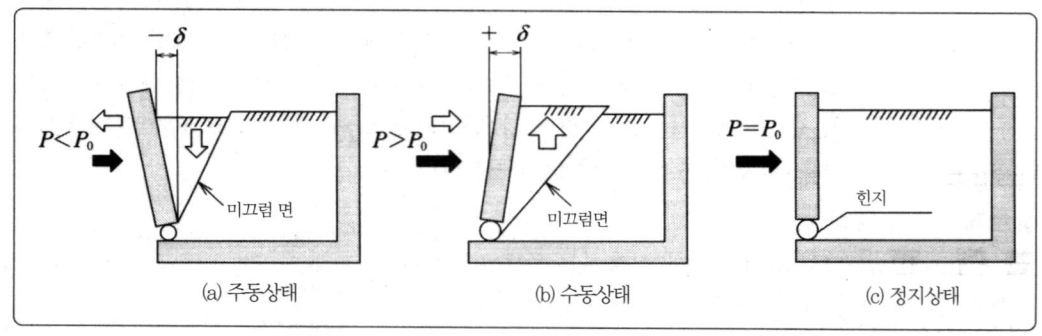

그림 1

■ 관련지식

▶ 벽체의 움직임과 토압의 변화

그림 2는 벽체에 움직임이 있었을 때의 토압의 변화를 그래프로 나타낸 것으로, 벽을 누르는 힘 P와 벽의 수평변위량 δ의 관계를 나타낸다.

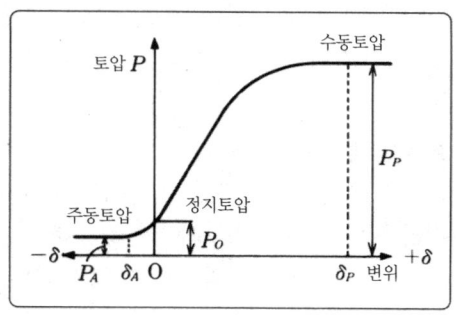

그림 2

3. 쿨롱의 토압론(흙쐐기 이론)

□ 포인트

▶ 흙쐐기 이론

옹벽 등의 설계에 이용하는 주동토압의 산정은 흙 쐐기의 균형 조건(극한 평형 조건)으로 이동된다. 벽체가 앞쪽으로 움직일 때, 뒷면의 쐐기형 흙덩이 부분이 아랫방향으로 눌려서 미끄럼이 발생한다. 이때 힘의 균형에서 벽체에 작용하는 힘(주동토압)을 구하는 것이 가능하다. 이 쐐기 이론에서 얻을 수 있는 주동토압을 **쿨롱의 주동토압**이라 한다.

쿨롱의 주동토압

■ 해설

그림 1에서 쐐기토괴 ABC에 작용하는 힘은 쐐기토괴 자체의 무게 W, 벽면에서의 반력 P, 미끄럼면 AC의 반력 R의 세 가지이다. 그러므로 같은 그림 1의 (b) 힘의 다각형에서 사인 정리를 이용하면

$$\frac{P}{\sin(\omega-\phi)} = \frac{W}{\sin\{90°-(\omega-\phi-\delta-\alpha)\}}$$

$$P = \frac{W\sin(\omega-\phi)}{\sin\{90°-(\omega-\phi-\delta-\alpha)\}}$$

가 얻어진다. 그러나 쐐기토괴 ABC의 중량은

$$W = \frac{1}{2}\gamma H^2 \frac{\cos(\omega-\alpha)\cos(\alpha-\beta)}{\cos^2\alpha\sin(\omega-\beta)}$$

으로 얻어지므로, 위 식에 W를 대입하여 토압 P는 식 (1)을 통해 얻어진다.

$$P = \frac{1}{2}\gamma H^2 \frac{\sin(\omega-\phi)\cos(\omega-\alpha)\cos(\alpha-\beta)}{\cos^2\alpha\cos(\omega-\phi-\delta-\alpha)\sin(\omega-\beta)} \quad \cdots\cdots(1)$$

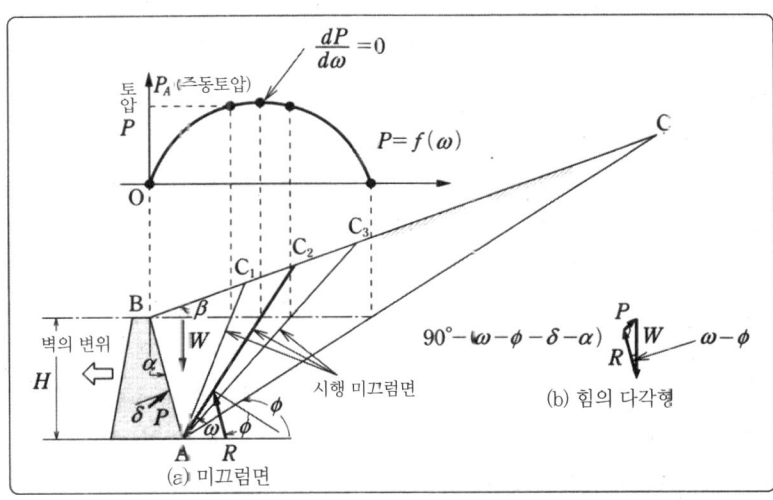

그림 1 시행쐐기법에 의한 주동토압

4. 시행 쐐기법과 쿨롱의 주동토압

□ **포인트**

쿨롱의 주동토압

앞단원의 식 (1)에서 토괴의 중량 W, 토압 P는 미끄럼면의 각도 ω의 값에 따라 변화하며, ω와 P의 관계는 앞의 그림 1과 같은 볼록한 형태의 곡선이 된다. P에 최대값을 주는 ω가 미끄럼이 가장 일어나기 쉬운 미끄럼면의 각도이며, 이때의 토압을 **쿨롱의 주동토압** P_A이라 한다.

■ **해설**

▶ P의 최대값 P_A를 구하는 방법

도해법 : 쿨만법, 퐁슬레의 방법 등이 있지만, 컴퓨터의 발달로 오늘날에는 사용되고 있지 않다.

시행 쐐기법

시행 쐐기법 : 미끄럼면 ω을 여러 가지로 변화시켜서, 시행 착오로 수치계산을 컴퓨터로 하여 P_A를 구하는 방법이다. 더불어 옹벽 배면이 일정하지 않으므로 **개량 시행 쐐기법**이 개발되고 있다.

개량 시행 쐐기법

주동토압

해석법 : 이전 식 (1)을 ω로 미분하여 $dP/d\omega=0$의 조건으로 최대값을 구하고, **주동토압** P_A을 얻는 방법으로, 이것을 쿨롱의 주동토압이라 한다.

$$P_A = (1/2)\gamma H^2 K_A \ [\text{kN/m}] \quad \cdots\cdots(1)$$

$$K_A = \frac{\cos^2(\phi-\alpha)}{\cos^2\alpha \cos(\alpha+\delta)\left\{1+\sqrt{\frac{\sin(\phi+\delta)\sin(\phi-\beta)}{\cos(\alpha-\delta)\cos(\alpha-\beta)}}\right\}^2}$$

여기서, γ : 배면토의 단위체적중량 [kN/m³]

　　　　H : 옹벽의 높이 [m]

　　　　K_A : 주동토압계수

　　　　α : 옹벽 배면과 연직면이 이루는 각

　　　　δ : 옹벽과 배면토와의 마찰각

　　　　ϕ : 배면토의 전단저항각

　　　　ω : 가정한 미끄럼면이 수평과 이루는 각

　　　　β : 배면토의 경사

주동토압계수

이때, $\alpha=0$, $\beta=0$, $\delta=0$라고 하면, 토압은 옹벽 배면에 직각으로 작용하는 것이 되며, **주동토압계수** K_A는 식 (2)가 된다.

$$K_A = \tan^2(45°-\phi/2) \quad \cdots\cdots(2)$$

[주의] 쿨롱의 주동토압은 모래와 같은 점착력이 없는 흙에 적용되어야 하므로 점성토에 대한 토압의 산정에서는 식 (1), (2)를 수정하여 이용한다. 또한, 토압의 합력의 작용 위치는 옹벽 하단에서 1/3 지점에서 작용한다.

5. 쿨롱의 수동토압

□ 포인트

수동 상태에서는 그림 1을 통해 알 수 있듯이 벽체 배면의 쐐기토괴를 밀어올리기 때문에 벽면의 힘 P, AC면의 반력 R의 경사는 주동상태의 경우와 반대가 된다.

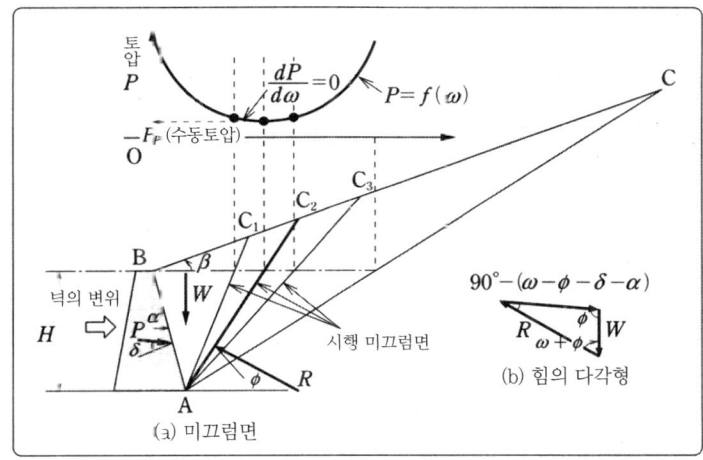

그림 1 쿨롱의 수동토압

■ 해설

수동토압

미끄럼각 ω를 변화시켜 P의 최소값을 구하면 **수동토압** P_P가 식 (1)로 얻어진다.

$$P_P = (1/2)\gamma H^2 K_P \ [\mathrm{kN/m}] \quad \cdots\cdots(1)$$

$$K_P = \frac{\cos^2(\phi+\alpha)}{\cos^2\alpha \cos(\alpha-\delta)\left\{1+\sqrt{\dfrac{\sin(\phi+\delta)\sin(\phi+\beta)}{\cos(\alpha-\delta)\cos(\alpha-\beta)}}\right\}^2}$$

수동토압계수

여기서, K_P : 수동토압계수

이때, $\alpha=0, \beta=0, \delta=0$으로 하면 토압은 옹벽 배면에 직각으로 작용하게 되어 수동토압계수 K_P는 식 (2)가 된다.

$$K_P = \tan^2(45°+\phi/2) \quad \cdots\cdots(2)$$

[주의] 흙의 점착력 c를 고려한 쿨롱의 주동토압

흙이 미끄럼면을 따라서 미끄러질 때 점착력 c, 전단저항각 ϕ에 따라 저항하기 때문에 이 점착력 c에서 저항하는 만큼 토압은 감소한다. 그러나 빗물이 흙 안으로 침투하면 이 점착력 c는 저하되고, 시공 중 흙의 흐트러짐에 의해서도 점착력은 감소하므로 **도로 토공지침**에서는 $c=0$으로 하고 있다.

도로 토공지침

6. 옹벽에 작용하는 토압

□ 포인트

▶ 옹벽에 작용하는 토압의 방식

일반적으로 옹벽은 완전하게 고정되어 있지 않기 때문에 토압을 받으면 흙으로부터 떨어지는 방향으로 변위한다. 그러므로 옹벽에 작용하는 토압은 주동토압이 된다. 또한, 옹벽은 벽체에 배수 구멍을 설치해 벽체 배면의 배수를 좋게 하여 수압의 감소를 도모하고 있으므로 수압을 고려하지 않고 설계한다.

■ 해설

▶ 지표면에 등분포하중이 있는 경우의 토압

그림 1 처럼 벽면의 기울기 θ, 지표면의 기울기 β, 지표면의 등분포하중 q 가 재하된 경우, 토압은 재하중을 흙의 높이로 환산하여 계산한다.

즉, 다음 식에서 나타난 만큼 토압이 지표면 상에 놓여진 것으로, 높이 H 구간에서 사다리꼴 부분의 토압을 계산한다.

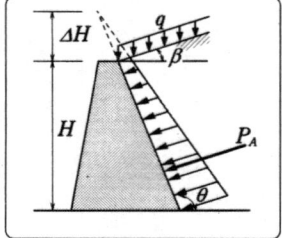

그림 1 재하중이 있는 경우의 쿨롱의 토압

$$\Delta H = \frac{q}{\gamma} \cdot \frac{\sin \theta}{\sin(\theta-\beta)} \quad \cdots\cdots (1)$$

그러므로, 주동토압은 그림 1에 따라 식 (2)를 구할 수 있다.

$$P_A = \frac{1}{2}\gamma(H+\Delta H)^2 K_A - \frac{1}{2}\gamma(\Delta H)^2 K_A$$

$$= \frac{1}{2}\gamma H^2 K_A + qH\frac{\sin \theta}{\sin(\theta-\beta)} K_A \ (\text{kN/m}) \quad \cdots\cdots (2)$$

이때, 옹벽 배면이 연직 $\theta=90°$, 지표면이 수평 $\beta=0$인 것으로 하면 $\sin \theta/\sin(\theta-\beta)=1$, 따라서 $\Delta H=q/\gamma$가 되며, 식 (3)이 얻어진다.

$$P_A = \frac{1}{2}\gamma H^2 K_A + qHK_A \ (\text{kN/m}) \quad \cdots\cdots (3)$$

토압의 작용 위치는 사다리꼴 부분의 도심을 구하면 얻어진다.

■ 관련지식

랭크 토압

▶ 랭킨 토압

랭킨 토압은 극한 상태인 응력의 균형에서 모어의 응력원을 이용하여 구한다. 그러나 **랭킨 토압**을 적용 가능한 것은 벽면이 연직인 경우에 한하며, 벽면과 배면토와의 마찰이 고려되지 않는 점 등의 결함이 있으므로, 실무에서는 쿨롱의 토압이 많이 이용되고 있다.

1. 기초의 종류와 접지압

□ 포인트

상부 구조물로부터의 하중은 기초를 통하여 지반으로 전달되며, 최종적으로는 지반에 의해 구조물이 지탱되고 있다.

옛부터 사상누각이라는 말이 있듯이 지반이 견고하지 않으면 멋진 구조물도 순식간에 무너질 수 있다. 기초는 본래 상부 구조의 하중을 신속히 지반에 전달하는 목적을 가지고 있으며, 구조물의 바닥 부분과 그 접하는 지반을 포함하여 기초라고 부르고 있다.

■ 해설

▶ 얕은 기초와 깊은 기초

얕은 기초
깊은 기초

기초는 상부 구조물의 하중을 지반에 원활하게 전달하는 역할을 한다. 기초에는 **얕은 기초와 깊은 기초**로 구분하고, 기초폭 B와 뿌리깊이 D_f의 관계가 $B \geq D_f$일 경우에는 얕은 기초라고 한다(그림 1). 또한 지반이 연약한 경우나 집중적으로 하중이 실리는 경우에는 말뚝 기초 혹은 피어 기초라고 하며 깊은 기초를 적용할 때가 많다. 그림 2에 여러 가지 기초의 종류를 나타내었다.

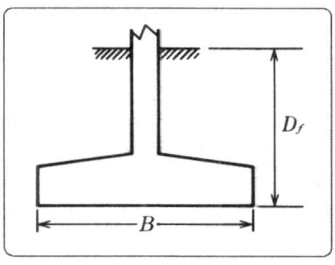

그림 1 얕은 기초($B \leq D_f$일 경우)

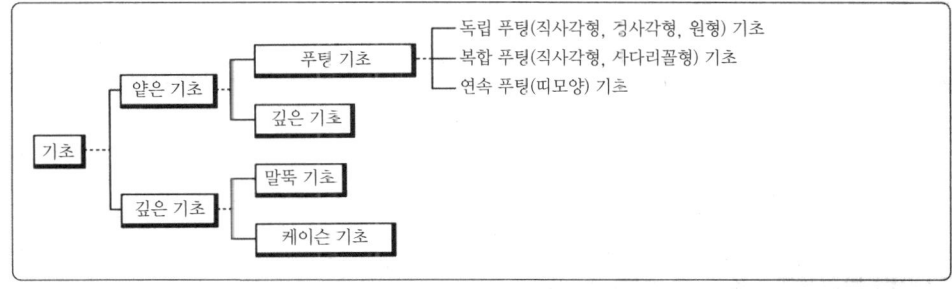

그림 2 기초의 형상과 종류

▶ 기초의 만족 조건

기초를 설계할 경우, 다음 두 가지를 만족하도록 해야 한다.

① 지반의 지지력이 충분하며, 기초가 지반에 안전하게 지탱될 것
② 기초의 침하량이 구조물에 악영향을 주지 않을 것

■ 관련지식

▶ 기초의 접지압과 지반반력

접지압
지반반력
굴곡성 기초
강성 기초

기초물의 하중이 기초에서 지반에 전해질 때, 기초가 지반에 미치는 압력을 **접지압**이라 한다. 이 접지압을 지반에서 기초 밑면에 작용하는 반력(反力)으로 볼 때 **지반반력**이라 한다.

접지압의 분포는 **굴곡성 기초**(기초가 얇아서 휘기 쉬움)이거나, **강성 기초**(기초의 강성이 커서 휘지 않음)인지에 따라 달라진다. 그 형상은 그림 3과 같다.

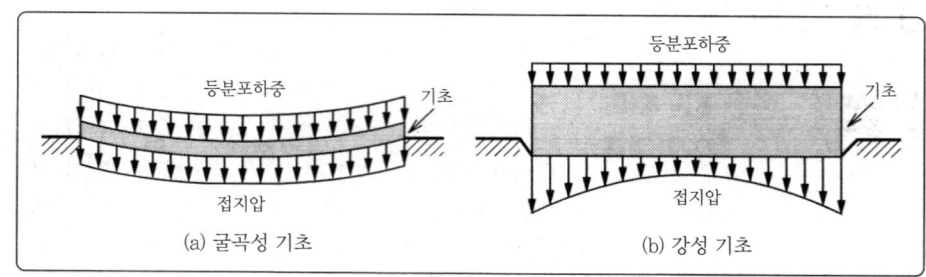

그림 3 점토지반에서의 접지압 분포

□ 포인트

▶ 말뚝 기초

말뚝 기초

단일 말뚝
군말뚝
지지 말뚝
마찰 말뚝

얕은 기초에는 말뚝 기초 혹은 케이슨 기초가 있으며, 보편적으로 이용되는 것은 말뚝 기초이다.

말뚝 기초는 얕은 곳에 양호한 지층이 없을 경우 이용된다. 지지력이나 변형에서 인접한 말뚝의 영향을 받지 않는 것을 **단일 말뚝**이라 하고, 서로 영향을 주는 말뚝의 집단을 **군말뚝**이라 한다.

또한, 말뚝 기초는 하중의 지지 방법에 따라 **지지 말뚝**과 **마찰 말뚝**이 있다. 지지 말뚝은 연약한 지지층을 관통하여 하부 $N \geq 30$ 정도의 지지층에 말뚝 선단을 관입시켜 지지시킨다.

마찰 말뚝은 지반과 말뚝의 주면 마찰력에 의해 상부 구조물의 하중을 지탱하는 말뚝이다.

■ 관련지식

▶ 부의 주면 마찰력

부의 주면 마찰력

압밀침하하는 지반에서는 부(負)의 주면 마찰력이 작용하여 아랫방향으로 힘이 가해지는 말뚝을 파괴하는 경우가 있으며, 말뚝 주면에 약제를 도포하는 등의 대책을 시행하기도 한다.

2. 지반의 파괴와 지지력

□ 포인트

지지력
극한 지지력
허용 지지력

▶ 하중-침하 곡선

    지반에 가해지는 하중을 지반이 파괴되는 일 없이 지탱할 수 있는 능력을 **지지력**이라 하며, 지반이 지지할 수 있는 최대의 하중을 **극한 지지력**이라 한다. 이 극한 지지력을 적당한 안전율로 나눈 값을 **허용 지지력**이라 한다.

■ 해설

    지반이 하중을 받아서 파괴에 이르려면 그림 1을 통해 알 수 있듯이 두 가지 경우가 있다.

전반 전단 파괴

1 전반 전단 파괴
    지반이 치밀하고 단단할 때 발생하는 파괴로, 파괴에 이르기까지의 침하는 작고 급격하게 파괴된다.

국부 전단 파괴

2 국부 전단 파괴
    지반이 묽고 부드러운 상태일 때 발생하는 파괴로, 침하는 크고 서서히 파괴된다.

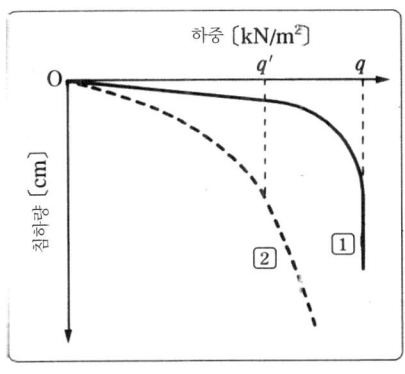

그림 1 하중-침하량 곡선의 형상

■ 관련지식

▶ 즉시 침하와 압밀 침하

즉시 침하

압밀 침하

    하중이 가해지면 지반은 국부적으로 항복하고, 침하가 진행된다. 이 침하는 하중재하 직후에 생기므로 **즉시 침하**라고 한다. 그림 1의 침하량은 즉시 침하를 나타내고 있다. 또한, 이 후 장시간에 걸쳐 간극수를 배출하면서 **압밀 침하**는 계속 진행된다. 이러한 기초의 침하량은 즉시 침하량과 압밀 침하량의 합을 말한다.

3. 허용 침하량과 허용 지내력

□ 포인트
허용 침하량
허용 지내력
부동 침하

▶ 허용 침하량과 허용 지내력

기초에 생기는 침하가 일정하게 일어나는 경우, 일반적으로 상부 구조물 자체에는 문제가 적다. 침하량이 기초의 각 위치에 따라서 달라지는 **부동 침하**가 있으면, 상부 구조물에 편중된 응력이 발생하여 균열이나 파괴가 생길 수 있다.

■ 해설
즉시 침하량
압밀 침하량
허용 침하량

기초 설계에서는 기초에 생기는 **전침하량(즉시 침하량+압밀 침하량)**을 가능한 한 적게 하고, 유해한 부동 침하를 막도록 설계한다. 구조물에 대한 장해를 주지 않는 한도 내의 침하량을 **허용 침하량**이라 한다. 표 1~2에 건축기초구조설계지침의 기준을 나타내었다.

표 1 기초의 종류에 대한 허용 총 침하량(즉시 침하의 경우)

기초의 종류	독립 푸팅 기초	연속 푸팅 기초	베타 기초
표준값[cm]	2.0	2.5	3.0~(4.0)
최대값[cm]	3.0	4.0	6.0~(8.0)

( ) 안은 기초보의 높이가 큰 경우나 2중 슬래브 등으로 충분히 강성이 큰 경우(일본건축학회 「건축기초구조설계지침」에서)

표 2 기초의 종류에 대한 허용 최대 침하량(압밀 침하의 경우)

기초의 종류	독립 푸팅 기초	연속 푸팅 기초	짙은 기초
표준값[cm]	5	10	10~(15)
최대값[cm]	10	20	20~(30)

( ) 안은 기초보의 높이가 큰 경우 혹은 2종 슬래브 등으로 충분히 강성이 큰 경우(일본건축학회 「건축기초구조설계지침」에서)

▶ 허용 지내력의 결정

허용 지내력

기초 설계에서는 재하중이 허용 지지력의 범위 내에 있도록 하고, 이 재하중에 의한 침하량이 허용 침하량 이하인지 아닌지를 체크한다. 이 허용 지지력과 허용 침하량의 양쪽을 만족하는 지지력(**허용 지내력**)을 결정할 필요가 있다. 그림 1은 그 관계를 나타낸 것이다.

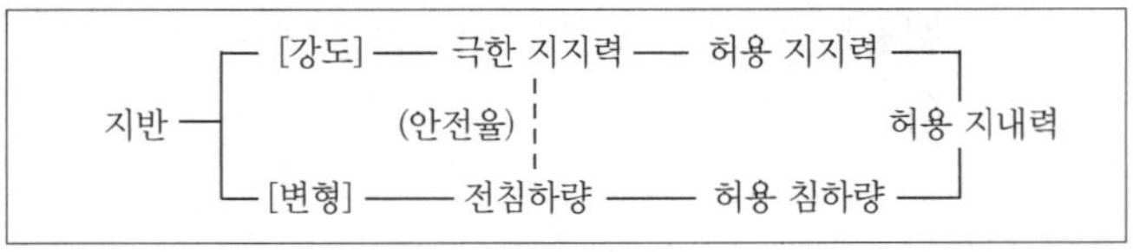

```
         ┌─[강도]── 극한 지지력 ── 허용 지지력 ─┐
지반 ──┤    (안전율)│                         ├ 허용 지내력
         └─[변형]── 전침하량  ── 허용 침하량 ─┘
```

그림 1

4. 얕은 기초의 지지력

□ 포인트

▶ 테르자기의 지지력 산정 방식

지반에 하중이 가해지면 하중의 증가와 함께 기초는 침하한다. 이 침하에 의하여 지반이 압축되며, 그림 1과 같이 흙쐐기 abc가 형성된다. 게다가 하중을 증가시키면 흙쐐기 abc는 지반에 짓눌린 주변의 토괴를 앞으로 밀어내어, 그 선단 c에 미끄럼면이 발생한다. 그리고 점점 미끄럼면이 성장하여, 최후에는 지표면에 도달하고, 이와 같이 지반은 하중의 증가와 함께 점차 파괴되어 간다.

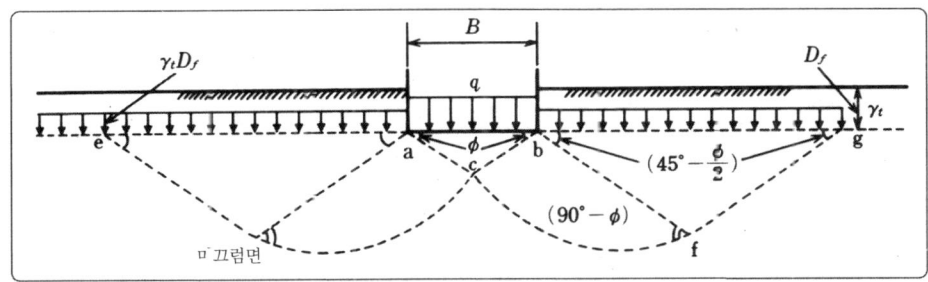

그림 1 얕은 기초의 지반 내에 소성 평형의 상태

테르자기는 기초 긑면이 완전히 거칠어서, 지반이 완전히 파괴되려고 하는 상태(소성 평형 상태)에 있을 때의 띠모양으로 연속된 얕은 기초의 **극한 지지력** q를 추구하고 있다.

극한 지지력

■ 해설

▶ 일반화된 지지력 산정식(수정 테르자기식)

건축기초구조설계지침에서는 다음 ①, ②의 관점에서 테르자기식을 수정한 식 (1)을 제안하여 실용에 널리 쓰이고 있다.

① 기초에는 여러 가지 형상이 있기 때문에 이것을 참고로 하여 형상계수(표 1)를 도입한다.

② 지지력계수(N_c, N_q, N_γ)의 결정은 전반 전단 파괴와 국부 전단 파괴로 나누어서 결정하는 것이 곤란하다. 따라서 전단저항각이 작을 때에는 국부 전단 파괴의 지지력계수를 이용하고, 전단저항각이 커짐에 따라서 전반 전단 파괴의 지지력계수에 근접해지는 방법을 선택한다.

$$q = \alpha c N_c + \gamma_{t1} D_f N_q + \beta \gamma_{t2} B N_\gamma \quad \cdots\cdots(1)$$

여기서

c : 기초 밑면보다 아래에 있는 흙의 점착력 [kN/m²]

γ_t : 기초 밑면보다 위에 있는 흙의 단위체적중량 [kN/m³]

γ_{t2} : 기초 밑면보다 아래에 있는 흙의 단위체적중량 [kN/m³]

(γ_{t1}, γ_{t2}은 지하수위 이하일 경우는 수중 단위체적중량을 사용한다.)

B : 기초 밑면의 최소폭 [m]

D_f : 기초의 뿌리 깊이 [m]

α, β : 기초 밑면의 형상에 의하여 결정되는 계수 (표 1)

N_c, N_q, N_γ : 지지력계수(표 2)

표 1 기초 밑면의 형상에 의해 결정되는 형상계수

형상계수	기초 밑면의 형상	연통	정사각형	직사각형	연통
α		1.0	1.3	$1.0 + 0.3\dfrac{B}{L}$	1.3
β		0.5	0.4	$0.5 - 0.1\dfrac{B}{L}$	0.3

B : 직사각형에서 짧은 변의 길이, L : 직사각형에서 긴 변의 길이
(일본건축학회 「건축기초구조설계지침」에서)

표 2 지지력계수($N_q^* = N_q + 2$)

ϕ	N_c	N_γ	N_q	N_q^*
0°	5.3	0	1.0	3.0
5°	5.3	0	1.4	3.4
10°	5.3	0	1.9	3.9
15°	6.5	1.2	2.7	4.7
20°	7.9	2.0	3.9	5.9
25°	9.9	3.3	5.6	7.6
28°	11.4	4.4	7.1	9.1
32°	20.9	10.6	14.1	16.1
36°	42.2	30.5	31.6	33.6
40° 이상	95.7	114.0	81.2	83.2

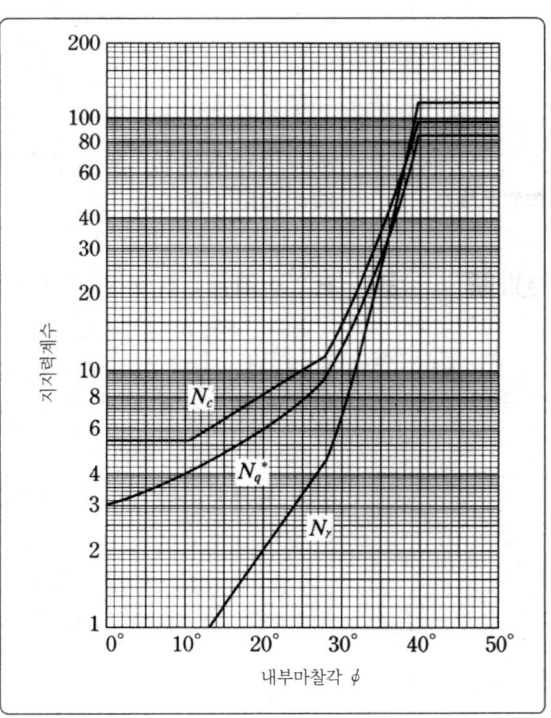

그림 2 설계용 지지력계수
('건축기초구조설계지침'에서)

8 흙의 지지력

■ 관련사항 ▶ 허용 지지력의 산정

허용 지지력의 산정은 극한 지지력 q를 적당한 안전율(평상시 3, 지진시 2)로 나누어 구한다. 그러나 흙덮이압 $\gamma_{t1}D_f$는 누르는 하중으로서 유효하게 작용하므로 안전율로 나눌 필요가 없다. 그러므로 허용 지지력 q_a는 식 (2)로 구한다.

$$q_a = \frac{1}{3}\{\alpha c N_c + \gamma_{t1} D_f (N_q+2) + \beta \gamma_{t2} B N_\gamma\} \quad \cdots\cdots(2)$$

❖ 예제

그림 3에 나타낸 지반 조건을 기초로 한 변이 3m인 기초 허용 지지력을 구하라.

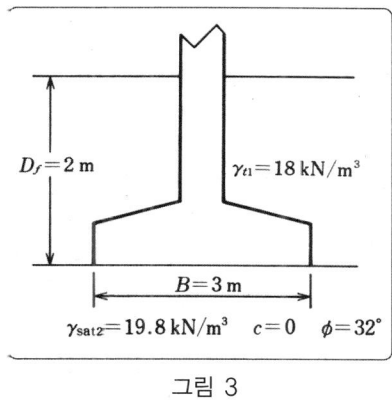

그림 3

답

표 1에서 $\alpha=1.3$, $\beta=0.5$
표 2에서 $\phi=32°$인 경우
$\quad N_c = 20.9, \quad N_\gamma = 10.6, \quad N_q+2 = 16.1, \quad D_f = 2, \quad B = 3, \quad c = 0$
$\quad \gamma_{t2} = 19.8 - 9.8 = 10.0 \text{ kN/m}^3$

를 식 (2)에 대입하면 다음과 같이 된다.

$$q_a = \frac{1}{3}\{\alpha c N_c + \gamma_{t1} D_f (N_q+2) + \beta \gamma_{t2} B N_\gamma\}$$

$$= \frac{1}{3}(1.3 \times 0 \times 20.9 + 18 \times 2 \times 16.1 + 0.4 \times 10 \times 3 \times 10.6)$$

$$= \frac{1}{3}(0 + 579.6 + 127.2)$$

$$= 235.6 \text{ [kN/m}^2\text{]}$$

5. 말뚝 기초의 지지력

□ 포인트

▶ 말뚝의 정역학적 지지력 공식

깊은 기초에는 말뚝 기초나 케이슨 기초 등이 있으며, 가장 잘 이용되고 있는 것이 말뚝 기초이다. 1개의 말뚝이 지지할 수 있는 연직 방향의 한계의 하중을 말뚝의 **극한 지지력** Q_d이라 한다. 이 Q_d는 말뚝 선단 지반의 극한 지지력 Q_p와 말뚝 주면의 마찰력 Q_f의 합으로 구할 수 있다.

극한 지지력

$$Q_d = Q_p + Q_f = q_d A_p + \pi B f_s D_f \text{ (kN)} \quad \cdots\cdots(1)$$

여기서, q_d : 말뚝 선단 지반의 극한 지지력 [kN/m²]
A_p : 말뚝 선단의 면적 [m²]
B : 말뚝의 직경 [m]
f_s : 말뚝의 주면 마찰력 [kN/m²] (그림 1)
D_f : 지표면에서 말뚝 선단까지의 깊이 [m]

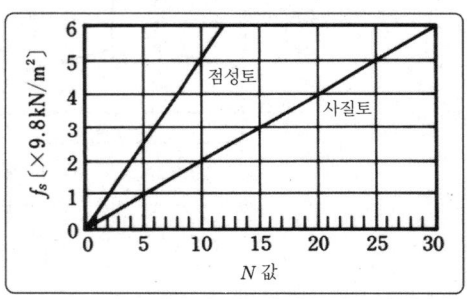

그림 1 N값과 토질에 의한 말뚝의
주면 마찰력 f_s의 관계

■ 해설

▶ 말뚝 선단 지반의 극한 지지력 Q_p의 산정

말뚝 선단 지반의 극한 지지력 산정 Q_p는 테르자기의 얕은 기초의 지지력 산정식을 원형 단면의 말뚝에 적용하여 구한다.

$$Q_p = (1.3 c N_c + \gamma_{t1} D_f N_q + 0.3 \gamma_{t2} B N_\gamma) A_p \text{ (kN)} \quad \cdots\cdots(2)$$

여기서, c : 말뚝 선단의 지반 점착력 [kN/m²]
γ_{t1} : 말뚝 선단보다 위에 있는 흙의 단위체적중량 [kN/m³]
γ_{t2} : 말뚝 선단보다 밑에 있는 흙의 단위체적중량 [kN/m³]
(γ_{t1}, γ_{t2}는 지하수위 이하일 경우에는 수중 단위체적중량을 사용한다.)
N_c, N_q, N_γ : 말뚝 선단 지반의 지지력계수
A_q : 말뚝 선단의 면적 [m²]

1. 사면의 파괴 형식과 미끄럼면의 형상

□ 포인트

자연의 사면이나 인공의 사면에서는 강우로 인한 침투, 지진 등의 외적인 영향으로 종종 미끄럼면이 생겨 큰 재해가 되는 경우도 있다. 사면의 안정은 특히 흙의 전단강도와 관계가 있으며 흙의 점착력 c, 전단저항각 ϕ 등의 충분한 조사가 필요하다.

■ 해설

사면 파괴

▶ 사면 파괴의 세 가지 타입

자연 사면이나 인공 사면에서 토괴는 높은 곳에서 낮은 곳으로 미끄러져 내려온다. 즉, **사면 파괴 제 1의 요인은 중력의 작용**이다. 또한, 지하수나 강우의 침투에 의한 침투력, 지진의 작용에 의한 관성력이 사면 파괴의 원인이 되고 있다.

미끄럼면의 형상은 무한하게 펼쳐진 넓은 사면에서 가늘고 긴 평판 모양이 되지만, 유한한 길이의 사면에서는 원호 모양이 되는 경우가 많다.

사면의 파괴는, 미끄럼면에서 생기는 위치에 따라서 다음의 세 가지 타입으로 분류되고 있다 (그림 1).

사면선 파괴

① **사면선 파괴** : 미끄럼면의 선단이 사면 앞을 지나는 파괴로, 경사가 비교적 급한 사면에 많다.

저부 파괴

② **저부 파괴** : 미끄럼면의 선단이 사면 앞에서 떨어져 있는 지표면에 나타난다. 또한, 미끄럼면은 단단한 지층에 접하고 있으며, 사면의 경사가 비교적 완만한 점성토층에 많다.

사면 내 파괴

③ **사면 내 파괴** : 미끄럼면의 선단이 사면의 중간면에 나타난다. 단단한 지층이 비교적 얕고, 연약한 점성토층의 경우에 많다.

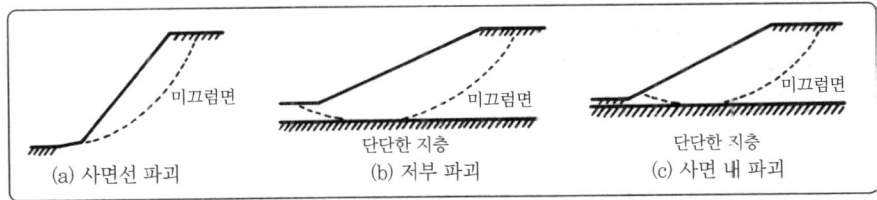

그림 1 사면 파괴의 종류

■ 관련지식

안식각

사면은 안식각이 될 때까지 붕괴한다. 안식각이란 건조한 모래를 자유낙하시킬 때 모래의 원추모양 산의 균배를 말한다. 이와 같이 안정된 균배를 **안식각**이라 부른다.

2. 미끄럼면이 직선인 경우의 사면 안정 공법의 방식

□ **포인트**
무한길이 사면

그림 1과 같이 직선의 사면(무한길이 사면)에서는 미끄럼면이 지표면에 병행하고 있다.

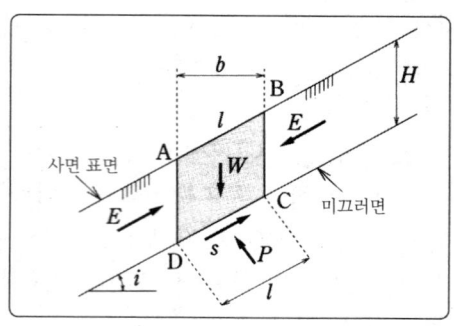

그림 1 무한 길이의 직선 사면

■ **해설**

안전율

이 미끄럼면보다 위의 토괴에 의해서 미끄럼면에 발생하는 전단응력 τ(미끄럼면을 일으키려는 힘)와, 전단강도 s(미끄럼에 저항하는 힘)를 비교하여 안전율을 구한다. 즉, 안전율은 식 (1)에서 정의한다.

$$F_s = \Sigma s / \Sigma \tau \qquad \cdots\cdots(1)$$

그림 1의 흙 ABCD에서 힘의 균형을 생각해 보면 미끄러지는 방향의 힘의 균형으로부터

$$s = W \sin i$$

미끄럼면에 직각 방향의 힘의 균형으로부터

$$\sigma = W \cos i$$

이것들을 파괴 조건식(쿨롱의 파괴 기준)에 적용하여

$$F_s = \frac{(W \cos i) \tan \phi + cl}{W \sin i}$$

$W = \gamma bH$, $b = l \cos i$를 위의 식에 대입하면 식 (2)가 얻어진다.

$$F_s = \frac{\tan \phi}{\tan i} + \frac{c}{\gamma H} \cdot \frac{1}{\cos i \sin i} \qquad \cdots\cdots(2)$$

특별한 경우로서, $c = 0$으로 하면 식 (3)이 얻어진다.

$$F_s = \tan \phi / \tan i \qquad \cdots\cdots(3)$$

이때, 안전율 F_s를 1로 하면 $\phi = i$가 되며, 미끄럼면 각도 i와 흙의 전단저항각 ϕ가 같을 때, 미끄러짐이 발생하는 것을 알 수 있다.

또한, 식 (2)에서 구한 안전율은, 전단저항각 ϕ에 의한 저항과 점착력 c에 따라 저항의 두 가지 부분으로 성립된다.

3. 원호슬립일 경우의 사면 안정 공법의 방식

□ 포인트 미끄럼면이 원호일 경우의 안전율은 그림 1과 같이 미끄럼 원호의 중심 O에 대한 미끄럼을 일으키려는 힘의 모멘트의 총합 $d\Sigma W$와 미끄럼에 저항하는 힘의 모멘트의 총합 $R\Sigma s$는 식 (1)에 의해 구할 수 있다.

$$F_s = \frac{R\Sigma s}{d\Sigma W} \quad \cdots\cdots(1)$$

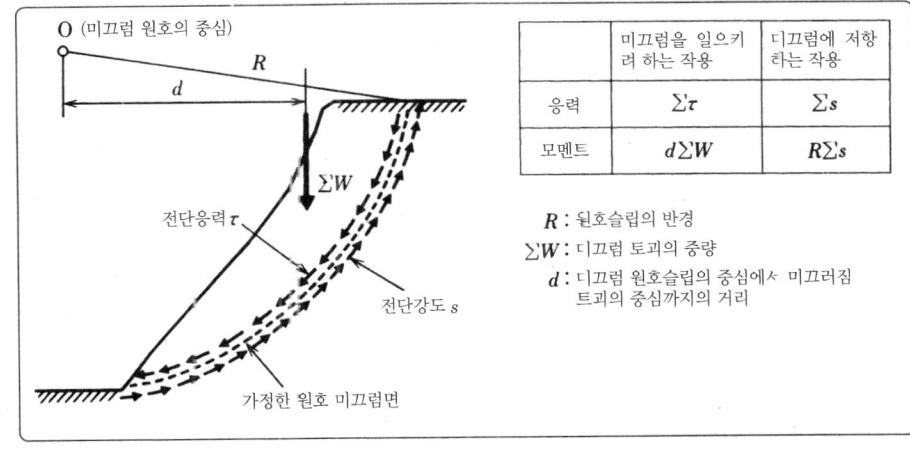

그림 1 사면 안정 공법의 방식

■ 해설 식 (1)의 안전율을 계산하는 방법에는 미끄러짐 토괴를 몇 거의 띠모양으로 분할하여 계산하는 분할법이 있다. 또한, 그림과 표를 이용하는 방법도 있지만, 이 책에서는 생략하였다.

■ 관련지식 사면의 안정 해석이란 몇 개의 미끄럼면을 가정하고 최소의 안전율을 가진 면(임계원)을 찾고 그 안전율을 평가하는 작업을 말한다. 어스 댐이나 록필댐의 안전율은 1.2~1.3 이상, 산사태 대책에는 1.05~1.2의 범위를 잡는 경우가 많다.

산지나 구릉 등의 자연 사면도 중력의 작용으로 종종 붕괴된다. 이것을 '산사태', '벼랑의 붕괴'라고도 하는데, 원호슬립을 일으켜 붕괴될 때가 많고, 제4장에서는 그 해석법을 설명한다.

4. 분할법에 의한 원호슬립의 해석법

□ **포인트**

유한 사면에서 미끄럼면은 원호 모양이 되는 경우가 많으며, 이 경우 미끄럼 토괴를 띠 모양으로 분할하는 해석법(분할법)을 이용하고 있다.

■ **해설**

그림 1과 같이 한 가지의 분할 부분을 취해 힘의 균형으로부터
미끄럼면에 직각으로 작용하는 응력 : $\sigma = W\cos\alpha/l$
미끄럼면을 일으키는 응력 : $\tau = W\sin\alpha/l$
미끄럼면에 작용하는 전단강도는 쿨롱의 파괴 기준에서
$$s = c + \sigma\tan\phi = c + (W\cos\alpha/l)\tan\phi$$
이것을 미끄럼면 전체에 걸쳐 합산하여 안전율을 구하면 식 (1)을 얻는다. 단, $W=\gamma_t A$에서 γ_t는 지하수면 이하에서는 수중단위체적중량 γ'를 이용한다.

$$F_s = \frac{\Sigma sl}{\Sigma \tau l} = \frac{\Sigma(cl + W\cos\alpha\tan\phi)}{\Sigma W\sin\alpha} \qquad \cdots\cdots(1)$$

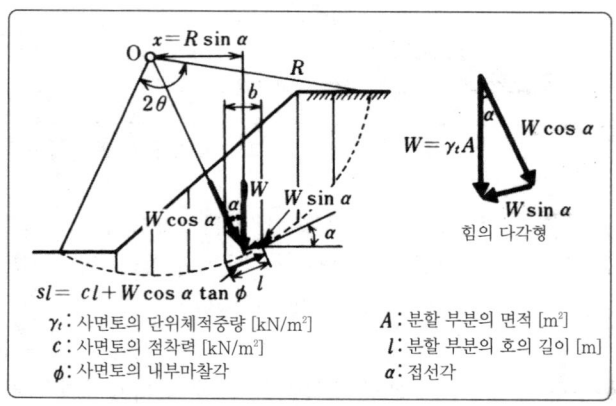

그림 1 분할법에 의한 사면의 안정 계산

■ **관련지식**

▶ 간극 수압을 고려한 경우

간극 수압 U가 발생하고 이 간극 수압으로 흙의 전단강도가 감소하는 경우 이것을 고려해 안전율을 구하는 경우가 있다. 흙의 전단강도는 제6장 제2절의 식 (2)에 표현된 것으로부터 안전율 F_s는 식 (2)가 된다.

$$F_s = \Sigma sl/\Sigma\tau l = \Sigma\{c'l + (W\cos\alpha - U)\tan\phi'\}/\Sigma W\sin\alpha \quad (2)$$

단, c', ϕ'는 유효 응력 표시에 의한 흙의 점착력 및 흙의 전단저항각이며, U는 각 슬라이스의 간극 수압($U=uL$)이다.

[표] 토질재료의 공학적 분류체계

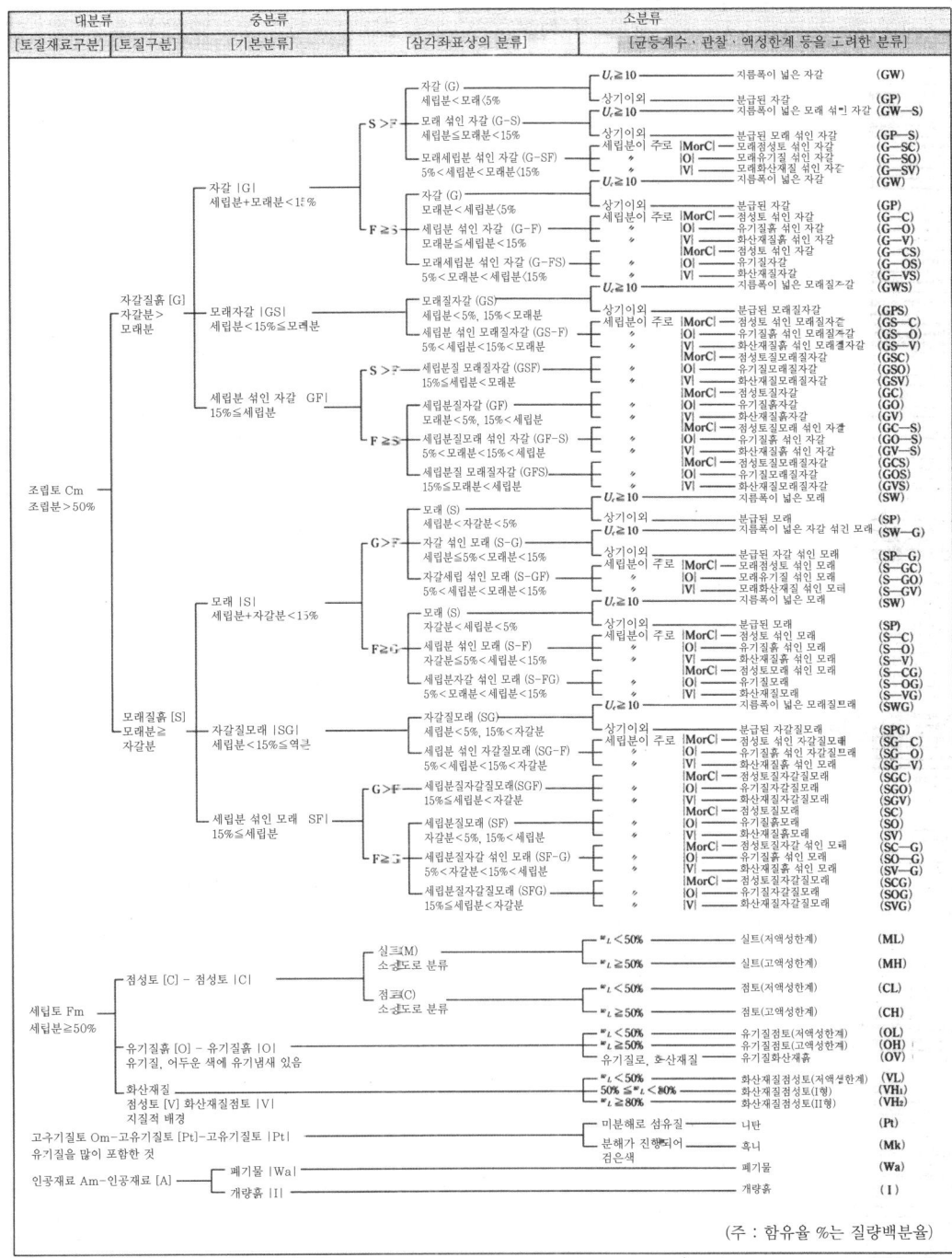

인용·참고문헌

제2장 제1절

- 表 1, 表 2, 表 3 の引用文献
  土質実験指導書編集小委員会：土質試験のてびき，p.19, 23, 50, 土木学会, 1992 年

제2장 제2절

- 図 2 の引用文献
  近畿高校土木会 編：考え方解き方 土質力学，p.33, オーム社, 1992 年
- 付図の引用文献
  海野隆哉, 軽部大蔵：学会基準の改正案「地盤材料の工学的分類方法(日本統一分類法)」, 土と基礎, Vol.43, No.7, pp.81～86, 1995 年

제2장 제3절

- 図 1 の引用文献
  久野悟郎：締固めと力学特性の相関, 土と基礎, Vol.22, No.4, pp.5～10, 1974 年
  または, 近畿高校土木会 編：考え方解き方 土質力学, p.46, オーム社, 1992 年

제3장 제2절

- 図 1, 図 2 の引用文献
  土質実験指導書編集小委員会：土質試験のてびき，pp.76～77, 土木学会, 1992 年
- 図 3 の引用文献
  土木工学全集編集委員会：土木工学全集第 5 巻 土質力学，p.49, 理工図書, 1990 年
- 表 2 の引用文献
  土質実験指導書編集小委員会：土質試験のてびき，p.81, 土木学会, 1992 年

제4장 제2절

- 図 1 の引用文献
  足立紀尚 編, 林田師照, 安川郁夫, 中野毅, 森本浩行：土質力学(旧文部省検定済教科書), p.71, 実教出版, 1995 年

제4장 제3절

- 図 2 の引用文献．
  田中修身：技術手帳 3(実務に役立つ土質工学用語の解説), pp.280～281, pp.305～306, 土質工学会, 1992 年

제5장 제1절

- 図 2 の引用文献
  足立紀尚 編, 林田師照, 安川郁夫, 中野毅, 森本浩行：土質力学(旧文部省検定済教科書), p.91, 実教出版, 1995 年
- 図 3 の引用文献
  近畿高校土木会 編：考え方解き方 土質力学, p.110, オーム社, 1992 年

제3편 참고문헌

1) 安川郁夫, 今西清志, 立石義孝：絵とき 土質力学, オーム社, 1998 年
2) 大西有三, 安川郁夫, 矢野隆夫：マイコンによる土質工学の学び方, オーム社, 1984 年
3) 近畿高校土木会 編, 考え方解き方 土質力学, オーム社, 1990 年
4) 三木五三郎 他：演習 土質力学, オーム社, 1987 年
5) 日本建築学会：建築基礎構造設計指針, 日本建築学会, 1988 年
6) 右城 猛：新道路土工指針による擁壁の設計と計算例, 理工図書, 1990 年
7) 右城 猛：擁壁の設計 Q&A, 理工図書, 1996 年
8) 日本道路協会：道路橋示方書同解説IV 下部構造編, 日本道路協会, 1990 年
9) 山口柏樹：土質力学（全改訂）, 技報堂出版, 1988 年
10) 松尾 稔：土圧, 鹿島出版会, 1976 年
11) 小橋澄治：斜面安定, 鹿島出版会, 1975 年
12) 土質工学会：斜面安定解析入門, 土質工学会, 1989 年
13) 土の試験実習書（第三回改訂版）編集委員会：土質試験 －基本と手引き－（第一回改訂版）, 地盤工学会, 2001 年

제4편

수리학

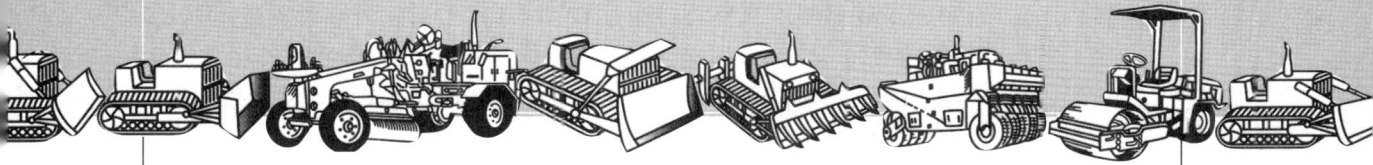

제1장 : 정수압
제2장 : 물의 운동
제3장 : 관수로
제4장 : 개수로
제5장 : 오리피스, 위어, 게이트

 수리학은 물의 정지 또는 운동 중의 성질을 조사하여 그것이 다른 곳에 미치는 영향을 연구하는 학문으로, 응용역학 중 물에 관한 역학을 취한 것이다.
 물(액체)이나 공기(기체) 등 유체의 성질을 정리해 보면 다음과 같다.
① 유체는 일정 형태를 가지지 않는다.
② 유체는 지극히 작은 전단력에 의해서도 연속적으로 한 없이 변형한다.
③ 인장력에 대해 유체는 저항하지 않는다.
④ 압축력을 가하면 액체는 압축되지 않지만 기체는 어느 정도 압축된다.
⑤ 액체는 자유 표(수)면을 가지지만 기체는 가지지 않는다.

4 수리학

1. 정수압의 성질

□ **포인트** 정수압 p는 물의 중력($w=\rho g$, 단 ρ : 물의 밀도, g : 중력 가속도)에 의해 생긴다. **정수압의 성질**은 다음과 같다.

1. 정수압은 면에 대해 수직으로 작용한다.
2. 한 점에서의 정수압은 모든 방향에 대해 동등하다.
3. 정수압 p는 수심 H에 비례한다. 따라서 동일 수평면 상의 정수압은 모두 같다.

$$\text{정수압} \quad p = \rho g H (= wH) \quad \cdots\cdots(1)$$
$$\text{수두(압력)} \quad H = p/\rho g (= p/w) \quad \cdots\cdots(2)$$

■ **해설**

▶ **게이지압, 절대압과 마노미터**

대기압 지구상의 물체는 모두 대기압 p_0(1기압=101.23kPa)의 영향을 받는다. 그리고 수중에 잠기면 저수압 p가 더해진다. 대기압이나 수압은 각각 공기나 물의 중력에 의해 생긴다. 물의 밀도를 ρ라 할 때, 물의 단위체적중량 w는 $\rho g = 1{,}000\text{kg/m}^3 \times 9.8\text{m/s}^2 = 9.8\text{kN/m}^3$이 된다.

압력의 단위 정수압 p는 식 (1)에 나타낸 것처럼 수심 H에 비례한다. 수압의 단위는 단위 면적당 작용하는 힘의 크기 [N/m²=Pa]로 나타낸다.

게이지압 식 (3)과 같이 압력을 나타내는 기준에는 대기압 p_0을 기준으로 하는 **게이지압**과 진공을 기준으로 하는 **절대압**이 있다.
절대압

$$\left.\begin{array}{l}\text{게이지압} \quad p = \rho g H (= wH) \\ \text{절대압} \quad p' = p_0 + p = p_0 + \rho g H (= p_0 + wH)\end{array}\right\} \cdots\cdots(3)$$

수두 수두란 단위 중량의 물이 가지고 있는 에너지로, 길이의 차원을 가진다.
압력수두 식 (2)는 압력의 에너지로 **압력수두**라 한다. 그림 1과 같이 관벽에 작은 구멍을 뚫어 투명한 세관을 연결하면 물은 관 내의 압력 p에 맞는 높이 h까지 상

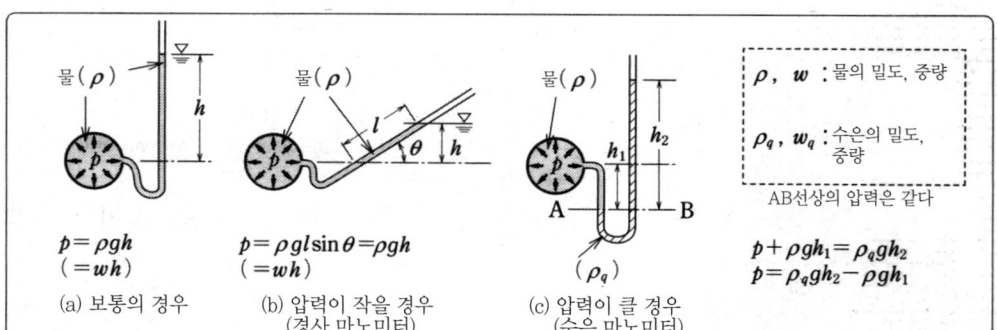

그림 1 각종 마노미터

마노미터
승한다. 그림은 이 물기둥의 높이, 압력수두 h를 측정하기 위한 **마노미터**로, 수두의 크기에 따라 (a), (b), (c)를 이용한다.

그림 2는 벤투리관에 설치된 수은 마노미터로, 두 단면 간의 압력수두차를 측정하는 **차압계**이다. 단면 A, B의 압력을 p_a, p_b로 하면 물과 수은(밀도 ρ_q, 중량 $w_q = \rho_q g$)의 경계, AB선상의 점 ①, ②의 압력은 정수압의 성질 **1**([포인트] 참조) 때문에 차압 Δp는 다음과 같다.

차압계

왼쪽 $p_1 = p_a + \rho g h_1$ ……(4)

오른쪽 $p_2 = p_b + \rho g h_2 + \rho_q g h$ ……(5)

식 (4) = 식 (5)에 의해, $p_a + \rho g h_1 = p_b + \rho g h_2 + \rho_q g h$

차압   ※ 차압 $\Delta p = p_a - p_b = (\rho_q - \rho) g h$ ……(6)

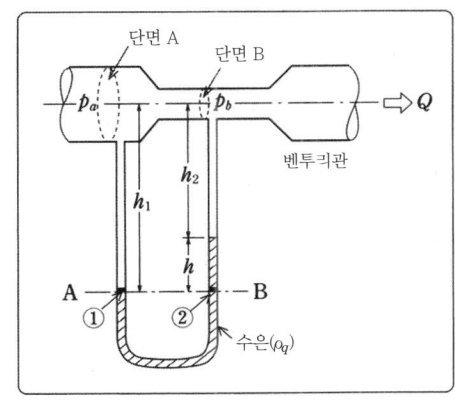 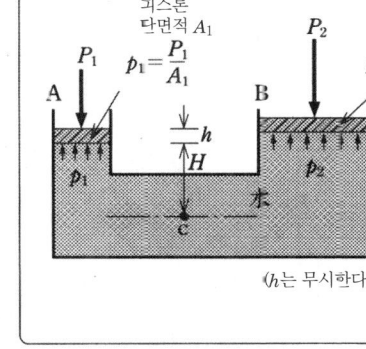

그림 2 수은 차압계   그림 3 수압기의 원리

■ **관련사항** ▶ 파스칼의 원리에 대해서

파스칼의 원리
밀폐된 액체의 일부에 압력을 가하면 그 압력은 증감 없이 액체의 각 부분에 전달된다(**파스칼의 원리**).

액체의 성질
액체는 균일하게 연속해 있으며, 비압축성 유체이다. 그 때문에 밀폐된 용기 내에 물을 채워두고, 그 일부에 압력을 가하면, 그 압력은 용기의 벽 전체에 같은 크기로 순간적으로 전달된다. 그림 3의 **수압기**는 이 성질을 응용한 것으로 다음 관계가 성립한다.

수압기

$$P_1/A_1 = P_2/A_2 \quad \cdots\cdots(7)$$

❖ **예제**   정수압 크기의 문제

수심 10m인 점에서 정수압의 크기를 구하라.

답

$$p = \rho g H = 1,000 \text{ kg/m}^3 \times 9.8 \text{ m/s}^2 \times 10 \text{ m} = 9.8 \times 10^4 \text{ N/m}^2 = 98 \text{ kN/m}^2 \text{ (kPa)}$$

2. 평면에 작용하는 전수압(일반식)

□ 포인트

1 어느 평면 A에 가하는 정수압 p에 의한 힘을 **전수압**이라 하며, $P[N]$로 표기한다.

정수압 $p = P/A$,　　전수압 $P = pA$　　……(1)

2 평면에 작용하는 전수압 P와 그 작용점 y_C, H_C는 다음과 같다.

$$\left.\begin{array}{l} 전수압\ \ P = \rho g H_G A \\ 작용점\ \ y_C = y_G + r^2/y_G \\ 작용점\ \ H_C = y_C \sin\theta\ (\theta = 90°\ 일\ 때,\ H_C = y_C) \end{array}\right\} \cdots\cdots(2)$$

■ 해설

▶ 전수압 P와 작용점 y_C, H_C

그림 1에서 임의의 평면이 수면과 θ의 각도로 경사를 이루고 있는 경우, 이 평면에 작용하는 전수압 P와 작용점 y_C, H_C는 식 (2)와 같다.

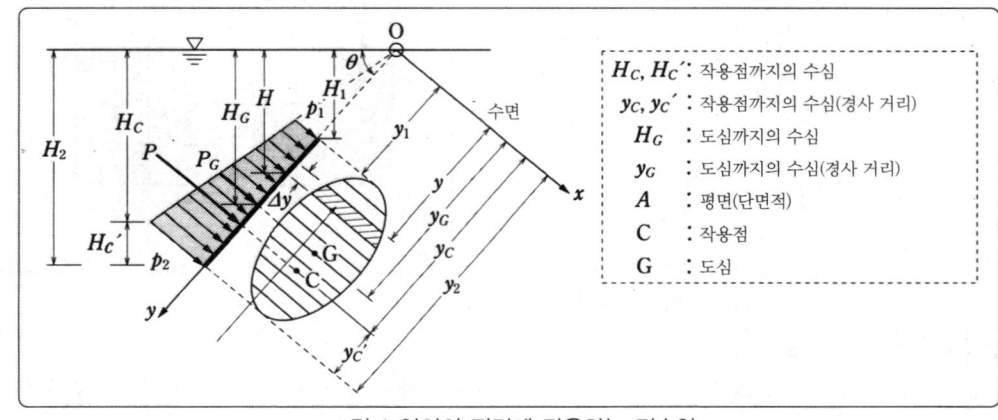

그림 1 임의의 평면에 작용하는 전수압

그림 1에서 수압은 사다리꼴형으로 분포하게 되며, 안길이가 수심에 의해서 달라지기 때문에 평면을 수면 Ox와 평행한 무수한 직선으로 분할하여 각각의 미소 평면을 직사각형으로 간주한다. 수심 H의 미소 평면 ΔA에 작용하는 전수압 ΔP는

$$\Delta P = p\,\Delta A = \rho g H \Delta A = \rho g y \sin\theta \cdot \Delta A \quad \cdots\cdots(3)$$

평면 A에 작용하는 전수압 P는 미소 평면에 작용하는 ΔP의 총합에 의해

$$P = \sum_A \Delta P = \rho g \sin\theta \cdot \sum_A y \Delta A \quad \cdots\cdots(4)$$

$\sum_A y \Delta A$

$\sum_A y \Delta A$는 평면 A의 x축에 관한 단면 1차 모멘트이기 때문에

$$\therefore\ \ \sum_A y\Delta A = y_G A \quad \cdots\cdots(5)$$

전수압 P

$$\therefore\ \ 전수압\ \ P = \rho g y_G \sin\theta \cdot A = \rho g H_G A \quad \cdots\cdots(6)$$

따라서, 평면에 작용하는 전수압 P는 평면 A의 도심 G에 대한 수압 $p_G = \rho g H_G$에 평면의 단면적 A를 곱하면 된다.

작용점 y_C 전수압 P와 그 작용점 y_C의 점 O의 모멘트는 각 미소 평면 ΔA에 작용하는 전수압 ΔP와 수면에서의 거리 y의 모멘트 합계와 같다.

$$P y_C = \sum_A y \Delta P \qquad \cdots\cdots(7)$$

$$y_C = \frac{\sum_A y \Delta P}{P} = \frac{\rho g \sin\theta \cdot \sum_A y^2 \Delta A}{\rho g y_G \sin\theta \cdot A}$$

$$= \frac{\sum_A y^2 \Delta A}{y_G A} = \frac{I_x}{y_G A} = \frac{I_G + y_G^2 A}{y_G A} \qquad \cdots\cdots(8)$$

$\sum_A y^2 \Delta A$ 는 x축의 단면 2차 모멘트 $I_x = I_G + y_G^2 A$ 에서

$$y_C = y_G + \frac{I_G}{y_G A} = y_G + \frac{r^2}{y_G}, \quad H_C = y_C \sin\theta \qquad \cdots\cdots(9)$$

여기서, 단면 2차 반경 $r = \sqrt{I_G/A}$ (표 1)

작용점 C 작용점 C는 항상 평면의 도심 G보다 조금 깊은 위치가 된다.

표 1 평면도형의 성질

평면 도형	단면적 A	도심의 높이 y	단면 2차 모멘트 I_G	단면 2차 반경 r
직사각형 (B×H)	$A = BH$	$y = \dfrac{H}{2}$	$I_G = \dfrac{BH^3}{12}$	$r = \dfrac{\sqrt{3}}{6} H$
원 (D)	$A = \dfrac{\pi D^2}{4}$	$y = \dfrac{D}{2}$	$I_G = \dfrac{\pi D^4}{64}$	$r = \dfrac{D}{4}$

❖ **예제**   원형관 칸막이와 관련된 수압의 문제

그림 2에서 직경 1m인 원형 단면 취수구 칸막이 전수압 P와 그 작용점 H_c를 구하라.

답

$H_G = 2.5$ m, $A = 0.785$ m² 에서
$P = 1,000 \times 9.8 \times 2.5 \times 0.785$
$\quad = 19.23$ kN

단면 2차 반경 $r = D/4 = 0.25$ m 에서
$H_c = y_c 2.5 + 0.25^2/2.5$
$\quad = 2.53$ m

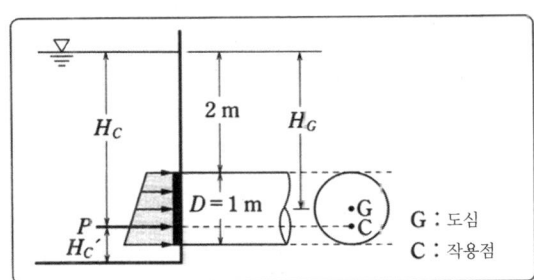

그림 2 원형 단면의 전수압

3. 평면에 작용하는 전수압(여러 가지 사례)

■ 해설

▶ 연직 평면에 작용하는 전수압

① 삼각 분포의 경우(그림 1 참조)

전수압 P
$$P = \frac{\rho g\, H \cdot HB}{2} = \rho g H_G A$$

작용점 $H_C, H_{C'}$
$$H_C = \frac{2}{3} H, \quad H_{C'} = \frac{1}{3} H$$

$\quad\quad\quad\quad\quad\quad\quad\quad\quad\quad\quad\quad\quad\quad\quad\quad\quad\quad$ ······(1)

② 사다리꼴 분포의 경우(그림 2 참조)

전수압 P
$$P = \frac{\rho g\,(H_1 + H_2)\, HB}{2} = \rho g H_G A$$

도심의 수심 H_G
$$H_G = (H_1 + H_2)/2$$

작용점 $H_{C'}$
$$H_{C'} = \frac{H}{3} \cdot \frac{2H_1 + H_2}{H_1 + H_2}$$

작용점 H_C
$$H_C = H_2 - H_{C'}$$

$\quad\quad\quad\quad\quad\quad\quad\quad\quad\quad\quad\quad\quad\quad\quad\quad\quad\quad$ ······(2)

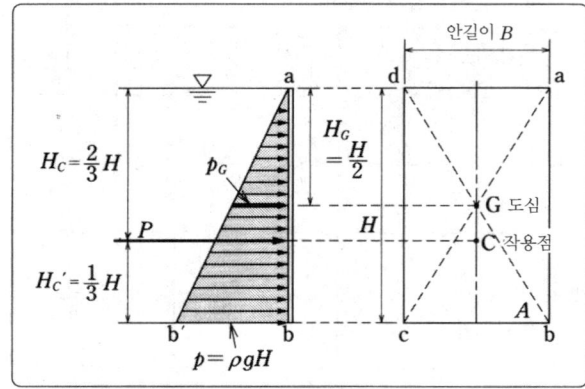

그림 1 삼각 분포

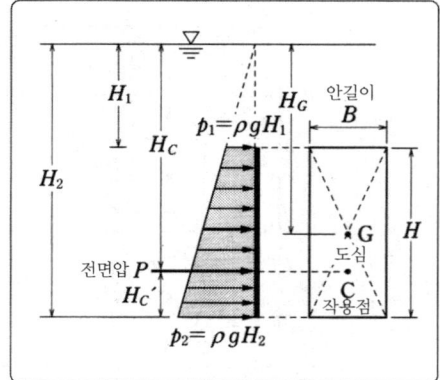

그림 2 사다리꼴 분포

▶ 경사진 평면에 작용하는 전수압

① 삼각 분포의 경우(그림 3 참조)

전수압 P
$$P = \frac{\rho g\, H \cdot yB}{2} = \rho g H_G A$$

작용점 H_C
$$H_C = \frac{2}{3} H, \quad H_{C'} = \frac{1}{3} H$$

$\quad\quad\quad\quad\quad\quad\quad\quad\quad\quad\quad\quad\quad\quad\quad\quad\quad\quad$ ······(3)

② 사다리꼴 분포의 경우(그림 4 참조)

전수압 P
$$P = \frac{\rho g\,(H_1 + H_2)\, yB}{2}$$
$$= \rho g H_G A$$

도심의 수심 H_G $H_G = (H_1 - H_2)/2$

작용점 y_c', y_c $y_c' = \dfrac{y}{3} \cdot \dfrac{2H_1 + H_2}{H_1 + H_2}$, $y_c = y_2 - y_c'$ ……(4)

$H_c = y_c \sin \theta$

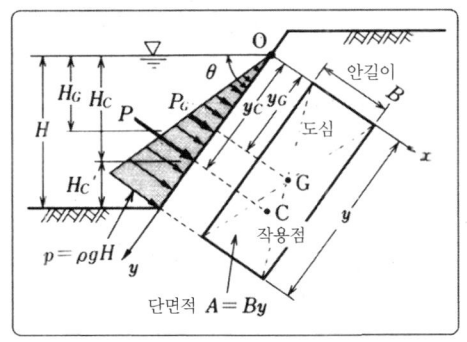

그림 3 경사진 삼각 분포   그림 4 경사진 사다리꼴 분포

❖ 예제   연직 평면의 수압 문제

2m×2m×2m의 콘크리트 블록이 수면 아래 5m에 위치하고 있다. 연직 평면에 작용하는 전수압 P와 작용점 H_c', H_c을 구하라.

답

전수압 $P = 1{,}000 \times 9.8 \times 4 \times 4 = 156.8$ kN

작용점 $H_c' = \dfrac{2}{3} \times \dfrac{2 \times 3 + 5}{3 + 5} = 0.92$ m

작용점 $H_c = H_2 - H_c' = 4.08$ m

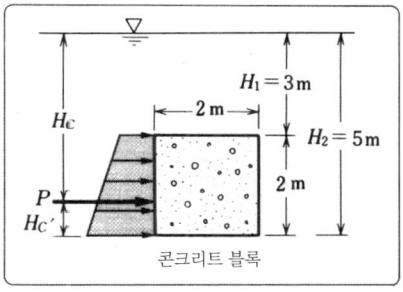

그림 5 연직 평면의 전수압

❖ 예제   경사진 평면의 수압 문제

그림에서 취수관 (*)(2m×1m)에 작용하는 전수압과 작용점을 구하라. 이때 $y_1 = 3$m로 한다.

답

칸막이의 길이 $y = H/\sin \theta = 4$ m
면적 $A = yB = 4$ m²
도심의 수심
$H_G = \dfrac{(y_1 + y_2) \sin 30°}{2} = 2.5$ m

전수압 $P = 1{,}000 \times 9.8 \times 2.5 \times 4$
          $= 98$ kN

작용점 $y_c' = \dfrac{4}{3} \times \dfrac{2 \times 1.5 + 3.5}{1.5 + 3.5} = 1.73$ m, $y_c = 7 - 1.73 = 5.27$ m

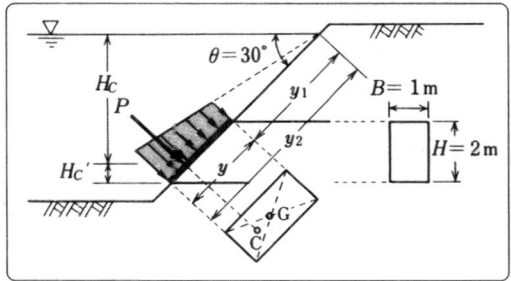

그림 6 경사면의 전수압

4. 곡면에 작용하는 전수압(일반식)

□ **포인트**

곡면에 작용하는 전수압 P의 수평·연직분력을 P_x, P_z로 한다.

① 수평 분력 P_x는 그 곡선을 수평 방향으로 투영해서 얻어지는 투영면 A_x에 작용하는 전수압과 같고, 그 작용점은 연직 평면의 경우와 같다.

② 연직 분력 P_z는 그 곡면을 밑면에서부터 수면까지의 연직물 기둥의 중량 $\rho g V$와 같다. 그 작용점은 물기둥의 중심을 통과하는 연직선상에 있다.

③ 곡면에 작용하는 전수압 P는 다음과 같다.

$$\left. \begin{array}{l} 수평\ 분력\ P_x = \rho g H_G A_x, \quad 연직\ 분력\ P_z = \rho g V \\ 전수압\quad P = \sqrt{P_x^2 + P_z^2} \end{array} \right\} \quad \cdots\cdots(1)$$

■ **해설**

▶수평 분력 P_x와 연직 분력 P_z

곡면의 형태
미소 단면적 ΔA

수면상에 x축 및 y축을 연직 방향으로 z축을 취한다. 반지름 R, 중심각 α, 안길이 B인 텐더 게이트의 곡면을 수면 Ox에 평행한 무수히 많은 직선으로 분할하면, 각각을 평면으로 간주할 수 있는 미소 평면 ΔA가 얻어진다. 그림 1에 나타낸 수심 H의 미소 평면 ΔA(폭 ΔS, 안길이 B)에 작용하는 전수압 ΔP는 다음과 같다.

ΔA의 전수압 ΔP

$$\Delta P = \rho g H \Delta A = \rho g H B \Delta S \quad \cdots\cdots(2)$$

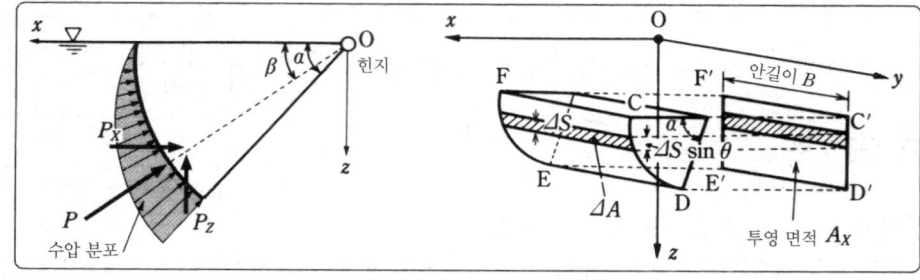

그림 1 곡면에 작용하는 전수압

미소 평면 ΔA가 수면과 이루는 각을 θ로 한다면, 그림 2에 나타낸 ΔP의 수평 분력 ΔP_x, 연직 분력 ΔP_z는 다음과 같다.

ΔP의 수평 분력 ΔP_x $\Delta P_x = \rho g H B \Delta S \sin\theta$ $\qquad\cdots\cdots(3)$

ΔP의 연직 분력 ΔP_z $\Delta P_z = \rho g H B \Delta S \cos\theta$ $\qquad\cdots\cdots(4)$

곡면 전체에 작용하는 전수압 P의 수평 분력 P_x, 연직 분력 P_z는 각 미소 평면 ΔA에 작용하는 각 분력의 총합이다. 곡면을 수평 방향으로 투영한 C′D′E′F′의 면적을 A_x, 그 도심까지의 수심을 H_G로 한다면 $B\sum_A H \Delta S \sin\theta$는 A_x의 x축 단면 1차 모멘트 $H_G A_x$이기 때문에 수평 분력 P_X $$P_x = \sum_A \rho g H E \Delta S \sin\theta = \rho g H_G A_x \quad \cdots\cdots(5)$$

연직 분력 P_Z $$P_z = \sum_A \rho g H E \Delta S \cos\theta = \rho g V \quad \cdots\cdots(6)$$

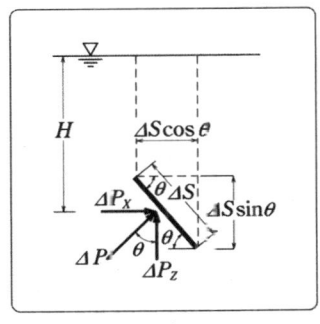

그림 2 ΔP와 ΔP_X, ΔP_Z

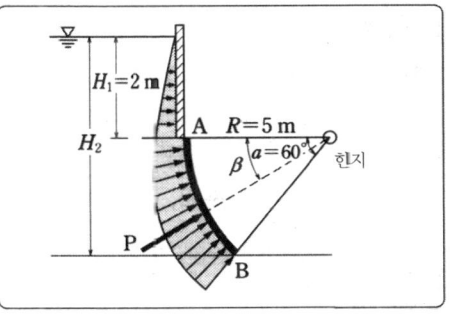

그림 3 텐더 게이트

❖ **예제** 텐더 게이트에 작용하는 수압의 문제

그림 3에 대한 $R=5$m, 중심각 $\alpha=60°$인 텐더 게이트에 작용하는 전수압을 구하라.

답

(1) 수평 분력 P_x :
$$P_x = \rho g H_G A_x = 1{,}000 \times 9.8 \times 4.17 \times 4.33 = 176.95 \text{ kN}$$

작용점 $H_{C'} = \dfrac{H}{3} \cdot \dfrac{2H_1 + H_2}{H_1 + H_2} = \dfrac{4.33}{3} \times \dfrac{2 \times 2 + 6.33}{2 + 6.33} = 1.79$ m

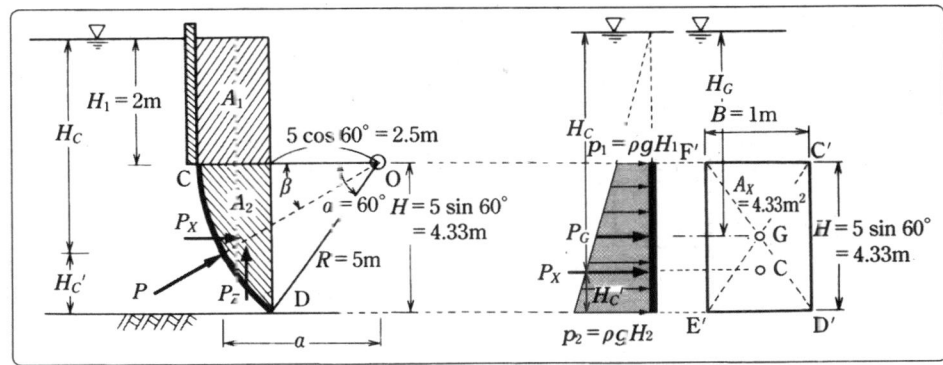

그림 4 수평·연직 분력을 구하는 법

(2) 연직 분력 P_z : (단, 안길이 $B=1$로 한다.)

면적 $A = 2.5 \times 2 + \dfrac{3.14 \times 5^2}{6} - \dfrac{5 \sin 60° \times 5 \cos 60°}{2} = 12.67 \text{ m}^2$

$P_z = 1{,}000 \times 9.8 \times 12.67 \times 1 = 124.17$ kN

점 O에 대해, $P_x(H - H_{C'}) = P_z a \qquad a = 3.62$ m

(3) 전수압 $P = \sqrt{P_x^2 + P_z^2} = \sqrt{176.95^2 + 124.17^2} = 216.17$ kN

5. 아르키메데스의 원리

□ 포인트

아르키메데스의 원리

부양면

흘수

■ 해설

중량 W=부력 B

부심

복원력

안정·불안정

1 수중에 있는 물체는 그것이 밀어낸 체적(V)의 물의 중량(ρg)과 같은 부력 ($B=\rho gV$)을 받는다(아르키메데스의 원리).

2 선박 등의 부체는 항상 중력 W와 부력 B가 같은 상태에서 정지되어 있다 ($W=B$, $W \ne B$일 때 부체는 가라앉는다). 부체가 수면을 경계로 절단했을 때의 가상 단면을 **부양면**이라 하고, 부양면에서 부체의 가장 깊은 점까지의 수심을 **흘수**(吃水)라 한다.

▶ 부체의 안정

그림 1의 (a)처럼 부체가 정지 상태에 있을 때 중량 W와 부력 B는 동일 연직선상에 있다. 그림 1의 (b)와 같이 부체가 기울어지면 수면 아래의 체적의 형상이 바뀌고, **부심**(부력의 중심) C가 C'로 이동한다. 이 때문에 동력과 부력은 동일 연직선상에서는 없어지고 우력이 작용한다. 이 우력이 부체의 기울기를 원래대로 돌이키려는 방향으로 작용할 때 부체는 **복원력**이 있고 **안정**되어 있다고 한다. 부체의 안정이나 불안정의 판단은 식 (1)에 의한다.

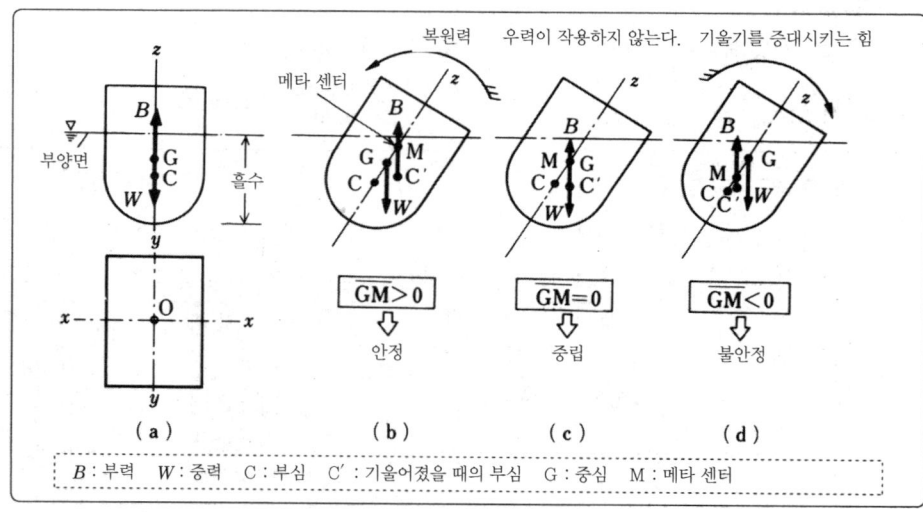

그림 1 부체의 안정 조건

$$\overline{GM} = \frac{I_y}{V} - \overline{CG} \qquad \cdots\cdots (1)$$

$\overline{GM} > 0$ 안정 [그림 1의 (b), 복원력이 있다.]

$\overline{GM} = 0$ 중립 [그림 1의 (c), 정지 상태]

$\overline{GM} < 0$ 불안정 [그림의 1 (d), 점점 기울어진다.]

여기서, $\overline{GM}$: 메타 센터의 높이

I_y : 부양면의 Oy 축 주위의 단면 2차 모멘트
V : 수면 아래에 있는 물체의 체적
$\overline{CG}$: 부체가 정지했을 때의 부심 C와 중심 G와의 거리

❖ 예제   케이슨의 안정 문제

길이 10m, 폭 8m, 높이 7m, 바닥벽 및 측벽의 두께 40cm의 중공 철근 콘크리트 케이슨을 해상에 띄울 때의 안정을 조사하라. 단, 철근 콘크리트의 단위체적질량을 2,400kg/m³로 한다.

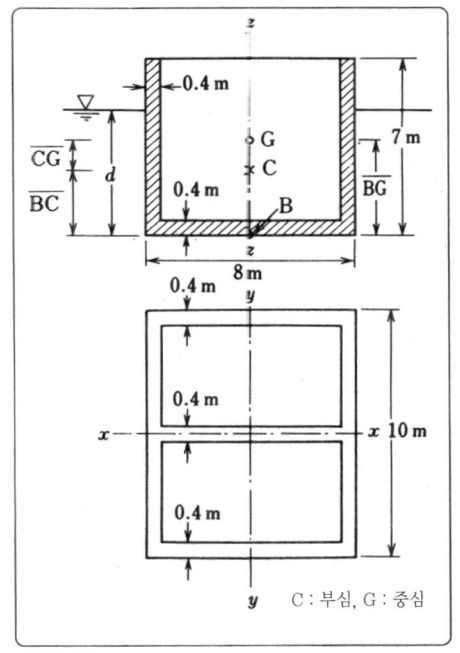

그림 3 케이슨

[답]

(1) 케이슨의 질량 W :

$$W = 2{,}400 \times 9.8 \times (10 \times 8 \times 7 - 8.8 \times 7.2 \times 6.6)$$
$$= 3{,}335.7 \text{ kN}$$

(2) 흘수(吃水) d, 해수의 밀도 ρ'를 1,025kg/m³로 하면 부력 B [kN]는 다음과 같다.

$$B = 1{,}025 \times 9.8 \times (10 \times 8 \times d) = 803.6\, d$$

부력 B = 중력 W이므로, $803.6\, d = 3{,}335.7$

$$\therefore\ d = 4.15 \text{ m}$$

(3) 케이슨의 밑면 B에서 케이슨의 중심 G까지의 높이는 다음과 같다.

$$W \times \overline{BG}$$
$$= 23.52 \times \left\{ (10 \times 8 \times 7 \times 7/2) - 8.8 \times 7.2 \times 6.6 \times \left(0.4 + \frac{6.6}{2}\right) \right\}$$
$$= 9{,}707.9 \text{ kN·m}$$
$$\therefore\ \overline{BG} = 9{,}707.9/3{,}335.7 = 2.91 \text{ m}$$

(4) 부심 C까지의 높이는 다음과 같다.

$$\overline{BC} = 4.15/2 = 2.08 \text{ m}, \quad \overline{CG} = \overline{BG} - \overline{BC} = 2.91 - 2.08 = 0.83 \text{ m}$$

(5) 케이슨의 y축 단면 2차 모멘트 I_y 및 수면 아래의 체적 V는 다음과 같다. 또한, 단면 2차 모멘트는 I_x, I_y 중 작은 쪽을 이용한다.

$$I_y = \frac{10 \times 8^3}{12} = 427 \text{ m}^4$$
$$V = 10 \times 8 \times 4.15 = 332 \text{ m}^3$$

(6) 이상으로부터 부체의 안정, 불안정의 판단은 식 (1)에 의해 다음과 같다.

$$\overline{GM} = \frac{I_y}{V} - \overline{CG} = 427/332 - 0.83 = 0.46 \text{ m} > 0 \ (안정)$$

4 수리학

1. 흐름의 분류

□ 포인트

수로에 물이 흐를 때 유속 v, 유량 Q, 유적 A 간에는 다음의 관계가 성립한다.

$$v = Q/A, \quad Q = Av \qquad \cdots\cdots(1)$$

■ 해설

▶ 유속 v, 유량 Q, 유적 A

유속
 유속 $v[\text{m/s}]$이란, 수로 안의 1점을 통과하는 물입자의 속도를 말한다(그림 1). 유속 v는 수로 단면 내의 각 위치에 따라 다르지만, 일반적으로 단면

평균 유속
전체에서 평균을 낸 **평균 유속**을 이용한다.

유적
 유적 $A[\text{m}^2]$이란 수로 단면에서 유수가 차지하고 있는 면적을 말한다.

유량
 유량 $Q[\text{m}^3/\text{s}]$이란 단위 시간(통상 1초 간)에 수로의 어느 단면을 통과하는 물의 체적이며, 식 (1)에 나타낸 것처럼 유속 v와 유적 A의 곱이 된다.

수로 단면
 또한, **수로 단면**이란, 흐름의 방향과 직각으로 잘린 수로의 절단면으로, 유량이나 유속의 기준이 된다.

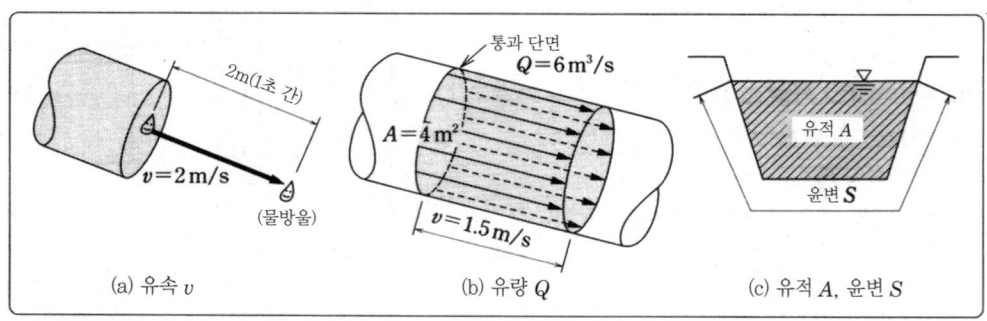

그림 1 유속, 유량, 유적, 윤변

윤변
 윤변 S란 수로 단면에서 유수가 주위의 벽 및 바닥과 접하는 변의 길이를

경심
말한다. 유적 A를 윤변 S로 나눈 것을 **경심** R이라 한다.

$$R = A/S \qquad \cdots\cdots(2)$$

다음과 같이 특수한 경우, 경심 R은 다음과 같이 된다.
① 폭이 넓고 수심이 얕은 하천은 $R ≒ H$ (H : 수심)
② 원형관 수로는 $R = D/4$ (D는 관경)

■ 관련사항

▶ 흐름의 분류

관수로의 흐름
 관수로의 흐름이란 횡단면이 폐곡선으로 굽어진 내부에 물이 가득차 관의 내벽에 수압이 작용하는 흐름을 말한다(그림 2).

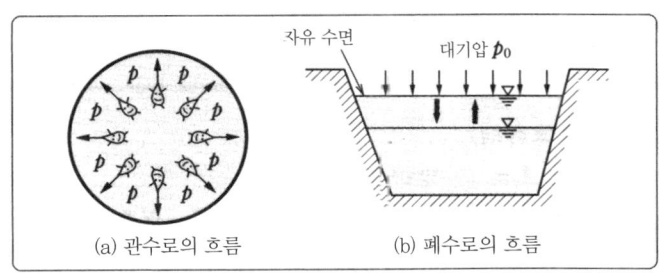
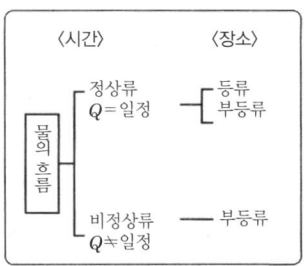

그림 2 관수로, 폐수로의 흐름   그림 3 물 흐름의 종류

관로수의 흐름 관수로의 흐름이란 자유 수면(대기압에 접하고 유량의 변화 등에 의해 오르락 내리락하는 수면)을 가진 흐름을 말한다.

정상류 정상류(정류)란 유량이 시간의 경과와 무관계한 일정한 흐름을 말한다.

비정상류 비정상류(부정류)란 유량이 시간과 함께 변화하는 흐름을 말한다.

등류 등류란 수로 내의 어느 단면에서도 유적, 유속이 같은 흐름을 말한다.

부등류 부등류란 수로 내의 각 단면에 의해 유적, 유속이 변화하는 흐름을 말한다.

층류 층류란 물의 입자가 각각의 위치 관계를 흐트리지 않는 정연한 흐름을 말한다(그림 4). 난류는 유속이나 경심이 큰 경우에 물의 입자가 유입되면서 어지럽게 소용돌이 치는 흐름을 말한다.

난류

레이놀즈 수 층류나 난류의 흐름의 상태를 표현할 때는 **레이놀즈 수** R_e를 이용한다. R_e는 무차원량(단위가 없다)이며, 다음 식으로 나타낸다.

$$R_e = \frac{4Rv}{\nu} \text{ (일반식)}, \qquad R_e = \frac{Dv}{\nu} \text{ (원관)} \quad \cdots\cdots (3)$$

동점성계수 여기서, ν : 물의 **동점성계수**(점성계수 μ를 밀도 ρ로 나눈 것)
R : 경심, D : 관경

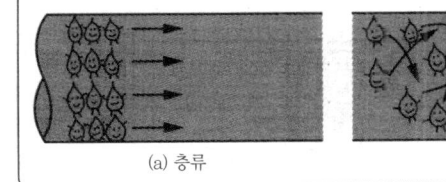
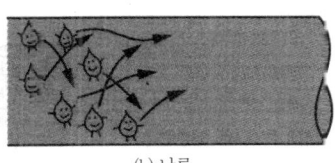

층류 : $R_e < 2{,}000$
난류 : $R_e > 4{,}000$
천이 상태 : $2{,}000 < R_e < 4{,}000$

그림 4 층류, 난류

❖ **예제** 유량 계산 문제

내경 0.2m의 관내를 평균 유속 3.5m/s로 흐르고 있을 때의 유량을 구하라.

답

유적 $A = \pi D^2/4 = 3.14 \times 0.2^2/4 = 0.0314 \text{ m}^2$
유량 $Q = Av = 0.0314 \times 3.5 = 0.110 \text{ m}^3/\text{s}$

2. 베르누이의 정리

□ 포인트

① 연속의 식(질량 보존의 법칙)

$$Q = A_1 v_1 = A_2 v_2 \text{ (일정)} \quad \cdots\cdots (1)$$

② 완전 유체에 대한 베르누이의 정리(에너지 보존의 법칙)

$$\frac{v_1^2}{2g} + z_1 + \frac{p_1}{\rho g} = \frac{v_2^2}{2g} + z_2 + \frac{p_2}{\rho g} = E \text{ (일정)} \quad \cdots\cdots (2)$$

■ 해설

▶유관, 연속의 식, 베르누이의 정리

유선
유적선
유관

유선이란, 유체 내부의 흐름을 나타낸 선을 말한다(그림 1). 한편, 유적선이란 물 입자의 운동 경로를 말한다. 정상류의 흐름에 대한 유선과 유적선은 일치한다. 임의의 유선으로 둘러싸인 상상의 관을 **유관**이라 한다. 이 유관은 정상류에서 항상 일정한 형태를 유지하며, 측면에서 물의 유입은 없으므로 고체의 벽을 가진 관수로와 같이 취급할 수 있다.

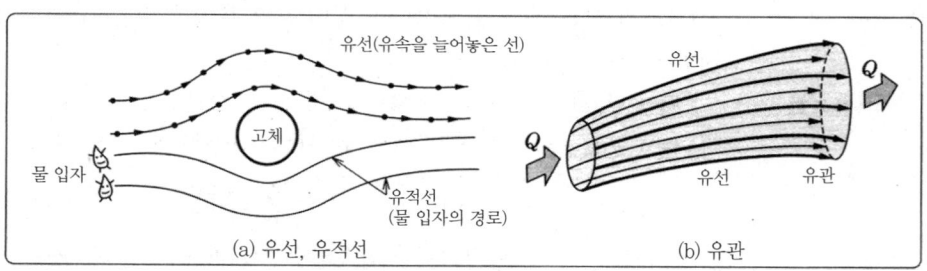

그림 1 유선, 유적선, 유관

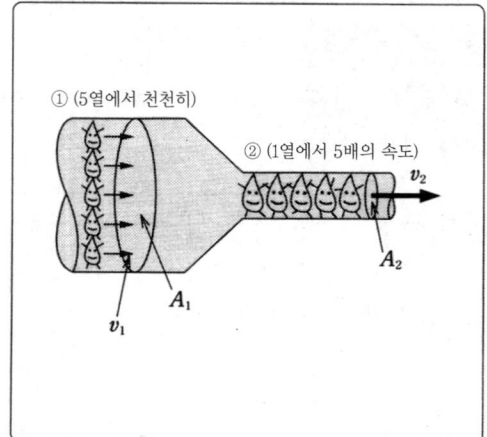

그림 2 연속의 식($A_1 = 5A_2$의 경우)

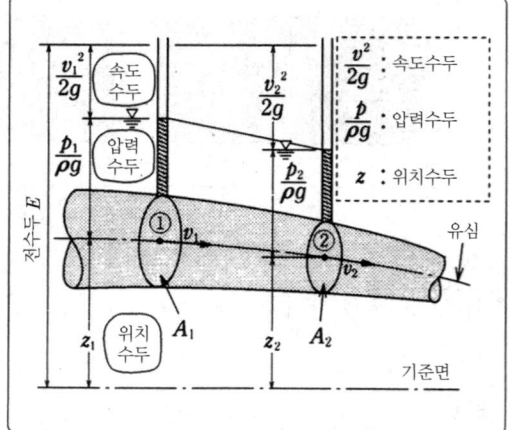

그림 3 완전 유체에 대한 베르누이의 정리

연속의 식
그림 2에서, 단면 ①을 단위 시간에 통과하는 질량 $\rho Q = \rho A_1 v_1$과 단면 ②를 통과하는 질량 $\rho A_2 v_2$는 질량 보존의 법칙 [식 (-)]에 의해 같다.

베르누이의 정리
에너지 보존측
질량 m인 물이 가진 에너지에는 운동 에너지, 위치 에너지, 압력 에너지 ($pAv = pQ = \rho Q p/\rho = mp/\rho$)가 있고, 이것들의 합은 에너지 보존의 법칙에 의해 항상 일정하다.

$$\frac{1}{2}mv^2 + mgz + \frac{mp}{\rho} = mg\left(\frac{v^2}{2g} + z + \frac{p}{\rho g}\right) \quad \cdots\cdots (3)$$

식 중의 mg는 물의 중량을 나타낸다. 단위중량의 물이 갖는 에너지 E는 식 (3)을 mg로 나누면 구할 수 있고, 식 (2)가 된다(그림 3). 여기서 E를 전수두, $v^2/2g$를 속도수두, z를 위치수두, $p/\rho g$를 압력수두라 한다.

전수두
속도수두
위치수두
압력수두

□ 관련사항
▶ 베르누이 정리의 응용

그림 4처럼 관의 일부에 단면을 축소한 개소를 설치하여 단면 변화에 의한 압력수두차 $H(H')$를 측정하므로서 관 내의 유량 Q를 구하는 장치를 벤투리미터라 한다. 관 내의 유량 Q는 다음 식과 같다.

벤투리미터

$$Q = C\frac{A_1 A_2}{\sqrt{A_1^2 - A_2^2}}\sqrt{2gH} \quad (H = 12.6\,H') \quad \cdots\cdots (4)$$

여기서, C : 관의 축소, 확대와 동반하는 유량계수(0.95~1.00)
H' : 수은 마노미터에 의한 압력수두 차

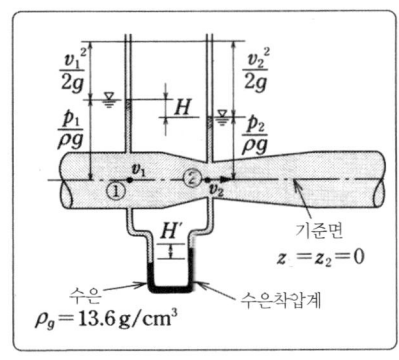

그림 4 벤투리미터

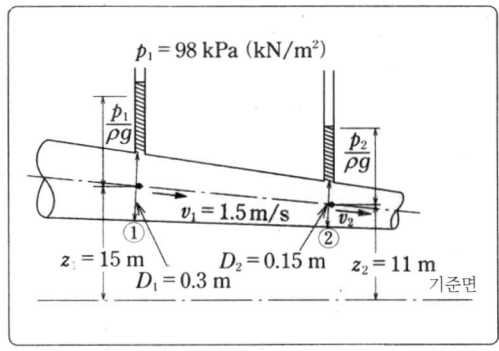

그림 5 베르누이의 정리

❖ 예제 베르누이 정리의 문제

그림 5에서 단면 ②의 v_2, p_2를 구하라. 단, 손실수두는 무시한다.

답

$\pi \times 0.3^2/4 \times 1.5 = \pi \times 0.15^2/4 \times v_2 \quad \therefore \quad v_2 = 0.3^2 \times 1.5/0.15^2 = 6.0\,\text{m/s}$

$$\frac{1.5^2}{2 \times 9.8} + 15 + \frac{98,000}{1,000 \times 9.8} = \frac{6.0^2}{2 \times 9.8} + 11 + \frac{p_2}{1,000 \times 9.8}$$

$\therefore \quad p_2/(1,000 \times 9.8) = 12.3\,\text{m} \quad \therefore \quad p_2 = 120,325\,\text{N/m}^2 ≒ 120\,\text{kPa}$

3. 마찰손실수두

□ **포인트** 점성 유체에 대한 베르누이의 정리

$$\frac{v_1^2}{2g}+z_1+\frac{p_1}{\rho g}=\frac{v_2^2}{2g}+z_2+\frac{p_2}{\rho g}+h_l \quad \cdots\cdots(1)$$

여기서, h_l : 단면 1부터 2 사이에서 생기는 손실수두

■ **해설**

▶ **마찰손실수두**

실제로 물에는 점성이 있으며, 점성 때문에 흐름의 마찰이 생기고 열에너지가 발생한다. 이 열에너지는 다시 흐름 에너지로 돌아오는 일은 없으므로 에너지 손실이 되며, 이것을 **손실수두** h_l라 한다.

손실수두 h_l에는 다음 세 종류가 있다.
① 물 입자 간에 생기는 마찰
② 물과 수로벽 사이의 접촉에 의한 마찰
③ 수로의 굽이, 단면 변화 등으로 일어나는 국부적인 소용돌이에 의한 손실

이러한 손실 수두 h_l에 의해 그림 1의 단면 ⓐ~ⓑ의 사이에는 압력수두의 강하가 생긴다. 또한 ②의 손실수두를 **마찰손실수두** h_f라 한다.

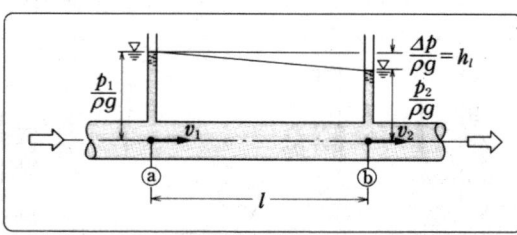

그림 1 수평한 관의 마찰손실수두

마찰손실수두 h_f에는 식 (3), (4)에 나온 것처럼 다음의 성질이 있다.
① 수로의 길이 l에 비례한다.
② 속도수두 $v^2/2g$에 비례한다.
③ 수로의 직경 D 또는 경심 R에 반비례한다.

■ **관련사항**

▶ **동수균배, 에너지 균배**

그림 2와 같은 관수로에 대한 위치수두 z와 압력수두 $p/\rho g$의 합을 **피에조 수두**라 하며, 각 단면의 피에조 수두를 결합한 선을 **동수균배선**이라 한다. 또한 동수균배선의 기울기를 **동수균배** I라 한다. 그림 2에서 전수두, 즉 각 단면에서 에너지의 합계를 결합한 선을 **에너지선**이라 한다.

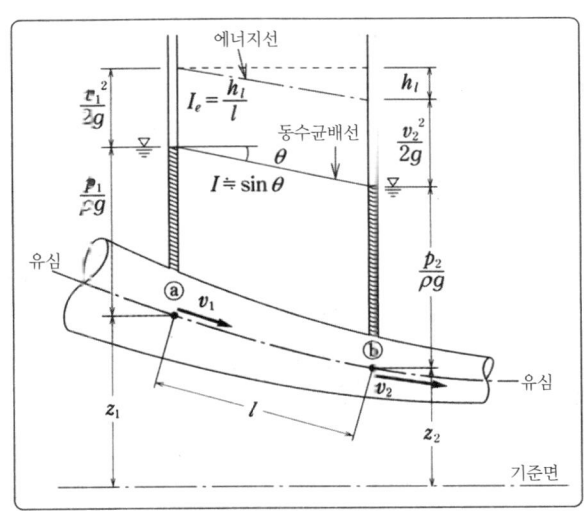

그림 2 동수균배선과 에너지선

개수로에 대한 베르누이의 정리

개수로에 대한 베르누이의 정리는 식 (2)와 같다. 또한 개수로의 경우는 p.182의 그림 2에 나타낸 수심 $H(=p/\rho g + d)$를 이용하는 것으로 하며, 동수균배 I는 **수면균배** I가 된다.

$$\frac{v_1^2}{2g} + H_1 + z_1 = \frac{v_2^2}{2g} + H_2 + z_2 + h_l \quad \cdots\cdots (2)$$

여기서, z_1, z_2 : 기준면부터 수로 바닥까지의 높이

다르시·와이즈바흐의 식

마찰손실수두 h_f는 다음의 다르시·와이즈바흐의 식으로 구할 수 있다.

$$h_f = f' \frac{l}{R} \cdot \frac{v^2}{2g} \text{ (일반형)} \quad \cdots\cdots (3)$$

$$h_f = f \frac{l}{D} \cdot \frac{v^2}{2g} \text{ (원관)} \quad \cdots\cdots (4)$$

여기서, f, f' : 마찰손실수두 ($f = 4f'$)

마찰손실수두

마찰손실수두 f, f' 는 무차원량으로, 레이놀즈 수 $R_e(=vD/\nu)$이나 관의 k/D(k : 배관의 절대 조도)에 의해 결정된다.

❖ 예제 손실수두, 에너지 균배를 구하는 문제

그림 2에서 단면 ⓐ의 평균 속도 $v_1=3$m/s, 압력 $p_1=147$kPa, $z_1=4$m이고, 단면 ⓑ의 $v_2=3.5$m/s, $p_2=127$kPa, $z_2=3$m, 수로 길이 $l=10$m일 때, 손실수두 h_l 및 에너지 균배 $I_e(=h_l/l)$를 구하라. 단, 물의 밀도 $\rho=1,000$kg/m³로 한다.

답

$$\frac{3^2}{2\times 9.8} + 4 + \frac{147,000}{1,000\times 9.8} = \frac{3.5^2}{2\times 9.8} + 3 + \frac{127,000}{1,000\times 9.8} + h_l$$

※ 손실 수두 $h_l = 2.875$m, 에너지 균배 $I_e = h_l/l = 1/3.48$

4. 평균 유속 공식

□ 포인트

1 셰지 공식

$$v = C\sqrt{RI} \quad [\text{m/s}] \quad \cdots\cdots(1)$$

여기서, R : 경심 [m], I : 동수균배 (h_f/l), C : 셰지 유속계수
($C = \sqrt{2g/f'}$, $f' = 2g/C^2$, f' : 마찰손실계수)

2 매닝 공식

$$v = \frac{1}{n} R^{\frac{2}{3}} I^{\frac{1}{2}} \quad [\text{m/s}] \quad \cdots\cdots(2)$$

여기서, n : 조도계수(표 1), R : 경심 [m], I : 동수균배

3 하젠-윌리엄스의 공식

$$\left.\begin{array}{l} v = 0.84935\, C_H R^{0.63} I^{0.54} \quad [\text{m/s}] \quad (일반형) \\ v = 0.35464\, C_H D^{0.63} I^{0.54} \quad [\text{m/s}] \quad (원형관) \end{array}\right\} \cdots\cdots(3)$$

여기서, C_H : 유속계수(표 2), D : 관경 [m], I : 동수균배

표 1 조도계수 n의 값

벽면의 종류	n
새로운 염화비닐관, 납, 유리	0.009~0.012
용접된 강표면	0.010~0.014
리벳 또는 나사가 있는 강표면	0.013~0.017
주철 (신)	0.012~0.014
주철 (구)	0.014~0.018
주철 (매우 오래됨)	0.018
목재	0.010~0.018
콘크리트 (부드러움)	0.011~0.014
콘크리트 (거침)	0.012~0.018

표 2 유속계수 C_H (토목학회, 수리공식집)

재료 및 윤변의 설질	C_H
주철관 (신)	130
주철관 (구)	100
공기 리베터 강관 (신)	110
연철관	110~120
황동, 주석, 납, 유리관	140~150
소화호스 (내면 고무 덮임)	110~140
벽돌 암거	100~130
콘크리트관 및 압력터널	120~140
평활한 수관 또는 나무통	120

■ 해설

평균 유속 공식
셰지(chézy) 공식

매닝 공식
조도계수

▶ **평균 유속 공식**

평균 유속 공식은 마찰손실수두 h_f의 식을 유속 v의 형태로 변형한 것이다. 식 (1)의 **셰지(chézy) 공식**은 하수도의 표준식으로 이용되어 온 가장 오래된 평균 유속 공식이다.

식 (2)의 **매닝 공식**은 하천이나 인공수로 등 개수로의 실험치로 만들어진 것으로, 관수로나 폐수로에도 적합하며, 널리 이용되고 있다. **조도계수** n(표 1)은 수로 벽면, 저면의 조도를 나타내는 수치로, n이 클수록 벽이나 밑면은 거칠다. 유속 v는 n이 클수록 늦어진다.

매닝의 공식으로 마찰손실수두 h_f, 저항계수 f, f', 셰지의 계수 C를 구하면 다음과 같다.

$$h_f = \frac{2gn^2}{R^{1/3}} \cdot \frac{l}{R} \cdot \frac{v^2}{2g}, \quad f' = \frac{2gn^2}{R^{1/3}}, \quad f = \frac{124.5\, n^2}{D^{1/3}}, \quad C = \frac{1}{n} R^{\frac{1}{6}}$$

······(4)

하젠-윌리엄즈 공식
    식 (3)의 하젠-윌리엄스의 공식은 미국의 실제 수도관 실험 결과에 기초를 둔 공식이며, 상수도 송배수관 설계의 표준식으로 일본에서도 많이 사용된다. 이 공식은 평균 유속이 $v<1.5\text{m/s}$의 경우에는 적용하지 않는다.
    하젠-윌리엄스의 공식에서 f, f'를 구하면 다음과 같은 식이 된다.

$$f = \frac{133.4}{C_H^{1.85} D^{0.17} v^{0.15}}, \quad f' = \frac{26.51}{C_H^{1.85} D^{0.17} v^{0.15}}$$

······(5)

❖ **예제**   평균 유속 v의 계산 문제

그림 1과 같은 직사각형 단면 수로의 수면균배가 1/500일 때, 셰지 공식을 이용하여 유량을 구하라. 단, 마찰손실계수 $f'=0.02$로 한다.

답

유적 $A = 0.5 \times 0.4 = 0.20\ \text{m}^2$
윤변 $S = 0.5 + 0.4 \times 2 = 1.30\ \text{m}$
경심 $R = A/S = 0.20/1.30 = 0.154\ \text{m}$
$C = \sqrt{2g/f'} = \sqrt{2 \times 9.8/0.02} = 31.3$
$v = C\sqrt{RI} = 31.3 \times \sqrt{0.154 \times 1/500} = 0.549\ \text{m/s}$
∴ 유량 $Q = Av = 0.2 \times 0.549 = 0.110\ \text{m}^3/\text{s}$

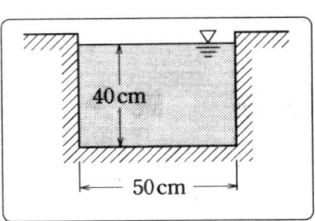

그림 1 직사각형 수로

❖ **예제**   마찰손실수두의 계산 문제

내경 100mm의 새로운 염화비닐관에 유량 $0.025\text{m}^3/\text{s}$의 물이 흐르고 있을 때, 수로 길이 1,000m의 마찰손실수두를 매닝 공식으로 구하라.

답

표 1에서 조도계수 $n=0.011$로 한다.
$A = 3.14 \times 0.1^2/4 = 0.00785\ \text{m}^2$
$v = Q/A$
  $= 0.025/0.00785 = 3.18\ \text{m/s}$
$f = \dfrac{124.5\, n^2}{D^{1/3}} = \dfrac{124.5 \times 0.011^2}{0.1^{1/3}} = 0.0325$
∴ $h_f = f \dfrac{l}{D} \cdot \dfrac{v^2}{2g} = 0.0325 \times \dfrac{1000}{0.1} \times \dfrac{3.18^2}{2 \times 9.8} = 167.7\ \text{m}$

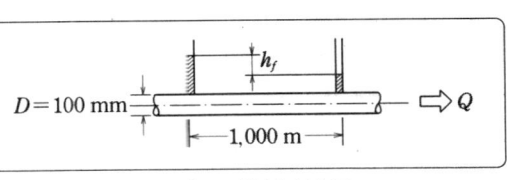

그림 2 마찰손실수두

1. 관수로의 손실두수

□ 포인트
손실수두

관수로에 물이 흐를 때 관 내에서는 마찰 이외에 관로의 형상 변화로 인한 소용돌이가 발생하여 손실수두 h가 생긴다(그림 1). 이것을 형상 변화에 의한 손실수두(형상 손실)라 한다. 다음 식에서처럼 속도수두 $v^2/2g$에 비례한다.

$$h = k \frac{v^2}{2g} \quad (k : \text{각종 손실계수}) \quad \cdots\cdots (1)$$

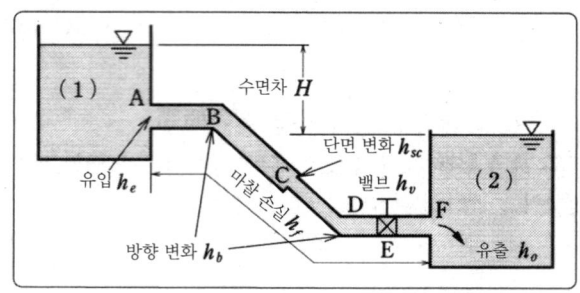

그림 1 관수로의 형상에 의한 손실

■ 해설

▶ 형상 손실의 종류

유입으로 인한 손실수두 h_e는 유입부의 소용돌이가 원인으로 생기는 손실수두를 말한다(그림 2). 유입손실계수 f_e는 입구의 형태에 의해 달라진다.

유입에 의한 손실수두

$$h_e = f_e \frac{v^2}{2g} \quad \cdots\cdots (2)$$

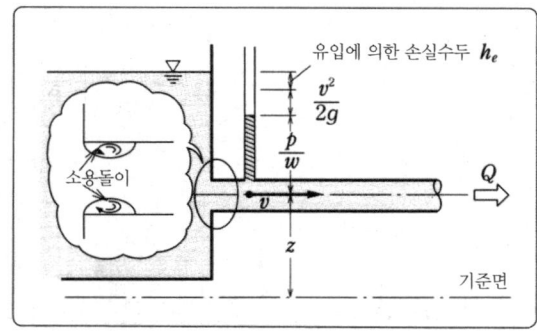

그림 2 유입에 의한 손실수두

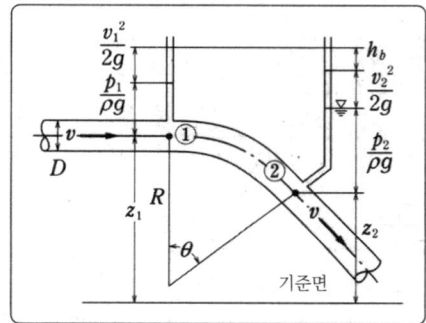

그림 3 휨에 의한 손실수두

휨에 의한 손실수두 h_b 및 굴절에 의한 손실수두 h_{be}는 다음 식과 같다. 또한, 휨 손실계수 f_b는 휨의 각도 θ, 곡률 반경 R, 관경 D로 결정된다(그림 3).

휨에 의한 손실수두

$$h_b = f_b \frac{v^2}{2g} \quad \cdots\cdots (3)$$

굴절에 의한 손실수두

굴절에 의한 손실수두 $h_{be} = f_{be}\dfrac{v^2}{2g}$ ······(4)

여기서, f_{be} : 굴절손실계수

급확대에 의한 손실수두 h_{se} 및 급축소에 의한 손실수두 h_{sc}는 다음 식과 같다.

급확대에 의한 손실수두

급확대에 의한 손실수두 $h_{se} = f_{se}\dfrac{v_1^2}{2g}$ ······(5)

여기서, f_{se} : 급확대 손실계수

v_1 : 확대 전 좁은 관의 평균 유속

급축소에 의한 손실수두

급축소에 의한 손실수두 $h_{sc} = f_{sc}\dfrac{v_2^2}{2g}$ ······(6)

여기서, f_{sc} : 급축소 손실계수

v_2 : 축소 후의 좁은 관의 평균 유속

점차확대에 의한 손실수두 h_{ge} 및 점차축소에 의한 손실수두 h_{gc}는 다음 식과 같다.

점차확대에 의한 손실수두

점차확대에 의한 손실수두 $h_{ge} = f_{ge}\dfrac{(v_1 - v_2)^2}{2g}$ ······(7)

여기서, f_{ge} : 점차확대 손실계수

점차축소에 의한 손실수두

점차축소에 의한 손실수두 $h_{gc} = f_{gc}\dfrac{v_2^2}{2g}$ ······(8)

여기서, f_{gc} : 점차축소 손실계수, v_2 : 축소 후 좁은관의 평균 유속

관수로 내에 밸브가 있는 경우, 밸브 부분의 흐름이 급축소, 급확대되기 때문에 **밸브에 의한 손실수두** h_v가 생긴다.

밸브에 의한 손실수두

밸브에 의한 손실수두 $h_v = f_v\dfrac{v^2}{2g}$ ······(9)

여기서, f_v : 밸브손실계수

v : 밸브의 영향이 없는 부분의 평균 유속

물이 관의 출구에서 수조로 흘러들어올 때 수조의 물과 충돌하여 소용돌이가 생기고, 속도수두가 손실된다. 그 때문에 관의 출구에서는 속도수두를 잃게 되므로 **유출에 의한 손실수두** h_o는 다음 식과 같다.

유출에 의한 손실수두

유출에 의한 손실수두 $h_o = f_o\dfrac{v^2}{2g}$ ······(10)

여기서, f_o : 유출손실계수($f_o = 1.0$)

v : 유출 전 관 내의 유속

■ **정리**

그림 1에서 관수로 내의 A~F 간에 생기는 각종 형상손실수두 및 마찰손실수두는 다음 일곱 가지이다.

① A의 유입에 의한 손실수두, ② B의 굴절손실수두, ③ C의 급축소 손실수두, ④ D의 굴절손실수두, ⑤ E의 밸브에 의한 손실수두, ⑥ F의 유출손실수두, ⑦ A~F 간의 마찰손실수두

2. 단선 관수로

□ 포인트

단선 관수로

그림 1과 같이 두 개의 수조를 하나의 관수로로 연결하는 수로를 단선 관수로라 한다. 관수로의 입구 (A)에서 출구 (G)까지의 각종 손실수두의 합, 즉 전 손실수두 h_l은 식 (1)과 같이 수조 두 개의 **수위차** H와 같다.

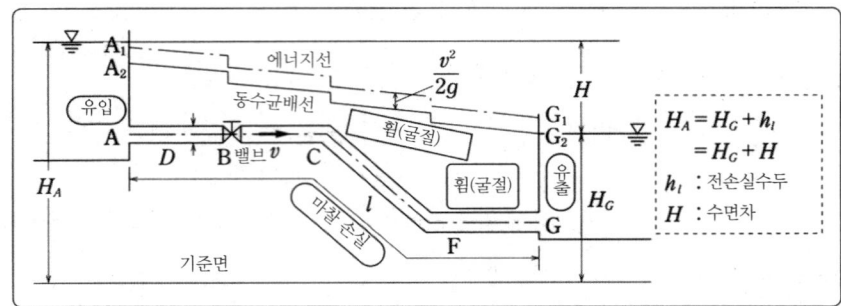

그림 1 관경이 일정한 단선 관수로

■ 해설

수위차

▶ 단선 관수로(관경이 일정한 경우)

그림 1에서, 두 수조의 수위차 H는 다음 식과 같다.

$$H = \left(f_e + f_v + \Sigma f_b + f_o + f \cdot \frac{l}{D}\right) \frac{v^2}{2g} \quad \cdots\cdots (1)$$

여기서 f_e : 유입손실계수, f_v : 밸브손실계수,
        Σf_b : 휨(굴절)손실계수의 합계, f_o : 유출손실계수,
        f : 마찰손실계수, l : 관의 길이, D : 관의 지름

평균 유속

관수로 내의 **평균 유속** v는 식 (1)에서 다음과 같이 구할 수 있다.

$$v = \sqrt{\frac{2gH}{f_e + f_v + \Sigma f_b + f_o + f \cdot l/D}} \quad \cdots\cdots (2)$$

식 (2)를 통하여 알 수 있듯이 분모는 각종 손실계수의 총합으로, 손실수두의 총합이 커질수록 v는 작아진다. 또한, $f \cdot l/D$는 마찰 손실로, l이 커질수록 마찰 손실이 커지며, 형상 손실은 무시할 수 있다.

동수균배선

에너지선

그림 1에서 각 점의 위치수두 z와 압력수두 $p/\rho g$의 합, $(z + p/\rho g)$를 결합한 선을 **동수균배선**이라 한다. 동수균배선에 속도수두 $v_2/2g$를 더하여 각 점의 $(v_2/2g + z + p/\rho g)$를 결합한 선을 **에너지선**이라 한다. 에너지선으로부터 물의 흐름과 에너지 감소의 관계를 알 수 있다.

■ 관련사항

▶ 관경이 달라질 경우

그림 2와 같이 관경이 도중에 변화하는 단선 관수로의 경우는 식 (1)의 각

관수로

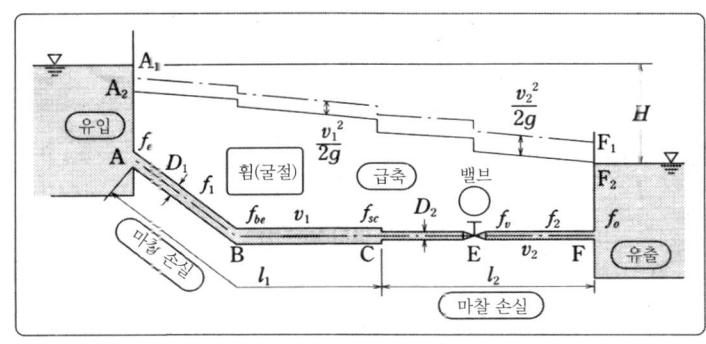

그림 2 관경이 달라지는 경우의 단선 관수로

종 손실수두의 단면변화에 의한 손실수두를 더하여 구한다.

수위차   2가지의 수조의 수위차 H는 다음 식과 같다.

$$H = \left\{ f_e + f_1 \cdot \frac{l_1}{D_1} + f_{be} + \left(f_{sc} + f_2 \cdot \frac{l_2}{D_2} + f_v + f_o \right) \left(\frac{D_1}{D_2} \right)^4 \right\} \frac{v_1^2}{2g}$$

...... (3)

여기서, f_1, f_2 : 단면 1, 2의 마찰손실계수,
         l_1, l_2 : 단면 1, 2의 관 길이, D_1, D_2 : 단면 1, 2의 관경,
         v_1 : 관경 D_1의 평균 속도, f_{be} : 굴절손실계수

유속   그림 2에서 유속 v_1은 식 (3)으로부터 다음과 같이 구할 수 있다.

$$v_1 = \sqrt{\frac{2gH}{f_e + f_1 \cdot l/D_1 + f_{be} + (f_{sc} + f_2 \cdot l/D_2 + f_v + f_o)(D_1/D_2)^4}}$$

...... (4)

유량 Q, 유속 v_2는 $Q = Av_1$, $v_2 = Q/A_2$로 구한다.

❖ 예제   수위차 H 계산의 문제

그림 1에서 H_A=15m, 관경 1.2m, 전체 길이 200m일 때 유량 2.5m³/s의 물을 보내려면 수조의 기준면상의 수위를 얼마로 하면 되는가? 단, f_e=0.5, f_v=0.1, Σf_b=0.36, f_o=1.0, f=0.02로 한다.

답

$$A = \frac{\pi D^2}{4} = \frac{3.14 \times 1.2^2}{4} = 1.13 \text{ m}^2, \quad v = \frac{Q}{A} = \frac{2.5}{1.13} = 2.21 \text{ m/s}$$

$$H = \frac{(f_e + f_v + \Sigma f_b + f_o + f \cdot l/D) v^2}{2g}$$

$$= \frac{\{0.5 + 0.1 + 0.36 + 1.0 + 0.02 \times (200/1.2)\} \times 2.21^2}{2 \times 9.8}$$

$$= 1.32 \text{ m}$$

수면의 높이는 $H_G = H_A - H = 15 - 1.32 = 13.68$ m

3. 수차, 펌프

□ 포인트

1 수차의 출력 P

$$P = \rho g \eta_T Q H_T \text{ [W]} \quad \cdots\cdots (1)$$

여기서 $\rho = 1,000 \text{ kg/m}^3$, $g = 9.8 \text{ m/s}^2$, Q : 유량 $\text{[m}^3\text{/s]}$,
η_T : 수차의 효율(0.79~0.92), H_T : 유효낙차 [m]

2 펌프의 동력 S

$$S = \frac{\rho g Q H_P}{\eta_P} \text{ [W]} \quad \cdots\cdots (2)$$

여기서, $\rho = 1,000 \text{ kg/m}^3$, $g = 9.8 \text{ m/s}^2$, Q : 유량 $\text{[m}^3\text{/s]}$,
H_P : 전 양정 [m], η_P : 펌프의 효율(0.65~0.85)

■ 해설

▶ 수차, 펌프

수차
그림 1과 같이 관수로의 중간에 **수차**를 설치하면 물의 위치 에너지를 이용하여 수차의 회전 에너지로 이용하거나 발전기에서 전기에너지로 변환할 수 있다.

총 낙차
유효낙차
그림 1에서 처럼 **총 낙차**(수위차) H 중 수차의 회전에 이용되는 낙차(손실수두)를 **유효낙차** H_T라 한다. 유효낙차 H_T는 다음 식과 같다.

$$H_T = H - (h_{l1} + h_{l2}) = H - h_l \quad \cdots\cdots (3)$$

수차는 유효낙차 H_T에 의해 일을 하여 출력(동력) P를 발생시킨다.

이론출력
수차의 **이론출력** P는, $P = \rho g Q H_T \text{[W]}$가 되지만, 실제 출력 P는 수차 내부에 생기는 손실(**효율** η_T)을 고려하여 식 (1)과 같이 된다.

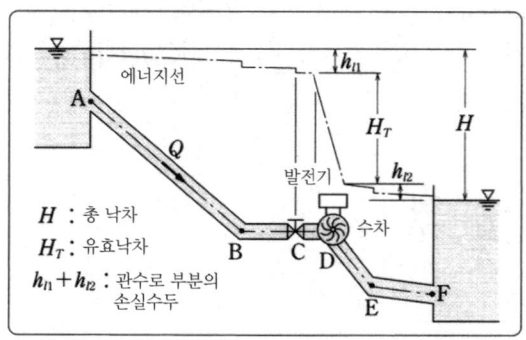

그림 1 수차가 있는 관수로

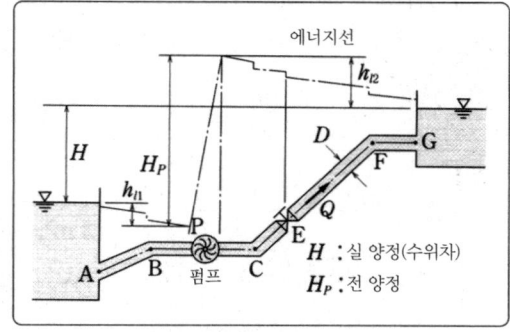

그림 2 펌프가 있는 관수로

펌프
펌프는 그림 2와 같이 동력에 의해 물의 에너지를 사용하여 물을 낮은 곳에서 높은 곳으로 보낸다.

전 양정 물을 보내기 위해 펌프가 물에 가하는 에너지(수위차)를 전 양정 H_P라 한다. 전 양정 H_P는 다음 식과 같다.

$$H_P = H + (h_{l1} + h_{l2}) = H + h_l \quad \cdots\cdots (4)$$

동력 펌프에 필요한 이론상의 **동력** S는 $S = \rho g Q H_P$가 되지만, 펌프의 손실(**효율** η_P)을 고려하면서 식 (2)와 같다.

❖ 예제 수차 출력의 문제

그림 1에서 총 낙차 $H = 70\,\text{m}$, 관경 $D = 1.3\,\text{m}$, 관수로의 전 길이 $l = 180\,\text{m}$, 사용 수량 $9\,\text{m}^3/\text{s}$, 수차의 효율 $\eta_T = 80\%$로 할 때, 그 출력 P를 구하라. 단, $f_e = 0.5$, $f_{be} = 0.2$의 굴절이 2개소, $f_v = 0.06$, $f_o = 1.0$, $f = 0.02$로 한다.

[답]

$$A = \pi D^2/4 = 3.14 \times 1.3^2/4 = 1.33\,\text{m}^2$$
$$v = Q/A = 9/1.33 = 6.77\,\text{m/s}$$

손실수두 $h_l = \left(0.5 + 0.06 + 2 \times 0.2 + 1.0 + 0.02 \times \dfrac{180}{1.3}\right) \dfrac{6.77^2}{2 \times 9.8} = 11.1\,\text{m}$

유효낙차 $H_T = H - h_l = 70 - 11.1 = 58.9\,\text{m}$

출력 $P = \rho g \eta_T Q H_T = 1{,}000 \times 9.8 \times 0.8 \times 9 \times 58.9 = 4{,}155{,}984\,\text{W} \fallingdotseq 4{,}156\,\text{kW}$

❖ 예제 펌프 동력의 문제

그림 2에서 관경 $D = 0.5\,\text{m}$, 관수로의 전 길이가 $600\,\text{m}$일 때, 유량 $Q = 0.3\,\text{m}^3/\text{s}$, 실 양정 $H = 45\,\text{m}$로 물을 보내려고 한다. 펌프의 동력 S를 구하라. 단, $\eta_P = 0.7$, $f_e = 0.5$, $f_{be} = 0.15$인 굴절이 3개소, $f_v = 0.055$, $f_o = 1.0$, $f = 0.03$으로 한다.

[답]

$$A = \pi D^2/4 = 3.14 \times 0.5^2/4 = 0.196\,\text{m}^2$$
$$v = Q/A = 0.3/0.196 = 1.53\,\text{m/s}$$

관수로 부분의 전 손실수두 h_l는

$$h_l = \left(f_e + f_v + 3 f_{be} + f_o + f \dfrac{l}{D}\right) \dfrac{v^2}{2g}$$
$$= \left(0.5 + 0.055 + 3 \times 0.15 + 1.0 + 0.03 \times \dfrac{600}{0.5}\right) \times \dfrac{1.53^2}{2 \times 9.8} = 4.54\,\text{m}$$

전 양정 $H_P = H + h_l = 45 + 4.54 = 49.54\,\text{m}$

동력 $S = \rho g Q H_P / \eta_P = 1{,}000 \times 9.8 \times 0.3 \times 49.54 / 0.7 = 208{,}068\,\text{W}$
   $\fallingdotseq 208\,\text{kW}$

4. 지중 관수로

☐ 포인트   지중 관수로(분지관, 합류관)의 여러 가지 양을 구하는 방법은 다음과 같다.

① 각 관의 길이 l, 내경 D, 유량 Q가 주어진 경우
→수면차 H_1, H_2로 구할 수 있다.

② 각 관의 길이 l, 내경 D, 수면차 H가 주어진 경우
→유량 Q로 구할 수 있다.

③ 각 관의 길이 l, 유량 Q, 수면차 H, 내경 D_1(합류관은 D_3)가 주어진 경우
→내경 D_2, D_3의 결정이 가능하다.

■ 해설

지중 관수로
분지 관수로

▶ 지중 관수로

그림 1의 분지 관수로에 각 관의 유량과 손실수두의 관계를 조사한다. 일반적으로 관수로의 연결이 길 경우 형상에 의한 손실수두는 마찰 손실에 비해 매우 작으므로 이것을 무시하고 마찰손실수두만을 취급한다. 그림 1의 AB 간, AC 간의 마찰손실수두 H_1, H_2는 다음 식과 같다.

$$H_1 = f_1 \frac{l_1}{D_1} \cdot \frac{v_1^2}{2g} + f_2 \frac{l_2}{D_2} \cdot \frac{v_2^2}{2g}, \quad H_2 = f_1 \frac{l_1}{D_1} \cdot \frac{v_1^2}{2g} + f_3 \frac{l_3}{D_3} \cdot \frac{v_3^2}{2g} \quad \cdots\cdots (1)$$

여기서, $f_1 \sim f_3$: $D_1 \sim D_3$ 관의 마찰손실계수

이 식에서, $v_1 = \frac{4}{\pi D_1^2} Q_1$, $v_2 = \frac{4}{\pi D_2^2} Q_2$, $v_3 = \frac{4}{\pi D_3^2} Q_3$을 대입한다.

그리고, $k_1 = \frac{8}{\pi^2 g} \cdot \frac{f_1 l_1}{D_1^5}$, $k_2 = \frac{8}{\pi^2 g} \cdot \frac{f_2 l_2}{D_2^5}$, $k_3 = \frac{8}{\pi^2 g} \cdot \frac{f_3 l_3}{D_3^5}$ 로 둔다면

식 (1)은 다음과 같은 식이 된다.

$$\left.\begin{array}{l} H_1 = k_1 Q_1^2 + k_2 Q_2^2 \\ H_2 = k_1 Q_1^2 + k_3 Q_3^2 \\ Q_1 = Q_2 + Q_3 \end{array}\right\} \quad \cdots\cdots (2)$$

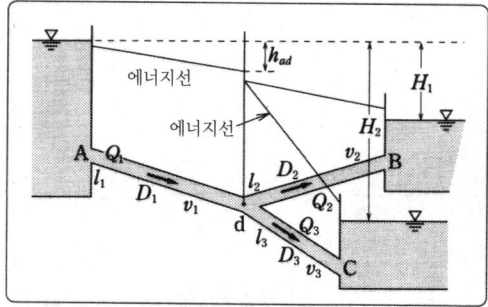

그림 1 분지 관수로

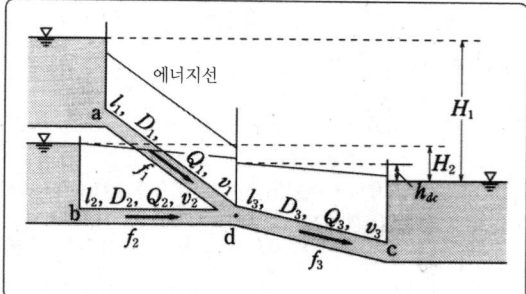

그림 2 합류 관수로

관수로

식 (2)의 세 가지 연립 방정식을 풀어보면 여러 가지 양을 구할 수 있다. 또한, 분지관의 내경 D_2, D_3을 결정하려면, 다음 식을 이용한다.

$$D_2 = \left(\frac{f_2 l_2 Q_2^2}{\frac{\pi^2 g H_1}{8} - f_1 \frac{l}{D_1^5} Q_1^2} \right)^{\frac{1}{5}}, \quad D_3 = \left(\frac{f_3 l_3 Q_3^2}{\frac{\pi^2 g H_2}{8} - f_1 \frac{l}{D_1^5} Q_1^2} \right)^{\frac{1}{5}} \quad \cdots\cdots (3)$$

합류관수로 그림 2의 **합류관수로**도 분지관과 같이 수면차 H_1, H_2는 다음 식과 같다.

$$H_1 = f_1 \frac{l_1}{D_1} \cdot \frac{v_1^2}{2g} + f_3 \frac{l_3}{D_3} \cdot \frac{v_3^2}{2g}, \quad H_2 = f_2 \frac{l_2}{D_2} \cdot \frac{v_2^2}{2g} + f_3 \frac{l_3}{D_3} \cdot \frac{v_3^2}{2g} \quad \cdots\cdots (4)$$

이것을 정리해 보면 다음 식이 된다. $k_1 \sim k_2$는 식 (2)와 같은 양상이다.

$$\left. \begin{array}{l} H_1 = k_1 Q_1^2 + k_3 Q_3^2 \\ H_2 = k_2 Q_2^2 + k_3 Q_3^2 \\ Q_1 + Q_2 = Q_3 \end{array} \right\} \quad \cdots\cdots (5)$$

❖ **예제**　　　분기 관수로의 문제

그림 3에서 각 관 내의 유량을 구하라. 단, $f_1 = 0.0260$, $f_2 = f_3 = 0.0290$으로 하며, 마찰 이외의 손실수두는 무시하는 것으로 한다.

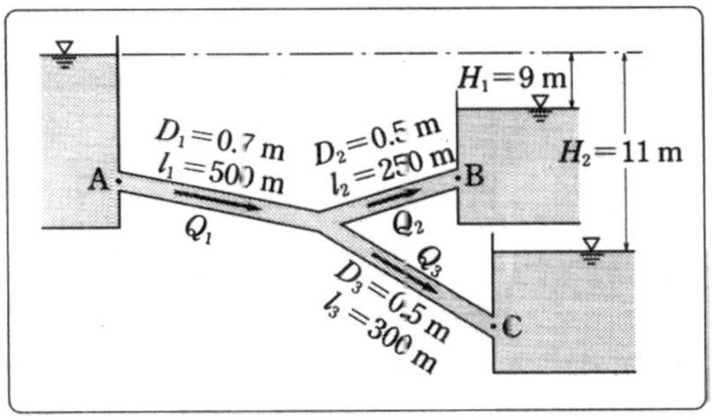

답

$\left. \begin{array}{l} k_1 = 6.40 \\ k_2 = 19.20 \\ k_3 = 23.05 \end{array} \right\}$

$k_1 \sim k_3$를 식 (2)에 대입하면

$9 = 6.40\, Q_1^2 + 19.20\, Q_2^2 \quad \cdots\cdots (6)$

$11 = 6.40\, Q_1^2 + 23.05\, Q_3^2 \quad \cdots\cdots (7)$

$Q_1 = Q_2 + Q_3 \quad \cdots\cdots (8)$

⇓

$Q_2^2 = 0.4688 - 0.3333\, Q_1^2 \quad \cdots\cdots (6')$

$Q_3^2 = 0.4772 - 0.02777\, Q_1^2 \quad \cdots\cdots (7')$

$Q_1^2 = Q_2^2 + Q_3^2 + 2 Q_2 Q_3 \quad \cdots\cdots (8')$

식 (6')~(8')로부터

$Q_1^2 = 0.4688 - 0.3333\, Q_1^2 + 0.4772 - 0.2777\, Q_1^2$
$\qquad + 2\sqrt{0.4688 - 0.3333\, Q_1^2} \times \sqrt{0.4772 - 0.2777\, Q_1^2}$

위 식을 풀면, $Q_1^2 = 0.851 \quad (Q_1 > 0)$

∴ $Q_1 = 0.922 \, \text{m}^3/\text{s}, \quad Q_2 = 0.430 \, \text{m}^3/\text{s}, \quad Q_3 = 0.492 \, \text{m}^3/\text{s}$

그림 3 분기 관수로

4 수리학

1. 상류, 사류

□ 포인트

상류
사류

개수로의 흐름에서 수심이 한계수심보다도 깊고, 유속이 한계유속보다도 느린 흐름을 **상류**라고 한다(그림 1). 수심이 한계수심보다도 얕고, 유속이 한계유속보다도 **빠른** 흐름을 **사류**라 한다.

■ 해설

▶베이스의 정리와 베랑제의 정리

그림 2에서 하천 바닥에 기준선을 취해 베르누이의 정리를 적용하면

$$E = \frac{v^2}{2g} + H = \frac{Q^2}{2gA^2} + H \quad \cdots\cdots(1)$$

비에너지

이 된다. 이 에너지선의 높이 E를 **비에너지**라고 한다.

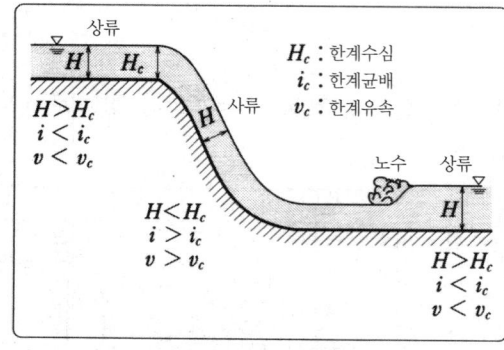 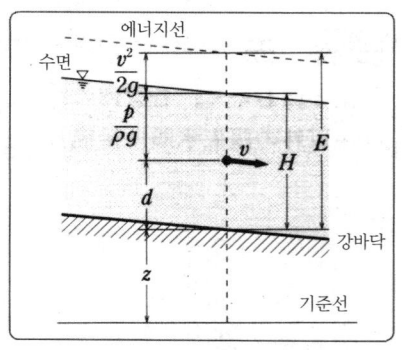

그림 1 상류와 사류 그림 2 비에너지

직사각형 단면 수로에 대한 **비에너지**를 생각해 보면

$$E = \frac{Q^2}{2gB^2H^2} + H \quad \cdots\cdots(2)$$

비에너지 곡선

그림 3은 유량이 일정하다고 생각하여 E와 H의 관계를 그래프로 나타낸 것으로, **비에너지 곡선**이라 한다. 그래프에서 어떤 비에너지가 전해지면, 두 가지의 수심 H_1, H_2를 취하는 것을 알 수 있다.

한계수심
한계유속
베이스의 정리

일정한 유량을 최소의 비에너지로 흐르게 할 때의 수심을 **한계수심** H_c, 이라 하고, 그때의 유속을 **한계유속** v_c이라 한다. 이것을 **베이스의 정리** 또는 **최소비에너지의 정리**라 한다. H_c 및 v_c는 다음 식과 같다.

$$H_c = \sqrt[3]{Q^2/gB^2}, \quad v_c = \sqrt[3]{Qg/B} \quad \cdots\cdots(3)$$

식 (2)를 Q에 대해 풀면

$$Q = BH\sqrt{2g(E-H)} \quad \cdots\cdots(4)$$

이 식으로부터 Q와 H의 관계를 그래프로 나타내면 그림 4와 같다. 이 그래프에서 유량을 최대로 하는 수심도 **한계수심**이다. 그러므로 한계수심은

비에너지가 일정할 때 유량을 최대로 하는 수심이기도 하다. 이것을 **베랑제의 정리**라 한다. 한계수심 H_c는 다음 식과 같다.

베랑제의 정리

$$H_c = (2/3)E \qquad \cdots\cdots(5)$$

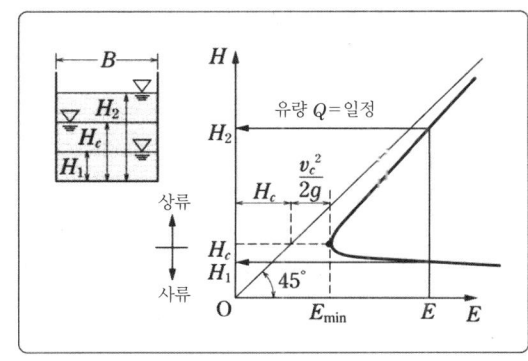

그림 3 E-H 곡선

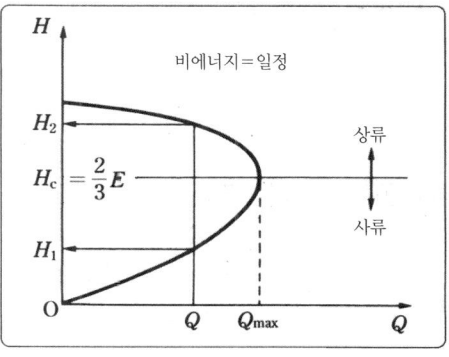

그림 4 Q-H 곡선

■ 관련사항

▶ 프루드수 및 한계경사에 대하여

장파의 전반속도는 $\sqrt{gH}$로 나타낸다. 이 전반 속도와 유속 v의 비를 **프루드수** F_r라 한다.

프루드수

$$F_r = \frac{v}{\sqrt{gH}} \qquad \cdots\cdots(6)$$

한계 프루드수
한계류

수심이 한계수심일 경우의 프루드수를 한계 **프루드수** F_{rc}라 하며, 이때의 흐름을 **한계류**라 한다($F_r=1$).

유량이 일정한 등류수로의 경사 i를 크게 하면 유속은 빨라지며 수심은 작아진다. 경사가 있는 한계에 도달하면 수심은 한계수심과 같아진다. 이때의 경사를 **한계경사** i_c, 흐름을 **한계류**라 한다(표 1).

한계경사

표 1 상류, 사류, 한계류의 판별

	수심	유속	경사	프루드수
상류	$H > H_c$	$v < v_c$	$i < i_c$	$F_r < 1$
사류	$H < H_c$	$v > v_c$	$i > i_c$	$F_r > 1$
한계류	$H = H_c$	$v = v_c$	$i = i_c$	$F_r = 1$

❖ 예제　　상류, 사류 판별의 문제

폭 3m의 직사각형 단면 수로에 유량 2m³/s의 물이 80cm로 흐르고 있을 때, 상류인지 사류인지를 판별하라.

답

한계수심 $H_c = \sqrt[3]{Q^2/gB^2} = \sqrt[3]{2^2/(9.8 \times 3^2)} = 0.36\,\text{m}$　　$\therefore\ H > H_c$이므로 상류이다.

2. 등류 수로

□ 포인트
매닝 공식

등류의 계산에는 다음 매닝 공식이 많이 사용된다.

$$\text{유속 } v = \frac{1}{n} R^{\frac{2}{3}} I^{\frac{1}{2}}, \qquad \text{유량 } Q = Av = \frac{1}{n} A R^{\frac{2}{3}} I^{\frac{1}{2}} \quad \cdots\cdots (1)$$

여기서, n : 조도계수

■ 해설
등류

▶ 등류 계산

등류란 수로의 어떤 단면에서도 수심과 유속이 일정하며, 수면기울기와 수로상기울기가 같은 흐름이다. 또한, 매닝 공식을 이용하면 다음과 같은 미지수를 구할 수 있다(표 1).

표 1

기지수	미지수
A, I, n	v 또는 Q
A, I, v 또는 Q	n
A, n, v 또는 Q	I
I, n, Q	H

여기서
v : 유속
Q : 유량
n : 조도계수
I : 수로상기울기
H : 수심

개수로의 수로에는 직사각형, 사다리꼴형, 원형 단면이 많이 이용된다. 이것들의 단면의 **형상 요소**를 정리해 보면 표 2와 같다.

형상 요소

표 2 수로 단면의 형상 요소 (φ는 rad 단위, $1° = \frac{\pi}{180}$ rad)

단면형	유적 A	윤변 S	경심 R	수면폭 B	수심 H
직사각형	bH	$b+2H$	$\dfrac{bH}{b+2H}$	b	H
사다리꼴형	$(b+mH)H$	$b+2H\sqrt{1+m^2}$	$\dfrac{(b+mH)H}{b+2H\sqrt{1+m^2}}$	$b+2mH$	H
원형	$\dfrac{D^2}{8}(\varphi - \sin\varphi)$	$\dfrac{D}{2}\varphi$	$\dfrac{D}{4}\left(1 - \dfrac{\sin\varphi}{\varphi}\right)$	$D\sin\dfrac{\varphi}{2}$ 혹은 $2\sqrt{H(D-H)}$	$\dfrac{D}{2}\left(1 - \cos\dfrac{\varphi}{2}\right)$

❖ 예제   사다리꼴 단면 수로의 유량 계산 문제

그림 1에서 사다리꼴형 단면 수로의 유량을 구하라. 단, 조도계수 0.015, 수로상기울기 1/1,000로 한다.

답

표 2에서

유적 $A = (b+mH)H$
$\quad\quad\quad = (2+1\times1.5)\times1.5 = 5.25 \text{ m}^2$

윤변 $S = b+2H\sqrt{1+m^2}$
$\quad\quad\quad = 2+2\times1.5\times\sqrt{1+1^2} = 6.24 \text{ m}$

경심 $R = \dfrac{A}{S} = \dfrac{5.25}{6.24} = 0.84 \text{ m}$

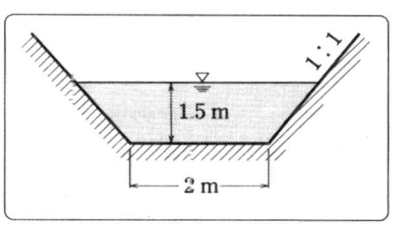

그림 1 사다리꼴 단면 수로

매닝 공식으로 유속을 구하면

유속 $v = \dfrac{1}{n}R^{\frac{2}{3}}I^{\frac{1}{2}} = \dfrac{1}{0.015}\times 0.84^{\frac{2}{3}}\times\left(\dfrac{1}{1,000}\right)^{\frac{1}{2}}$
$\quad\quad\quad = 1.88 \text{ m/s}$

따라서, 유량은 다음 식과 같다.

유량 $Q = Av = 5.25\times 1.88 = 9.87 \text{ m}^3/\text{s}$

❖ 예제   원형 단면 계산 문제

그림 2에서 원형 단면 수로의 유적, 윤변, 경심, 수면폭, 수심을 구하라.

답

중심각 150°를 rad으로 환산하면

$\dfrac{\pi}{180°}\times 150° = 2.62 \text{ rad}$

유적 $A = \dfrac{D^2}{8}(\varphi - \sin\varphi)$
$\quad\quad\quad = \dfrac{0.8^2}{8}\times(2.62-\sin 2.62) = 0.17 \text{ m}^2$

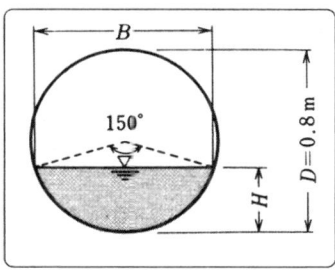

그림 2 원형 단면 수로

윤변 $S = \dfrac{D}{2}\varphi = \dfrac{0.8}{2}\times 2.62 = 1.05 \text{ m}$

경심 $R = \dfrac{D}{4}\left(1-\dfrac{\sin\varphi}{\varphi}\right) = \dfrac{0.8}{4}\times\left(1-\dfrac{\sin 2.62}{2.62}\right) = 0.16 \text{ m}$

수면폭 $B = D\sin\dfrac{\varphi}{2} = 0.8\times\sin\dfrac{2.62}{2} = 0.77 \text{ m}$

수심 $H = \dfrac{D}{2}\left(1-\cos\dfrac{\varphi}{2}\right) = \dfrac{0.8}{2}\times\left(1-\cos\dfrac{2.62}{2}\right) = 0.30 \text{ m}$

3. 수리 특성 곡선

□ 포인트　수리 특성 곡선이란 수로 터널이나 하수도관 등에 이용되는 원형이나 직사각형 등의 수로 단면에 대해 임의의 수심 v, Q, A, R과, 만수일 경우 v_0, Q_0, A_0, R_0 값과의 비를 그래프로 나타낸 곡선이다.

■ 해설

원형 단면 수로

▶ 원형 단면 수로의 수리 특성 곡선

그림 1에서 임의의 수심 H에 대한 중심각 φ는 다음의 식과 같다.

$$\varphi = 2\cos^{-1}\left(1 - \frac{2H}{D}\right) \quad \cdots\cdots(1)$$

만수일 때와 임의의 수심일 때의 비는 다음 식과 같다.

유적비　$\dfrac{A}{A_0} = \left\{\dfrac{D^2}{8}(\varphi - \sin\varphi)\right\} \Big/ \dfrac{\pi D^2}{4} = \dfrac{\varphi - \sin\varphi}{2\pi}$

윤변비　$\dfrac{S}{S_0} = \dfrac{D}{2} \Big/ \dfrac{\pi D}{\varphi} = \dfrac{\varphi}{2\pi}$

경심비　$\dfrac{R}{R_0} = \left\{\dfrac{D}{4}\left(1 - \dfrac{\sin\varphi}{\varphi}\right)\right\} \Big/ \dfrac{D}{4} = 1 - \dfrac{\sin\varphi}{\varphi}$ $\quad \cdots\cdots(2)$

유속비　$\dfrac{v}{v_0} = \left(\dfrac{1}{n}R^{\frac{2}{3}}I^{\frac{1}{2}}\right) \Big/ \left(\dfrac{1}{n}R_0^{\frac{2}{3}}I^{\frac{1}{2}}\right)$
　　　　　$= \left(\dfrac{R}{R_0}\right)^{\frac{2}{3}} = \left(1 - \dfrac{\sin\varphi}{\varphi}\right)^{\frac{2}{3}}$

유량비　$\dfrac{Q}{Q_0} = \dfrac{Av}{A_0 v_0} = \dfrac{\varphi - \sin\varphi}{2\pi}\left(1 - \dfrac{\sin\varphi}{\varphi}\right)^{\frac{2}{3}}$

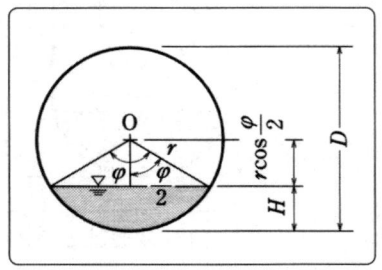
그림 1 원형 단면

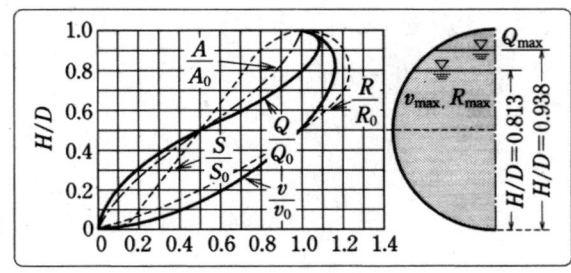
그림 2 원형 단면의 수리 특성 곡선

원형 단면 특성

원형 단면의 특성은 그림 2와 같다.

① 경심 R은 H/D가 약 0.813일 때까지는 증가하지만, 그 이상으로 수심이 깊어지면 유적의 증가에 비해 윤변의 증가가 커지게 되어 경심이 감소하게 된다. 그러므로 유속도 감소한다.

② 유량 Q는 H/D가 약 0.938일 때 최대 유량이 되며, 이후부터는 감소한다.

③ v/v_0 곡선에서 H/D가 0.5 이상이 되면 같은 유속에 대해 두 가지의 다른 수심을 취한다. 그 중 하나는 0.813D보다 작고, 다른 하나는 0.813D보다 크다.

④ Q/Q_0 곡선에서 H/D가 약 0.82 이상이 되면 같은 유량에 대해서 두 가지의 다른 수심을 취한다. 그 중 하나는 약 0.938D보다 작고 다른 하나는 약 0.938D보다 크다.

■ 관련사항

직사각형 단면 수로

▶ 직사각형 단면 수로의 수리 특성 곡선

수로의 폭 B, 최대수심 h_0와의 관계가 $B = 2h_0$일 때의 직사각형 단면 수로의 수리 특성 곡선은 다음 식과 같다.

유적비
$$\frac{A}{A_0} = \frac{2h}{B}$$

수력 평균 수심비
$$\frac{R}{R_0} = \frac{4h/B}{1+2h/B}$$

유속비
$$\frac{v}{v_0} = \left(\frac{4h/B}{1+2h/B}\right)^{\frac{2}{3}}$$

유량비
$$\frac{Q}{Q_0} = \frac{2h}{B}\left(\frac{4h/B}{1+2h/B}\right)^{\frac{2}{3}}$$

……(3)

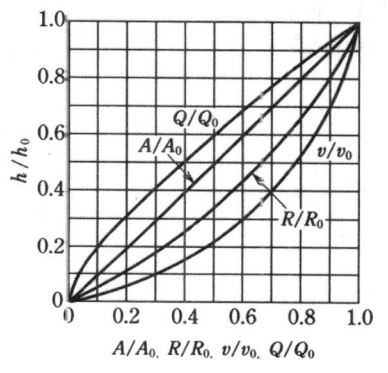

그림 3 직사각형 단면의 수리 특성 단면 곡선

❖ 예제 수리 특성 곡선으로부터 수심 유속을 구하는 문제

내경 500mm의 철근 콘크리트관이 기울기 5‰(1/1,000)로 부설되어 있을 때 매닝 공식으로 만수 시의 유속 및 유량은 각각 $v_0 = 1.36$m/s, $Q_0 = 0.266$m³/s이다.

이 관에 유량이 0.106m³/s의 물을 흐르게 할 때, 수심 H와 유속 v는 어느 정도가 되는지 구하라.

답

$$\frac{Q}{Q_0} = \frac{0.106}{0.266} = 0.40$$

∴ 수심비 $H/D = 0.44$, 유속비 $v/v_0 = 0.95$
그러므로
$H = 0.44 \times D = 0.44 \times 0.50 = 0.22$ m
$v = 0.95 \times v_0 = 0.95 \times 1.36 = 1.29$ m/s

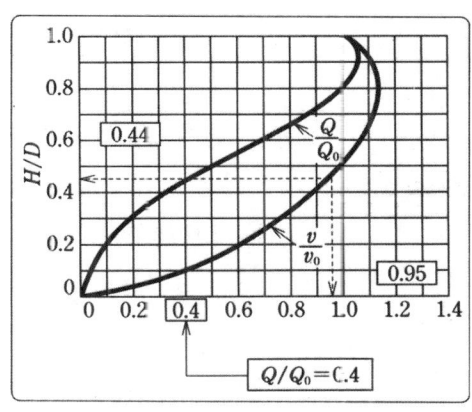

그림 4 수리 특성 곡선

4. 수위의 변화

□ **포인트** 폐수로에서 생기는 손실수두는 다음 ①~④와 같다.
① 마찰에 의한 손실수두, ② 유입에 의한 손실수두, ③ 단면 변화에 의한 손실수두, ④ 장해물 등 수로의 형상 변화에 의한 손실수두
마찰손실수두 이외의 손실수두가 생기는 곳에서는 수위가 급변한다.

■ **해설** ▶ 손실수두와 수위의 변화

마찰손실수두
폐수로의 **마찰손실수두**는 관수로와 같은 양상으로, 수면 저하량과 같다.

$$h_f = f' \frac{l}{R} \cdot \frac{v^2}{2g}. \qquad \cdots\cdots(1)$$

마찰손실계수는 매닝 공식을 사용한다.

$$f' = \frac{2gn^2}{R^{1/3}} \qquad \cdots\cdots(2)$$

유입에 의한 수위 변화량
폐수로에 유입되기 전의 평균 유속을 v_1, 유입 후의 평균 유속을 v_2로 하면, 유입에 의한 수위의 변화량 Δh_e는 다음 식으로 구할 수 있다.

$$\Delta h_e = f_e \frac{v_2^2}{2g} + \left(\frac{v_2^2}{2g} - \frac{v_1^2}{2g}\right) \qquad \cdots\cdots(3)$$

여기서, f_e : 유입손실계수(관수로의 경우 값을 준용한다.)

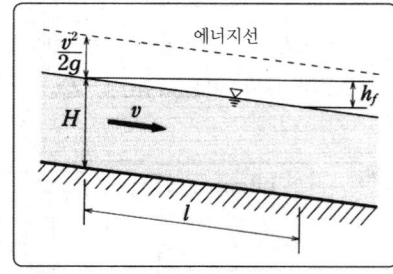
그림 1 마찰손실수두

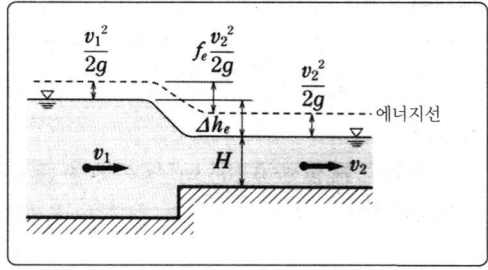
그림 2 유입에 의한 수위 변화량

단면 변화에 의한 수위 변화량
수로 폭의 변화(점차확대, 점차축소, 급확대, 급축소)나 수로 바닥의 변화 등 단면 변화에 의한 수위 변화량 Δh_b는 다음 식으로 구할 수 있다.

$$\Delta h_b = f_b \frac{v_2^2}{2g} + \left(\frac{v_2^2}{2g} - \frac{v_1^2}{2g}\right) \qquad \cdots\cdots(4)$$

스크린에 의한 수위 변화량
쓰레기 피해 등의 이유로 수로의 중간에 **스크린**을 설치하는 경우가 있다. 이때의 수위 변화량 Δh_r을 다음 식을 통해 구할 수 있다.

$$\Delta h_r = f_r \frac{v_1^2}{2g} + \left(\frac{v_2^2}{2g} - \frac{v_1^2}{2g}\right), \quad f_r = \beta \sin\theta (t/b)^{4/3} \qquad \cdots\cdots(5)$$

여기서, β : 스크린 단면 형상에 의한 계수, b : 스크린 바의 순간격[cm],
t : 스크린 바의 두께 [cm]

일반적으로 스크린에 의한 수위의 변화량은 작기 때문에 상하류의 유속은 같다고 할 수 있다. 또한, 스크린에 쓰레기가 부착된 경우에는 계산값의 약 3배 정도 할증한다.

$$\Delta h_r = f_r \frac{v_1^2}{2g} \quad \cdots\cdots (6)$$

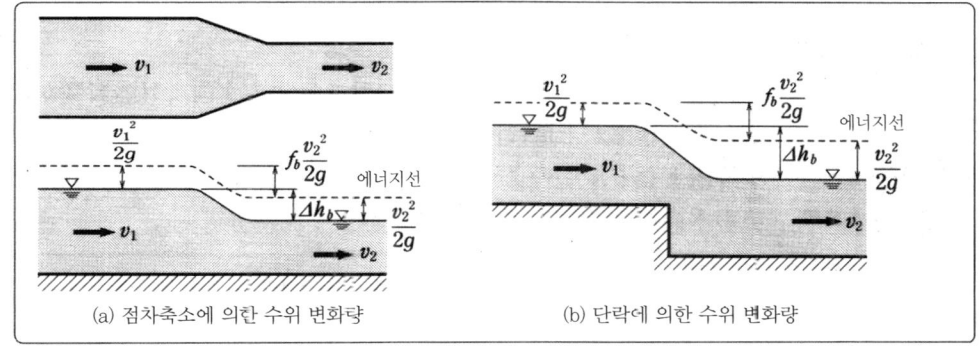

(a) 점차축소에 의한 수위 변화량   (b) 단락에 의한 수위 변화량

그림 3 단면 변화에 의한 수위 변화량

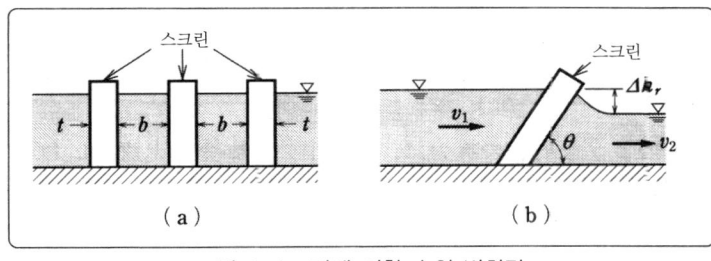

그림 4 스크린에 의한 수위 변화량

표 1 스크린의 단면 형상에 의한 계수

형상	β
⬭	1.60
⬭	1.77
▭	2.34
○	1.73

❖ **예제** 유입에 의한 수위 변화량을 구하는 문제

넓은 저수지에서 유속 1.5m/s로 취수될 때, 유입에 의한 수위의 변화량을 구하라. 단, 유입손실계수 f_e를 0.5로 한다.

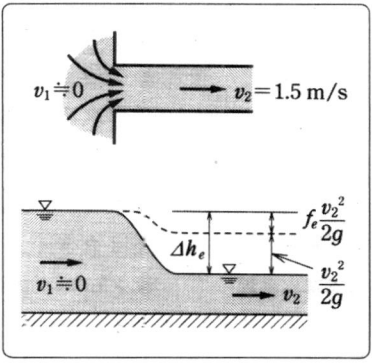

그림 5 유입에 의한 수위 변화량

답

$$\Delta h_e = f_e \frac{v_2^2}{2g} + \left(\frac{v_2^2}{2g} - \frac{v_1^2}{2g}\right)$$
$$= 0.5 \times \frac{1.5^2}{2 \times 9.8} + \frac{1.5^2}{2 \times 9.8} = 0.172 \text{ m}$$

4 수리학

5. 부등류

□ 포인트

부등류

단면 형상이나 수로 바닥 기울기가 같은 개수로에 일정 유량의 물을 흘려보내면 그 흐름은 등류라 한다. 그러나 실제 개수로의 흐름에서는 도중에 설치된 구조물에 의한 수로 단면의 변화 등에 따라 흐름은 **부등류**가 되며, 수면형은 그 흐름이 상류나 사류에 의해 달라진다.

■ 해설

▶ 위어 상승 배수곡선과 저하 배수곡선

상류의 경우 그림 1의 (a)와 같이 위어에 의한 수면 상승의 영향이 상류측에 전달되어 수심이 상류쪽으로 서서히 감소되면서 등류 수심에 가까워지는 부등류가 된다. 이와 같은 현상을 **위어 상승 배수** 또는 **배수**라고 하며, 그 수면형을 **위어 상승 배수곡선**이라 한다.

위어 상승 배수
위어 상승 배수곡선

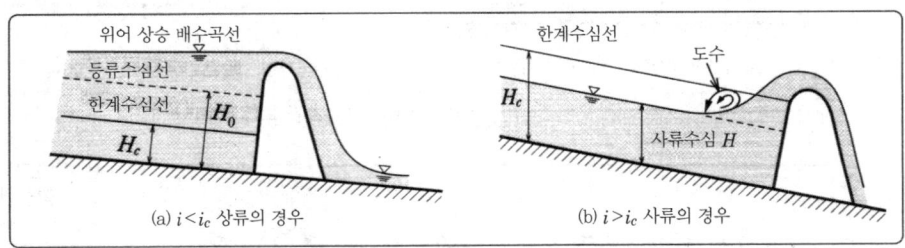

그림 1 위어 상류측의 수면형

그림 1의 (b)와 같은 사류의 경우 수면 상승의 영향이 상류에 미치지 않고 수면은 약간의 구간 상승만 할 뿐이다. 수면 상승 구간은 상류이고, 사류에서 상류로 변화하는 흐름은 불연속이 되며, 에너지 차를 조정하기 위해 격한 소용돌이가 생긴다. 이 소용돌이를 **도수**라고 한다. 그림 2와 같이 수로상기울기가 단면 ⓐ~ⓐ로 완만기울기에서 한계기울기 이상의 급기울기가 되는 경우에는 하류측의 수심은 감소하여 사류(射流)의 등류 수심에 가까워진다. 한편, 상류(常流)일 때 상류측의 등류수심

도수

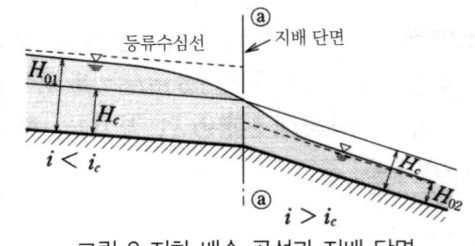

그림 2 저하 배수 곡선과 지배 단면

저하 배수
저하 배수 곡선

은 크고, 수면 저하의 영향이 상류에 전달된다. 이와 같은 현상을 **저하 배수**라 하며, 이 수면형을 **저하 배수 곡선**이라 한다.

또한, 단면 ⓐ~ⓐ는 상류(常流)에서 사류(射流)로 변화하는 단면이며, 한계수심이 생기는 단면이기도 하다. 이 단면을 **지배 단면**이라 한다.

■ 관련사항

▶ 홍수 흐름

홍수가 발생했을 때에는 하천에 다량의 물이 유입된다. 이때의 흐름은 수심, 유량, 유속이 시간의 경과에 따라 변화한다. 또한, 그림 3에서 홍수 시의 흐름은 매우 큰 파장을 가진 파가 상류에서 하류로 전해지는 것이라 할 수 있다. 홍수의 전반 속도 ω는 **클라이츠와 세돈의 법칙**에 의해 다음 식과 같이 구한다.

클라이츠와 세돈의 법칙

$$\omega = mv \qquad \cdots\cdots (1)$$

여기서, ω : 홍수의 전반 속도,
v : 유속,
m : 수로 단면형에 따라 결정되는 정수

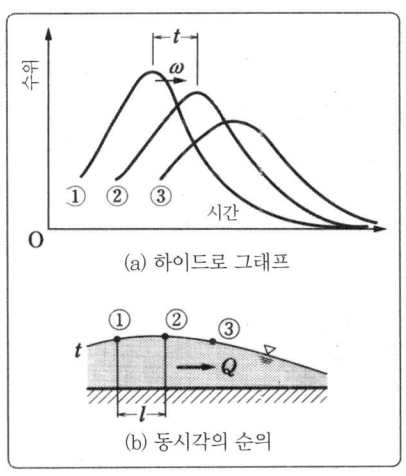

그림 3 홍수 흐름의 전반

표 1 각 공식에 의한 m의 값

수로 단면	매닝의 공식	셰지의 공식
타원형	5/3	3/2
유선형	13/3	4/3
삼각형	4/3	5/4

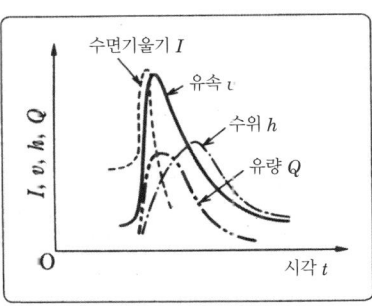

그림 4 홍수 시 최대의 발생 순서

홍수 흐름의 특징

▶ 홍수 흐름의 특징

홍수에 의해 수위, 유량, 유속 등이 최대값이 되는 시간적 순서는 그림 4와 같다.

(1) 먼저, 수면기울기가 최대에 달하고, 유속, 유량이 최대가 지속되어 최후의 수위가 최대로 된다.
(2) 같은 지점에서도 수면기울기는 증수일 때가 감수일 때보다 급하며, 같은 수위에서도 유속·유량은 증수일 때가 크다.
(3) 도중에 합류하지 않은 경우의 최대유량·최고 수위 모두 하류로 갈수록 감소한다.
(4) 홍수 흐름은 비정상류이지만, 최대 유량 또는 최고 수위일 때는 근사적으로 등류의 평균 유속 공식을 이용하는 것도 좋다.

1. 오리피스

□ 포인트

① 수조의 밑면이나 측벽에 구멍을 뚫어 이 구멍으로 물을 유출시킬 경우, 이 유출 구멍을 오리피스라 한다.

② 오리피스는 구멍의 크기 또는 수면과의 관계에 따라 **작은 오리피스, 큰 오리피스, 수중 오리피스**로 분류된다.

■ 해설

작은 오리피스

▶ 오리피스에 대하여

그림 1과 같이, 수심 H에 비해 오리피스의 크기가 작을 경우 수심의 영향이 없으므로 오리피스로부터의 유출 속도는 어느 부분에서나 같다. 이와 같은 오리피스를 작은 오리피스라 한다.

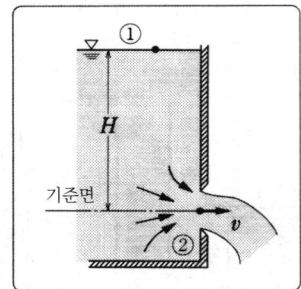

그림 1 작은 오리피스

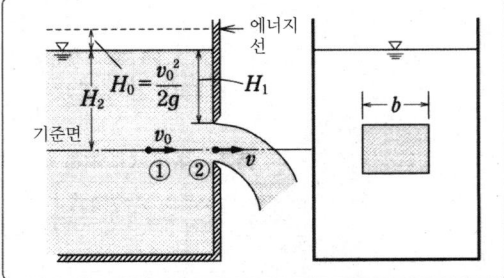

그림 2 큰 오리피스

수면 ①과 유출하는 점 ②에 베르누이의 정리를 적용해 보면

$$\frac{0^2}{2g} + H + \frac{0}{\rho g} = \frac{v^2}{2g} + 0 + \frac{0}{\rho g} \quad \cdots\cdots(1)$$

그러므로, $H = \frac{v^2}{2g} \qquad v = \sqrt{2gH}$ ······(2)

토리첼리 정리

식 (2)를 **토리첼리의 정리**라 한다. 실제로는 물의 점성 때문에 마찰에 의한 에너지의 손실이 있으므로 유속계수 C_v를 곱하여 보정한다.

$$v = C_v\sqrt{2gH} \quad \cdots\cdots(3)$$

여기서, C_v : 유속계수(0.96~0.99)

또한, 유출구에서는 물의 유출 단면적 a가 감소(데 콩트락테)하므로 수축계수 C_a를 곱하여 보정한다. 유량 Q는 다음 식과 같다.

$$Q = C_a av = C_a a C_v \sqrt{2gH} = Ca\sqrt{2gH} \quad \cdots\cdots(4)$$

여기서, C_a : 수축계수(0.6~0.7), C : 유량계수($C_a C_v$)

오리피스가 수심에 비해 클 때 오리피스의 상단과 하단에서는 수심의 영향이 나타나며, 유속은 일정하지 않고 오리피스를 향해서 접근 유속이 생긴

큰 오리피스

다. 이러한 오리피스를 큰 오리피스라 부른다.

그림 2의 점 ①과 ②에 대해 베르누이 정리를 적용하여 유속 v를 구하면 다음 식과 같다.

$$v = \sqrt{2g(H+H_0)} \quad \cdots\cdots(5)$$

여기서, H_0 : 접근유속수두($H_0 = v_0^2/2g$)

직사각형 단면(폭 b)의 큰 오리피스의 유량 Q는 다음 식으로 구한다.

$$Q = \frac{2}{3}Cb\sqrt{2g}\{(H_2+H_0)^{3/2} - (H_1+H_0)^{3/2}\} \quad \cdots\cdots(6)$$

여기서, H_1 : 오리피스 상단의 수심, H_2 : 하단의 수심

수중 오리피스

오리피스의 전부 또는 일부가 하류측 수면 아래에 있는 것을 **수중 오리피스**라 부르며, 유량 Q는 다음 식으로 구한다.

$$Q = Ca\sqrt{2g(H+H_0)} \quad \cdots\cdots(7)$$

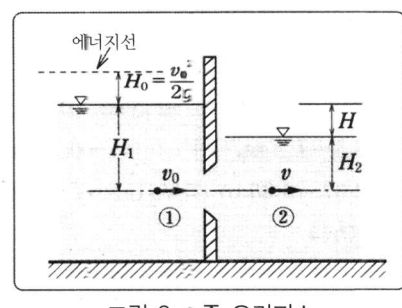

그림 3 수중 오리피스

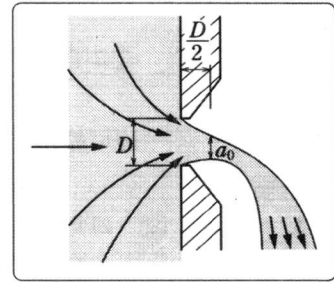

그림 4 베나 콘트랙터

■ 관련사항

베나 콘트랙터

▶ 베나 콘트랙터에 대하여

오리피스의 유출 부근에서 물은 유출구에 모이므로 관성에 의한 축류가 생기고, 점점 단면적이 감소하고, 결국 최소 단면적이 되는 점이 생긴다. 이 최소 단면적 부분을 **베나 콘트랙터**라 한다. 특히, 원형에서는 직경 D의 약 1/2 지점에서 생긴다.

❖ 예제   작은 오리피스의 유량을 구하는 문제

그림 1에서 수심 1m의 지점에 직경 2cm의 작은 구멍을 뚫었다. 이 작은 오리피스의 유량을 구하라. 단, 유속계수 $C_v = 0.96$, 수축계수 $C_a = 0.65$로 한다.

답

유량계수 $C = C_a C_v = 0.65 \times 0.96 = 0.62$

오리피스의 단면적 $a = \dfrac{\pi D^2}{4} = \dfrac{\pi \times 0.02^2}{4} = 0.000314 \text{ m}^2$

유량 $Q = Ca\sqrt{2gH} = 0.62 \times 0.000314 \times \sqrt{2 \times 9.8 \times 1.0} = 0.000862 \text{ m}^3/\text{s}$

2. 위어와 게이트

□ 포인트

① 위어는 수로를 가로질러 만든 벽으로, 물은 그 벽을 월류하며, 유량이나 수위를 조절하는 데에 이용한다.

② 게이트는 수로 도중이나 위어 꼭대기에 만들어져 유량이나 수위를 조절하는 데 이용한다.

■ 해설

▶위어에 대하여

직각 삼각형 위어

① 직각 삼각형 위어[그림 1의 (a)]

$$\left. \begin{array}{l} Q = CH^{\frac{5}{2}} \ [\text{m}^3/\text{s}] \\ C = 1.354 + \dfrac{0.004}{H} + \left(0.14 + \dfrac{0.2}{\sqrt{W}}\right)\left(\dfrac{H}{B} - 0.09\right)^2 \end{array} \right\} \quad \cdots\cdots (1)$$

여기서, Q : 유량[m³/s], C : 유량계수, H : 월류수심[m]
B : 수로 폭[m], W : 위어 높이[m]

적용 범위 : $B = 0.5 \sim 1.2$ m, $W = 0.1 \sim 0.75$ m,
$H = 0.07 \sim 0.26$ m (단, $H \leq B/3$)

사각형 위어

② 사각형 위어[그림 1의 (b)]

$$\left. \begin{array}{l} Q = CbH^{\frac{3}{2}} \ [\text{m}^3/\text{s}] \\ C = 1.785 + \dfrac{0.00295}{H} + 0.237 \dfrac{H}{W} \\ \qquad - 0.428 \sqrt{\dfrac{(B-b)H}{BW}} + 0.034 \sqrt{\dfrac{B}{W}} \end{array} \right\} \quad \cdots\cdots (2)$$

여기서, b : 월류부의 위어 폭[m]

적용 범위 $B = 0.5 \sim 6.3$ m, $W = 0.15 \sim 3.5$ m, $b = 0.15 \sim 5.0$ m,
$H = 0.03 \sim 0.45 \sqrt{b}$ [m] (단, $0.06 \leq bW/B^2$)

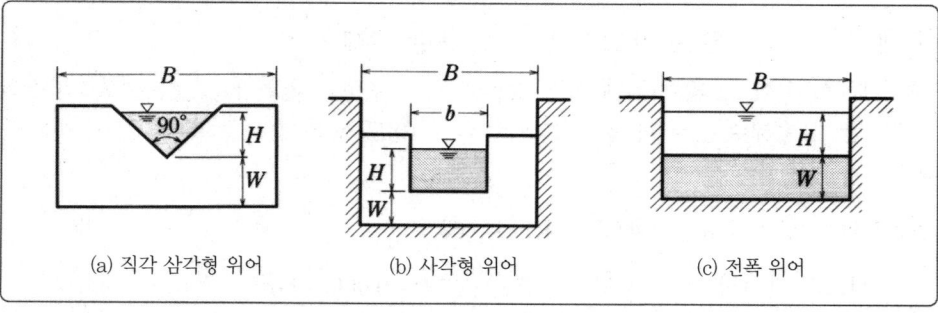

(a) 직각 삼각형 위어   (b) 사각형 위어   (c) 전폭 위어

그림 1 위어의 종류

오리피스, 위어, 게이트

□ 포인트

전폭위어

3 전폭 위어[그림 1의 (c)]

$$Q = CBH^{\frac{3}{2}} \ [m^3/s]$$
$$C = 1.785 + \left(\frac{0.00295}{H} + 0.237\frac{H}{W}\right)(1+\varepsilon)$$ ……(3)

여기서, ε : 보정항, $W \leqq 1\,m$ 일 때 $\varepsilon = 0$,
$W > 1\,m$ 일 때 $\varepsilon = 0.55(W-1)$

적용 범위 : $B \geqq 0.5\,m$, $W = 0.3 \sim 2.5\,m$, $H = 0.03 \sim 0.8\,m$,
$H \leqq W$ $H \leqq B/4$)

▶ 게이트에 대하여

자유 유출

1 자유유출[그림 2의 (a)]

$$Q = C_a C_v B H_0 \sqrt{2g(H_1 - C_a H_0)} \ [m^3/s]$$ ……(4)

여기서, C_a : 수축계수, C_v : 유속계수, B : 수로 폭[m]
H_o : 게이트가 열린 부분[m]

수중 유출

2 수중 유출[그림 2의 (b)]

$$Q = C_1 B H_0 \sqrt{2g(H_1 - H_2)} \ [m^3/s]$$ ……(5)

여기에서, C_1 : 수중 유출의 유량계수

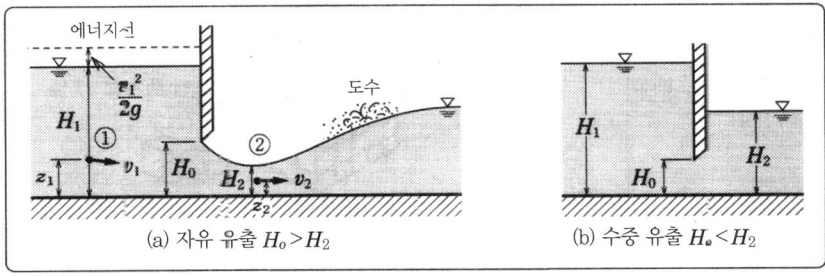

그림 2 자유 유출과 수중 유출

❖ **예제** 직각 삼각형 위어의 유량을 구하는 문제

그림 3의 직각 삼각형 위어의 유량을 구하라.

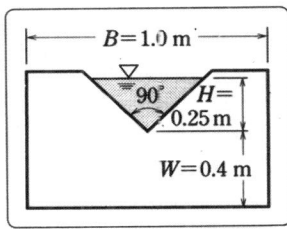

답

유량계수 C는 식 (1)에 의해

$$C = 1.354 + \frac{0.004}{H} + \left(0.14 + \frac{0.2}{\sqrt{W}}\right)\left(\frac{H}{B} - 0.09\right)^2$$

그림 3 직각 삼각형 위어

$$= 1.354 + \frac{0.004}{0.25} + \left(0.14 + \frac{0.2}{\sqrt{0.4}}\right)\left(\frac{0.25}{1.0} - 0.09\right)^2 = 1.382$$

유량 $Q = CH^{\frac{5}{2}} = 1.382 \times 0.25^{\frac{5}{2}} = 0.0432\,m^3/s$

4 수리학

■ 토픽　　　지구상의 물과 물의 순환

　지구상에 있는 물의 양은 약 14억km³로, 이 양은 지구 표면이 평평하다고 가정했을 때, 약 3,000m의 높이로 지구 전체를 덮을 수 있을 만큼의 막대한 양이다[지구의 표면적은 $5.1 \times 10^8 km^2$이므로 14억 $km^3/(5.1 \times 10^8 km^2) ≒ 2.7km$]. 이 중 약 97%는 해수이며, 담수는 약 3%이다. 담수의 70%는 남극이나 그린랜드 등의 얼음으로 존재한다. 우리가 이용 가능한 담수는 지하수를 포함한 하천이나 호수, 늪 등으로, 불과 0.8%에 지나지 않는다(그림 4).

　물은 강수, 유출, 증발의 순환을 반복한다. 대기 중의 수증기는 12,600km³로, 지구상의 물의 0.001%인 미량이다. 이 수증기가 모두 비가 되어 내리면 지구 전체에서 25mm의 강우량이 된다. 연간 강우량의 세계 평균은 973mm이기 때문에 973/25≒39회, 즉 1년 동안 39회 반복되어 365일/39회≒9일로부터 물의 증기, 강수의 순환 속도는 9일이 된다. 하천의 물은 1,200km³로 총량의 0.0001%에 지나지 않으며, 우리는 이 적은 양의 물을 9일에 1회라는 빠른 순환 속도에 따라 지탱되어 이용하고 있는 것에 지나지 않는다(표 1). 수자원에는 이와 같은 근본적인 제약이 있다는 것을 알아둘 필요가 있다.

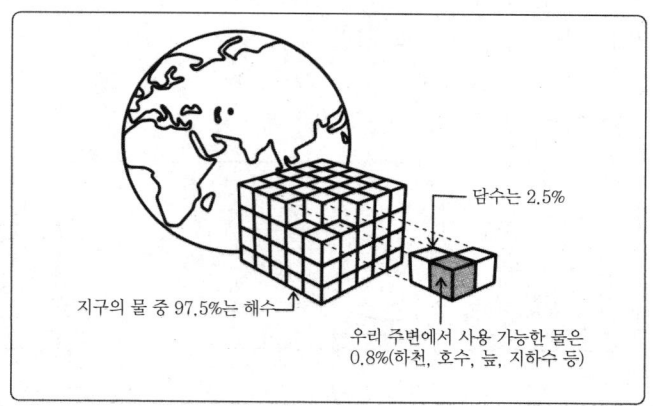

그림 4 지구상의 물의 구성 비율

표 1 지구상 물의 분포와 양

물의 구성		양 [×10³km]	분포 [%]
해수	해양, 염호	1,350,023	97.507
담수	얼음	24,230	1.75
	호수	125	0.009
	하천	1.2	0.0001
	지하수	10,125	0.072
수증기	대기 중의 물	12.6	0.001
생물 중	동물, 식물	1.2	0.0001
총계		1,384,518	100

오리피스, 위어, 게이트

■ 토픽　　　제방에 대하여(천정천의 형성)

　일본 도시 대부분은 하천의 수위보다 낮은 곳(범람 구역)에 있다. 일본의 하천을 보면 대부분 제방에 둘러싸여 있다. 옛날부터 제방은 치수 공사의 중심이다. 그 때문에 제방은 홍수 때마다 높아져 왔다. 오사카 부의 정천을 예로 들면 메이지 시대와 비교하여 1.6m 높아졌고, 폭도 약 2배이다. 유적을 확보하기 위해서는 덧쌓아 올림이 필요하다. 이처럼 제방이 높아지면 안전해지지만, 일단 파괴되면 유수의 파괴력이 크므로 피해도 상당하게 된다.

▶ **천정천** : 하천이 운반한 모래와 자갈이 제방 사이를 메워 하천 바닥이 주위의 평야면보다 높아진 하천

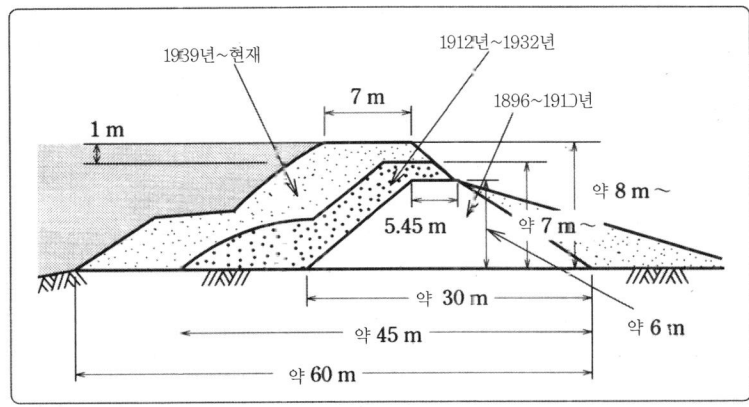

그림 5 높아지고 튼튼해진 제방(요도가와강의 예)

인용·참고문헌

제 4편

1) 土木学会 編 : 水理公式集, 昭和 60 年版, 土木学会
2) 土木学会 編 : 水理実験指導書, 土木学会
3) 粟津清蔵 : 大学課程 水理学, オーム社, 1980 年
4) 本間 仁, 米元卓介, 米谷秀三 : 水理学入門(改訂版), 森北出版
5) 國澤正和, 福山和夫, 西田秀行 : 絵とき 水理学(改訂 2 版), オーム社, 1998 年

제5편

측량

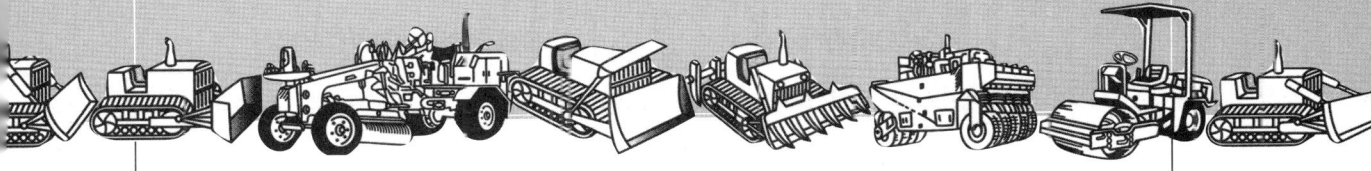

제1장 : 측량의 기초　　　제6장 : 삼각측량
제2장 : 평판측량　　　　제7장 : 지형측량
제3장 : 트래버스 측량　　제8장 : 노선측량
제4장 : 수준측량　　　　제9장 : 사진측량
제5장 : 면적·체적의 계산　제10장 : 미래의 측량 기술

인류는 집단생활을 영위하기 위해 통일된 단위(길이, 무게)를 필요로 하게 되었다. 게다가 농경 문화가 발달하면서 고대 이집트 등에서는 농경지의 경계를 정할 필요성이 생기고 측량법이 발달하고 진보하게 되었다.

예를 들면, 기원전 3천년경 만들어진 피라미드나 5세기경 만들어진 일본의 거대한 전방후원분(일본 고분의 한 형식) 등은 그 당시의 우수한 토목 기술(측량 기술)을 알 수가 있다.

이처럼 인류의 역사와 함께 측량은 진보해 왔으며, 현대의 각종 토목 공사의 계획, 조사, 설계, 시공에서 필요불가결한 전문 분야가 되고 있다. 이 장에서는 측량 전반에 걸친 가장 초보적이고 기본적인 사항을 다루고 있다.

5 측량

1. 측량이란

□ **포인트**   측량이란, 측량 기계를 이용하여 '길이(거리)'를 측정하여 면적, 체적 등을 구하는 것을 말한다.

| 측량의 진행 방법 |

거리, 수평각, 연직각의 측정 → 지구 표면상에서 위치의 결정 →
토지 등의 형상, 면적의 측정 → 도면에 표시

■ **해설**

▶ 여러 지점, 상호의 위치는 '길이'와 '각도'로 정해진다

① 지상과 같은 평면인 경우 [그림 1의 (a)]

점 A의 위치 → [수평각 α / 수평거리 l] 의 측정에 따라 결정된다.

② 공중 등의 입체적인 경우 [그림 1의 (b)]

점 A의 위치 → [수평각 α / 수평거리 l / 점 A의 높이 h] 의 측량의 3요소에 의해 결정된다.

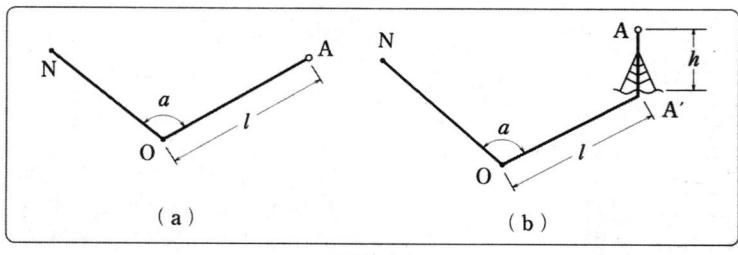

그림 1

외업
내업

측량 작업 ── 외업 : 야외에서 하는 실제의 측량 작업
           └─ 내업 : 외업 결과를 정리·계산하여 제도하는 작업

평면측량

▶ 일반적인 측량

지구를 평면으로 다룰 수 있는 작은 범위의 측량을 **평면측량**(반경 약 10km 이내)이라 한다(그림 2).

쉽게 볼 수 있는 일반적인 측량은 평면측량으로 다룬다.

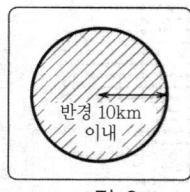

그림 2

2. 지구의 형태

□ 포인트

▶ 뉴턴의 지구타원체설(그림 1)

지구는 지축을 축으로 자전 → 지구에 원심력이 작용 → 적도상의 원심력이 최대 → 적도 부분이 팽창 → 적도 방면에 긴 회전 타원체

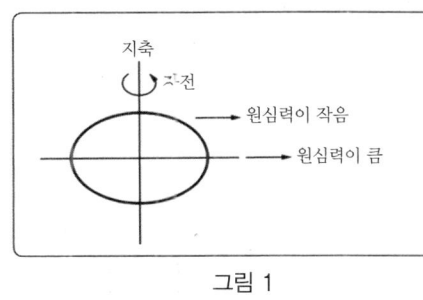

그림 1

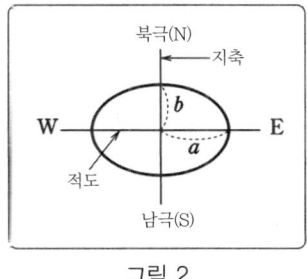

그림 2

■ 해설

▶ 지구는 남북으로 편평한 회전 타원체(그림 2, 표 1)

표 1

	측정연도	적도(장) 반경 a[km]	극(단) 반경 b[km]	편평률 $\dfrac{a-b}{b}$
베셀	1841	6,377.397	6,356.079	1/299.15
헤이포드	1909	6,378.388	6,356.912	1/297.00
GRS80 (세계측지계)	1980	6,378.137	6,356.824	1/298.26

$a-b ≒ 21$km는 지구의 지름에 비해 매우 작기 때문에 타원체를 반지름 $r ≒ 6,370$km의 구로서 측량하면 된다(대지측량, 측지측량).

▶ 지오이드면

지오이드면

실제의 지구 표면은 요철이 있는 복잡한 형상을 하고 있으므로 지구 표면 전체를 평균 해수면으로 덮은 가상 해수면을 지오이드면이라 한다(그림 3).

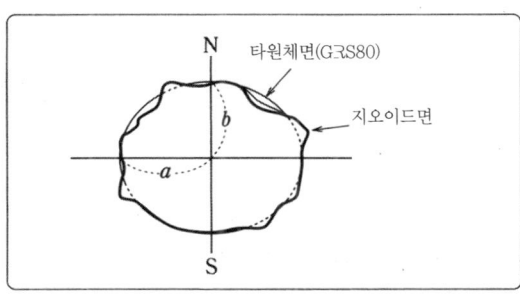

그림 3

3. 지구상의 위치

□ 포인트

지구상의 위치 표시 방법으로는 다음의 두 가지가 있다.

- 광범위의 측량 → 구체로서 생각한다.
  → 위도, 경도에 의한 방법
- 소범위의 측량 → 평면으로서 생각한다.
  → 평면 직각 좌표법

실제의 지구는 적도 방향으로 긴 회전 타원체이지만, 대지측량에서는 반경 $r ≒ 6,370$km의 구체로 취급한다.

■ 해설

▶ 위도, 경도에 의한 위치의 표시 방법

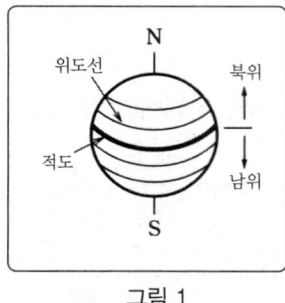

그림 1 / 그림 2

〈위도〉 적도를 기준으로 한다(그림 1).
- 상 : 북위 90°까지
- 하 : 남위 90°까지

〈경도〉 그리니치 천문대(영)를 0°로서 기준으로 한다(그림 2).

그리니치 천문대
- 위도 : 북위
  $ρ' = 51° 28' 38''$
- 경도 : $λ = 0°$

- 동 → 동경 80°까지
- 서 → 서경 80°까지

〈지구 33번지 (고치 시)〉
북위 $ρ = 33° 33' 33''$
경도 $λ = 133° 33' 33''$

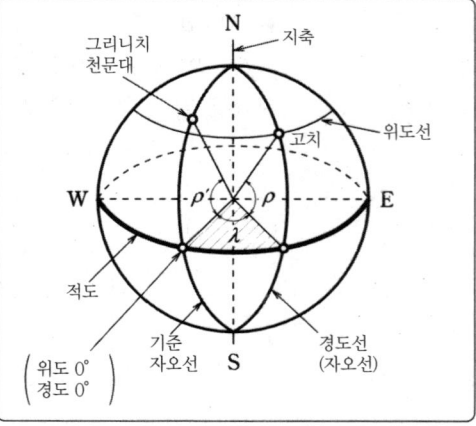

그림 3

4. 거리측량

□ 포인트

경사거리
수평거리
연직거리

두 점 사이를 연결하는 직선의 길이를 거리라 하며, 세 가지로 나뉜다.

거리 ─┬─ 경사거리(그림 1 AB)
　　　├─ 수평거리(그림 1 AC)
　　　└─ 연직거리(그림 1 BC)

측량에서 거리라고 하면, 보통 수평거리를 말한다.

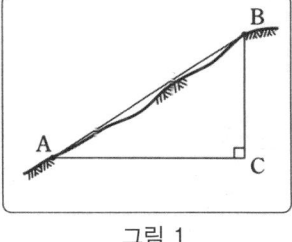

그림 1

■ 해설

▶ 거리측량 ─┬─ 브측에 의한 방법
　　　　　　├─ 기구를 이용하는 방법 : 줄자, 폴 등
　　　　　　└─ 전자파 측거의 등을 이용하는 방법

전자파 측거의
광파 측거의
전파 측거의

▶ 전자파 측거의 ─┬─ 광파 측거의 : 광파를 이용한 것
　　　　　　　　 └─ 전파 측거의 : 전파를 이용한 것

〈광파 측거의〉 일정한 광파를 왕복시켜서 그 파수와 위상차로부터 거리를 구하는 기계(그림 2, 3)

▶ 광파 측거의의 일반식

그림 4에서 거리 L은 $L = \dfrac{1}{2}(n\lambda + d)$

여기서, n : 왕복의 전파, λ : 파장, d : 입반사 광파의 위상차

그림 2 광파 측거의(주국)

그림 3 반사경(종국)

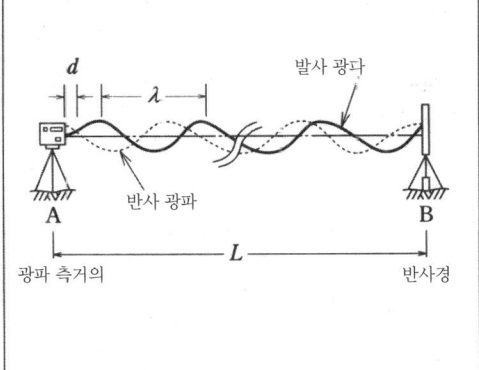

그림 4

1. 기구와 용어

□ 포인트   평판측량이란 간단한 기구를 이용해 현지에서 직접 평면도를 작성해 가는 측량으로, 작업도 간단하고 빠르게 진행할 수 있지만 높은 정밀도는 기대하기 어렵다.

■ 해설
▶ 평판측량의 기구(그림 1)
① **도판(평판)** : 종이를 고정하여 작도하기 위한 평평한 대
② **이동기** : (이심 장치)
③ **삼각** : 도판을 일정한 높이로 유지하여 수평으로 하거나 도판을 이동시키는 물건
④ **앨리데이드** : 도판상에서 목표물을 시준하고 방향선을 당기거나, 도판을 수평으로 설치하기 위한 기구
⑤ **구심기와 다림추** : 지면상의 점과 지상(실제)의 측점을 일치시키는 물건
⑥ **자침함** : 지면(도판)에 자북선을 그리기 위한 물건

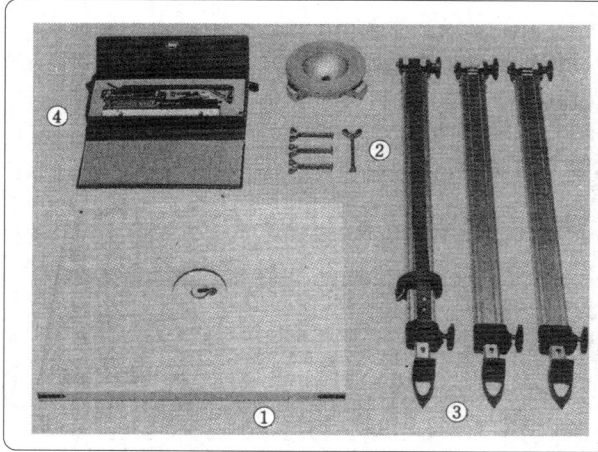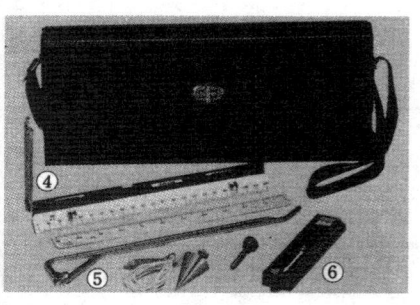

그림 1 평판측량의 기구

▶ 평판의 측정
◎ 평판기정의 세 가지 조건
정준 (정치) : 도판을 수평으로 하는 것
구심 (치심) : 도판상의 측점과 지점의 측점을 일치시키는 것
지향 (정위) : 도판상의 측선 방향과 지상의 측선의 방향을 일치시키는 것
◎ 평판의 표정은 세 가지 조건을 만족시키는 것

2. 평판측량의 방법

□ 포인트   평판측량 방법에는 방사법, 도선법, 교회법의 세 가지가 있다. 현장의 지형, 장해물의 정도나 측량의 목적에 따라 적당한 방법을 선택한다.

■ 해설

방사법
골조측량
세부측량

▶ 방사법

기준점에서 방사상에 시준선을 내서 작도해 가는 방법으로, 제한된 작은 지역의 골격도를 만드는 **골조측량**과 설정된 기준점에서 세부의 점을 취해서 평면도를 작성하는 **세부측량**이 있다(그림 1).

① 측점 O에서 평판을 표준으로 정한다.
② 지상의 점 A를 시준하여 방향선 OA를 긋는다.
③ OA의 거리를 실측하여 적당한 축척으로 점 a를 취한다.
④ 같은 방법으로 각 점에서 실시하여 그림상에 골조를 그린다.

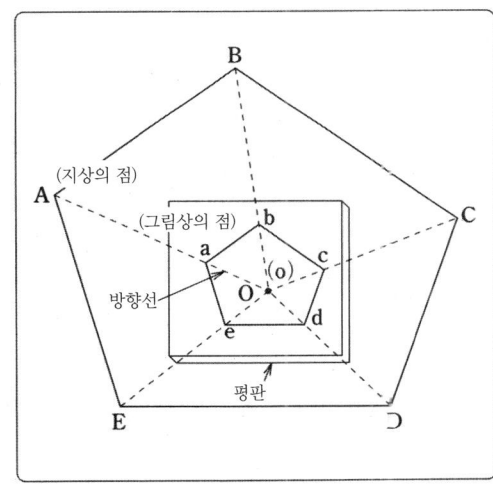

그림 1 방사법   그림 2 도선법

도선법

▶ 도선법

각 측점에 평판을 고정하고, 측선의 방향과 측점 간의 거리를 측정하여, 그림상에 트래버스를 그려나가는 방법(그림 2).

① 점 A에서 AB의 방향선을 그림상에 그려 b를 결정한다.
② 점 B를 평판의 표준으로 하여, 선 bc를 그어 c를 결정한다.
③ 각 측점에 대해 같은 방법으로 그림상에 골격의 점을 결정해 간다.
④ 최종의 점 E에서는 점 A를 찍어 a′로 한다.
⑤ aa′가 오차가 된다.

3. 평판의 오차와 정밀도

□ **포인트**

평판의 표준으로 정함에 따라 발생하는 정준오차, 구심오차, 지향에 의한 오차가 있다.

■ **해설**

정준오차
구심오차

1. **정준오차** – 도판이 수평이 아닌 경우에 생기는 오차이다. 도판은 경사 1/200까지 허용한다.
2. **구심오차** – 도판상의 측점과 지상의 측점이 합치하지 않을 때에 생기는 오차이다.

   구심오차의 허용 범위 e는 다음 식으로 구할 수 있다.

   $$e = \frac{qm}{2}$$

   여기서
   q : 제도상의 오차로 연필 심의 크기 (0.2mm)
   m : 도면 축척의 분모수

   표 1 허용범위

축척	허용 범위 e [mm]	축척	허용 범위 e [mm]
1/100	10	1/500	50
1/250	25	1/600	60
1/300	30	1/1,000	100

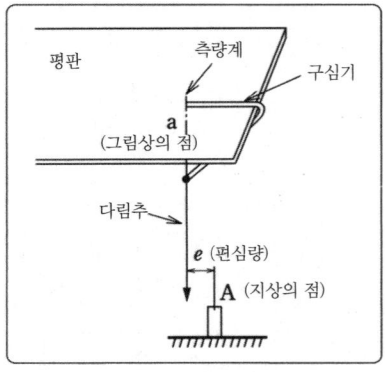

그림 1 편심량

3. **지향에 의한 오차** – 표준 지정의 세 가지 조건 중에서 지향에 의한 것이 가장 오차에 영향을 준다.
4. **평판측량의 정밀도**(도선법의 경우)

   (1) 폐합오차 $0.2\sqrt{n}$[mm] 이내(n : 변의 수)

   (2) 폐합비 $= \dfrac{\text{폐합오차 [m]}}{\text{변 길이의 합계 [m]}} = \dfrac{1}{M}$

   표 2 폐합비의 허용 범위

지형	폐합비의 허용 범위 $1/M$
평탄지	1/1,000 이내
완경사지	1/1,000~1/500
산지 또는 복잡한 지형	1/500~1/300

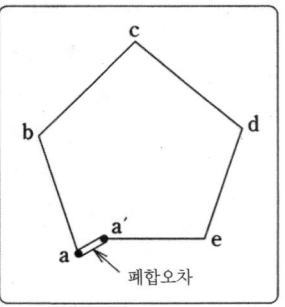

그림 2 폐합오차

4. 평판측량의 응용

□ 포인트   앨리데이드를 이용하여 높이 측정이나 거리 측정이 가능하다.

■ 해설

▶ 높이 H의 측정(그림 1)

$$H_B = H_A + I + H - h$$

여기서, $H = \dfrac{n}{100} \cdot D$

- n : 시준판 눈금의 길이
- I : 평판의 기계 높이
- h : 눈금판의 시준 높이
- H_A, H_B : A, B의 표고
- D : AB 간의 거리

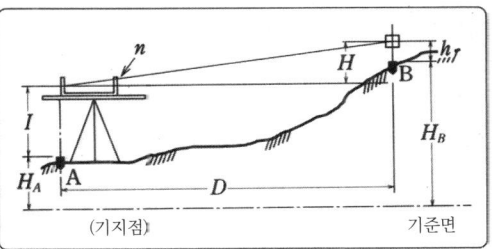

그림 1 높이 측정

▶ 수평거리 D의 측정(그림 2)

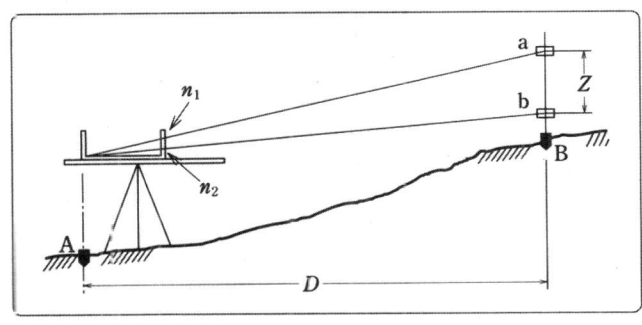

그림 2 거리 측정

$$D = \dfrac{100}{n_1 - n_2} \cdot Z$$

여기서, n_1, n_2 : 점 B에 세운 폴 a, b의 앨리데이드를 읽은 것
        Z : a, b의 간격

❖ 예제

그림 2의 점 A에 평판을 설치한 상태에서 점 B에 타깃(상하 간격 1.5m)을 앨리데이드로 시준하여 각각 +8, +3의 눈금을 읽어내었다. AB 간의 수평거리를 구하라.

답

수평거리 $D = \dfrac{100}{n_1 - n_2} \cdot Z = \dfrac{100}{8-3} \times 1.5 = 30 \text{ m}$

5 측량

1. 기구와 용어

□ **포인트**
트래버스 측량

평면의 측량에서 트랜싯을 사용하여 골조 측량이나 세부측량을 하는 것을 **트래버스 측량**이라 한다.

■ **해설**

▶ 골조 측량(트래버스 측량)의 절차

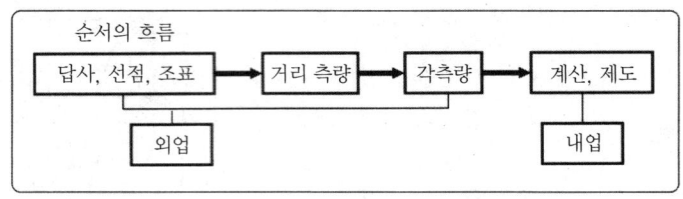

그림 1

답 사 – 측량 시작 전에 측량을 완성시키기 위한 가장 효율이 좋은 작업 계획을 세울 수 있도록 현지를 시찰하는 것
선 점 – 답사의 결과에서 적당한 측점(트래버스 점)을 고르는 것
조 표 – 선점 후 측점의 위치에 표식을 세우는 것

▶ 트래버스 측량에 필요한 기구

① 트랜싯
② 삼각
③ 폴(핀폴)
④ 말뚝
⑤ 큰 나무 메
⑥ 측거 기구
　줄자, 광파 측거의

그림 2 트래버스의 사용 용구

2. 각의 측정

□ 포인트 트래버스의 출발변에는 방위각 a_0이 필요. 측각은 시계 방향으로, 측각 방법은 요구하는 정밀도에 따라서 단측법, 배각법, 방향법 등으로 측정한다.

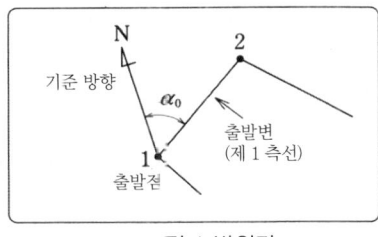

그림 1 방위각   그림 2 측각 방향

■ 해설 트래버스에서의 각관측의 방법으로서 교각법, 편각법이 있다.

교각법
▶ 교각법
각 측선이 앞의 측선과 이루는 각(교각)을 측정하는 방법

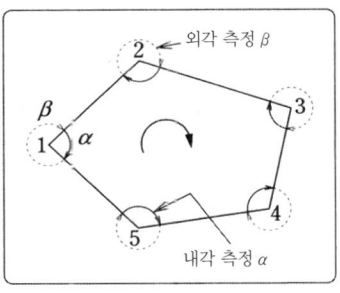 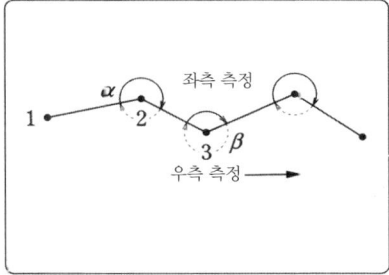

그림 3 폐합트래버스   그림 4 개방트래버스

편각법
▶ 편각법
각 측선이 그 앞의 측선의 연장과 이루는 각(편각)을 측정하는 방법
◎ 방위각 a_0의 측정은 기준이 되는 점(자북, 목표물 등)에서 제 1측선까지의 각도를 측정하는 것
◎ 트래버스의 측점 번호는 진행하는 방향에 붙인다.

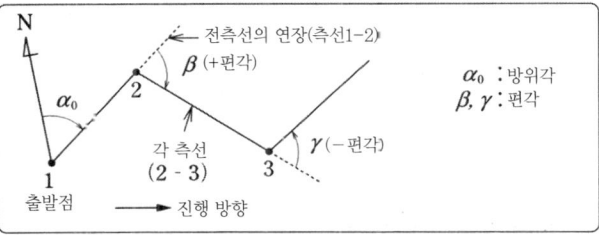

그림 5 편각법

3. 관측각의 조정

□ 포인트   트래버스 측량의 각관측이 끝나면, 트래버스의 형태에 대응한 조건식에 측정각을 적용하여 관측각의 점검 및 조정을 한다.

■ 해설

내각 측정의 조건식

▶ 폐합트래버스의 조건식(그림 1)

1 내각 측정의 경우
  모든 내각의 총합
  $\Sigma\alpha = (n-2) \times 180°$

2 외각 측정의 경우
  모든 외각의 총합
  $\Sigma\beta = (n+2) \times 180°$

  여기서, α_0 : 방위각
  n : 변수
     (교각의 측각수)
  α : 내각 측정값
  β : 외각 측정값

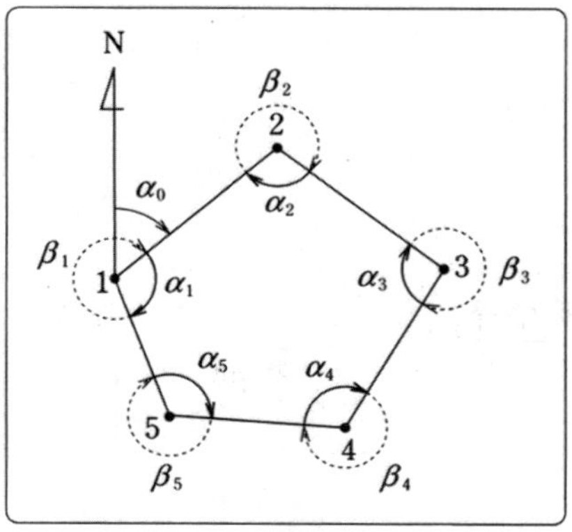

그림 1 폐합트래버스

▶ 결합트래버스의 조건식

결합트래버스의 조건식

기지선 AC, BD가 어느 쪽의 방향에 있는가에 따라 구분된다. 그림 2의 경우

$(\theta_A - \theta_B) + \Sigma\alpha = 180°(n-1)$

여기서, θ : 방위각
  α : 관측각
  n : 변수(교각의 측각수)

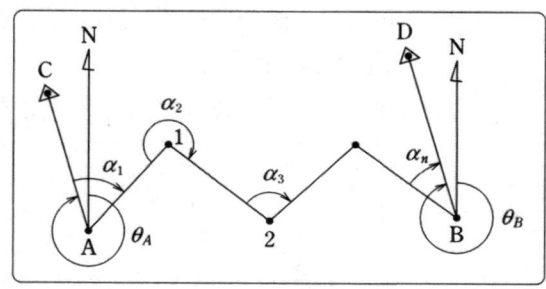

그림 2 결합트래버스

◎ 각의 조정 – 측각의 점검에서 오차가 허용 범위 내에 있다면 조정 작업에 들어간다.

4. 방위각, 방위의 계산

□ **포인트**
방위각
방위

방위각이란, 조정된 내각을 기초로 각 선이 북(N)을 0°로 하여 시계 방향으로 몇 도인가를 계산한 각을 말한다. 또한, 방위란 방위각을 (남북선을 기준으로) 90° 이하의 각도로 나타낸 것이다.

■ **해설**

▶ 방위각의 계산

① 진행 방향에 대하여 우측의 교각을 측정한 경우(그림 1)
어느 측선의 방위각
= (하나 전의 방위각)+180°-(그 점의 교각)

② 진행 방향에 대해 좌측의 교각을 측정한 경우(그림 2)
어느 측선의 방위각
= (하나 전의 방위각)+(그 점의 교각)-180°

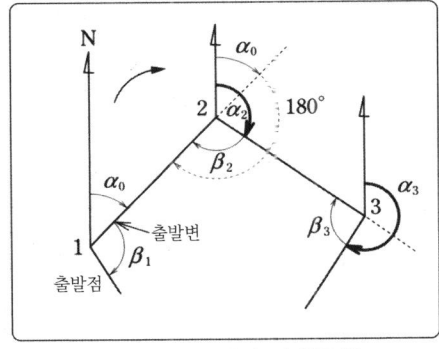 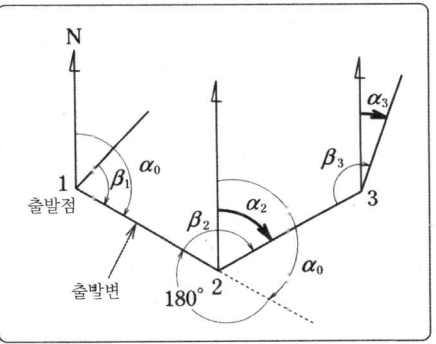

그림 1 방위각의 계산(우측)   그림 2 방위각의 계산(좌측)

▶ 방위의 계산
일반적인 방위의 계산은 표 1의 방식으로 한다.

방위각과 방위의 관계

표 1 방위각과 방위의 관계

방위각 α	방위 θ	방위의 계산식
0°~90°	N0°~90°E	$\theta = \alpha_0$
90°~180°	S0°~90°E	$\theta = 180° - \alpha$
180°~270°	S0°~90°W	$\theta = \alpha - 180°$
270°~360°	N0°~90°W	$\theta = 360° - \alpha$

5. 위거, 경거의 계산

□ 포인트

위거
경거

위거, 경거란 방위의 각을 이용하여 각 측선의 분력을 구하는 것이다.

분력의 기준 ── 종축 N(북) − S(남) → 위거 L
　　　　　　└─ 횡축 E(동) − W(서) → 경거 D

■ 해설

▶ 위거와 경거

[1] 측선 1-2의 위거 L_1, 경거 D_1
그림 1에서
　위거　$L_1 = l_1 \cos \alpha_0$
　경거　$D_1 = l_1 \sin \alpha_0$

[2] 측선 2-3의 위거 L_2, 경거 D_2
그림 2에서
　위거　$L_2 = l_2 \cos \theta_0$
　경거　$D_2 = l_2 \sin \theta_0$

[3] 일반식
　위거　$L = \pm l \cos$ (방위)
　경거　$D = \pm l \sin$ (방위)

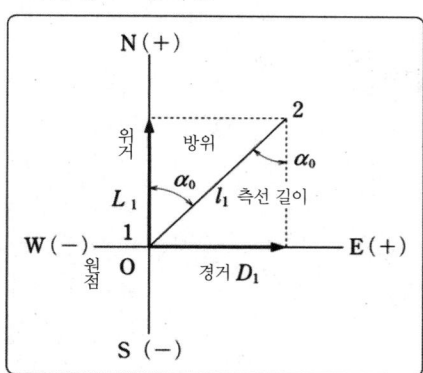

그림 1 위거와 경거

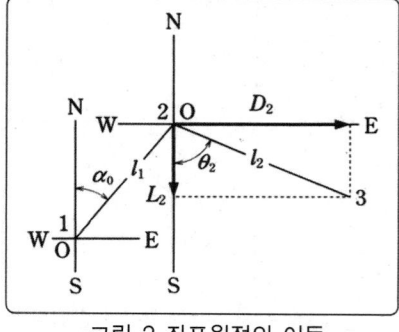

그림 2 좌표원점의 이동

❖ 예제

그림 3에서 측선 1-2의 거리 $l_1 = 46.70$m, 방위각 $\alpha_0 = 49°23'00''$(방위 N49°23'00''E)로 할 때, 위거 L_1, 경거 D_1을 구하라.

답　위거　$L_1 = l_1 \cos \alpha_0$
　　　　　　$= 46.70 \times \cos 49°23'$
　　　　　　$= 30.40$ m
　　　경거　$D_1 = l_1 \sin \alpha_0$
　　　　　　$= 46.70 \times \sin 49°23'$
　　　　　　$= 35.45$ m

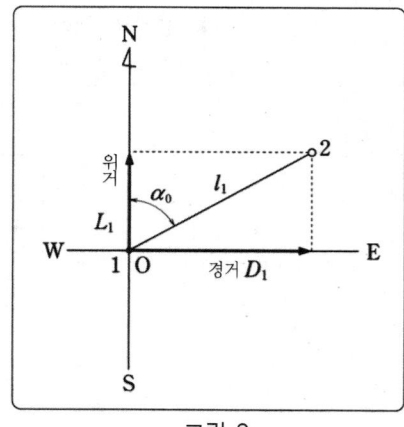

그림 3

6. 폐합오차와 폐합비

□ 포인트

폐합오차

폐합비

폐합트래버스에서 거리와 각도에 오차가 없으면 위거의 총합도 경거의 총합도 0이 된다. 그러나 실제의 측량에서는 오차가 발생한다. 이 오차를 **폐합오차**라 한다.

폐합비는 트래버스의 정밀도를 나타내는 것으로, 측량 결과의 점검에 이용한다.

■ 해설

▶ 폐합비의 계산

1 트래버스의 오차가 없다면(그림 1)

$$\Sigma L = L_1 + L_2 + L_3 + L_4 + L_5 = 0$$
$$\Sigma D = D_1 + D_2 + D_3 + D_4 + D_5 = 0$$

2 오차는 따라붙는 것으로, 실제로는

$$\Sigma L = 0, \quad \Sigma D = 0$$

으로는 웬만해선 안 된다(그림 2).

그림 2에서 열린 1-1′이 폐합오차이다.

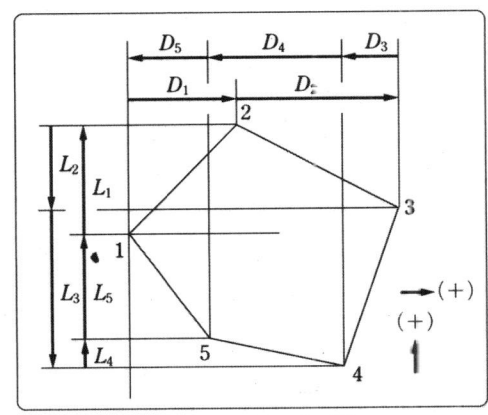

그림 1 L과 D의 방향

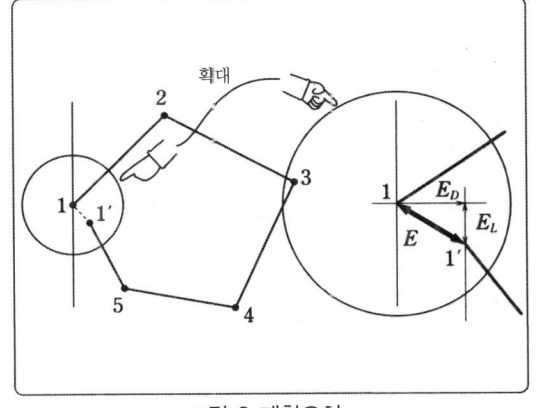

그림 2 폐합오차

3 폐합오차와 폐합비의 계산

$$\text{폐합오차 } E = \sqrt{(E_L)^2 + (E_D)^2}$$
$$= \sqrt{(\Sigma L)^2 + (\Sigma D)^2}$$

$$\text{폐합비 } R = \frac{E}{\Sigma l} = \frac{\sqrt{(\Sigma L)^2 + (\Sigma D)^2}}{\Sigma l}$$

여기서,

폐합비 R은 분자를 1로 한 분수로 나타낸다.

7. 트래버스의 조정

□ **포인트**
컴퍼스 법칙
트랜싯 법칙

트래버스의 폐합비가 허용범위 내에 있다면 오차를 합리적으로 배분하여 트래버스가 닫히도록 조정한다. 조정 방법에는 **컴퍼스 법칙**과 **트랜싯 법칙**이 있다.

■ **해설**

조정 방법에는 다음 두 가지가 있다.

배분량(조정량) ─┬─ 위거의 조정량
　　　　　　　　└─ 경거의 조정량

▶ **컴퍼스 법칙**(각의 오차=거리의 오차인 경우)
측선의 길이에 비례하여 오차를 배분한다.

$$\text{위거의 조정량} = \text{위거의 오차} \times \frac{\text{그 측선길이}}{\text{전 측선길이}}$$

$$= \Sigma L \cdot \frac{l}{\Sigma l}$$

$$\text{경거의 조정량} = \text{경거의 오차} \times \frac{\text{그 측선길이}}{\text{전 측선길이}}$$

$$= \Sigma D \cdot \frac{l}{\Sigma l}$$

▶ **트랜싯 법칙**(각의 오차<거리의 오차일 경우)
위거, 경거의 크기에 비례해서 오차를 배분한다.

$$\text{위거의 조정량} = \text{위거의 오차} \times \frac{\text{그 측선의 위거}}{\text{위거의 절대값의 합}}$$

$$= \Sigma L \cdot \frac{L}{\Sigma |L|}$$

$$\text{경거의 조정량} = \text{경거의 오차} \times \frac{\text{그 측선의 경거}}{\text{경거의 절대값의 합}}$$

$$= \Sigma D \cdot \frac{L}{\Sigma |D|}$$

◎ 위에 기록한 것 중 어느 한 방법으로 각 측선의 조정량을 계산한다.
(표로 계산한다.)

조정위거
조정경거

계산된 위거는 **조정위거**로 $\cdots \Sigma L = 0$
경거는 **조정경거**로 $\cdots \Sigma D = 0$
이 되며, 조정이 완료된다.

8. 합위거와 합경거

□ **포인트**

합위거

합경거

합위거·합경거란 각 측선의 위거, 경거를 이용하여 측점을 하나의 좌표계 안의 좌표값으로 구한 것이며, 점의 세로 좌표값을 합위거, 가로 좌표값을 합경거라 한다.

N-S선을 X축(종축) → 합위거축
E-W선을 Y축(횡축) → 합경거축

■ **해설**

① 합위거(그림 1)

어느 측점의 합위거 X = (출발점의 X좌표 + 그 측점까지의 위거의 대수합)

② 합경거(그림 2)

어느 측점의 합경거 Y = (출발점의 Y좌표 + 그 측점까지의 경거의 대수합)

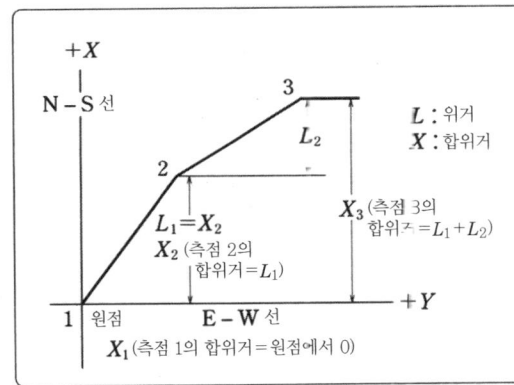

그림 1 합위거

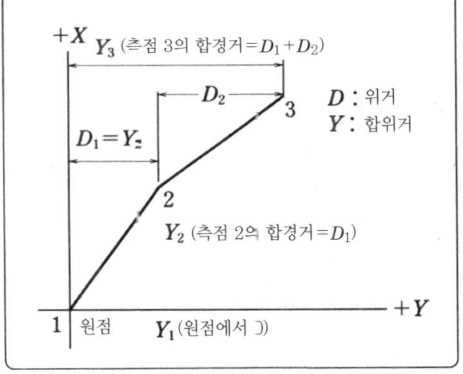

그림 2 합경거

❖ **예제**

측점 A를 원점으로 하여 합위거와 합경거를 구하라.

답

측점	조정위거		조정경거		측선	합위거 X	합경거 Y
	N(+)	S(−)	E(+)	W(−)			
AB	64.75		73.16		A	① 0	0
BC		56.44	85.08		B	②+64.75	+73.16
CD		87.30		42.70	C	③+8.31	+158.24

① 측점은 X, Y와도 원점에서 0
② $X = 0 + 64.75 = +64.75$, $Y = 0 + 73.16 = +73.16$
③ $X = +64.75 - 56.44 = +8.31$, $Y = +73.16 + 85.08 = +158.24$

9. 트래버스 측량의 제도

□ 포인트
바른 측량도(평면도)를 만들기 위해서는 먼저 골조도를 작성해야 한다. 계산된 합위거, 합경거를 이용해서 골조를 작성한다.

■ 해설

▶ 작도의 순서(그림 1, 표 1)
① X축과 Y축의 필요한 길이를 결정한다.
② 도면에 들어가도록 원점과 축척을 결정한다.
③ 원점을 지나 직교하는 좌표축 X, Y를 그린다.
④ 결정된 축척에 의해 X, Y축에 평행으로 단위방안선을 만든다.
⑤ 각 점을 합위거, 합경거의 값에 따라서 작성한 다음 선으로 연결한다.

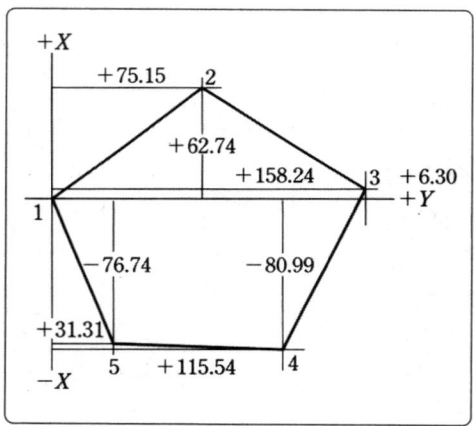

그림 1 작도 예

표 1 작도 예

측점	합위거 X [m]	합경거 Y [m]
1	0	0
2	62.74	75.15
3	6.30	158.24
4	−80.99	115.54
5	−76.74	31.31

1. 기구와 용어

□ 포인트
수준측량
레벨
스태프

수준측량이란 레벨(그림 1)과 스태프(그림 2)를 이용하여 두 점 간의 고저차나, 많은 지점의 지반 높이를 측정할 때, 또는 일정 높이를 확인하기 위한 측량을 말한다.

■ 해설 ▶ 기구

그림 1 레벨

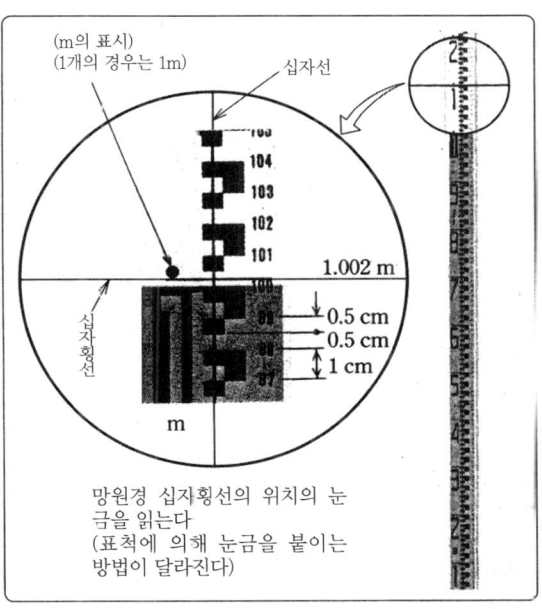

그림 2 스태프(표척)

▶ 용어

기본수준면
기준면

기본수준면(기준면) : 기준이 되는 수준면(=도쿄만 평균 해면)
　　　　　　　　　　　　　　　　…가정면(218페이지 그림 3, 4)

수준원점

수준원점 : 일본 육지의 높이 기준이 되는 점(=기준면+24.4140m)

표고
지반고
수준점

표고(지반고 : G.H.) : 기준면으로부터의 높이

수준점(벤치마크 : B.M.) : 수준측량의 기준이 되는 점

기지점 : 표고를 아는 점

미지점 : 표고를 모르는 점

후시
전시
기계높이

후시(B.S.) : 기지점에 선 표척을 읽은 것

전시(F.S.) : 미지점에 선 표척을 읽은 것

기계높이(L.H.) : 레벨의 시준선의 표고

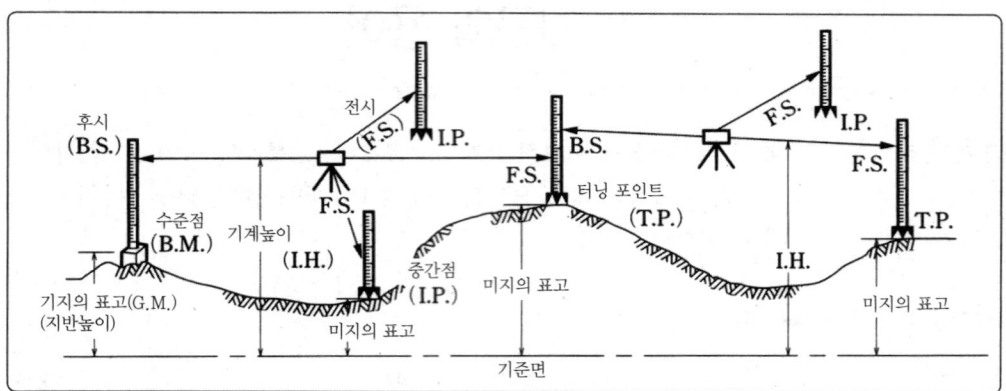

그림 3

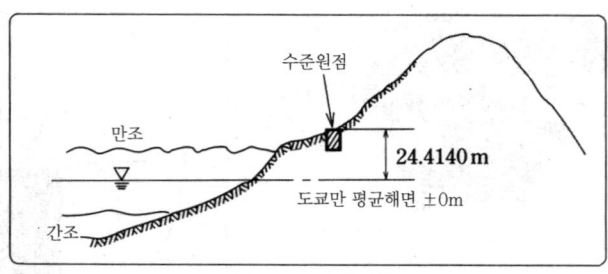

그림 4 높이의 기준

터닝 포인트
이동기점
    터닝 포인트(이동기점 : T.P.) : 레벨을 바꾸기 위하여 전시와 후시를 같이 취하는 점

중간점
    중간점(I.P.) : 필요한 점의 표고를 취하기 위하여 스태프를 세우고, 전시만을 취하는 점

지반높이
    지반높이(G.H.) : 지표면의 표고

고저차
    고저차(비고) : 두 점 간의 표고의 차

2. 직접수준측량

□ 포인트
직접수준측량

직접수준측량이란 레벨과 스텝을 이용해서 직접 고저차를 구하는 방법을 말한다.

직접측량의 기장 방법에는 **승강식**과 **기고식**의 두 가지가 있다.

■ 해설
승강식

▶ 승강식

기지점과 미지점의 고저차, 즉 표고를 구하는 방법(그림 1, 2)을 말한다. 기복이 심하고 전망이 좋지 못한 지형에 적합하다.

점 A, B의 고저차 H = 후시(B.S.) − 전시(F.S.) $\begin{array}{l} + \to 승 \\ - \to 강 \end{array}$

미지점 B의 표고 H_B = 기지점의 표고 H_A ± 고저차 H

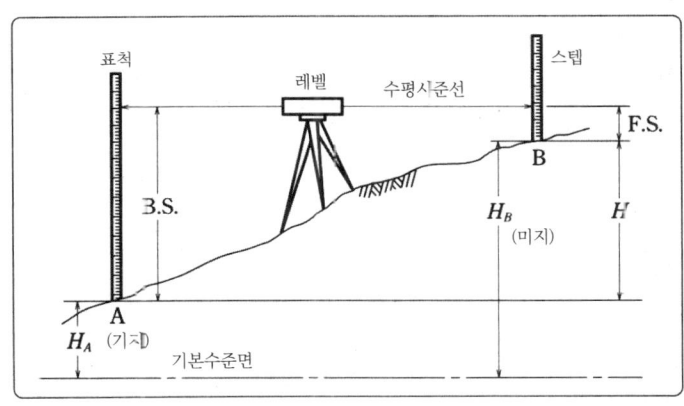

그림 1

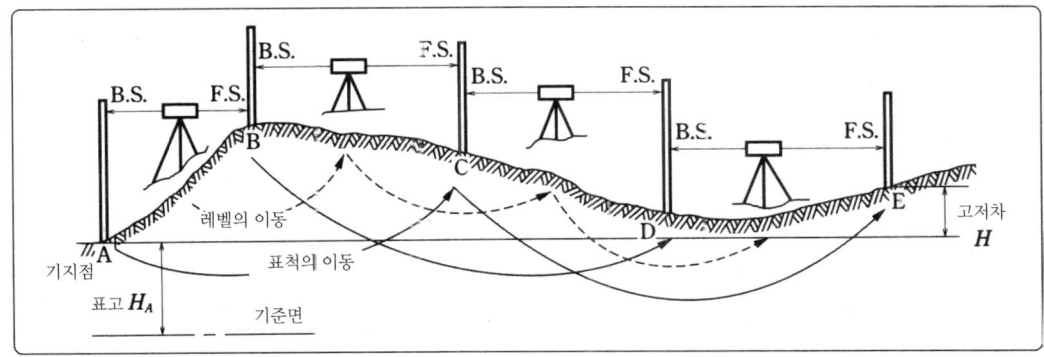

그림 2 작업 순서

❖ 예제

다음 그림과 같이 폐합수준측량으로 표와 같은 결과를 얻었다. 승강식으로 각 측점의 표고와 조정표고를 구하라. 단, B.M.의 표고는 10.000m로 한다.

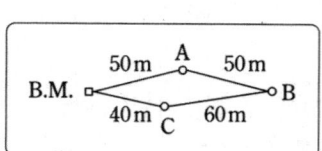

[승강식 야장기입] (단위 : m)

측점 (No.)	거리 l	후시 (B.S.)	전시 (F.S.)
B.M.	/	1.850	/
A	50.00	2.342	1.985
B	50.00	1.576	2.216
C	60.00	2.345	1.750
B.M.	40.00	/	2.154

답

(단위 : m)

측점 (No.)	거리 (l)	추가 거리	후시 (B.S.)	전시 (F.S.)	승 (+)	강 (−)	지반높이 (G.H.)	조정값	조정 지반높이	비고
B.M.	0.00	0.00	1.850	/			10.000	0.000	10.000	B.M.의 지반높이는 10.000m로 한다. 〈검산〉 10.008 −10.000 0.008
A	50.00	50.00	2.342	1.985		0.135	9.865	−0.002	9.863	
B	50.00	100.00	1.576	2.216	0.126		9.991	−0.004	9.987	
C	60.00	160.00	2.345	1.750		0.174	9.817	−0.006	9.811	
B.M.	40.00	200.00	/	2.154	0.191		10.008	−0.008	10.000	
계	200.00	/	8.113 −8.105 0.008	8.105	0.317 −0.309 0.008	0.309	/	/	/	/

〈조정 계산〉

① 폐합오차 $e = \Sigma \text{B.S.} - \Sigma \text{F.S.} = 8.113 - 8.105 = 0.008$ m

② 조정 계산

각 측점의 조정량 $d = -\text{조정오차 } e \times \dfrac{\text{출발점에서의 거리}}{\text{거리의 총합 } \Sigma l}$

점 A의 조정량 $d_A = -0.008 \times \dfrac{50.00}{200.00} = -0.002$ m

점 B의 조정량 $d_B = -0.008 \times \dfrac{100.00}{200.00} = -0.004$ m

점 C의 조정량 $d_C = -0.008 \times \dfrac{160.00}{200.00} = -0.006$ m

기고식

▶ 기고식

기계높이에 의해 미지점의 표고를 구하는 방법(그림 3, 4)
전망이 좋은 평탄지에 적합하다.

그림 3에서 기계높이(I.H.)=기지점의 표고 H_A+후시(B.S.)이므로 미지점의 표고 H_S=기계높이(I.H.) − 전시(F.S.)

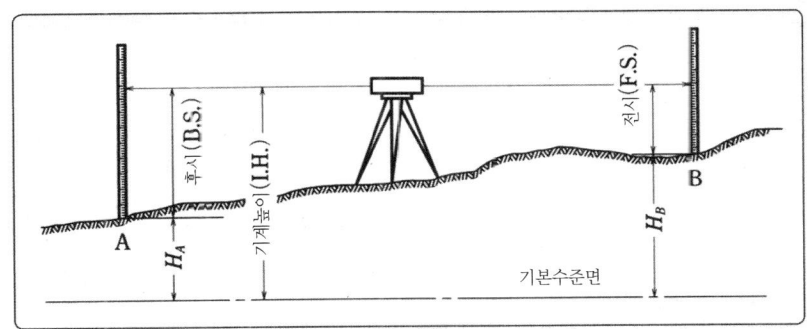

그림 3 기고식

표 1 기고식에 의한 야장 기입의 예

(단위 : m)

측점 (No.)	후시 (B.S.)	기계높이 (I.H.)	전시(F.S.)		표고 (G.H.)	비고
			터닝 포인트(T.P.)	중간점(I.P.)		
B.M.	2.125	12.125			10.000	B.M.의 표고는, $H_{B.M} = 10.000$ m 로 한다.
B.M.+5.00				1.523	10.602	
No.1	0.545	11.685	0.985		11.140	
No.1+10.00				1.926	9.759	〈검산〉 9.899 −10.000 − 0.101
No.2			※ 1.786		9.899	
계	2.670 −2.771 −0.101	/	2.771	/	/	/

※ 최종 측점(No.2)의 F.S는 T.P란에 기입할 것

3. 종단측량과 횡단측량

□ 포인트   철도, 도로, 하천 등 일정한 노선의 종단측량과 횡단측량에 대하여 기술한다.

■ 해설

종단측량

▶ 종단측량

노선의 중심말뚝(20m 피치)이나 지형변화점(플러스 말뚝)의 높이를 순차로 측정해 가는 측량(그림 1, 2).

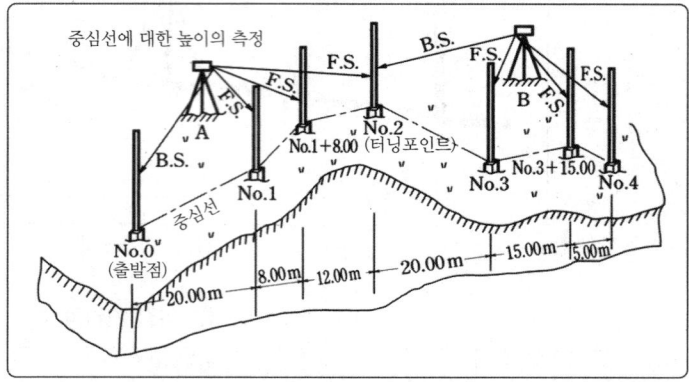

그림 1 종단측량

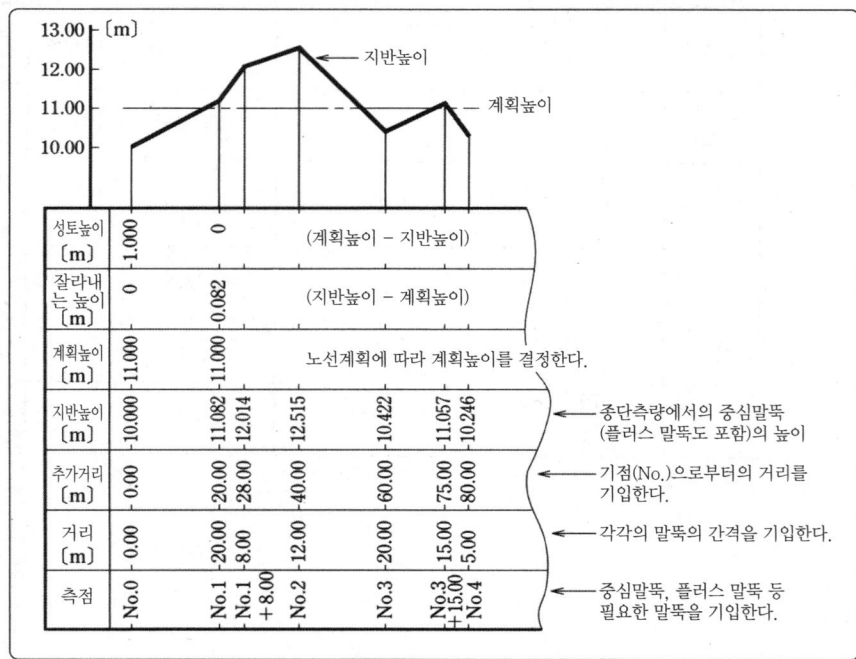

그림 2 종단면도

횡단측량

▶ **횡단측량**

각 종단측점(중심말뚝, 플러스 말뚝)의 직각 방향 지형의 고저를 재는 측량 (그림 3~5, 표 1)

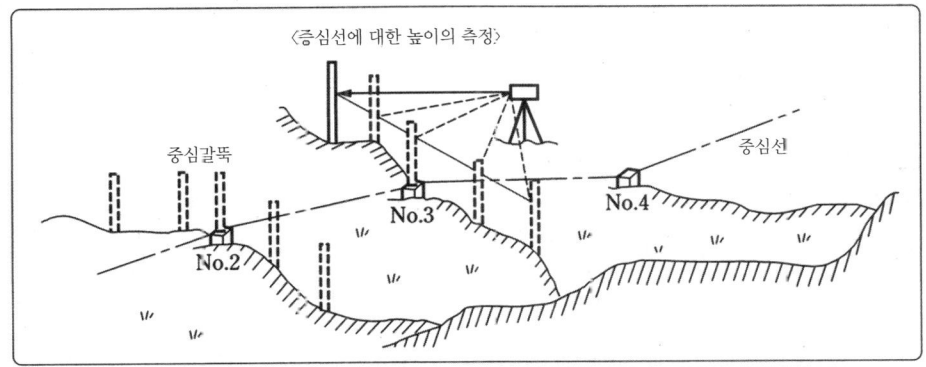

그림 3 횡단측량

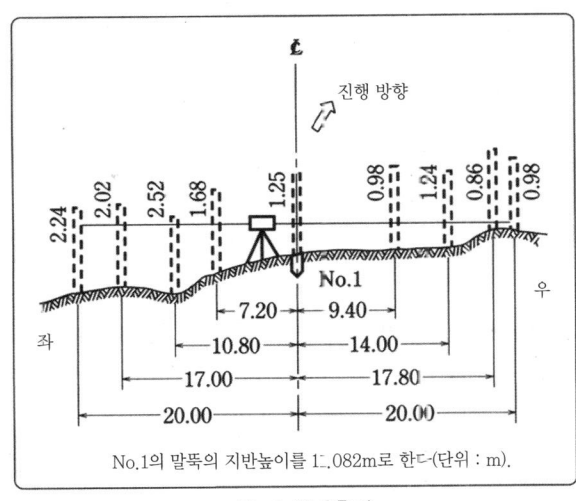

그림 4 횡단측량

표 1 횡단측량의 야장 기입의 예 [m]

측점 좌우	거리	후시	기계높이	전시	지반높이
1		1.25	12.332		11.082
좌	7.20			1.68	10.652
	10.30			2.52	9.812
	17.00			2.02	10.312
	20.00			2.24	10.092
우	9.40			0.98	11.352
	14.00			1.24	11.092
	17.30			0.86	11.472
	20.00			0.98	11.352

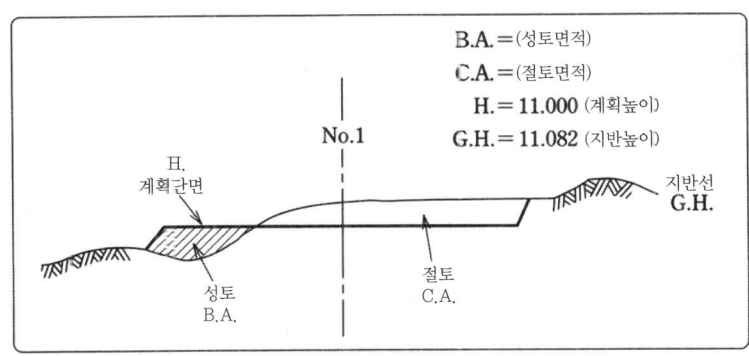

그림 5 횡단면도

5 측량

1. 삼각구분법에 의한 면적 계산

☐ 포인트 평면에 그려진 도형을 그림상에 삼각형으로 분할하여 각각의 삼각형 면적을 구하여 합계를 낸다.
계산 방법에는 「삼사법」, 「헤론의 공식」, 「2변과 협각」 등이 있다.

■ 해설

삼사법

▶ 삼사법(그림 1)
구분된 삼각형의 밑면 b, 높이 h를 그림상에서 구하여 다음 식으로 계산한다.

$$면적\ A = \frac{1}{2}bh$$

삼각형마다 계산하여 합계를 내고 전체 면적을 구한다. → 표로 계산하면 좋다.

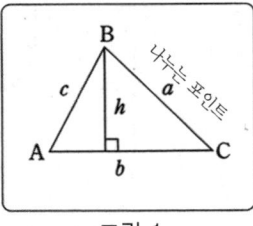

그림 1

헤론의 공식

▶ 헤론의 공식(그림 1)
삼변법이라고도 하며, 삼각형의 세 변 a, b, c를 알고 있는 경우, 다음 식과 같이 구한다.

$$면적\ S = \sqrt{s(s-a)(s-b)(s-c)}$$

여기서, $s = \frac{1}{2}(a+b+c)$

2변과 협각

▶ 2변과 협각
경계선 중에 장해물이 있어 거리측정이 불가능한 경우, 2변과 협각을 이용하여 면적을 구하는 방법이다(그림 2).

$$면적\ A = \frac{1}{2}ab\sin\alpha$$

다각형의 면적은 분할한 삼각형의 면적을 계산하여 그 합에 의해 구한다.

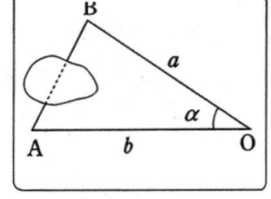

그림 2

❖ 예제

세 변의 길이가 $a = 31.5\,\text{m}$, $b = 37.6\,\text{m}$, $c = 32.9\,\text{m}$ 이었다. 헤론의 공식으로 삼각형의 면적을 구하라.

답

$S = (31.5+37.6+32.9)/2 = 51.0\,\text{m}$

$면적\ S = \sqrt{51(51-31.5)(51-37.6)(51-32.9)}$
$\quad\quad\quad = \sqrt{51 \times 19.5 \times 13.4 \times 18.1} = 491.13\,\text{m}^2$

2. 좌표값에 의한 면적 계산

□ 포인트 각 측점의 합위거 X, 합경거 Y를 이용하여 면적을 구한다.

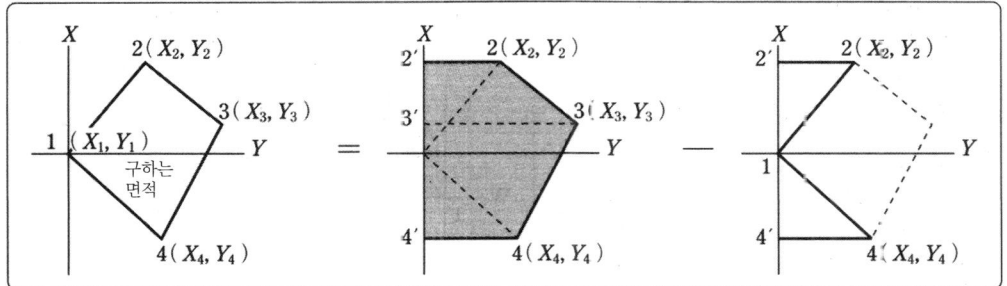

그림 1 합위거, 합경거에서 면적을 구하는 방식

■ 해설 그림 1의 방식을 식으로 나타낸다. 구하는 면적 S는

$$S = \frac{1}{2}\{X_1(Y_2 - Y_4) + X_2(Y_3 - Y_1) + X_3(Y_4 - Y_2) + X_4(Y_1 - Y_3)\}$$

↓

일반식으로는 $X_n(Y_{n+1} - Y_{n-1})$이 된다.

↓

그 점의 합위거 × {(다음 측점의 합위거) − (하나 전의 측점의 합경거)}

↓

> 면적은 각 측점의 X좌표에 그 전후의 Y좌표 차를 곱하고, 합을 구하여 2로 나눈다.

◎ 표로 작성하여 계산을 한다.

표 1 합위거, 합경거에 의한 계산표

측점	① 합위거 X_n	② 합경거 Y_n	③ 다음 측점의 합경거 Y_{n+1}	④ 하나 전의 측점의 합경거 Y_{n-1}	⑤=③-④ ($Y_{n+1} - Y_{n-1}$)	⑥=①-⑤ $X_n(Y_{n+1} - Y_{n-1})$
1	그대로 기입한다		②의 값을 자동적으로 조금 옮겨서		식대로 횡의 란에서 계산한다	
2						

3. 배횡거에 의한 면적 계산

□ 포인트

횡거, 배횡거

횡거란 각 측선의 중점에서 기준선 N-S로 당긴 수선의 길이 M_1으로, 배횡거란 횡거의 2배를 말하며, 그림 1의 $2M_1$를 가리킨다.

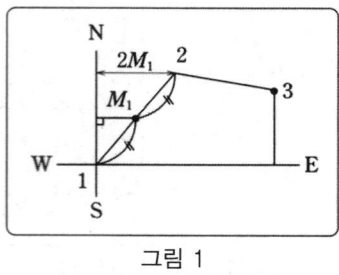

그림 1

■ 해설

▶ 횡거에 의한 면적 계산 방식

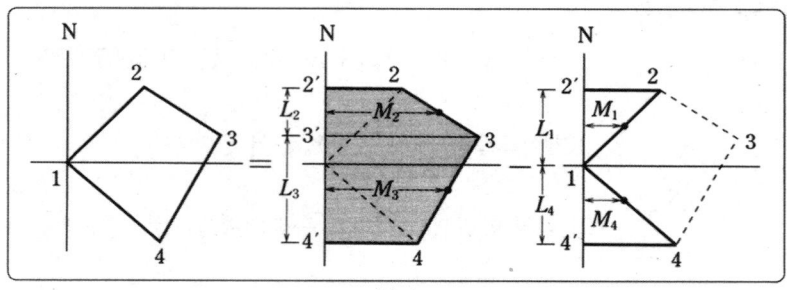

그림 2

▶ 배횡거에 의한 면적 계산법

그림 2의 경우 면적 S는

$$S = M_1L_1 + M_2L_2 + M_3L_3 + M_4L_4$$

실제 계산은 다음 식으로 한다.

$$S = \frac{1}{2}(2M_1L_1 + 2M_2L_2 + 2M_3L_3 + 2M_4L_4)$$

여기서, $2M$: 배횡거

◎ 배횡거를 구하는 법

| 제 1측선의 배횡거=(제 1측선의 조정경거) |
| 제 2측선의 배횡거=(전측선의 배횡거)+(전측선의 조정경거) +(그 측선의 조정경거) |

배면적 계산은 표를 작성하여 구한다.

4. 곡선부의 면적 계산

□ 포인트 경계가 불규칙한 곡선부의 면적 측정(여기서는 트래버스와 곡선)은, 사다리꼴 법칙과 심슨의 제 1법칙으로 계산하여 구하는 방법과, 플래니미터로 구하는 방법이 있다.

■ 해설 ▶ 면적 A의 계산법

사다리꼴 법칙 ① 사다리꼴 법칙(그림 1, 2)

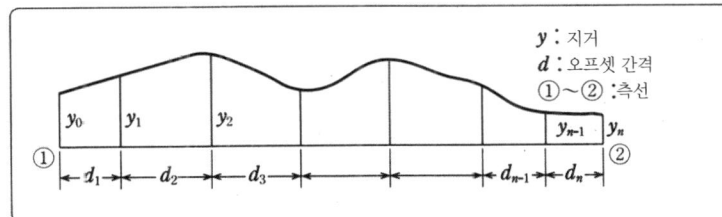

그림 1 오프셋을 취하는 법

$$A = d_1\left(\frac{y_0 + y_1}{2}\right) + d_2\left(\frac{y_1 + y_2}{2}\right) + \cdots + d_{n-1}\left(\frac{y_{n-1} + y_n}{2}\right)$$

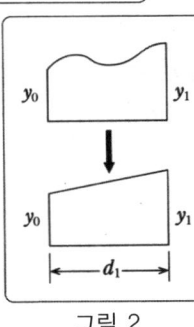

그림 2

심슨의 제 1법칙 ② 심슨의 제 1법칙

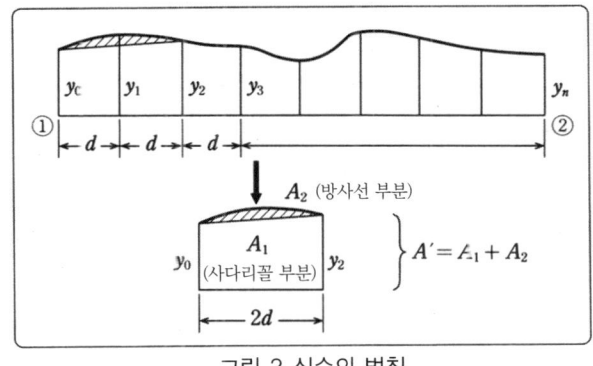

그림 3 심슨의 법칙

$$A = \frac{d}{3}\{y_0 + y_n + 4(y_1 + y_3 + \cdots + y_{n-1}) + 2(y_2 + y_4 + \cdots + y_{n-2})\}$$

플래니미터 ③ 플래니미터란 곡선부의 면적을 측정하는 기계이며, 직접 도상에서 면적을 구할 수 있다.

5. 양단단면평균법에 의한 체적 계산

□ 포인트

양단단면평균법

그림과 같은 사다리꼴의 단면을 가진 입체의 체적을 구하고 싶을 때, 양쪽의 단면적을 평균하고 단면 간의 거리를 곱하여 체적을 구한다. 이때, 양쪽 면적의 평균을 구하는 것을 **양단단면평균법**이라 한다.

■ 해설

▶계산법

그림 1의 체적을 구하려면

$$V = \frac{A_1 + A_2}{2} \cdot L$$

여기서
  V : 체적
  A_1, A_2 : 단면적
  L : 단면 간의 거리

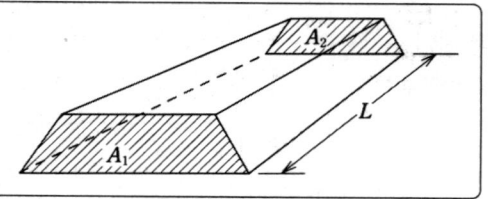

그림 1 양단단면평균법

❖ 예제

그림 2의 No.4~5 사이의 토량을 구하라.

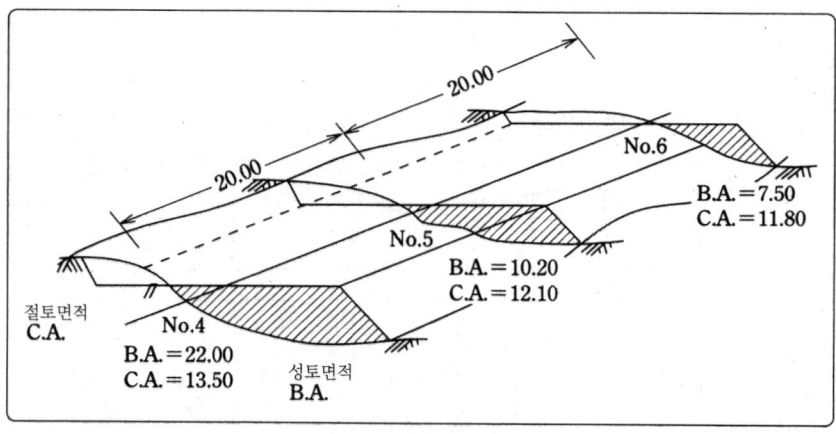

그림 2 종횡단면도의 예

답 No.4~5의 계산을 양단단면평균법으로 계산하면

절토체적 $\quad V = \dfrac{13.50 + 12.10}{2} \times 20.00 = 256.00 \text{ cm}^3$

성토체적 $\quad V = \dfrac{22.00 + 10.20}{2} \times 20.00 = 322.00 \text{ cm}^3$

6. 점고법에 의한 체적 계산

□ 포인트
점고법

점고법이란, 넓은 지역의 체적을 계산할 때 지역을 일정한 간격의 격자형으로 구분하고, 각 고점의 지반높이를 측정하여 기둥 모양의 집합체로서 체적을 구하는 방법을 말한다.

■ 해설

그림 1과 같은 직사각형으로 구분한 경우

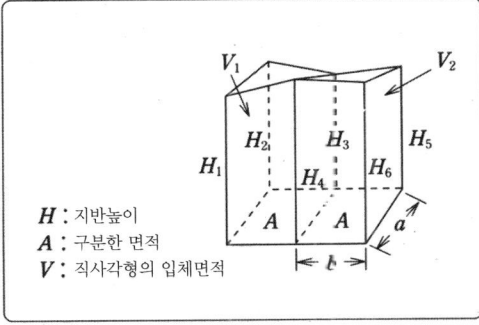

그림 1 점고법

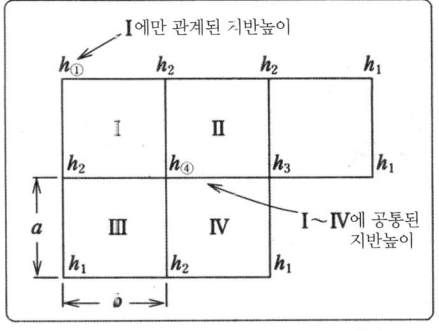

그림 2 직사각형 구분의 공통 기반

그림 2 구획의 체적은

$$V = \frac{1}{4} A (\Sigma h_1 + 2\Sigma h_2 + 3\Sigma h_3 + 4\Sigma h_4)$$

여기서
A : 직사각형 한 개의 면적
Σh_1 : 한 개의 직사각형에 관계된 지반높이의 합
Σh_2 : 두 개의 직사각형에 관계된 지반높이의 합
Σh_3 : 세 개의 직사각형에 관계된 지반높이의 합
Σh_4 : 네 개의 직사각형에 관계된 지반높이의 합

또한, 지반평균 높이를 구하려면 기준면 상의 체적 V를 계산하여 전체 수평면적으로 나눈다.

$$\text{땅의 높이 } H = \frac{\text{체적 } V}{\text{수평면적}}$$

1. 삼각측량이란

□ 포인트

골조측량이란 측량할 구역 전체를 덮는 골조를 만들어 기준점의 위치를 정하기 위한 측량을 말하며, 다음의 세 가지가 있다.
① 평판측량 → 정밀도가 낮다.
② 트래버스측량(측량 구역이 좁은 경우)
③ 삼각측량(측량 구역이 넓은 경우) → 가장 고정밀도

삼각측량

〈삼각측량이란〉
측량 구역을 삼각망으로 구분 → 삼각형의 내각과 한변 길이를 측정 → 계산으로 삼각점의 위치를 구한다.

■ 해설

▶ 삼각측량의 순서(그림 1)

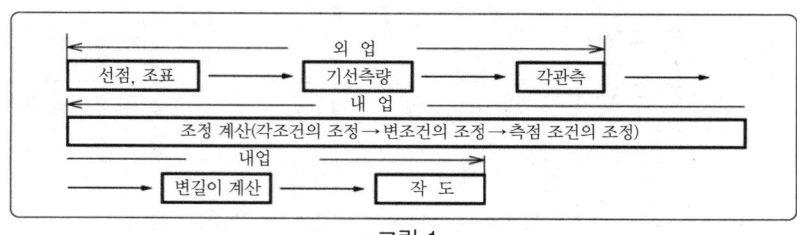

그림 1

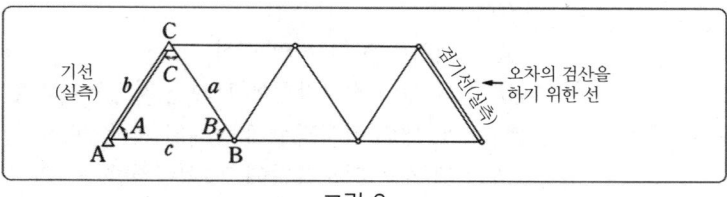

그림 2

▶ 삼각측량의 원리

1변 b와 세 각 A, B, C를 측정(그림 2)
⇩
미지의 두 개의 변 a, c의 길이를 계산
삼각형 ABC에 사인(정현)정리를 적용하면

$$\frac{a}{\sin A} = \frac{b}{\sin B} = \frac{c}{\sin C}$$

따라서, 미지의 변길이 $a = b\dfrac{\sin A}{\sin B}$, $c = b\dfrac{\sin C}{\sin B}$

2. 각의 편심 보정 계산

□ **포인트**

각의 편심 보정 계산

삼각측량에서 장해물 등으로 인해 측점을 시준할 수 없을 때나, 측점에 기계 등을 설치할 수 없을 때는 **각의 편심 보정 계산**이 필요하게 된다.

편심 보정 계산(귀심 계산)에 대해서는 사인(정현)정리를 이용하면 거의 모든 문제를 풀 수 있다

■ **해설**

▶ 편심보정각 x의 계산
  (장해물 등이 있어서 삼각점 B를 시준할 수 없는 경우)

〈계산 순서〉

그림 1에서
삼각점 B를 시준할 수 없을 때
⇩
가시준점 B′를 시즌
⇩
편심거리 e, 편심각 ϕ,
변 AB의 거리 L의 측정
⇩
편심 보정각 x의 계산
⇩
구하려는 방향 AB
=측정한 방향 AB′+x

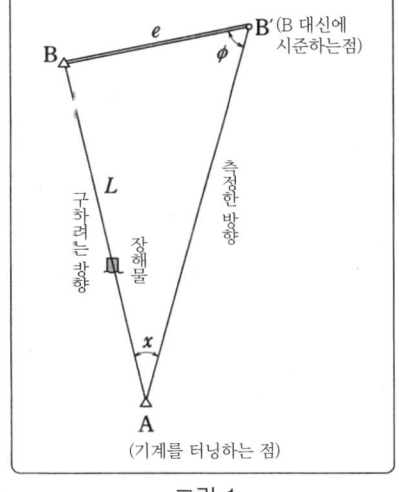

그림 1

〈x를 구하는 방법〉

삼각형 ABB′에서 사인(정현)정리를 적용

$$\frac{e}{\sin x} = \frac{L}{\sin \phi} \qquad \therefore \sin x = \frac{e \sin \phi}{L}$$

여기서, x가 작을 때

$$\sin x \fallingdotseq \frac{x}{\rho''}$$

(1라디안= $\rho'' = 206,265''$)

따라서

$$x = \rho'' \frac{e}{L} \sin \phi = 206,265'' \frac{e}{L} \sin \phi$$

3. 측량각의 조정

□ 포인트   측정각에는 반드시 오차가 생기므로 그 오차를 조정할 필요가 있다.

■ 해설

▶ 측량각의 조정

1 각조건의 조정

삼각형의 내각의 합=180° ⇨ 오차를 3등분으로 배분하여 180°로 한다.
〈삼각형의 내각의 합을 180°로 하는 조정량〉

$$V_1 = \pm \frac{\text{실측 내각의 합} - \text{이론 내각의 합}(180°)}{3}$$

2 변조건의 조정

(주) 각조건의 조정이 가능한 각을 이용하여 변조건을 조정한다.
그림 1에서

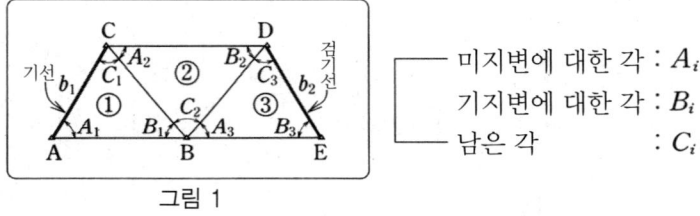

그림 1

미지변에 대한 각 : A_i
기지변에 대한 각 : B_i
남은 각   : C_i

출합차   **출합차**(오차)의 일반식 : $w_s = \left(\dfrac{b_1 \times (\sin A_i \text{의 상승곱})}{b_2 \times (\sin B_i \text{의 상승곱})} - 1 \right) \times 206,265''$

변조건의 조정량 $V_2 = \dfrac{w_s}{\Sigma \cot \alpha + \Sigma \cot \beta}$

(주) 여접 $\cot A_i = \dfrac{1}{\tan A_i}$

〈그림 1의 경우〉

$$w_s = \left(\frac{b_1 \sin A_1 \sin A_2 \sin A_3}{b_2 \sin B_1 \sin B_2 \sin B_3} - 1 \right) \times 206,265''$$

따라서, $V_2 = \dfrac{w_s}{\Sigma \cot A_i + \Sigma \cot B_i}$

〈V_2의 부호〉

A_i(미지변에 대한 각도) B_i(기지변에 대한 각)로 조정한다.

$(b_1 \times (\sin A_i \text{의 상승곱})) > b_2 \times (\sin B_i \text{의 상승곱}) \Rightarrow \begin{bmatrix} A_i \to -w_s \\ B_i \to +w_s \end{bmatrix}$

$(b_1 \times (\sin A_i \text{의 상승곱})) < b_2 \times (\sin B_i \text{의 상승곱}) \Rightarrow \begin{bmatrix} A_i \to +w_s \\ B_i \to -w_s \end{bmatrix}$

삼각측량

❖ **예제** 그림 1의 삼각망에 대한 관측각이 표 1과 같이 되었다. 이 삼각망의 조정을 하라.

표 1

삼각 번호	A_i	B_i	C_i
①	63°29′38″	89°02′05″	27°28′26″
②	63°00′55″	55°29′25″	61°29′25″
③	46°06′45″	101°15′55″	32°37′26″

답

(주) sin의 계산은 소수 제 7위를, cot의 계산은 소수 제 4위를 사사오입, 전 조정각은 사사육입한다.

삼각번호	각	관측각 각도	V	각조건 조정각	$\sin A_i$ / $\sin B_i$	$\cot A_i$ / $\cot B_i$	V_2	전 조정각
①	A_1	63°29′38″	−3″	63°29′35″	0.894 880	0.499	−3.9″	63°29′31.1″
	B_1	89°02′05″	−3″	89°02′02″	0.999 858	0.017	+3.9″	89°02′05.9″
	C_1	27°28′26″	−3″	27°28′23″				27°28′23″
	계	180°00′09″	−9″	180°00′00″				180°00′00″
②	A_2	63°00′55″	+5″	63°01′00″	0.891 139	0.509	−3.9″	63°00′56.1″
	B_2	55°29′25″	+5″	55°29′30″	0.824 044	0.687	+3.9″	55°29′33.9″
	C_2	61°29′25″	+5″	61°29′30″				61°29′30″
	계	179°59′45″	+15″	180°00′00″				180°00′00″
③	A_3	46°06′45″	−2″	46°06′43″	0.720 696	0.952	−3.9″	46°06′39.1″
	B_3	101°15′55″	−2″	101°15′53″	0.980 735	−0.199	+3.9″	101°15′56.9″
	C_3	32°37′26″	−2″	32°37′24″				32°37′24″
	계	180°00′06″	−6″	180°00′00″				180°00′00″
					0.574 728	2.475		
					0.808 054			

(주)
V_1 : 삼각형의 내각을 180°로 하는 조정량 ····· 각 삼각형이 180°가 되도록 계산한다.
V_2 : 변조건에 대한 조정량(V_1, V_2와드 소수 제 2자리를 반올림한다)
※각 C에 대한 조정각은 각 조건식만을 구한다.

$$w_s = \left(\frac{b_1 \sin A_1 \sin A_2 \sin A_3}{b_2 \sin B_1 \sin B_2 \sin B_3} - 1\right) \times 206\,265'' = \left(\frac{468.534 \times 0.574728}{333.229 \times 0.808054} - 1\right) \times 206,265''$$

$$= \left(\frac{269.27961}{269.26703} - 1\right) \times 206,265'' = +9.63 ≒ +9.6''$$

따라서, $V_2 = \dfrac{w_s}{\Sigma \cot A_i + \Sigma \cot B_i} = \dfrac{+9.6''}{2.475} = +3.9''$

⟨V_2의 부호⟩
($b_1 \times (\sin A_i$의 상승곱$) > b_2 \times (\sin B_i$의 상승곱)에서
(269.27961 > 269.26703)

$\begin{bmatrix} A_i & \to & -w_s = -3.9'' \\ B_i & \to & +w_s = +3.9'' \end{bmatrix}$ 를 조정한다.

4. 변 길이의 계산

□ 포인트   측정 각의 조정 후, 사인 정리를 이용하여 기준선에서 순서대로 삼각망의 각 변의 길이를 계산한다(제 6장 제 1절 삼각측량 원리의 항을 참조).

❖ 예제

표 1(그림 1)의 전 조정각을 이용하여 각 변길이 및 정밀도를 구하라.

표 1

삼각 번호	A_i	B_i	C_i
①	63°29′39″	89°01′58″	27°28′23″
②	63°01′04″	55°29′26″	61°29′30″
③	46°06′47″	101°15′49″	32°37′24″

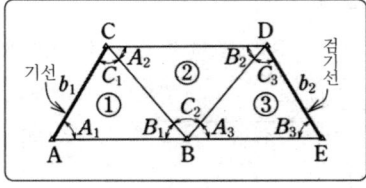

그림 1

기선 길이 $b_1 = 468.534$ m, 검기선 길이 $b_2 = 333.229$ m

답

⟨각의 기입 순서⟩

삼각 번호	
	B_i (기지변에 대한 각)
	C_i (다음 삼각형에 관계없는 변에 대한 각)
	A_i (다음 삼각형의 한 변에 대한 각)

⟨삼각망의 변 길이 계산표⟩ (주) sin은 소수점 아래 7번째를 버리고, 변 길이는 소수점 아래 4번째를 반올림한다.

삼각 번호	각 번호	전 조정각	sin (각도)	변 길이의 계산	변 길이 [m]	변 이름
①	B_1	89°01′58″	○ 0.999 857		□ 468.534	AC (b_1)
	C_1	27°28′23″	0.461 331	$\times \dfrac{□\ 468.534}{○\ 0.999\ 857}$	216.180	AB
	A_1	63°29′39″	0.894 888		△ 419.345	BC
②	B_2	55°29′26″	■ 0.824 032		△ 419.345	BC
	C_2	61°29′30″	0.878 747	$\times \dfrac{△\ 419.345}{■\ 0.824\ 032}$	447.189	CD
	A_2	63°01′04″	0.891 147		● 453.499	BD
③	B_3	101°15′49″	▲ 0.980 738		● 453.499	BD
	C_3	32°37′24″	0.539 113	$\times \dfrac{●\ 453.499}{▲\ 0.980\ 738}$	249.289	BE
	A_3	46°06′47″	0.720 709		333.260	DE (b_2)

⟨삼각망의 정밀도⟩ 변 길이의 출합차(오차) = 검기선 길이 - 기선의 계산변길이
$$= 333.229 - 333.260 = -0.031 \text{ m}$$

밀도 $R = \dfrac{오차}{검기선\ 길이} = \dfrac{0.031}{333.229} ≒ \dfrac{1}{10,749} ≒ \dfrac{1}{10,700}$

1. 지형측량이란

□ 포인트
지형측량

지형측량이란 지형, 지물의 위치나 형상을 목적에 따라서 측량하여, 그 결과로부터 일정한 축척과 도식을 이용하여 지형도를 작성하기 위한 작업을 말한다.

중요한 것으로 다음 네 가지가 있다.
① 적절한 축척의 결정
② 골조를 확실히 다질 것
③ 지물의 중요점 파악
④ 지성선을 기준으로 한다.

■ 해설

▶ 축척의 결정
축척의 대소란

$$\leftarrow \frac{1}{10,000} > \frac{1}{10,000} \sim \frac{1}{100,000} > \frac{1}{100,000} \rightarrow$$

$$\downarrow \qquad\qquad \downarrow \qquad\qquad \downarrow$$

대축척   중축척   소축척
← 크게 표시   작게 표시→

▶ 답사, 선점
실제로 측량 지역을 조사하여 골조가 되는 기준점을 정하는 작업

골조측량

▶ 골조측량
지형측량에 필요한 골조를 정하는 측량으로 기지점을 이용하여 새로운 점을 증설하는 **수평골조측량**과 기지의 수준점부터 각 골조측점(도근점)의 고저차를 정확하게 구하는 **고저차측량**이 있다.

수평골조측량
도근점
고저차측량

▶ 세부측량
① 지물의 측량
인공적인 시설, 건물, 하천, 식생 등을 지도 상에 표시한다.

지모측량
② 지형의 측량(**지도측량**)
지표면 고저 기복의 상태를 측량하여 도면에 나타내는 것으로, 일반적으로 등고선에 의한 방법이 이용되고 있다.

2. 등고선

□ 포인트
등고선

등고선이란 같은 높이의 지점을 연결한 선을 말하며, 토지의 고저나 기복 (산이나 계곡의 형태 등)을 나타내고 있다.

■ 해설

▶ 등고선의 간격(그림 1)

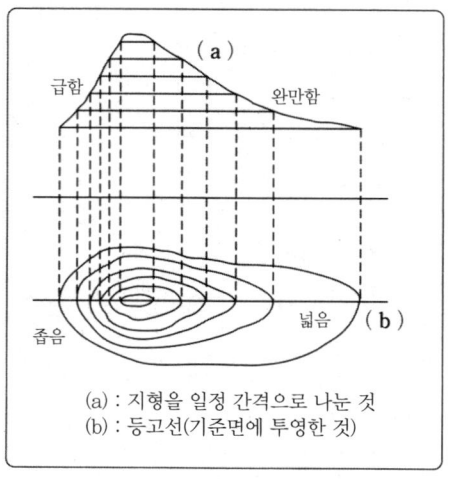

그림 1 등고선

그림과 같이 간격이 좁을수록 급한 경사면이고, 넓을수록 완만한 경사면이 된다.

▶ 등고선의 종류

주곡선을 주체로 다섯 개의 곡선마다 계곡선을 넣고 경사가 완만한 곳에는 보조곡선을 넣어서 등고선을 보완한다.

▶ 등고선의 성질

① 동일한 등고선 상의 모든 점의 높이는 같다.
② 등고선은 급경사에서 간격이 좁고, 완만한 경사면에서는 넓어진다. 경사가 같다면 간격도 같다.
③ 한 개의 등고선은 반드시 도면의 안 또는 밖에서 폐합한다. 단, 절벽, 동굴 등의 경우는 그 부분에 엇갈리거나 일치하는 경우가 있다.
④ 등고선이 도면 내에서 폐합한 경우의 내부는 산 정상이나 요지(凹地)이며, 요지에는 저지 쪽으로 화살표를 붙인다.
⑤ 등고선은 철선(凸線), 요선(凹線), 최대경사선과는 직교한다.
⑥ 등고선과 등고선 사이는 연속한 평면이라고 본다.

3. 지형도

□ 포인트

지형도
편집도

지도에는 직접측량에 의한 **지형도**와 간접, 즉 편집에 의한 **편집도**가 있다. 지도의 종류에는 국토기본도, 국토 조사에 의한 지도, 공공측량지도, 편집도 등이 있다.

■ 해설

국토기본도

▶ 국토기본도

모든 측량의 기초가 되는 기본 측량에 따라서 국토지리원이 시행하는 지형측량에 의해 이루어진다.

표 1은 지도의 종류와 크기이다.

▶ 도식

지도를 작성할 때 지물을 표기하기 위한 기호나 크기, 선의 굵기 등을 결정한 것이며, 축척에 의하여 표시가 결정된다.

◎ 지물기호의 예 (축척 1/50,000)(표 2)

표 1 지도의 종류와 크기

종류	명칭	축척
지형도	국토기본도	1/2,500
		1/5,000
		1/10,000
		1/25,000
		1/50,000
편집도	지세도	1/200,000
	분현도	1/200,000
	지방도	1/500,000
	국토전도	1/2,000,000

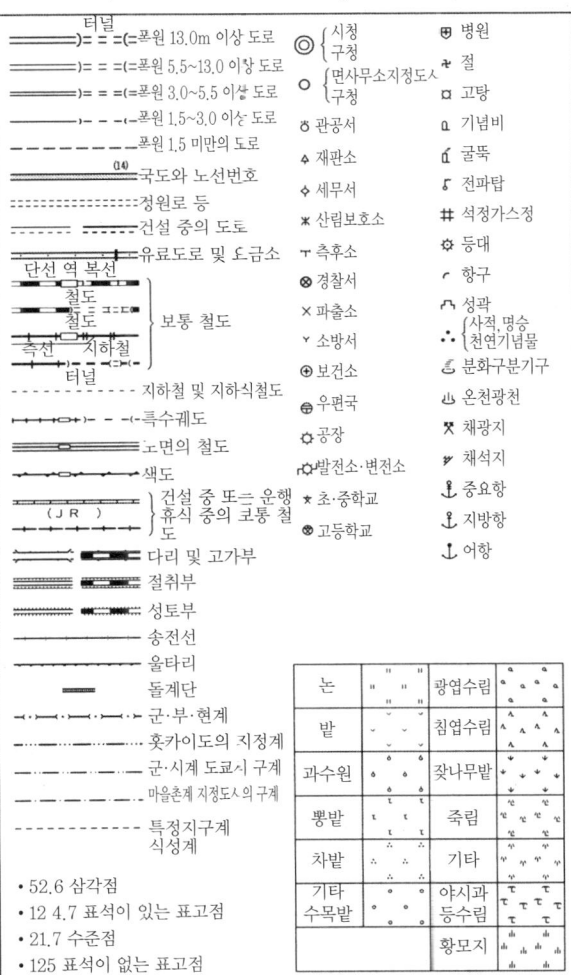

표 2 지물의 표시기호
(출전 : 국토지리원) 1/50,000 지도형

- 52.6 삼각점
- 12 4.7 표석이 있는 표고점
- 21.7 수준점
- 125 표석이 없는 표고점

1. 단심곡선의 용어와 공식

□ **포인트**
노선측량

노선측량 : 도로, 철도, 하천 등과 같이 가늘고 긴 지역의 측량을 말한다.
○ 노선의 방향이 변화하는 위치에 곡선 설치를 한다(그림 1).
　　노선 = 직선 + 단심곡선 + 직선

■ **해설**

▶ 단심곡선의 용어(그림 2)
　단심곡선의 용어에는 다음과 같은 것이 있으며, 계산 공식도 함께 나타내었다.

접선길이

① 접선길이 (T.L. : tangent length)
$$\triangle AOB \text{ 에서 } \tan\frac{I}{2} = \frac{T.L.}{R} \quad \therefore \quad T.L. = R\tan\frac{I}{2}$$

곡선길이

② 곡선길이(C.L. : curve length) : 원주와 중심각의 비례 관계에 의해(그림 3)
$$\frac{C.L.}{2\pi R} = \frac{I}{360°} \quad \therefore \quad C.L. = 2\pi R \frac{I}{360°} = \frac{\pi R I}{180°}$$

외선길이

③ 외선 길이 $S.L. = R\left(\sec\frac{I}{2} - 1\right)$

중앙종거

④ 중앙종거 $M = R\left(1 - \cos\frac{I}{2}\right)$

현의 길이

⑤ 현의 길이 $C = 2R\sin\frac{I}{2}$

편각

⑥ 편 각 $\delta = \frac{l}{2R} \cdot \frac{180°}{\pi}$

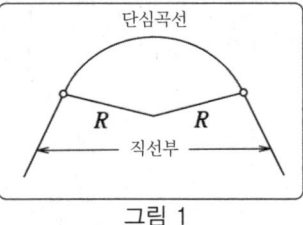

그림 1

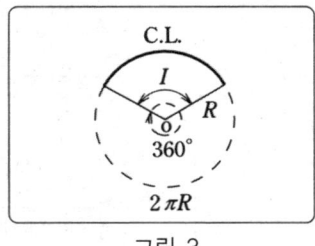

그림 3

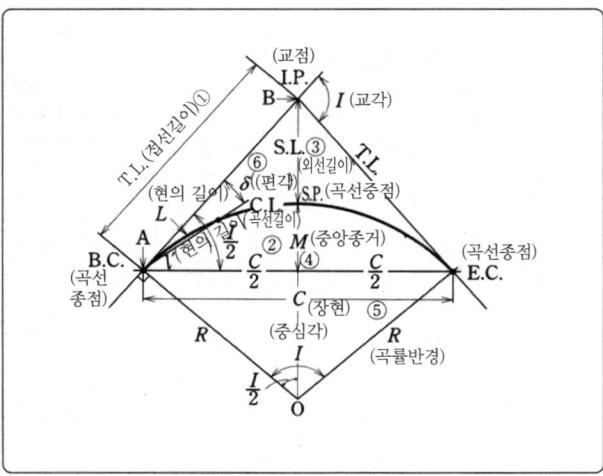

그림 2

2. 클로소이드 곡선의 용어

□ 포인트

완화곡선

완화곡선이란, 자동차 등이 직선부에서 곡선부로 매끄럽게 진행하기 위해 설치하는 곡선이다(그림 1).

여러 가지 완화곡선 중 도로에서 이용되는 클로소이드 곡선은 다음 그림을 통해 알 수 있다.

클로소이드곡선

◎ 클로소이드 즉선 : 곡률반경이 무한대(직선)에서부터 점점 작아지며 단심곡선의 곡률반경 R이 되는 곡선(그림 2).

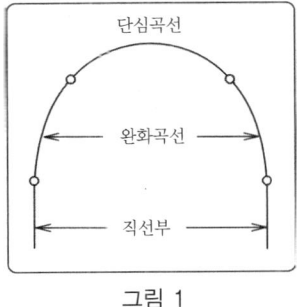

그림 1   그림 2

■ 해설

▶ 클로소이드 곡선의 용어(그림 3)

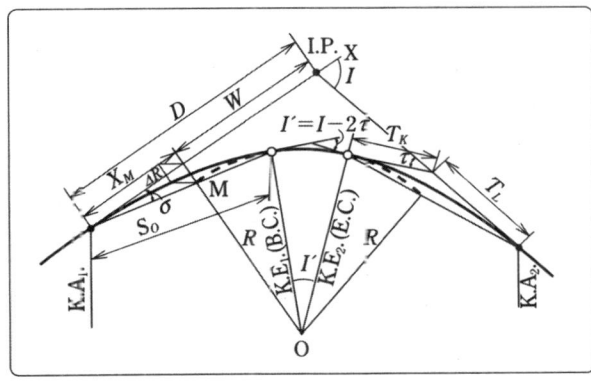

그림 3

R : 단심곡선의 곡률반경
O : K.E.에서 곡률의 중심
τ : K.E.에서의 접선각
σ : K.E.에서의 극각
ΔR : 이정량(시프트)
X_M : 점 M의 X 좌표
T_K : 단접선 길이
T_L : 장접선 길이

I.P. : 교점
I : 교각
I' : 단심곡선의 중심각
　　$I' = I - 2\tau$
W : 점 M에서 I.P.까지의 거리
　　$W = (R + \Delta R)\tan I/2$
D : K.A.에서 I.P.까지의 거리
　　$D = W + X_M$
S_0 : 진행곡선(동경)

5 측량

1. 사진측량이란

□ 포인트
사진측량

사진측량이란, 사진상으로 측량해서 지형도의 작성이나 지형의 판독, 측정, 조사를 하는 작업이다.

■ 해설
공중사진측량
수직사진측량
경사사진측량
지상사진측량

▶ 사진측량의 종류
① **공중사진측량** – 공중에서 촬영한 사진을 이용하는 측량. 수직사진, 경사사진 등이 있다.
② **지상사진측량** – 지상에서 촬영한 사진을 이용하는 측량

▶ 사진의 촬영
공중사진은 공중에서 목적의 촬영 지역을 약 60%씩 중복해서 촬영한다. 촬영 시 비행기는 일정 고도·속도가 되도록 하며, 특히 촬영 시 기울기에 주의한다.

▶ 공중사진의 순서

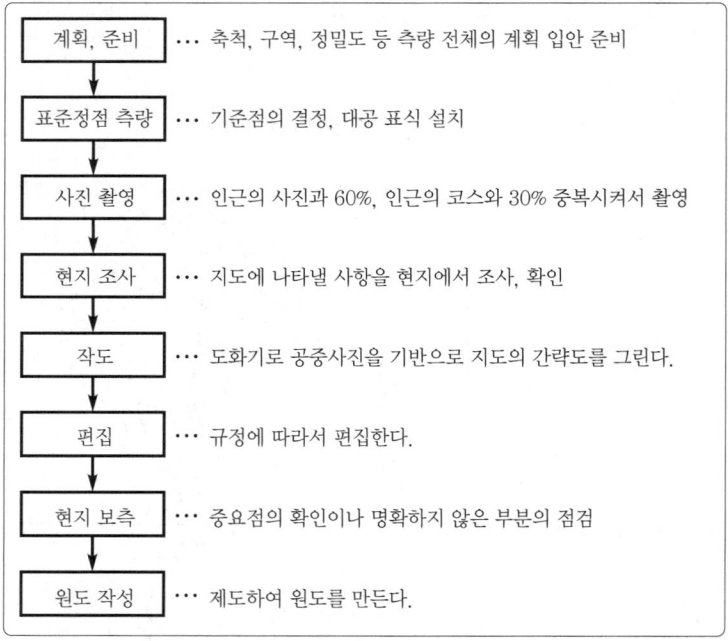

그림 1

2. 공중사진의 성질

□ 포인트
특수 3점

사진 상의 **특수 3점**(주점, 연직점, 등각점)은 사진측량에서는 측정상 중요한 요소이다.

■ 해설
주점
연직점
등각점

▶ 특수 3점
주점 : 촬영된 사진의 중심점(m)
연직점 : 렌즈의 중심을 지나는 연직선과 화면과의 교점(n)
등각점 : 광축과 렌즈의 중심을 통하는 연직선과의 교각을 2등분한 선과 화면과의 교점(j)이다. m, n, j에 대한 지상의 점을 M, N, J라고 한다.
특수 3점의 관계는 그림 1과 같다.

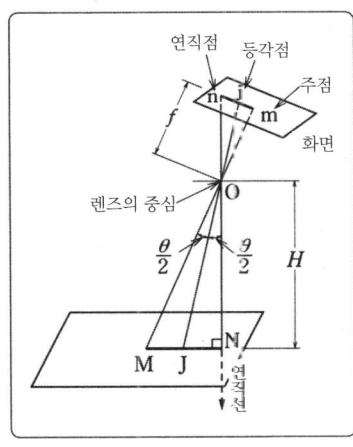

그림 1 특수 3점

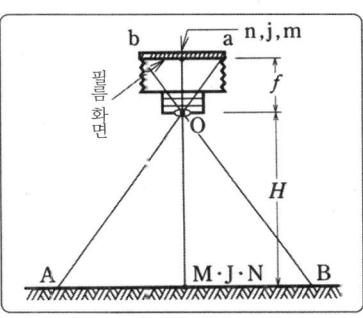

그림 2 연직사진

◎ 연직사진에서 연직점 n과 등각점 j는 주점 m에 일치한다(그림 2).

▶ 사진의 축척(연직사진의 경우)
그림 3을 통하여 알 수 있다.

사진축척 $M\left(=\dfrac{1}{m}\right)$는

$$\left.\begin{array}{l} \dfrac{1}{m}=\dfrac{ab}{AB}=\dfrac{f}{H} \\ H=fm \end{array}\right\}$$

H : 촬영고도 [m]
f : 카메라의 접점거리 [m]
H_0 : 기준면에서의 높이 [m]

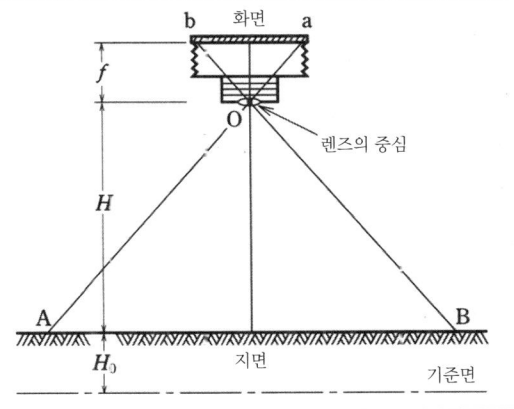

그림 3 사진의 축척

3. 공중사진의 판독과 이용

□ 포인트
공중사진의 판독

■ 해설

공중사진의 판독이란, 사진 상에 찍혀 있는 여러 가지 요소가 무엇인지를 판정하는 것이다.

▶ 판독의 요소
① 촬영 조건 – 촬영연월일, 기후, 고도, 사진기의 종류, 사용 필름 등
② 삼 요소 – **형태**(축척을 이해하고, 사진상의 평면도를 크기와 형상에서 판단한다.)
  음영(태양에 의한 그림자를 판독의 단서로 한다.)
  색조(사진에서 흑백의 농담을 재료로 한다.)

▶ 최근의 사진도(컴퓨터 이용)

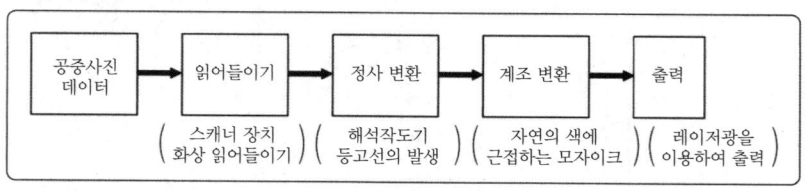

그림 1

▶ 최근의 사진도

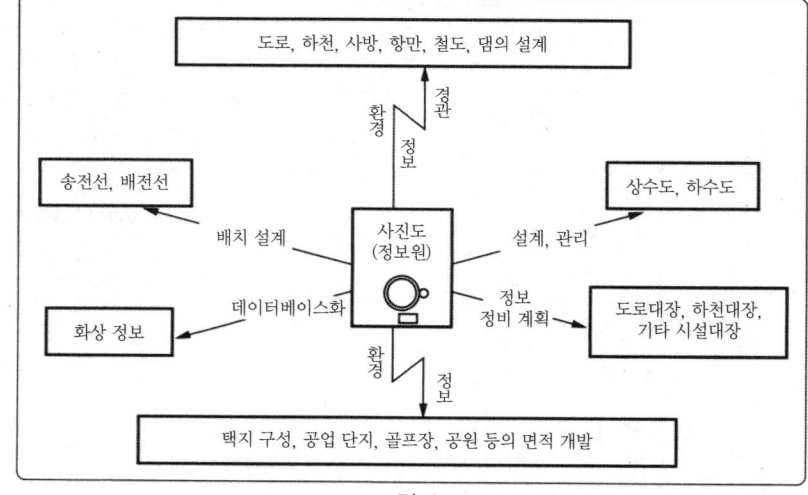

그림 2

사진도에는 지물이 있는 그대로 찍혀 있으며, 누구라도 용이하게 판독할 수 있는 정보량이 많아 많은 분야에서 이용되고 있다.

1. 측량 기술의 현재와 미래

□ 포인트

〈현 재〉

측량 작업은 첨단 기술을 도입한 근대 측량기기의 비약적인 발전에 의해 고정밀화, 고속화, 자동화가 진행되었다. 그 결과 현장 작업이나 실내 작업은 적어졌고, 인력과 노동력이 감소되었다. 즉, 지면을 돌아다니는 육체 기능형의 측량으로부터 정보를 다루는 두뇌 지식형 측량(고정밀화, 고속화, 자동화의 근대 측량)으로 이행한 것이다.

현재의 측량 시스템은 다음과 같은 것들이 있다.

① GPS 측량(p.245 참조)
② 토탈 스테이션 시스템
③ 전자평판
④ 간이 계측 시스템

〈미 래〉

현재 측량의 제일선에서 활약하고 있는 것은 토탈 스테이션과 GPS라고 해도 과언이 아니다. 이러한 토탈 스테이션에서는 렌즈(망원경)에 의존하고 있기 때문에 수평 방향의 시야 확보가 필요하다. 또한 토탈 스테이션과 GPS는 양쪽 모두 반도체를 구사해서 전자파를 교묘하게 이용한 것이지만, 반도체 등의 기술 혁신에 따라 장래적으로는 토탈 스테이션과 GPS의 약점을 보완한 계측기기의 개발이 기대되고 있다.

■ 해설

토탈 스테이션

▶ 토탈 스테이션 시스템

어떤 측량 작업을 일괄하여 수행하는 시스템

① 토탈 스테이션 : 광파거리측정 기능과 트랜싯의 측각 기능을 겸비하며, 경사거리, 수평각, 고저각을 관측하여 자동으로 디지털 데이터 컬렉터에 기록한다.
② 데이터 컬렉터(전자수첩) : 측량 결과를 자동적으로 읽어 들여, 결과나 정밀도를 판정한다. 측량 결과를 기입하는 미래의 현장 수첩 역할을 할 수 있다.
③ 컴퓨터 : 측량 데이터를 계산 처리한다.
④ 플로터(자동 지도기) : 축척에 대응하여 자동으로 작도한다.

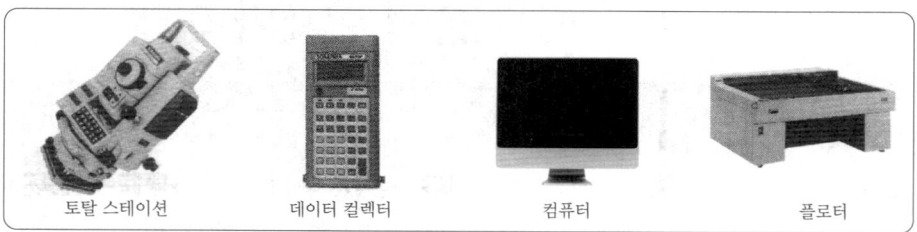

그림 1 토탈 스테이션 시스템의 일례

▶ 전자평판

관측 데이터를 화면상에서 리얼타임으로 점, 선, 도형으로 전개하여 나타내면서 고정밀도의 디지털 현황 평면도의 작성이 가능한 시스템이다. 평면좌표와 높이를 동시에 관측하여 지도 데이터에 직접 전개가 가능하다.

▶ 간이 계측 시스템

반사판을 이용하지 않고 경사거리, 연직각, 방향각 또는 수평거리, 비고를 계측하는 시스템(그림 2)으로, 다음과 같은 이점이 있다.

① 반사경이 필요 없기 때문에 한 명으로도 측정 가능
② 위험성이 높은 장소나 도달하기가 어려운 곤란한 장소의 측정 가능

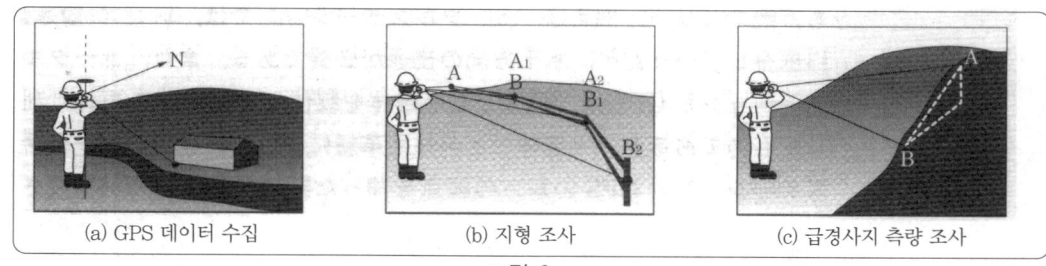

그림 2

▶ 현재와 미래를 연결하는 GIS

GIS(Geographic Information System ; 지리정보시스템)는 컴퓨터 기술에 데이터베이스 기술이 통합되어 측량학, 지역계획학 및 리모트 센싱이나 화상해석 등과 결합하여 탄생한 시스템이다. 그림 3을 통해 GIS의 활용 예를 알 수 있다.

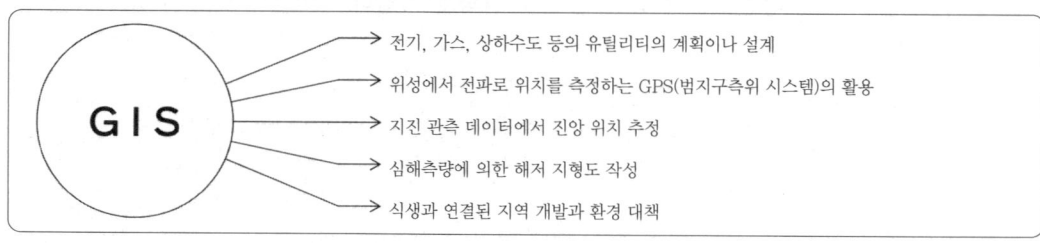

그림 3 GIS의 활용

2. 우주측지

□ 포인트
우주측지

현재 문제가 되고 있는 지구 온난화, 사막화 등의 조사, 연구에 공헌하고 있는 것이 우주측지라는 측량 분야이다. 여기서는 우주 기술을 이용한 우주측지의 세 가지 기술인 「리모트 센싱」, 「GPS 측량」, 「VLBI 측량」에 대한 개요를 다룬다. 이 우주측지는 앞으로의 측량을 크게 바꿔갈 시스템이 될 것이다.

■ 해설
리모트 센싱
GPS 측량

▶ 리모트 센싱 : 원격심사(Remote Sensing)
우주에서 지구를 관측하는 수단으로서 지구상의 물체가 발산하는 각종 전자파를 측정하여 여러 가지 정보를 읽어들이는 기술을 말한다.

▶ GPS 측량 : 범지구 측위 시스템(Global Positioning System)
〈인공위성을 이용한 정밀 측지 측량 시스템〉
24개의 GPS 위성에서 발신되는 전파를 수신함으로써 지구상의 어디에서나(Global), 그 위치(Positioning)의 확인이 가능한 시스템이다(그림 1).

〈DGPS〉
2점 간의 위상차를 통해 거리를 구하는 방법(그림 2)
2측점에서 수신한다. →관측데이터를 컴퓨터에 입력→거리를 구한다. 이때 복잡한 계산은 모두 컴퓨터가 수행한다.

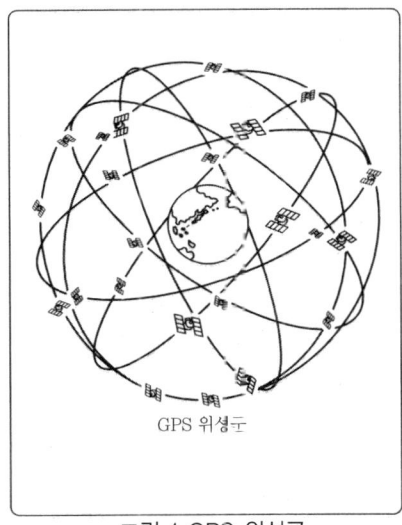

그림 1 GPS 위성군

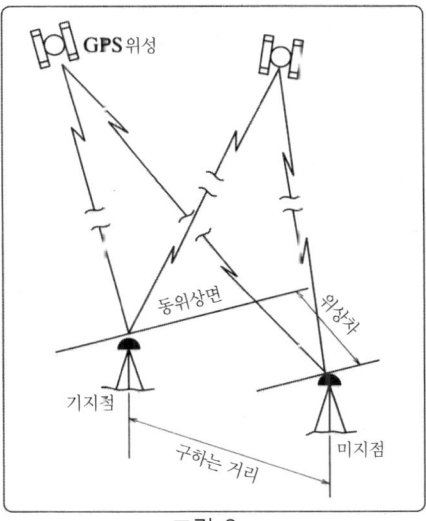

그림 2

〈GPS 측량의 주된 특징〉
① 정밀도가 매우 높다(100만분의 1의 측정이 가능).
② 두 점 간의 마주 봄을 필요로 하지 않는다.
③ 비 등의 날씨에 전혀 영향받지 않고 측정할 수 있다.
④ 24시간, 언제, 어디에서도 측량할 수 있다.
⑤ 수백 km 이상의 장거리 측정이 가능하며, 광역의 장기적 감시에 최적이다.

〈GPS 측량의 주된 이용〉
① 방재나 지구 환경의 감시에 중요한 시스템이다.
② 정밀한 지곡 변동 조사를 통해 지진 예보가 가능하다.
③ 세계 시각을 더욱 정확하게 통일할 수 있고, 각국의 위치를 보다 정확하게 알 수 있다.
④ 항공기, 선박, 차 등의 내비게이션으로 이미 폭넓게 이용되고 있다.
GPS는 장차 대단한 가능성이 있는 시스템으로, 앞으로의 연구 개발에 의해 급격히 보급되고 우리의 생활 가까이에서 접하게 되었다.

VLBI 측량

▶ VLBI 측량 : 초장기선 전파 간섭계
(Very Long Baseline Interferometer)〈우주의 전파로 대지를 측정〉

수십 억 광년 멀리에 있는 전파별(준성)에서 방출되는 전파를 지표의 두 지점에서 동시에 수신하고, 그 도달시간의 차 ΔT를 통해 두 점 간의 상대적 위치 관계를 높은 정밀도로 측정하는 방법이다(그림 3).

$$S = \frac{C\Delta T}{\cos \theta}$$

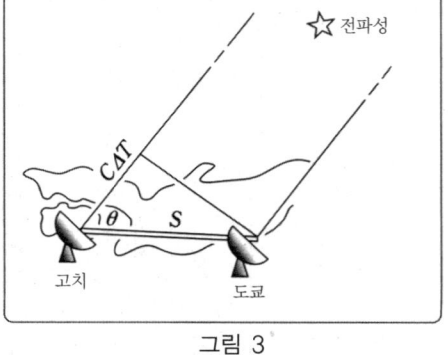

그림 3

여기서, C : 전파의 속도, ΔT : 도달시간 차

〈VLBI 측량의 주된 특징〉
① 매우 높은 정밀도로 장거리(수 천 km 이상) 측정이 가능하다.
② 준성으로부터의 전파를 이용하기 때문에 밤낮, 날씨와 상관없이 관측 가능하다.
③ 두 점 간의 마주 봄을 필요로 하지 않는다.

인용·참고문헌

제5편

1) 粟津清蔵 監修, 包国　勝, 茶畑洋介, 平田健一：絵とき 測量, オーム社, 1993年
2) 測量1(旧文部省検定済教科書), 実教出版：著者多数, 1995年
3) 竹内　均 監修：GPSへの招待, (社) 日本測量協会, 1992年
4) 高田誠二：単位の進化, 講談社
5) 農業土木歴史研究会編：大地への刻印, 公共事業通信社
6) 高田誠二：計る・測る・量る, 講談社
7) 多湖　輝：頭の体操　第5集　びっくり地球大冒険, 光文社
8) 大浜一之：建築・土木の雑学事典, 日本実業出版社, 1988年
9) 岡部恒治：マンガ・数学小辞典　基本をおさえる, 講談社, 1988年
10) 小田部和司：図解　土木講座　測量学, 技報堂出版社
11) 高橋　裕, 他：グラフィックス・くらしと土木　国づくりのあゆみ, オーム社, 1984年
12) 山之内繁夫, 五百蔵粂, 他：測量1, 測量2, 実教出版
13) 森野安信, 他：測量士補受験用　図解テキスト1・4, 市ヶ谷出版
14) 村井俊治　企画・監修：サーベイ・ハイテク50選, 日本測量協会
15) 旧建設省 国土地理院発行パンフレット
16) 嘉藤種一：地形測量, 山海堂
17) 社団法人　日本測量協会：測量, 2001.1
18) George B. Korte, P. E. 著, 村井俊治 監修, 那須　充 監訳：THE GIS BOOK, インターナショテル トムソン パブリッシング ジャパン, 1997年

제6편

토목 재료

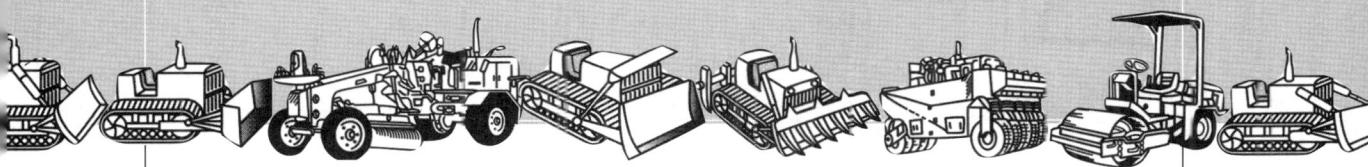

제1장 : 목재
제2장 : 석재
제3장 : 금속 재료
제4장 : 역청 재료

제5장 : 시멘트
제6장 : 콘크리트
제7장 : 기타 토목 재료

어떠한 토목 구조물을 건설하더라도 반드시 재료가 필요하다. 토목 재료로는 예로부터 목재, 석재, 점토 등이 이용됐지만, 현재는 철강이나 역청 재료, 시멘트, 콘크리트가 주재료가 되었고, 최근에는 플라스틱이나 세라믹 등의 고분자 재료, 신소재도 이용되고 있다.

여기서는 이들 각종 토목 재료의 분류, 규격, 성질, 용도 등에 대하여 학습함으로써 토목 구조물의 건설에 도움이 될 것이다. 또한 재료는 일본공업규격(약칭 JIS)은 물론 각종 표준규격에 인정받은 것을 사용하도록 한다.

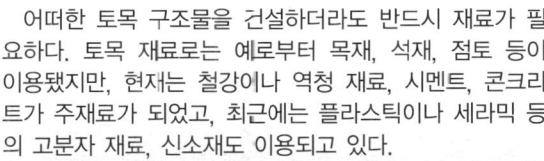

6 토목 재료

1. 토목 재료의 분류와 규격

□ 포인트   토목 재료는 천연 재료와 인공 재료로 분류하는 방법도 있지만, 일반적으로는 그림 1과 같이 분류한다. 또한, 토목 재료에는 각종 규격도 있으므로, 적재적소라는 말이 있듯이 이러한 재료의 특질을 잘 이해하고 유용하게 이용하는 것이 중요하다.

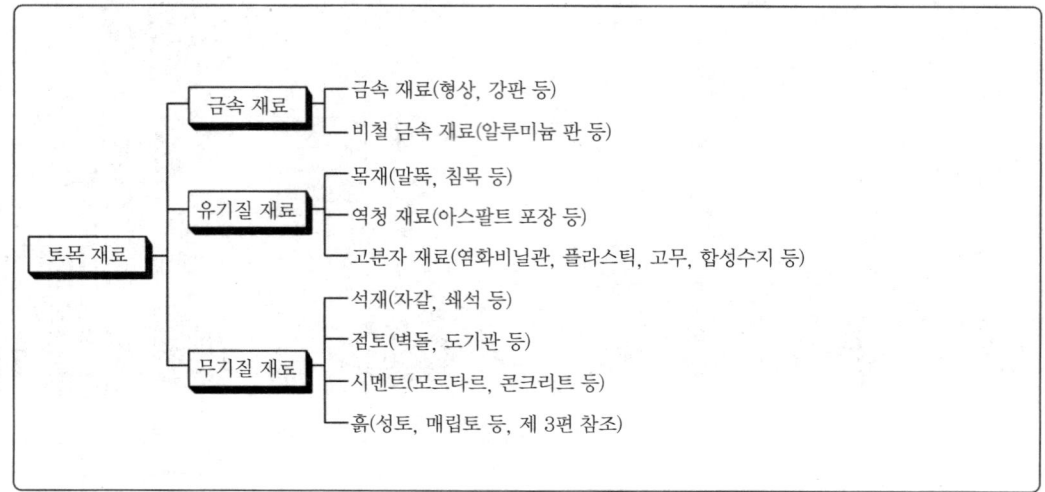

그림 1 토목 재료의 분류

■ 해설   규격에는 다음과 같은 것들이 있지만, 토목 기술자는 이들 규격에 합격된 재료를 사용하는 것이 중요하다.
JIS(일본공업규격 : Japanese Industrial Standards의 약칭으로, 합격한 제품이나 지정된 공장에는 JIS 마크를 표시함으로써 인정하고 있다)
JAS(일본농림규격 : Japanese Agricultureal Standards의 약칭)
JWWA(일본수도협회규격 : Jaoan Water Work Assosiation의 약칭)
ASTM(미국재료시험학회 : American Sosiety for Testing and Materials의 약칭)
BS(영국규격 : British Standard의 약칭)
DIN(독일규격협회 : Deutches Institut fur Normung의 약칭)
ISO(국제표준화기구 : International Organization for Standardizaition의 약칭으로, ISO 인증기업은 국제적인 평가를 받은 기업이라 할 수 있다.

2. 목재의 성질과 용도

□ 포인트

목재는 예로부터 건축용, 구조용, 장식용으로 널리 이용되어 왔다. 그러나 지금은 토목 공사에서 내구성, 경제성의 면이나 새로운 재료의 출현으로 사용량이 감소되고 있다.

■ 해설

▶ 목재의 분류

침엽수
① **침엽수** - 목질부의 섬유 세포가 가늘고 길며 통직성이 있는 재료이다.
  • 국내산 침엽수 : 삼나무, 노송나무, 솔송나무, 소나무
  • 외국산 침엽수 : 미송, 미국의 삼나무, 전나무, 송솔나무, 젓나무

활엽수
② **활엽수** - 침엽수에 비해 재질이 단단한 것이 많고, 경목류라고도 한다.
  • 국내산 활엽수 : 느티나무, 떡갈나무, 졸참나무, 오동나무, 벚나무
  • 외국산 활엽수 : 티크, 나왕, 자단

죽재
③ **죽재** - 맹종죽, 참대

▶ 목재의 제재와 가공품

제재
목재는 벌목, 가지치기, 껍질벗기기 등을 거쳐 건조 후 용도에 따라서 판재 또는 각재로 절단한다. 이것을 **제재**라 하며, 통나무에서 필요로 하는 만큼의 제재를 계획하는 것을 **마름질**이라 한다(그림 1). 제재된 목재는 자연물이기 때문에 흠집이나 수축 등에 의한 변형이 생길 수 있고, 또한 목재의 강도나 내구성에 영향을 줄 수 있으므로 그림 2와 같은 가공품도 많이 이용되고 있다.

가공품

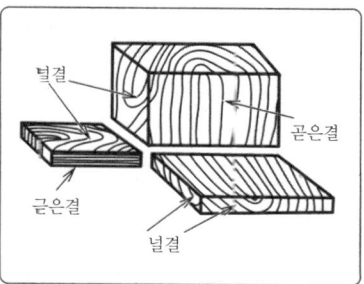

그림 1 목재의 가공품

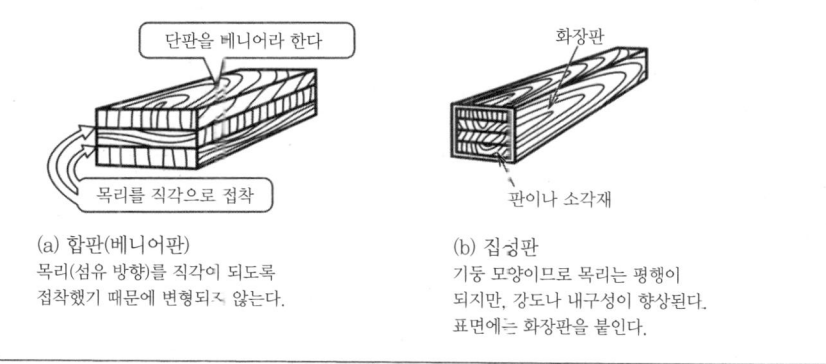

(a) 합판(베니어판)
목리(섬유 방향)를 직각이 되도록 접착했기 때문에 변형되지 않는다.

(b) 집성판
기둥 모양이므로 목리는 평행이 되지만, 강도나 내구성이 향상된다. 표면에는 화장판을 붙인다.

그림 2 목재의 가공품

토목 재료

1. 석재의 분류

□ 포인트   석재는 인류가 예로부터 사용해 왔던 것이다. 대표적인 것으로 고대 이집트의 피라미드나 스핑크스가 유명하다. 오늘날에는 문이나 석벽, 벽의 내외장 등 석재의 종류나 특성에 따라서 다양하게 사용되고 있다.

■ 해설   ▶ 석재의 분류

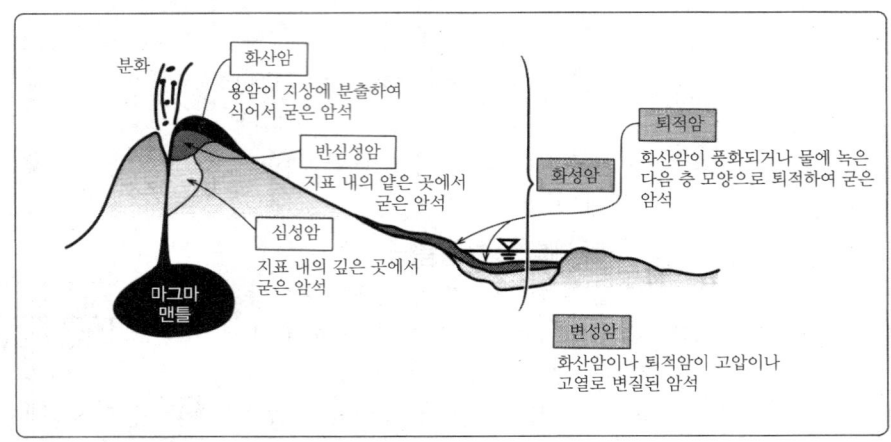

그림 1 암석의 요인

화성암
퇴적암
변성암

석재는 일반적으로 암석의 생성 원인에 의해 그림 1에 나타낸 것과 같이 **화성암, 퇴적암, 변성암**으로 분류되고 있다. 화성암은 화산암, 반심성암, 심성암의 총칭이다. 각 석재의 성질과 용도는 표 1과 같다.

표 1 석재의 종류

종류		강도[N/mm²]			특징	용도	석재명(산지)
		압축	휨	인장			
화성암	화강암	147	13.7	5.4	내마모성이 강하고 고열에 약하다. 닦으면 광택이 나고 견고해진다.	벽, 바닥의 내·외장 계단석	이나다미카게(이바라키) 코슈 미카게(야마나시)
	안산암	98	8.3	4.4	내구성은 있지만 암회색, 회백색을 띄며, 광택이 부족하다.	벽, 바닥의 내외장 계단석, 돌담, 기초석	현무암(교토) 시라카와석(후쿠시마)
퇴적암	사암	44.1	6.9	2.5	퇴적 물질의 성질에 따라 경도의 차이와 여러 가지 폭이 있다.	벽의 내장, 돌담, 울타리	히노데석(후쿠시마) 초오시석(치바)
	응회암	8.8	3.4	0.8	가공하기 쉽고, 부드럽고 흡수성이 있다.	벽의 내장 돌담, 울타리	오오타니석(토치기) 사와다석(시즈오카)
변성암	대리석	117.6	10.8	5.4	열과 산에 약하고, 결정질과 층 모양의 2가지가 있다.	벽, 바닥의 내장 인공석의 원료	백대리석(이와테,야마구치) 트래버인(이와테)

2. 석재의 규격

□ 포인트
채석장(석재를 채취하는 장소)에서 채취된 돌은 필요한 크기, 형태로 가공한 다음 사용된다.

■ 해설
석재의 형태는 여러 가지가 있지만, 규격으로는 그림 1과 같이 정해져 있다.

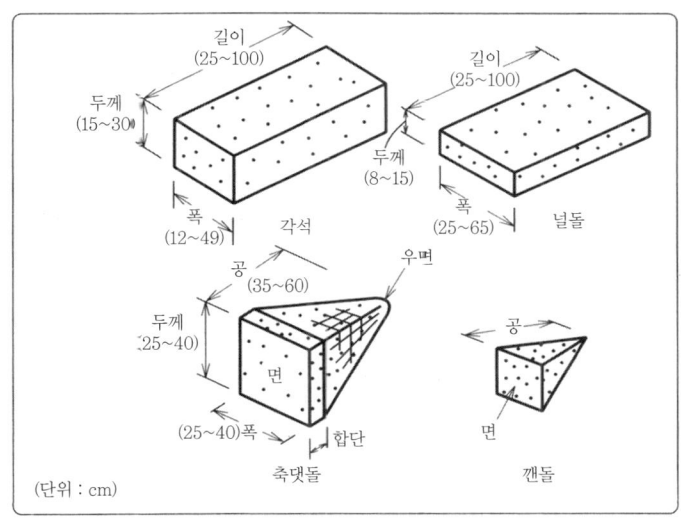

그림 1 석재의 형상

■ 관련사항

압축강도가 크다

인장강도가 작다

응회석

▶ 석재의 장단점과 사용 예

석재의 장점으로 불연성, 압축강도가 큼, 내구성, 내수성 등이 있다. 또한 종류가 풍부하고, 독특한 분위기를 내는 등 여러 가지가 있다. 반면, 단점으로는 인장강도가 낮음(압축강도의 1/20~1/40), 무거움, 부서지기 쉬움, 가공의 어려움, 길고 큰 재료를 얻을 수 없음, 수송 비용이 많이 든다는 점 등이 있다. 석재는 이상과 같은 특성을 이해하고 상황에 맞는 것을 선택하여 사용하는 것이 중요하다. 또한, 대리석은 건축용 재료로서 알려져 있지만, 양질의 재료는 이탈리아, 캐나다에서 수입되고 있다.

예로부터 일본에서도 석재는 석무대 고분이나 성의 돌담 등에 사용되었으며, 메이지 시대 이래 서양풍 건축의 영향으로 토치기산의 응회석을 사용한 구 제국호텔 등도 만들어지게 되었다. 그러나 일본의 석조건축은 일반에 보급되지 않았고, 응회석 등도 지금은 돌담용 재료 정도로 사용되고 있는 실정이다.

1. 금속 재료의 분류와 제철

□ 포인트

금속 재료는 크게 철강 재료와 비철금속 재료로 나누어진다. 금속 재료는 특수한 목적 이외에는 순금속으로 사용하는 경우가 적고, 순금속보다는 강도나 경도 등이 우수한 합금을 이용하는 경우가 많다. 토목 재료로 이용되는 것은 철강 재료가 대부분이다.

금속 재료의 분류를 그림 1을 통해 나타내었다.

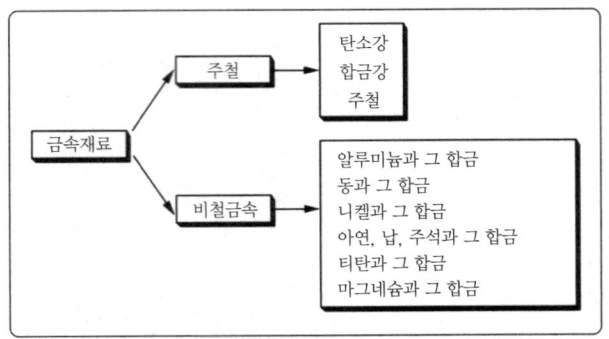

그림 1 금속 재료의 분류

■ 해설

▶ 제철

제철이란 그림 2와 같이 **용광로**에 철광석, 석회석, 코크스와 같은 철강 원료를 넣고 열풍으로 연소시킨 후 용광로의 바닥에서 **선철과 철 부스러기**의 슬래그를 취해 가공하는 공정이다.

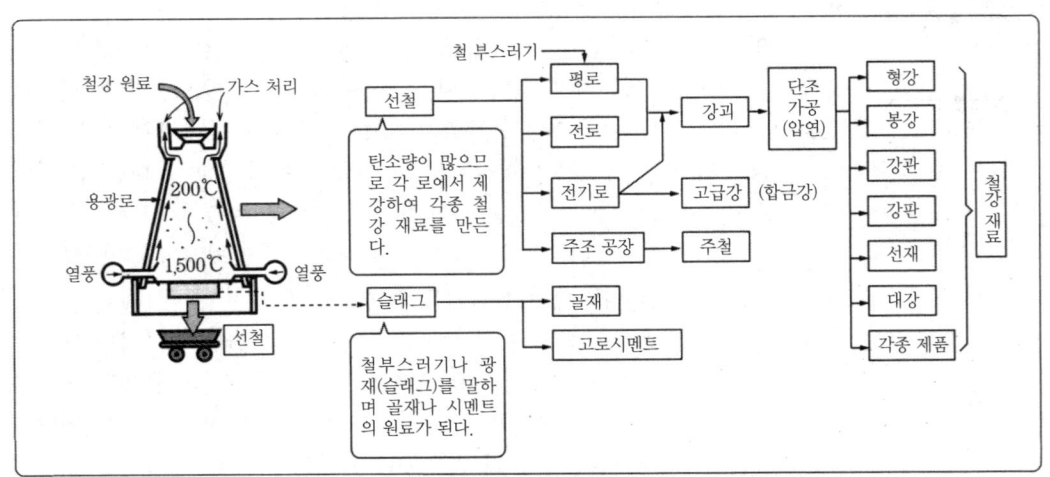

그림 2 제철 공정

선철
  선철은 3.0~4.5%의 탄소 외에도 규소, 망간, 인, 유황 등의 불순물을 많이 포함하기 때문에 단단하지만 부서지기 쉬워서 철강 재료로 사용할 수 없다. 이 때문에 선철을 강으로 사용하려면 선철과 철 부스러기를 제강로(평로, 전로, 전기로)에 넣고 융해하여 탄소나 불순물을 줄이고 용강을 만든다.

용강
  용강은 직접 주조 설비에 의해 각종 형태의 강편으로 성형되거나 기둥 모양의 주형에 주입하여 **강괴**로 만든다. 이것을 분괴 압연해서 강편으로 만든다. 강편은 강관, 형강, 강판, 대강, 봉강 등으로 압연되어서 철강 재료가 된다. 철강 재료의 제조 공정은 그림 2와 같다.

■ **관련사항**

  강은 탄소강, 합금강, 주철로 나누어진다.

탄소강
  탄소강은 철(Fe)과 탄소(C)의 합금이며, 탄소량에 의해 강재의 성질이 변화한다. 탄소량이 많아지면 인장강도와 경도가 증가하며, 늘어남이 감소하므로 전연성이 작아진다. 탄소강을 분류하면 표 1과 같다.

표 1 탄소강의 분류

탄소강	탄소함유량	용도
저탄소강	0.3% 이하	교량, 건축, 강봉, 형강, 리벳
중탄소강	0.3~0.5%	축, 볼트, 리일, 실린더
고탄소강	0.5% 이상	열쇠, 축, 레일, 공구

합금강
  합금강은 일반적으로 탄소강에 포함된 원소 이외의 것(니켈, 크롬, 몰리브덴 등)을 한 가지 혹은 그 이상 첨가하여 탄소강보다 인장강도, 경도, 내식성, 내열성 등에서 우수한 성질을 가진 강을 말한다. 특히, 최근의 공업 기술 진보에 따라서 그 사용 범위는 확대되어 가고 있다.

주철
  주철은 선철에 규소 및 철 부스러기 등을 가해 융해한 것으로, 이것을 주형에 주입하여 필요한 형태를 만든 것을 주물이라 한다. 주철은 내마모성이나 내식성이 우수하고 저렴하지만, 늘어남과 인장에는 약하다.

스테인리스강
  스테인리스강은 약 11% 이상의 크롬을 함유하여 내식성이 우수하고, 봉, 판, 선재 등으로 가공되고 있지만, 구조용 재료로서의 응용은 적다. 그러나 인장강도는 강하고 연성도 좋다. 용접은 비교적 곤란한 재료이지만, 불활성 가스 아크 용접은 가능하다.

토목 재료

2. 철강 재료의 규격

□ 포인트

일반구조용 압연강재

용접구조용 압연강재

토목 재료로 사용되는 철강 재료는 주로 탄소강으로 만들어지는 구조용 압연강재가 이용된다. 이 구조용 압연강재는 크게 **일반구조용 압연강재**와 **용접구조용 압연강재**로 구분된다. 이것들은 함께 강판, 평강, 형강, 봉강 등에 이용되어, 토목 구조용 재료에서부터 공사용 가설 재료에 이르기까지 광범위하게 사용되고 있다.

또한, 합금강은 최근의 공업 기술의 발전으로 탄소강보다 인장강도, 경도, 내식성, 내열성이 우수한 성질을 갖는 제품이 요구되면서 탄소 이외의 합금 원소를 더해 우수한 성질을 가진 강이 다양하게 만들어지고 있다.

■ 해설

일반구조용 압연 강재는 JIS G 1301에, 용접구조용 압연강재는 JIS G 1306에 나와 있으며, 구조용 압연강재의 기계적 성질을 표 1에 나타내었다.

표 1 구조용 압연강재의 기계적 성질

종별	종류	기호	인장강도 [N/mm²]	항복점 [N/mm²]	늘어남 [%]
일반구조용 압연강재	1종	SS 330	330~430	175~205 이상	21~30 이상
	2종	SS 400	400~510	215~245 이상	17~24 이상
	3종	SS 490	490~610	255~285 이상	15~21 이상
	4종	SS 540	540 이상	390~400 이상	13~17 이상
접지구조용 압연강재	1종	SM 400	400~510	195~245 이상	18~24 이상
	2종	SM 490	490~610	275~325 이상	17~23 이상
	3종	SM 490 Y	490~610	325~365 이상	15~21 이상
	4종	SM 520	520~640	325~365 이상	15~21 이상
	5종	SM 570	570~720	420~460 이상	19~26 이상

SS 400은, S : steel, S : stractual, 400 : 최저인장강도   (JIS에 따름)
SM 490은, S : steel, M : marine, 490 : 최저인장강도

일본에서는 철강 재료의 주된 제품이 JIS, JAS, JWWA 등에 의해 규격화되어 있다. 여러 외국에서도 미국의 ASTM이나 영국의 BS, 독일의 DIN 등 각각 자국 내의 규격을 가지고 있다.

그러나 국제화가 진행되는 현재에도 타국 제품을 사용할 수 없거나 수리나 부품 교환이 어렵다는 문제가 있으며, 1974년에는 국제적인 표준화를 진행하기 위한 조직 ISO가 설치되었다.

3. 철강 재료의 성질과 용도

□ 포인트

철강 재료는 종류에 따라 강도, 경도 등의 기계적 성질이 달라진다. 철강 재료가 인장, 압축, 휨 등의 외력에 어느 정도 견딜 수 있는지도 제품의 품질에도 영향을 준다.

또한, 토목 공사에 이용되는 철강 제품에는 구조용 압연강재, 계수용재, 선재, 관재 등이 있으며, 주목 재료로 중요 시 되고 있다.

■ 해설

내력(응력)

철강 재료는 외력을 가하면 변형되며, 외력을 제거하면 원래의 형태로 돌아오는 탄성체이다. 또한, 외력에 대하여 저항하는 힘을 **내력**(응력)이라 한다. 그러나 철강 재료도 큰 외력을 가하면 원래의 형태로 돌아오지 못하게 되는데, 이러한 성질을 **소성**이라 한다. 철강 재료는 역학적으로 탄성과 소성의 성질을 함께 가지고 있다.

소성

변형도
응력도

외력에 의해 변형된 길이와 원래 길이의 비율을 **변형도**($\varepsilon = \Delta l/l$)라 하며, 단위 면적당 응력을 **응력도**($\sigma = P/A$)라 한다. 철강 재료의 인장시험에서 응력도와 변형도의 관계를 그림 1에 나타내었다.

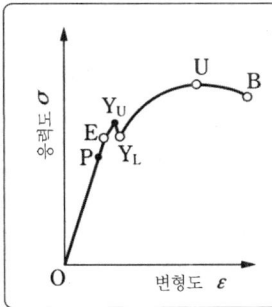

P : 비례한도(응력도와 변형도가 비례하는 최대 한도)
E : 탄성한도(탄성변형을 하는 최대 한도)
Y_U : 상항복점(변형이 급격히 증가하기 시작하는 점)
Y_L : 하항복점(응력이 급격히 감소하고, 변형이 증가하는 점)
U : 인장강도(응력도의 최대값)
B : 파괴점(파괴강도)

그림 1 응력도-변형도 곡선

후크의 법칙
탄성계수
세로탄성계수

이처럼 탄성한도 내의 철강 재료는 응력도와 변형도의 비가 비례한도 내에서 일정하게 된다. 이 관계를 **후크의 법칙**이라 하며, 식으로 나타내면 $E = \sigma/\varepsilon$(일정)로 구해지며, E를 **탄성계수**(세로탄성계수)라 한다.

■ 관련사항

▶ 철강제품

토목 공사에 이용되는 철강 제품에는 구조용 압연강재, 계수용재, 선재, 관재 등이 있다. 구조용 압연강재는 앞단원에서 서술한 것처럼 일반구조용 압연강재와 용접구조용 압연강재로 구분되고, 이와 함께 강판, 평강, 형강(표 1), 봉강(표 2) 등에 이용된다.

6 토목 재료

표 1 형강의 치수 및 단위 질량(JIS G 3192에서 발췌)

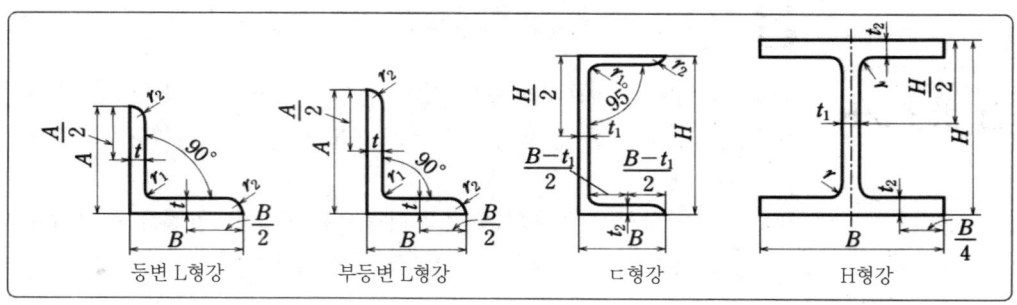

등변 L형강 / 부등변 L형강 / ㄷ형강 / H형강

	치수[mm]				단면적 [cm²]	단위 질량 [kg/m]
	$A \times B$	t	r_1	r_2		
등변 L형강	75×75	6	8.5	4	8.727	6.85
	75×75	9	8.5	6	12.69	9.96
	75×75	12	8.5	6	16.56	13.0
	80×80	6	8.5	4	9.327	7.32
	90×90	6	10	5	10.55	8.28
	90×90	7	10	5	12.22	9.59
	90×90	10	10	7	17.00	13.3
	90×90	13	10	7	21.71	17.0
	100×100	7	10	5	13.62	10.7
	100×100	10	10	7	19.00	14.9
	100×100	13	10	7	24.31	19.1
	120×120	8	12	5	18.76	14.7
	130×130	9	12	6	22.74	17.9
	130×130	12	12	8.5	29.76	23.4
	130×130	15	12	8.5	36.75	28.8
	150×150	12	14	7	34.77	27.3
	150×150	15	14	10	42.74	33.6
	150×150	19	14	10	53.38	41.9

	치수[mm]				단면적 [cm²]	단위 질량 [kg/m]
	$A \times B$	t	r_1	r_2		
부등변 L형강	90×75	9	8.5	6	14.04	11.0
	100×75	7	10	5	11.87	9.32
	100×75	10	10	7	16.50	13.0
	125×75	7	10	5	13.62	10.7
	125×75	10	10	7	19.00	14.9
	125×75	13	10	7	24.31	19.1
	125×90	10	10	7	20.50	16.1
	125×90	13	10	7	26.26	20.6
	150×90	9	12	6	20.94	16.4
	150×90	12	12	8.5	27.36	21.5

	치수(mm)				단면적 [cm²]	단위 질량 [kg/m]
	$H \times B$	t_1	t_2	r_1	r_2	
ㄷ형강	100×50	5	7.5	8	4	11.92	9.36
	125×65	6	8	8	4	17.11	13.4
	150×75	6.5	10	10	5	23.71	18.6
	150×75	9	12.5	15	7.5	30.59	24.0
	180×75	7	10.5	11	5.5	27.20	21.4
	200×80	7.5	11	12	6	31.33	24.6
	200×90	8	13.5	14	7	38.65	30.3
	250×90	9	13	14	7	44.07	34.6
	250×90	11	14.5	17	8.5	51.17	40.2
	300×90	9	13	14	7	48.57	38.1
	300×90	10	15.5	19	9.5	55.74	43.8
	300×90	12	16	19	9.5	61.90	48.6

	치수[mm]				단면적 [cm²]	단위 질량 [kg/m]	호칭 치수 (참고)
	$H \times B$	t_1	t_2	r_1			
H형강	250×125	6	9	12	37.66	29.6	250×125
	300×150	6.5	9	13	46.78	36.7	300×150
	446×199	8	12	18	84.30	66.2	} 450×200
	450×200	9	14	18	96.76	76.0	
	440×300	11	18	24	157.4	124	450×300
	496×199	9	14	20	101.3	79.5	} 500×200
	500×200	10	16	20	114.2	89.6	
	482×300	11	15	26	145.5	114	} 500×300
	488×300	11	18	26	163.5	128	
	596×199	10	15	22	120.5	94.6	} 600×200
	600×200	11	17	22	134.4	106	
	582×300	12	17	28	174.5	137	} 600×300
	588×300	12	20	28	192.5	151	
	700×300	13	24	28	235.5	185	700×300
	792×300	14	22	28	243.4	191	} 800×300
	800×300	14	26	28	267.4	210	

리벳
고력 볼트

계수용재에서는 강재를 연결하기 위해 리벳이나 고력 볼트, 용접을 이용한다. 리벳에는 둥근 리벳, 평 리벳, 접시 리벳 등의 종류가 있고, 강구조물

표 2 봉강의 단위 질량

	직경[mm]	$\phi 6$	$\phi 9$	$\phi 12$	$\phi 13$	$\phi 16$	$\phi 19$	$\phi 22$	$\phi 25$	$\phi 28$	$\phi 32$	$\phi 36$	$\phi 38$
환강	단위 질량 (kg/m)	0.222	0.499	0.888	1.04	1.58	2.23	2.98	3.85	4.83	6.31	7.99	8.90
이형봉강	명칭	D 6	D 8	D 10	D 13	D 16	D 19	D 22	D 25	D 29	D 32	D 35	D 38
	단위 질량 (kg/m)	0.249	0.389	0.560	0.995	1.56	2.25	3.04	3.98	5.04	6.23	7.51	8.95

[비고] 강의 1m³ 당 질량(밀도)은 7,850kg/m³이다.

가스 용접
아크 용접
압접

부재의 접합에 이용되고 있다. 그러나 최근에는 리벳을 대신해 더욱 접합강도가 큰 고력 볼트 마찰접합이 이용되고 있다.

용접접합에는 가스 용접이나 아크 용접처럼 모재를 녹인 다음 동질의 용해된 금속을 가해 함께 녹여서 접합하는 용접과, 가열한 두 모재의 접합부에 큰 압력을 가해 접합하는 압접이 있다.

선재에는 현수교나 사장교 등에 이용되는 탄소량이 많은 경강선재, 피아노 선재를 이용한 와이어 케이블, 철근의 조립이나 낙석 방지의 금강 등 보통철선, 아연 도금 철선 등이 있다.

관재에는 강관이 있는데, 이음매가 없는 강관과 이음매가 있는 용접강관이 있다. 이음매가 없는 강관은 비교적 소지름이나 중지름(바깥 지름 6~508mm)이 많고, 고온 고압용 배관에 이용된다. 용접강관은 바깥 지름이 21.7~6,000mm인 것이 있으며, 기초말뚝이나 수도관, 가스, 석유 등의 급배관에 이용된다.

❖ 예제

응력도, 변형도, 탄성계수의 문제

직경 25mm, 길이 1m의 환강에 60kN의 축방향 인장력이 작용할 때, 이 환강의 인장응력 및 늘어남은 어느 정도인가? 단, 허용응력 σ_{ta}=1,400g_cN/cm², 탄성계수 E=2.1×10⁶g_cN/m²으로 한다(중력환산계수 g_c=9.80665).

답

환강의 단면적 $A = \dfrac{\pi d^2}{4} = \dfrac{\pi \times 2.5^2}{4} = 4.909 \text{ cm}^2$

인장응력도 $\sigma_t = \dfrac{60,000}{4.909} = 12,222 \text{ N/cm}^2 < \sigma_{ta} = 1,400 \, g_c \text{N/cm}^2 = 13,729 \text{ N/cm}^2$

따라서, 허용응력도 즉 탄성한도 이내이므로 환강의 늘어남 ΔL은

$\dfrac{P}{A} = E \dfrac{\Delta L}{L}$ 로 부터

$\Delta L = \dfrac{PL}{AE} = \dfrac{60,000 \times 100}{4.909 \times 2.1 \times 10^6 g_c} = 0.0593 \text{ cm}$

1. 역청 재료의 분류

□ 포인트

역청이란 탄화수소 화합물을 생성분으로 하는 물질의 총칭으로, 검고 점성이 있으며, 골재를 **결합**시키는 힘이 크기 때문에 포장용의 **역청 재료**나 **목지재** 등에 많이 사용되고 있다.

역청에는 천연인 것과 아스팔트(석유를 정제한 후의 잔류물)나 콜타르(석탄에서 가스나 코크스를 제조한 후의 잔류물) 등의 인공적인 것이 있지만, 역청 재료의 사용량에서는 주로 아스팔트가 사용되고 있다.

■ 해설

아스팔트의 분류

▶ 아스팔트의 분류

아스팔트는 제조 과정에 따라 그림 1과 같이 분류된다.

석유(원유)에서 가솔린 등의 휘발성 물질을 추출한 후의 잔류물 중 고형상의 물질을 **스트레이트 아스팔트**라 하고, 이것을 더욱 용도에 맞게 **가공한 컷백 아스팔트**나 아스팔트 유제가 있다. 또한, 잔류물에 직접 공기를 빨아들여 가공한 **블론 아스팔트**도 있다.

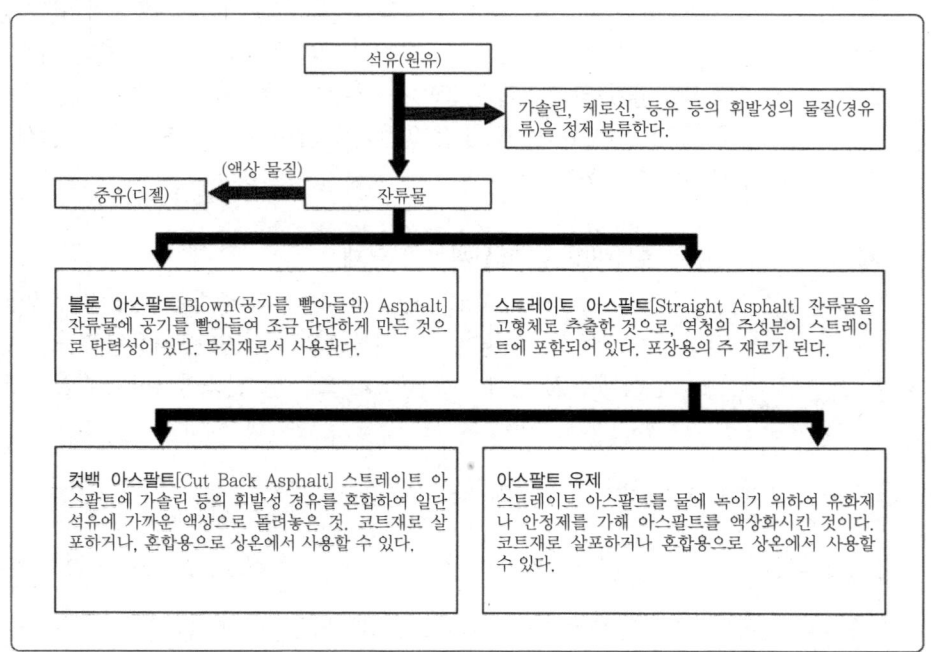

그림 1 아스팔트의 제조 과정과 분류

2. 역청 재료의 규격과 용도

■ 해설

▶ 역청 재료의 규격

포장용 석유 아스팔트는 표 1과 같이 침입도에 의해 분류되며, 각 규격에 적합해야 한다.

표 1 포장용 석유 아스팔트의 규격(일본도로협회규격)

항목 \ 종류	40~60	60~30	80~100	100~120
침입도(25℃, 100g, 5초)	40~60	60~30	80~100	100~120
연화점[℃]	47.0~55.0	44.0~52.0	42.0~50.0	40.0~50.0
늘어나는 정도(15℃) [cm]	100 이상	100 이상	100 이상	100 이상
삼염화에탄 가용분[%]	99.0 이상	99.0 이상	99.0 이상	99.0 이상
인화점[℃]	260 이상	260 이상	260 이상	260 이상
박막 가열 질량변화율[%]	0.6 이하	0.6 이하	0.6 이하	0.6 이하
박막 가열 침입도 잔류율[%]	58 이상	55 이상	50 이상	50 이상
증발 후의 침입도 비[%]	110 이하	110 이하	110 이하	110 이하
밀도(15℃) [g/cm³]	1,000 이상	1,000 이상	1,000 이상	1,000 이상

▶ 역청 재료의 용도

토목 공사에서 역청 재료는 주로 드로포장용으로 이용되고 있지만, 필 타입 댐(암석 댐 등)의 차수용으로서 포장되는 경우도 있다.

■ 관련사항

가열 아스팔트 혼합물

▶ 도로 포장의 구조

그림 1의 (a)에서 아스팔트 포장의 표층 및 기층에는 통상 **가열 아스팔트 혼합물**을 사용한다. 아스팔트 포장은 전단에는 강하지만 휨에 약하기 때문에 하중에 따라서 하부의 층이 침하되면 표층도 그것에 따라서 침하된다. 이 때문에 **굴곡성 포장**이라 부르고 있다. 그것에 비해 그림 1의 (b)에 나타낸 콘크리트 포장은 콘크리트판에 의해 전단이나 휨에도 저항하기 때문에 **강성 포장**이라 한다.

굴곡성 포장

강성 포장

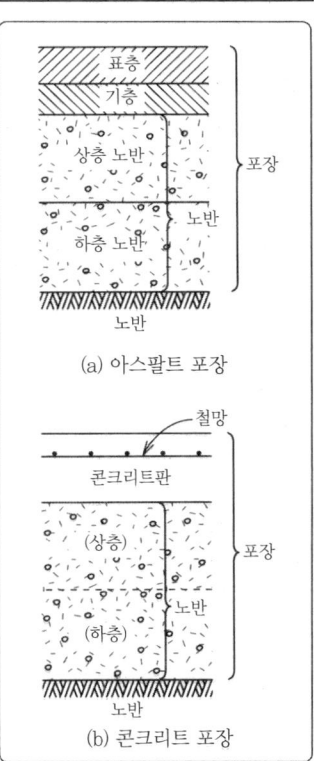

그림 1 도로 포장의 구조

1. 시멘트의 성질과 분류

□ 포인트

콘크리트는 모래나 쇄석 등의 골재가 시멘트와 물을 섞어 만든 **시멘트 페이스트**에 의하여 **고형화**된 것이며, 각 재료의 구성은 그림 1과 같다. 여기서는 먼저 시멘트의 성질이나 종류 등에 대해서 알아본다.

시멘트 페이스트
모르타르
콘크리트

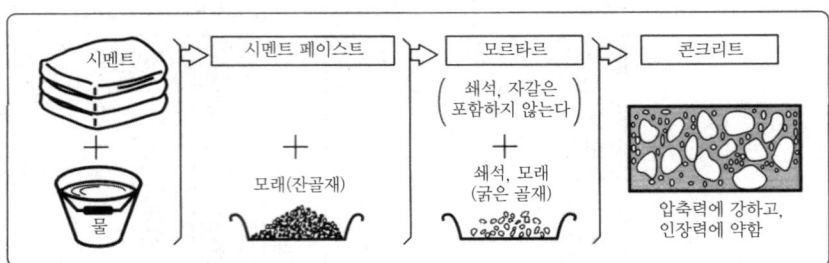

그림 1 콘크리트의 구성 재료

■ 해설

▶ 시멘트의 성질

시멘트에는 다음과 같은 물리적인 성질이 있지만 공장에서 출하된 시멘트의 품질은 거의 일정하며, 물리 시험을 한다면 풍화의 정도 등을 아는 시멘트의 강도 시험이 일반적이라 할 수 있다.

밀도
① 밀도 - 일반 시멘트의 밀도는 2,900~3,200kg/m^{3}이지만 소성이 불충분하거나 풍화하면 그 값은 작아진다.

분말도
② 분말도 - 시멘트 입자의 미세함을 나타내는 것으로, 분말도가 높을수록 표면적이 커지기 때문에 수화 작용이 빨라지고 풍화도 잘 일어난다.

응결
③ 응결 - 시멘트가 수화 작용에 의해 고결되는 현상이다. 이 시간을 측정하여 시멘트의 품질을 판정하고 있다. 풍화되고 있으면 응결 속도가 느려진다.

안정도
④ 안정도 - 시멘트는 경화 중 용적이 팽창되므로 팽창이 작은 것이 안정되고 있다고 말한다.

강도
⑤ 강도 - 시멘트의 여러 성질 중 콘크리트의 강도에 이어 가장 중요한 것으로, 콘크리트에 가까운 모르타르로 시험을 한다.

▶ 시멘트의 제조 공정

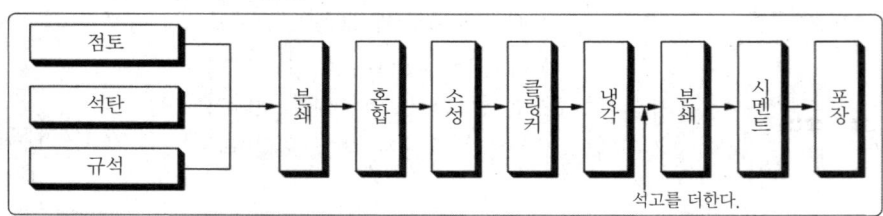

그림 2 시멘트의 제조 공정

5 시멘트

▶ 시멘트의 분류와 용도

시멘트는 표 1를 통해 알 수 있듯이 ①포틀랜드 시멘트계, ②혼합 시멘트계, ③특수 시멘트계의 세 가지로 크게 분류된다. 그리고 ②에 대해서는 혼화재의 혼합율이 적은 순서부터 A, B, C의 3종으로 분류되고 있다.

표 1 시멘트의 특징과 용도

시멘트의 종류		특징	용도
포틀랜드계	보통 포틀랜드 시멘트	시멘트 전 생산량의 80% 이상	일반 토목 건축 공사
	조강 포틀랜드 시멘트	초기강도 큼, 수화열 큼	한랭기 공사
	초조강 포틀랜드 시멘트	초기강도 큼, 수화열 큼	긴급공사, 그라우트
	중용열 포틀랜드 시멘트	발열량 작음, 수축량 작음	댐 등의 매스 콘크리트
	저열 포틀랜드 시멘트	발열량 더 작음	댐 등의 매스 콘크리트
	내황산염 포틀랜드 시멘트	내황산염 등 화학적 저항음	온천, 하수관
혼합시멘트계	고로 시멘트	초기밀도 작음, 장기강도 큼	댐, 하천 등의 구조물
	플라이 애시 시멘트	치밀한 경화체, 수밀성이 우수	수리 구조물
	실리카 시멘트	치밀한 경화체	댐, 수리 구조물
특수시멘트계	알루미나 시멘트	초강성, 내화성 내촉성이 우수함	긴급 공사, 축로용
	초속경 시멘트	경화가 빠르고, 경화 시간 조절 가능	긴급 공사, 2차 제품

▶ 알칼리 골재 반응과 시멘트

알칼리 골재 반응은 그림 3과 같이 콘크리트의 파괴로 연결되므로, 알칼리 실리카 반응 시험에서 B구분(불합격 또는 시험 미실시)으로 판정된 골재를 사용할 경우에는 다음과 같은 억제 대책을 행할 필요가 있다. 또한, 대책을 수행하려면 A구분(합격)이라 판정된 골재와 같은 수준으로 다루면 된다.

알칼리 골재 반응 제어 대책

저알칼리형 시멘트
혼합 시멘트

① 포틀랜드계 시멘트에 있는 **저알칼리형 시멘트**를 사용한다.
② 혼화재의 양이 많은 **혼합 시멘트**인 B종, C종을 이용한다.
③ ①과 ② 이외의 시멘트를 이용할 경우에는 콘크리트 안의 알칼리 총량(Na_2O로 환산)을 $3.0kg/m^3$ 이하로 한다.
④ 해안선 비래 염분을 방지한다.

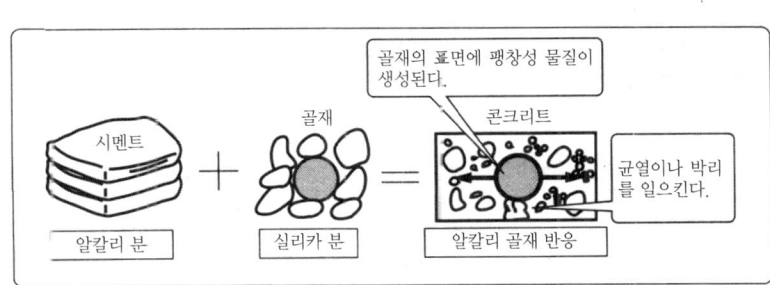

그림 3 알칼리 골재 반응

2. 시멘트의 저장과 운반

□ 포인트

시멘트에는 시판되고 있는 **봉지 포장 시멘트**와 시멘트 전용운반차로 운반하며 시멘트 사일로에 저장하는 **산적화물 시멘트**가 있다. 시멘트의 저장은 품질의 열화, 특히 시멘트의 **풍화**에 주의하는 것이 중요하다.

■ 해설

풍화

▶ 시멘트의 풍화

시멘트를 공기 중에 저장하면 공기 중의 온기 및 탄산가스를 흡수하여 수화 반응, 탄산화가 일어나 시멘트의 분말이 고화되는 현상을 시멘트의 **풍화**라 한다.

▶ 시멘트의 저장

시멘트를 장시간 저장하면 품질의 열화를 초래하므로 가능한 한 피해야 한다. 이 때문에 1일당 시멘트 사용량을 확실히 산출하고, 시멘트의 저장량을 가능한 한 줄여서 필요한 만큼 시멘트 공장에서 반입하는 것이 바람직하다(그림 1).

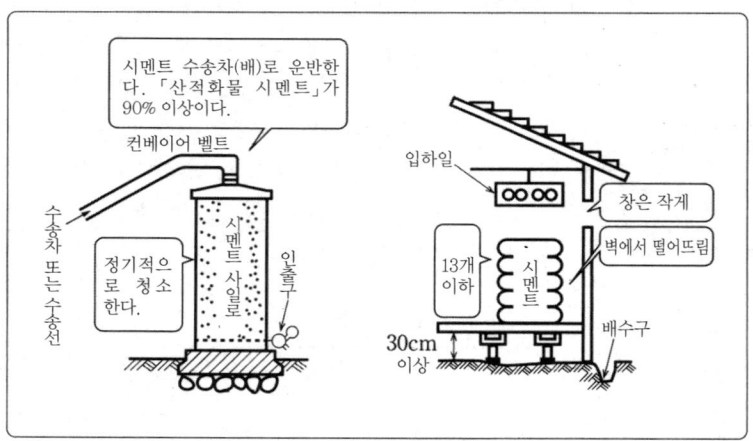

그림 1 시멘트의 저장

■ 관련사항

포틀랜드 시멘트의 명칭은 영국 해협에 있는 항만 도시 포틀랜드(Portland) 제도에서 산출하는 암석이 시멘트의 원재료인 석탄암과 많이 닮아 있는 것에 유래되었다.

1. 콘크리트

□ 포인트

교각이나 댐 등 토목 구조물의 대부분에 콘크리트가 이용됨으로써 콘크리트는 주요한 토목 재료의 하나이다.

제 6장에서는 콘크리트의 성질이나 콘크리트를 만드는 재료의 규격, 성질, 배합 설계 등에 대하여 배운다. 또한, 최근 널리 이용되는 레디믹스트 콘크리트에 대해서도 배우며, 콘크리트 공사 전반에 활용된다.

■ 해설

콘크리트는 시멘트 페이스트라는 접착제와 골재가 결합된 **고형체**이다. 여기서는 콘크리트의 구조나 장점 등에 대해서 알아보자.

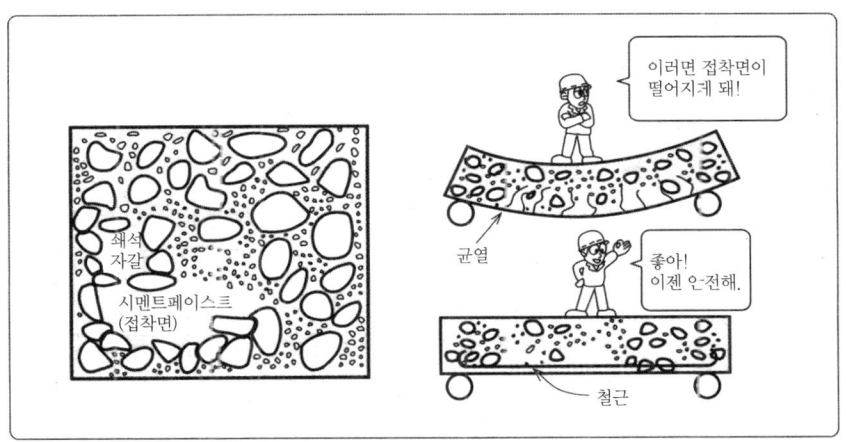

그림 1 콘크리트의 구조

그림을 통해 알 수 있듯이 골재는 서로 어딘가에 접하고 있으므로 **압축력**에는 강하지만, 시멘트 페이스트로 접착되어 있으므로 벗겨지기 쉽고 **인장력**에는 약하다. 시멘트의 사용량을 늘리면 접착력도 증가하여 어느 정도까지의 인장력에도 견딜 수 있지만 가격이 높아진다. 그래서 인장력을 강하게 하려고 인장력이 작용하는 부분에 철근을 넣은 것이 **철근 콘크리트**이다. 이처럼 간단하게 만들 수 있는 콘크리트도 여러 가지 방향으로 연구되고 있다.

철근 콘크리트

▶ 콘크리트의 장점

콘크리트에는 다음 페이지 그림 2와 같은 장점이 있기 때문에 건설 구조물을 만드는 많은 현장에서 사용되고 있다.

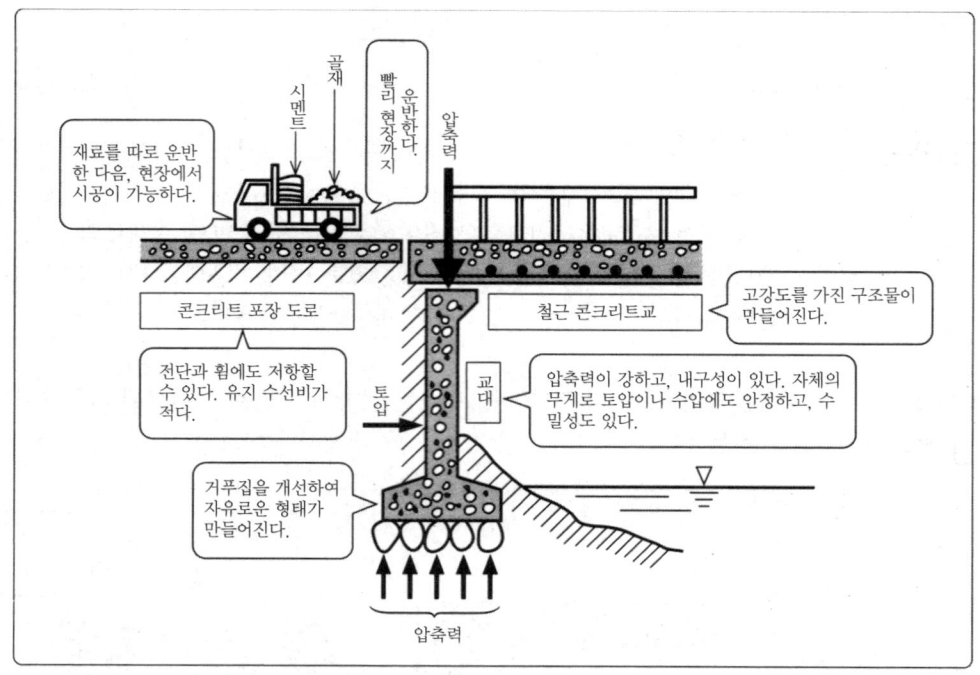

그림 2 콘크리트의 장점

▶ 좋은 콘크리트를 만드려면

 품질이 좋은 콘크리트란 그림 2와 같이 콘크리트의 장점을 충분히 살린 콘크리트이며, 그림 3에 나온 **배합 설계, 시공, 양생**의 3조건을 고려하여 만드는 것이 중요하다.

 또한, **레디믹스트 콘크리트**(줄여서 레미콘, 혹은 생콘이라고도 한다)는 구입자가 희망하는 품질의 콘크리트를 정비된 공장에서 만들 수 있도록 되어 있다. 레디믹스트 콘크리트는 전용의 생콘 운반차로 운반된다(p.288 그림 2 참조).

그림 3 좋은 콘크리트를 만드는 3조건

2. 골재와 물, 혼화 재료

□ 포인트

골재는 콘크리트 전 용적의 65~80%를 차지하기 때문에 골재의 품질이나 성질이 그대로 콘크리트 전체의 품질과 강도에 크게 영향을 준다. 이 장에서는 골재에 대한 **분류**나 입도 등의 기본적인 것에 대해서 알아본다.

■ 해설

천연 골재
인공 골재

▶ 골재의 분류

골재는 표 1과 같이 **천연 골재**와 **인공 골재**로 분류하고 있다. 쇄사나 쇄석의 소재는 천연의 것이지만, 인공적으로 부수기 때문에 인공 골재로 여겨지고 있다.

표 1 골재의 분류

천연 골재	개천 모래, 강자갈, 바닷모래, 바닷자갈, 산모래, 산자갈, 천연 경량 골재
인공 골재	쇄사, 쇄석, 슬러그 모래, 슬러그 쇄석, 인공 경량 골재, 인공 중량 골재

▶ 잔골재와 굵은 골재

1 시방 배합

5mm 체를 이용하여 다음과 같이 분류하고 있다.

　　　잔골재 < 5mm < 굵은 골재

2 현장 배합

현장에 있는 실제 골재는 크고 작은 입경의 골재가 혼재되어 있으므로 실용상으로는 다음과 같이 분류하고 있다.

잔골재
굵은 골재

① 잔골재 55% 이상<5mm<15% 이내<10mm
② 굵은 골재 15% 이내<5mm<85% 이상

(주) 5mm 이상, 5mm 이하의 골재가 혼재해 있는 것을 갈한다.

▶ 골재의 함수 상태

표면수량

골재의 표면에 부착되어 있는 물을 표면수라 하며, **표견수량**이 많은 상태에서 콘크리트를 반죽하면 유연하지만 강도가 저하된다. 표면수량에 관한 관리는 중요하며, 배합설계에서는 다음과 같이 하고 있다.

① 시방 배합-골재 내부의 공극은 물로 포화되어 표면수가 없는 **표면건조 포수상태**의 골재를 사용한다(보관 및 저장은 골재 사일로에서 행한다).
② 현장 배합-표견수량을 반죽 수량(단위 수량)의 일부로서 다룬다.

바람직한 골재

▶ 바람직한 골재

다음 페이지 그림 1과 같은 압축 시험으로 다괴한 공시체의 절단면을 관찰하면서, 콘크리트 중에서 어떤 골재가 바람직한가 알아보자.

6 토목 재료

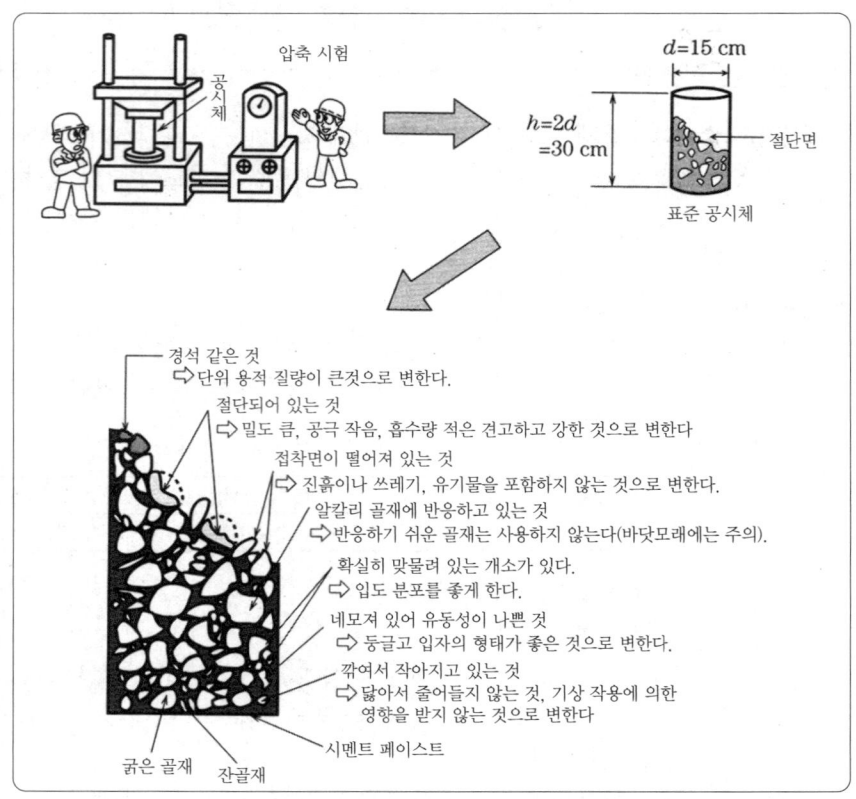

그림 1 압축시험에 의한 골재의 판정

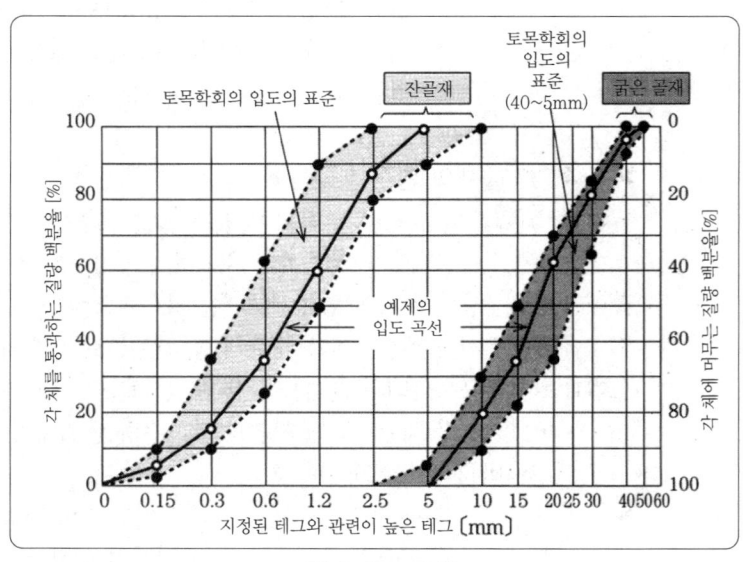

그림 2 입도 곡선

▶ 입도와 조립률

입도
    크고 작은 입경의 골재가 혼재해 있는 정도를 **입도**라 한다. 입도의 좋고 나쁨은 체로 거르는 시험을 한 다음, 그림 2의 입도 곡선을 그려서 판정한다.

조립률
또한 골재 중 큰 입경의 골재가 차지하는 비율을 수치로 나타낸 것이 **조립률**이다. 그리고 질량 백분율로 90% 이상 통과하는 체중에서 가장 작은 체의 호칭 치수를 **최대치수**라 한다. 이 결과와 수치는 콘크리트의 배합 설계나 레미콘의 주문, 철근의 피복 등을 결정하는 중요한 값이 된다.

최대치수

❖ **예제**

표 2와 같은 한 쌍의 체를 이용하여 잔골재와 굵은 골재를 체로 나누는 시험을 하였다. 입도 곡선 및 조립률, 굵은 골재의 최대 치수를 구하고, 이 골재의 입드의 양부를 판정하라.

표 2 한쌍의 체에 남아 있는 누계질량 백분율

잔골재	체의 호칭치수[mm]	10*	5*	2.5*	1.2*	0.6*	0.3*	0.15*					
	누계 백분율[%]	0	0	13	40	65	85	95					
굵은 골재	체의 호칭치수[mm]	50	40*	30	25	20*	15	10*	5*	2.5*	1.2*	0.6*	0.3*	0.15*
	누계 백분율[%]	0	2	18	26	38	66	80	100	100	100	100	100	100

답

① 조도 곡선은 그림 2와 같이 되며 토목학회의 범위 이내이므로 양호하다.
② 조립률(FM)의 계산은 시험 방법으로 정해져 있는 *표의 체에 걸러지는 질량 백분율이므로 다음과 같이 계산하여 구한다.

                                                      조립률이 양호한 범위

$$(\text{잔골재의 FM}) = \frac{13+40+65+85+95}{100} = 2.98 \Rightarrow (2.3 < FM < 3.1)$$

$$(\text{굵은 골재의 FM}) = \frac{2+38+80+100\times 6}{100} = 7.20 \Rightarrow (6 < FM < 8)$$

이 예제의 골재의 입도는 조립률도 양호하다고 할 수 있다.
③ 굵은 골재의 최대치수는 질량 백분율로 90% 이상 통과하는 것 중 최소의 공칭 지수로 나타내므로, 표 2에서 읽으면 최대치수는 40mm가 된다.

■ 관련 사항
▶ 콘크리트에 이용하는 물

    토목학회 콘크리트 표준시방서에「물은 기름, 산, 염류, 유기 불순물, 현탁물 등 콘크리트 및 강재의 품질에 악영향을 주는 물질을 유해량만큼 포함해서는 안 된다」고 규정하고 있다. 철근 콘크리트에서는 염분에 의해 철근이 녹슬 우려가 있어 바닷물을 사용하는 것은 불가능하다.

철근 콘크리트와 해수

혼합 반죽의 용수로는 통상 수도수, 하천수, 지하수 등이 이용되고 있지만 특수한 성분을 포함한 하천수나 지하수일 때, 공장 폐수가 유입하고 있을 때에는 물의 사용에 대해 검토할 필요가 있다.

▶ 혼화 재료

혼화 재료

콘크리트의 품질을 개량하기 위해서 반죽하기 전에 혼입하는 재료를 **혼화 재료**라 한다. 이 중 용량이 많고 배합설계에서 시멘트 또는 물의 일부로 관계하는 것을 **혼화재**, 용량이 적고 배합상 무시되는 것을 **혼화제**로서 구별하고 있다.

혼화재
혼화제

① 혼화재 – 적은 단위수량으로 워커빌리티를 양호하게 하고, 콘크리트의 장기강도, 내구성, 수밀성이 개선된다. 대표적인 재료로서는 시멘트 양의 20%나 되는 포졸란이 있다.

포졸란

② 혼화제 – 콘크리트에 작은 기포를 만들고, 적은 단위수량에 워커빌리티를 양호하게 하는 AE제, AE 감수제나 촉진제, 지연제, 방수제 등이 있고, 용도에 맞게 사용되고 있다.

▶ AE제(AE 콘크리트의 성질)

AE제

AE제는 연마한 콘크리트 안에 미세한 기포를 만들므로써 이 기포가 콘크리트에 윤활성을 주어 적은 단위수량으로도 워커빌리티를 좋게 하고, 재료의 분리를 막으며, 내구성이 있는 콘크리트가 만들어진다. 콘크리트 안의 기포 양을 **공기량**으로 표기하고, 생콘이나 타설 등의 시공 관리에 중요한 값으로 사용된다. 혼입 비율은 일반적으로 5% 이하이며, 너무 많아지면 콘크리트 내부의 공극이 커져서 강도가 저하한다.

공기량

▶ 재생 골재

재생 자원
건설 부산물
재생 골재

환경보전관계법규 중의 「재생 자원 이용의 촉진에 관한 법률」에서 건설 부산물로 지정되어 있는 **아스팔트 콘크리트괴**를 골재와 아스팔트로 분해해서, 그 중 재이용하는 골재를 재생 골재라 한다. **재생 골재**는 주로 아스팔트 혼합물의 골재로 이용된다.

■ 관련 사항

▶ 재생 자원

재생 자원으로는 다음과 같은 것들이 있다.

① 토사 – 되메우기, 뒤채움, 성토용 등의 재료로 재이용
② 콘크리트괴 – 되메우기, 노반 재료로 재이용
③ 아스팔트 콘크리트괴 – 골재와 가열 아스팔트 혼합물로 용분해하여 아스팔트 포장용으로 재이용
④ 목재 – 제지의 원료가 되는 칩으로서 재이용

즉, 재생 자원의 활용에 대해서는 다른 자료를 참조한다.

3. 콘크리트의 배합 설계

□ 포인트 콘크리트의 배합 설계란 구조물에 필요한 강도, 내구성, 수밀성을 가진 콘크리트 1m³를 경제적으로 만들기 위해 시멘트 등 각 재료의 사용량을 계산하여 구하는 것이다.

■ 해설 먼저 **시방배합** 설계를 하고, 다음으로 현장에 있는 골재의 상태에 맞게 수정한 **현장배합**을 구한 후 실제로 반죽해서 타설하게 된다(그림 1, 표 1).

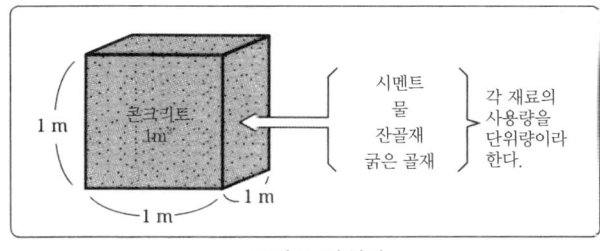

그림 1 단위량

표 1

	시방배합	현장배합
골재 분류	잔골재<5mm<굵은 골재	• 잔골재 중의 5mm 이상의 질량 • 굵은 골재 중의 5mm 이하의 질량
골재의 표면수	표면건조 포화상태 내부의 공극에는 물이 채워져 있지만 표면은 건조하다.	표면수의 양은 단위 수량의 일부가 된다.

▶ **시방배합의 설계 순서**

시방배합의 설계순서는 다음 페이지의 그림 2에 있다.

그림 2의 ② 배합 계산에 있어서, 1) 배합강도, 2) 물과 시멘트의 비 w/c, 3) 굵은 골재의 최대치수, 슬럼프, 공기량의 3가지에 대한 선정은 콘크리트를 필요로 하는 **책임 기술자**가 결정하고, 4) 각 재료의 단위량 계산은 책임기술자가 입력한 데이터와 지시를 근거로 **컴퓨터를 사용하여 구하는 것**이 일반적이다. 여기서는 주로 배합 계산에서 1)~3)에 대해 알아본다.

▶ **배합강도 f'_{cr}의 결정**

완성한 콘크리트 부재가 필요로 하는 강도를 설계기준강도 f'_{ck}라 한다. 첨자의 c는 콘크리트(concrete), k는 기준(key)을 말한다. 콘크리트 재료의 쿨리나 관리 상태로부터 실제로 연마할 때에 목표로 하는 배합강도 f'_{cr}는 안전을 생각하여 f'_{ck}에 할증계수 α를 곱해서 구한다.

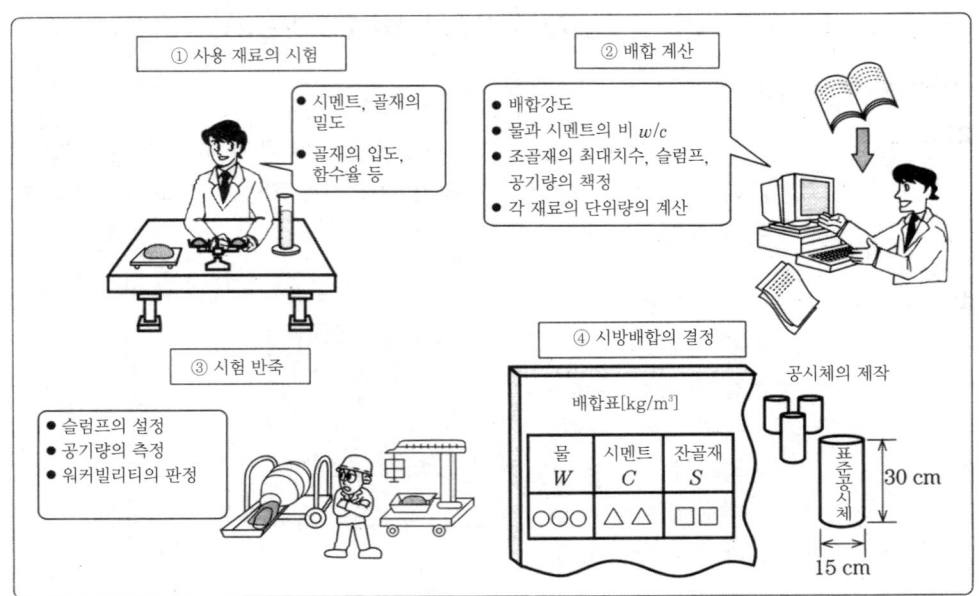

그림 2 배합 설계의 절차

즉, $f'_{cr} = f'_{ck}$이 된다. 또한 f'_{cr}의 첨자 r는 실행하는(run) 것을 나타내고 있다.

▶ 할증계수 α

할증계수 α는 그림 3에서 구할 수 있지만, α를 지배하는 것은 콘크리트 타설 현장의 시공이나 관리 상태이기 때문에 표 2에서 변동계수를 결정한 후 그림 3을 이용하여 구한다.

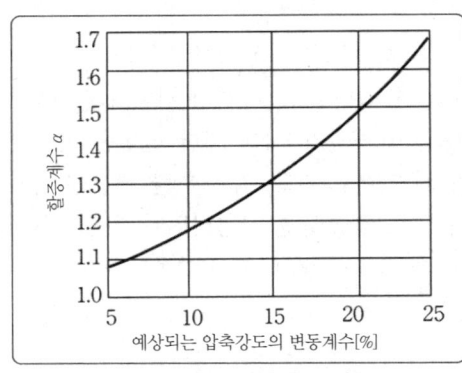

그림 3 표준적인 할증계수

표 2 변동계수의 대략 값

시공이나 관리 상태의 정도	변동계수 [%]
일반적으로 대규모의 현장에서 골재 등의 보관 및 혼합 설비(플랜트)가 엄중하게 관리되고 있다.	7~10
대부분의 현장 내에 있는 플랜트로, 시방서에 기초하여 충분히 관리되고 있다.	10~15
보통의 관리 상태인 현장	15~20
골재 등이 야적 상태에 있고, 관리도 충분히 되고 있지 않은 현장	20 이상

▶ 물과 시멘트 비 w/c의 결정

콘크리트는 65~80%를 차지하는 골재를 시멘트 페이스트에 의하여 결합한 고형체이며, 시멘트 페이스트를 만드는 물과 시멘트의 질량비, 즉

물과 시멘트의 비 w/c가 콘크리트의 품질을 좌우하는 중요한 값이다.

물과 시멘트 비 w/c의 값이 크다는 것은 시멘트에 비해 물의 양이 많다는 것을 의미하며, 이때 단연히 강도는 저하하므로 워커빌리티가 얻어지는 범위에서 최소의 값이 되도록 결정하는 것이 중요하다. w/c를 구하는 방법은 다음 ①, ② 중 작은 것을 선택한다.
① 콘크리트의 배합강도 f'_{cr}를 기준으로 결정한다.
② 내동해성, 내구성, 수밀성을 근거로 결정한다.

■ 관련사항

w/c를 구하는 관계식

① 콘크리트의 배합강도 f'_{cr}를 기준으로 결정하는 방법

w/c를 45, 50, 55% 정도로 한 공시체를 만들어서 압축 시험을 통해 f'_{cr}에 상당하는 w/c를 결정하지만, 일반적으로는 이들 실험에서 구한 다음의 관계식에서 w/c을 추정하고 있다.

$$f'_{cr} = -20.6 + 21.1\, c/w$$

여기서, c/w는 물과 시멘트의 비 w/c의 역수이다.

② 내동해성, 내구성, 수밀성을 근거로 결정하는 방법

이들 조건으로부터 구하는 w/c는 일반적으로 50~65%이다.

■ 해설

▶ 굵은 골재의 최대수치, 슬럼프, 공기량의 선정

설계 조건을 근거로 표 3을 참고하여 선정한다.

표 3 굵은 골재의 최대치수, 슬럼프, 공기량

구조물의 종류		굵은 골재의 최대치수 [mm]		슬럼프 [cm]	공기량 [%]
무근 콘크리트	단면이 큰 경우	40	부재 최소치수의 1/4을 넘어서는 안 된다.	3~8	4~7
철근 콘크리트	일반적인 경우	20 또는 25	부재 최소치수의 1/5, 및 철근의 최소수평간격의 3/4을 넘어서는 안 된다	5~12	
	단면이 큰 경우	40		3~10	
포장 콘크리트	———	40 이하	———	2.5	4
댐 콘크리트	———	150 정도 이하	———	2~5	5.0±1.0

❖ 예제

설계기준강도 $f'_{cr} = 21\text{N/mm}^2$의 철근 콘크리트의 옹벽의 배합 계산을 구하라. 단, 예상되는 현장에서의 시공 상태나 관리 정도는 양호하며, 기후는 온난하고, 특별히 수밀성은 필요로 하지 않는 것으로 한다.

토목 재료

답

(1) 배합강도 f'_{cr}의 결정

설계 조건과 표 2 및 그림 3에 의해 할증계수 α는 1.18이 된다. 그러므로

$$f'_{cr} = f'_{ck}\alpha = 21 \times 1.18 = 24.78 \text{ N/mm}^2$$

(2) 물과 시멘트의 비 w/c의 결정

w/c을 구하는 관계식에 $f'_{cr} = 24.78$을 대입해서 계산한다.

$24.78 = -20.6 + 21.1 c/w$ ∴ $c/w = 2.15$

∴ $w/c = 1/2.15 = 0.465$

여기에 안전성을 보아 $w/c = 45\%$로 한다. 내동해성이나 수밀성은 설계 조건에서 특별히 고려할 필요는 없지만, 일반적으로 어느 쪽도 계산으로 구한 45%보다 크기 때문에 물과 시멘트의 비 $w/c = 45\%$로 해도 좋다.

(3) 굵은 골재의 최대치수, 슬럼프, 공기량의 선정

설계 조건은 철근 콘크리트의 옹벽이므로 표 3에서 다음과 같이 된다.

(굵은 골재의 최대치수) = 25mm

(굵은 골재의 슬럼프) = 10cm

(굵은 골재의 공기량) = 5%

■ **관련사항** 예제에서 구한 (1)~(3)의 데이터를 기초로, 컴퓨터를 이용하여 재료의 단위량을 계산한다. 프로그램은 다음과 같이 되어 있다.

① 굵은 골재의 최대 치수의 데이터로부터, 표 4에서 단위수량 W, 잔골재율 s/a(전 골재의 절대용적에 대한 잔골재의 절대용적의 비율)을 선정하고, 사용 재료나 슬럼프, 공기량, 물과 시멘트의 비 등의 조건에 맞도록 표 5를 이용하여 보정한다. 또한, 계산상의 단위는 [kg]으로 구한다.

표 4 콘크리트의 잔골재율 및 단위 수량의 개략값(시방서에 의함)

굵은 골재의 최대 치수 [mm]	단위 굵은 골재 용적 [%]	공기량 [%]	AE 콘크리트			
			AE제를 이용한 경우		AE 감수제를 이용한 경우	
			잔골재율 s/a [%]	단위수량 W [kg]	잔골재율 s/a [%]	단위수량 W [kg]
15	58	7.0	47	180	48	180
20	62	6.0	44	175	45	165
25	67	5.0	42	170	43	160
40	72	4.5	39	165	40	155

1) 이 표에 나타낸 값은 전국의 레미콘공업조합의 표준배합 등을 참고하여 결정한 평균적인 값으로, 골재로서 보통 조도의 모래(조립률 2.80 정도) 및 쇄석을 이용해 물과 시멘트의 비 0.55 정도, 슬럼프 약 8cm의 콘크리트에 대한 것이다.
2) 사용 재료 또는 콘크리트의 품질이 1)의 조건과 다를 경우에는 표의 값을 표 5에 의해 보정한다.

표 5 s/a와 W의 보정

구분	s/a의 보정[%]	W의 보정
모래의 조립률이 0.1만큼 큰(작은) 것 별로	0.5만큼 크게(작게) 한다	보정하지 않는다.
슬럼프가 1cm만큼 큰(작은) 것 별로	보정하지 않는다.	1.2%만큼 크게(작게) 한다.
공기량이 1%만큼 큰(작은) 것 별로	0.5~1만큼 작게(크게) 한다.	3%만큼 (크게)한다.
물과 시멘트의 비가 0.05 큰(작은) 것 별로	1만큼 크게(작게) 한다.	보정하지 않는다.
s/a가 1% 큰(작은) 것 별로	보정하지 않는다.	15kg만큼 크게(작게) 한다.
강자갈을 이용하는 경우	3~5만큼 작게 한다.	9~15kg만큼 작게 한다.

또한, 단위 굵은 골재 용적에 의한 경우에는 모래의 조립률이 0.1만큼 클(작을) 때마다 단위 굵은 골재 용적을 1%만큼 작게(크게) 한다.

② 보정한 단위 수량 W와 물과 시멘트의 비 w/c에서 단위 시멘트량 C를 구해 시멘트의 밀도에서 시멘트의 절대용적 c를 산출한다.

③ 그림 4의 콘크리트 $1m^3$(1,000 l) 중에서 차지하는 각 재료의 절대용적 관계에서 골재의 절대용적을 구해 골재의 단위량을 계산한다.

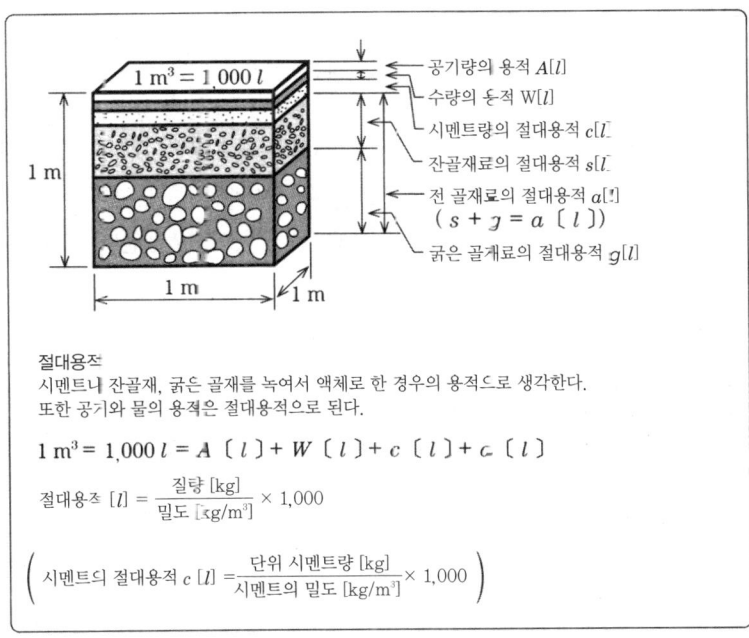

그림 4 콘크리트 $1m^3$ 중에서 차지하는 각 재료의 절대용적

❖ 예제

앞의 예제에서 구한 데이터를 기초로 철근 콘크리트 옹벽의 각 재료의 단위량을 계산하라. 단, 각 재료의 시험 결과는 시멘트의 밀도는 3,170kg/m³, 잔골재의 밀도는 2,570kg/m³, 굵은 골재의 밀도는 2,610kg/m³, 잔골재의 조립률은 2.85로 하는 것으로 한다.

답

(1) 표 4에서 굵은 골재의 최대 치수 $=25$mm일 때 $s/a=42\%$, $W=170$kg이 되며, 표 5에 의해 보정한 결과, $s/a=40.3\%$, $W=174$kg이 된다.

(2) $w/c=0.45=W/C$에 의해서 $C=387$kg, 또한 $c=\{(C/\text{시멘트의 밀도})\}\times 1,000$에서 $c=122\ l$이 된다.

(3) 각 재료의 절대용적과 단위량의 계산

공기량 $A\ [l]=1,000\times 0.05=50\ l$

전 골재량의 절대용적 $a\ [l]=1,000-(A+W+C)=654\ l$

잔골재의 절대용적 $s\ [l]=654\times 0.403=264\ l$

단위잔골재량 $S\ [l]=264\times 2,570/1,000=678$ kg

굵은 골재의 절대용적 $g\ [l]=654-264=390\ l$

단위굵은골재량 $G\ [l]=390\times 2,610/1,000=1,018$ kg

■ 관련사항 ▶ 시험반죽

시험반죽 위의 예제에서 구한 각 재료를 계량하고 시험 반죽을 하여 슬럼프와 공기량을 측정한다. 그 결과, 목표와 맞지 않을 경우에는 도표 5를 이용하여 예제와 같이 보정계산을 하며, 일치할 때의 각 재료의 단위량이 **시방배합**이 된다. 따라서 시험 반죽 결과, 슬럼프가 7cm(목표값 10cm)가 된 경우의 보정계산을 하여 결정한 시방배합은 표 6과 같아진다. 또한, 배합표의 단위량은 [kg/m³]으로 표시한다.

표 6 시방 배합표

조골재의 최대 치수 [mm]	슬럼프의 범위 [cm]	공기량의 범위 [%]	물과 시멘트의 비 W/C [%]	잔골재율 s/a [%]	단위량 [kg/m³]				
					물 W	시멘트 C	잔골재 S	굵은 골재 G	혼화재 F
25	10	5	45	40.3	180	400	667	1,004	AE제

현장배합 여기서 구한 시방배합을 기초로, 실제 현장에서 반죽하기 위한 현장배합을 구해보자. 환산에서 주가 되는 것은 골재의 입도와 표면수량이다. 환산한 현장배합의 각 재료를 계량하여 반죽한 콘크리트의 품질이 시방배합에서 콘크리트 품질과 완전히 같아지도록 환산해 나간다.

4. 플래시 콘크리트

□ 포인트

플래시 콘크리트(fresh concrete)란, 아직 굳지 않은 콘크리트를 말한다. 플래시 콘크리트는 그림 1과 같이 운반, 타설, 다짐, 마무리 등의 작업에 적합하게 부드럽고(워커빌리티) 재료의 분리도 없으며, 마무리하기 쉬운 것이 좋은 것이다.

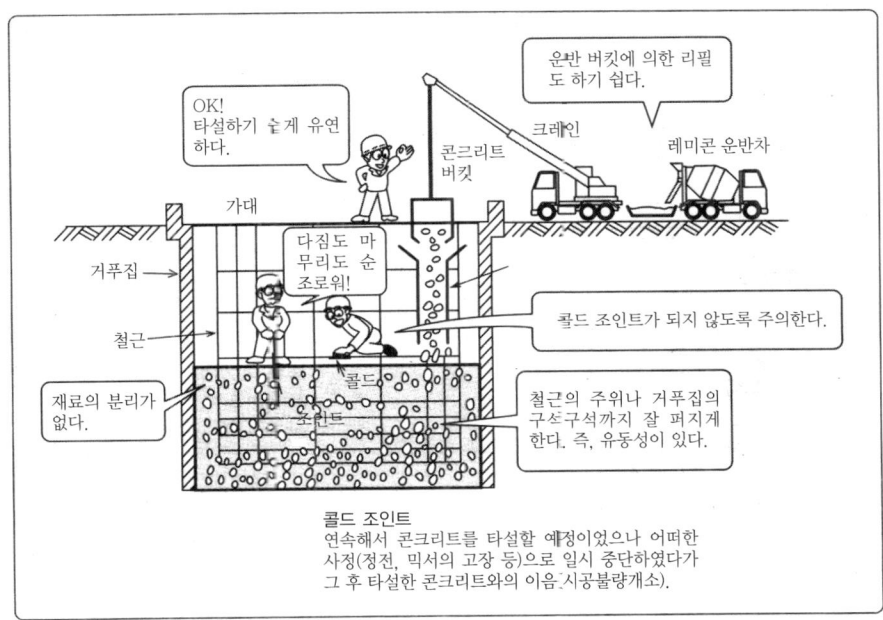

그림 1 플래시 콘크리트

■ 해설

▶ 플래시 콘크리트의 성질을 나타내는 용어

플래시 콘크리트의 성질을 나타내는 용어로서 다음과 같은 것이 있다.

① 컨시스턴시(consistency) - 물의 양에 의한 변형, 유동에 대한 저항의 정도를 나타낸다. 일반적으로 이 값이 크면 작업은 용이해지지만, 재료가 분리되기 쉬워진다.

② 워커빌리티(workability) - 컨시스턴시 및 재료의 분리에 대한 저항의 정도에 의해 정해지는 성질로, 콘크리트의 운반, 타설, 다짐, 마무리 등의 작업의 용이함을 나타낸다.

③ 플라스티시티(plasticity) - 형태를 만들기 쉽고, 다시 형태를 해체하기도 쉬우며, 재료가 분리되어 조각나거나 부서지지 않는 콘크리트 점성의 정도를 나타내므로 플라스티시티한 콘크리트일수록 시공상 좋다고 할 수 있다.

④ 피니셔빌리티(finishability) - 굵은 골재의 최대 치수, 잔골재율, 골재의 입도 및 컨시스턴시에 의한 마무리하기 쉬운 정도를 나타낸다. 마무리하기 어려운 경우는 골재의 점도나 수량의 문제로 판단할 수 있다.

⑤ 펌퍼빌리티(pompability) - 콘크리트를 펌프로 압송하는 경우, 콘크리트의 종류나 품질, 굵은 골재의 최대치수, 압송 조건 등에 의한 압송 작업의 용이함 정도를 나타낸다.

▶ **좋은 플래시 콘크리트를 만들기 위해서는**

플래시 콘크리트의 좋음을 결정하는 요인은 **부드러움**과 **재료의 분리 정도**에 있으며, 이들 성질을 조사하는 시험이나 개량하기 위한 방법에 대해서 알아보자.

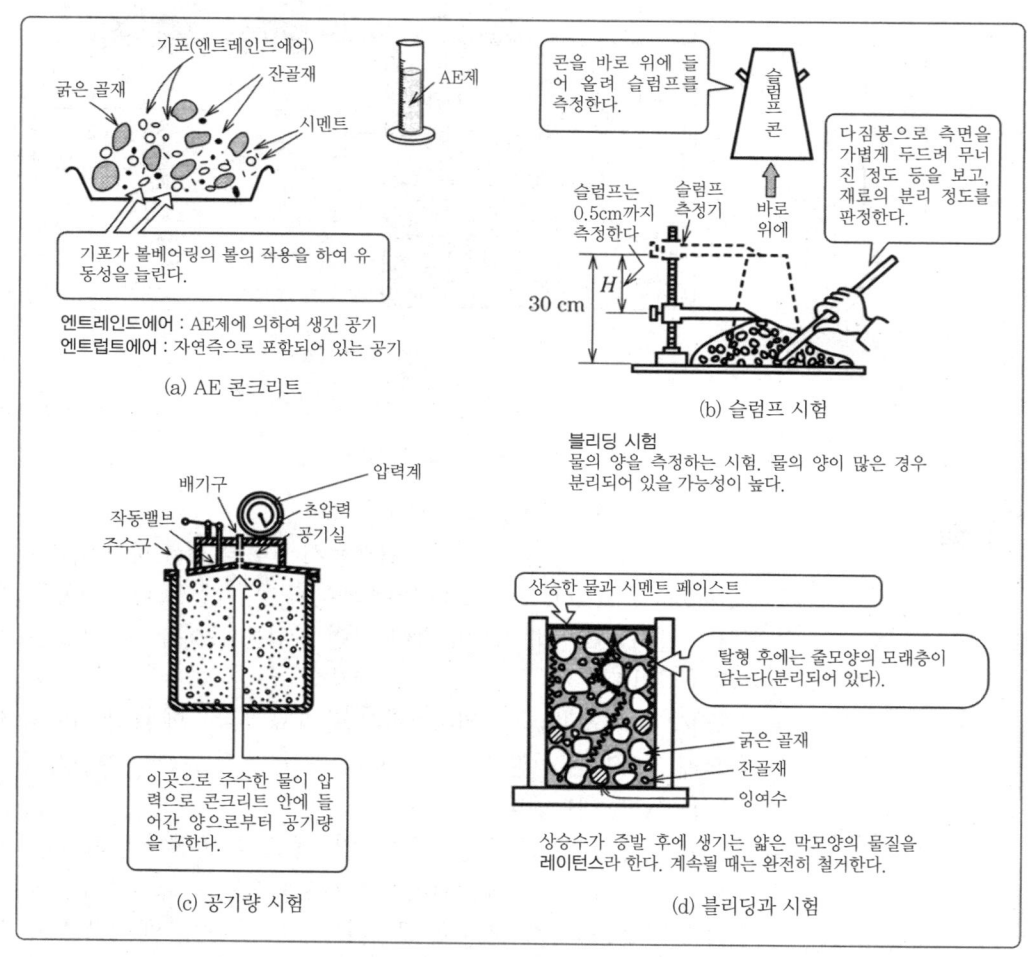

그림 2 AE 콘크리트와 시험 방법

1 부드러운 정도(유동성)

AE 콘크리트

그림 2의 (a)와 같이 단위수량을 줄여 유동성을 높이기 위해 입도가 좋은 골재를 사용함과 동시에 AE제나 AE 감수제 등의 혼화제를 사용하는 AE 콘크리트 방법이 있다. 유동성이나 AE 콘크리트의 성질은 그림 2의 (b)의 슬럼프 시험과 (c)의 공기량 시험으로 조사한다.

2 재료의 분리 정도

콘크리트의 운반이나 타설 중 재료의 분리는, 강도 등의 품질에 크게 영향을 주므로 시공상의 대책을 충분히 할 필요가 있다. 재료의 분리 정도는 그림 2 (b)의 슬럼프 시험이나 그림 2의 (d)의 블리딩 시험에서 상승된 물의 다소에 따라 판단할 수 있다.

재료의 분리를 막는 시공상의 대책으로는 그림 3과 같은 방법이 있다.

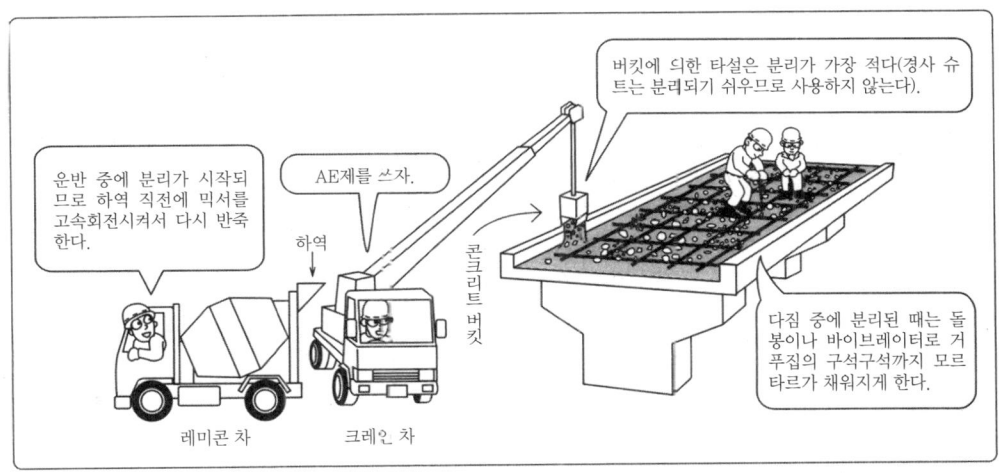

그림 3 시공상의 대책

3 콘크리트의 다짐과 마무리

타설 후의 콘크리트는 일반적으로 그림 4와 같이 시공한다.

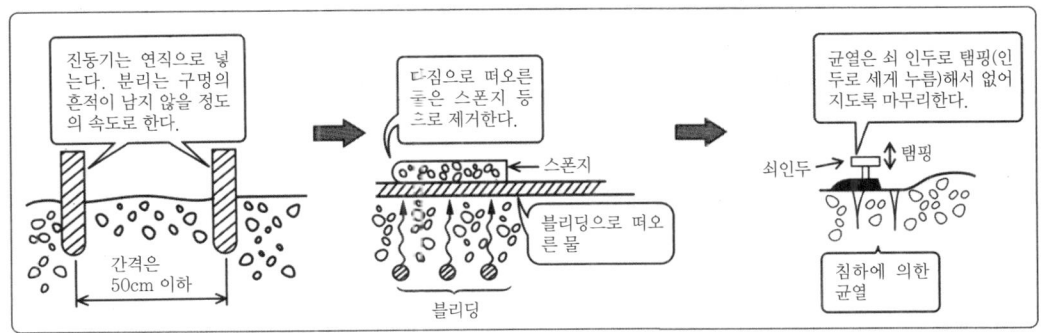

그림 4 콘크리트의 시공

5. 경화한 콘크리트

□ 포인트

콘크리트는 반죽 혼합, 타설 후에 경화를 시작한다. 콘크리트의 강도의 종류에는 압축, 인장, 휨, 전단, 부착 등이 있지만, 보통 콘크리트의 강도라 하면 압축강도를 말한다. 이것은 압축강도가 다른 강도에 비해 현저히 높고, 또한 설계에도 활용되는 일이 많기 때문이다.

■ 해설

▶ 콘크리트의 강도

콘크리트에 요구되는 조건 중 가장 중요한 것은 '경화한 콘크리트가 일정한 강도를 발휘하는가'라는 것이다. 콘크리트의 강도는 다음과 같은 요인의 영향을 받는다.

- 재료의 품질 – 시멘트, 골재, 물, 혼화 재료
- 시공 방법 – 반죽 혼합, 타설, 다짐, 양생, 공기량
- 시험 방법 – 재령, 공시체의 형상, 치수 등

① 압축강도시험에서 콘크리트의 공시체는 통상 직경 15cm, 높이 30cm의 원주형의 공시체를 이용하여 만능재료시험기로 압축시험을 하여 구한다. 또한, 재령은 표준으로 1, 4, 13주로 하고, 시험 직전에 수조에서 빼낸다. 양생은 (20±3)℃의 수중양생이다.

압축강도 f'_c

압축강도 [N/mm²]는 다음 식으로 구한다.

$$f'_c = \frac{\text{최대하중[N]}}{\text{공시체의 단면적[mm}^2\text{]}}$$

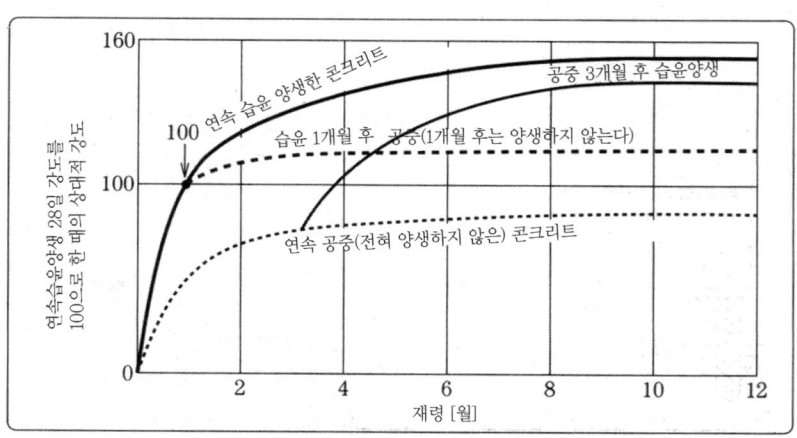

그림 1 양생 조건과 강도의 관계

② 인장강도는 압축강도의 약 1/10~1/13이다.

시험 방법은 할렬(분할)시험을 이용한다. 인장강도는 P : 최대하중 [N], l : 공시체의 길이[mm]로 하여 다음 식으로 구한다.

인장강도 f'_t

$$인장강도 \quad f'_t = 2P/\pi dl \; [\text{N/mm}^2]$$

③ 휨 강도는 압축강도의 대략 1/5~1/7이다. 공시체는 15cm의 정사각형 단면으로 하고, 길이는 53cm 이상으로 한다. 단순보 3등분점 재하로 하고, 휨 강도는 탄성체로 다음 식으로 계산한다. P : 최대하중 [N]

휨 강도 f'_b

$$휨 강도 \quad f'_b = Pl/bh^2 \; [\text{N/mm}^2]$$

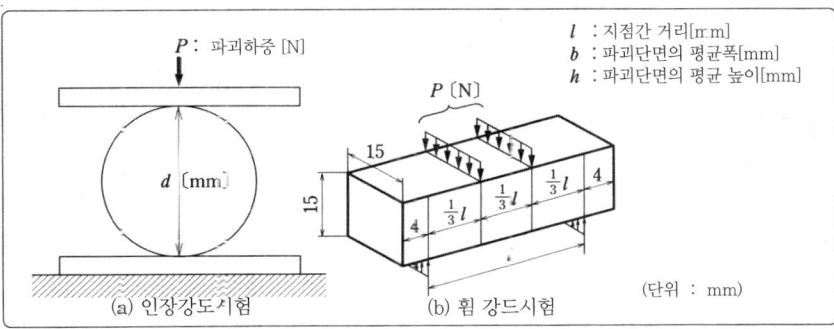

그림 2 인장강도시험과 휨 강도시험

▶ **콘크리트 중성화와 염해**

콘크리트는 반영구적인 것이라 생각되었지만, 최근 콘크리트의 열화나 결함이 문제가 되고 있다. 그 원인은 콘크리트 중성화와 염해를 예로 들 수 있다 (그림 3).

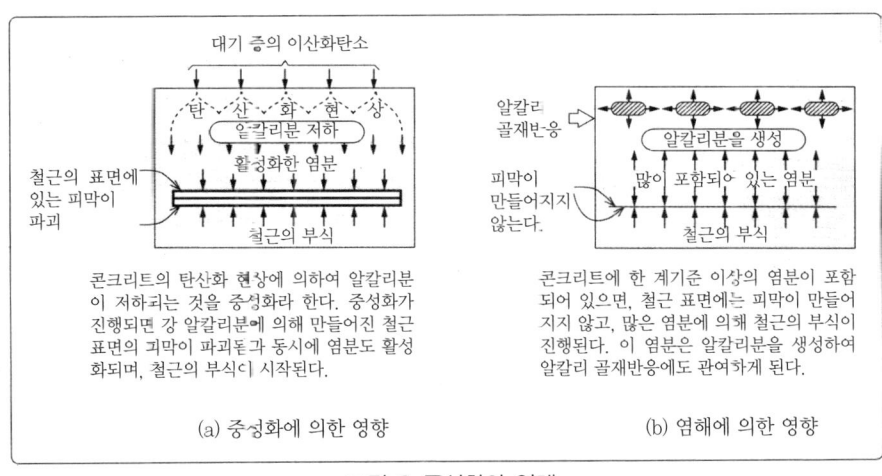

그림 3 중성화와 염해

6. 레디믹스드 콘크리트

□ 포인트

레디믹스드 콘크리트(Ready-mixed concrete : 생콘크리트 또는 생콘, 레미콘이라고도 한다)란 정비된 콘크리트 제조 설비를 가진 공장에서 구입자가 희망하는 품질을 갖추고 수시 구입이 가능한 아직 굳어지지 않은 콘크리트를 말한다. 생콘크리트는 품질이 우수하고 현장에서 콘크리트 반죽 혼합의 수고를 덜수 있어 공사현장에서 널리 이용되고 있다. 일본의 생콘크리트 공장은 대부분 JIS 인정공장이다.

■ 해설

생콘크리트의 종류

▶ 생콘크리트 종류

생콘크리트를 주문하는 경우에는 표 1의 종류에서 보통 콘크리트, 경량 콘크리트, 포장 콘크리트로 구분하며, 굵은 골재의 최대 치수, 슬럼프 및 호칭 강도를 조합시킨 O표의 품질을 선택한다(-표는 협의하여 결정하는 특별 주문품).

표 1 JIS A 5308에 의한 레디믹스드 콘크리트의 종류

콘크리트의 종류	조골재의 최대 치수	슬럼프 또는 슬럼프 플로	호칭 강도													
			18	21	24	27	30	33	36	40	42	45	50	55	60	4.5
보통 콘크리트	20, 25	8, 10, 12, 15, 18	O	O	O	O	O	O	O	O	O	O	—	—	—	—
		21	—	O	O	O	O	O	O	O	O	O	—	—	—	—
	40	5, 8, 10, 12, 15	O	O	O	O	O	—	—	—	—	—	—	—	—	—
경량 콘크리트	15	8, 10, 12, 15, 18, 21	O	O	O	O	O	O	O	—	—	—	—	—	—	—
포장 콘크리트	20, 25, 40	2.5, 6.5	—	—	—	—	—	—	—	—	—	—	—	—	—	O
고강도 콘크리트	20, 25	10, 15, 18	—	—	—	—	—	—	—	—	—	—	O	—	—	—
		50, 60	—	—	—	—	—	—	—	—	—	—	—	O	O	—

주(*) 하역 지점의 값이며, 50cm 및 60cm가 슬럼프 플로의 값이다.

▶ 생콘크리트 종류의 호칭

생콘크리트는 종류에 따라 그림 1과 같이 기호로 나타내고 있다.

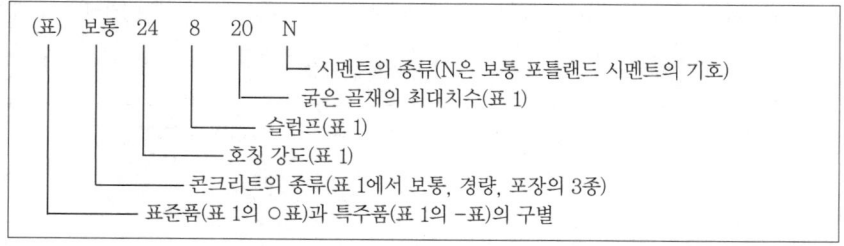

그림 1 생콘크리트 종류의 호칭

▶ 생콘크리트의 종류와 수입검사

생콘크리트는 하역 지점에서의 품질이 다음 조건을 충족해야 한다.

① **강도** – 하역 지점에서 채취한 콘크리트의 재령 28일의 강도는 다음 조건을 모두 만족한다.
　㉠ 1회 시험 결과는 구입자가 지정한 호칭강도의 85% 이상
　㉡ 3회 시험 결과의 평균값은 구입자가 지정한 호칭강도 이상

② **슬럼프** – 구입자가 지정한 슬럼프에 대해 표 2 이내

③ **공기량** – 구입자가 지정한 공기량에 대해 표 3 이내

④ **염화물 함유량** – 염화물 이온량으로서 $0.30kg/m^3$이다. 단, 이 검사는 공장 출하 시에 해도 좋다.

표 2 슬럼프 단위[cm]

슬럼프	슬럼프 허용차
2.5	±1
5 및 6.5	±1.5
8 이상 18 이하	±2.5
21	±1.5*

주(*) 호칭강도 27 이상이며, 고성능 AE 감수제를 사용하는 경우는 ±2로 한다.

표 3 공기량 단위[%]

콘크리트의 종류	공기량	공기량의 허용차
보통 콘크리트	4.5	±1.5
경량 콘크리트	5.0	±1.5
포장 콘크리트	4.5	±1.5
고강도 콘크리트	4.5	±1.5

▶ 레미콘의 운반

레미콘의 운반은 시공 관리상 가장 중요하며, 세심한 주의가 필요하다. 특히 운반 중 하역지점에서는 절대로 물을 첨가(加水)해서는 안 된다.

운반에는 다음의 성능을 가진 트럭 교반기를 사용한다.

① 품질을 균일하게 유지 가능한 것
② 재료의 분리를 일으키지 않는 것
③ 용이하고 완전하게 배출가능한 것

그림 2 애지테이터 트럭

운반시간은 반죽을 혼합한 뒤 1.5시간 이내에 하역을 하는 것으로 한다. 또한, 슬럼프 2.5cm 이내의 포장용 콘크리트를 운반하는 경우에는 덤프트럭을 사용해도 된다. 이 경우의 운반 시간은 1.0시간 이내로 한다.

▶ 레미콘 공장의 선정

생콘크리트 공장(플랜트) 선정의 양부(良否)는 콘크리트 공사에 크게 영향을 주므로 다음 사항을 고려하여 신뢰할 수 있는 공장을 선택하도록 한다.

① 레미콘을 사용하는 구조물의 중요도
② 레미콘 공장의 설비, 품질 관리 상태와 생콘크리트의 가격
③ 레미콘 공장에서 현장까지의 거리와 운반 시간

7. 콘크리트 제품

□ 포인트

JIS 마크

콘크리트 제품은 관리된 공장에서 계속해서 생산되며, 대부분의 제품에 일본공업규격(JIS)이 제정되어 있다. 종별, 형상, 수치, 제조 방법, 강도, 그 외에도 성질이나 시험 방법이 정해져 있으며, JIS 표시허가공장에서 생산된 제품에는 JIS 마크가 표시되어 있다.

■ 해설

▶ 콘크리트 제품의 특징
① 재료, 배합, 제조 설비, 시공 등이 충분히 관리되고 있으며, 품질에 차이가 적다.
② 대부분의 제품이 JIS화되어 있고, 제품의 입수가 용이하여 현장에서의 작업을 소규모로 할 수 있다.
③ 공장에서 제조되기 때문에 악천후에도 영향을 받지 않고, 정확한 생산계획으로 제조할 수 있다.
④ 단면이 얇은 것이 많고, 자원의 효율적 이용이 가능하다.

▶ 콘크리트 제품의 종류
1 도로용 제품
① 포장용 콘크리트 평판(JIS A 5304) - 보도의 포장에 이용된다.
② 철근 콘크리트 U형(JIS A 5305) - 그림 1과 같은 U자형의 제품으로 도로의 측면에 이용한다.
③ 콘크리트 L형 및 철근 콘크리트 L형(JIS A 5306) - L형의 도로 측면으로서 배수용으로 이용된다. 무근 및 철근의 2종류가 있다.
④ 콘크리트 경계 블록(JIS A 5306) - 경계용 블록으로서, 도로의 보도와 차도, 그 외 노면과의 경계에 이용된다.
⑤ 그 외의 도로 제품 - 위에 나온 것 외에 JIS화되어 있는 콘크리트 제품으로 하수도용의 맨홀 측괴, 맨홀 뚜껑, 용수 매스 뚜껑 등이 있다.

2 관류

흄관

① 무근 콘크리트 관(JIS A 5302) - 하수용, 관개용수용으로 이용된다.
② 원심력 철근 콘크리트 관(JIS A 5303) - 통칭 흄관이라 불리며, 원심력 다짐에 의해 만드는 철근 콘크리트 관이다. 콘크리트가 원심력에 의해 잘 다져져 있으므로 수밀성이 좋고 강도도 높다.

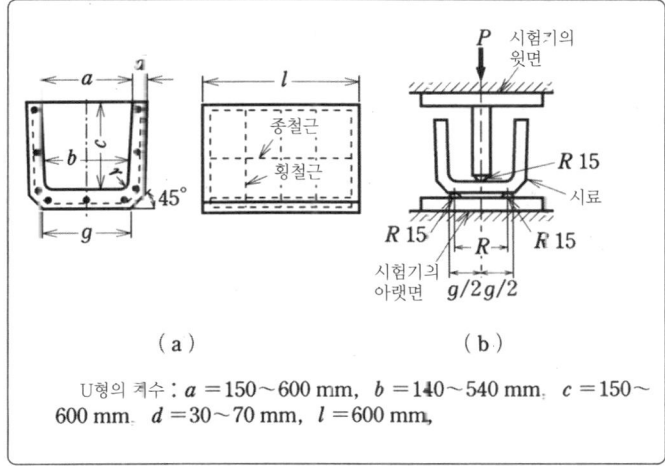

그림 1 콘크리트 제품의 예

하수관이나 배수관 또는 수압이 있는 상수관이나 사이폰관에도 이용된다.
③ 프리스트레스트 콘크리트 관 – PC 강선과 고강도의 콘크리트로 만들어진 대구경 고압관용으로 안전성이 높다. 상하수도, 공업용수, 농지용수 등에 이용된다.

3 소파 블록, 기초 말뚝 및 그 외의 제품

① 소파 블록 – 소파 블록에는 테트라포드, 세 기둥 블록, 중공삼각블록 등이 있다(그림 2).
② 기초 말뚝 – 원심력 철근 콘크리트 말뚝(JIS A 5310)이 있으며, 기초 말뚝용으로 이용된다.
③ 그 외의 제품 – 흙막이용으로서, 콘크리트 시트 파일(JIS A 5354), 건물이나 담 등에 이용하는 공동 콘크리트 블록(JIS A 5406), 흙막이 호안용 콘크리트 블록 등이 있다. 또한, PC 침목이 일반적으로 이용되고 있다(그림 3).

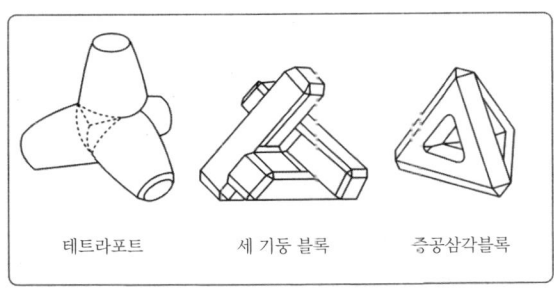

그림 2 다른 형태의 소파블록

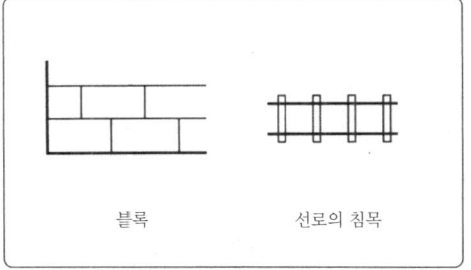

그림 3

1. 벽돌, 도관

□ 포인트

▶ 벽돌

벽돌의 제법은 점토를 필요한 형상으로 성형하고 건조한 후 소성한다. 벽돌의 색은 이용한 점토의 성질, 함유 유기물의 성질과 분량, **소성온도**의 정도, 소성의 정도에 의한다.

소성온도

산화철

적색 벽돌은 **산화철**이 많은 보통의 점토를 이용, 비교적 저온(900~1,000℃)로 소성한 것이다. 소성온도가 높아지면 암적색 혹은 갈색으로 변한다.

흑색 벽돌은 산화철의 함유량이 극히 많은 것을 이용하던가 소량의 산화망간을 더해서 고온으로 소성한다.

황색 벽돌은 소량의 산화철을 포함한 점토에 석탄을 혼합해서 만든다.

보통 벽돌의 규격은 JIS R 1250에 규정되어 있다.

표 1 보통 벽돌의 규격(JIS R 1250 발췌)

	길이	폭	두께	비고
치수 [mm]	210	100	60	일반용
	225	109	60	보일러용
허용차[±%]	3	3	4	

▶ 도관

일반적으로 배수관으로 이용하는 도관은 혈암(셰일) 혹은 점성토질의 분쇄 처리를 한 원료를 성형하고, 1,100~1,200℃의 온도에서 소성한 것이다. 유약은 식염을 사용하는 것과 망간을 사용하는 것이 있다.

도관의 규격은 JIS R 1201 도관(직관)과 JIS R 1202 도관(이형관) 두 종류가 있다(그림 1).

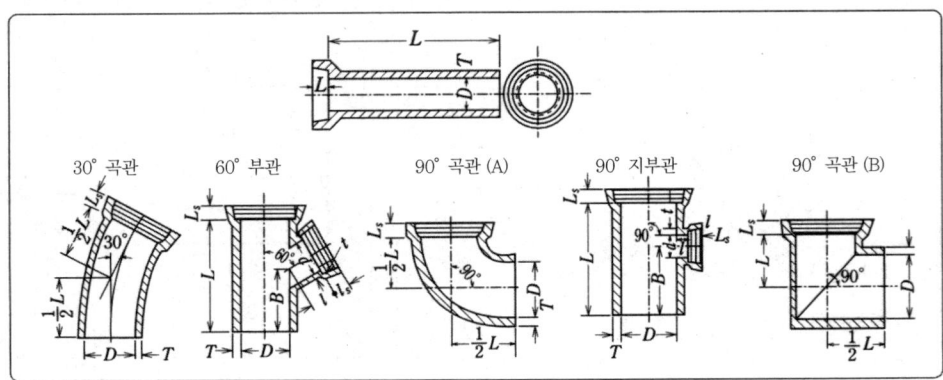

그림 1 직관(JIS R 1201 발췌)과 이형관(JIS R 1202 발췌)의 형상

2. 고분자 재료, 신소재

□ 포인트

고분자 재료는 원유나 석탄을 원료로 만들어진다. 분자량이 극히 높은 화합물을 재료로 하여, 소성(plastic)이 풍부한 성질로 인해 **플라스틱**이라고도 한다. 토목 재료로는 주로 **합성수지**가 사용되고 있다.

신소재는 종래 재료의 특성을 극한까지 높이거나 조합한 것으로 강도, 내식성, 내열성, 경량화 등의 특성을 갖는 재료이며, **섬유 강화 복합 재료**나 **엔지니어링 플라스틱스** 등이 있다.

■ 해설

합성수지
열가소성 수지

열경화성 수지

▶ 합성수지

열가소성 수지와 열경화성 수지로 나눈다.

열가소성 수지는 열을 가하면 연해져서 성형가공이 쉽고 냉각하면 단단해지는 것으로, 주로 플라스틱 제품에 쓰인다.

열경화성 수지는 가열하면 처음에는 연해지고 성형가공이 가능하지만, 가열을 계속하면 화학변화를 일으켜 경화되므로 주로 접착제나 도료에 쓰인다.

표 1 합성수지의 종류와 용도

합성수지의 종류		용도
열가소성 수지	염화비닐 수지	관, 판, 지수판, 시트 등
	폴리에틸렌 수지	판, 시트, 목지재 등
	아크릴산 수지	관, 판, 창수재 등
열경화성 수지	페놀 수지	접착제, 도료 등
	요소 수지	접착제, 도료 등
	멜라민 수지	도료 등
	에폭시 수지	접착제, 도료, 절연재 등
	실리콘 수지	접착제, 도료, 절연재 등

□ 관련사항

염화비닐관

지수관

▶ 합성수지의 주된 용도

① **관류** - 염화비닐관으로서 송수관, 급수관, 배수관, 전선관, 케이블관 등 폭넓은 분야에 사용되며, 내식성과 내구성이 우수하며, 경량이고 가격이 저렴하다. 굴곡성이 좋아서 시공이 용이하지만 강성이 낮고 열이나 일광 등에 의해 열화되는 등의 단점이 있다.

② **지수판** - 댐, 옹벽 등의 신축이음매로 사용된다. 이것은 계목에서 누수를 막기 위해 삽입할 수도 있다(그림 1).

③ **목지재** - 콘크리트 구조물의 **목지재**로서 폴리에틸렌 수지나 에폭시 수지, 합성 고무 등이 사용된다.

④ **시트** - 해안 등의 호안의 뒤채움 토사의 유출 방지를 위한 **방사 시트**나, 아이스 방수 시트, 제방의 누수 방지 등에 사용되는 **방수 시트**가 있다(그림 2). 여기에서는 염화비닐 수지 등의 시트가 사용된다.

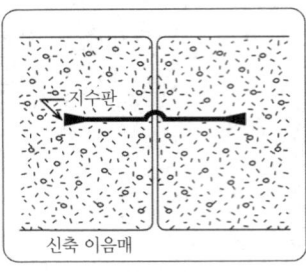
그림 1 지수판의 사용 예

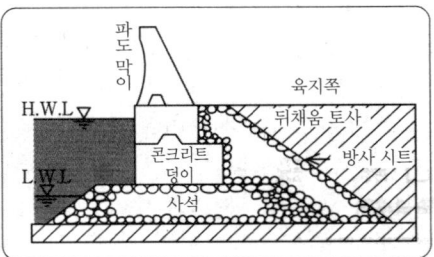
그림 2 방사 시트의 사용 예

⑤ **접착제**-페놀 수지나 에폭시 수지를 이용한 접착제가 많이 사용되며, 콘크리트의 이어붓기, 앵커볼트의 고정, 기존 설치 구조물의 수복 등에 사용된다.

⑥ **도료**-최근 해상 구조물이 늘어나 우수한 내후성을 필요로 하게 되어 내후성이 있는 불소 수지나 실리콘 도료 등으로 사용되고 있다.

⑦ 그 외-EPS(Expanded Polystyrol) 공법으로 사용되는 대형 **발포 스티롤 블록**은 성토재료나 옹벽배면의 뒤채움 재료로 이용된다. 흙에 비해 경량이므로 연약지반 대책이나 완성 후 침하방지에 유효하며, 시공성도 우수하다. 또한, 대형 발포 스티롤을 사용한 지하저수 시스템의 개발도 진행되고 있다.

▶ 신소재의 주된 용도

① **섬유 강화 복합 재료**-FRP(Fiber Reinforced Plastics)라고도 하며, 경량이면서 강도나 강성이 큰 유리나 폴리에스테르 섬유(fiber)로 보강한 수지이다. 최근에는 탄소 섬유로 보강된 에폭시 수지 CFRP(Carbon Fiber Reinforced Plastics)도 개발되고 있다. 이 CFRP는 경량이면서 강도가 높아 PC 강선을 대신할 것으로서 기대되고 있다.

② **엔지니어링 플라스틱**(Engineering Plastics)-플라스틱스의 강도, 내열성, 내구성을 높인 수지로 강재보다도 단단하고 내구성이 있으며, 교각 등 토목 구조물의 부재로서 이용과 개발이 진행되고 있다.

인용·참고문헌

제6편

1) 大成建設技術開発部 著：コンクリートのはなし，日本実業出版社，1995 年
2) 内田一郎，鬼塚克忠 共著：道路工学 第 6 版，森北出版，1993 年
3) 早川 潤，廣瀬幸男，遠藤真弘 共著：絵とき 建築材料，オーム社，1988 年
4) セメント・コンクリート，セメント協会，1996 年 8 月（594 号）
5) コンクリート標準示方書，土木学会
6) 粟津清蔵 監修，浅賀榮三，渡部和之，高際治治 共著：絵とき コンクリート，オーム社，1994 年

제7편

철근 콘크리트

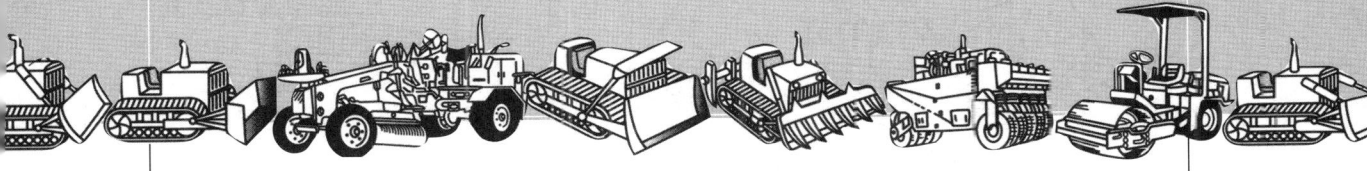

제1장 : 허용응력도설계법
제2장 : 한계상태설계법
제3장 : 콘크리트 구조물의 열화와 보수

철근 콘크리트 구조는 다리의 상부 구조, 교대, 교각, 옹벽이나 하천 구조물, 항만 구조물 등 토목 구조물에 많이 사용되고 있다. 이 장예서는 철근 콘크리트의 재료와 그 성질 및 그 설계 방법의 기본적인 이론에 관하여 서술한다. 또한 철근 콘크리트의 설계 방법은 지금까지의「허용응력도설계법」에서「한계상태설계법」으로 이행 과정에 있지만, 아직「허용응력도설계법」에 따른 설계도 이루어지고 있기 때문에 여기서는 양쪽의 설계법에 대해서 그 기본을 서술한다.

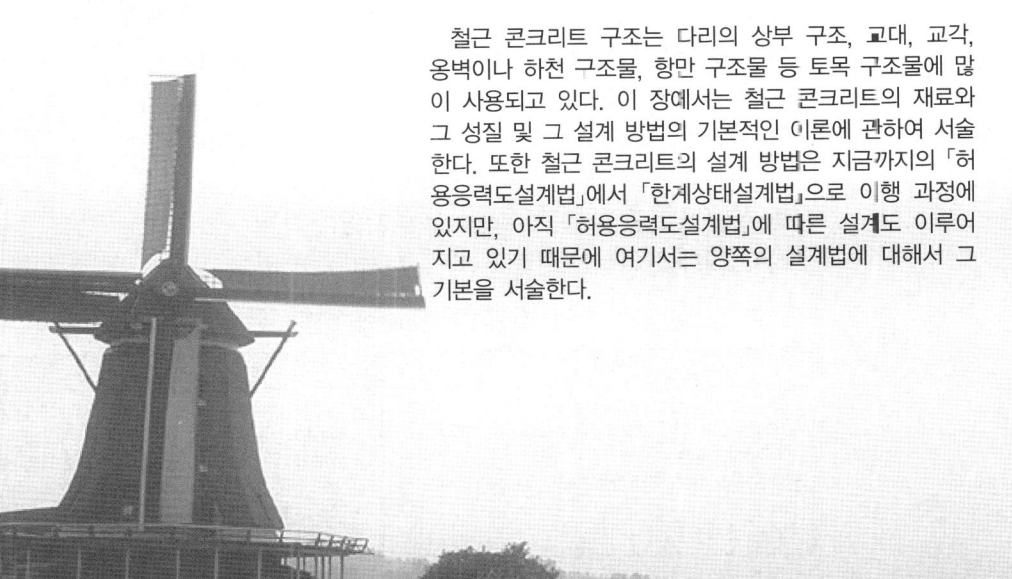

7 철근 콘크리트

1. 철근 콘크리트의 개요

□ **포인트**

압축

인장측

철근 콘크리트(RC)란 콘크리트 안에 철근을 박아 넣은 것으로, 외력에 대해 서로 일체가 되어 작용한다. 철근 콘크리트 보는 그림 1처럼 보의 압축측은 **압축에 강한 콘크리트**를 넣고, 보의 인장측은 **인장에 강한 철근**을 넣도록 하는 구조로 되어 있다.

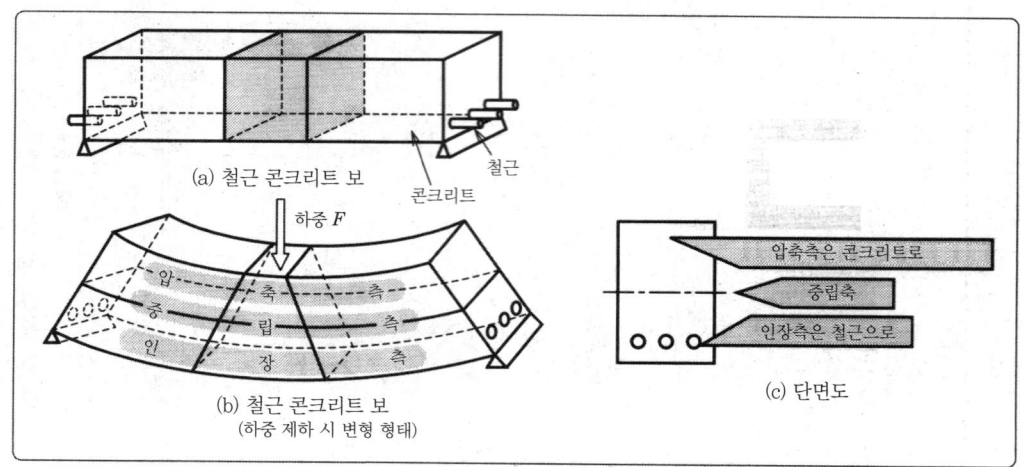

그림 1 철근 콘크리트 보

■ **해설**

▶ 철근 콘크리트의 성립 조건

철근 콘크리트는 각각 성질이 매우 다르지만, 이것이 일체가 되어 외력에 저항하고 구조재료로서 유리하게 널리 이용되는 것은 다음 세 가지의 주요한 성질을 가지고 있기 때문이다.

열팽창계수

부착강도

① 철근과 콘크리트의 **열팽창계수가 거의 같다**(10×10^{-6}/℃).
② 철근과 콘크리트는 **부착강도가 크다**.
③ 콘크리트 중의 철근은 녹이 잘 슬지 않는다.

▶ 콘크리트의 이점과 결점(표 1)

표 1 철근 콘크리트의 이점과 결점

이점	결점
• 내구성, 내수성이 우수하다. • 여러 가지 형상, 수치의 구조물을 용이하게 만들 수 있다. • 다른 구조물에 비해 경제적이고 유지 수리비도 적게 든다. • 진동, 소음이 작다.	• 무게가 비교적 무거우므로 연약지반상의 구조물에는 불리하다. • 균열이 생기기 쉽고 국부적으로 파손되기 쉽다. • 검사, 개조가 곤란하다. • 시공이 조잡해지기 쉽다.

▶ 콘크리트

□ 관련사항

중량

무근 콘크리트의 밀도는 일반적으로 22.5~23.0kN/m³, 철근 콘크리트의 밀도는 24.0~24.5kN/m³이다. 콘크리트의 압축강도는 그림 2와 같이 재령 7일까지는 급히 증가하고, 28일까지는 완만하게, 그 이후부터는 서서히 증가한다. 그래서 일반적으로 **표준양생**을 한 공시체의 **재령 28일**의 압축강도를 기준으로 하여 **설계기준강도** f'_{ck}로 나타낸다. 콘크리트의 **각종 설계강도**는 f'_{ck}에 기초하고 있으며, 이것을 표 2에 나타내었다. 이 표에 의해 콘크리트의 인장강도는 압축강도의 1/10~1/13 정도이며, 또한 휨 인장강도는 압축강도의 1/5~1/7 정도라는 것을 알 수 있다. 설계피로강도에 대해서는 제 2장 제 9절에서 서술한다.

표준양생
설계기준강도
각종 설계강도

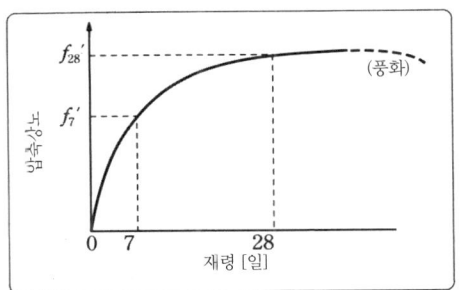

그림 2 콘크리트 재령과 압축강도(표준양생을 한 경우)

표 2 각종 설계기준강도

한계상태		종국한계상태 [N/mm²]						사용한계상태 [N/mm²]					
설계기준강도	f'_{ck}	18	24	30	40	60	80	18	24	30	40	60	80
설계압축강도	f'_{cd}	13.4	18.5	23.1	30.8	40.0	53.3	—	—	—	—	—	—
설계굽힘강도	f_{bd}	2.2	2.7	3.1	3.8	4.3	5.2	2.9	3.5	4.0	4.9	6.4	7.8
설계인장강도	f_{td}	1.2	1.5	1.7	2.1	2.4	2.8	1.6	1.9	2.2	2.7	3.5	4.3
설계부착강도	f_{bod}	1.5	1.8	2.1	2.5	2.9	3.4	—	—	—	—	—	—

[주] : 토목학회 「콘크리트 표준시방서(설계편)」 1996년도 제도에 의한다.

세로탄성계수

세로탄성계수는 원칙으로서 토목학회규격 「콘크리트의 정탄성계수 시험방법(안)」에 의해 압축시험을 하여, 응력-변형 곡선을 구한다. 그러나 콘크리트의 응력도와 변형도와의 관계는 다음 페이지 그림 3과 같은 곡선이 되며, 탄성역에 비례하지 않는다. 그래서 탄성체로 취급되도록, 즉 **후크의 법칙**이 적용되도록 일반적으로 압축강도의 1/3의 점과 원점을 연결한 그림 3의 직선 ②의 기울기(할선탄성계수)를 세로탄성계수 $E_c(=\sigma/\varepsilon=\tan\alpha_2)$로 하

후크의 법칙

할선탄성계수

고 있다. 토목학회에서는 철근 콘크리트의 설계에 이용할 경우 콘크리트의 세로탄성계수는 사용한계상태에서의 응력도, 탄성변형 또는 부정정력의 계산에는 일반적으로 표 3의 값을 이용하고 있다.

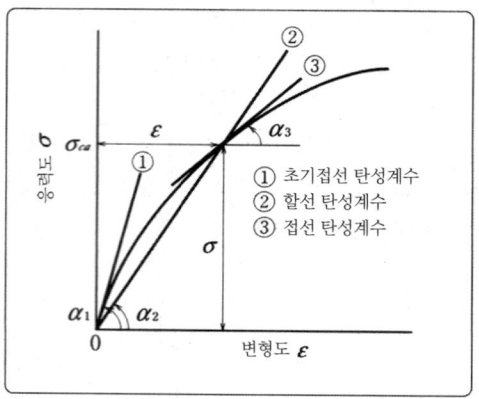

그림 3 콘크리트의 응력 - 변형 곡선

표 3 콘크리트의 세로탄성계수

f'_{ck} (N/mm²)		18	24	30	40	50	60	70	80
E_c (kN/mm²)	보통 콘크리트	22	25	28	31	33	35	37	38
	경량 골재 콘크리트	13	15	16	19	–	–	–	–

* 골재의 전부를 경량 골재로 한 경우

푸아송비

열팽창계수

푸아송비는 탄성 범위 내에서는 일반적으로 0.2로 하고, 인장을 받아 균열을 허용하는 경우에는 0으로 한다. 콘크리트의 **열팽창계수**는 일반적으로 $10 \times 10^{-6}/℃$로 해도 좋다.

▶ 철근

철근 콘크리트에 이용하는 강봉은 표 4에 적합한 성질의 것을 이용한다. 그 종류는 표면에 돌기를 가지지 않는 **열간압연봉강(보통 환강)** SR235 및 295, 그림 4와 같이 철근과 콘크리트가 잘 부착되도록 표면에 돌기가 없는 **열간압연이형봉강(이형 철근)** SD295A, 295B, 345, 390 및 490의 7종류가

열간압연봉강
(보통 환강)

열간압연이형봉강
(이형 철근)

표 4 철근 콘크리트용 봉강의 기계적 성질 (단위 : N/mm²)

종류	열간압연봉강		열간압연이형봉강				
기호	SR 235	SR 295	SD 295 A	SD 295 B	SD 345	SD 390	SD 490
항복점 또는 0.2% 내력	235 이상	295 이상	295 이상	295~390	345~440	390~510	490~625
인장강도	380~520	440~600	440~600	440 이상	490 이상	560 이상	620 이상

(JIS G3112 1987에서)

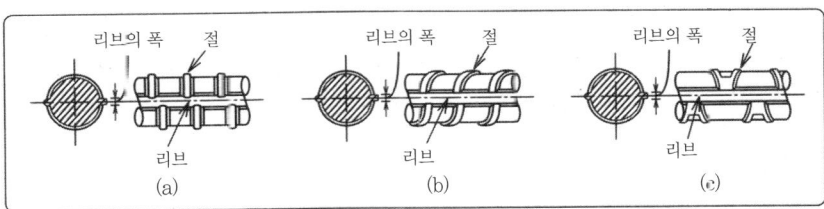

그림 4 이형철근 표면형상의 일례

있다. 숫자는 항복점의 규격이 N/mm² 단위에서 그 수 이상인 경우를 가리킨다.

인장강도   철근의 인장항복강도의 특성값 f_{yk} 및 **인장강도**의 특성값 f_{uk}은 원칙적으로 JIS Z 2241 「금속 재료의 인장 시험 방법」에 의한 인장 시험에 기초하여 정한다. JIS 규격에 적합한 것은 특성값 f_{yk} 및 f_{uk}을 JIS 규격의 하한값으로 하고, 또한 단면적은 공칭 단면적으로 가능한 것으로 한다. 압축항복응력도의 특성값 f'_{yk}는, 인장항복강도의 특성값 f_{yk}과 같다고 되고, 전단강복응력도의 특성값 f_{uyk}는, 일반적으로 $f_{yk}=f_{yk}/\sqrt{3}$에 의해 구한다. 설계피로강도의 특성값에 대해서는 제 2장 제 9절에서 설명하고 있다. **세로탄성계수**는 원칙적으로

탄성계수   JIS Z 2241 「금속 재료의 인장 시험 방법」에 의해 인장 시험을 하고, 그림 5 의 (a)의 응력 – 변형 곡선을 구한 다음 그림 5의 (b)처럼 설계용으로 모델화한다. 그 곡선의 탄성역은 후크의 법칙에 의해 응력도 σ와 변형도 ε의 비(탄성역의 기울기)를 구하여 세로탄성계수로 하고, $E_s(=\tan \alpha = f_{yd}/\varepsilon_y) = 200 \text{kN/mm}^2$로 하여도 된다.

푸아송비   **푸아송비**는 일반적으로 0.3으로 하고, 이 값은 측정법 등의 요인으로 측정값에 흐트러짐은 없으며, 일반적으로 설계 계산에는 큰 영향을 끼치지 않는

열팽창계수   다. 철근의 **열팽창계수**는 콘크리트와 같은 양상으로 $10 \times 10^{-6}/\text{°C}$로 한다.

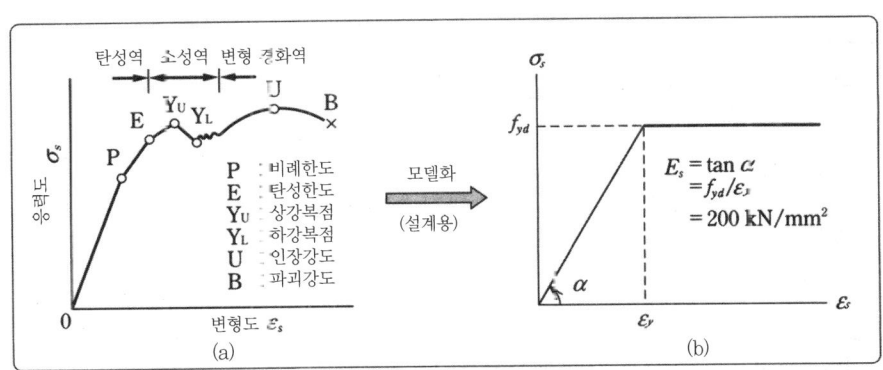

그림 5 철근의 응력 – 변형 곡선

7 철근 콘크리트

토목학회
표준시방서

▶ 철근 콘크리트에 이용하는 기호

토목학회 표준시방서에서 철근 콘크리트의 설계 계산에 사용하는 기호를 제시하고 있다.

❖ **예제** 철근 콘크리트의 성질

다음 철근 콘크리트의 성질에 관한 기술 중 잘못된 것은 무엇인가?
(1) 여러 가지 형상, 치수의 구조물을 용이하게 만들 수 있다.
(2) 검사, 개조가 곤란하여 시공이 조잡해지기 쉽다.
(3) 콘크리트 중의 철근은 녹슬기 어렵다.
(4) 국부적인 파손은 거의 없고, 유지 관리비도 적다.
(5) 무게가 크기 때문에 연약지반상의 구조물은 불리하게 된다.

답 (4)

철근 콘크리트의 세 가지 성립 조건 및 장점과 단점을 확실히 해 둔다. 철근 콘크리트의 구조물은 다른 구조물에 비해 경제적이고 유지 관리비도 적게 나오지만, 균열이 생기기 쉽고 국부적으로 파손되기 쉽다.

■ **예제** 철근 콘크리트에 이용하는 기호

다음 철근 콘크리트에 이용하는 명칭을 철근 콘크리트 표준시방서에 정해진 기호로 나타내어라.
① 인장철근비, ② 단면 2차 모멘트, ③ 유효높이, ④ 콘크리트의 설계기준 강도,
⑤ 압축응력의 합력의 위치에서 인장강재단면의 도심까지의 거리

답 ① p, ② I, ③ d, ④ f_{ck}', ⑤ z

표준시방서에 정의된 기호는 기본적으로 알아둘 필요가 있다.

■ **예제** 철근 콘크리트 구조물에 작용하는 하중

다리를 설계할 때 고려하는 하중으로는 주하중, 종하중 및 특수 하중이 있는데, 주하중은 다음 (1)~(10) 중 어느것인가.
(1) 사하중   (2) 풍하중   (3) 충돌하중   (4) 설하중
(5) 콘크리트의 클리프, 건조수축의 영향   (6) 온도 변화의 영향
(7) 토압, 수압   (8) 지진의 영향   (9) 파압   (10) 활하중

답

주하중은 (1), (5), (7), (10), 종하중은 (2), (6), (8), 특수 하중은 (3), (4), (9)이다. 다리의 설계에서 고려해야 할 하중도 이 분야의 기본으로서 알아둘 필요가 있다.

2. 휨 응력의 계산

□ 포인트

중립측
휨 응력도

휨 모멘트를 받는 단철근 직사각형 보의 중립축의 위치 x 및 철근과 콘크리트의 휨 응력도 σ_s, σ_c의 계산법은 그림 1과 같다.

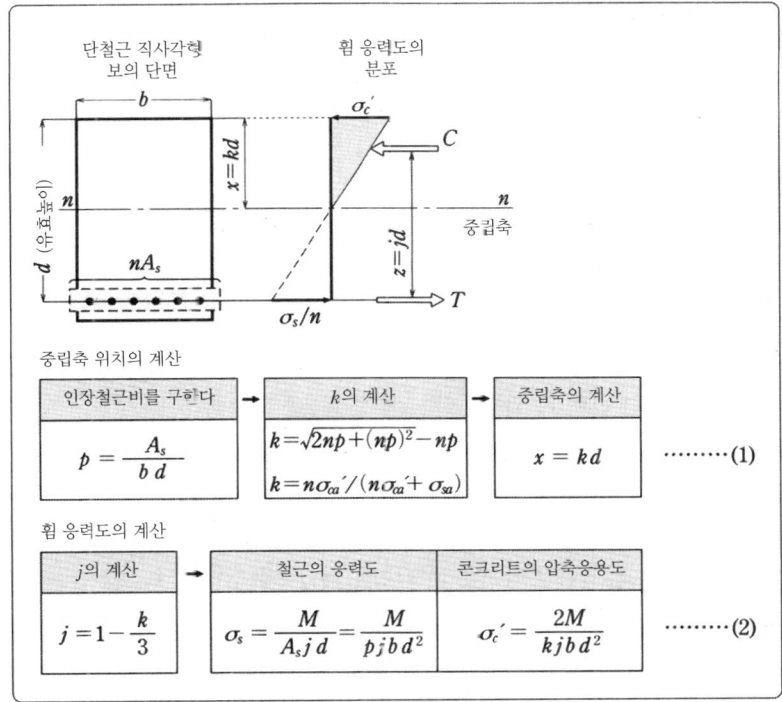

그림 1 중립축의 위치와 휨 응력도의 계산

표 1 단철근 직사각형 보의 p에 대한 k, j의 값의 예($n=15$)

p	k	j	p	k	j	p	k	j	p	k	j
0.0010	0.159	0.947	0.0060	0.344	0.885	0.0110	0.433	0.856	0.0160	0.493	0.836
11	166	945	61	346	885	111	434	855	161	494	835
12	173	943	62	348	884	112	436	855	162	495	835
13	179	940	63	350	883	113	437	854	163	496	835
14	185	938	64	353	883	114	438	854	164	497	834
15	191	936	65	355	882	115	440	853	165	498	834
16	196	935	66	357	881	116	441	853	166	499	834
17	202	933	67	359	880	117	442	852	167	500	833
18	207	931	68	361	880	118	444	852	168	501	833
19	211	929	69	363	879	119	445	852	169	502	833

7 철근 콘크리트

■ **해설**

휨 응력도

단철근 직사각형보에 대한 사고방식을 해설한다.

▶ **휨 응력도의 분포**

철근 콘크리트의 계산에서 콘크리트는 그림 1과 같이 압축력만으로 유효하며 인장력 부분은 무시하고 계산한다. 철근은 콘크리트의 단면적으로 환산하면 nA_s가 된다. n은 철근과 콘크리트의 **탄성계수비**로, 철근 및 콘크리트의 탄성계수는 각각 $E_s=2,100,000 g_c\text{N/cm}^2$, $E_c=140,000 g_c\text{N/cm}^2$이 된다. 따라서 $n=E_s/E=15$가 된다.

탄성계수

▶ **중립축의 위치**

그림 1에서 $n-n$축에 관한 단면 1차 모멘트는 0이기 때문에

$$Q_{n-n}=bx\cdot(x/2)-nA_s(d-x)=0$$

이 된다. 이 x에 관한 2차 방정식을 풀면, 그림 1의 식 (1)과 같이 된다.

▶ **휨 응력도 σ_s, σ_c**

그림 1에서 압축력의 총합 C는 $\sigma_c' xb(1/2)$이고 인장력의 총합 T는 $(\sigma_s/n)A_s$로, 이것이 z의 거리를 두어 우력의 모멘트를 없애면서, 외력의 모멘트 M과 같다. 또한, 그림에서 **유효높이**를 d로 하면 $\sigma_c'/(\sigma_s/n)=x/(d-x)$의 관계가 있기 때문에 σ_s와 σ_c는 그림 1과 같다.

❖ **예제** 단철근 직사각형 보의 중립축과 응력도의 계산 문제

폭 b=460mm, 유효높이 d=400mm, 6-D16의 철근을 가지는 단철근 직사각형보가 M=48kN·m의 휨 모멘트를 받을 때, 중립축의 위치 x와 응력도 σ_s, σ_c'를 구하라.

답

철골에는 이형 철근(기호 D)과 보통 둥근 강철(기호 ϕ)이 있다. 6-D16은 직경 16mm의 이형철근을 6개 사용하고 있음을 나타낸다. 먼저, **철근의 단면적** A_s(철근량이라고도 한다)를 p.315 부표 (1)에서 구한다. 그 다음 인장철근비 $p=A_s/(bd)$를 구한 후, 표 1에서 k, j를 구하여 그림 1에 나온 식에 대입하여 중립축과 응력도를 계산한다.

부표 (1)에서 $A_s=1,192\text{mm}^2$, $p=A_s/(bd)=1,192/(460\times 400)=0.0065$

표 1에서 $k=0.355$, $j=0.882$

식 (1)에서 $x=kd=0.355\times 400=142\text{mm}$

식 (2)에서

$\sigma_s=M/(A_s jd)=48,000,000/(1,192\times 0.882\times 400)=114.1\text{N/mm}^2$

$\sigma_c=2M/(kjbd^2)=2\times 48,000,000/(0.355\times 0.882\times 460\times 400^2)=4.17\text{N/mm}^2$

3. 저항 모멘트의 계산

□ 포인트

허용응력도

▶ 허용응력도

콘크리트의 허용 휨 압축응력도 σ_{ca}'는 재령 28일의 계산기준강도 f_{ck}'를 근거로 하여 표 1의 값을 취한다(표는 보통 콘크리트의 경우).

허용 휨 압축응력도

표 1 허용 휨 압축응력도 σ_{ca}' [N/mm²]

항목	설계기준강도 f_{ck}' [N/mm²]			
	18	24	30	40 이상
허용 휨 압축응력도	7	9	11	14

[주] : 토목학회 「콘크리트 표준시방서(설계편)」 1996년

허용인장응력도

철근의 허용인장응력도 σ_{sa}는 표 2의 값 이하로 한다.

표 2 철근의 허용인장응력도 σ_{ca}' [N/mm²]

철근의 종류	SR 235	SR 295	SD 295A,B	SD 345	SD 390
① 일반적인 경우의 허용인장응력도	137	157	176	196	206
② 피로강도로부터 정해진 허용인장응력도	137	157	157	176	176
③ 항복강도로부터 정해진 허용인장응력도	137	176	176	196	216

[주] : 토목학회 「콘크리트 표준시방서(설계편)」 1996년

저항 모멘트의 계산식

▶ 저항 모멘트의 계산식

보의 단면이 주어지면 그 단면이 저항 가능한 최대의 휨 모멘트를 구할 수 있다. 이때 휨 모멘트를 저항 모멘트 M_r이라 하며, 다음 방법으로 구한다. M_{rc}와 M_{rs} 중 작은 쪽의 값이 저항 모멘트 M_r이 된다.

$$\left. \begin{array}{l} M_{rc} = (1/2)\sigma_{ca}'kjbd^2 \\ M_{rs} = \sigma_{sa}A_s jd = \sigma_{sa}pjbd^2 \end{array} \right\} \quad \cdots\cdots(1)$$

■ 해설

(1) 먼저 콘크리트의 저항 모멘트는 $\sigma_c' = \sigma_{ca}'$이 된다. 따라서 σ_c'에 제 2절 식 (2)를 대입하여 M에 대해 풀면 식 (1)의 M_{rc}를 얻는다.

$\sigma_c' = \sigma_{ca}'$이므로 $2M_{rc}/(kbjd^2) = \sigma_{ca}'$

∴ $M_{rc} = (1/2)\sigma_{ca}'kjbd^2$

(2) 같은 양상으로 철근의 저항 모멘트는 $\sigma_s = \sigma_{sa}$의 σ_s에 제 2절 식 (2)를 대입하여 M에 대해 풀면 식 (1)의 M_{rs}를 얻는다.

(3) 결국 단면 전체로서는 M_{rs}와 M_{rc}의 작은 값까지 저항 가능한 것이 되며, 그것이 저항 모멘트 M_r이다.

(4) $M_{rc} = M_{rs}$는 콘크리트와 철근의 응력도 σ_c'와 σ_s가 동시에 각각의 허용응력도에 달할 때이며, 이때의 단면을 **균형단면**이라 한다.

균형단면

❖ 예제 저항 모멘트의 계산 문제

그림 1에서 단면의 저항 모멘트를 구하라. 단, 허용응력도는 $\sigma_{ca}' = 7\text{N/mm}^2$, $\sigma_{sa} = 180\text{N/mm}^2$로 한다.

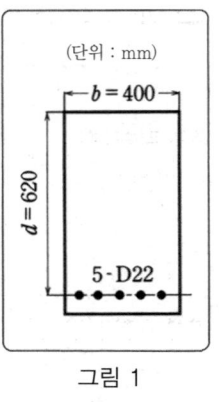

그림 1

답

$A_s = 1{,}936 \text{ mm}^2$ [p.315 부표 (1)로부터]

$p = A_s/(bd) = 1{,}936/(400 \times 620) = 0.00781$

$k = \sqrt{2np + (np)^2} - np$

$\quad = \sqrt{2 \times 15 \times 0.00781 + (15 \times 0.00781)^2} - 15 \times 0.00781$

$\quad = 0.381$

$j = 1 - k/3 = 1 - 0.381/3 = 0.873$

$M_{rc} = (1/2)\sigma_{ca}'kjbd^2 = (1/2) \times 7 \times 0.381 \times 0.873 \times 400 \times 620^2$

$\quad = 1.790 \times 10^8 \text{ N·mm} = 179.0 \text{ kN·m}$

$M_{rs} = \sigma_{sa}pjbd^2 = 180 \times 0.00781 \times 0.873 \times 400 \times 620^2$

$\quad = 1.884 \times 10^8 \text{ N·mm} = 188.4 \text{ kN·m}$

$M_{rc} < M_{rs}$이기 때문에 저항 모멘트는 $M_r = M_{rc} = 179.0 \text{ kN·m}$

❖ 예제 휨에 대한 단면의 검토

그림 2에서 단면에 $M = 170\text{kN·m}$의 휨 모멘트가 작용할 때, 이 단면은 휨에 대하여 안전한가? 단, 허용응력도는 다음과 같다.

$\sigma_{ca}' = 7 \text{ N/mm}^2$, $\sigma_{sa} = 176 \text{ N/mm}^2$

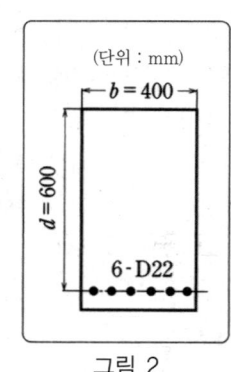

그림 2

답

$A_s = 2{,}323 \text{ mm}^2$ [부표 (1)로부터]

$p = A_s/(bd) = 2{,}323/(400 \times 600) = 0.00968$

$k = \sqrt{2np + (np)^2} - np$

$\quad = \sqrt{2 \times 15 \times 0.00968 + (15 \times 0.00968)^2} - 15 \times 0.00968$

$\quad = 0.4129$

$j = 1 - k/3 = 1 - 0.4129/3 = 0.862$

$M_{rc} = (1/2)\sigma_{ca}'kjbd^2 = (1/2) \times 7 \times 0.4129 \times 0.862 \times 400 \times 600^2$

$\quad = 1.79 \times 10^8 \text{ N·mm} = 179 \text{ kN·m}$

$M_{rs} = \sigma_{sa}pjbd^2 = 176 \times 0.00968 \times 0.862 \times 400 \times 600^2 = 2.11 \times 10^8 \text{ N·mm} = 211 \text{ kN·m}$

$M_{rc} < M_{rs}$이기 때문에 저항 모멘트는 $M_r = M_{rc} = 179\text{kN·m}$가 되며, 이 단면에 작용하는 휨 모멘트보다 크기 때문에 휨에 대해 안전하다.

4. 휨을 받는 단면의 계산

□ 포인트   단철근 직사각형 보의 「보의 폭 b」, 「허용응력도 $\sigma_{sa}, \sigma_{ca}'$」 「휨 모멘트 M」이 주어져 있을 때 「유효높이 d」, 「철근의 필요단면적 A_s」를 구하는 식은 그림 1과 같다.

또한 $\sigma_{sa}, \sigma_{ca}'$를 가정한 후 C_1, C_2를 계산하여 표로 만들면 표 1과 같다.

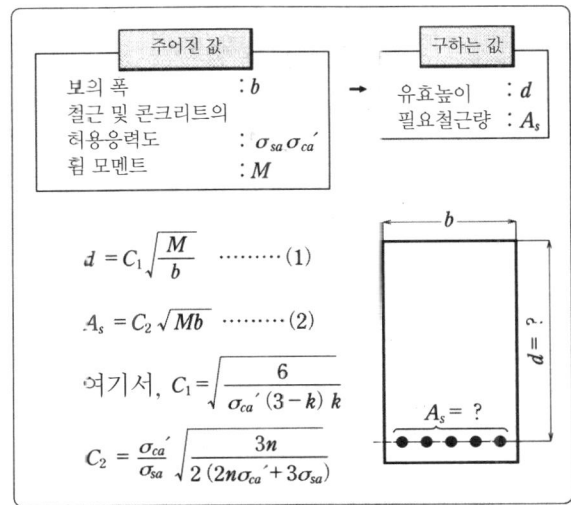

그림 1 유효높이와 철근량의 계산

표 1 단철근 직사각형보의 C_1, C_2의 일례

σ_{ca}' [N/mm²]	σ_{sa} = 137 N/mm²		σ_{sa} = 157 N/mm²		σ_{sa} = 176 N/mm²	
	C_1	C_2	C_1	C_2	C_1	C_2
7	0.877	0.00973	0.907	0.00810	0.935	0.00694
9	0.732	0.01194	0.754	0.00999	0.774	0.00859
11	0.638	0.01399	0.654	0.01174	0.669	0.01012
14	0.544	0.01682	0.555	0.01417	0.566	0.01225

■ 해설

① 콘크리트의 응력도 σ_{ca}'가 허용응력도 σ_{ca}'와 같을 때에 가장 경제적인 단면이 되므로 $\sigma_c' = \sigma_{ca}'$로 놓고 j에 제 2절 식 (2)를 대입하면 그림 1의 식 (1)을 구할 수 있다. 즉

$$\sigma_{ca}' = 2M/(kjbd^2) = [2/\{k(1-k/3)\}] \cdot \{M/(bd^2)\}$$
$$\therefore \ d = \sqrt{2/\{k(1-k/3)\sigma_{ca}'\}} \cdot \sqrt{M/b} = C_1\sqrt{M/b}$$

② 이와 같이 $\sigma_s = \sigma_{sa}$일 때, 식 중의 d에 식 (1)을, k에 제 2절 식 (1)을 대입하며 식 (2)가 얻어진다.

7 철근 콘크리트

■ **관련사항**   유효높이 d가 결정되어 있을 때, 철근량 A_s는 $\sigma_s = \sigma_{sa}$에서 다음 식으로 구해진다.

$$A_s = M/(\sigma_{sa} jd) \quad \cdots\cdots (3)$$

여기서, $j = 1 - k/3$, $k = n\sigma_{ca}'/(n\sigma_{ca}' + \sigma_{sa})$

일반적으로 j의 변화량은 7/8~8/9 정도로 작기 때문에 근사식으로 다음 식을 구할 수 있다.

$$A_s = M/\{\sigma_{sa}(7/8 \sim 8/9)d\} \quad \cdots\cdots (4)$$

❖ **예제**   단철근 직사각형보의 d, A_s의 계산

보의 폭 $b = 400$mm의 단철근 직사각형 보에 $M = 54,000$N·m의 휨 모멘트가 작용하고 있다. 이 때 유효높이 d 및 철근량 A_s을 구하라. 또한, D16의 철근을 사용하면 몇 개 필요한가?

단, 콘크리트의 설계기준강도 $f_{ck}' = 24$N/mm^2, 철근의 허용인장응력도 $\sigma_{sa} = 176$N/mm^{2}으로 한다.

답

제 3절의 표 1에서 $\sigma_{ca}' = 9$N/mm^2, 이 절 표 1에서
  $C_1 = 0.774$, $C_2 = 0.00859$
그러므로 식 (1)에서
$$d = C_1\sqrt{M/b} = 0.774 \times \sqrt{54,000,000/400} = 284\text{mm}$$
따라서, 유효높이 $d = 290$mm로 한다.
또한, 식 (2)에서
$$A_s = C_2\sqrt{bM} = 0.00859 \times \sqrt{400 \times 54,000,000} \fallingdotseq 1,263\text{mm}^2$$
부표 (1)에서, D16의 철근 7개($A_s = 1,390$mm^2)를 사용한다.

〈검산〉 이상의 결과로부터 철근과 콘크리트의 응력도를 계산하여 안전성을 검산하면 다음과 같다.

  p, k, j를 계산하면, $p = 0.0120$, $k = 0.446$, $j = 0.851$이 된다(계산식 생략).
따라서
$$\sigma_s = M/(A_s jd) = 54,000,000(1.390 \times 0.851 \times 290) \fallingdotseq 158\text{N/mm}^2$$
$$\sigma_c' = 2M/(kbjd^2) = 2 \times 54,000,000(0.446 \times 400 \times 0.851 \times 290) \fallingdotseq 9\text{N/mm}^2$$
이상의 결과에서 $\sigma_s < \sigma_{sa}(= 176N/mm^2)$, $\sigma_c' = \sigma_{ca}'(= 9N/mm^2)$이 되는 것으로부터 안전하다는 것을 확인할 수 있다.

5. 전단력을 받는 부재의 응력

□ 포인트

철근 콘크리트 보에는 인장철근을 이용하여 휨 모멘트에 충분한 저항이 가능하더라도 전단력 V를 위해 파괴하거나, 또 철근과 콘크리트 사이의 부착이 충분하지 않기 때문에 미끄럼이 발생되거나 하여, 파괴되는 경우가 있으므로 **전단응력도와 부착응력도**를 계산 할 필요가 있다.

전단응력도
부착응력도

① 전단응력도 τ와 부착응력도 τ_0의 계산식

$$\tau = V/(bjd) = V/(bz) \qquad \cdots\cdots(1)$$
$$\tau_0 = V/(Ujd) = V/(Uz) \qquad \cdots\cdots(2)$$

여기서, V : 전단력, U : 인장철근의 둘레길이의 총합

허용전단응력도

② 허용전단응력도 τ_{a1}, 부착응력도 τ_{0a}는 각각 표 1, 2에 정해진 값으로 한다.

표 1 허용전단응력도 τ_{a1} [N/mm²]

항목		설계기준강도 f_{ck}' [N/mm²]			
		18	24	30	40 이상
대각선 인장철근을 계산하지 않은 경우 τ_{a1}	보의 경우	0.4	0.45	0.5	0.55
대각선 인장철근을 계산한 경우 τ_{a1}	전단력만의 경우	1.8	2.0	2.2	2.4

표 2 허용부착응력도 τ_{0a} [N/mm²]

철근의 종류	설계기준강도 f_{ck}' [N/mm²]			
	18	24	30	40 이상
보통 둥근 강철	0.7	0.8	0.9	1.0
이형 철근	1.4	1.6	1.8	2.0

■ 해설

① 전단응력도 τ의 근사식으로 식 (1)의 j의 값에 7/8~8/9를 이용하면 좋다.

② 설계 계산으로는 $\tau \leq \tau_{a1}$이 되도록 한다.

③ 부착응력도의 계산에서는 다음에 서술하는 대각선 인장철근(구부린 철근 및 스터럽트)이 이용되는 경우 이 철근들도 전단력에 대해 유효하게 작용하므로 식 (2)의 V를 $(1/2)V$로 두고 다음 식에 의해 부착응력도를 계산한다.

$$\tau_0 = V/(2Ujd) = V/(2Uz) \qquad \cdots\cdots(3)$$

④ 설계 계산에서는 $\tau_0 \leq \tau_{0a}$이 되도록 한다.

❖ 예제   전단응력도와 부착응력도의 계산 문제

그림 1의 단철근 직사각형보에 160kN의 전단력이 작용할 때, 전단응력도 τ, 부착응력도 τ_0을 구하라. 또한, 설계기준강도 $f_{ck}' = 24\text{N/mm}^2$으로 할 때, 그 안전성을 검토하라.

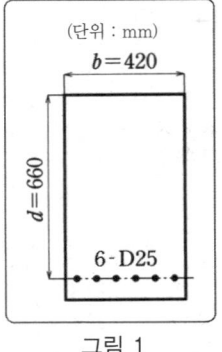

그림 1

답

허용응력도 : 표 1, 2에서
  허용전단응력도 $\tau_{a1} = 0.45\text{N/mm}^2$
  허용부착응력도 $\tau_{0a} = 1.6\text{N/mm}^2$
전단응력도, 부착응력도의 계산 부표 (1)에서,
$A_s = 3{,}040 \text{ mm}^2$, 부표 (2)에서, 주장 $u = 480 \text{ mm}$

$$p = A_s/(bd)$$
$$= 3{,}040/(420 \times 660)$$
$$= 0.0110$$

제 1절 표 1에서, $k = 0.433$, $j = 0.856$이 된다. 식 (1)에서

$$\tau = V/(bjd)$$
$$= 160{,}000/(420 \times 0.856 \times 660)$$
$$= 0.67 \text{ N/mm}^2$$
$$> \tau_{a1}$$
$$(= 0.45 \text{ N/mm}^2)$$

따라서, 전단응력도에 대해서는 위험할 수 있다. 또한, 식 (2)에서

$$\tau_0 = V/(ujd)$$
$$= 160{,}000/(480 \times 0.856 \times 660)$$
$$= 0.59 \text{ N/mm}^2$$
$$< \tau_{0a}$$
$$(= 1.6 \text{ N/mm}^2)$$

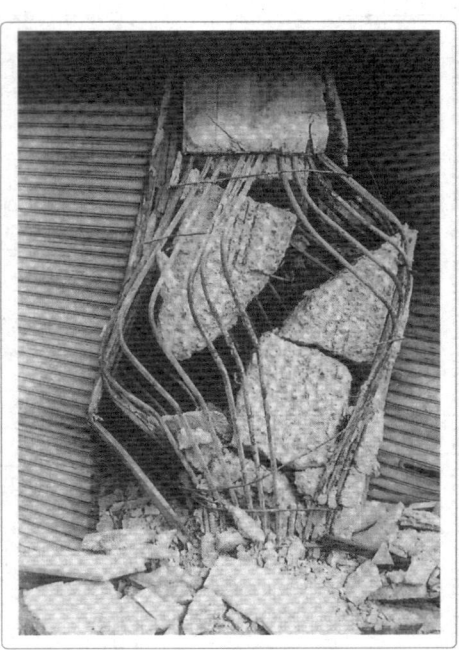

그림 2 전단파괴된 철근 콘크리트 단주
(한신 아와지 대지진)

따라서, 부착응력에 대해서는 안전하다.

6. 대각선 인장철근

□ 포인트

대각선 인장응력

▶ 대각선 인장응력

인장 주철근만을 배치한 단순보에 하중을 걸어 실험하면, 그림 1과 같이 지점 부근에서는 대각선 방향의 균열이 생긴다. 휨 응력과 전단응력이 합성된 결과, 그림과 같이 대각선 방향의 선을 따라서 인장응력이 생기기 때문이다. 이 응력을 대각선 인장응력이라 한다.

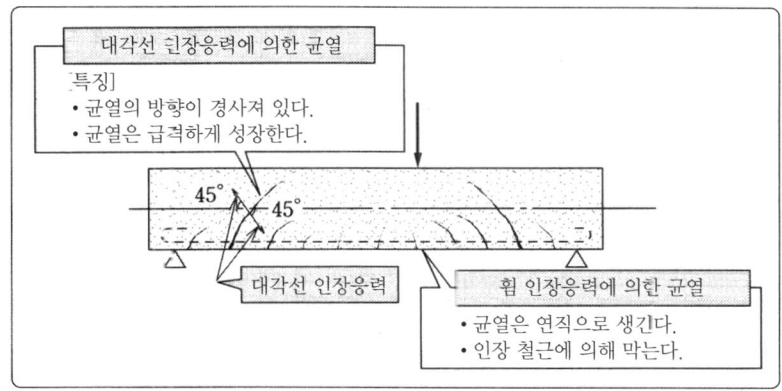

그림 1 단철근 보의 파괴

▶ 대각선 인장철근과 그 종류

콘크리트는 인장력에 저항할 수 없으므로 대각선 인장응력에 대한

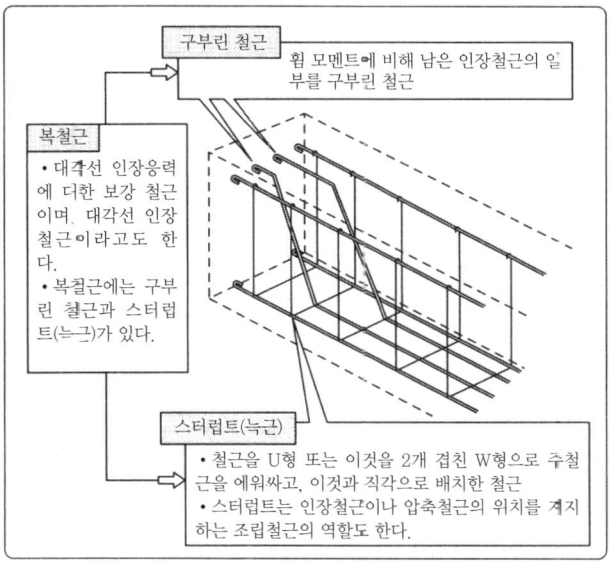

그림 2 대각선 인장철근의 종류

7 철근 콘크리트

대각선 인장철근
구부린 철근
스터럽트

철근을 이용하여 콘크리트를 보강해야 하며, 이때의 철근을 **대각선 인장철근** 또는 **복철근**이라고 한다. 대각선 인장철근의 종류에는 그림 2와 같이 **구부린 철근**과 **스터럽트**가 있다. 보에 사용하는 경우 일반적으로 구부린 철근과 스터럽트를 병용한다.

■ 해설

▶ 대각선 인장철근의 배치 조건식

어떤 경우에 대각선 인장철근을 넣는가? 앞서 서술한 것처럼 대각선 인장철근의 역할은 대각선 인장응력에 저항하기 위한 것으로 먼저 대각선 인장응력의 성질에 대해 서술하면 다음과 같다.

┌─ 〈대각선 인장응력의 성질〉 ─────────────
│ (a) 보의 지점 부근에서는 크게 되고, 스팬 중앙에 가까울수록 작아진다.
│ (b) 그 방향은 중립축상에서는 어느 단면에서도 수평과 45°를 이루지만,
│   인장연에서는 지점 부근에서 수평으로 45°, 스팬 중앙에 가까울수록
│   수평이 된다.
│ (c) 각 단면의 대각선 인장응력의 최대값은 각각의 중립축상의 전단응력
│   도 τ와 같다.
└─────────────────────────────────

이상의 성질로부터 대각선 인장철근이 계산상 필요한가의 판정은 다음과 같다.

┌─────────────────────────────────
│ ① 대각선 인장철근을 넣을 필요가 있는 경우는 상기 (c)로부터 대각선
│   인장응력(=전단응력도 τ)이 제5절 표 1의 허용전단응력도 τ_{a1} 보다 크
│   고 τ_{a2} 이하일 때이다($\tau_{a1} < \tau \leq \tau_{a2}$).
│ ② $\tau \leq \tau_{a1}$ 일 때 대각선 인장철근은 계산에 넣을 필요가 없다. 그러나 보
│   의 경우는 안전을 생각하여 적당한 간격으로 스터럽트를 배치한다.
│ ③ $\tau > \tau_{a2}$ 일 때는 대각선 인장철근을 이용하여도 대각선 인장응력을 부
│   담할 수 없으므로 단면 수치를 크게 하여 $\tau \leq \tau_{a2}$ 이 되도록 한다.
│
│   《정리》
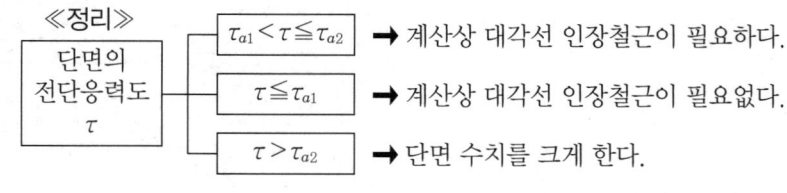
└─────────────────────────────────

7. 대각선 인장철근의 계산(1) 〈대각선 인장철근의 배치 구간〉

□ 포인트

어느 구간 보의 전 대각선 인장응력은 그 구간의 전단응력도 그림에서 면적으로 표현된다. 여기서 대각선 인장철근의 배치법으로 **전단응력도**를 이용하는 방법이 있다.

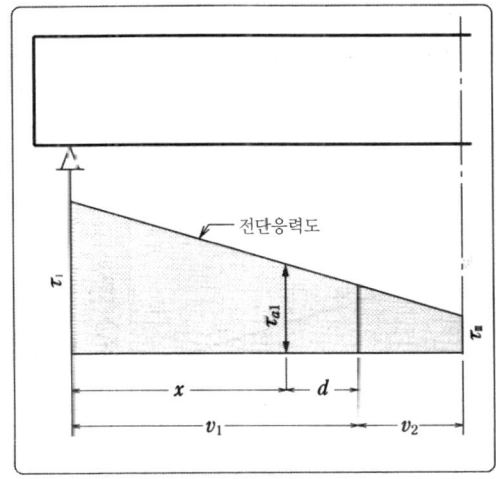

그림 1 대각선 인장철근의 바치 구간

■ 해설

대각선 인장철근을 배치

대각선 인장철근을 필요로 하지 않는 구간

여기서 먼저

① 대각선 인장 철근을 배치할 구간 v_1은 어디이며,

② 계산상 대각선 인장철근을 필요로 하지 않는 구간 v_2은 어디인지를 구하는 순서에 더해 설명한다.

(1) 그림 1과 같이 부동하중 및 동하중에 의한 최대전단력에서 전단응력도를 그린다. 간단하고 안전하기 때문에 일반적으로 지점 상의 최대전단응력도 τ_1와 스팬 중앙의 최대전단응력도 τ_{II}를 직선으로 연결하여 전단응력도로 나타낸다.

(2) 제 6장의 〈정리〉에서 서술한 대각선 인장철근의 필요 유무로 배치 구간을 구한다. 즉, $\tau_{a1} < \tau_1 \leq \tau_{a2}$일 때 대각선 인장철근을 배치해야만 한다.

(3) 전단응력도에서 τ_{a1}를 넘는 구간 x에 보의 유효높이 d를 가한 길이가 대각선 인장철근을 배치하는 구간 v_1이 된다.

(4) 남은 구간 $v_2 = 1/2 - v_1$은 계산상 대각선 인장철근을 필요로 하지 않는 구간이 된다.

❖ 예제   대각선 인장철근을 배치하는 구간

그림 2에 나온 단철근 직사각형보에서 대각선 인장 철근을 배치하는 구간을 구하라. 단, 콘크리트의 설계기준강도 $f_{ck}' = 24\text{kN/mm}^2$로 한다.

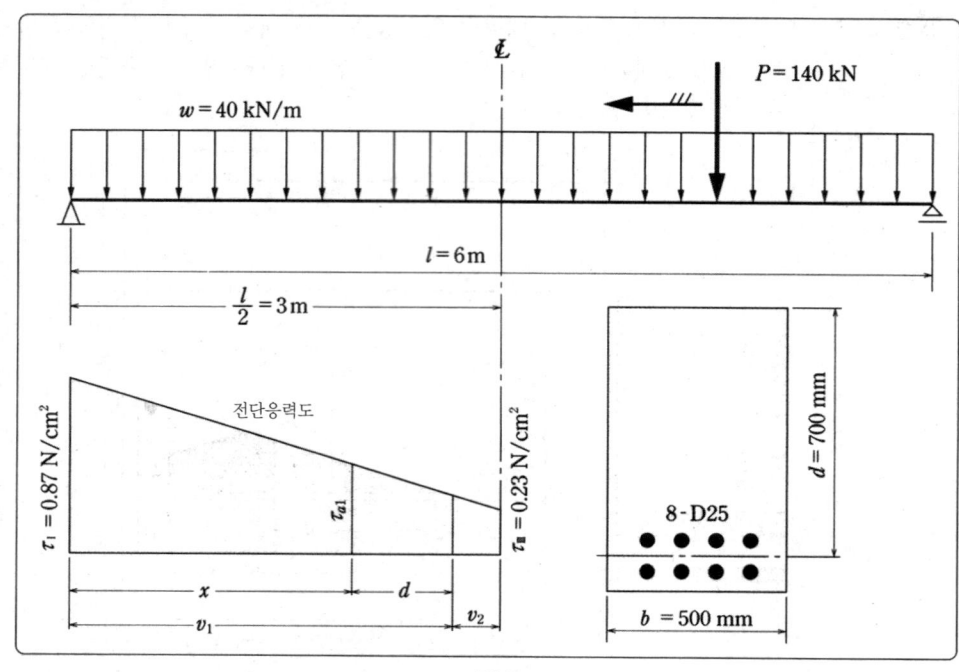

그림 2

답

▶ 전단응력도 작성

지점의 최대전단력 V_1은

$$V_1 = P + wl/2$$
$$= 140,000 + 40,000 \times 6/2$$
$$= 260,000 \text{ N}$$

전단응력도 τ_1는 제 5절 식 (1)에서

$$\tau_1 = V_1/(bjd)$$
$$= 260,000/(500 \times 0.853 \times 700)$$
$$= 0.87 \text{ N/mm}^2$$

여기서, $j = 0.853$(계산은 생략한다)

스팬 중앙의 최대전단력 V_{III}는

$$V_{\text{III}} = P/2 = 140,000/2 = 70,000 \text{ N}$$

전단응력도 τ_{III}는

$$\tau_{\text{III}} = V_{\text{III}}/(bjd)$$

$$= 70,000/(500 \times 0.853 \times 700)$$
$$= 0.23 \text{ N/mm}^2$$

따라서, 전단응력도는 위에서 구한 V과 V_{III}를 직선으로 결합하여 얻을 수 있다.

▶ 대각선 인장철근이 계산상 필요한가?

제 5절의 표 1에서 $f_{ck}'=24\text{kN/mm}^2$일 때, $\tau_{a1}=0.45\text{N/mm}^2$, $\tau_{a2}=1.6\text{N/mm}^2$이며, $\tau_{a1}<\tau_1<\tau_{a2}$이 되기 때문에 대각선 인장철근을 계산하여 배치한다.

대각선 인장철근을 배치하는 구간 v_1

계산상 대각선 인장철근을 필요로 하는 구간 v_1은 전단응력도가 τ_{a1} 이상인 구간 x를 구하고, 이것에 유효높이 d를 더한 범위이다. 그림 2의 전단응력드 그림에서 비례식으로 x를 풀면

$$x = \frac{l(\tau_1-\tau_{a1})}{2(\tau_1-\tau_{III})} = \frac{6,000\times(0.37-0.45)}{2\times(0.87-0.23)}$$
$$= 1,969 \text{ mm}$$
$$\therefore v_1 = x+d = 1,969+700 = 2,669 \text{ mm}$$

▶ 계산상 대각선 인장철근을 필요로 하지 않는 구간 v_2

v_2는 $\tau \leq \tau_{a1}$이 되는 구간이기 때문에
$$v_2 = l/2 - v_1 = 6,000/2 - 2,669 = 331 \text{ mm}$$

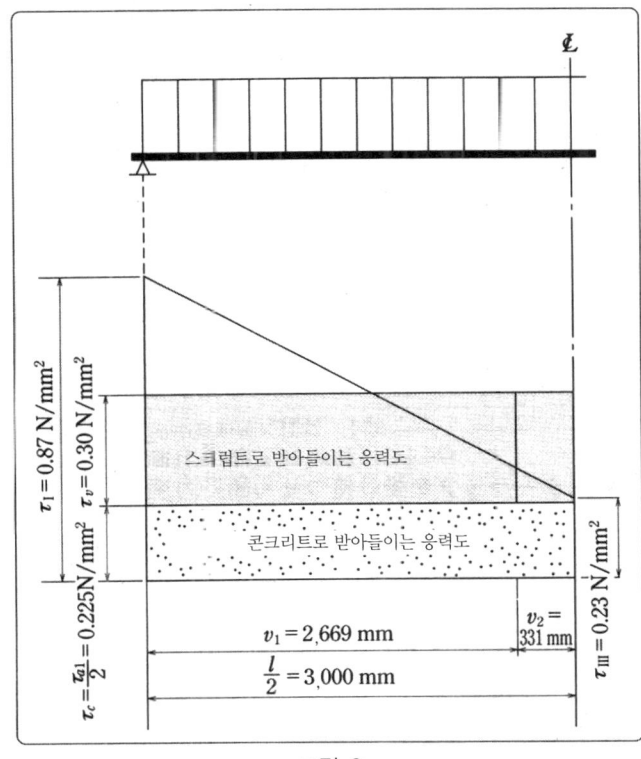

그림 3

8. 대각선 인장철근의 계산(2) 〈스터럽트의 배치법〉

□ 포인트

전단응력도 그림에서 대각선 인장철근의 배치 구간을 구할 수 있다면 그 구간의 전단응력도 안에서 스터럽트로 담당하는 부분과 구부린 철근으로 받는 부분으로 분할하여 그 개수나 구부린 위치를 구한다.

■ 해설

사인장 응력도의 분담

1️⃣ 그림 1과 같이 보에 생기는 전단응력도(대각선 인장응력도) τ는 콘크리트 부분에서 담당하는 전단응력도 $\tau_c(=\tau_{a1}/2)$와 스터럽트로 받는 전단응력도 τ_v 및 구부린 철근이 받는 응력도 τ_b의 3가지에 의해 분담한다고 생각된다. 즉, 어느 단면에서도 다음의 관계가 성립한다.

$$\tau \leqq \tau_c + \tau_v + \tau_b \qquad \cdots\cdots(1)$$

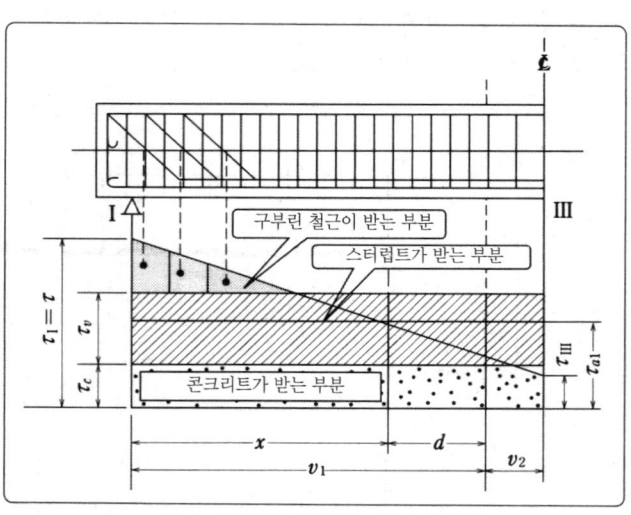

그림 1 대각선 인장철근 응력의 분담

스터럽트가 담당하는 전단응력도

2️⃣ 스터럽트가 담당하는 전단응력도 τ_v

스터럽트가 담당하는 전단응력도 τ_v는 다음 식으로 나타낸다.

$$\tau_v = \sigma_{sa} a / (s b_w) \qquad \cdots\cdots(2)$$

여기서, σ_{sa} : 스터럽트의 허용 인장 응력도
  a : 1조 스터럽트의 단면적(그림 2)
  s : 스터럽트의 간격
  b_w : 단면 복부의 폭(직사각형 단면의 경우는 b)

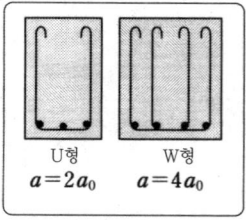

그림 2 스터럽트 1조의 단면도

스터럽트의 배치와 유의사항

3 스터럽트의 배치

스터럽트의 배치에 관한 유의사항은 다음과 같다.

─〈스터럽트 배치 시 유의사항〉─────────────────
① 보에는 복부의 폭에 스터럽트의 간격을 곱한 면적에 0.15% 이상의 스터럽트를 전체 길이에 걸쳐서 배치한다.

$$a_{wmin}/(sb_w) = 0.0015 \quad \cdots\cdots (3)$$

여기서, a_{wmin} : 최소 연직 스터럽트 단면적
  s : 스터럽트의 배치 간격
  b_v : 복부의 폭

② 스터럽트의 간격은 계산 상 스터럽트가 필요한 구간(v_1 구간)에서 보의 유효높이 d의 1/2 이하로 하며, 또한 300mm 이하로 해야 된다. 계산상 스터럽트를 필요로 하지 않는 구간(v_2 구간)에서는 대각선 균열의 발생에 의한 부재의 급격한 파괴를 방지하기 위한 보의 유효높이 d의 3/4 이하에서 하며, 또한 400mm 이하의 간격에 스터럽트를 배치한다.

❖ **예제**   스터럽트의 계산

앞 단의 예제에서 구한 v_1 구간 및 v_2 구간의 스터럽트를 계산하다.

답

v_1 구간의 스터럽트

배치상 유의사항 ②에서 스터럽트의 간격을 $s=300$mm로 하면 식 (3)에서 스터럽트의 최소단면적은

$$a_{wmin} = 0.0015 \times sb_w = 0.0015 \times 300 \times 500 = 225 \text{ mm}^2$$

이 되므로, D13의 U형($a=253\text{mm}^2$)을 300mm 간격으로 배치한다. 이때 스터럽트를 받는 전단응력도 τ_v는 식 (2)에서

$$\tau_v = \sigma_{sa}a/(sb_w) = 176 \times 253/(300 \times 500) = 0.30 \text{ N/mm}^2$$

v_2 구간의 스터럽트

이 구간의 스터럽트도 위에서 서술한 유의사항 ②에 따라 D13의 U형을 300mm 간격으로 배치한다.

이상의 결과를 그림으로 나타내면 그림 3 및 제7절 그림 3과 같다.

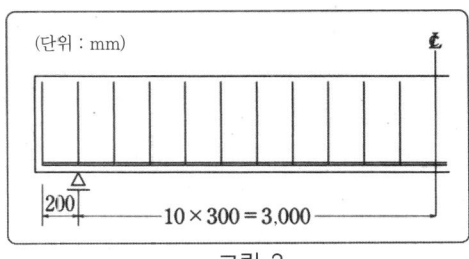

그림 3

9. 대각선 인장철근의 계산(3) 〈구부린 철근의 배치〉

□ 포인트 구부린 철근에 대한 본수를 계산으로 구한 후 구부린 철근의 본수에 관한 규정에 따라 결정하며, 마지막으로 부착응력에 대한 검토를 한다.

■ 해설

구부린 철근의 본수

▶ 구부린 철근의 본수

구부린 철근은 인장철근의 일부를 구부린 것이다. 구부린 철근의 배치 순서는 몇 개의 철근을 어디서 구부리는가를 결정하는 것이다. 그림 1의 (b)에서 구부린 철근이 받는 전단응력도의 거리 v는

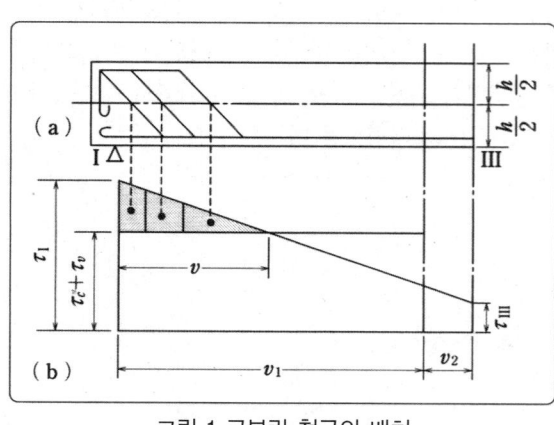

그림 1 구부린 철근의 배치

$$v = \frac{l\,(\tau_1 - \tau_c - \tau_v)}{2\,(\tau_1 - \tau_{\mathrm{III}})} \quad \cdots\cdots(1)$$

또한, 구부린 철근이 담당하는 전단력 V_b는 전단응력도 그림의 면적에 보의 복부의 폭 b_w를 곱하면 되기 때문에 다음 식과 같다.

$$V_b = \frac{(\tau_1 - \tau_c - \tau_v)\,v b_w}{2} \cdots\cdots(2)$$

구부린 철근의 총단면적 A_b는 다음 식으로 나타낸다.

$$A_b = \frac{V_b}{\sigma_{sa} \cos 45°} \quad \cdots\cdots(3)$$

구부린 철근의 본수는 A_b에 맞는 본수를 구한다.

구부린 철근의 본수에 관한 규정

▶ 구부린 철근의 본수에 관한 규정

이상으로 얻은 구부린 철근의 본수가 다음 규정에 적합하도록 최종적으로 구부린 본수를 결정한다.

(1) 인장철근 중 구부리지 않고 지점을 넘어 정착시키는 철근의 수는 인장철근의 총 본수의 1/3 이상으로 한다.

(2) 부착응력에서 정착하는 철근의 전 둘레길이는 구부린 철근과 스터럽트를 병용하는 경우 다음 식으로 구한 둘레길이 이상을 필요로 한다.

$$u \geqq \frac{V_1}{2\tau_{0a} j d} \quad \cdots\cdots(4)$$

구부린 위치

▶ 구부린 위치

구부린 철근의 본수가 결정되면 다음 방법으로 구부린 위치를 결정한다.

(1) 구부린 철근이 부담하는 전단응력도의 면적을 그림 2의 작업법을 따라 철근 본수로 등분한다.
(2) 분할된 각각의 평면 도심에서 연직선을 끌어 올려 그림 1과 같이 보 높이 중심선과의 교점을 수평과 45°의 각도로 통하게 한다.

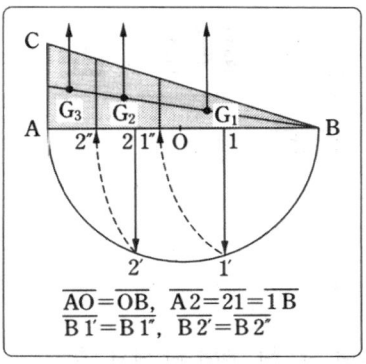

그림 2 면적의 등분할

❖ **예제** 구부린 철근의 계산

앞의 예제에 이어 구부린 철근을 계산하라.

답

식 (1)에서 v를 구하면 $v=1,617\text{mm}$가 되며, 식 (2)에서 구부린 철근이 받는 전단력 V_b를 구하면 $V_b=139,466\text{N}$을 얻을 수 있다.

또한, 식 (3)에서 구부린 철근의 필요 단면적 A_b를 구하면 $A_b=1,121\text{mm}^2$이 된다.

따라서, 인장철근 8-D25 중, 3개 ($A_b=1,520\text{mm}^2$)를 구부린 철근으로 사용할 수 있고, 여기서는 4개를 구부린 철근으로 사용한다.

다음은 지점을 넘어 정착하는 인장철근의 필요한 둘레길이 u는 식 (4)에 의해

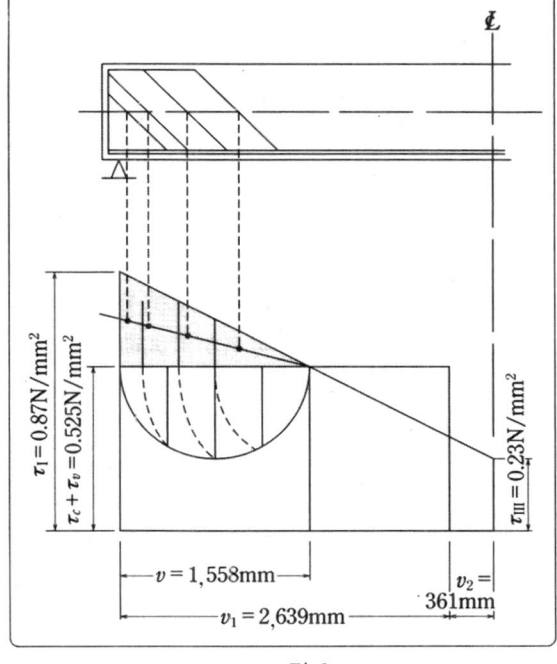

그림 3

$$u \geq \frac{V_1}{2\tau_{0a}jd} = \frac{260,000}{2\times 1.6 \times 0.853 \times 700}$$
$$\geq 136.1 \text{ mm}$$

이 되며, 정착하는 4개(4-D25)의 둘레길이는 $u=320\text{mm}$이기 때문에 충분히 안전하다. 또한, 인장철근의 1/3 이상은 지점을 넘어 정착해야 된다는 규정도 만족하고 있다.

10. 휨 모멘트에 관한 검토

□ 포인트   구부린 철근은 인장주철근을 구부렸기 때문에 인장철근이 작아진 단면에서는 위험해질 수 있다. 그러므로 단면에 작용하는 최대 휨 모멘트와 그 단면의 저항 모멘트를 비교하여 안전을 확실히 한다.

■ 해설

▶ 구부린 점의 저항 모멘트의 계산

인장주철근을 구부린 단면에서는 그만큼 철근량 A_s는 감소하므로 단면의 저항 모멘트를 저하시킨다. 그래서 구부린 후 각 단면저항 모멘트 M_r를 다음 식으로 구한다.

$$M_r = \sigma_{sa} A_s j d \qquad \cdots\cdots (1)$$

여기서, A_s : 굽히지 않은 채 남아 있는 철근의 총 단면적 [cm²]

▶ 휨 모멘트에 대한 안전성의 검토

각 단면에 생기는 최대 휨 모멘트를 계산하여 그림 1과 같이 최대 휨 모멘트를 그린다. 여기에 식 (1)에서 구한 저항 모멘트 값에서 저항 모멘트를 더해 그린다. 그 결과 어느 지점이라도 저항 모멘트가 최대 휨 모멘트보다 크면 안전하다.

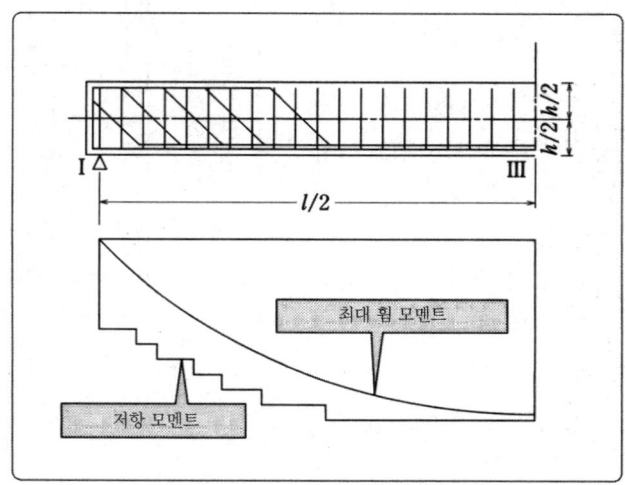

그림 1 최대 휨 모멘트와 저항 모멘트

부표 (1) 이형 철근의 본수와 단면적

호칭	공칭 직경 d (mm)	단위 질량 (kg/m)	공칭 단면적 S (cm²)	단면적 [cm²]								
				2본	3본	4본	5본	6본	7본	8본	9본	10본
D 6	6.35	0.249	0.3167	0.6334	0.9501	1.267	1.584	1.900	2.217	2.534	2.850	3.167
D 10	9.53	0.560	0.7133	1.427	2.140	2.853	3.567	4.280	4.993	5.706	6.420	7.133
D 13	12.7	0.995	1.267	2.534	3.801	5.068	6.335	7.602	8.869	10.14	11.40	12.67
D 16	15.9	1.56	1.986	3.972	5.958	7.944	9.930	11.92	13.90	15.89	17.87	19.86
D 19	19.1	2.25	2.865	5.730	8.595	1.46	14.33	17.19	20.06	22.92	25.79	28.65
D 22	22.2	3.04	3.871	7.742	11.61	15.48	19.36	23.23	27.10	30.97	34.84	28.71
D 25	25.4	3.98	5.067	10.13	15.20	20.27	25.34	30.40	35.47	40.54	45.60	50.67
D 29	28.6	5.04	6.424	12.85	19.27	25.70	32.12	38.54	44.97	51.39	57.82	64.24
D 32	31.8	6.23	7.942	15.88	23.83	31.77	39.71	47.65	55.59	63.54	71.48	79.43
D 35	34.9	7.51	9.566	19.13	28.70	38.26	47.83	57.40	66.96	76.53	86.09	95.66
D 38	38.1	8.95	11.40	22.80	34.20	45.60	57.00	68.40	79.80	91.20	102.6	114.0
D 41	41.3	10.5	13.40	26.80	40.20	53.60	67.00	80.40	13.80	107.9	120.6	134.0
D 51	50.8	15.9	20.27	40.54	60.81	81.08	101.4	121.6	141.9	162.2	182.4	202.7

부표 (2) 이형 철근의 본수와 둘레 길이

(단위 : cm)

호칭	1본	2본	3본	4본	5본	6본	7본	8본	9본	10본
D 6	2.0	4.0	6.0	8.0	10.0	12.0	14.0	16.0	18.0	20.0
D 10	3.0	6.0	9.0	12.0	15.0	18.0	21.0	24.0	27.0	30.0
D 13	4.0	8.0	12.0	16.0	20.0	24.0	28.0	32.0	36.0	40.0
D 16	5.0	10.0	15.0	20.0	25.0	30.0	35.0	40.0	45.0	50.0
D 19	6.0	12.0	18.0	24.0	30.0	36.0	42.0	48.0	54.0	60.0
D 22	7.0	14.0	21.0	28.0	35.0	42.0	49.0	56.0	63.0	70.0
D 25	8.0	16.0	24.0	32.0	40.0	48.0	56.0	64.0	72.0	80.0
D 29	9.0	18.0	27.0	36.0	45.0	54.0	63.0	72.0	81.0	90.0
D 32	10.0	20.0	30.0	40.0	50.0	60.0	70.0	80.0	90.0	100.0
D 35	11.0	22.0	33.0	44.0	55.0	66.0	77.0	88.0	99.0	110.0
D 38	12.0	24.0	36.0	48.0	60.0	72.0	84.0	96.0	108.0	120.0
D 41	13.0	26.0	39.0	52.0	65.0	78.0	91.0	104.0	117.0	130.0
D 51	16.0	32.0	48.0	64.0	80.0	96.0	112.0	128.0	144.0	160.0

7 철근 콘크리트

1. 한계상태설계법이란

□ **포인트**

설계에 필요한 3가지 조건

토목 구조물을 설계할 경우 다음과 같은 3개의 항목에 대해 안전성 및 성능을 확보할 필요가 있다.
① 파괴에 이를 만한 매우 큰 하중이 작용할 때의 구조물의 내구성 및 안전성
② 통상 하중이 작용할 때 구조물의 기능 유지
③ 장기간에 걸쳐 구조물이 부숴지지 않을 내구성

설계법의 흐름

그림 1에 **한계상태설계법**에 이르는 설계법의 흐름을 나타냈다.

```
┌─────────────────────────────────────────────────────────────────┐
│   허용응력도설계법(탄성설계법)          구조물의 기능 유지       │
│         │                                                        │
│         │   허용한계 내에서 탄성범위 내의 부재응력도 점검        │
│         ▼   ○ 부재에 대한 안전율 일률…설계 계산 간단             │
│             △ 파괴에 대한 안전성의 검토 없음, 하중의 종류에 의해 변하는 안전도의 고려 없음. │
│   종국강도설계법(하중계수설계법)         구조물의 파괴에 대한 검토 │
│         │                                                        │
│         │   ○ 부재의 소성 범위까지 고려한 설계법, 하중의 종류의 영향 검토 │
│         ▼   △ 일상사용에 대한 기능의 유지에 대해 구조물의 변위량, 변형량에 대한 검토 없음 │
│             구조물의 중요함의 정도에 따라 요구되는 안전도가 다른 것에 대한 검토 없음 │
│   한계상태설계법(부분안전계수법)                                 │
│             위 2개의 설계법 결정을 개선하고, 종국·사용·피로의 한계상태에 대한 안전성을 각 │
│             각 검토해 가는 합리적인 방법                         │
└─────────────────────────────────────────────────────────────────┘
```

그림 1 설계법의 변천 (○는 장점, △는 단점)

■ **해설**

한계상태

한계상태란 그 상태에 도달하면 부적합함이 급격히 증가하는 상태로, 구조물의 전도, 미끄러짐, 구조물의 부재 파괴, 과다한 굴곡에 의한 변형, 과다한 균열이 발생하는 상태를 말한다.

한계상태설계법

한계상태설계법은 그 구조물에 생기면 안 되는 **종국, 사용, 피로**의 3가지 한계상태를 설정하고, 그것들의 상태에 대한 안전성을 개별로 검토하는 설계법이다. 안전성의 검토는 표 1에 나온 것과 같은 몇 개의 **안전계수**(**재료계수, 부재계수, 구조해석계수, 하중계수, 구조물계수**)를 사용하는 **부분안전계수법**이라 부르는 검토 방법을 사용하고 있다.

안전계수

부분안전계수법

▶ 종국한계상태

종국한계상태

종국한계상태란 매우 큰 하중이 한 번이라도 구조물에 작용하면 그 구조물에 최대내하력이 생기고, 그 이후에는 구조물의 어느 한 단면이 하중에 대

표 1 특성값 및 안전계수

(a) 특성값 및 안전계수에 의해 고려되는 내용

	고배려되는 내용	특성값 및 안전계수
단면내력	1. 재료강도의 격차 　(1) 재료 실험 데이터에 나타난 강도의 격차 　(2) 재료 실험 데이터에 나타나지 않는 강도의 격차 　　(공시체와 구조물 중 재료강도의 차이, 시간 경과에 　　의한 강도저하 등에 의한다.) 2. 재료 특성이 한계상태에 미치는 영향의 정도 3. 단면내력의 계산상 가정에 의한 오차, 시공 시 부재수 　치의 격차, 부재의 중요도	특성값 f_k 재료계수 γ_m 부재계수 γ_b
단면력	1. 하중의 격차 　(1) 하중의 통계적 데이터에 나타난 격차 　(2) 하중의 통계적 데이터에 나타나지 않은 격차 　　(하중의 통계적 데이터의 부족, 편중, 하중의 산출 방법 　　오차 등에 의한다.) 2. 하중특성이 한계상태에 미치는 영향의 정도 3. 하중의 조합에 의한 영향 4. 단면력 등에 의한 영향	특성값 F_k 하중계수 γ_f 조합계수 φ 구조해석계수 γ_a
	구조물의 중요도, 한계상태에 도달했을 때의 인명, 사회 기능에 끼치는 영향 등	구조물계수 γ_a

(b) 표준적인 안전계수값

안전계수 한계상태	재료계수 γ_m		부재 계수 γ_b	구조해석 계수 γ_a	하중 계수 γ_f	구조물 계수 γ_i
	콘크리트 γ_c	강재 γ_s				
종국한계상태	1.3 또는 1.5	1.0 또는 1.05	1.15~1.3	1.0	1.0~1.2	1.0~1.2
사용한계상태	1.0	1.0	1.0	1.0	1.0	1.0
피로한계상태	1.3 또는 1.5	1.05	1.0~1.1	1.0	1.0	1.0~1.1

* 내진설계에서 전단내력에 관한 값은 이들 값을 할증하는 것이 좋다.

해 더이상 견디는 것이 불가능해져 철근의 항복, 콘크리트의 압축파괴, 부재의 좌굴 등 구조물 전체가 안정을 잃으며 파괴에 도달하게 되는 상태를 말한다. 대표적인 예를 다음 페이지 그림 2 및 표 2에 나타내었다.

　이 한계상태에 도달하면 다리나 댐 등이 매우 큰 지진 등으로 파괴되는 경우와 마찬가지로 인명 또는 사회기능의 피해가 크고, 복구 비용도 많아 진다.

7 철근 콘크리트

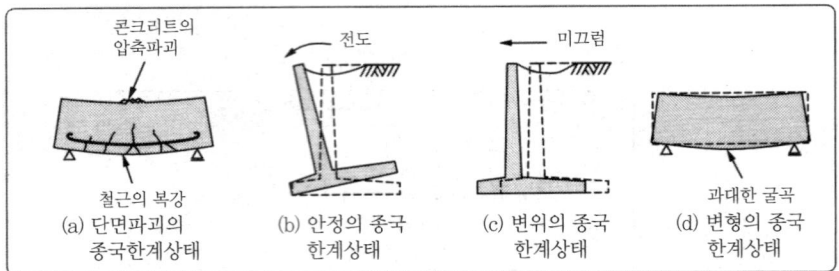

그림 2 종국한계상태의 예

표 2 종국한계상태의 예

단면파괴의 종국한계상태	구조물의 부재 단면이 파괴를 발생시키는 상태
강체안정의 종국한계상태	구조물의 전체 또는 일부가 하나의 강체 구조체로서 전도 외의 원인에 의해 안정을 잃은 상태
변위의 종국한계상태	구조물에 생기는 대변위에 의해 구조물이 필요한 내하능력을 잃은 상태
변형의 종국한계상태	소성변형, 크리프, 균열, 부등침하 등의 대변형에 의해 구조물이 필요한 내하 능력을 잃은 상태
메커니즘의 종국한계상태	부정정 구조물이 메커니즘으로 이행하는 상태

▶ 사용한계상태

사용한계상태

사용한계상태란 주로 균열(그림 3), 굴곡, 진동 등이 과대해져서 이를 방치하면 철근이 녹슬고 파괴되어 결국에는 정상적인 상태를 유지할 수 없으므로 장기간 사용이 불가능해지는 상태를 말한다. 그 예를 표 3에 나타내었다.

표 3 사용한계상태의 예

균열의 사용한계상태	균열에 의해 미관이 해를 입거나, 내구성 또는 수밀성이나 기밀성이 손상받는 상태
변형의 사용한계상태	변형이 구조물의 정상적인 사용상태에 대해서 과대하게 되는 상태
변위의 사용한계상태	안정, 평형을 잃기까지는 이르지 않지만, 정상적인 상태에서 사용하기에는 변위가 과대해진 상태
손상의 사용한계상태	구조물에 각종 원인의 손상이 생겨, 그대로 사용함이 부적합한 상태
진동의 사용한계상태	진동 등이 과대해져서 정상적인 상태에서의 사용이 불안감을 주는 상태
유해진동발생의 사용한계상태	지반 등을 통해 주변구조물에 유해진동을 전반하여 불쾌감을 주는 상태

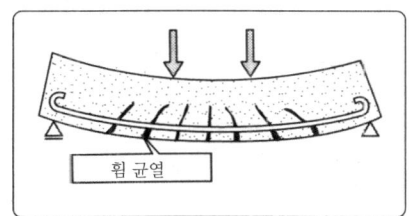

그림 3 보의 균열

▶ 피로한계상태

　그림 4와 같이 철사는 약한 힘을 가하여 반복하여 휘면 간단하게 끊어진다. 이와 같이 구조물에 하중이 반복 작용하는 것에 의해 강재 파단, 콘크리트의 파괴(이들의 파괴를 **피로파괴**라 한다)가 일어나는 상태를 **피로한계상태**라고 한다. 이 상태는 일상적으로 작용하는 하중인 자동차 하중, 열차 하중, 반복 작용하는 교량이나 또는 파도에 의한 반복 하중을 받는 해안구조물 등이 안전성 검토의 대상이 된다.

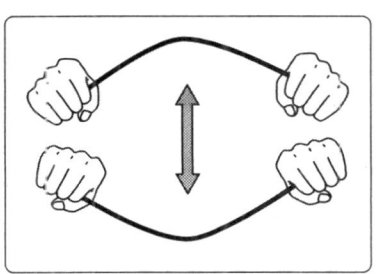

그림 4 피로파괴

■ **관련사항**

　철근 콘크리트 등 재료 강도는 같은 조건에서 만들어도 다소 차이(불규칙적임)가 생긴다. 또한, 하중에 대해서도 여러 가지 크기가 있지만, 설계를 할 때에는 대표값을 하나 결정하여 계산해야 된다. 이때 그 값을 **특성값**이라 한다.

▶ **재료강도의 특성값**

　불규칙한 정도의 평균값보다 낮고 통계적으로 그 하중보다 낮아지는 일이 없을 것으로 생각되는 재료강도의 크기를 말한다.

▶ **하중의 특성값**

　불규칙한 정도의 평균값보다 높고 통계적으로 그 하중보다 커지는(특별한 경우는 낮아지는) 일이 없을 것으로 생각되는 하중의 크기를 말한다.

2. 종국한계상태에 관한 검토

□ 포인트
설계 휨 내력
설계전단 내력

종국한계상태에서 단철근 직사각형 보의 설계 휨 내력과 설계 전단 내력을 구하여 안전성 검토를 한다. 단면파괴에 대한 안전성 검토의 순서를 정리하면 다음 그림 1과 같다.

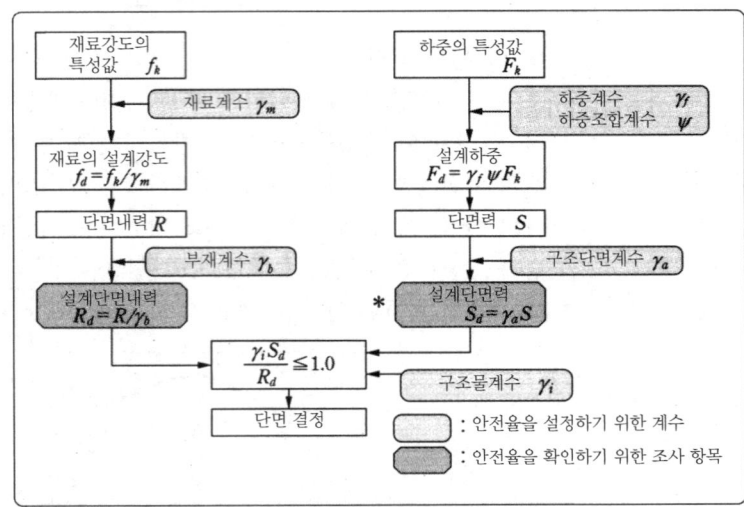

그림 1 단면파괴에 대한 안전성 검토

■ 해설

기본 가정

▶ 기본 가정

철근 콘크리트 부재가 휨 모멘트 및 휨 모멘트와 축방향 힘을 받는 경우, 부재단면의 내력은 일반적으로 다음 기본 가정에 의해 계산한다.

① 부재축에 직각인 단면은 부재의 변형 후에도 마찬가지로 부재축과 직각이다(평면 유지의 법칙).
② 콘크리트의 인장응력은 무시한다.
③ 콘크리트 및 철근의 응력-변형곡선은 원칙으로서 토목학회「콘크리트 표준시방서」에서 그림 2로 하고 있다.

압축응력합력
인장응력

▶ 압축응력합력 C'와 인장응력 T

종국한계상태에서 철근 콘크리트의 부재단면에 생기는 휨 응력도의 분포는 그림 3의 (a)와 같고, 이때 압력 중 합력 C'는 콘크리트가 받아들이고, 인장응력의 합력 T는 철근이 받아들이는 것을 기본 방식으로 하고 있다. 그림

암 길이
저항 휨 모멘트

중의 C'와 T와의 거리를 암 길이 z라 하며, z와 C' 또는 T와의 곱을 저항 휨 모멘트라고 한다. 휨 모멘트를 받는 철근 콘크리트 부재단면이 파괴될 때

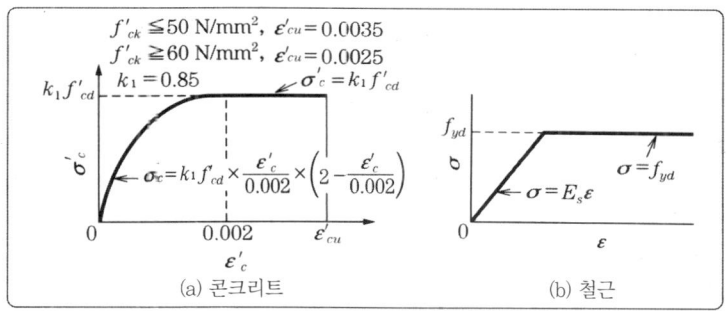

그림 2 설계응력 – 변형 곡선

단면의 저항 휨 모멘트가 최대가 되며, 응력 분포는 그림 3의 (a)로 된다. 그러나 설계 계산으로는 압축강도의 합력 C'와 작용 위치가 같다면 응력 분포는 어떤 형태라도 좋기 때문에 부재단면의 변형이 모두 압축이 되는 경우 이외에는 이것을 가장 단순화하여 그림 3의 (c)와 같이 직사각형의 블록(**등가응력 블록**)으로 계산을 한다.

등가응력 블록

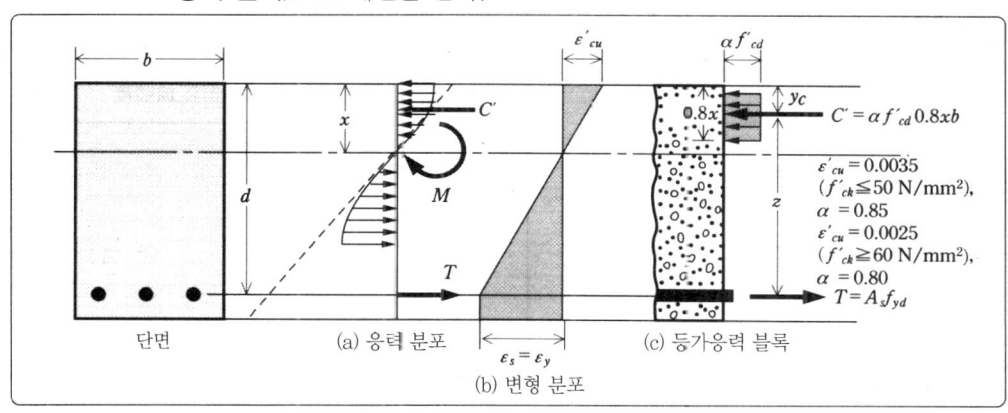

그림 3 종국한계상태의 응력과 변형의 분포

❖ **예제**   압축응력합력 C'의 계산

그림 3의 단면에서 $b = 450$ mm, $f'_{cd} = 18.5$ N/mm², $x = 200$ mm, $\gamma_b = 1.3$ 일 때, $f_{yd} = 300$ N/mm², $A_s = 4,054$ mm²의 압축응력합력 C'를 계산하여 철근이 항복하고 있는지를 검토하라.

답 압축측의 응력 분포를 단순화한 등가응력 블록으로서 계산한다.

$f'_{ck} = 18.5 \times 1.3 = 24$ N/mm² $<$ 50 N/mm²   ∴ $\alpha = 0.85$

$C' = 0.85 f'_{cd} \times 0.8\, xb = 0.85 \times 18.5 \times 0.8 \times 200 \times 450 = 1,132,220$ N

$M = C'z = Tz$ 에서 $C' = T = A_s f_{yd}$ 이므로

$f_{yd} = \dfrac{C'}{A_s} = \dfrac{1,132,220 \text{ N}}{4,054 \text{ mm}^2} = 279$ N/mm² $<$ 300 N/mm²   ∴ 아직 항복상태는 아니다.

3. 종국한계상태에 관한 검토 〈설계 휨 내력의 계산〉

□ 포인트

단철근 직사각형 단면의 설계 휨 내력

　　제 2절 그림 3과 같은 단철근 직사각형 단면이 휨 모멘트를 받아 단면을 파괴하려면 **휨 인장파괴**와 **휨 압축파괴**의 2가지 형태로 나타나지만, 최종적으로는 인장철근이 항복하고 있으므로 단면 내의 힘의 균형으로 그림 1에 나온 순서대로 **설계 휨 내력**을 구할 수 있다.

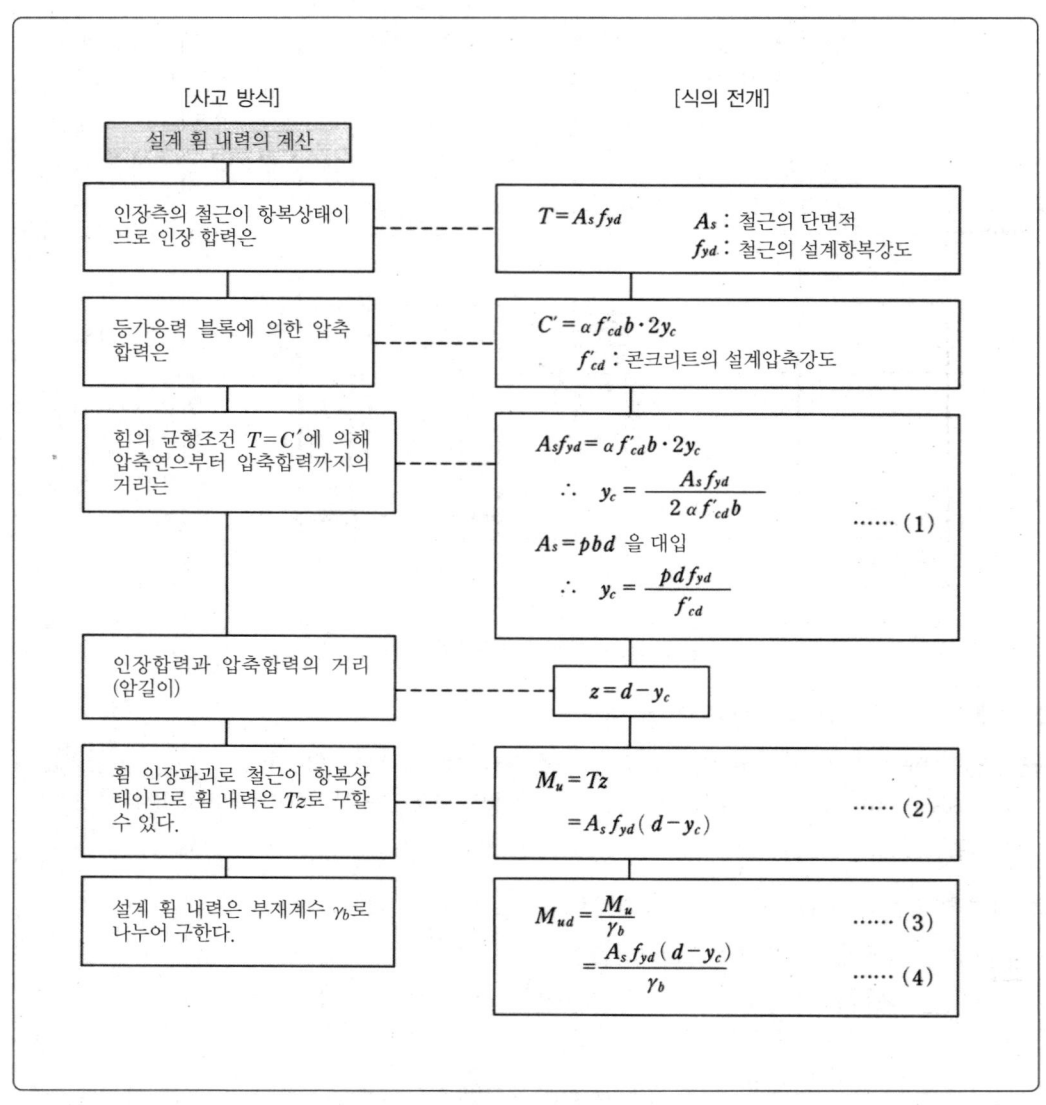

그림 1 설계 휨 내력 사고 방식과 식의 전개

❖ 예제   단철근 직사각형 보의 설계 휨 내력의 계산

제 2절 그림 3과 같은 단철근 직사각형 단면의 보에 $M_d=250$ kN·m의 설계 휨 모멘트가 작용할 때 설계 휨 내력 M_{ud}(휨 인장파괴)를 구하여 안전여부를 검토하라(단, $b=400$ mm, $d=750$ mm, $A_s=2,323$ mm²(6D-22)로 하고, 재료의 역학적 성질 및 안전계수는 다음과 같이 한다.)

     콘크리트의 설계기준강도   : $f_{ck}'=27$ N/mm²
     콘크리트의 압축종국 변형   : $\varepsilon_{cu}'=0.0035$ ($\alpha=0.85$)
     철근의 항복강도(특성값)   : $f_{yk}=300$ N/mm²
     철근의 탄성계수   : $E_s=200$ kN/mm²
     안전계수 : $\gamma_c=1.3$, $\gamma_\varepsilon=1.0$, $\gamma_b=1.15$, $\gamma_i=1.15$

답 f_{cd}'와 f_{ud}를 제 2절 그림 1의 플로 차트의 좌측에 $f_{cd}'=f_{ck}'/\gamma_c$, $f_{yd}'=f_{uk}'/\gamma_s$ 그림 1과 같이 식의 전개를 따른다.

설계압축강도는
$$f_{cd}' = f_{ck}'/\gamma_c = 27/1.3 = 20.7 \text{ N/mm}^2$$

설계인장강도는
$$f_{yd} = f_{yk}/\gamma_s = 300/1.0 = 300 \text{ N/mm}^2$$

압축합력의 작용 위치는 식 (1)에 의하여
$$y_c = \frac{A_s f_{yd}}{2 \times 0.85 f_{cd}' b} = \frac{2,323 \times 300}{1.70 \times 20.7 \times 400} = 49.5 \text{ mm}$$

인장철근의 변형 ε_s을 제 2절 그림 3 (b)에서 이끌어낸다. 더불어 $2y_c=0.8x$이기 때문에
$$\varepsilon_s = \frac{\varepsilon_{cu}'(d-x)}{x} = \frac{\varepsilon_{cu}'(d-2.5y_c)}{2.5y_c}$$
$$= \frac{0.0035 \times (750-2.5 \times 49.5)}{2.5 \times 49.5} = 0.0177$$

항복변형은
$$\varepsilon_y = \frac{f_{yd}}{E_s} = \frac{300}{200,000} = 0.0015$$

여기서 $\varepsilon_s > \varepsilon_y$이기 때문에 철근은 항복하고 있다.

휨 내력은 식 (2)에 의하여
$$M_u = A_s f_{yd}(d-y_c) = 2,323 \times 300 \times (750-49.5)$$
$$= 4.88 \times 10^8 \text{ N·mm} = 488 \text{ kN·m}$$

설계 휨 내력은 식 (3)에 의하여
$$M_{ud} = M_u/\gamma_b = 488/1.15 = 424 \text{ kN·m}$$

따라서, $\dfrac{\gamma_i M_d}{M_{ud}} = \dfrac{1.15 \times 250}{424} = 0.68 < 1.0$이 되어 안전하다.

4. 종국한계상태에 관한 검토 〈설계전단내력의 계산(1)〉

□ 포인트
전단보강철근이 없는 봉부재의 설계전단내력

대각선 균열 발생 시의 전단내력은 콘크리트의 인장강도나 휨 응력, 인장철근비, 유효높이 등에 의해 달라진다. 특히, **전단보강철근이 없는 봉부재의 설계전단내력** V_{cd}는 콘크리트의 설계압축강도, 유효높이, 인장철근비, 축방향력의 영향을 고려하여 다음 식으로 구할 수 있다.

$$V_{cd} = \frac{\beta_d \beta_p \beta_n f_{vcd} b_w d}{\gamma_b} \quad \cdots\cdots (1)$$

여기서,

$\beta_d = \sqrt[4]{1/d}\ (d\,[\text{m}])$, 단, $B_d > 1.5$의 경우 $B_d = 1.5$로 한다.

$\beta_p = \sqrt[3]{100\,p_w}$ 단, $B_p > 1.5$의 경우 $B_p = 1.5$로 한다.

$p_w = A_s / b_w d$: 인장철근비

$\beta_n = 1 + M_0 / M_d\ (N_d' = 0$의 경우$)$
   단, $B_n > 2$가 되는 경우는 2로 한다.

$\beta_n = 1 + 2M_0 / M_d\ (N_d' = 0$의 경우$)$
   단, $B_n < 0$이 되는 경우는 0으로 한다.

$\beta_n = 1\ (N_d' = 0$의 경우$)$

N_d' : 설계축방향 압축력

M_d : 설계 휨 모멘트

M_0 : 설계 휨 모멘트 M_d에 대한 인장연에서 축방향력에 의해 발생하는 응력을 없애는데 필요한 휨 모멘트

$$f_{vcd} = 0.20\,\sqrt[3]{f'_{cd}}\ [\text{N/mm}^2]$$

   f_{cd}' : 콘크리트의 설계압축강도 [N/cm²]

b_w : 부재복부(웹)의 폭

d : 유효높이

γ_b : 부재계수(일반적으로 1.3으로 한다.)

■ 해설
전단보강철근

▶ 전단보강철근

철근 콘크리트의 부재는, **대각선 균열**의 발생에 의해 극단적으로 내력이 감소하지만, 이 대각선 균열을 일으키는 대각선 인장력에 의해 부재가 파괴되지 않도록 철근으로 보강하고 있으며, 이 철근을 **전단보강철근**이라 한다 (그림 1).

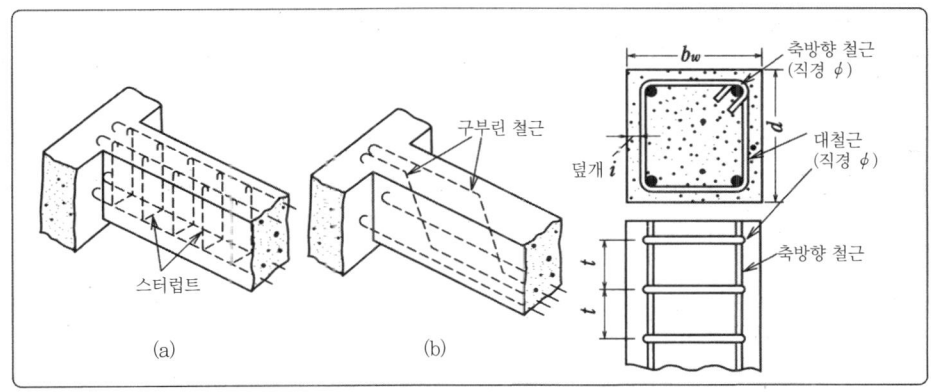

그림 1 전단보강철근의 종류

복부의 폭을
취하는 법

▶ **복부의 폭을 취하는 법**

직사각형 이외의 단면의 설계 전단내력 계산에는 **복부의 폭**이 중요하므로 그림과 같이 정해져 있다. 복부의 폭이 부재의 높이방향으로 변화하고 있을 때는 유효높이의 범위 내에서의 최소폭으로 하고, 상자모양의 단면과 같이 복수의 복부를 가질 때는 그 합계폭으로 한다. 중공원형단면이나 중실원형단면일 때는 면적이 같은 정사각형 단면이나 직사각형 상자모양 단면으로서 복부를 나타낸다(그림 2).

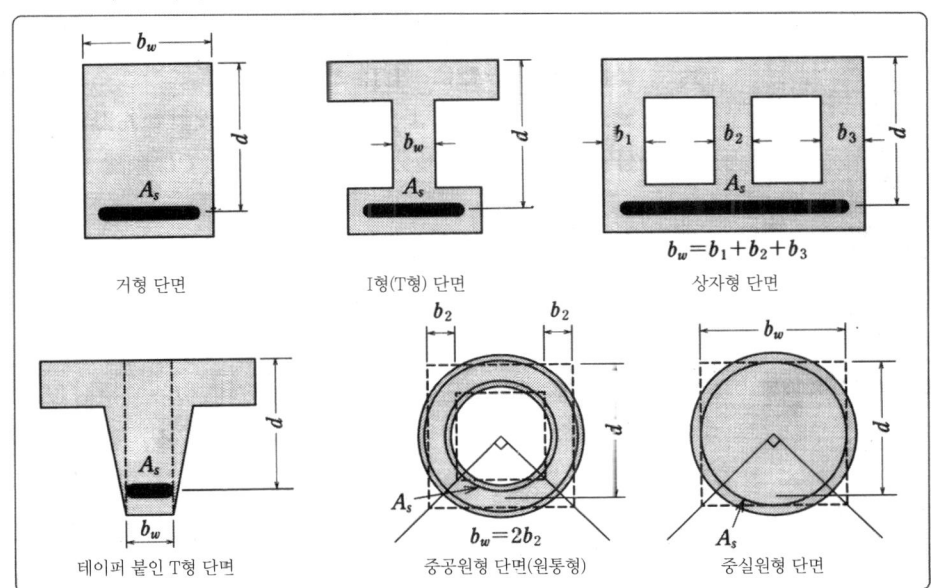

그림 2 직사각형 단면 이외의 단면의 b_w, d의 취하는 방법

또한, 전단보강철근이 없는 봉부재의 설계 전단내력의 계산 예는 다음 절의 전단보강철근이 있는 경우와 비교하여 나타낸다.

5. 종국한계상태에 관한 검토 〈설계전단내력의 계산(2)〉

□ **포인트**

전단보강철근이 있는 부재

전단보강철근이 있는 부재의 설계 전단내력은 전단보강철근이 없는 부재의 설계 전단내력에 전단보강철근이 받는 설계 전단내력을 맞춘 것으로 하여 다음으로 구할 수 있다.

$$V_{yd} = V_{cd} + V_{sd} \qquad \cdots\cdots(1)$$

여기서,
V_{cd} : 전단보강철근이 없는 부재의 설계 전단내력 [제 4절 식 (1)]
V_{sd} : 전단보강철근에 의해 받는 설계 전단내력

$$V_{sd} = \frac{A_w f_{wyd}(\sin\alpha + \cos\alpha)(z/s)}{\gamma_b} \qquad \cdots\cdots(2)$$

A_w : 1조의 전단보강철근의 단면적
f_{wyd} : 전단보강철근의 설계항복강도로 400N/mm² 이하로 한다.
α : 전단보강철근과 부재축이 이루는 각
s : 전단보강철근의 배치간격
z : 압축응력의 합력에서 인장철근의 도심까지의 거리
 (일반적으로 $z = d/1.15$로 한다)
γ_b : 부재계수(일반적으로 1.15로 한다)

[주] 전단보강철근에 의해 받는 설계 전단내력에는 긴장재(PC강재)에 의한 것도 있지만 여기서는 삭제한다.

■ **해설**

설계 전단내력의 계산에 의해 전단보강철근을 넣을 경우, 전단보강철근을 필요 이상으로 넣어도 철근의 항복이 일어나기 전에 복부의 콘크리트가 허용압축내력을 넘어 압축파괴를 일으키게 된다.

설계 대각선 압축파괴 내력

그 때문에 전단보강철근이 어느 때의 설계 전단내력과 **복부 콘크리트의 설계 대각선 압축파괴내력**의 2가지에 대해 검토하여 이 중 작은 쪽의 내력을 부재의 설계 전단내력으로 한다. 설계 대각선압축파괴내력은 다음 식으로 구할 수 있다.

$$V_{wcd} = \frac{f_{wcd} b_w d}{\gamma_b} \qquad \cdots\cdots(3)$$

여기서,
$f_{wcd} = 40\sqrt{f_{cd}'}$: 복부 콘크리트의 설계 대각선 압축강도 [N/mm²],
b_w : 부재폭, 유효높이, γ_b : 부재계수(일반적으로 1.3)

한계상태설계법

❖ **예제** 전단 보강철근이 없는 봉부재의 설계 전단내력의 계산

$b=400$mm, $d=600$mm, $A_s=2,323$mm^2(6D-22)와 같은 단철근 직사각형보에 설계 전단내력 $V_d=250$kN이 작용하고 있을 때 전단보강철근이 없는 경우의 설계 전단력 V_{cd}을 구하여, 안전성을 검토하라. 단, 재료의 역학적 성질 및 안전계수는 콘크리트의 설계기준강도 $f_{ck}'=24$N/mm^2, 안전계수 $\gamma_c=1.3$, $\gamma_s=1.0$, $\gamma_t=1.3$, $\gamma_i=1.15$로 한다.

📋 제 4절 식 (1)에서 구한, 안전성의 검토는 $\gamma_i V_d / V_{cd} \leq 1.0$에서 시작한다.

먼저, 설계압축강도 f_{cd}'는 $f_{cd}'=f_{ck}'\gamma_c=18.5$N/mm^2.

인장철근비 $p_w = \dfrac{A_s}{b_w d} = \dfrac{2\,323}{400 \times 600} = 0.00968$, $f_{vcd}=0.20\sqrt[3]{f_{cd}'}=0.20\sqrt[3]{18.5}=0.529$ N/mm^2, $\beta_d=\sqrt[4]{1/d}=\sqrt[4]{1/0.6}=1.136$, $\beta_p=\sqrt[3]{100p_w}=\sqrt[3]{100\times 0.00968}=0.989$,

$\beta_n = 1 + M_o/M_d = 1$ (∵ 축방향이 0), $b_w = b = 400$ m

따라서, 제 4절 식(1)에서 $V_{cd} = \dfrac{1.136 \times 0.989 \times 1 \times 0.529 \times 400 \times 600}{1.3} = 109{,}723$ N ≒ 109.7 kN

안전성의 검토는 $\dfrac{\gamma_i V_d}{V_{cd}} = \dfrac{1.15 \times 250}{109.7} = 2.62 > 1.0$ 이며, 안전하지 않아 전단보강철근이 필요하게 된다.

❖ **예제** 전단보강철근이 있을 때의 설계 전단내력의 계산

위의 예제의 단면에 전단보강철근을 넣을 때, 설계 전단내력 V_{yd}를 구하여 안전여부를 검토하라. 단, 스터럽트는 D13(단면적 $A_w=253$mm^2)을 150mm 간격으로 배치하고, 스터럽트에 이용하는 철근의 항복강도 $f_{wyk}=300$N/mm^2, 스터럽트가 받는 전단내력에 대한 부재계수 $\gamma_b=1.15$로 한다.

📋 위의 예제에서 $V_{cd}=109.7$kN이다. 그러므로 식 (2)에서 V_{sd}를 구하고 식 (1)에 대입하여 설계 전단내력 V_{yd}를 구한다. 안전성의 검토는 $\gamma_i V_d/V_{yd} \leq 1.0$으로부터 행한다.

먼저 전단보강철근의 설계항복강도는 $f_{wyd} = \dfrac{f_{wyk}}{\gamma_s} = \dfrac{300}{1.0} = 300$ N/mm²

암 길이 $z = \dfrac{d}{1.15} = \dfrac{600}{1.15} = 521.7$ mm

전단보강철근의 설계 전단내력은 식 (2)에 의해

$V_{sd} = \dfrac{A_w f_{wyd}(z/s)}{\gamma_b} = \dfrac{253 \times 300 \times (521.7/150)}{1.15} = 229{,}548$ N ≒ 229.5 kN

따라서, 식 (1)에 의해 설계 전단내력 $V_{yd} = V_{cd} + V_{sd} = 109.7 + 229.5 = 339.2$ kN

안전성의 검토는 $\dfrac{\gamma_i V_d}{V_{yd}} = \dfrac{1.15 \times 250}{339.2} = 0.85 < 1.0$ 이며, 안전하다.

7 철근 콘크리트

6. 사용한계상태에 관한 검토〈휨 응력도의 계산〉

□ **포인트**

사용한계상태나 피로한계상태의 검토에서는 철근 콘크리트 부재의 휨 응력도를 알 필요가 있다. 사용한계상태에 철근 콘크리트는 탄성체의 범위에 있기 때문에 탄성이론에 기초하여 계산한다.

이 점에서는 허용응력도 설계일 때의 휨 응력도의 계산과 같이 생각한다.

■ **해설**

계산상의 가정

▶ **사용한계상태의 계산상의 가정**

사용한계상태에서 계산상의 가정은 다음과 같다.
① 부재축에 직각인 단면은 부재의 변형 후에도 부재축과 직각이다(평면 유지의 법칙).
② 콘크리트의 인장응력은 무시한다.
③ 철근 및 콘크리트는 탄성체로 하고 철근과 콘크리트의 탄성계수비($n = E_s/E_c$)는 표 1에 나온 값을 취한다.

표 1 탄성계수비 n

f_{ck}' (N/mm²)	18	24	30	40	50	60
보통 콘크리트	9.09	8.00	7.14	6.45	6.06	5.71

휨 응력도의 계산순서

▶ **사용한계상태에서의 휨 응력도의 계산식**

사용한계상태에서 휨 응력도에 대해서는 다음 순서로 계산을 한다.

(1) 인장철근비 p를 구한다. → $p = \dfrac{A_s}{bd}$

(2) k의 계산을 한다. → $k = \sqrt{2np + (np)^2} - np$

(3) j의 계산을 한다. → $j = 1 - \dfrac{k}{3}$

(4) 철근의 인장응력도 → $\sigma_s = \dfrac{M}{A_s jd}$

$\qquad\qquad\qquad\qquad\qquad = \dfrac{M}{pbjd^2}$

(5) 콘크리트의 압축응력도 → $\sigma_c' = \dfrac{2M}{kbjd^2}$

❖ 예제　　사용한계상태에서 휨 응력도의 계산

그림 1의 단철근 직사각형보가 $M=160,000\text{N}\cdot\text{m}$의 휨 모멘트를 받을 때 휨 응력도를 구하라. 단, $f_{ck}'=24\text{N/mm}^2$이다.

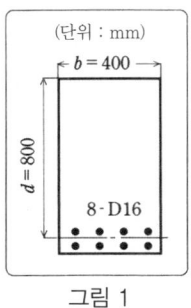

그림 1

📋 답

$A_s=1{,}589\text{mm}^2$, 표 1에 의허 $n=8.00$

$$p = \frac{A_s}{bd} = \frac{1{,}589}{400 \times 800} = 0.0050$$

$$k = \sqrt{2np+(np)^2} - np$$
$$= \sqrt{2\times 8.00 \times 0.0050 + (8.00 \times 0.0050)^2} - 8.00 \times 0.0050$$
$$= 0.246$$

$$j = 1-\frac{k}{3} = 1-\frac{0.246}{3} = 0.918$$

$$\sigma_s = \frac{M}{A_s jd} = \frac{160{,}000{,}000}{1{,}589 \times 0.918 \times 800} = 137.1 \text{ N/mm}^2$$

$$\sigma_c' = \frac{2M}{kbjd^2} = \frac{2 \times 160{,}000{,}000}{0.246 \times 400 \times 0.918 \times 800^2} = 5.5 \text{ N/mm}^2$$

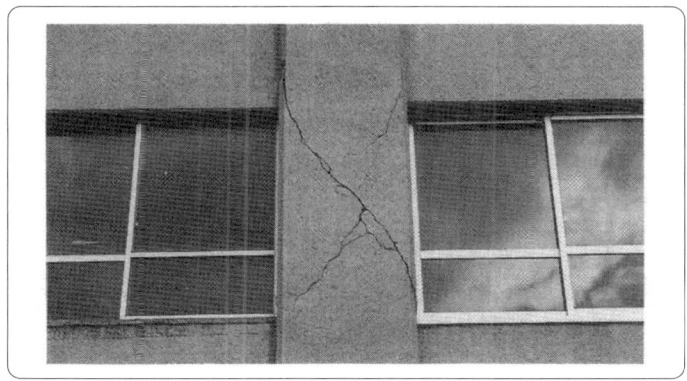

그림 2 철근 콘크리트 기둥의 전단 균열

7. 사용한계상태에 관한 검토 〈휨 균열의 계산〉

□ 포인트

사용한계상태에서 일반적으로는 균열, 변위, 변형, 진동 등에 대한 검토를 하지만 여기서는 휨 균열에 대한 검토를 한다. 검토를 위한 휨 균열폭 w을 구하며, 이것이 허용 균열폭 w_a 이상이면 된다.

■ 해설

▶ 균열폭 w의 계산

균열간격
균열폭

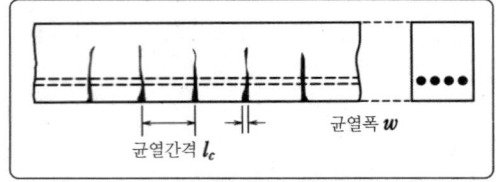

그림 1 균열간격과 균열폭

그림 1에서 균열폭 w[mm]은 다음 계산에서 구한다.

$$w = k_1\{4c + 0.7(c_s - \phi)\}(\sigma_{se}/E_s + \varepsilon_{cs}')$$
$$= k_1 l_c (\sigma_{se}/E_s + \varepsilon_{cs}') \quad \cdots\cdots(1)$$

여기서,

k_1 : 강재의 부착성상의 영향을 나타낸 정수. 일반적으로 이형철근→1.0, 보통 원형강→1.3으로 한다.

c : 덮개 [mm]

c_s : 철근의 중심 [mm]

ϕ : 철근의 지름 [mm]

σ_{se} : 철근응력도의 증가량 [N/mm²]

E_s : 철근의 탄성계수 [N/mm²]

ε_{cs}' : 콘크리트의 건조수축에 의한 균열폭의 증가를 고려하기 위한 수치. 일반적으로는 150×10^{-6} 정도로 한다.

▶ 균열폭

토목학회 「콘크리트 시방서」에서는 허용 균열폭 w_a을 결정할 때, 철근의 부식에 대한 환경조건을 3가지로 분류하여 규정하고 있다. 표 1에서는 환경조건의 구분, 표 2에서는 허용 균열폭을 나타낸다.

한계상태설계법

철근의 부식에 대한 환경조건

표 1 철근의 부식에 대한 환경조건의 구분

일반환경	통상의 실외의 경우, 토중의 경우 등
부식성 환경	1. 일반환경에 비해 건습의 반복이 많은 경우 및 특히 유해한 물질을 포함한 지하수 의 이하의 흙 중의 경우 등 강재의 부식에 유해한 영향을 주는 경우 등 2. 해양 콘크리트 구조물에서 해수 중이나 특히 심하지 않은 해양환경에 있는 경우 등
특히 심한 부식성 환경	1. 강재의 부식에 현저히 유해한 영향을 주는 경우 등 2. 해양 콘크리트 구조물에서 간만대나 비말대에 있는 경우 및 격한 바닷바람을 받는 경우 등

허용 균열폭

표 2 허용 균열폭 w_a[mm]

강재의 종류	강재의 부식에 대한 환경조건		
	일반적인 환경	부식성 환경	특히 엄한 부식성 환경
이형철근, 보통 원형 강, PC 강재	0.005c 0.004C	0.004c —	0.0035c —

❖ **예제** 휨 균열에 대한 검토

그림 2에서 철근의 응력도로서 $\sigma_s = 130 \text{N/mm}^2$를 얻을 수 있다. 이때, 균열에 대한 사용한계의 검토를 하라. 단, 환경조건은 일반적인 환경으로 한다.

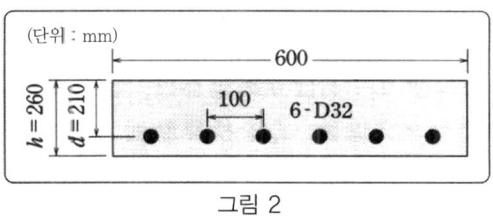

그림 2

답

$\varepsilon_{cs}' = 150 \times 10^{-6}$, $k_1 = 1$로 한다.

덮개 $c = h - d - \phi/2 = 260 - 210 - 32/2 = 34$ mm

균열간격 $l_c = 4c + 0.7(c_s - \phi) = 4 \times 34 + 0.7 \times (100 - 32) = 183.6$ mm

균열폭 $w = k_1 l_c (\sigma_{se}/E_s + \varepsilon_{cs}')$
$= 1 \times 183.6 \times (130/200,000 + 150 \times 10^{-6})$
$= 0.15$ mm

일반적인 환경의 경우의 허용 균열폭 $w_a = 0.005c = 0.005 \times 34 = 0.17$ mm
따라서, $w < w_a$이기 때문에 균열에 대해서는 안전하다.

8. 사용한계상태에 관한 검토 〈변위, 변형의 계산〉

□ 포인트
변위 변형의 검토

사용한계상태의 하나로 변위, 변형량의 검토가 있다. 이것은 구조물 전체 또는 부재의 변위, 변형이 구조물의 기능, 사용성, 내구성, 미관을 해치지 않는 것을 검토한다.

■ 해설

변위, 변형의 검토 중 대표적인 것으로서 철근 콘크리트 보의 굴곡(변형)을 예로 서술한다.

단기변형
장기변형

▶ 단기변형과 장기변형

굴곡(변형)은 단기와 장기로 구별해서 생각한다. 그 의미는 표 1과 같다.

표 1 단기변형과 장기변형

단기변형	하중의 작용 시에 순식간에 생기는 변형으로, 탄성계산에 의해 구한다.
장기변형	영구하중에 의해 생기는 단기변형량과 콘크리트의 건조수축, 크리프 등이 원인으로 생기는 변형량과의 합으로 나타낸다.

단기변형량

▶ 단기변형량의 계산

휨에 의한 굴곡량(변형량)은 탄성이론을 이용해 계산한다. 예를 들면 표 2는, 탄성이론으로 계산되는 최대 변형의 계산식이다. 이 식으로 알 수 있듯이 변형량은 EI의 크기에 지배된다. 콘크리트보의 경우는 이것을 $E_c I_e$로 쓰고, E_c는 콘크리트의 탄성계수, I_e를 환산단면 2차 모멘트라 하며, 콘크리트 부재에 균열이 발생하는지의 여부에 따라 I_e를 구하는 방법이 바뀐다.

표 2 최대 변형량의 공식 예

하중상태	최대 변형량
P, C, l/2, l/2	$\delta_c = \dfrac{Pl^3}{48EI}$
w, C, l/2, l/2	$\delta_c = \dfrac{5wl^4}{384EI}$

장기변형량   ▶ 장기변형량의 계산

장기의 변형량의 검토에는 영구하중을 받는 콘크리트 부재의 변형량에 대해 검토한다. 또한, 영구하중에 의한 단기변형량과 거기에 크리프 계수를 구한 변형량과의 합으로, 다음 식에 의해 구한다.

$$\delta_l = (1+\varphi)\delta_{ep} \quad \cdots\cdots(1)$$

여기서, δ_l : 장기변형량
φ : 크리프 계수
δ_{ep} : 영구하중에 의한 단기변형량

허용변형량   ▶ 허용변형량

구조물의 종류, 사용목적, 하중의 종류 등에 의해 변형량의 한계값, 즉 허용변형량을 정한다. 설계계산에서는 단기 및 장기의 변형량이 각각의 허용변형량 이하가 되도록 한다.

❖ **예제**   단철근 직사각형보의 단기변형량(굴곡량)의 계산

그림 1에 나타낸 단철근 직사각형보에 설계하중(자체 무게를 포함) $w=60\,\text{kN/m}$의 등분포하중이 작용할 때, 최대 변형을 구하라. 단, 콘크리트의 설계기준강도 $f_{ck}{'}=21\,\text{N/mm}^2$로 한다. 또한, 변형량의 계산에 이용하는 환산 단면 2차 모멘트 I_e는 $I_e=2.154\times10^9\,\text{mm}^4$이다.

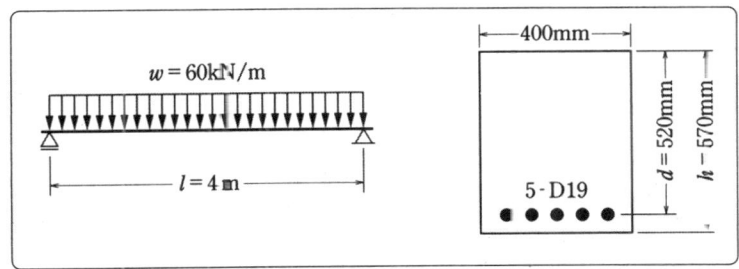

그림 1

답

콘크리트의 탄성계수는 $f_{ck}{'}=21\,\text{N/mm}^2$일 때, 제 6장의 표 1에서의 비례배분에 의해 $E_c=2.35\times10^4\,\text{N/mm}^2$이다. 따라서, 표 2에 나타낸 변형의 공식에서 최대변형 $\delta_{\max}$은

$$\delta_{\max} = \frac{5wl^4}{384 E_c I_e}$$

$$= \frac{5\times60\times4,000^4}{384\times2.35\times10^4\times2.154\times10^9}$$

$$= 4.0\,\text{mm}$$

9. 피로한계상태에 관한 검토 〈안전성 검토의 두 가지 방법〉

□ 포인트

반복응력(단면력) S와 피로파괴에 달하는 반복횟수 N의 관계는, 그림 1에서처럼 작은 응력 S으로도 반복횟수 N이 크다면 피로파괴 되고, 반대로 큰 응력일 때는 반복횟수는 작더라도 피로파괴된다. 제 1장에 서술한 교량이나 해양구조물의 안전성 검토에는 각각 응력도 또는 단면력에 의한 방법이나 반복횟수에 의한 방법이 적용된다.

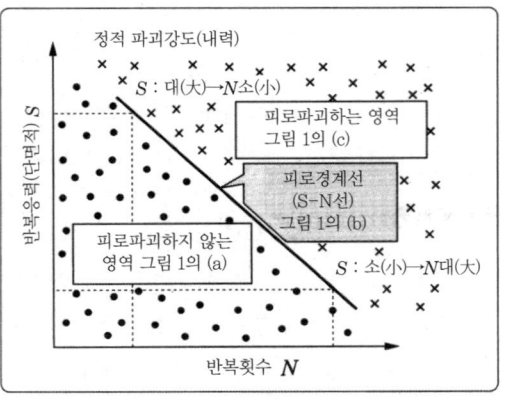

그림 1 피로 한계선의 예

■ 해설

안전성에 관한 2가지 검토방법

▶ 안전성에 관한 2가지 검토방법

철근 콘크리트보에 대한 **피로한계상태에 대한 안전성의 검토**는 표 1에 나온 것과 같은 2가지 방법에 의해 행한다.

표 1 안전성의 조사방법

조사방법	대상물	안전성의 검토(안전조건)	설 명
(1) 응력도나 단면력에 의한 안전성의 조사방법	교량 등의 구조물	변동응력에 대한 피로한계 상태의 검토 $\dfrac{\gamma_i \sigma_{rd}}{f_{rd}/\gamma_b} \leq 1.0$ ⋯(1)	γ_i : 구조물 계수 σ_{rd} : 설계 변동응력도 $f_{rd} = f_{rk}/\gamma_m$: 설계피로강도 f_{rk} : 재료 피로한도의 특성치 γ_m : 재료 계수 γ_b : 부재계수(1.0~1.1)
		변동단면력에 대한 피로한계 상태의 검토 $\dfrac{\gamma_i S_{rd}}{R_{rd}} \leq 1.0$ ⋯(2)	γ_i : 구조물 계수 $S_{rd} = \gamma_a S_r(F_{rd})$: 설계 변동단면력 γ_a : 구조해석 계수 $S_r(F_{rd})$: 설계 변동하중 F_{rd}를 이용하여 구한 변동단면력 $R_{rd} = R_r(f_{rd})/\gamma_b$: 설계피로 내력 $R_r(f_{rd})$: 재료의 설계피로강도 f_{rd}를 이용하여 구한 부재단면의 피로 내력 γ_b : 부재 계수(1.0~1.1)

조사방법	대상물	안전성의 검토(안전조건)	설명
(2) 반복횟수에 의한 안전성의 검토	해안구조물 등	마이너 측(직선피해측)을 적용 $$M = \sum_{i=1}^{m} R_i = \sum_{i=1}^{m} \frac{n_i}{N_i} \leq 1.0 \quad \cdots (3)$$	M : 피로손상도(누적횟수비) $R_i = n_i/N_i$: 일정 진폭의 반복횟수 n_i와 그 진폭에 해당하는 피로수명 N_i 과의 비로 피해도를 나타낸다.
		등가반복 횟수 N을 구하는 식[마이너측(제10절 그림 1)을 적용]	
	재료	산정식	설명
	철근	부재단면의 내력이 강재의 피로강도에 의해 결정되며, 그 S-N선의 기울기가 표 2의 식 (8)에 의해 주어지는 경우, 설계변동단면력 S_{vd}에 대한 등가 반복횟수 N은	
		① 휨 모멘트(M_{rd}, M_{ri})에 대해서 $$N = \sum_{i=1}^{m} n_i \left(\frac{M_{ri}}{M_{rd}}\right)^{\frac{1}{k}} \cdots (4)$$	k : 철근의 S-N선의 기울기를 나타내는 정수 ($k = 0.12$) V_{pd} : 영구하중에 의한 설계전단력 V_{cd} : 전단보강철근을 이용하지 않는 봉부재의 설계전단력
		② 전단력(V_{rd}, V_{ri})에 대해서 $$N = \sum_{i=1}^{m} n_i \left[\frac{V_{ri}}{V_{rd}} \cdot \frac{V_{ri} + V_{pd} - k_2 V_{cd}}{V_{rd} + V_{pd} - k_2 V_{cd}}\right]^{\frac{1}{k}} \cdots (5)$$	k_2 : 변동하중의 빈도의 영향을 고려하기 위한 계수로, 일반적으로 0.5가 좋다.
	콘크리트	부재단면의 내력이 콘크리트의 피로강도에 의해 결정되며, 그 설계피로 강도가 다음 페이지 표 2의 식(7)에 의해 주어지는 경우, 설계변동 단면적 S_{rd}에 대한 등가반복횟수 N은	
		$$N = \sum_{i=1}^{m} n_i \cdot 10^{\frac{K}{k_1 \cdot S_d}(S_{ri} - S_{rd})} \cdots (6)$$	S_d : 응력도가 f_d에 달하는 때의 단면력 k_1 : 압축·휨 압축의 경우 0.85, 인장, 휨 인장의 경우 1.0 f_d : 콘크리트의 직각의 설계강도(재료계수 $\gamma_c = 1.5$) K : 보통의 콘크리트로 계속, 혹은 가끔 물로 포화되는 경우 및 경량콘크리트의 경우 10. 그 외 일반 17

안전성 검토의 필요조건

▶ **안전성 검토의 필요조건**

피로한계상태에 대한 구조물의 안전성을 검토하려면 먼저 다음의 사항을 알 필요가 있다.
  ① 피로하중(반복변동하중의 크기)과 그 반복횟수(작용빈도)
  ② 안전성 조사방법
  ③ 철근이나 콘크리트의 피로수명 N
  ④ 응답해석 [피로하중에 의해 생기는 변동응력(단면력)의 산정법]

7 철근 콘크리트

검토의 대상

▶ 검토의 대상

검토의 대상이 되는 것은 일반적으로 반복인장응력을 받는 강재이지만, 그 외 콘크리트, 전단보강철근 및 부재 등이 있다.
① 보 : 휨 및 전단
② 슬래브 : 휨 및 펀칭 전단
③ 주(기둥) : 휨 모멘트 혹은 축방향 인장력의 영향이 특히 큰 경우, 보에 준하여 검토를 한다(일반적으로는 생략).

■ 관련사항

변동하중

▶ 변동하중

변동하중이란, 변동이 빈발하거나 연속적으로 일어나 평균값과 비교하여 변동을 무시할 수 없는 하중을 말한다. **교량** 등이 자동차, 열차의 교통량이나 운행횟수의 증가에 따라 하중의 반복을 받는 경우나 **해양구조물**이 파도에 의해 반복하중을 받을 경우에는 작용하는 하중 중에서 변동하중이 차지하는 비율이나 작용빈도가 크게 된다. 일반적으로 토목구조물이 받는 변동하중은 불규칙적으로 변동하는 하중이므로 먼저 **독립한 하중의 반복**으로 **변환할 필요**가 있다. 이러한 변동적인 하중평가로는(여기서는 자세히 다루지 않겠지만) 철도교의 하중평가에 이용되고 있는 **레인지페어법**이나 해양구조물의 파도하중평가에 이용되고 있는 **제로업크로스법** 등이 있다.

레인지페어법
제로업크로스법
설계피로강도

▶ 콘크리트와 철근의 설계피로강도

보의 휨 피로파괴에 대한 안전성의 검토는 콘크리트와 철근의 설계피로강도를 근거로 행한다(표 2).

표 2 콘크리트와 철근의 피로강도

	계산식	설명
콘크리트의 피로강도	$f_{rd} = k_1 f_d (1 - \sigma_p / f_d)$ $\times \left(1 - \dfrac{\log N}{K}\right)$ …(7) 단, N (피로수명) $\leq 2 \times 10^6$	f_d : 콘크리트의 각각의 설계강도 K : 보통 콘크리트로 종속, 혹은 종종 물로 포화되는 경우 및 경량골재 콘크리트의 경우 10, 그 외 일반 17 k_1 : 압축 및 휨압축의 경우 0.85, 인장 및 휨인장의 경우 1.0 σ_p : 영구하중에 의한 콘크리트 응력도 이지만, 교번하중을 받는 경우는 0
철근의 피로강도	$f_{srd} = 190 \times \dfrac{10^a}{N^k} \left(1 - \dfrac{\sigma_{sp}}{f_{ud}}\right) / \gamma_s$ …(8) 단, N (피로수명) $\leq 2 \times 10^6$	f_{ud} : 철근의 설계인장강도 γ_s : 철근의 재료계수로, 일반적으로 1.05로 하면 된다. α, k : 시험에 의해 정해진 것을 원칙으로 하지만 $N \leq 2 \times 10^6$의 경우는 다음 식으로 구해도 된다. $\alpha = k_0 (0.82 - 0.003 \phi)$ $k = 0.12$ 여기서, ϕ : 철근 직경 k_0 : 계수로 일반적으로 1.0으로 하면 된다.

10. 피로한계상태에 관한 검토〈등가반복횟수에 관한 안전성의 검토〉

□ **포인트**
반복횟수

철근 콘크리에 관한 철근의 피로파괴와 콘크리트의 압축피로파괴는 각각 S-N 곡선의 형태가 다르므로 별개로 구할 필요가 있다. 여기서는 **등가반복횟수에 관한 안전성의 검토**에 대해서 서술한다.

■ **해설**

이 방법은 해양구조물 등을 대상으로 하고 있으며, 순서는 그림 1의 플로차트에서처럼 반복되는 응력도(혹은 단면력)의 크기를 고정하고, 여기에 대응하는 **반복횟수(피로수명)**는 철근은 제 9절 식 (4), (5), 콘크리트는 제9절 식 (6)으로 구한다. 그리고 피로수명과 구조물이 내용기간 중에 받는 반복횟수를 비교하여 안전성을 검토한다. 이 때문에 피로해석에서는 구조물이 어느 정도의 응력(혹은 단면력)을 몇 번 정도 받는가라는 **등가반복횟수**를 산정하여, 구조물의 피로파괴를 판정한다. 이것은 **직선피해측**[혹은 마이너측 : $M = \Sigma(n_i/N_i) = 1$이 될 때 피로파괴가 생긴다]에 의한 판단기준이다.

등가반복횟수

직선피해측
마이너측

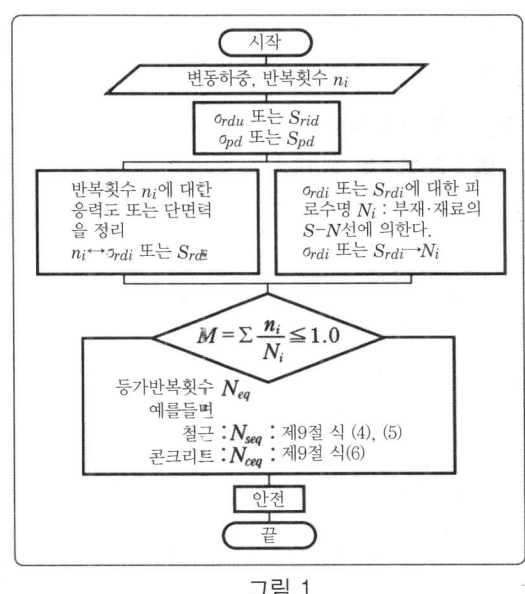

그림 1

❖ **예제**

철근의 피로파괴의 검토에 필요한 등가반복횟수

단철근 직사각형 단면 [폭 b=1,000mm, 유효높이 d=500mm, 사용하는 철근의 단면 (10-D29) (SD345) f_{uk} = 490 N/mm², f_{ck}' = 24 N/mm², f_{cd}' = 18.5 N/mm²]에서, 변동하중에 의한 휨 모멘트 200kN·m로 환산했다. 철근의 피로파괴의 검토에 필요한 등가반복횟수 N_{seq}를 구하라. 단, 영구하중에 의한 휨 모멘트 M_D 및 변동하중에 의한 휨 모멘트 M_i와 그 반복횟수 n_i는 다음과 같이 한다.

$$M_D = 100 \text{ kN·m}, \quad M_1 = 100 \text{ kN·m}, \quad n_1 = 10^8 \text{회}, \quad M_2 = 150 \text{ kN·m}, \quad n_2 = 10^7 \text{회},$$
$$M_3 = 200 \text{ kN·m}, \quad n_3 = 10^6 \text{회}, \quad M_4 = 250 \text{ kN·m}, \quad n_4 = 10^5 \text{회},$$

안전계수: $\gamma_c=1.3$, $\gamma_s=1.05$, $\gamma_b=1.1$, $\gamma_a=1.0$, $\gamma_i=1.0$

또한, 제 9장 식 (8)을 그대로 연장하여 이용 한다.

답 이 예제는 제 9절 식 (4)를 이용하여 구한다.

$$N_{seq} = \Sigma n_i \left(\frac{M_i}{M_3}\right)^{1/k} = 10^8 \times \left(\frac{100}{200}\right)^{1/0.12} + 10^7 \times \left(\frac{150}{200}\right)^{1/0.12} + 10^6 \times \left(\frac{200}{200}\right)^{1/0.12}$$
$$+ 10^5 \times \left(\frac{250}{200}\right)^{1/0.12} = 2.86 \times 10^6 \text{ 회}$$

❖ **예제**　　콘크리트의 압축피로파괴의 검토에 필요한 등가반복횟수

앞의 예제와 같은 조건의 단철근 직사각형단면에서 변동하중에 의한 휨 모멘트 200kN·m로 환산한 **콘크리트의 피로파괴의 검토에 필요한 등가반복횟수** N_{ceq}를 구하라. 또, 콘크리트의 설계피로강도는 제 9장 식 (7)을 그대로 이용 한다.

답 제 6장에 의해 콘크리트의 변동하중 및 영구하중에 의한 압축응력도를 구하고, 제 9장 식 (6)에 대입하여 구한다.

먼저, 탄성계수비는 제 6장 표 1에서 $n=8.00$, 또한

인장철근비 $\quad p = \dfrac{A_s}{bd} = \dfrac{6\,424}{1,000 \times 500} = 0.012848$

$$k = \sqrt{2np + (np)^2} - np$$
$$= \sqrt{2 \times 8.00 \times 0.012848 + (8.00 \times 0.012848)^2} - 8.00 \times 0.012848 = 0.362$$

$$j = 1 - \frac{k}{3} = 1 - \frac{0.362}{3} = 0.879$$

변동하중에 의한 압축응력도는 제 6절에서 구하고, 휨 모멘트에 비례하는 것으로부터

$$\sigma_{c1}' = \frac{3}{4} \times 2 \times \frac{M}{kjbd^2} = \frac{3}{4} \times 2 \times \frac{100 \times 10^6}{0.362 \times 0.879 \times 1,000 \times 500^2} = 1.886 \text{ N/mm}^2$$

$$\sigma_{c2}' = \sigma_{c1}' \times \frac{M_2}{M_1} = 1.886 \times \frac{150}{100} = 2.829 \text{ N/mm}^2$$

$$\sigma_{c3}' = \sigma_{c1}' \times \frac{M_3}{M_1} = 3.772 \text{ N/mm}^2, \quad \sigma_{c4}' = \sigma_{c1}' \times \frac{M_4}{M_1} = 4.715 \text{ N/mm}^2$$

다음으로 영구하중에 의한 압축응력도를 제 9절 표 2에서 구한다.

$$\sigma_{cd}' = \frac{3}{4} \times 2 \times \frac{M_D}{kjbd^2} = \frac{3}{4} \times 2 \times \frac{100 \times 10^6}{0.362 \times 0.879 \times 1,000 \times 500^2} = 1.886 \text{ N/mm}^2$$

$$\sigma_d = k_1 f_d \left(1 - \frac{\sigma_{cp}'}{f_{cd}'}\right) = 0.85 \times 18.5 \times \left(1 - \frac{1.886}{18.5}\right) = 14.122 \text{ N/mm}^2$$

따라서, 제 9장 식 (6)에 의해

$$= 10^8 \times 10^{17 \times (1.886 - 3.772)/14.122} + 10^7 \times 10^{17 \times (2.829 - 3.772)/14.122} + 10^6 \times 10^{17 \times (3.772 - 3.772)/14.122}$$
$$+ 10^5 \times 10^{17 \times (4.715 - 3.772)/14.122} = 3.63 \times 10^6 \text{ 회}$$

11. 피로한계상태에 관한 검토 〈보의 휨 피로에 관한 안전성의 검토〉

□ 포인트

휨 피로

철근 콘크리트의 보가 휨 모멘트의 반복으로 파괴되는 경우를 **휨 피로파괴**라 한다. 보의 휨 피로파괴는 철근이나 콘크리트의 피로파괴로 인해 생기며, 피로강도는 받는 응력의 크기에 따라 좌우된다. 그러므로 부재에 생기는 응력도(혹은 단면력)는 부재에 작용하는 피로하중(변동하중)의 크기에 따라 구할 수 있다.

■ 해설

이 방법은 **교량** 등의 구조물을 대상으로 하고 있다. 순서는 그림 1의 플로차트에 나타낸 것처럼 **목표로 하는 내용기간 중에 추가된 반복횟수를 고정**하고, 이에 대응하는 **피로강도(혹은 피로내력)**를 철근은 제 9장 식 (8), 콘크리트는 제 9장 식 (7)을 대입하여 구한다. 그리고 이 피로강도와 변동하중에 따라 구조물에 생기는 **변동응력(혹은 변동단면력)**을 구한다.

이 응답해석은 **사용한계상태에서의 안전성의 검토**에서 서술한 것과 같은 **탄성이론**에 기초한 방법에 따라, 철근이나 콘크리트의 응력도를 계산하여 마지막에 그것들을 비교하여 안전성을 검토한다. 그 인장철근과 콘크리트의 피로파괴에 대한 안전성의 검토를 다음 페이지 도 1에 나타내었다.

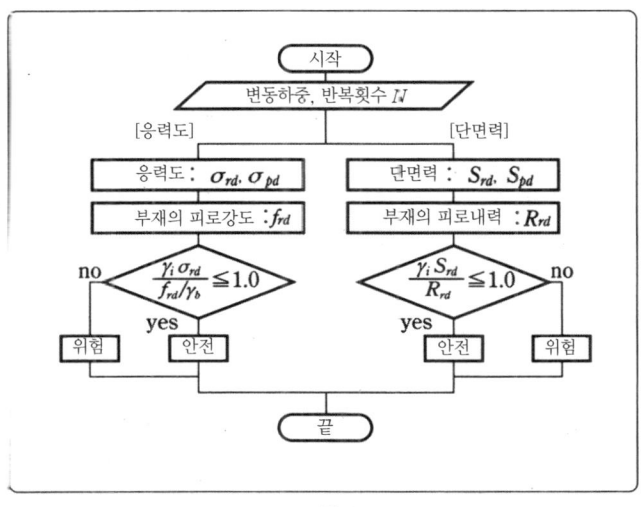

그림 1

7 철근 콘크리트

표 1 보의 휨 피로에 대한 안전성의 검토

	안정성의 검토	설 명
인장철근의 피로파괴	$\dfrac{\gamma_i M_{rd}}{M_{srd}} \leq 1.0$ …(1) 또는, $\dfrac{\gamma_i \sigma_{srd}}{f_{srd}/\gamma_b} \leq 1.0$ …(2) [인장철근의 피로파단에 의한 단면의 설계피로 내력] $M_{srd} = A_s f_{srd} z / \gamma_i$ …(3) 여기서, A_s : 인장철근의 단면적 f_{srd} : 철근의 설계피로강도 z : 응력중심 간의 거리 종국한계상태의 검토를 행할 경우보다 작게 한다.	M_{rd} : 설계피로하중에 의한 설계 휨 모멘트 $\quad = \gamma_a(F_{rd})$ σ_{srd} : 설계피로하중에 의한 철근응력도 $\quad = M_{rd}/(A_s z)$ γ_i : 구조물계수, 일반적으로 1.0~1.1 γ_a : 구조해석계수, 일반적으로 1.0 γ_b : 부재계수, 일반적으로 1.0~1.1
콘크리트의 압축 피로파괴	$\dfrac{\gamma_i \sigma'_{crd}}{f'_{crd}/\gamma_b} \leq 1.0$ …(4) [직사각형 응력분포에 대한 콘크리트의 응력도] 단철근 직사각형 단면의 경우 $\sigma'_{crd} = (3 M_{rd})/(2\,bxz)$ 여기서, M_{rd} : 설계피로하중에 의한 설계 $\qquad$ 휨 모멘트 b : 단면의 폭 x : 압축측에서 중립측까지의 위치 z : $d - x/3$, d : 유효 높이	f'_{crd} : 콘크리트의 설계 일축압축 피로강도 $\quad = 0.85 f'_{cd}(1 - \sigma'_{cp}/f'_{cd})$ $\quad \times (1 - \log N/K)$ $\sigma'_{crd}{}^*$: 삼각형 분포 응력의 합력위치와 같은 위치에 합력오차가 오도록 한 직사각형 응력분포의 응력도 K : 정수, 일반적으로 17

σ'_{crd}에 대해서 설계피로하중에 의한 휨 모멘트 M_{rd}가 작용한 경우의 압축연의 콘크리트의 응력도를 σ'_c로 하면

⟨직사각형 단면의 경우⟩ $\sigma'_{crd} = \dfrac{3}{4} \sigma'_c$

⟨T형 단면의 경우⟩ $\sigma'_{crd} = \dfrac{3}{4} \left\{ \dfrac{(2-t/x)^2}{3-2t/x} \right\} \sigma'_c$

⟨원형 단면의 경우⟩ $\sigma'_{crd} = (0.67 \sim 0.68)\, \sigma'_c$

한계상태설계법

❖ **예제**   철근의 피로강도

제 10장 예제의 단철근 직사각형 단면에 대해 철근의 피로파괴강도를 구하라. 단, 영구하중에 의한 휨 모멘트 $M_D=100\text{kN}\cdot\text{m}$나 안전계수 등 그 외의 조건도 같은 것으로 한다.

답

제 9장 식 (8)(p.336)에 따라 구한다.
먼저 공칭직경은 p.315 부표 (1)에서 D29인 경우 28.6mm

$$\alpha = k_0(0.82-0.003\phi) = 1.0\times(0.82-0.003\times 28.6) = 0.734$$

$N = N_{seq} = 2.86\times 10^6$회(제 10절의 예제)에 의해

$$\sigma_{sp} = \frac{M_D}{A_s jd}$$

$$= \frac{100\times 10^6}{6,424\times 0.879\times 50} = 35.4 \text{ N/mm}^2$$

표 1의 (b)에 의해

$$f_{ud} = \frac{f_{uk}}{\gamma_s}$$

$$= \frac{490}{1.05} = 467 \text{ N/mm}^2$$

따라서, 철근의 피로파괴강도는 제 9장 식 (8)에 의해

$$f_{srd} = 190\times\frac{10^a}{N^k}\left(1-\frac{\sigma_{sp}}{f_{ud}}\right)\Big/\gamma_s$$

$$= 190\times\frac{10^{0.734}}{(2.86\times 10^6)^{0.12}}\times\left(1-\frac{35.4}{467}\right)\Big/1.05 = 159.9 \text{ N/mm}^2$$

❖ **예제**   철근의 휨 피로파괴에 대한 안전성의 검토

앞의 예제의 단철근 직사각형 단면의 휨 피로파괴에 대한 안전성의 검토를 **철근의 피로파괴**에 대해 실시하라.

답

앞 예제의 피로파괴강도를 기준으로 표 1의 식 (2)가 성립하는가를 조사하여 안전성을 검토한다.

앞의 예제에서 $f_{srd} = 159.9 \text{ N/mm}^2$. $\sigma_{srd} = \dfrac{M_3}{A_s jd} = \dfrac{200\times 10^6}{6,424\times 0.879\times 500} = 70.8 \text{ N/mm}^2$

따라서, $\dfrac{\gamma_i \sigma_{srd}}{f_{srd}/\gamma_b} = \dfrac{1.0\times 70.8}{159.9/1.1} = 0.49 < 1.0$이 되며, 안전하다.

12. 피로한계상태에 관한 검토 〈보의 전단피로에 관한 안전성의 검토〉

□ 포인트

전단보강철근이 이용되는 경우

전단파괴

전단보강철근이 없는 경우

일반적으로 피로가 고려되는 부재에는 **전단보강철근**이 이용되고 있으므로 피로파단에 대한 안전성의 검토를 해야 한다. 전단보강철근을 가진 철근 콘크리트 보는 피로하중과 같은 변동하중의 반복을 받으면, 전단보강철근의 응력도는 현저히 증가한다. 그리고 정적인 내력보다 낮은 하중으로 전단보강철근의 피로파단에 의해 **전단파괴**가 생긴다.

그러므로 변동하중에 의한 전단보강철근의 응력도 σ_{wrd}, 영구하중에 의한 전단보강철근의 응력도 σ_{wpd}를 구하고(표 1), 철근의 설계 피로강도와 비교하여 안전성의 검토를 한다.

전단보강철근이 없는 경우는 파괴의 기구가 복잡하므로 철근이나 콘크리트의 응력도를 구하는 것은 곤란하다. 그러므로 피로하중에 의해 봉부재가 전단파괴할 때의 안전성 검토는 구조물 전체 피로파괴내력의 평가에 따라서 행하는 것으로 하고 있다. 전단보강철근을 이용하지 않는 경우로서는 일반적으로 푸팅이나 옹벽 등이 있다. 이러한 콘크리트 부재는 일반적으로 전단피로를 받는 일은 적지만, 특히 피로가 문제가 되는 경우는 표 1의 ①, ②에 따라 검토를 하고 있다.

■ 해설

전단보강철근의 피로파괴에 대한 안전성의 검토에 전단보강철근을 이용하는 경우의 전단응력도의 계산식은 그림 1의 식 (1) 및 식 (2)로 나타난다. 그림 1에는 해법순서를 나타냈다. 또한, 전단보강철근에 연직 스터럽과 구부린 철근을 병용하는 경우는 표 1의 식 (3)~(6)의 계산식을 이용하여 각각 구하여 안전성을 검토한다.

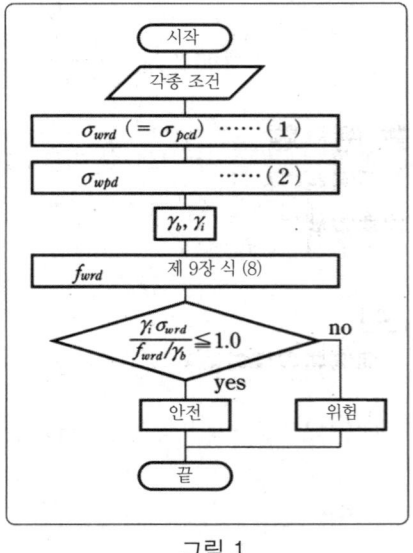

그림 1

표 1 보의 전단피로

	계산식	설명
전단보강철근을 이용하는 경우 「전단보강철근의 응력도」	[전단보강철근의 응력도] $$\sigma_{wrd} = \frac{(V_{pd}+V_{rd}-k_2 V_{cd})s}{A_w z(\sin\alpha_s+\cos\alpha_s)}$$ $$\times \frac{V_{rd}}{V_{pd}+V_{rd}+V_{cd}} \quad \cdots\cdots(1)$$ $$\sigma_{wpd} = \frac{(V_{pd}+V_{rd}-k_2 V_{cd})s}{A_w z(\sin\alpha_s+\cos\alpha_s)}$$ $$\times \frac{V_{pd}+V_{cd}}{V_{pd}+V_{rd}+V_{cd}} \quad \cdots\cdots(2)$$	σ_{wrd} : 변동하중에 의한 전단보강철근의 응력도 σ_{wpd} : 영구하중에 의한 전단보강철근의 응력도 V_{rd} : 설계변동 전단력 V_{pd} : 영구하중 작용 시에 설계전단력 V_{cd} : 전단보강철근을 이용하지 않는 봉부재의 설계전단내력으로, 제 4절 식 (1)에 의한다 k_2 : 변동하중의 빈도의 영향을 고려하기 위한 계수로, 일반적으로 0.5로 한다. A_w : 1조의 전단보강철근의 단면적 s : 전단보강철근의 배치간격 z : 압축응력의 합력의 작용위치에서 인장강재도심까지의 거리로, 일반적으로 $d/1.15$로 한다. d : 유효높이 α_s : 전단보강철근이 부재축과 이루는 각
	[전단보강철근에 연직 스터럽트와 굽힌철근을 병용하는 경우] 〈연직 스터럽트〉 $$\sigma_{wrd} = \frac{V_{pd}+V_{rd}-k_2 V_{cd}}{\frac{A_w z}{s}+\frac{A_b z(\cos\alpha_b+\sin\alpha_b)^3}{s_b}} \times \frac{V_{rd}}{V_{pd}+V_{rd}+V_{cd}} \quad \cdots\cdots(3)$$ $$\sigma_{wpd} = \frac{V_{pd}+V_{rd}-k_2 V_{cd}}{\frac{A_w z}{s}+\frac{A_b z(\cos\alpha_b+\sin\alpha_b)^3}{s_b}} \times \frac{V_{pd}+V_{cd}}{V_{pd}+V_{rd}+V_{cd}} \quad \cdots\cdots(4)$$ 〈굽힌 철근〉 $$\sigma_{brd} = \frac{V_{pd}+V_{rd}-k_2 V_{cd}}{\frac{A_w z}{s(\cos\alpha_b+\sin\alpha_b)^2}+\frac{A_b z(\cos\alpha_b+\sin\alpha_b)}{s_b}} \times \frac{V_{rd}}{V_{pd}+V_{rd}+V_{cd}} \quad \cdots\cdots(5)$$ $$\sigma_{bpd} = \frac{V_{pd}+V_{rd}-k_2 V_{cd}}{\frac{A_w z}{s(\cos\alpha_b+\sin\alpha_b)^2}+\frac{A_b z(\cos\alpha_b+\sin\alpha_b)}{s_b}} \times \frac{V_{pd}+V_{cd}}{V_{pd}+V_{rd}+V_{cd}} \quad \cdots\cdots(6)$$ 여기서, A_w : 1조의 연직 스터럽트의 단면적 　　　　A_b : 절곡철근의 단면적 　　　　s : 연직 스터럽트의 간격 　　　　s_b : 절곡철근의 간격 　　　　α_b : 절곡철근이 부재축과 이루는 각 　　　　k_2 : 변동하중의 빈도의 영향을 고려하기 위한 계수로, 일반적으로 0.5로 한다	
전단보강철근을 이용하지 않는 경우	① [전단철근을 이용하지 않은 봉부재의 설계전단피로내력] $$V_{rcd} = V_{cd}(1-V_{pd}/V_{cd})\left(1-\frac{\log N}{11}\right)$$ 단, $N \leq 2\times 10^6$ ② [면부재로서의 철근 콘크리트 슬래브의 설계 펀칭전단피로내력] $$V_{rpd} = V_{pcd}(1-V_{pd}/V_{pcd})\left(1-\frac{\log N}{14}\right)$$ 단, $N \leq 2\times 10^6$	N : 피로수명 V_{cd} : 제 4절 식 (1) 참즈

7 철근 콘크리트

1. 콘크리트 구조물의 열화기구

□ **포인트**

콘크리트
 크라이시스

콘크리트 구조물은 유지관리를 하지 않아도 영구히 쓸 수 있다고 여겼다. 그러나 1980년경에 소위 콘크리트 크라이시스(콘크리트 구조물의 원인불명 균열과 연안부 등에서의 녹을 동반하는 현저한 균열)가 문제되기 시작했다.

그 후 콘크리트의 유지보수의 중요성을 인식하게 되었다. 이와 같은 배경에서 토목학회에서도 2001년 「콘크리트 표준시방서」 중에 「유지관리편」으로서 콘크리트 구조물의 열화나 점검의 방법, 그리고 유지관리 예 등을 예시하고 있다.

■ **해설**

먼저, 여기서는 콘크리트 구조물의 열화현상에 대하여 간단하게 서술한다. 콘크리트 구조물의 주된 열화기구를 요약하면 표 1과 같다.

염해

초기 염분

외래 염분

염화물 이온

표 1 콘크리트 구조물의 열화

열화 기구	열화 요인	내용
염 해	염화물 이온	**염해에 의한 열화** (1) 콘크리트 중의 철근이 **초기 염분** 또는 외래 **염분**의 영향을 받는다. 　여기서 　　**초기 염분** - 시멘트의 경화촉진제로서 사용한 염화 나트륨이나 조골재로서 사용한 바닷모래의 불순물 염분 　　**외래 염분** - 콘크리트의 경화 후에 바닷바람 등에 의한 염분이 콘크리트의 표면으로부터 침투한 것 (2) (1)의 **염화물 이온**이, 철근 표면의 산화를 방지하고 있는 부동태 피막을 파괴하여 철근의 녹이 생긴다. (3) 녹슨 철근이 팽창하여 콘크리트에 균열을 생기게 하고, 더욱 철근이 녹슬기 쉬운 환경이 되어 녹이 가속적으로 진행한다. 조골재에 사용한 바닷모래가 콘크리트 중에 염화물 이온을 끌어들인다. → 외부에서 공급된 염화물 이온과 내부로 가지고 들어온 염화물 이온이 부동태 피막을 파괴하여 철근이 녹슨다. → 녹은 팽창압력에 의해 콘크리트에 균열이 생기고, 철근의 녹은 더욱 진행되며, 결국 콘크리트를 파괴시킨다. 〈염해에 의한 열화과정〉

콘크리트 구조물의 열화와 보수

알칼리 골재반응 반응성 골재	알칼리 골재반응	반응성 골재	**알칼리 골재반응에 의한 열화** (1) 콘크리트계 골재의 주 성분인 규산(SiO_2)질 중 결정도가 낮은 물질은 열화학적으로 불안정하다(반응성 골재라 한다). (2) (1)의 물질이 콘크리트 안에 존재하면, 일정 조건 하에서 시멘트 안의 알칼리 성분과 반응하여, 겔(흡수팽창성이 있는 물질)이 생긴다. (3) (2)의 물질이 생기면, 더욱 흡수팽창이 진행되어 콘크리트에 현저한 균열이 생기고, 결국 콘크리트는 박리, 박락이 일어나게 된다.
중성화 이산화탄소	중성화	이산화탄소	**중성화에 의한 열화** (1) 정상인 철근 콘크리트 구조물에서는 콘크리트 안의 시멘트에 포함된 다량의 수산화칼슘에 의해서 pH12 이상이라는 고 알칼리성이 유지되고 있다. (2) (1)에 의해 철근의 표면에 부동태 피막이라 부르는 얇은 산화물의 막이 생긴다. 이것은 일시적으로는 철근의 산화를 막는 것이다. (3) 공기 중의 이산화탄소에 의해서 콘크리트 표면의 수산화칼슘이 반응하여, 탄산칼슘을 생성하여 pH가 저하한다(이것이 중성화이다). (4) pH의 저하가 콘크리트 표면에서 점점 내부로 진행하여 철근의 위치까지 도달하면 녹슬기 시작한다. 녹슨 철근은 팽창하여, 콘크리트에 균열을 생기게 하고 녹이 연속적으로 진행하여 결국 콘크리트의 박리, 박락이 생기게 된다. 중성화에 의한 열화과정
곰보 정커 콜드조인트	시공불량에 의한 열화	다짐의 불량 배합, 박아넣기	다짐 부족이나 타설방법 등의 시공 불량으로 「박아 넣은 콘크리트의 표면부 또는 내부에, 주로 조골재 입자들이 남겨지는 형태로 생기는 공극부로 구성된 결락부분」이라고 정의한다. 또한, 콘크리트의 표면부에 생긴 것을 곰보, 내부에 생긴 것을 정커로 구별한다.
		콜드조인트 이음매 부적당한	콜드 조인트란, 「이미 박아 넣은 콘크리트의 응결이 진행되어, 그 위에 새로운 콘크리트를 겹쳐 부어넣는 경우에 생기는 일체가 될 수 없는 이음매」로 정의한다. 이것도 시공 이음이 정확하지 않기 때문에 생긴다.
동해		동결융해작용	콘크리트 안에 포함된 물이 빙점 이하의 온도에서 동결하여, 체적이 팽창한다. 체적팽창으로 콘크리트 내부에 인장력이 생기고 인장강도가 낮은 콘크리트 구조물 표면의 박리나 균열 등이 생긴다. 균열 부분에는 더욱 물이 침입하여, 동결과 융해가 반복되어 콘크리트 표면에 열화가 진행된다.

2. 점검방법

□ **포인트** 콘크리트 구조물 유지관리의 점검은 구조물의 흠결이나 손상을 발견하고, 그 결과 보수 필요성의 유무를 판단한 후, 보수방법의 선택을 위한 자료로서 충분한 정보를 정리한다. 점검의 종류에는 초기점검, 일상점검, 정기점검, 상세점검, 임시점검 등이 있다.

■ **해설** 표 1은 콘크리트 구조물의 강도와 같은 성능(내하성능)의 관점에서 일반적인 점검의 방법을 나타낸 것이다.

초음파법, 적외선법, 전자파법, 전자유도법, 자연전위법, 분극저항법, 전기저항법 등은 비파괴검사로서, 구조물을 부수지 않고 광범위한 조사가 가능하다는 장점이 있으므로, 콘크리트 구조물의 조사에 불가결한 존재가 되었다. 그러나 한편으로는 정밀도에 불균일이 있기 때문에 복수의 비파괴검사를 조합하거나 코어시험 등을 파괴검사와 병용하는 등 특징이나 한계를 충분히 파악한 후 점검방법을 사용하는 것이 중요하다.

표 1 점검방법

점검항목			점검방법	내용, 특징
외관의 변화 모습	분포상태		목시관찰 사진촬영 광 파이버 스코프	• 콘크리트 표면에 생기고 있는 균열, 콜드 조인트, 강재 노출, (녹물) 등의 이상을 눈으로 관찰하여 그 위치나 크기를 기록하거나 사진촬영을 한다.
	균열	폭	크랙 스케일	• 균열폭을 측정한다.
		깊이	초음파법	• 균열을 끼워 초음파를 전달시키면 균열 선단을 우회하므로 그 도달시간에 따라 균열깊이를 산출한다. • 철근이 있으면 초음파가 철근 안을 통과하여 정밀도가 낮아진다.
	박리 박락 공동		두드리기 점검	• 콘크리트 표면을 테스트 해머로 타격하여 발생하는 소리의 특성에서 표면부의 틈이나 공동 등을 판정하는 방법이다. • 숙련을 요하는 작업이다.
			충격탄성파, 타음법	• 두드리기 점검은 숙련을 요하며 개인차가 크기 때문에, 이들 결점을 없애고 측정정밀도를 높이기 위한 충격탄성파에서는 진동자나 AE센서를, 타음법에서는 마이크로폰을 이용하여 음을 수집하고 있다.
			적외선법	• 적외선 카메라로 콘크리트 표면을 촬영하여, 표면온도의 차를 구하여 내부결함을 심사하는 방법이다. • 표면에서 1cm 정도까지의 얕은 위치의 결함을 조사하는 데에 이용한다.

목시관찰
사진촬영
광파이버 스코프

균열
크랙 스케일
초음파법

두드리기 점검

충격탄성파, 타음법

적외선법

콘크리트 구조물의 열화와 보수

	점검항목	점검방법	내용, 특징
코어채취법	콘크리트 강도	코어채취법	• 코어를 채취하여 직접 강도시험을 행하는 방법이다.
반발경도법		반발경도법	• 콘크리트의 표면을 해머로 타격한 때의 반발도에서 강도를 추정하는 방법. 슈미트 해머에 의한 방법이 일반적으로 보급되어 있다.
초음파법		초음파법	• 콘크리트의 표면에서 초음파를 발진시켜, 반사되기까지의 시간에서 내부의 결함이나 부재의 두께를 구하는 방법(다음 페이지 그림 1)이다.
복합법		복합법	• 같은 위치에서 반발경도법과 초음파법을 조합하여 강도를 추정하는 방법이다.
페놀프탈레인법	중성화 깊이	페놀프탈레인법	• 페놀프탈레인 용액을 이용하여, 중성화가 강재위치까지 진행하고 있는가를 조사하는 방법이다.
질산은 분무법	염분량	질산은 분무법	• 콘크리트 안으로 염분의 침투깊이의 대략 수치를 계측하는 방법. 즉, 깎긴 개소나 코어를 뽑은 후의 면에 질산은 용액을 분무하면 염분에 반응하여 백색으로 변색하므로, 그 깊이를 측정하여 염분의 침투깊이를 아는 방법이다.
염화물량의 분석		염화물량의 분석	• 구조물 중의 염화물에는 불용성의 화합물과 가용성의 화합물이 존재한다. 불용성의 화합물이란, 콘크리트 중의 염화물의 일부가 시멘트와 반응하여 고정된 것이며, 그 이외는 가용성의 화합물로서 강재의 부식에 관계한다. 그러므로 콘크리트 안의 염화물을 분석하는 것이 콘크리트의 열화예측에서 중요하게 된다. 규정된 방법으로 유출과 분석을 한다.
전자파법(레이더법)	강재위치	전자파법(레이더법)	• 전자파를 콘크리트 안에 방사하여, 결함개소에서 반사해 온 시간을 측정하고 화상처리에 의해 단면을 표시하는 방법(다음 페이지 그림 2)이다. • 누수가 있는 터널 등과 같이 물이 있는 장소에서는 전자파가 수분으로 반사되어 사용할 수 없다.
전자유도법		전자유도법	• 센서에서 자장을 발생시켜 강재에 의해 유도되는 기전력을 감지하는 방법이다.
밀어-내기	강재부식	밀어내기	• 콘크리트 안의 강재를 밀어내서 부식상황을 직접 관찰하여 강재부식에 관한 데이터를 수집한다.
자연전위법		자연전위법	• 강재가 그 존재하는 환경에서 유지하고 있는 전위를 자연전위라 하며, 강재의 부식상태에 따라 전위의 분포가 변하는 성질을 이용한 방법(다음 페이지 그림 3)이다. • 취급이 간단하고 여러 가지 구조물에 사용할 수 있다.
분극저항법		분극저항법	• 콘크리트 안의 강재에 약한전류를 흘려 발생하는 분극전위에서 강재의 분극저항을 구하고, 그것에 의해 부식속도를 측정하는 것이다.
전기저항법		전기저항법	• 철근으로부터 콘크리트까지의 최단거리를 전기저항(비저항)을 측정하여 철근의 부식의 진행이 되기 쉬운 정도를 평가하는 방법이다.

7 철근콘크리트

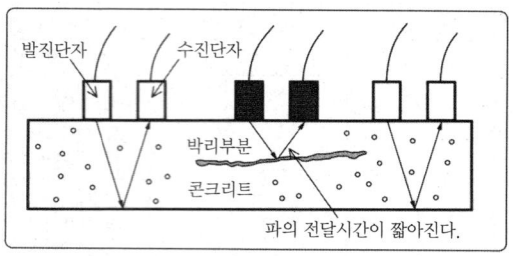

그림 1 초음파법의 개념도

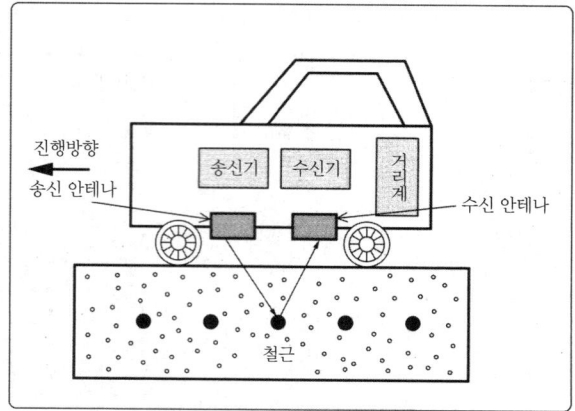

그림 2 전자파법의 개념도

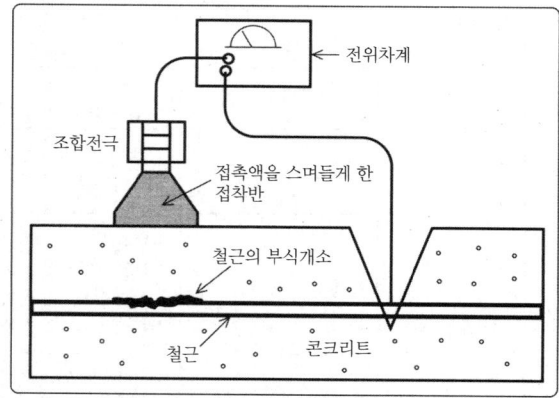

그림 3 자연전위법의 개념도

3. 보수방법

□ 포인트   점검의 결과로부터 장래의 열화 예측을 행하여, 성능의 저하를 추정하고, 콘크리트 구조물의 보수가 필요한지가, 또한 필요하다면 어떤 방법으로 보수를 할 것인가를 결정한다. 보수의 필요 여부에 대한 판정은 불확정 요소가 많고, 확정적인 기준을 세우기 전에 가능한 한 적은 비용과 효과적으로 구조물의 수명을 연장하기 위해 열화가 가벼운 초기 단계에서 보수하는 예방보전 방식을 중요 시 하고 있다.

■ 해설   열화요인과 그에 대한 보수계획의 개요는 그림 1과 같이 된다.

표면보호제
방수처리
전기방식
단면복구제
표면보호공

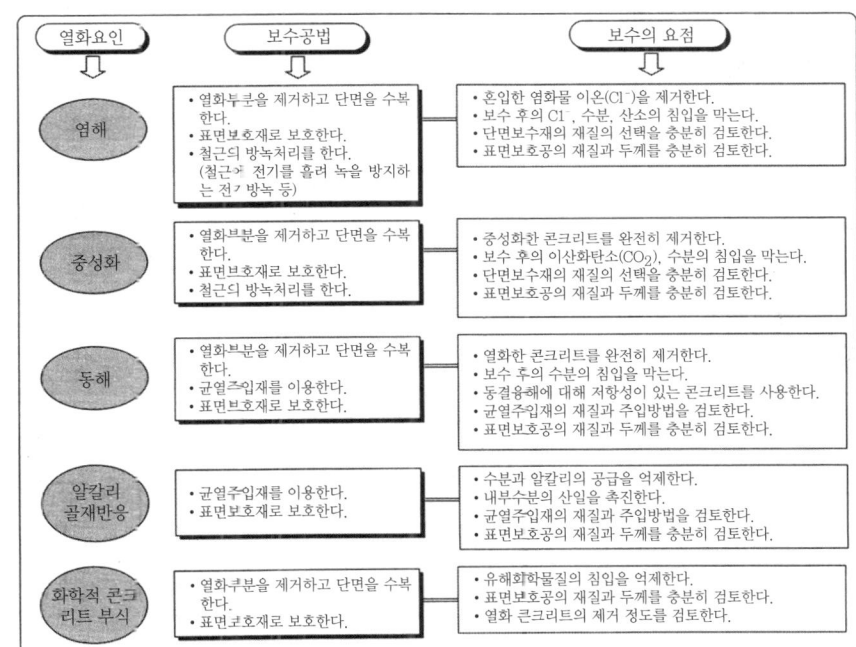

그림 1 열화요인과 보수계획

■ 관련사항   ▶ 보수의 지침
　　　　　보수의 필요 여부를 판정하는 주된 사항으로서는 다음과 같은 것들을 들 수 있다.
　　　　　① 콘크리트 표면의 균열, 박리 등의 손상 상태
　　　　　② 점검으로부터 얻은 강재의 부식상황
　　　　　③ 점검, 조사 결과로부터 판정되는 열화의 원인

특히, 균열폭이 클 경우는 내부의 강재가 부식될 위험성이 있으므로 보수를 해야 할 필요가 있다.

염해나 알칼리 골재반응에 의한 열화손상은 일정 시기를 경과하면 급속도로 진행되므로 예방보전을 중시하고 가벼운 단계에서 보수하는 것이 중요하다.

염해에 의한 손상은 염분을 포함한 콘크리트를 깎아 단면을 수복한 뒤, 표면을 피복하여 염분을 차단하는 것이 보수의 기본이다. 단, 철근 위치의 염화물 이온량이 2.5kg/m³을 넘을 경우에는 철근의 녹을 막기 위해 전기방식 등의 방법도 쓰고 있다.

알칼리 골재반응에 의한 균열은 먼저 물의 침입을 배제하는 대책을 실시한 뒤, 균열이 진행되는 것을 확인하여 보한다.

▶ **균열의 보수법과 재료**

균열의 보수법

콘크리트 구조물의 보수의 기본인 균열의 보수방법과 보수재료에는 다음과 같은 것들이 쓰인다.

① 보수방법(그림 2)

주입공법
주입공법 - 균열 내부에 보수재료를 압력주입하는 방법

충전공법
충전공법 - 균열 표면을 V자 또는 U자형으로 커트하여 보충재료를 충전하는 공법

표면처리공법
표면피복공법
표면도포공법
표면처리공법-(표면피복공법, 표면도포공법) - 균열의 표면부를 보수재료로 덮는 방법

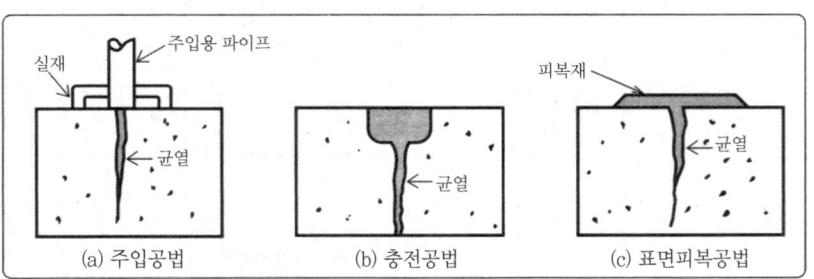

그림 2 균열의 보수법

② 보수재료

에폭시 수지
아크릴 수지
폴리우레탄 수지
초미립자 시멘트
폴리머 시멘트

주입이나 표면처리재료로는 수지계와 시멘트계로 대별된다. 수지계에는 에폭시 수지, 아크릴 수지, 폴리우레탄 수지 등이 있다. 시멘트계에는 초미립자 시멘트, 폴리머 시멘트 등이 있다.

제8편

강구조

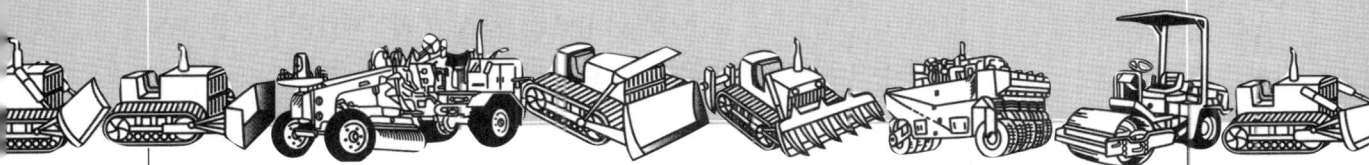

제1장 : 강구조의 개요
제2장 : 부재
제3장 : 부재의 접합
제4장 : 플레이트 거더 교량의 설계
제5장 : 트러스 교량의 설계
제6장 : 그 외의 교량

 철에 소량의 탄소를 가한 강의 강도는 최근 비약적으로 개선되고 있다. 도로교량시방서에 의하면 1926년에는 117.60N/mm²이었지만 1994년에는 254.80N/mm²으로 두 배 이상이 되었다.
 일반적으로 강은 인장부재로서 시멘트 콘크리트보다 우수하다. 아카시 카이쿄 대교처럼 현수교의 메인 케이블에서는 특히 위력을 발휘하고 있다. 그러나 강재의 최대 결점은 녹이 슬고 열에 대해 변질되기 쉽다는 것이다. 근래에는 내후성 강재로 가설되는 경향이 증가하고, 내열성에 대해서도 연구가 진행되고 있다. 이 책에서는 도로교량시방서를 중심으로 강구조에 관한 휨 부재와 축방향 부재에 집중해서 플레이트 거더 교량과 트러스 교량에 대해서 서술한다. 또한, 이 편의 여러 수치는 환산율 9.8로 독자적으로 SI화한 것도 있다.
 독자분들이 강구조의 기본적인 이해를 충분히 할 수 있고, 경제적이고, 안전한 설계의 기초를 배울 수 있다면 저자는 기쁠 것이다.

8 강구조

1. 강구조의 특색

□ 포인트

강은 시멘트 콘크리트와 비교하여 다음과 같은 특징이 있다.
① 녹슴을 방지하기 위한 유지비가 든다.
② 열에 의해 변질되기가 쉽다.
③ 보수가 쉽다.
④ 공사기간 단축이 가능하다.
⑤ 단위면적당 강도가 높으므로 자체의 무게를 작게 할 수 있다.
⑥ 품질상 안정되어 있다.

■ 해설

강은 철에 소량의 탄소 등이 포함되었으나 거의 철의 단일물질로 구성되어 있다.

복수재료
단일재료

시멘트 콘크리트는 자갈, 모래, 시멘트, 물 등의 **복수재료**를 혼합한 것으로 시멘트가 접착제 역할을 한다. **단일재료**로 생성되면 강도의 어긋남은 작다. 동일물질은 융합할 수 있고 분자레벨의 결합력이 높지만, 복합재료에서는 반드시 융합되지는 않으므로 재료를 서로 접착할 필요가 있다. 이렇게 만들어진 구조물의 강도는 접착제의 강도나 구성재료가 가진 최소강도에 의해 결정된다. 즉, 시멘트 콘크리트는 접착제의 강도가 골재(자갈, 모래)강도보다 작아서 압축에는 강하지만 인장에는 약한 성질이 생긴다.

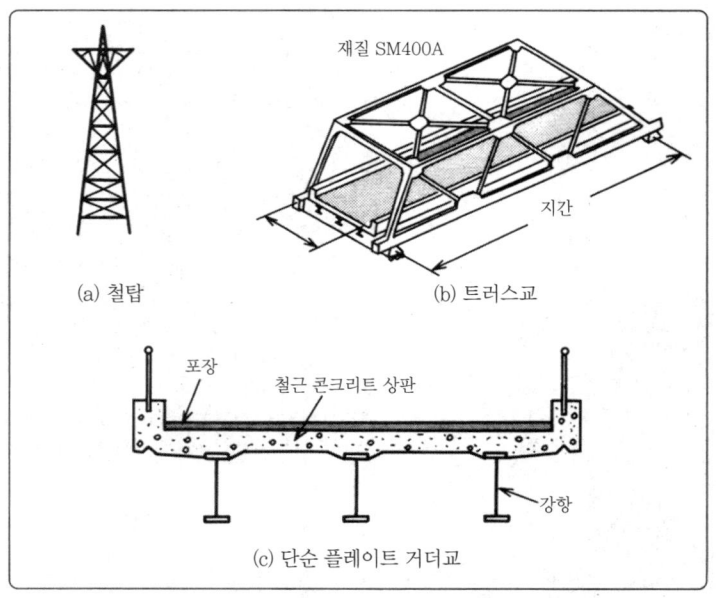

그림 1 강구조

강구조의 개요

또한, 강재는 단일체이므로 어느 경우에도 강도에 차이는 없지만, 시멘트 콘크리트는 접착제나 개개의 재료 조합에 따라 강도의 어긋남이 생기기 쉽다.

어닐링

단면감소

강은 **어닐링**에서 볼 수 있듯이 열에 의한 강도 변화가 크고, 녹이 슬면 **단면감소**가 생기기 쉬우므로 녹방지 대책이 필요하다. 시멘트 콘크리트는 고화하는 시간이 필요하므로 시공일수가 걸린다. 시멘트 콘크리트는 부분보수가 어렵지만 강은 용단·용접을 할 수가 있어 재건하기가 쉽다. 그림 1은 강구조의 예이다.

■ **관련사항**   탄소의 함유량에 의한 철의 분류는 표 1과 같다.

표 1

탄소량[%]	0~0.04	0.04~2.1	2.1~6.7
분류	철	강	주철

탄소

철에 함유되는 **탄소**는 경도나 강도를 늘리는 작용이 있다. 철의 성질을 변화시키는 물질로서는 이 외에도 망간이나 크롬 등이 있으며, 표 2에 이들 물질의 작용을 나타냈다.

표 2

탄소	규소	망간	인·유황	티타늄	크롬	보론	몰리브덴	구리	코발트
함유량이 1% 늘 때 마다 980N/mm² 정도 인장강도 증가	강의 강도와 경도의 증가로 탄소가 1/10 정도로 작용	강의 강인성과 담금질 특성의 향상효과가 있으며, 고장력강에는 1.3% 정도가 들어 있다.	유해 원소로, 적을 수록 양질의 강이다.	강의 담금질 특성의 향상	대마모성이 강하고, 녹이 잘 슬지 않는다. 담금질 특성의 향상	0.003% 이하로 담금질 특성 향상	담금질 깊이, 고온인장강도 증대	0.4% 이하라면 내후성이 크고, 그보다 많으면 균열증대	달구어져도 경도를 유지한다.

❖ 예제

강구조에는 시멘트 콘크리트보다도 자체의 무게가 작아질 수 있는 것은 무엇 때문인가?

답

단위면적당 강도는 강이 크고, 강이 콘크리트의 15배의 탄성계수를 가지고 있기 때문에 같은 힘을 지탱하기 위해서는 1/15 정도의 단면이면 된다. 또한 단위당 질량은 강이 3배 정도 더 무겁지만 무게에 상관없이 강도가 크므로, 단면이 좁아져 자체의 무게를 작게 할 수 있다.

2. 설계하중

□ 포인트

주하중
종하중
특수하중

■ 해설

설계하중에는 **주하중**, **종하중**, **특수하중**이 있고, 주하중에는 **부동하중**, **동하중**, **충격하중** 등이 있다. 종하중에는 **풍하중**, 온도변화의 영향, **지진하중**이 있다. 특수하중에는 **설(雪)하중**, 원심하중, 제동하중, 충돌하중 등이 있다.

하중이란 자체의 무게를 포함한 구조물에 작용하는 힘이다. 그림 1에 주하중과 종하중의 작용상태를 나타냈다. 주종하중은 동시에 작용하지 않는 경우도 있으므로 그 조합에 의해 재료의 강도를 고려한다(**허용응력도의 할증**).

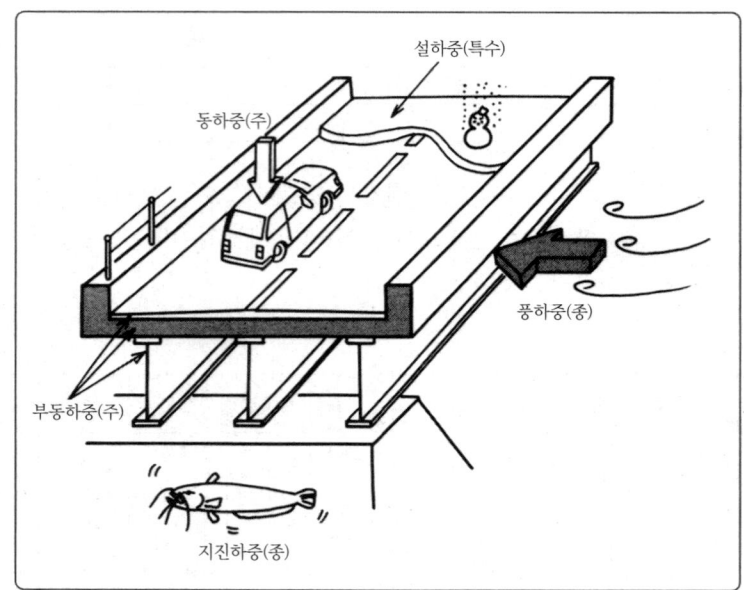

그림 1 주하중과 종하중

부동하중은 구조물 자체의 무게로 설계단계에서 확정되지 않은 하중이다. 구조물의 단면을 가정하고, 표 1의 **단위중량**에 의해 부동하중을 산정한 확정

표 1 재료의 단위중량 [N/m³]

재료	단위중량	재료	단위중량
강, 주강, 단강	76,930	콘크리트	76,930
주철	71,050	시멘트 모르타르	21,070
알루미늄	27,440	목재	7,840
철근 콘크리트	24,550	역청재(방수용)	10,780
프리스트레스트 콘크리트	24,550	아스팔트 포장	22,540

단면을 이용하여 재계산을 한다. 가정과 큰 차이가 있을 때는 재설계를 한다. 동하중은, 자동차나 열차, 군집과 같이 시간의 경과에 따라 변동하는 하중이다. 설계에 이용하는 자동차는 총 중량 25tf의 대형차로 산정하고 있다. 동하중은 고속자동차 국도, 일반국도와 총 행정구역의 도로를 연결하는 간선도로와 같이 대형차의 주행이 많은 경우 B 동하중, 그 외의 도로에서는 대형차의 교통량에 의해 A 동하중 또는 B 동하중이 이용된다. 동하중에는 L 하중과 T 하중이 있다. L하중의 예는 그림 2와 같다. A 동하중과 B 동하중에서는 L 하중 p_1의 재하길이 D가 달라질 뿐이다.

A 동하중
B 동하중
L 하중, T 하중

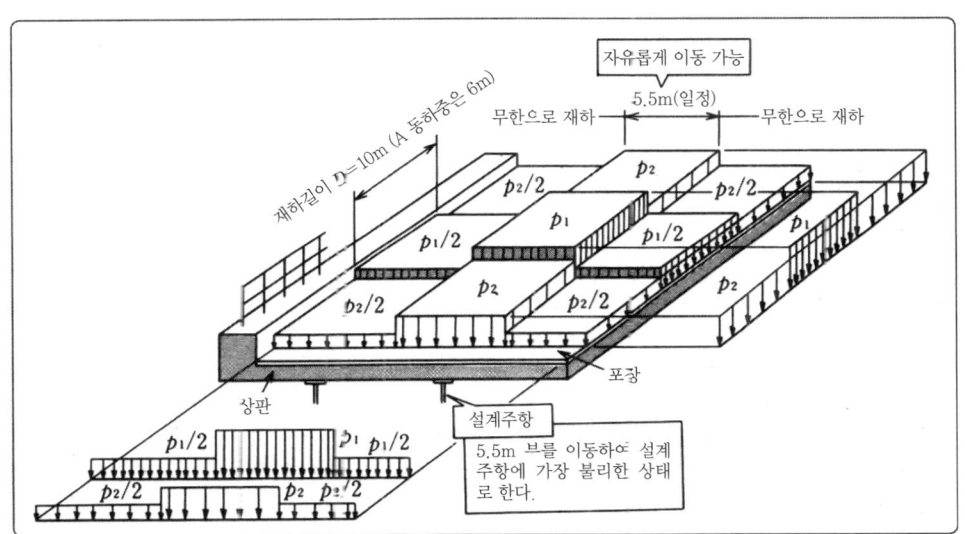

그림 2 L 하중

차바퀴의 하중이 직접 작용하지 않는 메인 거더의 설계에는 L 하중, 직접 작용하는 경우에는 다음 페이지 그림 3에 나타낸 T 하중을 재하한다.

▶ 상판, 상조의 설계동하중

상판
교축방향

차로 부분의 **상판** 설계에는 차바퀴의 하중이 직접 작용하므로, 그림 3처럼 T 하중을 재하한다. T 하중은 **교축방향** [그림 3의 (a)]으로 1조(196,000N), 교축직각방향[그림 3의 (b)]으로 조수의 제한이 없이 재하한다.

상조
종항

상조의 설계에는 T하중을 같은 양상으로 재하하지만, 산출된 단면력 등에 표 2에 계수를 곱한다. 단, 계수의 상한은 1.5 이하로 한다. **종항**의 지간 길이가 긴 경우(15m 이상)에는 L 하중으로 종항의 설계를 하여도 된다. 이 경우에는 표 2의 계수는 곱하지 않는다. 인도에는 **군집하중**으로 4,900N/m²의 등분을 재하한다.

군집하중

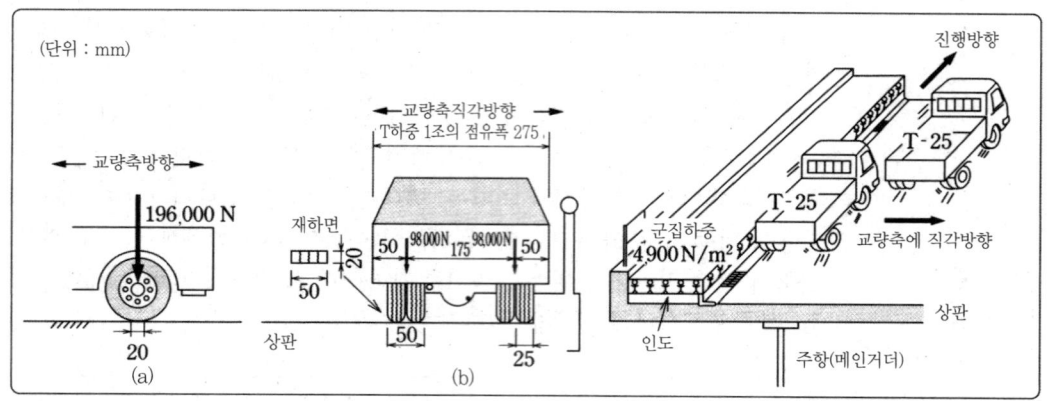

그림 3 T하중

표 2 상판 등의 설계에 이용하는 계수

부재의 지간길이 L [m]	$L \leq 4$	$L > 4$
계수	1.0	$\dfrac{L}{32} + \dfrac{7}{8}$

▶ 주항(메인거더)의 설계하중

주항에는 차축에 의한 하중이 직접 작용하지 않으므로 그림 2처럼 대형차를 분포하중으로 한 p_1과 그 이외의 하중을 분포시킨 p_2에 의한 L 하중을 재하한다. L 하중은 대형차가 다리 위 가로방향으로 2대를 나열하는(2.75×2=5.5m) 경우가 있지만, 나열하는 경우가 적다고 생각하여, 표 3처럼 5.5m 이외는 반으로 나눈 하중을 재하한다. 5.5m 부분을 **주재하하중**, 다른 부분을 **종재하하중**이라 한다. 주재하하중의 위치는 설계하려 하는 주항에 가장 큰 하중이 생기도록 결정한다.

보도에는 p_2와 같은 하중을 재하한다. 지간이 짧은(15m 이하) 주항(메인거더)에서는 T 하중에 의해 설계한다. 이 경우에는 표 2의 계수를 곱한다.

표 3 L 하중(B 동하중)

	주재하하중(폭 5.5m)					종재하하중
	등분포하중 p_1		등분포하중 p_2			
	하중 [N/m²]		하중 [N/m²]			
재하장 D[m]	휨모멘트를 산출하는 경우	전단력을 산출하는 경우	$L \leq 80$	$80 < L \leq 130$	$L > 130$	
10	9,800	11,760	3,430	$4,214 - L$	2,940	주재하하중의 50%

▶ 충격하중

동하중이 작용하면 부동하중일 때와는 달리, 그 진동 등의 충격에 의해 충격하중 동하중보다 큰 하중이 구조물에 작용한다. 이 증가분의 하중을 **충격하중**이라 한다. 충격이 미치는 정도는 지간이 짧을수록, 자체의 무게가 작을수록 크다. 그것은 지간이나 자체의 무게가 크면 내부에서 충격을 흡수하기 때문이다.

충격계수 충격의 크기를 구하려면 그림 4와 같이 지간에 반비례하는 식에서 구한 **충격 계수**를 작용력에 곱하여 구한다. 단, 보도에 대한 충격은 고려하지 않아도 좋다.

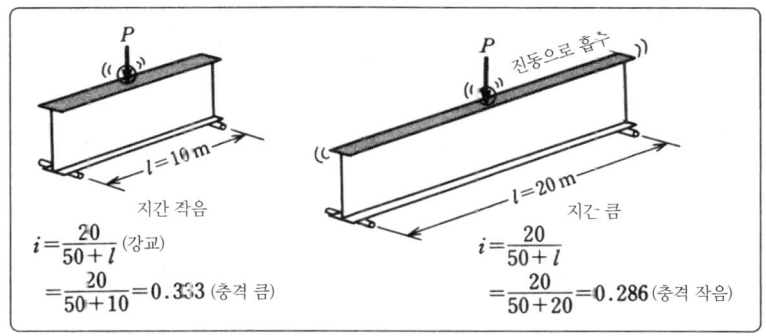

그림 4 충격계수의 대소

풍하중 ▶ 풍하중

보통 **풍하중**은 다리축에 직각으로 수평한 것이 가장 영향을 준다. 그림 5, 표 4에 나타낸 것은 플레이트 거더 교량 지간방향 1m당 작용하는 풍하중을 산출한 것이다. 여기서는 풍속 40m/s로 산정하고 있다.

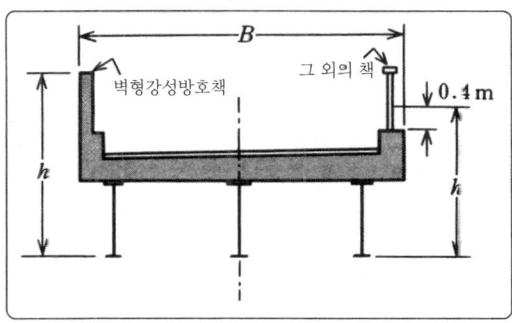

그림 5 플레이트 거더의 풍하중

표 4 플레이트 거더의 풍하중 [N/m]

단면형상	풍하중
$1 \leq B/h < 8$	$\{3{,}920 - 196(B/h)\}h \geq 5{,}880$
$8 \leq B/h$	$2{,}352\,h \geq 5{,}880$

B : 다리의 총 폭 [m], h : 다리의 총 높이 [m]

8 강구조

▶ 온도변화의 영향

압축응력
인장응력
온도응력

지점이 고정된 구조물에서는 온도변화로 신축하는 부재 내부에 **압축응력**이나 **인장응력**이 생긴다. 이들 응력을 **온도응력**이라 한다. 이 힘을 부재에 사용함으로써 설계에 이용하는 예도 있다.

▶ 지진하중

지진하중
수평진도

지진이 구조물에 작용하면, 그림 6에서 보이듯이 구조물의 하중 중 지진에 의한 수평가속도 a와 중력가속도 g의 비에 상당하는 비율만(이 비를 **수평진도** k라 한다) 수평력 P로서 힘이 생긴다. 일반적으로 지진은 동하중이 최대로 실릴 때에 생기는 확률은 작기 때문에 부동하중이 작용하는 경우에만 고려한다. 지진의 검토는 **연직진도**에서도 한다.

연직진도

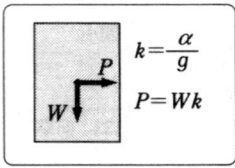

그림 6 지진의 영향

▶ 그 외의 하중

그 외의 하중으로서 표 5와 같은 종류가 있다.

표 5

설하중	적설이 많은 지구에서는 $9.8 kN/m^2$ 재하
원심하중	열차가 곡선 교량을 통과할 경우에 고려. 자동차는 불요
제동하중	열차가 브레이크를 걸 경우에 고려. 자동차는 불요
충돌하중	자동차나 선박 등에 의한 충돌사고에 생기는 하중

■ 알아두면 편리

구조물을 설계할 경우에는 정해진 기준을 벗어나지 않고 준거할 필요가 있다. 이 설계의 기준은 표 6과 같이 토목학회나 일본도로협회 등의 공공 조직에서 설계시방서 등에 작성되고 있다. 이 기준은 시대의 발전에 따라 수년마다 개정하여 신기준을 제정하고 있다(이 편에서는 도로 교량표시를 규정으로 SI화하고 있다).

표 6 시방서

시방서		출판	본문약호
도로교 시방서	I. 공통편 II. 강교량편 III. 콘크리트교편 IV. 하부구조편 V. 내진설계편	일본도로협회 편	도로 교량 표시
콘크리트 표준 시방서		토목학회 편	토목학회

3. 설계와 시방서

□ 포인트

▶ 안전율과 허용응력도

부재단면의 설계에는 재료의 강도를 미리 정하고, 작용력에 응한 단면적을 산정한다. 또한 가정한 단면적에서 작용력에 견딜 수 있는지 검토하여 설계한다. 재료의 강도나 단면의 가정법을 정한 것을 **시방서**라 부르고 있다. 재료의 강도를 정하기 위해 안전율을 이용한다.

시방서

■ 해설

작용력 $P=980,000$N, 단위 당 강도를 98N/mm²로 했을 때의 필요단면적 A를 구한다. 발생하는 응력도 σ가 재료의 단위당 강도 98N/mm²과 같거나 작아지도록 단면적을 역산하면 된다.

즉,

$$\frac{P}{A} \leq 98 \quad \rightarrow \quad A \geq \frac{P}{98} = \frac{980,000}{98} = 10,000 \text{ mm}^2 = 100 \text{ cm}^2$$

여기서, 100cm² 이상의 단면적을 확보하면 안전하다는 것을 알 수 있다. 위에서 부재의 단위당 강도는 실험 등에 의해서 정한다. 파괴직전 작용력(강복점 강도) σ_g의 크기를 그대로 사용하면, 재료의 어지러짐 등이 있으므로 안전을 위해 일정률을 곱한다.

안전율
항복점 강도
허용응력도

이 비율 S를 안전율이라 한다. 즉, **항복점 강도** σ_g를 안전율 S에서 제거한 것이 설계에 이용하는 부재의 강도로, 이 값을 **허용응력도** σ_a라 한다. 이 허용응력도는 다음 식으로 구한다.

$$\sigma_a = \sigma_g / S$$

여기서, σ_g : 항복점 강도
S : 안전율(강으로는 1.7 정도)

❖ 예제

허용응력도 $\sigma_{ta}=137.20$N/mm²의 부재에 137,200N의 인장력이 작용할 때, 부재단면의 수치는 한 변이 몇 cm의 직사각형이 좋은지 설계하라(그림 1).

답

필요단면적 A는
$$A \geq P/\sigma_{ta}$$
따라서, 1변 $a = \sqrt{1,000} = 32$mm²

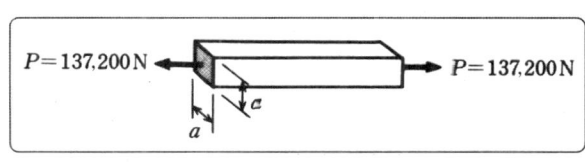

그림 1

1. 인장부재

□ 포인트

로프는 자유롭게 구부릴 수 있으므로 현수교의 와이어 로프와 같이 인장력만 일으키는 부재로서 유효하다. 그러나 압축력에 대한 내력은 없다. 그림 1은 와이어 로프의 단면형상의 예이다.

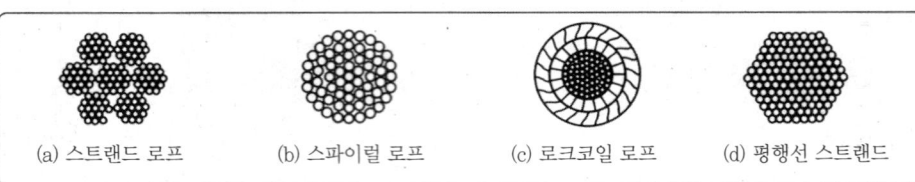

(a) 스트랜드 로프　(b) 스파이럴 로프　(c) 로크코일 로프　(d) 평행선 스트랜드

그림 1 와이어 로프의 단면형상

단일인장재
조합인장재

그 외의 인장재에는 그림 2와 같이 구형강이나 산형강 등을 단독으로 이용하는 **단일인장재**, 형강을 조합하거나 강판을 합쳐서 이용하는 **조합인장재**가 있다.

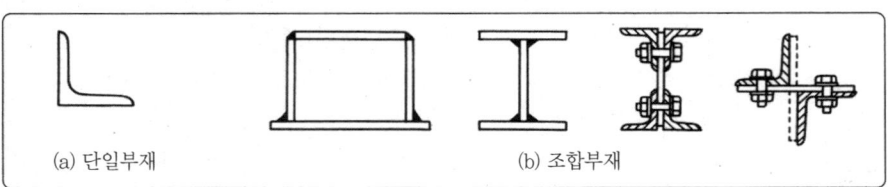

(a) 단일부재　　　　　　　　　　(b) 조합부재

그림 2 인장재

「도로교량표시」에는 판두께의 최소값을 8mm 이상으로 하고, 구형강이나 I형강의 복부는 7.5mm 이상으로 하고 있다. 이 두께는 부식이나 운반 중의 굴곡 등을 고려하여 결정되고 있다.

■ 해설

▶ 강판의 순단면적

강판에 작용하는 인장력은 볼트 구멍에는 볼트로 충전되고 있지만, 힘은 전달되지 않는다. 즉, 볼트 구멍에 의한 단면적의 감소가 생긴다.

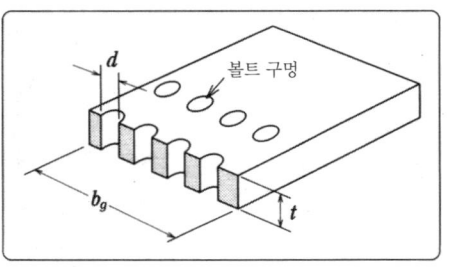

그림 3 순단면적

순단면적

감소한 단면적을 **순단면적**이라 한다(그림 3). 순단면적 A_n은 총폭 b_g에서 볼트 구멍 직경 d에 3mm 더한 것의 개수분을 뺀 순폭 b_r에, 판두께 t를 곱해서 구한다. 즉

순폭 $b_r = b_g - (d + 3\text{mm}) \times 개수$, 순단면적 $A_n = b_n t$

▶ 산형강의 순단면적

연결부에서는 볼트의 열중심과 산형강의 도심이 어긋나 있기 대문에 편심에 의한 휨 모멘트가 생긴다(그림 4). 그리고 부재의 강도가 손상되므로 산형강의 돌출각의 반분을 무효로 한다. 그러나 산형강의 등을 서로 맞대게 전면 유효로 할 수 있다.

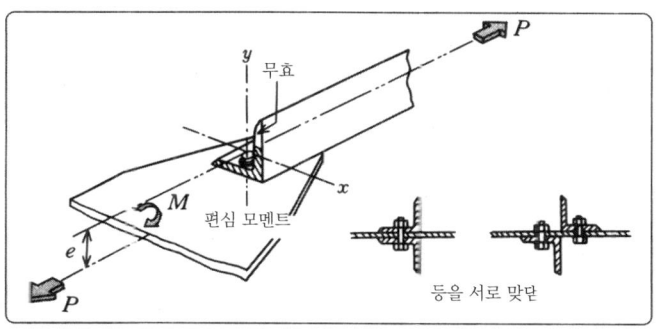

그림 4 편심 모멘트에 의한 순단면적

허용축방향 인장응력도

▶ 강재의 허용축방향 인장응력도

강재 도로와 교량의 허용축방향 인장응력도는 표 1을 통해 나타냈다.

표 1 허용축 인장응력도 [N/mm²]

강의 종류	허용축방향 인장응력도
SS 400, SM 400, SMA 400 W	137.20

▶ 인장부재의 설계

인장부재의 설계에서는 식 (1)과 같이 발생하고 있는 인장응력도 σ_t가 허용축방향 인장응력도 σ_{ta}보다 작으면 안전하다.

$$\sigma_t = \frac{P}{A_n} \leq c_{ta} \qquad \cdots (1)$$

σ_t : 인장응력도 [N/mm²]
P : 인장력 [N]
A_n : 부재순단면적 [mm²]
σ_{tc} : 허용축방향 인장응력도 [N/mm²]

2. 압축부재와 세장비

□ 포인트

압축부재는 축방향 압축력을 받는 부재로, 집의 기둥이나 교각, 의자의 다리 등에 해당한다. 이들 부재는 가늘어지면 횡으로 굽어져서 파괴되는 경우가 있다.

■ 해설

단면 2차 반경

▶ 세장비

압축부재에는 그림 1과 같이 유효길이 l_r와 **단면 2차 반경** i(회전반경)의 비율이 크면(길고 가는 부재는) 세로방향으로 굽어 부러진다. 이 경우 단면 2차 반경 i은 부재단면의 중립축에 대한 단면 2차 모멘트 I_n를 단면적 A로 나누어 제곱근 풀이로 구한다. 부재의 단면 2차 반경은 형강에 대해서는 재료표에 게재되어 있으므로 계산의 필요성은 없다. **세장비** λ는 다음 식과 같다.

세장비

$$\lambda = \frac{l_r}{i} \qquad \cdots\cdots (1)$$

여기서, l_r : 유효길이 [cm]

i : 최소단면 2차 반경(회전반경) [cm]

(단, 세장비를 구하는 i는 최소값으로 한다)

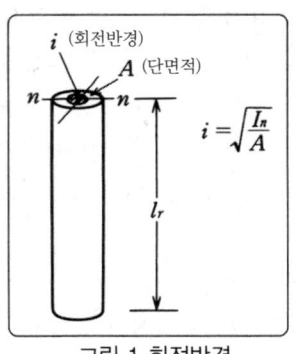

그림 1 회전반경

일반적으로 부재길이는 그 부재의 지점 간의 거리로 표현된다. 그러나 그 부재의 양 끝의 지지방법에 따라 부재길이는 외견상 변화한다. 이 외견상의 길이를 **유효길이**(환산길이) l_r이라 한다. 실제로 세장비를 구하려면 그림 2의 유효길이를 이용한다.

유효길이

▶ 좌굴

좌굴

기둥이 굽어져서 파괴되는 현상을 **좌굴**이라 한다. 좌굴은 세장비가 커질수록 일어나기 쉽다. 좌굴의 우려가 있는 경우는 기둥의 길이를 짧게 하거나

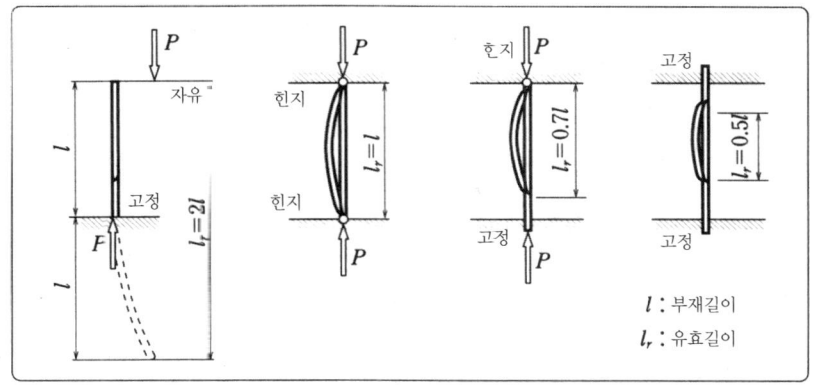

그림 2 유효길이

지점의 지지방법을 바꾸거나 부재의 단면 2차 반경을 크게 한다.

▶ **강재의 허용축방향 압축응력도**

압축부재에는 좌굴파괴를 일으키는 일이 있으므로 그 영향을 고려하여 허용응력도를 작게 하고 있다. 영향의 정도는 세장비에 의해 정해지고 있다. 「도로교량표시」의 **허용축방향 압축응력도**를 표 1에 나타냈다.

표 1 국부좌굴을 고려하지 않은 허용축방향 압축응력도 [N/mm²]

강종	허용축방향 압축응력도		
SS 400, SM 400 SMA 400 W	$\frac{l_r}{i} \leq 20 : 137.20$	$20 < \frac{l_r}{i} \leq 93 : 137.20 - 0.8232\left(\frac{l_r}{i} - 20\right)$	$93 < \frac{l_r}{i} : \dfrac{1,176,000}{6,700 + \left(\frac{l_r}{i}\right)^2}$
비고	l_r : 부재의 유효길이 [cm] i : 부재의 총 단면의 균면 2차 반경 [cm]		

(「도로교량표시」에서)

❖ **예제**

그림 3에 기둥의 유효길이를 구하라.

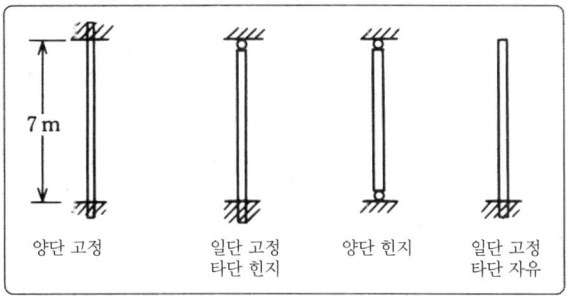

그림 3

답

양단 고정 : 3.5m, 일단 고정 다단힌지 : 4.9m, 양단 힌지 : 7m,
일단 고정 다단 자유 : 14m

■ 해설   ▶ 압축부재의 설계

압축부재에는 볼트 구멍이 뚫려 있어도 볼트를 끼움으로써 힘이 전달된다. 즉, 부재의 전단면적이 유효하게 작용한다. 그러나 압축부재의 설계로는 좌굴파괴에 특히 주의하여 식 (2)와 같이 부재에 작용하는 축방향 압축응력도가 표 1의 허용축방향 압축응력도를 넘지 않도록 한다. 또한 최소 판두께의 제한에는 인장부재와 같이 8mm 이상으로 하고, L형강이나 I형강의 복부는 7.5mm 이상으로 하는 것이 좋다.

$$\sigma_c = \frac{P}{A_g} \leq \sigma_{ca} \qquad \cdots\cdots(2)$$

여기서, σ_c : 축방향 압축응력도 [N/mm²]
        P : 압축력 [N]
        A_g : 부재 총 단면적 [mm²]
        σ_{ca} : 허용축방향 압축응력도 [N/mm²]

■ 관련사항

거싯

그림 4에서처럼 강판의 **거싯**과 산형강이 연결되어 있을 경우 축방향의 편심압축응력이 작용한 경우 허용압축응력도는 앞서 구한 σ_{ca}에 다음의 저감률을 곱한다.

$$저감률 = 0.5 + \frac{1}{1,000} \cdot \frac{l}{i_x}$$

여기서, l : 유효길이
        i_x : x축 (거싯면에 평행한 축)의 단면 2차 반경

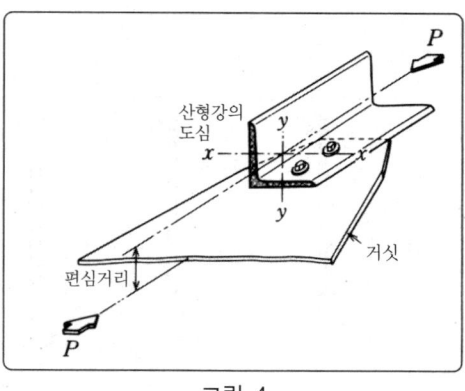

그림 4

3. 휨 부재

□ 포인트

교량의 보와 같이 휨 모멘트가 작용하는 부자에는 그림 1과 같이 부재단면의 도심축을 경계로 위로는 압축, 아래로는 인장이 생긴다. 휨 모멘트 M이 클수록 압축, 인장도 커진다. 또한, 보에는 동시에 전단력도 작용한다.

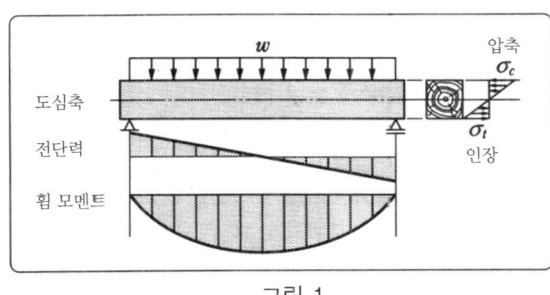

그림 1

■ 해설

허용 휨 응력도

압축연

인장연

횡좌굴

허용 휨 압축 응력도

▶ 허용 휨 응력도

보의 **허용 휨 응력도**는, 제 1절의 표 1에 표시한 허용축방향 인장응력도와 같은 값을 사용한다.

압축연에서는 압축 플랜지가 철근 콘크리트 상판으로 고정되거나 상항과 같은 구조로는 허용 휨 응력도는 인장연과 같이 최대값으로 한다.

고정되지 않은(플랜지와 철근 콘크리트 상판은 슬래브 고정대로 고정되어 있지만, 플랜지와 상판의 일체화를 기대하지 않는다) 경우는 플랜지가 압축력에 의해 횡방향으로 굽은 **가로좌굴**을 일으킨다. 가로좌굴의 정도는 복판의 총 단면적 A_w과 압축 플랜지 총 단면적 A_c의 비율, 및 그림 2에 나온 압축 플랜지의 고정점 간 거리 l, 압축 플랜지 폭 b의 비율에 의해 나타낼 수 있다. 다음 페이지 표 1에 **허용 휨 압축응력도**를 나타내었다.

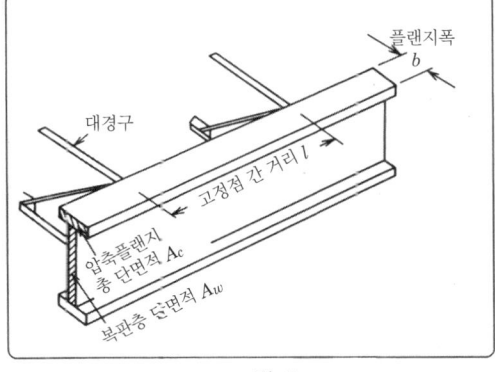

그림 2

▶ 허용 전단응력도

보에 작용하는 전단력에 의해 전단응력도 τ가 생긴다. 전단력은 주로 복판에서 저항하므로 플랜지의 단면적은 무시한다. 전단응력도

강구조

허용 전단응력도 τ를 구하는 법은 휨 부재의 설계 항으로 구한다. 표 2에 허용 전단응력도를 나타냈다.

표 1 허용 휨 압축응력도 [N/mm²]

단면의 종류 강종	압축플랜지가 콘크리트 상판 등으로 직접 고정되어 있는 경우	상형단면 π형 단면의 경우	왼쪽에 기입된 것 이외의 경우	
			$A_w/A_c \leq 2$	$A_w/A_c > 2$
SS 400 SM 400 SMA 400 W	137.20	$\dfrac{l}{b} \leq 4.5 : 137.20$ $4.5 < \dfrac{l}{b} \leq 30 : 137.20$ $\quad -2.352\left(\dfrac{l}{b}-4.5\right)$	$\dfrac{l}{b} \leq \dfrac{9}{K} : 137.20$ $\quad -1.176\left(K\dfrac{l}{b}-9\right)$ $\dfrac{9}{K} < \dfrac{l}{b} \leq 30 : 137.20$	

A_w : 복판의 총단면적 [cm²], A_c : 압축플랜지의 총단면적 [cm²] $K : \sqrt{3+\dfrac{A_w}{2A_c}}$
Z : 압축플랜지의 고정점 간 거리 [cm], b : 압축플랜지 폭 [cm]

(「도로교량표시」에서)

표 2 허용 전단응력도 [N/mm²]

강의 종류	허용 전단 응력도
SS 400, SM 400, SMA 400 W	78.40

(「도로교량표시」에서)

❖ 예제

그림 3과 같이 지간 4m의 단순보에 $P=196,000\text{N}$의 집중하중과, 자체 무게(중하중)로서 $w_d=2,940\text{N/m}$가 작용하고 있다. 다른 조건은 무시해도 좋다. 보의 부재는 SM400의 H형강을 이용하여 설계하라. 단, 압축 플랜지는 직접 고정으로 한다.

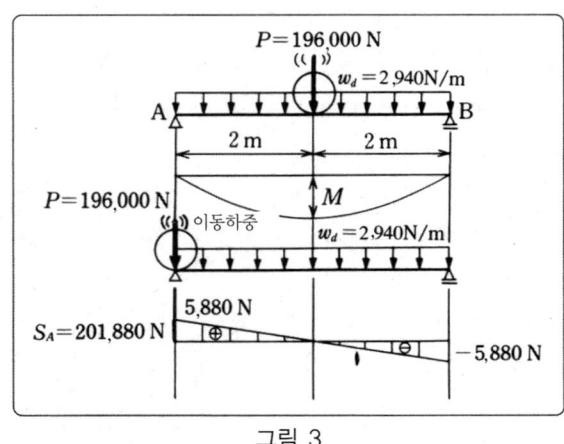

그림 3

[답]

최대 휨 모멘트는 P를 지간 중앙으로 한다.

$$M = \frac{Pl}{4} + \frac{w_d l^2}{8} = \frac{196,000 \times 4}{4} + \frac{2,940 \times 4^2}{8} = 201,880 \text{ N·m} = 20,188,000 \text{ N·cm}$$

필요단면계수는

$$\sigma = \frac{M}{Z} \quad \rightarrow \quad Z \geq \frac{M}{\sigma_a} = \frac{20,188,000}{13,720} = 1,472 \text{ cm}^3$$

부표(p.402)에서

H $500 \times 200 \times 10 \times 16$ $Z_x = 1,910$ cm³를 이용한다.

$$\sigma_c = \sigma_t = \frac{M}{Z_x} = \frac{20,188,000}{1,910} = 10,570 \text{ N/cm}^2 = 105.70 \text{ N/mm}^2$$
$$< \sigma_{ca} = 137.20 \text{ N/mm}^2$$

∴ 안전하다.

최대 전단력은 P를 지점 A 위로 이동하여 지점 A 위에 생긴다.

$S_A = 201,880$ N

$$\tau = \frac{S}{A_w} = \frac{201,880}{(50-1.6\times2)\times1.0} = 4,314 \text{ N/cm}^2 = 43.14 \text{ N/mm}^2 < \tau_a = 78.40 \text{ N/mm}^2$$

∴ 안전하다.

■ 해설　▶ 휨 부자의 설계

　휨 부재의 설계는 작용하는 휨 모멘트 M과 전단력 S에 따른다. 휨 모멘트에 대해서는 식 (1)에서처럼 압축측은 허용 응력도의 감소에 주의하고, 인장측은 볼트접합에 의한 구멍의 손실에 유의하여 발생하는 응력도가 허용 응력도 이하가 되도록 설계한다.

$$\sigma_c = \frac{M}{Z_c} \leq \sigma_{ca}, \quad \sigma_t = \frac{M}{Z_t} \cdot \frac{A_g}{A_n} \leq \sigma_{ta} \quad \cdots\cdots(1)$$

여기서, σ_c : 압축연 응력도 [N/mm²],　M : 휨 모멘트 [N cm]

Z_c : 압축연 단면계수 [cm³],　Z_t : 인장연 단면계수 [cm³]

σ_t : 압축연 응력도 [N/cm²],　A_g : 인장 플랜지 총 단면적 [cm²]

A_n : 인장 플랜지 순 단면적 [cm²]

σ_{ca} : 허용곡선 압축응력도 [N/mm²]

σ_{ta} : 허용곡선 인장응력도 [N/mm²]

　휨 모멘트에 비해 안전하다면 다음은 전단력에 대해서 검토한다. 전단력의 검토에는 전단력에서 복판에 대한 전단응력도 τ을 식 (2)에서처럼 근사식을 구해, 전단응력도가 표 2의 허용 전단 응력도 이하라면 안전하다.

$$\tau = \frac{S}{A_w} \leq \tau_a \quad \cdots\cdots(2)$$

여기서, τ : 전단응력도 [N/mm²], S : 전단력 [N]

A_w : 복단단면적 [cm²],　τ_a : 허용 전단응력도 [N/mm²]

8 강구조

1. 접합의 종류

□ 포인트
첨접
연결
용접접합
고력볼트 마찰접합

구조물을 구성하고 있는 각각의 부분을 **부재**라 한다. 또한, 토목구조물에서 **접합**이란 부재 등을 합치는 것을 말한다. 접합의 종류에는 동일부재 내에서의 **첨접**과, 다른 부재 간을 잇는 **연결**이 있다. 접합주체에 많이 이용되는 것으로서 **용접접합**과 **고력볼트 마찰접합**이 있다.

■ 해설
복판
플랜지

▶ 목적에 따른 분류
1 **단면의 조립**····그림 1의 (a)에 나타낸 것처럼 강판을 용접하여 **복판**과 **플랜지** 등을 구성하여 필요한 단면을 만든다.

황구
모재

2 **첨접과 연결**····첨접은 긴 부재를 공장에서 현장으로 옮길 때 작게 분할해서 옮길 때 그림 2와 같이 현지에서 첨접판을 붙인 구조물로 할 것. 연결은 그림 1의 (b)에 나온 하 플랜지와 **황구**와 같이 서로 다른 부재의 접합이다. 접합되는 부재를 **모재**(母材)라 한다.

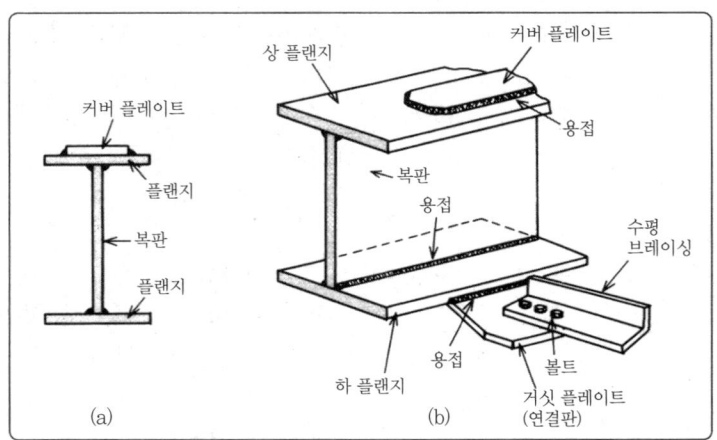

그림 1 플레이트 거더의 구조도

▶ 접합방법에 의한 분류
1 **용접접합**····열에 비해 강재를 국부적으로 용융상태로 하여 접합한다.

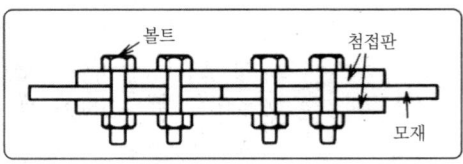

그림 2 부재의 첨접

2 **고력볼트 마찰접합**···고력볼트의 볼트 두부와 너트와의 사이에 생기는 강한 조임력에 의해 접합편을 압착하여 마찰력에 의해 접합한다.

2. 고력 볼트 마찰 접합

□ 포인트
고장력강

1면 마찰
2면 마찰

고력 볼트란, 볼트의 재질에 **고장력강**을 사용한 것으로 재질에 따라 F8T, F10T, F11T의 3종류가 있다. 볼트의 외경에 따라서 M20(외경이 20mm), M22, M24의 3종류가 많이 사용된다. 고력 볼트 마찰 접합에는 **1면 마찰**과 **2면 마찰**이 있다. 고력 볼트 마찰 접합의 강도는 1마찰면당 **허용력** P_a에 의해 산출된다.

■ 해설
잔류응력

마찰면
호칭지름

현장에서는 용접하기 어려운 개소, 구조상 큰 잔류응력이 생기는 개소, 용접 후 X선 검사가 곤란한 개소 등이 많다. 이와 같은 곳에서 신뢰성이 높은 고력 볼트가 현장접합에 잘 사용된다. 고력 볼트 마찰 이음에는 그림 1과 같이 겹침 이음[그림 1의 (a)]과 맞대기 이음[그림 1의 (b), (c)]가 있다. 응력을 전달하는 접촉면을 **마찰면**이라 하며, 그림 1의 (a), (b)는 **1면 마찰**, 그림 1의 (c)는 **2면 마찰**이라 한다. 또한 볼트의 외경을 **호칭지름**이라 한다. F8T는 최소인장강도가 784N/mm²(80kgf/mm²) 이상의 **강재**이다. 보통의 강재에 비해 매우 높은 강도를 가지고 있다.

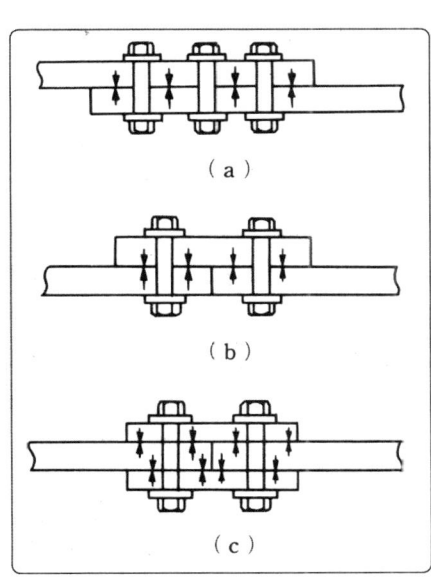

그림 1 마찰접합 이음매의 종류

표 1 고력 볼트 마찰 접합 1돈 1마찰단면당의 허용력 P_a [N]

나사의 호칭 \ 볼트의 등급	F 8 T	F 10 T	S 10 T
M 20	30,380	38,220	38,220
M 22	38,220	47,040	47,040
M 24	44,100	54,880	54,880

S 10 T : 토르시아형 고력 볼트

일반적으로 많이 이용되고 있는 M20, M22, M24의 볼트에 대해 1면 마찰당 강도를 표 1에 나타냈다. 이 표는 마찰면의 허용전단력에 의해 산출된다.

❖ 예제

그림 2와 같은 이음에서 고력볼트 M22를 사용할 때, 이음의 강도 P를 구하라. 단, 볼트의 재질은 F8T로 한다.

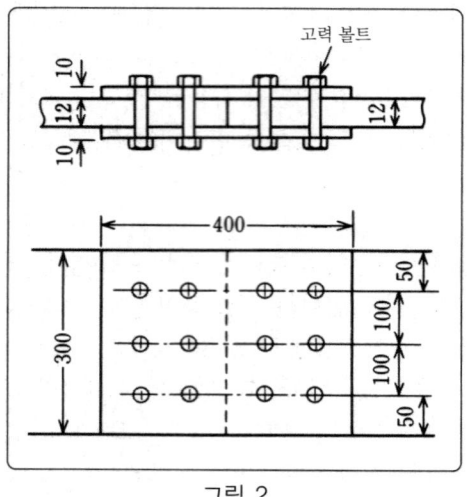

그림 2

답

1개 볼트의 허용력은 $\rho_a = 2 \times 38,220 = 76,440$ N 이기 때문에

(2면 마찰)

$$P = 6 \times 76,440 = 456,640 \text{N}$$

■ 관련사항   ▶ 고력볼트 마찰이음 파괴의 경우

그림 3은 인장부재의 **순단면적**이 부족하기 때문에 생긴 것이다. 순단면적이란, 부재의 총단면적에서 고력볼트 구멍에 의한 단면적을 빼서 얻는 값으로, (순폭)×(판두께)로 계산한다. 이때 고력볼트 구멍의 지름은 일반적으로 호칭지름보다 1.5mm 크게 뚫는다. 설계계산에서는 여유를 보고, 호칭지름에 3mm를 더하는 것으로 한다. 부재의 **순폭**은 **병렬**일 경우 **총폭**에서 고력볼트 구멍의 지름의 합을 뺀다.

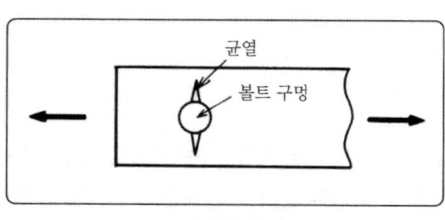

그림 3

▶지그재그 박기의 경우

그림 4와 같이 먼저 a_1과 a_3을 직선으로 연결하는 순폭을 구한다. 그 다음 a_1, a_2, a_3을 포물선으로 연결하는 단면을 다음과 같이 구한다. 첫 번째 고력볼트 구멍에서는 진독을 빼고, 두 번째 이후의 계산은 다음 식으로 계산한 w를 뺀다. 이 결과 작은 쪽을 순폭 b_n으로 한다.

$$w = d - \frac{p^2}{4g} \quad \cdots\cdots(1)$$

여기서, d : 고력볼트 구멍의 직경 (볼트 호칭지름+0.3) [cm]
p : 고력볼트 피치 [cm]
g : 고력볼트 선간 거리 [cm]

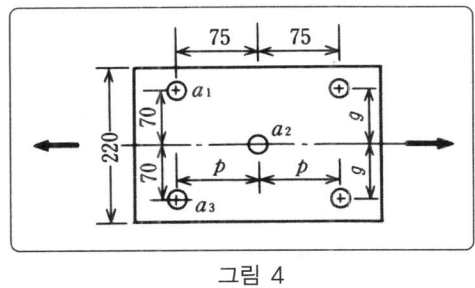

그림 4

❖ 예제

그림 4의 단면의 순폭을 계산하라. 단, 수치의 단위는 mm, 고력볼트는 M20으로 한다.

답

먼저 a_1과 a_3를 연결하는 단면에 대해 생각하면 $p=0$이기 때문에 $w=d$가 되며, 순폭 b_n은 $b_n = 22 - (2.0 + 0.3) \times 2 = 17.4$cm가 된다. 다음으로, a_1, a_2, a_3를 연결하는 단면을 생각하면

$$w = d - \frac{p^2}{4g} = 2.3 - \frac{7.5^2}{4 \times 7.0} = 2.3 - 2.01 = 0.29 \text{ cm}$$

따라서,

$$b_n = b - d - \left(d - \frac{p^2}{4g}\right) \times 2 = 22 - 2.3 - 0.29 \times 2 = 19.12 \text{ cm}$$

a_1과 a_3을 연결하는 단면쪽이 순폭이 작으므로 구하는 값은 17.4cm이다.

■ 관련사항
주요부재를 연결 또는 첨접하는 계수의 설계는 작용응력 이상으로, 최소한 전강의 75% 이상의 강도를 가지도록 행한다. **전강**이란 그 부재가 설계상 견딜 수 있는 최대강도로, 인장부재일 때는 고력볼트 구멍이 유효하게 작용하

지 않으므로 순단면적 A_n에 대해 고려한다. 압축부재일 때는 총단면적 A_n이 유효하다고 생각된다.

그러므로, 전강의 값 P는 다음 식에 의해 구한다.

$$P = \sigma_a A \ [\text{N}] \quad \cdots\cdots(2)$$

여기서, σ_a : 부재의 허용응력도 [N/mm²]
A : 부재의 단면적(인장부재일 때는 순단면적 A_n, 압축부재일 때는 총단면적 A_g) [mm²]

고력 볼트 마찰접합계수에 필요한 고력 볼트 개수 n은 계수설계의 강도 P를 고력 볼트의 허용력 ρ_a로 나눈 값으로 다음 식으로 구한다.

$$n = \frac{P}{\rho_a} \quad \cdots\cdots(3)$$

❖ **예제**

그림 5의 계수 392,000N의 압축력이 작용할 때, 필요한 고력 볼트의 개수를 구하라. 단, 강재의 재질은 SS 400, $\sigma_a = 137.20\text{N/mm}^2$, 고력 볼트는 M22 (F8T)로 한다.

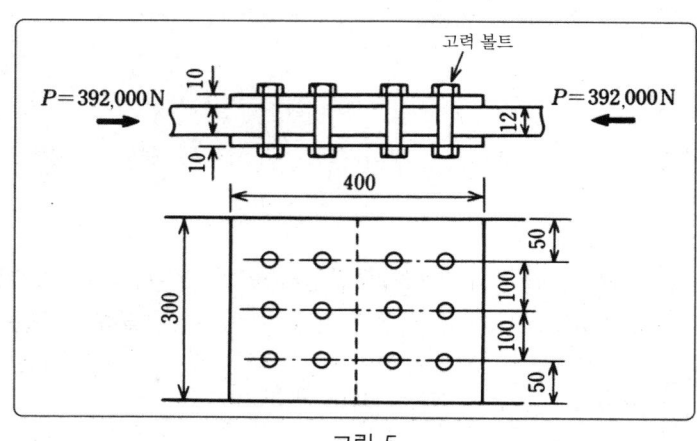

그림 5

답

압축력이 작용하고 있으므로 총단면적이 유효하게 작용한다.

전강 $P = 137.20 \times 300 \times 12 = 493,920\text{N}$

계수의 설계상 강도 $P = 0.75 \times 493,920 = 370,440\text{N} < 392,000\text{ N}$

∴ 작용력을 이용하여 고력 볼트 1개의 허용력은 2면 마찰이므로

$\rho_a = 2 \times 38,220 = 76,440\text{ N}$

고력 볼트 개수 $n = P/\rho_a = 392,000/76,440 = 5.13 ≒ 6$개 사용

■ 실무에 적용하기
▶ 고력 볼트 마찰접합계수의 설계상의 주의사항
  ① 고력 볼트의 다짐이 손쉬운 곳에 배치한다.
  ② 계수위치는 되도록 부재응력에 여유가 있는 곳에 설치한다.
  ③ 고력 볼트군의 중심선과 부재의 중심선과는 되도록 일치시켜 편심에 의한 휨 모멘트를 작게 한다.
  ④ 부재응력이 작고 계산상 필요가 없어도 볼트 수는 2개 이상으로 한다.
▶ 고력 볼트에 의한 조립
  부재의 조립은 조립기호 등에 따라서 바른 순서대로 행한다. 부재의 조립에 앞서, 접촉면이 진흙이나 기름으로 더러워진 경우에는 꼼꼼하게 청소를 해야 하며, 도색을 할 때는 후막형 무기 징크리치 페인트만 가능하다. 조립시에 드리프트 핀으로 구멍의 위치를 결정하고, 가체결 볼트를 통하게 한다. 이들의 볼트 수는 연결 볼트 수의 1/3 이상으로 한다. 본 조임에 앞서 그림 6과 같은 검사를 실시한다. 볼트 축력 도입은 너트를 돌려서 한다. 토르시아형 고력 볼트를 이용하는 경우에는 일정 축력에 의한 파단구에서 절단하는 것을 시험해 둘 필요가 있다. 상온 시(10~30℃)의 체결 볼트 축력의 평균값은 표 2의 범위 내에 있어야 한다.

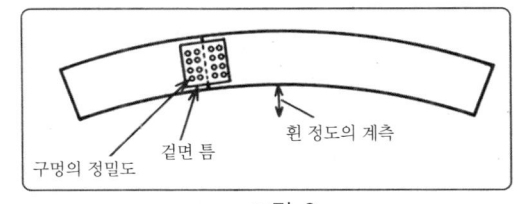

그림 6

표 2

세트	나사의 호칭	1제조 로트의 세트의 죔 볼트축력의 평균값[N]
S 10 T	M 20	16,8560~197,960
	M 22	207,760~244,028
	M 24	242,060~284,000

▶ 볼트의 조이기
  볼트의 조이기는 중앙 볼트부터 순차로 끝부분의 볼트의 순서로 하며, 1회에 필요한 조임 볼트 축력의 60% 정도로 모든 볼트를 가체결해 두고, 2회 이후에 필요한 체결 볼트 축력을 주도록 한다. 이것은 1회에 100% 체결시키면, 최초에 체결된 볼트가 느슨해질 경향이 있기 때문이다. 볼트 체결 후에도 대부분 외관이 변하지 않기 때문에 체결을 잊지 않도록 주의해야 한다. 체결 볼트 축력은 설계 볼트 축력보다 10% 많은 것을 표준으로 한다. 설계 볼트 축력은 표 3을 통해 알 수 있다.

표 3 설계 볼트 축력[N]

고력 볼트의 호칭	F 8 T	F 10 T
M 20	130,340	161,700
M 22	161,700	200,900
M 24	188,160	223,240

3. 용접 접합

□ 포인트

가스용접
아크용접
그루브용접
필릿용접
목두께

강구조에서 많이 이용되는 용접에는 **가스용접**과 **아크용접**이 있다. 용접 이음으로는 그림 1의 (a)에 나온 **그루브(맞대기)용접**이나 그림 1의 (b)에 나온 **필릿용접**이 있다. 용접부의 강도는 재질에 따라 용융금속의 최소 두께인 **목두께**(그림 3, 5 참조)에 의해 결정된다.

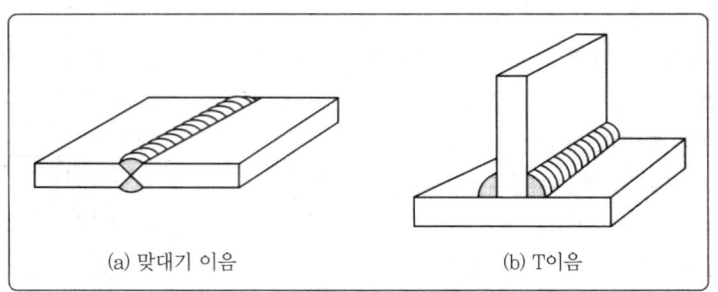

그림 1 용접이음의 기본형식

■ 해설

▶ 아크용접

강재를 용접하는 방법에는 가스용접, 전기용접 등이 있다. 교량에는 일반적으로 금속 아크용접(아크용접)을 이용한다. 이것은 금속 용접봉과 모재 사이에 전류를 흐르게 하여 아크를 발생시켜서 4,000~5,000℃의 고온으로 용접봉과 모재의 일부를 녹여 접합하는 방법이다. 용접부의 단면은 그림 2와 같다.

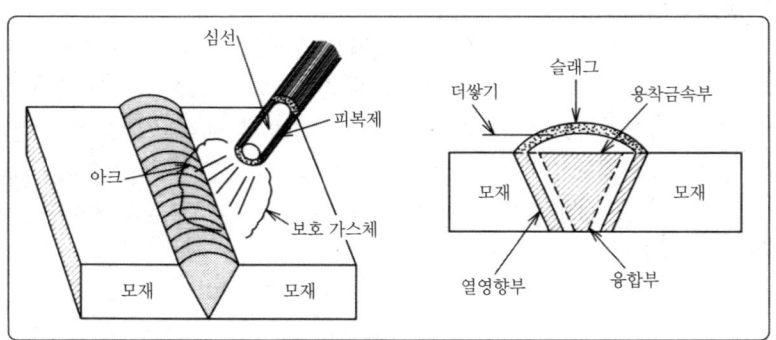

그림 2 용접부의 단면

용착금속부
융합부
용착금속부

용접부는 그림과 같이 용접봉이 녹아 있는 **용착금속부**, 모재와 용착금속이 융합하고 있는 **융합부**, 모재가 고온 때문에 변질이 생기고 있는 **열영향부**로 나눈다. 용접봉은 모재의 강재보다도 재질이 좋은 지름 4~6mm의 강재

피복제 로, 그 표면에 **피복제**를 도포한 것이다.

모재가 SS400, SM400에는 연동용 피복 아크 용접봉, 모재가 SM490 및 SM490Y에는 고장력강용 피복 아크 용접봉을 이용한다.

▶ 그루브용접

용접하는 모재의 접합부분을 용접의 상태가 좋도록 가공하여 틈(그루브 또는 **개선**(開先)이라 한다)을 만들어, 그곳에 용착금속을 두고 용접하는 이음이다. 접합면의 용접을 완전하게 하기 위해 판두께에 따라서 틈을 그림 3과 같은 형태로 한다.

개선

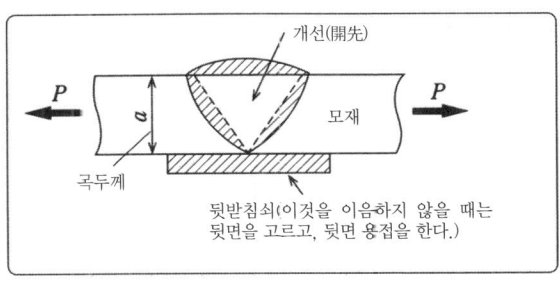

그림 3 V형 그루브용접

V형 그루브용접은 판두께 5~15mm의 용접에 이용한다. 그 외에 X형 그룹 용접은 판두께 10~30mm로, 바닥의 부분은 뒷면 고르기를 하고 뒷면 용접을 한다. 싱글 베벨 홈 용접은 판두께 15mm까지의 용접에 이용한다.

▶ 필릿용접

필릿용접에는 겹침이음과 T이음이 있다. 양 모재가 엇갈린 표면의 사이에 용착금속을 용착하여 접합하는 이음이다(그림 4). 작용하는 힘에 대한 용접선의 방향에 의해 **전면필릿**, **경사필릿**, **측면필릿**의 3종류로 나뉜다. 용접의 강도는 용착금속부의 목두께와 유효 길이에 의해 구한다.

전면필릿
경사필릿
측면필릿

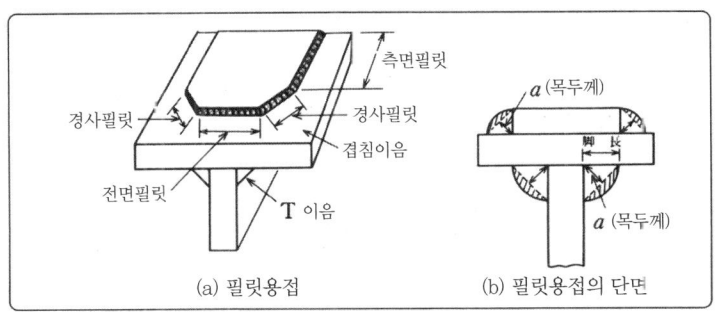

그림 4 필릿용접의 형태

▶ 목두께

그루브용접을 할 때는 그림 3의 모재 두께 a로 한다. 양 모재의 두께가 다를 때는 얇은 쪽의 판 두께로 한다. 그림 5와 같은 필릿용접은 용접금속의 이등변 삼각형 부분의 높이 a로 하여 이것을 목두께로 한다. 그 크기는 사이즈 S의 0.707배이다.

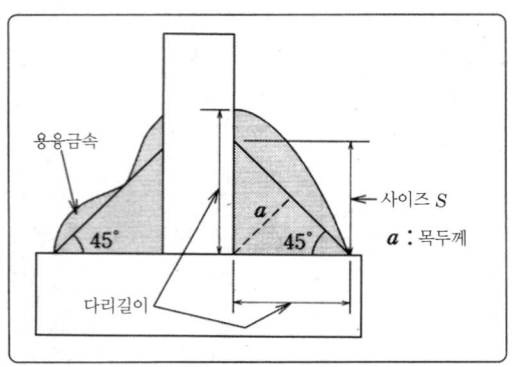

그림 5 필릿용접

▶ 유효길이

응력을 전하는 용접계수의 유효길이는 그림 6과 같이 용접개시점의 불완전 부분 및 종단부의 항아리 모양의 움푹들어간 곳(크레이터)을 제외한 완전한 단면을 가진 부분의 길이이다.

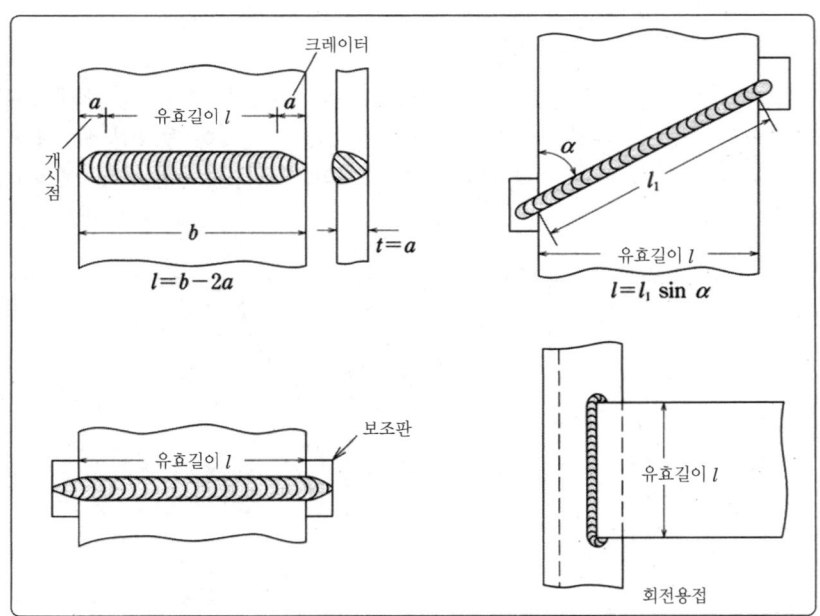

그림 6 용접의 유효길이

▶ 용접의 강도

용접결합에 인장력, 압축력 또는 전단력이 작용했을 때, 계수에 생기는 응력도는 다음 식에 의해 구한다.

$$\left. \begin{array}{l} \text{인장 또는 압축응력도} \quad \sigma \rightarrow \sigma = P/\Sigma al \\ \text{전단응력도} \quad \tau \rightarrow \tau = P/\Sigma al \end{array} \right\} \quad \cdots (1)$$

여기서, σ : 용접부에 생기는 인장응력도 또는 압축응력도 [N/mm²]
  τ : 용접부에 생기는 전단응력도 [N/mm²]
  P : 이음의 설계에 이용하는 외력 [N]
  a : 용접의 목두께 [mm]
  l : 용접의 유효길이 [mm]
  Σal : 용접의 유효단면적 [mm²]

일반적으로 필릿용접 시에는 목두께의 면에 작용하는 전단력을 받는 것으로서 계산한다. 또한 그루브용접 시에는 인장 또는 압축응력도로 계산한다.

식 (1)에서 구한 응력도와 표 1에서 나타내는 허용응력도를 비교하여, 안전성을 검토한다.

표 1 용접부의 허용응력도 [N/mm²]

용접의 종류		강의 종류 응력도의 종류	SS 400 SM 400 SMA 400 W	SM 490	SM 490 Y SM 520 SMA 490 W	SM 570 SMA 570 W
공장용접	전단면 침투 그루브용접	압축응력도 인장응력도 전단응력도	137.20 137.20 78.40	186.20 186.20 107.80	205.80 205.80 117.60	254.80 254.80 147.00
	필릿용접 부분용입용접 그루브용접	전단응력도	78.40	107.80	117.60	147.00
현장용접			각각의 경우에 대해서 상기의 90%를 원칙으로 한다.			

❖ 예제

그림 7과 같이, 거싯에 산형강 $90 \times 90 \times 10$을 용접했다. 이것을 현장용접으로 하면, 어느 정도의 힘에 저항할 수 있는가? 단, 강재는 SS 400으로 한다.

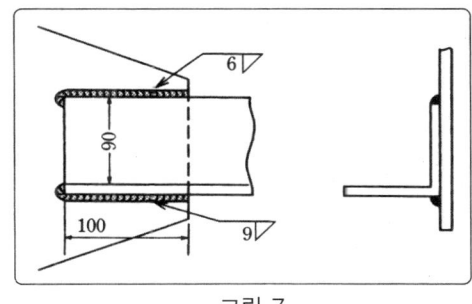

그림 7

답

용접부의 허용응력도 τ_a은, 현장용접 시, 공장용접의 허용응력도의 90%이다. 따라서

$\tau_a = 78.40 \times 0.9 = 70.56 \text{ N/mm}^2$

$\Sigma al = (6+9) \times 0.707 \times 100 = 1,060.5$

$\tau = P/al$ 에서, $\tau_a \geq P/al$ 이 되어야 하기 때문에 구하는 힘 P는

$P \leq \tau_a \times \Sigma al = 70.56 \times 1,060.5 = 74,829 \text{ N}$

❖ 예제

그림 8과 같이 두께 10mm의 판을 30cm로 겹쳐 필릿용접하였다. 이 판을 392,000N으로 인장할 때 용접부에 생기는 응력도를 구하라. 단, 사이즈는 9mm로 한다.

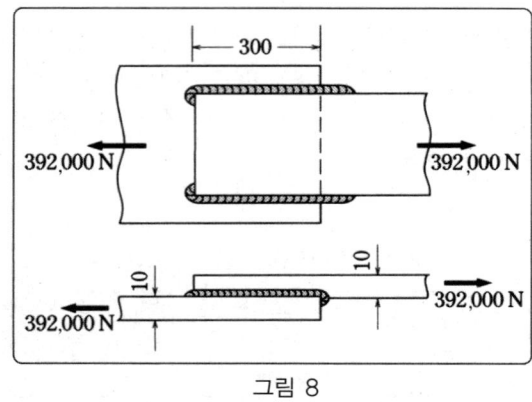

그림 8

답

목두께 a는

$a = 9 \times 0.707 = 6.363 \text{ mm}$

회전 용접을 했다고 한다면, 유효길이 l은

$l = 300 \text{ mm}$

$\tau = \dfrac{P}{\Sigma al} = \dfrac{392,000}{6.363 \times 2 \times 300} = 102.68 \text{ N/mm}^2$

↑── 양면에 있는 것에 주의

1. 구조와 각 부의 역할

□ 포인트

플레이트 거더교

플레이트 거더교의 구조는 그림 1에 나타낸 것처럼 얇은 강판을 세밀하게 조합하여, 용접으로 접합시켜 I형 단면으로 한 거더가 기본으로 되어 있다. 그리고 대경구나 횡구 및 수직보강재 등에 의하여 다리의 입체적인 구조를 유지하고 있다.

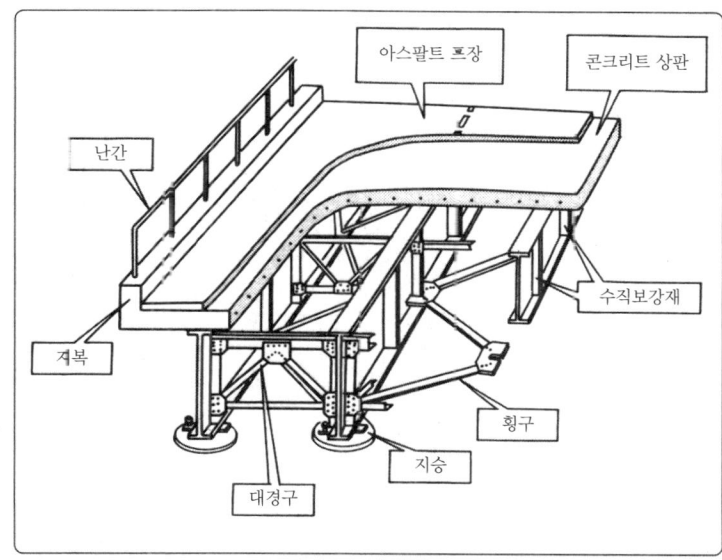

그림 1

■ 해설

각 부의 역할은 다음과 같다.

① **상판**-상판은 차 등의 하중을 메인거더에 전달한다. 직접하중에 접촉하므로 T 하중으로 설계한다. 또한, 상판에는 철근 콘크리트가 있다.
② **메인거더**-메인거더는 상판에서 받은 하중을 지점에 전달한다..
③ **수직보강재**-수직보강재는 메인거더의 좌굴이나 꼬임을 방지한다. 거더 높이가 커지면 **수평보강재**도 넣는다.
④ **대경구**-대경구에는 교량의 양단에 **단대경구**, 그 외의 중간부에 중간 대경구의 두 종류가 있다. 대경구는 교량의 입체구조를 유지하는 기능이 있다.
⑤ **횡구**-횡구는 **풍하중**과 같은 횡하중에 저항하기 위해 설치된다. 횡구는 직접 바람을 맞는 아웃사이드 거더의 안쪽에 넣는다.
⑥ **지승**-지승은 교량의 중량이나 재하중을 교대 또는 교각에 전달한다.
⑦ **지복**-지복은 타이어 등의 횡방향력을 저지하고 폭원을 확보한다.
⑧ **난간**-난간은 교통물의 전락 방지를 위한 것이다.

2. 메인 거더 단면의 결정

□ 포인트

바깥보

중간보

단면의 결정에는 바깥보와 중간보의 안쪽에 대해서 설계 모멘트를 산출하여 큰 쪽에서 단면설계를 한다. 이 설계에서는 바깥보만 설계한다.

■ 해설

▶설계 모멘트(그림 1)

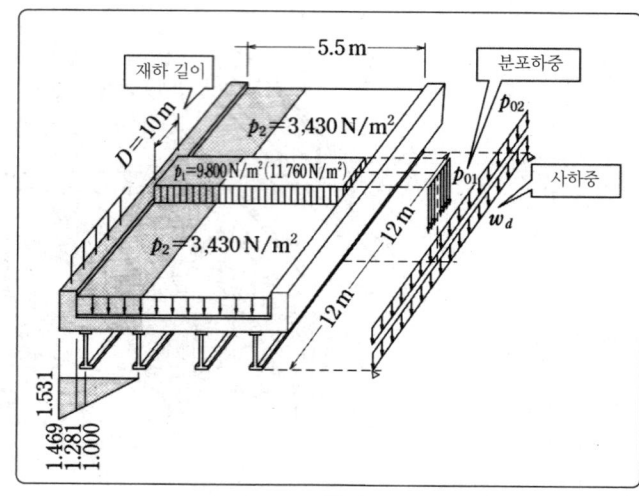

그림 1

[예 1]

1 부동하중에 의한 휨 모멘트 M_d(그림 2)

포장	$22,540 \times 0.05 \times 1.281 \times 2.050/2$	$= 1,480$
상판	$24,500 \times (0.202+0.160)/2 \times 1.281 \times 2.050/2$	$= 5,823$
강중	$2,254 \times 1.281 \times 2.050/2$	$= 2,960$
지복	$24,500 \times 0.40 \times 0.41 \times (1.531+1.281)/2$	$= 5,649$
난간	637×1.469	$= 936$
		$w_d = 16,848 \text{ N/m}$

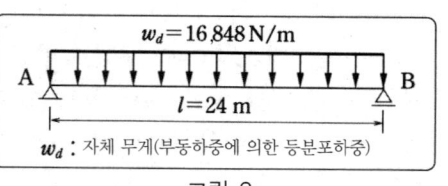

그림 2

$$M_d = \frac{w_d l^2}{8} = \frac{16,848 \times 24^2}{8} = 1,213,056 \text{ N·m}$$

2 동하중에 의한 휨 모멘트 M_l(그림 3)

$$p_{01} = 9,800 \times 2.050 \times 1.281/2 = 12,868 \text{ N/m}$$
$$p_{02} = 3,430 \times 2.050 \times 1.281/2 = 4,504 \text{ N/m}$$
$$M_l = \frac{p_{01} D (2l - D)}{8} + \frac{p_{02} l^2}{8}$$
$$= \frac{12,868 \times 10 \times (2 \times 24 - 10)}{8} + \frac{4,504 \times 24^2}{8} = 935,518 \text{ N·m}$$

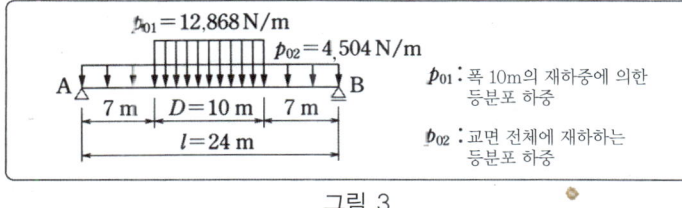

그림 3

3 충격에 의한 휨 모멘트 M_i

충격계수 $i = \dfrac{20}{50 + l} = \dfrac{20}{50 + 24} = 0.270$

$$M_i = M_l \, i = 935,518 \times 0.270 = 252,590 \text{ N·m}$$

4 합계 휨 모멘트 M

$$M = M_d + M_l + M_i = 1,213,056 + 935,518 + 252,590$$
$$= 2,401,164 \text{ N·m}$$

중앙단면의 가정은 설계 휨 모멘트 M에 대해서 [예 2]와 같이 한다.

[예 2] (다음 페이지 그림 4, 5)

설계 휨 모멘트 $M = 2,401,164 \text{ N·m} = 240,116,400 \text{ N·cm}$

① 복판 높이 h_w의 가정 – 여기서는 두 가지 식의 범위 내에서 결정한다.

$$h_1 = 1.1 \times \sqrt{\frac{M}{\sigma_a t_w}} = 1.1 \times \sqrt{\frac{240,116,400}{13,720 \times 1}} = 146 \text{ cm}$$

$$h_2 = \sqrt[3]{\frac{480 M}{\sigma_{ca} + \sigma_{ta}}} = \sqrt[3]{\frac{480 \times 240,116,400}{13,720 + 13,720}} = 161 \text{ cm}$$

$\therefore \ h_w = 154 \text{ cm} = 1,540 \text{ mm}$로 한다.

② 복판 두께 t_w의 가정 – SM400A, 수평보강재 없이 한다.

$$t_w = \frac{h_w}{152} = \frac{154}{152} \fallingdotseq 1 \text{ cm} \quad \therefore \ t_w = 10 \text{ mm}$$

③ 복판 단면적 A_w

$$A_w = h_w t_w = 154 \times 1 = 154 \text{ cm}^2$$

④ 필요 플랜지 단면적 A_f

$$A_f = \frac{M}{\sigma_a h_w} - \frac{A_w}{6} = \frac{240,116,400}{13,720 \times 154} - \frac{154}{6} = 88.0 \text{ cm}^2$$

⑤ 플랜지 두께 t_f

$$t_f \geq \sqrt{\frac{A_f}{20}} = \sqrt{\frac{88.0}{20}} = 2.10 \quad \therefore \quad t_f = 2.2 \text{ cm} = 22 \text{ mm}$$

β는 20으로 한다.   (SM400A의 판두께 제한은 32mm로 안전하다)

⑥ 플랜지 폭 b_f

$$b_f = 20\, t_f = 20 \times 2.2 = 44 \text{ cm} = 440 \text{ mm}$$

가정 단면을 검토할 때는 [예 3]과 같이 휨 응력도가 SM400A의 허용 휨 응력도를 넘지 않는 것을 확인한 후 안전을 검토한다.

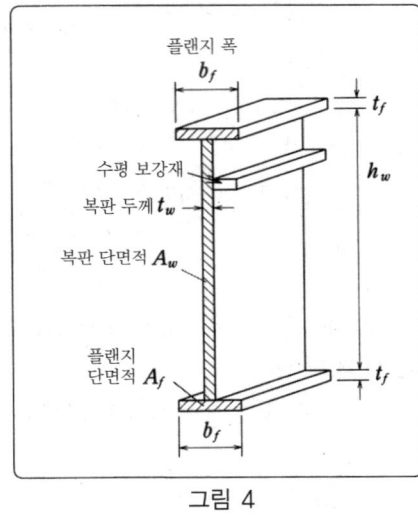

그림 4

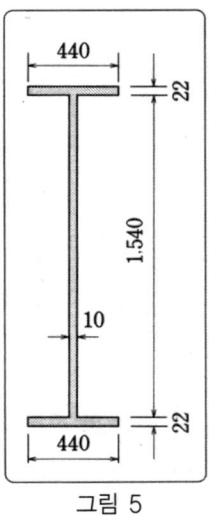

그림 5

▶ 응력도 검토

[예 3]

단면 2차 모멘트 I

$$I = \frac{BH^3 - bh^3}{12}$$

$$= \frac{44.0 \times 158.4^3 - 43.0 \times 154.0^3}{12} \fallingdotseq 1,485,000 \text{ cm}^4$$

$$Z = \frac{I}{y_0} = \frac{1,485,000}{79.2} = 18,750 \text{ cm}^3$$

$$\sigma = \frac{M}{Z} = \frac{240,116,400}{18,750} = 12,806 \text{ N/cm}^2 = 128.06 \text{ N/mm}^2$$

$\therefore \sigma < \sigma_{ca} = \sigma_{ta} = 137.20 \text{ N/mm}^2$ ∴ 단면 가정으로 안전

3. 메인 거더 단면의 변화

□ 포인트 단순보의 지점상에서는 휨 모멘트가 거의 생기지 않는다. 즉, 중앙부와 같은 단면을 이용하면 지점 쪽으로 접근할수록 비경제적이므로 플랜지에서 단면 변화를 한다.

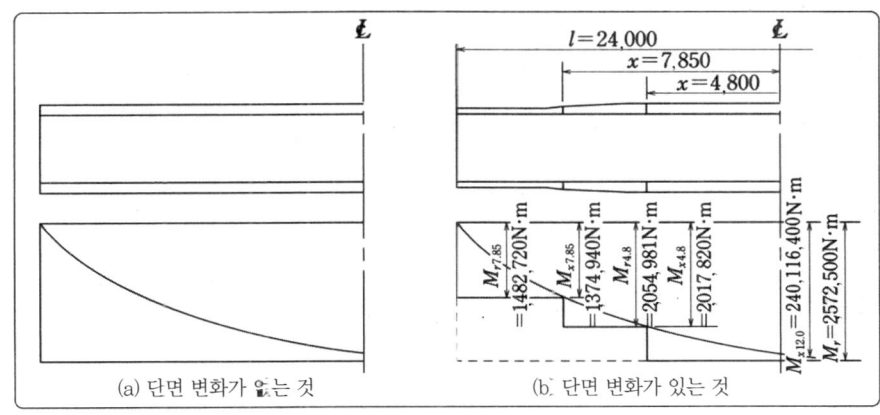

그림 1

■ 해설

설계 휨 모멘트

단면 변화 위치에서의 **설계 휨 모멘트**는 중앙 휨 모멘트에 의해 2차 비례식으로 구한다. 변화점의 휨 모멘트는 그림 1에서처럼 다음 식으로 구한다.

$$M_x = M\left\{1 - \frac{x^2}{(l/2)^2}\right\} \quad \cdots\cdots(1)$$

단면 변화에 복부의 수치는 변화시키지 않고, 플랜지의 폭과 판두께를 변화시킨다.

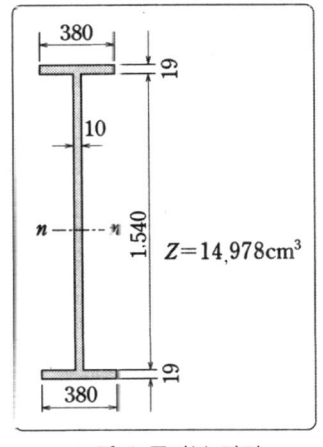 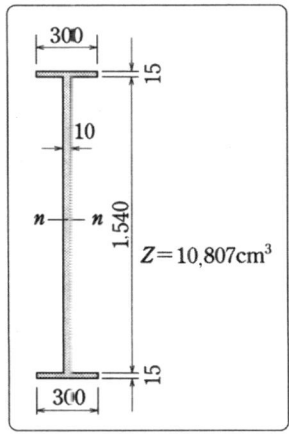

그림 2 중간부 단면   그림 3 단부 단면

4. 메인 거더의 첨접

□ 포인트

첨접

메인 거더를 현장 반입할 경우에 너무 길면 반입이 어렵다. 그래서 공장에서 분할 제작하여 가설 시에 볼트나 용접으로 접합한다. 이것을 **첨접**이라 한다. 일반적으로 첨접은 고력 볼트에 의한 마찰 접합이 많이 이용된다.

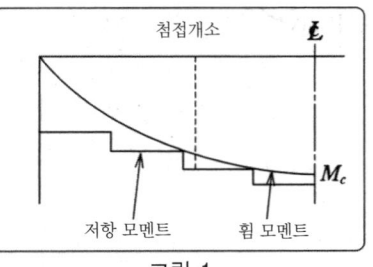

그림 1

첨접개소는 휨 모멘트가 최대가 되는 지간 중앙부를 피해 그림 1과 같이 저항 모멘트에 여유 있는 위치에 설치한다.

■ 해설

메인 거더의 첨접에는 플랜지의 첨접과 복판의 첨접이 있다. 플랜지의 첨접에 작용하는 힘은 모든 힘의 75% 이상의 작용력으로 설계한다. 복판의 첨접은 휨 모멘트와 전단력에 저항할 수 있도록 설계한다.

플랜지의 첨접

▶ **플랜지의 첨접**

상하 2매의 연결판을 이용하여 첨접한다. 연결판의 필요한 단면적 A_s 및 고력 볼트수 n은 다음 식과 같이 된다.

$$A_s = \frac{\sigma_m A}{\sigma_a} \quad \cdots\cdots (1)$$

$$n = \frac{\sigma_m A}{\rho_a} \quad \cdots\cdots (2)$$

작용응력도

여기서, σ_m : **작용응력도**(단, 허용응력도의 75% 이상) [N/mm²]

A : 플랜지의 단면적(압축측일 때는 총 단면적 A_g, 인장측일 때는 순 단면적 A_n) [mm²]

σ_a : 강재의 허용응력도 [N/mm²]

ρ_m : 고력 볼트의 허용력 [N]

복판의 첨접

▶ **복판의 첨접**

복판은 휨 모멘트와 전단력에 저항할 수 있도록 설계해야 한다.

그림 2와 같이 모멘트 플레이트와 시어 플레이트의 최상부의 볼트 1개로 분담된다. 각각의 설계력 P_1, P_2를 다음 식에 따라 구한다.

$$P_1 = \frac{\sigma_0 + \sigma_1}{2}(b_0 - b_1)t_w \quad \cdots\cdots (3)$$

$$P_2 = \frac{\sigma_2 + \sigma_3}{2}(b_2 - b_3)t_w \quad \cdots\cdots (4)$$

다음은, 필요 볼트 개수를 플랜지부의 첨접과 동일하게 계산한다.

필요 볼트 개수 n_1, n_2는

$$n_1 = \frac{P_1}{\rho_a}, \quad n_2 = \frac{P_2}{\rho_a}$$

$$\rho_p = \frac{P_1}{n_1} \leqq \rho_c \quad \cdots\cdots (5)$$

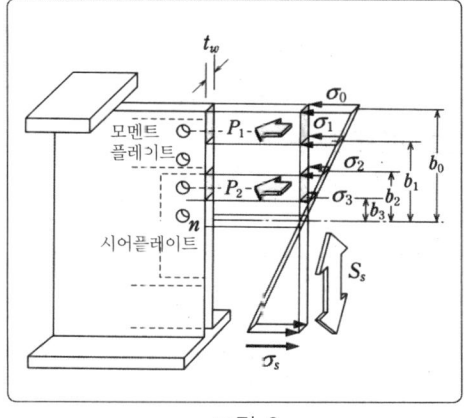

그림 2

여기서, n_1 : 실제 배치하는 횡방향의 개수, P_1 : 설계력

$$\rho_s = \frac{S_s}{\Sigma n} \leqq \rho_a \quad \cdots\cdots (6)$$

여기서, S_s : 첨접브의 합계 전단력, Σ_n : 복판 첨접 개수의 반분

최상부 볼트의 합성력 R은 식 (7)을 통해 구할 수 있다.

$$R = \sqrt{\rho_p^2 + \rho_s^2} \leqq \rho_a \quad \cdots\cdots (7)$$

① 모멘트 플레이트와 시어 플레이트 분리형의 판 두께

전자는 $I_w \leqq I_s$에서, 후자는 $A_w \leqq A_{sp}$에서 개별로 정한다. 모멘트 플레이트의 판 두께 t_s(그림 3)은

$$\frac{t_w h_w^3}{12} \leqq 4 \left(\frac{t_s h_s^3}{12} + h_s t_s y^2 \right) \quad \cdots\cdots (8)$$

$$t_s \geqq \frac{t_w h_s^3}{4h_s(h_s^2 + 12y^2)}$$

시어 플레이트의 판 두께 t_s'(그림 3)는

$$t_s' \geqq \frac{t_w}{2} \cdot \frac{ht_w}{h_s'} \quad \cdots\cdots (9)$$

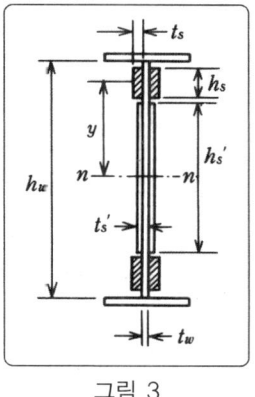

그림 3

② 모멘트 플레이트와 시어 플레이트 비분리형의 판 두께

복판의 단면 2차 모멘트 $I_w \leqq$ 첨접판의 단면 2차 모멘트 I_s

$$\frac{t_w h_w^3}{12} \leqq \frac{2t_s h_s^3}{12} \quad \rightarrow \quad t_s \geqq \frac{t_w}{2} \cdot \frac{h_w^3}{h_s^3} \quad \cdots\cdots (10)$$

복판의 단면적 $A_w \leqq$ 첨접판의 단면적 A_{sp}

$$2t_s h_s \geqq t_w h_w \quad \rightarrow \quad t_s \geqq \frac{t_w}{2} \cdot \frac{h_w}{h_s} \quad \cdots\cdots (11)$$

첨접판의 판 두께는 식 (10)과 식 (11)의 t_s 중 큰 쪽으로 한다.

단, 어느 첨접판도 주요부재이므로 최저 두께 8mm는 확보하는 것이 필요하다.

5. 기타 부재의 설계

□ **포인트**

이 단원에서는 메인 거더 이외(수직보강재, 수직 브레이싱, 횡구, 지승)의 부재에 대하여 설계한다.

■ **해설**

수직보강재

수평보강재

▶ 수직보강재의 설계

보강재는 복판이 굽어 파괴되는 것을 막는 역할을 한다. 보강재에는 **수직보강재**와 **수평보강재**가 있다. 수직보강재는 지점상에서 가장 큰 힘을 받는다. 그때, 좌굴이 발생하지 않도록 하는 부재이다. 또한, 수평보강재는 거더 높이가 커진 때에 생기는 횡좌굴에 저항하는 부재이다.

다음 예에서는 그림 1과 같이 수직보강재의 설계를 (1)~(9)의 순서로 실시한다. 세장비는 양쪽을 고정할 수 있는 긴 보강재로 설계를 한다. 양쪽고정으로 하는 것은 상하 플랜지가 상판이나 대경구로 고정되어 있다고 생각하기 때문이다.

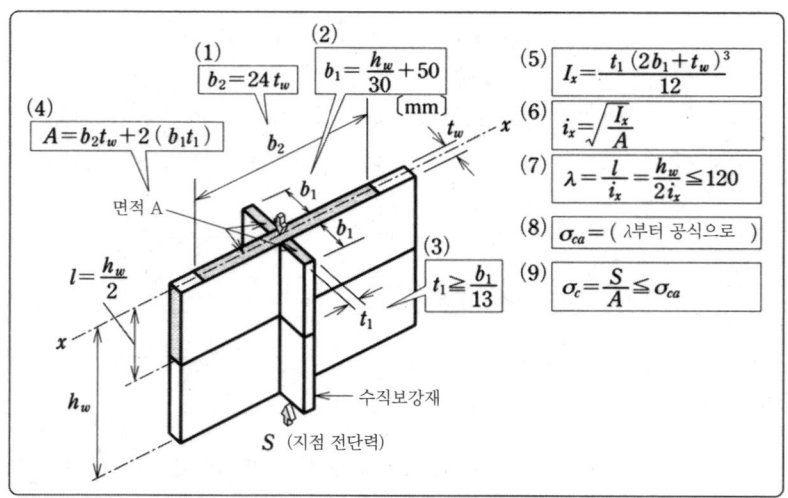

그림 1

▶ 대경구의 설계

대경구는 그림 2에 나타낸 것과 같이 단순보로서 계산하는 상현재와 트러스로서 계산하는 경사 부재로 나누어, 끝 대경구의 휨 모멘트의 계산방법을 이용한다. 또한, 중간 수직 브레이싱은 단대경구의 사재로 결정된 단면을 이용해도 충분히 안전하다. 사용부재는 단대경구의 상현재에 L형강, 사재나 중간대경구에 산형강이 이용된다.

플레이트 거더 교량의 설계

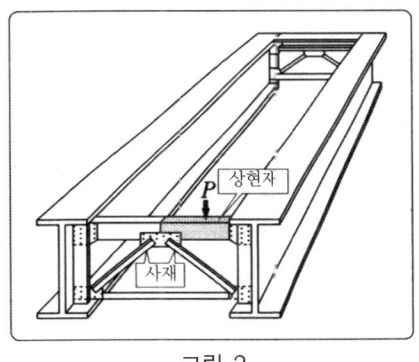

그림 2

1 단대경구의 **상현저**의 설계를 다음의 흐름에 따라서 검토한다.

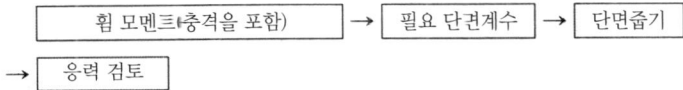

2 단대경구 **강재**의 설계를 다음의 흐름에 따라서 검토한다.

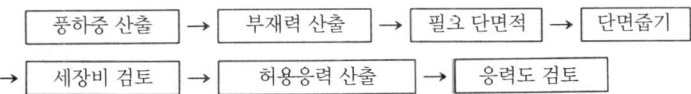

▶ 횡구의 설계

풍하중

횡구의 설계에는 그림 3과 같이 수직 브레이싱으로 산출한 **풍하중**의 반분은 상판으로 받아들여서 남은 반분을 바람 아래와 바람 위의 횡구에서 균등하게 받아들인다. 즉, $w/4$의 등분포 하중이 작용하는 트러스로서 부재력을 산출한다.

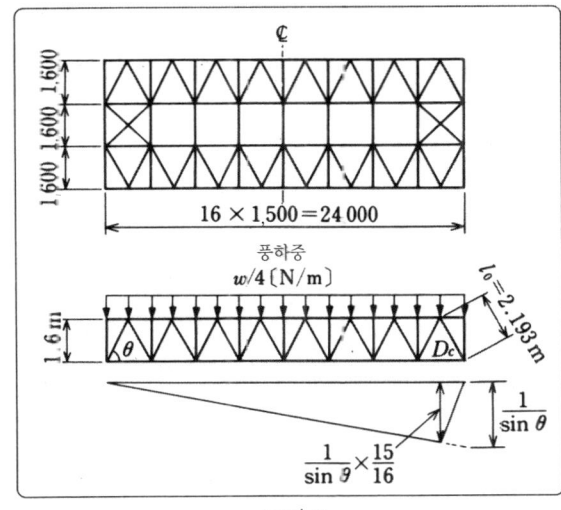

그림 3

또한, 부재력은 사재의 지점 부근에서 최대가 되므로 D_c에 대해서만 계산하면 된다. 다른 부재력은 작아지므로 같은 단면의 부재를 이용하는 것으로 한다. 이 예에서는 횡구의 설계 절차에 따라서 검토한다.

풍하중 → 부재력 → 필요단면 2차 반경 → 단면
→ 세장비의 검토 → 허용응력도의 산출 → 응력도의 검토

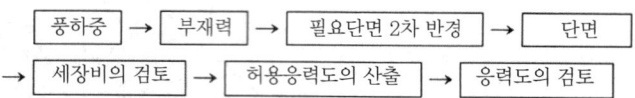

▶ 지승 설계

지승(support)은 상부의 연직하중을 지탱하고, 지진이나 바람에도 안전하게 설계할 필요가 있다. 지점의 이동량이 30mm 미만일 때를 그림 4에 나타냈다. 선지승 30mm 이상에서는 롤러를 이용한 롤러 지승이 이용된다. 지승의 설계에는 주로 그림 4와 같이 지점전단력에 의해 지승 그 자체를 선택하는 것, 교대 콘크리트에 지탱하는 지압력이 그 허용지압력을 넘지 않는가를 검토하는 두 가지 검토가 필요하다.

지승의 선택은 설계자료에서 지게의 것을 선택한다. 지승 각부의 돌기강도는 수평진도에 의해 검토한다. **수평진도**란 그림 5와 같이 교각의 자체무게(부동하중)에 대해 지진 시에 어느 정도의 비율로 수평력이 생기는가를 나타내는 계수이다. 지승의 저면의 지압면적에서 콘크리트 교대의 지압강도를 검토한다.

수평진도

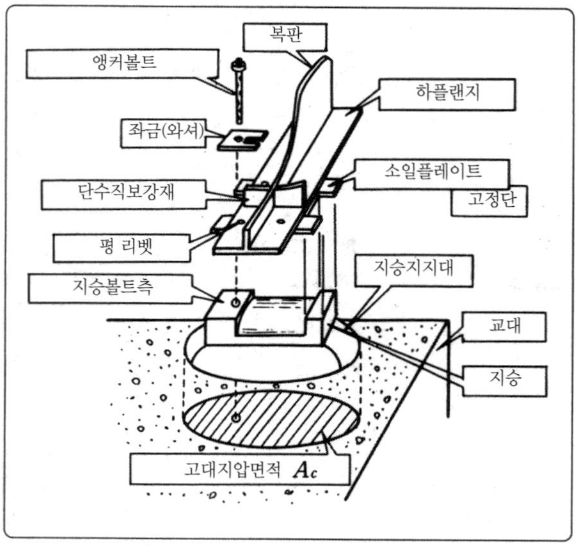

그림 4

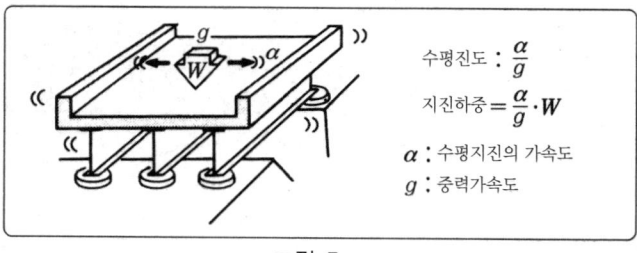

그림 5

1. 메인 거더의 응력해석

□ 포인트

트러스교는 그림 1과 같이 삼각형으로 이루어진 부재의 연결구조이다. 2개의 부재 수로는 구조를 만들지 못하고 4개로는 불안정해진다. 트러스교에 작용하는 하중은 상판에서 종항으로 흘러 횡항을 끼워서 메인 거더의 격점으로 전해진다.

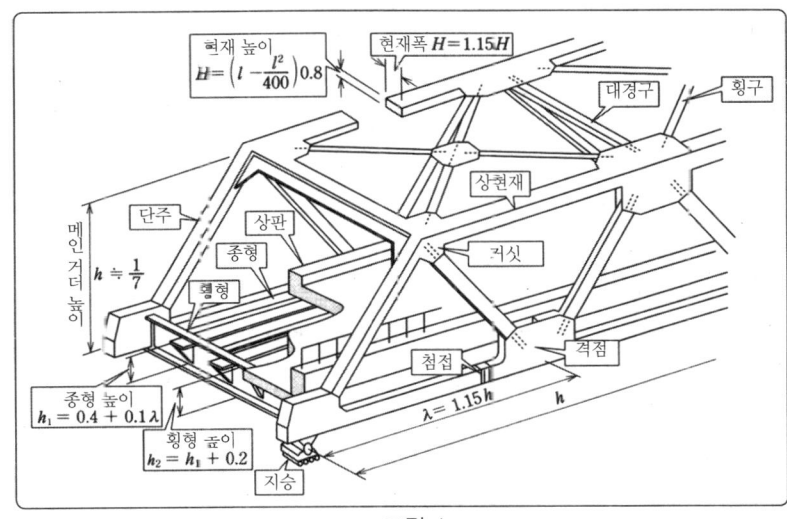

그림 1

■ 해설

▶ 개략 설계

메인 거더 높이, 격간 길이, 현재 치수 등의 각 수치는 그림 1과 같다.

▶ 하중의 재하

L하중, 부동하중
상현재, 하현재, 사재

복잡하게 이동·변화하는 하중에서 부재에 작용하고 있는 부재력을 구하려면 영향선을 이용하면 편리하다. 메인 거더에 작용하는 하중은 그림 2에 나온 것처럼 L 하중과 **부동하중**이 있다. L 하중은 메인 거더에 가장 불리하게 되도록 하중배치를 취한다. 그 다음 메인거더에 작용하는 하중에서 **상현재, 하현재, 사재**의 부자력을 구한다.

▶ 메인 거더에 작용하는 하중

그림 2와 같이 L 하중에는 선하중과 분포하중이 있다. 또한, 부동하중에는 상판, 포장, 지복, 경량철골, 한치 등이 있으며, 모두 중량을 산정하여 산출한다. 강중과 한치는 과거의 예에서 정한다. L 하중의 재하는 메인 거더에 작용하는 하중이 최대가 되도록 5.5m 폭의 p_1과 p_2를 메인 거더 측에 끌어오고, 남은 폭에는 $p_1/2$와 $p_2/2$를 싣는다. 또한 한치, 난간, 경량철골은 일괄해서 $3,332N/m^3$로 하고, 메인 거더 간격을 곱해 반씩 분담한다.

8 강구조

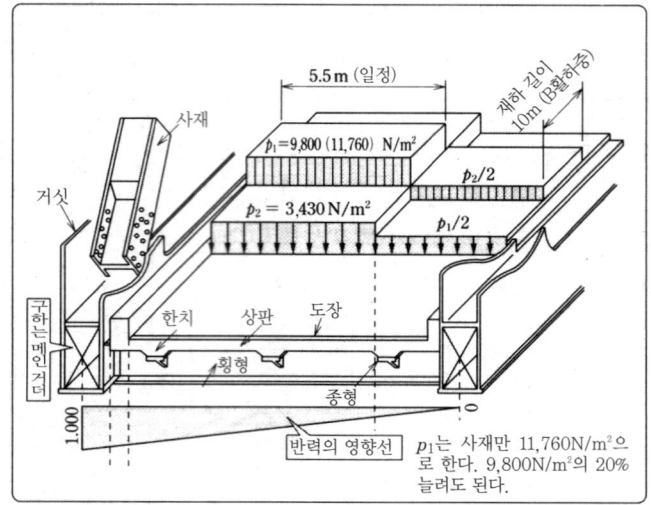

그림 2

영향선을 그리는 방법은 구하는 주 트러스 측의 (편측의 메인 거더) 아래에 1.000을 선택하고, 반대측의 주 트러스 아래에 0을 선택하여, 단순보 반력의 영향선을 그린다. 이 예에서는 상현재에 작용하는 부재의 설계만을 구하며, 구체적인 예를 들었다.

[예 1] 메인 거더에 작용하는 하중

사하중 - 포장 $0.05 \times 22{,}540 \times (3.358 + 0.343) = 4{,}171$

상판 $0.23 \times 24{,}560 \times (3.358 + 0.343) = 20{,}906$

지복 $0.3 \times 0.4 \times 24{,}500 \times (0.948 + 0.052) = 2{,}940$

한치, 난간, 경량철골 $3{,}332(가정) \times 8.6/2 = 14{,}328$

부동하중 합계 자체무게에 의한 등분포하중 $w_d = 42{,}345 \text{N/m}$

L 하중   분포하중 $3{,}430 \times 3.358 + 1{,}715 \times 0.343 = 12{,}106$

표면전체에 재하하는 등분포하중 $p_{02} = 12{,}106 \text{ N/m}$

분포하중 $9{,}800 \times 3.358 + 4{,}900 \times 0.343 = 34{,}589$

폭 10m에 재하중에 의한 등분포하중 $p_{01} = 34{,}589 \text{ N/m}$

충격계수 현재 및 단주 $i = 20/(50+77) = 0.157$

사재 $i = 20/(50+77 \times 0.75) = 0.186$ (지간의 75%)

[예 2] 상현재의 부재력(이 예에서는 U_1, U_2만 계산하며, 이 후는 생략한다)

$$U_1 = -\left\{ \left(p_{01} \cdot \frac{610\lambda}{77h} + p_{02} \cdot \frac{3\lambda^2}{h} \right) \times (1+i) + w_d \cdot \frac{\lambda^2}{h} \right\}$$

$$= -\left\{ \left(34{,}589 \times \frac{610 \times 11}{77 \times 10} + 12{,}106 \times \frac{3 \times 11^2}{10} \right) \times (1 + 0.157) \right.$$

$$\left. + 42{,}345 \times \frac{3 \times 11^2}{10} \right\} \fallingdotseq -2{,}394{,}306 \text{ N}$$

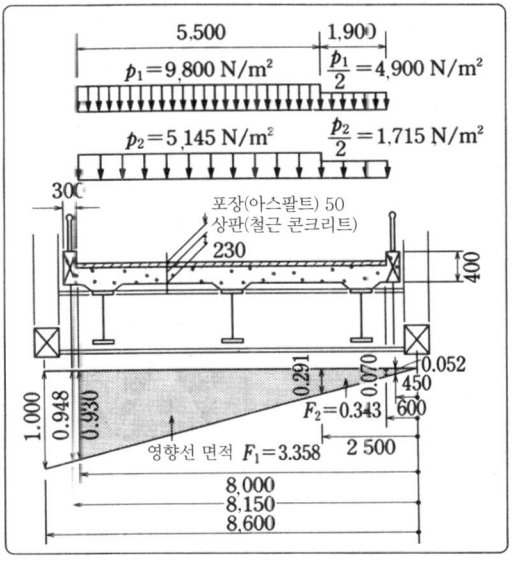

그림 3

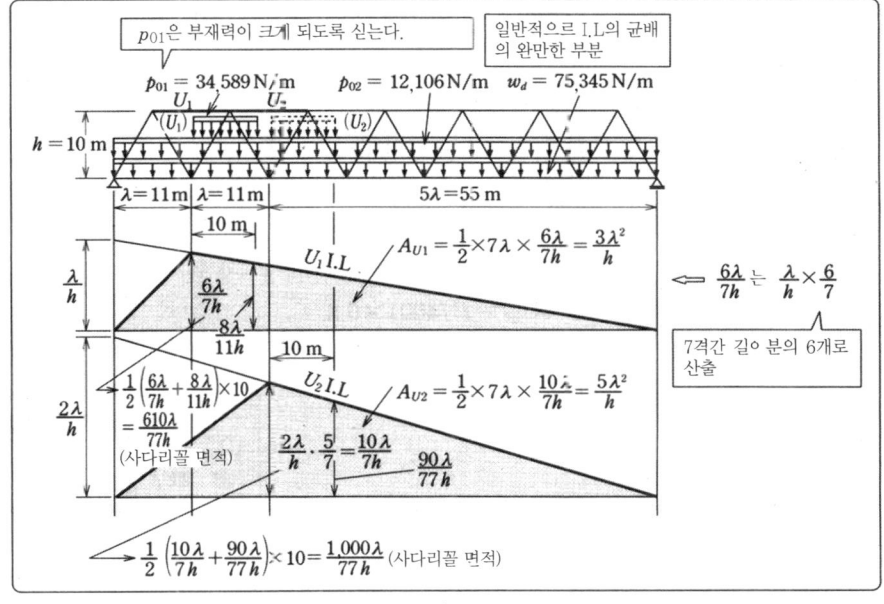

그림 4

$$U_2 = -\left\{\left(p_{01}\cdot\frac{1,000\lambda}{77h} + p_{02}\cdot\frac{5\lambda^2}{h}\right)\times(1+i) + w_d\cdot\frac{5\lambda^2}{h}\right\}$$

$$= -\left\{\left(34,589\times\frac{1,000\times 11}{77\times 10} + 12,106\times\frac{5\times 11^2}{10}\right)\times(1+0.157)\right.$$

$$\left. + 42,345\times\frac{5\times 11^2}{10}\right\} \fallingdotseq -3,980,981 \text{ N}$$

2. 부재 단면의 설계

□ 포인트   ▶ 다이어그램

메인 거더 단면의 각 부재력(축력)을 그림 1에 나타냈다. 이 응력에 어울리는 필요단면적을 각 부재마다 정한다.

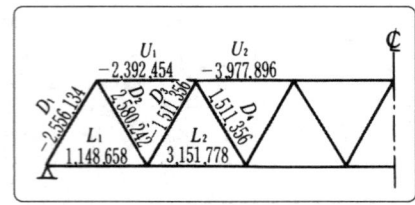

그림 1 다이어그램

■ 해설   ▶ 필요단면적

필요단면적 A는 압축에 의한 좌굴 또는 인장에 의한 볼트 구멍의 단면감소를 고려하여 허용응력도를 감소시키고 다음 식에 따라 가정한다.

$$A = N/0.7\sigma_a \quad \cdots\cdots (1)$$

여기서, N : 축력

▶ 사용단면형과 수치의 가정법

상현재의 단면형은 그림 2에 나타낸 것과 같은 상형이 이용된다. 이 상형의 높이 H의 가정에는 샤퍼에 의한 식이 이용된다. **샤퍼의 식**의 적용에서는 식 (2)와 같이 7~9할 정도의 계수를 곱한다.

샤퍼의 식

$$H = (l - l^2/400) \times 0.8$$

여기서, H : 현재의 높이 [m]
       l : 지간 [m]

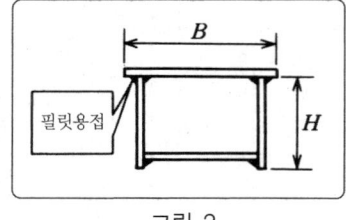

그림 2

상현재의 높이 H가 결정되었다면 상현재 폭 B는 H보다 15% 늘려 가정한다(개략설계로 결정함). 또한 하현재 사재의 판두께나 돌출길이를 포함하여 단면 형상을 그림 3의 범위에서 가정한다.

필요단면적 A의 가정에는 간이방법으로서 허용응력도를 9,800N/cm² (SM 400A의 경우)이라 가정한 다음 식에 의해 구한다.

$$A = 부재력/9,800$$

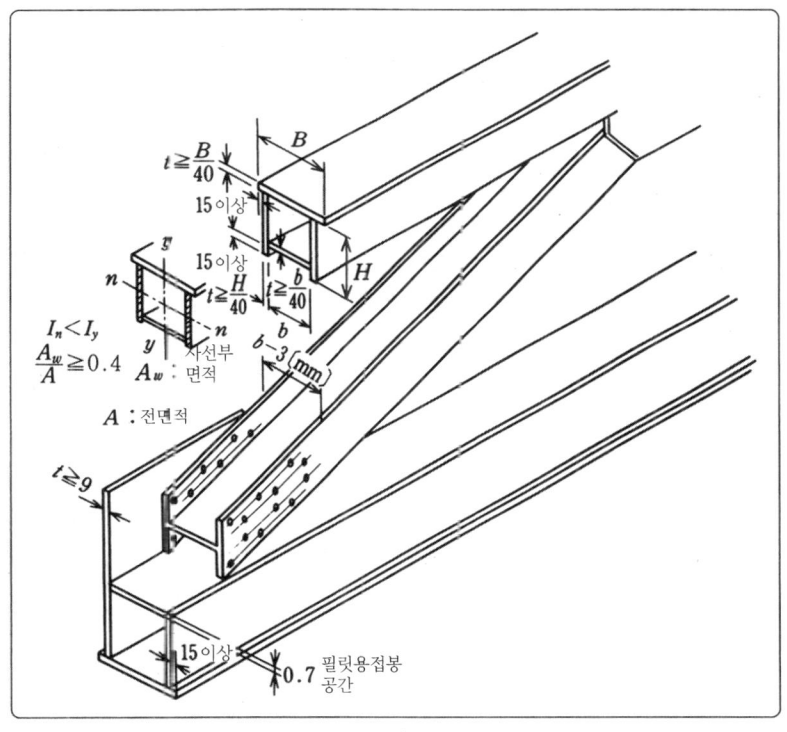

그림 3

▶ 상현재의 단면설계

개략설계에서 정한 H, B의 외형수치에서 판두께를 가정한다. 가정 단면의 검토방법은 다음의 흐름에 따른다.

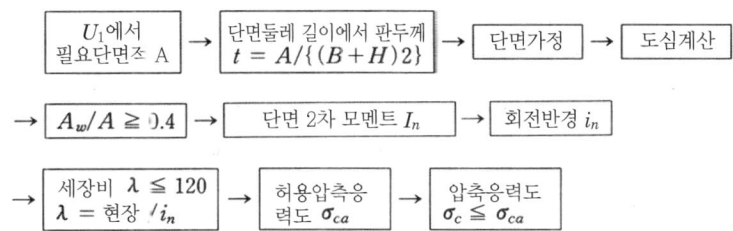

다음 [예 1]에 구체적인 예를 제시하였다. U_2 이하는 생략한다.

[예 1] 상현재의 단면결정(부재력은 절대값으로 계산한다)

$$U_1 = -2,392,454 \text{ N}$$

필요면적 $A = U_1/9,800 = 2,392,454/9,800 = 245 \text{ cm}^2$

판두께 $t = 245/\{(56+49) \times 2\} = 1.17 \text{ cm}$

∴ $t = 12 \text{ mm}$

단면은 다음 페이지 표 1, 그림 4와 같이 가정한다.

표 1

	bh	A	y	Ay	Ay^2	$bh^3/12$	I_x	I_y
1-covpl	56×1.2	67.2	25.10	1,687	42,344	$56×1.2^3/12=8$	42,352	$1.2×56^3/12=17,561$
2-webpls	2×1.2×49	117.6	0	0	0	23,529	23,529	$2×(49×1.2^3/12+49× 1.2×25.10^2)=74,103$
1-bottpl	49×1.2	58.8	−22.40	−1,317	29,501	7	29,508	$1.2×49^3/12=11,764$
계		243.6		370	71,845	23,544	95,389	103,428

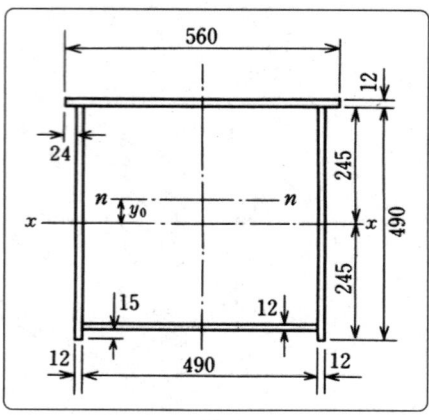

그림 4

$y_0 = 370/243.6 = 1.52$ cm

∴ $I_n = I_x - Ay_0^2 = 95,389 - 243.6 × 1.52^2 = 94,826$ cm⁴

$I_y > I_n$ 의 검토

$I_y = 103,428 > I_n = 94,826$

  ∴ 안전하다.

복판 단면비 $A_w/A = 117.6/243.6 = 0.48 > 0.4$

  ∴ 안전하다.

단면 2차 반경 $i_n = \sqrt{I_n/A} = \sqrt{94,826/243.6} = 19.7$ cm

세장비 $\lambda =$ 현장$/i_n = 1,100/19.7 = 56 < 120$

   (압축 주요 부재)

  ∴ 안전하다.

허용응력도 $\sigma_{ca} = 13,720 - 0.8232(\lambda - 20)$

      $= 13,720 - 0.8232 × (56 - 20) = 107.56$ N/mm

작용응력 $\sigma_c = U_1/A = 2,392,454/243.6$

      $= 9,821$ N/cm² $= 78.21$ N/mm²

      $< \sigma_{ca} = 107.56$ N/mm²

  ∴ 안전하다.

▶ 하현재의 단면설계

단면가정의 검사방법은 다음의 흐름에 따른다.

L_1에서 필요 단면적 A → 단면둘레 길이에 따른 판두께 $t = A/\{(B+H)2\}$ → 단면가정 → 도심의 계산

→ $A_w/A \geq 0.4$ → 단면 2차 모멘트 I_n → 회전반경 i_n

→ 세장비 $\lambda \leq 200$, $\lambda = $ 현장$/i_n$ → 인장허용 응력도 σ_{ta} → 인장 응력도 $\sigma_t \leq \sigma_{ta}$

다음 [예 2]에 구체적인 예를 나타낸다. L_2 이하는 생략한다.

[예 2] 하현재의 단면결정

$L_1 = 1,148,658$ N

필요면적 $A = L_1/9,800 = 1,148,658/9,800 = 118$ cm²

판두께 $t = 118/\{(56+49) \times 2\} = 0.56$ cm

∴ 판두께 제한에서, 웹 9mm, 그 외는 8mm

단면은 표 2, 그림 5와 같이 가정한다.

표 2

	bh	A	y	Ay	Ay^2	$bh^3/12$	I_x
1-covpl	49×0.8	39.2	24.8	972	24,100	49×0.8³/12=2	24,102
2-webpls	2×0.9×49	88.2	0	0	0	0.9×49³/12=8,823	8,823
1-bottpl	56×0.8	44.8	−24.9	−1,115	27,763	56×0.8³/12=2	27,765
합		172.2		−143	51,763	8,827	60,690

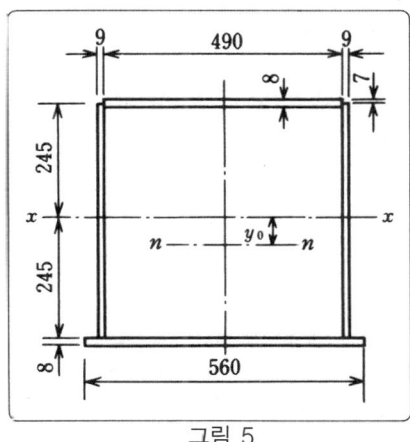

그림 5

$I_y = (0.8 \times 49^3 + 0.8 \times 56^3)12 + (49 \times 0.9^3) \times 2/12 + 88.2 \times 24.95^2$
$= 74,461 $ cm⁴

$$y_0 = -143/172.2 = 0.83 \text{ cm}$$
$$\therefore I_n = 60,690 - 172.2 \times (-0.83)^2 = 60,570 \text{ cm}^4$$

$I_y > I_n$ 의 검토 $I_y = 74,461 > I_n = 60,570$
∴ 안전하다.

복판 단면비 $A_w/A = 88.2/172.2 = 0.51 > 0.4$
∴ 안전하다.

단면 2차반경 $i_n = \sqrt{I_n/A} = \sqrt{60,570/172.2} = 18.8 \text{ cm}$

세장비 $\lambda = $ 현장$/i_n = 1,100/18.8$
$= 59 < 200$ (인장주요부재)
∴ 안전하다.

허용응력도 $\sigma_{ta} = 137.20 \text{ N/mm}^2$

작용응력 $\sigma_t = L_1/A = 1,148,658/172.2$
$= 6,670 \text{ N/cm}^2 = 66.70 \text{ N/mm}^2$
$< \sigma_{ta} = 137.20 \text{ N/mm}^2$
∴ 안전하다.

▶ 경사부재의 단면설계

경사부재에는 **단주, 압축, 인장**의 3종류가 있다. 압축과 인장의 쌍방을 받는 경우도 있으므로 피로에 주의를 요한다(**상반응력, 교반응력**). 단주의 설계는 지금까지의 축방향력과 상현재가 받는 횡풍에 대해서도 검토할 필요가 있다. 다음 예에서는 압축, 인장부에서와 같은 형식으로 설계는 생략한다.

1 단주(D_1)의 설계에서 축방향력에 대한 단면의 검토

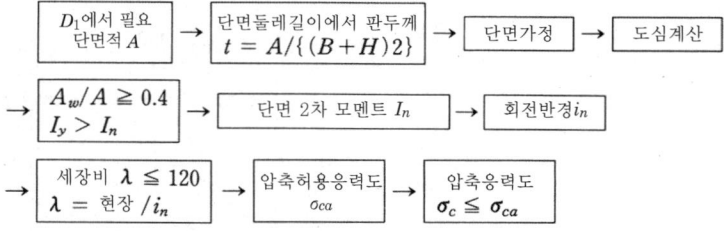

2 단주 D_1의 설계에서 상현재가 받는 횡풍에 대한 단면의 검토

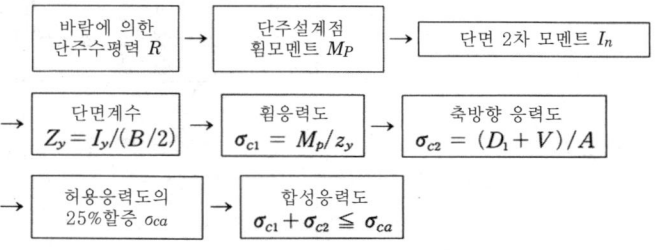

3. 연결 및 접합부의 설계

□ 포인트   연결은 트러스의 격점 등과 같이 다른 부재와 결합하여 구조물의 입체적인 강성을 갖기 하고, 첨접은 같은 종류의 부재를 접합시켜 하나의 부재로 만든다.

■ 해설   접합에 대해서는 플레이트 거더 교량에서도 서술하고 있으므로 여기서는 트러스교의 접합으로 특색이 있는 점에 대해서 서술하고, 구체적인 내용은 생략한다. 거싯에 의한 연결은 그림 1에서처럼 현재(弦材)의 복판을 그대로 이용하는 구조이다.

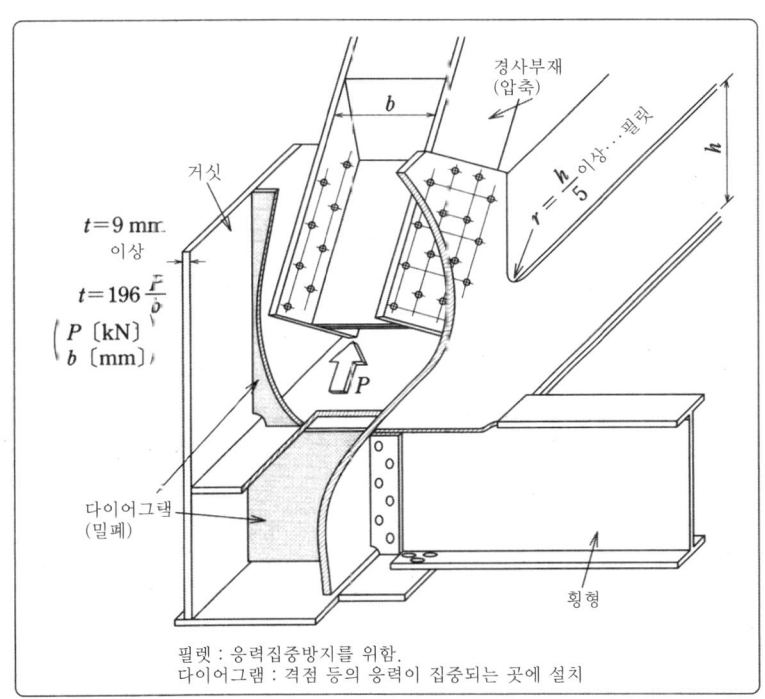

그림 1

현재(弦材)의 첨접위치는 격점에 가까운 것이 좋다. 이것은 부재의 첨접판 등의 자체 무게에 의한 휨 모멘트가 증가하고, 또 주 트러스 종단 균배를 할 경우에도 격점의 가까이에서 변화를 줄 필요가 있기 때문이다. 첨접부에는 볼트 조임용의 핸드 홀을 설치하고 있다. 첨접부나 연결부에는 응력 집중이 일어나므로 다이어그램을 설치하고 있다. 이 경우 부재 내부를 보호하기 위해 밀착되어 있다.

핸드 홀
다이어그램

1. 기타 교량의 특징

□ 포인트

플레이트 거더교, 트러스교에 대해서는 상세하게 배웠고, 여기서는 그 외의 다리에 대한 종류와 특징을 알아본다. 그 외의 다리로는 아치교, 라멘교, 합성거더교, 사장교, 현수교 등이 있다.

■ 해설

▶ 아치교

아치란 위 방향으로 굽은 활모양의 보이며 양끝 지점은 고정 또는 힌지로 형성되어 주로 축 방향 압축력으로 하중에 저항하는 구조를 말한다. 이처럼 아치구조를 주체로 한 다리를 **아치교**라고 한다.

아치교는 지점의 상태에 따라서 그림 1과 같이 나뉜다. 그림 1의 (a)은 3힌지 아치의 정정구조이다. 지점이 약간 이동하더라도 **아치리브**에 다른 응력은 생기지 않는다. 실제 예로서는 오사카의 사쿠라 관교가 있다. 그림 1의 (b)는 2힌지 아치의 **1차 부정정**이고, 그림 1의 (c)는 고정아치로 3차 부정정 구조이며 지점에는 2방향의 반력과 모멘트가 작용한다. 2힌지 아치, 고정아치는 지점에 극히 미세한 이동이 생기면 아치리브에 위험한 응력이 생긴다. 지반의 불량한 개소에는 이용되지 않는다.

아치리브

1차 부정정

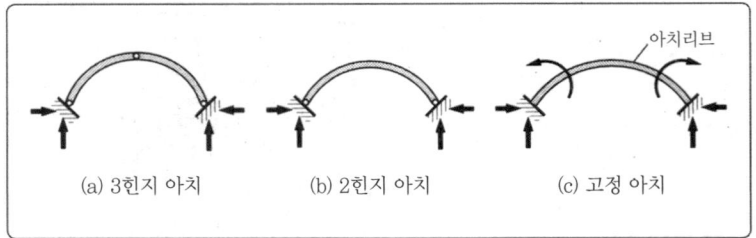

그림 1

솔리드 리브 아치교

브레이스드 아치교

타이드 아치

랭거교

또한, 아치리브가 충복구조로 되어 있는 것을 **솔리드 리브 아치교**, 트러스 구조의 것을 **브레이스드 아치교**(그림 2의 서해교 등)라 한다. 다리 전체를 트러스로 조립한 것을 **스팬드럴 브레이스드 아치**, 아치의 양끝을 인장재(타이)로 연결하여 아치의 양단에 균형잡힌 수평반력이 작용된 것을 **타이드 아치**, 아치리브에 축방향 압축력을 받아들여 휨 모멘트 및 전단력을 별도로 설치한 **보강거더**(트러스)로 받아들이게 하는 구조로 되어 있는 것을 **랭거교**라고 한다.

타이드 아치교에서 인장재의 단면을 크게 하여 거더로서 **수평반력** 외에 휨 모멘트 및 전단력을 받아들이도록 한 것을 **로제교**라 한다.

그 외의 교량 6

그림 2 사이카이바시의 서해교(西海橋, 일본)

▶ 라멘교

라멘교는 거더교의 주거더에 교대 또는 교각을 강결한 일체구조의 다리라고 할 수 있다. 그림 3에 나온 것처럼 형상부터 문형, 버팀목 등이 있다. 라멘교는 **우각부**에 그림 4와 같이 각의 휨 모멘트가 생기므로 주거더에 생기는 정의 휨 모멘트는 작아진다. 따라서, 거더 높이가 낮게 끝나고 거더 아래 공간을 넓게 취하는 것이 가능해 유리하다. 그러나 우각부에서는 큰 휨 모멘트가 작용하여 응력이 집중되므로 구조에는 특히 고려해야 한다.

우각부

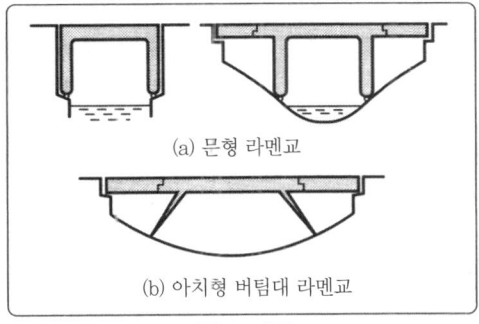

그림 3 라멘교   그림 4 모멘트도

▶ 격자거더교

격자거더란 병렬시킨 메인 거더가 연속하고 있는 횡거더에서 격자모양으로 조립한 다리 전체의 강성을 크게 한 구조의 **거더**를 말한다. 다음 페이지 그림 5의 (a)는 1기의 메인 거더에 작용하는 하중을 모두 이 메인 거더만이 받아들인다. 또한 그림 5의 (b)는 **하중분배 횡형**를 설치하여 이것에 한 다른 주거더에도 하중을 분담시키도록 설계하여 계산한 것이다. 특히, 폭 지름이 넓은 다리에서는 경제적인 설계를 할 수 있다

399

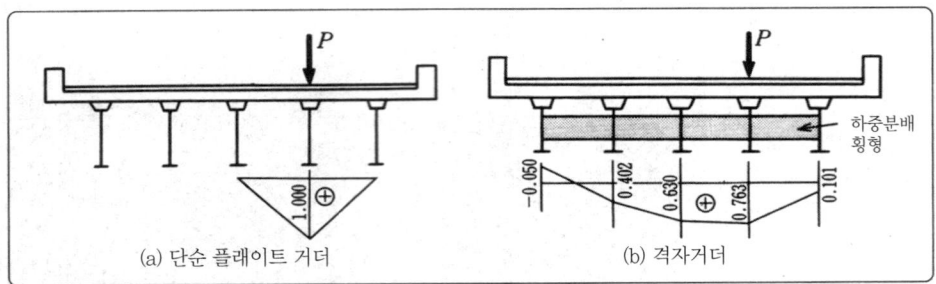

그림 5

▶ 합성거더교

합성거더교는 강철거더와 철근 콘크리트 슬래브가 일체가 되어 작용하도록 강철거더의 플랜지와 슬래브를 그림 6과 같은 전단 연결재(지벨, 스터드)를 합성하여 강철거더의 상 플랜지에 생긴 압축 응력을 슬래브의 콘크리트로 받아들이도록 하고 있다. **합성거더**는 재질이 다른 강과 콘크리트를 조합시켜 각각의 불리한 조건을 보완하여 역학적으로 유리한 구조로 만들었으므로 비합성의 강거더보다도 상 플랜지의 단면은 작게, 거더높이는 높게 하여 경제적인 구조가 된다.

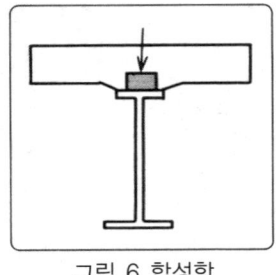

그림 6 합성항

합성거더에는 콘크리트 타설 전후의 지보공의 취급에 따라서 **동하중 합성거더**와 **부동하중 합성거더**가 있다. 동하중 합성거더는 강거더를 두 지점 간에 가설하여 그 상태로 상판 콘크리트를 타설한다. 콘크리트 경화 후의 합성단면에 의해 포장이나 고란, 동하중을 지탱한다. 그림 7에 동하중 합성거더 가설 응력도 변화를 나타냈다. 부동하중 합성거더는 그림 8과 같이 지주를 세워서 강철거더를 가설하고, 상판 콘크리트,

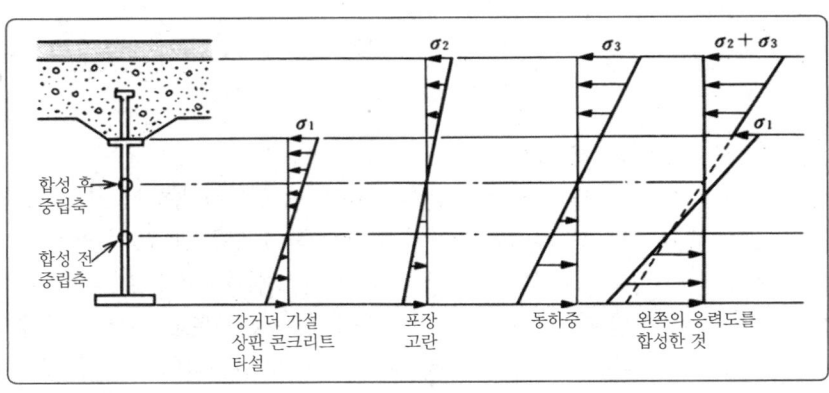

그림 7

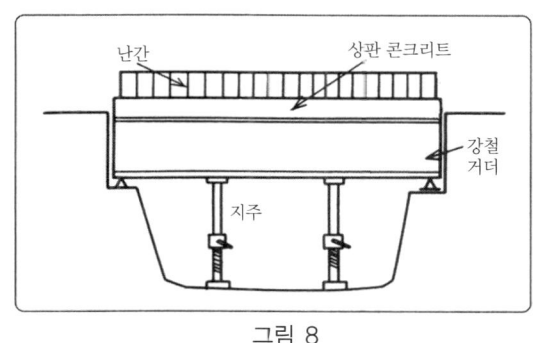

그림 8

포장, 난간을 시공하여 완성 후 지주를 제거해 합성거더로 한다.

▶ 사장교

두 지름 간 또는 3 지름 간의 연속거더의 중간교각에 그림 9와 같이 탑에서부터 비스듬한 인장재에 의해 주거더를 지지(스프링 지지)하는 구조의 다리를 **사장교**라 한다. 케이블을 잡아 늘리는 형태로 레이디얼, 하프, 팬, 스타 등으로 분류된다. 이런 형식을 모두 강성이 낮다.

사장교

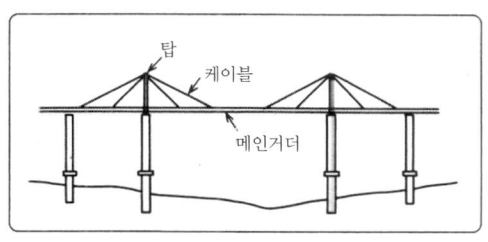

그림 9 사장교

▶ 현수교

현수교는 케이블이 본체를 구성하는 다리이다. 이 케이블은 강성이 거의 없어 휨 모멘트를 받지 않고 축방향 장력만을 받는다. 주재료인 인장력에 강한 고강도의 강선이 개발되어 크고 긴 현수교를 실현시켰다. 현수교의 각 형식을 그림 10에 나타냈다. 탑을 지상에 세우는 것이 가능한 그림 10의 (a) 형식과 보강거더 또는 보강 트러스를 연속구조로 하여 그 양단에 케이블을 정착한 자정식 현수교라 부르는 그림 10의 (b) 형식이 있다.

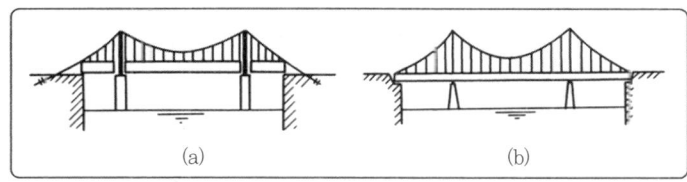

그림 10 현수교의 예

부록 H형강

단면 2차 모멘트 $I = ai^2$
단면 2차 반경 $i = \sqrt{I/a}$
단면계수 $Z = I/e$
a : 단면적

수치 (mm)					단면적 (cm^2)	단위질량 (N/m)	단면 2차 모멘트 (cm^4)		단면 2차 반경 (cm)		단면계수 (cm^3)	
$H \times B$	t_1	t_2	r				I_x	I_y	i_x	i_y	Z_x	Z_y
500×200	10	16	20		114.2	89.6	47,800	2,140	20.5	4.33	1,910	214
596×199	10	15	22		120.5	94.6	68,700	1,980	23.9	4.05	2,310	199
600×200	11	17	22		134.4	106	77,600	2,280	24.0	4.12	2,590	228
606×201	12	20	22		152.5	120	90,400	2,720	24.3	4.22	2,980	271
582×300	12	17	28		174.5	137	103,000	7,670	24.3	6.63	3,530	511
588×300	12	20	28		192.5	151	118,000	9,020	28.8	6.85	4,020	601
692×300	13	20	28		211.5	166	172,000	9,020	28.6	6.53	4,980	602
700×300	13	24	28		235.5	185	201,000	10,800	29.3	6.78	5,760	722
792×300	14	22	28		243.4	191	254,000	9,930	32.3	6.39	6,410	662
800×300	14	26	28		267.4	210	292,000	11,700	33.0	6.62	7,290	782
890×299	15	23	28		270.9	213	345,000	10,300	35.7	6.16	7,760	688
900×300	16	28	28		309.8	243	411,000	12,600	36.4	6.39	9,140	843
912×302	18	34	28		364.0	286	498,000	15,700	37.0	6.56	10,900	1,040

(JIS G 3192-1977에서)

인용·참고문헌

제8편

1) 日本道路協会 編：道路橋示方書（Ⅰ 共通編，Ⅱ 鋼橋編）・同解説，1996 年 12 月
2) 粟津清蔵 監修，田島富具，徳山 昭 共著：絵とき 鋼構造の設計（改訂 2 版），オーム社，1995 年

제9편

토목 시공

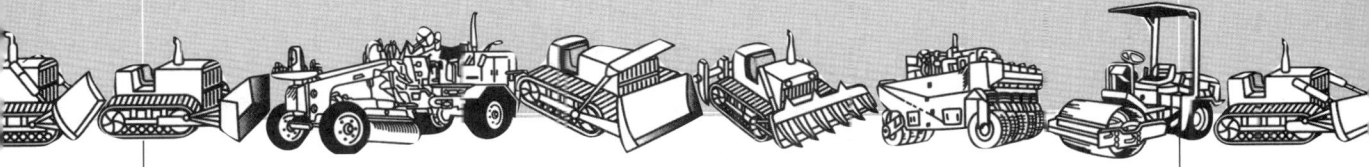

제1장 : 토공
제2장 : 콘크리트공
제3장 : 기초공
제4장 : 포장공

제5장 : 터널공
제6장 : 상하수도공
제7장 : 그 외의 시공기술

    일본에는 건설이 추진된 거대 프로젝트가 많다. 이러한 것이 건설되고 있는 것을 보면 일본의 기술력은 매우 우수하다. 또한, 일본의 고도의 기술력에는 공사가 대형화, 기계화, 복잡화되고 있는 현장의 시공관리가 철저하게 이루어지고 있기 대문이기도 하다. 또한, 자연환경의 보전, 안전대책 등의 과제에 대처하기 위해 시공에는 최선단의 기술과 노하우가 결집되어 있다.
    이 장에서는 이러한 건설공사 때에 사용되고 있는 콘크리트 등의 재료와, 공사의 시공법에 대하여 학습한다.
    건설기술자를 목표로 하고 있는 독자 여러분들은 공사재료의 여러 성질을 충분히 이해하여 적재적소에 활용할 수 있는 능력을 기를 필요가 있다. 또한 공사의 시공, 관리가 가능한 기본적인 능력과 각종 공법에 관한 기초적인 지식과 기술력을 몸에 익혀두는 것도 중요하다.

9 토목시공

1. 토공의 계획

□ 포인트
토공

　구조물을 만들려면 계획에 따라 지형을 정비하는 것이 필요하다. 흙을 깎아 무너뜨리거나 운반하거나 쌓거나 하는 작업을 **토공**이라 한다. 토목 구조물의 건설에 대해서는 구조물에 맞도록 토공을 계획한다.

■ 해설
절토, 성토

　지반을 깎는 것을 **절토**라 한다(그림 1). 또, **절취**, **굴삭**이라고도 한다. 지반에 흙을 쌓는 것을 **성토** 또는 **축제**라 한다.
　수중작업에서는 절토를 **준설**, 성토를 **매립**이라 한다.

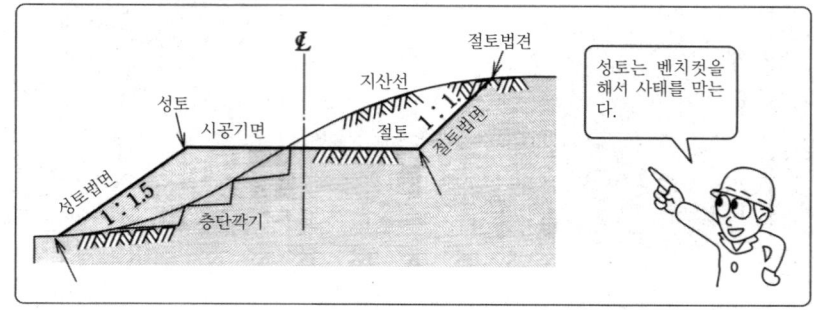

그림 1 절토, 성토

▶ 법기울기

법기울기

　경사면의 기울기는 **법기울기**로 나타낸다. 법구배는 높이 1에 대한 수평거리의 비로 나타낸다. 법기울기 1 : 1.5는 연직 1m에 대해서 수평거리 1.5m의 기울기로, 1할 5분 기울기라고도 한다.

▶ 토양의 변화율(그림 2, 표 1)

토양의 변화율

　흙은 풀면 체적이 늘고, 다지면 체적이 감소한다. 이와 같이 각각의 체적이 변화하는 것을 토양의 변화라 하며, 그 비율을 **토양의 변화율**이라 한다. 토양의 변화율에는 **퍼냄율** L과 **다짐률** C가 있다.

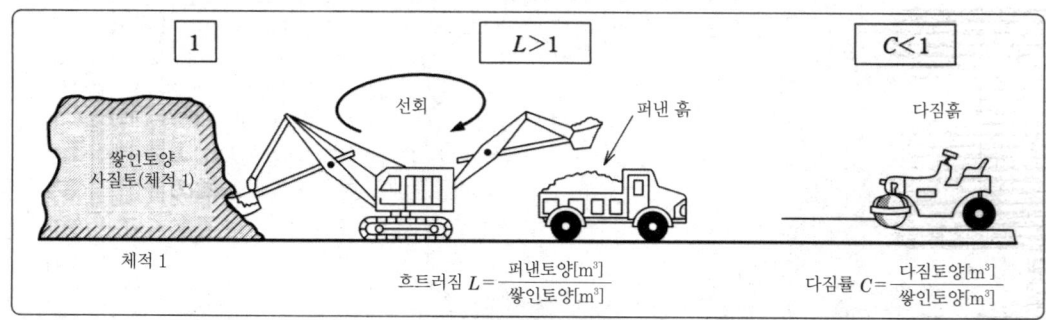

그림 2 토양의 변화율

표 1 토양의 변화율

바위, 돌, 흙의 명칭		지산에 대한 체적비	
		퍼낸 토양의 변화율 L	다진 토양의 변화율 C
바위 또는 돌	연암	1.30~1.70	1.00~1.30
자갈섞인 흙	역질토	1.10~1.30	0.85~1.00
모래	모래	1.10~1.20	0.85~0.95
보통토	사질토	1.20~1.30	0.85~0.95
점성토 등	점성토	1.20~1.45	0.85~0.95

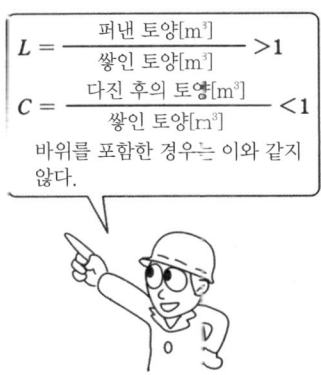

$$L = \frac{\text{퍼낸 토양}[m^3]}{\text{쌓인 토양}[m^3]} > 1$$

$$C = \frac{\text{다진 후의 토양}[m^3]}{\text{쌓인 토양}[m^3]} < 1$$

바위를 포함한 경우는 이와 같지 않다.

■ 관련사항

▶ 토적도

토공계획에서는 절토, 성토, 사토(잔토) 등의 유용을 토양의 배분이라 한다. 토양의 배분과 그것에 필요한 토공기계의 운용을 계획하는 데에 **토적도**가 이용된다.

토적도

성토토적도
절토토적도

토적도에는 절토량을 성토량으로 보정하여 토양을 계산한 **성토토적도**와 성토량을 절토량으로 보정한 **절토토적도**가 있다(그림 3). 절토의 토질이 2종류 이상 있을 때에는 성토토적도가 편리하다.

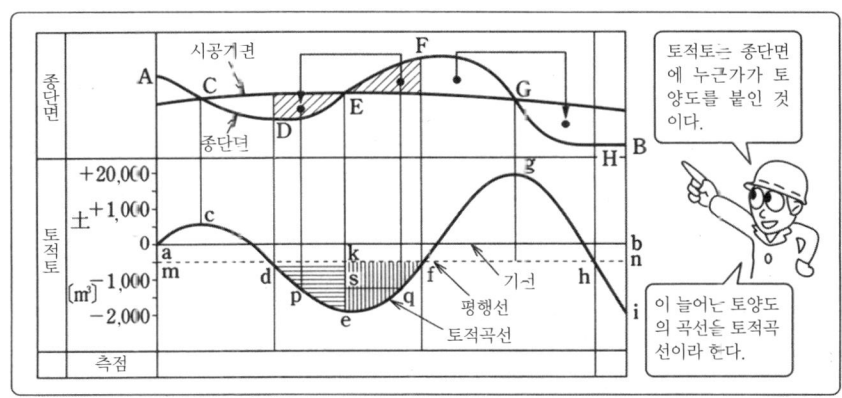

그림 3 절토토적도의 계

❖ 예제

1,000m³의 사질토 성토를 조성하는데 필요한 쌓인 토양, 퍼낸 토양은 얼마인가. 단, 퍼낸율 $L=1.20$, 다짐률 $C=0.85$로 한다.

답

필요한 쌓인 토양은

　　$1,000 \div 0.85 = 1,176$ m³

퍼낸 토양은

　　$1,176 \times 1.20 = 1,411$ m³

2. 토공의 실시

□ 포인트
토공사의 준비 작업으로 준시공, 토공사의 기본이 되는 굴삭, 운반공, 성토, 절토공 및 법면 보호공에 대해서 작업 내용이나 방법, 시공상의 유의점에 대해서 배운다.

■ 해설

준비공
준비공이란 일반적으로는 공사준비측량, 규준틀작업, 공사용 도로의 건설, 건설기계의 운반, 안전시설이나 가설비 등의 작업을 말한다.

굴삭, 운반공법
굴삭, 운반공법에는 기계를 사용하는 경우 다음의 방법이 있다(그림 1).

벤치컷 공법
① **벤치컷 공법**···단층식으로 굴삭하는 방법으로 굴착기나 파워 셔블로 굴삭해서 싣는 공법이다.

다운 힐 컷 공법
② **다운 힐 컷 공법**···불도저나 스크레이퍼 등을 사용하여 내리막 기울기를 이용하여 굴삭, 운반하는 공법으로 기울기는 25°~30°가 적당하다.

병용공법
③ **병용공법**···현장의 상황에 따라 상기의 두 공법을 병용하여 굴삭하는 공법이다. 암반의 굴삭에는 **발파공법**이나 **리퍼공법**이 이용된다.

그림 1 굴삭공법

성토의 시공
성토의 시공에서 **살포 두께**란 다지는 층의 두께를 말하며, 노체에서는 35~45cm 이하, 노상에서는 25~30cm 이하로 한다.

다짐의 관리방법에는 품질규정방식과 공법규정방식이 있다.

① **품질규정방식**···성토에 필요한 품질을 사양서에 명시하고, 다짐공법은 시공업자에게 맡기는 방법이다.

② **공법규정방식**···사용하는 다짐기계의 종류나 다짐횟수, 살포 두께 등 공법 그 자체를 사양서에 규정하는 방식이다.

성토의 법면형상은 성토 높이 6m 이내마다 폭 1~3m의 바깥턱을 설치하여서 바깥턱에는 기울기를 만들어 배수로를 설치한다.

경사지일 때 성토의 시공은 다음과 같다(그림 2, 표 1).

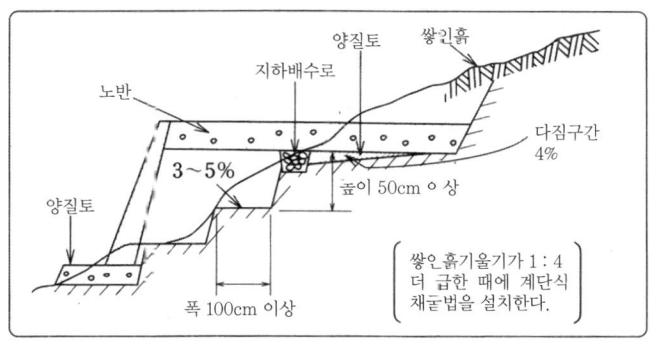

그림 2 경사지의 시공

① 층단깎기(폭 100cm, 높이 50cm 이상)를 한다. 각 단에는 배수를 위해 3~5%의 기울기를 만든다.
② 성토와 절토의 접점에서는 절토측에 3~5%로 다져 성토와의 접점에 지하배수로를 설치한다.
③ 성토의 각부는 미끄럼을 방지하기 위해 양질토로 시공한다.

절토의 시공에서는 높이 7~10m이내에 폭 1.5m 정도의 바깥턱을 설치한다. 법면의 안정기울기는 일반적으로 표 2에 보인 표준법면기울기가 이용된다. **법면보호공**에는 종자취부공, **지부공** 등의 **식생공**과 **콘크리트 블록공, 석장공** 등의 구조물에 의한 방법이 있다.

절토의 시공
법면보호공
지부공
식생공

표 1 성토의 표준법면기울기

성토재료	성토 높이 (m)	기울기[비율]
입도분포가 좋은 모래	0~5	1.5~1.8
입도분포가 좋은 역질토	5~15	1.8~2.0
입도분포가 나쁜 모래	0~10	1.8~2.0
암괴, 옥석	0~10	1.5~1.8
	10~20	1.8~2.0
사질토, 단단한 점질토, 단단한 점토	0~5	1.5~1.8
	5~10	1.8~2.0
부드러운 점질토, 부드럽지 않은 점토	0~5	1.8~2.0

표 2 절토의 표준법면기울기

지산의 토질 및 지질		절토 높이	기울기[비율]
경암			0.3~0.8
연암			0.5~1.2
모래			1.5~
사질토	견고한 것	5 m	0.8~1.0
		5~10 m	1.0~1.2
	느슨한 것	5 m	1.0~1.2
		5~10 m	1.2~1.5
역질토 암괴 또는 옥선 혼합의 사질토	견고한 것 또는 입도분포가 좋은 것	10 m	0.8~1.0
		10~15 m	1.0~1.2
	견고하지 않은 것, 또는 입도분포가 나쁜 것	10 m	1.0~1.2
		10~15 m	1.2~1.5

(일본도로협회편 「도로토공지침」에서)

3. 토공기계

☐ 포인트 **토공작업**에는 굴삭, 적재, 운반, 다짐의 4종류가 있다. 공사를 실시할 때에는 공사조건에 적합하게 경제적인 토공기계를 선정할 필요가 있다. 또한 공사 중의 안전 확보가 가능하며, 환경보전을 위해 소음, 진동이 적은 저공해의 기계를 선정한다.

■ 해설 작업의 종류와 적정한 토공기계를 표 1에 나타냈다.

표 1 작업종별 적정기계

작업의 종류	건설기계의 종류
벌개	불도저, 레이크 도저, 트리도저
굴삭	셔블계 굴삭기(파워셔블, 굴착기, 드래그라인, 클램셸) 트럭셔블 불도저, 리퍼
쌓기	셔블계 굴삭기, 트랙터 셔블
굴삭, 쌓기	셔블계굴삭기, 트랙터 셔블
굴삭, 운반	불도저, 스크레이프 도저, 스크레이퍼, 트랙터 셔블
운반	불도저, 덤프트럭, 벨트 컨베이어, 가공색도
펴고르기	불도저, 모터그레이더
함수비 조절	스테빌라이저, 모터그레이더, 살수차
다짐	로드롤러, 타이어롤러, 탬핑롤러, 진동롤러, 진동콤펙터, 러머, 탬퍼, 불도저
정지	불도저, 모터그레이더
도랑파기	트렌처, 굴착기

굴삭기계 **굴삭기계**의 셔블계 굴삭기계를 그림 1에 나타냈다.

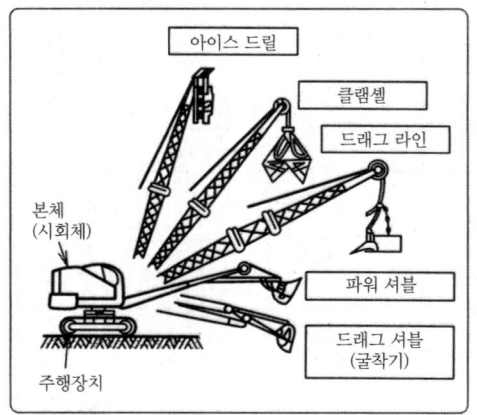

그림 1 셔블계의 굴삭기

표 2 운반거리에 따른 기계의 선정

	거리 [m]	건설기계의 종류
단거리	100 이하	불도저
중거리	50~500	스크레이프 도저
	70~500	피견인식 스크레이퍼
장거리	200~2,000	모터 스크레이퍼
	70 이상	셔블계 굴삭기와 트랙터 셔블 덤프트럭

운반기계 운반기계의 운반거리에 의한 선정을 표 2에 나타냈다.
굴삭운반기계 굴삭운반기계인 불도저 종류를 그림 2에 나타냈다.

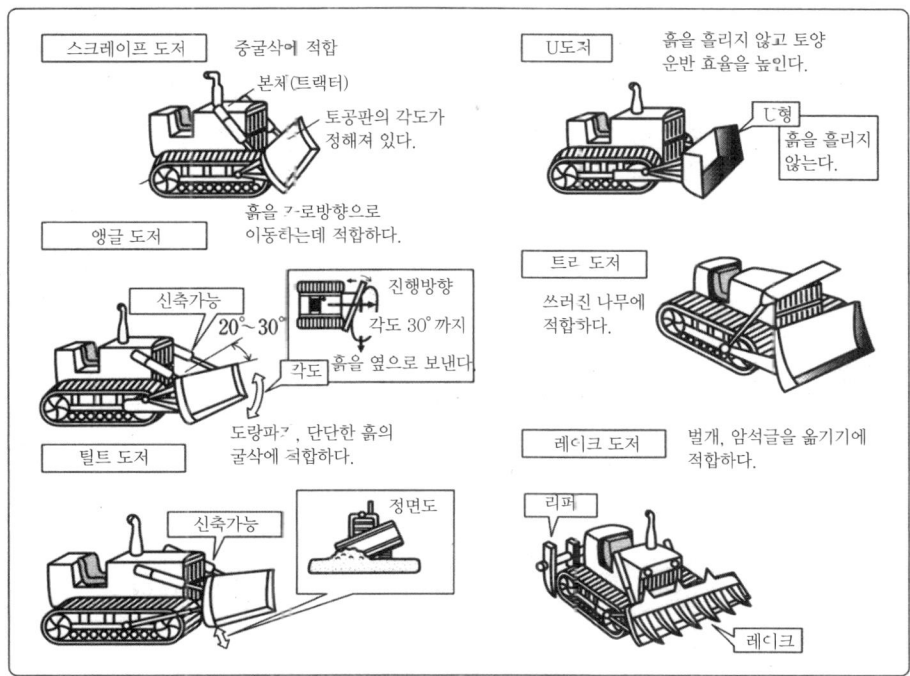

그림 2 불도저의 종류

정지다짐기계 정지다짐기계의 롤러계 및 모터 그레이더를 그림 3에 나타냈다.

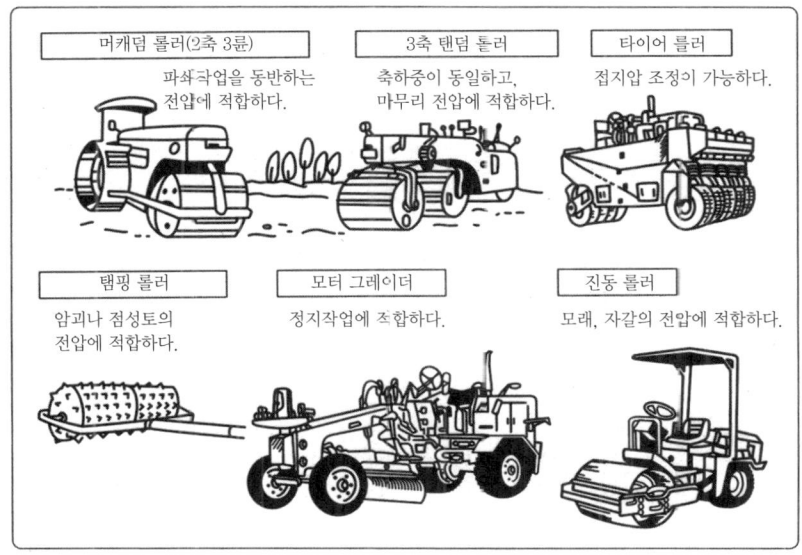

그림 3 롤러 및 각종 모터 그레이더

4. 토공기계의 계획

□ 포인트

토공기계의 작업능력은 단독 기계 또는 조합된 기계의 시간당 평균작업량으로 나타낸다. 일반적으로 시간당 작업량 $Q[\text{m}^3/\text{h}]$는, 1사이클당 표준 작업량을 $q[\text{m}^3]$, 작업효율을 E, 시간당의 작업 사이클 수를 n, 토양환산계수를 f로 했을 때 다음 식으로 구할 수 있다.

$$Q = qnfE \ [\text{m}^3/\text{h}]$$

단, 시간당 사이클 수 n은 사이클타임을 C_m로 하면
$$n = 60/C_m \ [\text{min}] = 3,600/C_m \ [\text{s}] 이다.$$

■ 해설

토양변화율

▶ 불도저의 작업량을 구하는 법

토양변화율 f는, 표 1를 통해 구한다. 표 중의 퍼냄률 L, 다짐률 C의 값은 p.407의 표 1에 따른다.

표 1 토양변화율 f

기준 작업량 \ 구하는 작업량	쌓인 토양	파낸 토양	다진 토양
쌓인 토양	1	L	C
퍼낸 토양	$1/L$	1	C/L
다진 토양	$1/C$	L/C	1

불도저 1회의 **굴삭압토량** $q[\text{m}^3]$은 압토거리와 운반기울기에 관한 계수 ρ (표 2), 토공판용량 q_0(표 3)으로 하면, $q=q_0\rho$를 구할 수 있다.

표 2 압토거리와 운반기울기에 관한 계수 ρ

기울기[%] \ 운반거리[m]		20	30	40	50	60	70	80
평탄	0	0.96	0.92	0.88	0.84	0.80	0.76	0.72
내려감	5	1.08	1.03	0.99	0.94	0.90	0.85	0.81
	10	1.23	1.18	1.13	1.08	1.02	0.97	0.92
	15	1.41	1.35	1.29	1.23	1.18	1.12	1.06
올라감	5	0.85	0.82	0.78	0.75	0.71	0.68	0.64
	10	0.77	0.74	0.70	0.67	0.64	0.61	0.58
	15	0.70	0.67	0.64	0.61	0.58	0.56	0.53

(일본도로협회편「도로토공시공지침」에서)

표 3 토공판용량 q_0

형식	규격	출력 [PS]	질량 [t]	토공판 용량 q_0 [m³]
보통흙	11 t	116	12.2	1.95
	15 t	151	15.0	2.72
	21 t	212	22.2	4.33
	32 t	313	38.6	7.23

▶ 불도저의 사이클 타임

C_m[min]은 다음 식으로 구한다. $\qquad C_m = l/v_1 + l/v_2 + t_g$

여기서, t_g : 기어 교체 등에 필요한 시간(일반적으로 0.25min),

l : 평균굴삭압토거리 [m], v_1, v_2 : 전·후진속도 [m/min]

불도저의 **작업효율** E는 토질조건에서 표 4에 구한다.

표 4 불도저의 작업효율 E

흙의 종류	작업효율	비고
암괴, 옥석	0.20~0.35	
자갈 섞인 흙	0.30~0.55	굳어지고 있는 것은 하한측이 된다.
모래	0.40~0.70	
보통 흙	0.35~0.60	
점성토	0.30~0.60	트래피커빌리티의 양부에 의한 영향이 된다.

(일본도로협회편 「도로토공시공지침」에서)

주) 현장의 작업조건의 양부에 따라 이 폭 안에서 변화한다. 작업조건이 좋음, 보통, 나쁨에 따라 상한측, 중앙, 하한측에 대비한다.

이와 같이 1대의 시간당 작업량이 구해지면, 전 작업량에서의 필요대수가 산출된다.

❖ **예제**

평탄한 평균굴삭압토거리 40m에서의 15t급 불도저의 시간당 작업량(쌓인흙)을 구하라. 단, 토질은 보통흙이며, 현장조건도 보통으로 한다. 또한, 전진속도는 40m/min, 후진속도는 80m/min, 퍼낸 토양의 변화율 $L=1.20$로 한다.

답

표 2, 표 3에서, 1회의 압토량 $q = 2.72 \times 0.88 = 2.39$m

표 1에서 토양변화율 $f = 1/L = 1/1.20 = 0.833$

사이클 타임 $C_m = 40/40 + 40/80 + 0.25 = 1.75$min

작업량 $Q = qnfE = 2.39 \times (60/1.75) \times 0.833 \times 0.45$
$= 30.7$m³/min

1. 콘크리트의 운반, 부어넣기, 다짐

□ 포인트　　콘크리트의 운반은 일반적으로 혼합하여 섞은 장소에서 현장까지는 트럭 교반기로 운반하여 현장 내에서는 콘크리트 펌프, 버킷, 콘크리트 플레이서, 슈트 등이 이용된다. 부어넣기는 혼합하여 섞은 콘크리트를 미리 정한 구역 (통상은 거푸집 내)에 연속해서 투입하는 것이다.

　　다짐은 부어넣은 콘크리트 안의 기포(공기)를 제거하여 빈틈없고 밀도가 큰 콘크리트를 만들기 위해 실시한다.

■ 해설　　▶ 콘크리트의 운반, 부어넣기, 다짐

　　운반…콘크리트를 혼합하여 섞은 후부터 완전히 쏟아넣을 때까지의 시간은 바깥 기온이 25℃ 이상일 때는 1.5시간, 25℃ 이하일 때도 2시간을 넘지 않는 범위로 한다. 레미콘의 운반은 1.5시간 이내로 한다.

　　부어넣기…콘크리트를 부어넣는 순서는 구조물의 형상, 콘크리트의 공급 상태, 부어넣기 능력 등을 고려하여 공급원에서 먼 쪽부터 부어넣는다.

　① 1구획 내의 콘크리트는 연속해서 쏟아붓고, 1층에 쏟아부을 때의 두께는 40~50cm 이하로 하며, 2층의 경우는 하층부분이 굳기 전까지 붓는다.

　② 콘크리트 펌프에 의해 부어넣을 경우는 조골재의 최대수치는 40mm 이하, 슬럼프는 8~18cm 정도로 한다.

　③ 슈트를 이용하여 부어넣을 경우에는 **세로슈트**를 원칙으로 하며, 어쩔 수 없이 경사진 슈트를 이용할 경우에는 슈트하단과 부어넣을 면까지의 높이를 1.5m 이하로 한다(그림 1).

세로슈트

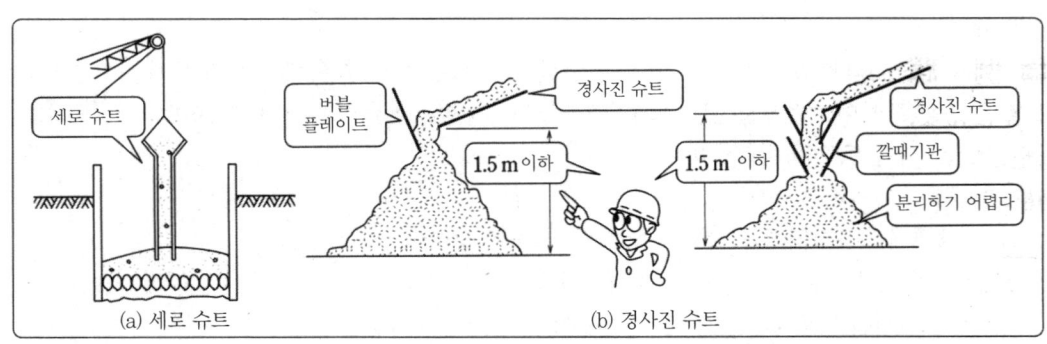

그림 1 슈트에 의한 부어넣기

　　다짐…내부진동기로 다지는 경우 연직에 일정간격으로 집어넣어 다진다. 진동기는 하층의 콘크리트에 10cm 정도 삽입시키면서 다지며, 뽑아 낼 경우에는 천천히 뽑도록 하여 뽑은 다음에 구멍을 남기지 않도록 한다.

■ 관련사항 ▶ 부어넣기 전의 준비, 다짐의 목적, 블리딩, 레이턴스, 시공이음, 콜드 조인트

부어넣기 전의 준비⋯콘크리트를 부어넣기 전에 철근, 거푸집 등이 설계서대로 배치되어 있는지를 확인한다. 부어넣기 작업 시에 철근의 배치나 거푸집을 옮기면 안 된다.

두판

다짐의 목적⋯두판(豆板)(곰보)의 방지가 목적이지만, 진동기로 다진 경우, 진동기로 콘크리트를 가로 이송하는 일이 없도록 하역에서는 부어넣는 양의 적정량을 분배한다.

블리딩

블리딩⋯콘크리트를 부어넣는 도중이나 부어넣은 후에 표면에 수분이 상승하는 현상이다. 블리딩이 일어나면 콘크리트 내부에 물길이 생겨서 수밀성, 내구성에 악영향을 준다. 또한 철근이나 큰 골재의 하부에 그림 2와 같은

워터게인

워터게인(수막)이 생기고, 철근과의 부착강도의 저하나 인장강도에 악영향을 준다.

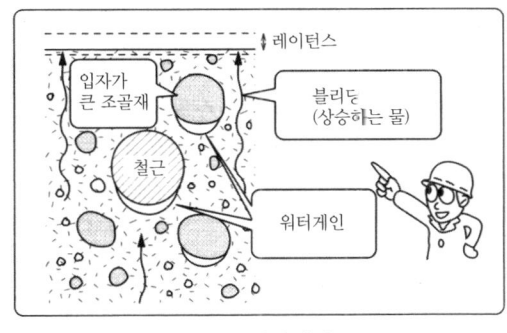

그림 2 워터게인

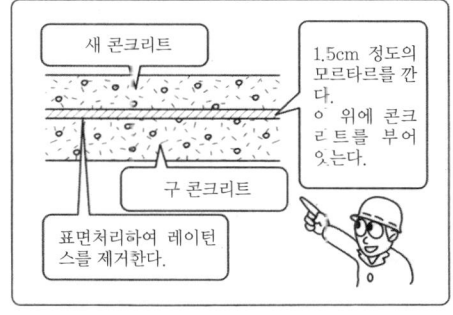

그림 3 수평시공이음

레이턴스

레이턴스⋯블리딩에 의해 표면에 떠오른 물질이다. 레이턴스는 콘크리트의 강도, 수밀성, 내구성, 내마모성에 악영향을 준다.

시공이음

시공이음⋯레이턴스를 제거, 시공이음의 부분을 조밀하게 하고, 구 콘크리트의 부분을 세척하고 충분히 급수시킨 후, 콘크리트의 부착을 성공적으로 하기 위해 모르타르를 깐 다음에 부어 잇는다(그림 3). 연직시공이음은 철근으로 보강해서 처리한다.

콜드 조인트

콜드 조인트⋯콘크리트의 부어넣기 작업 중 부어넣기가 늦어진 경우에 발생하는 일종의 시공불량 이음매이다.

2. 콘크리트의 마무리, 양생, 거푸집의 떼어내기

□ 포인트

콘크리트의 마무리는 구조물 노출면의 표면수를 제거한 후, 나무흙손, 쇠흙손 등으로 모르타르면을 평활하게 하는 것이다. 이것은 단순히 미관상의 이유뿐만 아니라 내구성, 수밀성에서도 중요하다.

양생은 부어넣은 후의 콘크리트를 충분히 보호하여 경화작용을 촉진시켜, 건조에 의해 생기는 균열이 발생하지 않도록 하는 것이다.

거푸집을 떼어내는 시기, 순서는 시멘트의 종류, 콘크리트의 배합, 구조물의 중요도, 종류, 크기 등에 의해 달라진다.

■ 해설

▶ 콘크리트의 마무리, 양생, 거푸집의 떼어내기

마무리

마무리…콘크리트 표면의 마무리는 작업이 가능한 범위에서 정해진 시간을 늦추어서, 쇠인두로 평활하고 치밀한 면이 되도록 마무리한다.

습윤양생

습윤양생…콘크리트를 부어넣은 후 충분한 습기를 주는 양생방법을 말하며, 살수양생이나 양생매트, 젖은 시트 등으로 덮는 방법이다.

표 1은 습윤양생의 일수를 나타내고 있다. 양생의 구체적인 목적은
① 적당한 온도(10~25℃)와 충분한 습윤상태를 유지한다.
② 매스·한중·서중 콘크리트 등에 의해 양생온도를 제어한다.
③ 유해한 작용(충격이나 풍우, 서리, 직사일광 등)으로부터 보호한다.

표 1 습윤양생의 일수

구조물의 종류	사용 시멘트의 종류	습윤양생의 일수
무근, 철근 콘크리트	보통 시멘트 조강 시멘트	5일 이상 3일 이상
포장 콘크리트	보통 시멘트 조강 시멘트 중용열 시멘트	14일을 표준 7일을 표준 21일을 표준
댐 콘크리트	보통, 중용열 시멘트 혼합 시멘트	14일 이상 21일 이상

그림 1 거푸집, 지보공

거푸집 떼어내기…거푸집, 지보공은 콘크리트의 강도가 소정의 값에 달하기까지 떼어내서는 안 된다(그림 1). 고정보, 라멘, 아치 등에서는 콘크리트의 크리프(Creep)를 이용하여 구조물의 균열을 적게 할 수 있지만, 이 경우에도 필요한 강도가 되기까지 떼어내서는 안 된다. 콘크리트가 필요한 강도에 달하는 시간의 판정은 같은 상태에서 양생한 콘크리트 공시체의 압축강도(표 2의 참고값)에 의해 실시한다.

거푸집어는 충격 등을 주지 않아야 하고, 거푸집을 떼어낼 때에는 연직부재의 거푸집을 먼저 떼어내고, 슬래브나 벽 등의 부분은 나중에 떼어낸다.

표 2 거푸집을 떼어내기 좋은 시기일 때 콘크리트 압축강도 참고값

부재 종류	예	콘크리트의 압축 강도 [N/mm²]
두꺼운 부재의 연직 또는 연직에 가까운 면, 기울어진 상면, 작은 아치의 바깥면	푸팅의 측면	3.5
얇은 부재의 연직 또는 연직에 가까운 면, 45°보다 급한 경사의 하면, 작은 아치의 안쪽	기둥, 벽, 보의 측면	5.0
다리, 건물 등의 슬래브 및 보, 45°보다 완만한 경사의 아랫면	슬래브, 보의 바닥면, 아치의 안쪽면	14.0

(콘크리트 표준시방서에서)

■ 관련사항 ▶ 표준양생, 막양생, 거푸집, 지보공, 위어판

표준양생　　**표준양생**···기온 20℃±3℃의 수중 또는 습윤양생으로 실시하는 양생이다.

수막양생　　**수막양생**···콘크리트의 표면에 수막양생제를 살포(도포)하여 콘크리트 표면에서 물의 증발을 방지하면서 양생하는 방법이다.

거푸집　　**거푸집**···일정한 형상, 패널 콘크리트 구조물을 건설하기 위해 이용되는 가설구조물이다. 거푸집(그림 2)은 구조물이 완성하기까지 형상, 패널이 정확하게 확보되어 조립과 떼어내기가 용이한 것으로 한다.

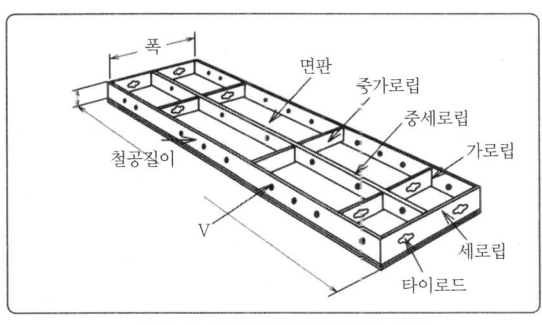

그림 2 강제 거푸집(평면 패널)

지보공　　**지보공**···콘크리트용 거푸집의 일부로 소정의 형상, 패널의 콘크리트 구조물이 되도록 형판을 지지하기 위한 지주, 배터 등이다.

흙막이널　　**흙막이널**···콘크리트용 거푸집의 일부로 콘크리트에 직접 접하는 목재 또는 금속제의 판류 등이다.

위어판　　**위어판**···지보공, 흙막이널은 콘크리트의 자체 무게에 의한 침하나 변형을 고려하여 적당한 널(소정의 높이보다 조금 높게 한다)을 만든다.

3. 특수한 콘크리트

□ 포인트

한중 콘크리트는 일평균기온이 4℃ 이하가 되는 겨울과 같은 추운 시기에 시공하는 콘크리트다.

서중 콘크리트는 일평균기온이 25℃ 이상이 되는 하계 등 더운 시기에 시공하는 콘크리트다.

수중 콘크리트는 하천, 해안, 항만 등에서 수중에서 시공하는 콘크리트이다.

프리팩트 콘크리트는 특정 입도를 갖는 조골재를 거푸집에 넣고 그 빈틈에 특수한 모르타르를 주입해서 만드는 콘크리트이다.

■ 해설

▶ 기후, 부어넣는 상황에 따라 정해지는 콘크리트

한중 콘크리트

한중 콘크리트⋯부어넣을 때의 콘크리트 온도는 5~20℃를 원칙으로 한다. 포틀랜드 시멘트를 사용하여 AE 감수제 등을 이용한 AE 콘크리트로 시공한다. 단위수량은 작업이 가능한 범위에서 적게 한다. 또한 골재와 물은 가열해서 이용하지만, 시멘트는 가열하면 안 된다.

서중 콘크리트

서중 콘크리트⋯부어넣을 때의 콘크리트 온도는 35℃ 이하로 규제하고 있다. 재료는 가능한 한 저온으로 이용하고, 부어넣기부터 표면 마무리까지의 작업은 콜드 조인트를 발생시키지 않도록 적절한 계획을 기초로 하여 신속하게 실시한다. 필요에 따라서 재료를 차갑게 하여 사용한다. 표 1은 사용재료의 온도변화에 의한 콘크리트 온도 변화의 상태를 보이고 있다.

부어넣어 채운 콘크리트는 그림 1과 같이 충분한 습기를 주면서 양생한다.

표 1 사용재료의 온도변화에 의한 콘크리트에 주는 효과

재료	온도변화 [℃]	콘크리트의 온도변화
시멘트	±8	각각 콘크리트의 온도를 ±1℃ 변화시키는 것이 가능하다. 골재, 물의 온도를 변화시키면 효과적이다.
물	±4	
골재	±2	

수중 콘크리트⋯원칙으로 트레미, 콘크리트 펌프를 이용하여 시멘트의 유출, 레이턴스의 발생을 방지하기 위해 정수 중에 부어넣는다.

프리팩트 콘크리트⋯시공 시에는 대상인 구조물에 따라서 혼화제, 주입 모르타르, 조골재의 입도, 주입관 등을 적절하게 선정한다.

콘크리트공

그림 1 습윤양생

■ 관련사항   ▶ 성질, 성능으로 살펴 본 각종 콘크리트

　　레디믹스드 콘크리트…정비된 콘크리트 제즈설비를 가진 공장에서 생산되어 필요에 따라서 수시로 구입 가능한 프래시 콘크리트(아직 굳어지지 않은 콘크리트)이다.

　　AE 콘크리트…AE 감수제, 고성능 AE 감수제 등에 의해 계획적으로 미세하게 독립한 공기의 기포를 포함시킨 콘크리트이다. 이 콘크리트는 동결융해에 대한 내구성이 현저히 개선되어, 물 시멘트 비를 감소시킬 수 있음과 더불어 워커빌리티도 좋아진다.

　　매스 콘크리트…댐이나 교각 등의 체적이 큰 콘크리트로 시멘트의 수화열에 주의해서 시공하지 않으면 안 된다.

　　유동화 콘크리트…미리 혼합하여 섞은 베이스 콘크리트에 현장에서 부어넣기 직전에 유동화재(주성분은 고성능 감수제)를 첨가하고 교반하여 유동성을 증대시킨 슬럼프가 큰 콘크리트이다. 이 콘크리트는 콘크리트의 품질개선, 시공성의 향상이 기대된다.

　　고강도 콘크리트…고성능 AE 감수제를 사용하여 물 시멘트 비를 현저히 감소시켜 얻어지는 높은 강도를 가진 콘크리트이다(그림 2).

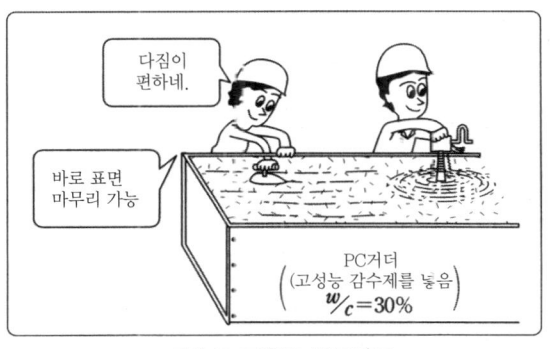

그림 2 고강도 콘크리트

1. 기초공의 종류

□ 포인트

기초공은 구조물에 작용하는 하중이나 구조물의 자체 무게를 안전하게 지지지반에 전달하는 역할을 하는 기초공작물을 시공하는 것이다. 교각이나 빌딩 등의 구조물은 기초 위에 구축되는 경우가 많으므로 기초는 안전하고 강하고 견고한 것이 아니면 안 된다.

기초는 그 위에 구축되는 구조물의 크기, 종류, 중요도 및 지반의 양부나 시공위치 등에 따라 그 형식이나 공법 등도 달라진다.

■ 해설

기초공의 종류
직접기초
말뚝기초
케이슨 기초
베타기초
푸딩기초

▶ 기초공의 종류, 각종 기초공의 장·단점, 기초의 굴삭

기초공의 종류…기초는 크게 얕은 기초와 깊은 기초로 나눈다. 지지기반이 지표에서 얕은 개소에서 얻어지는 경우에는 **직접기초**가 이용되고, 깊은 경우에는 **말뚝기초나 케이슨 기초**가 이용된다(그림 1).

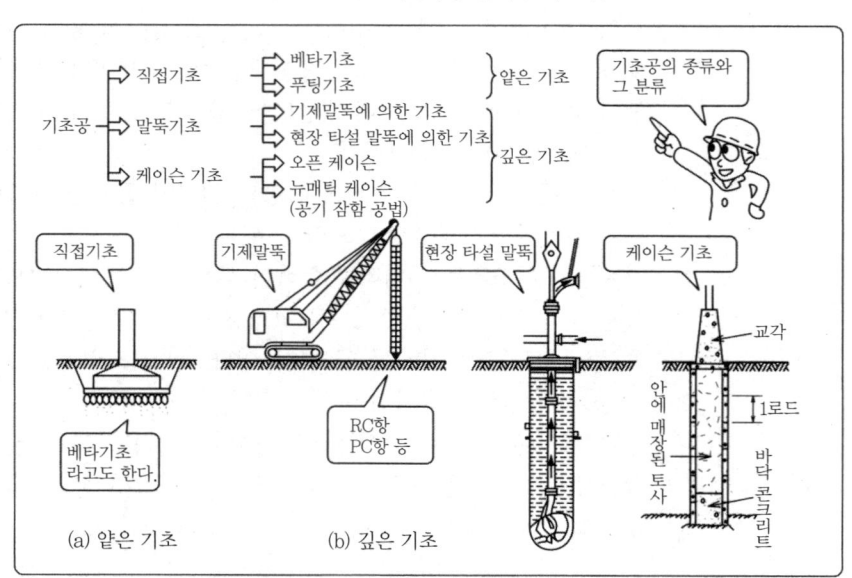

그림 1 기초공의 종류

각종 기초공의 장·단점…각종 기초공에는 표 1과 같이 각각 장·단점이 있고, 현장의 지질, 하중의 대소, 시공상의 안전성이나 어려운 점, 경제성, 주변환경에 따른 영향도 등을 고려해서 적절한 공법을 선택한다.

기초의 굴삭…기초로서 요구되는 깊이까지 원지반을 파내려가는 것이다. 기초를 굴삭하는 경우, 주위의 토사 붕괴를 방지하기 위해 그림 2와 같은 흙막이공을 시행한다. 또한, **흙막이** 공사가 완료하기까지의 가설구조물이다.

표 1 각종 기초공의 특징 및 비교

기초공		장점	단점	공법
직접기초		비용최소 확실한 기초	적용범위가 제한된다.	푸팅기초 버타기초
말뚝기초	기제말뚝	계단식 채굴법이 작게 끝난다. 비용이 저렴하다. 공사기간이 짧다.	지질의 확인이 불가능 소음, 진동이 크다. 옥석이 있으면 시공이 곤란하다.	나무말뚝, R.C말뚝, P.C말뚝, 강관말뚝
	현장 타설 말뚝	소음, 진동이 작다. 확실한 지지력을 얻는다.	계획이 커지며, 비용이 높아진다.	버노토 공법 리버스 공법 손초공법
케이슨 기초 (피어 기초)	오픈 케이슨, 뉴매틱 케이슨	큰 지지력과 수평저항력이 얻어진다. 지질을 확인할 수 있다.	계획이 커지며, 비용이 높아진다.	케이슨 기초 피어 기초

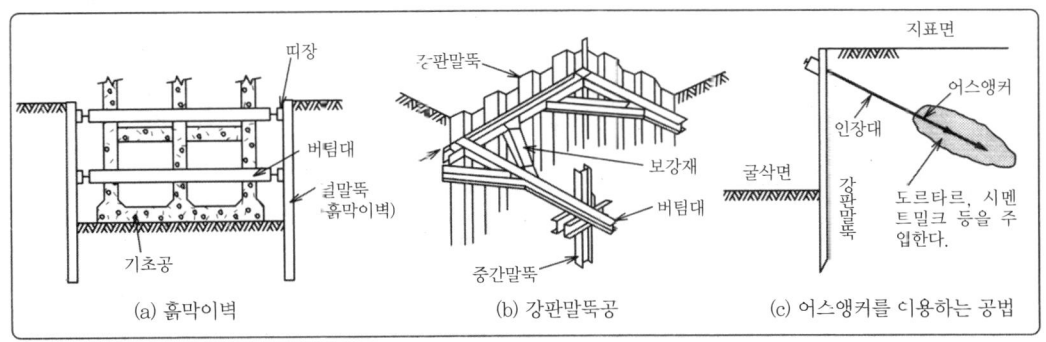

그림 2

이것에는 ① 강판말뚝공, ② 어스앵커나 타이로드를 이용하는 공법, ③ 연속지중벽공법, ④ 널말뚝지보공 등이 있다.

■ 관련사항

히빙

보일링

히빙, 보일링····그림 3에 나타낸 현상처럼 이들 현상이 일어날 우려가 있는 장소에는 밑둥묻힘깊이가 큰 강판말뚝공이 적합하다.

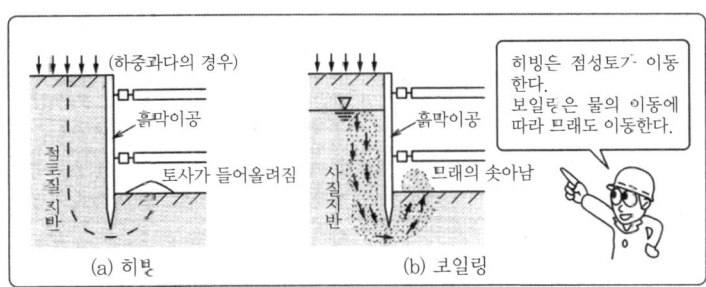

그림 3 히빙과 보일링

2. 지반 개량공, 직접기초공

□ 포인트   지반의 개량공은 기초지반이 연약해서 지지력이 부족할 때, 지하수가 많아 시공이 곤란할 때 연약한 지반에 필요한 강도를 부가시킨 지반으로 개량하는 것이다.

직접기초공은 지지 지반이 비교적 얕은 장소에서 이용되어, 상부구조로부터의 하중을 직접 지지 지반에 전하는 형식의 기초이다.

■ 해설   ▶ 지반의 개량공, 직접기초공
① 지반의 개량공 : 기초지반의 개량공법은 다음과 같이 크게 구분된다.

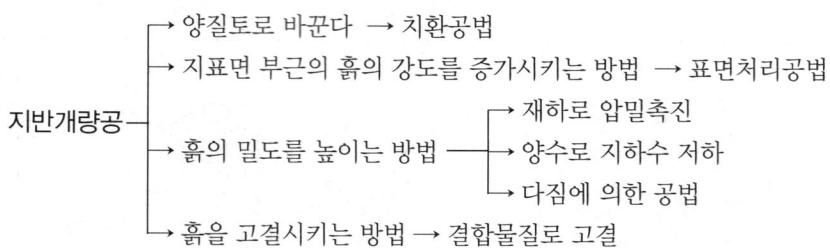

표 1 모래질지반에 대한 개량공법

공법	개량깊이	개량 후의 N값	공법의 개요
바이브로 플로테이션공법	20m	10~15	바이브로플롯(진동발생장치)을 가진 말뚝을 진동 또는 제트 수류에 의해 모래지반에 관입하여, 주변에 모래를 주입하여 다진다.
바이브로 컴포저 공법	30m	10~20	진동하중을 이용하여 모래의 기둥을 느슨한 지반 중에 형성한다.
샌드컴팩션 파일공법	15m	10~20	충격이나 진동에 의해 공중관을 땅속에 박아넣고, 케이싱을 뽑아내면서 모래의 기둥을 만들어 지반을 다진다.

표 2 점토성 지반의 개량공법

공법	공법의 개요	개량깊이
프리로딩 공법	연약지반에 축조된 구조물의 하중과 같을 때 큰 하중을 미리 걸어두고, 압밀침하 완료 뒤에 이 하중을 제거하고 구조물을 축조한다.	15~20m
샌드 드레인 공법	배수로에 모래 말뚝을 설치하는 공법으로 때려박기식, 바이브로식, 오거식, 봉투채우기식 등이 있다.	15~30m
페이퍼 드레인 공법	배수로에 두꺼운 종이로 구멍을 뚫은 가드 보드 등을 이용하는 공법으로 시공속도가 빠르고 공사비가 저렴하다. 또한 시공관리하기에도 용이하다.	15~20m

2 직접기초공 : 기초의 세 가지 안정조건으로서 지반지지력에 대한 안정, 활동에 대한 안정, 전도에 대한 안정이 필요하다.

이 기초에는 푸팅기초, 베타기초가 있다. 푸팅기초는 구조상 독립 푸팅, 연결 푸팅, 벽의 푸팅으로 분류된다. 그림 1에 지지지반이 달라지는 경우의 시공법을 나타냈다.

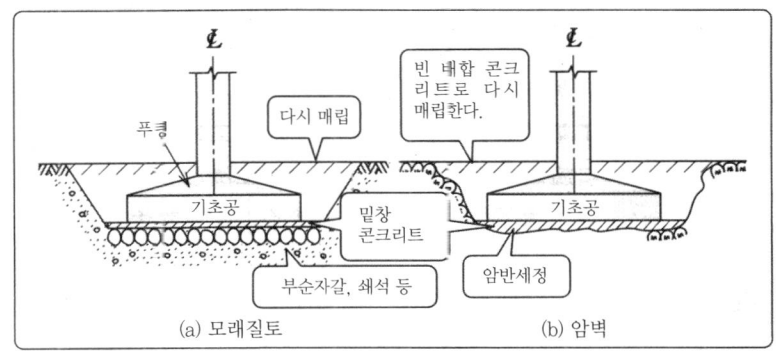

그림 1 직접기초공의 시공

① 직접기초공이 적용되는 조건으로서, 일반적으로 지표면에서 5m 높이까지 지지지반이 있고, 지하수의 처리가 용이한 장소가 바람직하다.
② 직접기초의 저면은, 원지반에 밀착시켜서 활동저항을 갖게 한다.
③ 저면에 돌기를 붙여서 활동을 방지할 경우에는 부순자갈을 가로질러 원지반에 관입시켜 돌기와 푸팅을 일체화시킨다.
④ 암반의 위에 기초를 시공할 경우에는 부순자갈은 사용하지 않고 암반이 부드러운 부분을 제거해서 직접 밑창 콘크리트를 타설한다.

❖ **예제**

직접기초에 관한 다음 기술 중 **적당하지 않은 것**은 무엇인가?
(1) 보통의 토사지반에서는 굴삭이 끝나면 부순자갈이나 쇄석 등을 깔고 정교하게 기초지반의 처리를 한다.
(2) 굴삭에 의해 지지지반이 흐트러질 경우에는 인력으로 정성스럽게 처리할 필요가 있다.
(3) 기초의 안정계산은 지지, 전도, 활동에 대해 실시하는 것이 일반적이다.
(4) 기초저면에 돌기를 설치하면 지반의 연직지지력을 증가시키는 데에 유효하다.

답 (4)

기초저면에 돌기를 설치하는 목적은 전단저항력을 증가시키기 위해서이며, 연직지지력은 증가하지 않는다.

3. 말뚝박기 기초공, 케이슨 기초공

□ 포인트

말뚝박기 기초공은 말뚝을 지반에 박아 상부구조에서의 하중을 안전하게 지지하는 것이며, 상층부의 연약지반을 관통하여 하층의 지지층으로 직접하중을 지지하는 지지말뚝과 말뚝 주변 흙과의 마찰력에 의해 하중을 지지하는 마찰말뚝이 있다. **기제말뚝 공법**과 **현장타설공법**으로 크게 나뉜다.

케이슨 기초공은 케이슨이라는 바닥이 없는 상자 모양을 지반 안으로 침하시켜서 기초로 하는 공법이다. 이 공법에는 침하 시에 압축공기를 사용하지 않고 시공하는 **오픈 케이슨 공법**과 바닥 부분에 압축공기를 보내 지하수를 제거, 침하시키면서 굴삭하는 **뉴매칭 케이슨 공법**이 있다.

■ 해설

▶ 말뚝박기 기초공, 케이슨 기초공

1 말뚝박기 기초공 : 말뚝박기 기초공은 그림 1과 같이 분류된다.
① 기제말뚝 공법 : 공장 등에서 생산된 기제의 RC 말뚝, PC 말뚝, H형강

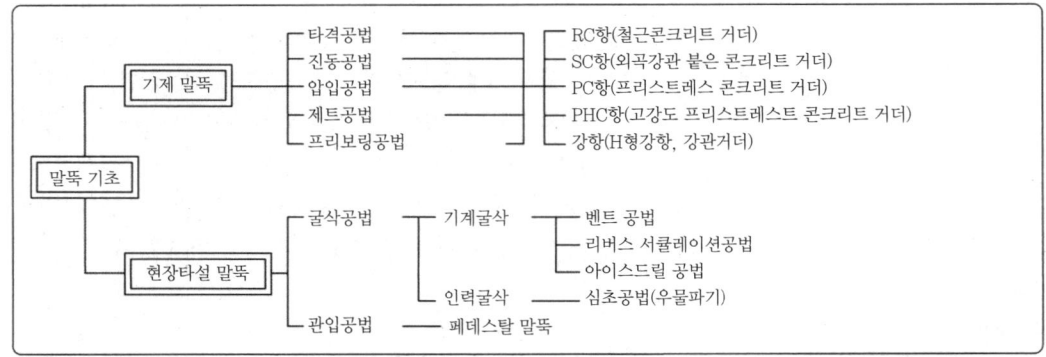

그림 1 말뚝박기 기초공의 분류

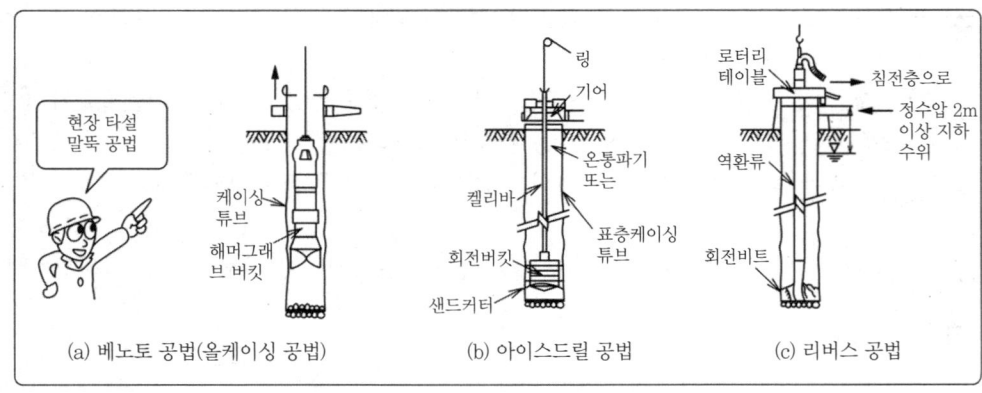

(a) 베노토 공법(올케이싱 공법)　　(b) 아이스드릴 공법　　(c) 리버스 공법

그림 2 현장 타설 말뚝 공법

말뚝, 강관말뚝 등을 지반에 직접 박는 공법이다.
② 기제말뚝은 품질관리된 공장에서 생산되어 그 신뢰성이 높다.
③ 환경기본법의 소음 규제에 따라 소음, 진동이 작은 타설공법으로 압입 공법이나 제트공법 등이 이용된다.
④ **현장 타설 말뚝 공법**은 시공현장에서 특수기계로 땅속에 구멍을 뚫어서 철근 바구니를 설치하고 콘크리트를 타설하는 공법으로, 그림 2에서 것처럼 베노토 공법, 아이스드릴 공법, 리버스 공법 등이 있다.

2 **케이슨 기초공** : 지상에서 제작한 철근 콘크리트제의 바닥이 없는 상자를 그림 3과 같이 지반에 침하시키면서 내부를 굴삭하는 공법이다.

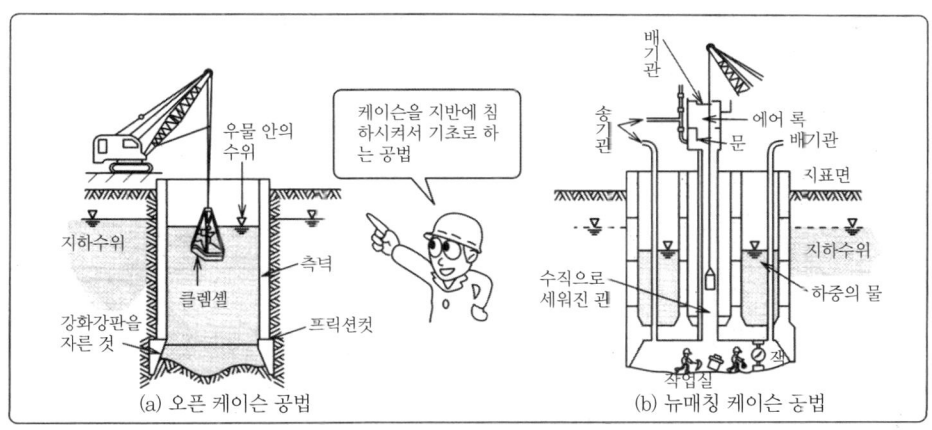

그림 3 케이슨 기초공

오픈 케이슨 공법

① **오픈 케이슨 공법**은 케이슨 하단에 자른 강화판을 붙인 콘크리트제 케이슨을 작성→지반을 굴삭하여 케이슨을 침하→바닥판 콘크리트를 타설→케이슨의 안을 채운 후 상부공을 시공한다.

뉴매칭 케이슨 공법

② **뉴매칭 케이슨 공법**은 작업실의 구축→에어록→송배기관→동력선의 의장→굴삭침하→채워넣기의 순서로 시공한다.

❖ 예제

뉴매칭 케이슨 공법과 비교한 오픈 케이슨 공법의 특징의 기술로서, 다음 중 **적당하지 않은** 것은 무엇인가?

(1) 시공깊이는 오픈 케이슨 공법이 깊은 데까지 시공할 수 있다.
(2) 지반상태의 확인은 오픈 케이슨 공법이 수중굴삭 작업이 되는 경우가 많으므로 곤란하다.
(3) 기계설비는 오픈 케이슨 공법 쪽이 간단해서 공비가 비교적 저렴하다.
(4) 주변지반의 영향은 오픈 케이슨 공법 쪽이 적다.

답 (4)
오픈 케이슨은 지층이나 시공의 양부에 따라서는 주변지반을 더럽히는 경우가 많다.

1. 도로의 노상, 노반

□ **포인트**

포장은 주행차량 등 하중을 분산시켜 지반에 전하여 하중을 지지하기 위해 포장상부에는 지지력이 높은 재료를, 하부로 갈수록 지지력이 낮은 저렴한 재료를 사용하여 경제성이 높다. 포장상부(표층)에 사용하는 재료에 따라 하중이 전달되는 법이 달라 하부의 구조 형식에도 영향을 준다.

■ **해설**

▶ **포장의 종류**

표층의 재료에 의해서 **머캐덤 포장**(자갈길), **아스팔트 포장**, **콘크리트 포장** 등이 있고, 사용목적, 경제성을 고려하여 선택한다.

▶ **포장과 노상**

노상

노상은 포장 아래의 지면 아래 약 1m의 자연토의 부분을 말한다. 노상의 강도에 따라 노 위의 포장 전체의 두께가 좌우된다.

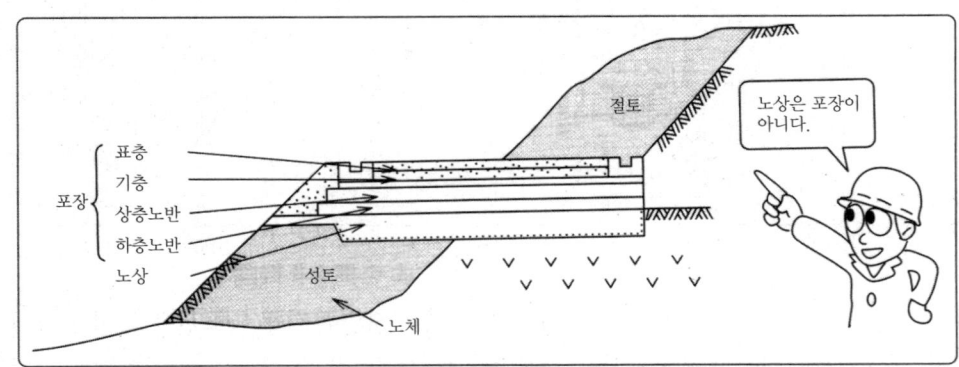

그림 1 도로횡단면도

재료 강도
지지력

노상의 **재료 강도**는 CBR 시험에 의해서 구해지며, 주로 아스팔트 포장 두께의 설계에 사용한다. 또한 지지력은 **평판재하시험**으로 구하고 콘크리트 포장의 설계에 사용한다.

지반개량공법 : 노상토가 연약한 경우에는 노상의 개량공을 시행한다.

① **다짐공법**…함수량이 최적함수비가 되어 최대건조밀도가 얻어질 때까지 다진다. 점성토는 최적함수비까지 낮춰지지 않으므로 그 95%를 목표로 하고 있다.

② **대체 공법**…노상토가 연약한 경우 모든 노상토를 양질토로 대체하는 공법이다.

③ **소일시멘트 공법**…노상토에 시멘트를 혼합해서 흙의 안정을 도모하는 공법으로, 소량의 아스팔트 유제를 더하는 경우도 있다(그림 2).

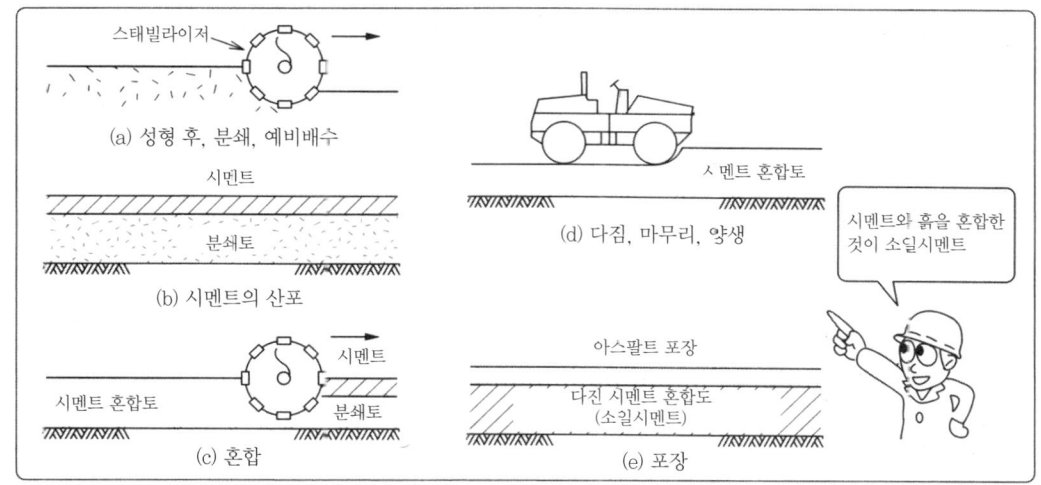

그림 2 소일시멘트 공법의 시공순서

안정처리공법 : 안정처리공법에는 다음의 공법이 있다.
① **석탄혼입공법**···석탄을 혼입한다(실트질토, 점토질토에 적합).
② **역청재 살포공법**···아스팔트 유제를 살포한다(사질토, 역질토에 적합).
③ **약액주입공법**···합성수지, 물유리, 리그닌을 흙 안에 주입한다.

▶ 아스팔트 포장의 노반을 만드는 법

노반은 표층, 기층에서 전해지는 하중을 지지하고, 균등하게 노상에 분산시키는 역할을 하는 부분으로, 하층노반, 상층노반으로 나누어 시공한다.

① **하층노반**···쪼갠 자갈, 막 부순돌, 모래, 슬러그 등 현장 가까이에서 경제적으로 입수할 수 있는 수정 CBR 20 이상의 재료를 이용한다. 입수할 수 없는 경우에는, 입도조정이나 안정처리를 실시하여 수정 CBR이 10 이상이 될 때까지 다진다. 수정 CBR 10(=0.70~1.00N/mm^2).

② **상층노반**···입도조정, 역청재료, 시멘트, 석탄에 의한 안정처리공법. 수정 CBR 20(=1.20~3.00N/mm^2)~80의 강도가 필요하다.

■ 관련사항

▶ 콘크리트 포장의 도로

굵은골재, 가는골재를 플랜트에서 혼합하여 모터 그레이더로 평탄화하여 아스팔트 유제를 살포한다.

노반두께···15cm 이상 필요하며, 30cm 이상일 경우는 상층노반, 하층노반의 2층으로 나누어서 시공한다.

하층노반재료··· 쪼갠 자갈, 막 부순돌, 모래, 슬러그 등을 이용한다.

상층노반 또는 **일층노반재료**···입도조정쇄석, 조도조정 슬러그, 시멘트 안정처리 등을 실시한다. 또한 콘크리트 포장의 경우는 강성이 높으므로 아스팔트 포장 재료를 엄선하지 않아도 좋다.

2. 도로의 기층, 표층 및 포장판

□ 포인트   포장의 표면은 승차감, 배수, 슬립방지, 소음대책, 내마모성, 강도, 가격 등을 고려해서 포장의 종류를 선택한다.

표층과 기층의 합계두께의 최소값은 교통구분에 따라 구한다(표 1).

표 1

교통량의 구분	L교통	A교통	B교통	C교통	D교통
대형차 교통량 대(일, 일방향)	10대 미만	100~249	250~999	1,000~ ~2,999	3,000 이상
표층-기층의 최소값	5cm	10(5)	15(10)	20(15)	

( )는 상층노반에 역청안정처리공을 이용했을 때의 최소두께를 나타낸다.

■ 해설   ▶ 아스팔트 포장

기층 및 표층공···포장의 상부와 기층, 표층에는 아스팔트 혼합물을 이용한다. 아스팔트 혼합물은 전단력에만 저항하며, 휨에 대해서는 저항하지 않으므로 **가용성 포장**이라고도 부른다.

가용성 포장

투수성 포장

투수성 포장···일반적으로는 노반보호를 위해 물의 침투는 표층에서 멈추게 해야 한다. 그러나 우천 시 도로의 웅덩이를 없애기 위해서는 조밀한 밀도의 역청포장을 하여, 투수성을 좋게 한 것을 이용하는 것이 좋다. 이것을 **투수성 포장**이라 한다. 단, 노반의 침투수의 처리를 고려해야 한다. 또한 타이어의 소음저하의 효과가 크므로 최근 각광을 받고 있다.

노상표층재생공법···노면의 유동, 마찰, 노화, 균열 등의 손상을 받고 있지만, 기층이 변화하고 있지 않은 경우에 그 장소에서 표층을 바꾸는 공법이다(그림 1).

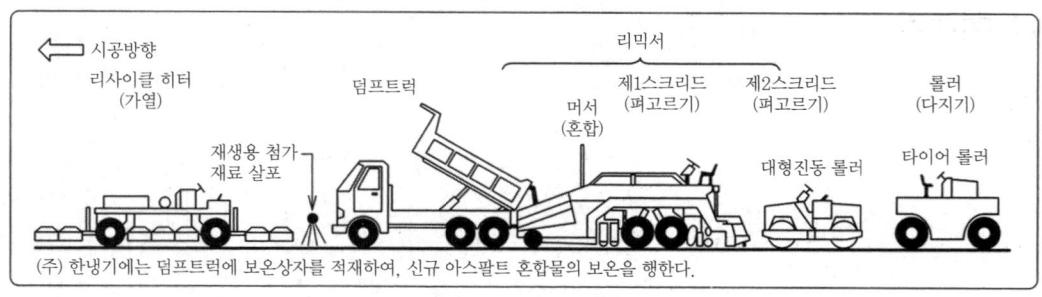

그림 1 노면표층재생공법

컬러포장···화학 합성한 아스팔트에서 여러 가지 색채를 즐길 수 있다.

고가이기 때문에 공원, 버스전용차선 등에 사용되고 있다.

반합성 포장···밀도가 조밀한 아스팔트 혼합물의 간극에 유동성이 풍부한 시멘트 밀크를 침투시킨 것으로, 역청포장의 시공 속도와 콘크리트의 강도를 가진 포장이다.

간이 포장

① **머캐덤 골재식 공법**···단일 입도의 골재와 액체 아스팔트의 혼합물
② **상온 침투식 머캐덤 공법**···평평하게 다진 골재의 위로부터 역청재(아스팔트 유제)를 살포한 것이다.
③ **실 코트**···포장표면의 노화를 막기 위해 더욱 역청재를 살포하여 그 위에 모래를 살프하고 전압한 것이다.

▶ 콘크리트 포장

포장용 콘크리트···슬럼프 0~2cm의 된비빔 콘크리트를 사용한다. 또한 휨에 대해서 저항하므로 **강성포장**이라고 한다.

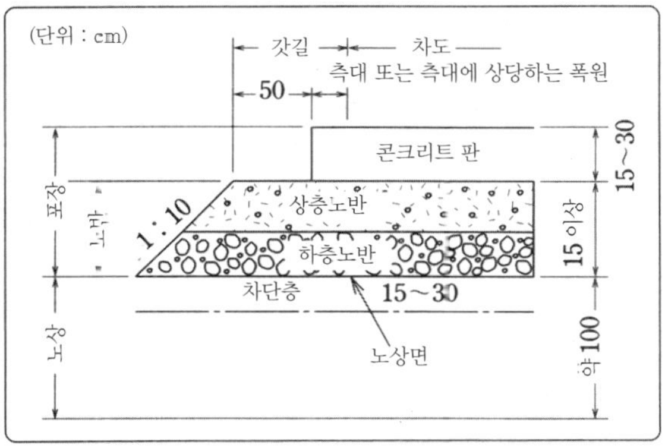

강성포장

그림 2 콘크리트 포장의 구조

■ 관련사항

배합, 반죽 혼합, 운반···슬럼프 2cm 이하의 된비빔 콘크리트를 사용한다. 슬럼프가 없는 경우의 측정 시에 현장에서는 이리바렌, 켈리 볼을 사용한다. 레미콘 공장에서는 진동대식 컨시스턴시 측정기(침하도 [s])를 사용한다.

반죽 혼합은 배처 플랜트로 행하는 것이 일반적이다.

운반은 트럭 교반기가 일반적으로 사용되지만, 빗물 등의 수분의 혼입에는 충분한 주의가 필요하다. 운반시간은 1시간 이내를 원칙으로 한다.

RCCP

롤러 전압 콘크리트 포장(RCCP : Roller Compacted Concrete Pavement)···종래의 포장용 콘크리트보다 현저히 물의 양을 줄인 경반죽의 콘크리트이며, 노반 상에 아스팔트 피니셔로 평평하게 하고, 롤러로 압력을 가하여 다지는 포장이다.

1. 터널의 조사, 부대설비

□ 포인트

터널의 조사는 터널의 위치의 선정, 설계, 시공 및 완성 후의 유지관리에 매우 중요하며, 특히 지질조사는 중요하다.

터널은 그 건설 위치에 따라서 산악 터널, 도시 터널, 수저 터널 등으로 분류한다.

■ 해설

터널의 형상

▶ 터널의 형상(그림 1~3)

선형 : 시공면, 통풍, 교통안전면에서 가능한 한하여 직선 또는 반원형상의 큰 곡선이 바람직하다.

균배 : 시공 중이나 완성 후의 배수를 고려하여 결정한다.
① 산악 터널…외측을 향해 내려가 0.1~0.5% 균배로 한다.
② 시가지 터널…배수를 고려하여 가능한 한 수평으로 한다.
③ 수저 터널…중앙을 향해서 내리기울기로 되어 있어야 한다.

단면형 : 사용목적, 시공법 등으로 결정한다.
① 말굽형…도갱선진공법, 상부반단면선진공법
② 원형…전단면 굴삭 공법
③ 사각형…오픈 컷 공법, 침매공법

단면의 크기 : 사용목적에 따라서 종류가 다양하다.
① 건축한계…진행에 필요한 단면의 크기와 형태를 말한다.
② 내부시설…환기, 배수, 통신, 조명 등에 필요한 시설을 말한다.

시공계획

▶ 터널공사의 시공계획

산악 터널…표고가 높은 곳에서는 터널길이를 짧게 할 수 있지만, 터널의 위치는 그것과 연결되는 도로의 형상과 지형에 맞출 수 있는 연구가 필요하다. 최근에는 긴 터널의 기술이 발달하여 표고가 낮은 위치에서도 긴 터널의 시공이 많아지고 있다.

시가지 터널…기설 구조물(교통, 각종 지하설비, 건물의 기초 등)에 영향을 미치지 않도록 고려해야 한다.

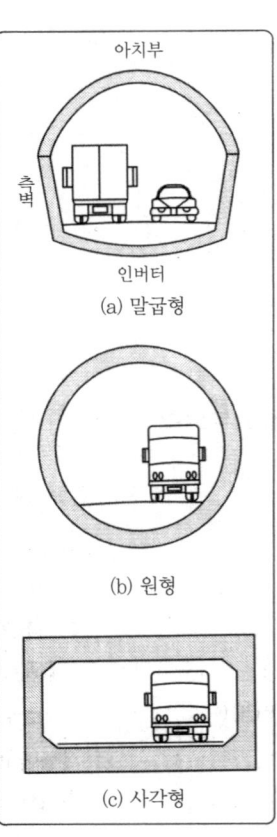

(a) 말굽형

(b) 원형

(c) 사각형

그림 1 터널의 단면 형상

터널공

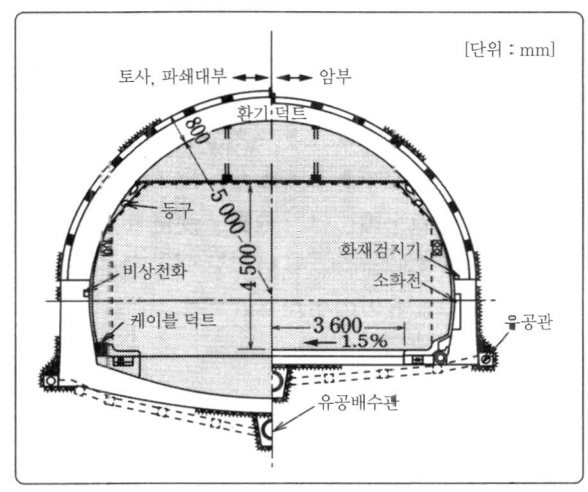

그림 2 터널 단면의 크기

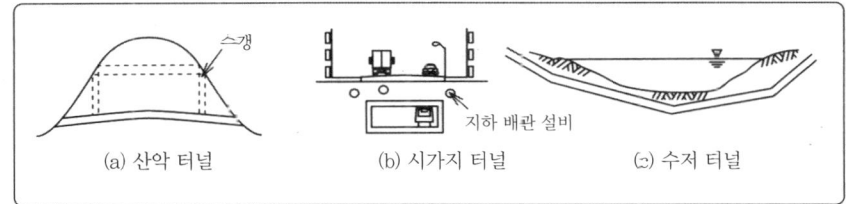

그림 3 터널의 형상

수저터널···터널의 도중에 수갱(토사, 자재의 반출입 등에 필요)의 설치가 불가능하므로 보다 신중한 계획이 필요하다. 또한 침매 터널은 완성 후에도 세굴, 침하에 대한 주의가 필요하다.

❖ **예제**

터널의 복공에 관한 다음의 기술 중, **적당하지 않은 것은** 무엇인가?
(a) 아치부를 복공이라 하며, 일반적으로 철근 콘크리트를 이용한다.
(b) 복공은 원칙적으로 생땅변위의 수속을 가지고 시공한다.
(c) 인버터는 측압이나 지지력 부족이 염려되는 경사진 곳에 시공한다.
(d) 복공에는 지보공을 보강하여 터널의 안전율을 높이는 역할도 있다.

답 (1)

복공은 아치형으로 하는 것이 보통이며, 일반적으로 현장 타설 콘크리트가 이용된다. 또한, 큰 편압을 받았을 때 철근 콘크리트 구조 등, 복공의 내하력을 증가시키는 방책이 채용되는 경우가 있다. 또한 터널 복공은 터널의 사용 목적에 적합하고 안전하게 내용연수가 긴 것이어야 한다.

2. 터널공법

□ 포인트

터널공은 터널 주위의 생땅의 파괴나 이동 없이 공사를 하는 것이 중요하다. 또한 지하수의 용수에 의한 영향도 참고해야 하며, 최대한 지질, 사용목적에 맞는 공법을 선택한다. 특히 최근에는 여러 가지 새로운 공법이 고안되고 있으므로 지질과 지질 변화에 적합한 것을 선택한다.

■ 해설

▶ 굴삭방법

전단면굴삭공법

전단면굴삭공법····암반과 같은 단단한 지질에 적합하다.

터널 보링 머신을 사용하여 굴삭하는 경우가 많으며 안전성이 높고, 추진속도도 빠르다. 지보공, 복공의 비용이 절약되지만, 굴삭기계에 관한 비용(제작, 운반, 유지)이 많이 들기 때문에 긴 터널에 사용한다. 굴삭면의 토사, 지하수의 안정을 유지하기 위해 기계의 앞부분에 격벽(실드)를 설치하여 공

실드머신

기 이 외에서 가압하는 구조를 갖는 것을 **실드머신**이라 한다(그림 1).

그림 1 3연 실드머신과 세그먼트(복공재)

실드공법

실드공법····터널 단면보다 아주 조금 큰 원통형의 외각을 추진시켜 그 안에서 굴삭, 실드추진, 복공, 뒤채움 주입 등의 작업을 하여 터널을 축조한다. 그 형상에서 직선이나 곡선반경이 큰 선형이 바람직하다. 그 외 압기 실드 공법, 니수 가압 실드 공법, 토압 밸런스 실드 공법 등이 있다.

벤치컷 공법

벤치컷 공법····전단면 굴삭은 불가능하지만, 굴삭면을 조금은 연직으로 유지하는 것이 가능한 지질에 적합하다(그림 2).

터널선진공법····먼저 작은 터널(도갱)을 파서 지질조사나 진행방향을 결정하면서 나중에 그 터널을 넓게 파내는(본갱) 공법이다.

개삭공법····비교적 얕은 장소의 상자형 단면의 터널에서는 공사비가 저렴하고, 공사기간도 짧다. 지상구조물과 같이 복잡한 내부구조의 시공도 가능하다(그림 4).

터널공 5

그림 2 벤치컷 공법

그림 3 터널선진공법

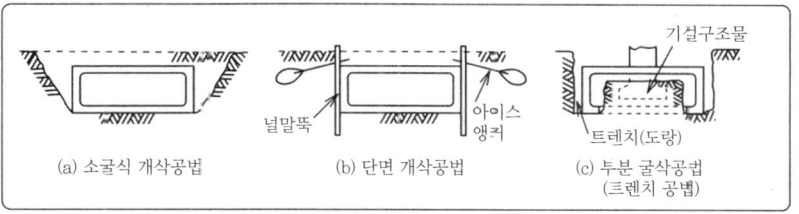

그림 4 개삭공법

침매공법

침매공법…터널 설치장소와는 다른 장소(육상, 건선거)에서 제작한 터널 엘리먼트(함)의 양끝을 폐쇄하여 물에 뜨는 건설현장까지 예항한다. 미리 준설해 둔 트렌치(도랑)에 침설하여 수중 결합을 하고 뒤채움하여 수저 터널을 건설하는 공법이다.

■ 관련사항

▶ 거푸집, 지보공, NATM

조립식 거푸집…측량하여 정확한 위치에 설치해야 한다. 또한 복공작업 중의 거푸집의 침하량을 고려하여 2~5cm 높게 설치한다.

이동식 거푸집…강제 아치 센터와 메탈 폼을 일체화한 것을 레일상에 조립하여 이동 가능하도록 한 것이다(그림 5).

NATM…굴삭 직후의 지표에 콘크리트를 부어, 경사면의 붕괴를 막고, 조임볼트를 박아넣어 경사면을 안정시키는 공법이다(그림 6).

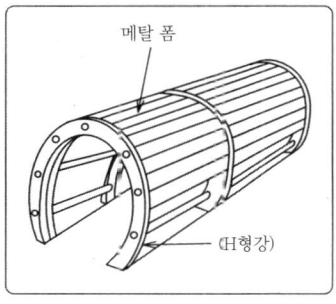

그림 5 강제 지보공

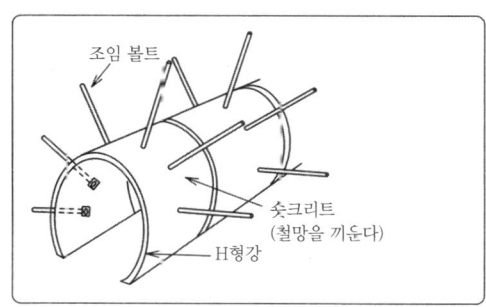

그림 6 NATM

1. 상수도공

□ 포인트　　상수도 시설은 수원인 호수나 하천에서 물을 끌어오고, 그 원수를 정수장까지 이동하여 어느 정도의 수질기준을 만족할 수 있도록 최신 설비와 기술을 동원하여 안심하고 사용할 수 있는 깨끗한 물로 정화한다. 이 물을 배수지에 보내어 여기에서 각 사용자에게 급수관을 통해 급수하는 각 시설의 총칭이다. 즉, 보다 안전하고 양질의 수돗물을 확보하기 위해 종래의 수돗물의 처리시설에 새롭게 「오존처리」와 「입상 활성탄 처리」 등의 공정을 더 추가하여 「**고도정수처리**」를 하는 곳도 있다.

■ 해설　　▶ 상수도의 개요

상수도의 구성 : 상수도의 흐름도는 그림 1과 같다.

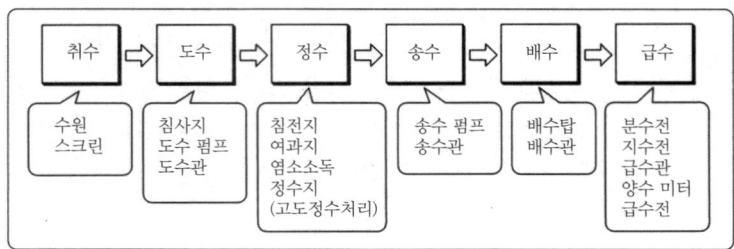

그림 1 상수도의 흐름도

▶ 배관공의 베어링 방식과 흙덮이압

관로의 부설　　**관로의 부설**····관로의 부설은 공공도로 지하 또는 수도용 지하를 원칙으로 하며, 급격한 굴곡은 구조상의 약점이 되므로 최대한 피한다. 매설깊이는 공공도로의 경우는 도로 관리자와의 협정에 따른다. 그 이외의 경우는 본관에서 $\phi 900$mm 이상일 때 흙덮이압은 150cm 필요하고, $\phi 900$mm 이하일 때 120cm 이상 필요하다(그림 2).

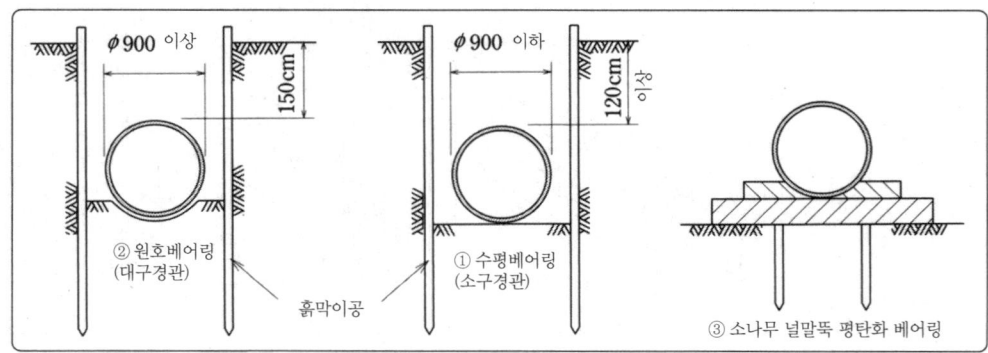

그림 2 배관공의 베어링 방법과 흙덮이압

관의 종류와 특징···상수도관의 종류와 특징은 표 1과 같다.

표 1 관의 종류와 특징

종 류	특 징
주철관	강도가 크고, 내식성이 크다. 오랜 시간의 사용으로 관에 녹이 스는 것을 고려한다.
덕타일 주철관	강도가 크고, 내식성이 크며, 강자성이 풍부하다.
강관	경량으로 인장강도나 굴곡성이 크고 용접도 가능하다. 도복장(라이닝)관 이외에는 부식에 약하다.
프리스트레스트 콘크리트 관	내식성이 크고, 가격도 저렴하다. 내면조도가 변화하지 않는다. 중량이 크고 시공이 곤란. 이형관이 없는 것이 난점이다.
시멘트관	내식성이 크고, 가격도 저렴하다. 전식의 우려가 없다. 내면조도는 변화하지 않지만, 견단력에 대해 약하다.
수도용 경질 염화 비닐관	내식성이 크고, 가격도 저렴하다. 전식의 우려가 없다. 내면조도는 변화하지 않지만, 충격, 열, 자외선에 약하다.

■ **관련사항**

완속 여과 방식

급속 여과 방식

정수시설···원수를 음용수로 적합하도록 안전한 수돗물로 정화하여, 안정 공급하기 위한 시설이다. 여과의 방식에는 **완속 여과 방식**과 **급속 여과 방식**이 있지만, 현재는 거의 대부분이 그림 3과 같은 급속 여과 방식이다.

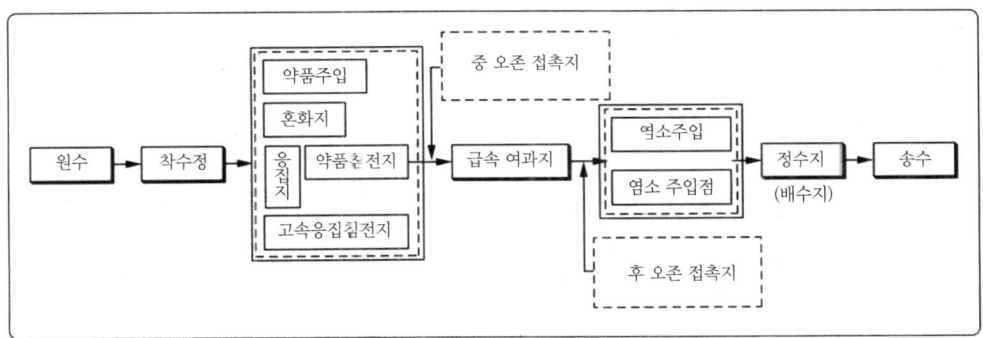

그림 3 급속 여과 방식

❖ **예제**

상수도관을 국도에 매설할 때 「도로법시행령」에 정해진 흙덮이의 원칙으로 다음 중 **바른 것**은 무엇인가?

(1) 1.0m 이하로 하지 않는다.

(2) 1.2m 이하로 하지 않는다.

(3) 1.6m 이하로 하지 않는다.

(4) 3.0m 이하로 하지 않는다.

답 (2)

수도관의 흙덮이에 대해서는 「도로법시행령」에서 관의 정상 부분과 노면과의 거리는 1.2m(공사 시 어쩔 수 없는 경우 0.6m) 이하로 하지 않도록 정하고 있다.

2. 하수도공

□ 포인트   하수도 시설은 일반적으로 생활용수나 공업용수로서 이용된 후의 물(하수)을 처리시설에 모아서 처리하여 안전하고 무해한 물로 바꾸어 하천이나 바다 등으로 방류하기까지 거치게 되는 각 시설의 총칭이다. 그리고 빗물의 체수로 인해 도시환경이 악화되는 것을 방지하기 위한 처리시설 등이 있다.

■ 해설   ▶ 하수도의 개요

하수도의 구성····하수도의 흐름도는 그림 1과 같다.

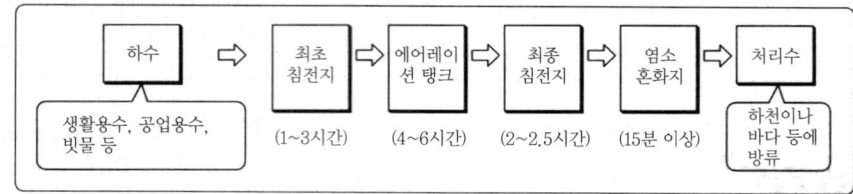

그림 1 하수도의 흐름도

하수도의 방식과 분류

분류식   하수에는 빗물과 오수가 있으며 이들을 각각의 관거로 배제하는 **분류식**
합류식   과, 빗물과 오수를 동일한 관거에서 흐르게 하는 **합류식**이 있다.

일본 도시의 공공하수의 대부분은 합류식이지만, 앞으로는 수질보전 등의 환경보호 관점에서 분류식이 많아질 것으로 전망된다.

하수도의 종별과 내용은 표 1의 내용과 같다.

표 1 하수도의 종별과 내용

종류	내용
공공하수도	주로 시가지의 하수를 배제, 처리하기 위해 지방공공단체가 관리하는 하수도. 종말처리장을 가지거나 유역하수도에 접속시켜서 처리한다. 배수시설의 상당부분이 암거 구조이다.
유역하수도	2 이상의 시정촌 구역에 있어서 하수를 배제·처리하여 유역 내의 공공용수역의 수질보전과 생활환경정비를 도모한다. 계획자, 시공자는 현지인이 적합하다.
도시하수도	주로 시가지의 하수를 배제, 처리하기 위해 지방공공단체가 관리하는 하수도를 말한다. 원칙적으로 개거 상태이며, 우수배제를 중점적으로 계획하지만, 공공하수도와 함께하는 계획이 필요하다.

■ 관련사항   관거의 접합····관거의 접합은 기울기, 방향, 관경, 합류점 등의 변화점에 맨홀을 설치한다. 접합방법은 그림 2와 같다.

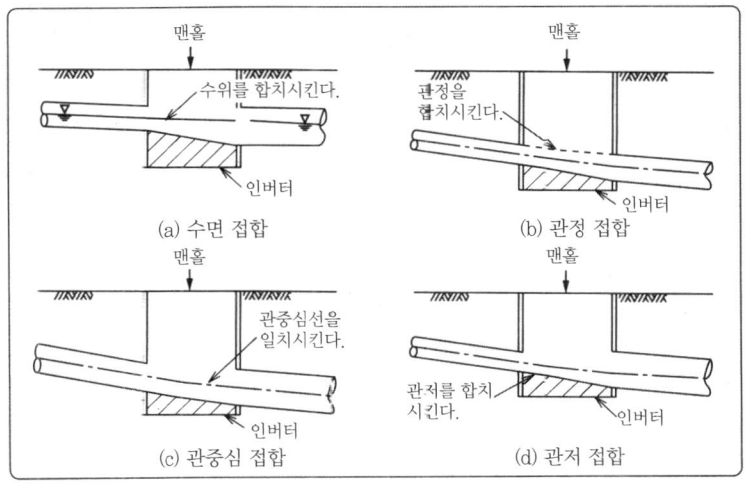

그림 2 관거의 접합방법

❖ **예제**   하수관거의 기초공 문제

하수관거의 기초공에 관한 다음의 기술 중 **적당하지 않은** 것은 무엇인가?
(1) 지반이 연약하고 지내력이 부족한 부분에 쇄석기초공을 사용했다.
(2) 관거에 작용하는 외압이 크므로 보강을 위해 콘크리트 기초공을 사용했다.
(3) 지반이 연약하기 때문에 부등침하의 우려가 있어 받침 납대 기초공을 사용했다.
(4) 연약한 지반에서 용수가 있는 개소에 사다리 받침독 기초공을 사용했다.

답 (3)

받침 동목 기초공은 비교적 양호한 지반에서 이용된다. 비교적 연약한 지반에서 부등침하의 우려가 있는 경우에는 사다리 동목 기초공을 사용한다(그림 3).

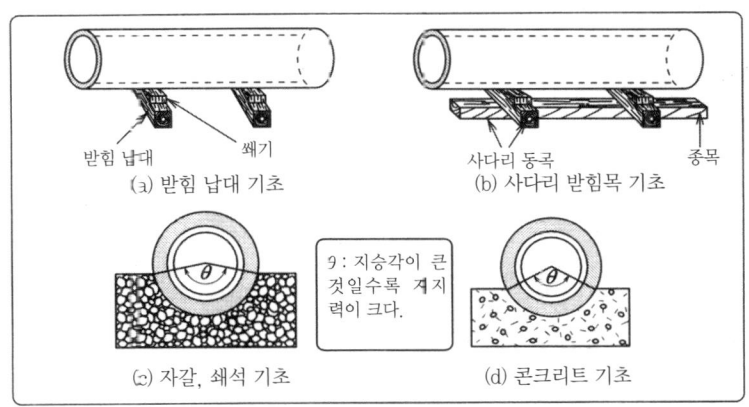

그림 3 하수관거의 기초공

9 토목시공

1. 도로, 철도, 교량

□ **포인트**

도로는 사람이나 물자의 이동에 중요한 역할을 하고 있다. 도로공사는 법규에 기초하여 도로관리자에게 도로의 점유허가를 받고 공사를 할 때에도 법규에 따라서 시공해야 한다.

철도는 여객이나 화물 수송의 중요한 역할을 하고 있다. 철도공사에는 철도 특유의 시공조건이나 법규를 충분히 파악하고, 새로운 선의 건설이나 철도시설의 개량, 보선 공사를 해야 한다.

교량은 사용재료로 구분하여 크게 **강교**와 **콘크리트교** 두 가지로 나눌 수 있다. 또한 사용목적을 구분하여 도로교와 철도교, 도로철도병용교, 수로교 등이 있으며, 이러한 교량을 가설하는 것을 교량가설공이라 한다.

■ **해설**

▶ 도로공사, 철도공사, 교량가설공

1 **도로공사** : 도로는 포장공사에 앞서 그 기반이 되는 노상공사가 필요하고, 포장에는 아스팔트 포장, 콘크리트 포장 등이 있다.

도로의 점유허가…공작물이나 물건, 다른 시설을 도로에 설치하여 계속해서 사용할 경우에는 도로관리자의 점유허가를 받아야 한다.
① 전봇대, 전선, 변압탑 등
② 수도관, 하수도관, 가스관 등
③ 철도, 궤도 등
④ 복도, 지하상가, 통로 등

도로의 점유허가 신청서의 내용…허가를 받으려 하는 자는 다음의 사항을 기재한 신청서를 관리자에게 제출하여 허가를 받을 필요가 있다.
① 도로 점유의 목적
② 도로 점유의 기간
③ 도로 점유의 장소
④ 공작물, 물건 또는 시설의 구조
⑤ 공사실시 방법
⑥ 공사의 시기
⑦ 도로의 복구방법

2 **철도공사** : 선로의 구조는 그림 1과 같으며, 열차하중은 레일, 침목, 도상을 통해서 노반에 전달한다. 침목은 레일을 지지하고 그 간격을 일정하게 유지한다. 도상은 침목을 지지하고 열차하중을 노반에 분포시켜 궤도에 탄력성을 주고 충격력을 완화하는 역할을 한다.

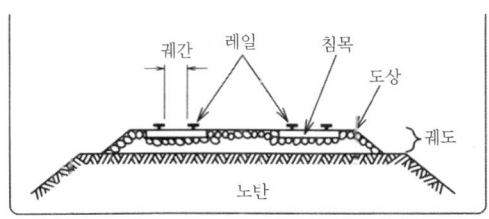

그림 1 선로의 구조

도상

도상⋯침하에 대한 저항력을 증가시키기 위해 각종 입경이 혼합된 입도가 좋은 자갈이나 쇄석을 쓴 보통 노상이 있다. 또한 최근에는 보수점검의 성역화나 열차의 고속화에 따라서 상 콘크리트와 일체화한 구조의 궤도로 되어 있는 슬래브 도상이 많아지고 있다.

영업선 공사⋯영업선 또는 영업선어 근접해서 시공하는 공사에는 열차운전에 지장을 주지 않도록 영업선 공사 보안관계 표준시방서에 준거하여 특별한 보안대책에 기초하서 공사를 실시해야 된다.

사고방지체제⋯공사관리자나 보안요원을 배치하여 사고를 방지한다.

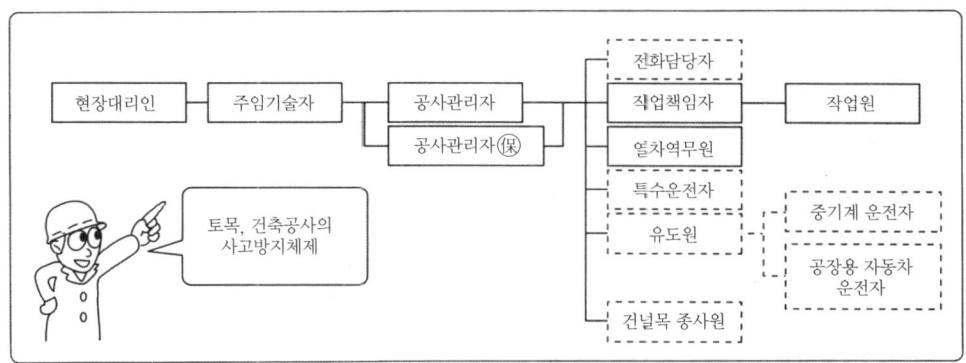

그림 2 사고방지체제

3 **교량가설공** : 가설현자의 지형이나 교량의 종류에 따라서 수많은 공법이 있다.

강교⋯일반적으로 공장에서 강재를 가공, 제작하여 가조립, 점검, 도장을 한 후에 가설현장까지 그대로 수송해서 소정의 위치에 가설한다.

콘크리트 교⋯콘크리트 항의 제작법에 의해 현장 타설 가설 공법과 프리 캐스트 가설 공법이 있다.

현장 타설 가설 공법⋯가설지점에 거푸집, 지보공을 조립해서 콘크리트를 타설하는 공법이다.

프리 캐스트 거더 공법⋯공장 등에서 제작한 프리 캐스트 항을 가설현장에 수송하여 가설하는 공법이다.

2. 하천, 해안, 항만

□ 포인트

하천공사는 하천수의 유효한 이용, 하천의 물 흐름에 지장을 주지 않도록 하기 위한 하도개수나 하천의 정화, 하천을 포함한 수경, 하천의 각종 공작물의 설치, 그리고 하천 유지를 위한 모든 공사를 포함하고 있다.

해안공사는 표사에 의한 해안의 침식방지나 항만의 매몰을 방지하며, 파랑, 고조, 쓰나미 등으로부터 해안선을 보호하며, 항만기능을 유지하기 위해 실시하는 공사이다. 공사는 주위의 환경보전에 충분히 고려하여 주변 해안이나 해역에 조화를 이루는 구조물로서 시공한다.

항만공사는 방파제, 계류시설, 안벽, 준설작업 등의 공사이다. 공사는 육상공사와 달리 파랑이나 조류 등 항만공사 특유의 시공조건이 있으므로 충분히 고려하여 공사해야 한다.

■ 해설

▶ 하천공사, 해안공사, 항만공사

하천공사

하천공사⋯하천제방은 하천의 홍수나 고조의 범람 등에 의한 자연재해로 인명이나 가옥을 보호하기 위해 설치하는 하천구조물이다. 일반적으로 축제는 토사로 길고 가늘게 성토한다. 제방의 표준적인 단면은 그림 1과 같다.

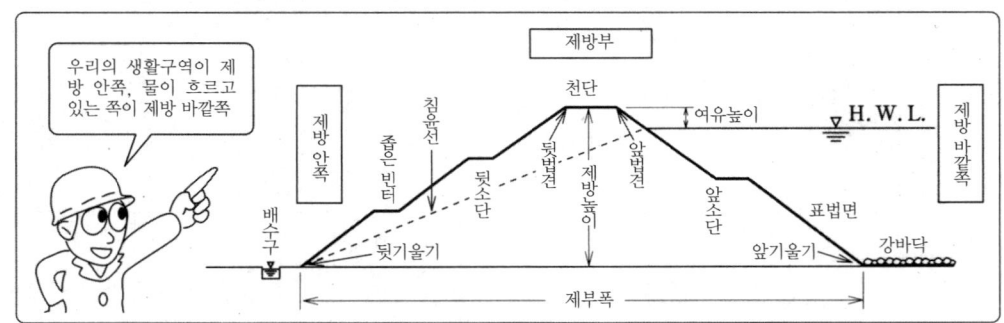

그림 1 하천제방의 단면

호안공사
제방호안
저수호안

호안공사⋯제방이나 하안의 법면을 직접 보호하는 수리구조물을 설치하는 공사로, 그림 2에 나온 것과 같은 제방을 직접 보호하는 **제방호안**과, 저수로를 유지하는 **저수호안**이 있으며, 법복공, 법류공, 밑막이의 3종류로 나뉜다.

해안공사

해안공사⋯파랑, 고조, 쓰나미 등으로부터 배후의 취락 등을 보호하기 위해 방파제나 해안방제를 설치하는 공사이다. 제방의 형식은 그림 3과 같이 제방 전면의 기울기에 따라 경사제, 직립제, 혼성제의 3종류로 나뉜다. 그림 4는 해안제방의 구조이다.

그 외의 시공 기술

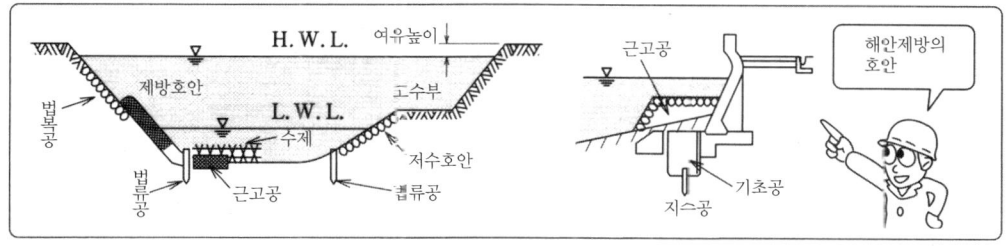

그림 2 일반적인 호안의 구조

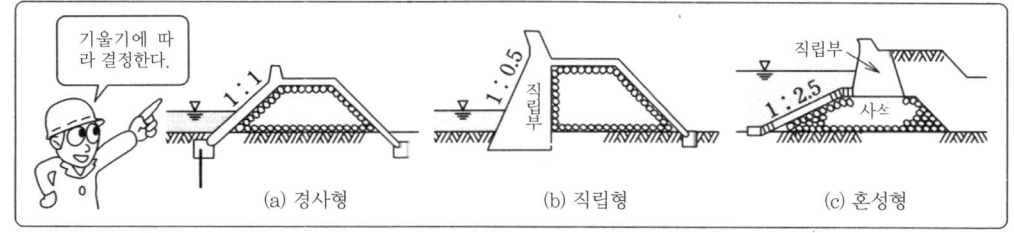

그림 3 해안제방의 형식

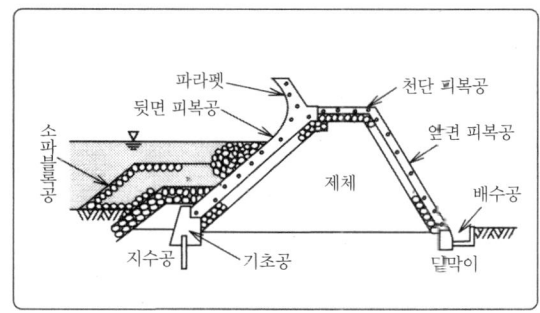

그림 4 해안제방의 구조

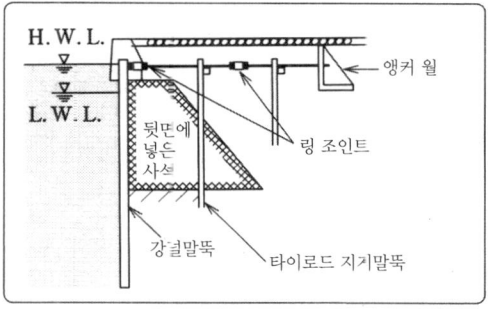

그림 5 널말뚝식 안벽

항만공사

항만공사…항만의 외곽시설인 방파제의 건설이나 항만 내의 계류시설 등의 보호, 만 안의 조용한 수역을 확보하기 위해 실시하는 공사이다.

① 계류시설은 선박을 계류해서 선하의 싣고 내림이나 승객의 승강, 정박 등의 접안, 계류, 하역을 하기 위한 시설의 총칭으로, 이 시설에는 안벽, 부두, 선창, 돌핀, 하양장, 계선 부표 등이 있다.

② 안벽은 항만 내에서 선박을 접안시켜서 하역작업을 위해 설치하는 수심이 큰(4.5m 이상) 구조물이다. 그림 5는 널말뚝식 안벽이다.

■ 관련사항   ▶ 준설공, 매립

준설공   **준설공**…항내나 항로를 일정 수심으로 유지하고, 선박의 안전항로를 확보하기 위해 해저의 토사를 굴삭하는 공사이다.

매립   **매립**…새로운 토지를 확보하기 위해 습지나 해안 등에 토사를 쌓아 토양을 정리하는 공사이다.

토목 시공 관리

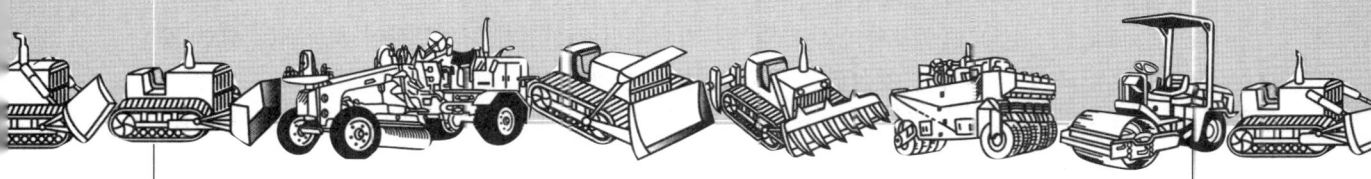

제 1장 시공관리와 공정도표
제 2장 품질, 원가, 안전의 관리
제 3장 토목시공 관련법규

　최근의 토목구조물들은 '보다 대형화되고, 주위의 경관과 조화를 이루고 있다'는 특징이 있지만, 그 대부분이 '공공구조물로서 세금에 의해 건설되었고, 완성 후에는 일반 시민의 이용을 위해 안전해야만 한다'는 본질은 변하지 않는다.
　이와 같은 토목구조물을 '보다 빠르고, 더욱 저렴하며, 더욱 좋은 품질로, 더욱 안전하게' 시공하기 위하여 이 장에서 설명하는 시공관리의 지식이 필요하며, 그 운용에서는 관련법규에 대한 지식도 필요하다.

1. 건설공사와 시공관리

□ 포인트

건설공사의 특색은 청부 공사이며, 구조물에는 다음의 특징이 있다.
① 대규모 구조물, ② 유일한 구조물, ③ 장기의 내용연수, ④ 자연환경의 영향. 시공관리 시에는 시공계획을 입안하여 그것에 기초하여 실시한다.
시공관리는 다음 4대 관리를 중심으로 여러 가지 관리로 구성된다.
① 공정관리, ② 품질관리, ③ 원가관리, ④ 안전관리
시공관리의 절차는 계획 → 실시 → 검토 → 처치를 하나의 사이클로서 반복 진행시킨다.
시공관리기사는 시공에서 불합리·불필요·불균일을 배제한다.

■ 해설

건설공사의 특색

▶ 건설공사의 특색

건설공사의 특색은 발주자로부터 건설업자가 청부하여 시공되는 **청부 공사**이며, 건설되는 구조물에는 다음과 같은 특별한 장점이 있다.
① **대규모 구조물** - 다른 산업에서는 상정할 수 없는 대규모 구조물을 건설하여 작은 실수가 치명적이 될 수 있으며, 다시 만드는 것이 불가능하다.
② **유일한 구조물** - 같은 구조물이 또 존재하지 않고 대량생산이 불가능하다.
③ **장기의 내용연수** - 대부분이 공공구조물이며, 세금으로 건설되고, 대규모이므로 내용연수를 길게 해야 할 필요가 있다.
④ **자연환경의 영향** - 완성 후 및 시공 중에도 자연환경의 영향을 받으며, 시공 중의 자연현상(강우 등)이나 토질의 영향이 크다.

시공관리의 목적

▶ 시공관리의 목적과 내용

시공관리의 목적은 적절한 품질, 적절한 공사기간, 적절한 가격으로 구조

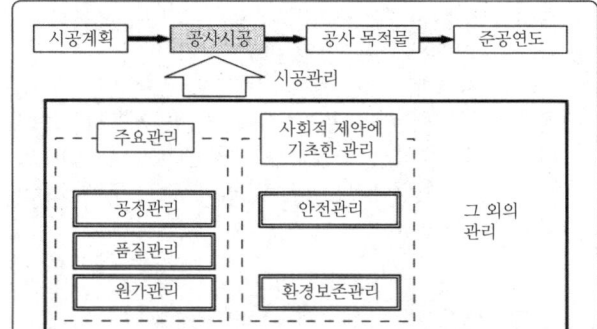

그림 1 시공관리의 내용

표1 4대 관리의 내용

공사의 요소	목표	공사관리
공사기간	빠름	공정관리
품질	좋음	품질관리
경제성	저렴함	원가관리
안전성	무사고	안전관리

시공관리와 공정도표

물을 안전하게 시공하는 것에 있으며, 이것을 실현하기 위해 시공계획을 입안하고, 그것에 기초하여 시공관리를 한다(그림 1). 시공관리는 다음 4대 관리를 중심으로 여러 가지 관리로 구성된다. 표 1에 나타냈다.

4대 관리

공정관리
① **공정관리**…시공계획에 기초하여 가장 합리적이고 경제적인 공정계획을 결정하고, 실제 공사가 이 공정계획대로 진행하고 있는가를 확인하면서 공사를 통제하고 진행시키기 위한 관리이다.

품질관리
② **품질관리**…시공하는 구조물 등이 설계도나 공사사양서 등에 추정된 품질을 유지하는 것을 목적으로 행하는 관리이다.

원가관리
③ **원가관리**…공사를 경제적으로 진행하기 위해 재료비나 인건비 등을 자세히 기록, 정리, 분석하여 결정을 하기 위한 관리이다.

안전관리
④ **안전관리**…시공 시 노동자나 일반시민의 안전을 확보하는 것을 목적으로 행하는 관리이다.

▶ **시공관리의 순서**

시공관리의 순서는 계획→실시→검토→처치의 4단계를 하나의 사이클로 반복 진행시키면서 행한다. 그림으로 나타내면 그림 2와 같이 된다. 이 그림을 **데밍 서클**이라 한다.

데밍 서클

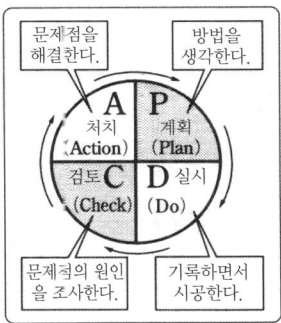

그림 2 데밍 서클

① **계획(Plan)**…시공하기 위한 여러 계획(공정계획, 품질관리계획, 예산의 계획, 안전관리계획 등)을 작성한다.

② **실시(Do)**…시공계획의 내용에 따라 상세한 기록을 하면서 시공한다.

③ **검토(Check)**…기록한 시공량이나 진도상황의 데이터를 각종 관리도표에 기입하고, 계획과 시공상황을 정확하게 비교해서 계획과 실제의 시공상황에 차이가 생긴 원인을 밝혀낸다.

④ **처치(Action)**…계획과 실제상황이 다른 원인에 대처한다.

▶ **시공관리기사**

건설공사의 특색 중 하나는 공사마다 견적 입찰→계약이라는 단계를 거쳐 청부공사로서 계약을 체결하는 것이다. 즉, 계약시점에서 그 공사의 내용(구조물의 형상, 규모, 기능과 품질, 공사기간, 건설대가)이 확정되고 있다. 수주자는 발주자가 지불하는 건설대가를 공사원가와 회사이익을 맞춘 금액으로서 받아들이고, 수주자의 적산담당자가 산출한 적산금액이 적절하지 않다면, 계약시점에서 적자계약이 될 가능성이 있다.

시공관리기사는 시공관리를 적절하게 실시하여 시공단계의 모든 구간에서 안전을 확보하는 것과 함께 불합리·불필요·불균일을 배제하여 공사를 성공적으로 이끌어야 한다.

2. 시공계획

□ 포인트

시공계획의 목표는 좋고, 빠르고, 경제적이고, 안전하게 목적구조물을 시공하는 조건과 방법을 책정하는 것이며, 다음의 여섯 가지 기본사항이 있다.
① 계약조건, ② 현장조건, ③ 전체 공정표, ④ 시공방법, ⑤ 시공기계선정, ⑥ 가설비

시공계획은 위 기본사항을 고려하여 다음 각 항목을 조사, 계획한다.
① 사전조사, ② 시공기술계획, ③ 조달계획, ④ 관리계획

시공계획의 작성에 대해서는 복수안을 작성하는 것과 경험이 풍부한 베테랑 기술자의 의견을 검토하는 것도 중요하다.

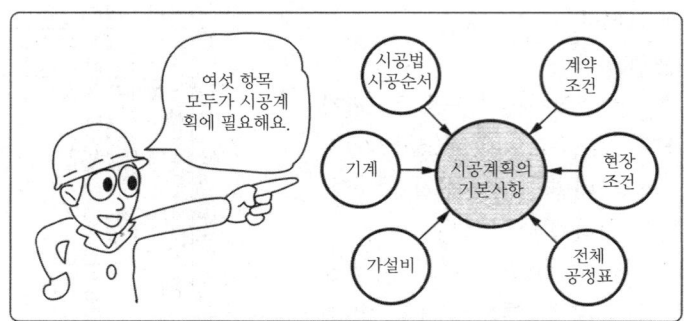

그림 1 시공계획의 6가지 기본

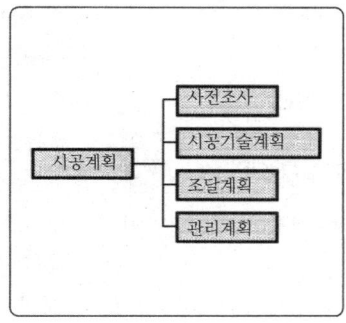

그림 2 시공계획의 내용

■ 해설

사전조사의 내용

▶ 사전조사

발주자와의 계약조건 및 현장의 여러 조건을 충분히 이해하기 위해서 다음과 같은 계약조건의 검토와 현장조건에 대한 조사를 시공 전에 행한다.
① **계약조건의 검토**⋯설계도서, 사양서, 계약조건서류에서 시공하는 구조물의 내용(형상, 기능, 규모), 공사기간, 건설대가, 그외 계약상의 의문점을 검토하여 문제점을 해결한다.
② **현장조건의 검토**⋯시공현장의 자연조건(토질, 지하수, 강우상황 등)이나 작업조건(넓이, 지형, 지세 등)을 현지에서 직접 조사하고 계약조건과 비교한다.

시공기술계획

▶ 시공기술계획

시공기술계획이 미비하면 시공 시의 공사기간, 품질, 원자재 등의 여러면에서 문제가 발생하는 원인이 되기 쉽다. 그러므로 사전에 기술적인 여러 계획의 검토 및 경제적 관점에서 검토할 필요가 있다.

① 시공순서와 시공방법 기본방침의 결정…가장 적절한 시공방침과 시공순서를 선정할 때의 기본적인 기준을 결정한다.
② 공사기간과 작업량 및 공사원가의 검토… 각종 부분공사의 작업량을 산출하여 평균작업량이나 작업가능일수를 구하고 공사기간과 공사원가를 검토한다.
③ 공정계획의 검토 …시공방법이나 시공순서, 각종 부분 공사의 작업량, 전체 공사기간 등을 살펴 전체 공정계획을 검토한다.
④ 기계선정과 조합의 검토…각종 부분공사의 작업량과 작업조건에서 가장 적절한 기계의 종류와 그 조합을 검토한다.
⑤ 가설비 설계와 배치계획의 검토…가설비의 규모나 내용을 검토한다.
⑥ 품질관리의 계획수법의 검토…품질관리계획의 계획수법을 검토한다.

조달계획

▶ 조달계획

각종 재료나 사용기계, 작업원의 수량이나 준비계획을 검토, 계획한다.
① 하청발주계획의 검토…전문공사의 하청업자를 검토한다.
② 노동계획의 검토…작업원의 직종, 인원수, 사용기간을 검토한다.
③ 기계계획의 검토…사용기계의 기종, 사용대수와 사용기간을 검토한다.
④ 재료계획의 검토…사용재료의 종류와 수량, 입수방법, 입수까지의 걸리는 시간을 적절하게 검토한다.
⑤ 수송계획의 검토…수송방법이나 수송시기 등을 검토한다.

관리계획

▶ 관리계획

① 현장관리조직의 편성…라인기능이나 스탭기능이 발휘되도록 현장관리조직을 편성하여 책임의 소재를 명확하게 한다.
② 실행예산의 작성…시공에 필요한 공사원가 전체를 예산화한다.
③ 자금 및 수지계획의 검토…자금확보방법, 수지계획을 검토한다.
④ 안전관리계획의 검토…안전관리나 안전교육의 수법을 검토한다.
⑤ 환경보전계획의 검토…현장이나 주변지역에의 환경에 주는 영향을 조사하여 가장 적절한 환경보전계획을 검토한다.
⑥ 여러 계획표의 작성과 보고수속…여러 계획표, 시공계획서를 작성하여 발주자에게 보고한다.

■ 관련사항

▶ 가설비의 설계와 배치

가설비는 원칙적으로 공사완성 후에 철거하여, 그 설계, 설치에 대한 것은 보통 시공자에게 맡기는 경우가 많으며, 특히 중요한 것은 사양서로 일부 규정하는 정도이다. 그러나, 그 배치가 작업의 효율에 큰 영향을 주므로 설계, 배치에 대해서는 충분한 검토가 필요하다.

3. 공정관리와 공정도표

□ 포인트

공정도표에는 다음 ①~③과 같은 종류가 있다.
이러한 공정도표는 최적의 공정관리의 실시에 필요불가결한 것이며, 공정관리가 적절하지 않으면 시공속도의 관리가 불충분하게 되고, 목적 구조물을 정한 공사기간 내에 완성할 수 없고, 일정한 품질 확보가 어려우며, 공사원가의 증대로 적자의 발생 등의 큰 문제가 생긴다.

■ 해설

▶ 시공속도와 채산속도

그림 1은 시공속도와 단위 당 원가의 관계를 나타낸 것으로 이 중에서 가장 경제적인 시공속도가 존재함을 알 수 있다.

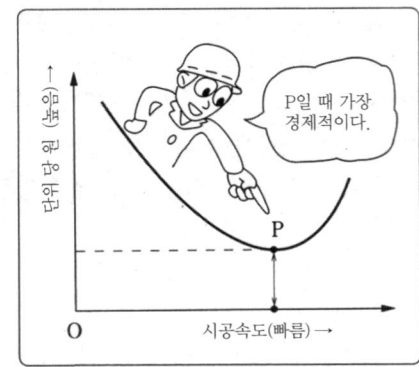
그림 1 시공속도와 원가의 관계

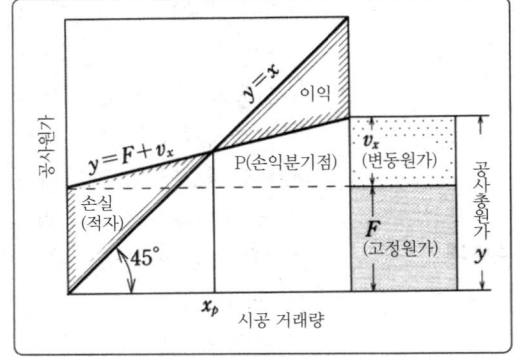
그림 2 이익도표

손익분기점

한편, 공사원가는 공사량에 비례하는 **변동비**와 비례하지 않는 **고정비**로 구성되며, 이것을 그림으로 나타낸 것이 그림 2의 이익도표이고, 분명한 **손익분기점** P를 살펴볼 수 있다.

이 그림에서 이익을 올리려면 손익분기점 P 이상의 시공 거래량이 되는 공정속도가 필요하다. 손익분기점 P의 공정속도를 **채산속도**라 한다. 그러나 무언가의 원인으로 공사가 늦어진 경우, 채산성을 무시하고 돌관공사를 행하는 경우가 많고, 공사경영의 적자를 방지하기 위해서는 공정속도가 채산속도 이상이 되도록 공정관리를 행할 필요가 있다.

▶ 횡선식 공정표

갠트 차트

① **갠트 차트**…전 공정을 구성하는 각 부분 공정을 세로방향으로 열거하여 각 공정마다의 달성도(완료 시 100%)를 가로축에 넣어 작성한다(그림 3).

바 차트

② **바 차트**…각 부분 공정을 세로방향으로 열거하여 가로축에 일수를 넣

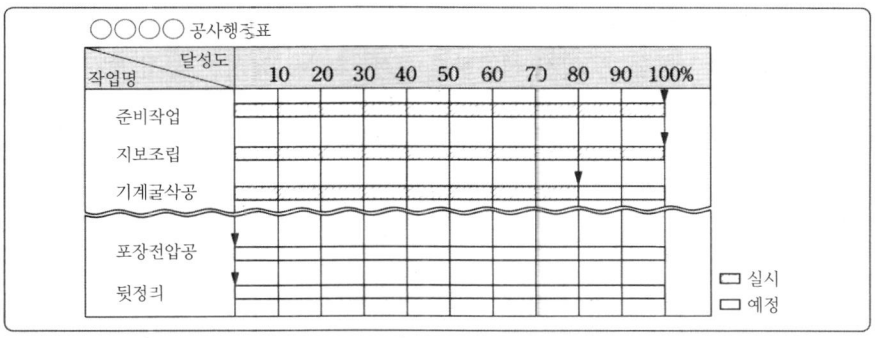

그림 3 갠트 차트

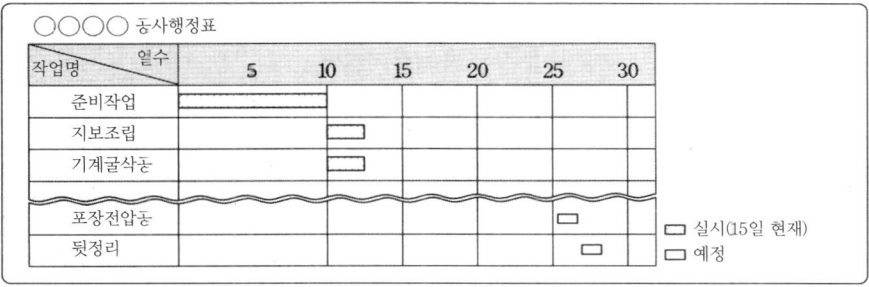

그림 4 바 차트

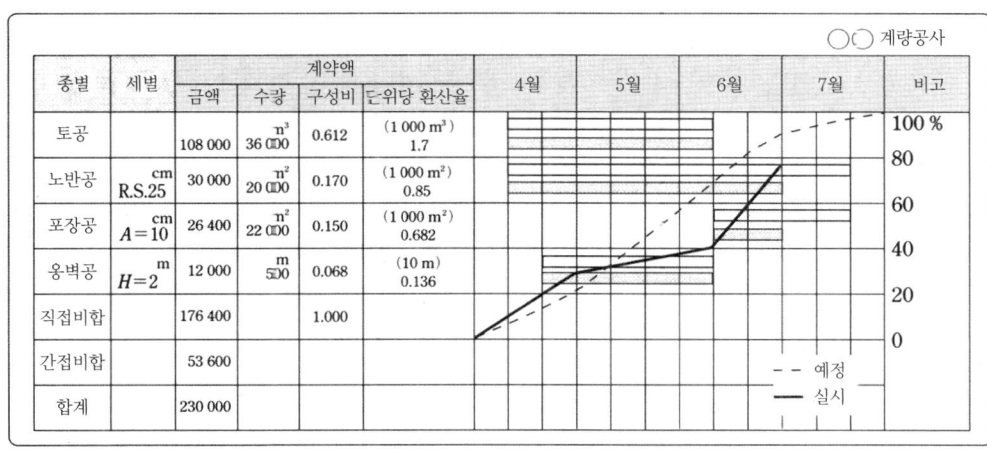

그림 5 곡선식 공정표와 횡선식 공정표의 조합 예

고, 시공예정기간과 실시시공기간을 기입하여 작성한다. 갠트 차트의 결점을 개량한 것으로 각 공정의 소요일수가 명확하게 되어 각 공정 상호 간의 관련성을 나타낸다(그림 4).

▶ 곡선식 공정표

공사 생산고 또는 시공량 누계를 세로축에, 공사기간의 시간적 요소(일수, 주수, 월수 등)를 가로축에 넣고, 시공량의 시간적 변화를 그래프의 수법으로 나타낸 것이다(그림 5). 계획 생산고 누계에 대해 작성한 **계획 생산고 누계 곡선**과, 실시 시공량 누계에 대해서 작성한 **실시 생산고 누계 곡선**을 비교하는 것으로 진척상황을 생산고의 형태로 관리할 수 있다. 일반적으로 S형 곡선이 되며, 다음에 나오는 바나나 곡선과 비교하여 공정관리를 한다.

▶ 바나나 곡선

바나나 곡선

미국의 대표적인 도로공사의 실적에서 연구된 것으로 도로공사에서의 공사진척 상황의 허용안전구역의 상하한계를 나타낸 공정관리곡선이다(그림 6). 예정공정곡선이 허용한계 내에 있지 않을 경우 불합리한 공정계획이라 여겨 조정을 요한다.

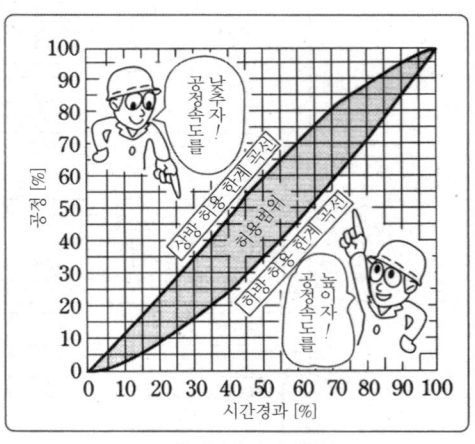

그림 6 바나나 곡선

▶ 네트워크 공정표

PERT/CPM

PERT/CPM이라고도, **네트워크 수법**이라고도 불리며, 횡선식 공정표나 곡선식 공정표의 문제점을 개량한 공정관리도표이다. 그림 7과 같이 각 공정의 개시와 종료를 결합점(이벤트)이라 부르는 동그라미로 나타내고, 작업(액티비티)을 화살표로 표현한 네트워크 도식으로 각 공정 간의 순서, 관련성 등이 명확하게 되고, 공사기간에 크게 영향을 주는 **최고중점관리경로**가 명확하게 된다. 작성이 복잡하다는 결점은 있지만, 계획단계에서 공사수순의 검토가 용이, 조달계획의 작성이 쉽고, 시공 도중에서의 계획변경이나 설계변경에도 대응하기 쉬운 등의 장점을 가진 총합적인 공정관리를 할 수 있다.

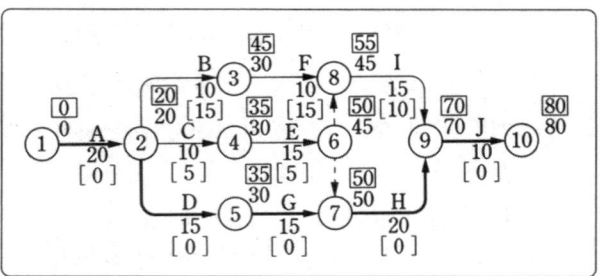

그림 7 네트워크 공정표

4. 네트워크 공정표

□ 포인트

기본 규칙은 그림 1~그림 3으로 정리된다. 네트워크 작성상 순서의 회피는 소요시간 0의 더미를 이용, 계산은 결합점 시각, 작업 시각, 여유시간을 구한다. 또한 최종결합점의 최조기결합점 시각에서 공사 전체의 기간을 여유시간에서 최고중점관리경로인 크리티컬패스를 발견하여 명확하게 알 수 있도록 두꺼운 화살표로 표현한다.

■ 해설

네트워크의 규칙

▶ 네트워크 작성의 기본 규칙

① 작업은 화살표로 표시하고, 개시결합점에서부터 종료결합점을 향해서 그린다(그림 1). 작업명은 화살선의 위에, 소요시간은 아래에, 화살선의 방향과 길이는 임의로, 소요시간과는 무관하다.
② 결합점에는 결합점 번호를 정정수로 붙인다.
③ 네트워크의 모순을 막으려면 소요시간이 0인 더미를 이용하여 파선의 화살표로 표기(그림 2)한다.
④ 기종점을 같은 결합점을 가진 작업이 2 이상 있으면 안 된다.
⑤ 사이클을 넣지 않는다(그림 3).

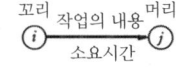

그림 1 작업의 표현

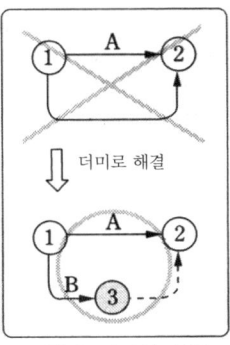

그림 2 더미의 사용

▶ 결합점 시각(노드 타임)

어느 결합점에서나 시공개시일부터의 시각을 결합점 시각이라 하며, **최조기결합점 시각과 최지연결합점 시각이 있다**(일반적으로 일단위).

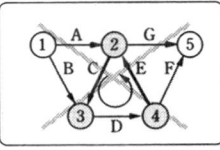

그림 3 사이클 금지

최조기결합점 시각

① **최조기결합점 시각**…임의의 결합점을 기점에 가진 전 작업이 개시되는 최초의 결합점 시각으로, 최종결합점의 시각은 공사기간을 나타낸다.

최조기결합점 시각의 계산수순

(1) 개시결합점의 최조기결합점 시각을 0으로 맞춘다.
(2) 그림 4의 결합점 j의 최조기결합점 시각 t_j^E은 결합점 i의 최조기결합점 시각 t_i^E에 작업 A의 소요시간 T_{ij}^E를 가산하여 결합점 j의 우측에 기입한다.
(3) 2방향 이상에서 작업이 유입되는 결합점에서는 모든 방향에서의 최조기결합점 시각을 구해, 최대값을 그 점의 최조기결합점 시각으로 한다.
(4) 개시결합점에서 최종결합점까지 순차로 구한 예는 그림 6과 같다.

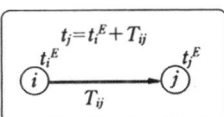

그림 4 최조기결합점 시각

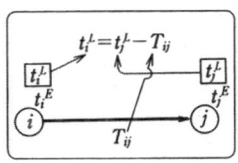

그림 5 최지연결합점 시각

10 토목 시공 관리

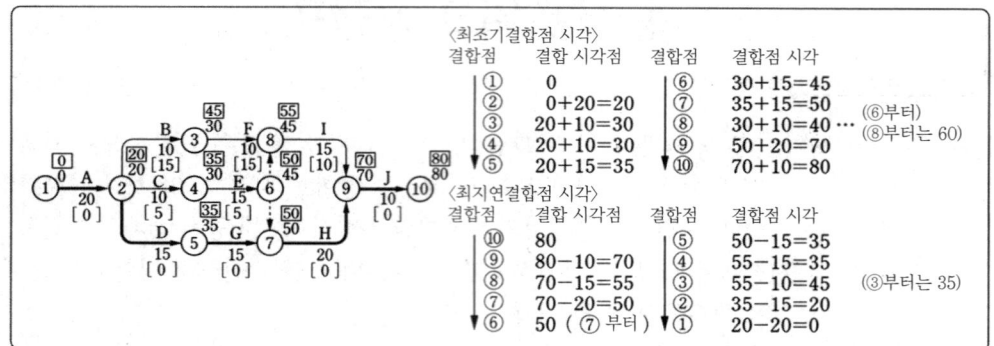

그림 6 결합점 시각과 여유시간

최지연결합점 시각

② **최지연결합점 시각**…임의의 결합점에서 이후 작업이 순조롭게 진행한다는 가정 하에서 공사기간에 영향을 주지 않는 가장 늦은 결합점 시각이다.

최지연결합점의 계산순서

(1) 최종결합점의 최조기결합점 시각을 그 점의 최지연결합점 시각으로 한다.
(2) 그림 5의 결합점 i의 최지연결합점 시각 t^L_i는, 결합점 j의 최지연결합점 시각 t^L_j에서 작업 A의 소요시간 T^E_E을 감소시키기 위해 이 점의 최조기결합점 시각과 구별하기 때문에, 결합점 j의 우측에 □를 치고 기입한다.
(3) 2방향 이하의 작업이 출발하는 결합점에서는 각각의 화살표에 대해 최지연결합점 시각을 구해, 최소값을 그 점 최지연결합점 시각으로 한다.
(4) 최종결합점에서 개시결합점까지 순차로 구한다. 예는 그림 6과 같다.

▶ **작업시각** 각 부분공정마다의 개시 가능한 시각이나 완료해야 되는 시각으로, 작업시각에는 **최조기개시 시각, 최지연개시 시각, 최조기완료 시각, 최지연완료 시각**이 있다. 최조기개시 시각은 대상작업의 출발점 측의 최조기결합점 시각과 일치하며, 최조기완료 시각은 종점 측의 최조기결합점 시각과 일치한다. 또한 최지연개시 시각은 대상작업의 출발점 측의 최지연결합점 시각과 일치하며, 최지연완료 시각은 종점 측의 최지연결합점 시각과 일치한다.

▶ **여유시간(플로트)**

최조기완료 시각과 최지연완료 시각이 다른 작업은 그 차이만큼 여유가 있으며, 이것을 여유시간이라 한다. 여유시간에는 **전 여유**와 **자유 여유**가 있다.

전 여유

① **전 여유(토탈플로트)**…최지연완료 시각에서 최조기개시 시각과 작업소요시간의 합을 뺀 여유시간으로, 소요시간의 아래의 [ ]에 기입한다.

자유 여유

② **자유 여유(프리플로트)**…최조기완료 시각에서 최조기개시 시각과 작업소요시간의 합을 뺀 여유시간으로, 전 여유의 아래의 ( )에 기입한다.

▶ **크리티컬 패스(최고중점관리경로)**

크리티컬 패스

전 여유가 0이 되는 일련의 경로를 형성하는 경로 작업을 크리티컬 패스라 한다. 최고중점관리를 요구되는 공정군이며, 두꺼운 화살로 표현한다.

5. 플로 업

□ 포인트

일정단축은 최종결합점의 최지연결합점 시각에 계약공사기간의 일수를 세트한 후, 전 경로의 전 여유를 구하여 마이너스가 된 공정에 대해서 단축한다. 또한 비용을 고려한 경우는 CPM 수법에 의해 일정을 단축한다. 플로 업은 실제 시공상황을 주기적으로 스타팅 플랜에 반영하고, 비교하면서 진행한다. 또한 인원, 기계, 자원의 배치계획은 산적과 산사태에 의해서 한다.

■ 해설

일정단축과 순서

▶ 일정단축

일정단축은 완성공사기간이 계약공사기간을 넘을 경우에 할 필요가 있고, 그 순서는 다음과 같다.

(1) 최종결합점의 최지연결합점 시각에 계약공사기간을 맞춘다.
(2) 개시 결합점을 향하여 일정을 계산하고, 전 경로의 전 여유를 구한다.
(3) 전 여유가 마이너스가 되는 경로로 일정단축을 한다(그림 1). 또한 마이너스가 되는 경로가 2경로 이상이 되면 병행하는 경로로 전 여유의 차를 단축, 공통부분으로 나머지를 단축한다.
(4) 각 공정별 단축일수의 배분은 다음에 나온 CPM 수법을 써서, 비용을 고려하여 배분한다(그림 2).

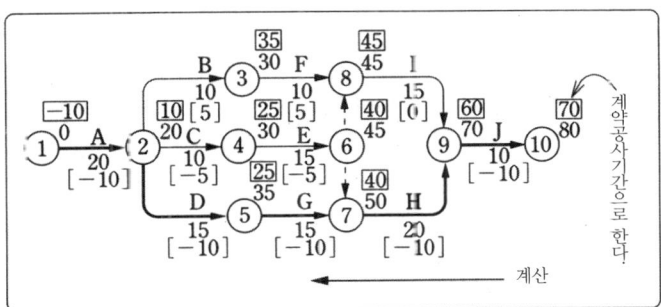

그림 1 마이너스가 되는 전 여유

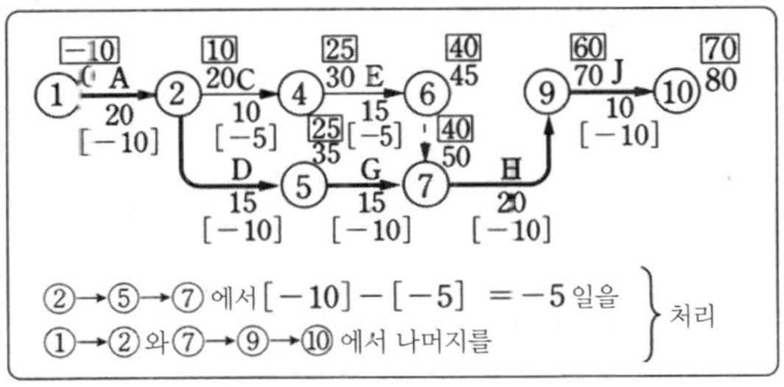

그림 2 단축경로

10 토목 시공 관리

CPM 수법

▶ CPM 수법

일정단축과 동반된 공사원가의 상승을 최소한도로 억제하는 수법이며, 노멀 듀얼레이션, 노멀 코스트, 크래시 듀얼레이션, 크래시 코스트를 구하고, 코스트 슬로프 산출 후, 그 값의 작은 순서로 일정을 단축한다(표 1).

코스트 슬로프

표 1 CPM에 의한 단축

경로 구분	단축 일수	작업	단축 가능 일수	코스트 슬로프	조합		
공통	5	A H J	1일 3일 2일	20,000 50,000 45,000	0일 3일 2일	1일 2일 2일	1일 3일 1일
		소요일수 단축에 필요한 비용			240,000	210,000	215,000
1	5	D G	3 4	60,000 50,000	1일 4일	2일 3일	3일 2일
		소요일수 단축에 필요한 비용			260,000	270,000	280,000

플로 업
스타팅 플랜

▶ 플로 업(추가작업)

실제의 시공 상황을 주기적으로 **스타팅 플랜**에 반영하고 비교하여 실상의 네트워크를 작성하는 것으로, 정해진 공사기간까지 완료하도록 조정하는 것을 말한다. 순서는 다음과 같다.

(1) 시공개시 후 t일 경과 후에 시공 중의 작업의 화살선에 ×표로 붙이고 그 작업의 잔여소요일수를 미완료의 시공량에서 구한다(그림 3).
(2) ×표 이전의 네트워크를 더미 표시로 변경하여, ×표를 새로운 결합점으로서 현재상황을 반영한 네트워크를 작성하고, 일정계산 후 ×표 이후의 전 여유를 구한다(그림 4).
(3) 일정단축 등의 처치를 검토하고 실시한다.

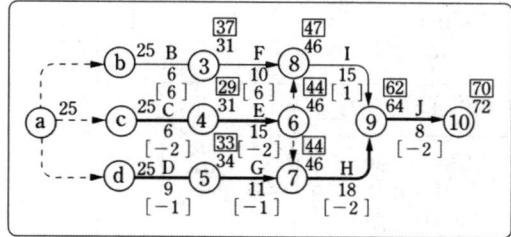

그림 3 t일째의 네트워크 실상

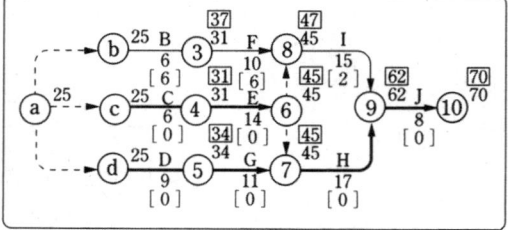

그림 4 플로 업 후의 네트워크

산적

▶ 산적, 산사태

산적은 작업에 필요한 인원, 자재 등을 각 작업마다 집계하고, 나날의 누계를 파악하여 전 공사기간의 상황을 파악하는 것을 말한다.

시공관리와 공정도표

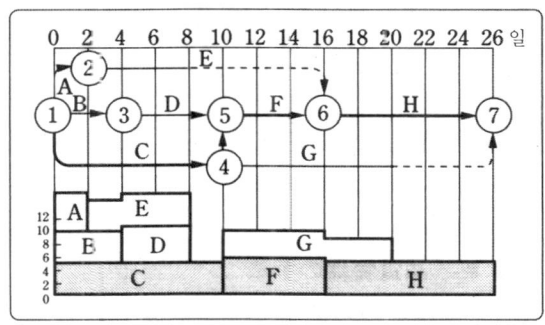

그림 5 산적도

산적은 날짜 눈금을 횡축으로, 종축에 사람 수 등을 입력하고, 여유시간에 해당하는 부분을 파선으로 표시한 네트워크를 그려서 얻어낸다(그림 5).

산사태란 산적도에 표시된 인원이나 자재 등의 사용상황의 굴곡을 여유시간을 이용하여 작업의 개시를 엇갈리게 하는 것으로, 전 공사기간에 걸쳐서 평균화하는 것을 말한다.

산사태

■ 관련지식

▶ 정상 소요 공비와 특급소요공비(그림 6)

① 기본적인 듀얼레이션(표준시간)···가장 경제적인 시공속도에서의 소요시간을 말하며, 이때의 비용을 **정상소요공비**(표준비용)라 한다.

② 충돌 듀얼레이션(특급시간)···작업시간을 한계까지 단축시켰을 때의 소요시간을 말하며, 이 비용을 **특급소요공비**(특급비용)라 한다.

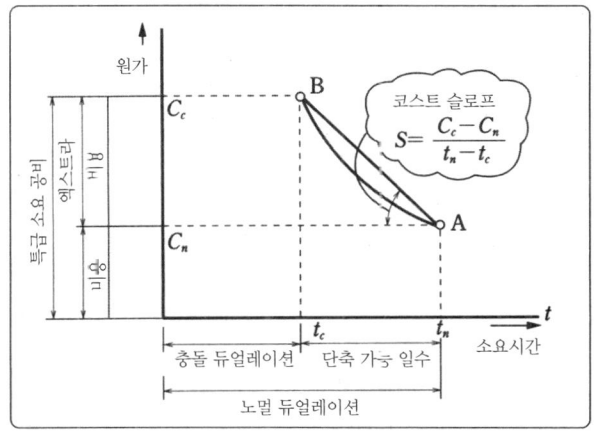

그림 6 코스트 슬로프(비용 기울기)

▶ 스타팅 플랜

소요시간만의 네트워크에 기후, 토질 등의 조건을 고려한 것을 말하며, 시공관리상 중요한 네트워크도이다.

455

10 토목 시공 관리

1. 품질관리

□ 포인트   「구매자의 요구에 맞는 품질의 제품 또는 서비스를 경제적으로 만들어내기 위한 수단의 체계」를 품질관리라 한다(JIS Z 8 101).

■ 해설   ▶ 품질관리의 수법
데이터를 근거로 한 과학적인 방법을 이용한다.
(1) 문제점을 찾아낸다 : 특성요인도, 브레인 스토밍
(2) 목표를 세운다 : 목표값, 목표기한
(3) 추진계획을 세운다 : 5W1H(5W2H)
(4) 현상황 분석 : 5W1H(5W2H), 4M(5M)의 수법
(5) 개선안을 생각한다 : 브레인 스토밍 등
(6) 실시
(7) 제동, 표준화

이상을 네 가지 공정으로 정리할 수 있다. ① 계획을 세운다(Plan), ② 계획대로 실행한다(Do), ③ 결과의 평가를 한다(Check). ④ 처치를 한다(Action). 이 과정을 반복해서 행하여 품질의 안정과 향상을 도모한다. 이 네가지 공정(PDCA)을 **관리 사이클** 또는 **데밍 서클**이라 한다(그림 1). 작은 PDCA를 회전(전개)시키는 경우도 있다(그림 2).

관리 사이클

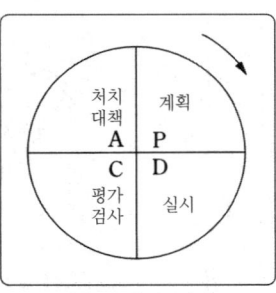 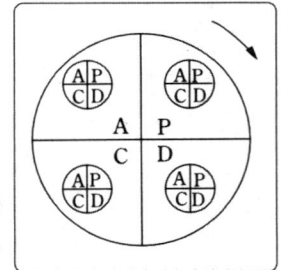

그림 1 관리 사이클   그림 2 큰 PDCA와 작은 PDCA

▶ 데이터의 분석
같은 작업자가 같은 재료나 기계를 사용하여 똑같이 시공하더라도 결과물의 품질은 모두 동일하지가 않다. 그 제각각의 특성이나 변동상태를 바르게 알아둘 필요가 있다.
"데이터가 가진 의미"는 "무엇을 기준으로 하는가"에 의해 달라진다. 데이터의 기준을 나타내는 방법은 다음과 같다.

데이터의 기준

① 평균값
② 메디안(중앙값)
　　측정값의 수가 기수 : 중앙에 있는 값
　　측정값의 수가 우수 : 중앙에 2개의 값의 평균값
③ 모드(최다값) : 데이터를 도수로 한 때 최다도수인 곳

▶ 히스토그램

도수표(표 1)에 기초하여 데이터가 존재하는 범위를 몇 개의 구간으로 나누어 각각의 구간에 들어가는 데이터의 수를 도수로서 높이로 나타낸 차트(그림 3)이다. 그림의 오른쪽 위에 데이터의 총수 n을 기입한다. 히스토그램을 볼 때는 다소의 요철은 신경 쓰지 않고, 그래프 전체의 형태를 매끄러운 곡선을 그리듯이 얻어진 데이터 곡선이 어떠한 상태에 있는지를 간단하게 파악할 수 있다.

표 1 도수표

측정값[cm] (구간의 중심값)	측정수 도수 마크	도수
5.0		0
5.5		0
6.0	//	2
6.5	卌 /	6
7.0	卌 卌 ///	13
7.5	卌 卌 卌 //	17
8.0	卌 卌 卌 /	16
8.5	卌 卌 卌 /	16
9.0	卌 ///	8
10.0	/	1
10.5	/	1
11.0	//	2
합(n)		86

■ 관련사항

품질관리를 QC(Quality control)라 한다. 토목공사의 품질관리란 주로 **재료와 그 시공방법**에 대한 관리를 하는 것이며, 표준이 되는 품질을 설정하여 이 품질대로 유지하기 위해 불량품의 발생을 예방하는 모든 수단을 말한다. 또한 품질관리는 통계적 수법을 이용하는 경우가 많고, 기업 활동의 모든 단계에 걸쳐 경영자와 전체 구성원의 참가와 협력이 필요하며, 다음과 같은 종류가 있다.

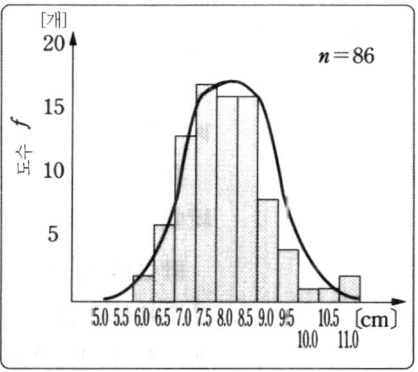

그림 3 히스토그램

통계적 품질관리
　　(SQC : Statisticla Quality Control)
전사적 품질관리(CWQC : Company-Wide Quality Control)
총합적 품질관리(TQC : Total Quality Control)

2. 관리도

□ 포인트

공정이 안정한 상태에 있는지를 조사하기 위해, 또는 공정을 안정한 상태로 유지하기 위해 이용하는 그림을 **관리도**라 한다(그림 1). **관리한계선**이 그려진 그래프 중에 통계적으로 처리한 데이터를 점으로 표시하고 연결한 것이다. 관리도에는 그림 2와 같은 종류도 있다.

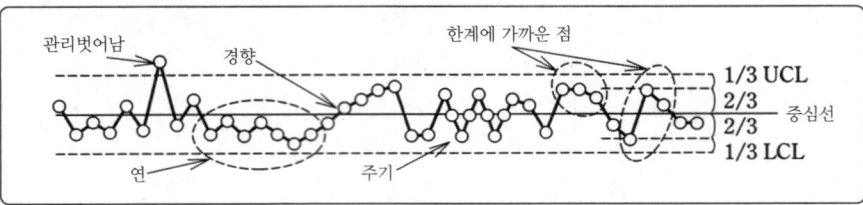

그림 1 관리도(안정상태의 판정)

▶계량값의 관리도
① x-R관리도 : 평균값과 범위를 이용한다.
② x관리도 : 메디안을 이용한다.

▶계수치에 관리도
① Pn관리도 : 불량개수를 이용한다.
② P관리도 : 불량률을 이용한다.
③ c관리도 : 결점수를 이용한다.
④ u관리도 : 단위당 결점수를 이용한다.

그림 2 관리도의 종류

■ 해설

▶ 관리한계선

품질의 불량이 우연히 일어난 것인지, 아니면 놓쳐서는 안 될 원인이 있는 것인지를 분별하기 위해 관리도에 넣은 한계선을 **관리한계선**이라 한다. 중심선을 중심으로 그 윗쪽에 있는 것을 **상한관리한계선**(UCL), 아랫쪽에 있는 것을 **하한관리한계선**(LCL)이라 한다.

▶ 계량값, 계수값의 관리도

계량값 계량값이란 무게, 치수, 경도, 시간 등의 관계로 데이터의 측정이 **연속량**으로 측정되는 **품질특성의 값**을 말한다.

계수값 계수값이란 불량품의 수, 결점 수 등과 같은 **개수를 세어서 얻어지는 품질특성의 값**을 말한다.

▶ 관리도의 작성($\bar{x}$–R 관리도)

(1) 데이터를 모아서 정리(군 구분)
(2) 평균값 x의 계산
(3) 범위 R의 계산 : $R = x_{max} - x_{min}$
(4) 총 평균 x의 계산

$$\bar{\bar{x}} = \frac{\bar{x}_1 + \bar{x}_2 + \cdots + \bar{x}_n}{K}$$

K : 군 수(조수)

(5) 범위 평균 R의 계산

$$\bar{R} = \frac{R_1 + R_2 + \cdots + R_n}{K}$$

(6) 관리선의 계산(표 1)

	x관리도	R관리도
중심선	$CL = \bar{\bar{x}}$	$CL = \bar{R}$
상한관리한계선	$UCL = \bar{\bar{x}} + A_2\bar{R}$	$UCL = D_4\bar{R}$
하한관리한계선	$LCL = \bar{\bar{x}} - A_2\bar{R}$	$LCL = D_3\bar{R}$

(7) 관리도의 기입

그리는 방법과 주의사항(롤 방안지를 이용하면 편리)은 다음과 같다.

① 방안지의 상한 부분에 $\bar{x}$관리도, 하한 부분에 R관리도를 그린다.
② 데이터의 중심선은 실선, 한계선은 파선으로 그린다.
③ 점은 분명하게 기입한다.
④ 기입한 점을 조 번호순으로 가느다란 선으로 잇는다.
⑤ 공사명, 자료의 크기, 측정위치, 관리도 번호 등 필요사항을 기입한다.

(8) 안정상태의 판정

표 · 관리도의 계수표

군의 크기 n	$\bar{x}$ 관리도	R관리도			$\bar{x}$관리도
	A_2	D_3	D_4	d_2	m_3A_2
2	1.880	—	3.267	1.128	1.880
3	1.023	—	2.575	1.693	1.187
4	0.729	—	2.282	2.059	0.796
5	0.577	—	2.115	2.326	0.691
6	0.483	—	2.004	2.534	0.549
7	0.419	0.076	1.924	2.704	0.509
8	0.373	0.136	1.864	2.847	0.432
9	0.337	0.184	1.816	2.970	0.412
10	0.308	0.223	1.777	3.078	0.363

(주1) D_3의 란의 −는 LCL(하한관리한계)을 생각하지 않음을 가리킨다.
(주2) R관리도에서 군 내의 표준편차 σ를 추정하려면 $c = \bar{R} \times (1/d_2)$를 계산한다.

▶ 관리도의 이용

점이 관리한계선의 가운데에 있고, 점의 나열에 규칙성이 없다면 공정은 안정한 상태이며, 관리한계선 밖으로 나가거나 점의 나열에 규칙성이 나타난다면 놓칠 수 없는 원인이 있음을 나타낸다. 놓칠 수 없는 원인이 있었음을 알았다면 그 원인을 조사하여 공정에서 다시는 일어나지 않도록 방지책을 찾으면 공정을 안정한 상태로 유지할 수 있다(JIS Z8101).

3. 발취 검사

□ 포인트   검사 단위 수량에서 미리 정해 놓은 발취검사 방식에 따라서 샘플을 발취해서 시험하고, 그 결과를 단위 수량 판정 기준과 비교하여 그 로트의 합격, 불합격을 판정하는 검사를 말한다(JIS Z 8101).

■ 해설

▶ 발취검사

모든 제품에 대해서 **양호품**과 **불량품**으로 분류하는 것(전수검사)이 불가능할 때나 경제적이지 못할 때 **발취검사**를 한다.

발취검사의 주의사항
① 제품이 **로트로서** 처리되는 것
② 합격한 로트 중에서도 어느 정도 **불량품의 혼입**이 있는 것
③ 로트에서 **샘플**이 무작위로 발취되는 것
④ 합격, 불합격의 판정기준이 **명확**할 것

▶ 로트샘플

로트   **로트**란 동등한 조건 하에 생산되었거나 생산되었다고 생각되는 제품을 집
샘플   계한 것을 말하며, **샘플**이란 모집단에서 그 특성을 조사할 목적을 가지고 선택한 것을 말한다(표 1).

공정관리의 경우에는 공정에서 생산된 로트는 그 공정의 샘플이며, 또한 실험의 결과 얻어진 데이터는 하나의 샘플이다.

표 1 모집단과 샘플과의 관계

목적	모집단	샘플
(a) 공정에 대한 처치 공정의 관리 공정의 해석	무한 모집단	공정 → 로트 → 샘플 → 데이터 샘플링 측정 처치
(b) 로트에 대한 처치 검사 품위의 추정	유한 모집단	공정 → 샘플 → 데이터 샘플링 측정 처치

(JIS Z 8101에서)

▶ 발취 검사의 종류

발취검사의 종류는 분류방법에 따라 다음과 같이 나뉜다.

1 품질의 표시법에 의한 분류 : ① 계량발취검사, ② 계수발취검사
2 형태에 의한 분류 : ① 기준형 발취검사, ② 선별형 발취검사, ③ 조정형 발취검사, ④ 연속생산형 발취검사
3 발취형식에 의한 분류 : ① 1회 발취검사, ② 2회 발취검사, ③ 다수회 발취검사, ④ 축차 발취검사

▶ OC 곡선의 이용

발취검사로 로트 품질과 그 합격할 확률과의 관계를 나타내는 곡선을 OC 곡선 또는 검사특성곡선이라 한다(그림 1). 발취검사는 로트의 일부에 대해서 검사를 하기 때문에 불량품이 유출되지 않거나 또는 불량품만 유출되는 위험이 있다. 이와 같은 현상이 일어날 확률을 알고, 잘못된 판단을 하지 않도록 하기 위해서 이용한다.

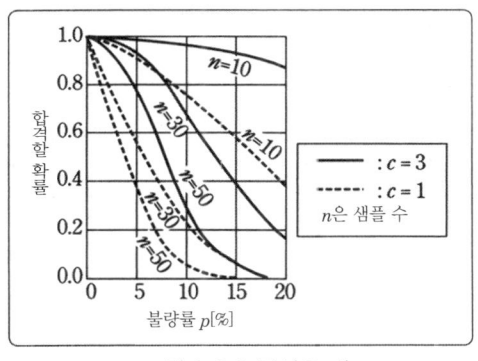

그림 1 OC 곡선의 예

그림 1에서 판정기준을 엄격하게(c를 작게 한다) 하면 샘플 수 n이 같을 때 그래프가 급경사로 합격할 확률이 낮아진다. 또한 판정기준 c가 같을 때 n이 클수록 그래프가 급경사를 이루어 합격할 확률이 낮아진다.

■ 관련사항
랜덤 샘플링

관리된 상태에서 무작위로 샘플을 발취하는 것을 **랜덤 샘플링**이라 한다. 모집단을 구성하고 있는 단위체 즉, 단위량이 어느 것이나 같은 확률로 샘플 안으로 포함될 수 있도록 샘플을 발취하는 것을 목적으로 하는 방법이다.

OC 곡선은 로트가 불합격이 되는 오류를 제 1종의 오류 또는 생산자 위험률이라 하며, 불량 로트를 합격시키는 오류를 제 2종의 오류 또는 소비자 위험률이라 한다. 일반적으로 전자는 5%, 후자는 10%로 본다.

4. 원가관리

□ 포인트

원가관리란 「목적으로 하는 구조물을 얼마나 경제적으로 만들 것인가」라는 관점에서 공사의 견적서, 실행예산서, 원가계산서 등의 내용을 순서대로 알기 쉽게 정확하게 파악할 수 있는 관리체제를 만들어, **예산**과 **지출**을 관리하는 것이다.

■ 해설

실행예산
실제원가

▶ 예정원가(실행예산)과 실제원가(실시원가)

그림 1에서처럼 입찰서, 견적서 작성을 목적으로 한 **공사예정가격**에 대해 시공업자가 결정한 단계로 적산되는 **예정원가(실행예산)**는, 공사의 원가관리를 하는 때의 목표로 한다. 공사진행에 따라서 발생하는 **실제원가(실시예산)**를 예정원가(실행예산)까지 낮추고, 예정원가(실행예산)보다도 저렴한 시공이 가능하도록 관리한다.

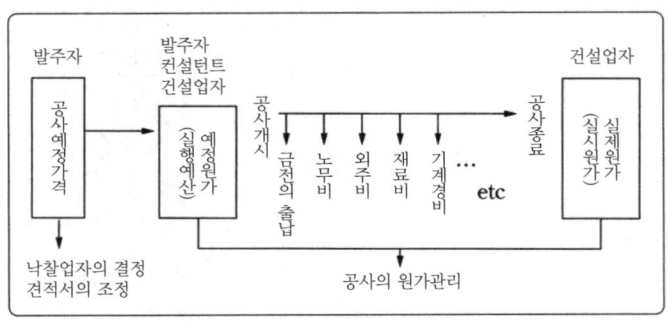

그림 1 원가관리

▶ 공사기간과 비용

공사의 속도(공정)와 품질 및 **비용(원가)**과의 관계는 그림 2에 나타냈다. 공정을 너무 빠르게 하거나 너무 늦게 하면 비경제적인 시공이 되며, 일반적

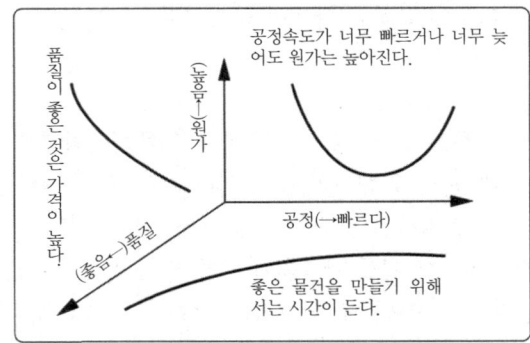

그림 2 공정, 품질, 원가의 일반적인 관계

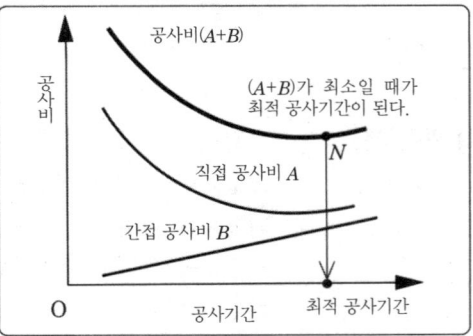

그림 3 공사비

으로 원가는 높아진다.

그림 3에서처럼 공사기간을 짧게 하면(강행공사) 인건비, 기계비용 등의 직접공사비가 증가하고, 지대나 보험료 등의 **간접공사비**는 저렴해지지만, 공사 전체에서는 큰 비용지출이 일어나므로 가능한 한 피한다. 직접 공사비와 간접 공사비의 합계가 최소가 될 때의 시공속도(공사시간)를 **최적공사기간**이라 한다.

직접공사비
간접공사비
최적공사기간

■ 관련사항

▶ 공사비의 구성

적산업무에서 **공사비의 구성**을 어떻게 할 것인지는 중요한 포인트의 하나이다. 그림 4는 발주자의 청부공사비 구성의 예를 나타낸 것이다.

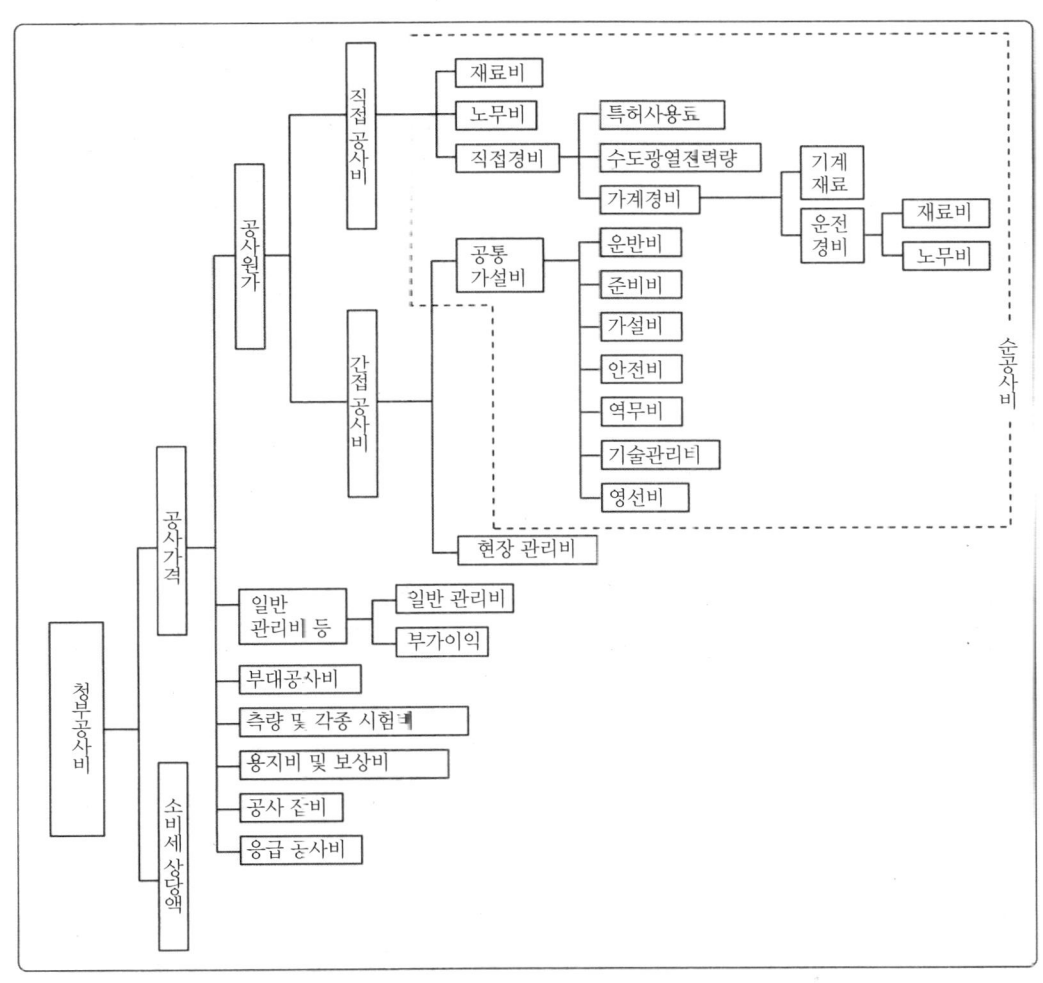

그림 4 공사비 구성의 예

5. 원가계산과 적산

□ 포인트
　　공사비의 적산은 설계도서 중 필요한 항목을 정하여 공사량에서 각종 공사의 비용, 예산 및 재료, 기계기구, 공사기간 등에 대하여 계산과 준비를 하는 중요사항이다.

■ 해설
적산업무

▶ 적산의 순서
　　일반적으로 토목공사의 **적산업무**는 **쌓아 올리는 방식**(시공수량×단위로 공종별의 금액을 구하고, 최종 모두 합산)으로 산출되는 경우가 많다. **견적징수방식**은 각 공사의 종류마다 시공업자로부터 데이터를 징수하여 적산하는 방법이다. 그림 1은 적산의 일반순서를 나타낸 것이다.

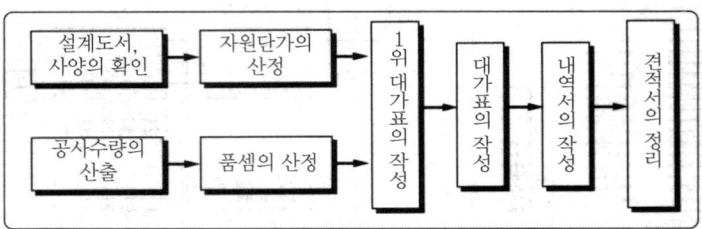

그림 1 적산의 일반적인 순서

■ 관련사항

▶ 품셈표와 대가표
　　품셈이란 토목공사적산 시 굴삭공사, 블록쌓기 등의 각 작업별로 작업단위(면적이나 체적) 당 노무직종과 인원수, 필요재료와 그 수량, 건설기계의 기종, 규격과 그 운전시간 등을 정한 것이다. 이러한 여러 수치와 적산상의 주의사항을 표 1과 같이 정리한 것이 **품셈표**이다. 그러나 품셈표에 게재되어 있는 수치는 현장의 상황에 따라서는 절대적으로 신용을 할 수 있는 수치는 아니다.

품셈표

표 1 품셈표의 예

기계굴삭 100m³당			
명칭	규격	단위	수량
보살피는 역할		사람	0.1
보통작업원		사람	0.7
굴착기 운전	유압 0.6m³	시간	2.6
여러 잡비		식	1

자원단가
　　재료비나 노무비의 기본단가를 **자원단가**라 한다. 이를 기초로 각 작업 마다의 재료비, 노무비, 기계비 등 각각 개별 조건에 맞는 비용을 산출하여 1위

1위 대가표
대가표

대가표를 작성한다. 1위 대가표로 구한 각 작업의 비용에서 토목, 옹벽공 등의 공종별로 비용을 구해, 표 2와 같이 정리한 것을 대가표라 한다. 공사의 적산을 원활하게 하기 위해 단위면적·체적별 단가를 산출할 때 이용한다.

표 2 대가표의 예

종별	사양	수량	단위	단가	금액	적요
굴삭	굴착기	4,320.2	m³	423	1,824,775	
바닥 파기	인력	108.8	m³	4,210	458,048	
잔토처리	덤프 트럭	864.6	m³	4,695	4,059,297	
여러 잡비			일식		13,515	
계					6,358,305	

토목공(연장 100m) 대가표

(1m 당 63,583엔)

■ 알아두면 편리
▶ 각종 공사비에 대해

 직접공사비는 재료비, 노무비, 직접경비(기계비, 외주비 등)으로 나뉜다. 가설공사비는 본 공사 시공을 위해 필요한 가설물 구축의 비용으로 유지, 관리, 철거 등의 비용을 포함한다. 기계비는 기계에 관한 비용으로, 기계대여비, 운전경비, 기계수리비, 기계임차료, 기계운반비, 조립해체비 등이 있다. 경비는 직접공사에 요하는 비용 중 직접공사비, 가설공사비, 기계비, 일반관리비 이외의 현장관리상 필요한 모든 간접적 비용이다. 일반관리비는 청부업자가 회사경영을 유지하기 위해 필요한 본사의 경비를 말하며, 일반적으로 청부금액에 대한 비율로 결정된다.

표 3 현장경비, 일반관리비, 부가이익비의 예

현장경비	일반관리비	부가이익
종업원 임금, 설계비 법정복리비, 후생비 사무용품비, 교통비 통신비, 조사연구비 광고선전비, 교제비 보험료, 조세, 가임 등	격원보수, 종업원 임금 수선유지비, 법정복리비 퇴직금, 광열비, 교제비 사무용품비, 통신교통비 조사연구비, 광고선전비 보험료, 조세, 가임 등	주민세 법인세 주주배당금 역원상여금 내부유보금 지불이식할인료 등

▶ 원가관리보고서

 각 기업체에 따라 원가관리의 방법이나 보고서의 양식도 달라지지만, 일반적으로 공사의 진행에 따라서 발생하는 재료비, 노무비, 외주비, 경비 등의 실제 원가를 매월의 거래량마다 집계하고 그 금액을 각 현장담당자에게 통지하여 공사현장에서의 원가관리에 활용하고 있다.

6. 안전관리

□ 포인트

　　일본 건설업계에서도 시공의 기계화나 기술혁신이 이루어졌지만 비참한 노동재해가 끊이질 않고 있다. 공사의 대규모화, 건설기계의 대형화에 따라서 많은 노동자가 동시에 참사를 당하는 대형 노동재해도 많이 발생하고 있다.
　　한 번의 노동재해가 발생하더라도 개인의 손실뿐만 아니라 시공업자에게도 사회적, 경제적으로 큰 손실이 된다. 모든 사업자, 작업자가 노동안전의식을 높여 노동재해 방지에 노력해야 한다.

■ 해설

▶ **노동재해의 원인과 발생률**

　　노동재해에 의한 휴업 4일 이상의 사상자 추이에 대한 관련기관(후생노동성)의 통계에 따르면, 1979년에는 340,731명, 1989년에는 217,964명, 1999년에는 137,316명으로 감소추세를 보이지만 사망자수는 연간 약 2,000명이 발생하고 사회적, 경제적 손실은 엄청난 것이다.
　　또한, 건설업에서의 노동재해에 의한 사상자수는 전 산업에서도 약 25%를 차지하고 사망자수는 약 40%로 매우 높다. 건설업에서의 사망사고의 원인으로는 (높은 곳에서)**추락, 전락**, (물건의)**비래, 낙하, 끼임, 휩쓸림, 붕괴, 매몰, 교통사고** 등에 의한 재해가 가장 많다.

불안전한 상태
불안전한 행동

　　노동재해는 「**불안전한 상태**」에 있는 것, 「**불안전한 행동**」을 취하는 사람과 「**안전관리의 불철저**」 등의 몇 가지 형태가 조합되어 발생한다. 그러므로 이 세 가지를 개선한다면 대부분의 노동재해는 기본적으로는 방지가능하다고 할 수 있다.

▶ **안전관리계획**

노동안전위생법

　　안전관리는 즉흥적이거나 임시 방편으로는 성과를 올릴 수 없다. 공사의 시공계획의 단계에서 시공방법이나 안전위생관리체제, 조직, 재해방지를 위한 구체적 목표나 계획 등에 관한 충분한 검토가 필요하다. 또한 **노동안전위생법**의 규정을 기초로 관할관청이나 기관장에게 계획을 신고하지 않으면 안 되는 공사도 있고, 관계된 여러 기관과의 연대도 중요하다.

▶ **안전관리조직**

　　안전관리는 안전관리계획을 작성하여 실행, 관리하기 위해 공사현장을 하나의 안전관리조직으로서 총괄관리 한다. 또한 토목구조물의 건설은 일반적으로 다수의 관계기업의 공동작업으로 시공되기 때문에 총괄적으로 안전위생관리를 행할 필요가 있다. 그림 1은 철도 영업노선에서의 안전관리조직의 예이다.

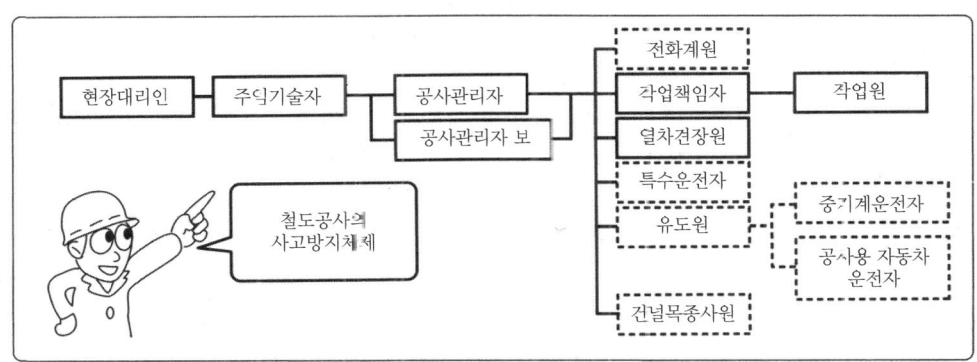

그림 1 안전관리조직의 예

■ 실무에 도움
▶ 재해통계의 표현방법

노동재해를 통계적으로 파악하기 위해 다음과 같은 지표로 재해의 발생률을 산출하는 경우가 많다. **강도율**은 재해 경중의 정도를 나타내고 **도수율**은 노동재해의 빈도를 나타내며 **연천일률**은 노동자 1,000명당 연간 사상자수를 나타낸다.

〈강도율〉

$$\binom{1{,}000 \text{ 총 노동 시간당 노동손실일수로}}{\text{재해의 경중을 나타낸다}} = \frac{\text{노동손실일수} \times 1{,}000}{\text{총 노동시간 수}} \quad \cdots\cdots(1)$$

노동손실일수

(1) 사망 7,500일
(2) 신체장애를 동반하는 것

신체장애등급	1~3	4	5	6	7	8	9	10	11	12	13	14
노동손실일수	7,500	5,500	4,000	3,000	2,200	1,500	1,000	600	400	200	100	50

(3) 신체장애를 불러오지 않는 것

$$\text{노동손실일수} = \text{휴업일수} \times \frac{300}{365}$$

〈도수율〉

$$\binom{100\text{만 총 노동 시간당}}{\text{노동재해에 의한 사상자수}} = \frac{\text{노동재해에 의한 사상자수} \times 100\text{만}}{\text{총 노동시간 수}} \quad \cdots\cdots(2)$$

〈연천일률〉

$$\binom{1\text{년간 노동자 } 1{,}000\text{명당}}{\text{노동재해에 의한 사상자수}} = \frac{\text{연간재해건수} \times 1{,}000}{\text{평균 노동자 수}} \quad \cdots\cdots(3)$$

7. 안전대책

□ 포인트

노동재해를 미연에 방지하기 위해 노동안전위생법을 시작으로 관련법규의 안전관리체제, 안전위생교육, 취업제한, 계획의 신고의무 등 각종 작업의 위험방지를 위한 안전기준이 정해져 있다(제 3장 제 2절 참조). 안전대책의 대상이 되는 공사는 다수 있지만, 그 주된 방법에 대하여 알아보자.

▶ 굴삭작업의 안전대책

■ 해설
지산굴삭
작업주임자

높이 2m 이상의 지산굴삭작업에 대해서는 **지산굴삭 작업주임자**(기능강습수료자)를 선임하여 행한다. 지산의 붕괴, 토석의 낙하 위험을 방지하기 위해 그 날의 작업개시 전이나 큰 비가 내린 후, 중진 이상의 지진 후, 발파를 행한 후일 때 부석, 균열 및 용수의 유무에 대하여 굴삭개소를 점검한다. 수작업(파워 셔블 등의 기계를 이용하지 않는 방법)에 의해 지산의 굴삭작업을 행하는 경우는, 굴삭면 기울기를 그림 1에 나타낸 것보다 완만하게 해야 한다.

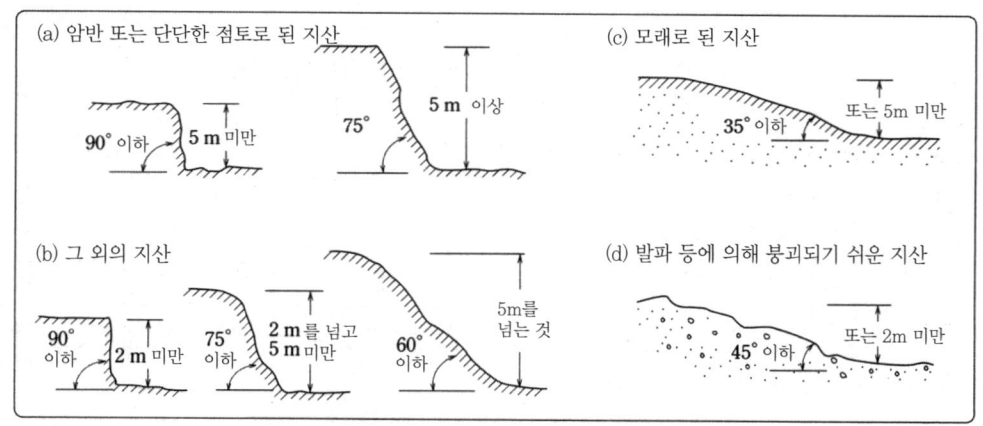

그림 1 굴삭면 기울기의 안전기준(수작업에 의한 경우)

▶ 흙막이 지보공의 안전대책

흙막이 지보공
작업주임자

보일링

히빙

흙막이 지보공의 설치와 해체작업은 **흙막이 지보공 작업주임자**(기능강습수료자)를 선임하여 행한다. 토질이 연약하고 용수가 많을 때는 그림 2와 같은 **강판 말뚝**에 의한 흙막이를 한다. 이 때 **보일링**이나 **히빙**의 영향을 고려하여 굴삭지반에서 1.5m 이상 뿌리넣기를 해야 한다. **띠장**은 널말뚝에 밀착시켜 **버팀보**는 좌굴을 일으키지 않도록 충분한 강도를 가지고 있어야 한다.

품질, 원가, 안전의 관리

버팀보의 설치간격은 수평방향은 5m, 연직방향은 3m 정도로 한다. 흙막이 지보공 조립 후 7일 이내 중진 이상의 지진, 큰 비 후에는 반드시 이상 유무를 점검해야 한다.

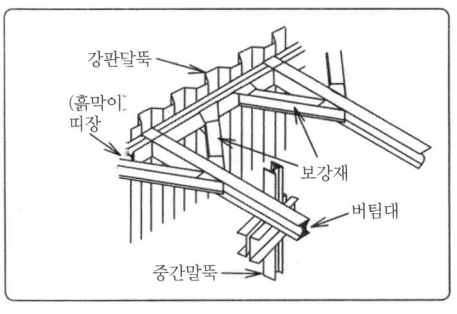

그림 2 말뚝공법

▶ 가설통로의 안전대책

가설통로

통로를 실내에 설치하는 경우 높이 1.8m 이내의 범위에 장해물을 두어서는 안 된다. **가설통로**의 기울기는 30° 이하로 하고, 15°를 넘는 경우에는 미끄럼 방지대를 설치함과 동시에 수락방지를 위한 높이 75cm 이상의 손잡이(난간)를 설치한다.

▶ 차량계 건설기계의 안전대책

차량계 건설기계

차량계 건설기계란 건설기계 중 스스로 달릴 수 있는 것을 말한다. 표 1은 차량계 건설기계의 운전업무에 대한 취업제한을 나타낸 것이다.

표 1 차량계 건설기계의 운전업무에서의 취업제한

기능강습수료를 필요로 하는 것	특별한 교육을 필요로 하는 것
(기체 중량이 3t 이상의 것) ● 불도저　　　● 모터 그레이더 ● 트랙터 셔블　● 스크레이퍼 ● 파워 셔블　　● 굴착기 ● 드래그 라인　● 클램셸 ● 트렌처　　　● 항타기 ● 항발기　　　● 어스 드릴 ● 천공기　　　● 어스 오거 ● 리버스 서큘레이션 드릴 등	● 기체중량이 3t 미만의 차량계 건설기계 　(왼쪽의 표 안의 것 중 기체중량이 3t 미만인 것) ● 타이어 롤러 ● 로드 롤러 등의 다짐 기계

▶ 발판의 안전대책

발판의 조립 등 작업주임자

달비계, 돌출 발판, 높이 5m 이상의 발판 조립, 해체 등의 작업은 **발판의 조립 등 작업주임자**(기능강습수료자)를 선임하여 행한다. 강풍, 큰 비 등의 악천후나 중진 이상의 지진도는 발판의 조립, 일부 해체, 변경 등이 있는 경우에 발판 작업 전에 반드시 점검하고, 이상이 있다면 즉시 보수한다. 단, 달비계에 대해서는 매일 작업 시작 전에 점검하도록 정해져 있다.

▶ 항타기, 항발기, 크레인의 안전대책

항타기 및 항발기는 작업의 성질상 매몰의 위험성이 크므로 활동(滑動), 매몰, 침하방지를 위한 조치를 취해야 한다. 운전자는 권양장치에 하중을 들인

채 운전위치에서 떨어지거나, 운전 중에 항타기의 굴곡부 내부에 노동자를 출입시켜서는 안 된다.

크레인 등이 운전, 분리의 업무에 있을 때는 표 2처럼 면허소유자, 기능강습 수료자, 또는 특별한 교육을 받은 자가 아니면 임할 수 없다.

표 2 크레인 등 운전, 분리의 취업제한

운전	크레인	인양하중 5t 이상	크레인 운전사 면허자
		인양하중 5t 미만	특별교육 수료자
	이동식 크레인	인양하중 5t 이상	이동식 크레인 운전사 면허자
		인양하중 1t 이상 5t 미만	기능강습 수료자
		인양하중 1t 미만	특별교육 수료자
	데릭	인양하중 5t 이상	데릭 운전사 면허자
		인양하중 5t 미만	특별교육 수료자
분리	제한하중이 1t 이상인 양화장치, 인양하중이 1t 이상인 크레인, 이동식 크레인 혹은 데릭의 분리업무		기능강습 수료자
	인양하중 1t 미만의 분리업무		특별교육 수료자

<small>와이어 로프의 안전계수</small>

와이어 로프에 관해서는 이음매, 꼬임, 형태가 무너진 것, 부식, 소선 소실 10% 이상, 공칭지름 손실 7% 이상의 **부적격 로프**를 사용해서는 안 된다. **와이어 로프의 안전계수**는 6 이상으로 하며, 분리작업 시의 와이어 로프의 이상의 유무를 점검하여 이상이 있는 경우에는 즉시 보수한다.

▶ 거푸집, 지보공의 안전대책

<small>거푸집 지보공의 조립 등 작업주임자</small>

콘크리트 타설에 이용하는 거푸집, 지보공의 조립, 해체작업에는 **거푸집 지보공의 조립 등 작업주임자**(기능강습 수료자)를 선임해서 행한다. 거푸집, 지보공은 지주, 보, 이음제 등의 부재에 의해서 구성되지만 강관, 파이프 서포트, 프레임 워크 지주 각각에 대하여 안전기준이 정해져 있다.

▶ 산소결핍방지, 고압작업의 안전대책

<small>산소결핍위험 작업주임자</small>

산소결핍장소(산소농도 18% 이하)에서의 작업은 **산소결핍위험 작업주임자**(기능강습 수료자)를 선임하여 노동자(특별교육 수료자)의 지휘 등을 해야 한다. 산소결핍장소에서는 매일 작업시작 전에 산소농도를 측정하고, 노동자를 작업에 종사시킬 때에는 반드시 측정기구를 갖추고, 산소농도를 18% 이상으로 유지하도록 환기한다. 산소가 결핍되어 있는지를 확인하기 위해 불씨를 이용하는 것은 메탄가스 등의 인화, 폭발의 위험이 있으므로 절대로 피한다.

고압실내작업에 대해서는 **고압실내 작업주임자**(면허소유자)를 선임하여 행한다. 뉴매틱 케이슨의 작업실, 기갑실에의 송기, 배기 밸브 등의 조작, 공기압축기의 운전업무, 재압실의 조정업무에 임하는 노동자는 특별한 교육을 받은 자가 아니면 안 된다.

▶ 터널공사의 안전대책

터널 등의 굴삭 및 거푸집 지보공의 조립작업에 대해서는 각각 **터널 등의 굴삭 작업주임자**(기술강습수료자), **터널 등의 복공 작업주임자**(기술강습수료자)를 선임하여 행한다.

터널 등의 굴삭작업을 행할 때는 사업자는 낙반, 출수, 가스폭발 등에 의한 노동자의 위험을 방지하기 위해 매일 굴삭개소 및 그 주변의 지산에 대한 지질, 지층이나 솟아나는 물의 상태, 가스, 증기 등의 유무 등을 관찰하고, 그 결과를 기록해 두어야 한다. 그리고 매일 또는 중진 이상의 지진 후 부석 및 균열의 유무, 물의 스밈이나 솟아나는 물의 상태, 터널 지보공의 부재의 손상, 변형, 변위 및 탈락의 유무 등을 점검해야 한다.

발파를 행한 후에도 발파를 행한 개소 및 그 주변의 부석, 균열의 유무 등을 점검한다. 가연성 가스 농도가 비정상으로 상승하면 조기에 관계노동자에게 알리는 것이 가능하도록 자동경보장치를 설치하고 그 설치장소를 관계노동자에게 주지해 두어야 한다.

지보공의 휨 가공은 일반적으로 냉간가공으로 정확하게 행한다(그림 3). 지보공의 아치작용을 확보하기 위해 **크라운과 스프링**에는 반드시 쐐기를 타설한다. **지보공의 건설간격은 120cm 이하**를 표준으로 하고 최대로는 150cm 이하로 해야 한다. 터널 출입구에는 특히 낙반, 탈락 등이 일어나기 쉬우므로 스테이(대각선 지보공)를 설치한다.

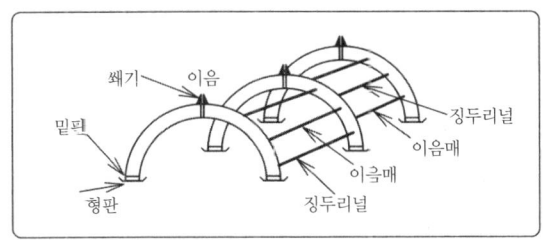

그림 3 강 아치 지보공

10 토목 시공 관리

1. 노동기준법

□ 포인트	노동기준법은 노동자 보호를 목적으로 하며, 노동시간, 임금, 휴일 등에 대한 노동조건의 최저기준을 규정하여 이 기준 이하 조건 설정을 금지한다. 또한, 노동시간 등의 법률로 규정된 수치에 대한 개정 시에는 관보 등에 의한 확인이 필요하다.

■ 해설

▶ 노동조건

노동조건의 결정…노동자와 사용자가 대등한 입장에서 결정하고 또한 양자는 노동협약, 취업규칙, 노동계약을 준수해야 한다.

균등한 대우…국적, 신조, 사회적 신분에 의한 노동조건의 차별을 금지한다.

남녀동일임금의 원칙…여자인 것에 의한 남자와의 임금차별을 금지한다.

강제노동의 금지…폭행, 협박 등에 의한 강제노동을 금지한다.

중간착취의 배제…직업으로 타인의 취업에 개입하여 이익을 얻는 것을 금지한다.

▶ 임금

임금지불의 5원칙…임금의 지불에는 다음 5원칙이 있다.

임금지불의 5원칙
① 통화지불
② 금액지불
③ 직접노동자에게 지불
④ 일정기일 지불
⑤ 매월 최저 1회 이상 지불

비상시 지불…재해, 질병 등으로 인해 비상의 비용이 필요할 때 지불 전 기일까지도 그날까지의 노동에 대한 임금을 지급하도록 규정하고 있다.

▶ 노동계약

계약기간…일반적으로 기간의 한정은 없으며 해고, 퇴직 이외는 정년까지 계속하며, 정한 경우는 1년을 넘으면 안 된다. 건설공사 등에서 공사기간이 정해져 있는 경우에는 1년 이상이더라도 공사완료까지 연장할 수 있다.

노동조건의 명시…노동계약을 체결할 시에 다음의 노동조건을 제시하지 않으면 안 되며 특히 ③에 대해서는 서면으로 제시해야 한다.

① 취업장소, 취업업무내용, ② 시업, 종업의 시각, 취업 시 전환 ③ 임금의 지불방법, 계산방법, 승급, ④ 퇴직에 관한 사항

고용의 예고…30일 이상 전의 예고하는 것을 의무화한다.

금품의 반환…노동자가 퇴직 또는 사망한 경우, 권리자로부터 청구가 있을 때 7일 이내의 임금 등의 지불을 의무화한다.

토목시공 관련법규

▶ 노동시간, 휴식, 휴일, 유급휴가 등

　노동시간···실제로 노동하는 시간을 말하며, 휴식시간을 제외한다. 현행규정으로는 1주 당 40시간 이내, 1일 8시간 이내(그림 1)로 되어 있다.

그림 1

　휴식···노동시간이 6시간을 초과한 경우는 45분 이상, 8시간이 넘는 경우에는 1시간 이상의 휴식시간을 주어야 하고, 노동 도중에 주어 자유롭게 이용하도록 규정하고 있다.

　휴일···매주 최저 1회 또는 4주 간을 통틀어서 4회 이상 준다.

　시간 외 및 휴일의 노동···노동조합 등과 서면협정 후 노동기준감독서에 신고하는 것을 규정하고 있다. 또한 건강상 유해한 업무 시간 외 노동을 1일 2시간까지로 한정한다. 시간 외나 휴일 노동에 대한 할증임금을 규정하고 있다.

　연차유급휴가···6개월 간 계속 근무하여 전 노동일의 8할 이상 출근자에 대해 10일 간의 유급휴가를 주도록 규정한다. 유급휴가의 가산도 규정되어 있다.

▶ 재해보상

　노동자의 업무상의 부상 등에 대해서 다음 보증을 의무화하고 있다.

　　　① 휴업보상, ② 상해보상, ③ 유족보상, ④ 타절보상

▶ 취업규칙

　10인 이상의 노동자를 고용하는 경우 노동자 대표와 협의한 후의 취업규칙의 작성과 노동기준감독서의 신고를하도록 규정되어 있다. 또한 취업규칙은 노동자에 대하여 확인하기 쉬운 방법으로 항상 게시하는 것을 의무화한다.

▶ 노동자에 관한 기록의 보존

　다음의 기록서류는 3년 간 보존을 의무화하고 있다.

　① 노동자 명부, ② 임금대장, ③ 고용, 해고, 퇴직에 관한 서류, ④ 재해보상에 관한 서류, ⑤ 임금 그 외 노동관계에 관한 서류

▶ 연소자, 여자

　노동시간, 위험유해업무에의 취업제한을 규정한다. 또한 연소자나 미성년자에게는 최저연령, 노동계약, 임금을 받는 것에 대해 규정한다.

2. 노동안전 위생법

□ 포인트　　노동안전위생법은 직장의 환경에서 오는 노동재해를 방지하는 것이 주목적이다. 관계법령에는 노동안전위생법 시행령, 노동안전위생규칙, 크레인 등 안전규제, 고기압 작업안전위생규칙, 곤도라 안전규칙, 산소결핍증 등 방지규칙, 분진장해방지규칙, 작업환경측정법 등이 있다.

■ 해설　　▶ 안전위생관리조직과 통괄안전위생관리자

특정원방사업자

토목구조물의 많은 수는 일반적으로 다수 기업의 다수 공사관계자에 의해 건설된다는 특징이 있다. 그림 1과 같이 **원청업자(특정원방사업자)**의 노동자와 관계청부인의 노동자가 서로 섞여 공사를 진행함으로 일어나는 노동재해를 방지하기 위해 공사현장을 하나의 관리조직으로서 총괄관리를 행하는 것

총괄안전위생관리

이 **총괄안전위생관리**이다.

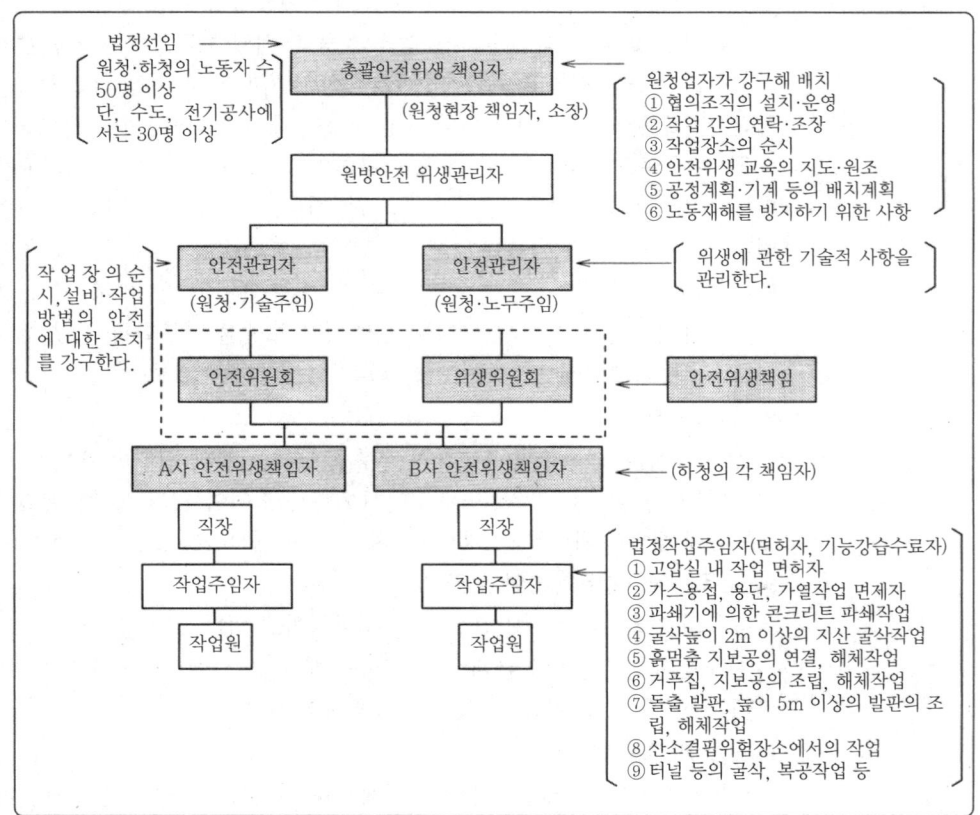

그림 1 총괄안전위생관리조직의 예

토목시공 관련법규

□ 포인트
작업주임자

▶ 작업주임자

사업자는 노동재해를 방지하기 위한 관리를 필요로 하는 작업으로 법령에서 정하는 것에 대해서는 지방공공단체 노동기준국장의 면허를 받은 자 또는 동기준국장 등이 실시하는 기능강습수료자부터 작업구분에 응하여 **작업주임자**를 선임하고 그 사람에게 당해 작업에 종사하는 노동자의 지휘 등을 하도록 한다. 작업주임자의 선임을 필요로 하는 작업은 표 1과 같다.

표 1 작업주임자의 선임을 필요로 하는 작업

작업주임자	자격	작업주임자	자격
고압실내 작업주임자	면허자	거푸집 지보공의 조립 등 작업주임자	기능강습수료자
가스용접 작업주임자		발판의 조립 등 작업주임자	
지산의 굴삭 작업주임자	기능강습수료자	철골 등의 조립 작업주임자	
흙멈춤 지보 작업주임자		콘크리트조 공작물의 해체 등 작업주임자	
터널 등의 굴삭 작업주임자		탄소 결핍 위험 작업주임자	
터널 등의 복공 작업주임자		강교가설 등 작업주임자	
채석을 위한 굴삭 작업주임자		콘크리트 교량 가설 등 작업주임자	

■ 실무에 도움

▶ 안전위생교육

노동안전위생법에는 표 2와 같이 **안전위생교육**을 실시하도록 정해져 있다.

표 2 사업자가 행하는 안전위생교육의 실시시기와 그 내용

1. 신규로 노동자를 고용한 때 2. 노동자의 작업 내용을 변경한 때	기계나 원재료 등의 위험성, 유해성 및 취급방법, 안전장치 등의 유해억제장치 또는 보호구의 성능이나 취급방법, 그 업무에 관해서 발생할 우려가 있는 질병의 예방에 관한 것. 작업수순이나 작업개시 시의 점검 정리, 정돈 및 청결의 유지에 관한 것. 사고 등의 발생할 시의 응급처치, 피난 등에 관한 것. 그 외 당해 업무에 관한 안전 또는 위생을 위해 필요한 사항
3. 노동자에게 위험, 유해한 업무에 임하게 한 때	아크용접, 인양 하중 5t 미만의 크레인(이동식 크레인을 제외) 데릭의 운전, 건설용 리프트, 곤도라의 조작, 궤도 장치의 운전, 인양 하중 1t 미만의 크레인 데릭의 해체, 고압실내작업에 관계된 작업실로의 송기 등의 조절을 행하기 위한 밸브, 콕의 조절작업실 등에 송기하기 위한 공기압축기의 운전, 탄소결핍위험작업, 기체중량 3t 미만의 차량계 건설기계의 운전, 터널 등의 굴삭 및 폐쇄, 자재 등의 운반, 터널시공 콘크리트 타설작업, 그 밖의 위험, 유해한 업무에 노동자를 투입하는 경우.
4. 취임의 현장감독자를 임명한 때	작업수순을 정하는 법, 작업방법의 개선, 노동자의 적정한 배치의 방법, 지도, 교육의 방법, 작업 중의 감독, 지시의 방법, 작업설비의 안전화, 환경개선의 방법. 환경조건의 유지, 안전, 위생을 위한 점검방식, 비상 시나 재해발생 시에 조치, 노동재해방지에 대해서의 관심의 유지와 노동자의 창의적인 학습을 일으키는 방법 등에 대한 교육(단, 작업주임자의 경우는 별도)

3. 건설업법

□ 포인트 건설업을 경영하는 자의 자질 향상, 건설공사의 청부계약 적정화 등을 위하여 건설공사의 적정한 시공을 확보하고, 발주자를 보호함과 동시에 건설업의 건전한 발전을 촉진하고 공공복지의 증진에 이바지하는 것을 목적으로 한다(법 제 1조).

■ 해설
▶ 지정건설공사업

건설업을 경영하는데 필요한 허가의 기준을 만족시키기 위해 **일반건설업**과 **특정건설업**으로 나눈다(표 1).

지정건설업이란 특정건설업 중 토목공사업, 건축공사업, 전기공사업, 관공사업, 강구조물공사업, 포장공사업, 조원공사업을 말한다.

표 1 일반건설업과 특정건설업

요건	일반건설업	특정건설업
전임 기술자	① 지정학교 졸업 후의 실무경험 • 고등학교 - 5년 이상 • 전문학교 - 3년 이상 • 대학 - 3년 이상 ② 실무경험 10년 이상 ③ 국토교통부장관이 ①, ②와 동등 이상의 능력을 보유하고 있다고 인정한 자 (1급 토목시공관리사 등)	① 국토교통대신이 인정하는 자격을 보유한 자(1급 토목시공관리사 등) ② 왼쪽란의 ①, ②, ③에 해당하는 자 중 원청공사에서 3,000만 엔 이상, 2년 이상 지도감독 실무의 경험을 가진 자 ③ 국토교통부장관이 ①, ②와 동등 이상의 능력을 보유하고 있다고 인정한 자
재산적 기초	청부계약을 이행하는데 만족하는재산적 기초, 또는 금전적 신용을 가짐	8,000만 엔 이상
하청계약의 금액	3,000만 엔 미만 (건설공사업에 대해서는 4,500만 엔 미만)	3,000만 엔 이상 (건설공사업에 대해서는 4,500만 엔 이상)

▶ 허가

국토교통부장관의 허가 건설업을 경영하려는 자가 2개 이상의 시, 도의 구역 내에서 영업소를 지어서 영업하는 경우는 **국토교통부장관의 허가**를 받아야 한다. 또한 건설업을 경영하려는 자는 1개의 시, 도의 구역 내에만 영업소를 지어서 영업하는 시도지사의 허가 경우에는 **시, 도지사의 허가**를 받아야 한다.

▶ 청부계약

청부계약의 원리 건설공사의 청부계약의 당사자는 각각의 **대등한 입장**에서의 합의에 기초해하여 **공정한 계약**을 체결하고, 신의에 따라 성실하게 이것을 이행해야 한다(법 제 18조).

토목시공 관련법규

청부계약의 내용　청부계약의 내용은 표 2와 같다.

표 2 청부계약의 내용

① 공사내용
② 청부금액
③ 공사기간
④ 대금지불시기, 방법
⑤ 공사기간, 청부대금의 변경, 손해의 부담
⑥ 천재, 불가항력에 의한 공사기간, 손해의 부담
⑦ 가격 등의 변동, 변경에 기초한 청부대금, 내용의 변경
⑧ 제 3자에 대한 손해배상금의 부담
⑨ 발주자의 자재제공, 건설기계대여의 내용
⑩ 공사검사의 시기, 방법, 인도의 시기
⑪ 공사완성 후의 대금의 지불의 시기, 방법
⑫ 채무불이행의 위약금, 손해금
⑬ 계약에 관한 분쟁의 해결방법

▶ 주임기술자와 감리기술자

주임기술자　건설업자는 그 청부한 건설공사를 시공할 때 시공의 기술상 관리를 감독할 **주임기술자**를 두어야 한다.

감리기술자　발주자에게서 직접건설공사를 청부한 특정건설업자가 3,000만 엔(건설공사업에 대해서는 4,500만 엔) 이상의 하청계약을 하고 있는 경우, 시공 기술상의 관리를 감독할 **감리기술자**를 두어야 한다.

공공성이 있는 중요한 공사에서 법령으로 정하는 것에 대해서는 공사현장마다 전임의 기술자를 두어야 한다.

지정공사업에 관련된 건설공사에서 국가, 지방공공단체, 그외 법령으로 정하는 법인이 발주자인 것에 대해서는 전임의 기술자는 국토교통부장관이 인정하는 시험에 합격한 자, 또는 동등한 이상이라 인정되는 사람으로, 지정 건설업감리기술자 시험자 증명의 교부를 받고 있는 자 중에서 선임한다.

주임기술자 및 감리기술자는 건설공사를 적정하게 실시하기 위해 기술 상의 관리 및 시공에 종사하는 자의 **기술상의 지도감독**의 직무를 성실히 행한다. 또한 건설공사의 시공에 종사하는 자는 주임기술자 또는 관리기술자가 그 직무로서 행하는 지도에 따라야 한다.

■ 실무에 도움　허가의 유효기간은 5년이다. 5년마다 갱신을 받지 않으면 그 기간의 경과에 따라 그 효력을 잃는다(법 제 3조).

4. 시공분야의 환경관계 법률

□ 포인트 사람들의 생활을 보다 쾌적하게 하기 위해 토목사업을 한다. 새로운 환경이 창조되는 동시에 개발에 따른 희생이나 지장을 불러오는 경우도 고려해야 한다.

■ 해설

▶ 환경기본법

목적
환경의 보전에 대한 기본이념을 정하고 국가, 지방공공단체, 사업자 및 국민의 책무를 분명하게 하고, 환경보전에 관한 시책을 총합적이고 계획적으로 추진하여 인류의 복지에 공헌하는 것을 목적으로 한다.

환경 부하
환경보전에 지장을 초래할 원인이 되는 것을 「**환경 부하**」라 한다.

지구환경보전···지구 전체의 온난화, 오존층 파괴의 진행, 해양의 오염, 야생생물의 종의 감소, 기타

공해···대기오염, 수질오탁, 토양오염, 소음, 진동, 지반침하, 악취

▶ 소음규제법과 진동규제법

소음규제법의 목적
진동규제법의 목적
소음규제법에서는 공장 및 사업장에서 발생하는 소음에 대해 필요한 규제를 함과 동시에 자동차 소음에 관련된 허용한도를 정하고, **진동규제법**에서는 도로교통진동에 관련된 요청에 관한 조치를 취하는 등의 생활환경을 보전하고 국민의 건강을 보호하는 것을 목적으로 한다(표 1).

표 1 소음규제법과 진동규제법(하루만에 종료되는 작업은 제외)

	소음규제법	진동규제법
실시의 신고	특정 건설작업의 개시의 7일 전까지	
소음의 크기	부지경계선에서 85dB 이하	부지경계선에서 75dB 이하
작업금지시간대	오후 7시부터 다음 날 오전 7시까지	
1일의 작업시간	1일 당 1시간까지	
연속작업의 제한	동일장소에서 연속 6일까지	
작업금지일	일요일 또는 그 외의 휴일	
특정건설작업	① 항타기, 항발기, 항타 항발기를 사용하는 작업 ② 압정박는 기계를 사용하는 작업 ③ 착암기를 사용하는 작업 ④ 공기압축기를 사용하는 작업 ⑤ 콘크리트 플랜트 또는 아스팔트 플랜트를 지어서 행하는 작업	① 파일드라이버 항발기 등을 사용하는 작업 ② 강구를 사용하는 파괴작업 ③ 포장판 파쇄기를 사용하는 작업 ④ 브레이커를 사용하는 작업

토목시공 관련법규

▶ 폐기물의 처리

폐기물이란 쓰레기, 대형쓰레기, 재, 오니, 분뇨, 폐유, 폐산, 폐 알칼리, 동물의 사체, 그 외 오물 또는 쓸모없는 물건의 고형상태 또는 액체상태의 것을 말한다.

사업활동에 따라서 생긴 폐기물 중 재, 오니, 폐유, 폐산, 폐알칼리, 폐 플라스틱류 그외 법령에서 정한 것(19종류)을 **산업폐기물**이라 하며, 산업폐기물 이외의 것을 **일반폐기물**이라 한다.

1 수집, 운반의 기준
 ① 폐기물을 비산하거나 유출하지 않을 것
 ② 악취, 소음, 진동에 필요한 조치를 강구할 것

2 처분의 기준
 ① 생활환경의 보전상 지장이 생기지 않을 것
 ② 소거설비를 이용하여 소거할 것

3 보관의 기준
 ① 주위에 담을 쌓아 보관장소임이 표시되어 있을 것
 ② 쥐, 파리 등의 해충이 발생하지 않도록 할 것

▶ 재생자원의 이용촉진

재생자원의 주요한 자원의 대부분을 수입에 의존하고 있는 일본에서도 자원의 유효한 이용의 확보와 폐기물의 발생 억제 및 환경 보전에 이바지하기 위해 재생자원의 이용의 촉진에 관한 조치를 강구하여 국민경제의 건전한 발전에 기여하는 것을 목적으로 하고 있다.

지정업종···토사, 콘크리트괴, 아스팔트 콘크리트괴

지정부산물···토사, 콘크리트괴, 아스팔트 콘크리트괴, 목재

▶ 대기오염방지법

사업활동에 따라 발생하는 매연의 배출 등을 규제하고, 자동차 배기가스의 허용한도를 정하여 대기의 오염으로부터 국민의 건강을 보호함과 동시에 생활환경을 보전한다. 또한 사람의 건강에 관련된 피해가 생길 경우, 사업자의 손해배상 책임에 대해 규정하여 피해자를 보호한다.

▶ 수질오탁방지법

공장 및 사업장에서 공공용수역에 배출되는 물이나 지하에 침투하는 물을 규제하여 수질오탁의 방지를 도모하고 국민의 건강을 보호하고 생활환경을 보전한다. 또한 오수나 폐수에 의해 사람의 건강에 피해가 생길 경우에 사업자의 손해배상 책임에 대해 규정하여 피해자를 보호한다.

5. 도로, 하천, 그 외

□ 포인트　　공사관계자는 공사를 진행할 때 자체 사고로 인한 재해를 방지하고 공공의 안전을 확보하기 위해 제정된 관계법령을 숙지해 둘 필요가 있다.

■ 해설

도로 점용의 허가

▶ 도로의 점용 등

도로에 다음과 같은 공작물, 물건, 시설을 설치하고 계속해서 사용하는 경우에는 **도로관리자의 허가**를 받아야 한다.

① 전봇대, 전선, 변압기, 우편차출상자, 공중전화기, 광고탑
② 수관, 하수도관, 가스관
③ 철도, 궤도
④ 보랑, 차양
⑤ 지하상가, 지하실, 도로
⑥ 노점, 상품진열장
⑦ 도로의 구조 또는 교통에 지장을 줄 우려가 있는 공작물 등
　　a. 간판, 표식, 깃대, 파킹 미터, 무대의 막, 아치
　　b. 공사용 가설오두막, 발판, 대기소 등의 공사용 시설
　　c. 토석, 죽목, 기와 등의 공사용 재료

도로점용 허가신청

도로점용허가를 받을 때는 다음 사항을 기재한 신청서를 도로관리자에게 제출해야 한다.

① 도로 점용의 목적, ② 도로 점용의 기간, ③ 도로 점용의 장소, ④ 공작물, 물건 또는 시설의 구조, ⑤ 공사 실시의 방법, ⑥ 공사 시기, ⑦ 도로의 복구방법

▶ 차량제한

차량의 폭 등의 최고한도는 표 1과 같다.

표 1 차량의 폭 등의 최고한도

폭	2.5m
총 중량	고속자동차도로 또는 도로관리자가 지정한 도로 : 25t, 기타 도로 : 20t
축 무게	10t
바퀴 하중	5t
높이	3.8m
길이	12m
최소회전반경	12m(차량의 가장 외측의 바퀴에 대해서)

▶ 하천에 관한 점용과 허가

하천관리자

일반 하천의 관리는 **국토교통부장관**이, 2급 하천의 관리는 당해 하천의 존재하는 **지방공공단체** 지사가 행한다.

하천관리자의 허가

하천관리자의 허가를 필요로 하는 것에는 다음의 것이 있다.
① 흐름의 점용 허가
② 토지의 점용 허가
③ 토석 등 채취의 허가(법령으로 지정하는 하천의 산출물을 포함)
④ 공작물 신축 등의 허가(하천구역 내에서의 신축, 개축, 제거)
⑤ 토지의 굴삭 등의 허가
(하천구역 내에서의 굴삭, 성토, 절토, 죽목의 재식, 벌채)

▶ 가설건축물에 대한 규제

가설건축에 대한 규제 완화

가설건축물에서도 건축기준법이 적용된다. 그러나 그 존속기간이 일반적으로 짧기 때문에 보통의 건축물에 비해 제한을 완화한다.
① 비상재해 시의 응급가설건축물(재해발생일로부터 1개월 이내에 착수)
 • 재해로 인해 파손된 건축물의 응급수리
 • 국가, 지방공공단체, 일본 적십자사가 재해구조를 위해 건축한 것
 • 피재해자가 스스로 사용하기 위해 건축한 것으로 30m² 이내의 것에 대해서는 방화지역 외의 법률, 명령, 조례의 규정은 적용하지 않는다.
② 공익상 필요한 응급가설건축물(역, 우체국, 관공서), 공사를 시공하기 위한 현장사무소, 일간, 재료치장에 관한 가설건축물
 • 건축확인 등의 수속 불요
 • 도시계획구역 내의 규정 및 구조규정은 적용되지 않는다.
단, 방화지역, 준방화지역 내에서 연면적이 50m²을 넘는 것은 제외한다.
③ 가설건설공사 완료 후 3개월 넘게 존속하려 할 때 2년 이내의 기간을 정하여 특정 행정청의 허가를 받는다.
④ 가설행사장, 박람회 건축물, 가설점포와 유사한 가설건축물은 1년 이내의 기간을 정하여 특정 행정청의 허가를 받는다.

▶ 화약류 단속법

화약류 단속법의 목적
화약류란

화약류의 제조, 판매, 저장, 운반, 소비 그 외의 취급을 규제하는 것에 따라 화약류에 의한 재해를 방지하고, 공공의 안전을 확보하는 것을 목적으로 한다. **화약류란 화약, 폭약, 화공품**을 말하며 **화약고에 저장해야** 한다. 단, 경제산업법령으로 정하는 수량 이하의 화약류에 대해서는 화약고 이외의 장소에서 저장해도 된다.

10 토목 시공 관리

토목시공 관련법규의 정리

```
토목시공관련법령의 관련성

  ┌─ 노동안전위생법 ─┐           ┌─ 안전 ─┐
  │ 노동재해방지를 위한│
  │ 위해방지기준을 확립│
  │ 하고 책임체제를 명│
  │ 확화한다.         │

                                    ┌─ 노동기준법 ─┐
                                    │ 노동조건이나 제한│
                                    │ 등을 규정하고 노동│
             사업자                  │ 자를 보호한다.   │

  ┌─ 건설업법 ──────┐
  │ 적절한 계약, 시공을│
  │ 위한 규정을 결정,  │    노동자
  │ 적정한 기술을 확보│                    ┌─ 환경 ─┐
  │ 한다.             │

         ┌─ 현장 ─┐
                                    ┌─ 환경기본법 ──┐
  ┌─ 도로법, 하천법, 항측정│        │ 환경기준을 정하고,│
  │ 건축기준법            │        │ 폐기물이나 건설부산│
  │ 그 외의 법령          │        │ 물에 대해 법제화하│
                                    │ 고 있다.          │
```

토목시공 관련법령의 관련성

    토목시공관리에 관련된 법령을 그림으로 간단히 정리하면 위와 같다. 또한, 시공현장에서는 지방공공단체에서 정한 조례도 준수해야 한다. 그러므로 법령이나 조례에 대해서도 사전에 충분한 조사를 한 후에 시공 및 시공관리를 해야 한다.

    노동기준법, 노동안전위생법 및 환경기준법은 그 대상이 건설업에 한정한 법령이 아니고 모든 사업소를 대상으로 한 법령이며, 노동자와 고용자의 올바른 노사관계, 업무의 안전확보, 업무에 따르는 환경의 보호를 규정하고 있다.

    또한 작업자 기숙사 등의 가설비에 대해서도 당연히 그곳에 사람다운 주거환경을 확보한다는 관점에서 건축기준법이 적용된다. 그리고 가설도로에 대해서는 도로관계나 차량관계의 법률이 적용되며, 시공중의 작업현장에서는 여러가지 법령이 관계되어 있으므로 주의하고 시공계획과 안전관리계획을 세워서 시공을 실시해야 할 것이다.

제11편

토목 계획

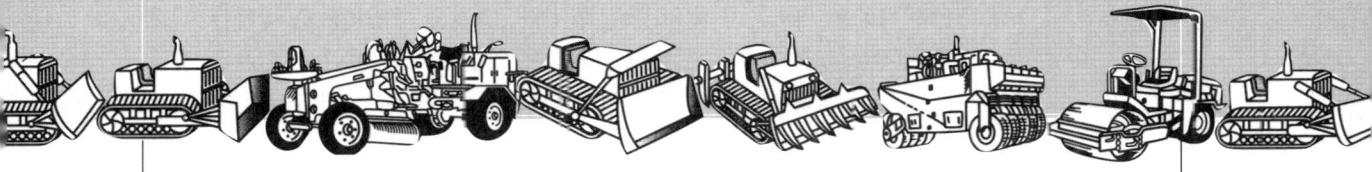

제1장 미래의 국토계획
제2장 교통
제3장 치수
제4장 이수
제5장 도시계획
제6장 환경보전과 방재

 토목계획은 먼저 '토목이란 무엇인가'라는 통합적인 이해가 중요하다. 특히 공공성이 높은 토목사업은 면밀한 계획을 근거로 이루어져야 한다.
 최근에는 사람들의 가치관의 다양화, 고령화, 세분화, 고도정보화, 글로벌화, 지방분권화 등의 여러 가지 면에서 새로운 과제가 분출되고 있다. 이러한 동향에 따라 사회기반을 정비하려면 적어도 수십 년 앞을 내다 보는 계획이 요구된다. 그러므로 이제부터는 토목의 방안도 순환형 사회의 실현을 위해서 지속 가능한 발전을 목표로 해야 한다.
 여기서는 국토기반을 구축하는 토목기술을 국토계획, 교통, 치수, 이수, 도시문제 등의 넓은 토목사업의 대상이 되는 여러 가지 과제를 다루어, 환경보전이나 방재를 확실한 관점으로 세우고, 사회기반의 충실을 어떻게 달성해 갈 것인가를 배운다.

1. 미래의 국토계획

□ 포인트

사회자본

국토계획

■ 해설

　전쟁 후 일본은 식량의 확보와 증산을 시작하여 생산기반을 지탱하는 정비사업도 급속하고 역동적으로 진행되어 전국적이고 대규모의 고도 기술을 필요로 하는 많은 **사회자본**이 만들어져 왔다.

　오늘날 21세기를 맞으며 혼란스러운 사회변화의 큰 변혁이 밀어닥쳐 많은 사람이 당황하고 있다.

　국토계획은 메이지 시대 이래 일본이 강력하게 추진해 온 일극집중형의 국가 만들기, 지역만들기의 사상에도 큰 변혁이 요구되고 있다. 이번에 새로운 국토계획, "21세기의 국토의 그랜드 디자인"이 발표되었다. 앞으로 이 계획에 따라 사람들이 풍요로움을 실감할 수 있는 사회 실현을 향해 각 지역에서 지속가능한 일본사회의 가능성을 시험하게 된다.

　21세기라는 새로운 시대의 막이 열렸다. 그것은 장밋빛으로 빛나는 미래만을 예견하는 꿈과 같은 세계가 기다리고 있는 시대는 아니다. 일본은 지금 일찍이 경험해 보지 못했던 가치관이나 라이프스타일의 다양화, 저출산, 고령화, 환경문제, 저경제성장 등이라는 사회의 변화, 이에 따르는 여러 가지 과제가 분출하고 있다. 그러나 제각각의 문제로 생각할 것이 아니라 총괄하여 보는 것이 중요하다.

　토목의 역사는 인류와 함께 걸어온 측정할 수 없는 깊이와 두께를 가지고 있다. 그 큰 흐름을 하나의 맥락으로 미래를 전망해 가야 한다.

　메이지유신 이래 서구형 근대화 과정에서의 일본경제는, 영국이 산업혁명 이래 300년이 걸린 과정을 수 십 년만에 이루어냈다. 전쟁 후에는 무모하고 급속한 기반을 정비하여 기적의 부흥을 이루어 「경제대국일본」으로 세계가 주목하게 되었다. 그림 1은 전쟁 후의 급속한 발자취를 정리한 것이다.

미래의 국토계획

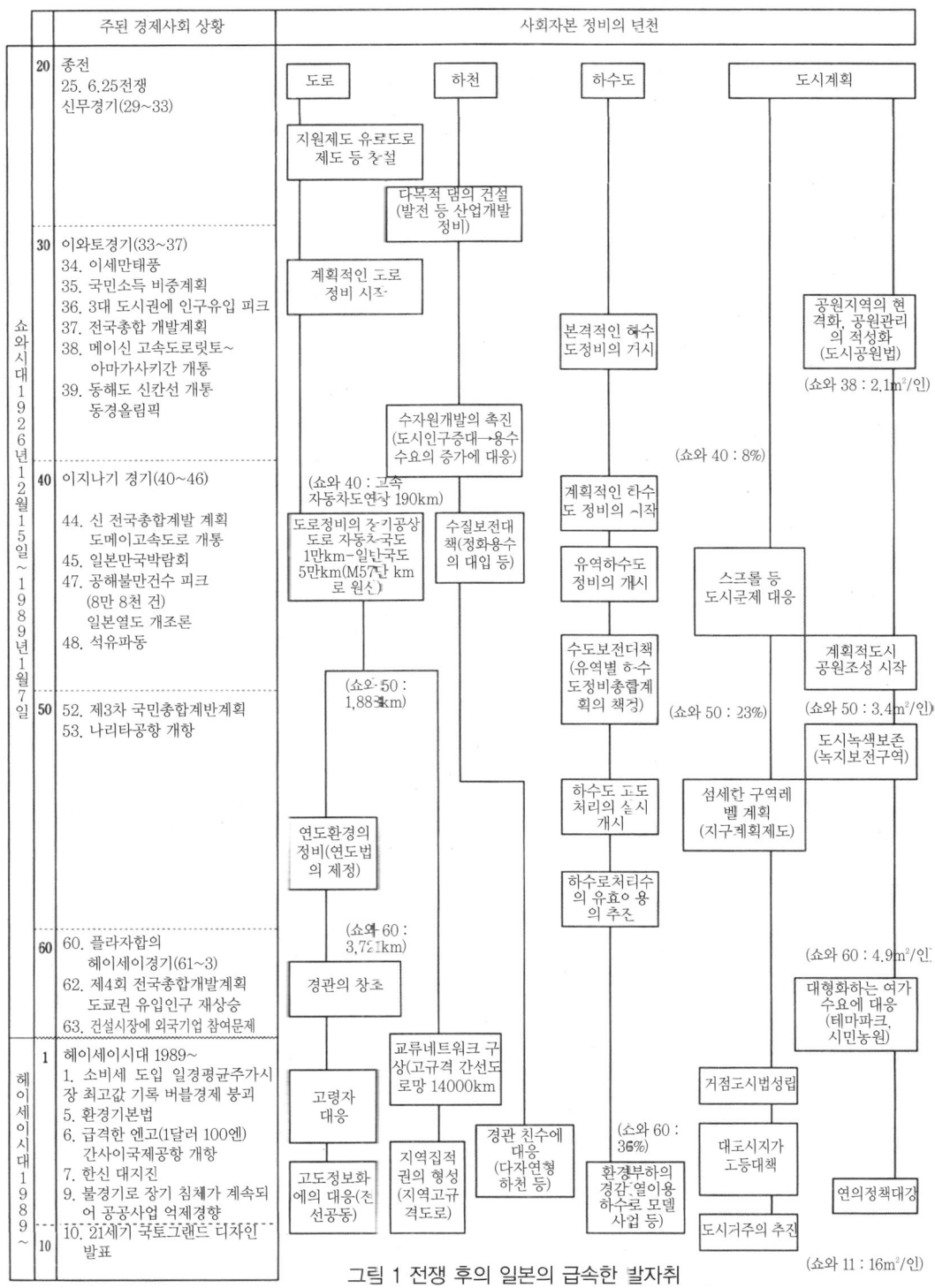

그림 1 전쟁 후의 일본의 급속한 발자취

11 토목 계획

일본의 국토개발은 1962년의 전국 총합개발계획(전총계획) 이래, 1987년의 4전총까지 과거 4차에 걸쳐 국토 총합계획이 책정되어 실시되었다. 그 결과 일단은 궤도에 오르기는 했지만 국민생활의 실상에서는 여유나 풍족함을 실감하지 못하고 있다. 그것은 유럽과 미국의 수준에 비해 **사회자본** 등 스톡면에서의 정비가 뒤떨어졌기 때문이다(그림 2).

사회자본

국가만들기의 기본은 안전하고 안심되며 쾌적하고 아름다운 국토의 구축에 있다. 1998년 제5차 전총계획에 해당하는 "21세기의 국토 그랜드 디자인 – 지역의 자립과 아름다운 국토의 창출 –"이 발표되었다. 이것이 종래의 전총계획과 다른 점은 일극일축 집중형의 국토구축으로부터의 탈피에 있다. 그림 3에 그 요점을 정리하였는데, 국가 주도형 계획에서 지방분권형 계획으로 변경되고 지역경영이 거론되면서 각 지방의 활력을 기대하는 것이다.

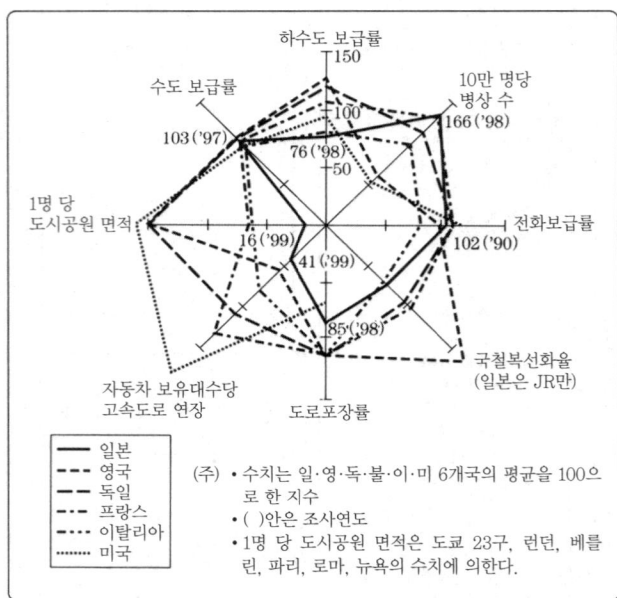

그림 2 사회자본정비상황의 국제 비교[1]

21세기의 국토 그랜드 디자인
1998년 3월에 각의 결정된 전후 5번째의 전국총합개발계획(전총계획) 전후의 일관된 경제개발중심의 계획과 명확하게 구분하며, 국토의 장기적인 이용·개발과 보전의 지침으로서 새로운 시점에서 책정되었다. 목표연차는 2010~2015년. 참가와 연대에 의한 「다축형 국토구조 형성의 기초 만들기」를 기본목표로 한다.

1 5가지 과제
 ① 자립의 촉진과 긍지를 가진 지역의 창조
 ② 국토의 안전과 생활의 안심을 확보
 ③ 은혜롭고 풍부한 자연의 향수와 계승
 ④ 활력있는 경제사회의 구축
 ⑤ 세계로 열린 국토의 형성
2 4가지 전략
 ① 다자연주거 지역의 창조
 ② 대도시의 리노베이션
 ③ 지역연대의 전개
 ④ 광역국제교통권의 형성

그림 3 「21세기의 국토의 그랜드 디자인」의 요점[2]

1. 교통 현황과 계획

□ 포인트

모터리제이션

1960년대에 산업구조가 크게 전환되었다. 「중후장대함에서 경박단소」로 캐치프레이즈가 변화되었다. 내륙으로 확장되는 하이테크기업의 입지는 자동차 보급의 대중화와 관계가 깊다. 고속도로망의 정비에 따라 자동차교통량도 증가하고 있다.

■ 해설

▶ 일본의 국내수송의 변화(그림 1)

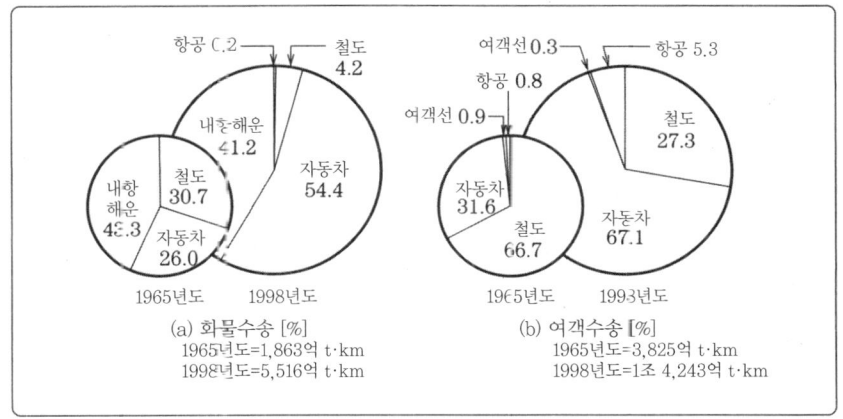

그림 1 일본 내 수송 비율의 변화

▶ 일본 교통의 문제점

일본 교통의 최대 과제는 21세기 초에 동해도 벨트 지대의 도로, 철도, 항공의 용량부족이 현재화되었다.

고속도로는 모든 선이 이미 혼잡한 상황에 있다. 제2도메이, 제2메이신 고속도로는 계획 결정은 이루어졌지만 도쿄와 오사카의 간 계획의 목표가 세워져 있지 않다.

토카이도 신칸센도 이미 1시간 11분대 운행으로 용량의 한계상황에 있다.

수도권 공항 문제도 분명한 전망이 보이지 않는다. 한편, 수도권의 통근대책 등 일본의 교통서비스의 개선여지에 대해서도 해결해야 할 문제는 많다.

테크노슈퍼라이너

이외에 정치 신칸선, 재래선 고속화, **테크노슈퍼라이너**(초고속 화물선)를 시작으로 많은 프로젝트가 각 지역에서 대두되고 있다.

교통사회자본

새로운 지역활성화에서 **교통사회자본**의 역할은 매우 크다.

▶ 교통계획

교통계획

교통계획은 다음 페이지 그림 2와 같은 순서로 진행된다.

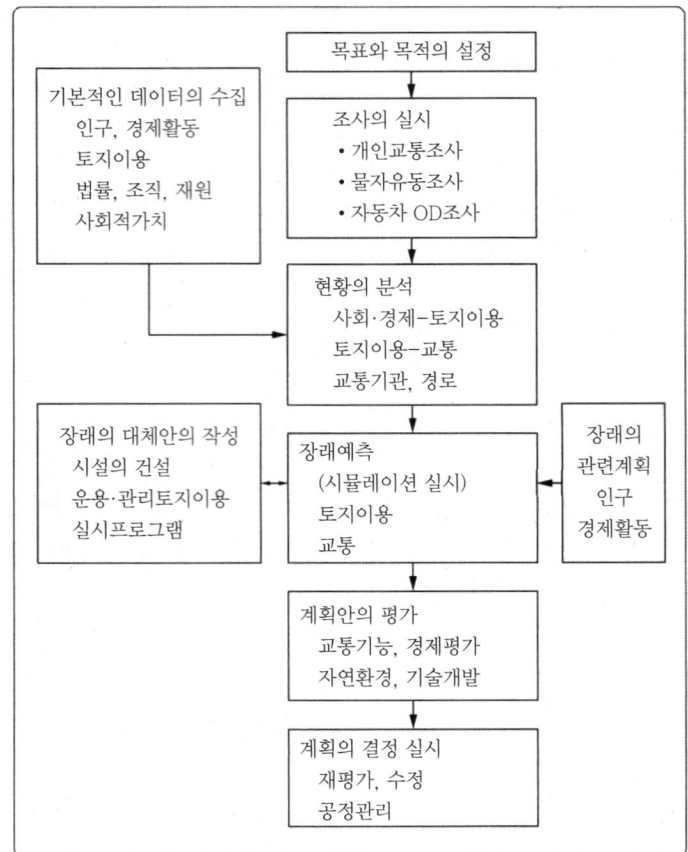

그림 2 교통계획의 순서

▶ 앞으로의 과제

앞으로 도로, 철도, 항공, 선박 등의 교통기관은 점점 고속화가 요구되어 안전성이나 환경에 대한 배려도 중요한 요소가 된다.

그러므로 이러한 교통기관의 기능을 충분히 발휘하기 위해 고도정보기술을 갖춘 교통운수시설의 시스템화가 중요시 되고 있다.

그림 3 컨테이너 부두(고베 포트아일랜드)

2. 도로

□ 포인트
도로는 모든 사회·경제활동을 지탱하는 가장 근간적인 사회자본이다. 그러므로 도로의 계획, 설계에서는 주행의 안전성, 쾌적성의 확보와 도로 주변 환경과의 조화를 도모하는 것도 중요한 요소이다.

■ 해설

▶ 도로의 현황과 장래

21세기를 맞이하여 일본의 사회, 경제는 산업구조의 고도화, 도시화, 국제화, 고령화, 생활의 다양화 등 현저히 변화하여 도로에 대한 요청도 점점 커질 것이다. 예를 들면, 도로정비에 의한 일본의 국토는 다음 페이지의 그림 1과 같이 변화할 것이다.

▶ 도로의 기능

도로는 단순히 자동차 교통을 위한 시설일 뿐만 아니라 지하철, 도시 모노레일, 신 교통 시스템 등 공공교통기관을 위한 공간으로 조성되어 있다. 또한 도시에서 도로는 시가지의 골격을 형성함과 함께 새로운 생활 공간을 창출하여 도시환경의 향상에 공헌하는 것 이외에도 각종 공적인 시설의 수용, 방재 등의 기능도 가지고 있다(표 1).

표 1 도로의 기능

	도로기능		효과 등
교통기능	트래픽 기능	자동차, 자전거, 보행자 등의 통행 서비스	도로교통의 안전확보, 시간거리의 단축 교통혼잡의 완화, 수송비의 저감 교통공해의 경감, 에너지의 절약
	액세스 기능	연도의 토지, 건물, 시설 등에 대한 출입 서비스	지역개발의 기반정비 생활기반의 확충 토지이용의 촉진
	공간 기능	공공공익시설의 수용 양호한 주거환경의 형성 방재기능의 강화	전기, 전화, 가스, 상하수도, 지하철 등의 수용 도시의 골재형성, 녹화, 통풍, 채광 피난로, 소방활동, 연소방지

도로의 종류

▶ 도로의 종류

도로법에 의한 분류는 도로를 건설, 관리하는 주체에 의해 고속자동차국도, 일반국도, 도도부현도, 시정촌도의 4종류가 있다.

▶ 도로의 조사

도로조사

도로를 만들기 위해서는 도로망의 정비계획을 세워서 도로건물에 필요한 조사를 하지 않으면 안 된다. 이 조사를 **도로조사**라 하며, 그 종류와 내용은 p.491 표 2와 같다.

11 토목 계획

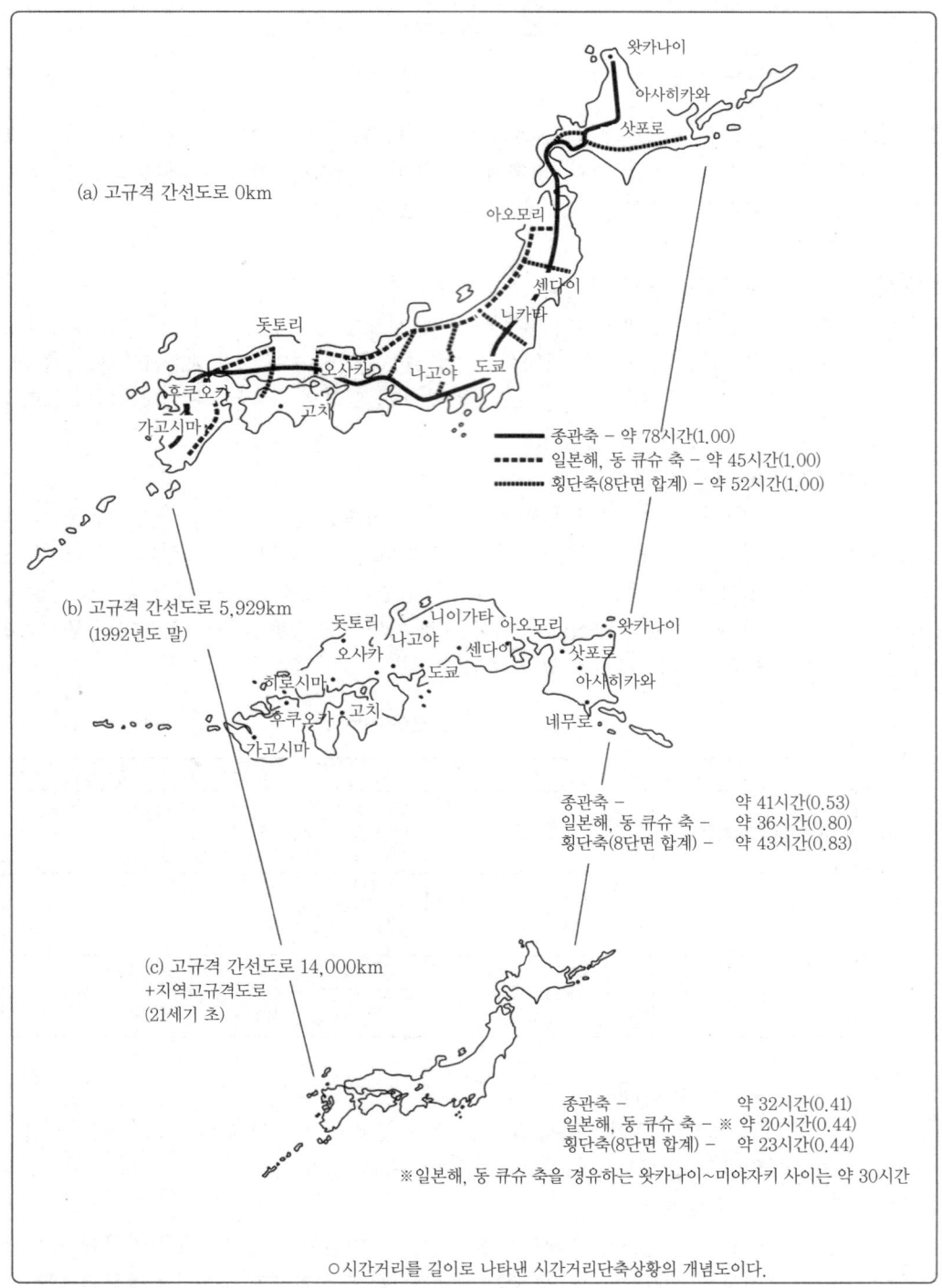

그림 1 도로정비에 의한 국토의 변화

표 2 도로조사

조사의 종류	조사의 내용
도로현황조사	도로의 연장, 폭원, 횡단형 등의 기하구조, 교차부, 노면상황, 고량, 터널, 표식, 방호책 등의 현황조사
교통조사	일반교통량 조사(도로상의 한점에 대해서 통과교통량을 측정), OD조사, 퍼슨 트립 조사, 도로교통 센서스 등
기본조사	도로재정조사, 자동차 소유자의 이용상황조사, 도로의 수명의 조사, 장래 교통량의 변화와 수입의 예측을 위한 조사 등
그 외의 조사	통제조사, 지형조사, 지질조사, 토질조사, 기상조사, 수리조사 등

■ 토픽스 – 고속도로교통 시스템에 대해–2010년에 「자동주행」 실현

광파이버나 위성통신도 활용한 고속도로교통 시스템의 정비지침이 분명해졌다. 2010년까지 자동차의 완전자동운전이나 요금자동징수 등도 실용화되고, 사고방지와 정체완화 등을 목표로 한 시스템 개발의 본격적인 연구개발이 시작된다. 그림 2는 완전자동운전의 이미지이다.

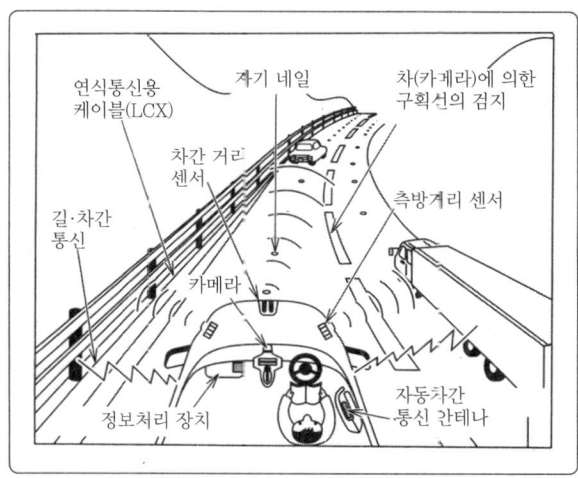

그림 2 완전자동운전의 이미지[5]

도로의 계획

▶ 도로의 계획

처음에는 도로망계획이나 노선계획의 기초적인 자료 수집을 하여 계획의 타당성을 검토한다. 그 다음 넓은 범위에 걸쳐서 노선의 가능성을 추측하여 사회적, 경제적으로 타당한지를 확인한다. 그리고 건설비, 편익, 선형(구간) 등을 고려해서 최적노선을 결정한다. 도로의 계획, 설치의 흐름을 다음 페이지 그림 3을 통해 나타냈다.

기하구조설계

▶ 도로의 기하구조설계

도로의 구조는 안전하고 원활한 교통을 확보하는 것이 가능한 것이어야 한다. 교통의 안전성과 원활성에 직접 영향을 주는 도로의 횡단면구성, 평면선형 등의 기하학적 제원과 도로의 **기하구조**를 말한다.

도로구조령

일본의 공공용 도로는 **도로구조령**에 기초하여 설계한다. 이 법령은 도로의 구조설계의 일반적인 기술적 기준을 나타낸 것이다.

다음에 그 개요를 서술한다.

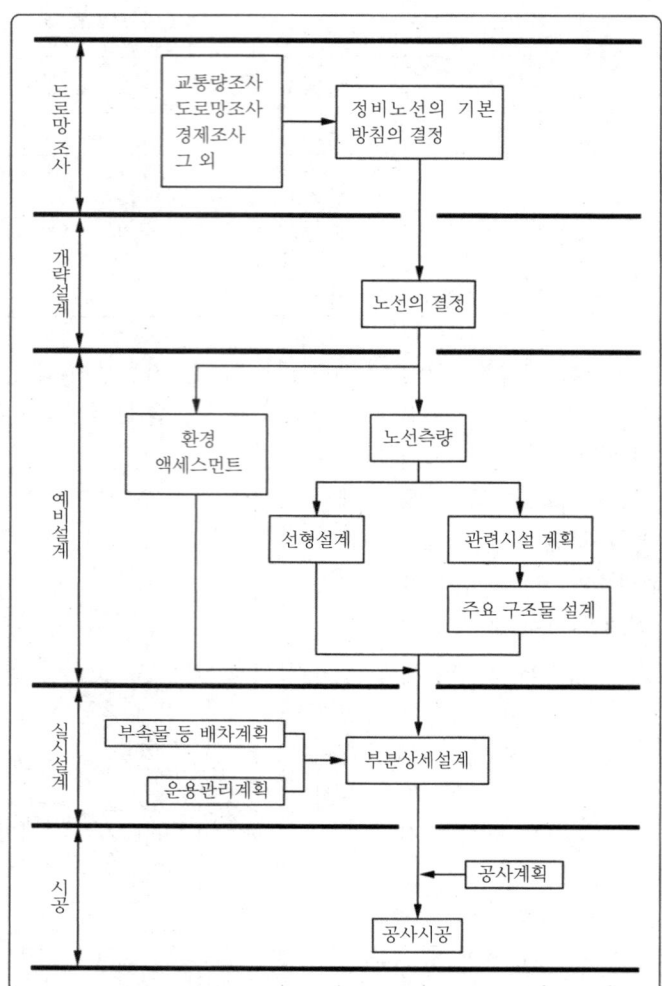

그림 3 도로의 계획, 설계의 순서

1 도로의 구분

도로의 구분을 표3에 나타냈다.

표 3

도로의 구별 \ 도로가 있는 지역	지방부	도시부
고속자동차 국도 및 자동차 도로	제1종*	제2종*
그 외의 도로	제3종*	제4종*

*제 1종부터 제 4종을 더욱 지형, 교통량에 따라 급별로 세분화하고 있다.

2 설계속도와 설계기준

설계속도

도로의 기하구조설계의 기본이 되는 것은 **설계속도**이다. 평면형이나 종단형의 주체를 이루는 곡선반경이나 기울기 등의 설계기준은 설계속도에 따라 결정될 때가 많다. 즉, 설계속도가 크면 곡선반경은 크게, 기울기는 완만하게 해야 한다.

횡단면의 설계

3 횡단면의 설계

그림 4는 도로의 횡단면의 예를 나타낸 것이다.

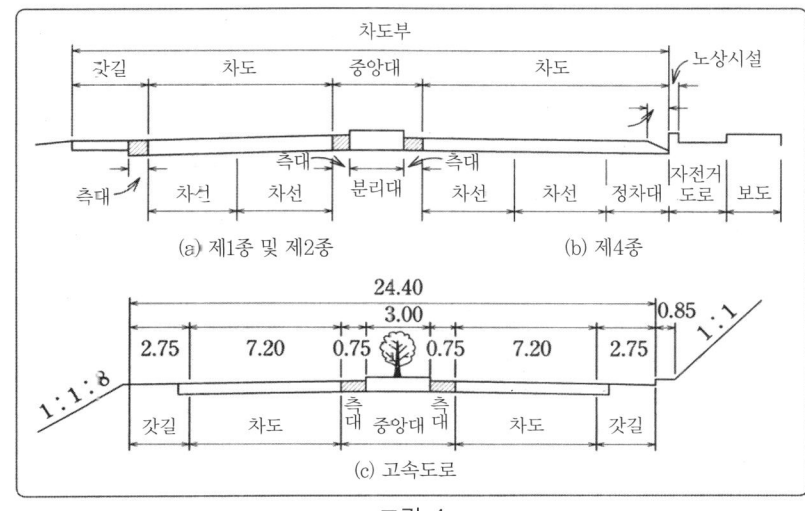

그림 4

시거리

4 시거리

제동정지시거리
추월시거리

시거리란 운전자가 도로상에서 볼 수 있는 거리를 말한다. 이 시거리가 충분히 확보되었는지의 여부에 따라 주행속도 및 안전 등에 큰 영향을 준다. 시거리에는 일반적으로 **제동정지시거리**(브레이크를 걸어서 정지할 수 있는 거리)와 **추월시거리**(마주 달려오는 차와의 충돌을 피해서 빠질 수 있는 거리)가 있다.

5 종단선형

종단극선

종단선형은 자동차의 진행방향의 상승, 하강의 형태이며 직선부는 수평 혹은 종단구배가 설정되어 종단구배가 변화하는 곳에는 차의 주행을 원활하게 하기 위해 **종단곡선**이 삽입되어 있다.

6 평면선형

평면선형

도로를 평면적으로 본 중심선의 형을 **평면선형**이라 한다. 평면선형에는 직선, 원곡선 완화곡선 등이 있으며, 이것들이 조합되어 하나의 선형을 이루고 있다.

▶ 도로 관련시설

도로에는 교통의 안전과 원활을 위한 시설이나 도로와 연도와의 조화를 도모하기 위한 시설, 그리고 도로공간을 이용한 시설 등이 설치된다. 관련시설은 다음 페이지 표 4에 정리하였다.

표 4 도로 관련시설

시설명			내용, 기타
교통의 안전과 원활화를 위한 시설	배수시설	지하배수 노상배수 노반배수	횡방향배수구, 종방향 배수구
		표면배수 노면배수 법면배수	측구, 관거, 노견, 법견, 소단배수구, 갓길, 작은계단배수, 도랑 배수, 가터
		동상방지	노상, 노반을 옮겨놓음, 지하수의 하강
	도로표지	안내표지	구형 흰배경에 녹색 기호문자 행선·거리·연만도로 안내 등
		경계표지	마름모꼴, 황색에 검은기호 위험·주의상태 예고
		규제표지	구형·역삼각형, 금지제한은 빨강, 지도는 파란 백기호, 교통의 통행금지·제한·지도를위해
		지시표지	4각·3각·구형, 녹지 또는 백지, 백색·청색문자기호, 교통보호 또느 정리를 위해
		보조표지	상기 4개의 도로표지의 내용을 보다 알기 쉽게 하는 것
		거리표시	지점표, 기종점까지의 거리, 1km 마다 설치
	노면표시	규제표시	차량통행 멈춤, 주차금지, 최고속도, 일방통행, 주차선 등
		지시표시 구획선	차선경계선, 노상장해물의 접근 등
	도로조명		조도, 검역 균제도, 광색 등 검토할 형광등, 형광 수은등, 나트륨등
	교통신호	교통정리신호	청, 황, 적의 3위식
		보행자 전용신호	보행자의 통행중 차량의 통행을 정지한다. 버튼누름식 청·적 2위식
		특수신호	점멸신호 등
	방재시설	교통차량을 방호하는 것	눈사태방지시설, 계단공사, 눈사태부공, 눈사태 방지벽 눈방지작업, 눈보라작업, 낙석방지벽, 방파제공사, 옹벽, 방화시설(텔레비전, 화재경보장치, 소화기, 소화전)
	주차장	교통차량의 전락 전도를 방지	방호책(가드레일, 버드파이프, 가드케이블, 오토가드) 특수가이드 펜스, 보차도경계석
		유도표지	시선유도표, 노선표시 마커, 도로표
도로와 연도와의 조화를 도모하기 위한 시설		노상주차장	평행주차, 사각주차, 직각주차
		노외주차장	사무소, 빌딩, 신문사, 백화점, 은행, 극장, 공원, 상점 등의 공간, 역 앞 등의 주차 차고, 지하, 언덕식, 엘리베이터식
	버스 터미널		터미널, 대합실, 식당, 손씻는 곳, 매표소, 사령실, 수하물 보관실, 택시 승강장, 중앙 홀
	파킹 에어리어		주차장과 화장실 등을 갖춘 시설
	서비스 에어리어		파킹 에어리어에 급유시설이나 레스토랑 등을 갖춘 시설
	역통과 도로		주차장과 관광안내나 특산품의 판매소 등을 정비하고, 지역의 진흥을 도모하는 시설
도로공간을 이용한 시설	식수	중앙분리대 병목 가로수 독립수	현혹방지, 미관, 쾌적, 시선유도 응지, 공기의 정화 등 은행나무, 미루나무, 벚꽃, 주목, 플라타너스, 협죽도, 느릅나무 등
	환경시설	지역분단의 방지	고속도로 등에 의한 지역분단을 피하기 위해 인근주민이나 동물을 위해 설치된 횡단시설
		소음의 방지시설	차음벽, 식수대
		대기오염의 방지	터널 내의 환기시설, 주택지의 보호 환경시설대
	입체횡단시설		보도교, 지하횡단도
	정보표지		교통정보제공장치

3. 철도

□ 포인트

철도는 일정 가이드에 따라서 차량 운전을 하기 때문에 다른 교통기관과 비교했을 때 보다 안전하고 확실하여 고속으로 큰 단위의 수송을 경제적으로 할 수 있다. 그러므로 철도는 이러한 기능을 살린 수송으로 공공의 편의, 국토의 개발, 산업의 진흥 등을 도모할 수 있다.

■ 해설

철도수송

▶ 철도의 현황과 미래

일본의 철도수송은 여객수송의 분야에서는 자동차 다음으로 수송량이 많지만, 화물수송의 점유율은 지극히 적다. 그러나 앞으로 중거리 도시 간 수송 분야와 도시권의 통근·통학수송 분야에서의 역할에 큰 기대를 걸고 있다. 그 때문에 앞으로 자동차나 항공기와의 경쟁에서 성공하기 위해 '고속화를 얼마나 진행해 갈 것인가'라는 과제가 있다.

그림 3 제목

고속화를 위한 수단으로는 신칸센의 새로운 정비나 신칸센과 재래선의 직통운전화, 그리고 신칸센의 300km/h화, 재래선의 160km/h화 계획, 또 리니어모터카에 의한 초고속철도의 정비 계획도 적극적으로 연구개발·진행되고 있다(그림 1).

리니어모터카

▶ 철도의 종류(표 1)

표 1 철도의 종류

고속철도	큰 수요가 있는 도시 간을 고속으로 연결하는 철도(신칸센)
간선철도	국토의 간선에 설치되는 철도
로컬철도	수요가 적은 지역의 생활교통을 지탱하는 철도
도시고속철도	도시 내의 대량의 이동을 지탱하는 철도
모노레일	공항에 접속, 주택지와 기존설치 교통기관과의 연락, 방사상의 기존설치 교통기관의 환상선 연락 등을 목적으로 근년에 건설이 진행되고 있는 도시교통기관
안내궤도식 철도	구체적으로는 지하철도와 신 교통 시스템으로서 채용되고 있다.

(주) 이외에도 강삭철도, 트롤리 버스, 로프웨이, 자기부상식 철도 등이 있다.

▶ 철도의 계획

재래선의 정비에 대해서 서술한다. 구체적으로는 기설의 시설, 설비의 근대화와 그 합리화이다.

1 선로의 증설
주요간선의 복선화나 대도시 교통선의 복복선화 등 열차의 증발에 의한 혼잡완화, 스피드업 등을 목적으로 한 수송개선 계획이다.

2 정차장의 개량
수송량의 증가, 수송 시스템의 변화 등에 대처하기 위해 설비의 신설, 이설, 증강, 개량 등이 행해진다.

3 입체교차, 고가화
건널목 등의 사고를 방지하고 열차의 운행을 확실하고 고속화하도록 할 수 있다. 철도를 연속적으로 고가화하는 것이 유리할 때는 도시계획사업으로서 실시되는 경우도 있다.

4 열차 운행관리의 고도화
안전한 열차운전을 위해 ATS, ATC, CTC 등의 운전제어가 행해지고 있다.

① 자동열차정지장치(ATS)

열차가 정지신호 직전의 일정거리에 달하면 차량의 경보벨이 울리고, 승무원에게 주의하도록 필요한 제어조작을 알리는 장치이다(그림 2).

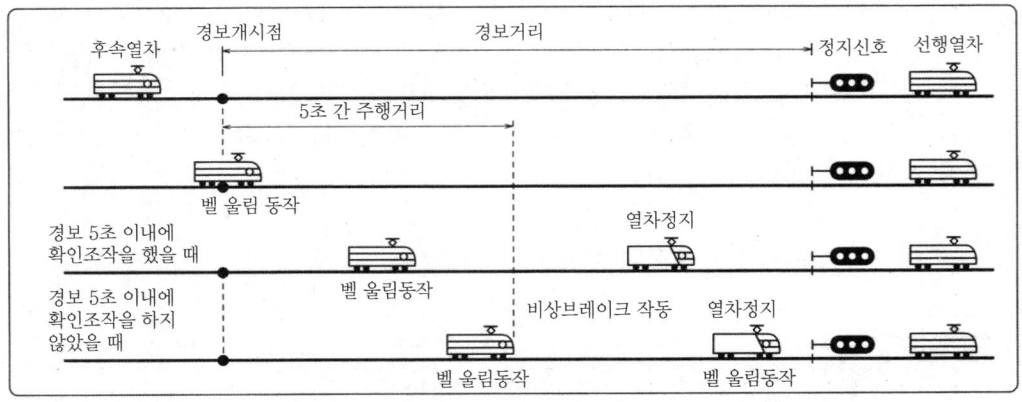

그림 2 ATS시스템

② 자동열차제어장치(ATC)

후속열차의 간격 및 진로조건에 반응하여 자동적으로 열차를 감속하고 일정속도가 되면 자동적으로 브레이크를 해제하는 장치이다.

③ 열차집중제어장치(CTC)

중앙제어실에서 각 역으로부터 보내져 온 열차운전정보를 기초로 지령 판단을 수행하여, 다수의 역에서 열차운행을 한 곳에서 원격제어한다.

④ 콤트랙

철도에서는 ATS, ATC에 의해 열차간격제어를, CTC에 의해 운행관리, 진로설정 등을 자동화·집중화되어 왔다. 이것을 더욱 진행해 자동화한 것이 **콤트랙**이다(그림 3, 4).

콤트랙

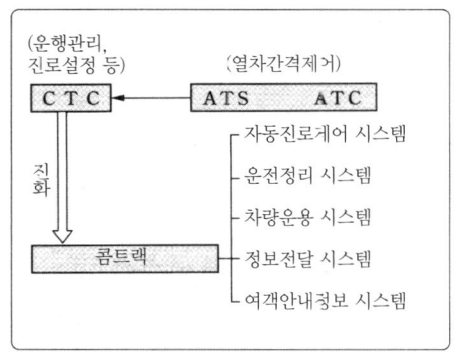

그림 3 콤트랙 계통도

그림 4 콤트랙(COMTRAC)에 의한 신교통

▶ 철도의 시설·설비

1 선로설비

선로설비
정거장설비
선로

철도의 시설·설비는 크게 나누어 **선로설비**와 **정거장설비**로 구성된다. 선로는 열차의 주행하는 통로를 말하며, 레일, 침목, 도상 등으로 구성되는 궤도와 이것을 지탱하고 있는 노반과 부대시설 건조물이나 보안장치 등으로 구성된다(그림 5, 6).

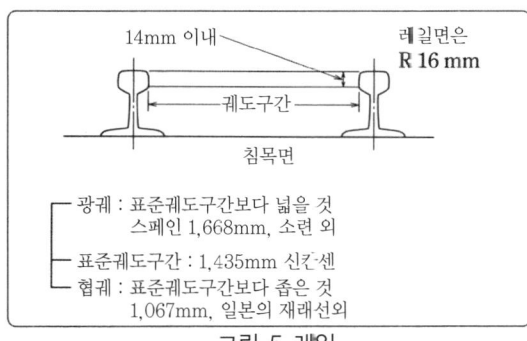

그림 5 레일

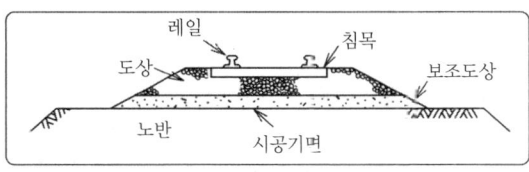

그림 6 선로 구조도

표 2

명칭	역할
레일	1m당의 질량으로 나타낸다. 50kg레일, 60kg레일(실제의 질량은 60.8kg) 롱레일 : 레일을 용접하여 계목을 없앤 긴 레일
침목	레일의 궤간을 유지하고, 레일로부터의 열차하중을 도상에 전하는 PC 콘크리트 침목에 많이 사용되고 있다.
도상	침목을 일정 위치에 고정하고, 침목이 받은 열차하중을 더욱 분산해서 노반에 전한다. 도상의 쇄석을 밸러스트라 한다. 보통도상 : 밸러스트를 이용한 일반적인 도상 콘크리트 도상 : 터널이나 건널목 등
노반	궤도를 지지하기 위해 천연지반을 가공하여 만든 인공지반 시공기면 : 노반의 높이를 가리키는 기준

① 궤간…레일 표면에서 14mm 이내의 두부내면 간의 가장 좁은 개소의 거리이다.
② 곡선…직선부와 원곡부의 사이에 완화곡선을 삽입하여 안전하고 원활하게 열차의 주행이 가능하도록 한다(그림 7). 곡선부에서 곡률반경에 따라서 곡선의 내측에 궤간을 확대하는 양을 **슬랙**(slack)이라 한다. 또한 열차가 주행할 때, 원심력에 의해서 외측으로 쓰러지게 한다. 이것을 방지할 수 있도록 외측 레일을 내측 레일보다 높게 한다. 이 내측 레일 면의 고저차를 **캔트**(cant)라 한다.

슬랙

캔트

종류	최저곡선반경	바람직한 곡선반경
재래선 1급선	400m 이상	800m 이상
2급선	300m 이상	600m 이상
3급선	250m 이상	400m 이상
4급선	200m 이상	300m 이상
신칸센 동해도 신칸센 그 외	2,500m 이상 4,000m 이상	

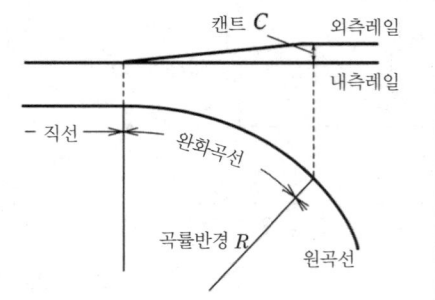

그림 7 철도의 곡선

건축한계

차량한계

③ **건축한계와 차량한계**

건축한계는 열차의 운전이 안전하도록 궤도 상의 공간 확보를 하기 위해 설정된 한계를 말한다. 또한 차량한계는 **차량단면**의 최대치수에 제한을 두어 어떠한 부분도 그 제한을 초과하지 않도록 설정된 한계이다.

④ **궤도와 노반**

궤도

노반

궤도는 열차 주행에 필요한 노반상(시공기면상)의 부분을 말한다. 레일, 침목(PC : 프리스트레스트 콘크리트 제, 콘크리트 제), 도상(쇄석에 의한 보통도상, 콘크리트 도상)에 의해서 구성된다. **노반**은 궤도를 지지하기 위해 만들어진 **지반**을 말한다.

⑤ **분기기**

분기기

분기기란 1개의 선로를 2개 이상의 선로로 분기하는 궤도장치로 전철기 부분, 리드 부분 철쇄 부분으로 구성되어 있다(그림 8).

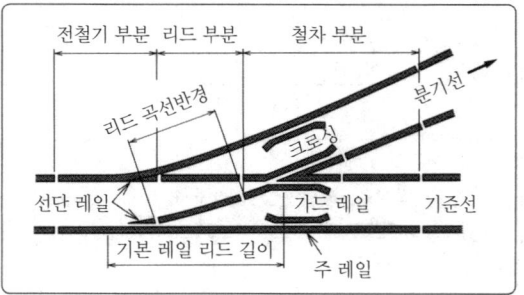

그림 8 분기기의 명칭

⑥ 레일의 체결과 이음

레일을 침목에 정착시키는 것을 레일의 체결이라 한다. 고정못으로 직접 체결하는 방법, 배튼 플레이트를 이용하는 방법, 스프링을 이용하는 탄성체결방법, 궤도퍼트와 스프링을 이용하는 2중 탄성체결방법 등이 있다.

레일의 이음은 강도가 작고 열차통과 시에 강한 충격을 받으므로 궤도의 약점이 되고 있으며, 이 때문에 레일을 이을 때 이음판을 맞춰서 잇는 방법과, 용접에 의한 방법이 있다. **롱레일**은 용접에 의해 길이 200m 이상으로 이은 레일이다.

롱레일

⑦ 건널목

열차의 접근을 도로통행자에게 알려서 건널목 사고를 방지하는 건널목 경보기와 건널목용 가드레일이나 깔판으로 구성된다.

② 정차장 설비

정차장은 열차의 발착에 의한 여객의 승강, 화물의 오르내림, 차량의 교대 등에 이용된다. 정차장의 구역은 신호기 설치장소, 차량의 수리 및 점검장소, 역 앞 광장을 포함하는 경우가 많고 역, 조차장, 신호장으로 구성된다(그림 9).

정차장

역건물이란 여객의 응접이나 철도를 위해 사용되는 건축물이며, 터미널 빌딩과 연결하는 등 그 지역의 도시교통의 편리를 도모할 필요가 있다.

역건물

▶ 보선

열차를 안전하게 운행시키기 위해 항상 선로를 순시·검사하고, 열차하중, 비, 바람 등에 의한 파괴를 방지하고, 선로를 보수하는 것이 **보선의 목적**이다. 보선작업에는 궤도작업, 분기작업, 노반수리 등의 여러 작업이 있다.

보선의 목적

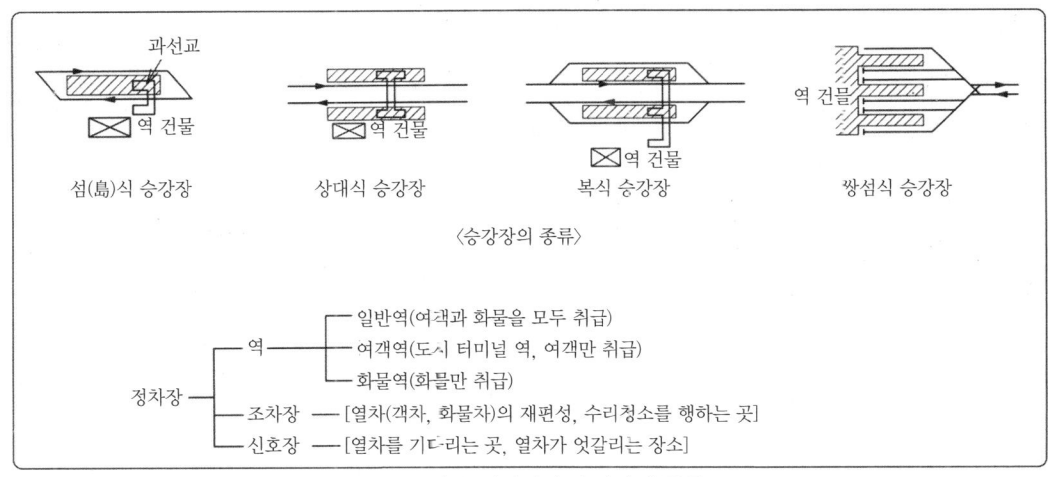

그림 9 정차장과 승강장의 종류

4. 항만

□ 포인트

항만

항만시설

항만이란 외해의 파도를 피해서 안전하게 정박 가능한 수면을 확보하고 화물의 싣고 내림이나 승객이 승강하기 위한 수륙교통상의 연락을 갖추는 것이다.

항만은 자연조건이나 이용목적, 법률에 의해 분류되고, **항만시설**에는 수역시설이나 외곽시설, 계류시설, 항행보조시설 등이 있다.

컨테이너 부두는 매우 큰 항만의 역할을 하는 것으로, 현재는 외항정기화물의 9할을 컨테이너 화물이 차지하고 있다.

■ 해설

▶ 항만의 주요 종류(표 1)

표 1 항만의 종류

분류시점	항만의 종류
지형조건에 의한 분류	해항, 하구항, 하항, 호수항, 도크
이용목적에 의한 분류	상항, 어항, 공업항, 관광항, 피난항, 군항
주된 기능에 의한 분류	에너지 항만, 레크리에이션 항만, 마리나, 유통항만, 국제항만, 수산기지
법률상의 분류 　항만법에 의한 분류 　어항법에 의한 분류	특정중요항만, 중요항만, 지방항만, 피난항 제 1종 어항, 제 2종 어항, 제 3종 어항, 특정 제 3종 어항, 제 4종 어항

▶ 항만시설(그림 1, 표 2)

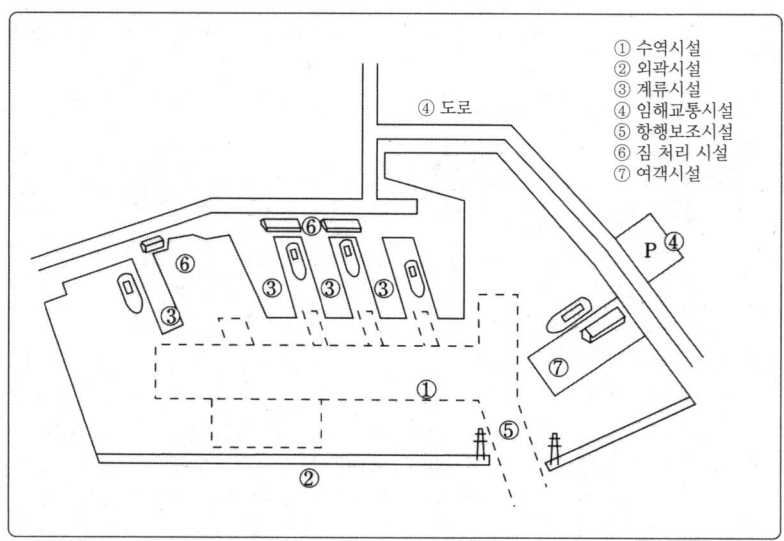

그림 1 항만시설

표 2 항만시설

수역시설	선박을 안전하게 항행, 정박, 하역 등 이용하는 수역이 항로, 정박지, 어선 정박장을 말한다.
외곽시설	항만에 필요한 수역을 확보하고, 파랑이나 쓰나미, 고조, 표사를 차폐하여 항만시설 및 항만배후지의 보전을 도모하는 것에 의해, 항만의 기능을 원활하게 발휘하게 하는 시설이다.
계류시설	선박이 안전하게 계류되어 화물이나 여객이 효율적으로 취급되기 위한 시설, 안벽, 잔교 등이 있다.
항로표식	선박에 항로나 항구의 위치를 지시하고, 암초나 여울 등의 위치를 알리기 위한 목표나 신호시설을 말한다.

▶ 컨테이너 부두

_{컨테이너 부두}

컨테이너 부두는 컨테이너 수송선에 의한 해상수송과 트럭, 철도에 의한 육상수송의 결합점이다. 효율적인 화물의 취급이 가능하도록 계류시설, 전용 컨테이너 레인, 컨테이너의 짐 처리 및 보관을 위한 광대한 컨테이너 야드, 화물을 컨테이너에 넣고 빼기 위한 **컨테이너 프레이트 스테이션** 등을 합쳐서 계획되고 정비된다.

_{컨테이너 프레이트 스테이션}

고베항은 일본을 대표하는 국제무역항이며 그 중심적 역할을 해내고 있는 것이 인공섬 「포트 아일랜드」이다. 또한 **허브항**(고쳐 쌓는 거점)으로서 1996년부터 일본 최초의 수심 15m 버스(berth)(대형 안벽)의 사용을 개시하였다 (표 3).

_{허브항}

표 3

고베항 컨테이너 터미널	컨테이너에 의한 수송의 이점
터미널 면적 : 502,180m² 버스 수 : 4버스 안벽연장 : 1,750m 수심 : -15m 대상선박 : 60,000t급 컨테이너 선 컨테이너 장치능력 : 약 318,000 TEU 컨테이너 크레인 : 10기 건설기간 : 1991.10~1997.12	① 짐을 큰 상자에 넣기 때문에 포장이나 포장의 수고를 덜어 준다. ② 수송시, 하역시, 보관시의 손상이 작다. ③ 같은 규격의 상자를 틈없이 나열하므로 수송시, 보관시의 효율이 좋다. ④ 갠트리 크레인에 의한 기계하역이 가능하므로 화물의 하역 시간이 단축된다. ⑤ 콘테이너의 트럭 수송이 가능하기 때문에 해륙수송의 접속이 효율적이다.

▶ 앞으로의 항만시설

최근의 항만은 마리나, 여객선 터미널, 해변의 녹지 등의 시설을 정비하여 워터프론트의 기능을 갖게 되었다.

_{테크노수퍼라이너}

또한 초고속 화물선(**테크노수퍼라이너**)에 의해 고속수송이 가능해져, 이 신형선에 대응한 효율적인 항만의 검토도 행해지고 있다.

5. 공항

□ 포인트

최근 몇 년간 공항의 발전은 눈에 띌 정도이며, 이제는 산업, 경제의 기반이 될 뿐만 아니라 연간 약 1.2억 명의 사람들이 비행기를 이용하는 등 일상생활에 없어서는 안 될 존재가 되고 있다.

■ 해설

공항은 운항의 거점, 다른 교통기관과의 접속점으로서 중요한 시설이다. 대형 제트기, 초음속여객기의 보급은 공항이 점점 대규모화가 이루어져 복잡한 기구가 필요하게 되었다.

허브공항

특히, 최근 몇 년간 국제적인 **허브공항**의 중요성이 지적되고 있다.

▶ **공항의 종류**(표 1)

표 1 공항정비법에 의한 분류

종별	용도	주요 공항
제1종 공항	국제공항	도쿄국제공항, 신 도쿄국제공항, 오사카국제공항, 칸사이국제공항, 중부국제공항
제2종 공항	중요한 국내공항	센다이, 나고야, 후쿠오카, 타카마츠 등
제3종 공항	지방적인 국내공항	메만베츠, 아오모리, 마츠모토 등
공용비행장	자위대 그외 공용하고 있는 것	

▶ **공항시스템과 시설**

공항의 주요 시설, 설비를 그림 1에 나타내었다(타카마츠 공항의 경우).

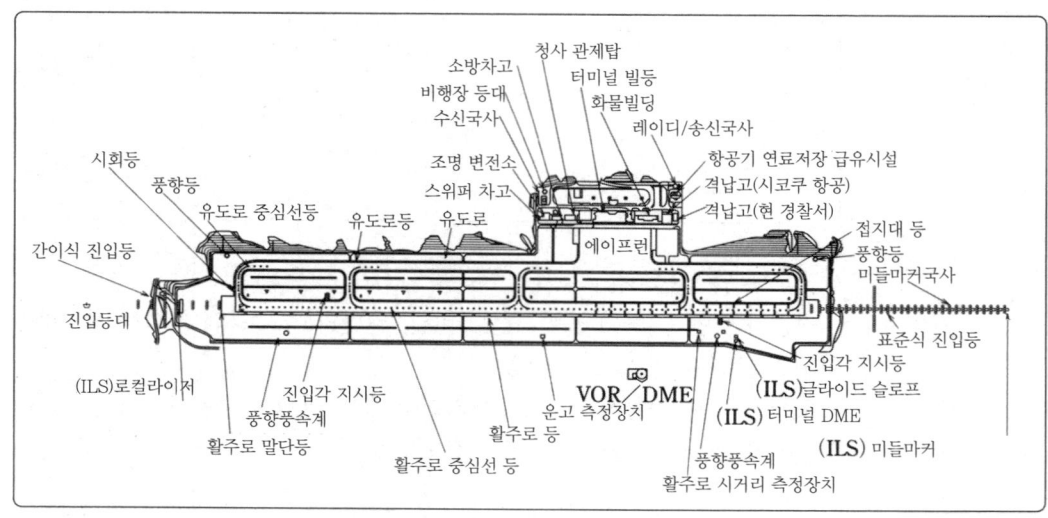

그림 1 타카마츠 공항의 평면도

1. 하천

□ 포인트

하천이 가진 기능은 치수, 이수, 환경보전이다.

치수는 수문조사나 하상조사 등을 기본으로 하여 하천계획을 세우고 하천공사(제방공사나 호안공사, 하도개수공사, 신천개삭공사, 홍수조절공사 등)를 하여 홍수로부터 우리의 생명과 재산을 지키고 있다.

하천공작물에는 제방, 호안, 수제, 바닥다짐 공, 수문, 둑 등이 있다.

■ 해설

하천

▶ 하천의 분류

「하천법」에서의 하천이란 공공의 수류(하천) 및 수면(호수나 홍수조절지 등의 인공수면)을 말한다 (그림 1).

그림 1 하천의 분류   그림 2 지천과 본천

본천
지천

유출량이나 유로의 길이, 유역면적 등과 역사적인 인간활동에 가장 중요한 1계통의 하천을 **본천**, 본류, 간천이라 하고, 본천에 합류하는 것을 **지천**이라 한다(그림 2). 또한, 본천에서 나와서 바다로 들어가거나 다시 본천으로 합류하는 것을 파천 또는 **파류**라 한다.

파류
수계

1계통 내의 본천, 지천, 파천, 호수 등을 총괄하여 **수계**라 한다.

▶ 수문조사와 하상조사

수문현상
수문조사

지구상의 물은 증발→강수→유출→증발이라는 수문현상을 반복한다(표 1). 이 수문현상을 과학적으로 관찰, 조사하는 것을 수문조사라 하며, 하천이 가진 특징을 아는데 중요하다.

하상조사

하상조사란 하천의 유역형태나 형상의 변화를 조사하여 **수문조사**와 아울러서 하천개수계획의 자료로 한다.

표 1 수문현상

강수	대기 중의 수증기가 냉각되어 응결하고 강우, 강설 등 근처 지상에 내리는 물을 말한다. 강수량이란 강수가 흐르지 않고 증발, 침투하지 않고 지면상에 그대로 내린 물의 깊이를 mm 단위로 나타낸 것이다.
유출	강수에 의한 하천의 유입은 표면유출이 대부분이며, 이외에 중간유출, 지하수유출이 있다. 홍수는 표면유출에 의한 것이며, 토석류나 산사태는 지하수유출과 중간유출이다. 유출상태를 나타내는 요소에는 하상계수나 유출계수, 비유량이 있다.

유역

유역이란, 하천에 강수가 유입하는 전역을 말하며, 그 경계를 분수계라 한다. 유역특성을 나타내는 수식에는 유역평균폭이나 **유역현상계수** 등이 있다.

11 토목 계획

하천의 기능

▶ 종합하천계획

하천의 기능은 **치수, 이수, 환경보전**의 3개의 기능을 가진다. 하천계획을 한 후에는 홍수에 대한 재해를 방지 경감하기 위한 치수계획, 하천수를 이용하기 위한

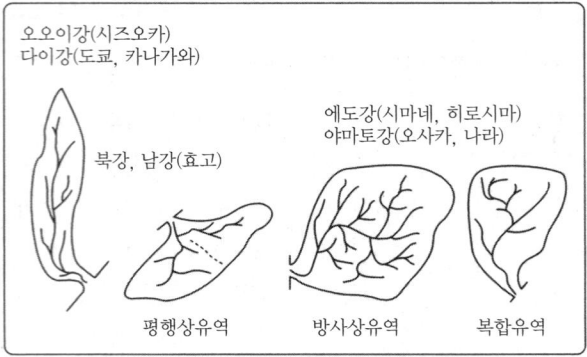

그림 3 유역의 형상

이수계획, 하천의 환경을 보전해서 양호한 경관 형성의 정비 등을 하기 위한 환경보전계획이 있으며, 이것들을 종합적으로 계획할 필요가 있다. **종합하천계획**은 하천과 그 유역의 관계로 하천의 기능상 기본이 되는 사항을 미리 설정하고, 홍수방어계획, 환경보전계획, 이수계획, 하천수로 및 하천구조물 계획 등을 세운다(그림 3~5).

종합하천계획

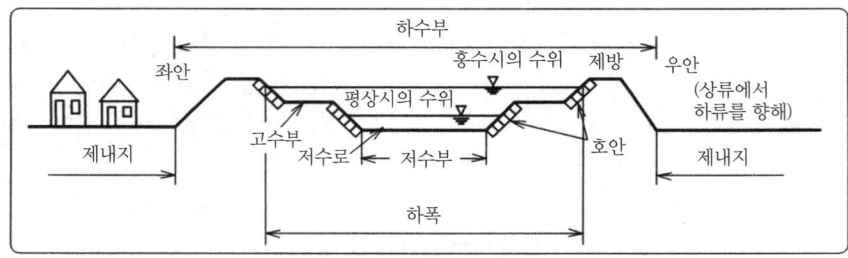

그림 4 하천 횡단도

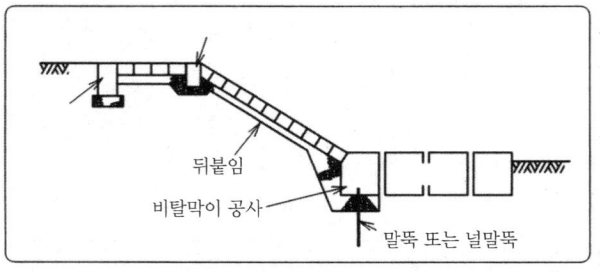

그림 5 호안 각부의 명칭

▶ 치수계획과 치수공사

하도개수

하도란 하천을 유수가 흘러가는 토지공간을 말하며, 제방 또는 하안과 하상으로 둘러싸인 부분을 말한다. **하도개수**는 계획고수유량(계획된 높이의 물의 흐름량)을 안전하게 흐르도록 하기 위한 단면과 평면형상을 확보하기 위해 하는 공사를 말한다. 일본에서는 평수 시와 홍수 시의 수위차가 크므로

치수·이수상에 모두 적절한 복단면 형상이 많다.

▶ 제방

제방은 홍수, 고조에 의한 수해로부터 인명, 재산 등을 지킬 목적으로 하천변에 만들어진 구조물이다(그림 6, 7, 표 2).

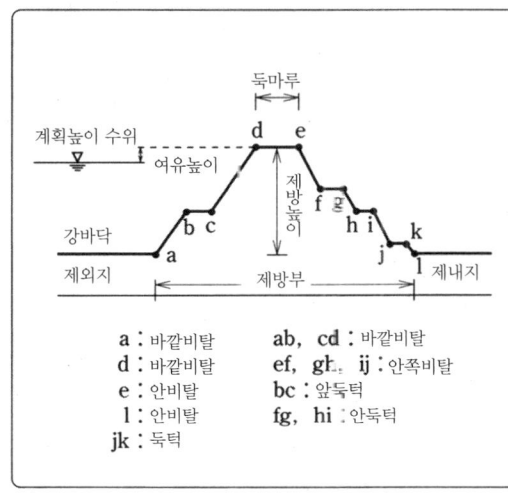

그림 6 제방의 명칭   그림 7 제방의 종류

표 2 제방의 종류

종류명	역할, 목적
본제	홍수의 범람방지를 목적으로 한다.
부제	본제결괴 시의 피해를 방지한다.
윤중제	특정지역을 홍수로부터 방어한다(기소, 나가라, 이비가와 합류부).
산부제	하천 근처의 산에 제방을 연결하여 유수를 방어한다.
하천의 둑	홍수를 일시적으로 저류하여, 본제결괴를 방지한다(가마나시가와 : 신겐쓰쓰미).
가로둑(횡제)	본제에 대해 직각으로 제방을 설치하여 유수효과와 유속의 감쇠를 목적으로 한다.
배할제	합류부를 즈정하여 하류로 이동하게 한다.
도류제	분류부, 합류부, 하구부의 흐름과 물에 흐르는 물의 조정을 한다.
월류제	조절지나 유수지의 홍수를 유입시킨다.

▶ 수퍼 제방

수퍼 제방은 인구나 자산이 집중하는 대도시에서 계획규모를 상회하는 홍수(초과홍수)에 의해 일어나는 제방파괴에 의한 파괴적 피해를 방지하는 제방이다. 목적은 대도시권에서 매우 폭이 넓은 제방을 정비하여 홍수시의 안전을 확보하고 물과 나무에 혜택을 받은 양호한 하천공간을 생기게 한 인근 하천의 시가지 정비를 유도, 촉진하여, 사람(생활)과 하천(자연)의 보다 나은 관계를 구축하도록 하는 것이다(그림 8, 9).

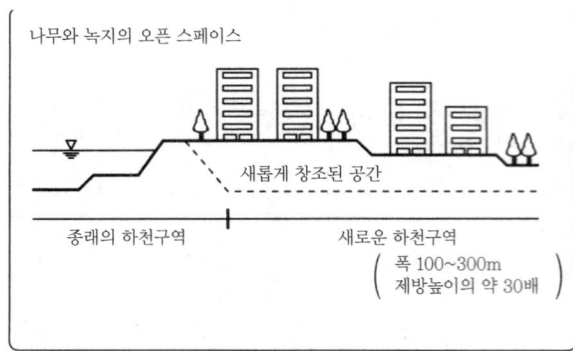

그림 8 수퍼제방(고규격 제방) 그림 9 수퍼제방(히라카타시 출구)

▶ **종합치수대책**

1965년대 이후부터 도시부에서의 수해가 빈번하게 발생하여 종래의 하천 개수만으로는 대응할 수 없게 되어 **종합치수대책**이 논의되었다(그림 10). 종합치수대책은 하천관리자만이 아닌 국가나 지방공공단체의 관련행정 담당자 및 지역 주민들의 이해와 협력이 필요하다.

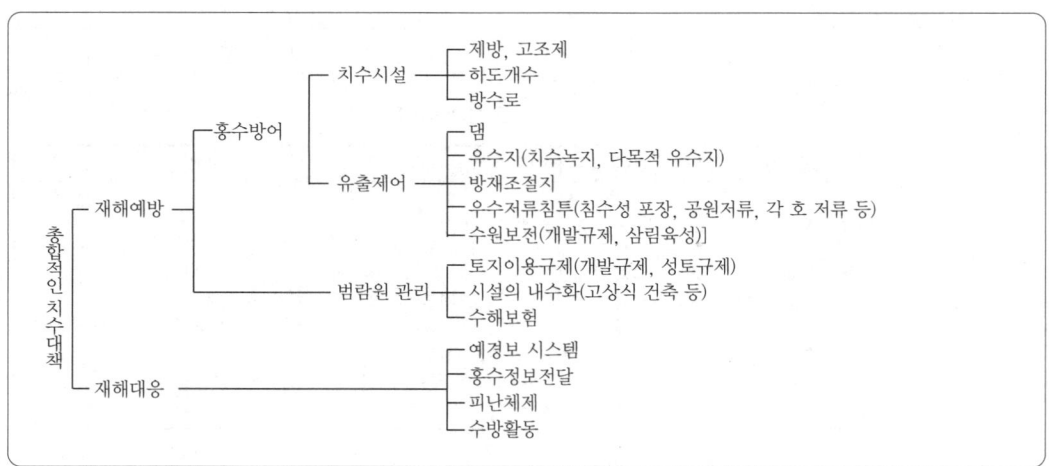

그림 10 종합적인 치수대책 시스템

▶ **하천공작물**

하천의 홍수를 방어하고, 이용, 보전하여 하천의 기능을 증진시키기 위해 하천에 설치하는 구조물을 **하천공작물**이라 한다. 제방 외에 그림 11, 12, 표 3에 나타낸 것이 있다.

그림 11 카메이시 수제(교토 시 데마치야나기)

그림 12 비파호수 나기사 공원

표 3 하천공작물

호안	제방이나 하안의 침식으로 인한 침식을 방지하고 안전을 도모하기 위해 설치한 시설이며, 그 법면을 보호하기 위한 구조물이다.
수제	유수를 적극적으로 제어하기 위해 하천부터의 각도로 하천 중심부로 향해 돌기된 공작물을 말한다. 다마강의 말뚝의 수제나 돌로, 내놓은 수제, 카모강의 가메이시수제가 있다.
바닥 다짐공사	강바닥 침하가 예상되는 하천에 대해 하천을 횡단하고 강바닥의 일부를 설치하는 공작물을 말한다. 홍수터의 유지 강바닥 침하를 방지하는 효과가 있다.
보	하구부에 해수의 침입을 방지(염해방지), 하천의 유량배분, 상수도의 급수구에 설치 되는 구조에 의해 가동보와 고정보로 나뉜다. 나가라강 하구보, 비파호수의 유량조졸의 세타 강선보가 있다.

▶ 다자연형 하천 만들기

「다자연형 하천 만들기」는 하천이 본래 가지고 있는 생물의 양호한 생육환경(비오토프)을 배려하고, 아울러 아름다운 자연경관을 보전, 창출하는 사업이다.

다자연형 하천 만들기

표 4 다자연형 하천 만들기[4]

제방	법선형상, 구조, 재료 등을 고안한다. • 최대한 현재의 하천을 굴곡이나 솟아올라있는 형태를 갖는 법선형을 채용한다. • 제방의 완만한 경사화
고수로	평면형상 고목의 벌채방법을 고안한다. • 고목 초목류의 활용
저수로	어류의 어장, 휴식 피난장소 등에 배려 • 굴곡이나 솟아오름을 갖는 저수로 방선의 채택 • 하천수로 내에 정원석 • 간석지의 조성 • 식생의 연구 • 연못의 보전을 위한 기초압밀 위치의 연구
호안· 기초압밀	구조, 재료 등을 연구한다. • 수리 특성에 따라 식생과 나무 또는 석재를 겸용한 간석보호의 채택 • 사석 등 다양한 공간을 갖는 재료의 채용
수로분할	구조, 재토, 길이 간격 등을 연구한다. • 거석 등 다양한 공간을 갖는 재료의 채택 • 기초압밀을 겸한 짧은 수제군의 채택
둑·낙차공	어로의 확보를 고려한다. • 물고기의 회귀로, 와지의 설치 • 다단식 낙차공 • 슬로프 낙차공(전단면 어로화의 채택)

2. 해안

□ 포인트   해안보전시설에는 방조제, 이안제, 양빈공, 돌제가 있다.

■ 해설

▶ 해안보전시설

해안보전시설이란 해수의 파력, 수압력 및 토압력 등의 외력에 견딜 수 있고, 파괴되지 않는다는 조건 이외에도 해안을 재해로부터 보호하고, 해안에 있는 택지, 교통시설, 경지 등의 안전을 지키며 해안지역의 개발을 수행하는 것이 목적이다.

▶ 방조제

고조나 파도, 파랑 등의 자연현상으로 인한 피해를 방지하고, 내륙부를 보전하기 위해 설치하는 제방(그림 1).

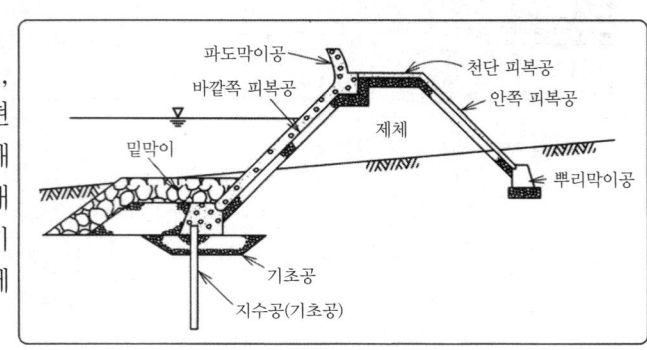

그림 1 방조제

▶ 이안제

파력을 약하게 하기 위해 해안에서 약간 앞쪽의 바다에 평행하게 만든다. 시마네현의 가이케 해안이 유명하다.

▶ 양빈공

해안침식이 생기고 있는 지점 등 새롭게 모래해변을 조성하려 하는 해안에, 외부에서 인공적으로 모래를 공급하여 해안을 보전하려고 하는 것이다. 효고현의 스마 해안이나 브라질의 코파카바나 해안은 유명하다.

▶ 돌제

방파제, 방사제, 도류제를 총칭해서 돌제라 한다. 방파제에는 사석방파제, 직립방파제, 혼성방파제가 있다(그림 2).

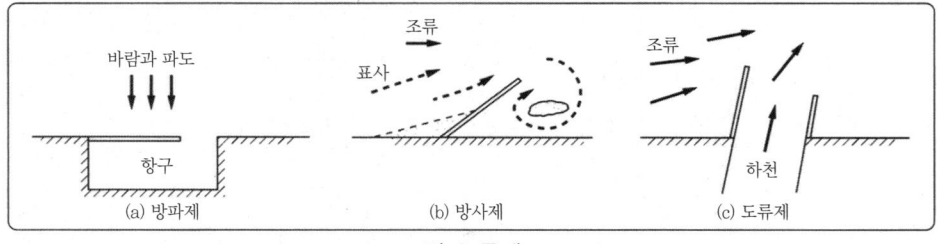

그림 2 돌제

1. 댐, 발전

□ 포인트

댐에는 콘크리트 중력식 댐, 아치식 댐, 록필 댐 등이 있다. 최근 지역의 환경을 고려한 댐 공사나 자연의 경관이나 환경을 우선시한 댐 공사를 하고 있다. 또한 댐에 저장된 물을 유효이용하여 수력발전도 하고 있다.

■ 해설

댐

하천이나 계곡을 가로질러 하천의 물을 저장하여 우리들의 생활을 홍수로부터 지키고, 발전이나 수도물 등에 이용하려는 목적으로 만들어진 토목구조물을 댐이라 하며, 사용되는 목적이나 사용자료, 구조형식에 의하여 분류된다.

▶ 댐의 종류(표 1, 그림 1~3)

표 1 댐의 종류

목적에 의한 분류	목적, 내용
치수댐	하천의 유량을 조정하고 홍수방어를 목적으로 한다.
발전댐	수력발전에 필요한 저수량의 확보를 목적으로 한다.
관개용수	댐 농업용수나 상수도의 이용을 목적으로 한다.
다목적 댐	2개 이상의 목적을 조합시킨 것이다.

그림 1 아가가세 댐(교토부)

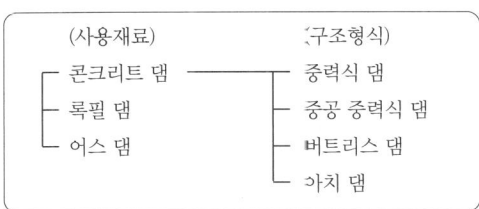

그림 2 댐의 종류

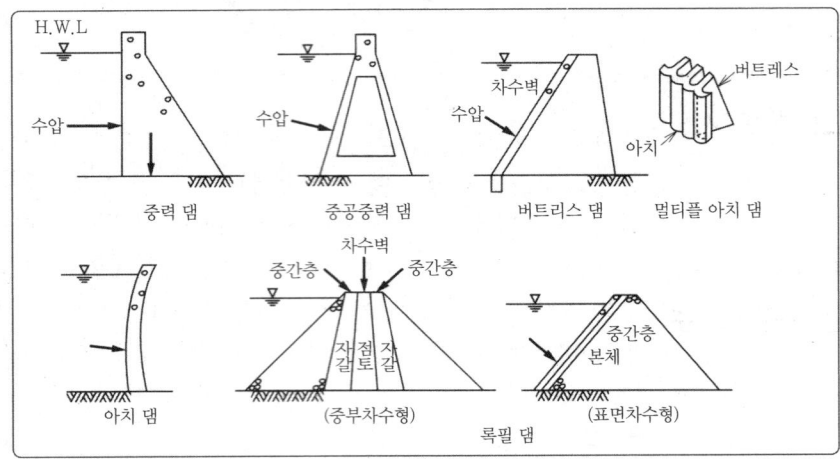

그림 3 댐의 형식

▶ 수력발전

수력발전은 댐이나 수로에 따라서 물에 위치에너지를 주어 이 높은 곳의 물을 연속으로 떨어뜨려 속도나 압력의 에너지로 바꾸어 이것을 수차의 발전기에서 발전하는 방법이다(그림 4). 수력발전은 다음의 특성이 있다.

① 자연의 힘을 이용한 깨끗한 자연환경에너지이다.
② 설비비는 높지만 내용연수가 길고, 운전경비가 저렴하다.
③ 기술에 신뢰성이 높다.
④ 효율이 85~90%로 높다.(화력발전은 35~41%)

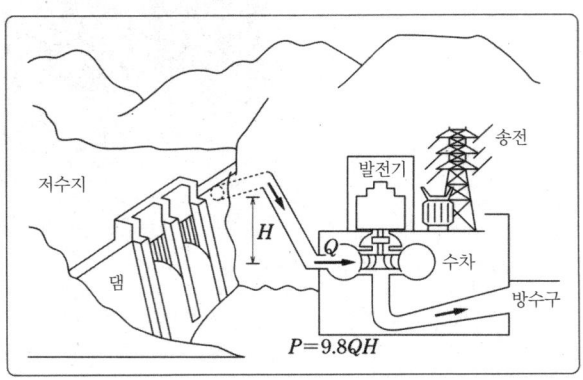

그림 4 수력발전의 구조

▶ 양수식 발전

전력의 수요가 적은 야간에 남은 전기를 이용하여 펌프를 운전시켜 저수지에서 물을 퍼올려 축적하고 이것을 점심시간대의 전기 피크 시에 방류하여 발전하는 방법을 **양수식 발전**이라 한다.

2. 수자원의 개발(담수화)

□ 포인트

1987년부터 1993년까지 17년 간 모든 지역에서 갈수를 경험하고 침수문제는 큰 사회문제가 되고 있다. 수자원을 확보하여 갈수대책의 방법으로서 해수의 담수화나 댐군 연대사업, 하수처리의 유효이용(수세식 화장실, 공업용수, 수목의 산수 등)이 있다.

■ 해설

수자원의 개발

▶ 수자원의 개발

수자원의 개발과 관리는 치수, 이수, 수력발전, 그리고 환경용수(양호한 경관형식이나 레크리에이션에 대한 공간 확보를 위한 것)도 포함하여, 상호 관련시켜 실행해 가야 한다. 특히 하수도 사업의 뒤떨어짐에 의한 수질오탁이 문제가 되고 있다.

▶ 담수화 기술

해수를 담수화하는 역사는 오래되었고 본격적인 실용화는 1960년에 들어서였다. 인구의 증가나 생활수준의 향상, 기후의 이상 등이 겹쳐서 근래에는 세계적으로 물부족 지역이 확대되고 있다. 통상의 해수의 염분농도는 약 3.4%이고, 지구상에 존재하는 물의 97.5%는 이와 같은 염수이다[4]. 해수의 **담수화**는 원리적으로는 해수 중에 용해되어 있는 염분을 제거하여 해수 중의 물만을 추출하는 것이다.

담수화

▶ 실용화되고 있는 기술

해수의 담수화는 언제 어디서든 용이하게 실시할 수가 있고 계절이나 기후에 좌우되지 않고 수요에 따라 필요한 담수를 임의로 제조할 수 있다는 점에서 가장 안전한 수자원의 확보의 방법이라고 말할 수 있지만, 현시점에서는 비용이 높다(표 1, 그림 1). 외딴섬에서는 음료용수로서 이용되어 1967년에 운전을 개시한 나가사키의 이케시마(원수 : 해수, 조수능력 2,650m³/일), 1972년에 운전을 개시한 도쿄도의 오오시마, 아이치 현의 오키나와의 토나키섬, 아구니섬 등이 있다. 오키나와에서는 히부리섬, 유게섬 도시용수의 대규모 해수담수화 플랜트의 도입이 진행되고 있다.

표 1 담수화 기술

증발법	해수를 증발시켜서 증류수를 얻는 방법
전기투석법	반투막을 이용하여 압력차에 의한 담수와 염수를 분리하는 방법
역침투법	이온교환 수지막에 의해 담수와 염수를 분리하는 방법
LNG 냉열이용법	LNG(액화천연가스)를 이용하여 해수를 동결시켜 얼음을 녹여 담수를 얻는 방법

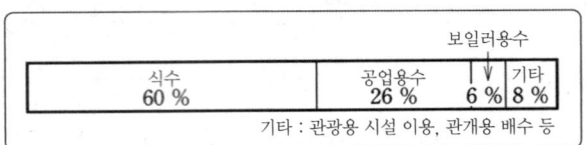

그림 1 담수의 이용용도

이것은 일본 최초의 도시용이며, 공업용수는 화력, 원자력 발전의 보일러용수, 공업용수의 탈염에 이용된다.

▶ 하천의 개발

하천의 유량은 계절의 변화, 연도에 따른 변화가 심하다. 이 변동을 조절하기 위해 하천의 개발이 이루어지고 있다. 현재의 수자원 계획에서는 하천의 유량이 10년에 1회 정도가 변동이 생긴다고 상정되어 있는 갈수년(이상갈수년)에도 지장없이 물이 공급되는 것을 목표로 하고 있다. 그 때문에 댐의 역할은 크고, 홍수 시기에는 차수댐으로 홍수기 이외에는 이수댐으로 다목적으로 이용되고 있다.

▶ 댐군 연휴사업

갈수의 영향이 큰 대도시에서는 이상갈수 시에도 도시기능의 마비를 회피할 수 있도록 비축용량을 가진 갈수대책 댐 정비를 하고 동시에 긴급 시에 유역을 넘어서 물이 유통 가능하도록 네트워크를 형성할 필요가 있다. 1995년에 「댐군 연휴사업」을 창설하여, 기존 댐을 연락수로에 모아서 무효방류를 다른 댐에 저축하여 기존수원의 유효활동으로 이용하도록 하고 있다(그림 2).

댐의 연휴사업

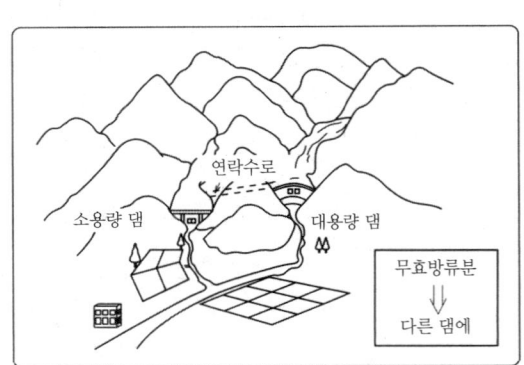

그림 2 댐 연휴사업의 정비이미지

▶ 하수처리수의 유효이용

하수처리수

하수처리수는 도시 안의 안정한 수자원이다.

표 2 하수처리수의 유효이용

수세식 화장실	• 하수처리장의 고도처리수를 이용한 수세식 화장실에 이용한 예 : 도쿄도청, 롯코 아일랜드의 상업지구
경관을 위한 용수	• 하수처리장의 고도처리수를 이용하여 맑은 물 부활사업에 이용한 예 : 타마가와 상수의 부활(도쿠가와 이에야스 시대의 수로 43km) • 마을의 수목의 산수나 공원의 냇물로서도 이용
공업용수	• 회수용수로서 공업용수에 이용

3. 상수도

□ 포인트
상수도

상수도는 언제나 안심하고 먹을 수 있는 물을 풍부하고 최대한의 저렴한 가격으로 공급하며 화재 시에는 소화에 한 몫하는 시설이다.

하천수나 호수, 지하수에서 취한 물을 정수장에서 수질기준에 맞는 물로 정화하여(침전→여과→소독의 순서) 각 가정에 급수하고 있다.

앞으로의 정수방법으로는 고도정수처리의 정수장이 많아질 것이다.

■ 해설

▶ 취수부터 급수까지의 공정(그림 1)

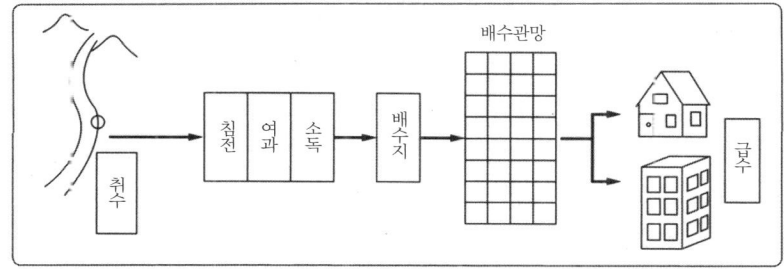

그림 1 취수부터 급수지까지 공정

▶ 급수 내용에 의한 분류
  ① 생활용수…음료수, 요리, 세탁, 목욕물, 청소용수 등
  ② 업무, 공장용수…각종 상공업용수
  ③ 공공용수…관공서, 학교, 병원, 공원, 소화용수 등
  ④ 누수

▶ 정수장의 구조(표 1, 다음 페이지 그림 2)

표 1 정수장의 구조

수원	정수장의 수원은 주로 하천수나 호수 등의 표면수이다.
취수, 도수	하천에서 취수하는 경우는 취수보를 설치하고, 보와 직각방향에 취수구를 설치하여, 도수로를 따라 정수장으로 유도한다.
정수	「수도법」의 수질기준에 적합하도록 수질을 개선하는 것이다. 황산반토에 의해 블록(응집물질)을 형성시키는 약품침전법과, 급속여과를 조합시켜서 정수하는 방법이 많이 이용되고 있다.
송수, 배수	정수지에서 배수지로 정수를 보내는 것을 송수라 한다. 정수시설에서 정화시킨 물을 급수구역 내에 배급하는 것을 배수라 한다. 배수시설은 배수지와 배수관에 의해 구성된다. 배수관에는 주철관이나 경질염화비닐관 등이 이용된다.
급수	공도 아래에 부설된 배수관으로부터 분지해서 각 호 급수전까지 정수를 보내는 것을 급수라 한다. 급수관에는 경질염화비닐관이나 수도용 폴리에틸렌관이 많이 이용된다.

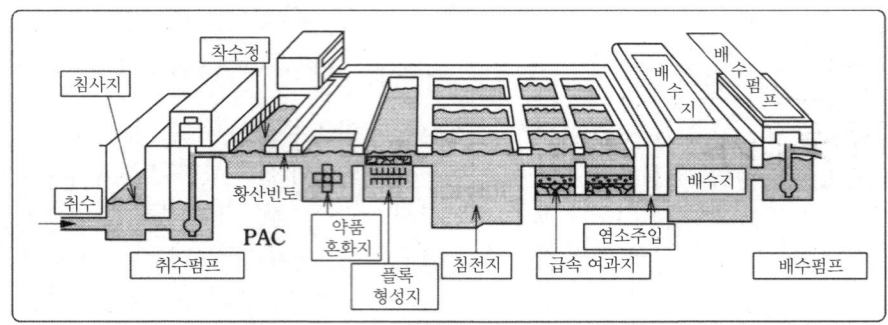

그림 2 정수장의 구조

▶ 고도정수처리

원수에는 이상한 냄새가 나는 물질이나 유기물, 철, 망간 등의 물질도 포함되어 있다. 이것을 제거하려면 제거하는 물질에 반응하는 **고도정수처리**를 한다(그림 3). 여름철의 이상한 냄새를 제거하기 위해 활성탄흡착법이나 오존처리법이 사용된다.

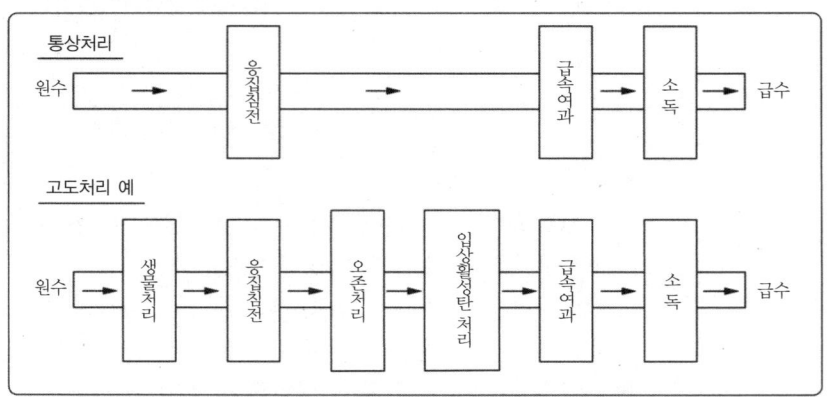

그림 3 통상정수처리와 고도정수처리

▶ 수질

장기에 걸쳐 음용해도 인체에 무해해야 한다. **수질기준의 요약**은 다음과 같다.

① 병원균과 인체에 대한 유해물을 포함하지 않을 것
② 냄새, 맛, 색도 및 탁도 등 모든 물리적 시험항목이 양호하여 불쾌감을 주지 않을 것

트리할로메탄은 1992년 12월 21일에 개정된 수질기준에서 새롭게 추가된 소독부생성물이며, 소독용의 염소와 원수 안의 유기물에 의해 생성되어 발암성이 있는 물질이다. 그 외의 수질사항에는 대장균, 시안, 염소이온 등이 있으며, 많은 체크를 한 다음 우리의 가정에 공급되고 있다.

4. 하수도

□ 포인트

하수도

하수도의 수준은 생활 수준을 나타내는 지표이다. 세계의 선진국들과 비교하여 일본은 하수도 정비가 늦어지고 있기 때문에 급속하게 하수공사를 수행하고 있다.

하수도는 하수관(관거), 펌프장, 하수처리시설로 구성된다. 하수는 하수관과 펌프 시설에 의해 하수처리장으로 모인 후 처리되어 하천에 방류된다.

■ 해설

▶ 하수도의 역할과 종류(그림 1)

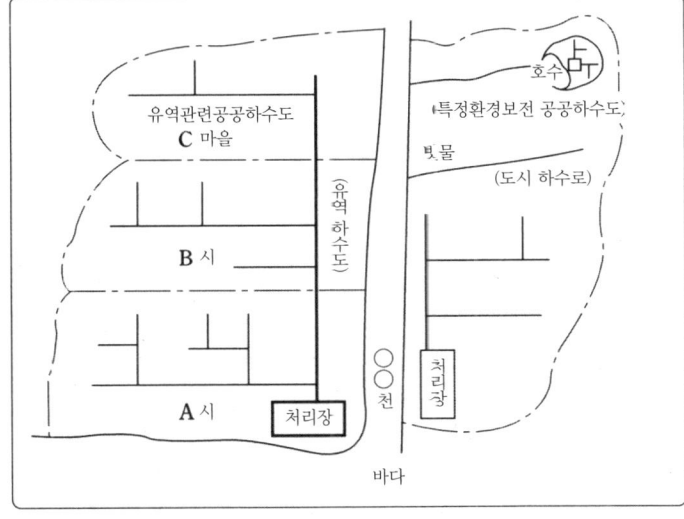

그림 1 하수도의 종류

하수도의 역할
① 우수배제에 의한 침수방지
② 오수배제에 의한 주거환경의 개선
③ 수세화에 의한 환경위생의 정비
④ 전염병의 예방
⑤ 폐수처리에 의한 공공용수의 보전

▶ 침수방지대책

우수를 신속히 하천으로 제거하여 침수방지를 하는 것은 하수도의 중요한 역할이다. 도시의 침수대책방법으로서는 지하 터널에 의한 우수배제방법이 있다(예 : 오사카 시 나니와 방수로나 토사브리~츠모리 하수간선).

▶ 하수처리장의 구조(표 1)

표 1 하수처리장의 구조

침사지	하수관에서 유입된 오수를 서서히 흐르게 하여 토사류를 침몰시켜 제거한다.
최초침전지	침사지에서 보내 온 오수를 서서히 흐르게 하여 침전하기 쉬운 고형물을 침전시킨다.
에어레이션	오수에는 활성오니를 더해 공기를 불어 넣는 사이에 미생물의 작용으로 유기물 등을 분해하여 일부분이 미생물의 덩어리가 되고 침전하여 해면 상태가 된다.
최종침전지	해면 상태가 된 오니를 침전시키고, 깨끗한 상등액 물은 소독시설로 보내진다.
염소소독	최종침전지에서 보내진 상등액은 염소를 주입한 후 소독, 멸균하여 방류한다.

하수처리장

오니(슬래그)

하수처리장은 미생물의 활동을 이용하여 오수를 처리하고, 깨끗한 물로 바꾸어 자연으로 되돌리는 시설이다(그림 2). 하수처리장에는 오수를 처리하는 시설과 오수를 처리한 후에 남는 오니(슬러지)를 처리하는 시설이 있다.

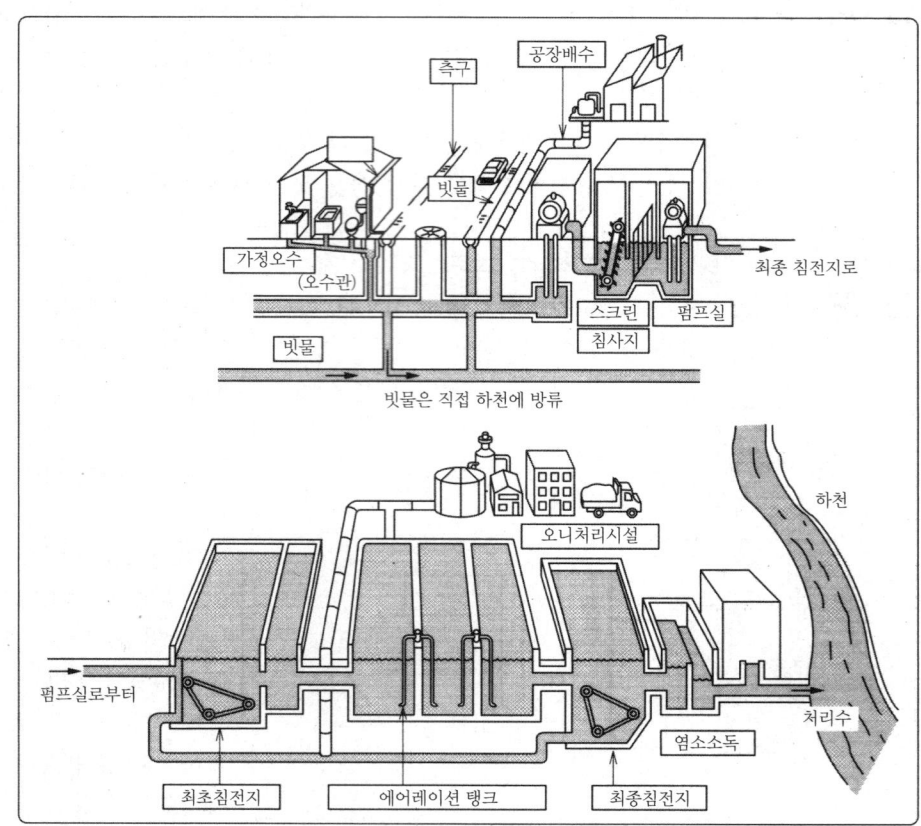

그림 2 하수처리장

▶ 활성오니법

하수에 공기를 보내면 다갈색의 젤라틴 모양의 플록과 같은 것이 발생하게 된다. 이것은 하수 중의 유기물을 식물로서 증식한 호기성 미생물이며 활성오니라 한다. **활성오니**는 산화력과 응집흡착력이 강하고, 가만히 두면 단시간에 침전분리하여 깨끗한 상등액이 얻어진다. 이 현상을 이용한 것이 활성오니법이다.

활성오니법

▶ 처리수와 슬러지의 재이용

하수처리수는 가로수의 살수용으로 사용되거나 고도처리하여 "세류"의 물로 이용한다. 이것은 도시의 오아시스로서 사람들의 휴식의 장이 되고 있다. 슬러지는 건설자재나 퇴비로 이용하거나 도자기 재료로 사용하는 것이 고려되고 있다.

1. 도시계획의 개요

□ 포인트

최근 몇 년간 경제의 급속한 발전과 사람들의 가치관의 다양화 등 도시에 사는 사람들이 효율적으로 활동하고 일하고 쉬며, 시민 참가를 기반으로 안심하고 살 수 있는 도시 만들기가 촉진되고 있다. 또한 이 분야에의 관심이 높아지고 있는 배경에서 시민참가에 의한 거리 만들기가 성행하고 있다.

■ 해설

▶ 도시계획이란

도시계획은 도시의 건전한 발전과 질서 있는 정비를 실행하기 위한 토지이용, 도시시설의 정비 및 시가지 개발사업에 관한 계획으로 도시 계획법으로 정해져 있다(도시계획법 제 4조 제 1항).

규제
사업

도시계획을 실현하는 방법으로서 **규제**와 **사업**이 있다. '규제'는 토지이용계획 및 도시시설계획의 일정 구역의 규제, 유도에 의해 계획적인 정비를 하는 것이다. '사업'은 주로 시가지 개발사업이며, 대표적인 사업으로서 토지구획정비사업이나 도시재개발사업이 있다.

▶ 오늘날의 도시문제

일본은 전후에 현저한 경제발전을 이루었다. 특히 1950년대부터 1960년대에 걸친 고도성장기에는 도시화의 진전에 의해 도시에의 인구가 집중했다. 인구집중지구(DID)의 면적은 1960년에는 39만 ha였지만, 30년 후의 1990년에는 3배인 117만 ha로 확대되었다.

인구집중지구(DID)

도시는 이러한 많은 사람들의 생활과 활동장소가 되기 때문에 무엇보다도 안전성, 편리성, 쾌적성을 갖춘 도시환경을 만들어가는 것이 요구되며, 도시시설인 하천, 도로, 공원, 항만, 상하수도 등의 공공시설을 정비하여 토지이용에 대한 규제, 유도를 하면서 계획적인 사업을 진행하는 것이 중요하다.

리던던시

1995년 1월에 발생한 한신 아와지 대지진의 교훈에서 노후 목조 밀집시가지의 방재성의 향상, **리던던시**(여유)의 확보를 위한 교통 네트워크의 강화, 라이프라인 시설 등의 기능의 확보, 공원, 녹지 등의 정비의 필요성이 한층 새롭게 인식되었다.

그림 1 산느미야 역전(고베시)

2. 토지이용계획

□ 포인트
스크롤

토지이용계획은 도시의 무질서한 이용에 의해 발생하는 스크롤이나 주거환경, 업무환경의 악화를 방지하며, 양호한 도시환경을 형성하려는 계획이다. 공업, 상업, 주택 등의 용도와 건물의 배치, 높이, 용적 등을 규제하여 도시기능을 높이고 쾌적한 도시공간을 창출하기 위한 도시계획의 근간을 이루는 계획이다.

■ 해설

▶ 도시계획구역

계획적인 시가화를 도모하려면 **도시계획구역**을 구분하여 시가화 구역 및 시가화 조정구역을 정한다(그림 1).

시가화 구역

시가화 구역은 기존시가지 및 대략 10년 이내에 우선적이고 계획적으로 시가화를 실시해야 할 구역을 말한다.

시가화 조정구역

시가화 조정구역은 시가화를 억제해야 할 구역을 말한다.

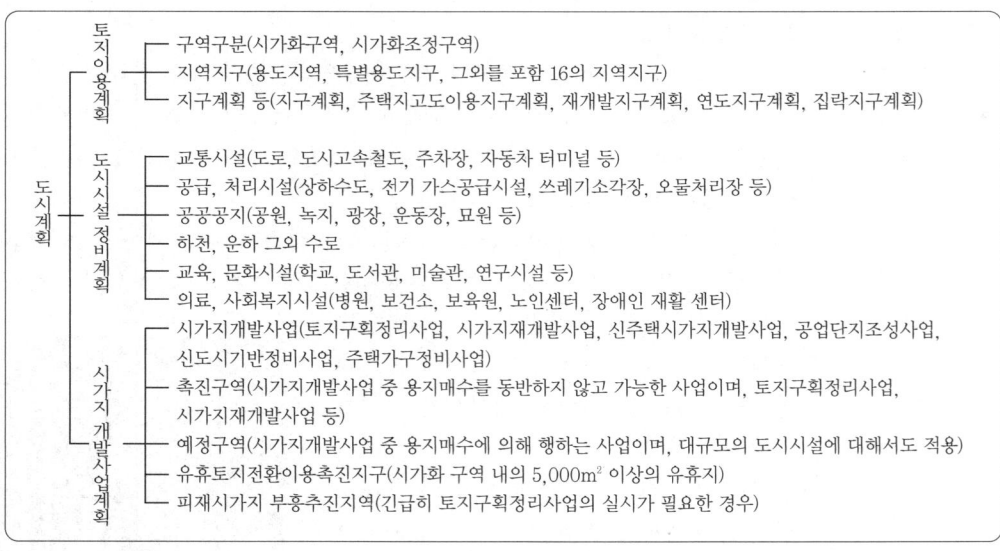

그림 1 도시계획구역

▶ 도시계획구역에 있어서의 지역지구제도의 개요

지역지구제도

도시계획을 하기 위해서는 먼저 도시계획구역을 지정하고, 그 구역에서 도시활동을 활발하게 하도록 시가화 구역을 지역지구로 나눈다(그림 2).

도시계획

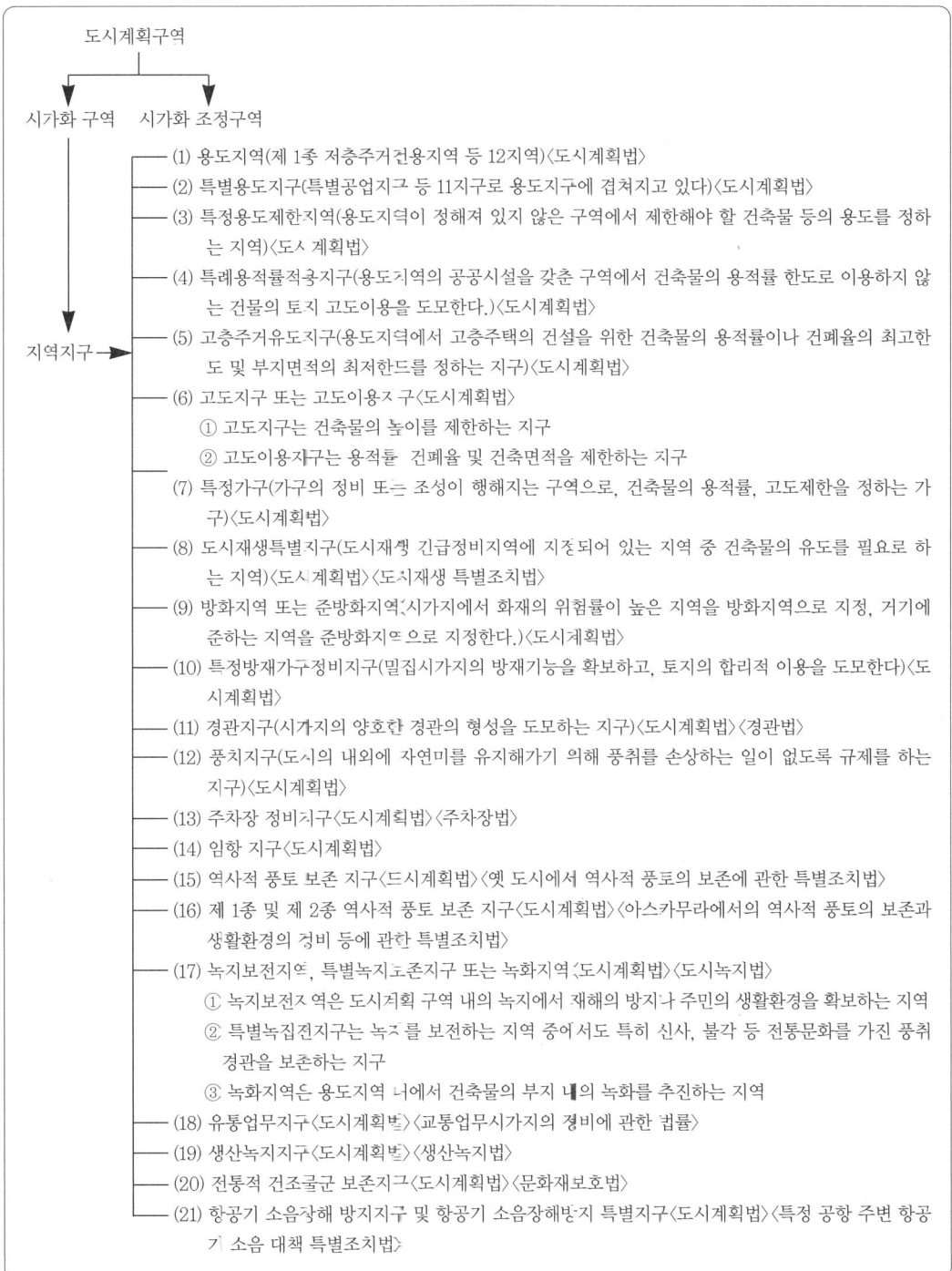

그림 2 지역지구제도

▶ 지역지구

토지이용계획에 따라서 지역지구는 지역마다의 성격에 따라 건축제한을 하도록 한 것이며 16종류의 지역이나 지구가 있다.

용도지역

1 용도지역

용도지역제는 주로 주거환경의 보호나 상업, 공업의 편리성을 증진하기 위해 건축물의 용도를 제한하는 제도이며, 표 1처럼 12종으로 세분화되어 있다.

표 1 용도지역제

	제 도	취 지
주거계	① 제 1종 저층주거전용지역	저층주거의 전용지역
	② 제 2종 저층주거전용지역	소규모의 점포의 입지를 인정하는 저층주택의 전용지역
	③ 제 1종 중고층주거전용지역	중고층 주택의 전용지역
	④ 제 2종 중고층주거전용지역	필요한 편의시설의 입지를 인정하는 중고층 주택의 전용지역
	⑤ 제 1종 주거지역	대규모의 점포, 사무소 의 입지를 제한하는 주택지를 위한 지역
	⑥ 제 2종 주거지역	주택지를 위한 지역
	⑦ 준주거지역(신설)	자동차 관련시설 등과 주택이 조화롭게 입지하는 지역
상업계	⑧ 근린상업지역	근린의 주택지를 위한 점포, 사무소 등의 편리의 증진을 도모하는 지역
	⑨ 상업지역	점포, 사무소 등의 편리의 증진을 도모하는 지역
공업계	⑩ 준공업지역	환경의 악화를 초래하지 않고 공업의 편리의 증진을 도모하는 지역
	⑪ 공업지역	공업의 편리의 증진을 도모하는 지역
	⑫ 공업전용지역	공업의 편리의 증진을 도모하기 위한 전용지역

특별용도지구

2 특별용도지구

특별용도지구는 용도지역 내에서 특별한 목적으로 하는 토지이용의 증진, 환경의 보호 등을 도모하기 위해 정해진 지구로, 다음의 11종류가 있다.

① 특별공업지구, ② 문교 지구, ③ 소매점포지구, ④ 사무소지구, ⑤ 후생지구, ⑥ 오락, 레크리에이션 지구, ⑦ 관광지구, ⑧ 특별업무지구, ⑨ 중고층계 주거전용지구, ⑩ 상업전용지구, ⑪ 연구개발지구

3 고도지구 또는 고도이용지구

고도지구

고도지구는 용도지역 내에서 시가지의 환경을 유지하고, 토지이용의 추진을 실시하기 위해 건축물 높이의 최고, 최저한도를 정한 지구이다.

고도이용지구

고도이용지구는 도시의 합리적 토지이용계획에 기초하여 규모가 작은 건축물의 건축을 억제하면서 건축물 부지의 통합을 실시하며, 부지 내에 유효한 공지를 확보하여 용도지역 내 토지의 합리적이고 건전한 고도이용과 도시기능의 개선을 실시하는 것을 목적이다. 이 지정을 받은 지구에서는 용적

률의 최고한도 및 최저한도, 건폐율의 최고한도, 건축물의 건축면적의 최저한도 및 벽면 위치의 제한 등을 지정하는 것으로 되어 있다.

용적률

① **용적률**은 건축 연면적의 부지면적에 대한 비율을 말한다.

건폐율

② **건폐율**은 건축면적의 부지면적에 대한 비율을 말한다.

③ **벽면 위치의 제한은 부지** 내에 도로에 접한 유효한 공간을 확보하기 위해 건축물의 벽면의 위치를 후퇴시키기 위한 규정이다.

사선제한

④ **사선제한**은 일조조건에서 양호한 시가지 환경의 확보를 위한 건축물 각 부의 높이, 위치 등의 형태를 규제하는 것이며, 여기에는 도로사선제한, 인지사선제한, 북측사선제한이 있다. 고도지구에는 북측사선제한의 검토가 특히 필요하다.

4 방화지역 또는 준방화지역

건축물의 구조를 방재상 또는 미관상 등의 이유로 제한을 더하는 제도를 **구조지역제**라 한다. 이 제도는 용도지역의 지정에 겹쳐서 설정된다.

방화지역

준방화지역

방화지역 또는 준방화지역은 시가지에서의 화재 위험을 막기 위해 정해진 지역을 말한다. **방화지역**에는 3층 이상 또는 연면적 $100m^2$를 넘는 건축물은 내화구조로 한다. **준방화지역**에서 4층 이상 또는 연면적이 $1,500m^2$를 넘는 건축물은 내화구조로 한다. 또한 목조의 경우는 그 외벽 및 지붕 끝에서 연소의 위험이 있는 부분을 방화구조로 한다.

▶ 경관지구와 풍치지구

경관지구에는 경관보호를 위한 건축물의 높이 형태 의장, 벽면의 위치, 부지면적 등이 규제된다. 또한 풍치지구에는 자연경관유지를 위해 녹지의 보전에 관하여 규제된다.

지구계획제도

▶ 지구계획제도

지구계획제도는 시가지의 가구를 단위로 한 각 지구의 특성을 살린 세심한 마을을 만들기 위한 계획이며, 공공시설이나 건축물 등에 관한 질서있는 개발행위, 건축 등이 이루어지도록 행위를 규제하고, 유도하여 각 가구의 정비, 보전을 위해 창설된 것이다(그림 3).

지구계획 등
- 지구계획(기본형)(일반적인 것)〈도시계획법〉
- 주택지 고도이용지구계획〈도시계획법〉
- 재개발지구계획〈도시재개발법〉
- 연도정비계획〈간선도로 연도의 정비에 관한 법률〉
- 집락지구계획〈집락지정비법〉

그림 3

3. 시가지 개발사업

□ 포인트

도시계획사업에는 개개의 도시시설을 구축하기 위한 사업과 시가지 개발사업이 있다. 도시시설사업은 교통시설이나 공공공지 등의 정비이며, 시가지 개발 사업은 시가지의 표면적인 정비를 하는 것이다.

■ 해설

▶ 시가지 개발이 필요한 지역

현재 시가화되고 있지는 않지만 장래 시가화가 전망되고 있는 지역 또는 시가화하는 것이 적당한 지역이거나 현재 시가화되고 있지만 도시 시설이 부족하고 몇 가지 새로운 정비, 개발이 필요한 지역을 말한다.

▶ 시가지 개발의 정비의 수법

시가지 개발의 대표적인 계획, 정비 방법으로서 토지구획 정리사업과 시가지 재개발사업이 있다.

1 **토지구획 정리사업**

토지구획 정리사업이란 도시계획구역 내의 토지에 대하여 공공시설의 정비개선 및 택지 이용의 증진을 위해 토지구획정리법으로 정한 것을 따라 실시하는 **토지의 구획형질의 변경** 및 공공시설의 신설 또는 변경에 관한 사업을 말한다(그림 1).

토지의 구획형질의 변경

환지

보류지

토지구획정리의 특징은 미정비의 택지를 교환분합하여 정비된 택지의 **환지**에 의해 도로 공원 등의 공공시설의 정비가 택지와 동시에 진행하는 것이 가능한 점이다(그림 2). 그러나 공공시설용지와 **보류지**(사업비의 염출에 충당하기 위해 확보한 택지)분만큼 환지면적은 작아지고 있다.

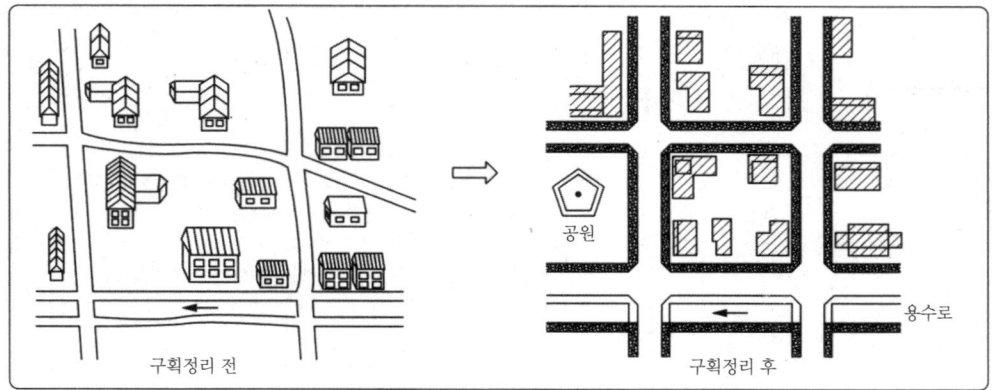

그림 1 구획정리

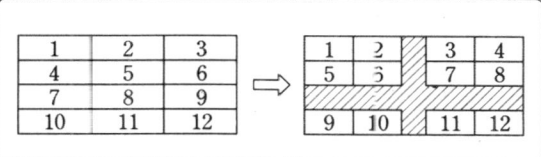

그림 2 모델 환지계획

감보 이 감소한 면적을 **감보**라 부른다. 감보에는 공공용지에 제공한 **공공감보**와 보류지에 나온 **보류지 감보**가 있다.

토지구획정리는 토지의 매수에 의해 공공시설용지를 창출해내는 것이 아니라 **토지의 구획형질의 변경**(토지의 구획을 적정하게 하여 토지의 형상, 토질의 개량으로 적정한 택지로 만드는 것)으로 동시에 공공시설용지를 창출해 낸다. 그 결과 정비 후의 택지는 개발이익을 공평하게 가져오고, 감보에 의해 정비 전보다 택지면적은 감소되지만 토지평가 면에서 택지가격이 상승하므로 종전 이상의 가치가 창출된다.

토지구획정비사업의 구조를 도식화하면 그림 3과 같다.

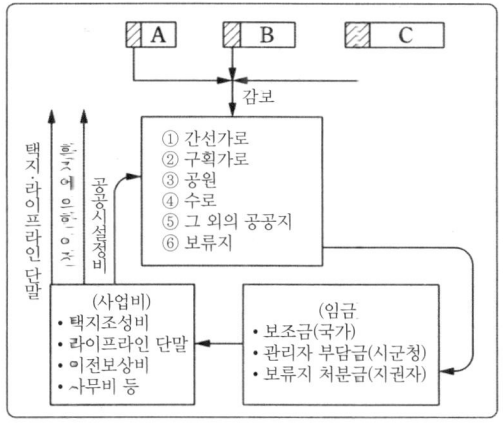

그림 3 사업모식도

2 시가지 재개발 사업

시가지 재개발 사업은 도시재개발법에 기초하여 기존시가지 토지의 합리적이고 건전한 고도이용과 도시기능을 개선하고 건축물 및 건축부지의 정비 및 공공시설의 정비에 관한 사업을 일반적이고, 총합적으로 정비하는 사업이다.

즉, 도시의 인구집중에 의한 세분화된 토지에 저층의 목조건축물이 밀집되고, 주택과 공업의 용도가 혼재한 재해의 위험성이 높은 지구에 불연화 중고층의 협동건축물을 세우고, 더불어 공원이나 도로의 공공시설의 정비를 실시하는 것이다.

시가지 재개발 사업의 진행방법으로 제 1종 시가지 재개발 사업(권리변환방식)과 제 2종 시가지 재개발 사업(용지매수방식, 관리처분)이 있다(그림 4).

제 1종 시가지 재개발 사업은 권리변환이라는 방법으로 진행하는 사업이다.

권리변환방식

권리변환이란 제 1종 시가지 재개발 사업에서 재개발지구의 권리자나 주민의 종전의 토지와 건축물에 대한 권리를 평가액에 따라 새롭게 정비된 건축물의 부지 및 바닥에 관한 권리로 전환하는 구조이다. 이 방식은 권리자의 종전의 토지, 건물의 권리를 입체환지하여 빌딩 바닥에 권리를 등가교환한 것으로 간주된다.

권리변환을 희망하지 않는 경우는 사업계획결정 공고 후 30일 이내에 권리자, 주민이 시행자에 대하여 그 취지를 제의하고 금전의 급부 혹은 건축물을 다른 곳으로 이전하는 것이 가능하다.

용지매수방식과 관리처분

제 2종 시가지 재개발 사업(용지매수방식, 관리처분)은 공공단체시행에 의한 공익성과 긴급성이 높은 지구(예를 들면, 재해의 우려가 매우 높은 지구)에 적용된다. 이 사업의 특징은 전면매수방식 또는 관리처분과 강제수용의 권한이 주어지는 것이다.

관리처분이란 제 2종 시가지 재개발 사업에서 시행지구 내에 잔류를 희망하는 권리자, 주민에 대해 사업계획결정의 공고 후 30일 이내로 종전의 권리에 대신하여 시설건축물의 일부 및 부지의 공유지분의 양수를 희망하는 뜻을 신청하여 입체환지하는 것이 가능한 제도이다. 이 방법은 권리변환과는 순서가 반대되지만 실질적으로는 같다.

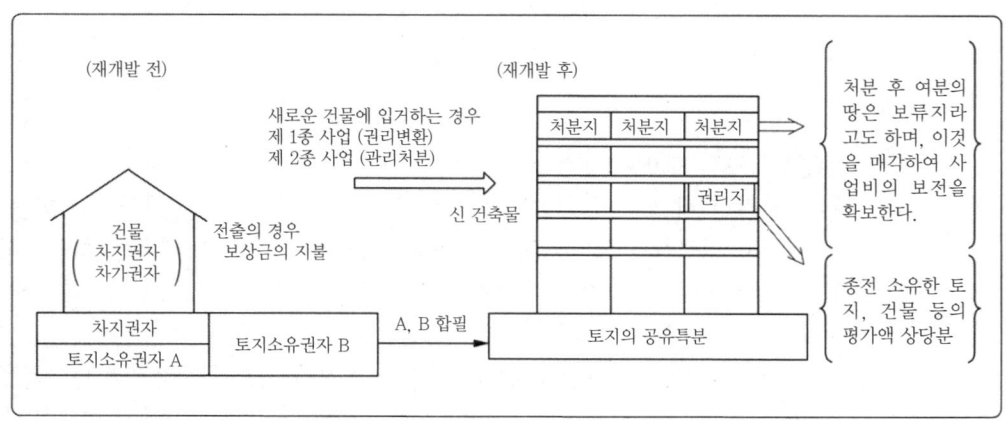

그림 4 시가지 재개발 사업(권리변환과 관리처분)

4. 공원녹지

□ 포인트   공원녹지는 도시의 녹지와 오픈 스페이스의 보전, 창출하는 것으로, 도로, 하천 등의 공공공지와 일체가 되어 도시의 틀을 형성하고, 자연과의 교류 속에서 스포츠, 문화 활동 등의 레크리에이션 등에 친밀감을 느낄 수 있고, 방재안전구역으로서 안전하고 쾌적한 도시환경, 생활환경을 구성하는 매우 중요한 기능을 하고 있다.

■ 해설   ▶ 공원의 분류
일반적으로 「공원」이라고 하는 것은 영조물공원과 지역성공원으로 크게

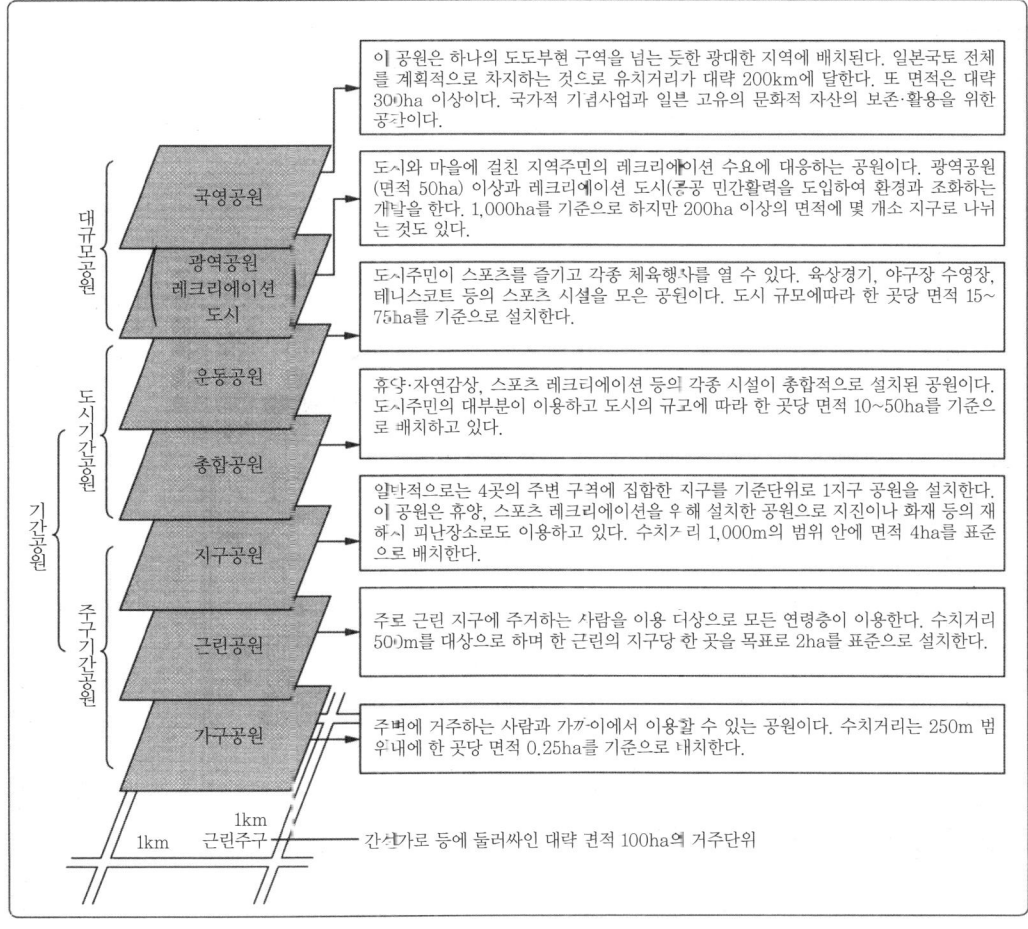

그림 1 도시공원의 종류

토목 계획

영조물공원 나눈다. **영조물공원**은 도시공원법에 기초한 도시공원의 대부분이다. **지역성**
지역성공원 **공원**은 자연공원법에 기초한 자연공원이며, 공원으로 지정되면 토지이용이 제한된다. 자연경관의 보전이 주목적이다.

▶ 도시공원의 종류

도시공원은 기능, 목적, 이용 대상자, 유치권역 등에 따라 다음과 같이 대규모 공원, 기간공원, 도시림, 광장공원, 특수공원, 완충녹지, 도시녹지, 녹지도로의 8종류로 크게 구별한다(그림 1).

도시림 **도시림**은 동식물의 생식, 생육을 하기 위한 환경을 갖춘 수림지이다.
광장공원 **광장공원**은 도심의 토지의 고도를 이용한 지역에서의 휴식의 장이 되는 광장이다. **특수공원**은 풍치공원, 동식물공원, 역사공원, 묘원으로 분류된다.
특수공원 **완충녹지**는 공장지대, 공항, 도로, 철도의 인접선에서의 소음, 진동 등의 공해방지를 위한 녹지이다. **도시녹지**는 도시의 자연환경의 보전, 도시경관의 향상을 위한 녹지이다. **녹지도로**는 재해 발생 시의 피난로의 확보라는 목적으로 자동차 교통과 분리해서 보행자의 안전을 지키고, 공원의 목적에 맞게 정비하고, 각종 시설과 연결한 다목적 공간이다.
완충녹지
도시녹지
녹지도로

▶ 기간공원의 배치(그림 2)

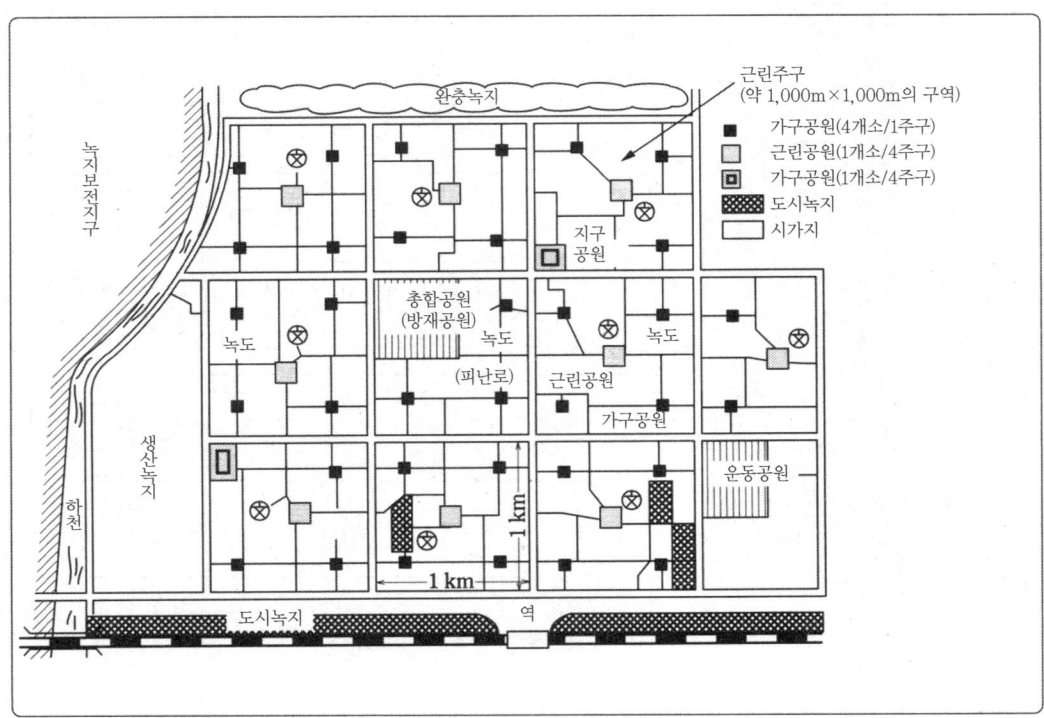

그림 2 기간공원의 도시단위의 배치

1. 순환형 사회와 에너지

□ 포인트

이 세상에 하나뿐인 지구는 「인류공통의 자산」이다. 우리는 인간과 자연, 인간과 인간 사이에서의 공생 관계를 형성하며 살고 있다. 환경문제가 인간을 포함한 지구상의 모든 생물종의 존속에 관한 중대한 과제인 것은 상호의존의 관계에 있기 때문이다. 그 때문에 에너지의 소비를 억제하여 필요한 에너지가 안정적으로 확보(공급)되도록 한정된 자원을 유효하게 활용하는 절약 에너지 기술의 확립이 시급하다.

■ 해설

▶ 잃어버린 자연

생태계
물질순환

자연계에서는 생물과 자연, 생물과 생물이 서로 상호작용하여 균형을 유지하면서 살고 있다. 이 연결을 둘러싼 전체를 **생태계**라 한다. 토양, 물, 삼림은 자연의 생태계를 유지하며 **물질순환**의 기초가 되고 있다. 순환부하에 의한 오염은 물질순환에 의해 다시 정화, 복원되지만 그 능력에는 한도가 있다.

지구온난화
산성비
오존층의 파괴

화석연료의 대량소비로 인한 **지구온난화**는 이산화탄소(CO_2)에 의한 대기 온실효과가스에 의한 것이며, **산성비**의 대부분은 유황산화물(SO_x), 그리고 **오존층의 파괴**는 프론 가스의 대기중 방출에 의한 것이다. 그림 1은 산성비가 생태계에 미치는 영향이고, 다음 페이지 그림 2는 오존층의 파괴를 나타낸 것이다.

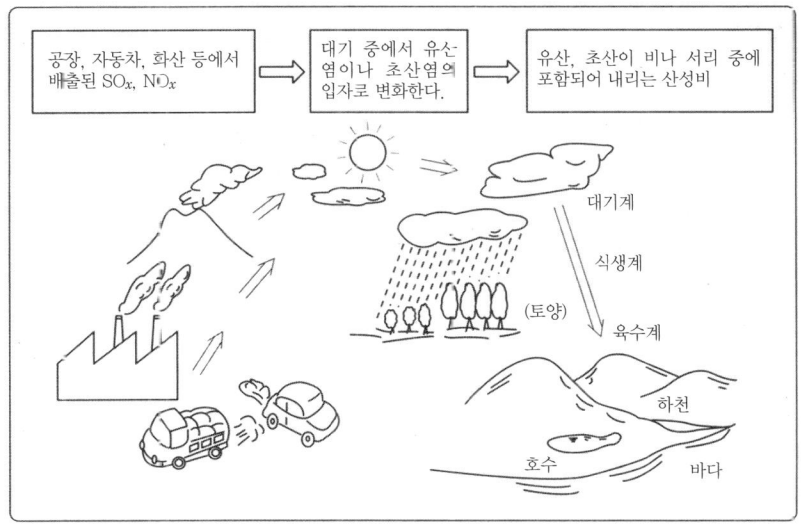

그림 1 산성비가 생태계에 미치는 영향

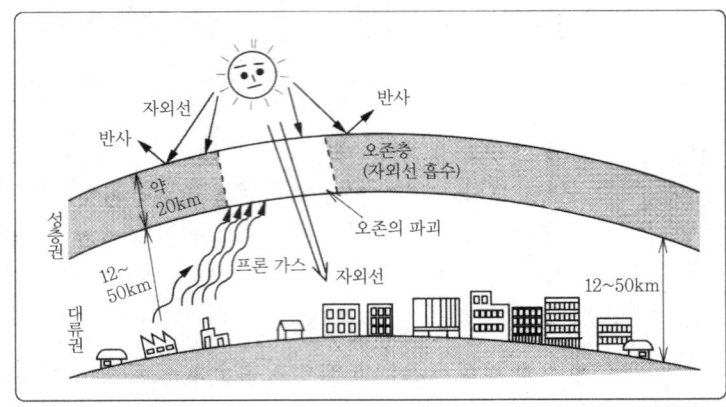

그림 2 오존층의 파괴

또한, 열대지방에서는 급속히 삼림면적이 감소하고 있는데 그 원인이 빈곤, 인구의 급증에 의한 연료용, 화전경작, 과방목 및 목재유출 등의 과벌채에 의한 것이다. 게다가 강한 일사나 다량의 강우에 의한 토양의 보수능력이 저하하여 토양 중의 양분이 유출되어 토지가 피폐해져 사막화가 점점 확대되고 있다.

본래 자연은 야생생물의 보물창고, 씨의 보존에 적합한 물, 토양이나 녹지의 재생이 가능한 환경이었으나, 자연의 정화력, 복원작용을 넘는 과도한 부하에 걸려 있고 그 때문에 이산화탄소나 프론 등의 온실효과 가스의 급증에 의한 기후변동이 일어나고, 삼림(녹지)의 소멸이나 지하수가 변동하여 고갈현상이 진행되었다.

▶ **환경기본법**

환경기본법은 환경보전에 관한 새로운 이념이나 지구환경시대의 틀을 나타내는 법률이며, 1993년에 성립되었다. 국제연합환경개발회의(지구 정상회담)(1992년)에서 합의한 리우데자네이루 선언을 거쳐, 「사회경제활동 그 외의 활동에 의한 환경에의 부하를 가능한 한 저감하고, 건전한 경제의 발전을 도모하면서, 지속적으로 발전 가능한 사회가 구축됨을 목표로 한다」라는 것이 총칙으로 내세워져, 대량소비, 대량폐기형 시스템의 사회경제활동이나 생활양식에 엄격한 경종을 울리고 있다.

▶ **지속가능한 개발을 위해서**

지구 정상 회담에서의 합의는 환경보전과 개발의 조화이다. 지금까지 공존되지 않은 것으로 여겨져 왔던 「환경보전」과 「개발」의 관계를 환경보전을 개발 프로세스의 일부로 간주하고, 양자를 통합하고 균형을 맞춰서 **「지속가능한 개발」** 을 찾는 것이 전 세계적으로 추구되어야 할 이념이라 정하였다.

환경보전과 방재

남북문제의 벽에서 볼 수 있듯이 앞으로의 식량, 에너지 문제에 대해 서로를 이해하며 해결할 수 있는 글로벌한 환경기술의 진전이 시급하다는 것에 인식을 같이하고 지구 정상회담에서 결정된 「아젠다 21」의 행동계획을 구체화하고, 남북관계의 공존의 길을 찾는 것이 절실하다.

환경 어세스먼트

▶ 환경 어세스먼트의 법제화

환경 어세스먼트는 도로, 철도 등의 공공사업, 대규모 택지조성, 공업개발 등의 지역개발이 행해지는 경우 사업에 앞서 주변의 자연환경이 어떤 영향을 받을 것인가를 사전에 조사하고, 예측, 평가하여 그 결과를 공표하고, 지역주민이나 환경단체 등의 의견을 반영시키도록 한다.

1997년에 「환경영향평가법(환경 어세스먼트법)」이 제정되었다. 이 법률에 기초한 환경 어세스먼트는 그림 3의 절차로 진행된다.

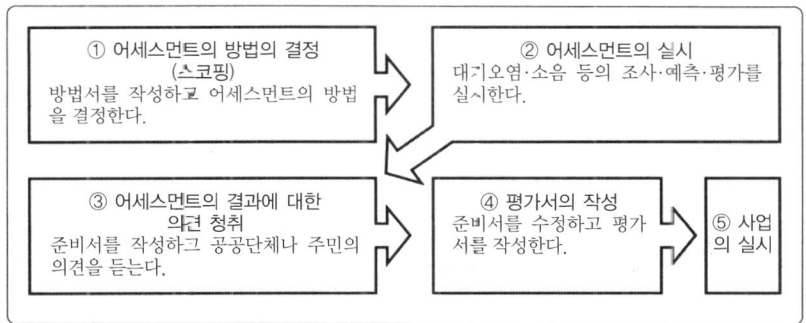

그림 3 환경 어세스먼트

▶ 에너지의 유효이용

앞으로 도시 활동의 기능이나 편리성을 유지하면서 환경에 대한 부하를 저감해 가기 위한 방책으로서 다음과 같은 사항이 있다.

① 에너지 수요의 억제책으로서 건축물의 단열성, 통기성에 관한 구조기술적의 연구추진과 조명, 공조 등 에너지절약 제어기술을 추진한다.

② 순환형 에너지 이용촉진책으로서 태양에너지나 풍력, 지열, 해양, 바이오매스 에너지 등의 로컬 에너지의 이용을 촉진한다.

로컬 에너지

③ 에너지의 효율적 이용정책으로서 에너지 효율을 높이는 가스터빈, 히트펌프, 연료전지 등의 연구를 추진한다.

▶ 미이용 에너지의 활용 시스템

도시배열

① **도시배열**(쓰레기배열, 공장배열, 지하철버열, 변전소배열 등) 및 수자원(하천수, 하수처리수, 해수 등)을 활용한 지역냉난방을 도입한다.

열·전력병합공급
(코제너레이션)

② **열·전력병합공급** 시스템에 의해 발전과 동시에 발생하는 배열을 이용한다.

2. 폐기물의 재활용과 재자원화

□ 포인트

쓰레기는 도시의 주거환경이 높은 수준으로 사람들의 업무활동이 고도화 됨에 따라 증대되고 있다.

일본에서 1년 간에 나오는 쓰레기량은 대략 3억 6,000만 톤 넘는다고 한다. 이 양은 1개월에 도쿄 돔의 천 배에 해당된다. 이 쓰레기의 활용을 목표로 한 리사이클형 사회의 구축이 요구되고 있다.

■ 해설

리사이클형 사회

▶ 리사이클형 사회의 구축

환경에 대한 부하를 저감시키기 위해 물건의 생산, 유통, 소비에서부터 최종처분에 이르는 흐름 중에서 최대한 쓰레기를 만들지 않도록 한다(그림 1).

① 다시 원래의 용도로 이용한다(본래의 리사이클).
② 원료로서 재생하여 이용한다(창조적인 리사이클).
③ 자연계에 무해한 형태로 돌려보낸다(환원의 리사이클).

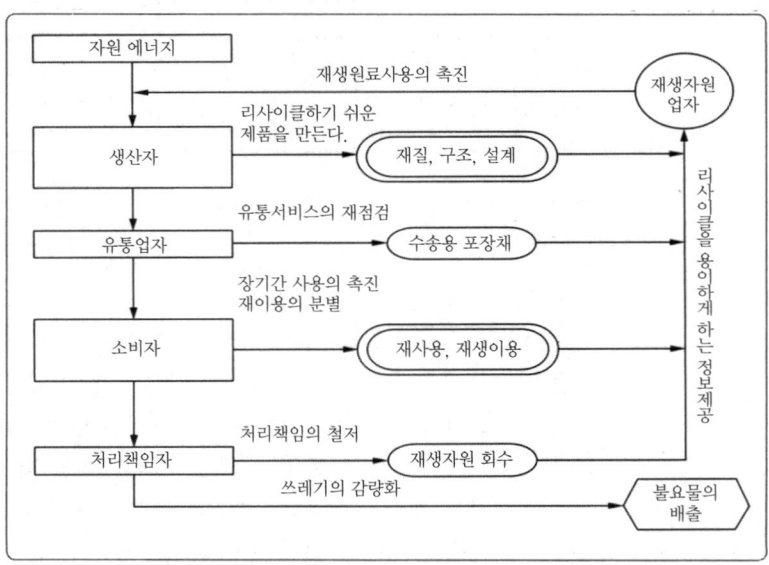

그림 1 리사이클을 진행하기 위한 역할, 분담도

▶ 폐기물의 종류

일반폐기물

일반폐기물은 가정, 호텔 등의 진개류가 쓰레기 전체의 약 12%를 차지한다.

산업폐기물

산업폐기물은 공장, 공사현장 등의 사업소에서 나오는 부산물이며, 법령으로 정해진 것이 19종이고 쓰레기 전체의 약 88%를 차지하고 있다.

환경보전과 방재

▶ 건설부산물 중의 재생자원과 폐기물의 관계

건설부산물이란 공사현장에서 작업 중에 부차적으로 발생한 물질을 말한다. **재생자원**이란 부산물 중 원재료로 이용할 수 있는 것, 또는 그 가능성이 있는 것을 말한다. **폐기물**에는 부산물 중에 원재료로서 이용 가능한 것과 불가능한 것이 혼재되어 있다.

재생자원
폐기물

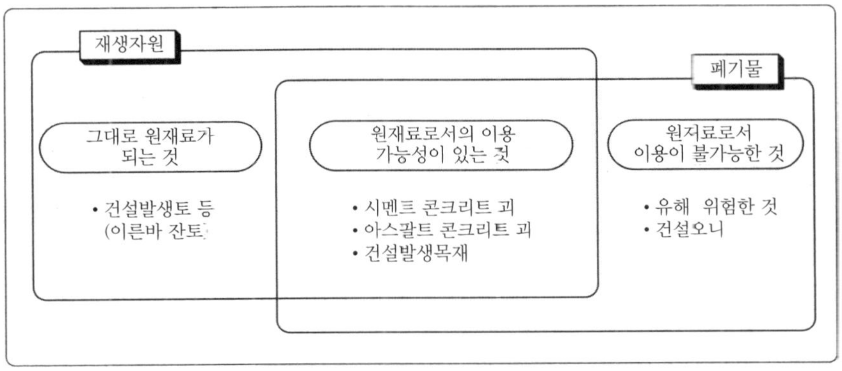

```
┌─────────────재생자원─────────────────┐              ┌──폐기물──┐
│                   ┌──────────────────┼──────────────┼────────┐│
│  ┌───────────┐    │  ┌────────────┐  │  ┌──────────┐│        ││
│  │ 그대로 원재료가│    │  │ 원재료로서의 이용│  │  │ 원자료로서 ││        ││
│  │   되는 것    │    │  │ 가능성이 있는 것 │  │  │ 이용이 불가능한 것││    ││
│  └───────────┘    │  └────────────┘  │  └──────────┘│        ││
│  • 건설발생토 등  │  • 시멘트 콘크리트 괴│  • 유해 위험한 것        ││
│    (이른바 잔토)  │  • 아스팔트 콘크리트 괴│• 건설오니              ││
│                   │  • 건설발생목재    │                        ││
└───────────────────┼──────────────────┘                        ││
                    └───────────────────────────────────────────┘│
                    └─────────────────────────────────────────────┘
```

그림 2 재생자원과 폐기물의 관계

▶ 건설폐기물의 최종처분장(p.587 참조)

최근 몇 년간 건설공사의 증대에 따라 특히 대도시 주변에서는 건설폐기물 최종처분장의 부족이 공사의 진척을 막는 원인 중 하나로 되고 있다.

처분장 신설의 지연은 지역내 처리의 원칙이 스케일 장점을 살린 안전성이 높은 폐기물 처리 시스템의 구축을 저해하고 있기 때문이다.

처분장 신설에 있어서는 다음과 같은 점에 유의할 필요가 있다.
① 주민합의의 관점에서 수원에서부터 일정지역의 입지는 회피한다.
② 사업계획책정에 있어서 시민참가나 정보의 개시에 의해 처분장의 구조 및 유지관리 등에 대해서 주변주민의 이해를 얻는다.
③ 관계하는 지역의 어메너티를 높이는 인센티브의 부여도 필요하다.

▶ 리사이클 플랜 21의 목표와 행동계획

「환경정책대강」(1994년 구 건설성 책정)을 거쳐 건설부산물 대책을 종합적으로 추진하기 위해 「리사이클 플랜 21(건설부산물 대책 행동계획)」을 책정하였다(p.586 참조).

다음과 같은 방책의 제안을 정리하고 있다.
① 설계의 연구 등에 의한 철저한 부산물 발생의 억제
② 공사 간 정보교환 등에 의한 최대한의 리사이클의 추진
③ 재이용이 곤란한 폐기물에 대한 적정처리의 추진
④ 적극적인 기술개발의 추진

3. 자연재해에 휩쓸리기 쉬운 국토

□ 포인트

일본의 국토는 지형적으로는 급격하고 험준한 산지가 많고, 지질적으로는 단층이 많은 취약한 지반조건이며 지진, 쓰나미, 폭풍, 호우, 산사태, 홍수, 고조, 화산분화, 폭설 등 다양한 종류의 자연재해가 발생하기 쉬운 자연조건 하에 놓여져 있다. 또한 인구의 도시집중, 고도화한 토지이용, 사회·산업의 복잡화에 의해 재해가 발생할 위험이 높아지고 있다.

■ 해설

자연재해

▶ 자연재해

주된 **자연재해**를 크게 나눠보면 진재, 풍수해 및 그 밖의 재해로 나누어서 생각할 수 있다.

① 지진의 발생은 건축물의 도괴, 소실, 전기, 가스 및 수도 등 라이프라인의 붕괴나 교통기관의 두절 등의 가능성이 있기 때문에 사전에 가능한 방재대책이 필요하다(그림 1).

② 풍수해는 진재의 발생과는 달리 태풍의 습격이나 집중호우의 시기가 예측되므로 사전 풍수해의 대비가 필요하다.

쓰나미
화산분화판
경계지진
활단층

③ 그 외의 재해로서 **쓰나미**, **화산분화**, 산사태 등은 지진과 연동하기 쉽

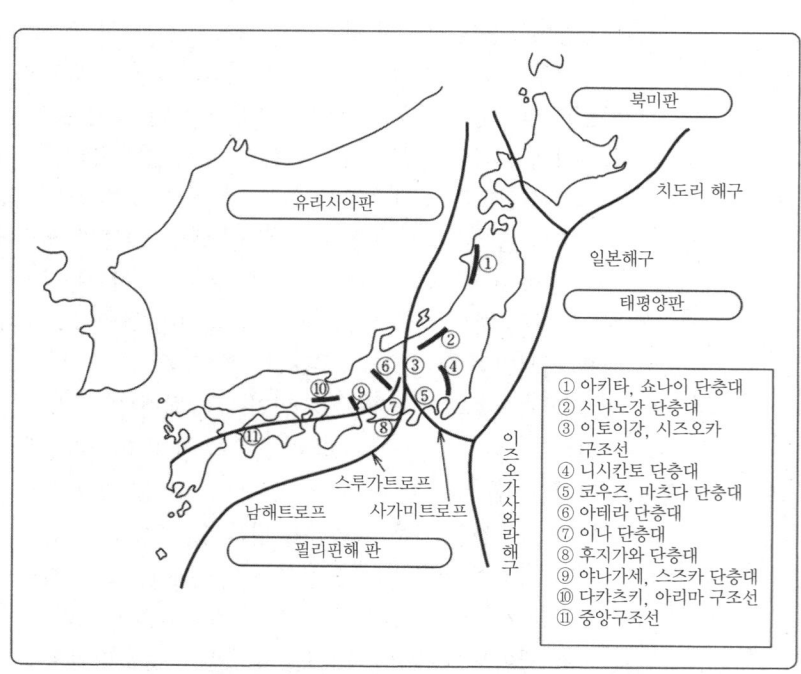

그림 1 일본 부근의 트로프(해구)와 판 및 일본의 대표적인 활단층대

고조

다. 드한 홍수, **고조**, 사면붕괴 등은 호우, 폭설, 폭풍우에 의한 경우가 많다. 피해를 최소한으로 하기 위한 평소의 대비가 필요하다.

▶ 풍수해에 대한 도시만들기의 추진

일본은 재해를 입기 쉬운 자연조건이므로 지진이나 화산활동 외에도 매년 같이 풍수해가 들이닥치고 있다.

1 다양한 기상, 지형, 지질조건

일본의 기후는 해상과 대륙의 2가지 기단의 영향을 받아, 6월부터 7월에 걸친 전선활동으로 인한 집중호우에 이어 7월부터 10월까지 태풍의 습격에 의한 폭풍우가 찾아오고, 또 겨울철의 한기단에 의해서 폭설의 피해를 받고 있다(그림 2). 지형의 대부분이 급격한 산지이며 하천의 기울기도 급하기 때문에 호우가 단시간에 집중해 홍수나 토사재해가 발생하기 쉬운 조건이다.

2 태풍, 호우로 인한 재해의 특징

토석류

전선이나 태풍에 의한 호우는 하천의 범람에 의한 홍수재해나 **토석류**, 벼랑의 무너짐 등의 토사재해의 원인이 되고 있다. 또한 기압저하와 풍우에 의한 고조는 연안부의 고조, 파랑재해로 이어지는 경우가 많다. 도시화의 진전에 의한 택지조성은 급경사지의 사면 붕괴를 시작으로, 유수지의 감소에 의한, 도시의 중소하천 범람의 위험을 초래하여 왔다.

이러한 풍수해 대책으로서 홍수대책에는 하천의 준설, 하도의 개수, 제방의 보강, 방수로의 정비 등이 이루어지고 있다. 또한 고조나 쓰나미 대책에는 해안제방이나 방조제의 정비 등을 들 수 있다.

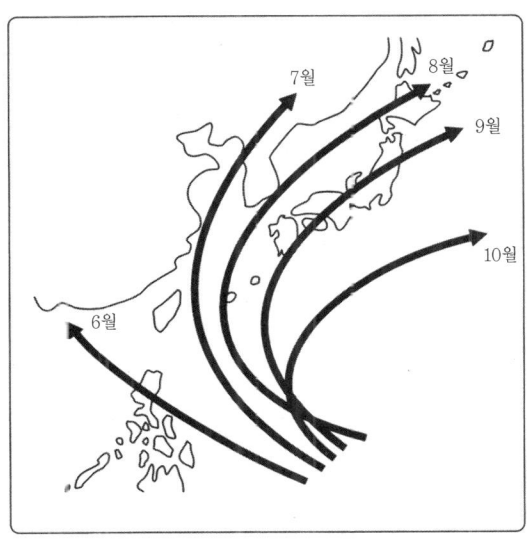

그림 2 태풍의 평균적인 월별 코스

4. 지진에 강한 도시 만들기

□ 포인트

1995년 1월 17일 날이 밝기 전에 발생한 한신 아와지 대지진은 매그니튜드 7.2(진도 7)를 기록하여 수많은 귀중한 인명을 빼앗았고, 관동대지진 이후 엄청난 피해를 초래하였다(그림 1). 그 피해는 철도, 고속도로, 항만, 라이프라인 등의 사회적 기반시설에서부터 주택, 건축물의 붕괴, 목조노후주택의 밀집지 화재에 의한 연소 등으로 막대하였다.

■ 해설

▶ 방재도시 만들기

재해에 강한 안전한 도시를 형성하기 위해서는 지진재해의 모든 단계에서 얼마나 피해를 최소한도로 방지하는 지가 중요하다. 피해를 줄이려면 사전에 도시의 방재 구조화를 도모하여 시가지의 면적정비나 각종 도시시설의 총합적이며 일체적인 정비의 추진이 필요하다. 동시에 정보통신 시스템을 활용한 「지진방재 네트워크 시스템」의 구축이 요구되며,

그림 1 한신 아와지 대지진

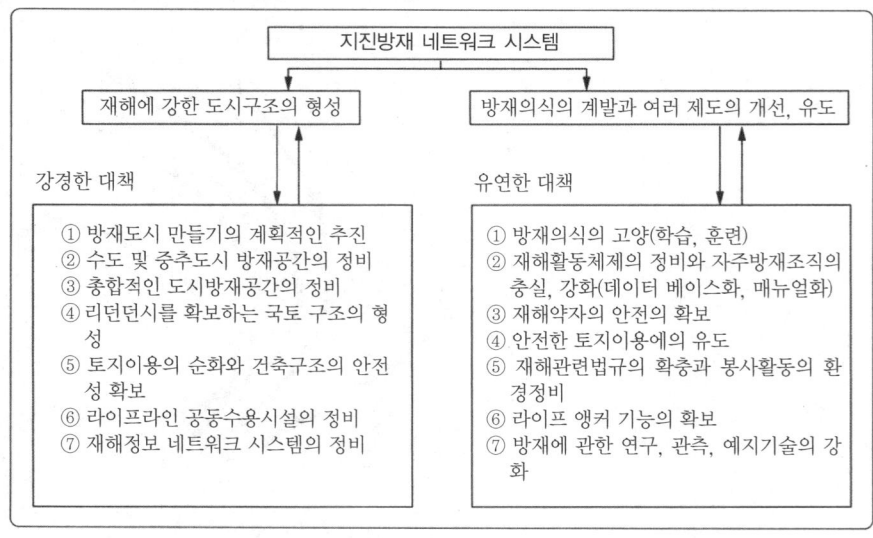

그림 2 지진방재 네트워크 시스템

이를 위해서는 다음과 같은 강경책과 유연한 대책이 요구된다(그림 2).

▶ 재해에 강한 도시구조의 형성

① 도시기반의 면적 정비의 확충을 도모한다.

도시기반이 미정비로, 방재상 위험한 목조밀집지를 해소하고, 방재성이 높은 시가지의 형성을 추진한다.

② 방재안전가구의 정비를 실시한다.

방재안전가구란 도로, 공원 등의 도시기반시설을 정비하고 의료, 복지, 행정, 피난, 비축, 에너지 공급 등의 기능을 가진 공익시설을 집중 정비하여 상호 제휴에 의해 지역의 방재활동 거점이 되는 가구를 말한다(그림 4).

③ 종합적인 도시방재공간의 정비를 도모한다.

도로, 공원, 녹지, 하천, 내화건축물군 등의 유기적인 배치와 연대에 의해 각각의 기능을 유효하게 활용하여 재해의 확산방지를 도모한다.

그림 3 액상화 현상

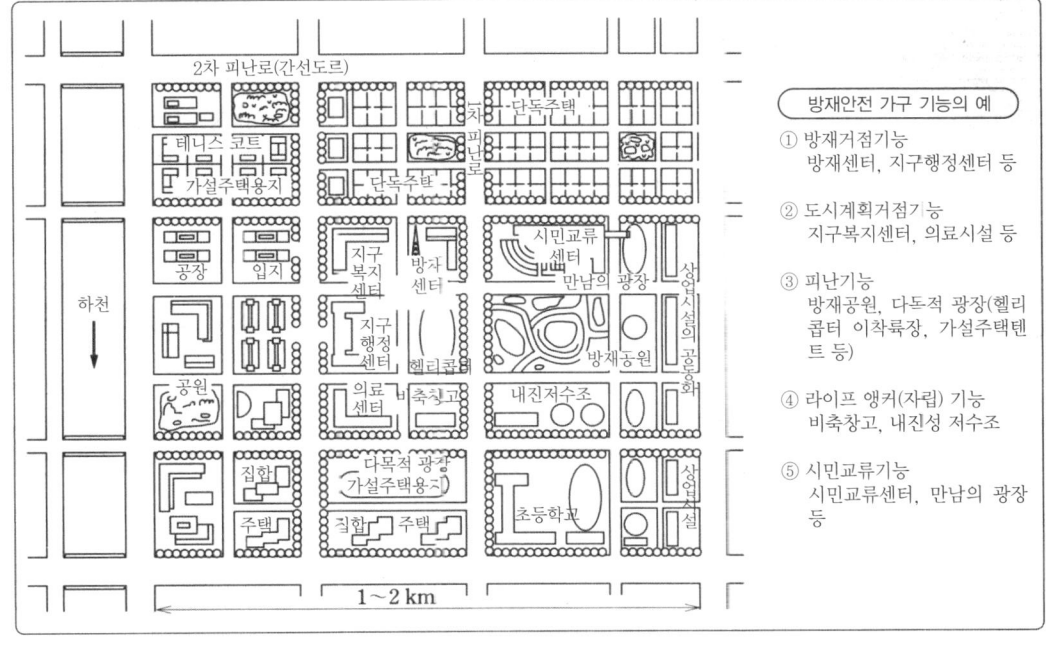

그림 4 방재안전가구 이미지

인용·참고문헌

제1장, 제2장

1) 日本建設業団体連合会・日本土木工業協会：建設業ハンドブック 2000, p.25, 日本土木工業協会, 2000 年
2) 国土庁：21 世紀の国土のグランドデザイン, 旧大蔵省印刷局, 1998 年
3) 2000/2001 日本国勢図会, p.407, 国勢社, 2000 年
4) 国土建設の 50 年, 朝日新聞社, 1996 年
5) 日本経済新聞 1996 年 7 月 6 日

제3장

1) 土木学会 編：土木工学ハンドブック第 4 版 II, p.2 612, 技報堂出版, 1990 年
2) 宮田隆弘, 他 共著：絵とき 土木計画, p.74～85, オーム社, 1995 年
3) 旧建設省：平成 8 年度版 建設白書, 旧大蔵省印刷局, 1996 年
4) 多自然型河川工法設計施工要領（暫定案）, 山海堂, 1994 年

제4장

1) 土木学会 編：土木工学ハンドブック第 4 版 II, p.2 576, 技報堂出版, 1990 年
2) 宮田隆弘, 他 共著：絵とき 土木計画, p.86～103, オーム社, 1995 年
3) 旧建設省：平成 7 年度版 建設白書, p.79, 旧大蔵省印刷局, 1995 年
4) 久保田昌治：知っておきたい新しい水の基礎知識, p.50～61, オーム社, 1994 年

제5장, 제6장

1) 旧建設省：建設白書, p.119～120, 平成 8 年度版, 旧大蔵省印刷局
2) 都市計画法制研究会：都市計画法令要覧, p.2～30, 平成 8 年度版, ぎょうせい
3) 日本公園緑地協会：公園緑地マニュアル, p.141～143, 平成 6 年度版, 日本公園緑地協会
4) 旧建設省都市局区画整理課：区画整理, 39 巻 4 月号, p.4～32, 日本土地区画整理協会, 1996 年
5) 根津浩一郎：エネルギーと熱のエコシステム, 土木学会誌, 1992—6 別冊増刊, 土木学会
6) 建設副産物のリサイクル運動, 建設業しんこう 216 号, p.2～13, 1993—12 建設業振興基金
7) 旧国土庁防災局：防災基本計画, 平成 7 年版, 旧大蔵省印刷局

제12편 농업 토목

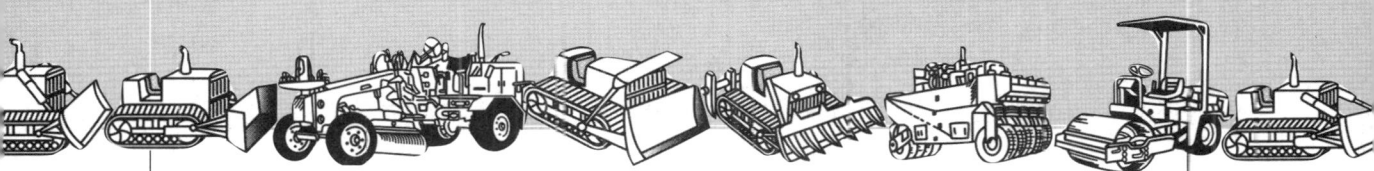

제1장 농업수리
제2장 관개
제3장 농지의 배수
제4장 농지의 조성
제5장 농지의 정비와 보전
제6장 지역개발과 농촌정비

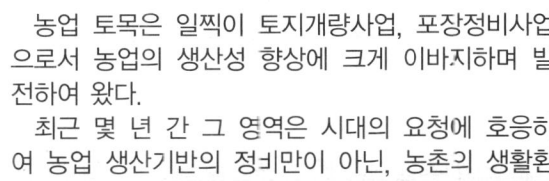

　농업 토목은 일찍이 토지개량사업, 포장정비사업으로서 농업의 생산성 향상에 크게 이바지하며 발전하여 왔다.
　최근 몇 년 간 그 영역은 시대의 요청에 호응하여 농업 생산기반의 정비만이 아닌, 농촌의 생활환경정비, 그리고 국토의 보전이나 풍족한 지역만들기를 목표로 하여 폭넓은 분야에 걸쳐 있다. 즉, 농업 농촌정비사업으로서, ① 관개배수, 포장정비, 농업지의 재편, 개발 등의 농업생산기반정비, ② 농로정비, 농업집락배수의 정비, 물 환경의 정비 등의 농촌생활환경 정비, ③ 농지방재, 농지보전 등의 농촌보전과 관리 등 여러 가지 대책 사업이 시행되고 있다.
　이와 같이 농업 토목은 생산, 생활, 자연의 세 가지 환경을 조화시키면서 공학적 방법에 따라 농촌공간을 총합적으로 정비하려는 것이다.

12 농업 토목

1. 농업과 물

□ 포인트

농업수리

관개배수

토양수분

농업과 물, 즉 **농업수리**는 농지에 물을 조직적으로 공급하고, 배수하는 것을 총칭하는 것으로, 다른 말로 하면 **관개배수**라 한다. 작물은 토양 중의 수분이 너무 많거나 또는 너무 적어도 생육하지 않는다. 다수량 고품질의 작물을 수확하기 위해서는 필요한 수분을 공급하거나 지나친 수분을 배제하고 **토양수분**을 적정한 상태로 유지할 필요가 있다.

■ 해설

▶ 관개배수의 필요성

일본은 강수량이 많고 작물에 적합한 기상조건을 갖추고 있지만, 강수량이 계절에 따라 편중되어 분포되어 있기 때문에 농업생산의 안정을 위해서는 관개배수의 필요성이 크게 요구된다.

▶ 관개배수의 효과

관개배수에는 주로 다음과 같은 효과가 있다.

토지생산성

① 작물을 생육할 때 물의 과부족을 조절하여 **토지생산성**을 향상시킨다.

노동생산성

② 약제를 물과 함께 살포하거나, 과잉수를 배제하고 기계를 효율적으로 운행하여 **노동생산성**을 향상시킨다.

■ 관련사항

논 관개용수

밭 관개용수

축산용수

▶ 농업용수의 내역

논 관개용수는 논 면적이 감소경향에 있기는 하지만, 논의 범용화에 따르는 용수량의 증가나 용·배수분리에 따르는 반복이용률의 저하 등에 따라 수요량은 거의 보합상태이다. **밭 관개용수**는 밭 관개시설의 정비면적이 늘고 있으며, 수요량이 증가하고 있다.

특히 하우스 등의 시설원예에 관계된 용수량이 늘고 있다. **축산용수**는 가축의 수가 근년 보합상태의 경향을 보이므로 앞으로도 크게 변화하지 않을 것이라 추측된다.

표 1 농업용수의 수요내역(단위 : 억 m^3/년)

용도 \ 년	1975년	1983년	1989년	1996년
논 관개용수	560	562	559	559
밭 관개용수	7	18	22	26
축산용수	3	5	5	5
합계	570	585	586	590

「일본의 수자원」(1999년판)국토청

1. 밭 관개의 용수량

□ 포인트
관거

농업생활에 필요한 물을 수원에서 조직적으로 농지까지 끌어들여 공급하는 것을 관개(灌漑)라 한다.

밭 관개 계획의 기본은 밭의 토양, 수요작물, 기상조건 등을 총합적으로 예측하여 밭의 물 소비와 토양수분 특성에 의해 1회의 관개수량과 관개수량을 결정하는 것이다.

■ 해설

▶ 밭의 물 소비

증발산량

그림 1과 같이 작물의 증산량과 토양면의 증발량을 합계한 것을 **증발산량**이라 한다. 이것이 밭의 소비수분량이며, 실측으로 구한 라이시미터 법이나 토양수분감소법, 기상자료의 계산으로 구한 블라네이-크리들 법 및 증발산비법이 있다.

포장용수량

토층안의 수분은 관개 후 땅 아래 방향으로 침투하여 **포장용수량**에 달한다. 그러나 맑은 하늘이 계속되면 그림 1과 같이 작물토층의 흡수근에서 수분이 소비된다.

흡착수는 작물에 이용되지 않는 모관 수의 유용수분이다. 작물의 정상

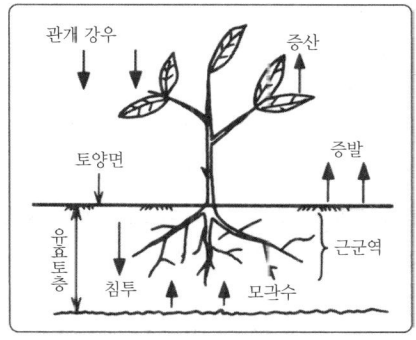

그림 1 밭의 물소비 모식도

성장저해 수분점

적인 생육을 기대하려면 이 토층 내의 수분이 **성장저해 수분점**에 도달하기 전에 관개할 필요가 있다.

■ 관련사항

▶ 토양수분정수와 TRAM(Total Readily Available Moisture)

유효토층
제한토층

그림 1과 같이 작물의 뿌리가 자라고 있는 범위(근군역)와 모관수에 의해 뿌리가 수분을 흡수하는 토층을 **유효토층**이라 한다. 특히 유효토층을 여러 단계로 구분할 때 수분소비가 현저한 토층을 **제한토층**이라 한다.

전유효 수분(TAM)
트램(TRAM)

포장용수량(pF=1.5) 이상의 물은 중력수로서 토층의 심부에 배수된다(다음 페이지 그림 2). 또한 영구흡습점(pF=4.2) 이하의 수분은 흙입자에 강한 힘으로 흡착되어 농작물 뿌리에서 흡수되지 않는다. 이 사이의 수분을 **전유효 수분(TAM)**이라 하며 그림 2의 모관수에 해당한다. 앞에서 서술한 포장용수량에서 성장저해수분점(pF=3.0)까지의 수분을 **트램(TRAM)**이라 한다.

■ 알아두면 편리 – pF란

흙 입자에 유지되는 토양 안의 수분을 제거하는 힘을 물기둥의 높이 [cm]로 환산하여 상용대수를 이용해서 나타낸 값을 말한다(그림 2).
예 : 1기압=1,000cm 상당이기 때문에 $\log 10^3 = 3$ (pF)이 된다.

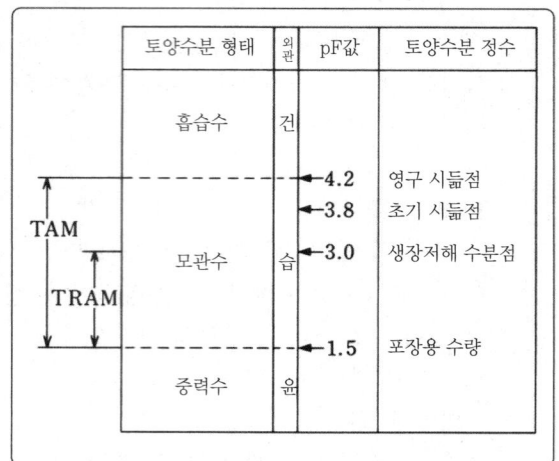

그림 2 토양수분과 pF의 관계

□ 관련사항

간단관개

▶ 1회의 관개수량과 간단일수

밭 관개는 앞서 설명한 것처럼 일반적으로 **간단관개**가 채용된다. 그림 3과 같이 성장저해수분점에서 포장용수량이 되기까지 수분을 보급하지만, 이 사이에 강우가 있는 경우는 그때마다 관개수량을 뺀다. 관개에서는 5mm/일 이상의 강우 중 80%를 유효우량으로 생각한다. 1회의 관개수량 I[mm]는 다음 식으로 나타낸다.

$$I = (FC - RM) S_a d \div SMEP \qquad \cdots (1)$$

여기서,

FC : 포장용수량(함수비 %),   RM : 성장저해수분점(함수비 %)
d : 제한토층의 두께 [mm], S_a : 토양의 가비중
SMEP : 수분소비비율 [%] : 제한토층과 유효토층의 소비수분의 비

간단일수

포장에 관개하는 간격, 즉 **간단일수**는 TRAM을 최대계획일 소비량(피크 시의 일소비량)으로 나누어 끝 수를 빼고 일단위로 구한다. 그 간단일수의 수만큼 관개구역을 블록으로 나누어 두면 작업효율이 좋고, 시설을 합리적으로 사용할 수 있다.

로테이션 블록

이와 같이 1개의 블록을 차례로 돌아가며 관개해 가는 방법을 **로테이션 블록**이라 하며, 밭 관개의 기본이 되고 있다(그림 4).

일반적으로 강우가 있어도 로테이션 블록의 관계에서 간단일수를 바꾸지

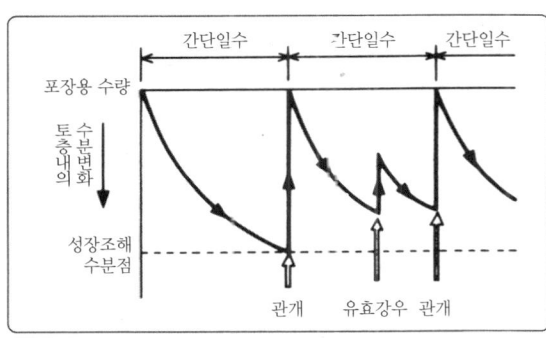 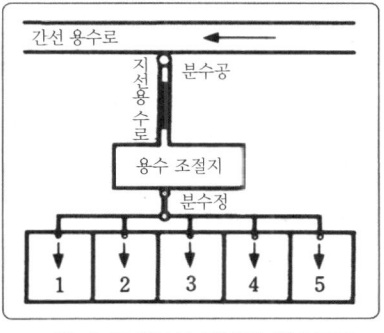

그림 3 토층 너의 수분변화와 간단일수 　　　그림 4 로테이션 블록과 배수조직

않고, 1회의 관개수량을 줄여 대응한다.

그림 4에서 간지선용수로는 보통 24시간 둘이 흐르지만, 관거작업은 하루 종일 행해진다. 이 야간의 잉여수를 저수하기 위해 포장 가까이의 지선용수로 도중에 설치된 소형저수지를 **용수조절지**라 한다.

▶ 밭 관거효율

간선용수로에서 취득한 용수량은 말단의 포장에 도달하는 동안 누수나 증발에 의해 손실수량이 생긴다. 이 취수량에서 포장에 달한 용수량의 비율을 **반송효율** E_c[%]라 한다. 또한 관개 강도의 부적합함이나 과도한 관개수량에 의해 지표면에서 유출되거나 토층의 지하깊이 침투해버리는 손실수량이 있다. 포장어의 관개수량에 대한 유효토층 내의 토양 중에 축적된 수량의 비율을 **적용효율** E_a[%]이라 한다.

이러한 여러 효율을 고려한 것을 밭 **관개효율** E_i[%]라 하며, 다음 식으로 나타낸다. 표 1이 일단의 기준으로 되어 있다.

$$E_i = E_c E_a / 100 \quad \cdots (2)$$

표 1 밭관개 효율의 기준

관개 방법	적용효율 E_a[%]	반송효율 E_c[%]	관개효율 E_i[%]
산수관개	80~90	85~95	70~85
고랑관개	70	85~95	60~65

■예제　　간단일수의 계산

어느 밭에서 피크 시의 하루 소비수량을 7mm, 1회의 관개수량을 40mm로 했을 때 간단일수를 구하라.

답

간단일수의 고려방식에 의해 40/7=5.71이 되며, 소수점 이하를 버리면 간단일수는 5일이다.

2. 밭 관개의 방법

□ **포인트**

관개강도

침입도

■ **해설**

밭 관개방법은 다음 기록한 세 가지로 나뉜다. 또한, 관개강도와 관개방법을 결정하기 위해 **침입도**를 측정해 두는 것이 중요하다.

▶ **지표관계(그림 1)**
 (a) 고랑법
 (b) 보더법
 (c) 월류법
 (d) 수반법

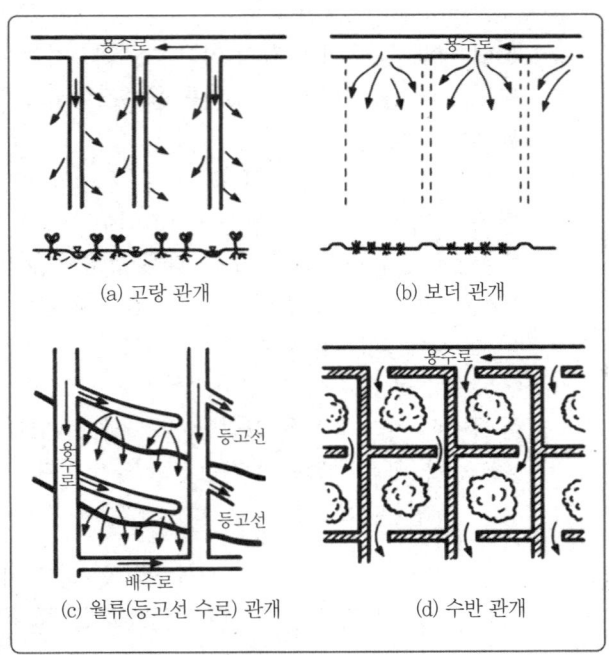

그림 1 지표관개의 방법

▶ **살수관개**
 ① **스프링클러법** : 압력수를 분사하여 빗방울 모양으로 살포한다.
 ② **다공관법** : 작은 구멍을 다수 가진 파이프로 살포한다.
 ③ **점적법** : 호스의 노즐에서 작은 물방울로 방울방울 떨어뜨린다.

▶ **지하관개**
 ① 배수로를 막아 멈추게 하고 지하수의 모세관상승에 따라 관개한다.

② 땅속에 다공관을 매설한다.

□ 관련사항

▶ 기초침입도(Intake rate)

침입도란 토양 중에 물이 침입하는 속도를 말하며, [mm/h]로 나타내고 고랑법과 산수관개강도를 알 수 있는 원통법이 있다. 그림 2는 일반적인 원통법이며, 그림 3과 같이 침입속도는 시간과 함께 감소하여 거의 일정값에 가까워진다. 이것을 **기초침입도**라 한다.

기초침입도

적산침입량 D[mm]와 시간변화 t[mm]와의 관계식을 미분하여 구하려는 침입도 I[mm/h]는 다음 식으로 나타난다.

$$D = Ct^n \qquad \cdots\cdots(1)$$

$$I = 60Cnt^{n-1} \qquad \cdots\cdots(2)$$

여기서, C, n : 토양에 따라 정해지는 정수

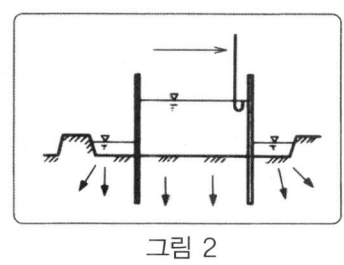

그림 2

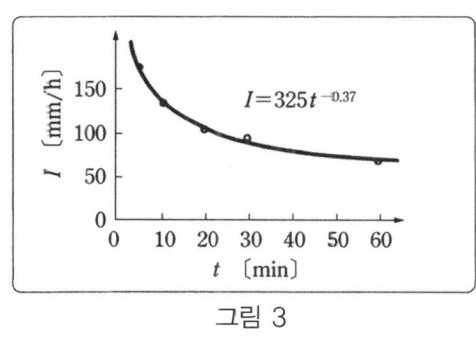

그림 3

■토픽 – 밭 관개의 다목적 이용과 효과

일본의 밭 관개는 전쟁 후의 고도성장기 이후 스프링클러법이 발달하여, 이 방식이 많이 채용되어 왔다. 또한, 최근에는 시설원예의 진흥에 따라 점적법의 실시사례도 성행하고 있으며, 적용에 대한 기대도 높아지고 있다. 한편, 지표관개의 사례는 적지만 앞으로 전환 밭이나 간척지에서 기존의 수로시설을 사용하여 실시될 적용성(가능성)은 매우 높다.

밭 관개는 본래의 목적인 수분보급 이외에 경기, 정지, 파종, 정식기의 관개, 동상해의 방지, 액비나 약제의 살포에 의해 재배환경의 개선, 농작업 관리의 활성화, 기계화, 기상재해의 방지 등의 다목적 이용의 효과가 기대되는 시도가 활발해졌다. 이와 같이 밭 관개는 재배체계의 합리화, 토지이용의 고도화에 의해 영농발전의 근간이 되고 있다.

3. 논 관개의 용수량

□ 포인트

포장단위용수량

감수심

그림 1의 모식도에서 알 수 있듯이 논의 물 수지에 있어서는 논의 수면에서의 증발량, 벼의 경엽에서의 증발량(양자를 합쳐서 증발산량이라 한다) 등 여러 가지 침투량이 주된 소비요인이다. 이러한 요인에 재배관리용수량을 더한 것을 **포장단위용수량**이라 하며, 유량[(m^3/s)/ha] 또는 일당 수심[mm/일]이라 하며, 논에서 실측하여 구할 수 있다.

특히, 포장으로 소비되는 증발산량과 침투량을 합산한 증발산침투량은 **감수심**[mm/일]이라 부르며, 논에서 실측하여 구할 수 있다.

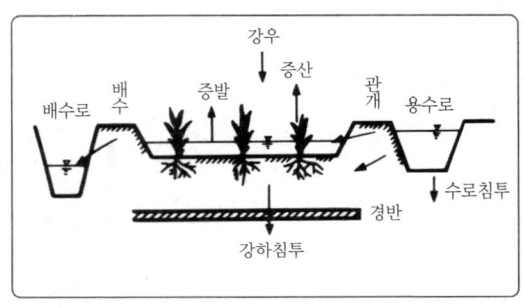

그림 1 논의 물소비 모식도

■ 해설

순용수량

증발산량

침투량

포장단위용수량에서 유효우량(밭 관개의 항 참조)을 뺀 것을 **순용수량**이라 한다.

증발산량에 대해서는 기상조건 및 벼의 생육단계가 중요하고 **침투량**에 대해서는 논이나 수로의 수리적 조건이나 토양의 투수성이 큰 규제인자가 되고 있다. 이상을 정리해 보면 순용수량 즉, 포장에 관개해야 할 수량은 다음 식과 같이 된다.

순용수량
=(증발산량+침투량+재배관리용수량)−유효우량 ⋯(1)

시설관리수량

조용수량

용수를 수원에서 말단의 논까지 송수, 배수하는 도중에 없어지거나 사용되는 모든 수량을 **시설관리수량**이라 한다. 용수계획에서의 송수손실률은 5~10% 정도로 전망하고, 배수관리용수율은 취수량의 5~10%를 기준으로 하고 있다. 이 시설관리용수량을 순용수량에서 감한 것을 **조용수량**이라 하며, 다음 식으로 나타난다.

조용수량
=순용수량/{1−(송수손실률+배수관리용수율)} ⋯(2)

□ 관련사항

▶ 전체 용수량에 대해서

일정 넓이를 가진 논의 전체 용수량은 조용수량에서 그 구역의 지구 내 이용가능량을 제외한 지역용수량을 고려하여 결정된다.

지구 내 이용가능량에는 지구 내의 보조수원(저수지, 지하수 등)의 이용과 논 관개수가 경계침투에 의해 하류부를 향해 유출되는 환원수의 반복이용량이 있다. 또한 농업용수는 관개용수로 이용될 뿐만 아니라 농가집락 내 등에서 영농잡용수, 방화용수, 융설용수, 환경유지용수, 지하수 함양 용수 등에 이용되고 있다. 이것이 **지역용수**이며, 관개기간, 비관개기간 별로 산정하여 용수계획에 반영시킬 필요가 있다.

지역용수

① 증발산량에 대해서

논 용수량의 계획은 증발량과 증산량을 분리하여 생각할 필요는 없다. 논의 수면에서의 증발량은 벼의 생육과 함께 점차 감소하며, 증산량은 모내기부터 수잉기, 개화기까지는 상승(피크 시의 일평균 5mm/일)하지만, 그 후 일정값으로 정착한다. 이 관계를 그림 2에 나타냈다.

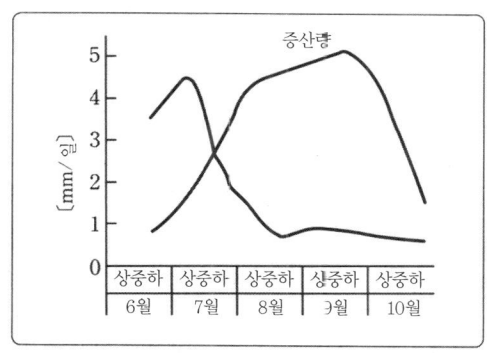

그림 2 보통재배에서의 증발량과 증산량의 변화

② 침투량에 대해서

강하(연직)침투량
경계(횡)침투량

그림 1에서처럼 경반을 통해서 침투하는 **강하(연직)침투량**과 **경계(횡)침투량**이 있다. 침투량은 토성(土性), 토층의 상태, 지하수위 등에 의해 크게 변화하며, 논의 물 수요에 크고 작은 영향을 준다. 적정침투량은 통상 15~25 mm/일이다. 이 때문에 지하수위가 높고 침투가 작은 논에서는 개거암거(제3장 참조)를 정비하고, 반대로 투수성이 큰 논에서는 작토 진압이나 객토를 하여 투수량을 억제하는 공법이 시행된다.

▶ 재배관리용수량

논에서는 냉해와 고온장해의 방지, 약제살포, 생육제어 등을 위해 물의 관리(심수, 천수, 중간낙수, 간단관개, 계류관가)를 행한다, 이와 같은 물관리의 과정에서 포장 외에 유출되는 물을 **재배관리용수량**이라 한다

재배관리용수량

▶ 논의 포장단위용수량 시기별 변화

논의 물 관리는 토양이나 기상조건, 재배품종, 수리권 등 많은 요인이 있으며 복잡다양하다. 논의 물 이용의 경과는 못자리, 써레질 용수 → 전식기에서 중간 낙수까지의 용수 → 중간 낙수에서 수확 전의 낙수까지의 용수와 같이 변화한다.

일반적으로 이식 전까지의 초기용수량과 이식 후부터 벼 생육기간을 통해서 낙수까지의 보통기 용수량으로 구분한다. 이 보통기의 물 관리 예를 그림 3에 나타내었다.

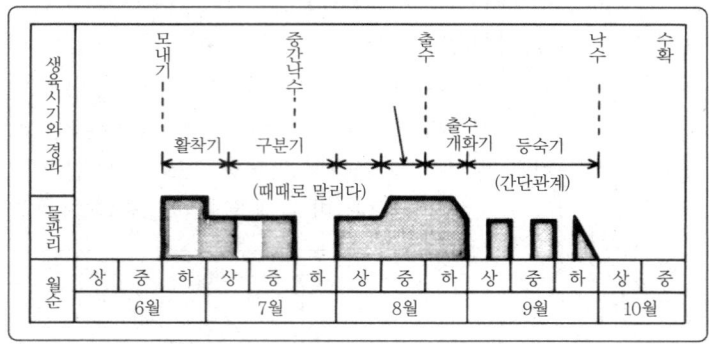

그림 3 보통기의 벼 재배의 물 관리 예

써레질

관개 초기의 못자리용 수량은 전식기의 보급에 의해 포장에서의 육묘에서 하우스 육묘로 크게 변환되었다. **써레질**은 웅덩이를 파고 쇄토하여 논의 누수를 방지하고, 논 면의 균질화를 도모하여 이식을 용이하게 하는 작업이다. 이 때문에 다량의 물을 필요로 하고 습전에서 80~120mm, 건전에서 100~180mm, 누수전에서 150~250mm 정도를 사용한다.

■실무에 도움 - 논 용수량의 피크

보통기의 포장단위용수량의 최대값은 중간 낙수 후의 관개 시에 일어나는 경우가 많다. 즉, 지역에서 같은 재배방법을 취하는 경우가 많고, 관개 시기가 집중하여 여름의 갈수기와 겹쳐서 물 수요가 증대한다. 초기 용수량과 함께 용수시설의 규모를 결정하는 데에 큰 영향을 준다.

□관련사항　　▶ 광역의 논 용수량

물수지

일정 기간 내에 논 지역 전체의 **물수지**는 그림 4에서 알 수 있듯이 식 (3) 또는 식 (4)와 같이 나타낸다.

$$Q_1 + G_1 + P = Q_2 + G_2 + ET + \Delta S \quad \cdots\cdots (3)$$

$$Q_1 = Q_2 + (G_2 - G_1) + ET - P + \Delta S \quad \cdots\cdots (4)$$

여기서,

Q_1 : 지표유입량
G_1 : 지하수유입량
P : 지역강수량
Q_2 : 지표유출량
G_2 : 지하수유출량
ET : 증발산량
ΔS : 지역의 저류량의 변화

ΔS는 관개기간과 같이 길게 잡으면 무시할 수 있지만, (G_2-G_1)의 항은 지역에 지하수의 유동이나 토양의 특수성에 의해 크게 변화한다.

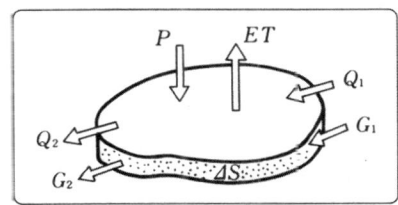

그림 4 광역 논의 물수지 모식도

■예제   광역 논에서의 감수심

연속간천 시에 일정 논지대에 용수 유입량의 합계는 8.6m³/s이었다. 또 이 지역에서의 배수량의 합계는 4.5m³/s이 되었다.

논면적을 5,000ha로 하면 논에서의 증발산량은 몇 mm/일 인가를 계산하라. 단, 지하수의 유입유출량은 0, 저류량의 변화는 없는 것으로 한다.

답

유입량과 배수량의 차가 증발산량이라 가정하여

$(8.6 - 4.5) \times 60 \times 60 \times 24 = 354,240 \text{ m}^3/\text{일}$

이 값을 논 면적으로 나누면

$354,240 \div (5,000 \times 10,000) = 0.0071 \text{ m}/\text{일}$

따라서, 일감수심으로 7.1mm/일이 된다.

■실무에 도움 - 수온과 수도의 생육

수도(水稻)의 적정온도는 30~34℃이지만 벼의 품종이나 생육기에 의해 달라진다. 활착에는 30~35℃, 경엽의 신장에는 30~32℃, 분얼(뿌리에 가까운 줄기의 관절에서 분기하는 것)에는 32~34℃라 가정한다. 최고의 한계는 40℃, 최저 한계는 20℃에서 냉수온장해를 생기고, 13℃에서 생육이 정지한다. 특히 유수형성기(幼穗形成期)에서의 세포분열 시기의 수온이 중요하며, 수량에 영향을 주는 것은 대부분이 출수(出穗) 전이다.

4. 논 관개의 방법

□ 포인트

논의 관개방법에는 급수시간에 의해 분류하는 연속관개(한번 쓰고 버리는 관개)와 간단관개(저류관개), 용수의 흐름에 의해 분류하는 윤번관개와 일필관개 및 순환 관개가 있다.

■ 해설

연속관개

간단관개

1 연속관개와 간단관개

용수가 풍부한 장소나 사질토의 누수가 과다한 논에서는 **연속관개**가 행해진다. 그러나 한 번 쓰고 버리기 때문에 취수가 저온인 경우는 냉수온장해에 유의할 필요가 있다. 간단관개는 1일 관개하면 며칠간 멈추게 하거나 야간에만 관개하여 낮 동안에는 중지하는 등 급수 시에 간격을 두고 급수하는 방법이다.

2 윤번관개와 일필관개

윤번관개
일필관개
일필

상류의 논에만 용수로에 접하고, 순차적으로 아래의 논으로 통수시키는 방법이 윤번관개이다. 또한 **일필관개**란 경계둑으로 둘러싸인 최소의 논 구획을 **일필**이라 하며, 이 일필마다 물의 홍정을 행하는 방법이다. 최근에는 포장의 구획정리 후에 그림 1과 같이 양쪽 끝에 용수로와 배수로를 배치하는 용배분리형을 많이 취하고 있다.

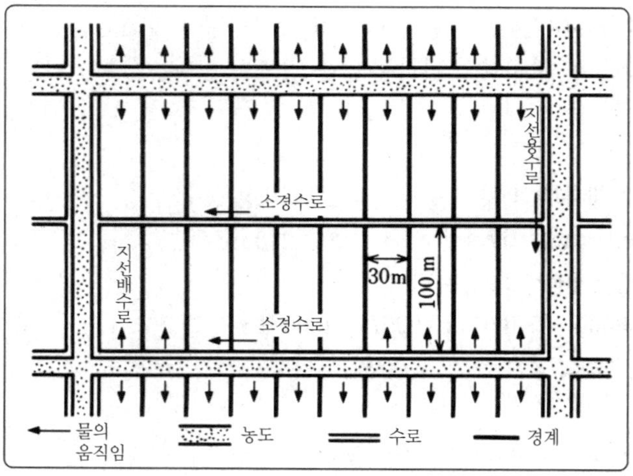

그림 1 논 조직도(구획정리 후)

3 순환관개

순환관계

논 블록의 말단에서 상위부까지의 지표배수나 지하수를 모아서 양수기를 사용하여 더욱 상위부에 환원하는 방법을 **순환관개**라 한다. 용수의 절약과 이수의 고도화를 도모할 수 있다.

■ 알아두면 편리 – 논 관개의 효과

수도재배에 필요한 물을 공급하는 것이 논 관개의 직접적인 목적이지만, 이 외에 다음과 같은 효과가 있다.

① 웅덩이를 파서 유해미량성분을 토층을 깊이 유하시키면 몇 십 년, 몇 백 년 연작해도 연작장해가 일어나지 않는다.
② 밭에서 발생하는 잡초가 생기지 않는다. 또한 야생 쥐나 두더지의 피해도 크게 줄인다.
③ 관개수에 포함된 자연의 비효분(N, K, Ca, Si, Mg 등)을 공급할 수 있다. 그러나 최근에는 오염된 물의 유입 등에 의한 문제가 발생할 수가 있다.
④ 토양이나 공기에 비해 높은 비열을 가진 물로 인해 지온을 유지할 수 있고, 한랭지에서의 저온장해나 냉해를 막을 수 있다. 또한 큐슈 남부에서는 과도한 고온을 피하기 위해 온천수를 한 번 쓰고 버리는 관개가 행해진다.

▶ 논의 2차적 효과

논에 물을 담아 두는 것은 국토보전으로서 태풍이나 큰비가 올 때 하천으로 물의 유출을 늦추는 저수지의 역할을 담당하는 것과 지하수에의 함양이라는 수자원 보전으로서 중요한 역할을 가지고 있다. 또한 벼에 의한 탄산동화작용은 대기를 정화하며 넓디넓은 전원의 풍경은 마음의 안정을 주기도 한다.

■ 반드시 기억해 둘 것 – 관개 용수의 수질오염

관개 수중에 혼입되어 피해를 주는 것은 광산 폐수나 공장배수에 의한 공업배수, 생활잡배수나 배설물에 의한 도시배수, 농업활동에 의한 비료 중의 질소, 인 및 농약의 유출이다. 이것은 관개수원인 하천이나 호수 및 용수로 중에 혼입하여 오염의 발생원이 되고 있다.

농업용수에 대해서는 1970년에 농업용수 수질기준이 설정되어 수재배에 관한 기준은 표 1과 같이 되어 있다.

표 1

pH(수소이온농도)	6.0~7.5
COD(화학적산소요구량)	6ppm 이하
SS(유기부유물질)	100ppm 이하
DO(용존산소)	5ppm 이하
As(비소)	0.05ppm 이하
Zn(아연)	0.5ppm 이하
Cu(구리)	0.02ppm 이하

또한, 해안 가까이에 있는 농지에서는 조풍해나 해수, 지하수의 염분이 염해를 일으키는 문제가 있다. 벼는 NaCl이 0.1% 이상이면 생리장해가 일어나고, 0.4~0.5%에서 고사한다고 알려져 있다.

5. 관개수원과 시설

□ 포인트

용수로

관개수원에는 하천, 호수, 저수지, 지하수 등이 있다.

수원에서 관개지역에 흐르는 수로를 **용수로**라 한다. 용수의 흐름은 두수공에서 간선수로 흘러들어가 침사지를 거쳐 관개지로 통한다.

용수로는 자연낙차에 의해서 배수되기 때문에 가능한 한 구역 내의 높은 곳을 통하도록 계획할 필요가 있다.

■ 해설

하천
호수
저수지
지하수

▶ 관개수원

하천은 수량, 수질로 보아 가장 적당한 수원이라 할 수 있다. **호수**는 저수능력도 크고 경제적인 수원이다. **저수지**는 새롭게 관개계획을 할 때에 설치되어 축조하려면 많은 비용이 들지만, 홍수조절이나 발전에 다목적으로 이용할 수 있다. **지하수**는 비교적 간단한 시설로 취수할 수 있는 장점이 있지만, 관개 용수로써는 수온이 낮다는 결점이 있다.

▶ 수원의 선정조건

수원의 선정조건은 ① 이용가능 수량이 많을 것, ② 이용가능 수량이 있는 기간이 길 것, ③ 수질, 수온이 양호할 것, ④ 취수가 용이할 것, ⑤ 관개지구에서 가까울 것, ⑥ 관개 지구에 자연유하가 가능할 것, 양수하는 경우에도 양정이 작을 것 등의 조건이 있다.

▶ 용수의 흐름(그림 1)

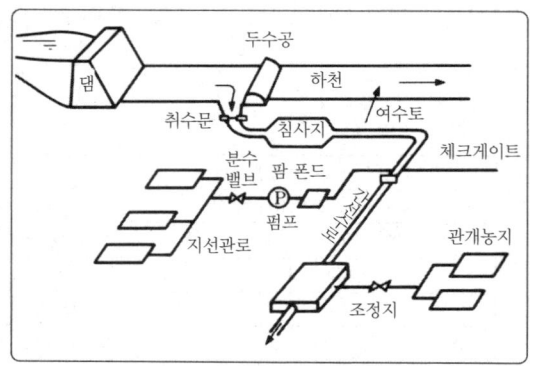

그림 1 용수의 흐름도

■ 관련사항

저수지⋯⋯물을 저류하는 목적으로 만들어진 못으로, 하천을 댐으로 마감하여 만든 경우가 많지만, 평지에서 흙을 쌓아올려 만든 것도 있다.

두수공⋯⋯호수, 하천 등에서 용수로에 필요한 용수를 끌어들이는 시설이며, 취수위어와 흡입구 및 침사지 등의 부대시설로 구성된다(그림 2).

그림 2 오타현 두수공

체크게이트(조정게이트)···수위, 유속, 유량을 조절하기 위해 수로의 도중에 설치한 게이트

분수공···각각에 용수를 일정 지역 혹은 목적에 맞도록 필요한 양을 분배하기 위한 구조물

팜폰드···수로의 통수량과 실제의 사용수량을 조정하기 위한 소규모의 저수시설

조정지···유입량과 방류량의 차이를 조정하기 위해 만들어진 못

그 외···낙차공, 사이폰, 역사이폰

■ 반드시 기억해 둘 것 - 합구(슴口)

　근접하여 취수구가 있는 하천에 조건이 좋은 위치에 완전한 취수시설을 만들고, 취수의 안정화, 물 이용의 합리화, 유지관리의 절감 등을 위한 취수구를 통폐합하는 것이다.

■ 토픽스 - 지하댐

　지하댐은 그림 3에 나타낸 것처럼 공극률이 큰 지층에 시멘트 밀크를 주입하여 지수벽을 만들고 지하수의 흐름을 막아 저류하고, 지하수를 펌프업하여 이용하는 시설이다. 지표부가 그대로 이용된다는 이점이 있다.

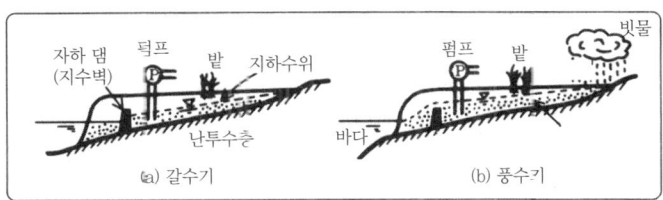

그림 3 지하 댐의 모식도

12 농업 토목

1. 농지의 배수

□ 포인트
배수
지표수
토양수

배수의 목적은 작물의 생육 및 농작업 기계의 운행을 위해 과잉의 **지표수** 및 **토양수**를 배제하는 것이다.

배수계획에 현황을 조사하고 배수 불량의 원인, 배수의 방법, 배수량, 배수시설의 규모 등을 검토한다.

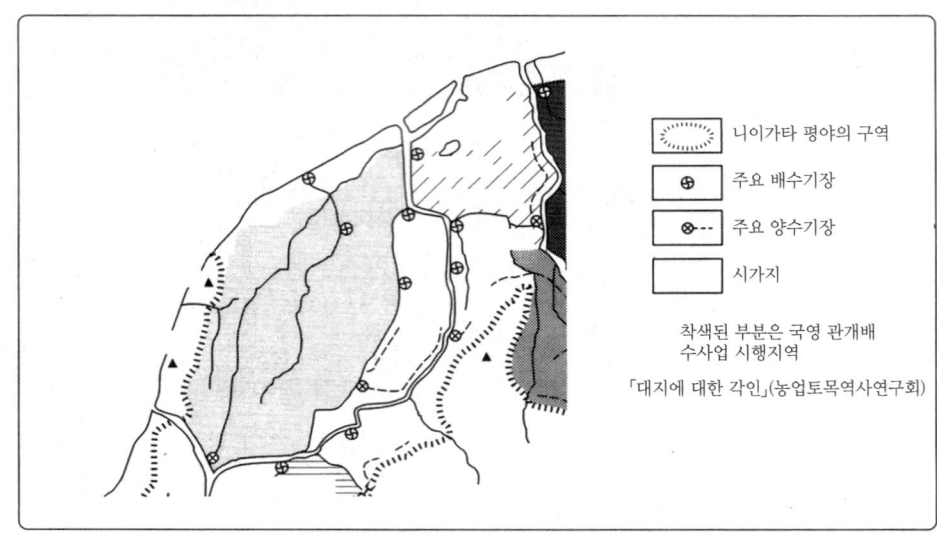

그림 1 니이가타 평야의 관개배수

■ 해설

담수 피해
건전화
이모작
전전윤환

▶ 배수에 의한 효과

① 농지나 작물에 대하여 홍수에 의한 **담수 피해**를 경감한다. 또한 지하수위를 제어하여 **건전화**(乾田化)하고, **이모작**이나 **전전윤환**(田畑輪換) 등 농지의 범용화가 가능해진다.

② 흙 속에의 공기와 물의 유통이 잘 되어 **유기물의 분해**를 촉진하는 등 토양의 성질을 개선하여 농지의 생산력을 향상시킨다.

③ 농작업의 노동환경이 개선되고 대형기계의 사용이 가능하게 되는 등 **농작업의 능률화**를 가져온다.

농작업의 능률화
집락의 생활환경

④ 광역배수가 가능하게 되어 **집락의 생활환경**이 개선된다.

▶ 배수의 순서

농지에서의 배수는 지역 전체의 광역배수와 개개의 포장배수로 대별된다. **광역배수**는 자연배수 또는 기계배수에 의해서 이루어진다. **포장배수**는 과잉의 물을 배제하는 경로에 의해 지표배수와 지하배수로 나뉜다. 지표배수를 한 후에는 암거를 이용하여 토양수를 배제한다.

광역배수
포장배수

▶ 배수량
허용 담수 깊이와 계획기준우량에 따라서 계획된다.

■ 관련사항   **지표배수** ···강수, 관개잔수 등 지표에 있는 과잉된 물의 배수이다.
지하배수· ·토양중을 통과시켜서 지하에서 배제되는 배수이며, 암거배수와 개거가 있다.
허용담수깊이···경제적 이유에 의해 허용되지 않을 수 없는 잠수 깊이로, 일반적으로 7~9월경의 벼의 풀에 대한 허용담수깊이를 0.2~0.3m 이하, 침수일수를 1~2일 정도로 한다.
계획기준우량···허용담수깊이를 고려해서 10~20년에 1~3회 정도의 홍수를 일으키는 우량을 기준으로 하는 것이 바람직하다.
단위배수량···단위면적에서 단위시간에 배수되는 수량[$(m^3/s)/ha$, $(m^3/s)/km^2$]이다.
일본의 경험적인 단위배수량의 일례는 표 1과 같다.

표 1 평지의 단위 배수량

지구명	우역면적 [ha]	계획유량 [mm]	유출율	배제시간 [h]	계획단위 배수량 $m^3/s/ha$	비고
이바라키·오미강	1,343	253.8	0.80	120	0.0047	펌프배수
니이가타·오치바라강	9,612	70.8	0.80	24	0.0066	
아이치·코우도우강	1,077	200.3	0.75	120	0.0115	
미에·스즈카강	1,230	267.2	0.60	36	0.0124	펌프배수
쿠마모토·아소계곡	1,800	187.1	0.80	24	0.0172	

(구 농림수산성「토지개량사업계획설계기준」)

■예제
경지의 습지 원인으로서 생각되는 것은 다음 중 어느 것인가?
(1) 배수로의 균배가 급해서 그 단면이 크다.
(2) 배수로의 바닥이 경지면보다 높아지고 있다.
(3) 경지의 하층토가 사질 또는 물이 잘 통하는 지층이다.
(4) 상층토가 사질로 빗물의 침투가 좋고, 지면의 경사가 급하게 되어 있다.
(5) 지구 외의 하천 또는 호수의 수위가 낮다.

답 (2)
배수로의 바닥이 경지면보다 높은 경우에 습지의 원인이 된다.

2. 배수방식

□ **포인트**
배수방식

배수방식에는 자연배수와 기계배수가 있다. 자연배수는 기계배수에 비해 시설의 설치비, 유지관리비가 저렴하다. 그러므로 배수방식의 선정에는 먼저 자연배수의 가능성을 검토하고, 그것만으로는 충분히 배수할 수 없을 때 배수펌프를 설치하여 기계배수를 하도록 한다.

■ **해설**
내수위

▶ **자연배수**
하천이나 바다 등의 외수위가 농지의 **내수위**보다 낮을 때, 자연의 균배를 이용하여 행하는 배수이며, 경제적이므로 기계배수보다 우선적으로 시행한다.

외수위

▶ **기계배수**
펌프를 이용하는 배수로 농지의 내수위가 **외수위**보다 낮을 경우에 이용되지만, 자연배수보다 경비가 지출되므로 한 지구 내에서도 상류부는 가능한 한 자연배수를 하고 하류부에만 기계배수를 하는 것이 좋다.

■ **관련사항**

① **내수위**
지구 내의 하천 또는 배수로의 수위로 지구 내 하천 또는 배수로로 유입되는 상황과 지구를 제외한 배수상황에 지배된다.

② **외수위**
지구 외의 하천 또는 배수로의 수위로 이것에 의해서 자연배수인지 기계배수인가가 결정되므로 배수방식 선정의 중요한 요소이다.

배수방식과 내외수위의 관계를 그림 1에 나타냈다.

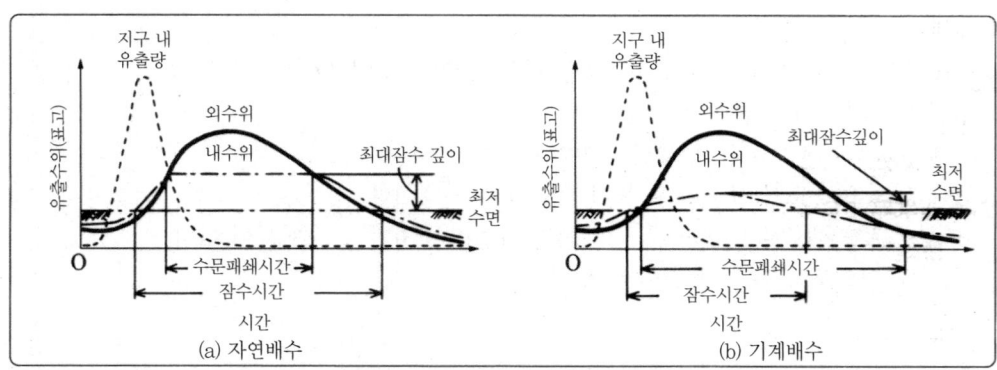

그림 1 배수방식과 내외수위의 관계

3. 암거배수

□ 포인트
암거의 배수

작물의 생육, 대형기계의 도입, 농지의 고도이용 등을 위해서는 근역군의 과잉수를 배제하고, 토중의 수분을 적정하게 제어해야 한다. **암거배수**는 그러한 지하배수의 한 방법으로, 암거를 매설하여 지표잔류수 및 토중의 과잉수를 배제하는 것이다.

■ 해설

암거
완전암거
무재암거
간이암거

▶ 암거의 구조와 재료

지하배수를 위해 지중에 매설한 시설을 **암거**라 한다. 암거에는 토관암거, 염화비닐암거 등의 **완전암거**와 두더지암거와 같은 **무재암거**가 있고 쇄석, 섶, 겨 등을 사용한 **간이암거**가 있다.

그림 1은 암거의 한 예이다.

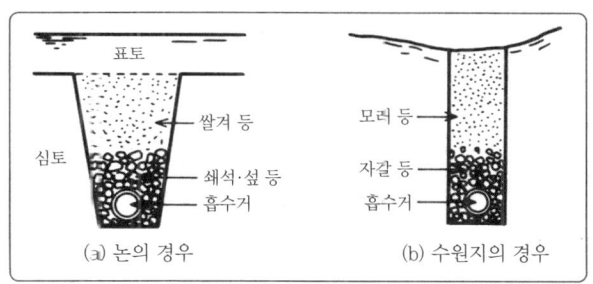

그림 1 암거의 단면

▶ 암거의 깊이와 간격의 기준

토질과 암거의 깊이 및 간격의 관계를 표 1에 나타냈다.

표 1 토질과 암거의 깊이 및 간격

토질	암거의 깊이[m]	암거의 간격[m]
사토	1.20	20~24
양토	1.30	14~20
점토	1.40~1.60	10~14

▶ 기울기와 유속의 관계

흡수거
집수거

기울기가 너무 크면 물의 충격이나 소용돌이에 의해서 암거가 붕괴될 우려가 있다. 역으로 기울기가 너무 완만하면 암거 내에 토사의 침전이 생겨 배수능력이 저하한다. 일반적으로 **흡수거**의 기울기는 1/150~1/400(최대1/10), **집수거**는 1/500~1/1,000(최대 1/100)이 적당하다고 한다. 또한 암거의 허용 최대유속은 1.00m/s, 허용최소유속은 0.16m/s로 한다.

4. 배수시설

□ 포인트 지역배수의 시설에는 배수로, 방수로, 배수기장(펌프장) 및 배수수문 등이 있다.
배수로는 가급적 지구 내의 저위부를 통하여 배수면적을 크게 한다.

■ 해설 ▶ 배수시설의 구성
지구 외에서 유입하는 물은 승수로에서 받아서 지구 내의 침입을 방지한다. 지구 내의 유출수는 배수로에서 1개소에 모아 그 곳에서 펌프장, 배수수문을 통해서 지구 밖으로 배제시킨다(그림 1).

■ 관련사항 **승수로(포수로)**…등고선과 거의 평행한 수로를 설치하여 상류부의 물을 받아 하류부의 피해를 경감하기 위한 배수로이다.
배수로…지표수, 지하수를 모아서 지구하류단의 배수구까지 이끌어 오는 수로이며 간선배수로, 지선배수로, 소배수로 등이 있다.
배수수문, 배수통문…배수로의 하류끝의 배수구에 설치하여 외수의 침입을 방지하고, 내수위가 외수위보다 높을 때에는 그 수위차를 이용해서 배수하는 시설이다.
방수로…홍수를 빨리 바다 또는 호수로 방류하기 위한 본천에서 분파시키는 수로이다.

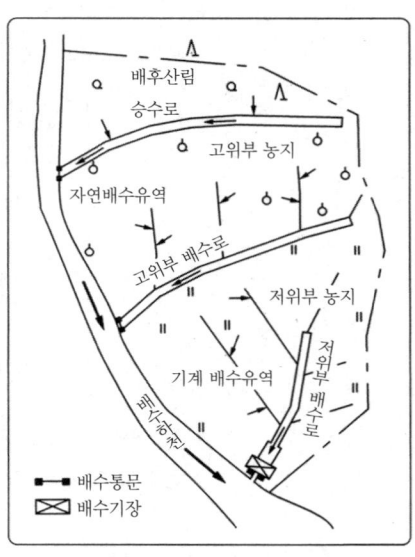

그림 1 배수시설의 배치도

❖ **예제**
배수로를 설치할 때 지구 내의 저위부를 통하게 하는 가장 큰 이유는 무엇인가?

답
배수로를 고위부에 설치하면 그것보다 낮은 저위부의 배수는 불가능해진다. 그러므로 저위부에 설치하는 것은 배수로의 지배면적을 가능한 한 크게 하기 위해서이다.

5. 기계배수

□ 포인트

기계배수

기계배수는 시설비나 유지관리비가 들기 때문에 계획에 있어서는 자연배수가 가능한 구역과 기계배수에 의한 구역을 구별하도록 한다.

배수기장의 위치는 배수구역의 최저위부에서 외수위와의 차이가 작은 곳을 선택한다.

■ 해설

담수시간
담수위
허용담수위

▶ 배수량을 결정하는 법

지구 내의 허용 잠수깊이 이상의 담수깊이, 담수시간에 상당하는 수량을 배제하도록 한다. 즉, 지구 내의 담수위가 허용담수위와 거의 같아지도록 배수량을 결정한다.

경지에 대한 기계배수의 경우 단위면적당의 배수량은 통상 0.3~1.2(m^3/s)/km^2인 경우가 많다.

▶ 배수기의 종류과 양정

배수에 사용되는 펌프에는 표 1과 같은 것이 있다. 일반적으로 배수량이 크고 양정이 낮은 경우가 많으므로 **축류 펌프, 사류 펌프**가 적합하다.

축류 펌프
사류 펌프

표 1 펌프의 종류와 양정

전 양정	형식	비고
4m 이상	와권 펌프	소용량, 고양정
3~15m	사류 펌프	대용량, 중양정
4m 이하	축류 펌프	대용량, 저양정

■ 관련사항

펌프와 펌프장의 단면을 그림 1에 나타내었다.

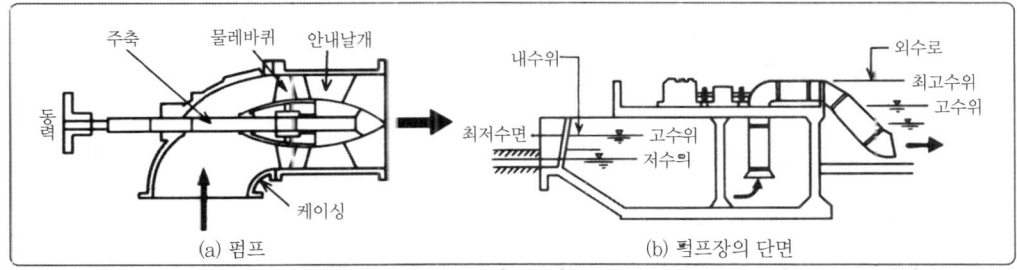

그림 1 축류 펌프와 펌프장의 단면

1. 개간

□ 포인트
개간

개간이란 미개간의 산림, 원야를 개발하여 논, 밭, 과수지, 목초지 등을 조성하는 것을 말한다.

■ 해설

밭의 조성방법은 포장의 형태에 따라 다음의 네 가지로 나뉜다.

공법명	조성방법	특징
산성밭공	• 현황의 지형을 그대로 이용하여 조성한다.	• 현황의 경사도 15° 정도까지의 산림원야이다. • 표층부의 작토를 그대로 이용한다. • 작부면적의 비율이 높다. • 흙의 이동이 없으므로 농지의 안정도가 높다. • 조성비가 저렴하다.
개량산성밭공	• 지형을 대량의 절성토에 따라 전체적인 완경사의 기계화 영농에 적합한 포장을 조성한다.	• 앞으로의 중심적인 조성방법으로 큰 구획의 포장을 조성한다. • 현황지형에 관계없이 조성 가능하다. • 대량의 흙이 움직이므로 조성비가 높다. • 절성토에 의해 조성 후 호우 등에 의한 수식이 일어난다. • 법면붕괴가 일어나기 쉽다. • 토양숙성에 충분히 유의한다.
사면밭공	• 급한 사면의 절성토에 의해 경작도로를 만들어, 사면을 그대로 이용한다.	• 수원지의 조성에 이용된다. • 기계화 영농에 적합하다. • 흙의 이동이 없다.
계단밭공	• 급경사지에서 계단형의 밭을 조성한다.	• 식재면적의 비율이 작다. • 수원지로서 이용한다. • 밭면이 협소하며, 기계화 영농에 문제가 있다.

■ 관련사항   개량산성 밭 공의 예를 그림 1에 나타냈다.

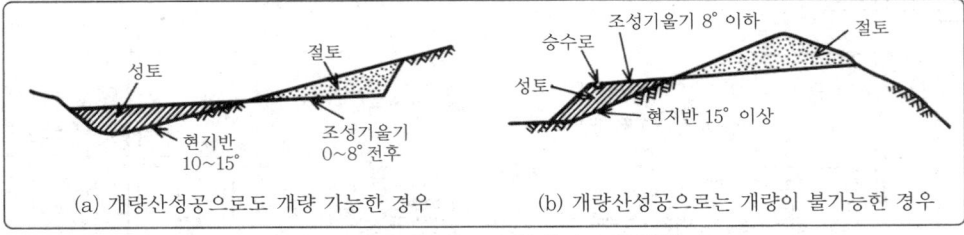

그림 1 개량산성밭공의 형태(경사 완화형)

■ 실무에 도움

일본의 농지면적은 1993년 현재 512만 ha로, 전국토면적의 14%를 차지한다. 농지의 조성에 대해서는 연평균 1만 ha 행해지고 있지만, 최종적으로는 연간 누계로 2.5만 ha 정도 감소하고 있는 것이 현 상황이다.

2. 간척과 매립

□ 포인트
간척
매립

간척이란 바다, 호수 등의 수면 아래 토지를 토목적 수단으로 육지화하는 것이다. 또 매립은 물을 말리는 대신에 토사를 매립하여 지반을 수면 이상으로 높여 조성하는 것이다.

■ 해설
해면간척
호수간척

▶ 간척

간척에는 **해면간척**(조성수면이 바다인 경우)과 **호수간척**(조성수면이 호수인 경우)이 있고, 해면간척에는 단식간척과 복식간척이 있다.

■ 관련사항
단식간척
간만
복식간척
간륙

① **단식간척**이란 일본에서 일반적으로 시행하는 방식으로, 간만 시에 간석지가 되는 것 같이 물가에서 멀리까지 물이 얕은 바다에 제방을 둘러싸고 해수가 들어오지 못하도록 한 뒤 내부를 말리는 방식이다(그림 1). 한편, **복식간척**은 만구를 마감하고, 내부를 호수와 같이 한 후 제방을 쌓고 지구 내의 물을 배제해서 **간륙**으로 하는 방식이다(그림 2).

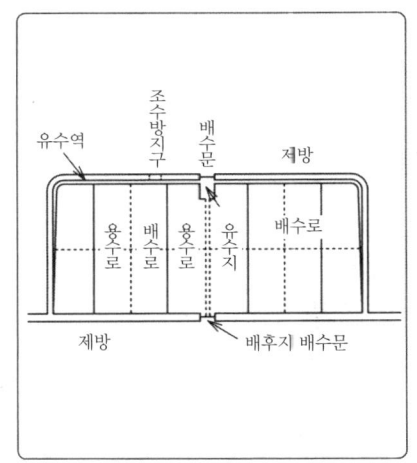

그림 1 단식간척 모식도

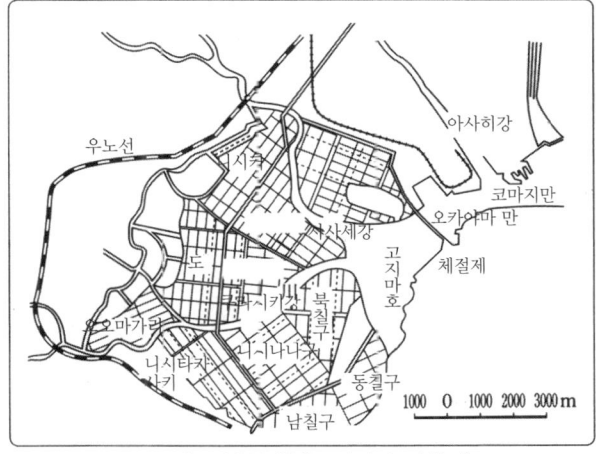

그림 2 복식간척(코지마만 간척지)

② 일반적인 호수간석은 전 유역을 지구 외와 지구 내로 나누어 지구 외의 배수는 승수로에서 자연배수하고, 지구 내는 부수펌프로 지구 밖으로 배제한다. 대표적인 예로서 하치로강의 간척지가 있다.

■ 해설

▶ 매립

매립사업은 호안과 매립용 흙의 운반에 막대한 공사비가 들기 때문에 농업용지로서는 소규모의 것이 많다. 대표적인 예로서 가스미가우라호, 비파호,

신지호의 연안부분에서 시행하고 있다.

■ 실무에 도움

간척, 매립에 적절한 용지의 조건은 다음과 같다.

간척	• 간만의 차가 크고, 간석이 발달해 있을 것 • 짧은 제방으로 큰 면적이 포용 가능할 것, 지반이 높고 평탄하며 선박이 통하는 곳이 적을 것 • 배후지의 집적면적이 작고, 지구 외 배수가 용이할 것 • 수심이 얕고, 매립용 흙을 가까이에서 얻을 수 있을 것 • 바람, 파도, 간만의 차가 별로 없을 것
매립	• 수리권, 어업권의 관계가 적거나, 용이하게 해결의 전망이 있을 것 • 공사용의 동력, 자재가 용이하게 얻어질 수 있을 것 • 각종 용수가 용이하게 얻어질 것

■ 반드시 기억해 둘 것

간척에 의해 조성된 토지는 외수면보다 낮은데 비하여 매립에 의한 토지는 외수면보다 높은 것이 기본이다.

앞으로의 농지조성은 이지조건이 나쁜 곳에서 시행되는 경우가 많고, 간척은 특히 환경문제가 어려운 장소가 많아진다. 이 때문에 앞으로는 조성기술의 향상이 필요하다.

■ 응용지식

간척공사의 약 60%는 제방공사비이다. 제방 각 부의 명칭은 그림 3과 같다.

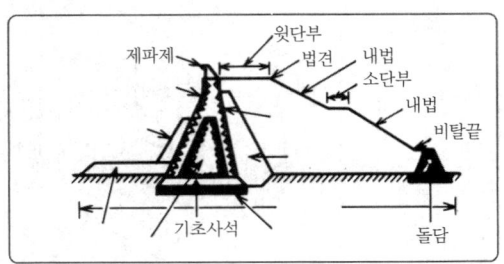

그림 3 간척제방 각 부의 명칭

■ 알아두면 편리

간척의 역사는 에도시대부터 각 번에 성행하고 있었다. 현재의 지명에서 다음과 같은 지명은 이 시대에 간척된 것이다.

① 新地(신치), 新田(신덴), 신개(신카이), 新涯(신가이), 開作(카이사쿠), 聞(카이), 溺(카라미), 籠(코모리)

또한, 어미에 다음 글자가 붙는 지명은 그 토지의 옛 모습을 이야기하고 있다.

② 島(도), 崎(기), 江(강), 州(전), 浦(포)

1. 포장정비

□ 포인트
포장정비

포장정비란 경지구획의 정비, 용배수로의 정비, 토층개량, 농도의 정비, 경지의 집단화를 실시하여 노동생산성의 향상을 도모하며, 농촌의 환경조건을 정비하는 것이다.

■ 해설

▶ 포장의 구획
   1 논의 경우(그림 1)
   ① 경구···경작상의 최소단위가 되는 구획
   ② 포구···물관리를 적절하게 시행할 수 있는 형상을 갖춘 최대의 구획
   　　　　(일반적으로 10~15 경구로 구성)
   ③ 농구···농도로 둘러싸여 2포구를 1농구로 한다.
   2 밭의 경우(다음 페이지 그림 2)
   ① 소유구···농가의 1소유단지의 구획
   ② 경구···일련의 기계작업의 1단위가 되는 구획
   ③ 포구···고정시설(도로 등)에 둘러싸인 구획

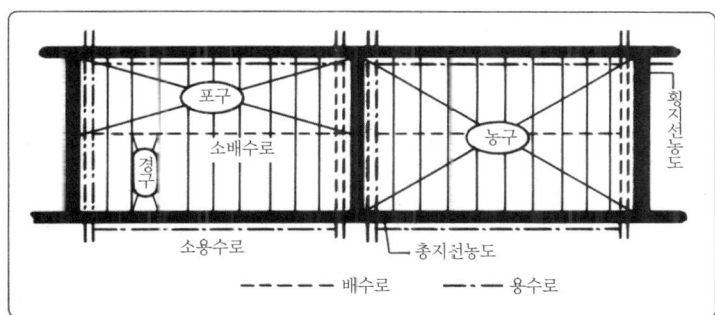

그림 1 논의 구획

▶ 구획의 배치에 대한 유의사항
   ① 도로는 통행이 편리하도록 배치한다.
   ② 각 경구, 포구마다 독립된 물관리가 가능하게 된다.
   ③ 용배수는 원칙으로서 분리한다.
   ④ 농도는 간지선용수로 및 소용수로에 따라서 배치한다.
   ⑤ 밭은 특히 침식방지를 고려한다.
   　논의 경우 일반적으로 다음과 같이 포장정비의 시공이 행하여진다.
   (1) 착공준비→ (2) 잡물제거, 장해물 이전→ (3) 가설공사→ (4) 표토벗겨

표토 벗겨내기

12
농업 토목

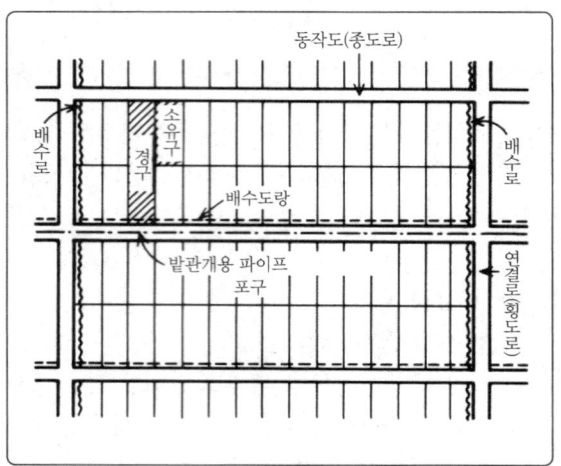

그림 2 밭의 구획

표토복원　　내기→(5) 기반나누기→(6) 기반정지→(7) **표토복원**→(8) 용배수로, 논둑축립→(9) 논면 마무리→(10) 가설철거

■ **관련사항**　　**환지계획**…각 개인의 농지를 집단화하는 것으로, 토지조건을 정리하는 포장정비사업에서 매우 중요한 일이다.
교환분합…분산경계를 집단화하기 위해 서로 경지의 권리를 교환하는 것이다.
수전의 범용화…쌀의 생산과잉을 억제하기 위하여 논을 밭으로서도 이용할 수 있도록 개량하는 것이다.
표토취급…표토 벗겨내기와 표토복원을 표토취급이라 하며, 벗겨낸 표토를 다시 경토로서 이용하기 위해 원래의 장소에 돌려 놓는 것을 말한다.

■ 반드시 기억해 둘 것 – 논의 구획
　기존의 구획정리는 10a 정도의 것이 표준이었지만, 근년 기계화작업의 진전에 따라 30a(30×100m) 정도의 구획이 일반적으로 되었다.

■ 실무에 도움
　포장정비에 의해 기대되는 효과는 다음의 네 가지이다.
　① 고성능 기계의 도입에 의해 생산성이 향상되고, 농작업의 활성화, 기계화가 가능하다.
　② 수리조건의 정비에 의해 물 관리의 합리화가 가능하다.
　③ 경지가 등질로 정비되므로 농작업의 협업화나 농지의 유동화가 촉진된다.
　④ 공공용지의 원활한 염출이 가능하다.

2. 토층개량

□ 포인트
토층개량

농지의 외형적 여러 조건의 정비인 포장정비가 끝나면 농지의 구성요소인 토양, 토층의 정비를 한다. 즉, **토층개량**은 농지의 내질적인 정비이다. 일반적인 토층개량공은 ① 객토, ② 심층경, ③ 심토파쇄, ④ 제력, ⑤ 불량토층배제, ⑥ 작토진압의 여섯 가지이다.

■ 해설

객토···다른 장소에서 토양을 운반하여 토층의 이화학적 성질을 개량하는 방법

심층경···작토가 경작에 적합하지 않을 때 두께를 증가시키거나 성질을 개량하는 방법

심토파쇄···투수성과 보수성을 높이기 위하여 흙을 파쇄해서 팽연하게 하는 방법

제력···작토층에 포함된 돌멩이를 배제하거나 세쇄해서 혼합하는 방법

불량토층배제···작물의 생육에 장해가 되는 토층을 배제하는 방법

작토진압···침투과대한 논에 전압에 의한 토층을 다지는 방법

■ 실무에 도움

논과 밭의 토층의 개량목표는 표 1, 2와 같다.

표 1 논토층 개량 목표

항목	이상값	허용값
토성	양토~치양토	사양토~경량토
경토깊이	15~20cm	10~20cm
유효토층	50cm 이상	30cm 이상
일멸수심	15~25mm/일	10~40mm/일
최소투수토층의 투수계수	10^{-5}cm/s 정도	10^{-4}~10^{-5}cm/s

표 2 보통 밭 토층 개량 목표

항목	이상값	허용값
토성	양토~치양토	사양토~경량토
경토층 두께	25cm 이상	15cm 이상
유효토층 두께	100cm 이상	30cm 이상
간극률	60% 이상	보통토 30~80% 흑토 40~90%
투수성	50mm/24h	24mm/24h
자갈	없음	용적 10%

■ 반드시 기억해 둘 것

토층개량공 중에서 가장 많은 목적으로 시행되는 것이 객토이다.

▶ 객토의 목적

① 작토의 두께가 부족할 때
② 작토의 토성이 적당하지 않을 때

③ 지내력이 부족할 때
④ 논의 누수가 클 때
⑤ 논이 노후화되어 있을 때

또한, 객토에 의하여 얻어진 효과는 침투억제효과, 수온상승효과가 있으며, 최종적으로는 증수효과가 생기고 토지생산성이 높아진다.

일반적인 객입토양은 다음 식으로 구해진다(그림 1).

$$h = \frac{HW_1(P_3-P_1)}{W_2(P_2-P_3)} \quad \cdots\cdots(1)$$

여기서,
h : 객입토량 [cm], $\quad H$: 개량하려 하는 토층의 두께 [cm],
W_1 : 원토의 가비중, $\quad W_2$: 객입토의 가비중
P_1, P_2, P_3 : 각각 원토, 객입토, 개량 후 흙의 점토함유율 [%]

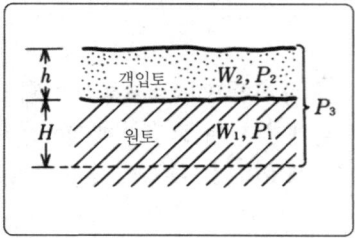

그림 1 객토의 두께

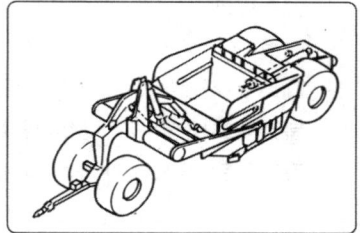

그림 2 피견인식 스크레이퍼

■ 알아두면 편리   객토의 공법

객토사업은 다액의 경비가 필요하고, 사업비의 90% 정도는 운반비에 든다. 공법으로서는 반입객토공법, 펌프객토공법, 유수객토공법 3가지가 있다.

① **반입객토공법**…그림 2~4와 같은 운반기계로 흙을 옮기고 포장에 뿌린다.
② **펌프객토공법**…흙과 물을 혼합 상태로 소용돌이형의 펌프를 이용하여 파이프 안을 이수 상태에서 압송한다.
③ **유수객토공법**…토취장에서 미립화한 흙을 관개용수로를 이용하여 유하시켜 이수상태에서 논에 들어간다.

그림 3 모터 스크레이퍼

그림 4 스크레이퍼 도저

3. 농지의 보전과 방재

□ 포인트
농지의 보전

농지의 보전이란 농지재해에서 농지를 지키고, 농업생산력이 감퇴하지 않도록 처리하는 것이다. 또한, 농지의 재해에는 다음 세 가지가 있다.
① 침식, 퇴적, 붕괴, ② 유해물 침입, ③ 지반변동
이 중, 농지에서 중요한 것은 ①의 침식, 퇴적, 붕괴에 대한 보전이다.

■ 해설

침식, 퇴적, 붕괴…토양침식(수식, 풍식), 산사태, 홍수, 토석류 등
유해물 침입…오독수, 해수침입, 광독분 강하 등
지반변동…지반침하, 토지함몰, 융기, 지면의 갈라짐 등

■ 관련사항

수식과 풍식의 구조는 다음과 같다.

1 **수식**…빗물 등이 의해 토입자가 흘러나가는 현상으로 지력이 저하하고, 농지가 파괴된다. 수식은 다음 순서로 발생한다.
(1) **면상침식**…ス 표면에 물이 흘러들어 표토를 깎아내는 현상
(2) **세류침식**…흐르는 물이 각 장소에 몰려서 세류가 되어 흘귀 지표에 작은 도랑을 만드는 현상

도랑

(3) **협곡침식**…세류침식을 방치한 장소나 밭의 두렁 사이, 움푹 패인 곳, 바퀴 흔적 등에 유수가 모여서 점차 바닥을 깎아서 큰 도랑(협곡)을 만드는 현상

협곡

2 **풍식**…나지에 트는 바람에 의해 토입자가 이동하는 현상(표 1, 그림 1)

표 1

입경	이동역 모습
4mm 이상의 조립자	지면을 전동
0.1~0.3mm의 입자	지면을 약동
0.06mm 이하의 미립자	공중을 비행

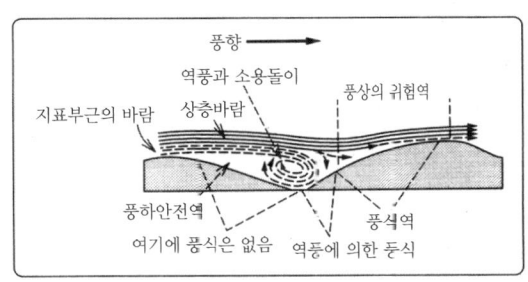

그림 1 풍식의 기구

■ 실무에 도움
▶ 수식의 인자
  ① 강우…일반적인 한계강우강도는 10분간의 강우량에서 2~3mm 정도이다.
  ② 지형…토양, 식생 등의 조건에 따라 달라지지만, 경사가 15~18°를 넘으면 토양침식은 급격하게 진행된다.
  ③ 그 외…토질과 토양, 지표 및 식생의 상태
▶ 수식의 방법
  ① 지하로의 침투가 촉진된다.
  ② 지표유출수의 유속을 작게 한다.
  ③ 토양의 내식성을 높인다.
  ④ 지표유출수를 분산시킨다.
▶ 풍식의 인자
  ① 접지유속을 감소시킨다(방풍림, 방풍네트의 설치).
  ② 흙의 내식성을 높인다.
  방풍림의 효과가 미치는 범위는 그림 2와 같이 된다.

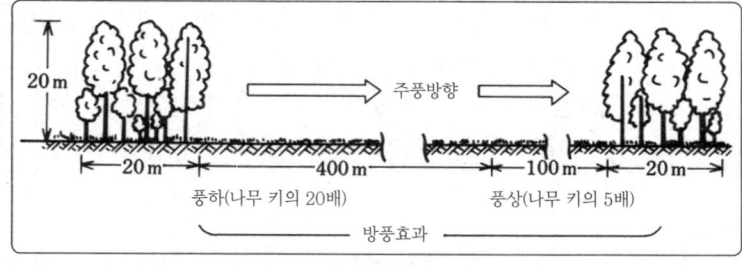

그림 2 방풍림의 유효범위

■ 알아두면 편리
▶ 수식방지 농업
  농가가 농작업이나 작물의 종류를 연구하는 것에 의해 운영되는 방법이다.
① 재배관리의 면에서
  ① 등고선 재배, ② 초생재배, ③ 멀티재배(부초, 짚), ④ 유기물 시용(퇴비), ⑤ 흙의 단입화(토양, 토층 개량), ⑥ 윤작, 간혼작, ⑦ 지하침투의 촉진(심경), ⑧ 배수대책(논두렁 나누기)

② 농지의 유지관리 면에서
  ① 그린벨트, 단계법면 등의 유지관리, ② 법선구의 정리, ③ 크고 작은 도랑의 보수, ④ 배수로·집수로·승수로의 잡물제거, ⑤ 토사류(구덩이)에서 진흙 제거

1. 지역개발

□ 포인트
지역개발

지역개발이란 지역의 자연적 조건을 고려하고, 산업을 적정하게 배치하여 지역을 종합적으로 이용하면서 개발, 보전하고 그 지역의 산업, 경제, 사회를 발전시켜 지역주민의 복지 향상과 더불어 국가, 국민 전체에도 공헌하는 것이다.

■ 해설
▶ 지역계획의 진행방식
지역개발의 진행에서는 다음과 같은 기본적인 계획을 세워야 한다.

1 무형적 계획(메타피지컬 플랜)
① 경제계획···농업, 임업, 공업, 상업 등의 생산과 유통에 대한 계획
② 사회계획···지역의 사람들이 안전하고 쾌적하게 생활할 수 있도록 하는 계획

2 유형적 계획(피지컬 플랜)
물재(물상)계획···무형적 계획을 실현시키기 위해 필요한 구체적인 물건의 정비에 관한 것

지역계획을 세우려면, 다음 일련의 단계를 거친다.
(1) 조사 → (2) 구상계획(비전) → (3) 기본계획(마스터 플랜) → (4) 실시계획(플랜) → (5) 각 사업계획(프로젝트 플랜)

■ 알아두면 편리 「지역개발」이라는 단어

국토의 개발이라는 생각은 이미 나라(奈良)시대에도 있었고, 헤이죠쿄(平城京)나 헤이안쿄(平安京)는 도시계획을 시작으로 도쿠가와 시대에는 각 번이 국토의 개발계획을 실시하고 있었다. 이후로 전국적으로 고려하게 된 것이 메이지시대이고, 제 2차 세계대전 전에「국토계획」이라는 말이 생겼다.

전후의 부흥에 따라 도시와 농촌을 적정한 입지조건 아래에서 개발하고자「국토총합개발법」이 제정되었다. 이것은 국토의 부흥에 많은 성과를 거두었지만, 1960년대에는 고도경제성장에 의해 여러 가지 변화가 발생하였고, 1980년대에는 안정 성장을 고려하면서 국토총합개발계획에 몇 가지 변천을 보이게 되었다.

지금까지의 국토개발은 국가의 통제, 중앙집권, 중앙문화라는 갈로 대표되었지만, 이제는 지방분권, 시민자치, 지방문화 등「지방의 시대」이다. 그와 동시에 농업, 농촌이 가진 여러 가지 역할도 중요시하게 되었다. 이와 같은 배경이 있고, 최근에는 국토개발, 국토계획 대신「지역개발」이라는 말을 사용하게 되었다.

2. 농촌계획

□ 포인트

농촌계획

농촌총합정비사업

농촌계획은 농업, 농촌의 역할을 최대한으로 발휘하게 하기 위한 기초가 되는 것으로 도시계획과 함께 지역개발의 중요한 수단이다. 농촌계획은 앞으로의 연구와 함께 더욱 크게 발전되어야 하며, 그것을 구체화하여 **농촌총합정비사업**이 의욕적으로 진행되고 있다.

■ 해설

▶ 농촌총합정비사업과 관련된 여러 가지 법률
① 신 전국 총합개발계획(1969년)…고생산성 농업의 전개를 위한 기반정비, 농산어촌의 생활환경 조건의 정비
② 농촌기반 총합정비 파일럿 사업(총파사업) (1972년)…토지기반의 정비, 농촌의 생활환경·집락의 정비, 노동력의 도시 유출 방지
③ 농촌 총합정비 모델 사업(모델사업) (1973년)…농촌거주자의 복지향상, 기반정비와 생활환경정비의 일체화
④ 농촌기반 총합정비 사업(미니총파) (1976년)…농업집락을 단위로 하여 특히 중산간지를 대상으로 농업생활기반과 생활환경의 총합적인 정비

■ 실무에 도움

농촌계획은 국토를 널리 대상으로 한 계획이기 때문에 여러 가지 법률이 함께 관계하고 있다. 그 법률들끼리의 관계는 그림 1에 나타낸 것과 같다.

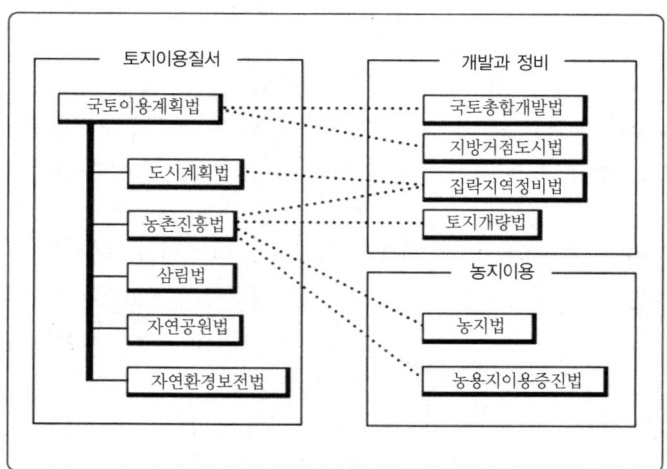

그림 1 농촌계획 관련법규의 관계

인용·참고문헌

제12편

1) 農業土木学会 編, 農業土木ハンドブック(改訂5版), 農業土木学会, 1989年
2) 農業土木学会 編, 改訂 農業土木標準用語事典 (改訂4版), 農業土木学会, 1996年
3) 旧国土庁長官官房水資源部 編, 平成11年版 日本の水資源, 旧大蔵省印刷局, 1999年
4) 地域環境工学概論編集委員会 編著, 豊かで美しい地球環境をつくる, 農業土木学会, 1995年
5) 水環境工学編集委員会 編著, 人と自然の水環境をめざして, 農業土木学会, 1996年
6) 地域環境管理工学編集委員会 編著, 人と自然にやさしい地域マネージメント, 農業土木学会, 1997年
7) 農業土木歴史研究会 編著, 大地への刻印, 公共事業通信社, 1988年
8) 旧文部省, 教科書 農業水利, 実教出版, 1995年
9) 旧文部省, 教科書 農業土木設計, 実教出版, 1994年
10) 旧文部省, 教科書 農地開発, 実教出版, 1996年

제13편

환경세기와 사회자본

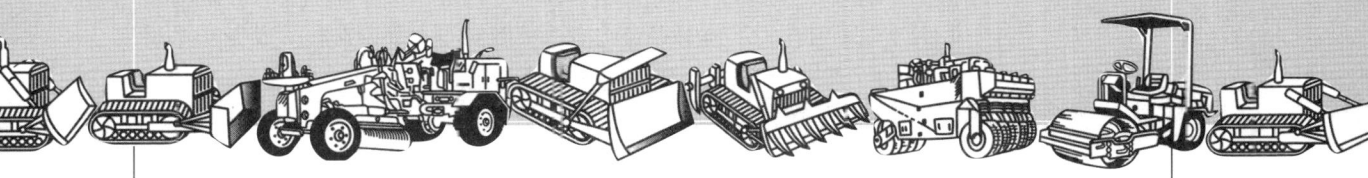

제 1장 일본의 사회자본 정비
제 2장 토목기술자의 윤리
제 3장 순환형 사회의 구축
제 4장 지구와 기업, 개인을 위한 ISO
제 5장 새로운 건설기술

일본은 지금 밖으로는 「세계 무한경쟁시대」에 안으로는 「본격적인 고령화, 저출산시대」를 맞이하고 있다.

현재의 상황에서는 구조개혁을 전제로 우선적으로 고비용구조의 시정이 필요하며, 규제의 완화와 철폐로 세계적인 표준산업을 목표로 해야 한다.

이러한 개혁의 방향을 직시하여 사회 자본재가 국민에게 제공할 서비스에 중점을 두도록 한다. 그와 동시에 자본재의 재구조화 시기가 늦어지고 있는 지금 갱신투자나 유지, 관리비용의 저감을 꾀할 필요가 있다. 이런 상황을 맞이하여 기술자는 지구환경의 보전이라는 합리적 근거 위에 서서 신뢰받을 만한 새로운 건설기술에 기초한 사회기반을 재정비해야 한다.

13 환경세기와 사회자본

1. 건설산업을 둘러싼 사회·경제 정세

□ 포인트

건설산업은 인류의 역사와 함께 발전하여 국민생활의 안전과 풍요로운 삶을 영위하여 왔다.

■ 해설

▶ 건설산업의 현재

GDP

건설산업은 사회자본정비를 직접 일궈 GDP(국내총생산)의 15%에 상당하는 약 70조엔의 건설자본의 규모는 전(全)산업취업인구의 약 10%를 차지하며 650만 명의 취업자들이 종사하고 있다. 일본경제를 지탱하는 중요한 기간산업이다.

또한 국민생활과 직결되는 산업이며, 건설산업계뿐만 아니라 자재업계 등을 포함한 범위가 넓은 사업이다. 지금까지는 공적수요의 파급효과를 통해서 GDP를 증대시키고 폭넓은 산업분야에서의 생산유발효과를 창출하여 경기회복의 역할을 해 왔다.

▶ 건설산업의 구조개선

건설산업을 둘러싼 환경은 공공사업의 개선책으로서의 입찰, 계약제도나 WTO 정부경제협정의 발효에 따라서 건설시장의 국제화시대를 맞아 「새로운 경쟁 시대」에 돌입했다.

건설산업정책대강

1995년에는 「건설산업정책대강」이 책정되어, 건설산업정책의 기본방향이나 건설산업의 장래상이 제시되었다. 이 기본방침에는 다음 세 가지의 기본목표를 밝히고 있다.

① 최종소비자인 국민에게 '총비용'으로 '좋은 것을 싸게' 제공한다.
② 기술과 경영에 우수한 기업이 노력과 학습에 의해 자유롭게 성장 가능한 환경을 만든다.
③ 건설산업을 지탱하는 기술과 기능에 우수한 인재가 '평생 동안 일할 수 있는 기업'을 만든다.

▶ 건설산업과 기술개발의 방향

다품종총합생산

건설산업이 오늘과 같이 발전해 온 것은 **다품종총합생산**을 시스템화한 산업 환경에서 기계화 시공을 추진하고, 시공관리에 의해 안정된 품종, 성능을 가진 구조물을 만들어왔기 때문이다.

앞으로 한층 더 효율성 높은 생산을 실현하기 위해서는 환경문제의 중요성은 물론, 실생활의 관점에서 개별시공과 연계된 생산관리의 정보화, 설계, 시공, 유지·관리의 기능적인 연계까지 도모할 필요가 있다.

2. 21세기 국토 그랜드 디자인

□ 포인트
「21세기 국토 그랜드 디자인」이 목표로 하는 것은 지역의 자립을 촉진하고, 자연의 혜택을 누리면서 국토나 생활의 안전을 확보하고 세계로 열려진 활력을 경제사회의 실현을 도모하는 것이다.

■ 해설

▶ 지역의 자립 촉진과 아름다운 국토의 창조

20세기 후반은 「개발」이 사회자본정비를 의한 처방전이 되었던 시대였다. 1950년에 시행된 국토총합개발법에 기초해 국가는 지금까지 4차례에 걸쳐 **전국총합개발계획**(전총계획)을 책정했다. 제5차의 장기구상을 「21세기 국토 그랜드 디자인」으로 칭하고, 목표연차 2010~2015년의 계획기간 중에 국토 구조전환의 길을 개척하고 시대에 필요한 적합한 시책을 전개하도록 하였다.

전국총합개발계획

그러나 1차 계획의 기본목표였던 「지역 간 균형 있는 발전」을 시작으로 2, 3차 계획에서는 지방의 인프라를 정비하고 풍요로운 환경을 창출하여 지방정착을 시도하였지만 이러한 시책도 예상대로 진행되지 못했다. 또한 4차 계획으로 내세웠던 **「다극분산형 국토의 구축」**은 지금까지의 국토 정책을 승계한 것이며, 지역 간의 소득격차는 약간 축소경향을 나타냈지만 국토의 균형 있는 발전을 달성했다고 하기엔 아직 미흡한 상황이다.

다극분산형 국토의 구축

▶ 다축형국토구조로 전환

도쿄를 정점으로 한 **도시 간 격차**는 지방분권에 의한 지역의 특성과 자립에 의해 지역 간 상호보완을 하면서 모든 도시 사이에 균형 잡힌 네트워크의 기초를 구축하는 것이 과제이다.

도시 간 격차

지금까지의 토카이도 메가폴리스와 수도를 연결하는 일축형국토축에서 전국을 균형 있게 배치하는 다축형국토축의 전환을 목표로 한다. 또한 국토축으로는 「북동국토축」, 「일본해국토축」, 「태평양신국토축」, 「서일본국토축」의 네 가지가 있다.

▶ 「참가와 연계」에 의한 계획의 추진

과제의 달성을 위해 앞으로의 **「참가와 연계」**에 의한 국토 만들기는 다양한 주체에 의한 지역 만들기는 전면적으로 전개하여 추진하도록 한다.

참가와 연계

또한 그 전략은 다음과 같다.

① 다자연 거주지역의 창조, ② 대도시의 리노베이션, ③ 지역연계축의 전개, ④ 광역국제교류권의 형성 이상의 네 가지 전략에 따라 각 지역이 가진 우수한 특성과 아이덴티티를 살리면서 지역 만들기를 진행한다.

3. 저출산·고령화의 대비

□ 포인트

저출산·고령화가 동시에 진행되고 있는 일본에서는 두 가지를 총합한 관점에서 21세기의 경제사회를 전망할 필요가 있다. 또한 국민의 부담을 줄이는 연금, 의료 등의 합리화를 위한 사회보장시스템의 구축이 필요하다.

■ 해설

▶ 저출산·고령화 사회에 대비한 풍요로운 생활과 생활공간 만들기

앞으로 급속도로 저출산·고령화는 진행될 것이고, 비도시권(농어촌지역)에서 확대되는 인구감소에 대해 지방 중부·중핵도시권의 인구증가가 전망된다. 앞으로의 주택·사회자본정비를 위한 추세는 건강하게 자립하고 사회의 경험이 풍부한 고령자의 사회활동 가능성에 주목하고, 이것을 「신인구보너스」로서 활용하는 것이다.

인구보너스기

「인구보너스기」란 생산연령인구(15~64세)가 유년인구와 노령인구를 합한 것{(14세 이하)+(65세 이상)}보다 큰 시기를 말한다. 현재는 이미 「역인구보너스」의 시기에 들어와 있고, 고령자를 활용한 「신인구보너스」가 되도록 사회시스템을 전환하는 것이 요구되고 있다. 「신인구보너스」란 건강하고 사회활동이 가능한 65세 이상의 노령자를 포함하여 생산연령인구로 간주한 고령자의 인적자원을 말한다.

▶ 생활복지공간 만들기

생활복지공간 만들기 대강

일본 건설청(현재 국토부청)에서는 고령자, 장애자는 물론이고 사회적 약자를 포함한 모든 사람이 생애를 통해서 건강하고 풍족한 생활을 하도록 하기 위해, 「생활복지공간 만들기 대강」(2006년)에 의해 시책의 전개를 도모하고 있다. 또한 「고령자, 신체장해자의 공공교통기관을 이용한 이동의 원활화의 촉진에 관한 법률」(교통배리어프리법)을 용이하게 하는 사회활동의 접근성이 높은 근거리의 주거나 다자연주거지역에서의 3세대 동거 주택 등 고령자가 건강한 사회활동 영위가 가능한 환경의 정비를 도모하고 있다.

엔젤플랜

또한 저출산에 대한 대응으로서는 「저출산대책추진기본방침」(2011년)이나 「앞으로의 자녀교육을 위한 시책의 기본방향에 대해서」(1994년)의 「엔젤플랜」에 의한 직업과 육아가 양립 가능하도록 살기 좋고 육아가 편한 사회적 지원시스템의 구축을 도모하는 것이 필요하다.

4. 환경에 부하가 적은 경제사회의 실현

□ 포인트

선진국의 자원이나 에너지의 과잉소비, 발전도상국의 빈곤이나 인구 급증 등은 식량증산을 위한 과도한 벌목 및 삼림 감소를 재촉하고, 인류의 생존기반인 환경 오염과 파괴가 전지구로 확대 진행되어 위기 상황에 놓여있다.

■ 해설

▶ 국제연합환경개발회의(지구서미트)

1992년에는 국제연합환경개발회의(지구서미트)에서 회의의 기본적인 생각을 정리한 「리우데자네이루 선언」이 채택되었다. 그 행동계획을 가리킨 「아젠다 21」은 전지구규모의 환경과 개발의 총합적 도전에 의해 **「지속가능한 개발」**(Sustainable Development)을 목표로 한 것이었다.

지속가능한 개발

지금까지 상용되지 않은 것이었던 「환경보전」과 「개발」의 관계를 「환경보전」은 「개발프로세스」의 일부로 간주하여 양자를 총합한 균형 잡힌 도전으로 「지속가능한 개발」을 도모하는 것이 앞으로 전 세계가 추구할 이념으로 하였다.

▶ 환경기본법의 제정

환경기본법

1993년에는 리우선언을 이어받아서 **「환경기본법」**을 제정하였다.

최근 환경오염원의 다양화, 오염범위의 확대로 온난화의 주원인인 이산화탄소(CO_2) 배출량의 증가나 산성비의 광역화가 진행되고 있고, 삼림의 소실에 의해 사막화도 진행되고 있다. 쓰레기 배출량의 증가나 건설공사의 증대에 따른 폐기물 최종처분장의 부족도 절실한 문제가 되고 있다. 대량소비사회를 직시하고 생산, 교통, 소비의 모든 단지에서 자원절약, 순환형 사회의 구축이 요청되고 있다. 또한 법체계의 활용으로 환경영향평가법의 실효성 있는 운용이 바람직하다.

▶ 환경정책대강의 제정

환경정책대강

일본 건설청(현재 국토교통청)에서는 환경기본법의 이념을 이어받아 금세기 초두를 시야에 둔 **「환경정책대강」**(1994년)을 책정했다. 그 주요 요지는 지구환경문제에의 공헌과 국제협력을 추진하면서 풍요로운 국토의 보전 하에 새로운 환경 창조를 승계하기 위해 국민과 행정이 협력하고 환경대책의 시도를 충실히 하고, 환경 리딩 사업의 추진을 실천하는 것이다.

13 환경세기와 사회자본

▶ 교토의정서의 발효와 그 후

1997년의 기후변동체결조약 제 3회 체약국회의(COP3)의 교토의정서에서는 자원, 에너지의 대량소비, 대량폐기를 전제로 지구온난화 문제에 선진국이 솔선하여 그 해결에 나서면서 일본 6%, 미국 7%, 유럽연합(EU) 8%로 CO_2 등의 **온실가스**의 배출량 삭감목표가 결정되었다. 2012년까지의 교토의정서의 온난화대책에 이어서 코펜하겐에서의 COP15는 2013년 이후의 온난화대책의 국제적 체결안(포스트 교토의정서)을 결정하는 것이다. 지금까지 다뤄지지 않았던 주요배출국인 신흥국(중국과 인도)의 배출규제를 하지 않으면 온난화대책은 암초에 걸리고 말 것이다. EU와 일본에서는 미국을 신의정서에 참가시키기 위해서도 신흥국에 배출삭감을 의무화하는 것이 필요해졌다.

온실가스

▶ 환경 접촉성

공공사업 등이 환경에 주는 악영향을 미연에 방지하기 위해 환경영향평가법(환경접촉법)이 1999년 6월 시행되었다.

이 법률에 기초한 **온실가스**는 다음의 수순에 따른다.

온실가스

(1) 접촉 방법의 결정(스코핑)

  사업자는「시방서」를 작성하고 접촉 방식을 결정한다.

(2) 접촉의 실시

  사업자는 스코핑에 따라 조사, 예측, 평가를 실시한다.

(3) 접촉결과에 대한 의견의 청취

  사업자는 결과를 정리하여 지방자치체, 주민 등의 의견을 듣는다.

(4) 평가서의 작성

  사업자는 (3)의 의견을 감안하여「준비서」를 수정하고「평가서」를 작성한다.「평가서」에 대해서는 허가 인가권자가 의견을 기술한다.

(5) 사업의 실시

  사업자는 (4)에서의 의견을 감안해서「평가서」를 수정한다. 그 후 사업을 실시하는 것이 가능해진다.

▶ 물 순환의 회복

근래에는 도시화가 진행됨에 따라 논의 감소나 빗물의 불침투성이 확대되고, 강우에 의한 수로의 오염이 더욱 확대되고 있다. 또한 태양광을 계속 쬐이면 자연의 **물순환**이 손상되어 유수는 고갈되기 쉽고 수질의 오탁이나 지반 침하가 생기기 쉽다.

물순환

이런 문제들을 해결하려면 국민의 물환경에 대한 공통인식과 건전한 물환경 회복을 위한 국가정책의 시행이 시급하다.

일본의 사회자본 정비

▶ 대기의 보전

<small>산성비</small>

일본해 연안 산음지대에서는 겨울에 많은 **산성비**가 관측되었다. 앞으로 동아시아 지역에서의 공업화가 가속하면, 그로부터 배출되는 산성비 원인물질이 대륙으로부터 편서풍에 의한 일본으로의 이동이 예측된다. 이 때문에 국내뿐만 아니라 동아시아 지역 전체가 모두 산성비 대책을 강구할 필요가 있다.

이산화탄소는 화석연료의 연소에 의해 배출되는 것이 많다. 이 CO_2는 온실가스의 대표적인 것으로, 지구온난화의 원인이 되고 있다.

<small>오존층</small>

오존층은 지상에 도달하는 자외선을 흡수하여 자외선의 양을 조절하는 작용을 하므로, 법규에 의해 오존층 파괴의 원인물질인 플루오로카본 등을 회수하고 적절하게 처리하는 것이 바람직하다.

▶ 습지의 보전

습지나 갯벌은 생물다양성의 중요한 구성요소가 되는 섬 사이의 중계지로서 매우 중요하며, 습지나 삼림의 감소에 의한 섬 사이의 생식환경 악화를 방지하기 위해 섬 사이의 생식상황을 파악하고 습지나 갯벌을 보전하는 것이 필요하다.

▶ 미티게이션

<small>미티게이션</small>

미티게이션(Mitigation)은 미국의 환경접촉제도에서 환경 보존의 개념으로 발생하였다. 미티게이션이란 일반적으로「융화하는 것」,「완화」,「경감」등으로 번역되고 있다. 인간 활동에 의한 자연환경의 악영향을 완화 또는 보상하기 위한 행위이다.

예측된 환경영향에 대해 실질적인 미티게이션 플랜이 제시되건 사업의 평가를 가능하게 할 수 있다.

① 회피 ··· 개발 전체 또는 그 일부를 행하지 않음으로서 영향을 회피한다.
② 최소화 ··· 개발계획을 제한하여 영향을 최소화한다.
③ 교정 ··· 영향을 받은 환경 그 자체를 원상태로 복구하기 위해 교정한다.
④ 경감 ··· 계획지 일원의 영향을 받지 않는 환경의 보호나 보전활동으로, 사업기간 중의 영향을 경감, 소거한다.
⑤ 대상 ··· 대체적 자원을 쓰거나 환경을 회복시킴으로써 환경의 이득을 대신하도록 좋은 영향을 준다.

5. 안전한 국토 만들기

□ 포인트

일본은 국토의 지리적 조건이나 지형, 지질 등의 자연조건에서 지진, 화산 분화, 태풍, 홍수 등에 의한 자연재해가 발생하기 쉽다. 국토는 산지가 많기 때문에 주민의 대부분이 충적평야인 도시권에 살고 재해가 발생하면 막대한 피해 가능성이 크다.

■ 해설

▶ 안전과 안심의 확보

자연재해나 도시재해의 방재대책은 도시정책상의 긴급한 과제이다. 근래 수많은 지진과 지반붕괴 등의 수많은 인명의 희생으로 얻어낸 교훈으로 안전하고 안심할 수 있는 생활이 가능한 위기관리체제를 확립하는 방재시스템의 구축이 요구된다.

▶ 재해에 강한 국토의 구축

도시의 각 기능을 일원집중제어형에서 비상시에는 하나의 생활단위가 되는 커뮤니티로서 독립된 방재기능을 하는 분절제어형의 도시구조로 전환이 가능하도록 하는 것이 중요하다. 그것을 위해서는 방재완충지대가 되는 하천이나 간선도로를 마련하고, 한 구획이 **방재안전가구**의 기능을 갖도록 한다. 구체적으로는 커뮤니티의 윤곽이 되는 간선도로, 하천(수로), 공원 등을 정비하고, 그 중에 지구행정, 복지, 의료, 피난 비축, 교류, 에너지 공급 등의 기능을 가진 공익시설을 배치한 방재거점이 되는 가구를 지정해 두는 것이 필요하다.

방재안전가구

▶ 재해에 강한 마을 만들기의 형성

마을의 안전 확보는 소프트웨어적인 면에서는 재해교육이나 피난훈련으로 즉시 대응 가능한 태세를 만들고, 하드웨어적인 면에서는 **리던던시**(다중성, 대체성)의 확보, 피난로 및 긴급수송도로의 확보, 건축물의 불연화, 내진 개수의 촉진 등으로 하드, 소프트 양면적으로 안전성 확보를 추진한다. 또한 방재상 위험한 밀집 시가지의 해소하면서 재해 시의 연소확대방지, 피난이나 구조 활동을 용이하게 하는 장소 확보를 염두에 둔 재해에 강한 시가지로의 개조를 실시한다.

리던던시

▶ 피해를 최소한으로 하는 마을 만들기

지진예지가 정확하지 않은 현시점에서는 인명의 안전을 확보하려면 어느 정도의 물적 피해를 감수하고 최소한으로 줄이려는 사고방식을 채택하여 과대투자를 피하도록 한다.

6. 건설산업의 국제화 대응

□ 포인트

국제사회는 점점 경계가 사라지고 세계경제의 시장경제로 이행되고 있다. 시장경제의 원리에 따라서 민간경제의 활력을 높이고 재정 의존도를 줄이면서 국제경쟁력을 강화할 필요가 있다.

■ 해설

▶ 국제화 추진에서의 과제

일본 건설기업의 해외사업의 비율은 다른 선진국 기업에 비해 낮아지고 있다. 그 이유로는 지금까지의 국내건설투자가 국제적으로 고수준이었고, 해외활동의 필요성이 줄어들었다는 것을 들 수 있다.

외국기업의 참여

1986년의 관서극제공항 프로젝트에 첫발을 내디딘 **외국기업의 참여** 문제는 건설시장의 문호개방 압력으로서 앞으로 더욱 강해질 것으로 예상된다.

건설산업이 끌어안은 과제 중에서도 노동사정이 가장 심각하다. 저출산·고령화시대의 젊은 노동자, 숙련노동자의 부족과 전체 노동자의 고령화가 진행되고 있는 것이다.

▶ 산업부문이 가진 노동사정

노동비용

일본은 **노동비용**이 세계적으로 가장 높고 노동비용이 낮은 아시아 여러 나라의 공업화 성공으로 공업제품 수출국으로서의 우위성은 점점 잃어가고 있다.

일본의 국제경쟁력 저하의 원인은 노동비용뿐만 아니라 노동력의 부족에 의한 제품에 미치는 영향도 생각도 고려해 볼 수 있다.

이 노동력의 부족을 보완하기 위해 현재 외국에서 다수의 노동자가 유입하고 있는 상황이다. 이 문제를 해결하려면 외국인 노동자에 대한 기술적 대응이나 불법입국자의 법적인면의 재점검을 포함하여 검토할 필요가 있고, 근본적인 해결로 국제사회에 공헌하는 것이 요구된다.

▶ 국제화를 향한 건설부문의 대처방식

① 국제사회에게 신뢰받으며 활약할 수 있는 해외사업에 필요한 경영능력을 가진 인재를 육성한다.

② 여러 나라 간의 국제교류를 활발하게 하기 위해, 기술자의 파견 및 연수성을 받는다든가 기재협력 등의 원조를 추진하여 해외사업의 원활화를 추진한다.

③ 외국기업의 참여에 관하여 입찰제도를 쇄신하여 건설서비스 분야의 **국제 규격**에 대응하는 체제를 만들어 국제적인 규칙이 적용되도록 한다.

국제 규격

7. 사회자본 정비와 유지 관리의 효율성, 투명성의 추구

□ 포인트

투자효과

공공사업은 파급효과의 관점에서 효율성이 있고, 그 우수한 경제효과로 경기를 뒷받침하는 효과를 창출해 왔다. 그러나 이러한 매크로적인 **투자효과**와는 별도로 공공사업에 대한 엄중한 비판으로 사업의 감축이 진행되고, 건설산업의 피폐가 진행되고 있다. 예측되는 자연재해 등 유사시를 대처하는 준비가 충분하지 않고, 고도경제성장기에 정비된 공공시설이 경신시기에 있지만 경신이 멈춰지고 있다. 양쪽 모두 국민의 동의를 얻고 풍부함을 실감할 수 있는 사회기반의 구축을 목표로 할 필요가 있다.

■ 해설

▶ 효율적인 사업의 실시

비판받고 있는 개별 공공사업에서 정비효과를 높이기 위해 다음과 같은 시도와 노력이 요구되고 있다.

① 사업을 중점적으로 실시하기 위해 국민의 납득을 받고 진정으로 우선순위가 높은 분야에 전략적으로 투자를 하도록 한다.

비용감축

② 제한된 재원을 유효하게 활용하고, 공공공사의 **비용감축**을 위해 1997년의 관계각료회의결정「공공공사비용 감축대책에 관한 행동지침」과 그 행동계획에 기초하여 공공공사비용을 한 층 더 감축한다.

또한 공공공사에서의 입찰, 계약수속의 공정을 위해 투명성의 확보도 절실하다.

▶ PFI수법의 활용

PFI(Private Finance Initiative)는 지금까지 공공부문에서 해온 사회자본의 정비를 민간의 자금력, 경영력, 기술력을 도입하고 효율적으로 행하려 하기 위한 방법이며, 영국에서 고안된 공공사업 개선의 방법의 하나이다.

PFI는 민간센터가 사업주체이며, 공공센터는 사업의 지원이나 서비스를 받아들이는 축으로서의 역할을 하고 있다. 각국이 뒤이어서 이 방법을 도입해 왔다.

VFM(Value For Money)

PFI의 사업방식의 기초를 이루는 것이 **VFM(Value For Money)**으로「그 자금에 맞는 가치」즉, 투자해야 하는 사업인가 아닌가라는 것과 투자자금에 대한 사업에 의한 수취가치의 최대화를 이루는 개념이다. 바꿔 말하면 공공서비스 제공자는「재정지출가치」를 높여 납세자에 대한 **설명책임(어카운터**

설명책임
(어카운터빌리티)

빌리티)을 이루는 것이다.

일본의 사회자본 정비

▶ 경신시대의 시설관리

지금까지의 사회기반제작은 투자여력 부족에 대한 효율적인 사회자본정비와 증대하는 스톡에 필요한 유지관리비용의 저감이 강하게 요구된다.

구조물의 장수화를 위해 매일 점검하여 손상개소를 발견하고, 이용(사용)자 등의 리스크를 탐지하기 위한 긴급대책을 강구해 둔다. 또한 본격적인 수선, 경신시대를 염두에 두고 계획적으로 유지관리가 가능하도록 노후화해가는 스톡에 대처할 필요가 있다.

많은 이용자를 위한 서비스는 기상상황이나 현장상황 등의 정확한 정보의 제공은 이용자를 안심시키고 사고를 미연에 방지하기 위한 위기관리시스템의 동작으로서 안전 확보와 시설의 손상을 최소한으로 억제하기 위한 기능을 한다. 그렇기 때문에 고도정보통신사회의 구축에 앞서서 공공시설관리용 광파이버나 GPS(범지구측위시스템)를 구축하여 보다 신뢰성이 높은 관리체제로 구조물의 장수화를 도모해야 한다.

▶ 공공사업의 평가시스템의 활용

행정은 공공사업에 관한 폭넓은 정보를 국민에게 공개하고 공유하는 어카운터빌리티의 향상에 도전할 필요가 있다.

국토교통성에서는 사업의 효과적 실시를 위해 그 실시과정의 투명성을 향상시키는 시책으로, 신규사업의 채택에 **비용 대 효과분석**(Costeffectiveness analysis)을 포함하는 평가에 사업채택 후 일정기간이 경과하고 있는 사업에 대해서 「국토교통성소관공공사업의 재평가실시요령」을 기초로 재평가를 실시하고 있다. 그리고 그 평가결과를 다음 연도의 예산에 반영하고 있다.

비용 대 효과분석은 프로젝트의 경제효과를 목적의 달성도로서 평가해 이것과 비용을 비교분석하는 방법이며, 해당 프로젝트의 우선순위, 채택 결정의 판단자료를 제공하는 것이다.

신규사업의 채택 시 평가는 각 성소관공공사업의 신규사업채택 시의 평가 실시요령에 기초하여 각 사업 등으로 상정되는 과제를 고려한 뒤에 비용 대 효과분석 등으로 사업의 긴급성, 필요성, 관련하는 계획과의 부합성, 지역 주민의 합의형성상황을 평가항목으로 한 총합적인 평가이다.

비용 대 효과분석

13 환경세기와 사회자본

1. 토목기술자의 윤리

□ 포인트

토목기술은 지금까지 사람들의 안전을 지키고, 생활을 풍족하게 하는 사회자본을 건설하고, 유지, 관리하며 공헌해 왔다. 그러나 기술력의 확대와 다양화, 그것이 자연 및 사회에 주는 영향은 복잡해지고 커지게 되었다. 과학기술에 종사하는 사람들은 이 사실을 확실하게 자각하고 기술의 행사에 앞서 항상 자신을 가다듬는 자세를 명심해야 한다. 즉, 기술자윤리의 고양이 필요하다.

그래서 1999년 6월에 토목학회는 토목기술자가 가져야 할 자세로 「윤리규정」을 정하였다. 그리고 다음 해에는 「토목기술자의 결의」로 사회자본의 정비방법을 근본적으로 다시 한 번 묻기 위한 방법을 사회에 표명했다.

■ 해설

▶ 왜 기술자윤리인가?

일본에서는 1938년에 토목학회가 토목사업을 맡는 사람의 윤리규정으로서 「신뢰 및 실천요강」을 발표하고 토목기술자는 높은 식견과 깨끗한 자세를 지켜야 한다고 선언하였다.

그러나 이러한 정신이 시간이 지나면서 공동화되어 시대의 흐름을 타고 여러 가지 문제가 부각되었다. 특히 최근 과학기술에 관한 사고나 불상사가 다발하며, 사회의 엄중한 비판을 받았다. 최근 일어난 문제로는 다음과 같은 사례가 있다.

① 산양신칸센 터널부의 콘크리트 낙하
② 토카이 마을 핵시설의 임계사고
③ 설인유업에서 제조장치의 오니에 의한 식중독
④ 담합사건(제네콘 등 수십 개의 회사 사정 청취)

그림 1 토카이 마을 핵시설에서의 임계사고(시코쿠신문에서)

최근의 사고나 사건의 특징은 개별적인 사소한 판단착오가 시대적·복합적으로 겹쳐 결과적으로는 막대한 영향을 사회에까지 끼쳐 고도기술사회의 취약점을 보이는 징후라는 지적도 있다. 그야말로 과학기술과 사회의 사고방식에 대한 새로운 가치체계가 요구되고 있으며, 그에 기초한 윤리규범을 구축해야 하는 시기가 온 것이다.

2 토목기술자의 윤리

▶「토목기술자의 졸의」란 무엇인가?

사회자본과 토목기술자에 관한 2000년 센다이선언(안) (토목학회)의 요점

1 사회자본의 정비 의의

「아름다운 국토」, 「안전하고 안심할 수 있는 생활」, 「풍족한 사회」의 육성을 위해서 사회자본을 건설하고 유지, 관리, 활용한다.

2 이념

ㄱ 자연과 조화, 지속가능한 발전
ㄴ 지역의 주체성의 존중
ㄷ 역사적 유산, 전통의 존중

3 방책

ㄱ 사회와의 대화, 설명책임의 수행
ㄴ 비전, 계획의 명확성
ㄷ 시간관리 개념의 도입
ㄹ 공정한 평가와 경쟁
ㅁ 사회자본정비를 위한 기술개발

▶ 신이 된 토목기술자

대만의 남부에 일찍이 가남평야라는 불모의 대지가 있었다. 다이쇼시대, 하치다 코이치라는 토목기술자가 이 평야를 아름다운 논으로 바꾸기에 성공했다. 또한 터널의 굴착, 댐의 건설, 관개망을 완성시켰다. 지금 가남의 농민은 그의 동상[그림 2] 앞에서 손을 합장하며 예를 올린다고 한다. 물론 토목사업은 한 사람의 힘으로 되는 것이 아니다. 그러나 우수한 토목기술자는 「인류를 위해서」라는 고매한 이상을 걸고 직무를 수행한다. 일본은 하치다 코이치뿐만 아니라 우수한 기술자를 많이 배출해 왔다. 그들을 떠올리면 현재와 장래의 토목기술자가 도맡아야 할 사명과 책임의 중대함이 스스로 분명해지게 될 것이다.

그림 2

1. 폐기물과 건설부산물

□ 포인트

폐기물의 처리 및 청소에 관한 법률

산업폐기물

건설부산물

폐기물의 처리 및 청소에 관한 법률(폐기물처리법)에서는 폐기물은 국민생활의 안에서 일상적으로 배출되는 일반폐기물과 사업활동에 의해 배출되는 산업폐기물로 구분된다(표 1). 또한 폐기물 중 88%는 산업폐기물이다.

자원의 유효한 이용의 촉진에 관한 법률에서는 건설공사에 따라 부차적으로 발생하는 건설부산물은 [표 2]에 나타난 것과 같다.

표 1 폐기물의 법적분류

- 폐기물 … 쓰레기, 큰 쓰레기, 오니, 분뇨, 폐유, 폐산, 폐알칼리, 동물의 사체 그 외 오물 또는 불필요한 물질이며, 고형 또는 액상의 것(방사성물질 및 이에 의해 오염된 것을 제외)
  단, 토사 및 토지조성의 목적에 의한 토사에 준하는 것. 항만, 하천 등의 준설에 따라 생기는 토사, 그 외 이와 같은 종류의 것은 폐기물이 아니다.
  - 일반폐기물 … 산업폐기물 이외의 폐기물
    (국민의 일상생활에서 배출되는 것)
    - 특별관리 일반폐기물 … 일반폐기물 중 폭발성, 독성, 감염성 그 밖의 사람의 건강 또는 생활환경에 피해를 입힐 우려가 있는 것으로서 행정령으로 정하는 폐기물
  - 산업폐기물 … 사업활동에 따라 생긴 폐기물 중 타는 쓰레기, 오니, 폐유, 폐산, 폐알칼리, 폐플라스틱류 그 밖에 행정령으로 정하는 폐기물
    - 특별관리 산업폐기물 … 산업폐기물 중 폭발성, 독성, 감염성 그 외 사람의 건강이나 생활환경에 피해를 입힐 우려가 있는 성상을 가지는 것으로서 행정령으로 정하는 폐기물

표 2 건설부산물의 내역

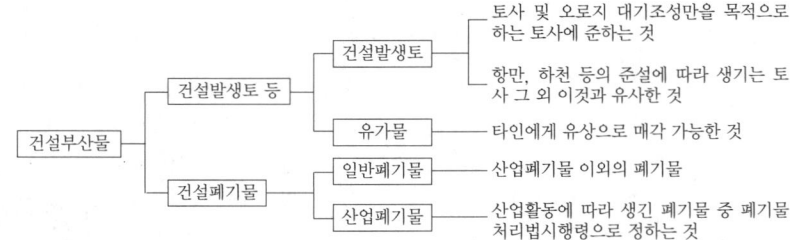

■ 해설

건설폐기물

▶ 건설부산물의 발생 및 처리의 현 상황

건설산업은 일본의 자원이용의 약 50%를 건설자재로서 소비하는 한편 산업폐기물 최종처분량의 40%를 넘는 양을 건설폐기물로서 최종처분하고 있다. [그림 1]에 산업폐기물의 업종별 배출량을 나타낸 것이다.

건설폐기물은 비산성 아스베스토 폐기물 등 극히 일부를 제외한 일반적으로 안정, 무해이며 그 성상도 안정해 있다(표 3). 그러므로 가능한 한 재이용을 도모하는 것이 필요하다. 건설폐기물을 품목별로 보면, 콘크리트 덩어리(3,600만 톤 : 37%), 아스팔트 콘크리트 덩어리(3,600만 톤 : 36%), 건설오니(1,000만 톤 : 10%)이다. 재이용의 실적은 콘크리트 덩어리 65%, 아스팔트 콘크리트 덩어리 81%, 건설발생목재 37%, 건설오니 6%이며, 재활용이 진행되고 있지 않다.

3 순환형 사회의 구축

산업폐기물의
업종별 배출량

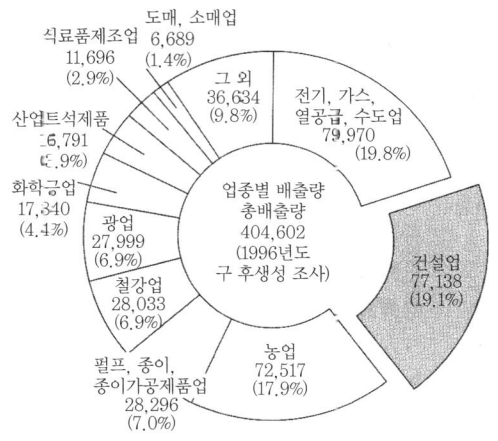

그림 1 산업폐기물의 업종별 배출량(단위 : ×10t)

건설폐기물의
구체적인 예

표 2 건설폐기물의 구체적인 예

건설폐기물	일반폐기물	사업소 쓰레기	현장사업에서의 작업, 작업원의 음식 등에 따른 폐기물 (도면, 잡지, 음료의 빈 캔, 음식물 쓰레기)
		타는 쓰레기	현장 내 소각잔여물(사무소 쓰레기)
	산업폐기물	안정형산업폐기물	잡동사니류	공작물의 제법에 따라 생기는 콘크리트의 파편, 그 밖에 이러한 류에 속하는 불필요한 물건 ① 콘크리트 파편 ② 아스팔트 콘크리트 파편 ③ 벽돌 파편
			유리조각 및 도자기조각	유리조각, 타일, 위생도자기 조각, 내화벽돌 쓰레기
			폐플라스틱류	폐기포스티롤, 폐비닐쓰레기, 합성고무쓰레기, 폐타이어, 폐시트류
			금속조각	철골철근쓰레기, 금속가공쓰레기, 파이프나 보안철책류, 빈 캔류
			고무조각	천연고무조각
		안정형처분장에서 처분 불가능한 것	오니	함수율이 높은 입자의 미세한 오상의 굴삭물 굴삭물을 표준사양 덤프트럭에 산적하는 것은 불가능하고, 또 그 위를 사람이 걸을 수 없는 상태(콘지수가 대략 $200kN/m^2$ 이하 또는 일축 압축강도가 대략 $50kN/m^2$ 이하) *구체적으로는, 장소타설공법, 오수실드공법 등으로 생기는 폐오수 등
			깨진 유척 및 깨진 도자기, 잡동사니류	폐석고보드, 폐브라운관(측면부) 유기성의 것이 부착, 혼입된 폐용기, 포장
			폐플라스틱류	유기성의 것이 부착, 혼입된 폐용기, 포장
			깨진 금속	유기성의 것이 부착, 혼입된 폐용기, 포장, 연판, 연판, 폐프린트 배선판, 연축전지의 전극
			나무조각	쓰레기해체목쓰레기(나무조각가실 해체재, 내장철거재), 신축나무 쓰레기, 벌채재, 벌간재
			종이쓰레기	포장재, 골판지, 벽지쓰레기, 장자
			섬유류	로프류, 폐유아스팔트유재 등으로 사용하고 남은 것
			타는 쓰레기	현장 내 소각처분 (걸레, 골판지)
	특별관리 산업폐기물	폐석면 등		비산성 아스베스트 폐기물(제거된 충부석면·석면함유 보온재·석면함유 내화피복제, 석면이 부착된 시트, 작업복 등)
		폐 PCB 등		PCB를 함유한 변압기, 콘덴서, 형광등 안정기
		폐산(pH2.0 이하)		황산 등(배수중화제)
		폐 알칼리(pH2.5 이상)		육가 크롬 함유 리튬(냉동기 냉매)
		인화성 폐유 (인화점 70℃ 이하)		휘발유류, 등유류, 경유류

2. 자원순환형 사회의 구축

□ 포인트

건설 재활용 추진계획 1997년

제로이미션

순환형 사회

건설 재활용 추진계획 1997년에 의하면 환경에 부하가 적은 「순환형 사회」를 구축하기 위해 건설 재활용을 강력하게 추진하여 건설폐기물의 최종 처분량제로(**제로이미션** : 한정된 자원, 환경용량에서 폐기물을 제로로 하는 구상)를 목표로 하고 있다. 순환형 사회란 생산량이나 소비량이 적정하고 생출되는 폐기물량이 축적되는 일 없이 재이용이나 재자원화에 의해 순환하는 지속가능한 사회를 말한다.

■ 해설

▶ 건설 재활용 행동계획

건설폐기물 및 건설발생토에 대해서 계획, 설계단계에서 시공단계까지의 각 단계에서 ① 발생의 억제(가이드라인의 책정), ② 재이용의 촉진(공공공사 저체에서 재생자원 이용의 철저), ③ 적성처리의 추진(자기책임의 철저)를 기본시책으로 하고, 또 ④ 새로운 구조의 구축(규칙의 재점검), ⑤ 기술개발의 추진(비용저감의 기술개발), ⑥ 이해와 참여(홍보활동)을 기반시책으로 다음의 **행동계획**을 정하고 있다.

행동계획

(1) 공공사업발주자로서의 책무의 철저·계획, 설계단계에서 재활용 계획서의 작성의무화, 연구기술개발 등
(2) 공공공사의 재활용사업의 추진·제로이미션을 목표로 한 선도적인 사업의 추진, 폐기물의 재생이용제도 등
(3) 민간건축의 건축 재활용의 추진·목조건축의 장수화, 건설혼합폐기물, 목재의 재활용 법제화 등

[그림 1]에 건설부산물과 재생자원의 이용의 구조를 보였다. 건설폐기물은 1995년도에는 재이용되고 있는 것은 58%로, 전체의 42%가 최종처분되고 있다.

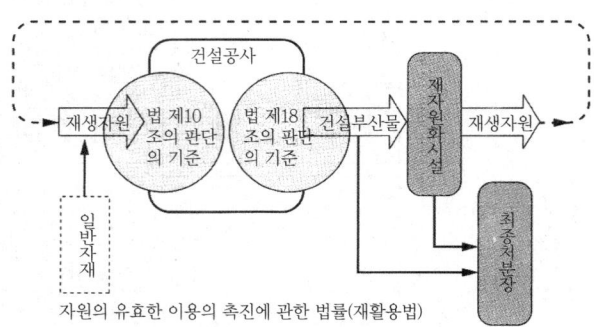

그림 1 건설부산물과 재생자원의 이용의 구조

▶ 산업폐기물관리표, 건설폐기물 최종처분장

매니페스토제도

매니페스토제도는 산업폐기물의 이동을 정확하게 파악하기 위해서 도입된 적하목록제를 말한다. 산업폐기물이 충분히 파악되지 않은 채 처리되는 사고나 환경오염의 발생, 불법투기의 방지를 목적으로 하고 있다. 산업폐기물의 처리책임은 배출업자이다. 배출업자가 그 처리를 타인에게 위탁할 경우 그 흐름을 관리하고 적정한 처리 처분을 확보하기 위한 운반차량마다 매니페스토(산업폐기물관리표)를 발행한다.

산업폐기물의 매립처분에서는 생활환경의 보전상 지장이 생길 우려가 없도록 하지 않으면 안 된다.

차단형처분장
관리형처분장
안정형처분장

유해한 폐기물은 **차단형처분장**에서, 공공의 수역 및 지하수를 오염시킬 우려가 있는 폐기물은 **관리형처분장**에서, 그럴 으려가 없는 폐기물은 **안정형처분장**으로 간다(그림 2).

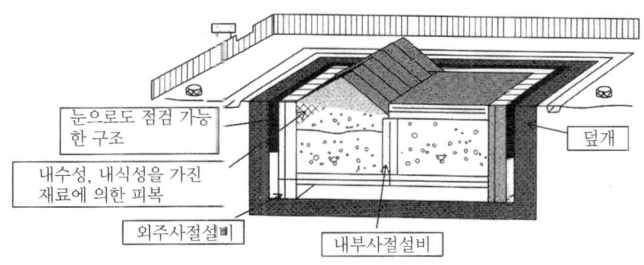

(a) 산업폐기물차단형 최종처분장

(b) 산업폐기물관리형 최종처분장

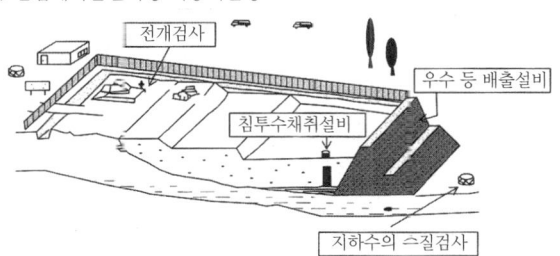

(c) 산업폐기물안정형 최종처분장

그림 2 처리장의 형식

3. 재생자원의 활용

□ 포인트

일본은 주요자원의 대부분을 수입에 의존하고 있다. 또한 근래의 경제성장, 국민생활의 향상에 따라 폐기물의 발생량의 증가 등 폐기물을 둘러싼 문제가 심각해지고 있다. 폐기물의 발생 억제 및 환경 보전에 비용을 투자하기 위해 자원의 유효한 이용 촉진에 관한 조치를 알릴 필요성으로 **자원의 유효한 이용의 촉진에 관한 법률**(재활용법)이 제정되어 있다(표 1).

자원의 유효한 이용 촉진에 관한 법률

재생자원

이 법률에서 말하는 **재생자원**이란 자원의 유효활용의 관점에서 현행 경제 시스템 중에서 유효이용해야 할 대상의 개념이다. 재생자원의 이용이 특히 필요한 특정업종으로 건설업이 지정되어 있다.

건설공사업자는 그 사업을 행할 때 재생자원을 이용하도록 노력하고, 건설공사에 관련된 부산물의 전부 혹은 일부를 재생자원으로 이용에 노력해야 한다.

표 1 자원의 유효한 이용의 촉진에 관한 법률의 개요

		재생자원(토사, 콘크리트 덩어리, 아스팔트콘크리트 덩어리)을 원재료로 한 재료를 이용하는 경우	지정부산물(토사, 콘크리트 덩어리, 아스팔트콘크리트 덩어리, 목재)을 공사현장 외에 반출하는 경우
사업자의 책무 (건설업자)		청부계약의 내용 등을 밟고, 공작물에 요구되는 기능을 확보하고, 재생자원의 이용에 노력한다.	청부계약의 내용 등을 밟고 분별, 분쇄 등을 행하고 재자원화시설의 반출하는 것 등에 의해 이용의 촉진에 노력한다.
발주자의 책무		재생자원을 이용하려는 노력하여 건설업자에게 행하게 할 사항을 설계도서에 명시한다.	재자원화시설에 반출하는 등에 의해 이용의 촉진을 도모하도록 노력해, 건설사업자에 행하게 할 사항을 설계도서에 명시한다.
계획서		사업자는 공사 마다 재생자원이용계획서를 작성하고 실시상황을 기록한다(1년 보존).	사업자는 공사마다 재생자원이용촉진계획서를 작성하고, 실시상황을 기록한다(1년 보존).
	대상공사	반입하는 건설자재의 양 - 토사 : 1,000m³ 이상 - 쇄석 : 500t 이상 - 아스팔트 합재 : 200t 이상	반출하는 건설부산물의 양 - 발생토 : 1,000m³ 이상 - 콘크리트 덩어리 - 콘크리트아스팔트 덩어리, 목재 합계 200t 이상
현장의 체제		공사현장에 책임자를 둔다(특별한 자격을 필요로 하지 않고 주임기술자 등이 겸무할 수 있다.).	
지도, 조언		대상 : 모든 건설업자	
권고, 공표, 명령		대상 : 연간 완성공사 가격 50억엔 이상의 건설업자	

또한 재생자원은 p.531 [그림 2]에 보였듯이 이용의 관점에서 부산물의 성상에 착안해 있으며 일반폐기물, 산업폐기물의 구분과는 관계가 없다.

■ 해설

건설부산물

재생자원

▶ **건설부산물, 재생자원, 지정부산물**

건설공사에 따라 부차적으로 발생한 **건설부산물** 중 이용해야 할 재생자원은 건설발생토, 콘크리트 덩어리, 아스팔트 콘크리트 덩어리가 있으며, [표 2~4]에 봉니 **재생자원의 종류마다 이용 목표에 따라, 재생자원의 이용을 촉

3 순환형 사회의 구축

진해야 한다.

또한 재자원화를 촉진해야 할 부산물로서 건설발생토, 콘크리트 덩어리, 아스팔트 콘크리트 덩어리, 건설발생목재의 네 종류(**지정부산물**)가 지정되어 있다.

1 건설발생토

건설발생토는 건설자재로서 이용 가능한 최저한의 시공성이 확보된 토사이며, 콘 지수 2 이상($200kN/m^2$, 오니를 제외)의 것을 말한다. 건설발생토는 시공성의 양부 및 흙의 물리적 성질을 감안하여 제 1종에서 제 4종으로 구분하며 구분에 따라 용도가 다르다.

표 2 건설발생토

구분	주된 이용용도
제 1종 건설발생토 (모래, 낙엽 및 이에 준하는 것)	• 공작물의 재매립 재료 • 토목구조물의 뒤채움 재료 • 도로성토재료 • 택지조성용재료
제 2종 건설발생토 (사질토, 역질토 및 이에 준하는 것)	• 토목구조물의 뒤채움 재료 • 도로성토재료 • 하천축제재료 • 택지조성용재료
제 3종 건설발생토 (통상의 시공성이 확보되는 점성토 및 이에 준하는 것)	• 토목구조물의 뒤채움 재료 • 도로로체용 성토재료 • 하천축제재료 • 택지조성용재료 • 수면매립용재료
제 4종 건설발생토 (점성토 및 이에 준하는 것) (제3종 건설발생토를 제외)	• 수면매립용재료

표 3 콘크리트 덩어리

재생자원(재생자재)	주된 이용용도
재생 크러셔런	• 도로포장 및 그 외 포장의 하층노반재료 • 토목구조물의 뒤채움 재료 및 기초재료 • 건축물의 기초재료
재생콘크리트 모래	• 공작물의 재매립 재료 및 기초재료
재생입도조정쇄석	• 그 외 포장의 상층노반재료
재생 시멘트 안정처리 노반재료	• 도로포장 및 그 외 포장의 노반재료
재생 석재 안정처리 노반재료	• 도로포장 및 그 외 포장의 노반재료

주 : "그 외 포장"이란 주차장의 포장 및 건축물 등의 부지 내역 포장을 말한다.
도로포장에 이용하는 경우에 재생골재 등의 강도, 내구성 등의 품질을 특히 확인한 후 이용하는 것으로 한다.

2 콘크리트 덩어리

콘크리트 덩어리는 [표 3]과 같이 강도, 내구성 등의 품질을 확인하고, 재생자재로서 도로포장, 구조물의 뒤채움 등에 이용한다.

3 아스팔트 콘크리트 덩어리

아스팔트 콘크리트 덩어리는 [표 4]와 같이 재생골재 및 아스팔트 혼합재료 등 주로 이용되는 용도가 정해져 있다.

표 4 아스팔트 콘크리트 덩어리

재생자원(재생자재)	주된 이용용도
재생 크러셔런	• 도로포장 및 그 외 포장의 하층노반재료 • 토목구조물의 뒤채움 및 기초재 • 건축물의 기초재
재생입도 조정쇄석	• 그 외 포장의 상층노반재료
재생 시멘트 안정처리 노반재료	• 도로포장 및 그 외 포장의 노반재료
재생 석재 안정처리 노반재료	• 도로포장 및 그 외 포장의 노반재료
재생 가열 아스팔트 안정처리혼합물	• 도로포장 및 그 외 포장의 상층노반재료
표층기층재생가열 아스팔트혼합물	• 도로포장 및 그 외 포장의 기층용재료 및 표층용재료

4. 건설부산물에 대한 구체적인 조치, 유의사항

☐ **포인트**   기획, 설계에서 시공, 공사완성까지 공사의 각 단계에서 발생자, 원청업자, 하청업자의 각 관계자의 건설부산물에 대한 조치 및 유의사항을 [표 1]에 보였다.

표 1 건설부산물대책의 실무유의사항(오른쪽 페이지와 연결)

공사의 단계		기획, 설계	적산(견적)	발주(계약)	시공계획	시공
유의사항	발주자	• 건설부산물의 발생억제에 투자하는 공법, 자재의 채용 등을 검토한다. • 재생자원의 이용의 촉진에 노력한다. • 발생하는 건설부산물의 종류, 질, 수량을 파악하여 종류별로 재생처리방법, 처분처를 검토한다. • 재활용계획서를 작성한다. • 해체공사에 관한 계획을 작성한다.	• 지정처분을 원칙으로서 처리비용(재자원화에 필요한 비용을 포함), 운반비용 등을 적정하게 적산한다. • 재활용계획서를 작성한다. • 재활용 원칙화 규칙을 적용한다.	• 설계도서 등에 채용하는 공법 자료, 사용하는 재생자원의 규격, 사용개소, 발생하는 건설부산물의 처리방법, 처분처를 명시하고, 필요한 경비를 계산한다. • 재활용계획서를 작성한다.	• 재생자원이용촉진계획, 재생자원이용계획, 폐기물처리계획의 작성의 지도 • 다른 공사현장과의 연락조정, 스톡야드의 확보 등에 노력한다.	• 공사현장의 책임자를 명확하게 한다(감독원과의 겸무 가능). • 명시한 조건에 기초한 공사의 실시 등의 지도
	원청업자			• 사양서, 설계도서를 확인한다. • 의문점에 대해서 현장설명회에서 질문한다.	• 건설부산물의 발생억제, 감량화, 재자원화에 배려한 시공계획의 일환으로서 재생자원이용계획, 재생자원이용촉진계획, 해체고사에 관한 계획을 작성한다. • 폐기물처리계획의 작성에 노력한다. • 다른 공사현장과의 연락조절, 스톡야드의 확보 등에 노력한다.	• 공사현장에서의 건설부산물 • 재생자원이용계획, 재생자원 이용촉진계획, 폐기물처리계획 등의 내용에 대해서 현장담당자의 교육 협력업자에 대한 주지철저 • 건축물의 분별해체 등을 행한다.
	협력업자				• 해체공사에 관한 계획을 작성한다.	• 공사에 관여하기 전에 건설부산물의 처리방법 등을 원청업자와 협의하고 충분히 이해해 둔다. • 원청업자와 협력해서 건설부산물의 적정처리에 노력한다. • 주변의 생활환경에 악영향을 주지 않도록 적정하게 시공한다.
참고법령 등		재활용법 4 기본 요강 6, 10, 21	요강 6, 21	기본 요강 6	재활용법 기본 판단 요강 7, 10, 11, 17, 21, 23	판단 요강 8, 15, 21, 26

참고법령 범례 : 재활용법…리사이클법 제 ○조
　　　　　　 기본…리사이클법에 기초해서 국가가 정한 리사이클에 관한 기본방침(고시)
　　　　　　 판단…리사이클법 제 10조, 제 18조에 기초해서 이용이나 반출 시의 판단의 기준(국토교통성령)

3 순환형 사회의 구축

■ 해설　　▶ 발주자, 원청업자, 하청업자의 역할과 의무

건설부동산의 부적정처리를 없애고, 재활용을 촉진하기 위해서는 [표 1]의 내용을 확실하게 실시하는 것이 필요하고, 각 현장의 발주자, 원청업자, 하청업자 등의 관계자가 대강의 역할과 업무를 자각하고, 조직되지 않으면 안 된다.

시공				공사완료	그 외
현장에서의 분별, 보관	재이용	감량화	처리		
• 적정하게 분별, 보관되어 있는가를 확인하는데 노력한다.	• 시공자와 협력해서 재생자원의 이용 및 이용의 촉진에 노력한다.	• 적정한 시에 감량화 되고 있는가 확인한다.	• 적정한 시에 매립, 처분 등이 되고 있는가 서면 등에 의해 확인에 노력한다.	• 건설부산물이 적정하게 처리된 것을 확인한다. • 현장에 폐기물이 잔존되어 있지 않은가 확인한다. • 명시한 조건에 변경이 생긴 경우에는 적절하게 정산변경한다. • 완료검사 시에 재생자원이용(촉진) 계획에 의해 재활용실적을 확인한다.	
• 처리방법에 의해서 분별을 철저히 한 뒤에 각각이 혼입하지 않도록 보관한다. • 주변의 생활환경에 영향을 미치지 않도록 적절하게 보관한다.	• 건설부산물의 발생억제, 현장 내 이용, 감량화, 재생자원의 적극적 활용에 노력한다. • 지정부산물에 대해서는 특히 재자원화시설에 들여오는 등, 재이용이 촉진되도록 노력한다.	• 재자원화시설에 들여오지 않은 건설부산물은 현장에서의 탈수, 건조, 소각 등으로 감량화에 노력한다.	• 안전의 확보 및 진동, 소음 등의 방지 등 공중재해의 방지에 노력한다. • 비산, 유출하지 않도록 적절한 구조의 운반차량 등을 사용한다. • 과적재가 되지 않도록 철저히 한다. • 건설폐기물의 처리를 위탁하는 경우는 운반과 처분에 대해서 각각의 허가업자와 서면에 의해 위탁계약한다. • 매니페스토 등으로 처리가 계약내용에 따라서 적정하게 행해졌는지 확인한다. • 계약내용을 적절하게 이행하도록 지도, 감독한다. • 혼합폐기물의 적체보관은 수선별 등에 의해 폐기물의 성상을 바꾸지 않는다. • 해체공사와 해체폐기물처리는 각각 개별로 직접 계약한다. • 폐기물의 특성에 따른 적정한 처리를 행한다.	• 재생자원이용촉진계획기 및 재생자권 이용계획의 실시상황을 파악하고 요구에 응해서 발주자에게 제출함과 함께 기록을 1년간 보존한다. • 폐기물처리계획의 실시상황을 파악하고 기록의 보존에 노력한다. • 부산물이 적정하게 처리된 것을 확인한다.	• 공사현장의 책임자에 대한 지도, 직원 및 협력업자에 대한 인식의 계발 등을 위한 사내 관리 체제를 정비한다. • 재활용에 투자하는 기술 개발에 노력한다.
상동	상동	상동	• 원청업자와 협력해서 건설부산물의 적정처리에 노력한다.		
기본 폐법 12 요강 12, 16, 26	재활용법 4 기본 판결 요강 11, 15, 19, 22~26	요강 15, 19, 25	폐법 12, 21 요강 13, 14, 17~20, 23~28	판단 요강 7	기본 요강 9

폐법 ○…폐기물처리법 제 ○조
요강 ○… 건설부산물적정처리 추진요강 제 ○

1. 지구와 기업, 개인을 위한 ISO

□ 포인트

ISO

카메라의 필름에 「ISO100」「ISO400」이라 적혀져 있거나, 최근에는 「ISO9001 인증기업」이라는 조직을 걸고 있는 건설회사도 잘 보이게 되었다. ISO란 International organization for Standardization(국제표준화기구)의 이니셜로, 본부는 스위스의 쥬네브에 있으며, 각국의 대표자로 구성되어 국제규격 등을 제정하는 단체이다.

여기서는 ISO의 종류나 인증의 취득수순 등에 대해서 설명한다.

■ 해설

일본의 공업에 관련된 규격에는 JIS가 있고, 지금까지는 JIS에 적합하면 기업활동이 가능했다. JIS와 같이 세계 각국에는 미국의 ASTM 등 자국에서 통용하는 규격이 있다. 그러나 [그림 1]의 우주정거장의 건설로 대표되는 것처럼 국제화가 진행하면 국제적으로 표준화된 품질이상이나 상태(품질경영시스템 : QMS)로 생산된 규격품이 아니면 조립이나 수리, 부품교환 등이 곤란하다.

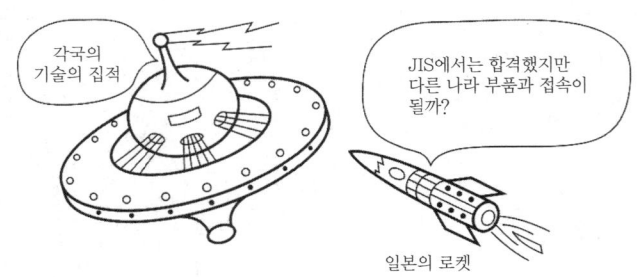

그림 1 우주정거장

국제적으로 평가된
신용이 있는 기업

ISO의 역할

또한 생산 단계에 지구환경에 배려(환경 매니지먼트 : EMS)하고 있는가도 염려된다. 그래서 ISO에서는 생산활동을 실시하는 기업 내의 품질 등 환경의 관리상태(매니지먼트 시스템)에 대해서 심사를 행하여 국제적으로 표준화된 매니지먼트 시스템이 확립된다면 결과적으로 품질이 좋고, 국제규격에 적합한 제품이 생산되므로 ISO 인증기업이라 인정받고, **국제적으로 평가된 신용이 있는 기업**으로 인정받는다. 이처럼 ISO의 인증은 지구환경을 소중히 생각하며 세계를 상대로 살아남을 수 있는 중요한 역할을 맡고 있다.

지구와 기업, 개인을 위한 ISO

▶ ISO9001 규격 (품질 매니지먼트 시스템 : Quality Managment System : QMS)

ISO9000 시리즈
ISO9001

이 규격은 당초 9000시리즈로서 ① QMS 전체의 9001, ② 9001부터 설계관리부문을 뺀 9002, ③ 시험이나 검사를 주로 하는 9003의 3부문으로 나누어져 있었지만 2000년 12월에 9001로 일체화된 품질관리 시스템이 되었다. 그러므로 9001 인증기업은 국제적으로 표준화된 QMS 전체가 확립된 기업으로, 필요한 품질의 제품이나 서비스를 확실하게 제공 가능한 국제적인 신뢰가 있는 기업이라 할 수 있다. 2001년 6월 현재의 일본의 9001 인증취득건수는 약 18,000여건이나 되지만, 6만 건을 넘는 영국에 비하면 매우 적다.

취득건수

그러나 국제적으로 표준화된 품질의 관리방법이나 보증 시스템의 국제규격이라 보고 **품질확보를 위한 ISO가 필요함**을 기본으로 앞으로는 취득건수도 늘리고 공공사업입찰의 조건이 될 것이다.

▶ ISO14001 규격 (환경 매니지먼트 시스템 : Environment Management System : EMS)

ISO14001

이 규격은 지구환경의 보호를 목적으로 한 것으로 지구온난화, 오존층의 파괴, 산성비나 산업폐기물의 재활용 등에 대한 국제적으로 표준화된 환경보호의 관리방법 등의 규격이다.

우리 인류는 지금까지 대량생산, 대량소비의 물질문명의 안에서 살아왔다. 그 결과 이상기상이나 생태계 파괴 등 여러 가지 지구규모의 환경문제가 발생하고 있다. 지금이야말로 환경관리시스템 EMS를 확실히 구축하고, **지구환경문제 전체를 재점검해 볼 시기**에 와 있다. 그 중심이 되는 것 중 하나가 ISO14001이라 할 수 있다.

지구환경문제

기업은 어떻게 하면 헛수고를 줄이고 산업폐기물을 없는 생산 시스템을 정비하여 환경에 친화적인 제품서비스를 제공 가능할까에 대해서 조직적으로 노력할 필요가 있다. 그 결과, 국제적으로 표준화된 EMS가 확립되어 있다면 인증기업이라 인정받을 수 있다. 이 동향은 세계적인 것으로 각 기업 등이 인증을 얻으려는 노력이 지구환경문제 해결의 기본이며, 이것이야말로 ISO 설립의 목적일 것이다. 그리고 우리 한 사람 한 사람들도 기업에만 미룰 것이 아니라 보다 나은 생활환경을 만들기 위한 노력이 필요하다. 학교나 대학 등도 인증취득에 노력을 해야 할 것이다.

취득건수

ISO14001의 2001년 3월 현재의 인증취득건수는 약 7천 건으로 적지만, 그래도 환경문제에 관심이 높은 유럽과 미국 각국을 누르고 세계 1위이다.

▶ ISO9001 및 ISO14001의 인증취득수순의 개요

그림 2 인증취득수순의 개요

기업이 ISO의 도입을 계획한 후 취득까지는 일반적으로 다음 5단계의 작업이 필요하다.

제1단계

킥오프

경영자의 킥오프이라고 불린다. 인증취득에는 기업 활동의 국제적으로 표준화된 QMS나 EMS와의 비교나 전면적인 재점검, 문제점의 검출 등의 큰 작업이다. 또한 심사등록에 필요한 비용이 고액(300만~500만 엔)이기도 하며, 경영자의 용기 있는 결단이 필요하다. 그리고 취득까지의 각 작업을 조직적으로 실시하는 것이 되므로 각 부문의 책임자나 추진위원 등의 기업 내의 인재들도 용기 있는 결단의 필요요인이 된다.

제2단계

기업 내 조직화

기업 내에 기본적인 조직을 구축한다.
(1) ISO의 어느 규격을 취득하고 어떻게 활용할 것인가 등의 방침, 목적, 목표의 결정과 기업 내의 의식을 고양한다.
(2) 관리책임자의 임명과 추진사무국의 조치, 추진위원을 선출한다.
(3) QMS, EMS 구축을 위한 조직을 만든다.
(4) 취득 스케일을 작성한다.

제3단계

각 작업의 문서화와 문서체계와 선출을 행한다.
(1) 현재의 기업업무 내용을 파악하고 문서체계(피라미드형)를 구축한다.
(2) 현재의 업무내용의 정리와 플로차트를 작성한다.

리스트업

(3) 플로챠트에 국제적으로 표준화된 QMS나 EMS를 기초로 만들어진 규정의 요구사항을 들어맞추어 선출을 행하고 문제점을 리스트업한다.

제4단계

실시 → 수정

「리스트업 사항의 재점검 → 실시 → 수정」을 반복한다.

제5단계

심사등록기구에 의한 심사를 받는다.

심사는 예비심사와 본심사로 구성되며, 예비심사에서는 본심사 전에 구축상황 등을 판단한다. 본심사에서는 서류심사와 현장심사가 있고, 1~2년에 걸쳐 인증이 판단된다.

또한 심사기관이나 상세한 내용에 대해서는 각 지방자치체의 창구에 물어보는 것이 좋다.

▶ 모 공업학교의 ISO14001 인증취득의 구조의 예

공업관계고등학교에서의 교육활동의 하나로 지구환경문제 인식에 대한 환경교육을 다룰 것을 의무로 한다. 여기서 일본의 ISO14001 인증취득에 전 학교가 몰두하고 있는 모 공업학교의 예를 소개한다.

제1단계 : 교과내용에 특히 관계있는 어느 토목계학과의 교원의 발의로 직원회의로 심의하여 최종적으로 학교장이 실행을 결단했다. 심사등록에 필요한 비용은 지자체의 생활보전관계의 예산에서 지출하자는 얘기도 있었지만 최종적으로는 총합적 학습활동의 일환으로 시도한다는 기본방침을 정하고 창립기념사업 중의 하나로서 학교 후원회에서 지출하였다.

제2단계 : EMS 구축을 위한 학교 내의 조직은 [그림 3]대로이다.

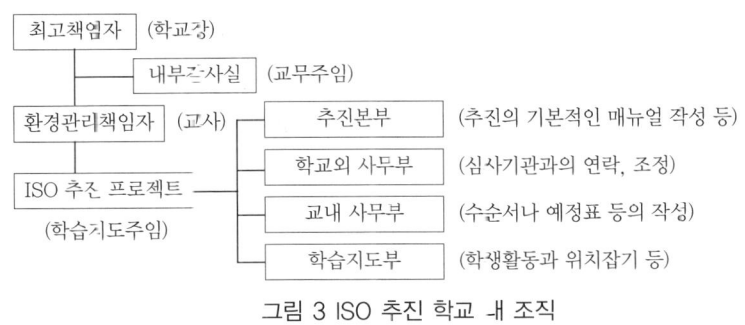

그림 3 ISO 추진 학교 내 조직

제3·4단계 : 지구환경문제 전반에 관한 총합적인 학습수업 중 1단위 분을 환경에 관한 학습에 배당한다. 학생활동은 보다 나은 학교환경 만들기를 기본방침으로 하고 구체적으로는 매일 나오는 쓰레기의 분별을 확실히 하고 토목계학과의 학생이 주 2회 계측을 실천하고 데이터화하여 전교집회나 홍보용으로 발표하고 있다. 이들 활동 결과 학생전원의 쓰레기 처리에 대한 관심이 높아지고 교내 미화의 역할을 하고 쓰레기를 줄이고 재활용하는 방법 등의 검토활동으로 발전하고 있다.

제5단계 : 최종적으로 두 가지의 심사기관과 기간, 요금 등을 조정하여, 2002년 2월에 공립 공업학교로서 ISO14001로 인증되었다.

1. 건설사업에서의 IT 혁명

□ 포인트

IT(Information Technology=정보기술) 혁명은 18세기의 산업혁명을 상회하는 변혁으로, 산업경제에 그치지 않고, 생활전반에 걸쳐 크게 영향을 미치게 되었다.

■ 해설

IT

건설사업의 정보화에는 개별정보시스템 도입은 진전되고 있지만, 이들 정보의 연계는 아직 빈약하며, 사람의 손을 직접 거치는 경우가 많다. IT 혁명의 목적은 개개의 정보기술의 진전이나 도입뿐만 아니라 정보의 유기적인 연계를 넓히고, 업무의 방식을 효율화하고, 생산성을 향상시키는 것에 있다. 건설사업에서는 [그림 1]에 보인 것과 같은 시도가 있었다.

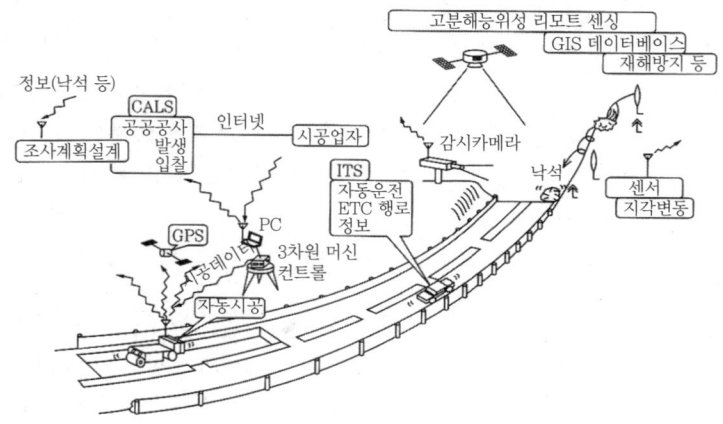

그림 1 건설업 IT 혁명

CALS/EC

① 공공사업의 조사, 계획, 발주, 입찰, 시공관리(정보화시공), 유지관리 등을 행하기 위한 CALS/EC(Continous Acquisition and Lifecycle Support/Electronic Commerce = 계속적인 조달과 제품의 라이프사이클의 지원/전자상거래)

ITS

② 정보기술을 이용하여 사람과 도로와 차량을 하나의 시스템으로 생각하는 ITS(Intelligent Transport Systems=고도도로교통시스템)

GIS

③ GIS(Geographic Information Systems=지리정보시스템) 등의 데이터베이스를 이용하여 실시간 재해예측 시스템이나 각종 화상해석 등 국토관리로서 이용한다.

그 밖에 GPS, CAD, CG 등의 정보기술은 상기 ①~③을 포함하여 통합하기 시작하여 IT 혁명이 가능해진다.

2. 건설 CALS/EC

□ 포인트   건설 CALS/EC는 건설사업 전체의 정보를 전자화하는 것이다(그림 1).

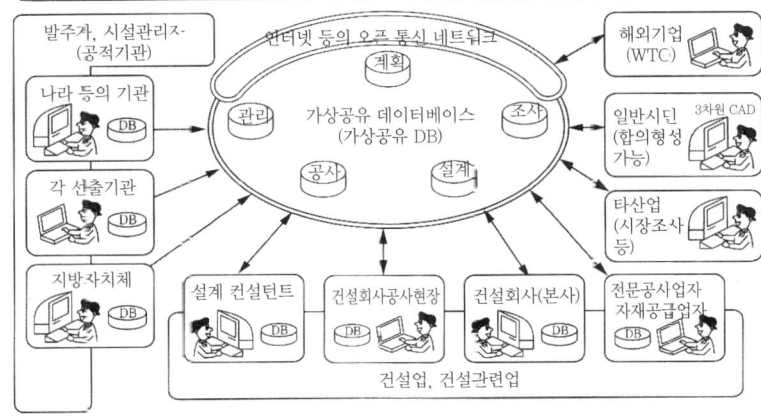

그림 1 건설 CALS/EC의 전체 이미지

■ 해설   전자화한 정보를 대부분의 관계자와 공유하고 가공·재이용하여 비용감축 등이 달성된다. 각 단계에서는 구체적으로 다음과 같은 것이 가능해진다.

1 계획, 조사, 설계, 적산

인터넷 등의 쌍방향 미디어를 통해서 CAD에 의한 3차원 화상의 업무계획의 이해가 한 층 깊어지며 국민과의 합의형성 위에 사업이 진행되어 공공사업의 효율적 실시가 실현 가능하다. 적산에는 CAD에 모든 정보가 입력되어 있고, 사업수주자가 범위설정을 하면 모두 가능해진다. 수치화에서는 사람이나 기계에 맞춘 센서에서 기공사의 데이터가 취득되고, 최신으로 현장에 잘 맞는 상태로 **자동적산**이 가능하다.

자동적산

2 입찰, 계약

인터넷을 이용하여 입찰설명회의 교부, CAD에 의한 설계도 전송, 적산, 자격심사신청, 입찰, 입찰결과 공표까지 수주회사 내에서 직접 할 수 있다. 다음 페이지의 [그림 2]는 **전자입찰**의 개요를 나타낸 것이다. 개개의 발주기관이 제공되는 발주예정정보를 **클리어링 하우스**라는 홈페이지에서 일원적으로 수집, 관리하고, 1개소의 홈페이지에 접속하는 것만으로 다수의 발주정보가 얻어진다. 보다 많은 수주희망자의 참가가 기대되며, 발주자로서는 보다 우수한 기업을 선정할 수 있다.

전자입찰

클리어링 하우스

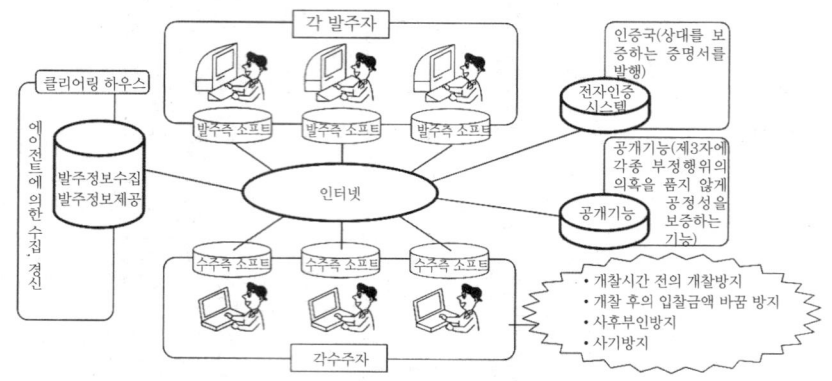

그림 2 클리어링 하우스와 전자입찰

3 시공공사

공사시공에 착수하기 전에 CAD에 의한 3차원 버추얼 시뮬레이션을 통해서 공사 전체를 시각적으로 관계자에 이해시키는 것이 가능하며, 안전하고 효율적인 시공이 가능해진다. [그림 3]에서와 같이 **정보화시공**에서는 CAD나 GPS 및 GIS, 시공기계나 작업원이 정보통신시스템에서 결합된 시공을 진행한다. 그리고 시공에 따라 생기는 모든 정보를 시공기록으로 끊임없이 **실시간**으로 발주자 측에 송신하고 헛수고 없는 시공관리를 진행할 수 있다.

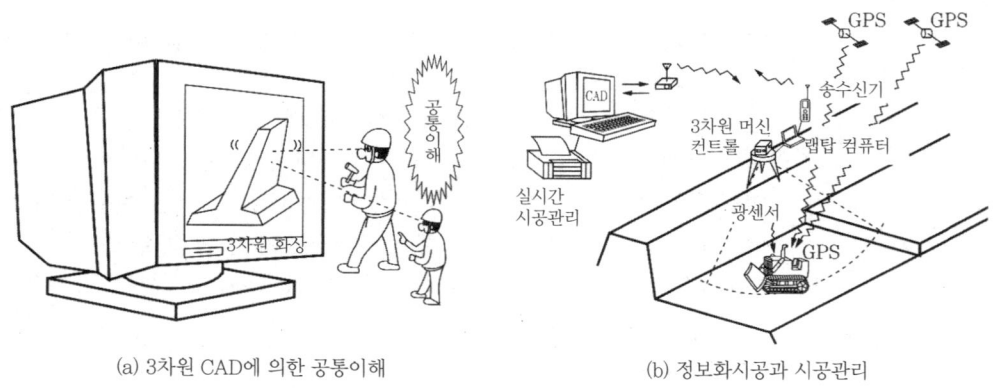

(a) 3차원 CAD에 의한 공통이해   (b) 정보화시공과 시공관리

그림 3 정보화시공

4 유지관리

건설계의 관리설비의 고장 등은 설비와 관리자나 유지관리기업이 온라인으로 연결되어 현장조사 등에 시간을 **뺏기지** 않고 신속하게 처리 가능하다. 또한 [그림 4]에서처럼 도로의 함몰 등의 재해상황도 GIS나 GPS 등의 정보 공유화에 의해 실시간으로 현장 상황이 파악가능하며, 방재효과를 가질 수 있다.

새로운 건설기술

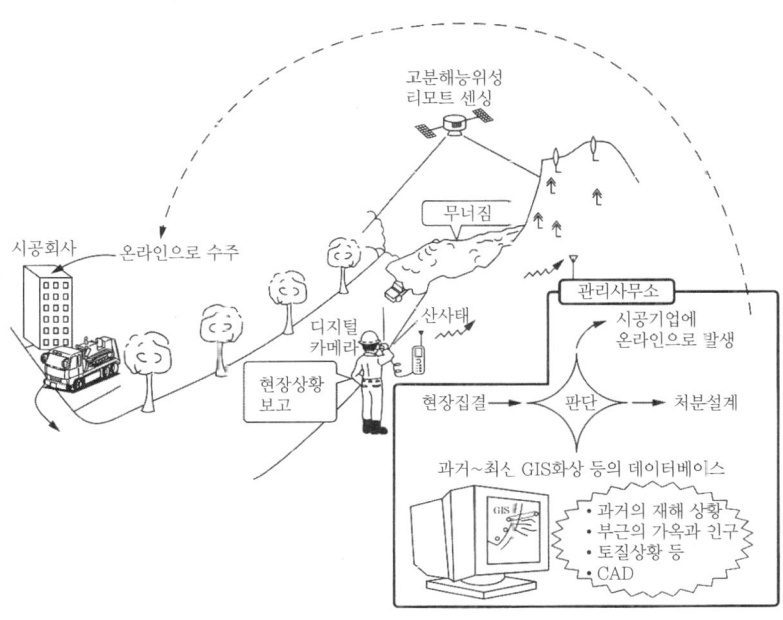

도로우지관리

그림 4 도로유지관리

5 데이터베이스로서의 효과

데이터베이스

[그림 5]에 보인 것처럼 건설기술 등의 모든 정보가 일원화되어 누구나 현장에서 발생한 정보를 데이터베이스(DB)에 등록하고, 공유이용 가능한 체제가 잡혀져 효율적인 건설기술의 행사가 가능해진다.

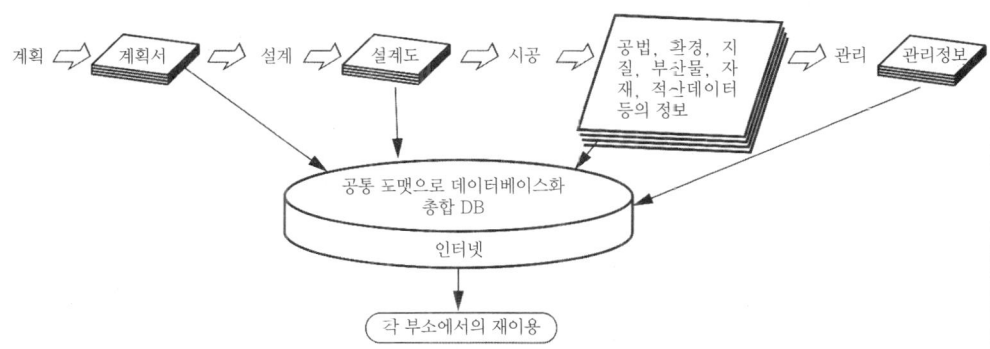

그림 5 총합 데이터베이스

6 국토관리

고분하능위성
리모트 센싱
지상원격감시시스템

다음 페이지 [그림 6]에서처럼 **고분해능위성 리모트 센싱**에 의해 지핵의 변화를 관찰하거나 기상 텔레미터 레이더, **지상원격감시시스템**, 사면에 변위 붕괴나 토질수맥 등의 정확한 정보를 관리담당부서에서 파악, 관리하고 축적된 과거의 처리상황 등의 검색, 검토로 재해를 미연에 방지하거나 조기복구를 고효율로 행할 수 있다.

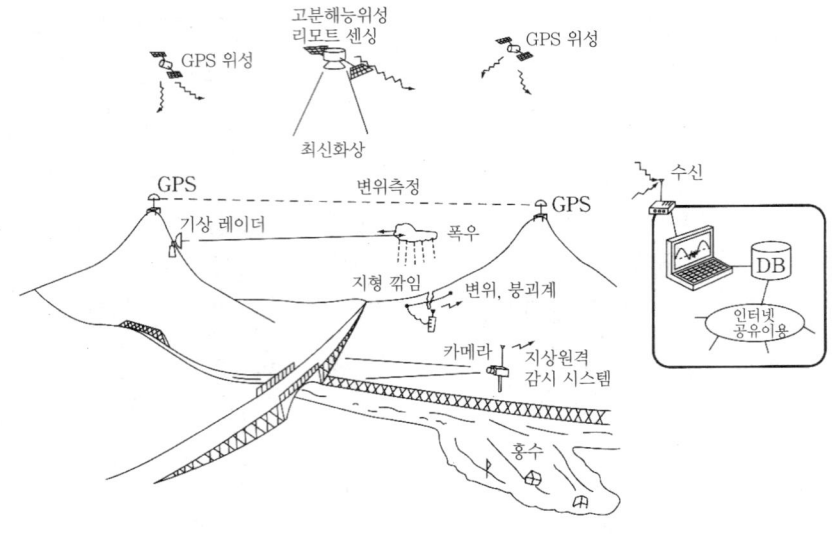

그림 6 재해정보제공

7 정보의 위기관리

정보의 전자화는 종이에 의한 보존과 비교하여 대량의 정보가 순시에 용이하게 읽고 쓰는 이점이 있다. 그 반면 불특정다수의 사람들에 의한 정보의 변경이나 삭제가 간단하게 된다는 위기성이 있다. 또한 정보가 소멸하지 않아도 도용될 위험성이나 고의로 수정되는 일도 충분히 예상 가능하다. 그래서 [그림 7]과 같이 3층에 걸친 위기에 대한 대책을 강구할 필요가 있다.

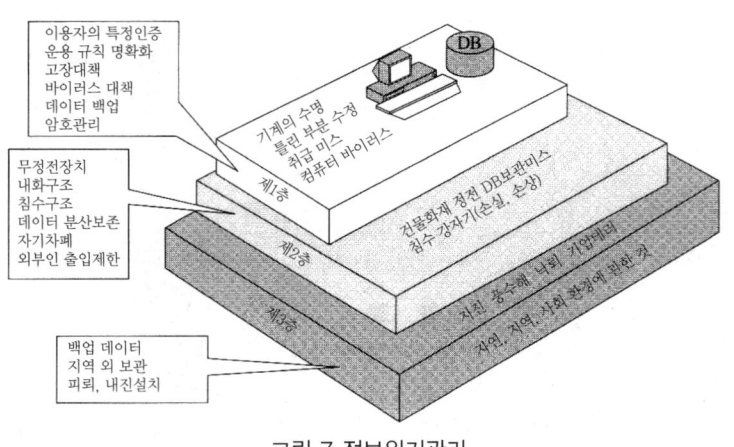

그림 7 정보위기관리

3. GIS

□ 포인트

GIS(Geographic Information Systems=지리정보시스템)는 컴퓨터기술에 데이터기술이 통합되어 생겨났다. 이 시스템은 여러 가지 공간 데이터(디지털 지도, 화상 지역통계, 도형문자, 수치 등)를 통합하여 가공, 처리, 분석을 위한 도구로서 이용되고 있다.

■ 해설

레이어

GIS는 [그림 1]과 같이 기초가 되는 지도정보 위에 토지이용상황이나 인구밀도 등을 각종 정보마다 **레이어**(Layer=층)라 부르는 화면을 만든다. 이 레이어는 지번 등에 의해 정보를 링크시켜 목적에 따른 레이어를 겹쳐 표시하고, 복합적인 분석처리 등이 가능하다.

도형정보
속성정보

GIS에서는 지도정보를 **도형정보**라 하며, 그 이외에 각종 정보를 **속성정보**라 한다. 속성정보에는 문자나 수치형식의 데이터가 많지만 사진 등의 화상정보도 있다. 예를 들면, 과거의 지면 미끄러짐의 데이터를 사진을 포함해 보존하고 앞으로의 방재계획이나 화재예방에 활용할 수 있다.

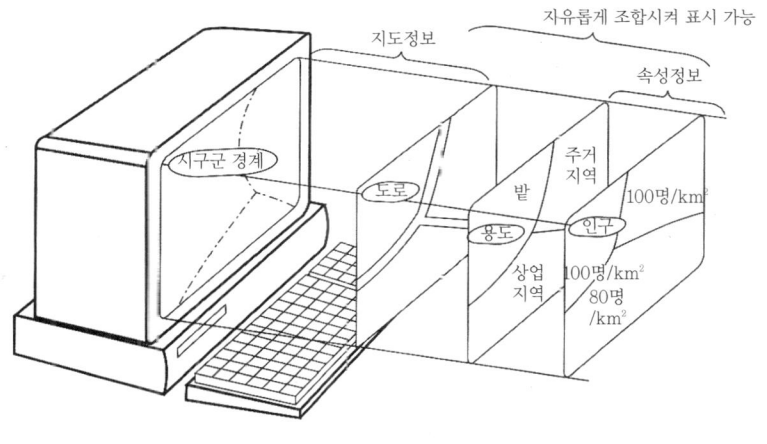

그림 1 레이어의 구도

1 그림형 데이터의 종류

벡터형

래스터형

다음 페이지의 [그림 2]에 보인 것처럼 도형 데이터의 취급으로 도형의 형상을 점, 선, 면으로 나누어 각각에 좌표를 준 **벡터형** 데이터와 2차원 표면을 세밀한 메시로 분할하여(각각의 메시의 하나하나를 픽셀이라 한다) 각 픽셀이 가진 가치에 의해 도형을 표현하는 **래스터형** 데이터가 있다.

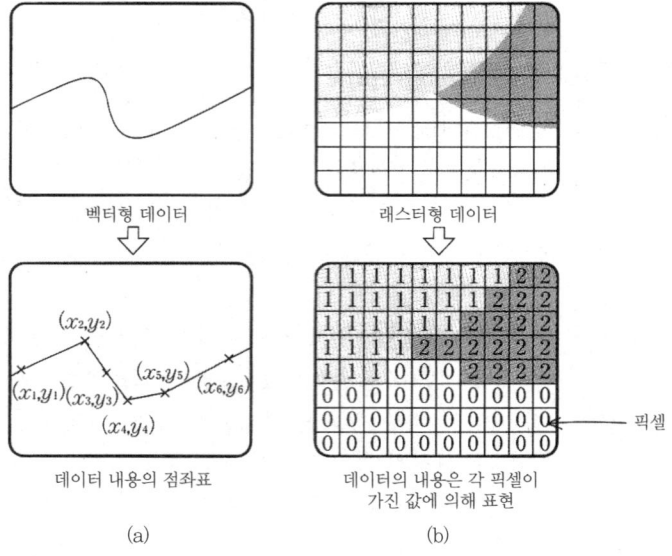

그림 2 벡터형과 래스터형

2 GIS의 표준화

[그림 3]에 보인 것처럼 표준화에서 중요한 것은 지도 데이터의 경신과 대장 데이터의 경신이 일상적인 업무 중 실시간으로 연동하고 있는 것이다. 즉, 항상 최신 정보가 데이터에 존재하는 것이 중요하다. 또한 재해가 발생해도 휴대전화에 접속한 단말보다 단독처리가 가능한 Web형 GIS 시스템인 것, 개개의 지방에서 일상적으로 GIS를 이용한 장치의 다룸에 익숙할 수 있고, 그리고 다른 지방에서도 이용 가능한 전국레벨로 공유화하는 것이 중요하다.

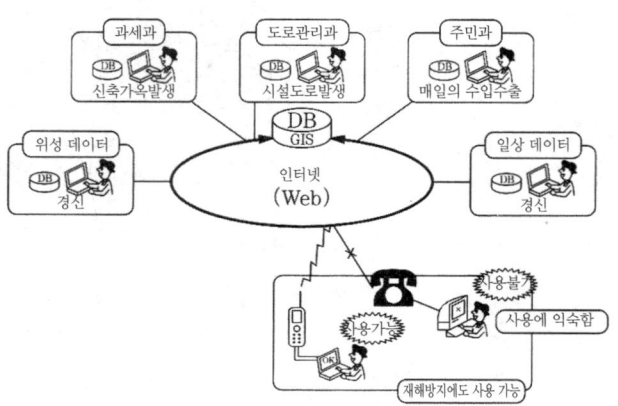

그림 3 Web형 GIS

3. ITS

□ 포인트
고도도로교통시스템

ITS(Intelligent Transport Systems＝고도도로교통시스템)은 고도의 도로이용, 운전자나 보행자의 도로이용에 교통사고나 혼잡 등을 경감하기 위해 도로교통의 안전성, 전송효율, 쾌적성의 비약적 향상을 목표로 하고 있다.

■ 해설

[표 1]에 보인 9항목의 개발이 2009년경을 완성목표로 진행되었다.

표 1 ITS 개발목표

항목	내용
내비게이션시스템의 고도화	① 교통관련정보의 제공 ② 목적지정보의 제공
자동요금수수시스템	① 유료도로에서의 자동요금 수납 ② 주차장에서의 자동요금 수납
안전운전의 지원	① 주행환경정보 제공 ② 위험경고 ③ 운전보조 ④ 자동운전
교통관리의 최적화	① 교통량의 최적화 ② 교통사고 시의 교통규제정보의 제공
도로관리의 효율화	① 유지관리업무의 효율화 ② 특수차량 등의 관리 ③ 통행규제정보의 지공
공공교통의 지원	① 공공교통이용정보의 제공 ② 공공교통 운행, 운행관리 지원
상용차의 효율화	① 상용차의 운행관리 지원 ② 상용차의 연속자동운전 지원
보행자 등의 지원	① 경로안내 ② 위험방지
긴급차량의 운행지원	① 긴급자동통보 ② 긴급차량 경로유도·구원활동지원

자동요금수수

자동운전

연속자동운전

1 내비게이션시스템의 고도화

GPS에 의한 경로안내 외에 경로상의 장애물의 정보나 목적지 주변의 주차장의 공간 상황 등의 정보를 실시간으로 표시하여 각종 예약수속 등을 차안에서 사전에 확인하는 것도 가능하다(다음 페이지 그림 1). 정체정보나 최신 도로교통정보를 제공하는 VICS(Vehicle Information and Communications Systems＝도로교통정보통신시스템)는 이미 1996년부터 시작되었다.

VICS

13 환경세기와 사회자본

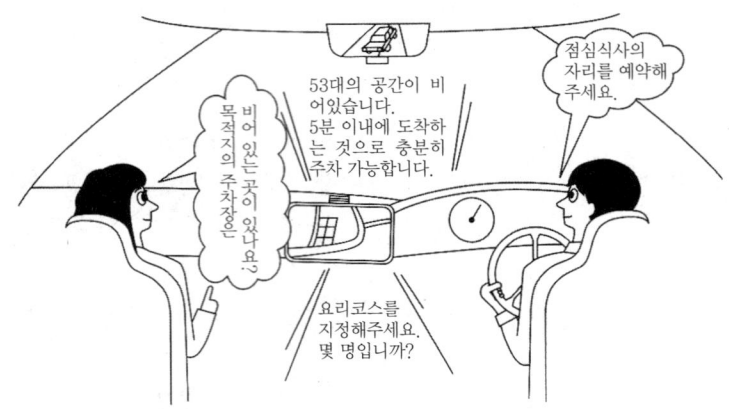

그림 1 내비게이션의 고도화

2 자동요금수수시스템

요금소의 정체를 해소하기 위해서 쌍방향 무선통신기술을 이용하여 차에 설치된 기계가 요금소의 노측 안테나 사이를 지나는 순간 요금이 결제된다. 이 장치를 ETC(Electronic Toll collection system)라 한다(그림 2). 이 시스템을 주차장의 출입관리에서도 쓰이고, 교통차량의 논스톱 요금수수도 할 수 있다.

ETC

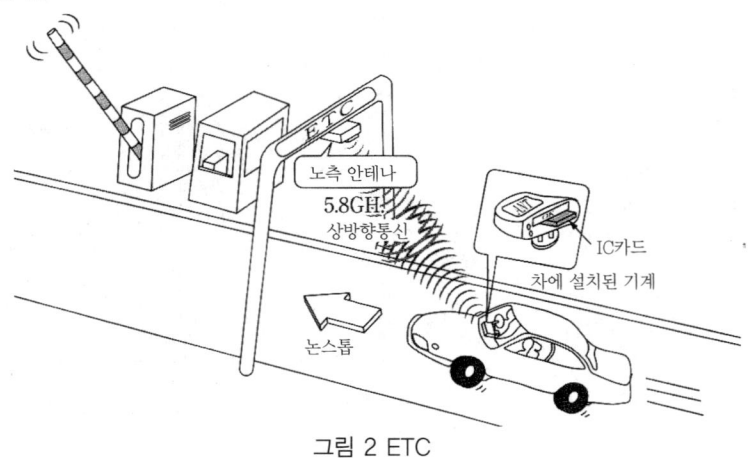

그림 2 ETC

3 안전운전의 지원

[그림 3]에 보인 것처럼 최신의 전자기술을 이용하여 자동차를 고지능화하는 등 차량구조개선으로 선진안전자동차 ASV(Advanced Safety Vehicle)를 주행시킨다. 차량의 전후좌우를 센서로 인식하여 속도제어나 핸들제어 등을 제어하고 자동운전이 가능하다. 전방에 있는 장해물이나 상황을 사전에 실시간으로 주행차량에 전하여 차량은 자동적으로 속도를 낮춰

ASV

새로운 건설기술

안전을 확보한다.

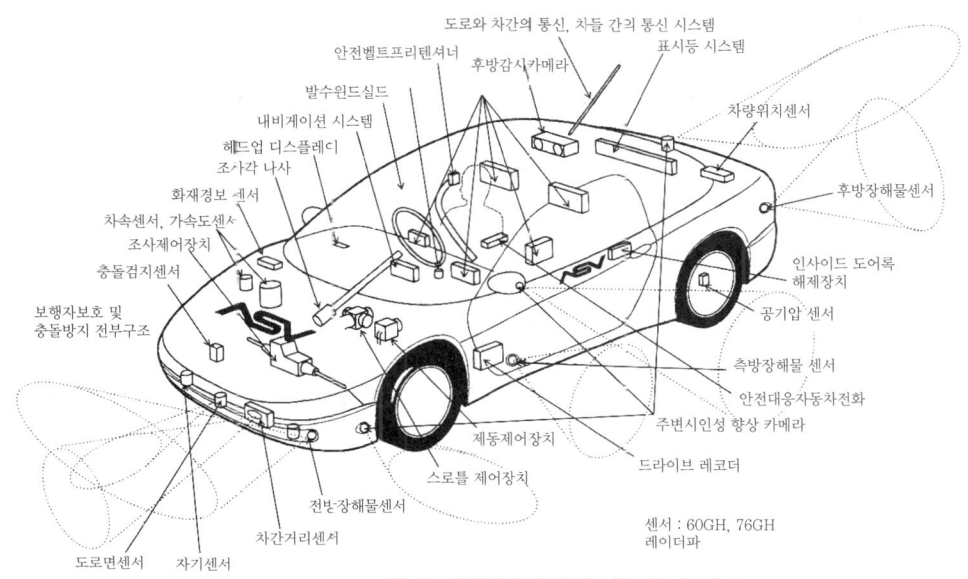

그림 3 선진안전자동차(ASV)의 이미지
(도로, 교통, 차량 인텔리전트화 추진협의회 : 팜플릿을 참조함)

4 교통관리의 최적화

교통의 안전성, 쾌적성의 향상 및 환경의 개선을 도모하기 위해 도로 네트워크 전체로 최적의 **신호제어**를 실현한다(그림 4). 또한 차에 탑재된 기기나

신호제어

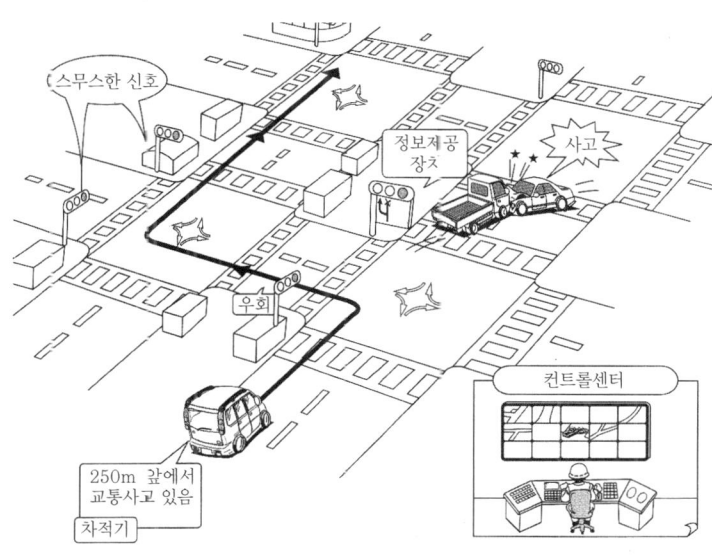

그림 4 교통정리의 최적화

경로유도 정보제공장치가 드라이버의 **경로유도**를 한다. 그리고 교통사고의 발생을 각종 센서나 통신시스템으로 빠르게 검출하여 교통규제를 실시하여 같은 양상으로 드라이버에 전달하여 2차 재해를 방지한다.

5 도로관리의 효율화

도로주행환경 각지의 자연이나 사회조건에 반응해서 안전의 원활하고 쾌적한 **도로주행환경**을 유지한다(그림 5). 또한 노면의 상황이나 작업용 특수차량의 위치 등을 각종 센서나 정보통신시스템에 의해 정확하게 파악하고 데이터베이스화하고 일원화하여 최적의 작업시기의 판단, 작업배치의 책정, 차량의 지시 등을 행한다. 재해 시에도 주변의 피해상황을 충분히 파악하고 복구를 효율화한다. 각지의 자연조건에 의해 안전한 교통의 확보를 얻기 위해 기상에 관한 정보를 얻고 차 안에 탑재한 기기나 정보제공장치에 보다 적절한 교통규제를 신속하게 한다.

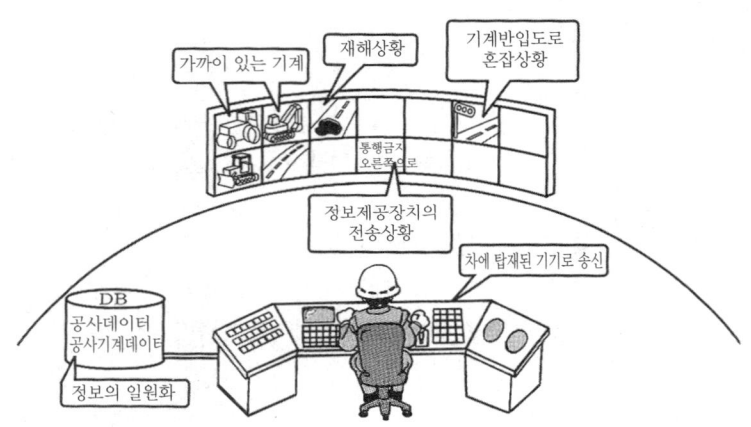

그림 5 도로관리의 효율화

6 공공교통의 지원

공공교통이용자의 수요에 적합한 이동수단, 환승, 출발시간대 등의 선택의 지원하기 위해 공공교통기관의 운행상황, 혼잡상황, 운임 등의 정보를 출발 전에 가정이나 이동 중의 단말에서도 간단하게 접속 가능하게 하여 더 편리하게 한다. 또한 [그림 6]에서처럼 **우선신호제어**나 우선레인에 따라 공공차량을 우선적으로 운행시켜 버스 등의 편리성을 향상시킨다.

우선신호제어

새로운 건설기술

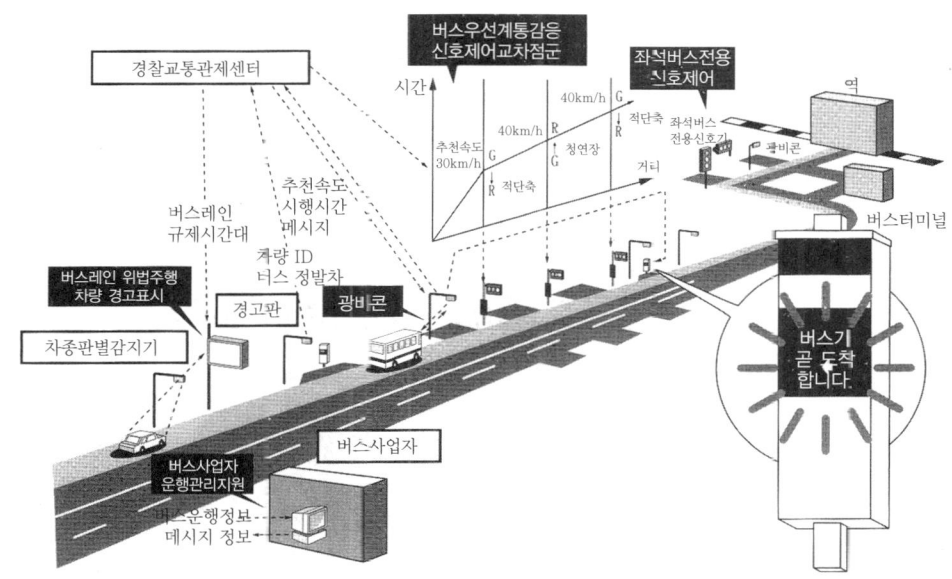

그림 6 공공교통의 지원
(도로, 교통, 차량 인텔리전트화 추진협의회 : 팜플릿을 참조함)

7 상용차의 효율화

트럭이나 관광버스의 업무교통의 운행상황 등을 실시간으로 수집하고 운송사업자 등에 데이터를 제공하는 것으로 운행관리를 지원한다(그림 7).

협동배송 고도화된 물류센터의 정비나 **협동배송**, **귀환정보** 등의 제공에 의해 물류의
귀환정보 효율화를 지원한다. 자동주행기능을 가진 복수의 상용차 등이 **연속주행**을 하
연속주행 는 등 수송효율의 비약적인 향상과 업무교통량의 감소에서 교통 전체의 안전성을 높인다.

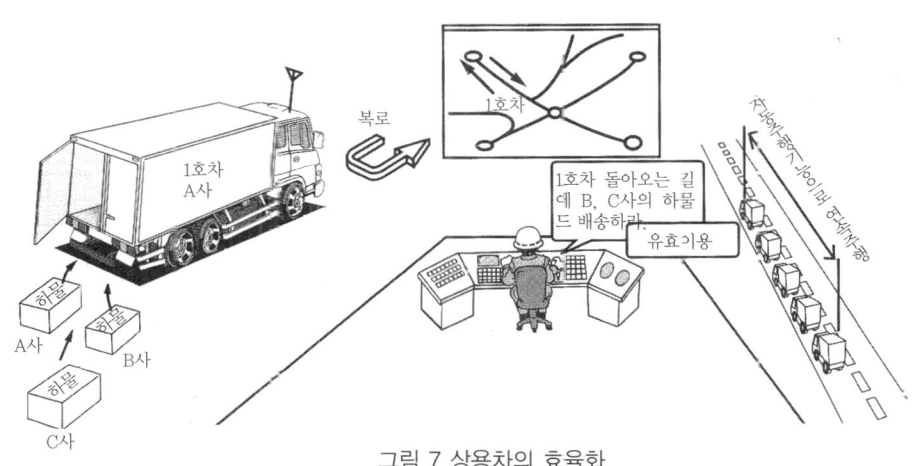

그림 7 상용차의 효율화

8 보행자 등에 지원

고령자나 장해자 등의 교통약자부터 보행자가 안심하고 이용 가능한 쾌적한 도로환경을 확립한다. 휴대단말기 등의 장치를 지원하며 보행자가 안전하게 통행하도록 한다. 차량은 전방의 보행자의 존재를 감지하고, 드라이버에게 경고를 보내, 자동적으로 브레이크를 걸어서 위험을 방지한다. [그림 8]에 보행자 유도 등에 지원시스템에 대해서 나타내었다.

보행자 감지

보행자 유도

그림 8 보행자 등에 지원
[토목기술자료 43-1(2001), p.40, 그림 2]

사고차량 자동통보

9 긴급차량의 운행지원

재해나 사고 등에 따르는 기민한 복구구원활동의 실현을 위해서 사고차량 스스로 상황을 자동적으로 관계기관에 통보한다. 또한 긴급차량은 도로의 피해상황 등을 실시간으로 수집하고, 신속한 대응이 가능하도록 한다. 즉, 긴급 시 자동통보, 긴급차량경로유도, 구원활동을 지원한다.

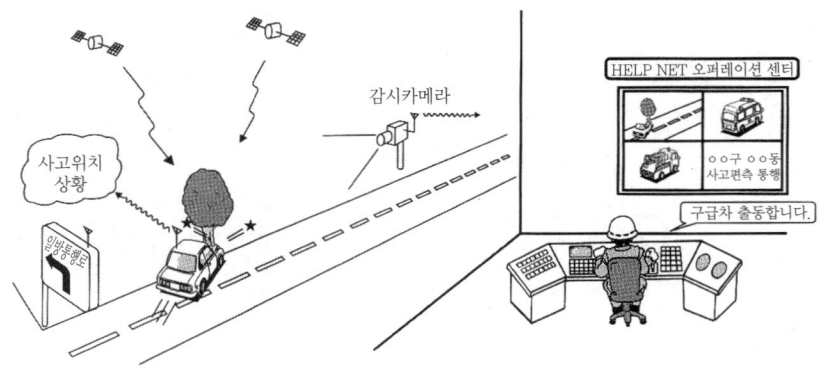

그림 9 긴급차량의 운행지원

인용·참고문헌

제1장

1) 旧建設省：建設白書2000，ぎょうせい，2000年8月
2) 環境省：平成13年版 環境白書，ぎょうせい，2001年5月
3) 内閣府：平成13年版 防災白書 我が国の災害対策の推進状況，財務省印刷局，2001年
4) 旧国土庁：21世紀の国土のグランドデザイン 参加と連携による国土づくり，旧大蔵省印刷局，1998年
5) 旧環境庁：21世紀への施策要覧 1999年版，大気保全局，自然保護局，1999年3月 月刊同友社
6) 北川正恭：地方分権と社会資本整備のあり方，土木学会誌 1999年8月号，土木学会
7) 森杉壽芳：公共プロジェクト評価の意義と可能性，土木学会誌 1999年2月号，土木学会
8) 片谷教孝・鈴木嘉彦 共著：循環型社会入門，オーム社，2001年

제2장

1) 森地 茂：なぜいま「2000年仙台宣言」か，土木学会誌，2000年9月号，土木学会
2) 社会資本と土木技術に関する2000年仙台宣言（案），土木技術者の決意，土木学会誌，2000年9月号，土木学会
3) 四国新聞朝刊：1999年10月1日（金） 1面より
4) 札野 順：技術者倫理と企業倫理，土木学会誌，2001年6月号，土木学会
5) 古川勝三：台湾を愛した日本人，青葉図書，1996年

제3장

1) 建設副産物リサイクル広報推進会議：総合的建設副産物対策 —現場での実効ある推進のために—，1999年
2) 産業廃棄物処理ハンドブック（平成11年版），ぎょうせい
3) 建設副産物適正処理推進要綱の解説（改訂版），大成出版社，1999年
4) 全国建設研修センター建設研修調査会：監理技術者講習テキスト —平成12年版—

제5장

1) 道路・交通・車両インテリジェント化推進協議会：パンフレット「地域の明日を拓くITS」，五省連絡協議会，2000年7月
2) 菊川 滋 監修：建設CALS/ECポケットブック，山海堂，1999年

찾아보기

숫자·영문

1면 마찰 ··· 369
1원 2차 방정식의 근의 공식 ················· 17
1위 대가표 ·· 465
1차 방정식 ··· 12
21세기의 국토 그랜드 디자인 ········· 468, 573
2면 마찰 ··· 369
2변과 협각 ·· 224
2점 간의 거리 ····································· 10
2차 곡선 ·· 17
2차 방정식 ··· 17
2차 방정식의 최대치 ···························· 17
2차 방정식의 최소치 ···························· 17
4대 관리 ·· 445
A활하중 ··· 355
AE 콘크리트 ························ 270, 279, 419
AE제 ··· 270
ASTM ································ 250, 256, 592
ASV ·· 604
ATC ·· 496
ATS ·· 396
B활하중 ··· 355
BS ·· 250, 256
CALS/EC ··· 596
CBR ·· 106
Cc(*)법 ·· 123
CD시험 ·· 128
CFRP ·· 288
CPM수법 ··· 454
CTC ·· 496
CU시험 ·· 128
CWQC ·· 457
DID ··· 517
DIN ··· 250, 256
e-logp(*)곡선 ··································· 121
e-logp(*)법 ······································ 123
EMS ·· 593
ETC ·· 604
GDP ·· 572
GIS ··································· 244, 596, 601
GPS ·· 243
GPS 측량 ··· 245
ISO ······································ 250, 256, 592
IT ·· 596
ITS ·· 596, 603
JAS ··· 250, 256
JIS ······························ 250, 256, 284, 592
JIS마크 ·· 284
JWWA ····································· 250, 256
L하중 ······································ 355, 389
LCL ·· 458
mv(*)법 ··· 123
N값(*) ··· 96
NATM ··· 433
OC곡선 ··· 461
PERT/CPM ······································· 450
QC ··· 457
QMS ··· 593
RCCP ··· 429
SQC ··· 457
t루트(*)법 ··· 125
T하중 ··· 355
TAM ··· 539
TQC ··· 457
TRAM ··· 539
UCL ·· 458
UU시험 ·· 128
VFM ··· 580
VICS ··· 603
VLB측량 ·· 246
Web형 GIS ······································ 602

ㄱ

가공품 · 251
가동지점 · 48
가법정리 · 5
가설건축물 · 481
가설통로 · 469
가스용접 · 259, 374
가열 아스팔트 · 270
강괴 · 255
각석 · 253
각의 편심보정계산 · · · · · · · · · · · · · · · · · 231
각조건의 조정 · 232
각종 설계강도 · 293
간극비 · 98
간극수압 · 113, 150
간극률 · 98
간단 관개 · 540, 548
간류 · 559
간석 · 559
간섭측위법 · 245
간이계측 시스템 · · · · · · · · · · · · · · · · · · 244
간이포장 · 429
간접공사비 · 463
간지석 · 253
간척 · 559
감리기술자 · 477
감보 · 523
강 · 352
강성기초 · 140
강성포장 · 429
강하침투량 · 545
개간 · 558
개량산성밭공 · 558
개량시행 쐐기법 · · · · · · · · · · · · · · · · · · 136
개선 · 375
개수로의 흐름 · · · · · · · · · · · · · · · · · · · 167
객트 · 563
갠트 차트 · 448
거리 · 13
거리측량 · 203
거싯 · 364
건설 리사이클 행동계획 · · · · · · · · · · · · 586
건설공사 · 444
건설발생토 · 589
건설부산물 · · · · · · · · · · · · · · 270, 584, 590
건설산업정책대강 · · · · · · · · · · · · · · · · · 572
건설업법 · 476
건설폐기물 · 584
건설CALS/EC · 597
건조밀도 · 98, 100
건축한계 · 498
건폐율 · 521
걸리(gully) · 565
검사특성곡선 · 461
게르버보 · 58
게이지 압 · 156
게이트 · 194
격간 길이 · 80, 389
격자거더교 · 399
격점 · 80
격점법 · 82
결합 트래버스의 조건식 · · · · · · · · · · · · 210
결합점시각 · 451
경거 · 212
경계 침투량 · 545
경관지구 · 521
경도 · 202
경로유도 · 606
경사필릿 · 375
경심 · 166
경심비 · 186, 187
고강도 콘크리트 · · · · · · · · · · · · · · · · · · 419
고속도로교통 시스템 · · · · · · · · · · · · · · 491
고도이용지구 · 520
고도정수처리 · 434
고도지구 · 520
고란 · 379
고력볼트 · 258
고력볼트 마찰접합 · · · · · · · · · · · · · · · · 369
고분자 재료 · 287

고분해능위생	599	교량	438
고장력강	369	교량가설공	439
고저차	218	교반응력	396
고저차측량	235	교축방향	355
고정지점	48	교토의정서	576
고형체	265	교통계획	487
곡선길이	238	교통사회자본	487
곡선식 공정표	449	구부린 철근	306, 312
곡률계수	101	구심	204
골재	262	구심기	204
골재의 함수상태	267	구심오차	206
골조측량	205, 208, 235	구조물계수	334
공기	462	구조해석계수	316
공기량	270	국제규격	579
공법규정방식	408	국제연합환경개발회의	575
공원	525	국제표준화기구	250, 592
공정관리	445, 448	국토계획	484
공정도표	448	국토기본도	237
공중사진	241, 242	군집하중	355
공중사진측량	240	군항	500
공항	502	굴곡	85, 87, 90
과압밀	122	굴곡각	85, 87, 90
관개	539	굴곡각의 정리	90
관개강도	542	굴곡곡선	85
관개배수	538	굴곡곡선의 곡률	85
관개수원	550	굴곡량	333
관개효율	541	굴곡성 기초	140
관거의 접합	436	굴곡성 포장	261, 428
관로의 부설	434	굴곡의 정리	90
관리계획	447	굴삭	406, 410
관리도	458	굴삭기계	410
관리사이클	456	굴삭운반공법	408
관리처분	524	굴삭운반기계	411
관리한계선	458	굴삭작업 주임자	471
관수로의 흐름	166	굴절에 의한 손실수두	175
광 파이버 스코프	346	굽힘에 의한 손실수두	174
광역배수	552	권리변환방식	524
광엽수	251	궤도	498
광파측거의	203	균등계수	101
교각법	209	균열	346

균열 간격·······································330
균열 보수법···································350
균열 폭···330
균형···46
균형 단면·····································299
그루브 용접··································374
극한지지력···································141
금속재료······································254
급속 여과 방식·····························435
급축소에 의한 손실수두···············175
급확대에 의한 손실수두···············175
기간공원······································525
기계높이······································217
기계배수·······························554, 557
기고식··221
기술자 논리··································582
기제말뚝 공법······························424
기준면··217
기지점··217
기초공··420
기초 말뚝····································285
기층···428
기하구조설계·······························
깊은 기초····································139

ㄴ

난류···167
내구성··271
내력···257
내민 보··56
내부마찰각···································97
내부적 부정정······························81
내부적 불안정······························81
내부적 정정·································81
내분점··10
내업···200
내적의 적분표시···························25
네트워크 공정표··························451
노동계약······································472
노동기준법··································472

노동비용······································579
노동시간······································473
노동안전위생법····················466, 474
노동재해······································466
노동조건······································472
노드 타임····································451
노멀 코스트································455
노반·····································426, 498
노상···426
농업수리······································538
농업용수······································538
농촌계획······································568
농촌종합정비사업························568
뉴마크의 식·································116
뉴매칭 케이슨 공법····················425
뉴턴의 지구타원체설··················201
니암···94

ㄷ

다극분산형 국토의 구축·············
다르시 와이즈바흐의 식·············171
다르시의 법칙······················107, 109
다림추··204
다운 힐 컷 공법·························408
다이어그램···································392
다이어프램···································397
다일레이턴시·······························129
다자연형 하천 만들기················507
다짐···410
다짐도··106
다짐률··406
다층지반······································124
단기변형······································332
단기변형량···································332
단대경구······································379
단면 2차 모멘트·························64
단면력··334
단면법··83
단선관수로···································176
단선단··42

단순보 · 50, 52
단심곡선 · 238
단위 벡터 · 21
단위중량 · 354
단위체적중량 · 99
단위행렬 · 27
단일 말뚝 · 140
단일인장재 · 360
단일재료 · 352
단주 · 76
단철근 직사각형단면 · · · · · · · · · · · · · · · · · 322
담수피해 · 552
담수화 · 511
답사 · 208
대 오리피스 · 193
대가표 · 465
대각선 균열 · 311, 324
대각선 인장철근 · 306
대경구 · 379, 386
대기압 · 156
대기오염방지법 · 479
대리석 · 94
대수 · 3
댐 · 509
댐군 연휴사업 · 512
데밍 서클 · 445
도관 · 286
도관수 · 33
도근점 · 235
도로 · 438, 480, 489
도로교통정보통신 시스템 · · · · · · · · · · · · · 603
도로구조령 · 491
도로유지관리 ·
도로점용허가신청 · · · · · · · · · · · · · · · · · · · 480
도로조사 · 489
도로주행환경 · 606
도로토공지침 · 137
도료 · 288
도수 · 457
도시계획 · 517

도시계획구역 · 518
도시공원 · 526
도시배열 · 529
도식 · 237
도심 · 62
도판 · 204
도해법 · 136
돌제 · 508
동각의 삼각함수 · 4
동력 · 179
동수균배 · 107
동수균배선 · 170, 176
동점성 계수 · 167
동하중 · 48
동해 · 345
두드리기 점검 · 346
두판 · 415
등가반복횟수 · 337
등가응력 블록 · 321
등각점 · 241
등고선 · 236
등류 · 167, 184
등류수답 · 184
등변분포 하중 · 48
등분포 하중 · 48, 117

ㄹ

라디안 · 7
라멘교 · 399
라미의 정리 · 24
래스터형 · 601
랜덤 샘플링 · 461
랭거교 · 398
랭킨의 토압 · 138
레디 믹스드 콘크리트 · · · · · · · · · 266, 282, 419
레미콘 · 266, 282
레벨 · 217
레이놀즈 수 · 167
레이더 법 · 347
레이어 · 601

레이턴스 · 415
레인지페어법 · 336
렌가 · 286
로제교 · 398
로테이션 블록 · · · · · · · · · · · · · · · · · · · 540
롱 레일 · 499
리니어 모터 카 · · · · · · · · · · · · · · · · · 495
리던던시 · 517, 578
리모트 센싱 · 245
리벳 · 258
리사이클 법 · 588
리사이클 플랜 21 · · · · · · · · · · · · · · · 531
리사이클링형 사회 · · · · · · · · · · · · · 530
리터법 · 84
리퍼공법 · 408
릴 · 565

ㅁ

마노미터 · 157
마무리 · 416
마이너 법칙 · 337
마찰면 · 369
마찰손실계수 · · · · · · · · · · · · · · · · · · · 171
마찰손실수두 · · · · · · · · · · · · · · 170, 188
마찰항 · 140
막양생 · 417
말뚝 기초 · 140
매니페스트 제도 · · · · · · · · · · · · · · · · 587
매닝의 공식 · · · · · · · · · · · · · · · · 172, 184
매립 · · · · · · · · · · · · · · · · · · · 406, 441, 559
매스 콘크리트 · · · · · · · · · · · · · · · · · · 419
면적 · 9
모관수 · 107
모래의 액상화 · · · · · · · · · · · · · · · · · · 129
모르타르 · 262
모멘트의 부호 · · · · · · · · · · · · · · · · · · · 46
모재 · 368
모터리제이션 · · · · · · · · · · · · · · · · · · · 487
목두께 · 374
목시관찰 · 346

목재 · 251
목지재 · 288
몰의 응력원 · 130
몰의 정리 · 86, 90
무근 콘크리트 · · · · · · · · · · · · · · · · · · 284
무한장사면 · 148
물과 시멘트 비 · · · · · · · · · · · · · · · · · 272
물수지 · 546
물의 순환 · 196
미끄럼면 · 126
미분법 · 33
미지점 · 217
미티게이션 · 577

ㅂ

바 차트 · 448
바깥보 · 380
바나나 곡선 · 450
바람직한 골재 · · · · · · · · · · · · · · · · · · 267
바리니온의 정리 · · · · · · · · · · · · · · · · · 46
반력 · 48
반발경도법 · 347
반복응력 · 334
반복횟수 · · · · · · · · · · · · · · · · · · · 334, 337
반부풀음 · 119
반심성암 · 94, 252
반응성골재 · 345
발전 · 509
발취검사 · 460
발파공법 · 408
발판의 조립 등 작업주임자 · · · · · · · · · · · · · · · · 469
발포 스티롤 블록 · · · · · · · · · · · · · · · 288
방물선 · 17
방사법 · 205
방사시트 · 288
방수시트 · 288
방위 · 211
방위각 · 211
방재도시 · 534
방재안전가구 · · · · · · · · · · · · · · · 535, 578

방조제	508	보류지	522, 523
방청처리	349	보선	499
방화지역	521	보수재료	350
밭 관개	542	보스톤 코드법	117
배각의 삼각함수	5	보의 설계	74
배수방식	554	보의 판별식	49
배합강도	271	보일링	119, 421, 468
배합계산	271	보정	274
배합설계	266, 271	보통환강	294
배횡거	226	복공작업 주임자	471
밸브에 의한 손실수두	175	복부 콘크리트	326
범지구 측위 시스템	245	복부의 폭	325
법균배	406	복선단	42
법면보호공	409	복수재료	352
베르누이의 정리	169, 70	복원력	164
베스의 정리	182	복재	80
벡터	21	복철근	306
벡터가 이루는 각	25	복판	381
벡터의 내적	25	복판의 첨접	384
벡터의 상등	23	복합법	347
벡터의 성분	23	본천	503
벡터의 의 실수배	22	부동침하	142
벡터의 차	22	부동하중	48, 354, 389
벡터의 크기	23	부동활하중 합성거더	400
벡터의 평행	22	부등류	167
벡터의 합	22	부분안전계수법	316
벡터형	601	부시네스크 해	115
벤투리 미터	169	부시네스크의 식	115
벤치컷 공법	408, 432	부심	164
변동단면력	339	부양면	164
변동응력	339	부재계수	316
변동하중	339	부정적분	35
변성암	94	부정적분의 공식	35
변수위 투수시험	110	부정정 보	49
변조건의 조정	232	부착강도	292
변형계수	97	부착응력도	303
변형도	40, 257	분극저항법	347
병렬	370	분기관수로	181
병용공법	408	분기기	498
보강거더	398	분력	45

분류식	436
분말도	262
분산도형	66
분수의 사칙	2
분할법	150
불도저	412
불안정	164
불안정한 보	49
불활성 가스 아크 용접	255
브레이스드 아치 교	398
브론 아스팔트	260
블리딩	278
비 에너지	182
비 에너지 곡선	182
비정상류	167

ㅅ

사각 위어	194
사다리꼴 법칙	227
사다리꼴 하중	116
사류	182
사류펌프	557
사면 내 파괴	147
사면선파괴	147
사면파괴	147
사선제한	521
사암	94
사용	316
사용단면형	392
사용한계상태	318
사운딩	96
사이클 타임	413
사장교	401
사전조사	446
사진촬영	346
사진측량	240
사회자본	486
사회자본정비	486
산사태	454
산성비	527

산소결핍위험 작업주임자	470
산수 관개	542
산악 터널	430
산업폐기물	479
산적	454
산화철	286
살포 두께	408
삼각구분법	224
삼각대	204
삼각망의 변길이 계산표	234
삼각측량	230
삼각함수	4
삼각형	5
삼사법	224
삼축압축시험	127
상류	182
상반응력	396
상수도	434
상수도공	434
상조	355
상판	355
상항복점응력도	76
상현재	387, 389
색조	242
샘플	460
생콘	266, 282
생콘공장	283
생콘크리트	282
샤퍼의 식	392
서중 콘크리트	418
석장공	409
석재	252
석정장	253
석탄암	94
선단응력	42
선단응력도	42, 72, 303
선단응력도도	307
선단저항각	126
선단파괴	342
선단피로	342

선로설비	497	수면균배	171
선점	208	수문조사	503
선철	254	수문현상	503
설계 대각선압축파괴내력	326	수밀성	271
설계 휨 내력	322	수식방지농법	566
설계 휨 모멘트	324	수압기	157
설계기준강도	327, 333	수위의 변화량	188
설계선단 내력	320	수위차	176, 177
설계속도	492	수자원의 개발	511
설계피로강도	336	수저 터널	431
설계하중	354	수전 관개	544
설하중	354	수정 터자기 식	143
섬유강화 복합재료	288	수준원점	217
성장조해 수분점	539	수준점	217
성토	406	수준측량	217
성토토적도	407	수중 콘크리트	418
세골재	267	수중 단위체적중량	144, 146
세로 변형	43	수직보강재	379
세로 슈트	414	수직사진측량	240
세로 탄성 계수	257	수질기준	514
세로항	389	수질오탁방지법	479
세립토	101	수축한계	102
세부측량	205, 235	수치의 가정법	392
세장비	76, 362	수평거리	203
소 오리피스	192	수평골조측량	235
소성온도	286	수평반력	398
소음규제법	478	수평보강재	379, 386
소파 블록	285	수평분력	162
속도수두	169	수평진도	358, 388
손실수두	170, 174	순단면적	360
손익분기점	448	순용수량	544
솔리드 리브 아치교	398	순폭	361
수계	503	순환 관개	548
수동상태	134	순환형 사회	586
수동토압	134, 137	슈미트 해머	347
수동토압계수	137	슈퍼 제방	505
수두	156	스칼라	21
수력발전	510	스타팅 플랜	455
수로단면	166	스터럽트	306, 310
수리특성곡선	186	스테인리스 강	255

스테프 · 217
스트레이트 아스팔트 · · · · · · · · · · · · · · · · · · 260
스팬드럴 브레이스드 아치 · · · · · · · · · · · · · · 398
스프롤 · 518
슬랙 · 498
슬러그 · 254
슬러지 · 516
슬럼프 · 273, 283
습윤밀도 · 93, 100
습윤양생 · 416
승강식 · 219
시가지 개발사업 · · · · · · · · · · · · · · · · · · · 522
시가지 터널 · 430
시가화 구역 · 518
시가화 조정구역 · · · · · · · · · · · · · · · · · · · 518
시간계수 · 125
시거 · 493
시공계획 · 446
시공관리 · 444
시공관리기사 · 445
시공기술계획 · 446
시공이음 · 415
시멘트 · 416
시멘트 페이스트 · · · · · · · · · · · · · · · · · · · 262
시멘트의 저장 · 264
시멘트의 풍화 · 264
시방배합 · 267
시방서 · 79
시설관리용수량 · 544
시점 · 21
시행쐐기법 · 136
식생공 · 409
식적토 · 95
신소재 · 287
실드머신 · 432
실드공법 · 432
실시원가 · 462
실행예산 · 462
심성암 · 252
심슨의 제 1법칙 · · · · · · · · · · · · · · · · · · · 227

써레질 · 546

ㅇ

아르키메데스의 원리 · · · · · · · · · · · · · · · · 164
아스팔트 · 260
아스팔트 유제 · 260
아스팔트 콘크리트괴 · · · · · · · · · · · · 270, 589
아스팔트 포장 · · · · · · · · · · · · · · · · · 427, 428
아스팔트 혼합물 · · · · · · · · · · · · · · · · · · · 261
아치교 · 398
아치리브 · 398
아크 용접 · · · · · · · · · · · · · · · · 255, 259, 374
아크릴 수지 · 350
안식각 ·
안전계수 · 316
안전관리 · 445, 466
안전관리조직 · 466
안전대책 · 468
안전성 · 334
안전위생교육 · 475
안전율 · · · · · · · · · · · · · · · · · · · 76, 148, 359
안정 · 164
안정도 · 262
안정적인 보 · 49
안정처리공법 · 427
알칼리 골재반응 · · · · · · · · · · · · · · · 263, 345
암 길이 · 320
암거배수 · 565
암반 · 423
암석 · 94
압력수두 · 145, 169
압밀항복응력 · 122
압밀계수 · 125
압밀도 · 125
압밀시험 · 121
압밀침하 · 141
압밀침하량 · 142
압밀침하시간 · 124
압밀현상 · 120
압접 · 259

압좌	76	연결	368
압축	292, 396	연립 2원 1차 방정식	29
압축강도	280	연립방정식의 해법	31
압축력	265	연속 관개	548
압축부재	362	연속의 식	168
압축연	365	연응력도	70
압축응력	358	연직거리	85, 203
압축응력도	40, 77	연직분력	162
압축응력합력	320	연직점	241
압축지수	121	연직진도	358
압축피로파괴	337	열벡터	27
액상화	129	열가역성수지	287
액성지수	103	열간압연봉강	294
액성한계	102	열간압연이형봉강	294
앤지니어링 플라스틱	288	열경화성수지	287
앨리데이드	204	열영향부	374
양단단면 평균법	228	열팽창계수	292, 294
양면배수	124	열화기구	344
양병공	508	염해	344
양생	266	염화 비닐관	173, 287
양수시험	110	염화물 이온	344
양수식 발전	510	염화물 함유량	283, 350
얕은 기초	139	염화물량의 분석	347
어닐링	353	영행렬	27
어카운터빌리티	580	영향선	60
에너지 균배	170	예민비	132
에너지 보존칙	169	오리피스	192
에너지 선	170, 176	오스터버그의 방법	116
에코 시스템	527	오일러의 공식	78
에폭시 수지	350	오존층	577
엔젤 플랜	574	오존층의 파괴	527
여유시간	452	오픈 케이슨 공법	425
역건물	499	온도응력	358
역벡터	21	온실가스	576
역성	257	옹벽	133
역성도	103	완속 여과 방식	435
역성지수	103	완화곡선	239
역성한계	102	외견상 유속	108
역청	260	외래염분	344
역청재료	260	외분점	10

외선길이	238
외업	200
용강	255
용광로	254
용도지역	518, 519
용적률	521
용접구조용 압연강재	256
용접접합	374
용착금속부	374
우각부	399
우력	46
우주측지	245
운반	264
운반기계	411
운적토	95
워커빌리티	270
워터 게인	415
원형단면수로	185
원가계산	464
원가관리	462
원격심사	245
원시함수	35
원심력 철근 콘크리트관	284
원심하중	354
원위치시험	96
원의 방정식	19
위거	212
위도	202
위치 벡터	26
위치수두	169
유관	168
유동지수	103
유동화 콘크리트	419
유량	166
유량비	186
유선	107
유속	166
유속비	186
유역	503
유입에 의한 손실수두	174
유적	163
유적비	186
유적선	163
유출에 의한 손실수두	175
유효길이	362
유효낙차	178
유효높이	298
유효응력	112
유효지름	101
윤번 관개	548
윤변	166
윤변비	186
융합부	374
음영	242
응결	262
응력	257
응력도	40, 257
응회석	253
이기점	218
이동기	204
이론출력	178
이산화탄소	345
이안제	508
이형철근	294
인공골재	267
인장	292, 396
인장강도	281, 295
인장력	265
인장부재	360
인장연	365
인장응력	320, 358
인장응력도	40
인장철근비	298
인테이크 레이트	542
일본공업규격	250
일본농업규격	250
일본수도협회규격	250
일본통일분류법	102
일정단축	453
일차 부정정	398

일축압축강도	132
일축압축시험	132
일필 관개	548
임금지불의 5원칙	472
입경	101
입경 가적 곡선	101

ㅈ

자연배수	554
자연재해	532
자연전위법	347
자연함수비	100
자원단위	464
자유단	54
자유수	107
자유수면	167
자유여유	452
자유유출	195
자유지하수	110
자침상	204
작업시각	452
작업주임자	469
작용응력도	384
작용점	158, 160
잔류응력	369
잔적토	95
잠수 오리피스	193
잠수 유출	195
장기변형	332
장기변형량	333
장주	78
장현	238
재령 28일	283, 293
재료강도의 특성값	319
재료계수	316
재료의 분리	277
재생골재	270
재생자원	270
재생자원 이용의 촉진에 관한 법률	270
재해보상	473
재해통계	467
저 알칼리형 시멘트	263
저부 파괴	147
저수호안	440
저하배수	190
저하배수곡선	190
저항 모멘트	299
저항 모멘트의 계산식	299
저항 휨 모멘트	320
적분법	35
적분정수	35
전강	371
전국총합 개발계획	485
전기방청	349
전기저항법	347
전단면 굴삭	430, 432
전면필릿	375
전수두	169
전수압	158
전시	217
전양정	179
전여유	452
전응력	112
전자유도법	347
전자파 측거의	203
전자파 측정거의	203
전자파법	347
전자평판	244
전침하량	142
전폭 위어	195
절대압	156
절점	80
절취	406
절토	406
절토토적도	407
점고법	229
점이대	95
점착력	127, 130
점확에 의한 손실수두	175
접선길이	238

접지압	139	조합인장재	
접착제	265, 287	종국	316
접합	368	종국한계상태	316, 320
정규압밀	122	종단측량	222
정규압밀상태	123	종자취부공	409
정사각형행렬	27	종재하하중	356
정상류	167	종점	21
정수압	133	종하중	354
정수위투수시험	109	종합치수대책	506
정수장	513	종합하천계획	504
정위	204	좌굴	76, 362
정적분의 공식	36	좌표	10
정정보	48	좌표교환	13
정준	204	좌표축의 평행이동	14
정준오차	206	좌표축의 회전이동	14
정지다짐기계	411	주 트러스	390, 397
정지토압	134	주동상태	134
정차장 설비	499	주동토압	134
정치	204	주동토압계수	136
정커	345	주임기술자	477
정하중	48	주입공법	350
제 1종 시가지 재개발 사업	524	주재하하중	356
제 1종의 오류	461	주점	241
제 2종 시가지 재개발 사업	524	주철	255
제 2종의 오류	461	주하중	296
제동정지시거	493	주항	356
제동하중	354	죽재	251
제로업크로스법	336	준비공	403
제방	440	준설	406
제방호안	440	준설공	441
제재	251	중간 낙수	546
제철	254	중간보	380
조골재	267	중간점	213
조달계획	447	중공도형	67
조도계수	172	중립축	70
조립률	269	중성화	281
조립토	101	중성화 깊이	347
조정경거	214	중심	62
조정위거	214	중앙종거	233
조표	208	즉시침하	141

즉시침하량	142	지표관개	542
증가응력	115	지하 관개	542
증발산량	539	지하수	550
지구 33번지	202	지향	204
지구계획제도	521	지향에 의한 오차	206
지구온난화	527	지형도	237
지구환경문제	5	지형측량	235
지그재그 박기	371	직각삼각 위어	194
지리정보 시스템	244	직사각형 단면수로	173, 182, 187
지모측량	235	직사각형 등분포하중	116
지물의 표시기호	237	직선	12
지반	96	직접공사비	463
지반개량공법	426	직접기초	420
지반높이	218	직접기초공	422
지반반력	140	직접수준측량	219
지배단면	190	직접피해칙	337
지보공	417	진동규제법	478
지복	379	질량보존칙	168
지부공	409	질산은 분무법	347
지산굴삭작업 주임자	468	집성판	251
지상사진측량	240	집수거	555
지속가능한 개발	528	집중하중	115
지수	3		
지수벽	551	**ㅊ**	
지수판	287	차량계 건설기계	469
지승	379	차량제한	480
지역개발	567	차량한계	498
지역지구제도	518	차압	157
지오이드 면	201	차압계	157
지점	48	차원	27
지정건설공사업	476	철근 콘크리트의 성립조건	292
지정부산물	479, 589	천정천	197
지정업종	479	철강원료	254
지중관수로	180	철강재료	254
지지력	426	철근 콘크리트	265, 269, 292
지지방법	78	철근 콘크리트 L형	284
지지말뚝	140	철근 콘크리트 U형	292
지진	534	철근량	298
지진하중	354	철근의 단면적	298
지천	503	철도	438, 495

첨접	388, 397	치수계획	504
청부계약	476	치심	204
청부공사	444	침매공법	433
체적	406	침수류	118
체적압축계수	121	침엽수	251
체크 게이트	551	침투압	118
초기염분	344		
초미립자 시멘트	350		

ㅋ

초음파법	346	캔트	498
초장기선 전파간섭계	246	캔틸레버보	
총 낙차	178	컨시스턴시	277
총폭	370	컨시스턴시 지수	103
최대 휨 모멘트	336	컨시스턴시 한계	102
최대주응력	131	컨테이너 부두	501
최대치수	239, 273	컨테이너 프레이트 스테이션	501
최소비 에너지의 정리	182	컴퍼스법칙	214
최소주응력	131	컷백 아스팔트	260
최적공기	463	케이슨	165
최적함수비	104	케이슨 기초	420
최조(*) 결합점 시각	451	케이슨 기초공	424
최종처분장	531, 587	코스트	462
최중점관리경로	450	코스트 슬로프	454
최지결합점 시각	452	코스트 축감	580
추월시거	493	코어채취법	347
축류 펌프	557	코제네레이션	529
축방향력	40	콘크리트	262, 265
축제	406	콘크리트 경계 블록	284
축척	235	콘크리트 괴	589
출합차	232	콘크리트 블록공	409
충격계수	357	콘크리트 중성화	281
충격탄성파	346	콘크리트 크라이시스	344
충격하중	354	콘크리트 포장	427, 429
충돌하중	354	콘크리트 L형	284
충전공법	350	콜드 조인트	345, 415
취업규칙	473	콜타르	260
측량	200	콤트랙	497
측면 필릿	375	쿨롱의 수동토압	137
측정각의 조정	232	쿨롱의 식	126
층류	167	쿨롱의 주동토압	135, 136
층후지반	124	쿨만법	84

퀵샌드 현상	119
크래시 코스트	455
크랙 스케일	346
크리티컬 퍼스	452
클라이츠와 세돈의 법칙	191
클롱의 파괴선	126, 130
클리어링 하우스	597

ㅌ

타설	271
타음법	346
타이드 아치	398
탄성계수	41, 257
탄성곡선	85
탄성이론	339
탄성하중	86
탄소강	255
터널	430
터널공	432
터닝 포인트	218
터자기의 압밀모델	120
터자기의 지지력 산정	143
터프니스 지수	103
테일러의 식	108
테크노 슈퍼 라이너	487, 501
테트마이어 공식	78
테트마이어의 정수	79
텐더 게이트	163
토공	406
토공기계	410
토공작업	410
토량의 변화율	406
토리첼리의 정리	192
토목기술자의 결의	583
토목재료	250
토목학회표준시방서	296
토압	133
토압계수	133
토양수분	538
토적도	407

토지구획정리사업	522
토질시험	96
토질조사	96
토층	95
토층개량	563
토층단면	95
토탈 스테이션	243
토탈 플로트	452
통괄안전위생관리	474
통합 데이터베이스	599
퇴적암	94, 252
투수계수	107
투수량	107
투수성	107
투수성 포장	428
투자효과	580
트래버스 측량	208, 216
트랜식 법칙	214
트랜싯 측량	208
트러스	80
트럭 아지테이터	283
트리할로메탄	514
특별용도지구	520
특성값	319
특수3점	241
특수하중	354
특정원방사업자	474

ㅍ

파스칼의 원리	157
파이핑	119
파천	503
판석	253
팜 폰드	541
펌퍼빌리티	278
펌프	178
페놀프탈레인 법	347
편각	209
편각법	209
편심거리	76

편심보정각	231	표토 복원	562
편심하중	76	푸아송 비	43, 294
편집도	237	푸아송 수	43
평균유속	166	푸팅 기초	142
평균유속공식	172	풀림률	406
평면선형	493	품셈	464
평면측량	200	품셈표	464
평판재하시험	426	품질 매니지먼트 시스템	593
평판측량	204	품질관리	445, 456
평판측량의 정밀도	206	품질규정방식	408
평판표정의 3가지 조건	204	풍식	565
폐합 트래버스	209	풍하중	354
폐합 트래버스의 조건식	210	풍화작용	94
폐합비	213	풍화토	95
폐합오차	213	프라우드 수	183
포장단위용수량	544	프록터의 원리	104
포장배수	552	프리 플로트	452
포장용 콘크리트 평판	284	프리스트레스 콘크리트 관	285
포장정비	561	프리캐스트 가설공법	439
포장판	428	프리팩드 콘크리트	418
포졸란	270	플라스티시티	277
포틀랜드 시멘트	264	플라스틱	287
포화단위체적중량	99	플래니미터	227
포화도	98, 108	플래시 콘크리트	277
포화밀도	99	플랜지	368
폴로 업	453	플랜지의 첨접	384
폴리머 시멘트	350	플랜트	283
폴리우레탄 수지	350	플레이트 거더교	379
표고	217	플로트	452
표면건조 포수상태	267	피니셔빌리티	278
표면도포공법	350	피로	316
표면보호공	349	피로강도	339
표면수량	267	피로내력	339
표면처리공법	350, 422	피로수명	337
표면피복공법	350	피로파괴	319, 337
표준관입시험	96	피로한계상태	319, 334
표준양생	293, 417	피복제	375
표층	428	피압지하수	110
표토	95	피에조 수두	170
표토 벗기기	561	필릿용접	374

필요단면적 · 392
필타입 댐 · 261

ㅎ

하상조사 · 503
하수도 · 515
하수도공 · 436
하수처리수 · 512
하수처리장 · 516
하중 · 48
하중계수 · 316
하중분배용의 세로항 · · · · · · · · · · · · · · · · · · 399
하중의 특성치 · 319
하천 · 440, 480, 503
하천공작물 · 506
하천관리자 · 481
하현재 · 389
한계 푸루드 수 · 183
한계균배 · 183
한계류 · 183
한계상태 설계법 · 316
한계수심 · 182
한계유속 · 182
한중 콘크리트 · 418
할석 · 253
할선탄성계수 · 293
할증계수 · 272
함수비 · 98
항복점강도 · 359
표척 · 217
합경거 · 215
합구(合口) · 551
합금강 · 255
합력 · 44
합류관수로 · 180
합류식 · 436
합성수지 · 287
합성응력도 · 76
합성거더 · 400
합성거더교 · 398
합위거 · 215
합판 · 251
항교 · 398
항등식 · 2
항만 · 440
해석법 · 136
해수 · 269
해안 · 440, 508
해안보전시설 · 508
해양구조물 · 336
핵 · 68
핵점 · 68
핸드 홀 · 397
행렬식 · 30
행렬식의 값 · 30
행렬의 상등 · 27
행렬의 연산 · 27
행벡터 · 27
허브항 · 501
허용 균열폭 · 330
허용력 · 369
허용변형량 · 333
허용압축응력도 · 364
허용응력도 · 299
허용인장응력도 · 299
허용지내력 · 142
허용지지력 · 141
허용축방향 압축응력도 · · · · · · · · · · · · · · · 363
허용축방향 인장응력도 · · · · · · · · · · · · · · · 361
허용침하량 · 142
헤론의 공식 · 5
현수교 · 401
현장 타설 가설 공법 · · · · · · · · · · · · · · · · · 439
현장 타설 말뚝 공법 · · · · · · · · · · · · · · · · · 425
현장배합 · 267
현재 · 80
혈암 · 94
협동배송 · 607
형상손실 · 174
형상요소 · 184

형태	242	후크의 법칙	41, 257, 293
형틀	417	휨 강도	281
거푸집 지보공의 조립 등 작업주임자	470	휨 균열	331
호도법	7	휨 모멘트	314
호안공사	440	휨 부재	365
호칭지름	369	휨 압축파괴	322
혼합 시멘트	263	휨 응력	297
혼화재	270	휨 응력도	70, 77, 297
혼화제	270	휨 인장파괴	322
홍수류	191	휨 피로파괴	339
홍적토층	95	흄관	284
화산암	94, 252	흙입자의 밀도	98
화성암	94, 252	흘수	164
화약류 단속법	481	흙덮이압	112
환경 매니지먼트 시스템	593	흙막이공	420
환경 어세스먼트	529, 576	흙막이 지보공 주업주임자	468
환경기본법	528	흙쐐기 이론	135
환경정책대강	531	흙의 강도정수	126
환산길이	78	흙의 다짐	104
환산하중	52	흙의 다짐 곡선	104
환지	522	흙의 분류	101
활성오니법	516	흙의 상태	98
활하중	48, 354	흙의 컨시스턴시	101
활하중 합성항	400	흡수거	555
회전반경	68	히빙	119, 421, 468
회전지점	48	히스토그램	457
횡거	226	힘의 3요소	44
횡단면	166, 493	힘의 균형의 3요소	47
횡단측량	222	힘의 모멘트	46
효고현 남부 지진	129	힘의 분배	45
효율	178	힘의 합성	44
후시	217		

국가기술자격 수험서는 43년 전통의 성안당 책이 좋습니다.

길잡이 토목시공기술사
김우식 저 | 4·6배판 | 1,624쪽 | 75,000원

한국산업인력공단의 출제경향에 맞추어 내용을 구성하였고 기출문제를 중심으로 각 단원의 흐름 파악에 중점을 두었습니다. 또한 공정관리를 순서별로 체계화하여 각 단원별로 요약하고 핵심정리하였으며, 아이템화에 치중하여 개념을 파악해 문제를 풀어나가는 데 중점을 두었습니다.

길잡이 토목시공기술사(공종별 기출문제 1권)
김우식 저 | 4·6배판 | 1,208쪽 | 40,000원

이 책은 수험생들을 위하여 그동안의 기출문제를 분석하여 정리하였습니다. 유사문제를 함께 묶어서 문제의 핵심 파악을 보다 쉽게 하여 수험생들의 부담을 줄일 수 있도록 구성하였으며, 어떤 문제가 출제되어도 해결할 수 있도록 정리하였습니다. 앞으로 출제될 문제도 이 책의 범주에서 크게 벗어나지 않을 것이므로, 이 책을 충분히 공부한다면 기술사 자격취득에 효율적으로 대비할 수 있을 것입니다.

길잡이 토목시공기술사(공종별 기출문제 2권)
김우식 저 | 4·6배판 | 1,192쪽 | 40,000원

이 책은 수험생들을 위하여 그동안의 기출문제를 분석하여 정리하였습니다. 유사문제를 함께 묶어서 문제의 핵심 파악을 보다 쉽게 하여 수험생들의 부담을 줄일 수 있도록 구성하였으며, 어떤 문제가 출제되어도 해결할 수 있도록 정리하였습니다. 앞으로 출제될 문제도 이 책의 범주에서 크게 벗어나지 않을 것이므로, 이 책을 충분히 공부한다면 기술사 자격취득에 효율적으로 대비할 수 있을 것입니다.

길잡이 토질 및 기초기술사(단원별 기출문제)
박재성 저 | 4·6배판 | 1,298쪽 | 60,000원

국가고시의 모든 시험이 그러하듯이 토질 및 기초 기술사 자격시험도 기출문제를 파악, 분석하는 것이 매우 중요합니다. 이 책은 수험생들을 위하여 그동안의 기출문제를 분석하여 정리하였고, 유사문제를 함께 묶어서 문제의 핵심 파악이 보다 쉽고 수험생들의 부담을 줄일 수 있도록 구성하였으며, 어떤 문제가 출제되어도 해결할 수 있도록 집결하여 정리하였습니다.

21세기 토목시공기술사(강의노트)
신경수·김재권 공저 | 4·6배판(2도) | 219쪽 | 18,000원

기술사 공부는 "흐름"을 이해하고, "개념"을 파악하고, "분류"를 정확히 이해하는 것이 합격의 지름길입니다. 이 교재 〈21세기 토목시공기술사 강의노트〉에는 기술사 합격에 필요한 흐름과 분류가 모두 포함되어 있으며, 시험에 대한 최단기 합격의 목표와 전략을 가지고 저자가 진행해온 서울기술사학원 21세기 토목시공기술사 강의의 핵심을 다룬 책으로 수험생들의 단기간 합격에 큰 도움이 될 것입니다.

적중 토목기사 실기
토목공학연구회 편 | 4·6배판 | 1,384쪽 | 40,000원

- 1984년부터 출제되었던 문제를 분류하여 수록하였습니다.
- 출제기준에 부합된 예상문제와 기출문제를 상세한 해설과 함께 수록하였습니다.
- 유형이 비슷한 문제일지라도 완벽한 이해를 할 수 있도록 반복적(과년도 문제 출제빈도 65~80%)인 학습효과를 유도하였습니다.
- 기출제된 모든 문제를 연도별, 회별로 구분하여 출제경향과 비중을 스스로 파악하여 확실한 수험대비를 할 수 있도록 하였습니다.

http://www.cyber.co.kr
TEL : 02)3142-0036
TEL : 031)950-6300
121-838 서울시 마포구 양화로 127 첨단빌딩 5층(출판기획 R&D 센터)
413-120 경기도 파주시 문발로 112(제작 및 물류)
※본사의 사정에 따라 표지와 정가는 변동될 수 있습니다.

BM 성안당

국가기술자격 수험서는 43년 전통의 성안당 책이 좋습니다.

길잡이 도로 및 공항기술사
최장원 저 | 4·6배판 | 1,466쪽 | 60,000원

이 책은 새로이 개정된 내용들과 변화된 출제경향에 맞추어 기존 아이템을 재정리하였고, 새로 출제가 예상되거나 반드시 알아야 하는 새로운 아이템을 분류·정리하여 응시생들의 준비에 도움이 되도록 내용을 수록하였습니다.

길잡이 토목시공기술사(핵심 120문제)
김우식 저 | 4·6배판 | 568쪽 | 25,000원

이 책은 토목시공기술사 자격증을 쉽게 취득할 수 있도록 기본 핵심을 파악하고 출제빈도가 높은 문제들을 엄선하여 답안 작성의 길잡이가 될 수 있도록 하였습니다. 처음 공부를 시작하는 분들에게는 문제 출제 경향과 답안 작성 요령의 지침이 될 것이며, 공부를 마무리하는 분들에게는 핵심 요점정리와 답안지 변화의 길잡이가 될 것입니다.

길잡이 토목시공기술사(기출문제풀이 I)
김우식 저 | 4·6배판 | 1,544쪽 | 48,000원

이 책은 기출제된 문제를 요약 분석하고 상세한 해설을 덧붙여 토목시공기술사를 준비하는 수험생들을 위해 문제를 분류, 출제경향, 출제빈도를 분석할 수 있게 논리적이며 체계적으로 자료를 수집, 정리, 풀이해 놓았습니다. 열악한 환경과 모자라는 시간 속에서 토목시공기술사를 준비하는 수험생들을 위해 조금이나마 도움을 주기 위해 이 책을 발간하게 되었으므로 길잡이 토목시공기술사를 보면서 이 책을 참고하여 시험에 대비하면 "토목시공기술사"의 길이 그리 멀지만은 않을 것이라 생각합니다.

길잡이 토목시공기술사(면접분석)
김우식 저 | 4·6배판 | 753쪽 | 45,000원

이 책은 수험생들이 면접시험을 준비하는데 핵심적인 문제만을 선별하여 요점정리하였습니다. 면접 기출문제 내용을 공종별로 분석하여 각 문제에 대한 중요도를 표시하였으며, 문제에 대한 자세한 해설을 덧붙여 모범답안을 제시하였습니다. 또한 면접시험에 대한 수검대책, 면접교육, 이력카드 등의 시험정보를 담아 면접시험의 전반적인 흐름을 파악할 수 있도록 도움을 주었습니다.

길잡이 토목시공기술사(장판지량 암기법)
김우식 저 | 4·6배판 | 284쪽 | 25,000원

이 책은 토목시공기술사 길잡이 중심의 요약 및 정리를 하였으며, 각 공종별로 핵심사항을 일목요연하게 전개하였습니다. 또한 암기를 위한 기억법을 추가하여, 장기간 공부를 하면서도 핵심을 제대로 파악하지 못하여 자격증 취득이 늦어지고 있는 이들이 단기간에 기술사 준비를 완성할 수 있게 도와줍니다. 〈토목시공기술사 - 장판지량 암기법〉은 강사의 다년간의 노하우를 공개하여 독자가 쉽게 이해할 수 있도록 구성하였으며, 주요 부분의 도해화로 연상암기도 가능합니다.

길잡이 토목시공기술사(용어설명)
김우식 저 | 4·6배판 | 1권:956쪽, 2권:848쪽 | 80,000원

용어 설명의 중요성이 대두되고 있는 최근의 출제경향에 부응하여 수험자들이 효과를 볼 수 있는 측면을 그려, 다음과 같은 면에 중점을 두었습니다.
- 최근 출제경향에 맞춘 내용 구성
- 시간배분에 따른 모범답안 유형
- 기출문제를 중심으로 각 단원의 흐름 파악
- 문장의 간략화, 단순화, 도식화
- 난이도를 배제한 개념 파악 위주
- 개정된 토목 표준시방서 기준

http://www.cyber.co.kr

121-838 서울시 마포구 양화로 127 첨단빌딩 5층 (출판기획 R&D 센터) TEL: 02)3142-0033
413-120 경기도 파주시 문발로 112 (제작 및 물류) TEL: 031) 950-6300

※본사의 사정에 따라 책표지와 정가는 변동될 수 있습니다.

과년도 시리즈 1 응용역학
전찬기 외 4인 공저 | 4·6배판 | 682쪽 | 19,000원

이론정리는 핵심적인 사항을 간결하게 설명하였으며, 특히 다른 책에서 찾기 어려운 사항을 자세히 설명하였습니다. 본문의 내용을 보충하거나 새로운 방법을 나타낼 때는 〈보강〉을 표시하였으며, 암기가 필요한 중요 공식은 〈Box〉 표시를 하였습니다. 과년도 출제문제는 1977년부터 최근까지 출제된 1500여 문제를 유형별로 구분하고, 난이도별로 단계적 배열을 하여 학습 효과를 높였습니다. 유형별 문제의 첫머리에는 중요한 공식이나 핵심 내용을 간결하게 정리하여 〈열쇠〉로 나타내었습니다.

과년도 시리즈 2 측량학
최용기·박기용 공저 | 4·6배판 | 588쪽 | 19,000원

각 장마다 과년도 문제를 분석하여 이론적 사항을 간단하게 정리하였으며, 과년도 문제를 각 장, 각 항목별로 분류하여 문제의 난이도를 파악할 수 있게 하였습니다. 각 유형별 문제의 해설을 강의식으로 논술하여 처음 공부하는 수험생도 쉽게 이해할 수 있도록 하였습니다.

과년도 시리즈 3 수리수문학
임진근 외 2인 공저 | 4·6배판 | 624쪽 | 19,000원

- 단순하고 명료한 과년도 출제빈도 분석표를 수록함으로써 수험생들이 출제경향을 쉽게 파악하고 공부할 수 있도록 하였습니다.
- 단원별로 과년도 기출문제를 충실히 정리하여 수록함으로써 수험생들이 실제문제를 이용하여 실력을 배양하도록 하였으며 상세한 해설을 하였습니다.
- 부록으로 최근 출제된 과년도 문제를 모두 수록함으로써 최신 토목기사·산업기사 시험문제의 경향을 파악하고 수험생들의 실력을 확인할 수 있도록 하였습니다.

과년도 시리즈 4 철근콘크리트 및 강구조
전찬기 외 4인 공저 | 4·6배판 | 640쪽 | 19,000원

이 책은 새로운 출제 기준에 맞춰 이론의 핵심적인 사항을 간결하게 정리하였고, 이해하기 쉽도록 그림을 사용하여 설명하였습니다. 또한 1977년부터 최근까지 출제된 1,500여 문제를 유형별로 구분하고, 난이도별로 단계적인 배열을 함으로써 학습 효과를 획기적으로 개선하였습니다. 뿐만 아니라 개정된 콘크리트 구조설계 기준에 의해 단위를 SI로 통일하였으며, SI 단위의 이해와 적용을 위한 요점 노트를 별책 부록과 함께 수록하였습니다.

과년도 시리즈 5 토질 및 기초
임진근 외 3인 공저 | 4·6배판 | 656쪽 | 19,000원

- 이론정리는 장별 기출문제와 연계하여 이해하기 쉽도록 설명하였습니다.
- 과년도 문제는 1980년부터 최근까지 출제된 문제를 유형별로 구분하여 기출문제를 완벽하게 이해할 수 있도록 하였습니다.
- CD에 수록된 모의고사와 이 책에 실은 부록은 이 책에 대한 내용을 얼마나 알고 있는지 자기진단을 할 수 있도록 하였습니다.

과년도 시리즈 6 상하수도공학
임영재·백희선 공저 | 4·6배판 | 624쪽 | 19,000원

- 각 단원의 요점정리는 문제 풀이의 길잡이가 되게 함으로써 학습효과가 충분히 발휘될 수 있도록 하였습니다.
- 문제풀이 중심의 책으로 출제 기준에 적합하게 엄선된 예상문제를 상세한 해설과 함께 수록하였습니다.
- 유형이 비슷한 문제일지라도 반복학습을 통해 완벽하게 이해할 수 있도록 유도하였습니다.

BM 성안당

국가기술자격 수험서는 43년 전통의 성안당 책이 좋습니다.

8개년 과년도 토목기사

박영태 외 2인 공저 | 4·6배판 | 904쪽 | 30,000원

수험생들에게 최적의 지침서!! 8개년 과년도 토목기사!!
이 책은 빠른 시간 내어 공부할 수 있는 자격 검정 대비서로 최근 8년간 출제된 문제들을 수록하여 효과적인 시험 대비가 이루어지도록 하였습니다. 시험을 준비하는 입장에서는 과년도 출제문제를 정확히 파악하는 것이 무엇보다 중요합니다. 이에 자주 출제되는 문제 유형을 선별 수록하였고, 각 문제에 대한 자세한 해설을 덧붙여 문제에 대한 이해도를 높였습니다.

적중 지적기사·산업기사

송용희 외 2인 공저 | 4·6배판 | 1,000쪽(부록 160쪽) | 33,000원

- 각 단원별 기초이론과 문제를 알기 쉽도록 정리하였습니다.
- 실전 적응능력을 향상시키기 위해 기출문제를 수록하여 시험유형에 완벽을 기할 수 있도록 하였습니다.
- 신설된 토지정보체계를 수험생들이 보다 쉽게 이해할 수 있도록 기초이론과 그에 따른 문제를 수록하였습니다.

과년도 지적기사·산업기사

송용희 저 | 4·6배판 | 968쪽 | 28,000원

이 책은 지적직공무원, 지적 공사, 지적산업기사 대비 강좌를 수년간 해온 경험을 바탕으로 좀더 수험생 관점에서 좋은 교재를 만들기 위해 노력하였습니다.
- 최근 5년간 출제된 문제를 수록하였습니다.
- 최근 개정법령을 모두 수록하여 최신의 정보를 수험생에게 제공하려고 노력하였습니다.
- 계산문제를 보다 쉽게 이해할 수 있도록 하였으며, 수험생의 이해를 돕고자 도해적으로 해설을 하였습니다.

지적전산학개론

송용희 외 2인 공저 | 4·6배판 | 728쪽 | 35,000원

지적은 토지에 관련된 정보를 조사·측량하여 지적공부에 등록·관리하고 등록된 정보의 제공에 관한 사항을 규정함으로써 효율적인 토지관리와 소유권 보호에 이바지함을 목적으로 합니다.
이 책은 지적직 공무원 지적전산학개론 수험서로서 강의경험과 실무경험을 토대로 수험생이 보다 쉽게 내용을 접근할 수 있도록 구성하였습니다.

적중 철도보선기사·산업기사 [실기]

정대호·정찬묵 공저 | 4·6배판 | 280쪽 | 20,000원

고속화에 따른 철도 기술 발전은 비약적으로 진행되고 있으며 이 중 차량과 직접 접촉하는 궤도 기술은 매우 중요하기 때문에 궤도와 보선 종사자 개인의 기술 수준의 향상이 필요합니다. 따라서 철도 기술의 보급과 교육이 필요한 시점에 보선기사를 준비하는 철도 종사자와 철도 관련 학생들의 기술 향상과 저변 확대에 기여하기 위함입니다.

콘크리트기사·산업기사

손영선 저 | 4·6배판 | 1,032쪽 | 30,000원

콘크리트(산업)기사는 콘크리트의 품질확보를 위한 초기 콘크리트의 제조, 설계, 시공에서의 철저한 품질관리를 위한 시험, 검사와 콘크리트 구조물의 진단, 유지관리에 이르기까지 콘크리트 관련 전문지식을 겸비하여야 합니다.
이 책에서는 콘크리트(산업)기사를 준비하는 수험들에게 실질적인 도움을 줄 수 있는데 중점을 두고 집필하였습니다.

http://www.cyber.co.kr

121-838 서울시 마포구 양화로 127 첨단빌딩 5층(출판기획 R&D 센터) TEL:02-3142-0036
413-120 경기도 파주시 문발로 112(제작 및 물류) TEL:031-950-6300

※본사의 사정에 따라 책표지와 정가는 변동될 수 있습니다.

토목 핸드북
원제 : ハンディブック土木

2015. 11. 10. 초판 1쇄 인쇄
2015. 11. 25. 초판 1쇄 발행

지은이 | Seizou Awaz(粟津清蔵)
역자 | 김필호
펴낸이 | 이종춘
펴낸곳 | BM 성안당
주소 | 121-838 서울시 마포구 양화로 127 첨단빌딩 5층(출판기획 R&D 센터)
      | 413-120 경기도 파주시 문발로 112(제작 및 물류)
전화 | 02) 3142-0036
     | 031) 950-6300
팩스 | 031) 955-0510
등록 | 1973.2.1 제13-12호
출판사 홈페이지 | www.cyber.co.kr
ISBN | 978-89-315-6817-2 (13530)
정가 | 35,000원

이 책을 만든 사람들
책임 | 최옥현
진행 | 김용하
전산편집 | 김인환
표지 | 박원석
홍보 | 전지혜
국제부 | 이선민, 조혜란, 신미성, 김필호
마케팅 | 구본철, 차정욱, 나진호, 이동후, 강호묵
제작 | 김유석

이 책의 어느 부분도 저작권자나 BM 성안당 발행인의 승인 문서 없이 일부 또는 전부를 사진 복사나 디스크 복사 및 기타 정보 재생 시스템을 비롯하여 현재 알려지거나 향후 발명될 어떤 전기적, 기계적 또는 다른 수단을 통해 복사하거나 재생하거나 이용할 수 없음.

※ 잘못된 책은 바꾸어 드립니다.